国外名校名著

（第八版全球版）

Kittel's Introduction to Solid State Physics

固体物理导论

第二版

（美）C. 基泰尔（Charles Kittel） 著
项金钟 译

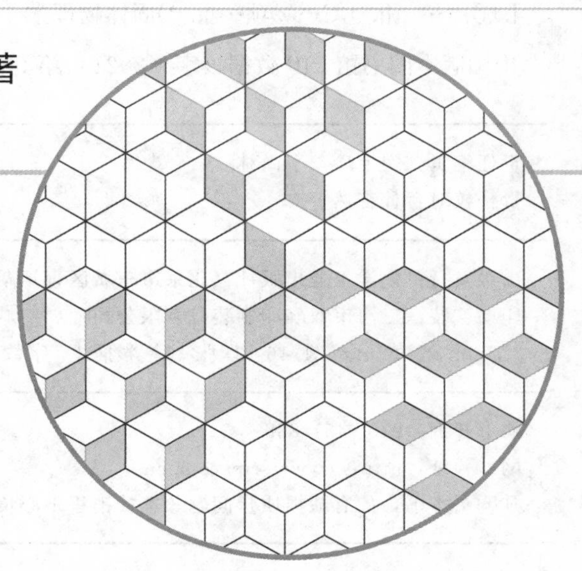

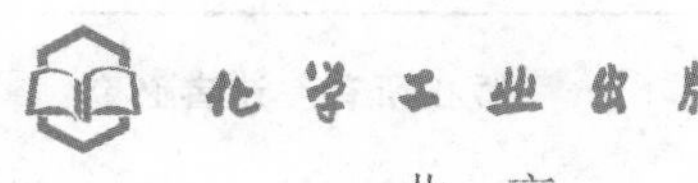

·北 京·

内容简介

本书译自C. 基泰尔教授所著《固体物理导论》2018年第八版全球版。在新版中，作者对该书的论述内容和章节安排进行了极其重要的拓展和调整。新版增加了体现最新研究成果或学术前沿的习题和讨论。全书共分22章，基本上涵盖了现代固体物理学的理论基础和重要课题，比如高温超导物理、整数与分数量子霍尔效应、纳米结构体系的电子输运等。本书从晶体结构、晶格振动和电子运动的理论出发，通过引入各种元激发的模型、概念，系统阐述了固体的热学性质、光学性质、电学性质、磁学性质及力学性质。同时，本书还讨论了非晶固体、点缺陷、位错以及合金等方面的问题。

本书内容丰富、结构完整、思路清晰、表述深入浅出、学术特色鲜明，是系统性与先进性的完美结合。该书不仅可以作为各大学物理学、材料科学与工程、电子科学与技术、微电子学与集成电路、化学等相关专业的本科生、研究生教材，同时对从事相关专业研究的科技工作者也是一本极好的参考书。

ISBN 978-1-119-45416-8

图书在版编目（CIP）数据

固体物理导论/(美）C. 基泰尔（Charles Kittel）著；项金钟译 .—2版 .—北京：化学工业出版社，2021. 9
(2024.4重印）
书名原文：Kittel's Introduction to Solid State Physics
ISBN 978-7-122-39188-9

Ⅰ. ①固… Ⅱ. ①C…②项…Ⅲ. ①固体物理学 Ⅳ. ①O48

中国版本图书馆CIP数据核字（2021）第096563号

责任编辑：陶艳玲 丁尚林　　　　装帧设计：张 辉
责任校对：杜杏然

出版发行：化学工业出版社（北京市东城区青年湖南街13号 邮政编码100011）
印 装：三河市双峰印刷装订有限公司
787mm×1092mm 1/16 印张30 彩插1 字数736千字 2024年4月北京第2版第3次印刷

购书咨询：010-64518888　　　　售后服务：010-64518899
网 址：http://www.cip.com.cn
凡购买本书，如有缺损质量问题，本社销售中心负责调换。

定 价：78.00元　

译者前言

本书译自（美）C. 基泰尔著《固体物理导论》2018年最新第八版全球版。原著作者C. 基泰尔教授是一位国际著名的物理学家，多年来他一直活跃在磁性物理、半导体物理、超导理论及其相关材料研究等领域，取得了丰硕成果。该书自1953年正式出版以来，曾先后于1956年、1966年、1971年、1976年、1986年、1996年、2005年和2018年出版修订版。近70年来，该书一直是世界范围内各著名大学相关专业“固体物理”的首选教材，是一部国际公认的经典著作。

本书内容丰富、结构合理，论述深入浅出，物理概念清晰，学术特色突出，是系统性和先进性的完美结合。作者将实验结果与理论成果有机结合，在公式推导和物理过程的描述上简洁、清新而独特，流畅易读，引人入胜。新版增加了反映学术前沿和最新研究成果的习题与讨论，并对内容体系与章节安排进行了更加合理地调整和完善。全书共分为22章，基本上涵盖了现代固体物理学的理论基础与重要课题。书中附有大量插图和翔实的数据表格，与正文配合，能够更清晰地表述所要阐明的内容。书中物理量的数值和公式一般都用CGS与SI单位制并列给出，且在书后附有作者精选的相关附录，这为读者阅读本书提供了极大的方便。

原书第二版（高等教育出版社1962年出版）、第五版（科学出版社1979年出版）和第八版（化学工业出版社2005年出版）曾有中译本；鉴于最新版在其内容与结构等方面的调整更新，因而有必要依照新版重译出版，以飨读者。

原书存在的印刷错误或笔误，凡是译者发现并且确认的，均已在中译版改正，限于篇幅，一般不加译注。关于不同语系作品之互译，真正实现“信、达、雅”，非是易事。有时，一句话抑或一个词的拿捏，都要多方查证，反复推敲，正所谓“文章千古事，得失寸心知”。毋庸讳言，现代科学技术肇始于西方且根植于西方文化传统和符号逻辑体系，吾辈东方方块字之传人，须经一番寒彻骨，方得梅花扑鼻香。只有一代又一代认真努力，方能达成“别开天地，另创一派学问”。其实，“舍物欲、弃名利，细读经典、潜心学问”，这不只是一种境界，更是一种情怀。值此基泰尔《固体物理导论》新版中译本出版之际，一如既往，译者期望各位读者开卷有益。

从本书的翻译策划到最后完稿付梓，化学工业出版社给予了大力支持。在此，译者表示衷心感谢。限于译者学识水平，不妥之处，敬请读者指正。

译者 2021年元月于昆明呈贡大学城

译者前言

原著新版前言

本书是固体物理学和凝聚态物理学基础教材的最新第八版全球版，适合物理学、化学及工程学等相关专业高年级本科生和研究生使用。自本书第一版问世以来，固体物理学等领域一直在蓬勃发展，并在应用方面取得了令人瞩目的成就。如何使本书既能反映该领域丰富多彩的最新进展，又能保持其作为教材的基础水平，成为作者必须面临的一大挑战。作者在论述这一厚重而又欣欣向荣的物理学领域时也力求避免落入呆板化和公式化。

想当年，在1953年本书第一版出版的时候，人们还不能理解超导电性，对金属费米面的研究才刚刚开始，关于永磁体更是知之甚少；当时也只有少数的几位物理学家相信真的存在自旋波；纳米物理学更是40年之后的事情。相比之下，其他领域的情况也差不多：DNA的结构刚刚被确定，地球的大陆漂移学说刚刚被接受。当年与现今一样，都是科学史上的伟大时代。因此，能够通过本书的不断修订出版以便及时介绍最新成果，也是作者“不亦乐乎”的事情。

新版保留了第八版修订时值得继承的改进之处主要有以下三个方面：

（1）将专门论述纳米物理学的内容自成一章。本章由活跃在该领域的科学家、康奈尔大学教授 Paul L. McEuen 撰写。就空间的三个维度而言，纳米物理学是关于材料在1（或2，或3）个维度为小尺寸时的科学。这里的“小尺寸”意指纳米尺度（约10^{-9}m）。该领域是固体物理学新的生长点，同时也是近年来发展最快、最令人鼓舞的研究领域。

（2）由于计算机的普及，使得本书的压缩和简化成为可能。其中，删去了几乎所有的参考书目，因为读者利用计算机根据关键词由搜索引擎可以方便快捷地获取对自己有用的各种资料，包括最新的文献。例如，读者可以登录因特网进入 http://www.physicsweb.org/bestof/cond-mat.获得相关资料。这样做，并非有意忽略那些解决固体物理问题的研究者所贡献的早期文献，确是技术发展使然。

（3）在章节安排上，将有关超导电性和磁性的内容放到前面，以使得一个学年的课程安排更为科学合理。

新版相对于第八版做了进一步的修订完善，主要包括：

（1）将关于“介电体和铁电体”的内容调整到“等离子体、电磁耦子和极化子”的内容之前，因为介电和铁电是讨论与理解光学性质及光学过程必要的预备知识。

（2）各章在保留过去版本原有习题的基础上，结合学术前沿和新的研究成果，几乎每章都新增了一定数量的习题。

晶体学的符号采用物理学中现行的统一用法。书中重要的方程均以SI和CGS两种单位制并行给出。有时，给出一种单位制的表示形式，但同时指出这两种单位制的换算关系。本书所采取的两种单位制并用的做法，为读者提供了很大的方便，一直备受欢迎。书中的表格采用惯用单位制。符号 e 表示质子所带的电荷，取正值；符号（18）表示所在章的第 18 个方程，而（3.18）则表示参考第 3 章中的第 18 个方程。矢量符号正上方的尖号（ˆ）代表单位矢量。

书中习题基本都是围绕着所在章节讨论的主题而设计的，一般都会有一定的难度。符号 QTS 是指作者与 C. Y. Fong 合著的“Quantum Theory of Solids”一书；符号 TP 是指作者与 H. Kroemer 合著的“Thermal Physics”一书。

C. 基泰尔

目　录

第1章　晶体结构

单位换算： 1Å＝1 埃＝10^{-8}cm＝0.1nm＝10^{-10}m

1.1 原子的周期性阵列

人们对固体物理深入而系统的研究始于X射线晶体衍射的发现，以及对晶体性质和晶体电子性质一系列简明而成功的计算与预测。为什么是晶体而不是非晶固体呢？因为固体中的一些重要的电子性质只有利用晶体才能得到最好的描述。例如，最重要的半导体的性质依赖于基体材料的晶体结构，这主要是因为电子具有较短的波长，使之对样品中原子的周期性规则排列非常敏感；而非晶体材料，比如玻璃，它们对光的传播则非常重要，这是因为光波具有比电子更长的波长，一般都大于原子规则排列的周期，使得光波不受这种周期性原子排列的影响。

本书将从晶体的问题开始讨论。晶体是在恒定环境中（通常在溶液中）随着原子的“堆砌”而形成的。比如我们常见的天然石英晶体，它是在一定压力下的硅酸盐热水溶液中经过漫长的地质过程而形成的。从晶形上来看，晶体在恒定环境中生长时，犹如完全相同的砌块（building blocks）一块块地不断堆积起来一样。如图1所示，它给出了晶体生长过程的理想化模型图，该图诞生于两个世纪以前的科学家们的想象。这里所谓的“砌块”是指原子或原子团。由此可见，如果不考虑由于偶然因素混入结构中的杂质或缺陷，晶体就是由这些全同砌块的三维周期性阵列构成的。

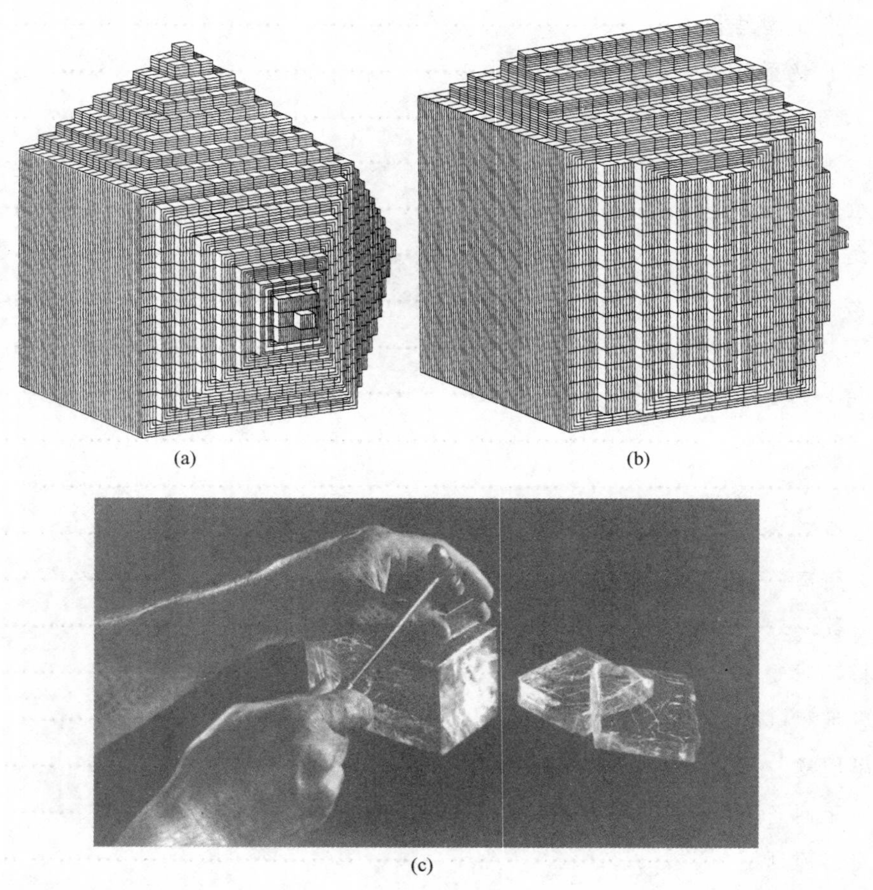

图1 晶体外形与其基本砌块组态之间的关系。图中（a）和（b）的砌块是相同的，但其长成的晶（体）面却是不一样的。图中（c）表示正在解理 一块岩盐（rocksalt）晶体。

结构周期性的最初实验证据应归功于矿物学家们。即：一个晶体各面的方向指数都是精确的整数。后来，这一发现得到了于 1912 年公布的关于晶体 X 射线衍射实验结果的有力支持。当时，劳厄建立了周期性阵列的 X 射线衍射理论，并由其合作者报道了关于 X 射线被晶体衍射的第一个实验结果。X 射线在这一研究工作中的重要性在于：X 射线也是电磁波，并且其波长与晶体结构的一个“砌块”的线度相当。现在我们知道，晶体结构分析也可以通过中子衍射或电子衍射来完成，不过 X 射线仍是人们通常选择的分析工具。

衍射实验决定性地证明了晶体是由原子或原子团的周期性阵列组成的。正是由于晶体结构的原子模型的建立，物理学家们才能进一步深入地开展有关固体物理的相关研究。其中，量子理论的发展对固体物理学的诞生起着非常重要的作用。目前，固体物理的相关研究已拓展到非晶固体和量子流体，这一更宽的研究领域被称为凝聚态物理（condensed matter physics），它是当前物理学中最广泛、最活跃的研究领域之一。

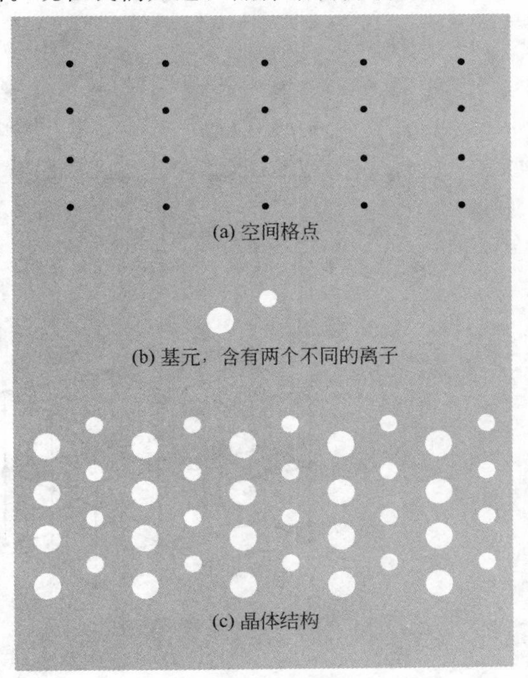

图 2　晶体结构的形成是将基元（b）配置在晶格（a）的每个格点上。通过考察（c），可以辨识基元，然后可引出空间格点。相对于一个格点，将基元放在何处是无关紧要的。

1.1.1　晶格平移矢量

如图 2 所示，在理想情况下，晶体是由全同的原子团在空间无限重复排列而构成的，这样的原子团被称为基元（basis）。在数学上，这些基元可以抽象为几何点，而这些点的集合被称为晶格（lattice）。在三维情况下，晶格可以通过三个平移矢量 $\boldsymbol{a}_1$、$\boldsymbol{a}_2$、$\boldsymbol{a}_3$ 来表示；也就是说，当我们从某一点 $\boldsymbol{r}$ 去观察原子在晶体中的排列时，与我们通过取平移矢量（$\boldsymbol{a}_1$，$\boldsymbol{a}_2$，$\boldsymbol{a}_3$）整数倍得到的 $\boldsymbol{r}'$点所观察到的原子排列情况在各方面都完全一样。这时有

$$\boldsymbol{r}'=\boldsymbol{r}+u_1\boldsymbol{a}_1+u_2\boldsymbol{a}_2+u_3\boldsymbol{a}_3 \tag{1}$$

式中，u_1、u_2、u_3 为任意整数。这样，根据（1）式，由 u_1、u_2、u_3 的所有可能取值所确定的点 $\boldsymbol{r}'$的集合就定义了一个晶格。

对于任意的两个点，如果它们始终满足选取了合适整数 u_1、u_2、u_3 的式(1)，而且从这两个点所观察到的原子排列是一样的，那么这个晶格就被称为初基晶格（简称初基格，primitive lattice）。这时，平移矢量 $\boldsymbol{a}_i$ 被称为初基平移矢量（primitive translation vector）。初基平移矢量的这个定义确保了没有比这组矢量所构成的体积$\boldsymbol{a}_1\cdot\boldsymbol{a}_2\times\boldsymbol{a}_3$ 更小的晶胞可作为晶体结构的“砌块”。我们往往用初基平移矢量来定义晶轴，这些晶轴构成初基平行六面体的三个邻边。有时，非初基晶轴与结构对称性有更简单的关系，这时也可采用非初基晶轴。

1.1.2　结构基元与晶体结构

晶轴一旦选定，晶体结构的基元也就可以确定下来。如图 2 所示，在每个格点上配置一个基元就形成了晶体。当然，这里所说的晶格的格点只是为了描述上的方便，是数学抽象。对于给定的晶体，其中的所有基元无论在组成、排列还是在取向上都是完全相同的。

基元中的原子数目可以是一个，也可以多于一个。对于基元中第 j 个原子，其中心位置

相对于它的“关联格点”可用下式表示，即

$$\boldsymbol{r}_j = x_j \boldsymbol{a}_1 + y_j \boldsymbol{a}_2 + z_j \boldsymbol{a}_3 \tag{2}$$

我们可以这样安排，亦即将坐标原点选在这个所谓的“关联格点”上，使得 x_j、y_j 和 z_j 的取值满足 $0 \leqslant x_j$、y_j、$z_j \leqslant 1$。

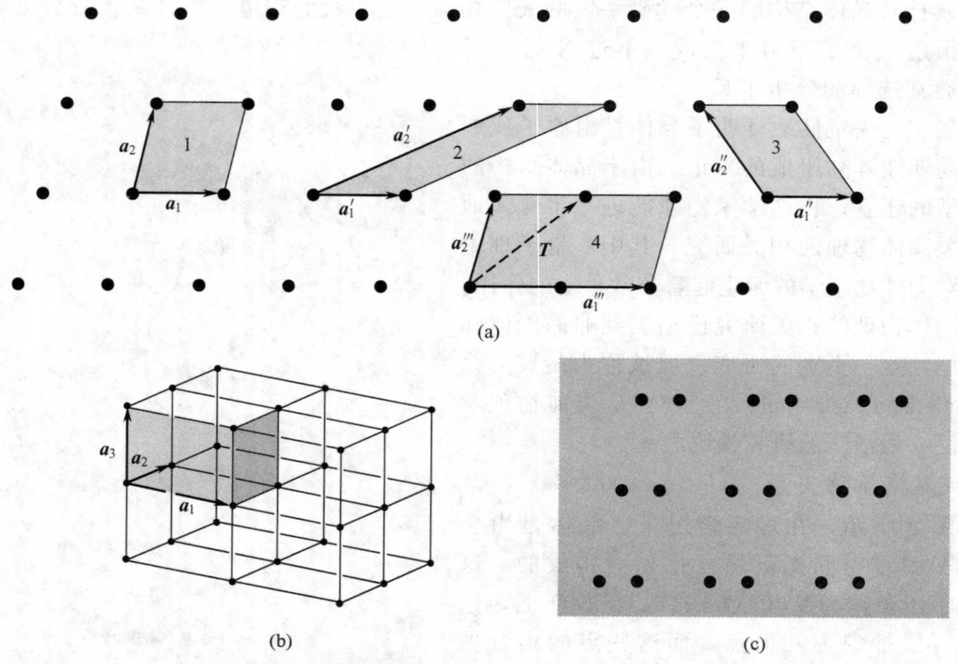

图 3 (a) 一个二维晶格的空间格点示意图。其图中每对 $\boldsymbol{a}_1$ 和 $\boldsymbol{a}_2$ 都是晶格平移矢量。但是，$\boldsymbol{a}_1'''$ 和 $\boldsymbol{a}_2'''$ 不是初基平移矢量，因为不可能从 $\boldsymbol{a}_1'''$ 和 $\boldsymbol{a}_2'''$ 的整数倍组合来构成晶格平移 $\boldsymbol{T}$；如图所示的其他成对的 $\boldsymbol{a}_1$ 和 $\boldsymbol{a}_2$ 矢量都可以取为晶格的初基平移矢量。平行四边形 1、2、3 的面积都是相等的，它们中的任何一个都可以取作原胞（亦即初基晶胞）。平行四边形 4 的面积是原胞面积的两倍。(b) 三维晶格的原胞示意图。(c) 假设这些点是全同的原子：请读者在图中画出一组格点，选择初基晶轴、原胞以及与一个格点相联系的原子的基元。

1.1.3 原胞

如图 3 (b) 所示，由初基晶轴 $\boldsymbol{a}_1$、$\boldsymbol{a}_2$ 和 $\boldsymbol{a}_3$ 所确定的平行六面体被称之为原胞（primitive cell，又称为初基晶胞）。原胞是晶胞或单胞的类型之一（其实，这里的单胞一词显得多余和不必要）。经过重复适当的晶体平移操作，晶胞可以填满整个空间。所谓原胞，实际上是体积最小的晶胞。对于某个给定的晶格，其初基晶轴及其原胞的选取方式可以有许多种。但是，对于一种给定的晶体结构，无论怎么选取，其原胞或初基基元中的原子数目却总是相同的。

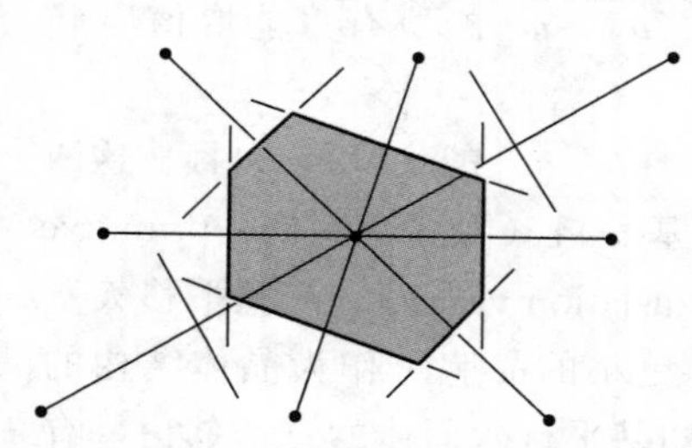

图 4 也可以采用下列方式选取原胞：(1) 把某个格点与其所有相邻格点用直线连接起来；(2) 在这些连线的中点处，作垂直线或垂面。以这种方式围成的最小体积就是维格纳-赛茨原胞。如图 3 所示的晶胞一样，这种晶胞可以完全填满整个空间。

每个原胞中都只包含一个格点。例如，如果原胞是一个其八个角隅上都对应于格点的平行六面体，那么每个角隅上的格点将分属于在该处相毗邻的八个晶胞，因此这样计算得出的结果仍是每个晶胞中只含有一个格点，即 $8\times\frac{1}{8}=1$。根据初等矢量分析可知，由晶轴 $\boldsymbol{a}_1$、$\boldsymbol{a}_2$ 和$\boldsymbol{a}_3$ 所给

出的晶胞体积为

$$V_c = |\boldsymbol{a}_1 \cdot \boldsymbol{a}_2 \times \boldsymbol{a}_3| \tag{3}$$

同原胞中一个格点相联系的基元被称为初基基元。初基基元是包含原子数目最少的基元。如图 4 所示，给出了另一种选取原胞的方式，以这种方式构成的晶胞就是物理学家们所熟悉的维格纳-赛茨原胞（Wigner-Seitz cell）。

1.2　晶格的基本类型

晶格可以通过晶格平移 $\boldsymbol{T}$ 或其他各种对称操作与其自身重合。其中，典型的对称操作就是围绕一个通过格点的晶轴进行转动。对于转动角度为 2π、2π/2、2π/3、2π/4 和 2π/6 弧度或者是这些角度的整数倍，总可以找到一些会与自身重合的晶格，与这些角度相对应的转动轴分别被称为一重、二重、三重、四重和六重轴。通常，用符号 1、2、3、4 和 6 分别表示这些转动轴。

对于除此之外的其他角度的转动，例如转动 2π/7 弧度或 2π/5 弧度，不可能找到使之与自身重合的晶格。适当设计的单个分子可以有任意角度的转动对称性，但是，要想构造一个无限的周期晶格则是不可能的。我们可以通过具有五重转动轴的一个个分子构造一个晶体，但是不能期望其晶格也具有五重转动轴。图 5 表示如果试图去制作一个具有五重对称性的周期晶格将会遇到什么样情况：这些五边形不能都相互贴紧地充填整个空间。这就表明，不可能将五重点对称性同所需要的平移周期性结合起来。

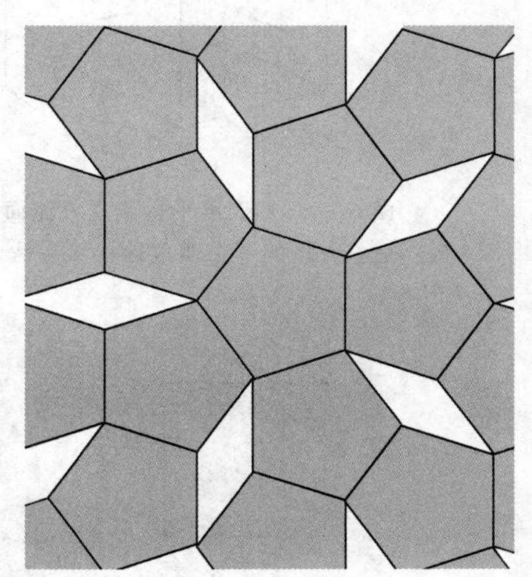

图 5　周期晶格不可能存在五重对称轴，因为不可能使五边形相互连接的阵列不留空隙地充满整个空间。但是，我们总可以借助两种截然不同的“瓷砖”图案或两种完全不同的简单多边形铺满一个平面的整个空间。

所谓“晶格点群”，它是这样一些对称操作的一个集合，当相对于某一格点进行这些对称操作之后，其晶格保持不变。前面已经给出了可能存在的转动对称操作。此外，还有镜面反映 m，它是以通过一个格点的平面作为反映平面的对称操作。反演操作是先转动 π 弧度，之后在垂直于其转动轴的一个平面上反映，总的效果是由 $-\boldsymbol{r}$ 取代 $\boldsymbol{r}$。图 6 示意给出了立方体的对称平面和对称轴。

1.2.1　二维晶格的分类

如前述图 3（a）所示，其晶格示意图中的晶格平移矢量 $\boldsymbol{a}_1$ 和 $\boldsymbol{a}_2$ 具有任意性，由此给出的一般性晶格通常被称为斜方晶格。当围绕任何一个格点转动时，只有在转动 π 和 2π 弧度时才能保持不变。但是，对于一些特殊的斜方晶格，转动 2π/3、2π/4 或 2π/6 弧度，或作镜面反映，可以不变。如果要构造一个晶格，使之在这些新的一种或多种操作下不变，就必须对 $\boldsymbol{a}_1$ 和 $\boldsymbol{a}_2$ 施加一些限制性条件。对此，有四种不一样的限制，每一种都引导出一种所谓的特殊晶格类型。因此，将有五种独特的二维晶格类型，即一种斜方晶格和如图 7 所示的四种特殊晶格。所谓布拉维晶格（Bravais lattice），就是对一类独特晶格类型的通称。于是，在二维情况下，我们有五种二维的布拉维晶格。

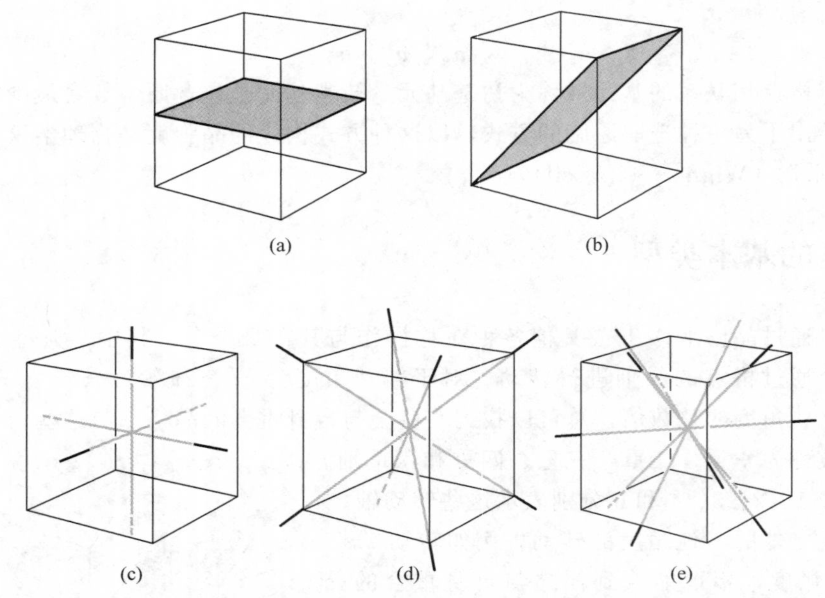

图 6 （a）表示平行于立方体面的一个对称的平面；（b）是立方体中一个对称的对角面；（c）是立方体的 3 个四重轴；（d）是立方体 4 个三重轴；（e）是立方体的 6 个二重轴。

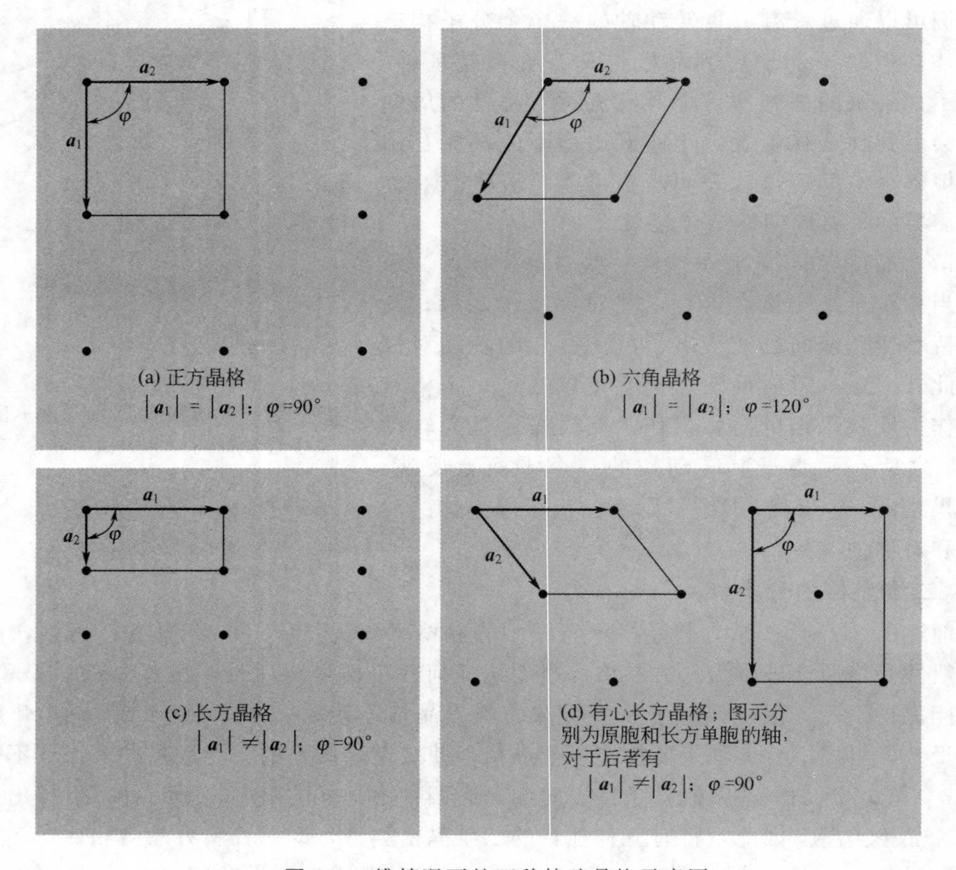

图 7 二维情况下的四种特殊晶格示意图。

1.2.2 三维晶格的分类

如表 1 所示，在三维情况下，有十四种不同类型的晶格满足点对称群的要求。一般的晶格类型为三斜晶格，另外十三种是特殊的晶格类型。为方便起见，通常按照七种惯用晶胞将这十四种晶格划分为 7 个晶系，即三斜、单斜、正交、四角、立方、三角和六角晶系。由表 1 不难看出，这种晶系的划分是以惯用晶胞轴间的特定关系进行归纳分类的。图 8 所示的晶胞是惯用晶胞，它们中只有简单立方（*sc*）的晶胞是原胞。有时，非原胞同晶格点对称操作的关系比原胞还要简单明了。

表 1　三维空间的十四种晶格类型

晶系	包括的晶格类型数	对惯用晶胞的轴和角的限制	晶系	包括的晶格类型数	对惯用晶胞的轴和角的限制
三斜	1	$a_1 \neq a_2 \neq a_3$ $\alpha \neq \beta \neq \gamma$	立方	3	$a_1 = a_2 = a_3$ $\alpha = \beta = \gamma = 90°$
单斜	2	$a_1 \neq a_2 \neq a_3$ $\alpha = \gamma = 90° \neq \beta$	三角	1	$a_1 = a_2 = a_3$ $\alpha = \beta = \gamma < 120°, \neq 90°$
正交	4	$a_1 \neq a_2 \neq a_3$ $\alpha = \beta = \gamma = 90°$	六角	1	$a_1 = a_2 \neq a_3$ $\alpha = \beta = 90°, \gamma = 120°$
四角	2	$a_1 = a_2 \neq a_3$ $\alpha = \beta = \gamma = 90°$			

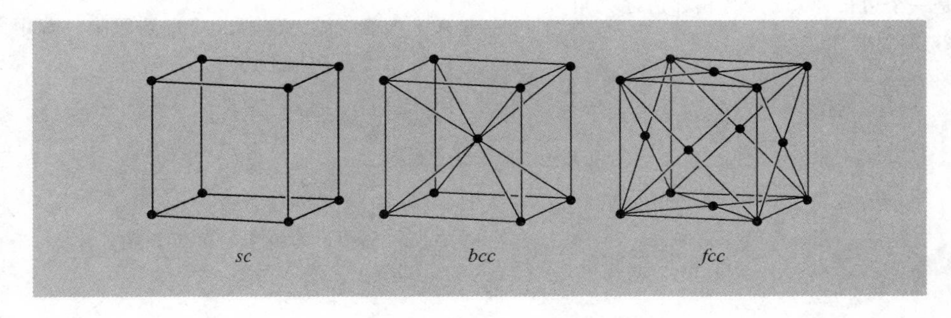

图 8　立方晶格：图中给出的晶胞是惯用晶胞。

立方晶系包括简单立方（*sc*）、体心立方（*bcc*）和面心立方（*fcc*）三种晶格。表 2 给出了这三种立方晶格的特征参数。图 9 表示体心立方晶格的原胞，并在图 10 中给出了与 *bcc* 相应的初基平移矢量。图 11 是面心立方晶格的初基平移矢量示意图。根据定义，原胞中只

表 2　立方晶格的特征参数

特征参数	简单立方	体心立方	面心立方
惯用晶胞的体积	a^3	a^3	a^3
单位晶胞中的格点数	1	2	4
原胞的体积	a^3	$\frac{1}{2}a^3$	$\frac{1}{4}a^3$
单位体积中的格点数	$\frac{1}{a^3}$	$\frac{2}{a^3}$	$\frac{4}{a^3}$
最近邻数	6	8	12
最近邻距离	a	$\frac{\sqrt{3}a}{2}=0.866a$	$\frac{a}{\sqrt{2}}=0.707a$
次近邻数	12	6	6
次近邻距离	$\sqrt{2}a$	a	a
堆积率[①]	$\frac{1}{6}\pi=0.524$	$\frac{\sqrt{3}\pi}{8}=0.680$	$\frac{\sqrt{2}\pi}{6}=0.740$

① 堆积率（packing fraction）是指被硬球填充所占据的有效体积的最大比率。

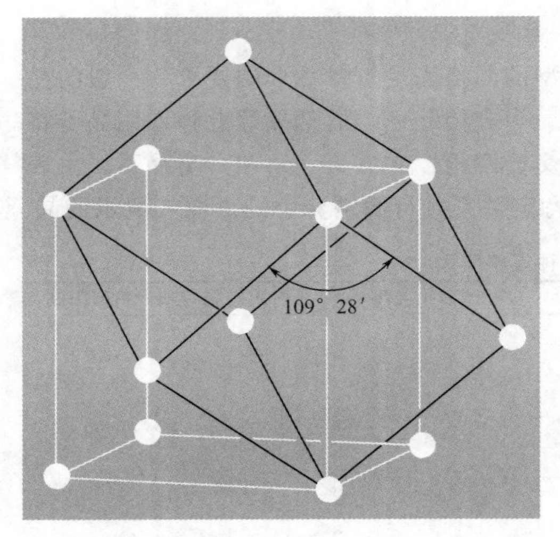

图 9　体心立方晶格及其原胞示意图：其原胞是一个边长为$\sqrt{3}a/2$、相邻边之夹角为 109°28′的菱面体。

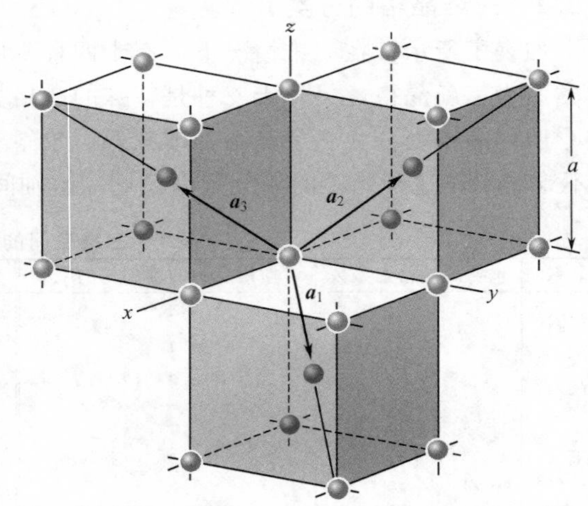

图 10　体心立方晶格的初基平移矢量。通过这些矢量，可以把原点处的格点同体心处的格点连接起来。将菱面体完整画出即得到原胞。若用立方体边长 a 给出其初基平移矢量，则有：

$$\boldsymbol{a}_1=\frac{1}{2}a(\hat{\boldsymbol{x}}+\hat{\boldsymbol{y}}-\hat{\boldsymbol{z}});\boldsymbol{a}_2=\frac{1}{2}a(-\hat{\boldsymbol{x}}+\hat{\boldsymbol{y}}+\hat{\boldsymbol{z}});$$

$$\boldsymbol{a}_3=\frac{1}{2}a(\hat{\boldsymbol{x}}-\hat{\boldsymbol{y}}+\hat{\boldsymbol{z}})$$

式中，$\hat{\boldsymbol{x}}$、$\hat{\boldsymbol{y}}$、$\hat{\boldsymbol{z}}$ 为笛卡尔单位矢量。

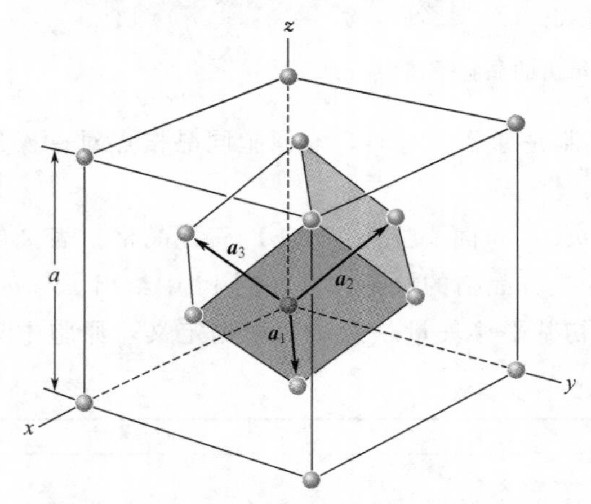

图 11　面心立方体的菱面体原胞。通过初基平移矢量$\boldsymbol{a}_1$、$\boldsymbol{a}_2$、$\boldsymbol{a}_3$ 将原点处的格点同面心位置上的格点连接起来。如图所示，其初基矢量为：

$$\boldsymbol{a}_1=\frac{1}{2}a(\hat{\boldsymbol{x}}+\hat{\boldsymbol{y}});\boldsymbol{a}_2=\frac{1}{2}a(\hat{\boldsymbol{y}}+\hat{\boldsymbol{z}});\boldsymbol{a}_3=\frac{1}{2}a(\hat{\boldsymbol{z}}+\hat{\boldsymbol{x}})$$

式中，$\hat{\boldsymbol{x}}$、$\hat{\boldsymbol{y}}$、$\hat{\boldsymbol{z}}$ 是笛卡尔单位矢量，轴间夹角为 60°。

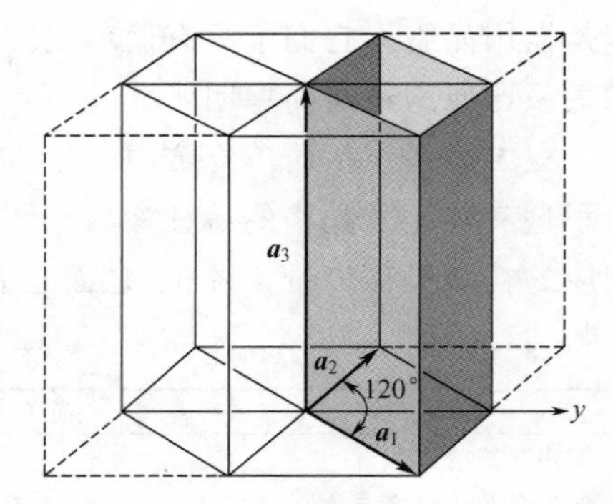

图 12　六角晶系的原胞（粗线）与六角对称棱柱的关系，其中 $a_1=a_2\neq a_3$。

包含一个格点，而惯用 bcc 晶胞中含有两个格点、惯用 fcc 晶胞中含有四个格点。

晶胞中一个点的位置可通过式(2) 由原子的坐标 x、y、z 给出；如果坐标原点取在晶胞的某一角点上，则每个坐标分别是在坐标轴方向上的轴长 a_1、a_2 或 a_3 的分数。因此，一个晶胞的体心坐标是（1/2，1/2，1/2）；而其面心的坐标将包括（1/2，1/2，0）、（0，1/2，1/2）和（1/2，0，1/2）。对于六角晶系，其原胞是一个以含有 120°夹角的菱形为底的直角棱柱。图 12 给出了菱形晶胞与六角棱柱之间的关系。

1.3　晶面指数系统

一个晶面的取向可以由这个晶面上的任意三个不共线的点确定。如果这三个点处在不同的晶轴上，则通过由晶格常量 a_1、a_2、a_3 表示的这些点的坐标就能标定它们所决定的晶面。然而，对于结构分析来说，采用下述规则确定的指数来标定一个晶面的取向将会更加有用（见图 13）。

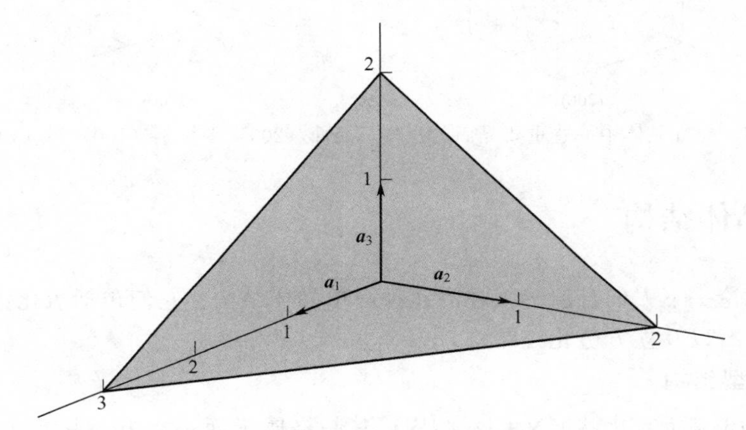

图 13　图中所示平面在 $\boldsymbol{a}_1$、$\boldsymbol{a}_2$ 和 $\boldsymbol{a}_3$ 三个轴上的截距分别为 $3a_1$、$2a_2$ 和 $2a_3$，其系数的倒数为 1/3、1/2、1/2。与之具有同样比率的三个最小整数是 2、3、3。因而，该面的指数为（233）。

● 找出以晶格常量 a_1、a_2、a_3 量度的、在各个轴上的截距。这些轴既可以是初基的，也可以是非初基的。

● 取这些截距的倒数，然后化成与之具有相同比率的三个整数，通常是将其化成三个最小的整数；若用 h、k、l 表示这三个数，则 h、k、l 就是所谓的晶面指数，一般表示为（hkl）。

对于截距为 4、1、2 的晶面，求倒数后分别得到 1/4、1 和 1/2；显然，其具有相同比率的三个最小整数是（142）。如果某一截距为无穷大，那么其对应的指数就是零。如图 14 所示，给出了立方晶体中一些重要晶面的指数。晶面指数（hkl）可以表示一个平面，或一组平行平面。如果一个平面截轴于原点的负侧，那么相应的指数就是负的，并规定将负号置于该指数上方表示，例如（$h\bar{k}l$）。对于立方晶体，其立方体面分别是（100）、（010）、（001）、（$\bar{1}00$）、（$0\bar{1}0$）和（$00\bar{1}$）。对于因对称性而等价的各晶面，通常约定用花括号（大括号）括上指数表示，由此，上述立方晶体的一组立方体面的指数就是 {100}。所谓的（200）晶面，指的是一个平行于（100）且截 $\boldsymbol{a}_1$ 轴于 $\frac{1}{2}a$ 处的面。

晶体中某一方向的指数［uvw］是指这样一组最小整数，这组最小整数间的比率等于该方向的一个矢量在轴上的诸分量的比率。$\boldsymbol{a}_1$ 轴是［100］方向，$-\boldsymbol{a}_2$ 是［$0\bar{1}0$］方向。在立方晶体中，方向［hkl］垂直于与之具有相同指数的晶面（hkl），但在其他晶系中这种关系并非普遍成立。

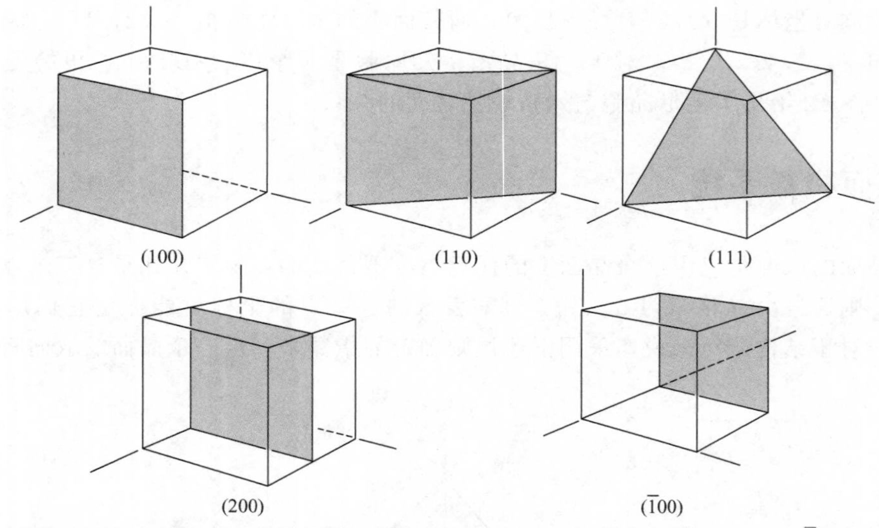

图 14　立方晶体中一些重要晶面的指数。晶面（200）平行于（100）和（$\bar{1}$00）。

1.4　简单晶体结构

接下来，讨论一下人们普遍感兴趣的几种简单晶体结构。它们包括氯化钠、氯化铯、六角密堆积、金刚石以及立方硫化锌结构。

1.4.1　氯化钠型结构

图 15 和图 16 表示氯化钠（NaCl）结构，其晶格属于面心立方，基元由一个 Na^+ 和一

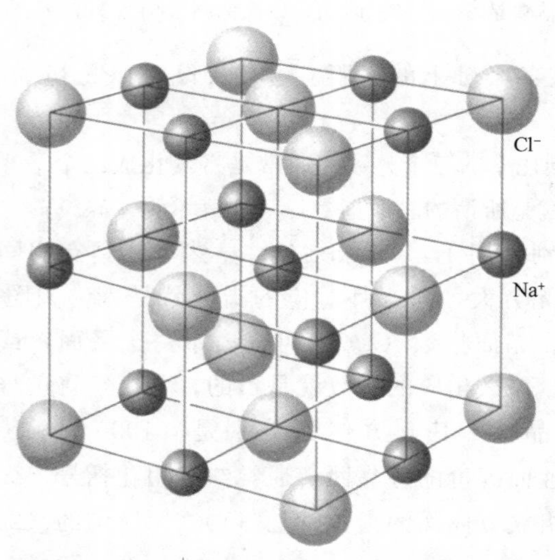

图 15　将 Na^+ 和 Cl^- 两种离子交替排列在一个简单立方晶格的格点上，构成氯化钠型晶体结构。在晶格中，每个离子被异号电荷的 6 个最近邻包围。其晶格属于面心立方，基元中包含一个在 000 位置的氯离子和一个在 $\frac{1}{2}\frac{1}{2}\frac{1}{2}$ 位置的钠离子。图中给出的是一个惯用立方晶胞。为了更清楚地显示这些离子的空间排列情况，离子直径与晶胞尺寸的相对关系已进行了约化处理。

图 16　氯化钠晶体结构模型，钠离子比氯离子小。该图引自 A. N. Holden 和 P. Singer。

个 Cl^- 组成；基元中这两种离子的间距为一个单位立方体体对角线长度的一半。在每一个单位立方体中，有四个 NaCl 基元，其原子位置分别为：

Cl：$0\,0\,0$；　$\frac{1}{2}\,\frac{1}{2}\,0$；　$\frac{1}{2}\,0\,\frac{1}{2}$；　$0\,\frac{1}{2}\,\frac{1}{2}$。

Na：$\frac{1}{2}\,\frac{1}{2}\,\frac{1}{2}$；　$0\,0\,\frac{1}{2}$；　$0\,\frac{1}{2}\,0$；　$\frac{1}{2}\,0\,0$。

每个原子有六个异类原子作为最近邻。下表给出了一些具有 NaCl 型结构的典型晶体，其中立方体边长 a 以埃（Å）为单位表出：

晶体	a/Å	晶体	a/Å
LiH	4.08	AgBr	5.77
MgO	4.20	PbS	5.92
MnO	4.43	KCl	6.29
NaCl	5.63	KBr	6.59

$1\text{Å}=10^{-8}\text{cm}=10^{-10}\text{m}=0.1\text{nm}$。

图 17 是产自密苏里乔普林（Joplin）的方铅矿（PbS）晶体的照片。这些天然的乔普林矿晶标本呈现出美丽的立方体形状。

图 17　天然硫化铅（PbS）晶体具有 NaCl 型结构。该图片由 B. Burleson 拍摄。

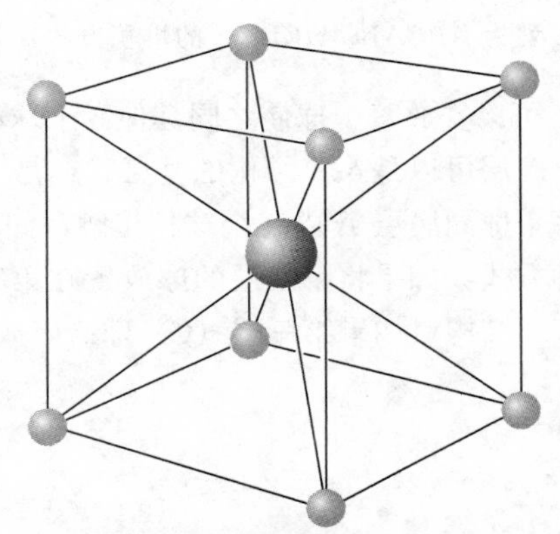

图 18　氯化铯晶体结构。其晶格属于简单立方，基元由一个位于 000 的铯离子和一个位于 $\frac{1}{2}\,\frac{1}{2}\,\frac{1}{2}$ 的氯离子组成。

1.4.2　氯化铯型结构

图 18 表示氯化铯（CsCl）结构。每个原胞有一个分子。其原子分别位于简单立方晶格的角隅位置 000 和体心位置 $\frac{1}{2}\,\frac{1}{2}\,\frac{1}{2}$ 。每个原子位于由异类原子构成的立方体的中心，所以其最近邻数或配位数为 8。具有 CsCl 型结构的典型晶体列举如下：

晶体	a/Å	晶体	a/Å
BeCu	2.70	LiHg	3.29
AlNi	2.88	NH_4Cl	3.87
CuZn(β-黄铜)	2.94	TlBr	3.97
CuPd	2.99	CsCl	4.11
AgMg	3.28	TlI	4.20

1.4.3 六角密堆积（*hcp*）型结构

对于完全相同的球，若将其堆积成规则阵列且满足得到的堆积率最大，则其堆积方式有两种（见图 19）。一种是面心立方（*fcc*）结构，另一种是六角密堆积（*hcp*）结构（见图 20）。对于这两种结构，其总体积中被球占据的体积比率都是 0.74。除此之外，无论是规则还是不规则的堆积结构，都不可能得到比 *fcc* 和 *hcp* 更密的堆积。

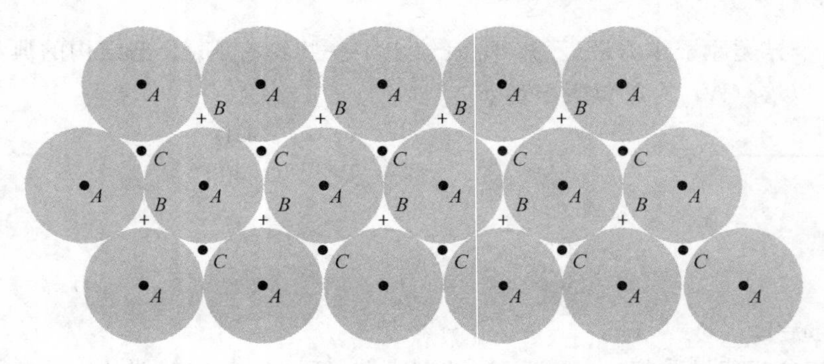

图 19 表示球的一个密堆积层，球心位于 *A* 标志的点。第二个全同的球层可以安置在它的上面并平行于图中所示的平面，球心位于以 *B* 标志的点的上方。第三层可以有两种不同的排布方式：既可以置于 *A* 位置的上方，也可以置于 *C* 位置的上方。如果置于 *A* 位置上方，则构成序列为 *ABABAB*……的堆积方式，其结构为六角密堆积；如果第三层置于 *C* 位置上方，则得到序列为 *ABCABCABC*……的堆积方式，其结构为面心立方。

可以安放每个球使之同其他 6 个球相接触，这样把球排列成为一个最密集单层，通常记为 A 层。A 层可以是 *hcp* 结构的基层，或是 *fcc* 结构的（111）面。类似地，可以堆积排列第二层，亦即每个球同底层 A 的三个球相接触，如图 19～图 21 所示。第二层记为 B 层。第三层 C 的堆积有两种方式：如果将第三层的球放置在第一层的没有被第二层（B）球占据的空隙的正上方，则得到 *fcc* 结构；如果第三层（C）球恰好放在第一层球的正上方，则得到 *hcp* 结构。

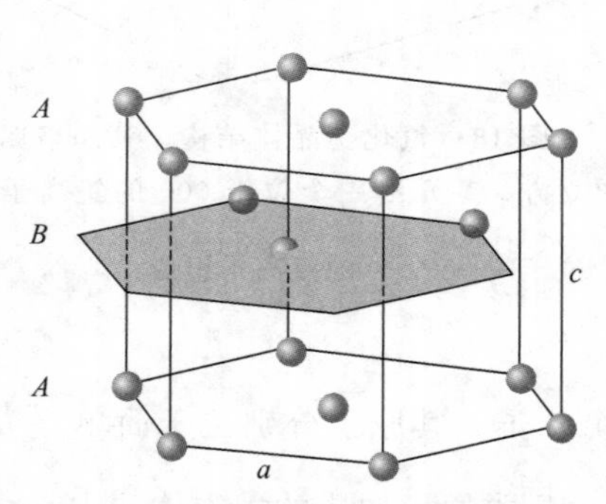

图 20 六角密堆积结构。在这种结构中，原子排列所占位置不构成一个空间晶格，空间晶格是简单六角格子，与每一个格点联系着的是两个全同原子组成的基元。图中给出两个晶格参数，即 *a* 和 *c*，其中 *a* 位于底层，*c* 对应于图 12 中的 $\boldsymbol{a}_3$ 轴的长度。

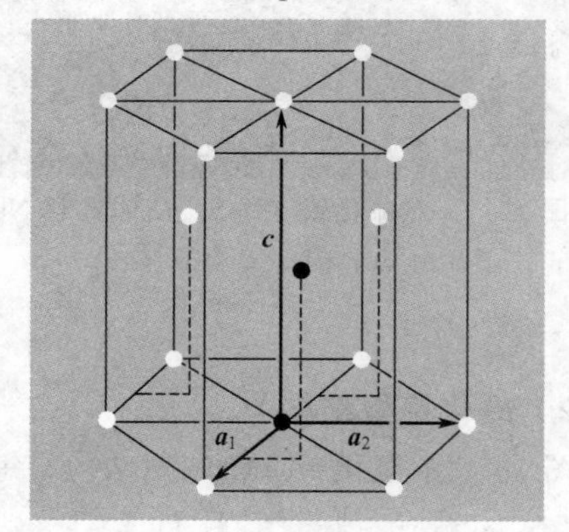

图 21 原胞示意图：其中 $\boldsymbol{a}_1=\boldsymbol{a}_2$，其间夹角为 120°，*c* 轴（即 $\boldsymbol{a}_3$ 轴）垂直于 $\boldsymbol{a}_1$ 和 $\boldsymbol{a}_2$ 决定的平面。在理想的 *hcp* 结构中，$c=1.633a$。一个基元中的两个原子在图中用黑圆点表示。基元的一个原子位于原点 000，另一个原子位于 $\frac{2}{3}\ \frac{1}{3}\ \frac{1}{2}$（即位于 $\boldsymbol{r}=\frac{2}{3}\boldsymbol{a}_1+\frac{1}{3}\boldsymbol{a}_2+\frac{1}{2}\boldsymbol{a}_3$）。

hcp 和 fcc 两种结构的最近邻原子数均为 12。如果认为结合能（或自由能）仅取决于每个原子的最近邻键的数目，那么 fcc 和 hcp 两种结构在能量上就不应该有什么差别。下面是六角密堆积结构的一些例子：

晶体	c/a	晶体	c/a
He	1.633	Co	1.622
Be	1.581	Y	1.570
Mg	1.623	Zr	1.594
Ti	1.586	Gd	1.592
Zn	1.861	Lu	1.586
Cd	1.886		

1.4.4　金刚石型结构

半导体硅和锗的结构就是金刚石型结构，并且一些重要的二元化合物半导体也与这种类型的结构有关。金刚石型结构的晶格类型属于面心立方。与每个格点联系着的初基基元含有两个全同原子，分别位于 000 和 $\frac{1}{4}\frac{1}{4}\frac{1}{4}$，如图 22 所示。因为 fcc 晶格的惯用单位立方体中包含 4 个格点，所以金刚石结构的惯用单位立方体中应包含 $2\times4=8$ 个原子。无法选择这样一个原胞，使得金刚石的基元中只包含一个原子。

如图 23 所示，金刚石拥有四面体型成键特征。每个原子有 4 个最近邻和 12 个次近邻。金刚石结构是比较空的，在总体积中，已被硬球填充的最大比率只有 0.34，亦即约为密堆积结构填充比率的 46%。金刚石结构是元素周期表中第Ⅳ族元素具有方向性共价键键合的典型例证。碳、硅、锗和锡都能结晶为金刚石型结构，它们的晶格常量分别是 $a=3.567$Å、

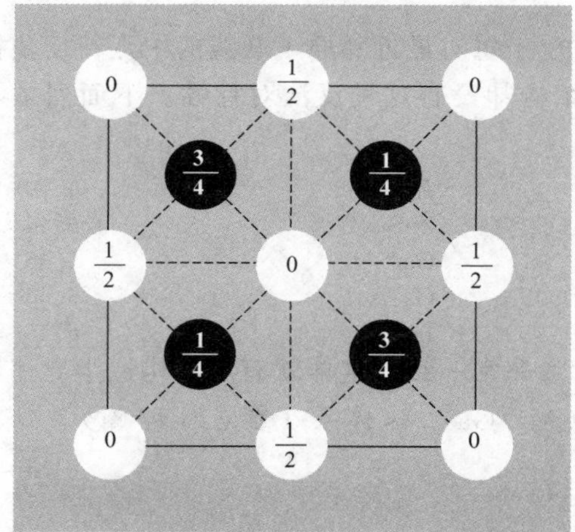

图 22　原子在金刚石结构立方晶胞中的位置分布图，图示为投影在一个立方体面上的情况。图中分数值表示以立方体边长为单位，其原子处在基面上方的高度。在 0 和 $\frac{1}{2}$ 处的点是处在一个 fcc 格子上。在 $\frac{1}{4}$ 和 $\frac{3}{4}$ 处的点是处在另一个相似的格子上。第二个格子相对于第一个格子沿其体对角线错开，错开的距离为体对角线长度的四分之一。如果看作单个的 fcc 晶格，则基元是由位于 000 和 $\frac{1}{4}\frac{1}{4}\frac{1}{4}$ 的两个全同原子组成。

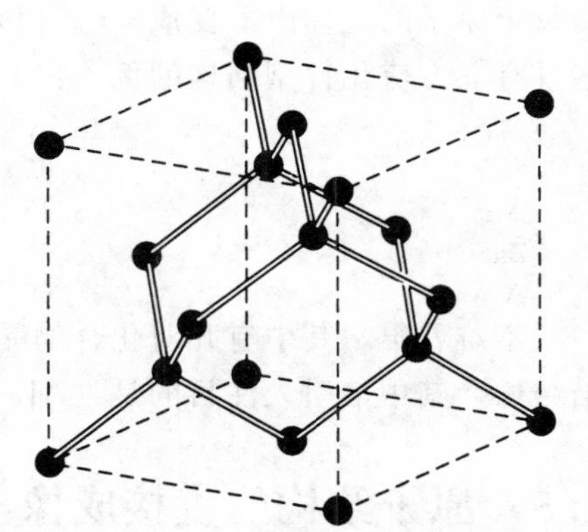

图 23　金刚石型晶体结构。图中显示了四面体键合的排列方式。

5.430Å、5.658Å 和 6.49Å，其中 a 为惯用立方晶胞的边长。

1.4.5 立方硫化锌型结构

金刚石结构可以看作是两个彼此错开的面心立方结构，相互错开幅度等于立方体体对角线长度的四分之一。如果 Zn 原子排列在其中一个面心立方体格点上，而 S 原子置于另一个面心立方格点上，如图 24 所示，这样就给出立方硫化锌（闪锌矿）结构。惯用晶胞是一个立方体。锌原子的坐标为 000，$0\frac{1}{2}\frac{1}{2}$，$\frac{1}{2}0\frac{1}{2}$，$\frac{1}{2}\frac{1}{2}0$；硫原子的坐标为 $\frac{1}{4}\frac{1}{4}\frac{1}{4}$，$\frac{1}{4}\frac{3}{4}\frac{3}{4}$，$\frac{3}{4}\frac{1}{4}\frac{3}{4}$，$\frac{3}{4}\frac{3}{4}\frac{1}{4}$。其晶格类型为面心立方。每个惯用晶胞含有 4 个硫化锌分子，围绕每个原子有四个等间距的异类原子，它们排列在一个正四面体的顶角上。

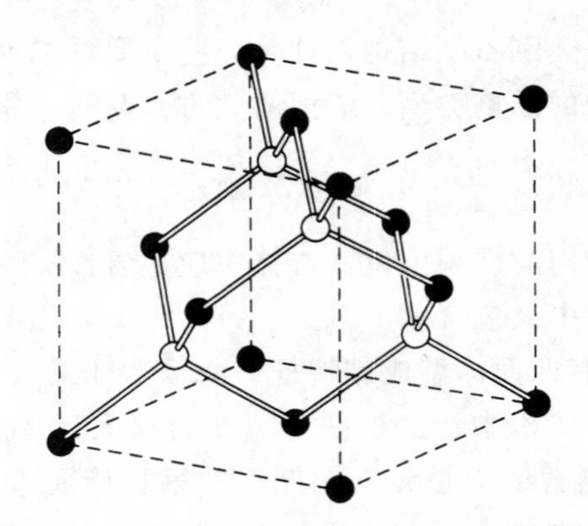

图 24 立方硫化锌的晶体结构。

金刚石结构存在一个反演对称操作中心，它位于每对最近邻原子联线的中点；反演操作使每个原子的坐标由 $\boldsymbol{r}$ 变成 $-\boldsymbol{r}$。但是，硫化锌结构却没有这种反演对称性。下面列举了一些具有立方硫化锌型结构的例子：

晶体	a/Å	晶体	a/Å
SiC	4.35	ZnS	5.41
AlP	5.45	GaP	5.45
ZnSe	5.65	GaAs	5.65
AlAs	5.66	InSb	6.46

不难看出，其中有几对化合物晶体的晶格常量非常一致，这样就有可能构造半导体异质结结构，其中最引人注目的是（Al，Ga）P 和（Al，Ga）As 体系（参见第 19 章）。

1.5 原子结构的直接成像

借助透射电子显微技术，我们已经能够直接得到晶体的结构图像。事实上，利用扫描隧道显微技术（STM）我们还可以得到最为精美的结构图像。因为在 STM 中（参见第 18 章），可以发挥量子隧道效应对金属探针与晶体表面的间距异常敏感的优势。图 25 就是利用这种 STM 方法得到的照片。现在，人们已经能够利用 STM 方法操纵单个原子，并在晶体衬底表面上通过一个一个原子的操纵排列实现了层状的纳米结构组装。

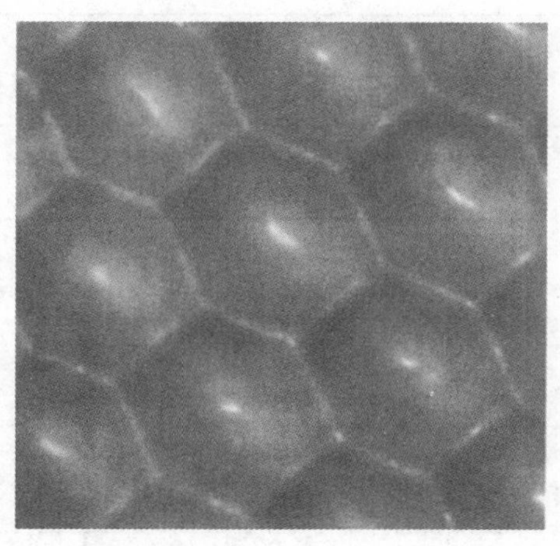

图 25　4K 下得到的 *fcc* 铂金属晶体（111）面上原子的 STM 照片；最近邻之间距为 2.78Å。该照片由 D. M. Eigler（IBM Research Division）提供。

1.6　非理想晶体结构

早期晶体学家所谓的理想晶体是通过全同结构单元在空间的周期性重复排列形成的。然而，没有一个普适的证据能证明理想晶体就是绝对零度下全同原子的最低能量状态。所以，在有限温度下，晶体学家的这种认识并不一定正确。下面，我们将进一步给出一个这方面的例子。

1.6.1　无规堆垛和多型性

面心立方结构和六角密堆积结构都是由原子的密排面组成的，其差别只在于这些密排面的堆垛序列不同；面心立方的序列是 ABCABC……，而六角密堆积的序列为 ABABAB……。也存在这样的结构，其中密排面的堆垛序列是无规的。这就是所谓的无规堆垛。这种无规堆垛结构在两个维度上可以看作是晶态的，而在第三个维度上则是非晶态或类玻璃态。

多型性的特征表现在沿堆垛轴有一个长重复单元的堆垛序列。最著名的例子就是硫化锌(ZnS)，现在已知道它具有 150 多种多型体，其中最长的周期达 360 层。另外一个例子是碳化硅（SiC)，它的密排层存在着 45 种以上的堆垛序列。目前已经清楚，碳化硅的 393*R* 型多型体拥有 $a=3.079$Å 和 $c=989.6$Å 的原胞。在 SiC 中，观察到的最长的原胞其重复距离达 594 层。也就是说，同一个给定序列要在一个单晶体中重复许多次。研究表明，引起上述长程结晶序列的机制不是长程力，而是由于生长核中存在着位错导致的螺旋台阶（参见第 21 章）。

1.7　晶体结构的有关数据

在表 3 中，列出了比较常见的元素晶体结构类型及其晶格常量；在表 4 中，给出了原子浓度和密度的相应数值。许多元素都存在着不止一种晶体结构；并且，随着温度或压力的变化，将从一种结构转变为另一种结构。有时候在相同的温度和压力下，两种不同的结构共存，虽然其中一种可能稍稍更稳定些。

表 3　元素的晶体结构

［本表所列数据，除特别以单位 K 注明温度的数据以外，其他均为最常见的室温下的数据，更详细的情况，读者可以联机“无机晶体结构数据库（ICSD）”］。

1	2	3	4	5	6	7	8	9	10	11	12	13	14	15	16	17	18
H^{1} 4K hcp 3.75 6.12																	He^{4} 2K hcp 3.57 5.83
Li 78K bcc 3.491	Be hcp 2.27 3.59											B rhomb.	C diamond 3.567	N 20K cubic 5.66 (N_2)	O complex (O_2)	F	Ne 4K fcc 4.46
Na 5K bcc 4.225	Mg hcp 3.21 5.21	← 晶体结构 → ← 晶格常量 a(Å) → ← 晶格常量 c(Å) →										Al fcc 4.05	Si diamond 5.430	P complex	S complex	Cl complex (Cl_2)	Ar 4K fcc 5.31
K 5K bcc 5.225	Ca fcc 5.58	Sc hcp 3.31 5.27	Ti hcp 2.95 4.68	V bcc 3.03	Cr bcc 2.88	Mn cubic complex	Fe bcc 2.87	Co hcp 2.51 4.07	Ni fcc 3.52	Cu fcc 3.61	Zn hcp 2.66 4.95	Ga complex	Ge diamond 5.658	As rhomb.	Se hex. chains	Br complex (Br_2)	Kr 4K fcc 5.64
Rb 5K bcc 5.585	Sr fcc 6.08	Y hcp 3.65 5.73	Zr hcp 3.23 5.15	Nb bcc 3.30	Mo bcc 3.15	Tc hcp 2.74 4.40	Ru hcp 2.71 4.28	Rh fcc 3.80	Pd fcc 3.89	Ag fcc 4.09	Cd hcp 2.98 5.62	In tetr. 3.25 4.95	Sn(α) diamond 6.49	Sb rhomb.	Te hex. chains	I complex (I_2)	Xe 4K fcc 6.13
Cs 5K bcc 6.045	Ba bcc 5.02	La hex. 3.77 *ABAC*	Hf hcp 3.19 5.05	Ta bcc 3.30	W bcc 3.16	Re hcp 2.76 4.46	Os hcp 2.74 4.32	Ir fcc 3.84	Pt fcc 3.92	Au fcc 4.08	Hg rhomb.	Tl hcp 3.46 5.52	Pb fcc 4.95	Bi rhomb.	Po sc 3.34	At —	Rn —
Fr —	Ra —	Ac fcc 5.31															

Ce fcc 5.16	Pr hex. 3.67 *ABAC*	Nd hex. 3.66	Pm —	Sm complex	Eu bcc 4.58	Gd hcp 3.63 5.78	Tb hcp 3.60 5.70	Dy hcp 3.59 5.65	Ho hcp 3.58 5.62	Er hcp 3.56 5.59	Tm hcp 3.54 5.56	Yb fcc 5.48	Lu hcp 3.50 5.55
Th fcc 5.08	Pa tetr. 3.92 3.24	U complex	Np complex	Pu complex	Am hex. 3.64 *ABAC*	Cm —	Bk —	Cf —	Es —	Fm —	Md —	No —	Lr —

表 4　密度及原子浓度

（表中数据除以单位 K 注明温度者外，其他均为大气压力和室温下的数据，具体结构转变见表 3）。

1	2	3	4	5	6	7	8	9	10	11	12	13	14	15	16	17	18
H 4K																	**He** 2K
0.088																	0.205 (at 37 atm)
Li 78K	**Be**											**B**	**C**	**N** 20K	**O**	**F**	**Ne** 4K
0.542	1.82											2.47	3.516	1.03			1.51
4.700	12.1											13.0	17.6				4.36
3.023	2.22												1.54			1.44	3.16
Na 5K	**Mg**											**Al**	**Si**	**P**	**S**	**Cl** 93K	**Ar** 4K
1.013	1.74	← 密度 / $g\cdot cm^{-3}$($10^3 kg\cdot m^{-3}$) →										2.70	2.33			2.03	1.77
2.652	4.30	← 浓度 / $10^{22} cm^{-3}$($10^{28} m^{-3}$) →										6.02	5.00				2.66
3.659	3.20	← 最近邻距离 / Å($10^{-10}m$) →										2.86	2.35			2.02	3.76
K 5K	**Ca**	**Sc**	**Ti**	**V**	**Cr**	**Mn**	**Fe**	**Co**	**Ni**	**Cu**	**Zn**	**Ga**	**Ge**	**As**	**Se**	**Br** 123K	**Kr** 4K
0.910	1.53	2.99	4.51	6.09	7.19	7.47	7.87	8.9	8.91	8.93	7.13	5.91	5.32	5.77	4.81	4.05	3.09
1.402	2.30	4.27	5.66	7.22	8.33	8.18	8.50	8.97	9.14	8.45	6.55	5.10	4.42	4.65	3.67	2.36	2.17
4.525	3.95	3.25	2.89	2.62	2.50	2.24	2.48	2.50	2.49	2.56	2.66	2.44	2.45	3.16	2.32		4.00
Rb 5K	**Sr**	**Y**	**Zr**	**Nb**	**Mo**	**Tc**	**Ru**	**Rh**	**Pd**	**Ag**	**Cd**	**In**	**Sn**	**Sb**	**Te**	**I**	**Xe** 4K
1.629	2.58	4.48	6.51	8.58	10.22	11.50	12.36	12.42	12.00	10.50	8.65	7.29	5.76	6.69	6.25	4.95	3.78
1.148	1.78	3.02	4.29	5.56	6.42	7.04	7.36	7.26	6.80	5.85	4.64	3.83	2.91	3.31	2.94	2.36	1.64
4.837	4.30	3.55	3.17	2.86	2.72	2.71	2.65	2.69	2.75	2.89	2.98	3.25	2.81	2.91	2.86	3.54	4.34
Cs 5K	**Ba**	**La**	**Hf**	**Ta**	**W**	**Re**	**Os**	**Ir**	**Pt**	**Au**	**Hg** 227	**Tl**	**Pb**	**Bi**	**Po**	**At**	**Rn**
1.997	3.59	6.17	13.20	16.66	19.25	21.03	22.58	22.55	21.47	19.28	14.26	11.87	11.34	9.80	9.31		
0.905	1.60	2.70	4.52	5.55	6.30	6.80	7.14	7.06	6.62	5.90	4.26	3.50	3.30	2.82	2.67	—	—
5.235	4.35	3.73	3.13	2.86	2.74	2.74	2.68	2.71	2.77	2.88	3.01	3.46	3.50	3.07	3.34		
Fr	**Ra**	**Ac**															
		10.07															
—	—	2.66															
		3.76															

Ce	**Pr**	**Nd**	**Pm**	**Sm**	**Eu**	**Gd**	**Tb**	**Dy**	**Ho**	**Er**	**Tm**	**Yb**	**Lu**
6.77	6.78	7.00		7.54	5.25	7.89	8.27	8.53	8.80	9.04	9.32	6.97	9.84
2.91	2.92	2.93	—	3.03	2.04	3.02	3.22	3.17	3.22	3.26	3.32	3.02	3.39
3.65	3.63	3.66		3.59	3.96	3.58	3.52	3.51	3.49	3.47	3.54	3.88	3.43
Th	**Pa**	**U**	**Np**	**Pu**	**Am**	**Cm**	**Bk**	**Cf**	**Es**	**Fm**	**Md**	**No**	**Lr**
11.72	15.37	19.05	20.45	19.81	11.87								
3.04	4.01	4.80	5.20	4.26	2.96	—	—	—	—	—	—	—	—
3.60	3.21	2.75	2.62	3.1	3.61								

小　　结

- 晶格是晶格平移算符 $\boldsymbol{T}=u_1\boldsymbol{a}_1+u_2\boldsymbol{a}_2+u_3\boldsymbol{a}_3$ 所联系的诸格点的阵列。其中 u_1、u_2、u_3 取整数值，$\boldsymbol{a}_1$、$\boldsymbol{a}_2$、$\boldsymbol{a}_3$ 为晶轴。
- 晶体是这样构成的：在每个格点上附加一个全同的基元，该基元由 s 个原子组成，其原子的位置由$\boldsymbol{r}_j=x_j\boldsymbol{a}_1+y_j\boldsymbol{a}_2+z_j\boldsymbol{a}_3$ 决定，式中 $j=1, 2, \cdots, s$；x、y、z 在 0 至 1 之间取值。
- 如果将一个最小体积晶胞 $|\boldsymbol{a}_1\cdot\boldsymbol{a}_2\times\boldsymbol{a}_3|$ 作为单元，由它出发，晶体结构可以由晶格平移算符 $\boldsymbol{T}$ 和每个格点上的基元构成，这样该晶胞的轴 $\boldsymbol{a}_1$、$\boldsymbol{a}_2$ 和 $\boldsymbol{a}_3$ 就是初基的。

习　　题

1. 四面体角。在金刚石结构中，其四面体键之间的角同立方体体对角线之间的角一样，如图 10 所示，请用初等矢量分析方法求出这个角度的大小。

2. 最近邻距离。(a) 已知面心立方（fcc）结构惯用立方晶胞的边长为 a，试证明两个最近邻原子之间的距离为 $a/\sqrt{2}$；(b) 金刚石型结构，可以看成是两个面心立方（fcc）沿其体对角线彼此错开组成的，其相互错开幅度等于体对角线的四分之一，记为 $d/4$，试给出以 d 表示的最近邻距离；(c) 若硅（Si）结晶为金刚石型晶体，其晶格常量 $a=5.430$Å，试计算其最近邻距离。

3. 晶面指数。考虑指数为（100）和（001）的面，其晶格属于面心立方，且指数指的是惯用立方晶胞。若采用图 11 的初基轴，这些面的指数是多少？

4. 晶向指数问题。如果 $[hkl]$ 表示相应于晶格矢量 $\boldsymbol{a}_1$、$\boldsymbol{a}_2$、$\boldsymbol{a}_3$ 的方向指数，而 $[h'k'l']$ 表示同一方向对应于晶格矢量 $\boldsymbol{a}_1'$、$\boldsymbol{a}_2'$、$\boldsymbol{a}_3'$ 的方向指数。试确定这两套方向指数之间的关系式。若 $\boldsymbol{a}_1$、$\boldsymbol{a}_2$、$\boldsymbol{a}_3$ 和 $\boldsymbol{a}_1'$、$\boldsymbol{a}_2'$、$\boldsymbol{a}_3'$ 分别是六角密堆积（hcp）结构的六角惯用晶胞和斜方晶胞的晶格矢量，试证明

$$\begin{pmatrix} h \\ k \\ l \end{pmatrix}=\begin{pmatrix} 2 & 0 & 0 \\ 1 & 1 & 0 \\ 0 & 0 & 1 \end{pmatrix}\begin{pmatrix} h' \\ k' \\ l' \end{pmatrix}$$

5. 六角密堆积（*hcp*）结构。试证明理想六角密堆积结构的 c/a 等于 $\left(\frac{8}{3}\right)^{\frac{1}{2}}=1.633$。如果实际的 c/a 值比这个数值大得多，可以把晶体视为由原子密排平面所组成，这些面是疏松堆垛的。

6. 堆积率问题。我们知道，晶胞内被原子所占体积与晶胞总体积之比率定义为堆积率（packing fraction），亦称为原子的堆积因子（atomic packing factor）。试证明：面心立方（fcc）结构的堆积因子为 0.74，而金刚石（型）结构的堆积因子为 0.34。

7. 晶面间距问题。对于晶格常量为 a_1、a_2、a_3 的正交晶格，试证明：晶面指数为 $[hkl]$ 的两个相邻晶面的垂直距离为

$$d_{hkl}=\left[\left(\frac{h}{a_1}\right)^2+\left(\frac{k}{a_2}\right)^2+\left(\frac{l}{a_3}\right)^2\right]^{-1/2}$$

8. 晶面交角问题。对于立方晶系，若已知两个晶面的米勒指数（Miller indices）分别为（$h_1k_1l_1$）和（$h_2k_2l_2$），试推导这两个晶面之间夹角的表达式。

第 2 章　晶体衍射和倒格子

2.1　晶体衍射

2.1.1　布拉格定律

人们通常利用光子衍射、中子衍射和电子衍射来研究晶体结构（参见图 1)。衍射依赖于晶体结构和入射粒子的波长。如果光的波长为5000Å，则被晶体单个原子弹性散射的波的叠加将给出通常的光折射。但是，当辐射的波长同晶格常量相当或小于晶格常量时，在与入射方向完全不同的方向上将出现衍射束。

布拉格（W. L. Bragg）对来自晶体的衍射束提出了一个简单的解释。布拉格的推导虽然简单，但却令人信服，因为它能给出正确的结果。假设入射波从晶体中的平行原子平面作镜面反射，每一个平面反射很少一部分辐射，就像一个轻微镀银的镜子一样。在这种类似镜子的镜面反射中，其反射角等于入射角。当来自平行原子平面的反射发生相长干涉时，就得出衍射束，如图 2 所示。我们考虑的是弹性散射，此时 X 射线的能量在反射中不变。

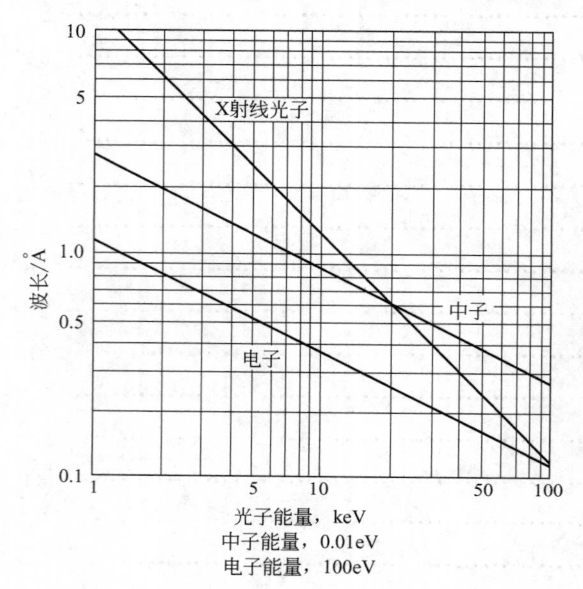

图 1　光子、中子和电子的波长与其能量的关系曲线。

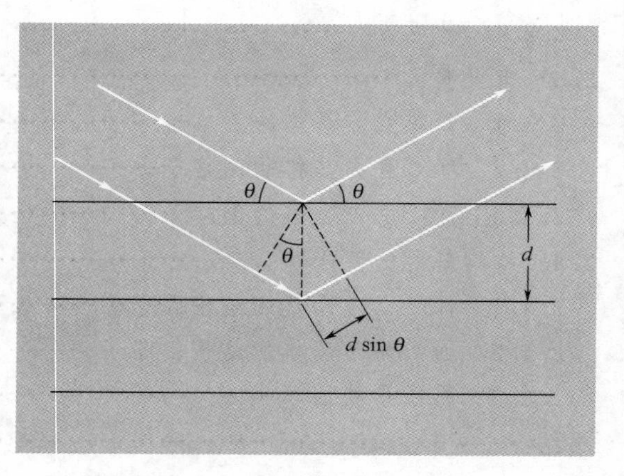

图 2　推导布拉格方程 $2d\sin\theta=n\lambda$ 的示意图。其中，d 为平行原子平面间的距离，$2\pi n$ 是相继原子平面反射辐射之间的相位差。反射面与具体样品的表面无关。

考虑间距为 d 的平行晶面，入射辐射线位于纸平面内。相邻平行晶面反射的射线行程差是 $2d\sin\theta$，式中 θ 从晶面开始度量。当行程差是波长 λ 的整数（n）倍时，来自相继平面的辐射就发生相长干涉。所以有

$$2d\sin\theta=n\lambda \tag{1}$$

这就是布拉格定律。布拉格定律成立的条件是波长 $\lambda\leqslant 2d$。

虽然从每个晶面的反射是镜面式的，然而只对于某些 θ 值，来自所有平行晶面的反射才会同相位地相加，产生一个强反射束。当然，如果每个面都是全反射的，那么就只有平行平面组的第一个平面才能感受到入射辐射，而且任何波长的辐射都将被反射。但是，每个平面只反射入射辐射的 $10^{-3}\sim10^{-5}$ 部分，因而对于一个理想晶体，来自其 $10^{3}\sim10^{5}$ 个晶面的贡献将可以形成布拉格反射束。关于单个原子平面反射的问题将在第 17 章有关表面物理的内容中讨论。

布拉格定律是晶格周期性的直接结果。应该指出的是，这条定律不涉及放置于每个格点的基元中的原子排列情况。然而我们知道，基元的组成决定着一组给定平行平面不同衍射级

[即上述式(1) 中的 n 取不同值] 之间的相对强度。图 3 和图 4 分别为单晶体和粉末样品的布拉格反射实验结果。

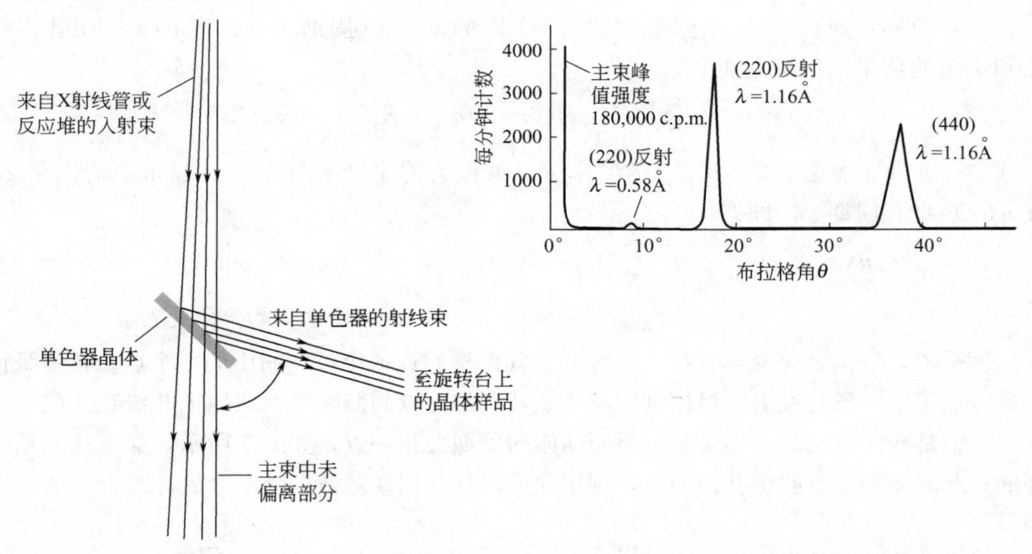

图 3　单色器示意图。借助布拉格反射，单色器可以从入射 X 射线或中子束的宽的谱带中选择出特定波长的窄谱带。图中上部谱线表示由氟化钙晶体单色器反射的波长为 1.16Å 中子束的单一性分析结果（该分析由第二个晶体的反射完成）。引自 G. Bacon。

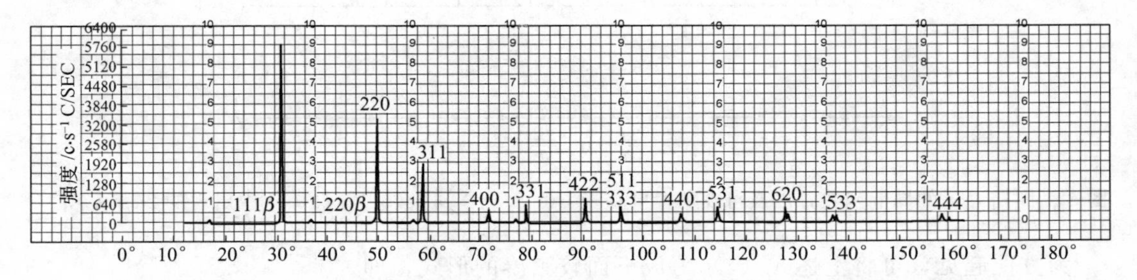

图 4　X 射线衍射仪记录的硅粉末样品的图谱，图中给出了衍射束的计数器计数结果（引自 W. Parrish)。

2.2　散射波振幅

布拉格对衍射条件（1）式的推导简洁而清楚地给出了被格点散射的波的相长干涉条件。为了确定来自基元中原子的散射强度（亦即每个晶胞中电子空间分布给出的散射强度），需要进行更为深入的分析和讨论。

2.2.1　傅里叶分析

由前述讨论可知，在形式为 $\boldsymbol{T}=u_1\boldsymbol{a}_1+u_2\boldsymbol{a}_2+u_3\boldsymbol{a}_3$（其中 u_1、u_2、u_3 均为整数，$\boldsymbol{a}_1$、$\boldsymbol{a}_2$ 和 $\boldsymbol{a}_3$ 是晶轴）的任何平移操作下，晶体是不变的。晶体中任何具有局域特征的物理性质（local physical properties），如电荷浓度、电子数密度和磁矩密度等在平移算符 $\boldsymbol{T}$ 作用下都是不变的。在这里，对我们最重要的莫过于电子数密度 $n(\boldsymbol{r})$ 是 $\boldsymbol{r}$ 的周期性函数，其在三个晶轴上的周期分别为 $\boldsymbol{a}_1$、$\boldsymbol{a}_2$，$\boldsymbol{a}_3$。因此，有

$$n(\boldsymbol{r}+\boldsymbol{T})=n(\boldsymbol{r}) \tag{2}$$

对于进行傅里叶分析而言，晶体的这种平移周期性将给出一种理想的情况。人们感兴趣的绝大部分晶体性质都可以同电子密度的傅里叶分量直接联系起来。

首先，我们考虑在 x 方向上的一维周期函数 $n(x)$，其周期为 a。将 $n(x)$ 展开为含有余弦和正弦的傅里叶级数，可得

$$n(x)=n_0+\sum_{p>0}[C_p\cos(2\pi px/a)+S_p\sin(2\pi px/a)] \tag{3}$$

式中，p 取正整数，C_p 和 S_p 为实常量，被称为傅里叶展开系数。幅角中的因子 $2\pi/a$ 保证 $n(x)$ 具有周期 a，即有

$$\begin{aligned}n(x+a)&=n_0+\sum[C_p\cos(2\pi px/a+2\pi p)+S_p\sin(2\pi px/a+2\pi p)]\\&=n_0+\sum[C_p\cos(2\pi px/a)+S_p\sin(2\pi px/a)]=n(x)\end{aligned} \tag{4}$$

这就是说，$2\pi p/a$ 是晶体倒格子（倒易空间晶格）或傅里叶空间中的一个点。在一维情形下，这些点位于一条直线上。根据这些倒格点，我们可以判断哪些项在傅里叶级数式(4) 或下述式(5) 中是允许出现的。如果某一项同晶体的周期性相一致，如图 5 所示，那么这一项就是允许的；此时，倒易空间中其他的点，则不允许出现在周期函数的傅里叶展开式中。

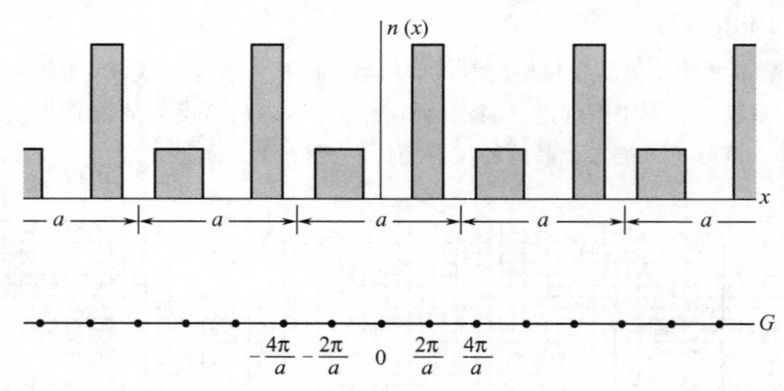

图 5　周期为 a 的周期函数，以及可在傅里叶变换 $n(x)=\sum n_p\exp(i2\pi px/a)$ 中出现的 $2\pi p/a$ 项。

为方便起见，可将上述式（4）写成下面较紧凑的形式，即

$$n(x)=\sum_p n_p\exp(i2\pi px/a) \tag{5}$$

其中，求和遍及所有 p 的整数取值（包括正的、负的和零）。此外，系数 n_p 是复数。为了保证 $n(x)$ 为实函数，则要求下式成立，即

$$n_{-p}^*=n_p \tag{6}$$

这样，使得遍及 p 与 $-p$ 的所有项之和就是实数。在 n_{-p}^* 中的星号表示取 n_{-p} 的复共轭。

若 $\varphi=2\pi px/a$，且式（6）成立，则可以证明式（5）的 p 与 $-p$ 两部分之和为实数。这里的两部分之和可以写为

$$n_p(\cos\varphi+i\sin\varphi)+n_{-p}(\cos\varphi-i\sin\varphi)=(n_p+n_{-p})\cos\varphi+i(n_p-n_{-p})\sin\varphi \tag{7}$$

如果式(6) 成立，则上式等于实函数，即为：

$$2\mathrm{Re}\{n_p\}\cos\varphi-2\mathrm{Im}\{n_p\}\sin\varphi \tag{8}$$

式中，$\mathrm{Re}\{n_p\}$ 和 $\mathrm{Im}\{n_p\}$ 分别表示 n_p 的实部和虚部。因此，正如所期望的那样，电子数密度 $n(x)$ 是实函数。

我们可以将一维傅里叶分析直接推广到三维情况下的周期函数 $n(\boldsymbol{r})$。这时，我们要找到一组矢量 $\boldsymbol{G}$，使得下述函数

$$n(\boldsymbol{r})=\sum_{G} n_{G}\exp(i\boldsymbol{G}\cdot\boldsymbol{r}) \tag{9}$$

在满足晶体不变性的所有晶体平移算符 $\boldsymbol{T}$ 作用下不变。下面将证明，这样一组傅里叶系数 n_G 决定着 X 射线的散射振幅。

傅里叶级数的逆变换。现在我们证明式（5）中的傅里叶系数 n_p 由下式给出：

$$n_p=a^{-1}\int_0^a \mathrm{d}x n(x)\exp(-i2\pi px/a) \tag{10}$$

将式（5）代入式（10）可得

$$n_p=a^{-1}\sum_{p'} n_{p'}\int_0^a \mathrm{d}x\exp[i2\pi(p'-p)x/a] \tag{11}$$

如果 $p'\neq p$，则上式的积分为

$$\frac{a}{i2\pi(p'-p)}[\mathrm{e}^{i2\pi(p'-p)}-1]=0$$

因为 $p'-p$ 是一个整数，而 $\exp[i2\pi(\text{整数})]=1$。当 $p'=p$ 时，上述被积函数为 $\exp(i0)=1$，这样一来其积分值等于 a。因此，$n_p=a^{-1}n_pa=n_p$ 是一个恒等式，从而式（10）亦是一个恒等式。

类似地，式（9）的逆变换由下式给出：

$$n_G=V_c^{-1}\int_{\text{cell}} \mathrm{d}Vn(\boldsymbol{r})\exp(-i\boldsymbol{G}\cdot\boldsymbol{r}) \tag{12}$$

式中，V_c 是晶体中一个晶胞的体积。

2.2.2 倒格矢

为了进一步讨论电子浓度的傅里叶分析给出的结果，必须找到上述式（9）中傅里叶求和 $\sum \boldsymbol{n_G}\exp(i\boldsymbol{G}\cdot\boldsymbol{r})$ 中的 $\boldsymbol{G}$ 矢量。对此有一个有效而简洁的方法，这种方法构成了固体物理的理论基础，其中傅里叶分析是这种方法的主要数学工具。

定义倒格子的轴矢量 $\boldsymbol{b}_1$、$\boldsymbol{b}_2$ 和 $\boldsymbol{b}_3$ 分别为：

$$\boldsymbol{b}_1=2\pi\frac{\boldsymbol{a}_2\times\boldsymbol{a}_3}{\boldsymbol{a}_1\cdot\boldsymbol{a}_2\times\boldsymbol{a}_3};\quad \boldsymbol{b}_2=2\pi\frac{\boldsymbol{a}_3\times\boldsymbol{a}_1}{\boldsymbol{a}_1\cdot\boldsymbol{a}_2\times\boldsymbol{a}_3};\quad \boldsymbol{b}_3=2\pi\frac{\boldsymbol{a}_1\times\boldsymbol{a}_2}{\boldsymbol{a}_1\cdot\boldsymbol{a}_2\times\boldsymbol{a}_3} \tag{13}$$

式中的 2π 因子，对于晶体学家并没有什么用，但在固体物理研究中却带来了诸多方便。

如果 $\boldsymbol{a}_1$、$\boldsymbol{a}_2$、$\boldsymbol{a}_3$ 是晶格的初基矢量，则 $\boldsymbol{b}_1$、$\boldsymbol{b}_2$、$\boldsymbol{b}_3$ 就是倒格子的初基矢量。由式（13）定义的每个矢量与晶格的两个轴矢量正交。由此，$\boldsymbol{b}_1$、$\boldsymbol{b}_2$ 和 $\boldsymbol{b}_3$ 具有如下性质，即有

$$\boldsymbol{b}_i\cdot\boldsymbol{a}_j=2\pi\delta_{ij} \tag{14}$$

式中，当 $i=j$ 时，有 $\delta_{ij}=1$；而当 $i\neq j$ 时，有 $\delta_{ij}=0$。

在倒格子中，每个倒格点都可以通过下列一组矢量给出，即

$$\boldsymbol{G}=v_1\boldsymbol{b}_1+v_2\boldsymbol{b}_2+v_3\boldsymbol{b}_3 \tag{15}$$

式中，v_1、v_2、v_3 取整数值。具有这种形式的矢量被称为倒格矢（reciprocal lattice vector）。

傅里叶级数式（9）中的矢量 $\boldsymbol{G}$ 其实就是由式（15）给出的倒格矢。因为这样一来，电子密度的傅里叶级数就会在任何晶体平移 $\boldsymbol{T}=u_1\boldsymbol{a}_1+u_2\boldsymbol{a}_2+u_3\boldsymbol{a}_3$ 变换下具有所要求的不变性。根据式（9），即有

$$n(\boldsymbol{r}+\boldsymbol{T})=\sum_{G} n_G\exp(i\boldsymbol{G}\cdot\boldsymbol{r})\exp(i\boldsymbol{G}\cdot\boldsymbol{T}) \tag{16}$$

其中 $\exp(i\boldsymbol{G}\cdot\boldsymbol{T})=1$，因为

$$\exp(i\boldsymbol{G}\cdot\boldsymbol{T})=\exp[i(v_1\boldsymbol{b}_1+v_2\boldsymbol{b}_2+v_3\boldsymbol{b}_3)\cdot(u_1\boldsymbol{a}_1+u_2\boldsymbol{a}_2+u_3\boldsymbol{a}_3)]$$
$$=\exp[i2\pi(v_1u_1+v_2u_2+v_3u_3)] \tag{17}$$

式中，指数幅角的形式是 $2\pi i$ 乘上一个整数，这是由于 $v_1u_1+v_2u_2+v_3u_3$ 是整数乘积之和，因而亦是一个整数。因此，由式（9）可以推出所要求的不变性，亦即 $n(\boldsymbol{r}+\boldsymbol{T})=n(\boldsymbol{r})=\sum n_G\exp(i\boldsymbol{G}\cdot\boldsymbol{r})$ 。

每个晶体结构都将有两套晶格与之相联系：一套是正晶格（或称正格子），另一套是倒晶格（亦即倒格子）。正如我们将要证明的那样，晶体的衍射图样是晶体倒格子的映像。它同显微图像有很大不同，显微图像是晶体结构在实空间的真实映像。这两种晶格由定义式（13）联系起来。因此，当我们在样品台上转动晶体时，即转动了正格子，也转动了倒格子。

正格子中的矢量具有长度的量纲，而倒格子空间中的矢量则具有长度倒数的量纲。倒格子是与真实空间相联系的傅里叶空间中的晶格。关于傅里叶空间一词可作如下理解：我们知道，波矢始终是在傅里叶空间中作出的。因此，在傅里叶空间中，每一个位置的意义在于其可以表示一个波；但是，对于一组与晶体结构相关的 $\boldsymbol{G}$ 所确定的那些点，则具有特殊的意义。

2.2.3 衍射条件

定理：一组倒格矢 $\boldsymbol{G}$ 决定了可能存在的 X 射线反射。

由图 6 可以看出，对于相距为 $\boldsymbol{r}$ 的体积元，其散射束之间的相位差因子是 $\exp[i(\boldsymbol{k}-\boldsymbol{k}')\cdot\boldsymbol{r}]$，入射束和散射束的波矢分别为 $\boldsymbol{k}$ 和 $\boldsymbol{k}'$。我们假定一个体积元散射的波的振幅正比于该处的电子浓度，则在 $\boldsymbol{k}'$ 方向上散射波的总振幅正比于 $n(\boldsymbol{r})\mathrm{d}V$ 同相位因子 $\exp[i(\boldsymbol{k}-\boldsymbol{k}')\cdot\boldsymbol{r}]$ 的乘积在整个晶体体积内的积分。

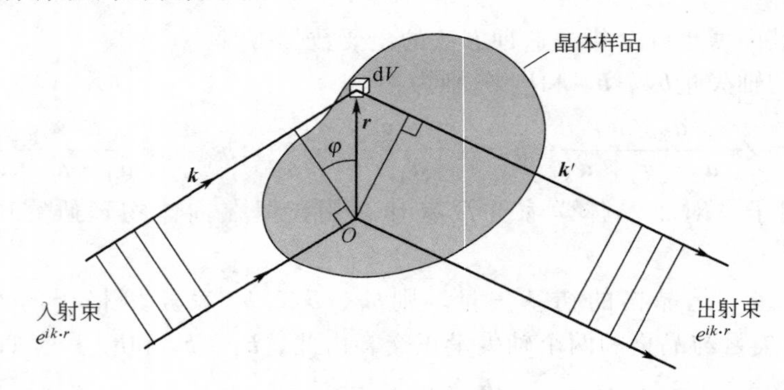

图 6 入射波（$\boldsymbol{k}$）在点 O 和点 $\boldsymbol{r}$ 处的行程差是 $r\sin\varphi$，相角差是 $\frac{2\pi r\sin\varphi}{\lambda}$（等于 $\boldsymbol{k}\cdot\boldsymbol{r}$）；衍射波的相角差是 $-\boldsymbol{k}'\cdot\boldsymbol{r}$。总的相角差是（$\boldsymbol{k}-\boldsymbol{k}'$）$\cdot\boldsymbol{r}$，从 $\boldsymbol{r}$ 处体积元 $\mathrm{d}V$ 散射的波相对于从原点 O 处体积元散射的波，其相位差因子是 $\exp[i(\boldsymbol{k}-\boldsymbol{k}')\cdot\boldsymbol{r}]$。

也就是说，散射电磁波的电矢量或磁矢量振幅正比于下面式（18）给出的积分。由这个积分定义的量 F，我们称之为散射振幅。亦即

$$F=\int\mathrm{d}Vn(\boldsymbol{r})\exp[i(\boldsymbol{k}-\boldsymbol{k}')\cdot\boldsymbol{r}]=\int\mathrm{d}Vn(\boldsymbol{r})\exp(-i\Delta\boldsymbol{k}\cdot\boldsymbol{r}) \tag{18}$$

式中，$\boldsymbol{k}-\boldsymbol{k}'=-\Delta\boldsymbol{k}$，或者

$$\boldsymbol{k}+\Delta\boldsymbol{k}=\boldsymbol{k}' \tag{19}$$

其中，$\Delta \boldsymbol{k}$ 表示散射前后波矢的变化，通常称之为散射矢量(见图 7)。将 $\boldsymbol{k}$ 加上 $\Delta\boldsymbol{k}$ 就得到散射束的波矢 $\boldsymbol{k}'$。

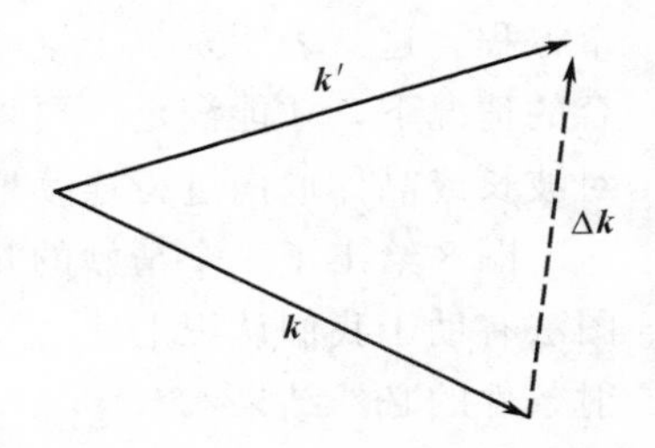

图 7　定义散射矢量 $\Delta\boldsymbol{k}$ 的示意图。根据定义有 $\boldsymbol{k}+\Delta \boldsymbol{k}=\boldsymbol{k}'$ 成立。在弹性散射中，矢量大小满足 $k'=k$。此外，在由周期晶格产生的布拉格散射中，任何允许的 $\Delta\boldsymbol{k}$ 必须等于某个倒格矢 $\boldsymbol{G}$。

将 $n(\boldsymbol{r})$ 的诸傅里叶分量表达式（9）代入式（18），可得

$$F=\sum_{G}\int \mathrm{d}V\, n_{G}\exp[i(\boldsymbol{G}-\Delta\boldsymbol{k})\cdot\boldsymbol{r}] \tag{20}$$

当散射矢量 $\Delta \boldsymbol{k}$ 等于一个倒格矢 $\boldsymbol{G}$ 时，亦即

$$\Delta\boldsymbol{k}=\boldsymbol{G} \tag{21}$$

成立时，指数的幅角变为零，而 $F=Vn_{G}$。可以证明，当 $\Delta \boldsymbol{k}$ 同任一倒格矢相差足够大时，F 变得足够小，以致可以忽略(该证明较简单，作为练习，参见习题 7)。

在弹性散射中，光子能量 $\hbar\omega$ 守恒，所以出射束频率 $\omega'=ck'$ 等于入射束的频率 $\omega=ck$。从而，散射前后波矢大小相等，即 $k=k'$，$k^{2}=k'^{2}$。这一结论对于电子束和中子束也同样成立。由式（21）可知，$\Delta \boldsymbol{k}=\boldsymbol{G}$ 或 $\boldsymbol{k}+\boldsymbol{G}=\boldsymbol{k}'$。这样，衍射条件可以写为 $(\boldsymbol{k}+\boldsymbol{G})^{2}=k^{2}$，或者

$$2\boldsymbol{k}\cdot\boldsymbol{G}+G^{2}=0 \tag{22}$$

这是在周期晶格情况下，由波的弹性散射理论得出的一个重要结论。如果 $\boldsymbol{G}$ 是一个倒格矢，则 $-\boldsymbol{G}$ 也是一个倒格矢。因此，由 $-\boldsymbol{G}$ 代替 $\boldsymbol{G}$，我们可以将式（22）改写为如下形式，即

$$2\boldsymbol{k}\cdot\boldsymbol{G}=G^{2} \tag{23}$$

这一独特的表达式常常作为产生衍射的条件。

式(23) 是布拉格条件式(1) 的另一种表述形式。本章习题 1 的结果表明，与方向 $\boldsymbol{G}=h\boldsymbol{b}_{1}+k\boldsymbol{b}_{2}+l\boldsymbol{b}_{3}$ 垂直的诸平行晶面的面间距 $d(hkl)$ 可以表示为 $d(hkl)=\dfrac{2\pi}{|\boldsymbol{G}|}$。因此，关系式 $2\boldsymbol{k}\cdot\boldsymbol{G}=G^{2}$ 可以写作

$$2(2\pi/\lambda)\sin\theta=2\pi/d(hkl)$$

或 $2d(hkl)\sin\theta=\lambda$。其中，$\theta$ 是入射束与晶面之间的夹角。

定义 $\boldsymbol{G}$ 的整数 hkl 并不一定与实际晶面指数全同，因为定义 $\boldsymbol{G}$ 的诸整数可能含有一个公因子 n，然而根据第一章关于晶面指数的定义，其晶面指数中的公因子 n 已被消去。这样就得到布拉格的结果，即有

$$2d\sin\theta=n\lambda \tag{24}$$

式中，d 是具有指数 $\left(\dfrac{h}{n}\ \dfrac{k}{n}\ \dfrac{l}{n}\right)$ 的诸相邻平行晶面之间的面间距。

2.2.4　劳厄方程

上述由衍射理论导出的结果式（21），亦即 $\Delta\boldsymbol{k}=\boldsymbol{G}$，可以用另一种被称为劳厄（Laue）方程的形式给出。劳厄方程之所以有价值，是因为其在几何描述上的优势。将 $\Delta\boldsymbol{k}$ 和 $\boldsymbol{G}$ 分别与 $\boldsymbol{a}_{1}$、$\boldsymbol{a}_{2}$、$\boldsymbol{a}_{3}$ 取标量积，由式（14）和式（15）两式，可得

$$\boldsymbol{a}_{1}\cdot\Delta\boldsymbol{k}=2\pi v_{1};\ \boldsymbol{a}_{2}\cdot\Delta\boldsymbol{k}=2\pi v_{2};\ \boldsymbol{a}_{3}\cdot\Delta\boldsymbol{k}=2\pi v_{3} \tag{25}$$

这些方程有一个简单而清晰的几何诠释。第一个方程 $\boldsymbol{a}_{1}\cdot\Delta\boldsymbol{k}=2\pi v_{1}$ 告诉我们，$\Delta\boldsymbol{k}$ 将位于以方向 $\boldsymbol{a}_{1}$ 为轴的某个圆锥上；第二个方程告诉我们，$\Delta\boldsymbol{k}$ 也位于以方向 $\boldsymbol{a}_{2}$ 为轴的圆锥上；同时第三个方程也要求 $\Delta\boldsymbol{k}$ 位于以方向 $\boldsymbol{a}_{3}$ 为轴的圆锥上。因此，反射时 $\Delta\boldsymbol{k}$ 必须同时满足这三

个方程。这就表明，三个锥必须截交于一条公共的射线，这个条件非常苛刻，只有在非常巧合的情况下，才能满足。要得到这种特殊的“巧合”，除开纯粹的偶然性之外，一般则需要对波长或晶体取向进行连续地扫描、搜索。

图 8 给出了一个精妙的几何诠释图，它被人们称为埃瓦尔德（Ewald）作图法。这种作图法有助于我们认识上述“巧合”的本质，而这种“巧合事件”正是三维情况下需要满足衍射条件的必然结果。

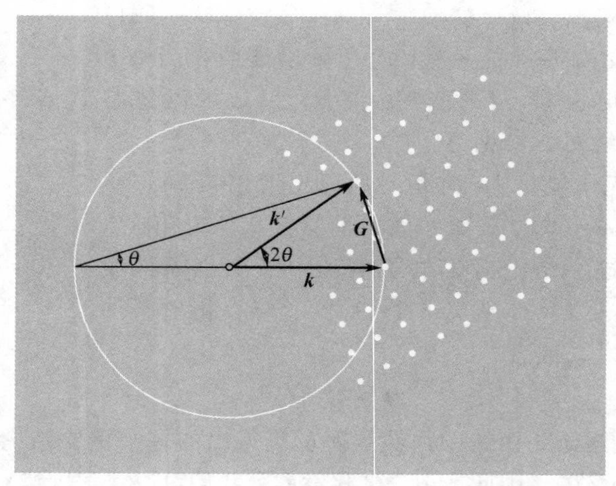

图 8 图中右侧的点是晶体的倒格点。矢量 $\boldsymbol{k}$ 表示入射 X 射线束的方向，通过原点的选取，使它终止于任意一个倒格点。以 $\boldsymbol{k}$ 的原点为圆心，作一个半径为 $k=2\pi/\lambda$ 的球，如果这个球与倒格子中的任何其他格点相截，那么就形成一个衍射束。图中所画的球截于一个点，该点与 $\boldsymbol{k}$ 的终端由倒格矢 $\boldsymbol{G}$ 连接。衍射 X 射线束的方向是 $\boldsymbol{k}'=\boldsymbol{k}+\boldsymbol{G}$。图中的 θ 就是图 2 所示的布拉格角。这一作图法是由 P. P. Ewald 创立的。

2.3 布里渊区

布里渊（Brillouin）给出的关于衍射条件的表述，在固体物理中的使用最为广泛。通常，它被用于电子能带理论以及晶体中其他类型的元激发的描述。布里渊区定义为倒格子空间中的维格纳-赛茨原胞（维格纳-赛茨原胞在正晶格中的作图法已在第 1 章图 4 中给出）。同时，布里渊区的价值和意义还在于它为式(23) 的衍射条件 $2\boldsymbol{k}\cdot\boldsymbol{G}=G^2$ 提供了一个生动而清晰的几何诠释。将式（23）两边同除以 4，则有

$$\boldsymbol{k}\cdot\left(\frac{1}{2}\boldsymbol{G}\right)=\left(\frac{1}{2}G\right)^2 \tag{26}$$

现在，我们在倒格子空间或 $\boldsymbol{k}$ 和 $\boldsymbol{G}$ 的空间中考虑问题。取 $\boldsymbol{G}$ 表示由原点至某个倒格点的矢量。作一个垂直平分矢量 $\boldsymbol{G}$ 的平面，这个平面构成布里渊区边界的一部分［见图 9(a)］。如果入射到晶体上的一束 X 射线的波长具有式（26）所要求的大小和方向，那么就会发生衍射，而且衍射束是在 $\boldsymbol{k}-\boldsymbol{G}$ 的方向上［正如将 $\Delta\boldsymbol{k}=-\boldsymbol{G}$ 代入式（19）得到的结果］。因此，布里渊区包括了所有能在晶体上发生布拉格反射的波的波矢 $\boldsymbol{k}$。

在晶体的波传播理论中，上述垂直平分倒格矢的平面族具有普遍意义；因为任何一个波，如果其波矢自原点出发而终止在任一这种平面上，它都满足衍射条件。这些平面将晶体的傅里叶空间分割成许多小的区域，如图 9(b) 所示，它给出了正方形格子情形下的分割情

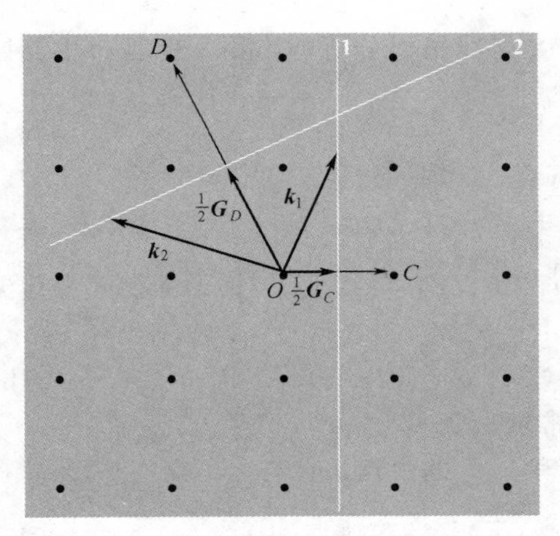

图 9(a) 倒格子原点 O 附近的倒格点分布示意图。倒格矢 $\boldsymbol{G}_C$ 连接 O 和 C 两点，$\boldsymbol{G}_D$ 连接 O 和 D 两点；两个平面 1 和 2 分别垂直平分 $\boldsymbol{G}_C$ 和 $\boldsymbol{G}_D$。从原点到平面 1 的任何矢量，比如 $\boldsymbol{k}_1$，都满足衍射条件 $\boldsymbol{k}_1\cdot\left(\frac{1}{2}\boldsymbol{G}_C\right)=\left(\frac{1}{2}\boldsymbol{G}_C\right)^2$；同样，任何从原点到平面 2 的矢量也都满足衍射条件，如对于图上的 $\boldsymbol{k}_2$，满足 $\boldsymbol{k}_2\cdot\left(\frac{1}{2}\boldsymbol{G}_D\right)=\left(\frac{1}{2}\boldsymbol{G}_D\right)^2$。

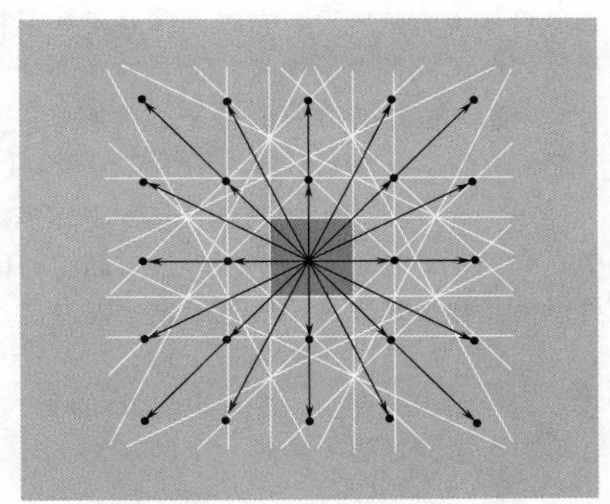

图 9(b) 正方形倒格子示意图，其倒格矢用细黑线表示。图中白线垂直平分倒格矢。中央的正方形是包围原点的完全由白线围成的最小面积，该正方形是倒格子的维格纳-赛茨原胞，它被称为第一布里渊区。

况。其中，位于图中央的正方形是倒格子的原胞，也就是倒格子空间的维格纳-赛茨原胞。

倒格子的中央晶胞在固体理论中特别重要，人们称之为第一布里渊区（the first Brillouin zone）。作由原点出发的诸倒格矢的垂直平分面，由这些垂直平分面所围成的完全封闭的最小体积就是第一布里渊区。这方面的例子请参见图 10 和图 11。

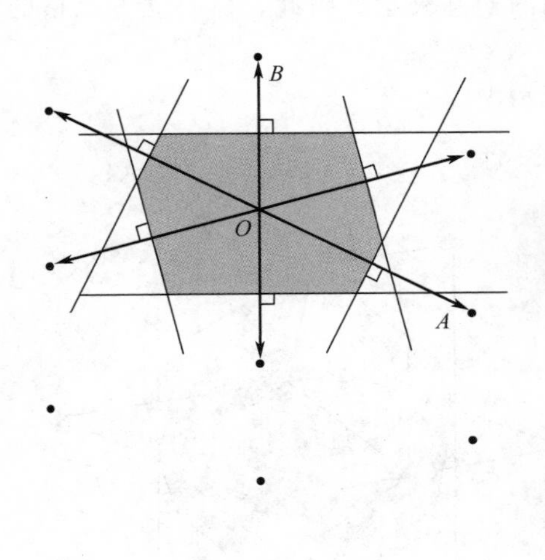

图 10 二维斜晶格第一布里渊区的作图法。首先在倒格子中从 O 点到邻近各点画若干矢量，然后通过这些矢量的中点作垂直线，被其围成的最小面积就是第一布里渊区。

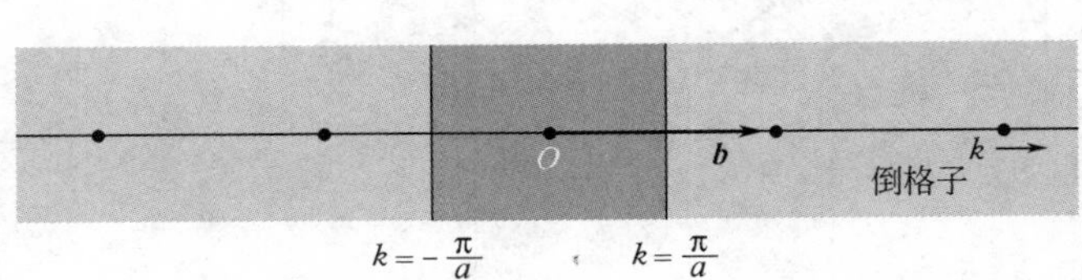

图 11 一维晶体的正格子和倒格子。倒格子空间中的基矢是 $\boldsymbol{b}$，长度等于 $2\pi/a$。由原点出发的最短倒格矢是 $\boldsymbol{b}$ 和 $-\boldsymbol{b}$。这些矢量的垂直平分线构成第一布里渊区的边界。边界位于 $k=\pm\pi/a$。

尽管从历史角度看，布里渊区并不是晶体结构X射线衍射分析的术语，但是布里渊区却是晶体电子能带理论中极其重要的一部分内容。

2.3.1 简单立方晶格的倒格子

简单立方（*sc*）晶格的初基平移矢量可以按下式选定，即

$$\boldsymbol{a}_1=a\hat{\boldsymbol{x}};\qquad \boldsymbol{a}_2=a\hat{\boldsymbol{y}};\qquad \boldsymbol{a}_3=a\hat{\boldsymbol{z}} \tag{27a}$$

其中，$\hat{\boldsymbol{x}}$、$\hat{\boldsymbol{y}}$、$\hat{\boldsymbol{z}}$是正交的单位矢量；晶胞的体积为$\boldsymbol{a}_1\cdot\boldsymbol{a}_2\times\boldsymbol{a}_3=a^3$。倒格子的初基平移矢量可以由其标准定义（13）式给出，即有

$$\boldsymbol{b}_1=(2\pi/a)\hat{\boldsymbol{x}};\qquad \boldsymbol{b}_2=(2\pi/a)\hat{\boldsymbol{y}};\qquad \boldsymbol{b}_3=(2\pi/a)\hat{\boldsymbol{z}} \tag{27b}$$

因此，倒格子本身亦是一个简单立方晶格，其晶格常量为$2\pi/a$。

第一布里渊区边界是过六个倒格矢$\pm\boldsymbol{b}_1$、$\pm\boldsymbol{b}_2$和$\pm\boldsymbol{b}_3$的中点，且与之正交的平面：

$$\pm\frac{1}{2}\boldsymbol{b}_1=\pm(\pi/a)\hat{\boldsymbol{x}};\qquad \pm\frac{1}{2}\boldsymbol{b}_2=\pm(\pi/a)\hat{\boldsymbol{y}};\qquad \pm\frac{1}{2}\boldsymbol{b}_3=\pm(\pi/a)\hat{\boldsymbol{z}} \tag{28}$$

这六个平面围成一个边长为$2\pi/a$、体积为$\left(\frac{2\pi}{a}\right)^3$的立方体。这个立方体就是*sc*晶格的第一布里渊区。

2.3.2 体心立方晶格的倒格子

如图12所示，体心立方（*bcc*）晶格的初基平移矢量可以表示为

$$\boldsymbol{a}_1=\frac{1}{2}a(-\hat{\boldsymbol{x}}+\hat{\boldsymbol{y}}+\hat{\boldsymbol{z}});\qquad \boldsymbol{a}_2=\frac{1}{2}a(\hat{\boldsymbol{x}}-\hat{\boldsymbol{y}}+\hat{\boldsymbol{z}});\qquad \boldsymbol{a}_3=\frac{1}{2}a(\hat{\boldsymbol{x}}+\hat{\boldsymbol{y}}-\hat{\boldsymbol{z}}) \tag{29}$$

其中a是惯用立方体的边长，$\hat{\boldsymbol{x}}$、$\hat{\boldsymbol{y}}$和$\hat{\boldsymbol{z}}$是平行于立方体边的正交单位矢量。其原胞体积为

$$V=|\boldsymbol{a}_1\cdot\boldsymbol{a}_2\times\boldsymbol{a}_3|=\frac{1}{2}a^3 \tag{30}$$

倒格子的初基平移矢量通过式（13）确定。利用式（29），则得

$$\boldsymbol{b}_1=(2\pi/a)(\hat{\boldsymbol{y}}+\hat{\boldsymbol{z}});\qquad \boldsymbol{b}_2=(2\pi/a)(\hat{\boldsymbol{x}}+\hat{\boldsymbol{z}});\qquad \boldsymbol{b}_3=(2\pi/a)(\hat{\boldsymbol{x}}+\hat{\boldsymbol{y}}) \tag{31}$$

与后续图14比较可以看出，它们恰好是面心立方晶格的初基矢量。因此，体心立方晶格的倒格子是一个面心立方晶格。

如果v_1、v_2、v_3取整数，则一般的倒格点可以表示为

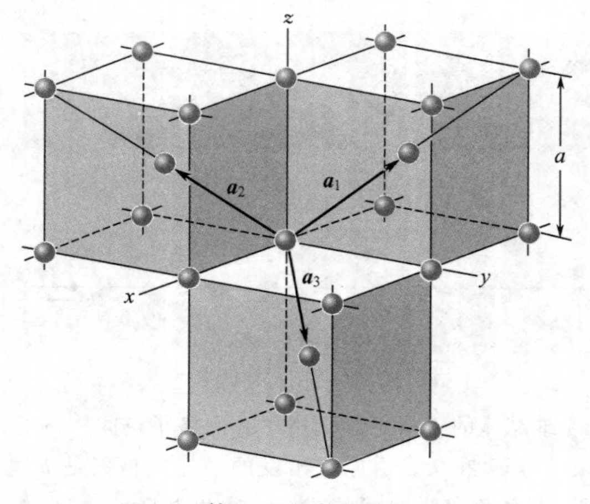

图12 体心立方晶格的初基矢量。

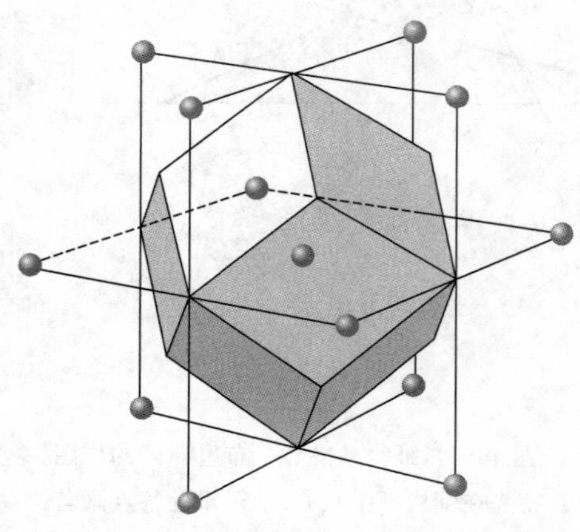

图13 体心立方晶格的第一布里渊区，其图形是一个正菱形十二面体。

$$G=v_1b_1+v_2b_2+v_3b_3=(2\pi/a)\ [(v_2+v_3)\hat{x}+(v_1+v_3)\hat{y}+(v_1+v_2)\hat{z}] \tag{32}$$

最短的 G 矢量是下面列出的十二个矢量，其中所有符号的选取都是独立的，即

$$(2\pi/a)(\pm\hat{y}\pm\hat{z});\ (2\pi/a)(\pm\hat{x}\pm\hat{z});$$
$$(2\pi/a)(\pm\hat{x}\pm\hat{y}) \tag{33}$$

倒格子的原胞是由式(31)定义的三个矢量 b_1、b_2、b_3 所给出的平行六面体。倒易空间的这一晶胞的体积为 $b_1\cdot b_2\times b_3=2(2\pi/a)^3$。该晶胞中只包含一个倒格点，因为8个角隅格点的每一个都分属于八个平行六面体，亦即每个平行六面体原胞中包含8个角隅点每一个的八分之一（参见图12）。

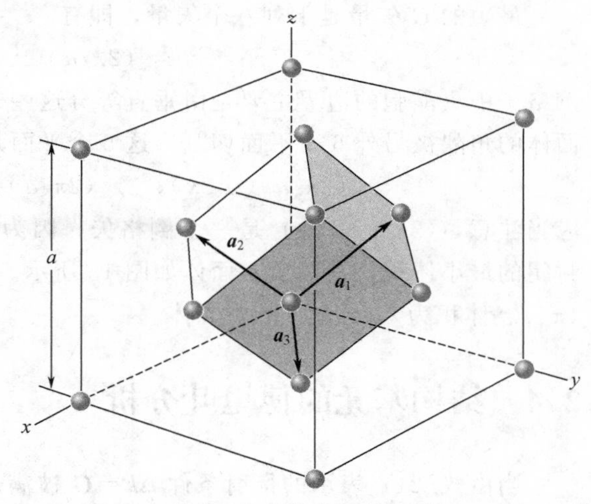

图 14 面心立方晶格的初基矢量

在固体物理中，通常将倒格子的中央晶胞（亦即维格纳-赛茨晶胞）取作第一布里渊区，每一个这种晶胞包含一个位于晶胞中心的格点。对于体心立方晶胞而言，这个区域由十二个平面围成，这些平面分别垂直平分由式(33)给出的十二个矢量。如图13所示，这个区域是一个正十二面体——菱形十二面体。

2.3.3 面心立方晶格的倒格子

如图14所示，面心立方（fcc）晶格的初基平移矢量可以写为

$$a_1=\frac{1}{2}a(\hat{y}+\hat{z});\quad a_2=\frac{1}{2}a(\hat{x}+\hat{z});\quad a_3=\frac{1}{2}a(\hat{x}+\hat{y}) \tag{34}$$

其原胞体积为

$$V=|a_1\cdot a_2\times a_3|=\frac{1}{4}a^3 \tag{35}$$

面心立方晶格的倒格子初基平移矢量由下列式子给出，即

$$b_1=(2\pi/a)(-\hat{x}+\hat{y}+\hat{z});\quad b_2=(2\pi/a)(\hat{x}-\hat{y}+\hat{z});$$
$$b_3=(2\pi/a)(\hat{x}+\hat{y}-\hat{z}) \tag{36}$$

显然，由式(36)给出的初基平移矢量等同于体心立方晶格的初基平移矢量。因此，面

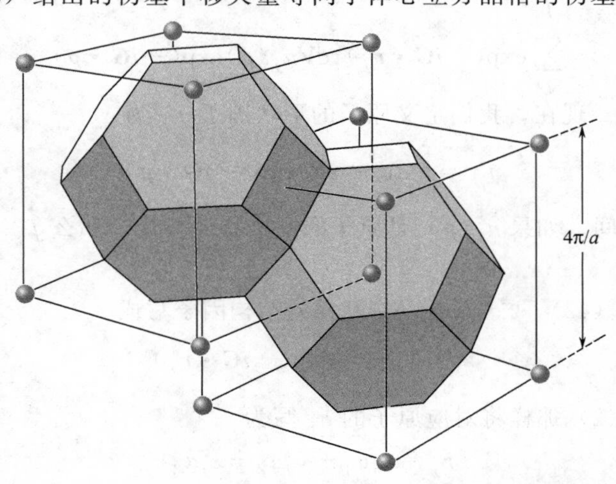

图 15 面心立方晶格的布里渊区。图示为倒易空间中的晶胞，其倒格子是体心立方晶格。

心立方晶格的倒格子属于体心立方晶格。倒格子的原胞体积等于 $4(2\pi/a)^3$。

最短的 $\boldsymbol{G}$ 矢量是下列八个矢量，即有

$$(2\pi/a)(\pm\hat{\boldsymbol{x}}\pm\hat{\boldsymbol{y}}\pm\hat{\boldsymbol{z}}) \tag{37}$$

倒格子中央晶胞的边界主要是由垂直等分这些矢量的八个平面确定。但是，由此所围成的八面体的角隅被另外 6 个平面切割，这 6 个平面是下列六个倒格矢的垂直等分面，即

$$(2\pi/a)(\pm2\hat{\boldsymbol{x}});\qquad(2\pi/a)(\pm2\hat{\boldsymbol{y}});\qquad(2\pi/a)(\pm2\hat{\boldsymbol{z}}) \tag{38}$$

应当注意，$(2\pi/a)(2\hat{\boldsymbol{x}})$ 是一个倒格矢，因为它等于 $\boldsymbol{b}_2+\boldsymbol{b}_3$。第一布里渊区是围绕原点被封闭的最小体积，其截角八面体如图 15 所示。在截角之前，上述 6 个平面围成一个边长为 $4\pi/a$、体积为 $(4\pi/a)^3$ 的立方体。

2.4 结构基元的傅里叶分析

当由式(21) 表示的衍射条件 $\Delta\boldsymbol{k}=\boldsymbol{G}$ 被满足时，散射振幅由式(18) 确定。对于一个含有 N 个晶胞的晶体，散射振幅可以写为：

$$F_G=N\int_{\text{cell}}\mathrm{d}V\,n(\boldsymbol{r})\exp(-i\boldsymbol{G}\cdot\boldsymbol{r})=NS_G \tag{39}$$

式中 S_G 被称为结构因子，它定义为在单个晶胞体积内的积分，并且在一个角隅处令$\boldsymbol{r}=0$。

将电子浓度 $n(\boldsymbol{r})$ 写成与晶胞中每个原子 j 相联系的电子浓度函数 n_j 的叠加通常是有用的。如果 $\boldsymbol{r}_j$ 是至原子 j 的中心的矢量，那么函数 $n_j(\boldsymbol{r}-\boldsymbol{r}_j)$ 就定义了该原子在 $\boldsymbol{r}$ 处的电子浓度的贡献。晶胞中所有原子在 $\boldsymbol{r}$ 处给出的总的电子浓度是对基元的 s 个原子贡献的求和：

$$n(\boldsymbol{r})=\sum_{j=1}^{s}n_j(\boldsymbol{r}-\boldsymbol{r}_j) \tag{40}$$

$n(\boldsymbol{r})$ 的这种分解并不是最理想的办法，因为我们不是每次都能给出同每个原子相联系的电荷密度。但这不是一个重要的困难。

由式(39) 所定义的结构因子，现在可以将其写成对一个晶胞中 s 个原子的 s 个积分求和，即有

$$\begin{aligned}S_G&=\sum_j\int\mathrm{d}V n_j(\boldsymbol{r}-\boldsymbol{r}_j)\exp(-i\boldsymbol{G}\cdot\boldsymbol{r})\\&=\sum_j\exp(-i\boldsymbol{G}\cdot\boldsymbol{r}_j)\int\mathrm{d}V n_j(\boldsymbol{\rho})\exp(-i\boldsymbol{G}\cdot\boldsymbol{\rho})\end{aligned} \tag{41}$$

式中，$\boldsymbol{\rho}\equiv\boldsymbol{r}-\boldsymbol{r}_j$。现在，我们定义原子的形状因子 f_j 为

$$f_j=\int\mathrm{d}V\,n_j(\boldsymbol{\rho})\exp(-i\boldsymbol{G}\cdot\boldsymbol{\rho}) \tag{42}$$

上式积分遍及整个空间。如果 $n_j(\boldsymbol{\rho})$ 是原子的一个特性参量，那么 f_j 也应该是原子的一个特性参量。

由式 (41) 和式 (42) 两式，可以将基元的结构因子写成

$$S_G=\sum_j f_j\exp(-i\boldsymbol{G}\cdot\boldsymbol{r}_j) \tag{43}$$

如果像第 1 章式(2) 那样将对应原子的 $\boldsymbol{r}_j$ 写为

$$\boldsymbol{r}_j=x_j\boldsymbol{a}_1+y_j\boldsymbol{a}_2+z_j\boldsymbol{a}_3 \tag{44}$$

则可得到结构因子的通用公式。这样，对于以 v_1、v_2、v_3 标记的反射，则有

$$\boldsymbol{G}\cdot\boldsymbol{r}_j=(v_1\boldsymbol{b}_1+v_2\boldsymbol{b}_2+v_3\boldsymbol{b}_3)\cdot(x_j\boldsymbol{a}_1+y_j\boldsymbol{a}_2+z_j\boldsymbol{a}_3)=2\pi(v_1x_j+v_2y_j+v_3z_j) \tag{45}$$

于是，式（43）变成：

$$S_G(v_1v_2v_3)=\sum_j f_j\exp[-i2\pi(v_1x_j+v_2y_j+v_3z_j)] \tag{46}$$

结构因子 S 不必一定为实数，因为在散射强度中包含有 S^*S，其中 S^* 是 S 的复共轭，显然 S^*S 是一个实数。

2.4.1 体心立方晶格的结构因子

参照立方晶胞，在体心立方（*bcc*）结构的基元中，将含有分别在 $x_1=y_1=z_1=0$ 和 $x_2=y_2=z_2=1/2$ 处的两个全同原子。因此，式（46）变为

$$S(v_1v_2v_3)=f\{1+\exp[-i\pi(v_1+v_2+v_3)]\} \tag{47}$$

式中 f 是原子的形状因子。只要上式指数项的数值等于-1，亦即只要其幅角是$-i\pi$ 乘上一个奇数，S 的值就是零。所以，我们有

$$S=0 \qquad 当\ v_1+v_2+v_3=奇数$$

$$S=2f \qquad 当\ v_1+v_2+v_3=偶数$$

金属钠是体心立方结构，在其衍射谱图中将不出现诸如（100）、（300）、（111）或（221）谱线，但存在诸如（200）、（110）和（222）谱线。这里的指数（$v_1v_2v_3$）是对应于一个立方晶胞而言的。也许读者会问：从物理上，我们应如何理解（100）反射谱线的消失？通常，当来自立方晶胞边界面上的反射相位差为 2π 时，将会出现（100）反射谱线。现在，我们考虑，在 *bcc* 晶格中有一个插入的原子面，如图 16 所示。这个介入原子面在图中标记为第二个平面，它的散射能力同其他面相等。由于它与上、下两个面的面间距相等，它产生的反射在相位上要比第一个平面的反射推迟，因此抵消了来自该面的贡献。在体心立方晶格中，（100）反射之所以被抵消是因为这些平面的结构是全同的。很容易推知，在六角密堆积（*hcp*）结构中也会发生类似的抵消现象。

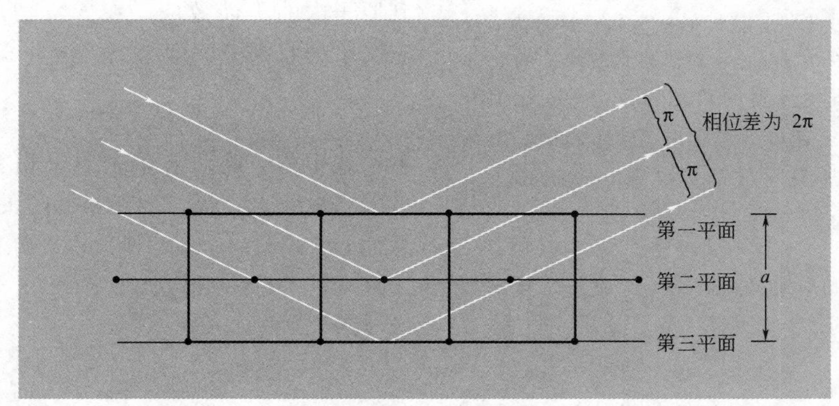

图 16　体心立方晶格不存在（100）反射的解释示意图。毗邻平面之间的相位差是 π，所以从两个相邻平面产生的反射振幅是 $1+e^{i\pi}=1-1=0$。

2.4.2 面心立方晶格的结构因子

参照于立方晶胞可知，面心立方结构的基元在 000、$0\frac{1}{2}\frac{1}{2}$、$\frac{1}{2}0\frac{1}{2}$和$\frac{1}{2}\frac{1}{2}0$ 位置上具有全同的原子。这样，式（46）就变成

$$S(v_1v_2v_3)=f\{1+\exp[-i\pi(v_2+v_3)]+\exp[-i\pi(v_1+v_3)]+\exp[-i\pi(v_1+v_2)]\} \tag{48}$$

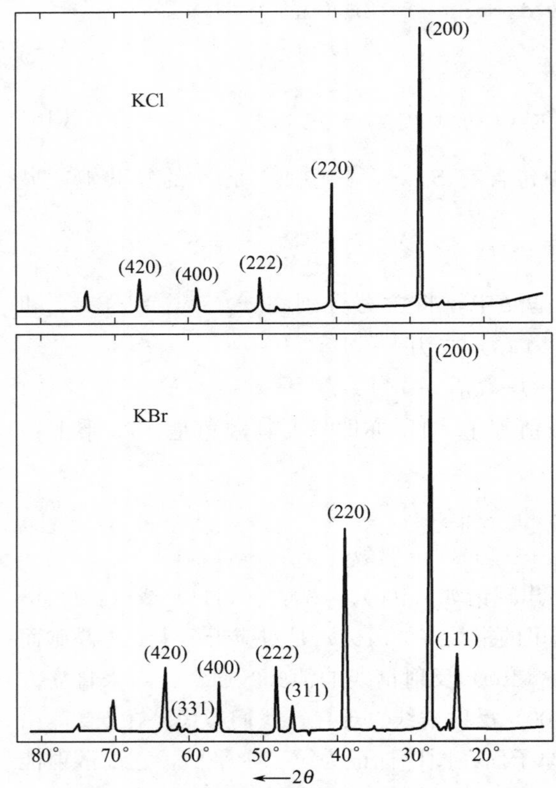

图 17 KCl 和 KBr 粉末样品的 X 射线反射谱比较。在 KCl 中，K^+ 和 Cl^- 的电子数目相等，散射振幅 $f(K^+)$ 和 $f(Cl^-)$ 几乎完全相等，因此对于 X 射线来说，就好似一个晶格常量为 $a/2$ 的单原子简单立方晶格。对晶格常量为 a 的立方晶格来说，发生反射的只是偶数指数。在 KBr 中，Br^- 与 K^+ 两者的形状因子很不相同，面心立方晶格的所有反射都会出现。引自 R. van Nordstrand。

如果所有的指数（$v_1v_2v_3$）都是偶数，则有 $S=4f$；如果所有的指数（$v_1v_2v_3$）都是奇数，可得到同样的结果。但是，如果 v_1、v_2 和 v_3 只有一个整数是偶数，那么上式中将有两个指数项中的指数因子是 $-i\pi$ 的奇数倍，从而 $S=0$；如果在（$v_1v_2v_3$）中只有一个整数为奇数，同理可知 S 也等于零。因此，对于面心立方晶格，如果整数指数 v_1、v_2 和 v_3 不能同时取偶数或奇数，则将不能发生反射。

图 17 更清楚地表明了这一结果：KCl 和 KBr 都是面心立方晶格，但 KCl 的 $n(\boldsymbol{r})$ 与简单立方晶格类同，因为 K^+ 和 Cl^- 两种离子具有相同数目的电子。

2.4.3 原子形状因子

在结构因子的表达式（46）中出现一个量 f_j，这个量是单位晶胞中第 j 个原子的散射本领的量度。f 的值既与原子中电子数目和分布相关，又与辐射的波长和散射角度有关。下面我们给出关于散射因子的一个经典计算。

对于单个原子产生的散射辐射，要考虑到原子内的干涉效应。在式（42）中，我们定义了形状因子，即为

$$f_j=\int dV\, n_j(\boldsymbol{r})\exp(-i\boldsymbol{G}\cdot\boldsymbol{r}) \tag{49}$$

式中积分遍及与单个原子相关的电子浓度非零的区域。令 $\boldsymbol{r}$ 与 $\boldsymbol{G}$ 之间的夹角为 α，从而 $\boldsymbol{G}\cdot\boldsymbol{r}=Gr\cos\alpha$。如果电子分布关于原点呈球对称分布，则对 $d(\cos\alpha)$ 在 -1 至 $+1$ 之间进行积分以后，得到

$$f_j\equiv 2\pi\int dr\, r^2 d(\cos\alpha)\, n_j(r)\exp(-iGr\cos\alpha)$$

$$=2\pi\int dr\, r^2 n_j(r)\,\frac{e^{iGr}-e^{-iGr}}{iGr}$$

这样，形状因子可写成

$$f_j=4\pi\int dr n_j(r)r^2\,\frac{\sin Gr}{Gr} \tag{50}$$

如果在 $\boldsymbol{r}=0$ 处集中了上述总的电子密度，那么只有当 Gr 趋于零时才对被积函数有贡献。在这个极限下，有 $\frac{\sin Gr}{Gr}=1$，并且

$$f_j=4\pi\int dr n_j(r)r^2=Z \tag{51}$$

即等于原子中电子的数目。所以，f 是被一个原子中实际电子分布所散射的辐射振幅同被局限在一个点上的一个电子所散射的辐射振幅之比。如果在（射线）前进方向上有 $G=0$，f 同样化简为数值 Z。

由于 X 射线衍射给出的固体中的总电子分布与相应的自由原子的总电子分布比较接近，这个结果并不意味着最外层的电子或价电子在形成固体时没有进行重新分布。它只是表明，自由原子形状因子的数值能很好地描述 X 射线反射强度，而 X 射线反射强度对于电子的小幅度重新分布是不太敏感的。

小　结

- 布拉格条件的不同表述：

$$2d\sin\theta=n\boldsymbol{\lambda};\quad \Delta\boldsymbol{k}=\boldsymbol{G};\quad 2\boldsymbol{k}\cdot\boldsymbol{G}=\boldsymbol{G}^2$$

- 劳厄条件：

$$\boldsymbol{a}_1\cdot\Delta\boldsymbol{k}=2\pi v_1;\quad \boldsymbol{a}_2\cdot\Delta\boldsymbol{k}=2\pi v_2;\quad \boldsymbol{a}_3\cdot\Delta\boldsymbol{k}=2\pi v_3$$

- 倒格子的初基平移矢量为：

$$\boldsymbol{b}_1=2\pi\frac{\boldsymbol{a}_2\times\boldsymbol{a}_3}{\boldsymbol{a}_1\cdot\boldsymbol{a}_2\times\boldsymbol{a}_3};\quad \boldsymbol{b}_2=2\pi\frac{\boldsymbol{a}_3\times\boldsymbol{a}_1}{\boldsymbol{a}_1\cdot\boldsymbol{a}_2\times\boldsymbol{a}_3};\quad \boldsymbol{b}_3=2\pi\frac{\boldsymbol{a}_1\times\boldsymbol{a}_2}{\boldsymbol{a}_1\cdot\boldsymbol{a}_2\times\boldsymbol{a}_3}$$

  式中，$\boldsymbol{a}_1$、$\boldsymbol{a}_2$、$\boldsymbol{a}_3$ 是正格子的初基平移矢量。

- 倒格矢的表达式：

$$\boldsymbol{G}=v_1\boldsymbol{b}_1+v_2\boldsymbol{b}_2+v_3\boldsymbol{b}_3$$

  式中，v_1、v_2、v_3 取整数或零。

- 在方向 $\boldsymbol{k}'=\boldsymbol{k}+\Delta\boldsymbol{k}=\boldsymbol{k}+\boldsymbol{G}$ 上的散射振幅正比于几何结构因子：

$$S_G=\sum f_j\exp(-i\boldsymbol{r}_j\cdot\boldsymbol{G})=\sum f_j\exp[-i2\pi(x_jv_1+y_jv_2+z_jv_3)]$$

  式中，j 遍及基元中的 s 个原子；f_j 是基元中第 j 个原子的形状因子，见式（49）。表达式右边是对（$v_1v_2v_3$）反射写出的，这里 $\boldsymbol{G}=v_1\boldsymbol{b}_1+v_2\boldsymbol{b}_2+v_3\boldsymbol{b}_3$。

- 对于晶格平移（$\boldsymbol{T}$）变换下保持不变的任何函数，都可以展开为傅里叶级数的形式：

$$n(\boldsymbol{r})=\sum_G n_G\exp(i\boldsymbol{G}\cdot\boldsymbol{r})$$

- 第一布里渊区就是倒格子的维格纳-赛茨原胞。只有波矢 $\boldsymbol{k}$ 自原点出发而终止于布里渊区表面的那些波，才能被晶体衍射。

- 晶格　　第一布里渊区

  简单立方　　立方体

  体心立方　　菱形十二面体（见图 13）

  面心立方　　截角八面体（见图 15）

习　题

1. 晶面间距。 考虑晶格中的一个晶面 hkl；(a) 证明倒格矢 $\boldsymbol{G}=h\boldsymbol{b}_1+k\boldsymbol{b}_2+l\boldsymbol{b}_3$ 垂直于这个晶面；(b) 证明晶格中两个相邻平行晶面的间距为 $d(hkl)=2\pi/|\boldsymbol{G}|$；(c) 证明对于简单立方晶格有 $d^2=a^2/(h^2+k^2+l^2)$。

2. 倒格矢问题。如果倒格矢的几何结构满足下列表达式，即

$$\vec{d}^{\,*}_{hkl}=h\vec{a}^{\,*}_1+k\vec{a}^{\,*}_2+l\vec{a}^{\,*}_3$$

试证明，$\vec{d}^{\,*}_{hkl}$ 垂直于指数为(hkl)的晶面，且有$|\vec{d}^{\,*}_{hkl}|=d^{-1}_{hkl}$。其中，$d_{hkl}$ 是指数为(hkl)的两个相邻晶面的垂直距离。

3. 六角空间晶格。六角空间晶格的初基平移矢量可以取为

$$\boldsymbol{a}_1=(3^{1/2}a/2)\hat{\boldsymbol{x}}+(a/2)\hat{\boldsymbol{y}};\quad \boldsymbol{a}_2=-(3^{1/2}a/2)\hat{\boldsymbol{x}}+(a/2)\hat{\boldsymbol{y}};\quad \boldsymbol{a}_3=c\hat{\boldsymbol{z}}$$

(a) 证明原胞的体积为 $(3^{1/2}/2)\ a^2c$。

(b) 证明倒格子的初基平移矢量为

$$\boldsymbol{b}_1=(2\pi/3^{1/2}a)\ \hat{\boldsymbol{x}}+(2\pi/a)\hat{\boldsymbol{y}};\quad \boldsymbol{b}_2=-(2\pi/3^{1/2}a)\hat{\boldsymbol{x}}+(2\pi/a)\hat{\boldsymbol{y}};\quad \boldsymbol{b}_3=(2\pi/c)\hat{\boldsymbol{z}}$$

因此，正格子就是它本身的倒格子，但轴经过了转动。

(c) 描述并绘出六角空间晶格的第一布里渊区。

4. 布里渊区的体积。证明第一布里渊区的体积为 $(2\pi)^3/V_c$，其中 V_c 是晶体原胞的体积。提示：布里渊区的体积等于傅里叶空间中的初基平行六面体的体积，同时利用矢量恒等式 $(\boldsymbol{c}\times\boldsymbol{a})\times(\boldsymbol{a}\times\boldsymbol{b})=(\boldsymbol{c}\cdot\boldsymbol{a}\times\boldsymbol{b})\ \boldsymbol{a}$。

5. 最大衍射级问题。已知用于研究 NaCl 晶体结构的 X 射线波长 $\lambda=0.84$Å。若在实验中于 8°35′的角度观测到了一级布拉格反射，试计算其晶格间距（lattice spacing）。同时，在本实验的衍射图样中，我们能够观测到的最大衍射级是多少？

6. 多重性问题。所谓晶面族，是指晶面间距相等且均是贡献于同一条衍射谱线的一组晶面。因此，这样的一组晶面，也被称为等效晶面。对于给定的一组指数（hkl），其对应的等效晶面的总数量定义为多重度（multiplicity），这是除结构因子之外，对衍射谱线强度起着支配作用的另一个重要的因子。对于立方晶格，试计算指数分别为(hkl)、(hhl)、(hhh)晶面族的多重度。

7. 衍射极大值的宽度。假定有一个线型晶体，在其每个格点$\boldsymbol{\rho}_m=m\boldsymbol{a}$ 处置有全同的点散射中心，其中 m 是一个整数。与式(20) 类似，总的散射辐射振幅与 $F=\sum\exp[-im\boldsymbol{a}\cdot\Delta\boldsymbol{k}]$ 成比例。遍及 m 个格点求和，则有

$$F=\frac{1-\exp[-iM(\boldsymbol{a}\cdot\Delta\boldsymbol{k})]}{1-\exp[-i(\boldsymbol{a}\cdot\Delta\boldsymbol{k})]}$$

式中已利用级数公式

$$\sum_{m=0}^{M-1}x^m=\frac{1-x^M}{1-x}$$

(a) 散射强度与$|F|^2$ 成比例，证明

$$|F|^2\equiv F*F=\frac{\sin^2\frac{1}{2}\boldsymbol{M}(\boldsymbol{a}\cdot\Delta\boldsymbol{k})}{\sin^2\frac{1}{2}(\boldsymbol{a}\cdot\Delta\boldsymbol{k})}$$

(b) 我们知道，当 $\boldsymbol{a}\cdot\Delta\boldsymbol{k}=2\pi h$（$h$ 是一个整数）时将出现衍射极大值；现在稍稍改变 $\Delta\boldsymbol{k}$，并通过 $\boldsymbol{a}\cdot\Delta\boldsymbol{k}=2\pi h+\varepsilon$ 定义 ε，使得 ε 给出函数 $\sin\frac{1}{2}\boldsymbol{M}\ (\boldsymbol{a}\cdot\Delta\boldsymbol{k})$ 的第一个零点的位置。试证明 $\varepsilon=2\pi/\boldsymbol{M}$，因此衍射极大值的宽度与 $1/\boldsymbol{M}$ 成比例，并且对于 $\boldsymbol{M}$ 取宏观数值时，衍射极大值的宽度可以非常的小。对于三维晶体，这些结论也是成立的。

8. 金刚石的结构因子。关于金刚石的结构曾在第一章中进行了介绍。如果晶胞取为惯用立方体，基元由 8 个原子组成。

(a) 试求这个基元的结构因子 S。

(b) 求出 S 的诸零点，并证明金刚石结构所允许的反射满足 $v_1+v_2+v_3=4n$，其中所有指数均取偶数，n 取任意整数；否则，所有的指数就都取奇数（参见图 18）（注意：h、k、l 是为了区别于 v_1、v_2、v_3 而给出的一组符号，以下同）。

9. 原子氢的形状因子。对于处于基态的氢原子，其电子数密度为 $n(r)=(\pi a_0^3)^{-1}\exp(-2r/a_0)$，式中

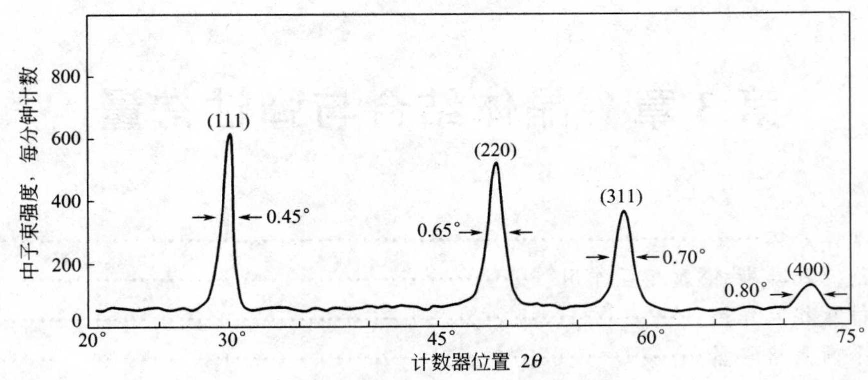

图 18 金刚石粉末的中子衍射谱；引自 G. Bacon。

a_0 是玻尔半径。试证明形状因子是：

$$f_G = 16/(4 + G^2 a_0^2)^2$$

10. 双原子线。 考虑由原子 A 和 B 组成的 ABABAB…AB 的一条线，A—B 键的长度为 $a/2$；原子 A 和 B 的形状因子分别为 f_A 和 f_B，入射 X 射线束垂直于原子线。

(a) 试证明干涉条件是 $n\lambda = a\cos\theta$，其中 θ 是衍射束与原子线之间的夹角。

(b) 证明：对于 n 为奇数，衍射束的强度与 $|f_A - f_B|$ 成比例；对于 n 取偶数，则衍射强度与 $|f_A + f_B|^2$ 成比例。

(c) 说明当 $f_A = f_B$ 时的结果是怎样的。

第 3 章　晶体结合与弹性常量

本章将讨论这样的问题：什么使晶体维系在一起？固体的内聚力应全部归因于电子的负电荷与原子核的正电荷之间的静电吸引相互作用。磁力对内聚力只有微弱影响，万有引力可以忽略。通过采用不同的专门术语可将各种情况区分开来，这些术语包括交换能、范德瓦耳斯力以及共价键。由于最外层电子分布和离子实排列上的不同，将引起凝聚物质实际存在形式之间的差别(参见图 1)。

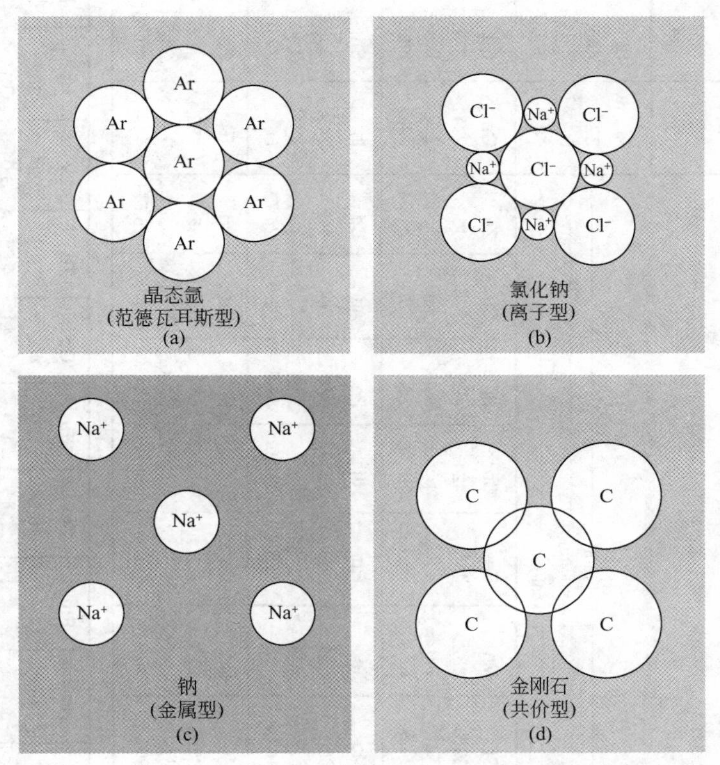

图 1　晶体结合主要类型。(a) 具有闭合电子壳层的中性原子通过与电荷分布涨落有关的范德瓦耳斯力微弱的结合在一起。(b) 电子由碱族原子转移至卤族原子上，由此形成的离子将通过正、负离子间的静电吸引力而结合在一起。(c) 价电子脱离碱族原子，形成公有化电子“海”，正离子散布于其间。(d) 中性原子是通过它们的电子分布的交叠部分而结合在一起的。

所谓晶体的内聚能，是指在不改变电子组态的条件下，将晶体分解为相距无限远的、静止的中性自由原子所需要的能量。在离子晶体的讨论中会用到晶格能一词。晶格能是指将组成晶体的离子分解为相距无限远的、静止的自由离子所需要的能量。

表 1 给出了晶态元素（Crystalline elements）内聚能数值。可以看出，在元素周期表中的各族之间，其内聚能差别较大。惰性气体晶体的结合比较弱，其内聚能还不到 C、Si、Ge 等所在族元素内聚能的百分之几；碱金属晶体具有中等大小的内聚能；而过渡元素金属（位于元素周期表的中部）的结合比较强。对于不同元素的晶体，其熔点（见表 2）和体积弹性模量（见表 3）也存在着明显的差异，这和内聚能的情况如出一辙。

表 1 内聚能

（定义为在一个大气压力和绝对零度下由固体分解为处于电子基态的独立中性原子所需要的能量。数据由 Leo Brewer 提供）。

各格内数值依次为：kJ/mol；eV/atom；kcal/mol

Li 158. 1.63 37.7	Be 320. 3.32 76.5											B 561 5.81 134	C 711. 7.37 170.	N 474. 4.92 113.4	O 251. 2.60 60.03	F 81.0 0.84 19.37	Ne 1.92 0.020 0.46
Na 107. 1.113 25.67	Mg 145. 1.51 34.7	← kJ/mol → ← eV/atom → ← kcal/mol →										Al 327. 3.39 78.1	Si 446. 4.63 106.7	P 331. 3.43 79.16	S 275. 2.85 65.75	Cl 135. 1.40 32.2	Ar 7.74 0.080 1.85
K 90.1 0.934 21.54	Ca 178. 1.84 42.5	Sc 376 3.90 89.9	Ti 468. 4.85 111.8	V 512. 5.31 122.4	Cr 395. 4.10 94.5	Mn 282. 2.92 67.4	Fe 413. 4.28 98.7	Co 424. 4.39 101.3	Ni 428. 4.44 102.4	Cu 336. 3.49 80.4	Zn 130 1.35 31.04	Ga 271. 2.81 64.8	Ge 372. 3.85 88.8	As 285.3 2.96 68.2	Se 237 2.46 56.7	Br 118. 1.22 28.18	Kr 11.2 0.116 2.68
Rb 82.2 0.852 19.64	Sr 166. 1.72 39.7	Y 422. 4.37 100.8	Zr 603. 6.25 144.2	Nb 730. 7.57 174.5	Mo 658 6.82 157.2	Tc 661. 6.85 158.	Ru 650. 6.74 155.4	Rh 554. 5.75 132.5	Pd 376. 3.89 89.8	Ag 284. 2.95 68.0	Cd 112. 1.16 26.73	In 243. 2.52 58.1	Sn 303. 3.14 72.4	Sb 265. 2.75 63.4	Te 211 2.19 50.34	I 107. 1.11 25.62	Xe 15.9 0.16 3.80
Cs 77.6 0.804 18.54	Ba 183. 1.90 43.7	La 431. 4.47 103.1	Hf 621. 6.44 148.4	Ta 782. 8.10 186.9	W 859. 8.90 205.2	Re 775. 8.03 185.2	Os 788. 8.17 188.4	Ir 670. 6.94 160.1	Pt 564. 5.84 134.7	Au 368. 3.81 87.96	Hg 65. 0.67 15.5	Tl 182. 1.88 43.4	Pb 196. 2.03 46.78	Bi 210. 2.18 50.2	Po 144. 1.50. 34.5	At	Rn 19.5 0.202 4.66
Fr	Ra 160. 1.66 38.2	Ac 410. 4.25 98.															

Ce 417. 4.32 99.7	Pr 357. 3.70 85.3	Nd 328. 3.40 78.5	Pm	Sm 206. 2.14 49.3	Eu 179. 1.86 42.8	Gd 400. 4.14 95.5	Tb 391. 4.05 93.4	Dy 294. 3.04 70.2	Ho 302. 3.14 72.3	Er 317. 3.29 75.8	Tm 233. 2.42 55.8	Yb 154. 1.60 37.1	Lu 428. 4.43 102.2
Th 598. 6.20 142.9	Pa	U 536. 5.55 128.	Np 456 4.73 109.	Pu 347. 3.60 83.0	Am 264. 2.73 63.	Cm 385 3.99 92.1	Bk	Cf	Es	Fm	Md	No	Lr

表 2　熔点

（单位为 K，引自 R. H. Lamoreaux，LBL Report 4995）

Li 453.7	Be 1562											B 2365	C	N 63.15	O 54.36	F 53.48	Ne 24.56
Na 371.0	Mg 922											Al 933.5	Si 1687	P *w* 317 *r* 863	S 388.4	Cl 172.2	Ar 83.81
K 336.3	Ca 1113	Sc 1814	Ti 1946	V 2202	Cr 2133	Mn 1520	Fe 1811	Co 1770	Ni 1728	Cu 1358	Zn 692.7	Ga 302.9	Ge 1211	As 1089	Se 494	Br 265.9	Kr 115.8
Rb 312.6	Sr 1042	Y 1801	Zr 2128	Nb 2750	Mo 2895	Tc 2477	Ru 2527	Rh 2236	Pd 1827	Ag 1235	Cd 594.3	In 429.8	Sn 505.1	Sb 903.9	Te 722.7	I 386.7	Xe 161.4
Cs 301.6	Ba 1002	La 1194	Hf 2504	Ta 3293	W 3695	Re 3459	Os 3306	Ir 2720	Pt 2045	Au 1338	Hg 234.3	Tl 577	Pb 600.7	Bi 544.6	Po 527	At	Rn
Fr	Ra 973	Ac 1324															

Ce 1072	Pr 1205	Nd 1290	Pm	Sm 1346	Eu 1091	Gd 1587	Tb 1632	Dy 1684	Ho 1745	Er 1797	Tm 1820	Yb 1098	Lu 1938
Th 2031	Pa 1848	U 1406	Np 910	Pu 913	Am 1449	Cm 1613	Bk 1562	Cf	Es	Fm	Md	No	Lw

表 3　室温下各元素的等温体积弹性模量和压缩率

［引自 K. Gschneidner，Jr.，Solid State Physics 16，275—426(1964)；某些数据引自 F. Birch，载 Hand Book of Physical Constants，Geological Society of America Memoir 97，107－173 (1996)。若为研究目的所需的数据，应当参考原始文献。圆括号中的值为估计值，圆括号中的字母代表晶体形式；方括号中的字母代表温度：［a］＝77K；［b］＝273K；［c］＝1K；［d］＝4K；［e］＝81K］。

体弹模量，单位：10^{12} dyn/cm^2 或 10^{11} N/m^2

压缩率，单位：10^{-12} cm^2/dyn 或 10^{-11} m^2/N

H[d]																	He[d]
0.002																	0.00
500																	1168
Li	Be											B	C[d]	N[e]	O	F	Ne[d]
0.116	1.003											1.78	4.43	0.012			0.010
8.62	0.997											0.562	0.226	80			100
Na	Mg											Al	Si	P(b)	S(r)	Cl	Ar[a]
0.068	0.354											0.722	0.988	0.304	0.178		0.013
14.7	2.82											1.385	1.012	3.29	5.62		79
K	Ca	Sc	Ti	V	Cr	Mn	Fe	Co	Ni	Cu	Zn	Ga[b]	Ge	As	Se	Br	Kr[a]
0.032	0.152	0.435	1.051	1.619	1.901	0.596	1.683	1.914	1.86	1.37	0.598	0.569	0.772	0.394	0.091		0.018
31.	6.58	2.30	0.951	0.618	0.526	1.68	0.594	0.522	0.538	0.73	1.67	1.76	1.29	2.54	11.0		56
Rb	Sr	Y	Zr	Nb	Mo	Tc	Ru	Rh	Pd	Ag	Cd	In	Sn(g)	Sb	Te	I	Xe
0.031	0.116	0.366	0.833	1.702	2.725	(2.97)	3.208	2.704	1.808	1.007	0.467	0.411	1.11	0.383	0.230		
32.	8.62	2.73	1.20	0.587	0.366	(0.34)	0.311	0.369	0.553	0.993	2.14	2.43	0.901	2.61	4.35		
Cs	Ba	La	Hf	Ta	W	Re	Os	Ir	Pt	Au	Hg[c]	Tl	Pb	Bi	Po	At	Rn
0.020	0.103	0.243	1.09	2.00	3.232	3.72	(4.18)	3.55	2.783	1.732	0.382	0.359	0.430	0.315	(0.26)		
50.	9.97	4.12	0.92	0.50	0.309	0.269	(0.24)	0.282	0.359	0.577	2.60	2.79	2.33	3.17	(3.8)		
Fr	Ra	Ac															
(0.020)	(0.132)	(0.25)															
(50.)	(7.6)	(4.)															

Ce(γ)	Pr	Nd	Pm	Sm	Eu	Gd	Tb	Dy	Ho	Er	Tm	Yb	Lu
0.239	0.306	0.327	(0.35)	0.294	0.147	0.383	0.399	0.384	0.397	0.411	0.397	0.133	0.411
4.18	3.27	3.06	(2.85)	3.40	6.80	2.61	2.51	2.60	2.52	2.43	2.52	7.52	2.43
Th	Pa	U	Np	Pu	Am	Cm	Bk	Cf	Es	Fm	Md	No	Lr
0.543	(0.76)	0.987	(0.68)	0.54									
1.84	(1.3)	1.01	(1.5)	1.9									

3.1 惰性气体晶体

惰性气体所形成的晶体是最简单的晶体，其晶态原子的电子分布非常接近于自由态原子的电子分布。表 4 归纳列出了它们在绝对零度下的性质。这些晶体是透明的绝缘体，其结合弱、熔点低。惰性气体原子具有很高的电离能（见表 5），其最外电子壳层被完全填满；在自由原子中电子电荷的分布是球对称的。在晶体中，这些惰性气体原子尽可能紧密地堆积在一起❶，除了 He^3 和 He^4 之外，其晶体结构都是立方密堆积型（*fcc*）结构，如图 2 所示。

表 4 惰性气体晶体的性质

（外推至 0K 和零压力）

	最近邻距离 /Å	内聚能实验值		熔点 /K	自由原子的电离势/eV	伦纳德-琼斯势，即式(10)中的参数	
		/(kJ/mol)	/(eV/atom)			$\epsilon(10^{-16}erg)$	σ/Å
He(在零压下为液体)					24.58	14	2.56
Ne	3.13	1.88	0.02	24.56	21.56	50	2.74
Ar	3.76	7.74	0.080	83.81	15.76	167	3.40
Kr	4.01	11.2	0.116	115.8	14.00	225	3.65
Xe	4.35	16.0	0.17	161.4	12.13	320	3.98

那么，是什么使惰性气体原子维系在一起并组成晶体的呢？在这种晶体中，其电子分布不可能显著的偏离自由原子的电子分布，因为这种晶体中一个原子的内聚能仅相当于或小于原子中一个电子的电离能的百分之一。从而，它们没有多少能量可以用来使其自由原子的电荷分布发生畸变。然而，在某些情况下，晶体原子的电荷分布可能会产生部分畸变。正是这一部分畸变，将给出范德瓦耳斯（Van der Waals）相互作用。

图 2 惰性气体 Ne、Ar、Kr 和 Xe 的立方密堆积（面心立方）晶体结构。它们在 4K 下其立方晶胞的晶格常量依次为 4.46Å、5.31Å、5.64Å 和 6.13Å。

3.1.1 范德瓦耳斯-伦敦相互作用

假定有两个全同的惰性气体原子，它们之间的距离为 R。与原子半径相比，R 是大的；那么，这两个中性原子之间存在着什么样的相互作用呢？如果认为原子的电荷分布是"刚性"的，则原子之间的相互作用将为零，因为球对称分布的电子电荷的静电势在中性原子以外被原子核电荷的静电势所抵消。这时，惰性气体原子间不可能存在

❶ 原子的零点运动（在绝对零度时的动能）是一种量子效应，它在 He^3 和 He^4 中起决定作用。当压力为零时，即使在绝对零度下 He^3 和 He^4 也不会结晶凝固。在绝对零度下，He 原子偏离其平衡位置的平均涨落幅度可以达到最近邻间距的 30%～40%。原子越重，其零点效应越不显著。若忽略零点运动的影响，通过计算得到固体 He 的摩尔体积是 $9cm^3 \cdot mol^{-1}$，而由实验测得的 He^3 和 He^4 液体的摩尔体积分别为 $36.8cm^3 \cdot mol^{-1}$ 和 $27.5cm^3 \cdot mol^{-1}$。

表 5 电离能

（移去最初两个电子所需的总能量等于一、二次电离势之和。资料来源：National Bureau of Standards Circular 467）。

← 移去一个电子所需之能量，单位: eV →

← 移去两个电子所需之能量，单位: eV →

1	2	3	4	5	6	7	8	9	10	11	12	13	14	15	16	17	18
H 13.595																	He 24.58 78.98
Li 5.39 81.01	Be 9.32 27.53											B 8.30 33.45	C 11.26 35.64	N 14.54 44.14	O 13.61 48.76	F 17.42 52.40	Ne 21.56 62.63
Na 5.14 52.43	Mg 7.64 22.67											Al 5.98 24.80	Si 8.15 24.49	P 10.55 30.20	S 10.36 34.0	Cl 13.01 36.81	Ar 15.76 43.38
K 4.34 36.15	Ca 6.11 17.98	Sc 6.56 19.45	Ti 6.83 20.46	V 6.74 21.39	Cr 6.76 23.25	Mn 7.43 23.07	Fe 7.90 24.08	Co 7.86 27.91	Ni 7.63 25.78	Cu 7.72 27.93	Zn 9.39 27.35	Ga 6.00 26.51	Ge 7.88 23.81	As 9.81 30.0	Se 9.75 31.2	Br 11.84 33.4	Kr 14.00 38.56
Rb 4.18 31.7	Sr 5.69 16.72	Y 6.5 18.9	Zr 6.95 20.98	Nb 6.77 21.22	Mo 7.18 23.25	Tc 7.28 22.54	Ru 7.36 24.12	Rh 7.46 25.53	Pd 8.33 27.75	Ag 7.57 29.05	Cd 8.99 25.89	In 5.78 24.64	Sn 7.34 21.97	Sb 8.64 25.1	Te 9.01 27.6	I 10.45 29.54	Xe 12.13 33.3
Cs 3.89 29.0	Ba 5.21 15.21	La 5.61 17.04	Hf 7. 22.	Ta 7.88 24.1	W 7.98 25.7	Re 7.87 24.5	Os 8.7 26.	Ir 9.	Pt 8.96 27.52	Au 9.22 29.7	Hg 10.43 29.18	Tl 6.11 26.53	Pb 7.41 22.44	Bi 7.29 23.97	Po 8.43	At	Rn 10.74
Fr	Ra 5.28 15.42	Ac 6.9 19.0															

Ce 6.91	Pr 5.76	Nd 6.31	Pm	Sm 5.6	Eu 5.67	Gd 6.16	Tb 6.74	Dy 6.82	Ho	Er	Tm	Yb 6.2	Lu 5.0
Th	Pa	U 4.	Np	Pu	Am	Cm	Bk	Cf	Es	Fm	Md	No	Lr

内聚力，因而也就不能凝聚在一起。但是，原子相互感生偶极矩，这种感生矩（induced moment）将引致原子之间的吸引相互作用。

作为一个模型，考虑两个相距为 R 的全同线性谐振子 1 和 2，每个振子带有一个正电荷（$+e$）和一个负电荷$-e$，正负电荷之间的距离分别为 x_1 和 x_2，如图 3 所示。粒子沿 x 轴振动，动量分别用 p_1 和 p_2 表示，力常量为 C。于是，在未受微扰作用时，该系统的哈密顿量可以写为

$$\mathscr{H}_0=\frac{1}{2m}p_1^2+\frac{1}{2}Cx_1^2+\frac{1}{2m}p_2^2+\frac{1}{2}Cx_2^2 \tag{1}$$

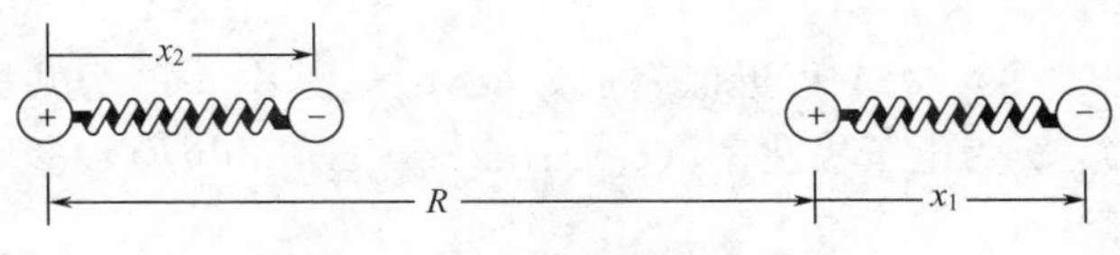

图 3 两个振子的坐标示意图。

假定未发生耦合时每个谐振子具有一个谐振频率 ω_0，这相应于一个原子的最强光学吸收（或共振吸收）谱线的频率。从而，对于谐振子，即有 $C=m\omega_0^2$。

令 $\mathscr{H}_1$ 表示两个振子之间的库仑相互作用能，几何位形如图 3 所示，核间坐标（internuclear coordinate）为 R。于是

(CGS)
$$\mathscr{H}_1=\frac{e^2}{R}+\frac{e^2}{R+x_1-x_2}-\frac{e^2}{R+x_1}-\frac{e^2}{R-x_2} \tag{2}$$

在 $|x_1|$、$|x_2|\ll R$ 的近似下，将（2）式展开，便得到最低级近似表达式为

$$\mathscr{H}_1\cong-\frac{2e^2x_1x_2}{R^3} \tag{3}$$

通过简正模变换，即

$$x_s\equiv\frac{1}{\sqrt{2}}(x_1+x_2);\qquad x_a\equiv\frac{1}{\sqrt{2}}(x_1-x_2) \tag{4}$$

并解出 x_1 和 x_2，分别为

$$x_1=\frac{1}{\sqrt{2}}(x_s+x_a);\qquad x_2=\frac{1}{\sqrt{2}}(x_s-x_a) \tag{5}$$

同时，取 $\mathscr{H}_1$ 为上述式（3）给出的近似形式，则可以使系统的总哈密顿量对角化。其中，下标 s 和 a 分别表示运动的对称模式和反对称模式。进而，我们可以得到与这两种模式相联系的动量 p_s 和 p_a，即有

$$p_1\equiv\frac{1}{\sqrt{2}}(p_s+p_a);\quad p_2\equiv\frac{1}{\sqrt{2}}(p_s-p_a) \tag{6}$$

经过式（5）和式（6）的变换后，总的哈密顿量 $\mathscr{H}_0+\mathscr{H}_1$ 可以写为

$$\mathscr{H}=\left[\frac{1}{2m}p_s{}^2+\frac{1}{2}\left(C-\frac{2e^2}{R^3}\right)x_s^2\right]+\left[\frac{1}{2m}p_a^2+\frac{1}{2}\left(C+\frac{2e^2}{R^3}\right)x_a^2\right] \tag{7}$$

考察式（7），可得耦合振子的两个频率，它们是

$$\omega=\left[\left(C\pm\frac{2e^2}{R^3}\right)/m\right]^{1/2}=\omega_0\left[1\pm\frac{1}{2}\left(\frac{2e^2}{CR^3}\right)-\frac{1}{8}\left(\frac{2e^2}{CR^3}\right)^2+\cdots\right] \tag{8}$$

其中 $\omega_0=(C/m)^{1/2}$，在式（8）中已将平方根展开。

该系统的零点能量为$\frac{1}{2}\hbar(\omega_s+\omega_a)$。由于存在相互作用，这个值要比未耦合的值 $2\times\frac{1}{2}$

$\hbar\omega_0$ 低 ΔU，即有

$$\Delta U=\frac{1}{2}\hbar\ (\Delta\omega_s+\Delta\omega_a)=-\hbar\omega_0\cdot\frac{1}{8}\left(\frac{2e^2}{CR^3}\right)^2=-\frac{A}{R^6} \tag{9}$$

显而易见，这是一个吸引相互作用，它按照两个振子间距离 R 的负 6 次幂变化。

这就是所谓的范德瓦耳斯相互作用，也称为伦敦相互作用或感生偶极子-偶极子相互作用。它是惰气晶体和许多有机分子晶体中主要的吸引相互作用。当 $\hbar\to 0$ 时，$\Delta U\to 0$，从这一意义上讲，范德瓦耳斯相互作用是一种量子效应。于是，系统的零点能量将由于式(3) 所表示的偶极子-偶极子耦合而降低。范德瓦耳斯相互作用的存在不依赖于两个原子的电荷密度的任何交叠。

对于全同原子，式 (9) 中 A 可近似表示为 $\hbar\omega_0\alpha^2$，其中 $\hbar\omega_0$ 为共振能量（即最强光学吸收谱线对应的能量），α 为电子极化率 (electronic polarizability)，参见第 14 章。

3.1.2 排斥相互作用

当使两个原子相互靠近时，它们的电荷分布将逐渐发生交叠（见图 4)，从而引起系统的静电能发生变化。在两原子相距足够近的情形下，交叠能是排斥性的，其中大部分贡献来自泡利不相容原理 (Pauli exclusion principle)。这一原理可简单表述为：两个电子的所有量子数不能完全相同。当两个原子的电荷分布交叠时，原来属于 B 原子的电子倾向于部分占据 A 原子的某些态，而这些态本来为 A 原子的电子所独占；A 原子对 B 原子中的电子态也有着同样的倾向。

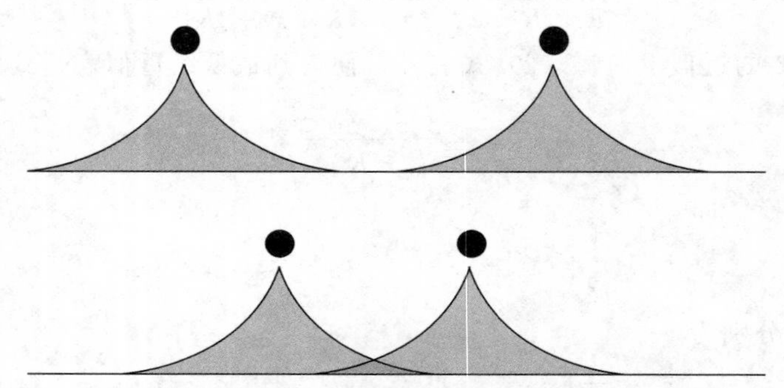

图 4 表示原子相互靠近时电子电荷分布的交叠，黑圆点代表原子核。

泡利原理禁止多重占据，从而对于具有闭壳层的原子，只有在伴随着部分电子被激发到原子未被占据的高能态时，其电子分布才能发生交叠。因此，这种电子交叠将使系统的总能量增加，而对相互作用则给出排斥性贡献。图 5 给出一个完全交叠的极端例子。

这里不准备从第一性原理出发来计算排斥相互作用❶。将一个形式为 B/R^{12} 的经验排斥势（B 是一个正的常数）与形式如式 (9) 的长程吸引势联合起来使用，可以得到与惰性气体实验数据相当一致的拟合结果。常数 A 和 B 都是经验参数，一般是通过对气相所作的独立测量来确定，所用的数据包括位力系数 (virial coefficient) 和黏度。通常把相距为 R 的两个原子的总势写成如下形式，即

$$U(R)=4\epsilon\left[\left(\frac{\sigma}{R}\right)^{12}-\left(\frac{\sigma}{R}\right)^6\right] \tag{10}$$

其中ϵ和 σ 是两个新的参数，它们是通过令 $4\epsilon\sigma^6\equiv A$ 和 $4\epsilon\sigma^{12}\equiv B$ 而引入的。由上式 (10)

❶ 交叠能自然地依赖于每个原子周围电荷的径向分布，即使电荷分布已知，其数学计算也常常是复杂的。

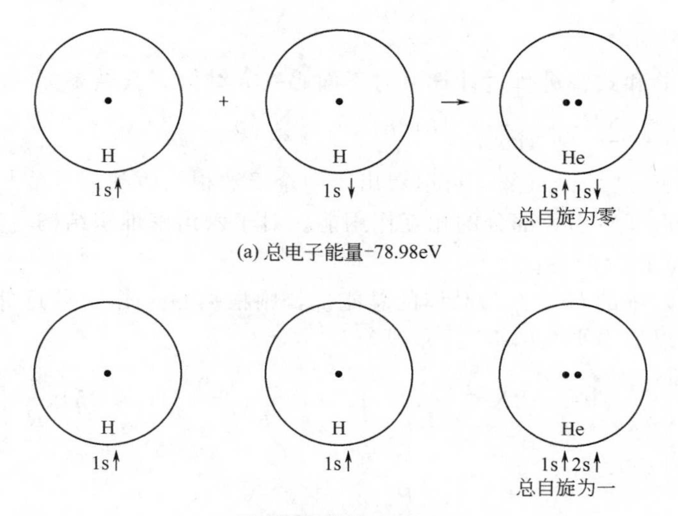

图 5　泡利原理对排斥能的影响。图示是一个极端的例子：使两个氢原子互相接近，直至两个原子核（这里即质子）几乎接触。单是电子系统本身的能量可以根据对原子 He 的观测得到，He 原子含有两个电子。(a) 表示两个电子的自旋反平行的系统，因此泡利原理没有影响，电子的束缚能为 $-78.98\mathrm{eV}$；(b) 自旋平行，泡利原理迫使一个电子由氢的 1s↑轨道跃迁到 He 的 2s↑轨道。这时，电子的束缚能为 $-59.38\mathrm{eV}$，比情况 (a) 升高了 $19.60\mathrm{eV}$，这就是泡利原理使排斥能增大的量值。我们在讨论时，没有考虑两个质子的库仑排斥能，因为这一项对 (a) 和 (b) 两种情形都一样。

所给出的势，通常称为伦纳德-琼斯势（Lennard-Jones potential），参见图 6，两个原子之间的力由 $-\mathrm{d}U/\mathrm{d}R$ 确定。在表 4 中列出了ϵ和 σ 的数值，这些值可由气相的有关数据得出，因此关于固体性质的计算并不包含任何可调参数 (disposable parameters)。

关于排斥相互作用的其他经验形式的势也在广泛使用，特别是具有指数函数形式的 $\lambda\exp(-R/\rho)$，其中 ρ 是相互作用半径的一种量度，这种形式一般同负幂律形式一样易于进行解析处理。

3.1.3　平衡晶格常量

如果不计惰性气体原子的动能，则惰性气体晶体的内聚能就是晶体内所有原子对间的伦纳德-琼斯势［见式（10）］之和。如果晶体含有 N 个原子，其总的势能就是

$$U_{\mathrm{tot}}=\frac{1}{2}N(4\epsilon)\left[\sum_j{}'\left(\frac{\sigma}{p_{ij}R}\right)^{12}-\sum_j{}'\left(\frac{\sigma}{p_{ij}R}\right)^{6}\right] \tag{11}$$

其中，$p_{ij}R$ 是用最近邻距离 R 所表示的参考原子 i 与其他任一原子 j 之间的距离，N 前面出现的因子 1/2 是为了使每个原子对不致被计

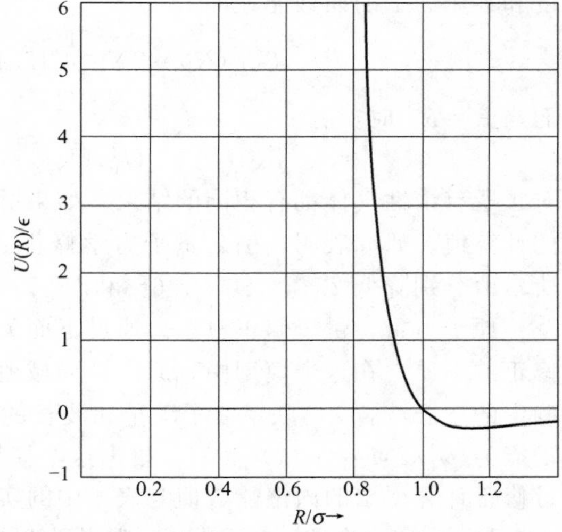

图 6　由式(10) 给出的伦纳德-琼斯势随 R 的变化曲线。伦纳德-琼斯势描述了两个惰性气体原子的相互作用。极小值出现在 $R/\sigma=2^{1/6}\cong1.12$ 处。值得注意的是，在极小值的左边，曲线很陡；而在极小值的右边，曲线平坦。在曲线极小处，$U=-\varepsilon$；在 $R=\sigma$ 处，$U=0$。

算两次。

对式（11）中的和式曾进行过计算。对于面心立方结构，其结果为

$$\sum_j{}' p_{ij}^{-12} = 12.13188; \qquad \sum_j{}' p_{ij}^{-6} = 14.45392 \tag{12}$$

在面心立方结构中有 12 个最近邻。可以看出，两个级数很快收敛，其值与 12 相差不远。在惰气晶体中，其最近邻给出大部分的相互作用能。对于六角密堆积结构，其相应的和式数值分别为 12.13229 和 14.45489。

如果将式（11）中的 U_{tot} 作为晶体的总能量，则根据 U_{tot} 作为最近邻距离 R 的函数取极小值的要求，可以导出平衡值 R_0，亦即令

$$\frac{dU_{tot}}{dR} = 0 = -2N\epsilon\left[(12)(12.13)\frac{\sigma^{12}}{R^{13}} - (6)(14.45)\frac{\sigma^6}{R^7}\right] \tag{13}$$

从而推出

$$R_0/\sigma = 1.09 \tag{14}$$

这一结果表明，R_0/σ 值对所有元素都是一样的，只要其晶体具有面心立方结构。引用表 4 给出的独立确定的 σ 值，则 R_0/σ 的观测值为

	Ne	Ar	Kr	Xe
R_0/σ	1.14	1.11	1.10	1.09

可见，上述结果与式（14）相当吻合。对于比较轻的原子，其 R_0/σ 值相对于惰性气体所预期的普适值 1.09 稍有偏离，对此可以用零点量子效应来解释。人们曾根据气相测量的数据和结果预测晶体的晶格常量。

3.1.4 内聚能

将式（12）和式（14）代入式（11），则可得到惰气晶体（inert gas crystal）在绝对零度和零压力下的内聚能，即

$$U_{tot}(R) = 2N\epsilon\left[(12.13)\left(\frac{\sigma}{R}\right)^{12} - (14.45)\left(\frac{\sigma}{R}\right)^6\right] \tag{15}$$

而当 $R = R_0$ 时，有

$$U_{tot}(R_0) = -(2.15)(4N\epsilon) \tag{16}$$

对于所有惰性气体都有相同的结果。如果所有原子静止，亦即动能为零，则上式就是内聚能的计算值。研究表明，引入量子力学修正之后，使 Ne、Ar、Kr 和 Xe 的结合能由式（16）所示值分别降低 28%、10%、6%和 4%。

原子愈重，量子修正愈小。通过下面关于一个简单模型的讨论，可以帮助我们理解量子修正的本质。在这个模型中，原子被局域地限制在固定的边界以内；如果粒子具有由边界所确定的量子波长 λ，联系粒子动量和波长的德布罗意关系为 $p = h/\lambda$，那么这个粒子具有的动能为 $p^2/2M = (h/\lambda)^2/2M$。根据这个模型，能量的量子零点修正与质量成反比。最后经过修正计算得出的内聚能数值与表 4 中的实验值之间，相差不超过 1%～7%。

量子动能存在的一个后果是，观测到的同位素 Ne^{20} 晶体的晶格常量比 Ne^{22} 晶体的晶格常量大。较轻的同位素，其量子动能较大，于是晶格膨胀，因为膨胀可以使动能减少。Ne^{20} 和 Ne^{22} 晶体的晶格常量观测值（由 2.5K 外推至绝对零度）分别是 4.4644Å 和 4.4559Å。

3.2 离子晶体

离子晶体由正离子和负离子组成。离子键由电荷异号的离子间的静电相互作用产生。人

们发现，离子晶体有两种常见的晶体结构，即氯化钠型和氯化铯型结构，对此第一章已给以描述。

在简单的离子晶体中，所有离子的电子组态都变为闭合电子壳层，就像惰性气体原子那样。例如，考虑氟化锂，根据本书所附元素周期表提供的数据，中性原子的电子组态是 Li：$1s^2 2s^1$，F：$1s^2 2s^2 2p^5$；单电荷离子的电子组态是 Li^+：$1s^2$，F^-：$1s^2 2s^2 2p^6$，分别同氦和氖的情形一样。惰性气体原子具有闭合电子壳层，电荷分布是球对称的。为此，人们预期在离子晶体中每个离子上的电荷分布近似于球对称，而在同相邻原子接触的区域附近，有一定的畸变，电子分布的 X 射线研究证实了这一预期分布图像（见图 7）。

其实，我们通过一个简单的估算，即可基本上推知，所谓离子晶体结合能主要来源于静电相互作用是一个靠谱的结论，并不是误导。例如，在晶态氯化钠中，一个正离子与其最近邻负离子之间的距离为 2.81×10^{-8}cm，这样仅两个正、负离子本身的库仑吸引部分所给出的势能就是 5.1eV。这个值可以同晶态 NaCl 内聚能的实验值（7.9eV/每个分子）相比拟（见图 8）。下面将更详细地讨论这一能量的计算。

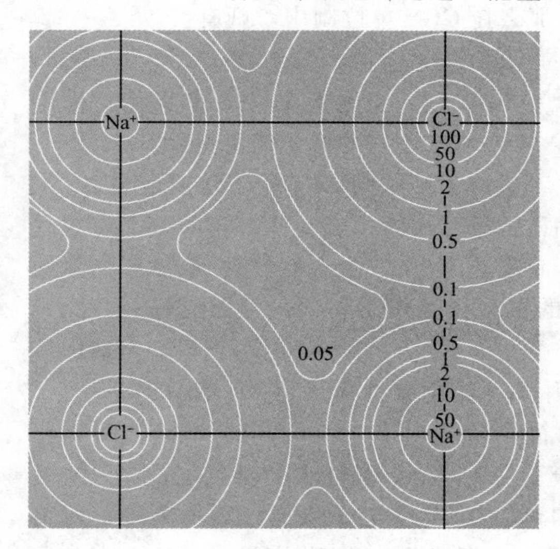

图 7 NaCl 晶体基面内的电子密度分布，在等值线上的数值则表示相对电子浓度。引自 G. Schoknecht 的 X 射线研究结果。

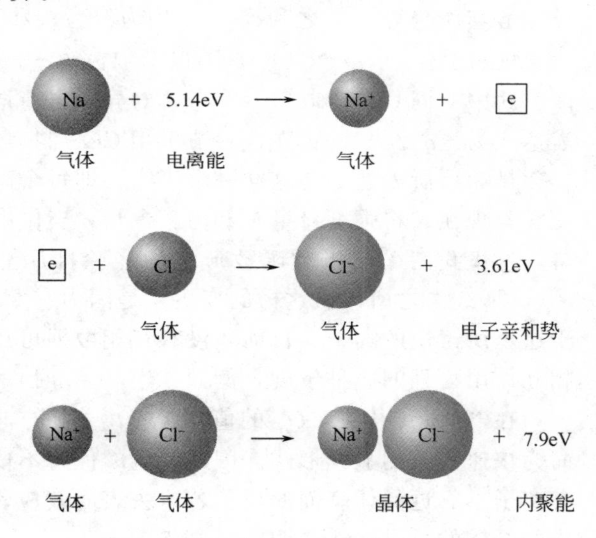

图 8 相对于分立中性原子，氯化钠晶体每个分子单位的能量为（7.9−5.1+3.6）=6.4eV，这个值比分立中性原子的能量低；相对于分立离子，每分子单位的晶格能量 7.9eV。图中所给的值均为实验值。电离能和电子亲和势分别由表 5 和表 6 给出。

表 6 负离子的电子亲和势（稳定负离子的电子亲和势是正的）

原子	电子亲和能/eV	原子	电子亲和能/eV
H	0.7542	Si	1.39
Li	0.62	P	0.74
C	1.27	S	2.08
O	1.46	Cl	3.61
F	3.40	Br	3.36
Na	0.55	I	3.06
Al	0.46	K	0.50

注：引自 H. Hotop and W. C. Lineberger，J. Phys. Chem. Ref. Data 4，539（1975）。

3.2.1 静电能或马德隆（Madelung）能

带电荷为$\pm q$的离子之间存在着长程相互作用，它包括带异号电荷离子之间的静电吸引相互作用$-q^2/r$和带同号电荷离子之间的静电排斥作用$+q^2/r$。无论离子通过自身排列成什么样的晶体结构，只要这种结构能给出与离子实之间近距排斥作用相称的最强吸引作用即可。对于具有惰性气体电子组态的离子，它们之间的排斥相互作用类似于惰性气体原子之间的排斥相互作用。在离子晶体中，吸引性相互作用的范德瓦耳斯部分对于晶体内聚能只能给出比较小的贡献，大约占1%～2%。离子晶体的结合能主要来源于静电能的贡献，这一静电能被称为马德隆能（Madelung energy）。

若用U_{ij}表示离子i和j之间的相互作用能，则可定义一个和式U_i，让其包括所有涉及第i个离子的相互作用，即有

$$U_i = \sum_j{}' U_{ij} \tag{17}$$

式中求和包括除$j=i$以外的所有离子。如果U_{ij}可以写成$\lambda \exp(-r/\rho)$形式的中心场排斥势与库仑势$\pm\frac{q^2}{r}$之和（λ、ρ均为经验参数），那么在CGS单位制中，则有

(CGS) $$U_{ij} = \lambda \exp(-r_{ij}/\rho) \pm q^2/r_{ij} \tag{18}$$

式中对同号电荷取“+”号，对异号电荷取“−”号；在SI单位制中，库仑相互作用表达式为$\pm q^2/4\pi\varepsilon_0 r$；在这一节里用CGS制表示，库仑相互作用的形式便为$\pm q^2/r$。

排斥项所表述的是这样一个事实，即每个离子都倾向于拒绝同邻近离子的电子分布发生交叠。现在，将强度参量λ和力程参量ρ当作由晶格常量和压缩率实验值决定的待定常数看待。这里我们采用指数函数形式的经验排斥势，而不是采用曾在惰性气体情况下使用的R^{-12}形式。之所以做这样的变更，是因为它给出的排斥相互作用表达式可能更好一些。对于这里所讨论的离子，目前还没有气相数据可用来独立地确定λ和ρ。应当强调，ρ是排斥相互作用力程的一种量度，例如，当$r=\rho$时，排斥相互作用减小到$r=0$处之值的1/e。

在NaCl结构中，U_i的值与参考离子i的电荷符号（正或负）无关。和式（17）可以化简为快速收敛的显式形式。因此，它的值将不依赖于参考离子在晶体中的格点位置，只要参考离子不靠近晶体表面便可。若略去表面效应，则可以把N个分子（或$2N$个离子）所组成的晶体的总晶格能量U_{tot}写成$U_{tot}=NU_i$。注意：这个式子中出现的是N，而不是$2N$，这是因为对于每个相互作用对或每个键只能计算一次。此外，按照定义，总晶格能就是把晶体分解为相距无穷远的孤立离子所需要的能量。

为方便起见，按照前述的做法，引入量p_{ij}，使$r_{ij}\equiv p_{ij}R$，其中R为晶体中的最近邻间距，如果只计及最近邻间的排斥相互作用，便有

(CGS) $$U_{ij} = \begin{cases} \lambda \exp(-R/p) - \dfrac{q^2}{R} & \text{（最近邻）} \\ \pm \dfrac{1}{p_{ij}} \dfrac{q^2}{R} & \text{（除最近邻以外）} \end{cases} \tag{19}$$

于是，

(CGS) $$U_{tot} = NU_i = N\left(z\lambda e^{-R/\rho} - \frac{\alpha q^2}{R}\right) \tag{20}$$

式中，z是任一离子的最近邻数，并且定义

$$\alpha \equiv \sum_j{}' \frac{(\pm)}{p_{ij}} \equiv \text{马德隆常数} \tag{21}$$

这个和式代表最近邻的贡献，其中求和包含的项数恰好等于 z。这里的（$\pm$）号将在后面讨论式（25）之前加以说明。马德隆常数（Madelung constant）的值在离子晶体理论中是非常重要的，我们将在下一节中讨论它的计算方法。

在达到平衡间距时，有 $\mathrm{d}U_{\mathrm{tot}}/\mathrm{d}R=0$，由此导出

(CGS) $$N\frac{\mathrm{d}U_i}{\mathrm{d}R}=-\frac{Nz\lambda}{\rho}\exp(-R/\rho)+\frac{N\alpha q^2}{R^2}=0 \tag{22}$$

或

(CGS) $$R_0^2\exp(-R_0/\rho)=\rho\alpha q^2/z\lambda \tag{23}$$

由此式可见，如果排斥相互作用的两个参数 ρ 和 λ 已知，则可得到平衡间距 R_0；若要转换为 SI 制，则以 $q^2/4\pi\epsilon_0$ 代替 q^2。

利用式（20）和式（23），则可以将包含 $2N$ 个离子的晶体在其平衡间距为 R_0 时的总晶格能写为

(CGS) $$U_{\mathrm{tot}}=-\frac{N\alpha q^2}{R_0}\left(1-\frac{\rho}{R_0}\right) \tag{24}$$

其中 $-N\alpha q^2/R_0$ 是马德隆能量。下面我们会发现，ρ 的大小约为 $0.1R_0$，亦即排斥相互作用的力程非常短。

3.2.2 马德隆常数的计算

库仑能常数 α 的第一次计算是由马德隆（Madelung）完成的。之后，埃瓦尔德（Ewald）建立了一个关于晶格求和计算的通用而有效的方法（参见附录 B)。现在，人们已将计算机应用于 α 的计算。

根据式（21），马德隆常数的定义为

$$\alpha=\sum_j{}'\frac{(\pm)}{p_{ij}}$$

由式（20）可以看出，为得到一个稳定晶体，α 必须取正值。于是，如果假设参考离子带负电荷，则对于正离子取“+”，而对于负离子取“−”。

显然，α 的定义式可以写成如下等价的形式：

$$\frac{\alpha}{R}=\sum_j{}'\frac{(\pm)}{r_j} \tag{25}$$

式中，r_j 是第 j 个离子与参考离子（reference ion）之间的距离，R 为最近邻距离。必须强调指出，由此所得到的 α 值将依赖于它是通过最近邻距离 R 给出的，还是借助晶格常量 a 或是用某一别的相关长度量给出的。

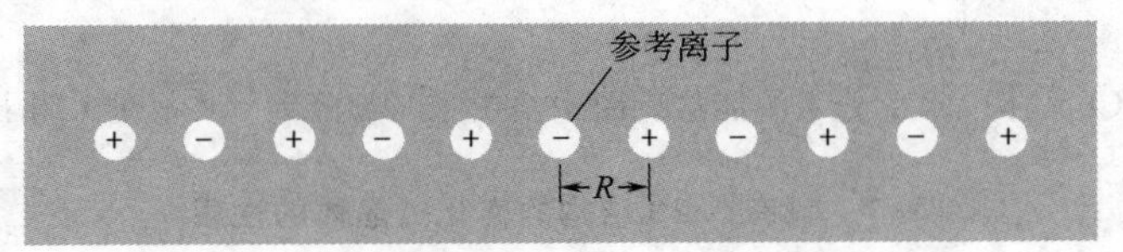

图 9 符号交替变化的离子线，其离子间距为 R。

作为例子，我们针对图 9 所示的符号交替变化的无限长离子线计算马德隆常数。选取一个负离子作为参考离子，并以 R 表示相邻离子之间的距离。于是有

$$\frac{\alpha}{R}=2\left[\frac{1}{R}-\frac{1}{2R}+\frac{1}{3R}-\frac{1}{4R}+\cdots\right]$$

或

$$\alpha=2\left[1-\frac{1}{2}+\frac{1}{3}-\frac{1}{4}+\cdots\right]$$

式中之所以出现因子 2，是因为存在两个 r_j 相等的离子，一个在左，一个在右。通过下面的展开式

$$\ln(1+x)=x-\frac{x^2}{2}+\frac{x^3}{3}-\frac{x^4}{4}+\cdots$$

可以计算上述级数之和。由此，我们得出一维链的马德隆常数为 $\alpha=2\ln 2$。

在三维情形下，这一级数的处理较困难一些，不可能通过直观推断出该级数应有的各项。更重要的是，除非级数中各项排列具有一定规律性，以至于使来自正、负项的贡献相互近似抵消，否则级数不会收敛。

下面列出了马德隆常数的典型数值（基于单位电荷和最近邻距离）：

结构	α
氯化钠(NaCl)	1.747565
氯化铯(CsCl)	1.762675
闪锌矿(立方 ZnS)	1.6381

如图 10 所示，示意绘出了马德隆项和排斥项对 KCl 晶体结合能的贡献。表 7 给出了具有氯化钠结构的卤化碱晶体的性质。可以看出，晶格能的计算值同实验值符合得很好。

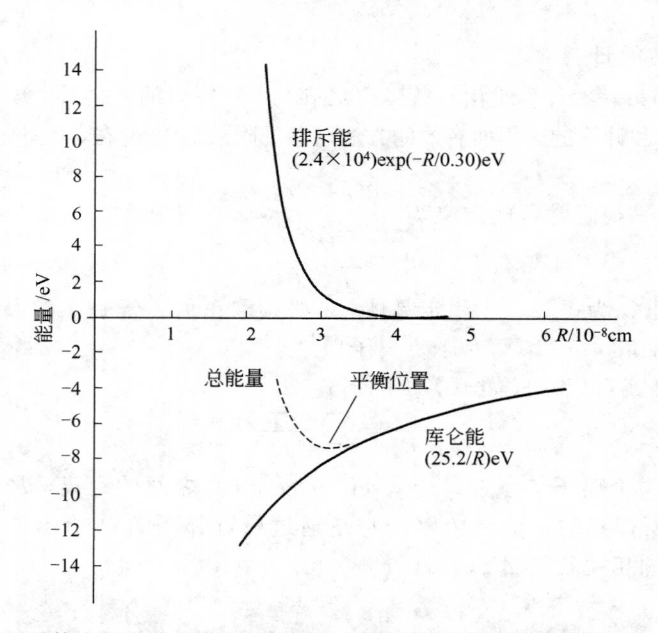

图 10 KCl 晶体中每个分子的能量。图中给出了马德隆项（库仑能）和排斥项的贡献。

表 7 具有 NaCl 结构的卤化碱晶体的性质

（表中除去括号中的所有值都是在室温和大气压力下的值，对于 R_0 和 U 与其绝对零度下之值的偏差没有考虑修正。方括号的值是绝对零度和零压下的值。引自 L. Brewer 的私人通信）。

晶体	最近邻距离 R_0/Å	体弹模量 B /(10^{11}dyn/cm^2 或 10^{10}N/m^2)	排斥能参数 $z\lambda$/(10^{-8}erg)	排斥作用力程参数 ρ/Å	相对于自由离子的晶格能/(kcal/mol)	
					实验值	计算值
LiF	2.014	6.71	0.296	0.291	242.3[246.8]	242.2
LiCl	2.570	2.98	0.490	0.330	198.9[201.8]	192.9
LiBr	2.751	2.38	0.591	0.340	189.8	181.0
LiI	3.000	(1.71)	0.599	0.366	177.7	166.1

续表

晶体	最近邻距离 $R_0/\text{Å}$	体弹模量 B /(10^{11} dyn/cm^2 或 10^{10} N/m^2)	排斥能参数 $z\lambda/(10^{-8}\text{erg})$	排斥作用力程参数 $\rho/\text{Å}$	相对于自由离子的晶格能/(kcal/mol)	
					实验值	计算值
NaF	2.317	4.65	0.641	0.290	214.4[217.9]	215.2
NaCl	2.820	2.40	1.05	0.321	182.6[185.3]	178.6
NaBr	2.989	1.99	1.33	0.328	173.6[174.3]	169.2
NaI	3.237	1.51	1.58	0.345	163.2[162.3]	156.6
KF	2.674	3.05	1.31	0.298	189.8[194.5]	189.1
KCl	3.147	1.74	2.05	0.326	165.8[169.5]	161.6
KBr	3.298	1.48	2.30	0.336	158.5[159.3]	154.5
KI	3.533	1.17	2.85	0.348	149.9[151.1]	144.5
RbF	2.815	2.62	1.78	0.301	181.4	180.4
RbCl	3.291	1.56	3.19	0.323	159.3	155.4
RbBr	3.445	1.30	3.03	0.338	152.6	148.3
RbI	3.671	1.06	3.99	0.348	144.9	139.6

注：数据来自不同的表，见 M. P. Tosi，Solid State Physics 16，1 (1964)。

3.3 共价晶体

共价键是指化学特别是有机化学中的传统电子对键，抑或同极键。它是一种强键：相对于两个分立中性原子而言，金刚石中两个碳原子之间的共价键与离子晶体中的离子键强度差不多。

共价键通常是由两个电子构成，亦即参与成键的两个原子各贡献一个电子。成键电子倾向于部分地局域在两个成键原子之间的区域。这两个成键电子的自旋是反平行的。

共价键具有强的方向性（见图 11)。因而，碳、硅、锗具有金刚石型结构，其原子位于四面体角隅上，每个原子与四个最近邻成键；尽管这种原子排列方式的空间填充率低（仅占可用空间的 34%，而密堆积结构则占可用空间的 74%，四面体键只允许有 4 个最近邻，而

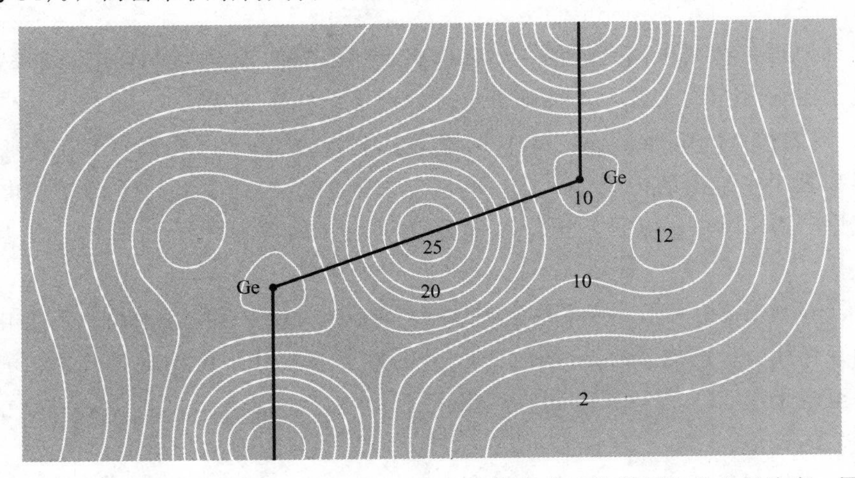

图 11 计算得到的锗的价电子浓度。等值线上的数值表示单位原胞的电子浓度，原胞中每个原子有 4 个价电子（即每个原胞含有 8 个价电子）。应该指出，正如我们对共价成键所预期的那样，在 Ge—Ge 键的中部具有高的电子浓度。引自 J. R. Chelikowsky 和 M. L. Cohen。

密堆积结构有 12 个)。我们不应过分强调碳和硅在成键方面的相似性，而更应该思考的是：为什么碳产生了生物现象，而硅却与地质现象和半导体技术密切相关。

分子氢的结合是共价键的一个简单例子。当两个电子的自旋反平行时出现最强的结合(如图 12 所示)。这种结合之所以依赖于自旋的相对取向，并不是因为两个自旋之间有什么强的磁偶极子力 (magnetic dipole force)，而是泡利原理要求电荷分布随自旋取向改变而变化。这种自旋相关的库仑能被称为交换相互作用 (exchange interaction)。

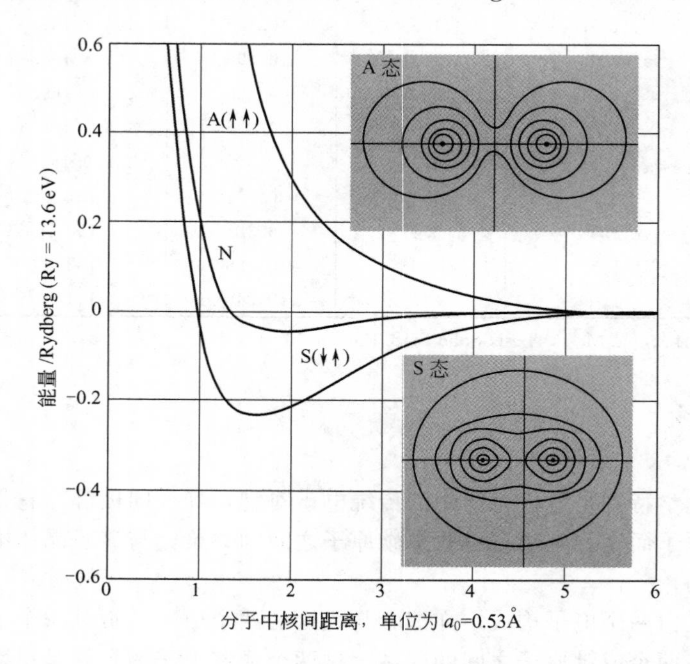

图 12 分子氢 (H_2) 相对于分立中性原子的能量。负的能量对应于成键。曲线 N 是利用自由原子电荷密度得出的一个经典计算结果；A 是电子自旋平行时的结果；S (稳态) 为电子自旋反平行时的结果。其中利用了泡利不相容原理。A 态和 S 态的电荷密度由图中的等值线表示。

根据泡利原理，在两个满壳层的原子之间将产生强烈的排斥相互作用。如果壳层是未满的，那么电子电荷分布的交叠无需伴随着电子向高能态的激发跃迁，从而键长较短。试将氯分子 (Cl_2) 的键长 (bond length，2Å) 同固态氩中 Ar 的原子间距离 (3.76Å) 加以比较，同时比较其在表 1 中给出的内聚能。Cl_2 和 Ar_2 之间的差别在于氯原子有 5 个电子处于 3p 壳层，而氩原子有 6 个 3p 电子，正好填满这个壳层，因此氩原子间的排斥相互作用比氯的强。

元素 C、Si 和 Ge 相对于满壳层组态缺少 4 个电子，于是这些元素将具有与电荷交叠相关的吸引相互作用。C 的电子组态是 $1s^2 2s^2 2p^2$；为了形成共价键四面体体系，首先必须将碳原子激发至电子组态 $1s^2 2s^1 2p^3$，由基态跃迁到这种组态需要 4eV 能量，这份能量比成键时所“赚回”的要多。

离子型与共价型晶体之间不存在绝对的界限，重要的问题往往在于估计一个给定的键在多大程度上是离子性的或共价性的。S. C. Phillips 曾针对介电晶体 (dielectric crystals) 发展了一种半经验性理论；这一理论在确定介电晶体中键的离子性比例或共价性比例方面取得了很大成功，其部分结果列在表 8 中。

表 8 二元晶体中键的离子性比例

晶 体	离子性比例	晶 体	离子性比例	晶 体	离子性比例
Si	0.00	CdSe	0.70	AgBr	0.85
SiC	0.18	CdTe	0.67	AgI	0.77
Ge	0.00	InP	0.42	MgO	0.84
ZnO	0.62	InAs	0.36	MgS	0.79
ZnS	0.62	InSb	0.32	MgSe	0.79
ZnSe	0.63	GaAs	0.31	LiF	0.92
ZnTe	0.61	GaSb	0.26	NaCl	0.94
CdO	0.79	AgCl	0.86	RbF	0.96
CdS	0.69				

注：引自 J. C. Phillips，Bonds and bands in semiconductors。

3.4 金属晶体

金属的最大特征就是其电导率高，从而在金属中必然有大量可以自由运动的电子（通常每个原子有一个或两个）。能自由运动的电子称为传导电子。在金属中，原子中的价电子就是传导电子。

在某些金属中，离子实与传导电子之间的相互作用为结合能提供大的贡献，但是同自由原子相比，金属成键的特征是金属中价电子的能量降低。

碱金属晶体的结合能明显小于其碱金属卤化物晶体的结合能，而且由传导电子所形成的键也不是很强。在碱金属晶体中，其原子之间的距离相对大些，因为在大的原子间距之下传导电子的动能小，从而导致弱的结合键。金属倾向于结晶为比较紧密的密堆积结构，诸如六角密堆积（*hcp*）、面心立方（*fcc*）、体心立方（*bcc*）以及其他相关结构，而不倾向于形成像金刚石那样疏松的堆积结构（loosely-packed structure）。

在过渡金属中，还存在来自内电子壳层的附加结合能。过渡金属以及在元素周期表中紧邻它们之后的金属，其典型特征就是具有大的 d 电子壳层和大的结合能。

3.5 氢键晶体

因为中性氢原子只有一个电子，所以它应该只与另一个原子形成共价键。但是我们知道，在某些条件下，一个氢原子可以被相当强的力吸引到两个原子跟前，从而在它们之间形成所谓的氢键，其键能为 0.1eV 的量级。人们认为，氢键的特征主要是离子性的，并且仅仅在电负性最强的原子（典型的 F、O 和 N）之间形成。在氢键变成纯离子性的极端情况下，氢原子失去其电子，并交给分子中另一个原子，这个裸露的质子构成氢键。这时，邻接质子的诸原子将比原

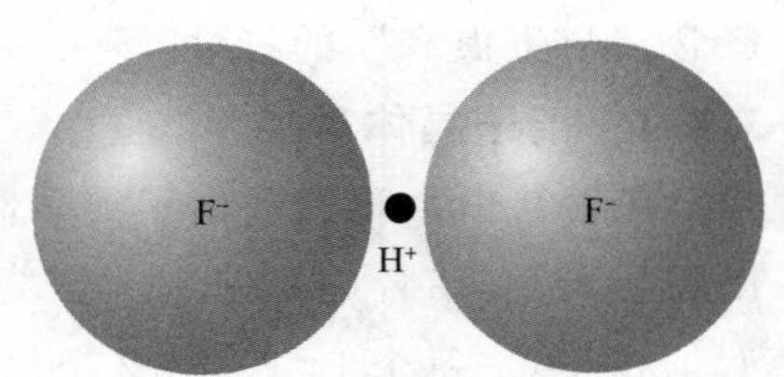

图 13 二氟化氢离子（HF_2^-）由于形成氢键而稳定化。示意图是这种键的一个极端模型，极端的意思是指质子表现为被剥去了电子而成为“裸”“质子”。

来靠得更近，以至于多于两个原子就会彼此干扰，因而氢键仅仅连接两个原子（参见图 13）。

氢键是 H_2O 分子间相互作用的一个重要组成部分，并且与电偶极负层的静电吸引作用一起共同引起水和冰的特异物理性质。同时，应当指出，氢键在某些铁电晶体和 DNA 中也发挥着重要作用。

3.6 原子半径

晶体中原子之间距可以通过 X 射线衍射精确测得，其精度一般可以达到 $1/10^5$。那么，能不能说所观测的原子间的距离有多少是属于 A 原子的，又有多少是属于原子 B 的呢？是否可以给原子或离子的半径下一个定义，而不必考虑晶体的性质和组成呢？

严格说来，其答案是否定的。诚然，原子周围的电荷分布并不受限于刚性球的边界。不过，原子半径这一概念在讨论和预测原子间距时是非常有用的。例如，对于目前尚不能通过合成获得的物相，其可能存在的晶格常量则可以根据原子半径的加和性（additive property）进行估算和预测。此外，通过比较晶格常量的观测值与预测值，还常常可以推断组成原子的电子组态。

为使晶格常量预测方便起见，通常根据键的不同类型将自洽半径（self-consistent radii）分成三组：其一适合于具有惰气闭壳组态的 6 配位离子晶体；其二适合于具有四面体配位结构的离子；其三适用于 12 配位的金属晶体（密堆积结构）。

根据表 9 给出的 Na^+ 和 F^- 的自洽半径预测值，推定 NaF 晶体中的原子间距为 $0.97Å+1.36Å=2.33Å$，而其观测值为 2.32Å，可见二者非常吻合。如果采用 Na 和 F 中性原子构象进行计算，则推及 NaF 晶体中的原子间距为 2.58Å（该值等于金属 Na 中性原子间距与气相 F_2 中原子间距之和的 1/2）。显然，这一结果不如前一预测值与实验值的吻合性好。

在金刚石中，碳原子之间的距离为 1.54Å，它的一半便是 0.77Å；在具有同样结构的硅晶体中，原子间距的一半为 1.17Å。在 SiC 晶体中，每个原子被 4 个异类原子所围绕；如果把刚才给出的 C 和 Si 的半径相加，则可推测 C—Si 键长为 1.94Å，这与该键长的观测值 1.89Å 符合较好。应当强调指出，这种相差百分之几的吻合性，正是原子半径这一概念“与生俱有”的特性。

3.6.1 离子晶体半径

在表 9 中，我们列出了离子晶体在惰性气体六重配位组态下的离子半径。这些离子半径应与表 10 结合起来使用。作为例子，现在考察 $BaTiO_3$ 晶体，它在室温下的晶格常量为 4.004Å，每个 Ba^{2+} 有 12 个最靠近的 O^{2-}，因此其配位数为 12，可用表 10 中给出的 Δ_{12}。如假定这种结构由 Ba—O 决定，则有 $D_{12}=1.35+1.40+0.19=2.94Å$，或 $a=4.16Å$；如结构由 Ti—O 确定，$D_6=0.68+1.40=2.08Å$ 或 $a=4.16Å$。实际晶格常量比两个推算值略小一些，由此看出其成键属性或许不是纯离子性的，而可能存在部分共价性。

表 9　原子和离子的半径

（表中数值为近似值，单位 1Å＝10^{-10} m；原始文献请参见 W. B. Pearson，Crystal chemistry and physics of metals and alloys，Wiley，1972）。

第一行：离子在惰性气体(满壳层)组态下的标准半径；第二行（阴影）：在四面体共价键中的原子半径；第三行：在十二配位金属中的离子半径。

	1	2	3	4	5	6	7	8	9	10	11	12	13	14	15	16	17	18
元素	H																	He
离子在惰性气体(满壳层)组态下的标准半径	2.08																	
在四面体共价键中的原子半径																		
在十二配位金属中的离子半径																		
元素	Li	Be											B	C	N	O	F	Ne
离子在惰性气体(满壳层)组态下的标准半径	0.68	0.35											0.23	0.15	1.71	1.40	1.36	1.58
在四面体共价键中的原子半径		1.06											0.88	0.77	0.70	0.66	0.64	
在十二配位金属中的离子半径	1.56	1.13											0.98	0.92				
元素	Na	Mg											Al	Si	P	S	Cl	Ar
离子在惰性气体(满壳层)组态下的标准半径	0.97	0.65											0.50	0.41	2.12	1.84	1.81	1.88
在四面体共价键中的原子半径		1.40											1.26	1.17	1.10	1.04	0.99	
在十二配位金属中的离子半径	1.91	1.60											1.43	1.32				
元素	K	Ca	Sc	Ti	V	Cr	Mn	Fe	Co	Ni	Cu	Zn	Ga	Ge	As	Se	Br	Kr
离子在惰性气体(满壳层)组态下的标准半径	1.33	0.99	0.81	0.68								0.74	0.62	0.53	2.22	1.98	1.95	2.00
在四面体共价键中的原子半径											1.35	1.31	1.26	1.22	1.18	1.14	1.11	
在十二配位金属中的离子半径	2.38	1.98	1.64	1.46	1.35	1.28	1.26	1.27	1.25	1.25	1.28	1.39	1.41	1.37	1.39			
元素	Rb	Sr	Y	Zr	Nb	Mo	Tc	Ru	Rh	Pd	Ag	Cd	In	Sn	Sb	Te	I	Xe
离子在惰性气体(满壳层)组态下的标准半径	1.48	1.13	0.93	0.80	0.67						1.26	0.97	0.81	0.71	2.45	2.21	2.16	2.17
在四面体共价键中的原子半径											1.52	1.48	1.44	1.40	1.36	1.32	1.28	
在十二配位金属中的离子半径	2.55	2.15	1.80	1.60	1.47	1.40	1.36	1.34	1.35	1.38	1.45	1.57	1.66	1.55	1.59			
元素	Cs	Ba	La	Hf	Ta	W	Re	Os	Ir	Pt	Au	Hg	Tl	Pb	Bi	Po	At	Rn
离子在惰性气体(满壳层)组态下的标准半径	1.67	1.35	1.15								1.37	1.10	0.95	0.84				
在四面体共价键中的原子半径												1.48						
在十二配位金属中的离子半径	2.73	2.24	1.88	1.58	1.47	1.41	1.38	1.35	1.36	1.39	1.44	1.57	1.72	1.75	1.70	1.76		
元素	Fr	Ra	Ac															
离子在惰性气体(满壳层)组态下的标准半径	1.75	1.37	1.11															

元素	Ce	Pr	Nd	Pm	Sm	Eu	Gd	Tb	Dy	Ho	Er	Tm	Yb	Lu
离子在惰性气体(满壳层)组态下的标准半径	1.01													
在四面体共价键中的原子半径	1.71–					2.04^{2+}–							1.94^{2+}–	
在十二配位金属中的离子半径	1.82	1.83	1.82	1.81	1.80	1.80^{3+}	1.80	1.78	1.77	1.77	1.76	1.75	1.74^{3+}	
元素	Th	Pa	U	Np	Pu	Am	Cm	Bk	Cf	Es	Fm	Md	No	Lr
离子在惰性气体(满壳层)组态下的标准半径	0.99	0.90	0.83											
在四面体共价键中的原子半径					1.58–									
在十二配位金属中的离子半径	1.80	1.63	1.56	1.56	1.64	1.81								

表 10　表 9 所给离子标准半径的用法

由 $D_N=R_C+R_A+\Delta_N$ 表示离子晶体中的离子间距 D，其中 N 是阳离子（或正离子）的配位数，R_C 和 R_A 为阳、阴离子的标准半径，Δ_N 表示配位数修正。数据为室温下的数据。引自 Zachariasen。

N	Δ_N/Å	N	Δ_N/Å	N	Δ_N/Å
1	−0.50	5	−0.05	9	+0.11
2	−0.31	6	0	10	+0.14
3	−0.19	7	+0.04	11	+0.17
4	−0.11	8	+0.08	12	+0.19

3.7　弹性应变的分析

在处理晶体的弹性问题时，一般是把晶体作为均匀连续性介质考虑，而不是将其视为原子的周期阵列。在弹性波波长 λ 大于 10^{-6} cm（亦即频率在 10^{11} 或 10^{12} Hz 以下）的情形下，这种连续统近似方法总是有效的。下面的有些描述也许会让人感觉到有些复杂，因为在表述中不得不对某些物理量符号采用烦琐的多重角标。其实，所涉猎的基本物理原理非常简单：亦即运用胡克（Hooke）定律和牛顿第二定律。胡克定律指出，在弹性固体中其应变与应力成正比。这一定律只适用于应变较小的情况。当应变足够大，以至于胡克定律不再成立时，一般认为这时的应变已进入非线性区域。

假定应变的分量为 e_{xx}、e_{yy}、e_{zz}、e_{xy}、e_{yz}、e_{zx}，其定义将在下文中给出。这里仅考虑无穷小应变，并在表述上不区分等温（温度不变）和绝热（熵不变）形变。等温弹性常量与绝热弹性常量之间的差别很小，在室温及其以下温度情况下通常是不重要的。

如图 14 所示，设 $\hat{\mathbf{x}}$、$\hat{\mathbf{y}}$、$\hat{\mathbf{z}}$ 为固定在未形变固体上的三个单位正交矢量。若固体有一个小的均匀形变，则固定在其上的坐标轴的方向和长度都将随之改变。在均匀形变下，晶体的

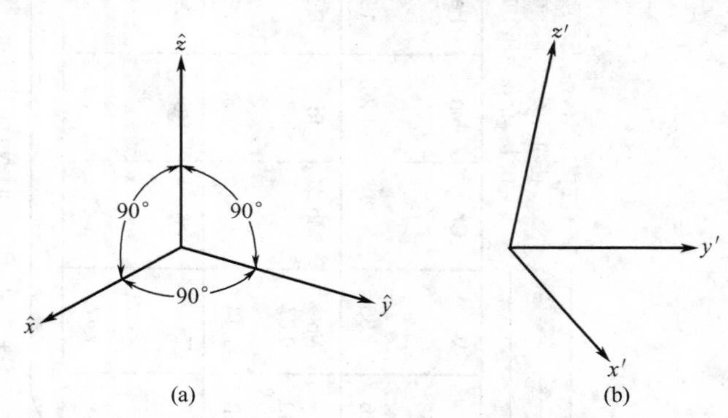

图 14　用于描述应变的坐标轴示意图；(a) 为未发生形变时的正交单位坐标轴；(b) 为发生形变后的变形坐标轴。

每个原胞都将以相同的方式发生形变。如果用形变发生前的旧坐标轴给出发生形变后的新坐标轴的表达式，则有：

$$
\begin{aligned}
\mathbf{x}'&=(1+\epsilon_{xx})\hat{\mathbf{x}}+\epsilon_{xy}\hat{\mathbf{y}}+\epsilon_{xz}\hat{\mathbf{z}}\\
\mathbf{y}'&=\epsilon_{yx}\hat{\mathbf{x}}+(1+\epsilon_{yy})\hat{\mathbf{y}}+\epsilon_{yz}\hat{\mathbf{z}}\\
\mathbf{z}'&=\epsilon_{zx}\hat{\mathbf{x}}+\epsilon_{zy}\hat{\mathbf{y}}+(1+\epsilon_{zz})\hat{\mathbf{z}}
\end{aligned}
\tag{26}
$$

系数$\epsilon_{\alpha\beta}$为表示形变大小的无量纲系数，它们在小应变情况下的取值≤1。原坐标轴是单位长度，而新坐标轴不一定是单位长度。例如

$$\mathbf{x}'\cdot\mathbf{x}'=1+2\epsilon_{xx}+\epsilon_{xx}^2+\epsilon_{xy}^2+\epsilon_{xz}^2,$$

由此$x'\cong 1+\epsilon_{xx}+\cdots$。在一级近似下，坐标轴$\hat{\mathbf{x}}$、$\hat{\mathbf{y}}$和$\hat{\mathbf{z}}$的长度改变分别为$\epsilon_{xx}$、$\epsilon_{yy}$、$\epsilon_{zz}$。

式（26）表示的形变对原来处在$\mathbf{r}=x\hat{\mathbf{x}}+y\hat{\mathbf{y}}+z\hat{\mathbf{z}}$位置上的原子有什么影响呢？坐标原点选在其他某个原子处，如果形变是均匀的，那么发生形变之后，其位置坐标将变为$\mathbf{r}'=x\mathbf{x}'+y\mathbf{y}'+z\mathbf{z}'$。这显然是正确的，因为如选取$\hat{\mathbf{x}}$轴使得$\mathbf{r}=x\hat{\mathbf{x}}$，则根据$\mathbf{x}'$的定义有$\mathbf{r}'=x\mathbf{x}'$。这样，可定义形变位移$\mathbf{R}$由下式给出

$$\mathbf{R}\equiv\mathbf{r}'-\mathbf{r}=x(\mathbf{x}'-\hat{\mathbf{x}})+y(\mathbf{y}'-\hat{\mathbf{y}})+z(\mathbf{z}'-\hat{\mathbf{z}}) \tag{27}$$

或者，由式（26）导出

$$\mathbf{R}(\mathbf{r})\equiv(x\epsilon_{xx}+y\epsilon_{yx}+z\epsilon_{zx})\hat{\mathbf{x}}+(x\epsilon_{xy}+y\epsilon_{yy}+z\epsilon_{zy})\hat{\mathbf{y}}+(x\epsilon_{xx}+y\epsilon_{yz}+z\epsilon_{zz})\hat{\mathbf{z}} \tag{28}$$

引入u、v、w，可以将此式改写为更加普遍的形式。于是，位移由下式给出

$$\mathbf{R}(\mathbf{r})=u(\mathbf{r})\hat{\mathbf{x}}+v(\mathbf{r})\hat{\mathbf{y}}+w(\mathbf{r})\hat{\mathbf{z}} \tag{29}$$

如果形变是非均匀的，则应当将u、v、w与局域应变联系起来。选取$\mathbf{r}$的原点靠近我们感兴趣的区域，然后对$\mathbf{R}(0)=0$作泰勒级数展开，并考虑到$\mathbf{R}(0)=0$，比较式（28）和式（29）可得

$$x\epsilon_{xx}\cong x\frac{\partial u}{\partial x},\ y\epsilon_{yx}=y\frac{\partial u}{\partial y},\cdots \tag{30}$$

通常采用的是系数$e_{\alpha\beta}$，而不是$\epsilon_{\alpha\beta}$。利用式（30），我们定义应变分量e_{xx}、e_{yy}、e_{zz}分别为

$$e_{xx}\equiv\epsilon_{xx}=\frac{\partial u}{\partial x};\quad e_{yy}\equiv\epsilon_{yy}=\frac{\partial v}{\partial y};\quad e_{zz}\equiv\epsilon_{zz}=\frac{\partial w}{\partial z} \tag{31}$$

以坐标轴夹角的变化还可以给出其他应变分量e_{xy}、e_{yz}和e_{zx}的定义。于是，利用式（26）得到它们的定义式分别为

$$\begin{aligned}
e_{xy}&\equiv\mathbf{x}'\cdot\mathbf{y}'\cong\epsilon_{yx}+\epsilon_{xy}=\frac{\partial u}{\partial y}+\frac{\partial v}{\partial x};\\
e_{yz}&\equiv\mathbf{y}'\cdot\mathbf{z}'\cong\epsilon_{zy}+\epsilon_{yz}=\frac{\partial v}{\partial z}+\frac{\partial w}{\partial y};\\
e_{zx}&\equiv\mathbf{z}'\cdot\mathbf{x}'\cong\epsilon_{zx}+\epsilon_{xz}=\frac{\partial u}{\partial z}+\frac{\partial w}{\partial x}
\end{aligned} \tag{32}$$

如果忽略ϵ^2阶小量，则可以将这些式子中的约等于号换成等号。由这 6 个无量纲系数$e_{\alpha\beta}$将可以完全地确定应变。

3.7.1　膨胀

与形变相联系的单位体积的变化称为膨胀。在流体静压下，膨胀是负的。对于以$\hat{\mathbf{x}}$、$\hat{\mathbf{y}}$、$\hat{\mathbf{z}}$为边的单位立方体，其形变后的体积变为

$$V'=\mathbf{x}'\cdot\mathbf{y}'\times\mathbf{z}' \tag{33}$$

这里利用了关于由$\mathbf{x}'$、$\mathbf{y}'$、$\mathbf{z}'$围成平行六面体的体积计算的著名公式。由式（26），我们得到

$$\mathbf{x}'\cdot\mathbf{y}'\times\mathbf{z}'=\begin{vmatrix}1+\epsilon_{xx} & \epsilon_{xy} & \epsilon_{xz}\\ \epsilon_{yx} & 1+\epsilon_{yy} & \epsilon_{yz}\\ \epsilon_{zx} & \epsilon_{zy} & 1+\epsilon_{zz}\end{vmatrix}\cong 1+e_{xx}+e_{yy}+e_{zz} \tag{34}$$

式中，我们忽略了两个应变分量的乘积。由此，若用δ表示膨胀率，则其表达式可以

写为

$$\delta=\frac{V'-V}{V}\cong e_{xx}+e_{yy}+e_{zz} \tag{35}$$

3.7.2 应力分量

在固体中，作用于其单位面积上的力称为应力。它可以分解为九个应力分量，这就是X_x、X_y、X_z、Y_x、Y_y、Y_z、Z_x、Z_y、Z_z，其中大写字母表示力的方向，下标表示力所作用的平面法向。如图 15 所示，应力分量 X_x 表示沿 x 方向施于一个平面法向沿 x 方向的单位面积上的力；而应力分量 X_y 则表示沿 x 方向作用于一个平面法向为 y 方向的单位面积上的力。若作用于一个元立方体（如图 16 所示），由于不存在角加速度，则其总力矩为零，于是独立应力分量的数目将由 9 个减为 6 个。这时，则有

$$Y_z=Z_y;\quad Z_x=X_z;\quad X_y=Y_x. \tag{36}$$

在这里，我们将 6 个独立的应力分量记为 X_x、Y_y、Z_z、Y_z、Z_x、X_y。

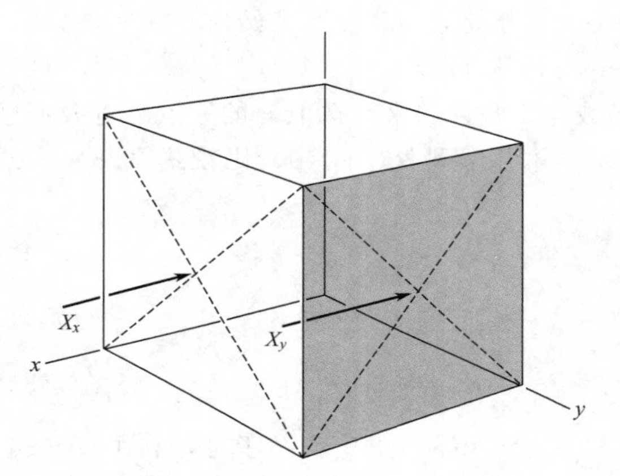

图 15 应力分量 X_x 是沿 x 方向作用于一个平面法向为 x 方向的单位面积上的力；X_y 是沿 x 方向作用于一个平面法向为 y 方向的单位面积上的力。

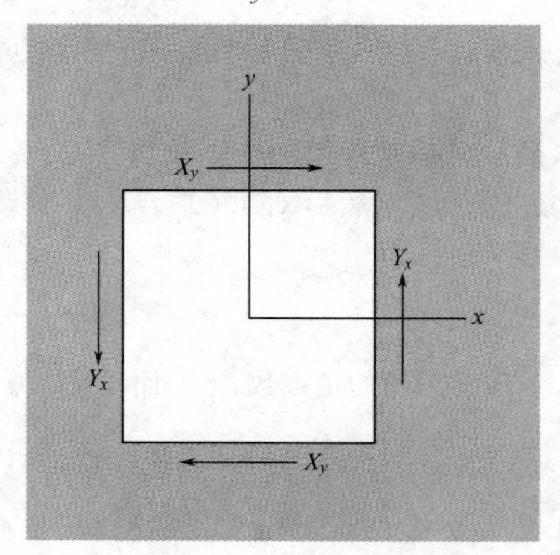

图 16 表示物体处于静态平衡：$Y_x=X_y$。这时，物体在 x 方向所受到的合力为零，在 y 方向受到的合力亦为零，因而总的合力为零；因为 $Y_x=X_y$，则关于原点的总力矩也等于零。

应力分量具有每单位面积的力或每单位体积的能量的量纲。应变分量是长度的比率，因而它们是无量纲的量。

3.8 弹性顺度与劲度常量

胡克定律表明，对于足够小的形变，其应变与应力成正比，亦即应变分量是应力分量的线性函数，即有

$$e_{xx}=S_{11}X_x+S_{12}Y_y+S_{13}Z_z+S_{14}Y_z+S_{15}Z_x+S_{16}X_y;$$
$$e_{yy}=S_{21}X_x+S_{22}Y_y+S_{23}Z_z+S_{24}Y_z+S_{25}Z_x+S_{26}X_y;$$
$$e_{zz}=S_{31}X_x+S_{32}Y_y+S_{33}Z_z+S_{34}Y_z+S_{35}Z_x+S_{36}X_y;$$
$$e_{yz}=S_{41}X_x+S_{42}Y_y+S_{43}Z_z+S_{44}Y_z+S_{45}Z_x+S_{46}X_y;$$
$$e_{zx}=S_{51}X_x+S_{52}Y_y+S_{53}Z_z+S_{54}Y_z+S_{55}Z_x+S_{56}X_y;$$

$$e_{xy}=S_{61}X_x+S_{62}Y_y+S_{63}Z_z+S_{64}Y_z+S_{65}Z_x+S_{66}X_y \tag{37}$$

$$\begin{aligned}
X_x&=C_{11}e_{xx}+C_{12}e_{yy}+C_{13}e_{zz}+C_{14}e_{yz}+C_{15}e_{zx}+C_{16}e_{xy};\\
Y_y&=C_{21}e_{xx}+C_{22}e_{yy}+C_{23}e_{zz}+C_{24}e_{yz}+C_{25}e_{zx}+C_{26}e_{xy};\\
Z_z&=C_{31}e_{xx}+C_{32}e_{yy}+C_{33}e_{zz}+C_{34}e_{yz}+C_{35}e_{zx}+C_{36}e_{xy};\\
Y_z&=C_{41}e_{xx}+C_{42}e_{yy}+C_{43}e_{zz}+C_{44}e_{yz}+C_{45}e_{zx}+C_{46}e_{xy};\\
Z_x&=C_{51}e_{xx}+C_{52}e_{yy}+C_{53}e_{zz}+C_{54}e_{yz}+C_{55}e_{zx}+C_{56}e_{xy};\\
X_y&=C_{61}e_{xx}+C_{62}e_{yy}+C_{63}e_{zz}+C_{64}e_{yz}+C_{65}e_{zx}+C_{66}e_{xy}
\end{aligned} \tag{38}$$

式中，S_{11}、S_{12}…等量被称为弹性顺度常量（亦称为弹性常量）。C_{11}、C_{12}…等量被称为弹性劲度常量（或弹性模量）；所有符号为 S 的量具有 $\left[\frac{面积}{力}\right]$ 或 $\left[\frac{体积}{能量}\right]$ 的量纲，而 C 表示的量具有 $\left[\frac{力}{面积}\right]$ 或 $\left[\frac{能量}{体积}\right]$ 的量纲。

3.8.1 弹性能密度

无论式（37）还是式（38），都含有 36 个待定常量；但在一定条件下，可以减少这些常量的数目。在胡克定律成立的条件下，弹性能（elastic energy）密度 U 是应变的二次函数（在此我们会回想起关于拉长弹簧的能量的表达式）。由此我们得到

$$U=\frac{1}{2}\sum_{\lambda=1}^{6}\sum_{\mu=1}^{6}\widetilde{C}_{\lambda\mu}e_{\lambda}e_{\mu} \tag{39}$$

式中，求和指标从 1 到 6 分别由下式定义：

$$1\equiv xx;\quad 2\equiv yy;\quad 3\equiv zz;\quad 4\equiv yz;\quad 5\equiv zx;\quad 6\equiv xy \tag{40}$$

由下面式（42）可以看出，这里的 $\widetilde{C}$ 与式（38）中的 C 相联系。

应力分量可以由 U 对相应应变的求导给出。其实，这是势能定义的直接结论。如果有应力 X_x 作用于单位立方体的一个面，并且与之相对的面保持静止，则有

$$X_x=\frac{\partial U}{\partial e_{xx}}\equiv\frac{\partial U}{\partial e_1}=\widetilde{C}_{11}e_1+\frac{1}{2}\sum_{\beta=2}^{6}(\widetilde{C}_{1\beta}+\widetilde{C}_{\beta 1})e_{\beta} \tag{41}$$

应当注意，只有联合式$\frac{1}{2}$（$\widetilde{C}_{\alpha\beta}+\widetilde{C}_{\beta\alpha}$）才能作为应力-应变关系式中的一部分。根据弹性劲度常量的对称性质，则有

$$C_{\alpha\beta}=\frac{1}{2}(\widetilde{C}_{\alpha\beta}+\widetilde{C}_{\beta\alpha})=C_{\beta\alpha} \tag{42}$$

这样一来，上述 36 个弹性劲度常量将减少为 21 个。

3.8.2 立方晶体的弹性劲度常量

如果所考察的晶体具有某些对称“元素”，那么其独立的弹性劲度常量数目还可以进一步减少。下面我们将证明，在立方晶格中，只有三个弹性劲度常量是独立的。

假定立方晶体的弹性能密度可以写为

$$U=\frac{1}{2}C_{11}(e_{xx}^2+e_{yy}^2+e_{zz}^2)+\frac{1}{2}C_{44}(e_{yz}^2+e_{zx}^2+e_{xy}^2)+C_{12}(e_{yy}e_{zz}+e_{zz}e_{xx}+e_{xx}e_{yy}) \tag{43}$$

并且不存在其他的二次项，亦即不存在

$$(e_{xx}e_{yy}+\cdots);\quad (e_{yz}e_{zx}+\cdots);\quad (e_{xx}e_{yz}+\cdots) \tag{44}$$

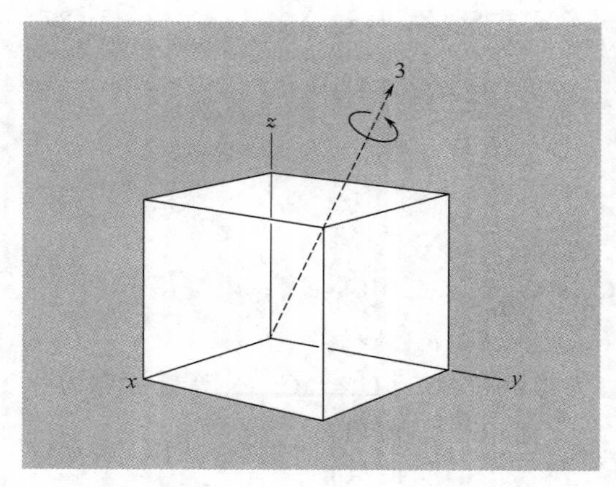

图 17 关于记号为“3”的轴转动 $2\pi/3$，其结果是 $x\rightarrow y$，$y\rightarrow z$，$z\rightarrow x$。

对于立方结构，其最低对称性是存在 4 个三重转动轴。这些对称轴位于 [111] 及其等价的方向上（见图 17）。如果关于这 4 个轴转动 $2\pi/3$ 角度，则根据坐标轴 x、y、z 的选择，x、y、z 的变换如下：

$$x\rightarrow y\rightarrow z\rightarrow x;\quad -x\rightarrow z\rightarrow y\rightarrow -x;\quad x\rightarrow z\rightarrow -y\rightarrow x;\quad -x\rightarrow y\rightarrow z\rightarrow -x \tag{45}$$

例如，由式（45）的变换关系，我们可以得到

$$e_{xx}^2+e_{yy}^2+e_{zz}^2\rightarrow e_{yy}^2+e_{zz}^2+e_{xx}^2$$

类似地，也可以给出式（43）括号中的其他各项的变换，其结果相同；因此在上述操作下，式（43）保持不变。但是，在式（44）中给出的各项，无论其角标是 1 个或多个，它们都奇数。对式（45）所示的转动操作，式（44）的各项将改变符号，因为 $e_{xy}=-e_{x(-y)}$ 等。由此可见，式（44）中的各相关项在上述操作下并不保持不变。

下面将证明式（43）中数值因子的选取也是正确的。

由式（41）得到

$$\partial U/\partial e_{xx}=X_x=C_{11}e_{xx}+C_{12}(e_{yy}+e_{zz}) \tag{46}$$

式中出现的 $C_{11}e_{xx}$ 项与式（38）是一致的。通过进一步比较，可知

$$C_{12}=C_{13};\quad C_{14}=C_{15}=C_{16}=0 \tag{47}$$

同时，由式（43）导得

$$\partial U/\partial e_{xy}=X_y=C_{44}e_{xy} \tag{48}$$

与式（38）比较得出：

$$C_{61}=C_{62}=C_{63}=C_{64}=C_{65}=0;\quad C_{66}=C_{44} \tag{49}$$

因此，根据式（43），可以将立方晶体的弹性劲度常量的取值排列成下列的矩阵形式：

	e_{xx}	e_{yy}	e_{zz}	e_{yz}	e_{zx}	e_{xy}
X_x	C_{11}	C_{12}	C_{12}	0	0	0
Y_y	C_{12}	C_{11}	C_{12}	0	0	0
Z_z	C_{12}	C_{12}	C_{11}	0	0	0
Y_z	0	0	0	C_{44}	0	0
Z_x	0	0	0	0	C_{44}	0
X_y	0	0	0	0	0	C_{44}

(50)

对于立方晶体，其劲度和顺度常量的关系由下列各式给出：

$$C_{44}=1/S_{44};\quad C_{11}-C_{12}=(S_{11}-S_{12})^{-1};\quad C_{11}+2C_{12}=(S_{11}+2S_{12})^{-1} \tag{51}$$

这些关系可以通过求式（50）的逆矩阵导出。

3.8.3 体积弹性模量与压缩率

考虑均匀膨胀 $e_{xx}=e_{yy}=e_{zz}=\frac{1}{3}\delta$。在这种形变情况下，由式（43）表示的立方晶体的能量密度将变成：

$$U=\frac{1}{6}\left(C_{11}+2C_{12}\right)\delta^2 \tag{52}$$

由下式定义体积弹性模量（简称体弹模量）B：

$$U=\frac{1}{2}B\delta^2 \tag{53}$$

这一定义与 $-V\mathrm{d}p/\mathrm{d}V$ 的定义是等价的。对于立方晶体：

$$B=\frac{1}{3}\left(C_{11}+2C_{12}\right) \tag{54}$$

压缩率 K 定义为 $K\equiv\frac{1}{B}$，B 和 K 的值在表 3 中给出。

3.9　立方晶体中的弹性波

如图 18 和图 19 所示，假定有作用力施于晶体中的某个体积元，则由上述讨论得出在 x 方向上的运动方程为

$$\rho\frac{\partial^2 u}{\partial t^2}=\frac{\partial X_x}{\partial x}+\frac{\partial X_y}{\partial y}+\frac{\partial X_z}{\partial z} \tag{55}$$

式中，ρ 是密度，u 表示沿 x 方向的位移。同理，在 y 和 z 方向上可以得到类似的方程。对于立方晶体，由式（38）和式（50）两式，我们可以得到

$$\rho\frac{\partial^2 u}{\partial t^2}=C_{11}\frac{\partial e_{xx}}{\partial x}+C_{12}\left(\frac{\partial e_{yy}}{\partial x}+\frac{\partial e_{zz}}{\partial x}\right)+C_{44}\left(\frac{\partial e_{xy}}{\partial y}+\frac{\partial e_{zx}}{\partial z}\right) \tag{56}$$

式中，x、y、z 方向分别平行于立方体的三个边。利用式（31）和式（32）关于应变

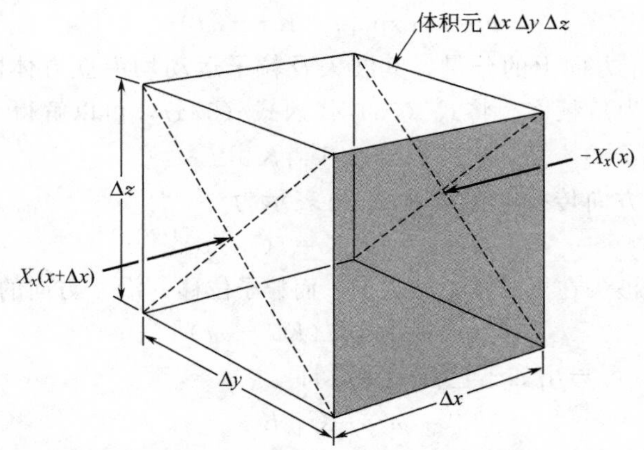

图 18　体积为 $\Delta x\Delta y\Delta z$ 的立方体；在 x 处的面上作用有应力 $-X_x(x)$，在与该面平行的 $x+\Delta x$ 处的面上施加应力 $X_x(x+\Delta x)\cong X_x(x)+\frac{\partial X_x}{\partial x}\Delta x$。这样，其受到的合力（净作用力）为 $\left(\frac{\partial X_x}{\partial x}\Delta x\right)\Delta y\Delta z$，在 x 方向上的其他应力分量（X_y 和 X_z）在图中没有给出。由此，立方体在 x 方向的受力分量为

$$F_x=\left(\frac{\partial X_x}{\partial x}+\frac{\partial X_y}{\partial y}+\frac{\partial X_z}{\partial z}\right)\Delta x\Delta y\Delta z$$

这个力应等于小立方体的质量与加速度的 x 分量的乘积。其中质量为 $\rho\Delta x\Delta y\Delta z$，加速度是 $\frac{\partial^2 u}{\partial t^2}$。

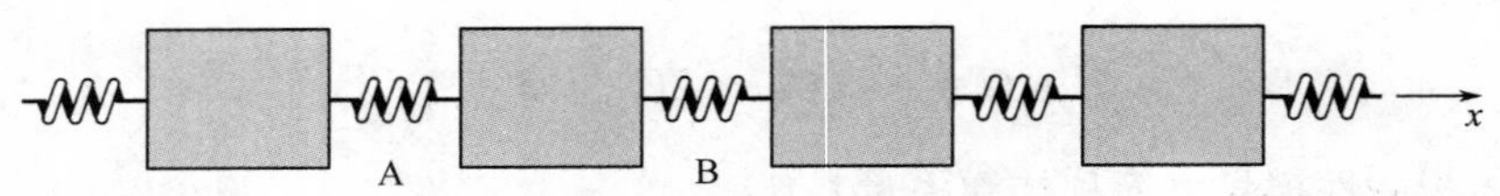

图 19 假设 A 和 B 两个弹簧的伸缩量相等，它们之间的方块受到的净力等于零。该图表明，如果固体受力是均匀应力 X_x，则作用于其任何小体积元上的净力为零。如果弹簧 B 的伸缩量大于 A，则其间的方块将受到力 $X_x(\mathrm{B})-X_x(\mathrm{A})$ 的作用而获得加速度。

分量的定义，则有

$$\rho\frac{\partial^2 u}{\partial t^2}=C_{11}\frac{\partial^2 u}{\partial x^2}+C_{44}\left(\frac{\partial^2 u}{\partial y^2}+\frac{\partial^2 u}{\partial z^2}\right)+(C_{12}+C_{44})\left(\frac{\partial^2 v}{\partial x\partial y}+\frac{\partial^2 w}{\partial x\partial z}\right) \tag{57a}$$

式中，u、v、w 是由式（29）定义的位移 $\boldsymbol{R}$ 的分量。

根据对称性，由式（57a）可以直接写出分别与$\frac{\partial^2 v}{\partial t^2}$和$\frac{\partial^2 w}{\partial t^2}$相对应的运动方程，亦即

$$\rho\frac{\partial^2 v}{\partial t^2}=C_{11}\frac{\partial^2 v}{\partial y^2}+C_{44}\left(\frac{\partial^2 v}{\partial x^2}+\frac{\partial^2 v}{\partial z^2}\right)+(C_{12}+C_{44})\left(\frac{\partial^2 u}{\partial x\partial y}+\frac{\partial^2 w}{\partial y\partial z}\right) \tag{57b}$$

$$\rho\frac{\partial^2 w}{\partial t^2}=C_{11}\frac{\partial^2 w}{\partial z^2}+C_{44}\left(\frac{\partial^2 w}{\partial x^2}+\frac{\partial^2 w}{\partial y^2}\right)+(C_{12}+C_{44})\left(\frac{\partial^2 u}{\partial x\partial z}+\frac{\partial^2 v}{\partial y\partial z}\right) \tag{57c}$$

下面将讨论这些方程简单的特解。

3.9.1 沿［100］方向的弹性波

假定下式表示的纵波是式（57a）的一个解，即有

$$u=u_0\exp[i(Kx-\omega t)] \tag{58}$$

式中 u 是粒子位移在 x 方向上的分量，其波矢及粒子运动均沿立方体的 x 边；$K=2\pi/\lambda$ 代表波矢大小，$\omega=2\pi\nu$ 为角频率。将式（58）代入式（57a），可以解得

$$\omega^2\rho=C_{11}K^2 \tag{59}$$

因而，纵波在［100］方向传播的速度 ω/K 可表示为

$$v_s=\nu\lambda=\omega/K=(C_{11}/\rho)^{1/2} \tag{60}$$

接下来，我们讨论波矢在立方体 x 边方向，而粒子位移 v 沿 y 方向的横波（或称剪切波）：

$$v=v_0\exp[i(Kx-\omega t)] \tag{61}$$

将此式代入式（57b），可导出如下色散关系，即

$$\omega^2\rho=C_{44}K^2 \tag{62}$$

于是，横波在［100］方向上的传播速度 ω/K 为

$$v_s=(C_{44}/\rho)^{1/2} \tag{63}$$

如果粒子位移是沿 z 方向，则可以得到相同的波速。也就是说，对于波矢 $\boldsymbol{K}$ 平行于［100］方向的弹性波，可以给出两个波速相同而又各自独立的剪切波。这一结论只对平行于晶体中的［100］方向有效，不适用于其他晶向。

3.9.2 沿［110］方向的弹性波

人们对于沿立方体面对角线传播的弹性波具有特别的兴趣，因为若已知沿该方向的三个传播速度，我们就可以很方便地得出上述三个弹性常量。

首先考虑剪切波。设波在 xy 平面上传播，粒子位移 w 沿 z 方向，即

$$w=w_0\exp[i(K_x x+K_y y-\omega t)] \tag{64}$$

代入式（57c）可以得出：

$$\omega^2\rho=C_{44}(K_x^2+K_y^2)=C_{44}K^2 \tag{65}$$

该式所示结果与波在平面上的传播方向无关。

现在，考虑其他模式的弹性波。假定波在 xy 平面内传播，而且粒子亦在 xy 平面内运动，令

$$u=u_0\exp[i(K_x x+K_y y-\omega t)];\quad v=v_0\exp[i(K_x x+K_y y-\omega t)] \tag{66}$$

分别代入式（57a）和式（57b），可得

$$\begin{aligned}\omega^2\rho u&=(C_{11}K_x^2+C_{44}K_y^2)u+(C_{12}+C_{44})K_xK_yv;\\ \omega^2\rho v&=(C_{11}K_y^2+C_{44}K_x^2)v+(C_{12}+C_{44})K_xK_yu\end{aligned} \tag{67}$$

这一对方程在波沿［110］方向时具有特别简单的解，$K_x=K_y=K/\sqrt{2}$。由方程理论可知，其有解的条件就是式（67）中 u 和 v 的系数行列式等于零，即有

$$\begin{vmatrix}-\omega^2\rho+\frac{1}{2}(C_{11}+C_{44})K^2 & \frac{1}{2}(C_{12}+C_{44})K^2\\ \frac{1}{2}(C_{12}+C_{44})K^2 & -\omega^2\rho+\frac{1}{2}(C_{11}+C_{44})K^2\end{vmatrix}=0 \tag{68}$$

显然，这一方程的根满足下列式子：

$$\omega^2\rho=\frac{1}{2}(C_{11}+C_{12}+2C_{44})K^2;\quad \omega^2\rho=\frac{1}{2}(C_{11}-C_{12})K^2 \tag{69}$$

式中，第一个根代表纵波，第二个根代表剪切波。但这里引出一个问题：粒子位移的方向如何确定？将第一个根代入式（67）中的第一个方程，则有

$$\frac{1}{2}(C_{11}+C_{12}+2C_{44})K^2u=\frac{1}{2}(C_{11}+C_{44})K^2u+\frac{1}{2}(C_{12}+C_{44})K^2v \tag{70}$$

由此可知，位移分量满足 $u=v$，因而粒子位移沿［110］方向并平行于波矢 $\mathbf{K}$（见图 20）。同样，将式（69）的第二个根代入式（67）中的第一个方程，可得

$$\frac{1}{2}(C_{11}-C_{12})K^2u=\frac{1}{2}(C_{11}+C_{44})K^2u+\frac{1}{2}(C_{12}+C_{44})K^2v \tag{71}$$

从而，$u=-v$。这时粒子位移沿［$1\bar{1}0$］方向，并且垂直于波矢 $\mathbf{K}$。

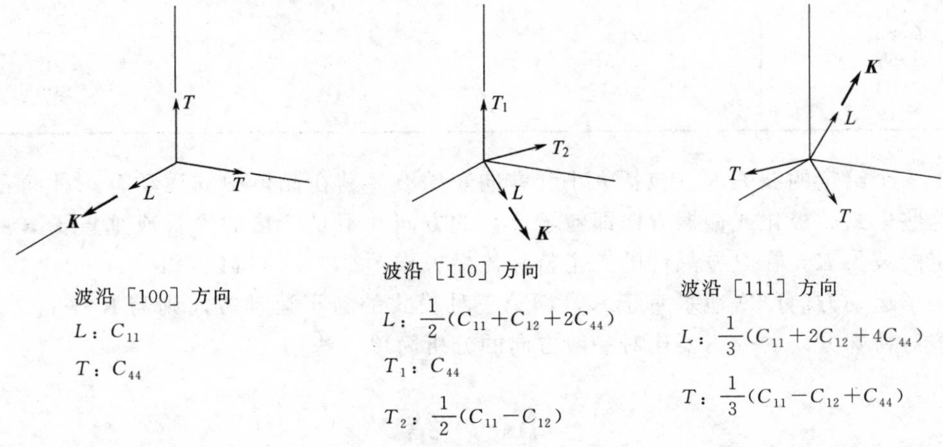

图 20　给出了在立方晶体中三个主要传播方向上传播的三种弹性波模式的有效弹性常量。其中沿［100］和［111］方向传播的两个横波模式是简并的。

在表 11 中，我们给出了立方晶体在低温和室温下的绝热弹性劲度常量的典型值。应当指出，随着温度升高，弹性常量在总体趋势上是降低的。同时，在表 12 中又给出了仅在室温下的弹性常量数据。

表 11　在低温和室温下立方晶格的绝热弹性劲度常量

（表中 0K 的值是由 4K 时的观测值外推获得的；该表的编制得到了 Charles S. Smith 教授的帮助）

晶　体	劲度常量/(10^{12}dyne/cm^2 或 10^{11}N/m^2)				密度/(g/cm^3)
	C_{11}	C_{12}	C_{44}	温度/K	
W	5.326	2.049	1.631	0	19.317
	5.233	2.045	1.607	300	—
Ta	2.663	1.582	0.874	0	16.696
	2.609	1.574	0.818	300	—
Cu	1.762	1.249	0.818	0	9.018
	1.684	1.214	0.754	300	—
Ag	1.315	0.973	0.511	0	10.635
	1.240	0.937	0.461	300	—
Au	2.016	1.697	0.454	0	19.488
	1.923	1.631	0.420	300	—
Al	1.143	0.619	0.316	0	2.733
	1.068	0.607	0.282	300	—
K	0.0416	0.0341	0.0286	4	
	0.0370	0.0314	0.0188	295	
Pb	0.555	0.454	0.194	0	11.599
	0.495	0.423	0.149	300	—
Ni	2.612	1.508	1.317	0	8.968
	2.508	1.500	1.235	300	—
Pd	2.341	1.761	0.712	0	12.132
	2.271	1.761	0.717	300	—

表 12　室温下几种立方晶体的绝热弹性劲度常量

立方晶体	劲度常量/(10^{12}dyne/cm^2 或 10^{11}N/m^2)		
	C_{11}	C_{12}	C_{44}
金刚石	10.76	1.25	5.76
Na	0.073	0.062	0.042
Li	0.135	0.114	0.088
Ge	1.285	0.483	0.680
Si	1.66	0.639	0.796
GaSb	0.885	0.404	0.433
InSb	0.672	0.367	0.302
MgO	2.86	0.87	1.48
NaCl	0.487	0.124	0.126

对于一个给定的波矢 $\boldsymbol{K}$（包括大小和方向）的波，其在晶体中的运动有三种简正模式。通常，这些模式的极化或偏振方向即粒子位移的方向并不是严格的平行或垂直于 $\boldsymbol{K}$。但是，对于一定的波矢 $\boldsymbol{K}$，在立方晶体的三个特殊传播方向 [100]、[111] 和 [110] 上，有两种模式是粒子运动方向严格地垂直于 $\boldsymbol{K}$，而第三种模式的粒子运动方向则与 $\boldsymbol{K}$ 平行。应当看到，这些对特殊方向的分析要比对一般方向的分析简单一些。

小　结

- 惰性气体原子是通过范德瓦耳斯（Van der Waals）相互作用（感生偶极子-偶极子相互作

用）而形成晶体的；这种相互作用按$\frac{1}{R^6}$规律随距离 R 变化。

- 原子之间的排斥相互作用一般来源于交叠电荷分布的静电排斥和泡利原理；泡利原理迫使自旋平行的交叠电子进入能量更高的轨道。
- 离子晶体是通过异号电荷离子之间的静电吸引作用结合在一起的。对于 $2N$ 个电荷为$\pm q$的离子组成的结构，其静电能为：

(CGS) $$U=-N\alpha\frac{q^2}{R}=-N\sum\frac{(\pm)q^2}{r_{ij}},$$

其中 α 是马德隆常数，R 为最近邻间距。

- 金属原子之所以能形成晶体是由于金属中价电子的动能与自由原子相比有所降低所致。
- 共价键以反平行自旋电子的电荷分布相互重叠为特征。在自旋反平行的情况下，泡利原理在排斥作用中所占的分量减少，这使得更大程度的交叠成为可能。这些存在着交叠的电子，将通过静电吸引与其相关的离子实结合在一起。

习 题

1. 量子固体。在量子固体中，起主导作用的排斥能是原子的零点能。考虑晶态 He^4 的一维简化模型，即每个 He 原子被局域在一段长为 L 的线段上。在基态，每段内的波函数取作自由粒子的半波长。试求每个粒子的零点动能。

2. 体心立方和面心立方氖的内聚能。利用伦纳德-琼斯势，试计算氖在体心立方和面心立方结构下的内聚能之比（答案为 0.958）。体心立方结构的晶格和为

$$\sum_j{}'p_{ij}^{-12}=9.11418;\quad \sum_j{}'p_{ij}^{-6}=12.2533.$$

3. 固态分子氢。对于 H_2，由气相测量获得的伦纳德-琼斯参数为$\epsilon=50\times10^{-16}$erg，$\sigma=2.96$Å，试计算 H_2 晶体具有面心立方结构时的内聚能，要求结果以 kJ/mol 为单位给出。把每个 H_2 分子作为球体处理。内聚能的观测值为 0.751kJ/mol，比计算值小很多，因此量子修正在这里一定是很重要的。

4. 形成离子晶体（R^+R^-）的可能性。设想一个晶体，它借助同一原子或分子的正、负离子之间的库仑吸引相互作用而结合。人们认为，某些有机分子有可能属于这种情况，但是当 R 为单个原子时不会发生结合。请利用表 5 和表 6 给出的数据，评价 NaCl 结构中的 Na^+ 相对于正常金属 Na 的稳定性。提示：计算当原子间距取金属钠的观测值时的能量（Na 的电子亲和势为 0.78eV）。

5. 线型离子晶体。假定由 $2N$ 个交替带电荷为$\pm q$ 的离子排布成一条线，其最近邻之间的排斥势能为 A/R^n，(a) 试证明在平衡间距下有

(CGS) $$U(R_0)=-\frac{2Nq^2\ln2}{R_0}\left(1-\frac{1}{n}\right)$$

(b) 设晶体被压缩，使 R_0 变为 $R_0(1-\delta)$，试证明在晶体被压缩单位长度的过程中，外力做功的主导项（leading term）为$\frac{1}{2}C\delta^2$，其中

(CGS) $$C=\frac{(n-1)q^2\ln2}{R_0}$$

用 $q^2/4\pi\varepsilon_0$ 代替式中的 q^2，即可得到 SI 单位制下的结果。应注意，这种代换不适用于$U(R_0)$的表达式；如果需要，只能使用$U(R)$的完整表达式进行单位制转换。

6. 立方 ZnS 结构。利用表 7 中 λ 和 ρ 以及在正文中给出的马德隆常量，计算具有第一章所描述的立方 ZnS 结构的 KCl 晶体的内聚能，并与具有 NaCl 结构的 KCl 晶体内聚能的计算结果比较。

7. 二价离子晶体。BaO 具有 NaCl 型结构。试估算假想晶体 Ba^+O^- 和 $Ba^{++}O^{--}$ 中每个分子相对于中性孤立原子的内聚能。最近邻核间距的观测值 $R_0=2.76$Å，Ba 的一次和二次电离势分别为 5.19eV 和 9.96eV。附加到中性氧原子上的第一和第二个电子的电子亲和势分别为 1.5eV 和-9.0eV；中性氧原子第一电子亲和势是在反应 $O+e\rightarrow O^-$ 中释放的能量，第二个电子亲和势是在反应 $O^-+e\rightarrow O^{--}$ 中释放的能量。试预测将出

现什么样的价态？假定 R_0 在这两种形式下是相同的，并略去排斥能。

8. 杨氏模量和泊松比。假定立方晶体在［100］方向受到拉应力作用。如图 21 所示，根据图示杨氏模量和泊松比的定义，试用弹性劲度给出它们的表达式。

9. 纵波速度。证明在立方晶体［111］方向上的纵波速度为 $v_s=\left[\frac{1}{3}(C_{11}+2C_{12}+4C_{44})/\rho\right]^{1/2}$。提示：在此情况下有 $u=v=w$，令 $u=u_0e^{iK(x+y+z)/\sqrt{3}}\ e^{-i\omega t}$，并借助式（57a）。

10. 横波速度。证明在立方晶体［111］方向上的横波速度为 $v_s=\left[\frac{1}{3}(C_{11}-C_{12}+C_{44})/\rho\right]^{1/2}$。提示：参考习题 9。

11. 有效剪切常量。如图 22 所示，假定 $e_{xx}=-e_{yy}=\frac{1}{2}\mathrm{e}$，而其他应变分量等于零，试证明立方晶体的剪切常量可以表示为 $\frac{1}{2}(C_{11}-C_{12})$。提示：首先计算式（43）表示的能量密度，然后找到满足 $U=\frac{1}{2}C'\mathrm{e}^2$ 的 C'。

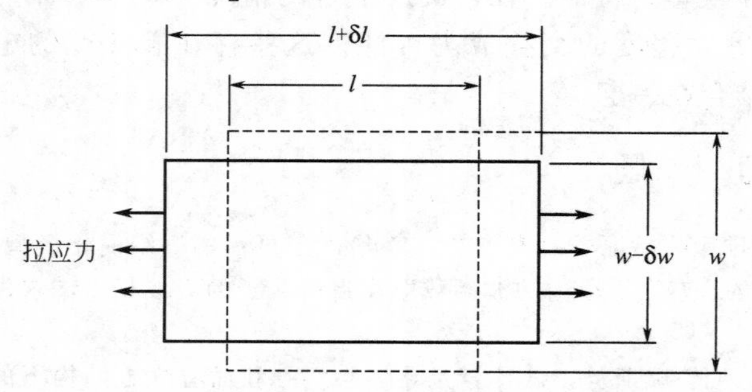

图 21 当样品在某一个方向受到拉应力作用，而其他方向（不受任何作用力）保持自由时，其应力与应变的比值称为杨氏模量，泊松比定义为 $\left(\frac{\delta w}{w}\right)/(\delta l/l)$。

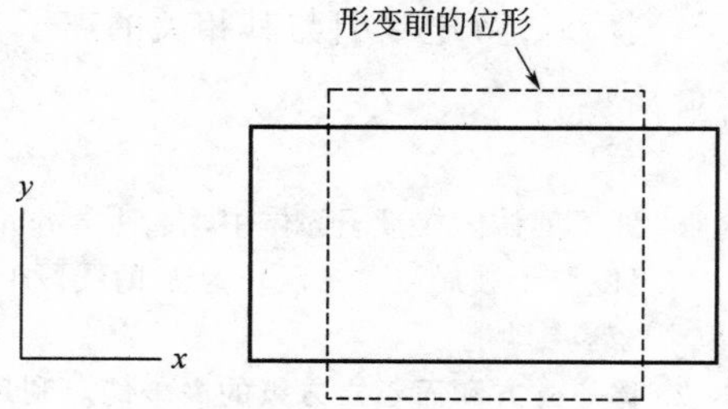

形变前的位形

图 22 图示形变是两种剪切 $e_{xx}=-e_{yy}$ 共同作用的结果。

12. 行列式方法。已知对于所有元素均等于 1 的 R 维方矩阵，其根为 R 和 0，R 为一重根，而零为 $R-1$ 重根；如果所有元素的值为 p，则其根为 Rp 和 0。(a) 试证明：当对角元素为 q，而其他元素为 p 时，将存在一个根等于 $(R-1)p+q$ 和 $R-1$ 个根等于 $q-p$；(b) 对于沿立方晶体［111］方向传播的波，试由弹性式(57) 证明：ω^2 作为 K 的函数，其行列式方程是：

$$\begin{vmatrix} q-\omega^2\rho & p & p \\ p & q-\omega^2\rho & p \\ p & p & q-\omega^2\rho \end{vmatrix}=0$$

其中 $q=\frac{1}{3}K^2(C_{11}+2C_{44})$、$p=\frac{1}{3}K^2(C_{12}+C_{44})$。该行列式方程成立是关于三个位移分量 u、v、w 的三个线性齐次代数方程有解的条件。利用题中（a）的结论，找出 ω^2 的三个根，并检验是否与习题 9 和习题 10 的结果相符。

13. 一般的传播方向。(a) 当位移为 $\boldsymbol{R}(\boldsymbol{r})=[u_0\hat{\boldsymbol{x}}+v_0\hat{\boldsymbol{y}}+w_0\hat{\boldsymbol{z}}]\exp[i(\boldsymbol{K}\cdot\boldsymbol{r}-wt)]$ 时，利用（57）式给出立方晶体中弹性方程有解的条件行列式。(b) 已知行列式方程的所有根之和等于对角元 a_{ii} 之和，试由（a）证明，在立方晶体中，沿任一方向传播的三个弹性波波速平方之和等于 $(C_{11}+2C_{44})/\rho$，利用 $v_s^2=\omega^2/K^2$。

14. 稳定性判据。对于原胞中含有一个原子的立方晶体，其相对于均匀小形变的稳定性条件就是关于应变分量的所有组合由式（43）得到的能量密度为正值。那么，在此情况下，对于弹性劲度常量应有什么样的条件限制（用数学语言讲，该问题就是给出实对称二次形式必须正定的条件，对此可以参考代数方面的书，也可参阅 Korn and Korn，Mathematical Handlook，McGraw-Hill，1961，Sec. 13.6-6）？答案为 $C_{44}>0$，$C_{11}>0$，$C_{11}^2-C_{12}^2>0$ 和 $C_{11}+2C_{12}>0$；作为一个当 $C_{11}\cong C_{12}$ 时的不稳定例子，参见 L. R. Testardi et. al.，Phys. Rev. Letters **15**，250 (1965)。

第 4 章　声子（Ⅰ）：晶格振动

注：有关声子的热学性质将在第 5 章中讨论。

4.1　单原子结构基元情况下的晶格振动

现在，考虑原胞中只含有一个原子的晶格弹性振动，目的是求出用波矢（描述波的特征量）和弹性常量表示的弹性波频率。如图 1 所示，给出了固体中重要的元激发。

在立方晶体中，当波沿［100］、［110］、［111］三个方向传播时，其数学上的解是最简单的。这些方向分别对应于立方体的三个特殊方向：它们是立方体边的方向、面对角线方向和体对角线方向。当波沿这三个方向之一传播时，整个原子平面作同相位运动，其位移方向或是平行于波矢的方向或是垂直于波矢的方向。我们可以通过单一坐标 u_s 来描述平面 s 离开其平衡位置的位移。这样，上述问题就变成一维的了。对应于每个波矢，存在着三种模式：一个纵向极化（或偏振）(见图 2) 和两个横向极化（或偏振）(见图 3)。

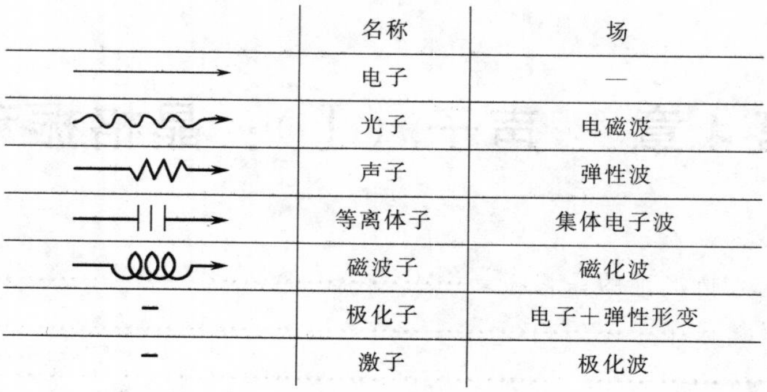

	名称	场
	电子	—
	光子	电磁波
	声子	弹性波
	等离体子	集体电子波
	磁波子	磁化波
	极化子	电子+弹性形变
	激子	极化波

图 1 固体中重要的元激发。

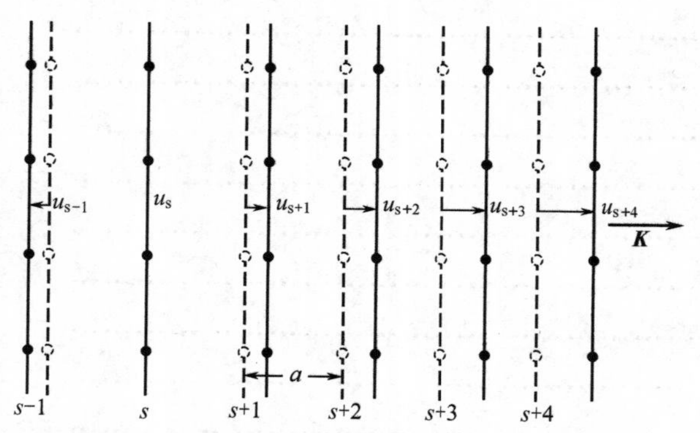

图 2 虚线表示原子面的平衡位置；实线表示存在纵波时原子面移动的位置。坐标 u 表征原子面的位移。

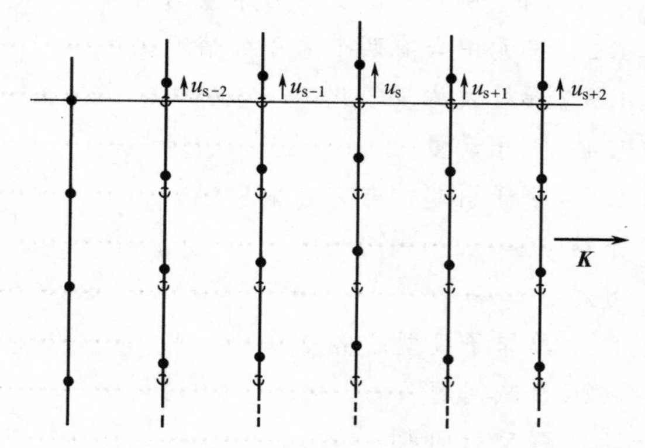

图 3 横波通过时发生位移的原子面示意图。

假定晶体的弹性响应是作用力的线性函数。这一假定等价于把弹性能量当作晶体中任意两点相对位移的二次函数。在平衡位置，能量中的那些位移线性项将变为零（参见第 3 章图 6 中的最小值）。对于充分小的弹性形变，三次及更高次项可以忽略不计。

假定由于平面 $s+p$ 的位移而引起的作用于平面 s 上的力与这两个面的位移之差 $u_{s+p}-u_s$ 成正比。为简便起见，我们只考虑最近邻之间的相互作用，亦即 $p=\pm1$。于是，由平面 $s\pm1$ 产生的作用于平面 s 上的总力为

$$F_s=C(u_{s+1}-u_s)+C(u_{s-1}-u_s) \tag{1}$$

这个表达式是位移的线性函数，并且具有胡克定律的形式。

常量 C 是最近邻平面之间的力常量。对于纵波和横波，其力常量是不同的。为了以后方便，将 C 看作是对平面上的一个原子而言的，这样，F_s 就是作用在平面 s 中的一个原子上的力。

平面 s 中一个原子的运动方程可以写成

$$M\frac{d^2u_s}{dt^2}=C(u_{s+1}+u_{s-1}-2u_s) \tag{2}$$

式中，M 为一个原子的质量。现在，我们要求出所有具有时间依赖关系 $\exp(-i\omega t)$ 的位移的解。这时有 $\frac{d^2u_s}{dt^2}=-\omega^2u_s$，于是式 (2) 成为

$$-M\omega^2u_s=C(u_{s+1}+u_{s-1}-2u_s) \tag{3}$$

这是关于位移的差分方程。它具有如下形式的行波解，即有

$$u_{s\pm1}=u\exp(isKa)\exp(\pm iKa) \tag{4}$$

式中，a 是面间距，K 为波矢。这里 a 的数值将依赖于 K 的方向。

利用式（4），则由式（3）得到

$$-\omega^2 Mu\exp(isKa)=Cu\{\exp[i(s+1)Ka]+\exp[i(s-1)Ka]-2\exp(isKa)\} \tag{5}$$

两边消去 $u\exp(isKa)$，得到

$$\omega^2 M=-C[\exp(iKa)+\exp(-iKa)-2] \tag{6}$$

利用恒等式 $2\cos Ka=\exp(iKa)+\exp(-iKa)$，我们得到联系 ω 和 K 的色散关系为

$$\omega^2=(2C/M)(1-\cos Ka) \tag{7}$$

第一布里渊区的边界位于 $K=\pm\pi/a$。由式（7）可以证明，ω 作为 K 的函数，其函数曲线在布里渊区边界处的斜率为零，亦即

$$\mathrm{d}\omega^2/\mathrm{d}K=(2Ca/M)\sin Ka=0 \tag{8}$$

因为当 $K=\pm\pi/a$ 时，$\sin Ka=\sin(\pm\pi)=0$。关于位于布里渊区边界处的声子波矢所具有的特定意义将在下面式（12）中阐述。

由三角恒等式，式（7）可以写成

$$\omega^2=(4C/M)\sin^2\frac{1}{2}Ka;\quad \omega=(4C/M)^{1/2}\left|\sin\frac{1}{2}Ka\right| \tag{9}$$

ω 作为 K 的函数，其曲线在图 4 中给出。

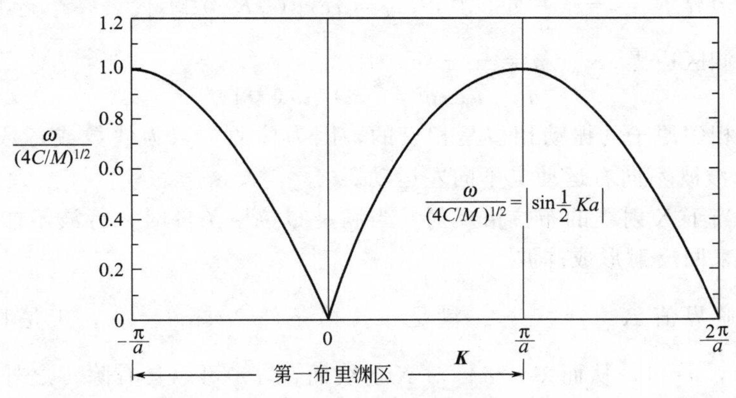

图 4　ω 关于 K 的函数曲线，区域 $K\ll\frac{1}{a}$ 或 $\lambda\gg a$ 相应于连续统近似，在这个区间里 ω 正比于 K。

4.1.1　第一布里渊区

对于弹性波，K 值取什么样的范围才是具有物理意义的呢？答案是只有那些取在第一布里渊区区内的 K 值。根据式（4），两个相邻平面的位移之比可以由下式给出，即

$$\frac{u_{s+1}}{u_s}=\frac{u\exp[i(s+1)Ka]}{u\exp(isKa)}=\exp(iKa) \tag{10}$$

位于 $-\pi$ 与 $+\pi$ 区间的相位 Ka 涵盖了指数函数所有独立的值。

独立 K 值的区间由

$$-\pi<Ka\leqslant\pi \text{ 或 } -\frac{\pi}{a}<K\leqslant\frac{\pi}{a}$$

给出。这个区间是线型晶格的第一布里渊区，这在第 2 章中已有定义，极限值为 $K_{\max}=\pm\pi/a$。

第一布里渊区以外的 K 值（图 5）不过是再现由 $\pm\pi/a$ 界限以内的 K 值所描述的晶格振动。

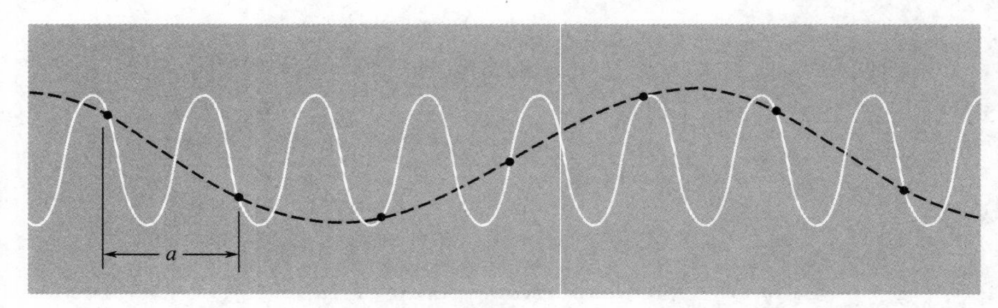

图 5 由实线所代表的波不能给出比虚线更多的信息。为了表示这个运动，只需要大于 $2a$ 的波长。

对于取值在上述两个极限值以外的 K 值，可以由它减去 $2\pi/a$ 整数倍，从而给出这两个极限值以内的一个波矢。假定 K 在第一布里渊区以外，但是由 $K'\equiv K-\frac{2\pi n}{a}$ 定义的相应波矢 K' 却位于第一布里渊区以内，其中 n 为整数。因此，上述位移比（10）式变为

$$u_{s+1}/u_s=\exp(iKa)\equiv\exp(i2\pi n)\exp[i(Ka-2\pi n)]\equiv\exp(iK'a) \tag{11}$$

其中，$\exp(i2\pi n)=1$。因此，位移总可以用第一布里渊区内的波矢来表示。应该指出，$2\pi n/a$ 是一个倒格矢，因为 $2\pi/a$ 是倒格矢。于是，由 K 减去一个适当的倒格矢，总可以在第一布里渊区内得到一个与其等价的波矢。

在布里渊区边界 $K_{\max}=\pm\frac{\pi}{a}$ 处，其解 $u_s=u\exp(isKa)$ 不代表一个行波，而是表示一个驻波。在布里渊区边界 $sK_{\max}a=\pm s\pi$ 处，有

$$u_s=u\exp(\pm is\pi)=u(-1)^s \tag{12}$$

这是一个驻波：相邻原子的振动相位是相反的，因为按照 s 取为偶数或奇数，u_s 分别等于 $+1$ 或 -1。这个波既不向右运动也不向左运动。

这种情况相当于 X 射线的布拉格反射：当满足布拉格条件时，行波不能在晶格中传播，而是通过相继的来回反射形成驻波。

上述得到的临界值 $K_{\max}=\pm\pi/a$ 满足布拉格条件 $2d\sin\theta=n\lambda$，于是我们有 $\theta=\frac{1}{2}\pi$，$d=a$，$K=2\pi/\lambda$，$n=1$，从而 $\lambda=2a$；对 X 射线而言，n 可以具有除 1 之外的其他整数值，因为在两个原子之间的空间内电磁波振幅都是有意义的，而弹性波的位移振幅只是在原子本身近处才有意义。

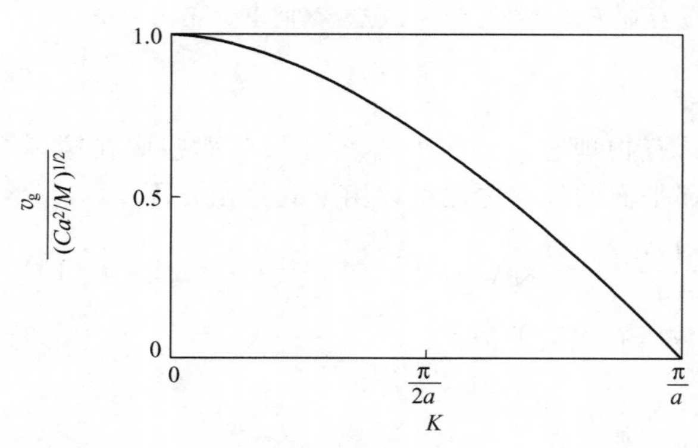

图 6 由图 4 模型给出的群速 v_g 关于 K 的曲线。在布里渊区边界处群速为零。

4.1.2 群速

群速是指波包的传播速度，其表达式为

$$v_g=\mathrm{d}\omega/\mathrm{d}K\text{，或 } v_g=\mathrm{grad}_{\boldsymbol{K}}\omega(\boldsymbol{K}) \tag{13}$$

上式表示频率对 $\boldsymbol{K}$ 取的梯度。这也就是能量在介质中的传播速度。

对于由式（9）给定的色散关系，得到群速（图 6）的表达式为

$$v_g=(Ca^2/M)^{1/2}\cos\frac{1}{2}Ka \tag{14}$$

在布里渊区边界处由于 $K=\pi/a$，从而其群速等于零。这正如式（12）所示结果，波是一个驻波，因为对于驻波，其净传播速度应等于零。

4.1.3 长波极限

当 $Ka\ll 1$ 时，将 $\cos Ka$ 展开并取近似，可得 $\cos Ka\cong 1-\frac{1}{2}(Ka)^2$。由此，色散关系式（7）变为

$$\omega^2=(C/M)K^2a^2 \tag{15}$$

此式表明，在长波极限下，频率与波矢成正比。这等价于在长波极限下声速与频率无关的结论。从而 $v=\omega/K$，这就像在弹性波的连续统理论中那样——在连续统极限下，即有 $Ka\ll 1$。

4.1.4 从实验出发的力常量的推导

在金属中有效力的力程将会相当大，因为力的作用可以通过传导电子“海”由一个离子传递给另一个离子。曾经发现，在相距达20个平面间距的原子面之间仍存在着相互作用。如果能从实验中测得关于 ω 的色散关系，我们就可以确定相互作用的力程。将色散关系式（7）推广到 p 个最近邻原子面的情况，则容易得出

$$\omega^2=(2/M)\sum_{p>0}C_p(1-\cos pKa) \tag{16a}$$

为了求得面间力常量 C_p，将上式两边同乘以 $\cos rKa$（这里 r 为整数），并在 K 的独立取值区间上积分，则有

$$M\int_{-\pi/a}^{\pi/a}\mathrm{d}K\omega_K^2\cos rKa=2\sum_{p>0}C_p\int_{-\pi/a}^{\pi/a}\mathrm{d}K(1-\cos pKa)\cos rKa=-2\pi C_r/a \tag{16b}$$

除 $p=r$ 之外，其他情况下的积分均为0，由此得到

$$C_p=-\frac{Ma}{2\pi}\int_{-\pi/a}^{\pi/a}\mathrm{d}K\omega_K^2\cos pKa \tag{17}$$

此式给出了具有单原子基元的晶格结构在力程为 pa 时的力常量。

4.2 基元中含有两个原子的情况

对于每个初基基元（Primitive basis）含有两个及两个以上原子的晶体，其声子色散关系将表现出新的特征。现在，考虑每个原胞（primitive cell）含有两个原子的情况，例如NaCl结构、金刚石结构都属于这种情况。对于在一个给定传播方向上的每一种极化（或偏振）模式，其 ω 关于 K 的色散关系将演化为两个分支，分别称为声学支和光学支，如图7所示。于是就有纵声学（LA）模式和横声学（TA）模式，以及纵光学（LO）模式和横光学（TO）模式。

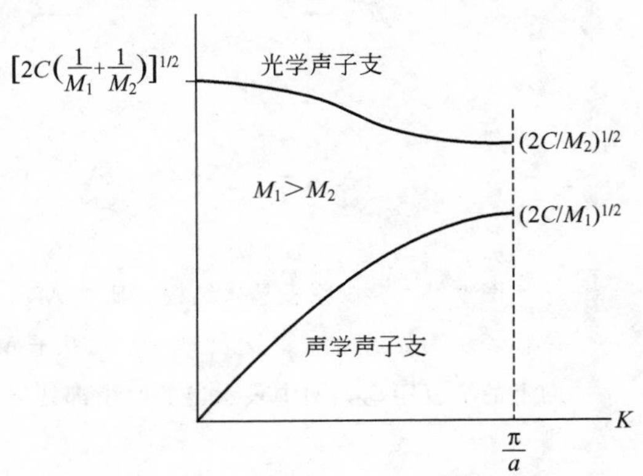

图7 双原子线型晶格色散关系的光学支和声学支。图中给出了在 $K=0$ 和 $K=K_{\max}=\pi/a$ 处的极限频率，a 是晶格常量。

如果原胞中含有 p 个原子，则其色散关系应含有 $3p$ 个分支，即3个声学支和 $3p-3$ 个光学支。如图8（a）和图8（b）所示，锗和KBr的原胞都含有两个原子，因此其色散关系有6个分支，它们分别是一个LA支、一个LO支、两个TA支和两个TO支。

分支的计算方法起源于原子自由度数目的计

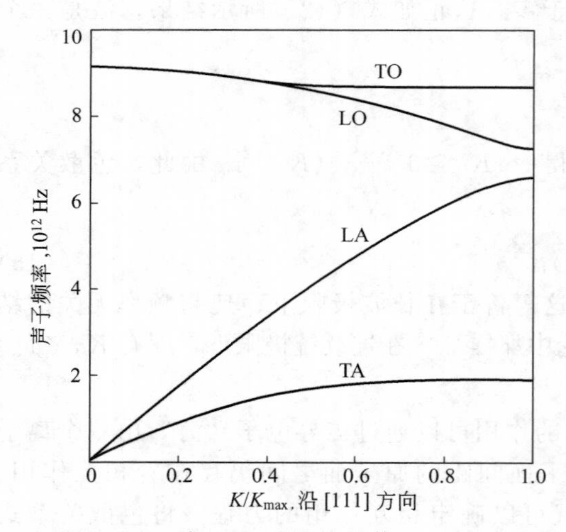

图 8（a） 在 80K 下沿锗晶体（111）方向的声子色散关系。在布里渊区边界处，$K_{max}=(2\pi/a)\left(\frac{1}{2}\ \frac{1}{2}\ \frac{1}{2}\right)$，两个 TA 声子支是水平的；在 $K=0$ 处，LO 支和 TO 支重合；这也是锗晶体对称性的一个因果反映。这些结果是由 G. Nilsson 和 G. Nelin 利用中子非弹性散射得到的。

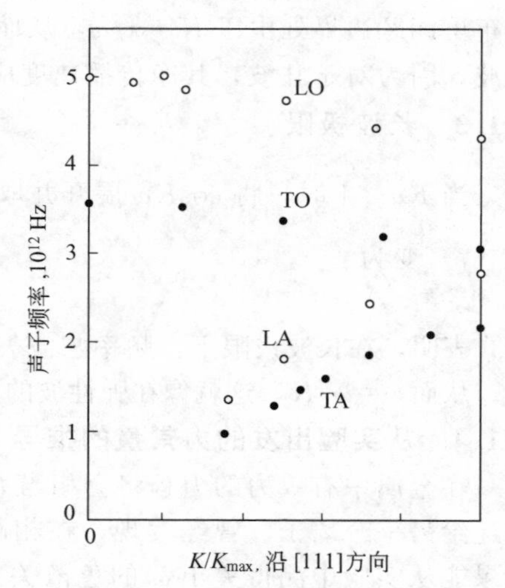

图 8（b） KBr 晶体在 90K 下沿其［111］方向的色散曲线。引自 A. D. B. Woods，B. N. Brockhouse，R. A. Cowley，and W. Cochran. 由 TO 支和 LO 支外推至 $K=0$ 时的 ω 分别称为 ω_T 和 ω_L。

算。例如，若每个原胞含有 p 个原子，那么对于 N 个原胞构成的晶体，则总共有 pN 个原子；每个原子有 3 个自由度，每个自由度对应于 x、y、z 三个方向中的一个，于是这个晶体合计有 $3pN$ 个自由度。在一个布里渊区内，单一分支上允许的 K 值的数目恰好是 N 个[1]。因此，LA 支和两个 TA 支总共含有 $3N$ 个模式，从而占去了总自由度数中的 $3N$ 个；余下的 $(3p-3)N$ 个自由度则归属于光学支。

考虑一个立方晶体，其中质量为 M_1 的原子位于一组平面上，而质量为 M_2 的原子位于插入第一组平面之间的平面上，如图 9 所示。一般而言，两者质量的差别并不是紧要的；但

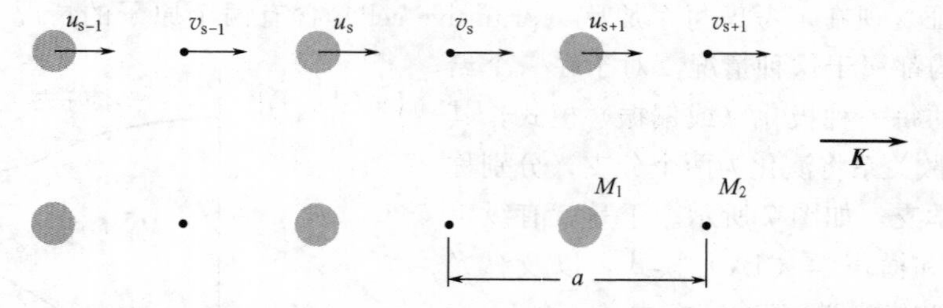

图 9 一个双原子晶体结构，质量 M_1、M_2 由相邻平面之间的力常量 C 联系，原子 M_1 的位移表示为 u_{s-1}，u_s，u_{s+1}，…；而原子 M_2 的位移为 v_{s-1}，v_s，v_{s+1}，…。a 为沿波矢 $\boldsymbol{K}$ 方向上的重复距离，图中表示出的原子都处于平衡位置。

---

[1] 在第 5 章，将通过对体积为 V 的晶体的各种模式应用周期性边界条件证明，在傅里叶空间中每个体积 $(2\pi)^3/V$ 内有一个 $\boldsymbol{K}$ 值。布里渊区的体积是 $(2\pi)^3/V_c$，其中 V_c 为晶体的原胞体积。于是在一个布里渊区内允许 $\boldsymbol{K}$ 值的数目应为 V/V_c，它正好等于 N，亦即晶体中原胞的数目。

是，如果基元的两个原子处在不完全等价的格点上，那么力常量或质量将会不一样。令 a 表示在与所考虑的晶格平面垂直的方向上晶格的重复距离。现在讨论那些在对称方向上传播的波。在这些方向上每个平面只包含一种离子，例如 NaCl 结构中的［111］和 CsCl 结构中的［100］就是这种方向。

假定每个平面只和最近邻平面有相互作用，并且所有最近邻平面之间的力常量一样，那么，就可以参照图 9 写出相应的运动方程，即有

$$M_1\frac{d^2u_s}{dt^2}=C\ (v_s+v_{s-1}-2u_s);$$

$$M_2\frac{d^2v_s}{dt^2}=C\ (u_{s+1}+u_s-2v_s) \tag{18}$$

下面寻求具有行波形式的解。在这里，相邻交替平面上的振幅 u 和 v 是不同的，即

$$u_s=u\exp(isKa)\exp(-i\omega t);\quad v_s=v\exp(isKa)\exp(-i\omega t) \tag{19}$$

应当注意，根据图 9 中的定义，a 表示全同原子平面之间的最近距离，而不是广义上的最近邻平面间距。

将式（19）代入式（18），得到

$$-\omega^2M_1u=Cv[1+\exp(-iKa)]-2Cu;\quad -\omega^2M_2v=Cu[\exp(iKa)+1]-2Cv \tag{20}$$

如果要使这两个未知数为 u、v 的齐次线性方程具有非平凡解，则 u 和 v 的系数行列式必须为零，则有

$$\begin{vmatrix} 2C-M_1\omega^2 & -C[1+\exp(-iKa)] \\ -C[1+\exp(iKa)] & 2C-M_2\omega^2 \end{vmatrix}=0 \tag{21}$$

或

$$M_1M_2\omega^4-2C(M_1+M_2)\omega^2+2C^2(1-\cos Ka)=0 \tag{22}$$

可以从这个方程严格地解出 ω^2，但对于在布里渊区边界 $Ka=\pm\pi/a$ 和 $Ka\ll 1$ 的极限情况会更简单一些。当 Ka 很小时，有展开式 $\cos Ka\cong 1-\frac{1}{2}K^2a^2+\cdots$，因此得到式(22）的两根分别为

$$\omega^2\cong 2C\left(\frac{1}{M_1}+\frac{1}{M_2}\right)\qquad（光学支） \tag{23}$$

$$\omega^2\cong\frac{\frac{1}{2}C}{M_1+M_2}K^2a^2\qquad（声学支） \tag{24}$$

第一布里渊区的范围为 $-\pi/a\leqslant K\leqslant\pi/a$，其中 a 是晶格的重复距离。在 $K_{max}=\pm\pi/a$ 处，方程的根变为

$$\omega^2=2C/M_1;\quad \omega^2=2C/M_2 \tag{25}$$

当 $M_1>M_2$ 时，参见图 7 给出的 ω 对 K 的依赖关系曲线。

粒子在横声学（TA）和横光学（TO）支情况下的位移示于图 10。对于光学支，当 $K=0$ 时，将式（23）代入式（20）得到

$$\frac{u}{v}=-\frac{M_2}{M_1} \tag{26}$$

这表明两个原子反向振动，但是它们的质心却是固定的。如果这两个原子带有异号电荷，如图 10 所示，就可以用光波电场来激发这种类型的运动，因此这一支称为光学支。对于一般

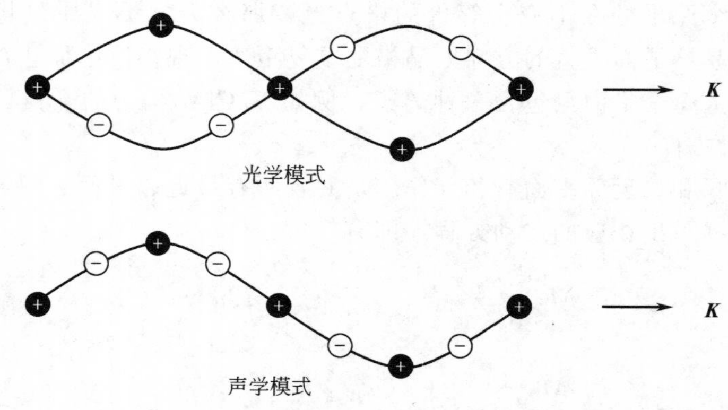

图 10 双原子线型晶格中的横光学波和横声学波。利用在同一波长下两种模式的粒子位移，在图中给出了形象的表示。

K 值，由式（20）中任一个方程得出的比值 u/v 将是复数。在 K 值比较小的情况下，振幅比的另一个解是 $u=v$，此即式（24）在 $K=0$ 时的极限。这时，原子（以及它们的质心）一起运动，和长波声学振动中的情形相仿，由此得到声学支。

对于某些频率，将不存在类波解，这些频率介于 $(2C/M_1)^{1/2}$ 和 $(2C/M_2)^{1/2}$ 之间。这是多原子晶格中弹性波具有的一个特性。在第一布里渊区边界 $K_{max}=\pm\pi/a$ 处有一个频率空隙（禁区）。

4.3 弹性波的量子化

晶格振动的能量是量子化的，与电磁波的光子相仿，这种能量量子被称为声子（phonon）。一个角频率为 ω 的弹性模式当它被激发到量子数为 n 时，也就是当这个模式由 n 个声子所占据时，其能量为

$$\epsilon=\left(n+\frac{1}{2}\right)\hbar\omega \tag{27}$$

式中，$\frac{1}{2}\hbar\omega$ 是这个模式的零点能。声子和光子一样都有零点能，因为它们都等价于一个频率为 ω 的量子谐振子，这个量子谐振子的能量本征值也是 $\left(n+\frac{1}{2}\right)\hbar\omega$。关于声子量子理论更进一步的讨论，请读者参见本书附录 C。

我们容易求出声子的均方振幅。设驻波模式的振幅为

$$u=u_0\cos Kx\cos\omega t$$

式中，u 是晶体中 x 处的体积元相对其平衡位置的位移。类似于谐振子，当这种模式的能量对时间求平均时，一半为动能，另一半为势能。动能密度是 $\frac{1}{2}\rho\left(\frac{\partial u}{\partial t}\right)^2$，这里 ρ 是质量密度。在体积为 V 的晶体中，动能的体积分为 $\frac{1}{4}\rho V\omega^2u_0^2\sin^2\omega t$。由于 $\langle\sin^2\omega t\rangle=\frac{1}{2}$，则得出时间平均动能是

$$\frac{1}{8}\rho V\omega^2u_0^2=\frac{1}{2}\left(n+\frac{1}{2}\right)\hbar\omega \tag{28}$$

从而振幅的平方为

$$u_0^2=4\left(n+\frac{1}{2}\right)\hbar/\rho V\omega \tag{29}$$

由此可见，这个关系式已将一给定模式的位移和该模式中声子占据数 n 联系起来。

ω 的符号又是什么呢？像前述式（2）那样的运动方程是关于 ω^2 的方程，因此如果 ω^2 为正，那么 ω 就有取“+”或“−”两种可能。但是声子的能量必须是正的，所以把 ω 取为正值是习惯使然，并且也是适当的（对于圆偏振波，两种符号经常同时使用，目的在于能相互区分其旋转的方向）。如果晶体结构不稳定，那么 ω^2 将为负，从而 ω 将成为虚值。

4.4　声子动量

一个波矢为 $\boldsymbol{K}$ 的声子将和各种粒子（例如光子、中子、电子等）发生相互作用，犹如它是一个具有动量 $\hbar K$ 的粒子。但是，我们首先要明确，声子并不携带物理动量。

晶格中声子不携带动量的原因是声子坐标（除 $\boldsymbol{K}=0$ 以外）涉及的只是原子的相对坐标。因此，在 H_2 分子中的核间振动坐标 $\boldsymbol{r}_1+\boldsymbol{r}_2$ 是一相对坐标，并不携带线动量；质心坐标 $\frac{1}{2}(\boldsymbol{r}_1+\boldsymbol{r}_2)$ 相应于均匀模式（$\boldsymbol{K}=0$），可以携带线动量。

在晶体中存在量子态之间允许跃迁的波矢选择定则。在第 2 章中我们曾看到，X 射线光子在晶体中的弹性散射受波矢选择定则的支配，则有

$$\boldsymbol{k}'=\boldsymbol{k}+\boldsymbol{G} \tag{30}$$

其中 $\boldsymbol{G}$ 是倒格矢，$\boldsymbol{k}$ 是入射光子的波矢，而 $\boldsymbol{k}'$ 是被散射后的光子的波矢。在这种反射过程中，晶体作为整体将发生动量为 $-\hbar\boldsymbol{G}$ 的反冲，但是这种均匀模式动量很少以显式形式给出。

在周期晶格中相互作用的波的总波矢守恒，包括可能加上一个倒格矢，式（30）便是这一定则的一个例子。整个系统的真实动量始终严格守恒。如果光子的散射是非弹性的，并且产生一个波矢为 $\boldsymbol{K}$ 的声子，那么其波矢选择定则就变成

$$\boldsymbol{k}'+\boldsymbol{K}=\boldsymbol{k}+\boldsymbol{G} \tag{31}$$

如果在散射过程中吸收一个声子 $\boldsymbol{K}$，则得到另一个关系式

$$\boldsymbol{k}'=\boldsymbol{k}+\boldsymbol{K}+\boldsymbol{G} \tag{32}$$

关系式（31）和式（32）是式（30）的自然推广。

4.5　声子引起的非弹性散射

实验上确定声子色散关系 $\omega(\boldsymbol{K})$ 最常用的方法，就是利用可以产生声子发射或声子吸收的中子非弹性散射。中子主要是通过原子核的相互作用来“感知”晶格。中子束被晶格散射的运动学问题可以通过一般的波矢选择定则

$$\boldsymbol{k}+\boldsymbol{G}=\boldsymbol{k}'\pm\boldsymbol{K} \tag{33}$$

和能量守恒定律来描述。式中 $\boldsymbol{K}$ 是在这一过程中产生的（+）或被吸收的（−）声子波矢，

G 是任一个倒格矢。对于声子，我们必须这样选择 G，以使 K 正好处在第一布里渊区内。

如果入射中子的动能表示为 $p^2/2M_n$（这里 M_n 是中子质量），并且动量 p 用 $\hbar k$ 给出（k 为中子波矢），那么 $\hbar^2 k^2/2M_n$ 也是入射中子的动能表达式。同理，如果 k' 为散射中子的波矢，那么散射中子的动能就是 $\hbar^2 k'^2/2M_n$。由此，能量守恒定律的表达式就是

$$\frac{\hbar^2 k^2}{2M_n}=\frac{\hbar^2 k'^2}{2M_n}\pm\hbar\omega \tag{34}$$

其中 $\hbar\omega$ 是在这一过程中产生（+）或被吸收（−）的声子能量。

为了利用式（33）和式（34）给出色散关系，就必须由实验得到关于散射中子能量变化（增加或减少）作为散射方向 $k-k'$ 的函数。在图 8 中给出了锗和 KBr 两种晶体的结果；在图 11 中给出了钠晶体的结果。图 12 是用于声子研究的实验谱仪照片。

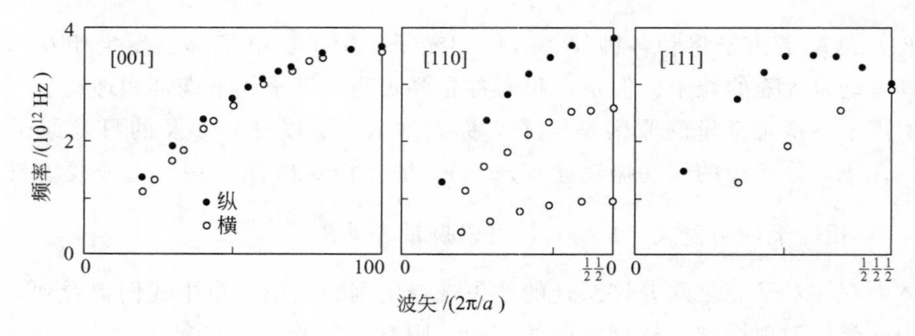

图 11 在 90K 下声子在钠晶体中沿［001］、［110］和［111］三个方向传播时的色散曲线。该图是由 Woods、Brockhouse、March 和 Bowers 利用中子非弹性散射测得的。

图 12 布鲁克海文（Brookhaven）实验室的三轴中子谱仪照片；引自 B. H. Grier。

小　结

- 晶格振动的量子单位是一个声子，如果角频率为 ω，则声子的能量是 $\hbar\omega$。
- 当一个光子或中子由波矢 k 非弹性散射至 k'，同时产生一个波矢为 K 的声子时，支配这个过程的波矢选择定则为

$$\boldsymbol{k}=\boldsymbol{k}'+\boldsymbol{K}+\boldsymbol{G}$$

式中，$\boldsymbol{G}$ 为倒格矢。

- 所有弹性波都可以用位于倒易空间中第一布里渊区内的波矢来描述。
- 如果在原胞中有 p 个原子，那么声子色散关系有 3 个声学声子支和 $3p-3$ 个光学声子支。

习　题

1. 单原子线型晶格。 考虑一个纵波

$$u_s=u\cos(\omega t-sKa)$$

它在原子质量为 M、间距为 a 和最近邻相互作用力常量为 C 的单原子线型晶格中传播。(a) 试证明波的总能量为

$$E=\frac{1}{2}M\sum_s(\mathrm{d}u_s/\mathrm{d}t)^2+\frac{1}{2}C\sum_s(u_s-u_{s+1})^2$$

这里求和指标 s 遍及所有的原子；(b) 将 u_s 代入 (a) 的结果表达式，试证明每个原子的时间平均总能量为

$$\frac{1}{4}M\omega^2u^2+\frac{1}{2}C\ (1-\cos Ka)\ u^2=\frac{1}{2}M\omega^2u^2$$

其中最后一步采用了色散关系式 (9)。

2. 衰减问题。 对于某个单原子线型晶格，其色散关系为

$$\omega^2=\frac{4C}{M}\sin^2\frac{1}{2}ka$$

当 k 为实数时，存在一个可以使晶格得到激发的频率极大值 $\omega_{\max}$，亦即 $\omega_{\max}$ 对应于 $k=\pm\pi/a$；然而，如果 k 为复数，则这一结论将不再成立。假设，对于 $\omega>\omega_{\max}$，k 可以写为 $k=\pm\left(\frac{\pi}{a}+i\beta\right)$，试证明：晶格振动的振幅 u_s 以因子 $e^{-\beta sa}$ 的规律衰减。其中，当 $\omega\leqslant\omega_{\max}$ 时 $\beta=0$，当 $\omega>\omega_{\max}$ 时 β 迅速增大。且进一步证明，当 k 为复数时，其色散关系可以写为

$$\omega^2=\frac{4C}{M}\cosh^2\frac{1}{2}\beta a$$

3. 强反射问题。 对于 NaCl 晶体，已知 Na^+ 的半径 $r_{Na}=0.98$Å，Cl^- 的半径 $r_{Cl}=1.81$Å，以及在 [100] 方向上的杨氏模量为 $5\times10^{10}\,\mathrm{N\cdot m^{-2}}$。假设，沿 [100] 方向的拉伸仅仅在其垂直方向上产生一个可以忽略的收缩效应，试计算能被氯化钠（NaCl）晶体强反射的辐射波长。

4. 连续统波动方程。 对于长波长的情况，试证明运动式 (2) 可以化为连续体弹性波动方程

$$\frac{\partial^2u}{\partial t^2}=v^2\frac{\partial^2u}{\partial x^2}$$

式中，v 表示声速。

5. 由两个不相同原子构成的基元。 对于由式 (18)～式 (26) 所处理的问题，求出在 $K_{\max}=\pi/a$ 处的两个分支的振幅比 u/v。证明在这个 K 值下晶格的行为好像是去耦合的：一种晶格保持静止，而另一种晶格则在运动。

6. 科恩反常 (Kohn anomaly)。 假定平面 s 和 $s+p$ 之间的面间力常量 C_p 可以写成如下形式

$$C_p=A\,\frac{\sin pk_0a}{pa}$$

式中，A 和 k_0 均为常数；p 遍取所有的整数值。这种形式是对于金属的预期结果。利用这一公式和式 (16a)，求出 ω^2 以及 $\partial\omega^2/\partial K$ 的表达式；并证明：当 $K=k_0$ 时，$\partial\omega^2/\partial K$ 趋于无穷大。因此，在 k_0 处，ω^2 对 K 或 ω 对 K 所作的曲线图将有一条纵向切线，即在 k_0 处其声子色散关系 ω (K) 有一个扭折。

7. 双原子链。 考虑一个线型链的简正模式，链上最近邻原子间的力常量交替地等于 C 和 $10C$。令两种

原子的质量相等，并且最近邻原子间距为 $a/2$。试求在 $K=0$ 和 $K=\pi/a$ 处的 $\omega(K)$。请粗略地画出色散关系曲线。本题可用于模拟双原子分子的晶体，比如 H_2。

8. 金属中的原子振动。考虑浸埋在均匀传导电子海中的质量为 M、电荷为 e 的点状离子。假定这些离子在正常格点上时处于稳定平衡。如果一个离子相对于其平衡位置移动一个很小的距离 r，那么回复力多半都来自以平衡位置为中心、以 r 为半径的球内的电荷。把离子（或传导电子）的粒子数密度取为 $3/4\pi R^3$，同时此式也定义了 R。(a) 试证明单个离子的振动频率为 $\omega=(e^2/MR^3)^{1/2}$；(b) 对钠而言，请粗略地估算出这个频率的值；(c) 根据 (a)、(b) 以及某种普通常识，估计金属中声速的量级。

[1]**9. 软声子模式**。考虑一条由离子构成的直线，其中离子的质量相等，但所带电荷交替变化，即 $e_p=(-1)^p e$ 为第 p 个离子上的电荷。原子之间的势是两种贡献之和：(1) 力常量 $C_{1R}=\gamma$ 的短程相互作用，这仅仅在最近邻原子间才有效；(2) 所有离子间的库仑相互作用。

(a) 试证明库仑相互作用对原子力常量的贡献为 $C_{pC}=2(-1)^p e^2/p^3a^3$，其中 a 是平衡时的最近邻距离；

(b) 根据式 (16a) 证明：色散关系可以写为

$$\omega^2/\omega_0^2=\sin^2\frac{1}{2}Ka+\sigma\sum_{p-1}^{\infty}(-1)^p(1-\cos pKa)p^{-3}$$

其中，定义 $\omega_0^2\equiv 4\gamma/M$ 和 $\sigma\equiv e^2/\gamma a^3$；

(c) 证明：如果 $\sigma>0.475$ 或 $4/7\zeta(3)$，这里 ζ 是黎曼 zeta 函数，则在布里渊区边界 $Ka=\pi$ 处 ω^2 为负（不稳定模式）。并进一步证明：如果 $\sigma>(2\ln 2)^{-1}=0.721$，那么在小 Ka 下声速为虚值。因此，如果 $0.475<\sigma<0.721$，则对于区间 $(0,\pi)$ 内 Ka 的某个值，ω^2 趋于零并且晶格不稳定。应当注意，声子谱不是双原子晶格的声子谱，因为任一离子与其近邻的相互作用同其他任一离子与其近邻的相互作用是一样的。

---

[1] 这道习题比较难。

第5章　声子（Ⅱ）：热学性质

本章首先讨论声子气的比热容，然后讨论晶格非谐相互作用对声子及晶体的影响。

5.1　声子比热容

我们所说的比热容，通常是指定容热容，它与由实验确定的定压热容相比，其意义更为重要和基本[1]。定容热容定义为 $C_V \equiv \left(\frac{\partial U}{\partial T}\right)_V$，其中 U 表示能量，T 是温度。

---

[1] 由一个简单的热力学关系给出 $C_p - C_V = 9\alpha^2 BVT$，其中 α 是线膨胀温度系数，V 是体积，B 是体弹模量。对于固体而言，C_p 和 C_V 之间的差别一般很小，通常可以忽略不计。如果 α 和 B 为常数，则当 $T \to 0$ 时有 $C_p \to C_V$。

声子对晶体比热容的贡献称为晶格比热容（lattice heat capacity），记为 C_{lat}。

晶体中声子温度为 τ（$\equiv k_{\mathrm{B}}T$）时的声子总能量可以表示成所有声子模能量的总和，其中求和指标分别为波矢 K 和极化模指标 p，由此可得

$$U_{\mathrm{lat}}=\sum_{K}\sum_{p}U_{K,p}=\sum_{K}\sum_{p}<n_{K,p}>\hbar\omega_{K,p} \tag{1}$$

式中 $<n_{K,p}>$ 表示平衡情况下波矢为 K、极化模为 p 的声子占有数。根据普朗克分布函数（Planck distribution function），$<n_{\mathrm{K,p}}>$ 具有如下形式的表达式：

$$<n>=\frac{1}{\exp(\hbar\omega/\tau)-1} \tag{2}$$

其中 $<\cdots>$ 表示热平衡下的平均值；$<n>$ 的曲线示于图 1。

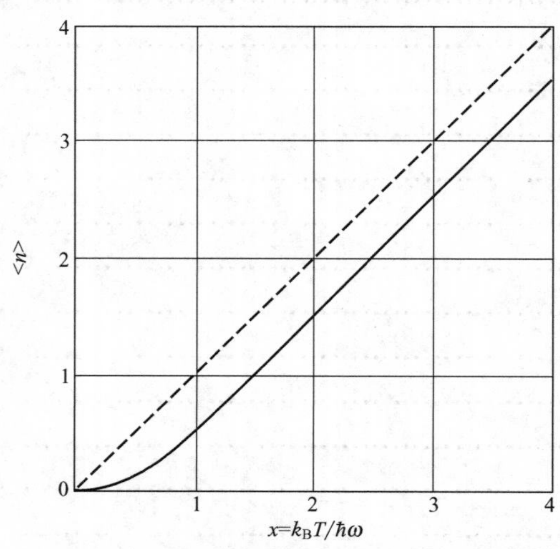

图 1 普朗克分布函数的曲线图。在高温下一个态的占有数近似为温度的线性函数；函数 $<n>+\frac{1}{2}$ 在图中没有画出，在高温时趋近于作为渐近线的虚线。虚线是经典极限。

5.1.1 普朗克分布

考虑一组处于热平衡的全同谐振子。依照玻尔兹曼因子，处于第（$n+1$）个量子激发态的谐振子数目与处在第 n 个量子态的谐振子数目之比为

$$N_{n+1}/N_{n}=\exp(-\hbar\omega/\tau),\tau\equiv k_{\mathrm{B}}T \tag{3}$$

于是，处于第 n 个量子态的谐振子数在谐振子总数中所占的分数便是

$$\frac{N_{n}}{\sum\limits_{s=0}^{\infty}N_{s}}=\frac{\exp(-n\hbar\omega/\tau)}{\sum\limits_{s=0}^{\infty}\exp(-s\hbar\omega/\tau)} \tag{4}$$

由此可得一个谐振子的平均激发量子数为

$$<n>=\frac{\sum\limits_{s}s\ \exp(-s\hbar\omega/\tau)}{\sum\limits_{s}\exp(-s\hbar\omega/\tau)} \tag{5}$$

式（5）中的和式是

$$\sum_{s}x^{s}=\frac{1}{1-x};\quad \sum_{s}sx^{s}=x\frac{\mathrm{d}}{\mathrm{d}x}\sum_{s}x^{s}=\frac{x}{(1-x)^{2}} \tag{6}$$

式中，$x=\exp(-\hbar\omega/\tau)$，这样可以把式（5）改写为

$$<n>=\frac{x}{1-x}=\frac{1}{\exp(\hbar\omega/\tau)-1} \tag{7}$$

这就是所谓的普朗克分布（Planck distribution）。

5.1.2 简正模的计算方法

由式（1）和式（2）可知，具有不同频率 $\omega_{K,p}$ 的谐振子集合的热平衡能量为

$$U=\sum_{K}\sum_{p}\frac{\hbar\omega_{K,p}}{\exp(\hbar\omega_{K,p}/\tau)-1} \tag{8}$$

用积分代替对 K 的求和，则常常比较方便。假定在 $\omega\sim\omega+\mathrm{d}\omega$ 频率范围内晶体具有给定极化模为 p 的振动模式数是 $D_{p}(\omega)\mathrm{d}\omega$，于是上述能量便可改写为

$$U=\sum_{p}\int\mathrm{d}\omega D_{p}(\omega)\frac{\hbar\omega}{\exp(\hbar\omega/\tau)-1} \tag{9}$$

通过上式对温度求微分，可以给出晶格比热容的表达式。令 $x=\hbar\omega/\tau=\hbar\omega/k_B T$，于是由 $\partial U/\partial T$ 得到

$$C_{\text{lat}}=k_B\sum_p\int d\omega D_p(\omega)\frac{x^2\exp x}{(\exp x-1)^2} \tag{10}$$

现在的中心问题是求出 $D(\omega)$，亦即求得单位频率间隔内的模（式）数（目）。这个函数 $D(\omega)$ 亦称为模式密度，更为常见的就是称之为态密度。

5.1.3　一维情况下的态密度

现在考虑一维直线型晶格的弹性问题。如图 2 所示，此线型晶格长为 L，其上携载 $N+1$ 个粒子，粒子间距为 a。假定处在两端 $s=0$ 和 $s=N$ 处的粒子固定不动。这时每个偏振态 p 的简正振动模都是一个驻波，于是粒子 s 的位移 u_s 具有下列形式，即

$$u_s=u(0)\exp(-i\omega_{K,p}t)\sin sKa \tag{11}$$

式中，$\omega_{K,p}$ 将通过相应的色散关系与 K 联系起来。

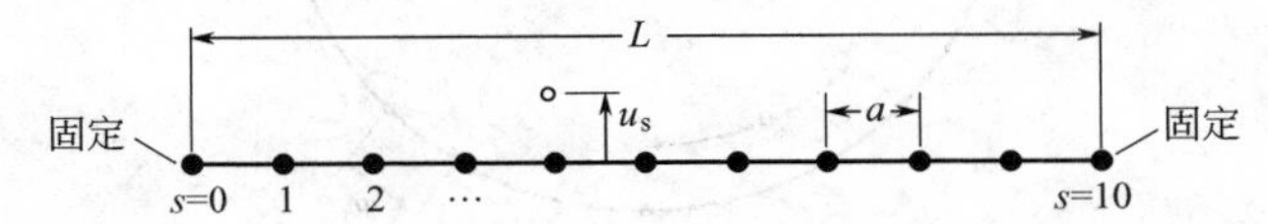

图 2　$N+1$ 个原子的弹性线模型示意图。图中 $N=10$，边界条件为两端 $s=0$ 和 $s=10$ 处的原子固定不动。在纵向和横向位移的简正模式中，粒子位移的形式是 $u_s \propto \sin sKa$。对于在端点 $s=0$ 处的原子，具有这种形式的 u 将自动为零。同时，选择 K 使位移在端点 $s=10$ 处也为零。

如图 3 所示，由于受到固定端点这一边界条件限制，K 只能取下列的允许值，即有

$$K=\frac{\pi}{L},\frac{2\pi}{L},\frac{3\pi}{L},\cdots,\frac{(N-1)\pi}{L} \tag{12}$$

当 $K=\pi/L$ 时，解为

$$u_s \propto \sin(s\pi a/L) \tag{13}$$

由此可见，如同所要求的那样，当 $s=0$ 和 $s=N$ 时解为零。

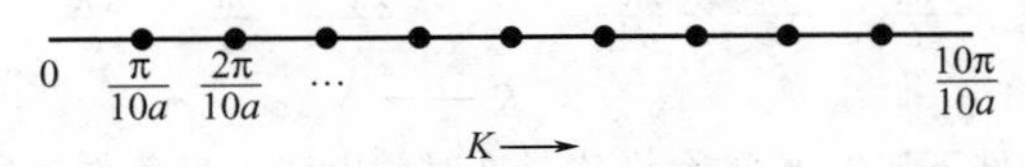

图 3　若选择 $K=\pi/10a$，$2\pi/10a$，…，$9\pi/10a$，就可以满足边界条件：$s=10$ 时 $\sin sKa=0$，其中 $10a$ 是直线的长度 L。此图是在 K 空间给出的，圆点不代表原子，而是标志 K 的允许值。直线上 $N+1$ 个粒子中只有 $N-1$ 个可以运动。并且，它们最一般的运动可以用 K 的 $N-1$ 个允许值来表示。K 值的这种量子化和量子力学没有关系，而是从端点原子固定的边界条件用经典方法得到的。

对于 $K=N\pi/L=\pi/a=K_{\max}$，其解的形式为 $u_s \propto \sin s\pi$，这时没有一个原子能够运动，因为在每个原子位置上 $\sin s\pi$ 都等于零。因此在式（12）中有 $N-1$ 个允许的独立 K 值，这个数目等于允许运动的粒子数目。每个允许 K 值都与一个驻波相联系。对于一维的线，每个间隔 $\Delta K=\pi/L$ 内有一个模式，所以对于 $K\leqslant\pi/a$，K 的每单位间隔内的模式数目（亦即状态数）为 L/π；对于 $K>\pi/a$，模式数为零。

对应于每个 K 值存在着三种偏振态(p)。在一维情况下，其中两个是横向偏振态，另一个是纵向偏振态；而在三维情况下，只有当波矢沿某些特殊晶向时，它们的偏振态才能像这样简单。

在计算模式数目时，还存在另一种同样有效的方法。这时我们把介质看作是无边界的，但是要求所得到的解在长距离 L 上具有周期性，亦即 $u(sa)=u(sa+L)$。就大系统而言，这种周期性边界条件（见图 4 和图 5）的方法不会改变所讨论问题的任何重要物理性质。对于行波解 $u_s=u(0)\exp[i(sKa-\omega_K t)]$，$K$ 的允许值是

$$K=0,\quad \pm\frac{2\pi}{L},\quad \pm\frac{4\pi}{L},\quad \pm\frac{6\pi}{L},\cdots,\frac{N\pi}{L} \tag{14}$$

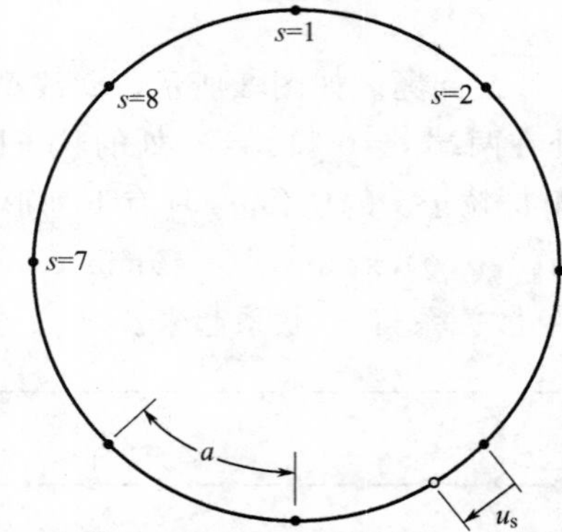

图 4 考虑约束在图环上可以滑动的 N 个粒子。如果它们用弹簧相连，这些粒子就会振动。在简正模式下，原子 s 的位移 u_s 将具有 $\sin sKa$ 或 $\cos sKa$ 的形式；这些都是相互独立的模式。利用圆环的几何周期性，其边界条件就是：对于所有的 s，$u_{N+s}=u_s$，因此 NKa 必定是 2π 的整数倍。对于 $N=8$，允许的独立 K 分别为 0、$2\pi/8a$、$4\pi/8a$、$6\pi/8a$ 和 $8\pi/8a$。对于正弦形式，$K=0$ 的值没有意义，因为 $\sin s0a=0$；对于 $8\pi/8a$ 这个取值也是只对余弦形式有意义，因为 $\sin(s\ \frac{8\pi a}{8a})=\sin(s\pi)=0$。$K$ 的其他三个取值对正弦和余弦两种模式都是允许的，也就是说，对 8 个粒子总共给出 8 个允许模式。如此一来周期性边界条件导致一个粒子只一个允许模式，这正好与图 3 中的固定边界条件一样。如果将这些模式取为复数形式 $\exp(isKa)$，那么周期性边界条件也会给出 8 个模式：$K=0$，$\pm2\pi/Na$，$\pm4\pi/Na$，$\pm6\pi/Na$ 和 $8\pi/Na$，如式（14）所示。

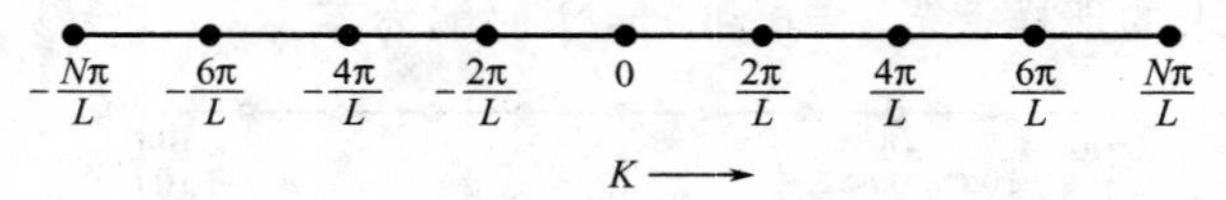

图 5 周期性边界条件下波矢 K 的允许值。这时，周期边界条件应用于一个线型周期晶格，其周期性为每段长为 L 的线段上有 8 个原子（$N=8$）。$K=0$ 的解为均匀模式。特殊点 $\pm N\pi/L$ 仅代表单一解，因为 $\exp(i\pi s)$ 和 $\exp(-i\pi s)$ 是等同的。因此存在 8 个允许模式，此时第 s 个原子的位移正比于：1，$\exp(\pm i\pi s/4)$，$\exp(\pm i\pi s/2)$，$\exp(\pm i3\pi s/4)$，$\exp(i\pi s)$。

这种方法所给出的状态数（一个可动原子相应于一个状态）与式（12）所给出的数目相等，但是现在 K 的正、负值都取，并且两个相邻 K 值之间的间隔 $\Delta K=2\pi/L$。对于周期性边界条件，在区间 $-\pi/a\leqslant K\leqslant\pi/a$ 内，K 的每单位间隔的状态（模式）的数目是 $L/2\pi$，而在别处则为零。图 6 描绘了二维晶格的情况。

实际上，我们需要知道单位频率间隔中模式（或状态）的数目 $D(\omega)$。在一维情况下，在 ω 处的 $d\omega$ 间隔内，其模式数 $D(\omega)$ 可以写成

$$D_1(\omega)d\omega=\frac{L}{\pi}\frac{dK}{d\omega}d\omega=\frac{L}{\pi}\frac{d\omega}{d\omega/dK} \tag{15}$$

式中，群速 $d\omega/dK$ 可由色散关系 $\omega(K)$ 求得。每当色散关系 $\omega(K)$ 曲线成为水平时，亦

即群速为零时，$D_1(\omega)$就将出现一个奇点。

5.1.4 三维情况下的态密度

现在我们将周期性边界条件推广至三维，即应用于边长为 L 且含有 N^3 个原胞的立方体。于是，这时的 $\boldsymbol{K}$ 由以下条件确定，即

$$\exp[i(K_x x+K_y y+K_z z)]\equiv\exp\{i[K_x(x+L)+K_y(y+L)+K_z(z+L)]\} \quad (16)$$

由此可得

$$K_x, K_y, K_z=0;\pm\frac{2\pi}{L};\pm\frac{4\pi}{L};\cdots;\frac{N\pi}{L} \quad (17)$$

因此，在 $\boldsymbol{K}$ 空间的每一体积元 $(2\pi/L)^3$ 内有一个允许的 $\boldsymbol{K}$ 值。也就是说，对于每一种偏振和每一支，在 $\boldsymbol{K}$ 空间的每单位体积内其允许 $\boldsymbol{K}$ 值的数量为

$$\left(\frac{L}{2\pi}\right)^3=\frac{V}{8\pi^3} \quad (18)$$

式中，$V=L^3$ 为样品的体积。

根据式（18），波矢比 K 小的模式总数等于 $(L/2\pi)^3$ 乘以半径为 K 的球体积，于是对每种偏振即有

$$N=(L/2\pi)^3(4\pi K^3/3) \quad (19)$$

由此，对于每种偏振类型，其态密度则为

$$D(\omega)=\mathrm{d}N/\mathrm{d}\omega=(VK^2/2\pi^2)(\mathrm{d}K/\mathrm{d}\omega) \quad (20)$$

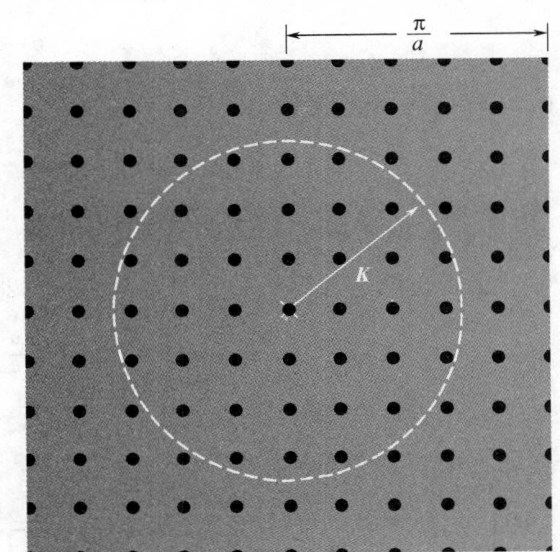

图 6 一个三维正方晶格的声子波矢 K 在傅里叶空间中的允许值，晶格常量为 a，对于边长为 $L=10a$ 的正方形应用周期性边界条件。用一个“×”标明均匀模式。每个面积为 $(2\pi/10a)^2=(2\pi/L)^2$ 的区域里有一个允许 K 值，因此在面积为 πK^2 的圆内允许点的平滑化的数量（smoothed number of allowed points）为 $\pi K^2(L/2\pi)^2$。

5.1.5 计算态密度的德拜模型

在德拜（Debye）近似中，对于每一种偏振假定声速保持恒定，就像在经典弹性连续统中的情形一样。这时的色散关系可写为

$$\omega=vK \quad (21)$$

式中，v 为恒定声速。

于是，由式（20）给出的态密度便成为

$$D(\omega)=V\omega^2/2\pi^2v^3 \quad (22)$$

如果样品中含有 N 个原胞，那么声学声子的总数目就是 N 个。由式（19）得出的截止频率（cutoff frequency）ω_D 为

$$\omega_D^3=6\pi^2v^3N/V \quad (23)$$

在 $\boldsymbol{K}$ 空间与这一频率相对应的截止波矢则可以写成

$$K_D=\omega_D/v=(6\pi^2N/V)^{1/3} \quad (24)$$

这就是说，在德拜模型中，允许模的波矢不能大于 K_D。$K\leqslant K_D$ 所允许的模式数正好等于单原子晶格的独立自由度数。

对于每一种偏振类型，式（9）所示的热能可以由下式给出，即

$$U=\int\mathrm{d}\omega D(\omega)\langle n(\omega)\rangle\hbar\omega=\int_0^{\omega_D}\mathrm{d}\omega\left(\frac{V\omega^2}{2\pi^2v^3}\right)\left(\frac{\hbar\omega}{e^{\hbar\omega/\tau}-1}\right) \quad (25)$$

为简明起见，假定声子速度与偏振态无关，因此乘上一个因子 3，从而得到

$$U=\frac{3V\hbar}{2\pi^2 v^3}\int_0^{\omega_D} d\omega \frac{\omega^3}{e^{\hbar\omega/\tau}-1}=\frac{3Vk_B^4 T^4}{2\pi^2 v^3 \hbar^3}\int_0^{x_D} dx \frac{x^3}{e^x-1} \tag{26}$$

式中，定义 $x \equiv \hbar\omega/\tau \equiv \hbar\omega/k_B T$，以及

$$x_D \equiv \hbar\omega_D/k_B T \equiv \theta/T \tag{27}$$

根据式（23）定义的 ω_D，则由上式可以定义德拜温度 θ。这样可以把 θ 表示为

$$\theta=\frac{\hbar v}{k_B}\left(\frac{6\pi^2 N}{V}\right)^{1/3} \tag{28}$$

因此，总的声子能量

$$U=9Nk_B T\left(\frac{T}{\theta}\right)^3\int_0^{x_D} dx \frac{x^3}{e^x-1} \tag{29}$$

这里 N 是样品中的原子数，$x_D=\theta/T$。

求得比热容最容易的办法就是将式（26）中间的那个表达式对温度进行微分运算。如此可得

$$C_V=\frac{3V\hbar^2}{2\pi^2 v^3 k_B T^2}\int_0^{\omega_D} d\omega \frac{\omega^4 e^{\hbar\omega/\tau}}{(e^{\hbar\omega/\tau}-1)^2}=9Nk_B\left(\frac{T}{\theta}\right)^3\int_0^{x_D} dx \frac{x^4 e^x}{(e^x-1)^2} \tag{30}$$

在图 7 中给出了德拜比热容曲线。在 $T \gg \theta$ 的情况下，比热容趋近于经典值 $3Nk_B$；图 8 是硅和锗的观测值曲线。

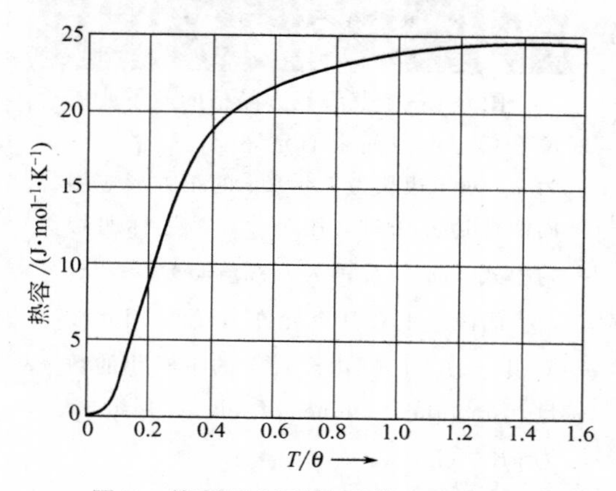

图 7 德拜近似下的固体比热容 C_V。图中纵坐标的单位为 $J.mol^{-1} \cdot K^{-1}$；横坐标是用德拜温度 θ 归一化后的温度。T^3 律成立的区间在 0.1θ 以内。随着 T/θ 值的变大，C_V 的渐近值是 $24.943 J \cdot mol^{-1} \cdot deg^{-1}$。

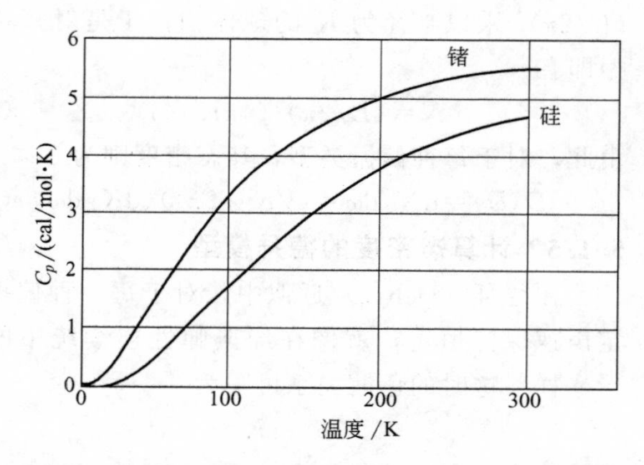

图 8 硅和锗的比热容。应注意比热容在温度比较低时的减小趋势。如果将单位由 cal/mol · K 变为 J/mol · K 需乘上一个因子 4.186。

5.1.6 德拜的 T^3 律

在很低的温度下，可以近似地令式（29）中的积分上限趋于无穷。由此，即有

$$\int_0^{\infty} dx \frac{x^3}{e^x-1}=\int_0^{\infty} dx\, x^3 \sum_{s=1}^{\infty}\exp(-sx)=6\sum_1^{\infty}\frac{1}{s^4}=\frac{\pi^4}{15} \tag{31}$$

这里 s^{-4} 的和式可以在标准数学用表中查到，于是当 $T \ll \theta$ 时，$U \cong 3\pi^3 Nk_B T^4/5\theta^3$，从而得到

$$C_V \cong \frac{12\pi^4}{5}Nk_B\left(\frac{T}{\theta}\right)^3 \cong 234Nk_B\left(\frac{T}{\theta}\right)^3 \tag{32}$$

这个公式就是德拜 T^3 近似，通常称为 T^3 定律（简称为 T^3 律）。图 9 是关于固态氩的实验结果。

对于足够低的温度，上述 T^3 律是相当好的近似；因为，在这个温度区间里只有长波长的声学模式才能够被热激发。然而，恰恰就是这些模式，可以作为具有宏观弹性常量的弹性连续统近似中的模式来处理。短波长模式的能量很高（这时上述近似不成立），因此在低温下不被占据。

可以通过一个简单的论证（见图 10）来进一步加深对 T^3 律的理解。在低温下，只有那些具有 $\hbar\omega < k_B T$ 的晶格振动模式才会被激发至某一显著程度。根据图 1，这些模式的激发近似于经典激发，每个模式的能量接近于 $k_B T$。

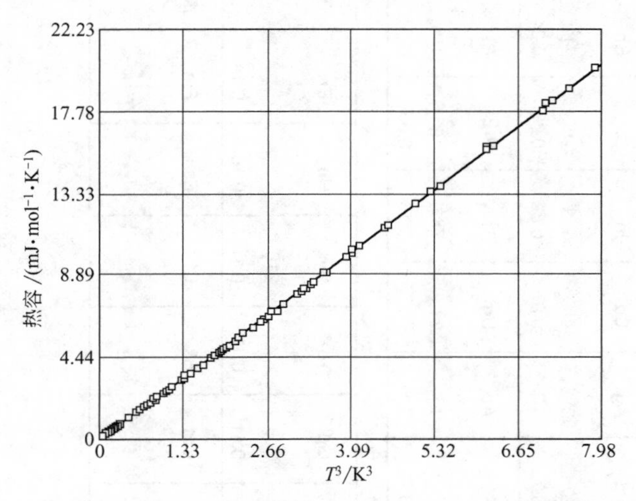

图 9　固态氩的低温比热容对 T^3 的依赖关系曲线。在这个温度区间，实验结果与德拜的 T^3 律符合极佳。这里取 $\theta=92.0$K。引自 L. Finegold 和 N. E. Phillips。

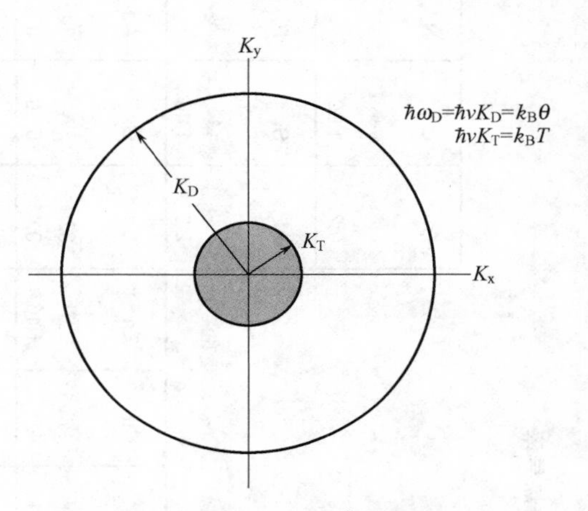

图 10　为了对德拜的 T^3 律给出一个定性的说明，假定波矢小于 K_T 的所有声子模式具有经典热能 $k_B T$，同时 K_T 与德拜截止波矢 K_D 之间的模式都没有被激发。在 $3N$ 个可能模式中，被激发的比例分数为 $(K_T/K_D)^3=(T/\theta)^3$，而这就是小球体积与大球体积之比。能量为 $U\approx k_B T\cdot 3N(T/\theta)^3$，由此得出比热容为 $C_V=\partial U/\partial T\approx 12Nk_B(T/\theta)^3$。

在 $\boldsymbol{K}$ 空间的允许体积中，被激发模式所占据的体积分数约为 $(\omega_T/\omega_D)^3$ 或 $(K_T/K_D)^3$ 的量级，这里 K_T 是由 $\hbar v K_T=k_B T$ 定义的所谓“热”波矢，K_D 是德拜截止波矢。因此，这一占有体积分数等于 $\boldsymbol{K}$ 空间总体积的 $(T/\theta)^3$。于是就存在数目量级为 $3N(T/\theta)^3$ 的被激发模式，其中每个模式具有能量 $k_B T$。因此总的能量约为 $3Nk_B T(T/\theta)^3$，比热容约为 $12Nk_B(T/\theta)^3$。

就实际晶体而言，T^3 律所能成立的温度相当低。据估计，可能要到 $T=\theta/50$ 以下才能观测到真正的 T^3 律行为。

表 1 给出了 θ 的典型值。应当指出，例如对于碱金属，那些较重的原子具有很小的 θ 值，因为当密度增加时声速减少。

5.1.7　计算态密度的爱因斯坦模型

现在，在一维情况下考虑频率均为 ω_0 的 N 个谐振子系统。爱因斯坦的态密度是 $D(\omega)=N\delta(\omega-\omega_0)$，这里 δ 函数的中心位于 ω_0。该系统的热能为

$$U=N\langle n\rangle\hbar\omega=\frac{N\hbar\omega}{e^{\hbar\omega/\tau}-1} \tag{33}$$

表 1　德拜温度和热导率

（每格中第一行数值为 θ 的低温极限，K；第二行数值为 300K 下的热导率，$W \cdot cm^{-1} \cdot K^{-1}$）

Li	Be											B	C	N	O	F	Ne
344	1440												2230				75
0.85	2.00											0.27	1.29				
Na	**Mg**											**Al**	**Si**	**P**	**S**	**Cl**	**Ar**
158	400											428	645				92
1.41	1.56											2.37	1.48				
K	**Ca**	**Sc**	**Ti**	**V**	**Cr**	**Mn**	**Fe**	**Co**	**Ni**	**Cu**	**Zn**	**Ga**	**Ge**	**As**	**Se**	**Br**	**Kr**
91	230	360.	420	380	630	410	470	445	450	343	327	320	374	282	90		72
1.02		0.16	0.22	0.31	0.94	0.08	0.80	1.00	0.91	4.01	1.16	0.41	0.60	0.50	0.02		
Rb	**Sr**	**Y**	**Zr**	**Nb**	**Mo**	**Tc**	**Ru**	**Rh**	**Pd**	**Ag**	**Cd**	**In**	**Sn** $_w$	**Sb**	**Te**	**I**	**Xe**
56	147	280	291	275	450		600	480	274	225	209	108	200	211	153		64
0.58		0.17	0.23	0.54	1.38	0.51	1.17	1.50	0.72	4.29	0.97	0.82	0.67	0.24	0.02		
Cs	**Ba**	**La** β	**Hf**	**Ta**	**W**	**Re**	**Os**	**Ir**	**Pt**	**Au**	**Hg**	**Tl**	**Pb**	**Bi**	**Po**	**At**	**Rn**
38	110	142	252	240	400	430	500	420	240	165	71.9	78.5	105	119			
0.36		0.14	0.23	0.58	1.74	0.48	0.88	1.47	0.72	3.17		0.46	0.35	0.08			
Fr	**Ra**	**Ac**															

Ce	Pr	Nd	Pm	Sm	Eu	Gd	Tb	Dy	Ho	Er	Tm	Yb	Lu
						200		210				120	210
0.11	0.12	0.16		0.13		0.11	0.11	0.11	0.16	0.14	0.17	0.35	0.16
Th	**Pa**	**U**	**Np**	**Pu**	**Am**	**Cm**	**Bk**	**Cf**	**Es**	**Fm**	**Md**	**No**	**Lr**
163		207											
0.54		0.28	0.06	0.07									

为方便起见，式中已将 ω_0 写成 ω。

上述谐振子的比热容是

$$C_V=\left(\frac{\partial U}{\partial T}\right)_V=Nk_B\left(\frac{\hbar\omega}{\tau}\right)^2\frac{e^{\hbar\omega/\tau}}{(e^{\hbar\omega/\tau}-1)^2} \tag{34}$$

如图 11 所示，这便是爱因斯坦模型（1907 年）的结果，它表示 N 个等频率振子对固体比热容的贡献。在三维情况下，用 $3N$ 取代 N，这样，C_V 的高温极限就变成 $3Nk_B$，它被称为杜隆-珀蒂值（Dulong and Petit Value）。

在低温下，式（34）给出的比热容 C_V 按照 $\exp(-\hbar\omega/\tau)$ 的规律减少，而由实验得到的声子的贡献符合上面讨论的德拜模型 T^3 律。尽管如此，爱因斯坦模型常常用于近似描述声子谱中的光学声子部分。

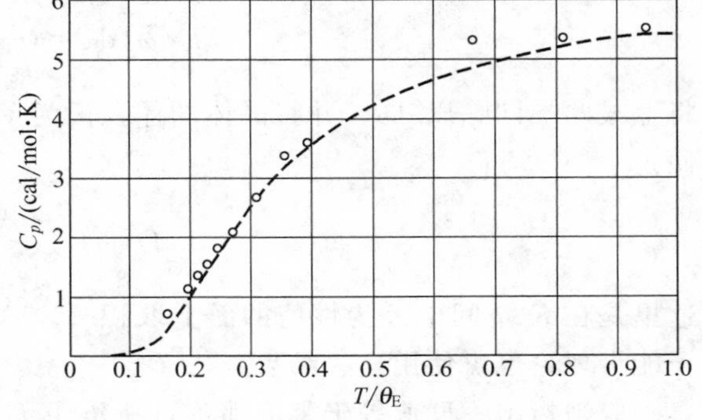

图 11　金刚石比热容的实验值与利用爱因斯坦模型（最早的量子模型）所得计算值的比较；其中采用的特征温度为 $\theta_E=\hbar\omega/k_B=1320\mathrm{K}$。数据乘以 4.186 即转换以 J/mol-deg 为单位的数据。

5.1.8　$D(\omega)$的一般表达式

对于给定的色散关系 $\omega(\boldsymbol{K})$，我们希望得到一个关于密度 $D(\omega)$ 的一般性表达式。在声子频率 ω 和 $\omega+d\omega$ 之间的允许 K 值的数目可以表示为

$$D(\omega)d\omega=\left(\frac{L}{2\pi}\right)^3\int_{\text{shell}}d^3K \tag{35}$$

上式是在 $\boldsymbol{K}$ 空间中的一个薄壳（shell）体积内进行积分，薄壳两侧面上的声子频率为恒定值，一个面上的频率为 ω，另一个面上的频率为 $\omega+d\omega$。

这样一来，实质的问题变成如何计算这个薄壳的体积。令 dS_ω 表示 $\boldsymbol{K}$ 空间内选定的等频率 ω 面上的一个面积元（如图 12 所示）。在等频率面 ω 和 $\omega+d\omega$ 之间的体积元是一个底为 dS_ω、高为 $dK_\perp$ 的直立圆柱体，由此，即有

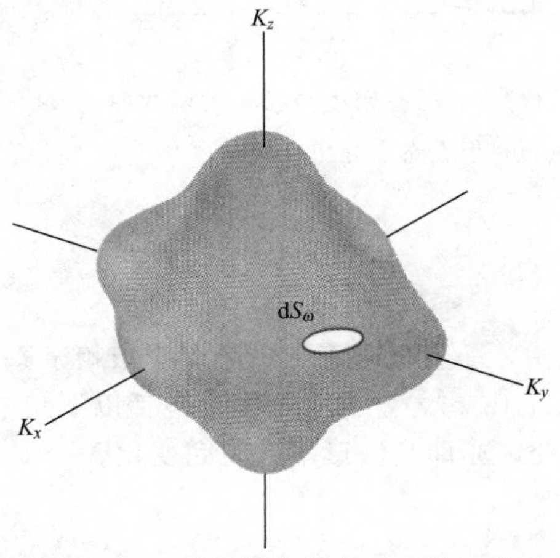

图 12　在 $\boldsymbol{K}$ 空间恒值频率面上的面积元 dS_ω 在 ω 和 $\omega+d\omega$ 两个恒值频率面之间的体积等于 $\int dS_\omega d\omega/|\nabla_{\mathbf{K}}\omega|$。

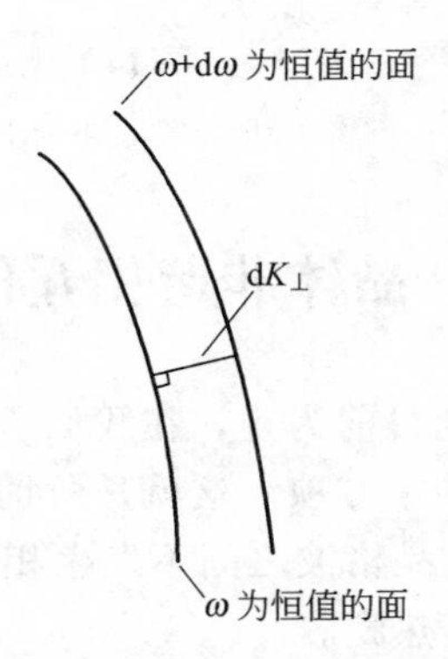

图 13　$dK_\perp$ 这个量表示 $\boldsymbol{K}$ 空间两个恒值频率面之间的垂直距离，其中一个面的频率为 ω，另一个面的频率为 $\omega+d\omega$。

$$\int_{shell} d^3K = \int dS_\omega dK_\perp \tag{36}$$

其中 $dK_\perp$ 是 ω 和 $\omega+d\omega$ 分别为恒值的两个面之间的垂直距离（图 13），$dK_\perp$ 的值在面上将逐点变化。

ω 的梯度 $\nabla_{\mathbf{K}}\omega$ 也垂直于 ω 为恒值的面。这样，如下的量

$$|\nabla_{\mathbf{K}}\omega| dK_\perp = d\omega$$

就是 $dK_\perp$ 所连接的两个面之间的频率差。于是，所求体积元即为

$$dS_\omega dK_\perp = dS_\omega \frac{d\omega}{|\nabla_{\mathbf{K}}\omega|} = dS_\omega \frac{d\omega}{v_g}$$

其中 $v_g = |\nabla_{\mathbf{K}}\omega|$ 是声子群速的量值。这样，式（35）成为

$$D(\omega)d\omega = \left(\frac{L}{2\pi}\right)^3 \int \frac{dS_\omega}{v_g} d\omega$$

将上式两端同除以 $d\omega$，并将晶体的体积记为 $V=L^3$，则态密度（亦即模式密度）的表达式便是

$$D(\omega) = \frac{V}{(2\pi)^3} \int \frac{dS_\omega}{v_g} \tag{37}$$

这里是在 $\mathbf{K}$ 空间中 ω 为恒值的面上取积分。这个结果相应于色散关系中的一个单支。在电子能带理论也可使用这一结果。

应当指出，群速等于零的那些点所给予 $D(\omega)$ 的贡献特别有意思。这些临界点产生分布函数中的奇点（被称为范霍夫奇点，Van Hove Singularity），如图 14 所示。

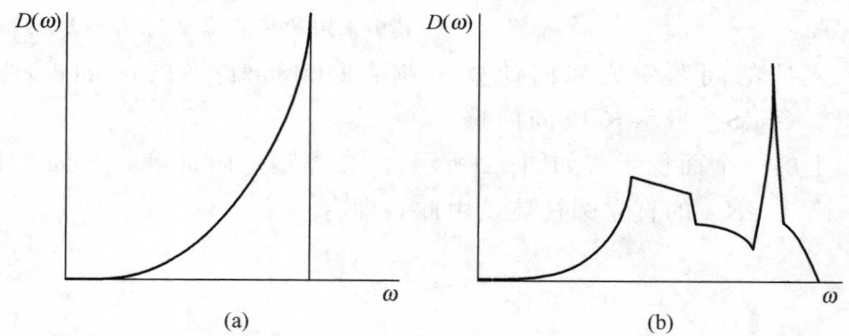

图 14 德拜固体（a）和实际晶体结构（b）的态密度与频率的函数曲线。当 ω 小时，晶体的频谱按 ω^2 形式变化，但在奇点处出现间断。

5.2 晶体非谐相互作用

到目前为止，在我们所讨论的晶格振动理论中，一直仅限于考虑势能中依赖于原子相对位移的平方项。这就是所谓的谐和理论（harmonic theory），其主要推论包括以下几个方面：

- 两个晶格波之间不发生相互作用；单个波不衰变，亦即其波形不随时间变化。
- 没有热膨胀。
- 绝热弹性常量和等温弹性常量两者相等。
- 弹性常量不依赖于压力和温度。
- 在高温（$T>\theta$）情况下，比热容为恒量。

就实际晶体而言，上述推论中没有一个能够严格成立。其中的偏离可归因于原子间相对位移

中的非谐项（亦即高于二次的项）被忽略所致。下面将讨论非谐效应的若干比较简单的情况。

那些关于两个声子相互作用产生频率为 $\omega_3=\omega_1+\omega_2$ 的第三个声子的实验是非谐效应的"优美表演"。三声子过程是由晶格势能中的三次项引起的。声子相互作用的物理过程可以简要表述为：一个声子的存在将引起一个周期性的弹性应变，而这一应变通过非谐相互作用对晶体的弹性常量产生空间和时间上的调制；第二个声子会感受到这种弹性常量的调制作用，从而受到散射（与受到三维运动光栅的散射相仿）而产生第三个声子。

5.2.1　热膨胀

关于热膨胀的理解，可以借助经典振子势能中的非谐项对在温度为 T 时原子对平均间距的影响进行讨论。令原子在绝对零度下偏离平衡间距的位移为 x，相应的势能可以写成下列形式，即

$$U(x)=cx^2-gx^3-fx^4 \tag{38}$$

其中 c、g 和 f 都是正数；x^3 项代表原子之间排斥作用的非对称性，x^4 项代表在大振幅下振动的软化。在 $x=0$ 处的极小并不是绝对极小，但对小振动来讲，上述表达式已经是原子间势能的一种足够好的表示形式。

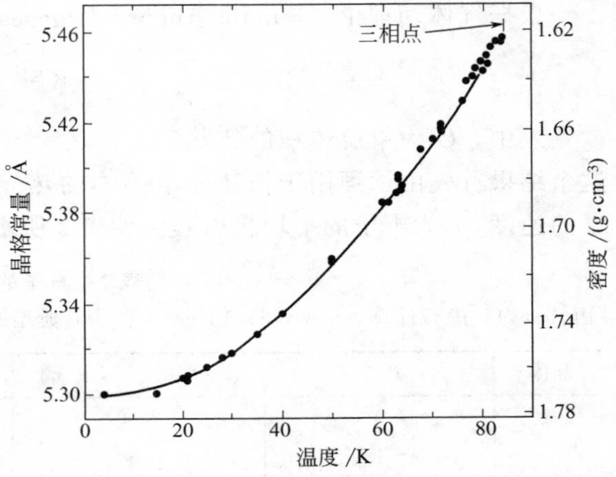

图 15　固态氩的晶格常量与温度的函数关系

下面，采用玻尔兹曼分布函数来计算平均位移。将玻尔兹曼分布函数按照热力学概率对 x 的可能值加权求平均，则有

$$\langle x\rangle=\frac{\int_{-\infty}^{\infty}\mathrm{d}x\ x\exp[-\beta U(x)]}{\int_{-\infty}^{\infty}\mathrm{d}x\ \exp[-\beta U(x)]}$$

式中，$\beta\equiv 1/k_BT$。对于使得能量中的非谐项远小于 k_BT 的那些位移，可以把上述被积函数展开，即有

$$\int\mathrm{d}x\ x\exp(-\beta U)\cong\int\mathrm{d}x[\exp(-\beta cx^2)](x+\beta gx^4+\beta fx^5)=(3\pi^{1/2}/4)(g/c^{5/2})\beta^{-3/2};$$

$$\int\mathrm{d}x\ \exp(-\beta U)\cong\int\mathrm{d}x\ \exp(-\beta cx^2)=(\pi/\beta c)^{1/2} \tag{39}$$

于是，在经典范围内，热膨胀的表达式为

$$\langle x\rangle=\frac{3g}{4c^2}k_BT \tag{40}$$

应当指出，在式（39）中我们在指数因子中保留了 cx^2，而对高次部分进行展开，即 $\exp(\beta gx^3+\beta fx^4)\cong 1+\beta gx^3+\beta fx^4+\cdots$。

在图 15 中，我们给出了固态氩的晶格常量测量结果。图中曲线的斜率正比于热膨胀系数。正如习题 7 可以预期的那样，当 $T\to 0$ 时，其膨胀系数也随之趋于零。在最低级近似中，热膨胀系数中并不包括 $U(x)$ 中的对称项 fx^4，而只包括反对称项 gx^3。

5.3　导热性

一般地，若有一长杆的温度梯度为 $\mathrm{d}T/\mathrm{d}x$，则由沿长杆流动的稳态热流出发来定义固

体的热导系数 K 将最为方便，亦即

$$j_{\mathrm{U}}=-K\frac{\mathrm{d}T}{\mathrm{d}x} \tag{41}$$

式中，j_{U} 为热流或热（能）通量（flux of thermal energy），即单位时间内通过单位面积传输的能量。

这一方程形式意味着热能的传输过程是一个无规过程。能量不是简单地从样品一端流入然后直接地（或弹道式地）沿直线路径流到另一端，而是在样品中以扩散方式传播，同时受到频繁的碰撞。如果能量直接通过样品，而在传播中没有曲折偏离，则无论样品或长或短，热流的表达式将不依赖于温度梯度，而仅仅依赖于样品两端的温度差 ΔT。热传导过程的无规性导致在热流表达式引入温度梯度，并且我们将看到，还要引入一个平均自由程。

根据气体动理论（kinetics theory of gases），在特定近似下求出如下的热导率公式，即

$$K=\frac{1}{3}Cvl \tag{42}$$

式中，C 为单位体积的比热容；v 是粒子平均速度；l 是粒子碰撞之间的平均自由程。这个结果首先由德拜用于描述介电固体的热导率，其中把 C 看作是声子的比热容，v 是声子的速度，l 为声子的平均自由程。如表 2 所示，我们给出了一些典型的平均自由程数据。

表 2 声子的平均自由程

［由式（44）进行计算，取 $v=5\times10^{5}\,\mathrm{cm/s}$ 作为其典型的声速；根据这种方法所得出的是关于倒逆过程的 l。］

晶体	T/℃	$C/(\mathrm{J\cdot cm^{-3}\cdot K^{-1}})$	$K/(\mathrm{W\cdot cm^{-1}\cdot K^{-1}})$	l/Å
石英①	0	2.00	0.13	40
	−190	0.55	0.50	540
NaCl	0	1.88	0.07	23
	−190	1.00	0.27	100

① 平行于光轴。

首先介绍导出式（42）的初级动理论。若分子的浓度为 n，则在 x 方向上的粒子通量可以写为 $\frac{1}{2}n\langle|v_x|\rangle$；在平衡时，反方向上也存在同样大小的通量。$\langle\cdots\rangle$ 表示取平均值。

如果 c 是一个粒子的比热容，则粒子在由局域温度为 $T+\Delta T$ 的区域运动到局域温度为 T 处的过程中将释放能量 $c\Delta T$。同时粒子自由程两端之间的温差 ΔT 由下面的公式给出，即

$$\Delta T=\frac{\mathrm{d}T}{\mathrm{d}x}l_x=\frac{\mathrm{d}T}{\mathrm{d}x}v_x\tau$$

式中，τ 是碰撞之间的平均时间间隔。

综述可知，由两个方向的粒子通量所给出的总的能量通量为

$$j_{\mathrm{U}}=-n\langle v_x^2\rangle c\tau\frac{\mathrm{d}T}{\mathrm{d}x}=-\frac{1}{3}n\langle v^2\rangle c\tau\frac{\mathrm{d}T}{\mathrm{d}x} \tag{43}$$

如果 v 为常量，例如声子的情况，则可以将式（43）改写为

$$j_{\mathrm{U}}=-\frac{1}{3}Cvl\frac{\mathrm{d}T}{\mathrm{d}x} \tag{44}$$

式中，$l\equiv v\tau$，$C\equiv nc$，于是 $K=\frac{1}{3}Cvl$。

5.3.1　声子气的热阻率

声子的平均自由程 l 主要取决于两个过程：一个是几何散射，另一个是声子间散射。如果原子间的力仅仅是谐和力，则不存在不同声子间的碰撞机制，而平均自由程将只受到声子同晶体边界的碰撞的影响以及晶格缺陷的限制。在有些情况下，这些效应将起主导作用。

然而，如果存在晶格的非谐相互作用，在不同声子间将出现一种耦合，这将影响和限制平均自由程的大小。确切地讲，这种非谐系统已不再是单纯的声子系统。

由非谐耦合对热阻率（thermal resistivity）产生影响的理论可知，在高温下，l 正比于 $1/T$，这与许多实验结果是一致的。其实，我们可以借助能够和某个给定声子发生相互作用的声子数目来理解这个依赖关系：在高温下被激发声子的总数正比于温度 T，而一个给定声子的碰撞频率应当正比于能够同它碰撞的声子数，因此 $l \propto 1/T$。

为了确定热导率，晶体中应该存在这样的机制，以便通过这种机制使得声子分布可以局部地进入热平衡。若没有这样的机制，我们就不能说晶体一端的声子处在温度 T_2 的热平衡中，而另一端的声子处在温度 T_1 的热平衡中。

对于热导率，仅考虑限制平均自由程的单一机制是不够的，还必须考量建立声子局部热平衡分布的某种机制。声子因静态缺陷（static imperfection）或晶体边界的碰撞本身不能建立热平衡，因为这种碰撞并不改变单个声子的能量：散射声子的频率 ω_2 等于入射声子的频率 ω_1。

同样地，值得注意的还有三声子碰撞过程，即

$$\boldsymbol{K}_1+\boldsymbol{K}_2=\boldsymbol{K}_3 \tag{45}$$

这一过程之所以也不能建立热平衡，其微妙的原因仅在于这种碰撞不会改变声子气的总动量。在某一温度 T 下的声子平衡分布可以以某个漂移速度在晶体中“由表及里”移动，而这个漂移速度不受式（45）所示的三声子碰撞的干扰。对于这种碰撞，声子动量

$$\boldsymbol{J}=\sum_{\boldsymbol{K}} n_{\boldsymbol{K}} \hbar \boldsymbol{K} \tag{46}$$

是守恒的，因为碰撞中 $\boldsymbol{J}$ 的改变等于 $\boldsymbol{K}_3-\boldsymbol{K}_2-\boldsymbol{K}_1=0$。在上式中，$n_{\boldsymbol{K}}$ 是具有波矢为 $\boldsymbol{K}$ 的声子数。

对于 $\boldsymbol{J}\neq 0$ 的分布，像式（45）所示的碰撞不能建立起完全的热平衡，因为这时的 $\boldsymbol{J}$ 保持不变。如果沿一根长杆推动一个初始 $\boldsymbol{J}\neq 0$ 的热声子分布，则该分布将在 $\boldsymbol{J}$ 不变的情况下沿这根杆传播，因此没有热阻。在图16中所阐述的问题与在管壁无摩擦直管中气体分子间的碰撞相仿。

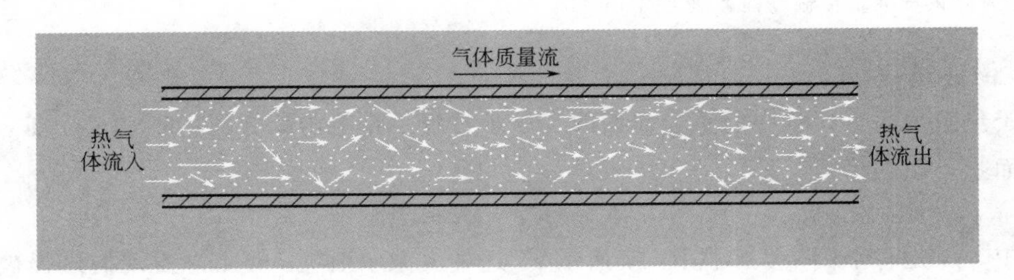

图16（a）　在一个管壁无摩擦的开口长管中处于漂移平衡的气体分子流。气体分子之间的弹性碰撞过程不改变气体的动量或能量通量，因为在每次碰撞中，碰撞粒子的质心速度及其能量均保持不变；能量自左向右传播而不受温度梯度的驱动。因此，热阻为零，热导率为无穷大。

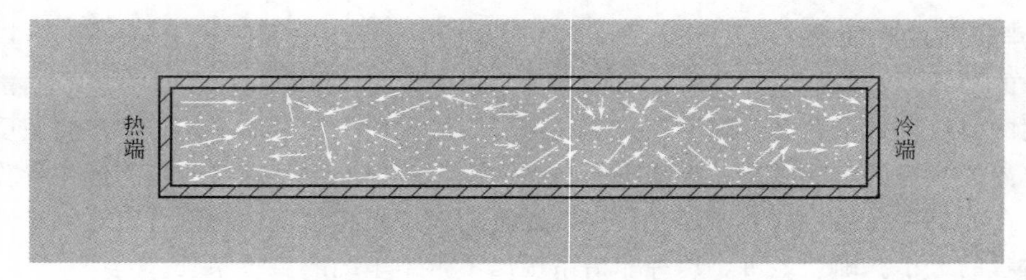

图 16（b） 根据气体热导率通常的定义，其中不允许存在质量流。这里的管子两端封闭，禁止分子逸出或进入。当有温度梯度时，那些具有质心速度高出平均值的碰撞对趋于右方，而质心速度低于平均值的碰撞对则趋向左方。其中，形成微小的浓度梯度，右侧偏高，但保持净的质量传播为零，同时允许有从热端到冷端的净能量传输。

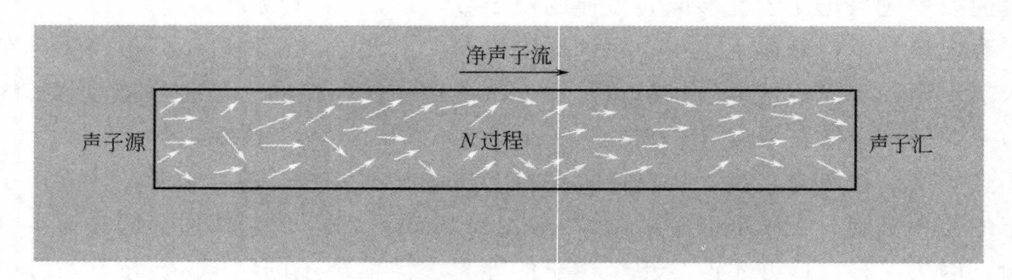

图 16（c） 在晶体中，可以设法主要在一端产生声子，例如用光照射左端。由这一端出发，会有一个指向晶体右端的净声子通量。如果仅有 N 过程（即正常过程 $\boldsymbol{K}_1+\boldsymbol{K}_2=\boldsymbol{K}_3$）发生，则以动量表示的声子通量将在碰撞过程中保持不变，并以确定的声子通量沿晶体持续运动。在声子到达右端后，原则上可以设法使其大部分能量转换为辐射，从而形成一个声子汇（sink）。类似于图 16（a）中的情形，其热阻为零。

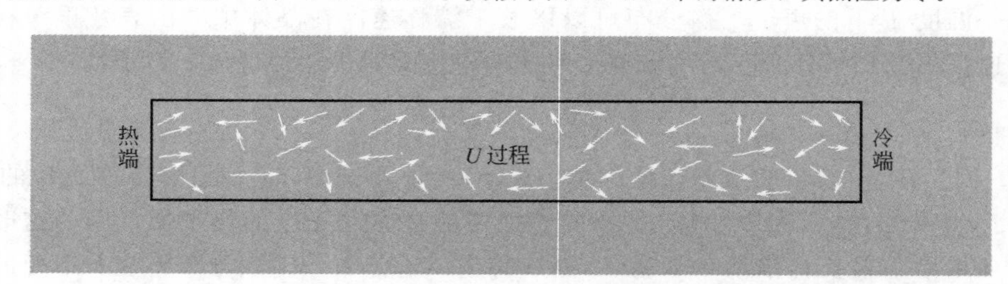

图 16（d） 在 U（倒逆）过程中，每一次碰撞事件都伴随着大的净声子动量改变，初始净声子通量在向右运动时迅速衰减。两端起着源和汇的作用。在温度梯度下发生的净能量传输过程类似于图 16（b）中的情形。

5.3.2 倒逆过程

对于热阻率而言，其中起重要作用的三声子过程不是给出$\boldsymbol{K}$ 守恒的$\boldsymbol{K}_1+\boldsymbol{K}_2=\boldsymbol{K}_3$ 这样的形式，而是下面的形式，即

$$\boldsymbol{K}_1+\boldsymbol{K}_2=\boldsymbol{K}_3+\boldsymbol{G} \tag{47}$$

式中，$\boldsymbol{G}$ 是一个倒格矢（如图 17 所示）。这种由派尔斯（Peierls）发现的过程被称为倒逆过程（umklapp processes）。我们知道，$\boldsymbol{G}$ 可以出现在晶格的所有动量守恒定律中。由式（46）和式（47）表示的所有允许过程，其能量是守恒的。

前面，我们已经遇到过晶体中波相互作用过程的一些例子。在这些过程中，总的波矢变化不必为零，而可能等于一个倒格矢。这样的过程在周期性晶格中总是可能的，而对声子尤其可能：所有有物理意义的声子波矢$\boldsymbol{K}$ 都应该在第一布里渊区里，从而在碰撞过程中产生

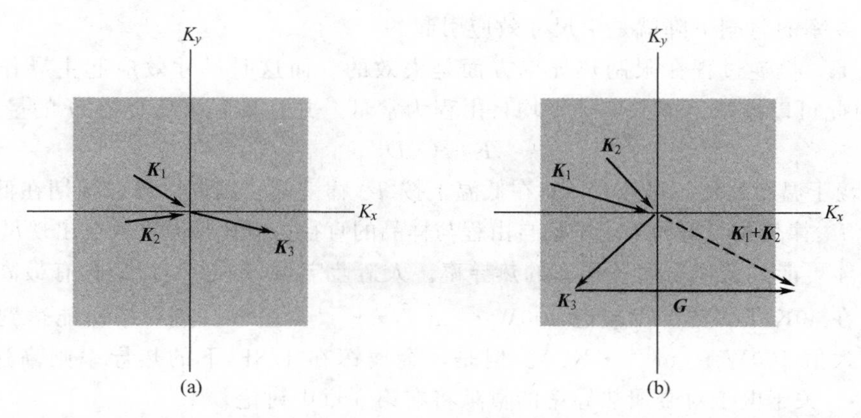

图 17　在二维正方晶格中的正常声子碰撞过程$\boldsymbol{K}_1+\boldsymbol{K}_2=\boldsymbol{K}_3$（a）和倒逆声子的碰撞过程$\boldsymbol{K}_1+\boldsymbol{K}_2=\boldsymbol{K}_3+\boldsymbol{G}$（b）。每个图中的正方形表示在声子$\boldsymbol{K}$空间中的第一布里渊区，其中包括了声子波矢所有可能的独立值。箭头在布里渊区中心的波矢$\boldsymbol{K}$代表在碰撞过程中被吸收的声子，箭头离开布里渊区中心的那些波矢代表在碰撞过程中发射的声子。由图（b）可以看到，在倒逆过程中声子通量的x分量的方向已倒转。图示倒格矢$\boldsymbol{G}$的长度为$2\pi/a$，并且平行于K_x轴，这里a为晶格常量。对于N过程和U过程，能量都必须守恒，所以有$\omega_1+\omega_2=\omega_3$。

的任何更长的波矢$\boldsymbol{K}$都必须通过一个倒格矢$\boldsymbol{G}$，使其折回第一布里渊区。两个都具有负值K_x的声子发生碰撞，通过倒逆过程（$G\neq0$）可以在碰撞后给出一个具有正值K_x的声子。倒逆过程也称为U过程。

$\boldsymbol{G}=0$的碰撞称为正常过程（normal processes）或称为N过程。在高温（$T>\theta$）下，所有的声子都被激发，因为$k_BT>\hbar\omega_{max}$。这时，在所有声子的碰撞中，有相当一部分属于U过程。在这种碰撞的U过程中，将会伴随着大的动量变化。对于这类情形，我们可以估算热阻率，而无需特别对N过程和U过程加以区分。根据前面关于非谐效应的讨论，我们可以推知，在高温下晶格的热阻率$\propto T$。

声子$\boldsymbol{K}_1$、$\boldsymbol{K}_2$适合于发生倒逆过程的能量量级为$\frac{1}{2}k_B\theta$，因为为了满足式（47）碰撞的条件，声子 1 和声子 2 两者的波矢都必须具有$\left(\frac{1}{2}\right)G$的量级。如果两声子的$K$值都小，则将具有较低的能量，这样就无法由它们的碰撞得到波矢在第一布里渊区以外的声子。如同正常过程一样，倒逆过程也必须满足能量守恒。由玻尔兹曼因子可以预期，在低温下那些具有所需高能量$\left(\frac{1}{2}\right)k_B\theta$的合适声子数将大致依照 exp（$-\theta/2T$）规律变化。这种指数规律与实验符合得很好。概括地讲，在式（42）中发现的声子平均自由程是声子之间倒逆碰撞的平均自由程，而不是声子之间所有碰撞的平均自由程。

5.3.3　非理想晶格的情况

在限制平均自由程方面，几何效应可能也是重要的。对此，我们必须考虑由晶体边界、天然化学元素中同位素质量的分布、化学杂质、晶格缺陷以及非晶结构引起的散射。

如果在低温下平均自由程l可与试样的宽度相比拟，则l的值将受到这个宽度的限制，而热导率将成为试样尺寸的函数。这种效应是由 de Haas 和 Biermasz 发现的。在低温下，纯净晶体热导率的急剧下降就是由尺寸效应引起的。

在低温下，倒逆过程在限制热导率方面是失效的，而这时尺寸效应起主导作用，如图18所示。由此可以推知，如果声子平均自由程为常量，并且具有样品直径 D 的量级，则有

$$K \approx CvD \tag{48}$$

右端唯一依赖于温度的是比热容 C，它在低温下按 T^3 律变化。因此，可以预期在低温下热导率也将按照 T^3 律变化。每当声子平均自由程与样品的直径可以比拟时，就会出现尺寸效应。

介电晶体可能具有像金属一样高的热导率。人造蓝宝石（Al_2O_3）是具有最高热导率的材料之一：在30K下，热导率接近 $200W \cdot cm^{-1} \cdot K^{-1}$。蓝宝石热导率所能达到的最大值超过铜的最大值 $100W \cdot cm^{-1} \cdot K^{-1}$。但是，金属镓在1.8K下的热导率则高达 $845W \cdot cm^{-1} \cdot K^{-1}$。关于电子对金属热导率的贡献将在第6章中讨论。

对于一个在其他方面均为完善的晶体，化学元素同位素的分布往往能给声子散射提供一个重要机制。同位素质量的无规分布扰乱了弹性波所“感受”的密度的周期性。在某些物质的声子散射中，同位素所引起的散射的重要性可与声子被其他声子散射的重要性相比拟。有关锗的结果如图19所示。在纯净的硅和金刚石中，也已观察到热导率的同位素增强效应。金刚石是一类非常重要的激光源热沉材料。

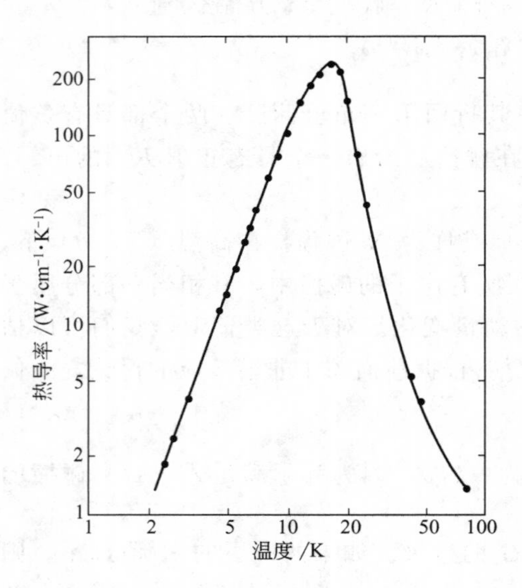

图18 高纯度氟化钠晶体的热导率曲线 引自H. E. Jackson，C. T. Walker和T. F. McNelly。

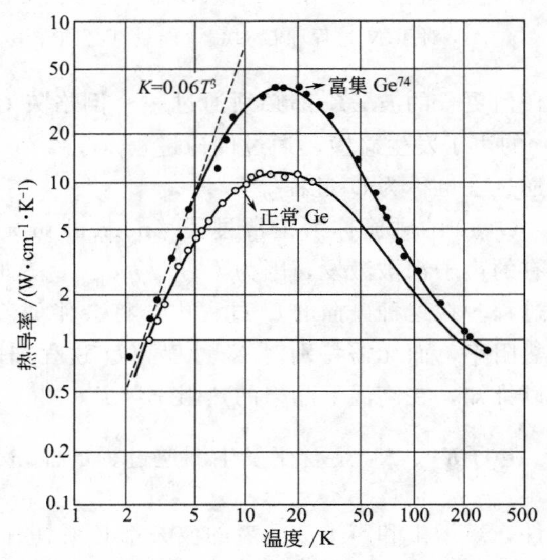

图19 锗晶体同位素效应对热导率的影响。在热导率极大值处相当于一个3的乘数因子。富集样品含有96%的 Ge^{74}。天然锗样品中分别含20%的 Ge^{70}、27%的 Ge^{72}、8%的 Ge^{73}、37%的 Ge^{74} 和8%的 Ge^{76}。在5K温度以下，富集样品有 $K=0.06T^3$ 规律，这与Casimir关于边界散射引起热阻的理论相吻合。引自T. H. Geballe and G. W. Hull。

习 题

1. 态密度的奇点。(a) 试根据在第四章中对含有 N 个原子和只有最近邻相互作用的单一原子线型晶格导出的色散关系，证明态密度为

$$D(\omega)=\frac{2N}{\pi}\cdot\frac{1}{(\omega_m^2-\omega^2)^{1/2}}$$

其中 ω_m 为最大频率；(b) 假定在三维情况下的 $K=0$ 附近，一个光学声子支具有形式为 $\omega(K)=\omega_0-AK^2$ 的色散关系，试证明：对于 $\omega<\omega_0, D(\omega)=(L/2\pi)^3(2\pi/A^{3/2})(\omega_0-\omega)^{1/2}$；对于 $\omega>\omega_0, D(\omega)=0$。在这里，态密度不连续。

2. 晶胞的均方根热膨胀。(a) 试估算在300K时钠晶体原胞的均方根热膨胀 $\Delta V/V$。取体弹模量为 $7\times10^{10}\,\mathrm{erg\ cm^{-3}}$。注意：德拜温度为158K，低于300K，因此热能是 k_BT 的量级。(b) 利用这个结果估算晶格参数的均方根热涨落 $\Delta a/a$。

3. 零点晶格位移和应变。(a) 在德拜近似下，证明绝对零度下一个原子的均方位移为

$$\langle R^2\rangle=3\hbar\omega_D^2/8\pi^2\rho v^3$$

其中 v 为声速。提示：由第四章式 (29) 出发，遍及所有独立晶格模式求和即得 $\langle R^2\rangle=(\hbar/2\rho V)\sum\omega^{-1}$，式中包含因子 $\frac{1}{2}$ 是为了由均方振幅变成均方位移。(b) 试证明对于一维晶格，$\sum\omega^{-1}$ 和 $<R^2>$ 发散，但是均方应变是有限的。将 $<(\partial R/\partial x)^2>=\frac{1}{2}\sum K^2u_0^2$ 作为均方应变，试证在仅仅计及纵模式时，对于一条含有 N 个质量为 M 的原子线，它等于 $\hbar\omega_D^2L/4MNv^3$。对于任何物理测量而言，R^2 的发散是无关紧要的。

4. 二维六角晶格。对于某个晶格参数 $a=5$Å 的二维六角晶格，已知晶格中的声速为 $5\times10^3\,\mathrm{m\cdot s^{-1}}$，试计算其德拜频率。

5. 零点能问题。试在德拜近似情形下，给出固体每克摩尔的总能量；且进而证明：该固体每克摩尔的零点能为 $9Nk_B\theta_D/8$。

6. 层状晶格的比热容。(a) 考虑一个由若干原子层构成的介电晶体，原子层之间的耦合为刚性耦合，于是原子的运动被限制在各原子层平面上；试证明在德拜近似下（亦即低温极限），其声子比热容与 T^2 成比例。(b) 现在假设在由许多原子层组成的结构中，相邻原子层之间相互束缚很弱，试预计在极低温度下比热容趋于何种形式？

❶**7. 格林艾森常数 (Gruneisen constant)。** (a) 证明频率为 ω 的声子模自由能为 $k_BT\ln[2\sinh(\hbar\omega/2k_BT)]$。为了得到这个结果，必须保留零点能 $\left(\frac{1}{2}\right)\hbar\omega$。(b) 以 Δ 表示体积变化分数（即体积变化率），那么晶体的这个自由能可以写作

$$F(\Delta,T)=\frac{1}{2}B\Delta^2+k_BT\sum\ln[2\sinh(\hbar\omega_{\mathbf{K}}/2k_BT)]$$

其中 B 为体弹模量。假定 $\omega_{\mathbf{K}}$ 对体积的依赖关系为 $\delta\omega/\omega=-\gamma\Delta$，其中 γ 称为格林艾森常数。如果认为 γ 与模式 $\mathbf{K}$ 无关，试证明：当

$$B\Delta=\gamma\sum\frac{1}{2}\hbar\omega\coth(\hbar\omega/2k_BT)$$

时，F 关于 Δ 取极小，并证明：借助热能密度可以将此式写作 $\Delta=\gamma U(T)/B$。(c) 证明：对于德拜模型，$\gamma=-\partial\ln\theta/\partial\ln V$。注意：在这个理论中涉及多种近似，结果 (a) 只有在 ω 不依赖于温度时才成立，而对于不同的模式，γ 可能会差别很大。

---

❶ 该题偏难。

第 6 章　自由电子费米气

一个给出了这样一些结果的理论，肯定包含着很多真理。

——H. A. 洛伦兹

借助自由电子模型，我们可以理解金属，特别是简单金属的许多物理性质。这个模型指出，原子中的价电子变成传导电子，并且在金属体内自由运动。我们知道，即使是在自由电子模型最为适用的金属中，传导电子的电荷分布实际上也与离子实的强静电势密切相关。尽管如此，在讨论那些主要依赖于传导电子动理学的相关性质时，自由电子模型获得了很大成功。在第七章中，我们将讨论传导电子与晶体离子之间的相互作用。

最简单的金属是碱金属，比如锂、钠、钾、铯和铷 。在自由钠原子中，其价电子处于 3s 态；在金属钠中，这一价电子变成 3s 导带中的一个传导电子。

在一个含有 N 个原子的单价晶体中，将有 N 个传导电子和 N 个正离子实。Na^+ 离子实的 10 个电子分别占据 1s、2s 和 2p 壳层，与自由离子的电子填充状态一样；因此，金属晶体中离子实的空间电荷分布基本上和自由离子中的分布一样。如图 1 所示，上述离子实仅占钠晶体体积的 15%左右。自由钠离子（Na^+）的半径为 0.98Å，而金属钠晶体中最近邻距离的一半却等于 1.83Å。

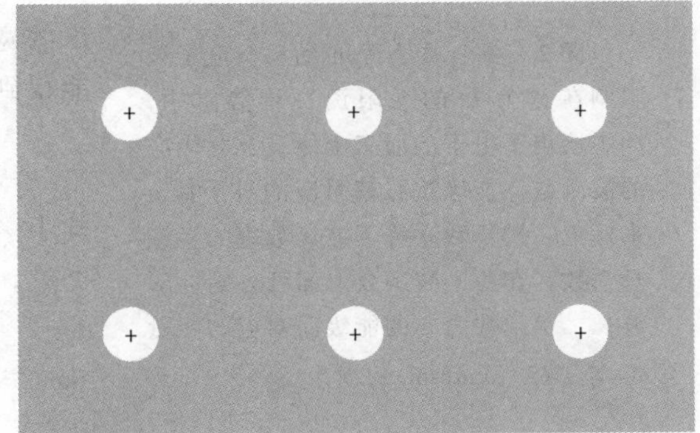

图 1　钠金属晶体模型示意图。原子实为 Na^+，它们浸没在传导电子海中。传导电子来源于自由原子中的 3s 价电子。原子实有 10 个电子，它们的组态为 $1s^2 2s^2 2p^6$。在碱金属中，原子实只占晶体总体积中较小的一部分（约 15%），但在贵金属（Cu、Ag、Au）中原子实相对较大，以至于可能相互接触。在室温下常见的晶体结构：碱金属为体心立方，贵金属为面心立方。

在量子力学创立很久之前，人们就已经建立了用自由电子的运动解释金属性质的学说。经典理论曾取得了若干成就，著名的有欧姆定律公式以及电导率与热导率之间关系的推导。但是，经典理论不能解释传导电子的比热容和磁化率（这些困难并不是自由电子模型本身造成的，而是由于麦克斯韦分布函数的局限性带来的）。

经典理论还存在另一个困难。我们知道，许多不同类型的实验结果都清楚地表明，金属中的传导电子可以沿着一条直线路径自由地渡越许多个原子间距，而不会由于同别的传导电子或离子实的碰撞发生偏转。在非常纯净的样品中，低温下的电子平均自由程可以长达 10^8 个原子间距（超过 1cm）。

为什么凝聚体对传导电子这样“透明”呢？对这一问题的回答包括两部分：（a）排布在周期晶格上的离子实不会使传导电子偏转，因为物质波在一个周期性结构中可以自由传播，这是我们将在第七章看到的一个数学结果；（b）一个传导电子仅仅受到其他传导电子的不频繁的散射。这一性质是泡利不相容原理的结果。这里所谓的自由电子费米气（free electron Fermi gases），是指服从泡利原理的自由电子气。

6.1　一维情况下的能级

现在，我们利用量子理论和泡利原理首先研究一维情况下的自由电子气。假设一个质量为 m 的电子被限制在宽度为 L 的无限深势阱中，如图 2 所示。这个电子的波函数 $\psi_n(x)$ 是薛定谔方程（Schrodinger equation）$H\psi=\epsilon\psi$ 的一个解；如果不计势能，便有 $H=p^2/2m$，其中 p 为动量。在量子理论中，p 由算符 $-i\hbar\,\mathrm{d}/\mathrm{d}x$ 表示，于是有

$$\mathscr{H}\psi_n=-\frac{\hbar^2}{2m}\frac{\mathrm{d}^2\psi_n}{\mathrm{d}x^2}=\epsilon_n\psi_n \tag{1}$$

式中，ϵ_n 为电子的轨道能量。

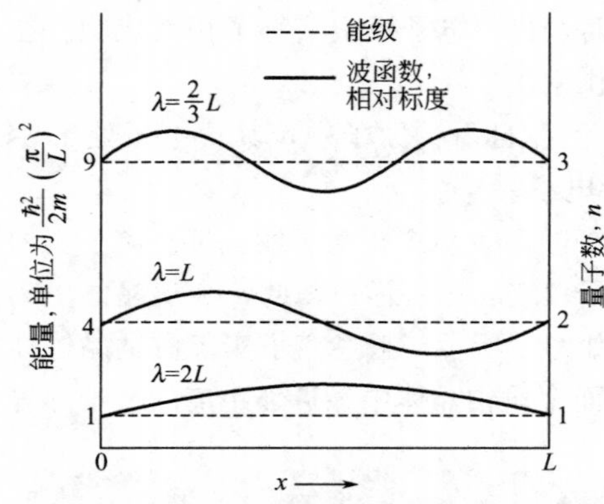

图 2 一个质量为 m 的自由电子被限制在宽为 L 的无限深一维势阱中，图中给出了电子的前三个能级及其相应的波函数。能级按照其对应的量子数 n 来标记。量子数 n 等于波函数中的半波长个数。在各个波函数上面已分别标明波长。量子数为 n 的能级所对应的能量 ϵ_n 等于 $(h^2/2m)(n/2L)^2$。

在这里，我们引用轨道这个词来表示单电子系统的波动方程的解。同时，利用这个词以便区分由 N 个电子系统波动方程给出的严格意义上的量子态和一种近似量子态，后者是通过令 N 个电子分别隶属于 N 个不同的轨道而构建的，其中每个轨道都是单电子波动方程的一个解。只有在电子之间不存在相互作用时，轨道模型才是精确的。

由无限深势阱所施加的边界条件为 $\psi_n(0)=0$，$\psi_n(L)=0$。如果波函数为正弦形式，并且从 0 到 L 的宽度是半波长的整数 n 倍，则这些边界条件就能得到满足。于是

$$\psi_n=A\ \sin\left(\frac{2\pi}{\lambda_n}x\right);\quad \frac{1}{2}n\lambda_n=L \tag{2}$$

其中 A 为常量。可以看出，式 (2) 是式 (1) 的一个解，因为

$$\frac{d\psi_n}{dx}=A\left(\frac{n\pi}{L}\right)\cos\left(\frac{n\pi}{L}x\right);\frac{d^2\psi_n}{dx^2}=-A\left(\frac{n\pi}{L}\right)^2\sin\left(\frac{n\pi}{L}x\right)$$

由此得出能量 ϵ_n 的表达式为

$$\epsilon_n=\frac{\hbar^2}{2m}\left(\frac{n\pi}{L}\right)^2 \tag{3}$$

也许有人希望将 N 个电子都纳入一条轨道，但根据泡利不相容原理，两个电子的所有量子数不能彼此全同。也就是说，每个轨道最多只能容纳一个电子。这条原理适用于原子、分子以及固体中的电子。

在线型固体中，传导电子轨道的量子数是 n 和 m_s。其中 n 为任意正整数，而 m_s 为磁量子数，它按照自旋取向分别取值 $m_s=\frac{1}{2}$ 或 $m_s=-\frac{1}{2}$。以量子数 n 为标记的一对轨道可以容纳两个电子，一个自旋向上，另一个自旋向下。

如果有 6 个电子，则在系统处于基态的情况下，共计有下面表里所列出的那些充满的轨道：

n	m_s	电子占有数	n	m_s	电子占有数
1	↑	1	3	↑	1
1	↓	1	3	↓	1
2	↑	1	4	↑	0
2	↓	1	4	↓	0

具有相同能量的轨道可以不止一个。具有相同能量的轨道的数目称为简并度（degeneracy）。

令 n_F 表示被填满的能量最高的能级，这里从最低能级（$n=1$）开始填充，待其填满后电子继续填充更高的能级，直到所有 N 个电子全都填完为止。为方便起见，假定 N 为偶

数，由条件 $2n_F=N$ 确定 n_F，亦即由此给出最高被填满能级的 n 值。

费米能ϵ_F 定义为在 N 个电子系统的基态下最高被填满能级的能量。根据式（3），并考虑到 $n=n_F$，则在一维情况下得到费米能的表达式为

$$\epsilon_F=\frac{\hbar^2}{2m}\left(\frac{n_F\pi}{L}\right)^2=\frac{\hbar^2}{2m}\left(\frac{N\pi}{2L}\right)^2 \tag{4}$$

6.2　温度对费米-狄拉克分布的影响

所谓基态是指 N 个电子系统在绝对零度时的状态。然而，随着温度的升高会发生什么情况呢？这是初等统计力学中的一个基本问题，其答案由费米-狄拉克分布函数给出（参阅附录 D 以及 TP 的第 7 章）。

当温度升高时，电子气的动能增加。这时，某些在绝对零度时原本空着的能级将被占据，而某些在绝对零度时被占据的能级将空出来（如图 3）。当理想电子气处于热平衡时，由费米-狄拉克分布得到的能量为ϵ的轨道被占据的概率为

$$f(\epsilon)=\frac{1}{\exp[(\epsilon-\mu)/k_BT]+1} \tag{5}$$

式中，μ 是温度的函数。对于特定的问题，μ 应该这样选择，使得能够正确地算出系统中粒子的总数，亦即等于 N。在绝对零度时 $\mu=\epsilon_F$，因为在 $T\to 0$ 的极限下，在$\epsilon=\epsilon_F=\mu$ 处的函数 $f(\epsilon)$ 的值由 1（填满）不连续地变到 0（空着）。在一切温度下，当$\epsilon=\mu$ 时，$f(\epsilon)=\frac{1}{2}$，因为这时式（5）的分母为 2。

μ 称为化学势（参阅 TP 的第 5 章），并且在绝对零度下化学势等于费米能。费米能在上文中被定义为绝对零度时最高被占能级的能量。

这个分布的高能尾部相应于$\epsilon-\mu\gg k_BT$ 的部分，这时，式（5）分母中的指数项起主导作用，因此，$f(\epsilon)\cong\exp[(\mu-\epsilon)/k_BT]$。这个极限分布就是所谓的玻尔兹曼分布或麦克斯韦分布。

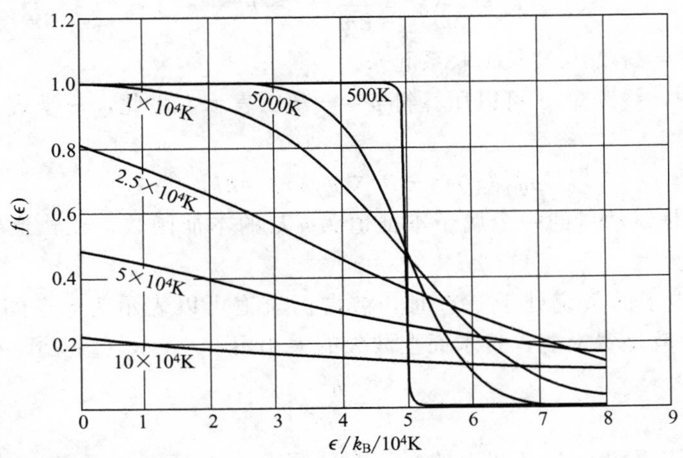

图 3　在不同温度下的费米-狄拉克分布函数，$T_F\equiv\epsilon_F/k_B=50000$K。这些结果也可用于三维情况下的电子气。粒子总数为恒值，与温度无关。在每个温度下，取 $f=0.5$，由此对应的能量即为相应的化学势。

6.3 三维情况下的自由电子气

三维情况下自由粒子的薛定谔方程为

$$-\frac{\hbar^2}{2m}\left(\frac{\partial^2}{\partial x^2}+\frac{\partial^2}{\partial y^2}+\frac{\partial^2}{\partial z^2}\right)\psi_{\boldsymbol{k}}(\boldsymbol{r})=\epsilon_{\boldsymbol{k}}\psi_{\boldsymbol{k}}(\boldsymbol{r}) \tag{6}$$

如果这些电子被限制在边长为 L 的立方体内，则波函数为驻波：

$$\psi_n(\boldsymbol{r})=A\ \sin(\pi n_x x/L)\ \sin(\pi n_y y/L)\ \sin(\pi n_z z/L) \tag{7}$$

式中，n_x、n_y、n_z 是正整数，原点选在立方体的一个角点上。

为方便起见，如在第五章对声子的处理一样，引入满足周期性边界条件的波函数。现在要求波函数是 x、y、z 的周期函数，其周期为 L。于是

$$\psi(x+L,y,z)=\psi(x,y,z) \tag{8}$$

对于坐标 y 和 z，上述关系也同样成立。满足自由粒子薛定谔方程和周期性条件的波函数应是具有平面行波形式的函数，即

$$\psi_{\boldsymbol{k}}(\boldsymbol{r})=\exp(i\boldsymbol{k}\cdot\boldsymbol{r}) \tag{9}$$

而波矢 $\boldsymbol{k}$ 的分量必须满足

$$k_x=0;\pm\frac{2\pi}{L};\quad \pm\frac{4\pi}{L};\cdots \tag{10}$$

对于 k_y 和 k_z 也存在同样的条件。

$\boldsymbol{k}$ 的任一分量都具有 $2n\pi/L$ 的形式，这里 n 是一个正的或负的整数。$\boldsymbol{k}$ 的分量是这一问题的量子数；另外，自旋方向的量子数为 m_s。于是有

$$\begin{aligned}\exp[ik_x(x+L)]&=\exp[i2n\pi(x+L)/L]=\exp(i2n\pi x/L)\exp(i2n\pi)\\&=\exp(i2n\pi x/L)=\exp(ik_x x)\end{aligned} \tag{11}$$

这就进一步验证了 k_x 的上述取值使式（8）被满足。

将式（9）代入式（6）得到波矢为 $\boldsymbol{k}$ 的轨道能量为

$$\epsilon_k=\frac{\hbar^2}{2m}k^2=\frac{\hbar^2}{2m}(k_x^2+k_y^2+k_z^2) \tag{12}$$

波矢的大小通过 $k=2\pi/\lambda$ 与波长 λ 联系起来。

在量子力学中，线动量 $\boldsymbol{p}$ 可以用算符 $\boldsymbol{p}=-i\hbar\nabla$ 表示。由此，对于式（9）给出的轨道，则有

$$\boldsymbol{p}\psi_{\boldsymbol{k}}(\boldsymbol{r})=-i\hbar\nabla\psi_{\boldsymbol{k}}(\boldsymbol{r})=\hbar\boldsymbol{k}\psi_{\boldsymbol{k}}(\boldsymbol{r}) \tag{13}$$

因此，平面波 $\psi_{\boldsymbol{k}}$ 是线动量的一个属于本征值为 $\hbar\boldsymbol{k}$ 的本征函数。在轨道 $\boldsymbol{k}$ 中，其粒子速度由 $\boldsymbol{v}=\hbar\boldsymbol{k}/m$ 给出。

当 N 个自由电子的系统处于基态时，被占据轨道可以表示为 $\boldsymbol{k}$ 空间中一个球内的点。这个球面上的能量就是费米能，费米面上波矢的大小用 k_{F} 表示（参见图 4），于是

$$\epsilon_{\mathrm{F}}=\frac{\hbar^2}{2m}k_{\mathrm{F}}^2 \tag{14}$$

由式（10）可以看出，$\boldsymbol{k}$ 空间中的每一个体积元 $(2\pi/L)^3$ 内存在一个允许波矢，由此对应一组三重量子数 k_x、k_y、k_z。这样，在体积为 $4\pi k_{\mathrm{F}}^3/3$ 的球内，其轨道总数为

$$2\cdot\frac{4\pi k_{\mathrm{F}}^3/3}{(2\pi/L)^3}=\frac{V}{3\pi^2}k_{\mathrm{F}}^3=N \tag{15}$$

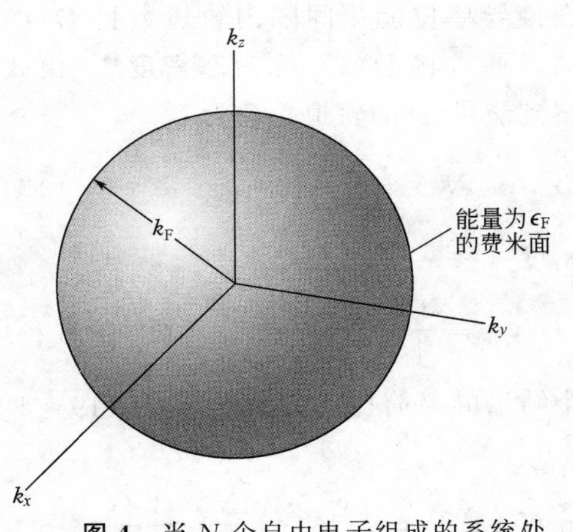

图 4 当 N 个自由电子组成的系统处于基态时，系统的被占轨道将相当于填满一个半径为 k_F 的球，这里$\epsilon_F=\dfrac{\hbar^2 k_F^2}{2m}$是波矢为 k_F 的电子能量。

其中左端的因子 2 相应于每个允许波矢 $\boldsymbol{k}$ 值将有两个允许 m_s（即自旋量子数）的值。于是

$$k_F=\left(\frac{3\pi^2 N}{V}\right)^{1/3} \tag{16}$$

上式仅仅依赖于粒子浓度。

利用式（14）和式（16），则有

$$\epsilon_F=\frac{\hbar^2}{2m}\left(\frac{3\pi^2 N}{V}\right)^{2/3} \tag{17}$$

这个公式把费米能与电子浓度 N/V 联系起来。在费米面上的电子速度为

$$v_F=\left(\frac{\hbar k_F}{m}\right)=\left(\frac{\hbar}{m}\right)\left(\frac{3\pi^2 N}{V}\right)^{1/3} \tag{18}$$

如表 1 所示，给出了典型金属的 k_F、v_F 和ϵ_F 的计算值。同时还给出了由ϵ_F/k_B 定义的 T_F 值（注意：量 T_F 同电子气的温度毫不相干!）。

表 1 室温下金属自由电子费米面参数的计算值

（其中 Ca、K、Rb、Cs 为在 5K 时的值，Li 为 78K 下的值）

原子价	金属	电子浓度 /cm^{-3}	半径参数[①] r_n	费米波矢 /cm^{-1}	费米速度 /（$cm\cdot s^{-1}$）	费米能 /eV	费米温度 $T_F=\epsilon_F/k_B$（K）
1	Li	4.70×10^{22}	3.25	1.11×10^{8}	1.29×10^{8}	4.72	5.48×10^{4}
	Na	2.65	3.93	0.92	1.07	3.23	3.75
	K	1.40	4.86	0.75	0.86	2.12	2.46
	Rb	1.15	5.20	0.70	0.81	1.85	2.15
	Cs	0.91	5.63	0.64	0.75	1.58	1.83
	Cu	8.45	2.67	1.36	1.57	7.00	8.12
	Ag	5.85	3.02	1.20	1.39	5.48	6.36
	Au	5.90	3.01	1.20	1.39	5.51	6.39
2	Be	24.2	1.88	1.93	2.23	14.14	16.41
	Mg	8.60	2.65	1.37	1.58	7.13	8.27
	Ca	4.60	3.27	1.11	1.28	4.68	5.43
	Sr	3.56	3.56	1.02	1.18	3.95	4.58
	Ba	3.20	3.69	0.98	1.13	3.65	4.24
	Zn	13.10	2.31	1.57	1.82	9.39	10.90
	Cd	9.28	2.59	1.40	1.62	7.46	8.66
3	Al	18.06	2.07	1.75	2.02	11.63	13.49
	Ga	15.30	2.19	1.65	1.91	10.35	12.01
	In	11.49	2.41	1.50	1.74	8.60	9.98
4	Pb	13.20	2.30	1.57	1.82	9.37	10.87
	Sn（w）	14.48	2.23	1.62	1.88	10.03	11.64

① 无量纲半径参数定义为 $r_n=r_0/a_H$，其中 a_H 是第一玻尔半径，r_0 为包含一个电子的球的半径。

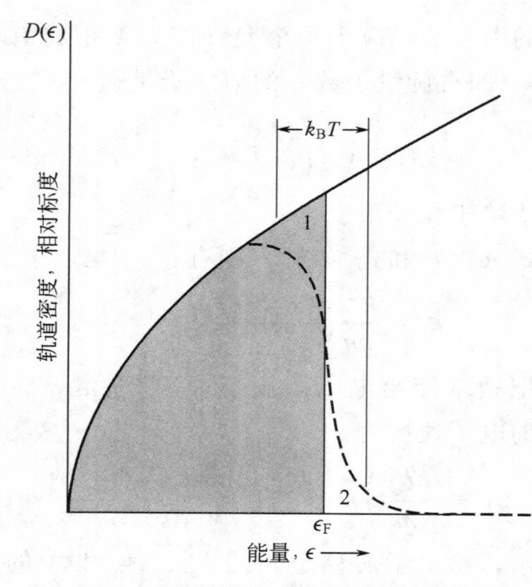

图 5 三维情况下自由电子气的单粒子态密度对能量的函数关系。虚线表示在有限温度下（k_BT 与ϵ_F 相比较小时）被充满轨道的密度 $f(\epsilon,T)D(\epsilon)$。阴影区表示在绝对零度下被充满的轨道。当温度由 0 升高到 T 时，平均能量增加，因为电子由区域 1 被热激发至区域 2。

现在推导单位能量间隔内轨道数目 $D(\epsilon)$ 的表达式，通常将 $D(\epsilon)$ 称为态密度❶。由式 (17)，得到能量$\leqslant\epsilon$的轨道总数为

$$N=\frac{V}{3\pi^2}\left(\frac{2m\,\epsilon}{\hbar^2}\right)^{3/2} \tag{19}$$

因此态密度（参见图 5）为

$$D(\epsilon)\equiv\frac{\mathrm{d}N}{\mathrm{d}\,\epsilon}=\frac{V}{2\pi^2}\left(\frac{2m}{\hbar^2}\right)^{3/2}\epsilon^{1/2} \tag{20}$$

推得这个结果的最简捷的方法是把式 (19) 改写为

$$\ln N=\frac{3}{2}\ln\epsilon+\text{常数};\quad \frac{\mathrm{d}N}{N}=\frac{3}{2}\frac{\mathrm{d}\,\epsilon}{\epsilon}$$

由此，得到

$$D(\epsilon)\equiv\frac{\mathrm{d}N}{\mathrm{d}\,\epsilon}=\frac{3N}{2\,\epsilon} \tag{21}$$

正如所预期的那样，费米能附近单位能量间隔内的轨道数目恰好等于传导电子总数除以费米能，上下最多相差一个数量级为 1 的因子。

6.4 电子气的比热容

在金属电子论的早期发展中，引起最大困难的问题就是传导电子的比热容。根据经典统计力学预测，自由电子应当具有的比热容为$\frac{3}{2}k_B$，此处 k_B 为玻尔兹曼常数。在 N 个原子中，如果每个原子都给电子气提供一个价电子，并且电子可以自由运动，则电子给予比热容的贡献应为 (3/2) Nk_B，就像单原子气体中的原子那样。但是，在室温下观测的电子贡献却常常不足这个预期值的 1%。

这种差异让当时的科学家们迷惑不解，其中就包括物理学家洛伦兹（Lorentz）。大家在思考这样的问题：电子是怎样参加传导过程的？似乎电子可以运动和迁移，真若如此，为何对比热容又没有贡献？后来的泡利原理和费米分布函数圆满解答了这一问题。费米得出了正确的方程式，并且写道："这使我们认识到，比热容在绝对零度下趋于零，而它在低温下正比于绝对温度"。

当对样品从绝对零度开始加热时，并不像经典理论所预期的那样每个电子都得到一份能量 k_BT，而只有那些能量位于费米能级附近 k_BT 范围内的轨道电子才被热激发；这些电子中每个电子所获得的能量量级正好为 k_BT，如图 5 所示。这就给传导电子气的比热容问题提供了一个很直接的定性解答。如果用 N 表示电子总数，那么在温度 T 下，只有比例约为 T/T_F 的那部分电子才会被激发，因为只有这些电子处在能量分布顶部、量级为 k_BT 的能量范围内。

---

❶ 严格地讲，$D(\epsilon)$ 是单粒子态密度或轨道密度。

由此可见，在 NT/T_F 个电子中，每一个电子都具有量级为 $k_B T$ 的热能，因此总的电子热能 U 的量级为

$$U_{el} \approx (NT/T_F) k_B T \tag{22}$$

于是得到电子比热容为

$$C_{el} = \partial U/\partial T \approx N k_B (T/T_F) \tag{23}$$

它正比于 T，这与下一节将讨论的实验结果相一致。在室温下，T_F 约为 5×10^4K，C_{el} 比经典值 $\left(\frac{3}{2}\right) N k_B$ 约小两个量级。

现在推导电子比热容的定量表达式，此式在低温（$k_B T \ll \epsilon_F$）下成立。当 N 个电子构成的系统由 0K 加热至 T 时，它的总能量的增加为

$$\Delta U = \int_0^\infty \mathrm{d}\epsilon \epsilon D(\epsilon) f(\epsilon) - \int_0^{\epsilon_F} \mathrm{d}\epsilon \epsilon D(\epsilon) \tag{24}$$

式中 $f(\epsilon)$ 为费米-狄拉克函数式（5），亦即

$$f(\epsilon, T, \mu) = \frac{1}{\exp[(\epsilon-\mu)/k_B T + 1]} \tag{24a}$$

而 $D(\epsilon)$ 表示单位能量间隔内的轨道数目。将下面给出的恒等式

$$N = \int_0^\infty \mathrm{d}\epsilon\, D(\epsilon) f(\epsilon) = \int_0^{\epsilon_F} \mathrm{d}\epsilon\, D(\epsilon) \tag{25}$$

乘以ϵ_F，得到

$$\left(\int_0^{\epsilon_F} + \int_{\epsilon_F}^\infty\right) \mathrm{d}\epsilon \epsilon_F f(\epsilon) D(\epsilon) = \int_0^{\epsilon_F} \mathrm{d}\epsilon \epsilon_F D(\epsilon) \tag{26}$$

利用式（26），可将式（24）改写为

$$\Delta U = \int_{\epsilon_F}^\infty \mathrm{d}\epsilon (\epsilon - \epsilon_F) f(\epsilon) D(\epsilon) + \int_0^{\epsilon_F} \mathrm{d}\epsilon (\epsilon_F - \epsilon)[1 - f(\epsilon)] D(\epsilon) \tag{27}$$

式（27）右边第一个积分表示将电子由ϵ_F 激发到$\epsilon > \epsilon_F$ 轨道所需要的能量；而第二个积分则表示由能量在ϵ_F 以下的轨道将电子激发到ϵ_F 所需要的能量。这两者对总能量的贡献均为正值。

同时，式（27）第一个积分中的乘积项 $f(\epsilon)D(\epsilon)\mathrm{d}\epsilon$代表被激发到位于能量$\epsilon$附近 $\mathrm{d}\epsilon$范围内的轨道上的电子数；第二个积分中的因子 $[1-f(\epsilon)]$ 则是一个电子离开能量为ϵ轨道的概率。如图 6，给出了 ΔU 的函数曲线。

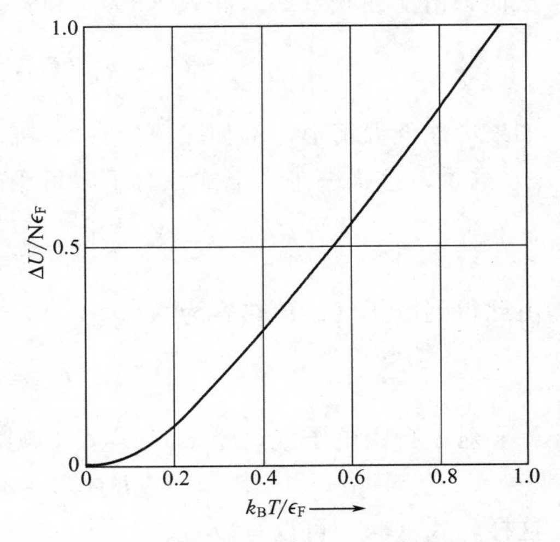

图 6　在三维情况下，自由（无相互作用）电子费米气的能量随温度的变化曲线。其中，能量以归一化形式（$\Delta U/N\epsilon_F$）给出，N 表示电子数目；温度以 $k_B T/\epsilon_F$ 形式给出。

由 ΔU 对 T 的微分可以导出电子气的比热容。在式（27）中，与温度有关的项只有 $f(\epsilon)$，于是可得：

$$C_{el} = \frac{\mathrm{d}U}{\mathrm{d}T} = \int_0^\infty \mathrm{d}\epsilon (\epsilon - \epsilon_F) \frac{\mathrm{d}f}{\mathrm{d}T} D(\epsilon) \tag{28}$$

对于金属中所感兴趣的温度区域（$k_B T/\epsilon_F < 0.01$），由图 3 可以看到，当能量靠近ϵ_F 时，$(\epsilon - \epsilon_F)\, \mathrm{d}f/\mathrm{d}T$ 给出一个显著的正峰值。由此，作为一种合理的近似，可以取ϵ_F 处的态密度 $D(\epsilon)$ 值进行计算，这时将它提到积分号外面，则得

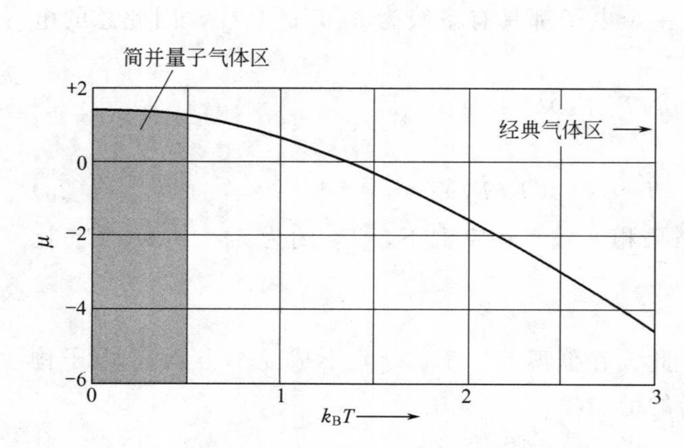

图 7　在三维情况下，自由电子费米气的化学势 μ 关于温度 k_BT 的函数曲线。为了绘图方便，μ 和 k_BT 均以 $0.763\epsilon_F$ 为单位给出。

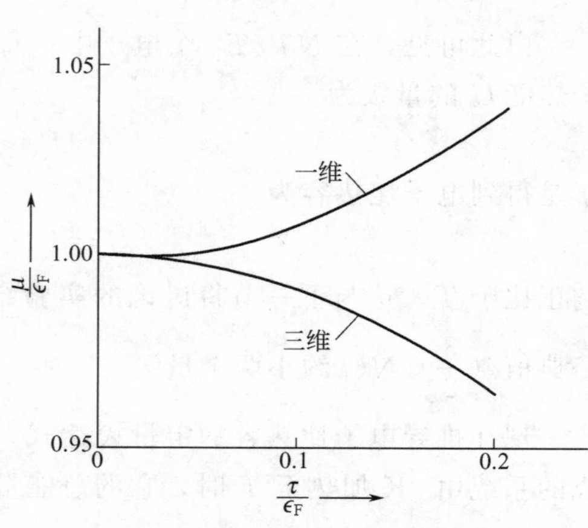

图 8　一维和三维自由电子费米气的化学势 μ 随温度的变化曲线。对于一般的金属，在室温时有 $\tau/\epsilon_F\approx0.01$，这样，$\mu$ 就近似等于 ϵ_F。图示曲线是由被积函数关于系统粒子数进行级数展开后通过计算得到的。

$$C_{el}\cong D(\epsilon_F)\int_0^{\infty}d\epsilon(\epsilon-\epsilon_F)\frac{df}{dT} \tag{29}$$

根据图 7 和图 8 中 μ 随 T 的变化曲线可知，当 $k_BT\ll\epsilon_F$ 时，可以忽略费米-狄拉克分布函数中的化学势 μ 对温度的依赖性，并用常量 ϵ_F 代替 μ。这时，令 $\tau\equiv k_BT$，则有

$$\frac{df}{d\tau}=\frac{\epsilon-\epsilon_F}{\tau^2}\frac{\exp[(\epsilon-\epsilon_F)/\tau]}{\{\exp[(\epsilon-\epsilon_F)/\tau]+1\}^2} \tag{30}$$

设

$$x\equiv(\epsilon-\epsilon_F)/\tau \tag{31}$$

从而，由上述式（29）和式（30）可得

$$C_{el}=k_B^2TD(\epsilon_F)\int_{-\epsilon_F/\tau}^{\infty}dx\,x^2\frac{e^x}{(e^x+1)^2} \tag{32}$$

如果考虑低温情形，例如 $\epsilon_F/\tau\geqslant100$，那么上式被积函数中的 e^x 就变成非常小（$x=-\epsilon_F/\tau$）的量，这样一来，上式积分下限可用 $-\infty$ 代替。故而，上面积分部分变为

$$\int_{-\infty}^{\infty}dx\,x^2\frac{e^x}{(e^x+1)^2}=\frac{\pi^2}{3} \tag{33}$$

由此得到电子气的比热容为

$$C_{el}=\frac{1}{3}\pi^2D(\epsilon_F)k_B^2T \tag{34}$$

对于自由电子气，令 $k_BT_F\equiv\epsilon_F$，则由式（21）得到

$$D(\epsilon_F)=3N/2\epsilon_F=3N/2k_BT_F \tag{35}$$

这样，式（34）可以写成

$$C_{el}=\frac{1}{2}\pi^2Nk_BT/T_F \tag{36}$$

这使我们想到，尽管 T_F 被称为费米温度，但它与实际上的电子温度没有任何关系，只是作为一种方便的符号而已。

6.4.1　金属比热容的实验结果

在温度远低于德拜温度 θ 和费米温度 T_F 的情况下，金属的比热容可以写成电子和声子两部分贡献之和，亦即 $C=\gamma T+AT^3$，其中 γ 和 A 是标识材料特征的常数。电子贡献的部分是 T 的线性函数，并且在足够低的温度下占主导地位。为作图方便起见，一般将 C 的实验值通过 C/T 关于 T^2 的函数关系给出，即有

$$C/T=\gamma+AT^2 \tag{37}$$

这样，由实验得出的各个点将分布在一条斜率为 A、截距为 γ 的直线上；如图 9 所示，是利用这一方法绘出的钾的实验曲线。γ 被称为索末菲参量（sommerfeld parameter），其实验值示于表 2。

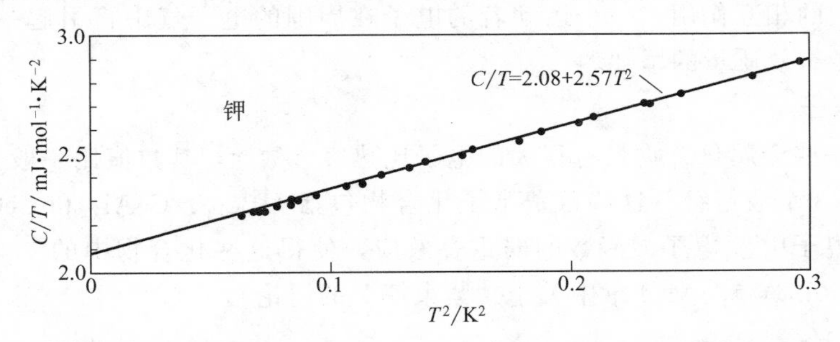

图 9　钾（K）比热容的实验曲线，图中以 C/T 关于 T^2 给出。引自 W. H. Lien 和 N. E. Phillips。

表 2　金属中电子比热容常数 γ 的实验值和基于自由电子的计算值

[引自 N. Phillips 和 N. Pearlman 所汇编的资料，热有效质量由式（38）定义]。

Li 1.63 0.749 2.18	Be 0.17 0.500 0.34											B	C	N
Na 1.38 1.094 1.26	Mg 1.3 0.992 1.3	γ的观测值，mJ·mol⁻¹·K⁻² 自由电子γ的计算值，mJ·mol⁻¹·K⁻² m_{th}/m=(γ观测值)/(自由电子γ)										Al 1.35 0.912 1.48	Si	P
K 2.08 1.668 1.25	Ca 2.9 1.511 1.9	Sc 10.7	Ti 3.35	V 9.26	Cr 1.40	Mn(γ) 9.20	Fe 4.98	Co 4.73	Ni 7.02	Cu 0.695 0.505 1.38	Zn 0.64 0.753 0.85	Ga 0.596 1.025 0.58	Ge	As 0.19
Rb 2.41 1.911 1.26	Sr 3.6 1.790 2.0	Y 10.2	Zr 2.80	Nb 7.79	Mo 2.0	Tc —	Ru 3.3	Rh 4.9	Pd 9.42	Ag 0.646 0.645 1.00	Cd 0.688 0.948 0.73	In 1.69 1.233 1.37	Sn (w) 1.78 1.410 1.26	Sb 0.11
Cs 3.20 2.238 1.43	Ba 2.7 1.937 1.4	La 10.	Hf 2.16	Ta 5.9	W 1.3	Re 2.3	Os 2.4	Ir 3.1	Pt 6.8	Au 0.729 0.642 1.14	Hg(α) 1.79 0.952 1.88	Tl 1.47 1.29 1.14	Pb 2.98 1.509 1.97	Bi 0.008

系数 γ 的观测值具有所预期的量级，但是同利用关系式（17）和式（34）对质量为 m 的自由电子所作的计算结果符合得不甚好。在实际应用中，通常将电子比热容的观测值与自由电子的比热容值之比表示为热有效质量 m_{th}（thermal effective mass）与电子质量 m 之比，其中 m_{th} 由下面关系式定义，亦即

$$\frac{m_{\text{th}}}{m}\equiv\frac{\gamma(\text{观测})}{\gamma(\text{自由})} \tag{38}$$

给出这一形式的表达式是很自然的，因为ϵ_F与电子的质量成反比，从而 $\gamma\propto m$。在表 2 中给出了这些比值。这一比值之所以不等于 1，是因为下面三个彼此无关的效应。

- 传导电子同刚性晶格周期势场的相互作用。电子在这种势场中的有效质量被称为能带有效质量。
- 传导电子与声子的相互作用。电子倾向于使其邻近的晶格极化或发生畸变，因此运动着的电子试图牵曳附近的离子，从而使电子的有效质量增大。
- 传导电子之间的相互作用。一个运动着的电子在周围的电子气中将引起一个惯性反作用，从而导致电子有效质量的增加。

6.4.2 重费米子

人们发现一些金属化合物具有很大的电子比热容常数 γ，其数值比一般金属的电子比热容常数高出 2～3 个数量级。这些重费米子化合物包括 UBe_{13}、$CeAl_3$ 和 $CeCu_2Si_2$。一般认为，由于近邻离子中 f 电子波函数的弱重叠效应，使得这些化合物中的 f 电子所具有的惯性质量达到 1000m（参见第 9 章中关于“紧束缚”的讨论）。

6.5 电导率和欧姆定律

自由电子的动量与波矢之间的关系为 $m\boldsymbol{v}=\hbar\boldsymbol{k}$。在电场 $\boldsymbol{E}$ 和磁场 $\boldsymbol{B}$ 中，作用于电荷为 $-e$ 的电子上的力 $\boldsymbol{F}$ 等于 $-e[\boldsymbol{E}+(1/c)\boldsymbol{v}\times\boldsymbol{B}]$，因此牛顿第二定律可以写成

(CGS)
$$\boldsymbol{F}=m\frac{\mathrm{d}\boldsymbol{v}}{\mathrm{d}t}=\hbar\frac{\mathrm{d}\boldsymbol{k}}{\mathrm{d}t}=-e\left(\boldsymbol{E}+\frac{1}{c}\boldsymbol{v}\times\boldsymbol{B}\right) \tag{39}$$

在不考虑碰撞时，恒定的外加电场使 $\boldsymbol{k}$ 空间中的费米球以匀速率移动（参见图 10）。令 $\boldsymbol{B}=0$，对式（39）进行积分，则得

$$\boldsymbol{k}(t)-\boldsymbol{k}(0)=-e\boldsymbol{E}t/\hbar \tag{40}$$

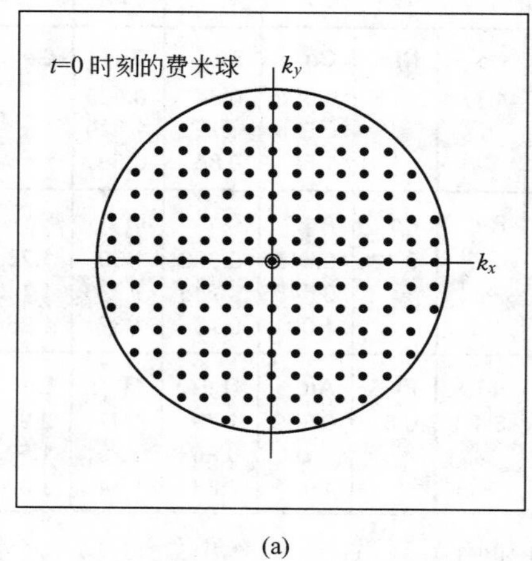

(a)

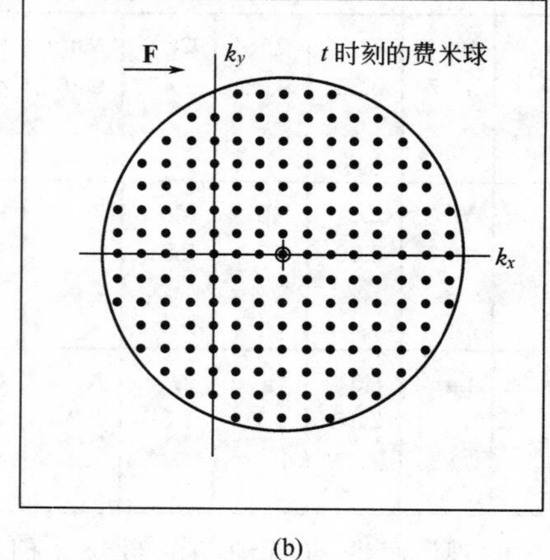

(b)

图 10 （a）费米球包含 $\boldsymbol{k}$ 空间中电子气处于基态下所有被占据的电子轨道。其净动量为零，因为对应于每一个轨道 $\boldsymbol{k}$，在 $-\boldsymbol{k}$ 处还有一个被占据轨道。（b）由于在时间间隔 t 内有恒力 $\boldsymbol{F}$ 的作用，每个轨道的波矢 $\boldsymbol{k}$ 都增加 $\delta\boldsymbol{k}=\boldsymbol{F}t/\hbar$，这相当于整个费米球位移了 $\delta\boldsymbol{k}$。如果存在 N 个电子，则总的运动动量为 $N\hbar\delta\boldsymbol{k}$。由于这个力的作用，系统的能量增加了 $N(\hbar\delta\boldsymbol{k})^2/2m$。

表 3　金属在 295K 下的电导率和电阻率

（电阻率引自 G. T. Meaden，Electrical resistance of metals，plenum，1965；其剩余电阻率已被减去）。

电导率，单位为 $10^5(\text{ohm}\cdot\text{cm})^{-1}$

电阻率，单位为 $10^{-6}\text{ohm}\cdot\text{cm}$

Li	Be											B	C	N	O	F	Ne
1.07	3.08																
9.32	3.25																
Na	Mg											Al	Si	P	S	Cl	Ar
2.11	2.33											3.65					
4.75	4.30											2.74					
K	Ca	Sc	Ti	V	Cr	Mn	Fe	Co	Ni	Cu	Zn	Ga	Ge	As	Se	Br	Kr
1.39	2.78	0.21	0.23	0.50	0.78	0.072	1.02	1.72	1.43	5.88	1.69	0.67					
7.19	3.6	46.8	43.1	19.9	12.9	139.	9.8	5.8	7.0	1.70	5.92	14.85					
Rb	Sr	Y	Zr	Nb	Mo	Tc	Ru	Rh	Pd	Ag	Cd	In	Sn (w)	Sb	Te	I	Xe
0.80	0.47	0.17	0.24	0.69	1.89	~0.7	1.35	2.08	0.95	6.21	1.38	1.14	0.91	0.24			
12.5	21.5	58.5	42.4	14.5	5.3	~14.	7.4	4.8	10.5	1.61	7.27	8.75	11.0	41.3			
Cs	Ba	La	Hf	Ta	W	Re	Os	Ir	Pt	Au	Hg liq.	Tl	Pb	Bi	Po	At	Rn
0.50	0.26	0.13	0.33	0.76	1.89	0.54	1.10	1.96	0.96	4.55	0.10	0.61	0.48	0.086	0.22		
20.0	39.	79.	30.6	13.1	5.3	18.6	9.1	5.1	10.4	2.20	95.9	16.4	21.0	116.	46.		
Fr	Ra	Ac															

Ce	Pr	Nd	Pm	Sm	Eu	Gd	Tb	Dy	Ho	Er	Tm	Yb	Lu
0.12	0.15	0.17		0.10	0.11	0.070	0.090	0.11	0.13	0.12	0.16	0.38	0.19
81.	67.	59.		99.	89.	134.	111.	90.0	77.7	81.	62.	26.4.	53.
Th	Pa	U	Np	Pu	Am	Cm	Bk	Cf	Es	Fm	Md	No	Lr
0.66		0.39	0.085	0.070									
15.2		25.7	118.	143.									

现在考虑一电子气充填以 $\mathbf{k}$ 空间原点为中心的费米球。若在 $t=0$ 时，有一电场力 $\mathbf{F}=-e\mathbf{E}$ 施加于该电子气，则在其后某一时刻 t 费米球的中心将移到新的位置，其位置为

$$\delta\mathbf{k}=-e\mathbf{E}t/\hbar \tag{41}$$

注意，费米球是作为一个整体而发生位移，因为每一个电子都有相同的位移 $\delta\mathbf{k}$。

由于电子同杂质、晶格缺陷以及同声子的碰撞，可以使移动的费米球在电场中维持一种稳态。如果碰撞的时间间隔为 τ，则在稳态下费米球所发生的位移可令 $t=\tau$ 由式（41）给出。期间，速度增量为 $\mathbf{v}=\delta\mathbf{k}/m=-e\mathbf{E}\tau/m$。如果在恒定电场 $\mathbf{E}$ 中，单位体积内含有 n 个电荷 $q=-e$ 的电子，则电流密度为

$$\mathbf{j}=nq\mathbf{v}=ne^2\tau\mathbf{E}/m \tag{42}$$

这就所谓的欧姆定律。

由 $\mathbf{j}=\sigma\mathbf{E}$ 定义电导率 σ，于是有

$$\sigma=\frac{ne^2\tau}{m} \tag{43}$$

电阻率 ρ 定义为电导率的倒数，从而

$$\rho=m/ne^2\tau \tag{44}$$

如表 3 所示，给出了各元素的电导率和电阻率。值得强调指出，在高斯单位制下，σ 具有与频率相同的量纲。

关于费米气电导率的表达式（43）是易于理解的。我们知道，被输运的电荷量正比于电荷密度 $-ne$。之所以在式（43）中出现因子 $-e/m$ 是因为在给定电场中的加速度正比于 $-e$，而反比于质量 m。时间 τ 描述在外场作用下两次碰撞之间的电子自由运动时间，通常称为弛豫时间。对于电导率的这一表达式，我们也可通过服从麦克斯韦型分布的经典电子气得到。这种经典电子气模型在处理低载流子浓度情况下的许多半导体问题时经常被引用。

6.5.1 金属电阻率的实验结果

大多数金属的电阻率在室温（300K）下由传导电子同晶格声子的碰撞所支配，而在液氦温度（4K）下则由传导电子同晶格中的杂质原子及机械缺陷（见图 11）的碰撞所支配。这些碰撞的速率常常可以近似地被认为彼此独立，因此如果不存在外电场，则动量分布将以下式所决定的净弛豫速率回复到它的基态：

$$\frac{1}{\tau}=\frac{1}{\tau_L}+\frac{1}{\tau_i} \tag{45}$$

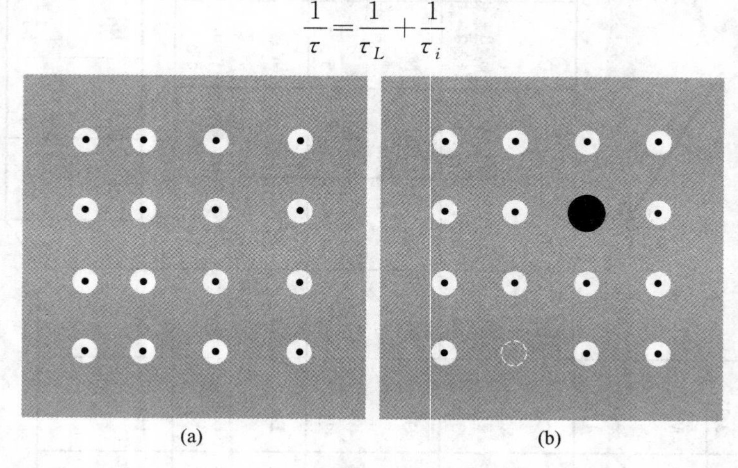

图 11 在大多数金属中，其电阻率是由于电子同晶格中的不规则性发生碰撞作用引起的，如（a）同声子碰撞、（b）同杂质和晶格空位碰撞。

其中 τ_L、τ_i 分别表示由声子和缺陷散射效应所决定的弛豫时间。

这样，总的电阻率可以表达为

$$\rho=\rho_L+\rho_i \tag{46}$$

式中，ρ_L 是热声子引起的电阻率，而 ρ_i 是那些破坏晶格周期性的所谓静态缺陷由于对电子波散射而引起的电阻率。在缺陷浓度不算大时，ρ_L 通常不依赖于缺陷数目，而 ρ_i 通常不依赖于温度。这种经验性结论被称为马西森（Matthiessen）定则。这一定则将为实验数据的分析带来很多方便（见图 12）。

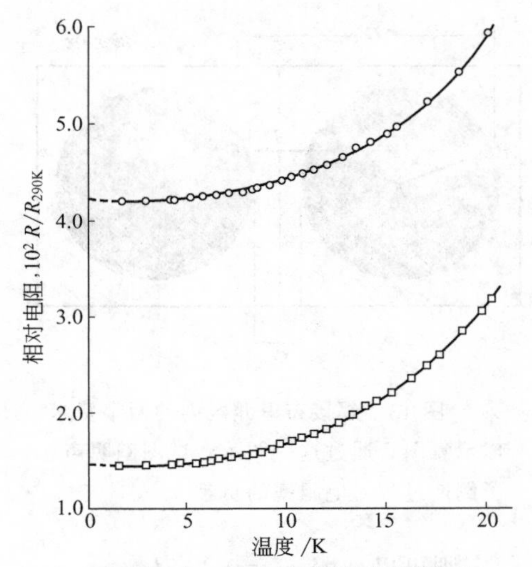

图 12 在 20K 以下钾的电阻随温度的变化趋势。这是由 D. MacDonald 和 K. Mendelssohn 分别对两个样品的测量结果。在 0K 时的不同截距是由于在两种样品中杂质和静态缺陷的浓度不同所导致的。

剩余电阻率 $\rho_i(0)$ 是外推至 0K 的电阻率，因为当 $T\to 0$ 时，ρ_L 等于零。也许 $\rho_i(0)$ 的变化范围很大，但晶格电阻率 $\rho_L(T)=\rho-\rho_i(0)$ 对于同一种金属的不同样品却是相同的。样品的电阻率比（resistivity ratio）通常定义为它在室温下的电阻率与其剩余电阻率之比。这是表征样品纯度的一个方便的近似指标：对于许多种材料，固溶体中每百分之一的杂质原子导致约 $10^{-6}\Omega\cdot$cm（$1\mu\Omega\cdot$cm）的剩余电阻率。例如，一个电阻率比为 1000 的铜样品将具有剩余电阻率为 $1.7\times10^{-9}\Omega\cdot$cm，则其相应的杂质含量约为 20ppm。在一些特别纯的样品中，电阻率比可以高达 10^6；而在某些合金中，例如锰钢系合金，它又可低到约 1.1。

有可能获得这样纯净的铜晶体，它们在液氦温度（4K）下的电导率约是其室温下电导率的 10^5 倍；相应于这种情形，在 4K 下其 $\tau\approx2\times10^{-9}$s。传导电子的平均自由程 l 定义为

$$l=v_{\mathrm{F}}\tau \tag{47}$$

其中 v_{F} 为费米面上的速度，因为所有的碰撞仅仅涉及费米面附近的电子。根据表 1 给出的数据，铜的 $v_{\mathrm{F}}=1.57\times10^8\mathrm{cm\cdot s^{-1}}$，则其平均自由程为

$$l(4\mathrm{K})\approx0.3\mathrm{cm}$$

在液氦温度范围内，对很纯的金属，曾经测得平均自由程长达 10cm。

电阻率中与温度相关的部分正比于电子同热声子和热电子发生碰撞的速率。与声子的碰撞速率（collision rate）正比于热声子的浓度。例如，我们知道，当温度高于德拜温度 θ 时，声子浓度与温度 T 成正比，所以当 $T>\theta$ 时，$\rho\propto T$。关于这一方面深入的讨论请读者见附录 J。

6.5.2 倒逆散射

电子被声子的倒逆散射（参见第 5 章）是引起金属在低温下产生电阻率的主要原因。在这些电子-声子散射过程中包含一个倒格矢 $\boldsymbol{G}$，于是在这一过程中的电子动量变化可以比在低温下发生的正常电子-声子散射过程中的动量变化大许多。（在倒逆过程中，粒子的波矢可以发生“翻转”）。

现在在 bcc 钾晶体中，考虑一个垂直于［100］方向的截面，这个截面通过两个相邻接的布里渊区，在每个布里渊区都有一个内切的等价费米球，如图 13 所示。在图中下部表示正常电子-声子碰撞$\boldsymbol{k}'=\boldsymbol{k}+\boldsymbol{q}$；而上部表示的一个可能散射过程是$\boldsymbol{k}'=\boldsymbol{k}+\boldsymbol{q}+\boldsymbol{G}$，这一过程

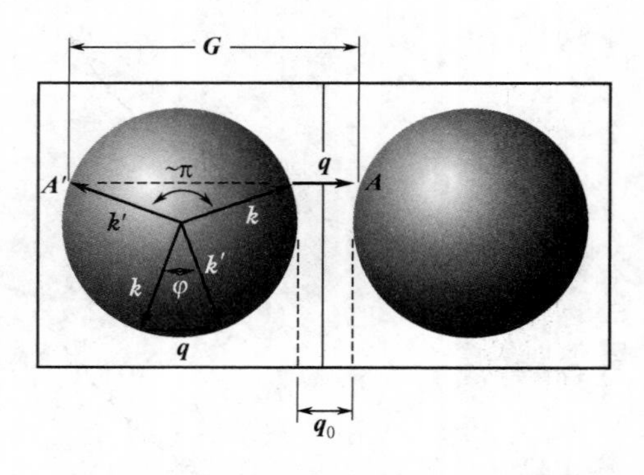

图 13 邻接布里渊区内的两个费米球示意图。通过这一图示，试图阐明声子倒逆过程对电阻率的贡献。

中包含一个与前者相同的声子，但其波矢矢端终止于第一布里渊区之外的 A 点。这个 A 点完全等价于第一布里渊区内的 A'点，这里 AA'就是一个倒格矢 $\mathbf{G}$。这种散射是一个倒逆过程，它类似于声子-声子散射的情形。因为这种散射的散射角接近于 π，所以它是一种很强的散射效应。

当费米面不与布里渊区边界相切时，对于倒逆散射将存在一个最小声子波矢 $\mathbf{q}$。在足够低的温度下，能够参与倒逆散射的声子数随温度的变化规律为 $\exp(-\theta_U/T)$，其中 θ_U 是一个可以由布里渊区内费米面的几何计算给出的特征温度。对于 bcc 布里渊内每个原子具有单电子轨道的球形费米面，由几何定则可以证明 $q_0=0.267k_F$。

钾的实验数据（见图 12）表明，它具有前面所预期的指数形式（此时 $\theta_U=23\text{K}$，德拜温度 $\theta=91\text{K}$）。在某个很低的温度以下（对于钾，温度应低于 2K），发生倒逆过程的数目可以忽略不计，这时仅有小角度散射（即正常散射）引起的晶格电阻率。

6.6 在磁场中的运动

根据式（39）和式（41）的讨论，当粒子受到力 $\mathbf{F}$ 的作用以及表征碰撞的摩擦作用而使其费米球位移 $\delta\mathbf{k}$ 时，可导出如下运动方程：

$$\hbar\left(\frac{\mathrm{d}}{\mathrm{d}t}+\frac{1}{\tau}\right)\delta\mathbf{k}=\mathbf{F} \tag{48}$$

其中，自由粒子加速度项为 $(\hbar\mathrm{d}/\mathrm{d}t)\delta\mathbf{k}$，而 $\hbar\delta\mathbf{k}/\tau$ 表示碰撞效应（摩擦）；τ 为碰撞的弛豫时间。

现在考虑这个系统在均匀磁场 $\mathbf{B}$ 中的运动。作用在一个电子上的洛伦滋力为

(CGS)
$$\mathbf{F}=-e\left(\mathbf{E}+\frac{1}{c}\mathbf{v}\times\mathbf{B}\right) \tag{49}$$

(SI)
$$\mathbf{F}=-e(\mathbf{E}+\mathbf{v}\times\mathbf{B})$$

如果 $m\mathbf{v}=\hbar\delta\mathbf{k}$，则运动方程为

(CGS)
$$m\left(\frac{\mathrm{d}}{\mathrm{d}t}+\frac{1}{\tau}\right)\mathbf{v}=-e\left(\mathbf{E}+\frac{1}{c}\mathbf{v}\times\mathbf{B}\right) \tag{50}$$

有一种情形非常重要，即静磁场 $\mathbf{B}$ 平行于 z 轴方向。于是运动方程的分量形式就是

(CGS)
$$m\left(\frac{\mathrm{d}}{\mathrm{d}t}+\frac{1}{\tau}\right)v_x=-e\left(E_x+\frac{B}{c}v_y\right)$$

$$m\left(\frac{\mathrm{d}}{\mathrm{d}t}+\frac{1}{\tau}\right)v_y=-e\left(E_y-\frac{B}{c}v_x\right) \tag{51}$$

$$m\left(\frac{\mathrm{d}}{\mathrm{d}t}+\frac{1}{\tau}\right)v_z=-eE_z$$

将上述式中的 c 用 1 代换，便得以 SI 单位制表示的结果。

对于静电场中的稳态，时间导数为零，于是漂移速度为

$$v_x=-\frac{e\tau}{m}E_x-\omega_c\tau v_y;\ v_y=-\frac{e\tau}{m}E_y+\omega_c\tau v_x;\ v_z=-\frac{e\tau}{m}E_z \tag{52}$$

其中 $\omega_c\equiv eB/mc$ 称为回旋频率（cyclotron frequency），参见第 8 章关于半导体中回旋共振的讨论。

6.6.1　霍尔效应

当导体中传导电流 $\boldsymbol{j}$ 的方向和磁场 $\boldsymbol{B}$ 的方向纵横交叉时，将产生沿 $\boldsymbol{j}\times\boldsymbol{B}$ 方向且横跨导体两个面的电场，这个电场称为霍尔电场。为方便起见，现在考虑一个放置于纵向电场 E_x 和横向磁场中的棒形样品，如图 14 所示。如果电流不能从 y 方向流出去，则必定有 $\delta v_y=0$。由（52）式可知，这种情况只有当存在如下横向电场时才可能发生：

(CGS)
$$E_y=-\omega_c\tau E_x=-\frac{eB\tau}{mc}E_x \tag{53}$$

(SI)
$$E_y=-\omega_c\tau E_x=-\frac{eB\tau}{m}E_x$$

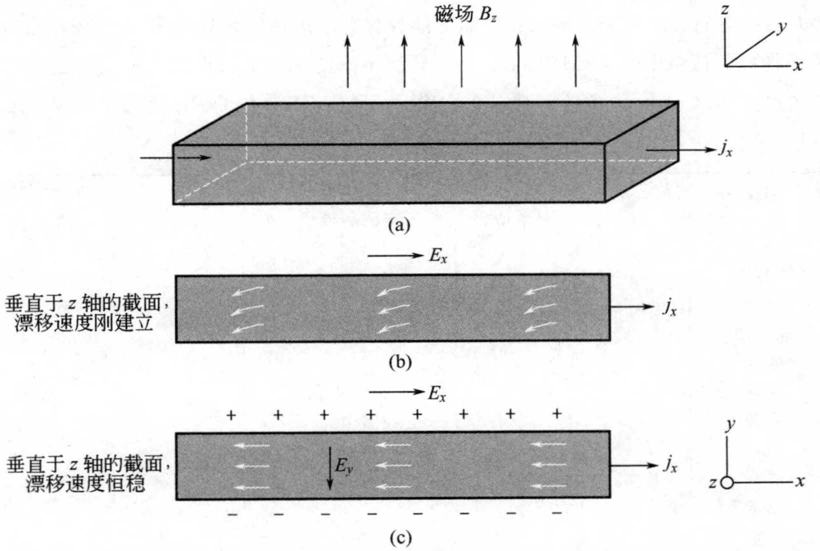

图 14　描述霍尔效应的标准几何位形：一个具有方形截面的棒状试样放置在磁场 B_z 中，如图（a）所示。加在两端电极上的电场 E_x 引起沿棒流动的电流密度 j_x。图（b）表示电场刚刚加上之后电子的漂移速度以及在 y 方向上由磁场引起的偏转。这样，在棒的一个面上积累电子，而在与之相对的另一个面上将引起正离子过剩，直至横向电场（霍尔场）刚好与磁场的洛伦兹力相抵消为止，如图中（c）所示。

由下式定义的量被称为霍尔系数（Hall coefficient），即有

$$R_{\mathrm{H}}=\frac{E_y}{j_xB} \tag{54}$$

为了利用上述简单模型来估算 R_{H} 的值，我们利用 $j_x=ne^2\tau E_x/m$，则得

(CGS)
$$R_{\mathrm{H}}=-\frac{eB\tau E_x/mc}{ne^2\tau E_xB/m}=-\frac{1}{nec} \tag{55}$$

(SI) $$R_H = -\frac{1}{ne}$$

对于自由电子，这个量是负的，因为根据定义，e 取正值。

载流子浓度愈低，霍尔系数的绝对值愈大。测量 R_H 是确定载流子浓度的一种重要手段。应当指出，在这里，符号 R_H 表示由式（54）定义的霍尔系数，但有时 R_H 具有不同的含义，例如在处理二维问题时用其表示霍尔电阻。

根据所有弛豫时间都相等并且不依赖于电子速度的假设，便可得出如式（55）所示的简单表达式。如果弛豫时间是速度的函数，则出现一个量级为 1 的数值因子。如果电子和空穴二者对电导率均有贡献，那么这个表达式会变得复杂一些。

在表 4 中比较了数种金属的霍尔系数的观测值和根据载流子浓度直接计算的值。最精确的测量是在低温和强磁场下利用第 15 章中介绍的螺旋波共振方法对纯净样品所作的测量。

表 4 霍尔系数的观测值同自由电子理论计算值的比较

[利用通常方法所得的 R_H 实验值是由在室温下的数据总结出来的，见 Landolt－Bornstein tables；采用螺旋波方法在 4K 下得到的值系引自 J. M. Goodman。载流子浓度 n 的值引自表 1.4，但是其中 Na，K、Al、In 是例外；对于它们则引用 Goodman 的值。乘以 9×10^{11}，可将 CGS 单位的 R_H 值转换成 V・cm/A・Gs 单位的值。乘以 9×10^{13} 则可以将 CGS 的 R_H 转换成 m^3/C 的值。]

金属	方法	R_H 实验值（10^{-24}CGS 制单位）	每个原子假定的载流子	$-1/nec$ 的计算值（10^{-24}CGS 制单位）
Li	通常	−1.89	1 个电子	−1.48
Na	螺旋波	−2.619	1 个电子	−2.603
	通常	−2.3		
K	螺旋波	−4.946	1 个电子	−4.944
	通常	−4.7		
Rb	通常	−5.6	1 个电子	−6.04
Cu	通常	−0.6	1 个电子	−0.82
Ag	通常	−1.0	1 个电子	−1.19
Au	通常	−0.8	1 个电子	−1.18
Be	通常	+2.7	—	—
Mg	通常	−0.92	—	—
Al	螺旋波	+1.136	1 个空穴	+1.135
In	螺旋波	+1.774	1 个空穴	+1.780
As	通常	+50	—	—
Sb	通常	−22	—	—
Bi	通常	−6000	—	—

由实验得到的钠和钾的精确值同利用式（55）假定每个原子含有一个传导电子所作的计算值符合极佳。然而，值得注意的是三价元素铝和铟的值：实验值同对于一个原子含有一个荷正电载流子的计算值一致，而其符号和大小同对于一个原子含三个价电子所作的计算却不相符。

对于表中的 Be 和 As 也发生正号问题，因为正的霍尔系数必定和正电荷载流子的运动相联系。派尔斯（1928 年）曾对这种符号反常现象进行了解释。这种不能采用自由电子气解释并能够给出正号的载流子，后来海森堡称之为“空穴”，对此利用第 7 至 9 章讨论的能带理论可以给出很自然的解释。能带理论还可以说明像在 As、Sb 和 Bi 中出现的大值霍尔系数现象。

6.7　金属的热导率

在第 5 章里对于速度为 v、单位体积比热容为 C 和平均自由程为 l 的粒子曾给出一个热导率的表达式，即

$$K=\frac{1}{3}Cvl$$

因此，由比热容公式（36）以及$\epsilon_F=\frac{1}{2}mv_F^2$，可得到费米气的热导率为

$$K_{el}=\frac{\pi^2}{3}\frac{nk_B^2T}{mv_F^2}v_Fl=\frac{\pi^2nk_B^2T\tau}{3m} \tag{56}$$

其中 $l=v_F\tau$，n 为电子浓度，而 τ 为碰撞时间。

现在的问题是：金属内电子和声子二者哪一个携载更大比例的热流？概而言之，在纯金属中，电子的贡献在所有温度下都是占有主导地位的。在非纯金属或无序合金中，由于电子与杂质的碰撞导致电子平均自由程的减小，这时声子的贡献可能与电子的贡献相比拟。

6.7.1　热导率与电导率之比

维德曼-夫兰兹定律（Wiedemann－Franz law）表明，在不太低的温度下，金属的热导率与电导率之比正比于温度，其中比例常数的值不依赖于具体的金属。在金属理论的发展史上这个结果极其重要，因为它支持了电子气作为电荷和能量载体的模型。可以通过 σ 的表达式（43）和 K 的表达式（56）来解释这个结果，即有

$$\frac{K}{\sigma}=\frac{\pi^2k_B^2Tn\tau/3m}{ne\tau^2/m}=\frac{\pi^2}{3}\left(\frac{k_B}{e}\right)^2T \tag{57}$$

所谓洛伦茨常量（Lorenz number）L，其定义为

$$L=K/\sigma T \tag{58}$$

根据式（57），它应当具有如下的值

$$L=\frac{\pi^2}{3}\left(\frac{k_B}{e}\right)^2=2.72\times10^{-13}[\mathrm{erg/(esu\cdot deg)}]^2$$
$$=2.45\times10^{-8}(\mathrm{W\cdot\Omega/deg^2}) \tag{59}$$

这个令人惊讶的结果既不包含 n 也不包含 m。表 5 给出了在 0℃和 100℃下 L 的实验值，它们与式（59）符合得很好。

表 5　洛伦茨常量的实验值

$L\times10^8/(\mathrm{W\cdot\Omega/deg^2})$			$L\times10^8/(\mathrm{W\cdot\Omega/deg^2})$		
金属	0℃	100℃	金属	0℃	100℃
Ag	2.31	2.37	Pb	2.47	2.56
Au	2.35	2.40	Pt	2.51	2.60
Cd	2.42	2.43	Sn	2.52	2.49
Cu	2.23	2.33	W	3.04	3.20
Mo	2.61	2.79	Zn	2.31	2.33

习　题

1. 德布罗意波长。假设有一个电子，其能量等于费米能。试证明：该电子的德布罗意波长为（8π/

$3n)^{1/3}$。

2. 电子气的动能。试证在0K温度下含 N 个自由电子的三维气体的动能为

$$U_0=\frac{3}{5}N\epsilon_F \tag{60}$$

3. 二维晶体的自由电子理论。某二维的单原子晶体，具有晶格常数为 a 的正方晶格结构，每个原子贡献两个传导电子。假设

$$\boldsymbol{k}=k_x\hat{x}+k_y\hat{y}$$

表示 $\boldsymbol{k}$ 空间的矢量，且其费米圆与第一布里渊区的边界相交于（k_x，π/a）。请基于自由电子理论，计算 k_x 的值。

4. 电子气的压力和体积弹性模量。（a）试推导在0K下联系电子气的压力和体积的关系式。提示：利用习题1的结果以及ϵ_F 和电子浓度之间的关系，结果可以写作 $p=\frac{2}{3}$（U_0/V）。（b）证明电子气的体积弹性模量 $B=-V(\partial p/\partial V)$ 在0K下为 $B=5p/3=10U_0/9V$。（c）利用表1，对于钾估计电子气对 B 的贡献之值。

5. 二维情况下的化学势。若单位面积有 n 个电子，试证二维情况下费米气的化学势由下式给出：

$$\mu(T)=k_BT\ \ln[\exp(\pi n\hbar^2/mk_BT)-1] \tag{61}$$

注：在二维情况下自由电子气的轨道密度与能量无关，每单位面积样品 D（ϵ）$=m/\pi\hbar^2$。

6. 天体物理学中的费米气。（a）给定太阳的质量 $M_\odot=2\times10^{33}$g，估计太阳中电子的数目；在白矮星中这个数目的电子可以被电离出来，并且包含在半径为 2×10^9cm 的球内，试求出以电子伏（eV）表示的电子的费米能。（b）相对论极限$\epsilon\gg mc^2$ 下的电子能量与波矢的关系为$\epsilon\cong pc=\hbar kc$。试证明在这个极限下的费米能大致为$\epsilon_F\approx\hbar c$（$N/V$）$^{1/3}$。（c）如果上述数目的电子包含在半径为10km的脉冲星内，试证费米能约为 10^8eV。这个值说明了为什么脉冲星被认为多半是由中子所组成而不是由质子和电子所组成，因为在 $n\rightarrow p+e^-$ 的反应中释放的能量仅为 0.8×10^6eV，这个能量不足以使许多电子能够形成费米海。中子衰变只进行到足以引致 0.8×10^6eV 的费米能级的电子浓度为止，这时中子、质子和电子浓度处于平衡。

7. 液 He^3。He^3 原子具有自旋$\frac{1}{2}$，是费米子。在绝对零度附近液 He^3 的密度为 $0.081gcm^{-3}$，试计算费米能ϵ_F 和费米温度 T_F。

8. 电导率对频率的依赖关系。利用电子漂移速度 v 的方程 m（$dv/dt+v/\tau$）$=-eE$，证明在频率 ω 下的电导率为

$$\sigma(\omega)=\sigma(0)\left[\frac{1+i\omega\tau}{1+(\omega\tau)^2}\right] \tag{62}$$

其中 $\sigma(0)=ne^2\tau/m$。

❶**9. 自由电子的动态磁致电导率张量。**现有一块放在静磁场 $B\hat{z}$ 中的金属，其中自由电子的浓度为 n，电荷为 $-e$，xy 平面中的电流密度与电场的关系如下：

$$j_x=\sigma_{xx}E_x+\sigma_{xy}E_y;\quad j_y=\sigma_{yx}E_x+\sigma_{yy}E_y$$

假定频率 $\omega\gg\omega_c$ 和 $\omega\gg1/\tau$，其中 $\omega_c=eB/mc$，τ 为碰撞时间。（a）试通过求解漂移速度式（51）求出磁致电导率张量的分量：

$$\sigma_{xx}=\sigma_{yy}=i\omega_p^2/4\pi\omega;\ \sigma_{xy}=-\sigma_{yx}=\omega_c\omega_p^2/4\pi\omega^2$$

式中 $\omega_p=4\pi ne^2/m$。（b）由麦克斯韦方程可得到介质的介电函数张量和电导率张量的关系为$\epsilon=1+i(4\pi/\omega)\boldsymbol{\sigma}$，考虑具有波矢 $\boldsymbol{k}=k\hat{z}$ 的电磁波。证明这个波在该介质中的色散关系为

$$c^2k^2=\omega^2-\omega_p^2\pm\omega_c\omega_p^2/\omega \tag{63}$$

在给定频率下存在两个具有不同波矢和不同速度的传播模式。这两种模式相应于圆偏振波。因为线偏振波可以分解为两个圆偏振波，于是磁场会使线偏振波的偏振面旋转。

❶**10. 自由电子费米气的内聚能。**定义无量纲长度 $r_s=r_0/a_H$，此处 r_0 为包含一个电子的球的半径，而 $a_H=\hbar^2/e^2m$ 为玻尔半径。（a）证明在0K下自由电子费米气中每个电子的平均动能为 $2.21/r_s^2$，能量以

---

❶ 此类题较难。

里德伯单位表示，$1\text{Ry}=me^4/2\hbar^2$；(*b*) 试证一个正的点电荷 e 同相应于在半径 r_0 的体积内有一个电子的均匀电子分布相互作用的库仑为 $-3e^2/2r_0$，或者采用里德伯单位，则为 $-3/r_s$；(c) 证明球内电子分布的库仑自能（coulomb self-energy）为 $3e^2/5r_0$，或者采用里德伯单位，则为 $6/5r_s$；(d) 由 (b) 和 (c) 之和给出每个电子的总库仑能为 $-1.80/r_s$，试证 r_s 的平衡值为 2.45，请问这样一种金属相对于分离的氢原子是稳定的吗？

11. 静态磁致电导率张量。对于式（51）的漂移速度理论，证明静态电流密度可以用矩阵形式写为

$$\begin{pmatrix} j_x \\ j_y \\ j_z \end{pmatrix}=\frac{\sigma_0}{1+(\omega_c\tau)^2}\begin{pmatrix} 1 & -\omega_c\tau & 0 \\ \omega_c\tau & 1 & 0 \\ 0 & 0 & 1+(\omega_c\tau)^2 \end{pmatrix}\begin{pmatrix} E_x \\ E_y \\ E_z \end{pmatrix} \tag{64}$$

在强磁场 $\omega_c\tau\gg1$ 的极限情况下，试证明下式成立

$$\sigma_{yx}=nec/B=-\sigma_{xy} \tag{65}$$

这时 $\sigma_{xx}=0$ 或具有 $\dfrac{1}{\omega_c\tau}$ 的量级。其中 σ_{yx} 称为霍尔电导率。

12. 最大表面电阻。现在考虑一个边长为 L、厚度为 d、电阻率为 ρ 的方形薄片。由薄片两边测得的电阻称为表面电阻：$R_{sq}=\rho L/Ld=\rho/d$，它与薄片的面积 L^2 无关。（当 R_{sq} 以欧姆/□为单位表示时，R_{sq} 又称为方块电阻，因为 ρ/d 具有欧姆的量纲）。若用式（44）表示 ρ，则 $R_{sq}=m/nde^2\tau$。假定由薄片表面的散射决定碰撞时间的最小值，亦即有 $\tau\approx d/v_F$，式中 v_F 为费米速度，从而最大表面电阻 $R_{sq}\approx mv_F/nd^2e^2$。试证明厚度为一个原子大小的单原子金属薄片的 $R_{sq}\approx\hbar/e^2=4.1\text{k}\Omega$。

第7章 能　带

当我开始思考这一问题的时候，感觉到问题的关键是解释电子将如何“偷偷地潜行”于金属中的所有离子中间。……经过简明而直观的傅里叶分析，我高兴地发现，这种不同于自由电子平面波的波仅仅借助于一种周期性调制就可以获得。

——F. 布洛赫

金属的自由电子模型使我们对金属的比热容、热导率、电导率、磁化率以及电动力学有了很好的了解。但是对于其他的大问题，这个模型就无能为力了：例如金属、半金属、半导体和绝缘体之间的区别，正值霍尔系数的出现，金属内传导电子与自由态原子的价电子之间的关系，以及许多输运性质，特别是磁场中的输运现象等。人们需要的是一个更深入的理论。值得庆幸的是，几乎任何改良自由电子模型的简单尝试都表现为大有益处。

良导体和良绝缘体之间的差异很显著：在 1K 时纯金属的电阻率可低至 $10^{-10}\Omega \cdot cm$（且不谈超导的可能性），而良绝缘体的电阻率可高达 $10^{22}\Omega \cdot cm$。10^{32} 这样的范围可能是固体所有常见物理性质的最宽变化范围。

每个固体都含有电子。关于电导率的重要问题是电子对外加电场如何响应。下面将要看到，晶体中的电子分布在各个能带上（见图 1），这些能带之间间隔着不存在类波电子轨道的能量区域。这种禁区称为能隙或带隙，它们是由于传导电子波和晶体中的离子实相互作用而产生的。

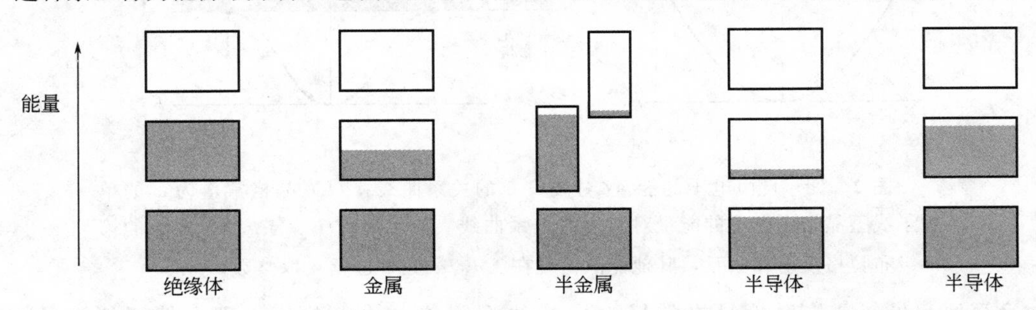

图 1 绝缘体、金属、半金属和半导体的允许能带的电子占据状况示意图。方框的纵向高度是指允许的能量标度；阴影面积显示电子充满的区域。在半金属（例如铋）中，绝对零度下一个带几乎被填满，而另一个带几乎是空的。但是一个纯净半导体（例如硅）在绝对零度下变成为绝缘体。两个半导体中左边的一个相应于有限温度，其中的载流子受热激发；另一个半导体则因杂质引起电子欠缺。

如果允许能带是充满的或是全空的，则晶体就是绝缘体，因为这时在电场中没有电子能够运动；如果一个或更多的能带是部分填充的，比如 10%～90%的填充率，则晶体的行为就是金属性的；如果一个或两个能带是几乎空着或几乎充满，则晶体就是半导体或半金属。

为了理解绝缘体和导体之间的差别，必须将自由电子模型加以扩充，以考虑固体周期性晶格的作用。能隙的存在是显示出来的最重要的新属性。

我们还将遇到晶体中电子的另外一些十分奇特的性质。例如，电子在响应外加电场或磁场时，表现为仿佛具有一个有效质量 m^*，它可能大于或小于自由电子质量，甚至可能是负的；晶体中的电子在响应外场时，仿佛具有负的或正的电荷：即 $-e$ 或 $+e$，而霍尔系数的正、负值的解释也正是基于这一点。

7.1 近自由电子模型

根据自由电子模型，允许能量值可以自零连续分布至无限。在第 6 章中曾给出

$$\epsilon_k = \frac{\hbar^2}{2m}(k_x^2 + k_y^2 + k_z^2) \tag{1}$$

依照关于边长为 L 的立方体的周期性边界条件，上式中 k 的取值为

$$k_x, k_y, k_z = 0; \pm\frac{2\pi}{L}; \pm\frac{4\pi}{L}; \cdots \tag{2}$$

自由电子波函数具有如下形式：

$$\psi_k(\boldsymbol{r}) = \exp(i\boldsymbol{k} \cdot \boldsymbol{r}) \tag{3}$$

它们表示行波，并且携带动量 $\boldsymbol{p} = \hbar \boldsymbol{k}$。

常常采用近自由电子模型来描述晶体的能带结构，在这种模型中能带电子看作是仅仅受到离子实的周期势场的微扰。这个模型能够给出关于金属中电子行为的几乎所有定性问题的答案。

我们知道，布拉格反射反映了晶体中波传播的特征性质。晶体中电子波的布拉格反射是能隙的起因。(由于布拉格反射，将不存在薛定谔方程的类波解，如图2所示)。这种能隙对于确定一个固体究竟是绝缘体还是导体具有决定性意义。

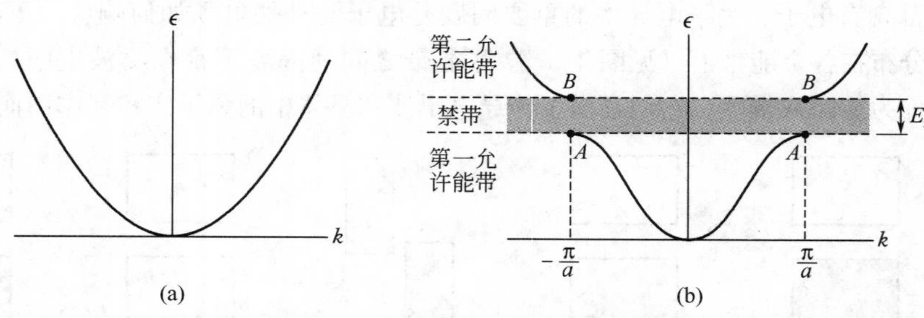

图2 (a) 自由电子的能量ϵ对波矢 k 的关系曲线；(b) 晶格常量为 a 的单原子线型晶格中电子的能量对波矢的关系曲线。所示能隙 E_g 与 $k=\pm\pi/a$ 的第一级布拉格反射相联系，其他能隙出现在$\pm n\pi/a$ 处，这里 n 取整数。

为简便起见，首先讨论晶格常量为 a 的线型固体，并由此从物理上解释能隙的起因。如图2所示，定性地给出了能带结构的低能部分；其中，(a) 相应于自由电子，(b) 对应于近自由电子，但在 $k=\pm\pi/a$ 处有一个能隙。在一维情况下，波矢为 $\boldsymbol{k}$ 的波的布拉格衍射条件$(\boldsymbol{k}+\boldsymbol{G})^2=k^2$变成：

$$k=\pm\frac{1}{2}G=\pm n\pi/a \tag{4}$$

式中 $G=2\pi n/a$ 为倒格矢，n 为整数，第一级反射和第一能隙出现在 $k=\pm\pi/a$ 处。在 $\boldsymbol{k}$ 空间，$-\pi/a$ 与 π/a 之间的区域就是这一晶格的第一布里渊区。其余的能隙则出现在整数 n 取其他值时。

当 $k=\pm\pi/a$ 时，其波函数不是自由电子模型中的行波 $\exp(i\pi x/a)$ 和 $\exp(-i\pi x/a)$。相应于这些特殊 k 值的波函数将由向右和向左的行波等量地构成。也就是说，当波矢满足布拉格反射条件 $k=\pm\pi/a$ 时，一个向右行进的波受到布拉格反射后将变成向左行进的波，反之亦然。每次相继的布拉格反射使行进方向重新逆转一次。既不向右行进也不向左行进的波是一个驻波，它不向任何地方行进。

与时间无关的态的典型代表就是驻波。由以下两个行波：

$$\exp(\pm i\pi x/a)=\cos(\pi x/a)\pm i\sin(\pi x/a)$$

可以构成以下两个不同的驻波：

$$\begin{aligned}\psi(+)&=\exp(i\pi x/a)+\exp(-i\pi x/a)=2\cos(\pi x/a);\\ \psi(-)&=\exp(i\pi x/a)-\exp(-i\pi x/a)=2i\sin(\pi x/a)\end{aligned} \tag{5}$$

这两个驻波各包括向右、向左行进的行波中的两个相等部分。当用$-x$ 代替 x 时，视其变号与否，将驻波分别记作 (－) 或 (＋)。

7.1.1 能隙的由来

两个驻波 $\psi(+)$ 和 $\psi(-)$ 使电子聚集在不同的区域内，因此这两个波在晶格离子场中具有不同的势能值。这就是能隙的由来。一个粒子的概率密度 ρ 等于 $\psi^*\psi=|\psi|^2$。对于纯粹的行波 $\exp(ikx)$，我们有 $\rho=\exp(-ikx)\exp(ikx)=1$，因此电荷密度为恒量。对于

平面波的线性组合，电荷密度却不是恒量。试考虑式（5）中的驻波，对于这个波有

$$\rho(+)=|\psi(+)|^2 \propto \cos^2 \pi x/a$$

这个函数使电子（负电荷）聚集在中心位于 $x=0$，a，$2a$，…的正离子上，如图 3 所示。在这些地方势能最低。

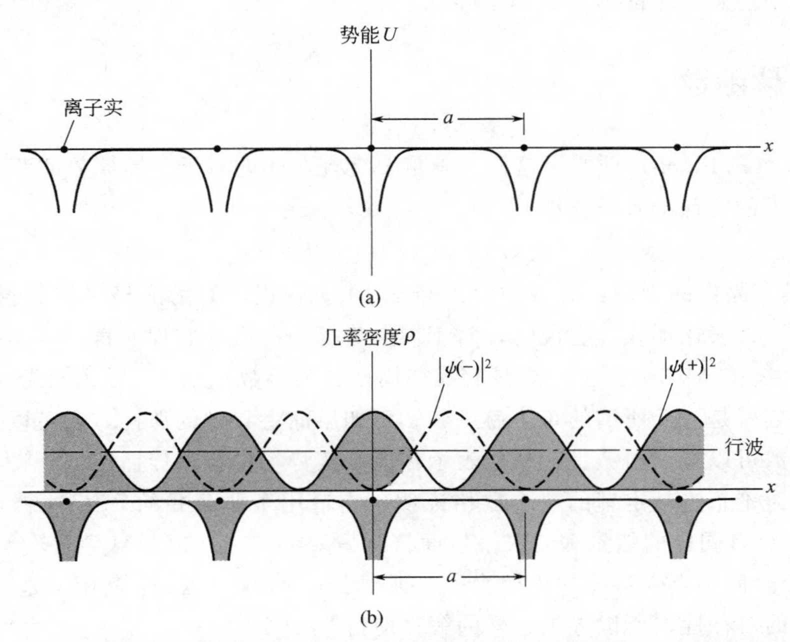

图 3 （a）在线型晶格的离子实场内传导电子的势能变化；（b）给出了在这个晶格内 $|\psi(+)|^2 \propto \cos^2 \pi x/a$、$|\psi(-)|^2 \propto \sin^2 \pi x/a$ 以及行波的概率密度 ρ 的分布。波函数 $\psi(+)$ 使电子电荷聚集在正离子实上，从而将势能降到行波所感受的平均势能以下。波函数 $\psi(-)$ 使电荷聚集在离子之间的区域内，从而使势能升高到行波所感受的平均势能以上。这个图是理解能隙由来的关键。

如图 3（a）所示，给出了传导电子在单原子线型晶格正离子实电场中的静电势能的变化。离子实带有正电荷，因为在金属中每个原子已经贡献出其价电子以形成导带。电子在正离子场中的势能是负的，所以在它们之间的相互作用力是吸引性的。

对于另一个驻波 $\psi(-)$，其概率密度为

$$\rho(-)=|\psi(-)|^2 \propto \sin^2 \pi x/a$$

它倾向于使电子分布偏离离子实。如图 3（b）所示，给出了驻波 $\psi(+)$、$\psi(-)$ 以及行波引起的电子聚集情况。我们在对上面三种电荷分布计算势能的平均值或期望值时不难发现，$\rho(+)$ 的势能低于行波的势能，而 $\rho(-)$ 的势能高于行波的势能。如果 $\rho(-)$ 和 $\rho(+)$ 的能量相差 E_g，那么能隙的宽度便是 E_g。在图 2 中，恰好在能隙正下方 A 点的波函数是 $\psi(+)$，而能隙正上方 B 点的波函数是 $\psi(-)$。

7.1.2 能隙的大小

在布里渊区边界 $k=\pi/a$ 处，其波函数对原子线单位长度归一化之后便是 $\sqrt{2}\cos\pi x/a$ 和 $\sqrt{2}\sin\pi x/a$。如果把晶体中 x 处电子的势能写作

$$U(x)=U\cos 2\pi x/a$$

则这两个驻波态之间能量差的一级近似为

$$E_g = \int_0^1 \mathrm{d}x\ U(x)[|\psi(+)|^2 - |\psi(-)|^2]$$
$$= 2\int \mathrm{d}x\ U\cos(2\pi x/a)(\cos^2 \pi x/a - \sin^2 \pi x/a) = U \tag{6}$$

可以看出，这个能隙等于晶体势的傅里叶分量。

7.2 布洛赫函数

F. 布洛赫（F. Bloch）证明了这样一条重要定理，亦即对于含周期势的薛定谔方程，其解必定具有如下的特殊形式，亦即

$$\psi_{\mathbf{k}}(\boldsymbol{r}) = u_{\mathbf{k}}(\boldsymbol{r})\exp(i\boldsymbol{k}\cdot\boldsymbol{r}) \tag{7}$$

其中 $u_{\mathbf{k}}(\boldsymbol{r})$ 具有晶格的周期：$u_{\mathbf{k}}(\boldsymbol{r}) = u_{\mathbf{k}}(\boldsymbol{r}+\boldsymbol{T})$。这里的$\boldsymbol{T}$为晶格平移矢量。式（7）是布洛赫定理的一种表述形式。它说明，对于周期势场中的波动方程而言，其本征函数的形式为一个平面波 $\exp(i\,\mathbf{k}\cdot\boldsymbol{r})$ 乘上一个具有晶格周期性的函数$u_{\mathbf{k}}(\boldsymbol{r})$。形式如式（7）给出的单个电子的波函数就是一个所谓的布洛赫函数。正如后面将看到的那样，它可以表示成行波的和。布洛赫函数可以叠加为波包，从而表示在离子实势场中自由传播的电子。

现在我们讨论布洛赫定理的一个严格证明，它适用于非简并的 $\psi_{\mathbf{k}}$；这就是说，没有别的波函数和 $\psi_{\mathbf{k}}$具有同样的能量和波矢。后面将用另一个方法处理普遍情况。考虑长度为 Na 的环上的 N 个全同格点。势能的周期为 a，即 $U(x) = U(x+sa)$，其中 s 是一个整数。

考虑到环的对称性，所以寻求这样的解，使得

$$\psi(x+a) = C\psi(x) \tag{8}$$

其中 C 为常数。因为 $\psi(x)$ 必须是单值的，于是绕环一周后，有

$$\psi(x+Na) = \psi(x) = C^N\psi(x)$$

由此可知，C 是 1 的 N 个 N 次根之一，或

$$C = \exp(i2\pi s/N);\ s = 0,1,2,\cdots,N-1 \tag{9}$$

可见，只要 $u_{\mathbf{k}}(x)$ 的周期为 a，亦即有 $u_{\mathbf{k}}(x) = u_{\mathbf{k}}(x+a)$ 成立，则

$$\psi(x) = u_{\mathbf{k}}(x)\ \exp(i2\pi sx/Na) \tag{10}$$

便能满足式（8）。这就是布洛赫的结果——式（7）。

7.3 克勒尼希-彭尼模型

图 4 中所示的方形势阱阵列是这样一个周期势场问题，含有这种势的波动方程可以借助简单的解析函数解出。这个波动方程为

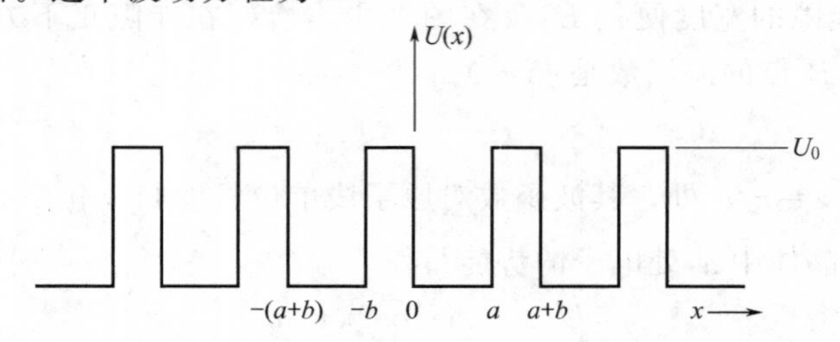

图 4 由克勒尼希和彭尼引入的方形周期势阱示意图。

$$-\frac{\hbar^2}{2m}\frac{d^2\psi}{dx^2}+U(x)\psi=\epsilon\psi \tag{11}$$

其中$U(x)$是势能，而ϵ是能量本征值。

在$0<x<a$的区域内，$U=0$。这个区域内的本征函数是向右和向左行进的平面波的线性组合，即有

$$\psi=Ae^{iKx}+Be^{-iKx} \tag{12}$$

而能量为

$$\epsilon=\hbar^2K^2/2m \tag{13}$$

在区间$-b<x<0$的势垒区内，解的形式为

$$\psi=Ce^{Qx}+De^{-Qx} \tag{14}$$

而

$$U_0-\epsilon=\hbar^2Q^2/2m \tag{15}$$

我们希望得到具有如式（7）布洛赫形式的完全解。如此一来，在区间$a<x<a+b$内的解应当通过布洛赫定理与式（14）给出的在区间$-b<x<0$内的解联系起来：

$$\psi(a<x<a+b)=\psi(-b<x<0)e^{ik(a+b)} \tag{16}$$

它可以用来确定作为指标标识这个解的波矢k。

上述公式中的常数A、B、C、D要这样选择，使得ψ和$d\psi/dx$在$x=0$和$x=a$处连续。这些要求就是我们在处理包括方形势阱在内的所有量子力学问题时的边界条件。对于$x=0$，则有

$$A+B=C+D \tag{17}$$

$$iK(A-B)=Q(C-D) \tag{18}$$

式中，Q来自式（14）；在$x=a$处，利用边界条件，则有

$$Ae^{iKa}+Be^{-iKa}=(Ce^{-Qb}+De^{Qb})e^{ik(a+b)} \tag{19}$$

$$iK(Ae^{iKa}-Be^{-iKa})=Q(Ce^{-Qb}-De^{Qb})e^{ik(a+b)} \tag{20}$$

只有当A、B、C、D的系数行列式为零时，即有

$$[(Q^2-K^2)/2QK]\sinh Qb\ \sin Ka+\cosh Qb\ \cos Ka=\cos k(a+b) \tag{21a}$$

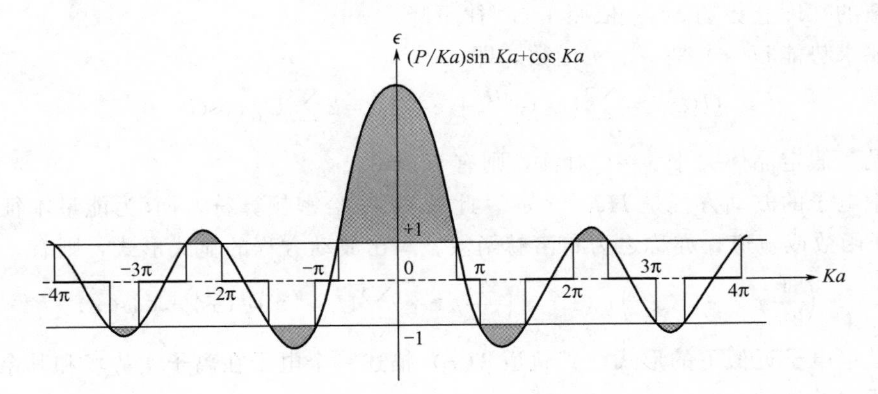

图5 函数$(P/Ka)\sin Ka+\cos Ka$在$P=3\pi/2$时的示意图形。能量ϵ的允许值由特定范围中的$Ka=(2m\epsilon/\hbar^2)^{1/2}a$给出，这一范围是函数$(P/Ka)\sin Ka+\cos Ka$取值$\pm1$之间的范围。对能量的其他取值，波动方程不存在行波解或类布洛赫解，从而以此在能谱中构成禁带。

时，上述式（17）～式（20）的四个方程才有解。式（21a）的推导是比较复杂的。

为了简化这个结果，我们取极限 $b=0$，$U_0=\infty$，使 $Q^2ba/2=P$ 这个量保持有限，从而得到一个周期性 δ 函数，这里就用它表示周期势场。在这一极限情况下，$Q\gg K$，$Qb\ll 1$。于是式（21a）就简化为：

$$(P/Ka)\sin Ka+\cos Ka=\cos ka \tag{21b}$$

对于 $P=3\pi/2$ 的情况，这个方程有解的 K 值范围如图 5 所示。在图 6 中给出了相应的能量值。请读者注意在布里渊区边界处出现的能隙。布洛赫函数中的波矢 k 是重要的指标，而不是式（12）中的 K，这个 K 与式（13）给出的能量相联系。在波矢空间关于这一问题的处理将在本章的后续内容中讨论。

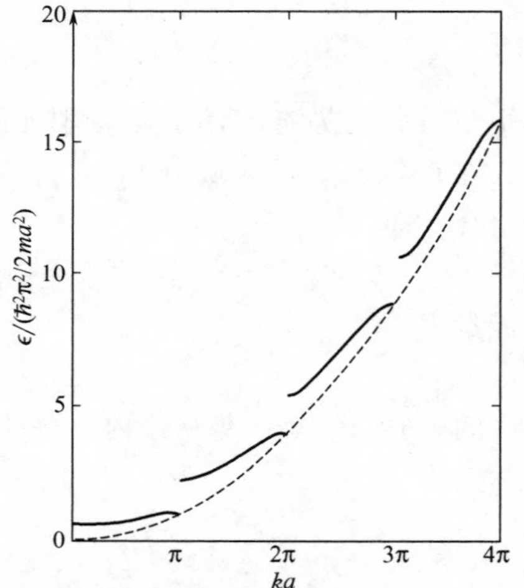

图 6 在克勒尼希—彭尼势场中的能量关于波数的关系曲线，其中 $P=3\pi/2$。请注意在 $ka=\pi, 2\pi, 3\pi, \cdots$ 处出现的能隙。

7.4 电子在周期势场中的波动方程

我们由上一节的讨论可以看出，如若波矢在布里渊区边界（例如 $k=\pm\pi/a$）处，其薛定谔方程的解将具有图 3 所绘出的近似形式。现在来细致地处理在一般势场中和一般 k 值下的波动方程。令 $U(x)$ 表示晶格常量为 a 的线型晶格中一个电子的势能。我们知道，在晶格的平移变换下势能不变，即 $U(x)=U(x+a)$。一个对于晶格平移操作不变的函数可以展开为倒格矢 $\boldsymbol{G}$ 表示的傅里叶级数。将势能表示为傅里叶级数，即有

$$U(x)=\sum_G U_G e^{iGx} \tag{22}$$

对于实际的晶体势能，系数 U_G 的值的变化趋势是随着 G 的量值的增加而迅速减少。对于裸的（无屏蔽的）库仑势场，U_G 依照 $1/G^2$ 律下降。

一般要求势能 $U(x)$ 是一个实函数，即

$$U(x)=\sum_{G>0}U_G(e^{iGx}+e^{-iGx})=2\sum_{G>0}U_G\cos Gx \tag{23}$$

为方便起见，假定晶体关于 $x=0$ 对称，则有 $U_0=0$。

晶体中电子的波动方程是 $H\psi=\epsilon\psi$，此处 H 是哈密顿算符，而ϵ为能量本征值；其解 ψ 称为本征函数或轨道，亦称之为布洛赫函数。写出波动方程的显式形式，则有

$$\left(\frac{1}{2m}p^2+U(x)\right)\psi(x)=\left(\frac{1}{2m}p^2+\sum_G U_G e^{iGx}\right)\psi(x)=\epsilon\,\psi(x) \tag{24}$$

式（24）是单电子近似下的形式，其轨道 $\psi(x)$ 描述一个电子在离子实势场和其余传导电子之平均势场中的运动。

波函数 $\psi(x)$ 可以表示为一个傅里叶级数：

$$\psi=\sum_k C(k)e^{ikx} \tag{25}$$

其中求和遍及边界条件能够允许的所有波矢值，k 为实数。实际上，上式中的 $C(k)$ 亦可以

写成指标的形式 C_k，二者没有区别。这些波矢 k 的取值具有 $2\pi n/L$ 的形式，因为这些 k 值要在长度 L 上满足周期性边界条件；其中，n 是任何正、负整数。这里没有假设 $\psi(x)$ 具有基本晶格平移 a 的周期性，$\psi(x)$ 的平移性质由布洛赫定理式（7）决定。

应当指出，对于包含在波矢形式如 $2\pi n/L$ 中的所有波矢，并非全部都出现于任何一个布洛赫函数的傅里叶展开式中。如果某一波矢 k 出现在 ψ 中，那么这个 ψ 的展开式出现的其余波矢都将具有 $k+G$ 的形式，这里的 G 为任一倒格矢。在下面的式（29）中我们将证明这一结论。

我们可以把包含傅里叶分量 k 的波函数记为 ψ_k，或同样地可记为 ψ_{k+G}，因为如果 k 出现在傅里叶级数中，则 $k+G$ 也会出现。遍及诸 G 的那些波矢 $k+G$ 是波矢集合 $2\pi n/L$ 中的一个限制型子集，如图 7 所示。

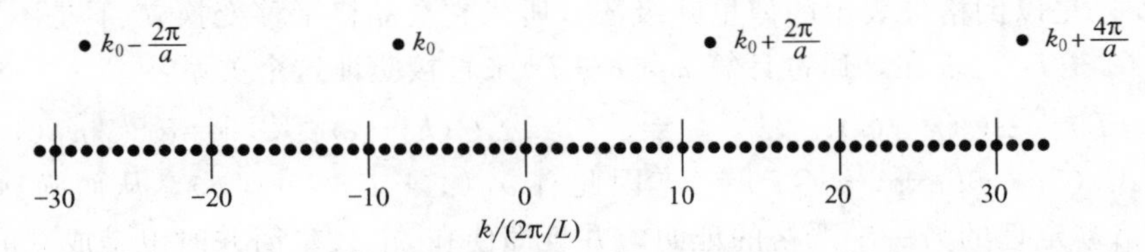

图 7 图示的一行黑点代表允许的波矢值 $k=2\pi n/L$，这些值由周长为 L、包括 20 个原胞的圆环赋予波函数的周期性边界条件所决定。这族 k 值延续到 $\pm\infty$。上面的黑点表示可能进入波涵数 $\psi(x)$ 的傅里叶展开式的最初几个波矢，从某一个波矢 $k=k_0=-8(2\pi/L)$ 开始。最短的倒格矢为 $2\pi/a=20(2\pi/L)$。

我们通常约定，将标识布洛赫函数的 k 取在第一布里渊区内。如果引用其他惯例，也应给予同样的说明。这与单原子晶格中的声子问题不一样，后者在第一布里渊区以外不存在离子运动的分量。这里讨论的电子问题与 X 射线衍射问题类似，因为对于电子波函数而言，电磁场存在于晶体中的每一处，而不仅仅存在于离子处。

为了求解上述波动方程，将式（25）代入式（24），从而得出关于傅里叶系数的一组线性代数方程。动能项是

$$\frac{1}{2m}p^2\psi(x)=\frac{1}{2m}\left(-i\hbar\frac{\mathrm{d}}{\mathrm{d}x}\right)^2\psi(x)=-\frac{\hbar^2}{2m}\frac{\mathrm{d}^2\psi}{\mathrm{d}x^2}=\frac{\hbar^2}{2m}\sum_k k^2C(k)\mathrm{e}^{ikx};$$

而势能项是

$$\left(\sum_G U_G\mathrm{e}^{iGx}\right)\psi(x)=\sum_G\sum_k U_G\mathrm{e}^{iGx}C(k)\mathrm{e}^{ikx}$$

由上述二者之和得到波动方程，即

$$\sum_k\frac{\hbar^2}{2m}k^2C(k)\mathrm{e}^{ikx}+\sum_G\sum_k U_GC(k)\mathrm{e}^{i(k+G)x}=\epsilon\sum_k C(k)\mathrm{e}^{ikx}\tag{26}$$

方程两端的各个傅里叶分量的系数必须对应相等。于是，我们得到所谓的中心方程为

$$(\lambda_k-\epsilon)C(k)+\sum_G U_GC(k-G)=0\tag{27}$$

其中记号

$$\lambda_k=\hbar^2k^2/2m\tag{28}$$

式（27）虽因用一组代数方程取代了一般的微分式（24）而令人感到不熟悉，然而它是周期晶格中波动方程的一种有用的形式。这个方程组看起来是可怕的，因为原则上要确定无限多个 $C(k-G)$。实际上却常常只要少数几个就足够了，例如两个或四个。在处理问题的实践当中，我们会慢慢体会到这种代数方法的优越性。

7.4.1 关于布洛赫定理的另一种表述形式

由上述讨论可知，一旦由式（27）决定了 C，则由式（25）给出的波函数就可以写为

$$\psi_k(x)=\sum_G C(k-G)e^{i(k-G)x} \tag{29}$$

此式可以整理为

$$\psi_k(x)=\Big(\sum_G C(k-G)e^{-iGx}\Big)e^{ikx}=e^{ikx}u_k(x)$$

其中定义

$$u_k(x)\equiv\sum_G C(k-G)e^{-iGx}$$

因为 $u_k(x)$ 是以倒格矢表示的傅里叶级数，所以它在晶格平移变换 T 下是不变的，于是 $u_k(x)=u_k(x+T)$。现在，通过计算 $u_k(x+T)$来直接验证这个关系：

$$u_k(x+T)=\sum C(k-G)e^{-iG(x+T)}=e^{-iGT}\left[\sum C(k-G)e^{-iGx}\right]=e^{-iGT}u_k(x)$$

因为由第 2 章式（17）知 $\exp(-iGT)=1$，因此有 $u_k(x+T)=u_k(x)$，从而确立 u_k 的周期性。这是布洛赫定理的另一个严格的证明，并且即使在 ψ_k 发生简并时也是成立的。

7.4.2 电子的格波动量

用来标识布洛赫函数的波矢 $\boldsymbol{k}$ 具有怎样的意义呢？归纳起来，它具有以下几个性质。

- 因为 $u_{\mathbf{k}}(\boldsymbol{r}+\boldsymbol{T})=u_{\mathbf{k}}(\boldsymbol{r})$，所以在将$\boldsymbol{r}$ 移动至$\boldsymbol{r}+\boldsymbol{T}$ 的晶格平移变换下有

$$\psi_{\mathbf{k}}(\boldsymbol{r}+\boldsymbol{T})=e^{i\boldsymbol{k}\cdot\boldsymbol{T}}e^{i\boldsymbol{k}\cdot\boldsymbol{r}}u_{\mathbf{k}}(\boldsymbol{r}+\boldsymbol{T})=e^{i\boldsymbol{k}\cdot\boldsymbol{T}}\psi_k(\boldsymbol{r}) \tag{30}$$

于是 $\exp(i\boldsymbol{k}\cdot\boldsymbol{T})$ 是在一个晶格平移变换$\boldsymbol{T}$下布洛赫函数所乘上的相位因子。

- 如果晶格势场为零，则中心式（27）化简为 $(\lambda_k-\epsilon)C(\boldsymbol{k})=0$。因此除 $C(\boldsymbol{k})$之外，其余所有 $C(\boldsymbol{k}-\boldsymbol{G})$ 均为零。由此可知，$u_{\mathbf{k}}(\boldsymbol{r})$为常量。于是得到 $\psi_{\mathbf{k}}(\boldsymbol{r})=e^{i\boldsymbol{k}\cdot\boldsymbol{r}}$，这恰好和自由电子的情形一样（这里假定我们已经有了选择"正确"$\boldsymbol{k}$ 作为标识指标的预见。对于许多情况来说，$\boldsymbol{k}$ 的其他选择，例如相差一个倒格矢的$\boldsymbol{k}$，将更为方便）。
- $\boldsymbol{k}$ 的值出现在晶体中电子碰撞过程的守恒定律之中。（对于跃迁而言，守恒定律实际上就是选择定则）。因为这个理由，$\hbar\boldsymbol{k}$ 被称为电子的格波动量（crystal momentum）。当电子 $\boldsymbol{k}$ 在碰撞过程中吸收一个波矢为$\boldsymbol{q}$ 的声子时，选择定则为$\boldsymbol{k}+\boldsymbol{q}=\boldsymbol{k}'+\boldsymbol{G}$。在这一过程中，电子由状态$\boldsymbol{k}$ 被散射到另一个状态$\boldsymbol{k}'$，而$\boldsymbol{G}$ 是倒格矢。用于标识布洛赫函数的任意波矢允许有一个相当于$\boldsymbol{G}$ 的减少量，而并不改变这一过程的物理本质。

7.4.3 关于中心方程的解

由式（27）可知，中心方程

$$(\lambda_k-\epsilon)C(k)+\sum_G U_G C(k-G)=0 \tag{31}$$

表示联系诸量 $C(k-G)$ 的联立线性方程组，其中 G 遍取所有倒格矢。它之所以是一个方程组，原因在于方程的个数与系数 C 的数目相等。如果其系数行列式为零，那么这些方程就是相容的。

下面让我们就一个具体的问题写出这类方程。令 g 表示最短的G，并假定势能仅含有一个傅里叶分量 $U_g=U_{-g}$，记为 U。于是，若写出系数行列式的一部分，则有

$$\begin{matrix}\lambda_{k-2g}-\epsilon & U & 0 & 0 & 0\\ U & \lambda_{k-g}-\epsilon & U & 0 & 0\\ 0 & U & \lambda_k-\epsilon & U & 0\\ 0 & 0 & U & \lambda_{k+g}-\epsilon & U\\ 0 & 0 & 0 & U & \lambda_{k+2g}-\epsilon\end{matrix} \tag{32}$$

为了理解这一点，写出了式（31）的5个相继方程。原则上行列式的长宽应是无限的，但是令上面写出的那部分等于零一般就够了。

除开出现重根的情况以外，相应于一个给定的k，每个根ϵ或ϵ_{k}将分别处在不同的能带上。行列式（32）的解给出一组能量本征值$\epsilon_{n\mathrm{k}}$，其中n是标记能量的序列指标，而k是标识C_{k}的波矢。

最通常的做法是取第一布里渊区内的k，以减少标识中可能发生的混淆。如果选择一个波矢k和原来的波矢相差某个倒格矢，我们将得到同样一组方程，虽然秩序不同，但能谱一样。

7.4.4 倒易空间中的克勒尼希-彭尼模型

作为应用中心式（31）的一个例子，下面我们讨论一个严格可解的问题。利用周期性δ函数势场中的克勒尼希-彭尼模型，则有

$$U(x)=2\sum_{G>0}U_G\cos Gx=Aa\sum_s\delta(x-sa) \tag{33}$$

式中，A为常数，a为晶格间距；求和遍及0与$\frac{1}{a}$之间的所有整数s。边界条件为单位长度的圆环的周期性，也就是其周期为$\frac{1}{a}$个原子。于是，这个势的傅里叶系数为

$$\begin{aligned}U_G&=\int_0^1\mathrm{d}x\ U(x)\cos Gx=Aa\sum_s\int_0^1\mathrm{d}x\delta(x-sa)\cos Gx\\&=Aa\sum_s\cos Gsa=A\end{aligned} \tag{34}$$

对于δ函数势，所有U_G相等。

若以k作为布洛赫指标写出中心方程，则式（31）变为

$$(\lambda_{\mathrm{k}}-\epsilon)C(k)+A\sum_n C(k-2\pi n/a)=0 \tag{35}$$

式中$\lambda_{\mathrm{k}}\equiv\hbar^2k^2/2m$，求和指标遍及所有整数$n$。我们可以通过求解式（35）而得到$\epsilon(k)$。

定义

$$f(k)=\sum_n C(k-2\pi n/a) \tag{36}$$

于是，式（35）变成

$$C(k)=-\frac{(2mA/\hbar^2)f(k)}{k^2-(2m\epsilon/\hbar^2)} \tag{37}$$

因为式（36）中的求和遍及所有的系数C，所以对于任意的n，我们有

$$f(k)=f(k-2\pi n/a) \tag{38}$$

根据这一关系，则可推导出

$$C(k-2\pi n/a)=-(2mA/\hbar^2)f(k)\left[(k-2\pi n/a)^2-2m\epsilon/\hbar^2)\right]^{-1} \tag{39}$$

利用式（36）并且两边消去$f(k)$，然后两边遍及n求和，则得

$$(\hbar^2/2mA)=-\sum_n\left[(k-2\pi n/a)^2-(2m\epsilon/\hbar^2)\right]^{-1} \tag{40}$$

借助于下式的标准关系

$$\operatorname{ctn}x=\sum_n\frac{1}{n\pi+x} \tag{41}$$

以及三角函数的积、差公式，式（40）中的求和部分变成

$$\frac{a^2\sin Ka}{4Ka(\cos ka-\cos Ka)} \tag{42}$$

由式（13）可知 $K^2=2m\epsilon/\hbar^2$，通过代入整理和合并，上述式（40）最后变为

$$(mAa^2/2\hbar^2)(Ka)^{-1}\sin Ka+\cos Ka=\cos ka \tag{43}$$

如果在上式中令 $mAa^2/2\hbar^2=P$，则得到与前面式（21b）一样的克勒尼希-彭尼结果。

7.4.5 空格点近似

实际的能带结构一般表示在第一布里渊区内，并以能量与波矢的关系给出。如果波矢碰巧落在第一布里渊区之外，则可以通过将该波矢减去一个合适的倒格矢使之返回到第一布里渊区之内。事实上，这样的平移总是可以找到的。同时，这种操作又很直观和形象化。

当能带能量可以很好地近似表示为自由电子的能量 $\epsilon_{\mathbf{k}}=\hbar^2\mathbf{k}^2/2m$ 时，把自由电子能量也表示在第一布里渊区内是很有意义的。其实，这种做法非常简单，就是寻找一个 $\mathbf{G}$ 使得第一布里渊区内的 $\mathbf{k}'$ 满足

$$\mathbf{k}'+\mathbf{G}=\mathbf{k}$$

公式里的 $\mathbf{k}$ 是没有限制的，它是处在空格点上的真正自由电子的波矢。（平面波一旦被晶格所调制，则对于态 ψ 将不存在“真正自由电子”的波）。

如果为了方便将 $\mathbf{k}'$ 写作 $\mathbf{k}$，则根据上述讨论，自由电子能量总可以写成如下的形式：

$$\begin{aligned}\epsilon(k_x,k_y,k_z)&=(\hbar^2/2m)(\mathbf{k}+\mathbf{G})^2\\&=(\hbar^2/2m)\left[(k_x+G_x)^2+(k_y+G_y)^2+(k_z+C_z)^2\right]\end{aligned}$$

这里 $\mathbf{k}$ 在第一布里渊区内，$\mathbf{G}$ 遍及各个合适的倒格点。

现在作为一个例子，考虑一个简单立方晶格的低能态自由电子能带。假定我们要把能量表示为沿［100］方向的 $\mathbf{k}$ 的函数。为方便起见，依照 $\hbar^2/2m=1$ 来选择单位。下面列出几个空格点近似的低能带以及它们在 $\mathbf{k}=0$ 处的能量 $\epsilon(000)$ 和第一布里渊区内沿 k_x 轴的能量 $\epsilon(k_x00)$：

能带	$Ga/2\pi$	$\epsilon(000)$	$\epsilon(k_x00)$
1	000	0	k_x^2
2，3	100，$\bar{1}00$	$(2\pi/a)^2$	$(k_x\pm2\pi/a)^2$
4，5，6，7	010，$0\bar{1}0$，001，$00\bar{1}$	$(2\pi/a)^2$	$k_x^2+(2\pi/a)^2$
8，9，10，11	110，101，$1\bar{1}0$，$10\bar{1}$	$2(2\pi/a)^2$	$(k_x+2\pi/a)^2+(2\pi/a)^2$
12，13，14，15	$\bar{1}10$，$\bar{1}01$，$\bar{1}\bar{1}0$，$\bar{1}0\bar{1}$	$2(2\pi/a)^2$	$(k_x-2\pi/a)^2+(2\pi/a)^2$
16，17，18，19	011，$0\bar{1}1$，$01\bar{1}$，$0\bar{1}\bar{1}$	$2(2\pi/a)^2$	$k_x^2+2(2\pi/a)^2$

如图 8 所示，给出了这些自由电子能带。作为练习，请读者对平行于波矢空间［111］方向的 $\mathbf{k}$ 画出类似的能带。

7.4.6 在布里渊区边界附近的近似解

假定势能的傅里叶分量 U_G 与布里渊区边界上的自由电子的动能相比是小的。首先考虑一个波矢恰好在布里渊区边界 $\frac{1}{2}G$ 处，即 π/a 处。在这种情况下，

$$k^2=\left(\frac{1}{2}G\right)^2;\ (k-G)^2=\left(\frac{1}{2}G-G\right)^2=\left(\frac{1}{2}G\right)^2$$

因此，在布里渊区边界上，两个分波 $k=\pm\frac{1}{2}G$ 的动能相等。

如果 $C(\frac{1}{2}G)$ 是轨函（轨道波函数的简称）式（29）在布里渊区边界上的一个重要系

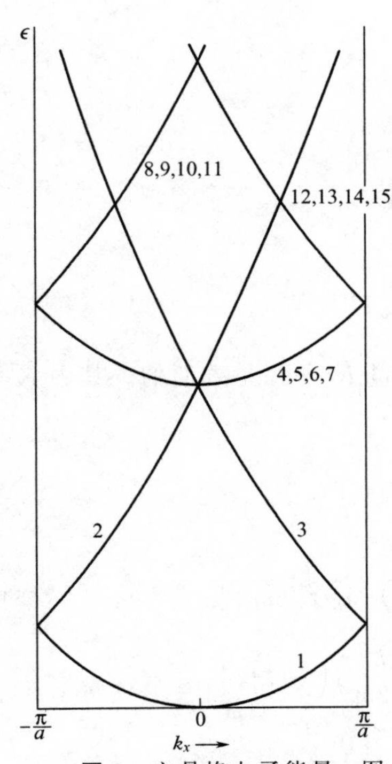

图 8 空晶格电子能量。图示简单立方晶格的自由电子能带已变换至第一布里渊区内，并对 (k_x00) 作图。自由电子能量为 $\hbar^2(\mathbf{k}+\mathbf{G})^2/2m$，式中的 $\mathbf{G}$ 值由本小节表的第二列给出。粗线位于第一布里渊区，$-\frac{\pi}{a}\leqslant k_x\leqslant\frac{\pi}{a}$。能带的这种绘制方式称为简约布里渊区图式。

数，则 $C(-\frac{1}{2}G)$ 也是一个重要系数。这个结果也可以由关于式（5）的讨论得出。据此，我们仅仅保留中心方程中包含 $C(\frac{1}{2}G)$ 和 $C(-\frac{1}{2}G)$ 两个系数的那些方程，而不考虑其余所有的系数。

引用 $k=\frac{1}{2}G$ 和 $\lambda=\hbar^2(\frac{1}{2}G)^2/2m$，则式（31）中的一个方程变为

$$(\lambda-\epsilon)C(\frac{1}{2}G)+UC(-\frac{1}{2}G)=0 \tag{44}$$

式（31）中的另一个方程变为

$$(\lambda-\epsilon)C(-\frac{1}{2}G)+UC(\frac{1}{2}G)=0 \tag{45}$$

如果能量ϵ满足

$$\begin{vmatrix}\lambda-\epsilon & U\\ U & \lambda-\epsilon\end{vmatrix}=0 \tag{46}$$

则上面两个方程对于两个系数有非平凡解，由此得出

$$(\lambda-\epsilon)^2=U^2;\quad \epsilon=\lambda\pm U=\frac{\hbar^2}{2m}(\frac{1}{2}G)^2\pm U \tag{47}$$

可见，能量有两个根，一个比自由电子的动能低 U，而另一个则比自由电子的动能高 U。这样，势能 $2U\cos Gx$ 在区界上将导致宽度为 $2U$ 的能隙。

由式（44）或式（45）可以得到两个系数 C 之比：

$$\frac{C(-\frac{1}{2}G)}{C(\frac{1}{2}G)}=\frac{\epsilon-\lambda}{U}=\pm1 \tag{48}$$

这里最后一步引用了式（47）。因此，$\psi(x)$ 在区界上的傅里叶展开式有两个解，即有

$$\psi(x)=\exp(iGx/2)\pm\exp(-iGx/2)$$

这两个轨函与式（5）的结果完全相同。

一个解相应于能隙底部的波函数，另一个解给出相应于能隙顶部的波函数。不过，究竟哪个解具有较低的能量则须视 U 的符号而定。

现在求解波矢 k 靠近布里渊区边界 $\frac{1}{2}G$ 处的轨道波函数。我们同样采用二分量近似，不过现在波函数的形式为

$$\psi(x)=C(k)e^{ikx}+C(k-G)e^{i(k-G)x} \tag{49}$$

根据中心式（31），须解下列一对方程：

$$(\lambda_k-\epsilon)C(k)+UC(k-G)=0$$

$$(\lambda_{k-G}-\epsilon)C(k-G)+UC(k)=0$$

其中 λ_k 定义为 $\hbar^2k^2/2m$。如果能量ϵ满足

$$\begin{vmatrix} \lambda_k-\epsilon & U \\ U & \lambda_{k-G}-\epsilon \end{vmatrix}=0$$

即$\epsilon^2-\epsilon(\lambda_{k-G}+\lambda_k)+\lambda_{k-G}\lambda_k-U^2=0$，则上面两个方程有解。

能量有两个根，亦即

$$\epsilon=\frac{1}{2}(\lambda_{k-G}+\lambda_k)\pm\left[\frac{1}{4}(\lambda_{k-G}-\lambda_k)^2+U^2\right]^{1/2} \tag{50}$$

每个根形成一个能带，这两个根都在图 9 中给出。把能量按量 $\widetilde{K}$ 展开是方便的。其中 $\widetilde{K}\equiv k-\frac{1}{2}G$，它表示 k 与布里渊区边界之间的波矢差。于是有

$$\begin{aligned}\epsilon_{\widetilde{K}}&=(\hbar^2/2m)(\frac{1}{4}G^2+\widetilde{K}^2)\pm[4\lambda(\hbar^2\widetilde{K}^2/2m)+U^2]^{1/2}\\&\simeq(\hbar^2/2m)(\frac{1}{4}G^2+\widetilde{K}^2)\pm U[1+2(\lambda/U^2)(\hbar^2\widetilde{K}^2/2m)]\end{aligned} \tag{51}$$

这里展开的区间为 $\hbar^2G\widetilde{K}/2m\ll|U|$。同前，此处的 $\lambda=\left(\frac{\hbar^2}{2m}\right)\left(\frac{1}{2}G\right)^2$。

将式（47）的两个区界上的根记为$\epsilon(\pm)$，则式（51）可写作

$$\epsilon_{\widetilde{K}}(\pm)=\epsilon(\pm)+\frac{\hbar^2\widetilde{K}^2}{2m}\left(1\pm\frac{2\lambda}{U}\right) \tag{52}$$

这两个值便是在波矢非常靠近区界$\frac{1}{2}G$ 时的能量的根。注意，能量对波矢 $\widetilde{K}$ 是平方依赖关系。当U 为负时，解$\epsilon(-)$ 对应于两个能带中较高的一支，而$\epsilon(+)$ 则对应于两个能带中较低的一支。如图 10 所示，画出了这两个 C 的曲线。

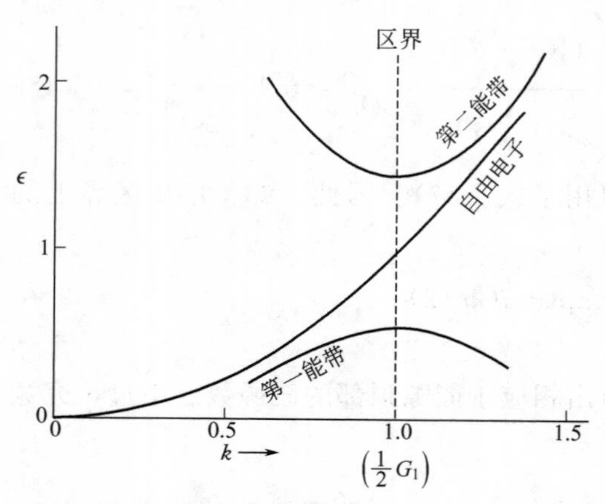

图 9 以周期布里渊区图式表示的式（50）的解，图示为第一布里渊区边界附近区域中的图形。单位的选取要使 $U=-0.45$，$G=2$，$\hbar^2/m=1$。为比较起见，给出了自由电子的曲线。布里渊区边界上的能隙为 0.90，在这图中故意选择了大的 U 值。引用这样大的 U 值，二项近似就不精确了。

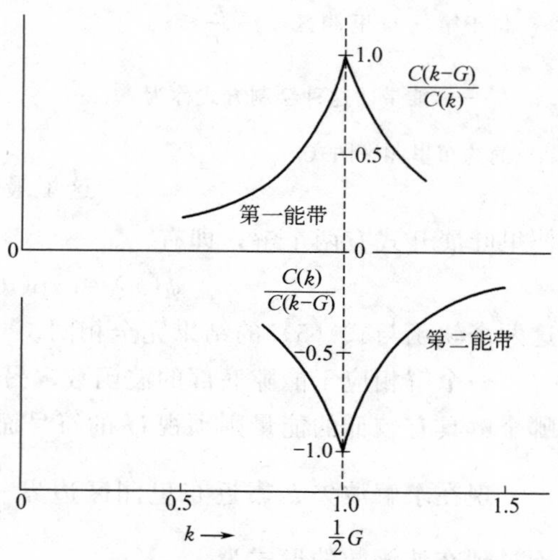

图 10 $\psi(x)=C(k)\exp(ikx)+C(k-G)\exp[i(k-G)x]$ 中的系数之比值曲线。图示为在第一布里渊区边界附近计算的值。当离开边界时有一个分量占主导地位。

7.5 能带中的轨道数目

考虑一个晶格常量为 a 的偶数（N）个原胞构成的线型晶体。为了计算状态数目，将相应于整个晶体长度的周期性边界条件施加于波函数上。在第一布里渊区内电子波矢 k 的允许值由式（2）给出。即有

$$k=0;\pm\frac{2\pi}{L};\pm\frac{4\pi}{L};\cdots;\frac{N\pi}{L} \tag{53}$$

在 $N\pi/L=\pi/a$ 处把这个序列截断，因为该处是布里渊区边界。$-N\pi/L=-\pi/a$ 不算独立的点，因为它通过一个倒格矢同 π/a 相联系。点的数目正好是 N，亦即等于原胞的数目。

每个原胞恰好给每个能带贡献一个独立的 k 值。这个结果可以推广到三维情况。计及每个电子有两个彼此独立的自旋取向，则每个能带中存在 $2N$ 个独立的轨道。如果每个原胞中含有一个一价原子，那么能带可被电子填满一半；如果每个原子给能带贡献两个价电子，那么能带刚好被填满；如果每个原胞中包含两个一价原子，能带也刚好充满。

7.5.1 金属和绝缘体

如果价电子刚好填满一个或更多的能带，而其余的能带仍然全空，那么这个晶体将是一个绝缘体。外加电场不会在绝缘体中引起电流的流动。（这里假定电场不致强到足以破坏电子结构）。假如满带被一个能隙同邻近的较高的能带隔开，且每个允许的态都已充满，则将不可能使这些电子的总动量连续改变。因此，当施加外场以后也不会有什么改变。这和自由电子的情况很不一样，因为自由电子在电场中的 $\boldsymbol{k}$ 一直是增加的（参见第 6 章）。

只有在晶体原胞内价电子数目为偶数时，这个晶体才可能是一个绝缘体。（有时候必须考虑的一个例外是紧束缚内壳层中的电子，它们不能用能带理论处理）。如果一个晶体的每个原胞内有偶数个价电子，则必须考虑能带在能量上是否交叠。如果能带交叠，就可能得到给出金属性质的两个部分填充的能带，而不是一个构成绝缘体的满带，参见图 11 所示。

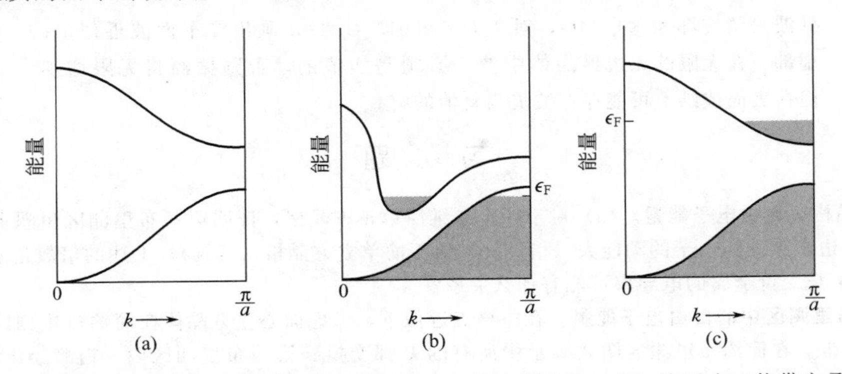

图 11 被占据态的能带结构示意图。（a）代表绝缘体；（b）表示由于能带交叠得到的金属或半金属；（c）由于电子浓度而形成的金属。在（b）中的交叠不一定发生在布里渊区内的同一方向上。如果交叠小，只涉及比较小的态，便称为半金属。

碱金属和贵金属的每个原胞中含有一个价电子，因此它们必定是金属性的。碱土金属的每个原胞中含有两个价电子，它们应该可能成为绝缘体，但是其能带在能量上有交叠，使它们成为金属，但不过不是很好的金属。金刚石、硅和锗的每个原胞中含有两个四价原子亦即每个原胞中含有 8 个价电子，能带不交叠，其纯净晶体在绝对零度时为绝缘体。

小　　结

- 在周期性晶体中波动方程的解具有如下布洛赫形式：
$$\psi_{\mathbf{k}}(\boldsymbol{r})=\mathrm{e}^{i\boldsymbol{k}\cdot\boldsymbol{r}}u_{\mathbf{k}}(\boldsymbol{r})$$
其中 $u_{\mathbf{k}}(\boldsymbol{r})$ 在晶格平移变换下保持不变。
- 在若干能量区域内不存在波动方程的布洛赫函数解（参见习题7）。这些能值构成禁区，在此区内波函数在空间被阻尼，$\boldsymbol{k}$ 是复值的，如图12所示。绝缘体的出现是由于这些能量取值禁区的存在而引起的。
- 能带常常可以用一个或两个平面波作近似地表示。例如，在布里渊区边界 $\frac{1}{2}G$ 附近，$\psi_{\mathrm{k}}(x)\cong C(k)\mathrm{e}^{ikx}+C(k-G)\mathrm{e}^{i(k-G)x}$。
- 能带中轨道的数目为 $2N$，N 为样品中原胞的数目。

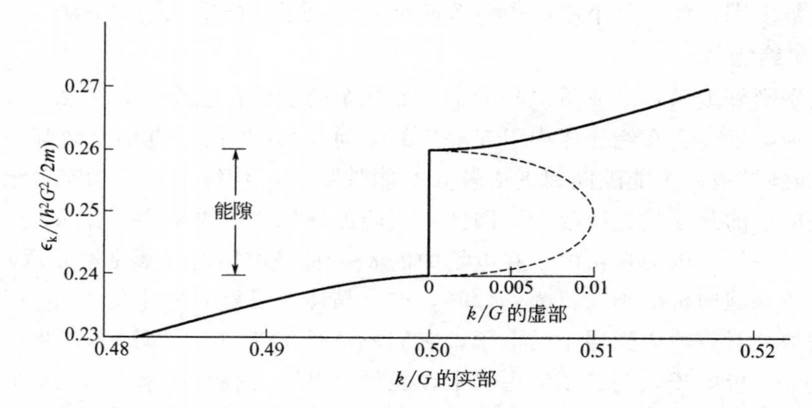

图12　在能隙中存在波动方程波矢为复值的解。在第一布里渊区边界处波矢的实部为 $(1/2)G$，对于 $U=0.01\hbar^2G^2/2m$ 画出二平面波近似下的虚部。在无限的无边界晶体中波矢必须是实值的，否则振幅将无限增加。但在表面或结上可能存在波矢为复值的解。

习　　题

1. 正方晶格，自由电子能量。(a) 对于一个二维简单正方晶格，证明第一布里渊区角隅上自由电子的动能比该区侧边中点处的电子的动能大一倍。(b) 对于简单立方晶格（三维），上述的倍数是多少？(c) 本题 (b) 的结果与二价金属的电导率可能有什么关系？

2. 简约布里渊区中的自由电子能量。在空格点近似下，考虑面心立方晶体在简约布里渊区图式表示中的自由电子能带。在简约布里渊区图式表示中所有的 $\boldsymbol{k}$ 都变换到第一布里渊区内。粗略绘出 [111] 方向上的所有能带的能量，直至相当于布里渊区边界 $\boldsymbol{k}=(2\pi/a)\left(\frac{1}{2},\frac{1}{2},\frac{1}{2}\right)$ 处的最低带能量的6倍。就令这个最低能量为能量的单位。这个问题表明为什么带边不一定要在布里渊区中心。当考虑晶体势场时，有几个简并（能带交叉）被消除。

3. 空布里渊区和填充布里渊区。对于三维样品，试计算其每个布里渊区内 k 的状态数。对于由一价（或二价，或三价）原子组成的一维晶格，请分别讨论其前三个布里渊区是满的、半满的，亦或是空的。

4. 克勒尼希-彭尼模型。(a) 对于 δ 函数势和 $P\ll1$，试求相应于 $k=0$ 处的最低能带的能量；(b) 就同一前提试求在 $k=\frac{\pi}{a}$ 处的能带隙。

5. 基于光学吸收给出的能隙。现有某绝缘体材料，假设能够吸收波长小于 λ_0 的所有光波。请计算该材料的禁带宽度。

6. 金刚石结构中的势能。(a) 试证对于金刚石结构，在 $\mathbf{G}=2\mathbf{A}$ 时，一个电子所感受的晶体势场的傅里叶分量 U_G 为零；其中 $\mathbf{A}$ 是惯用立方晶胞的倒格子中的基矢。(b) 证明在周期晶格波动方程通常的一级近似解中，与矢量 $\mathbf{A}$ 末端垂直的布里渊区边界面上的能隙为零。

❶7. 能隙中的复值波矢。采用导出式 (46) 的近似处理方法求出第一布里渊区边界处的能隙中波矢虚部的表达式。给出能隙中央的 $\mathrm{Im}(k)$ 的结果。对于小的 $\mathrm{Im}(k)$，这一结果是

$$(\hbar^2/2m)[\mathrm{Im}(k)]^2 \approx 2mU^2/\hbar^2 G^2$$

图 12 所给出的形式对于强电场引起的由一个能带至另一个能带隧道贯穿的齐纳 (Zener) 理论很重要。

8. 正方晶格。考虑在二维情况下具有晶体势场

$$U(x,y)=-4U\cos(2\pi x/a)\cos(2\pi y/a)$$

的正方晶格。应用中心方程近似求出布里渊区角顶点 $(\pi/a, \pi/a)$ 处的能隙。这个问题只需解一个 2×2 的行列式方程就足够了。

---

❶ 该题偏难。

第 8 章　半导体晶体

注：在外场中的载流子轨道问题将继续在第 9 章中讨论。

图 1 给出了金属、半金属和半导体中有代表性的载流子浓度。大体上讲，半导体之所以称为半导体是由其在室温下的电阻率决定的。半导体在室温下的电阻率一般在 $10^{-2}\sim10^{9}$

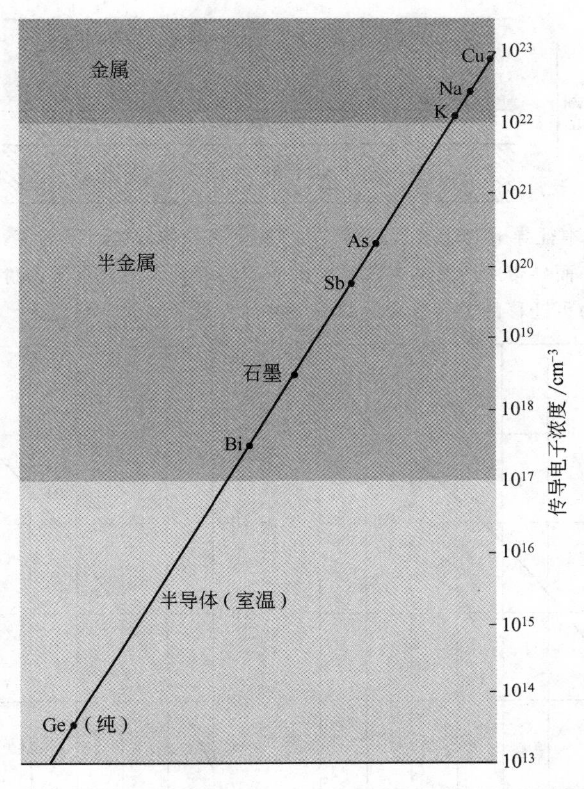

图1 金属、半金属和半导体的载流子浓度。当杂质原子的浓度增加时，半导体的范围可以向上延展。同时，半导体的范围也可以向下拓展，直至最后落入绝缘体的范围。

$\Omega\cdot$cm 的范围内，并且半导体的电阻率强烈地依赖于温度。在绝对零度时，绝大多数半导体的纯净、完美晶体都将成为绝缘体（如果我们笼统地规定其电阻率值大于 $10^{14}\,\Omega\cdot$cm 者即为绝缘体的话）。

基于半导体的器体包括晶体管、开关、二极管、光生伏打电池、探测器以及热敏电阻等。这些器件既可以用作单个的电路元件，也可以用作集成电路的组成单元。本章将讨论常见半导体晶体，特别是硅、锗和 GaAs 的主要物理特性。

一些通用的命名法如下：化学式为 AB 的化合物半导体，其中 A 若为三价元素，B 为五价元素，则称为Ⅲ-Ⅴ族化合物半导体，例如 InSb 和 GaAs；若 A 为二价，B 为六价，则称为Ⅱ-Ⅵ族化合物半导体，例如 ZnS 和 CdS；硅和锗有时称为金刚石型半导体，因为它们具有金刚石型结构。金刚石本身更接近于绝缘体，而不是半导体。碳化硅 SiC 是Ⅳ-Ⅳ族化合物半导体。

高纯半导体呈现本征导电性，它与低纯样品的杂质导电性不同。在本征温度范围内，半导体的电学性质基本上不受晶体中杂质的影响。如图 2 所示，给出了导致本征导电的电子能带原理示意图。在绝对零度时导带是空的，并且有一个能隙将其与充满的价带隔开。

带隙（亦即能隙）是导带的最低点和价带的最高点间的能量之差，导带的最低点称为导带边，价带的最高点称为价带边。

当温度升高时，电子将可能由价带被热激发至导带（参见图 3）。受激跃迁到导带上的电子以及留在价带上的空轨道或空穴都会对电导率有贡献。

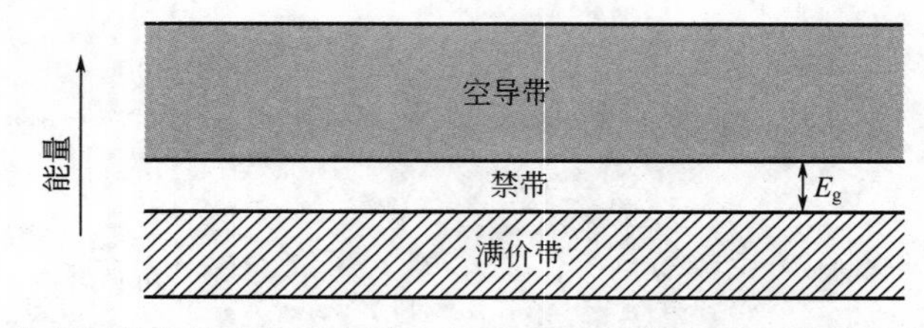

图 2 半导体中本征导电的能带示意图。在 0K 下半导体的电阻率为零，因为这时价带中所有的态都是填满的，而导带中所有的态都是空的。当温度升高时，电子由价带被热激发至导带，在导带中它们就成为可迁移的了。这样的载流子被称为是“本征”载流子。

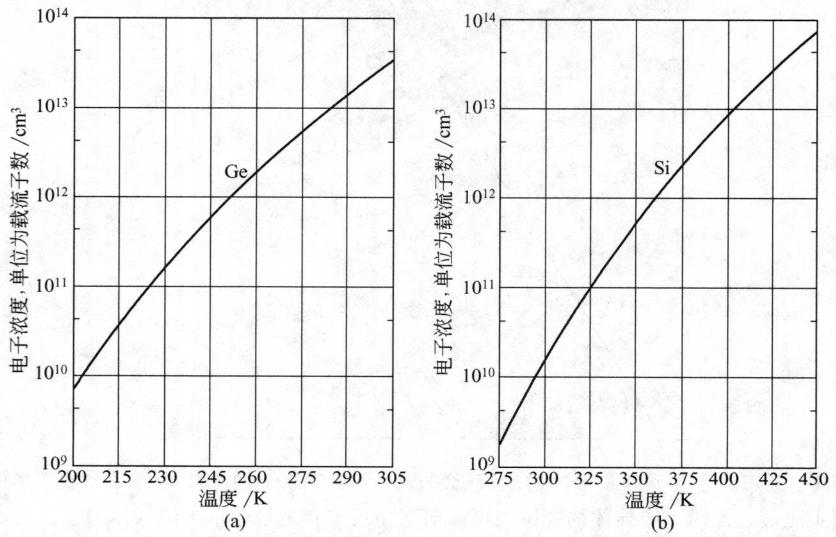

图 3 锗（a）和硅（b）的本征电子浓度随温度的变化。在本征条件下空穴浓度等于电子浓度。在给定温度下 Ge 中的本征浓度比硅中的要高，因为 Ge 的能隙（0.66eV）比 Si 的能隙（1.11eV）窄。引自 W. C. Dunlap。

8.1 带隙

本征电导率和本征载流子浓度主要受带隙对温度之比 $E_g/k_B T$ 的控制。如果这个比值大，则本征载流子的浓度低，从而电导率也低。在表 1 中列出了具有代表性的半导体的带隙。

表 1 价带和导带之间的能隙（i=间接能隙，d=直接能隙）

晶体	能隙	E_g/eV		晶体	能隙	E_g/eV	
		0K	300K			0K	300K
Diamond	i	5.4		SiC (hex)	i	3.0	—
Si	i	1.17	1.11	Tc	d	0.33	—
Ge	i	0.744	0.66	HgTe①	d	−0.30	
αSn	d	0.00	0.00	PbS	d	0.286	0.34～0.37
InSb	d	0.23	0.17	PbSe	i	0.165	0.27
InAs	d	0.43	0.36	PbTe	i	0.190	0.29
InP	d	1.42	1.27	CdS	d	2.582	2.42
GaP	i	2.32	2.25	CdSe	d	1.840	1.74
GaAs	d	1.52	1.43	CdTe	d	1.607	1.44
GaSb	d	0.81	0.68	SnTe	d	0.3	0.18
AlSb	i	1.65	1.6	Cu_2O	d	2.172	—

① HgTe 是半金属，能带交叠。

带隙的精确值是采用光学吸收方法测定的。

在直接吸收过程中，晶体吸收一个光子，同时产生一个电子和一个空穴。如图 4（a）和图 5（a）所示，由连续性光吸收在频率 ω_g 处的阈就可以确定带隙 $E_g=\hbar\omega_g$。

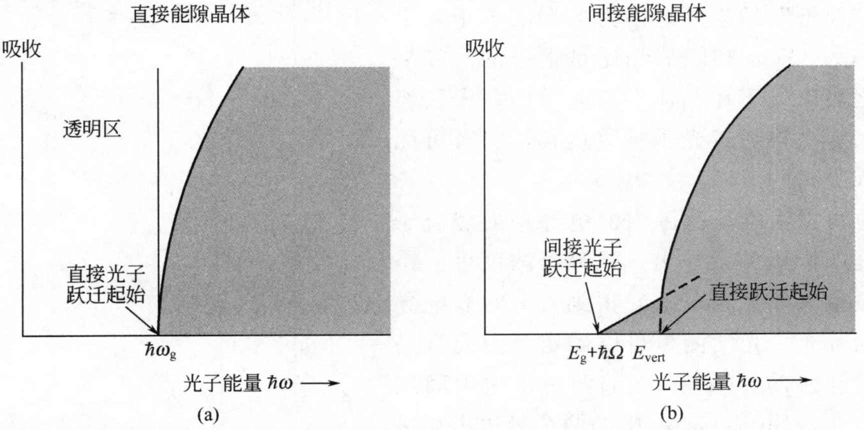

图 4　在绝对零度下纯净绝缘体的光吸收。在（a）中，吸收阈确定能隙为 $E_g=\hbar\omega_g$。在（b）中，吸收阈附近光吸收较弱，在 $\hbar\omega=E_g+\hbar\Omega$ 时吸收一个光子并产生三个粒子：一个自由电子，一个自由空穴和一个能量为 $\hbar\Omega$ 的声子。在（b）中，能量 E_{vert} 标志仅仅产生一个电子和一个空穴的阈，而不涉及声子，这种跃迁称为垂直跃迁。它和（a）中的直接跃迁相似。这些图没有示出有时刚好在吸收阈低能侧近处所看到的吸收线。这种吸收线是由于电子-空穴对，即所谓激子的产生所引起的。

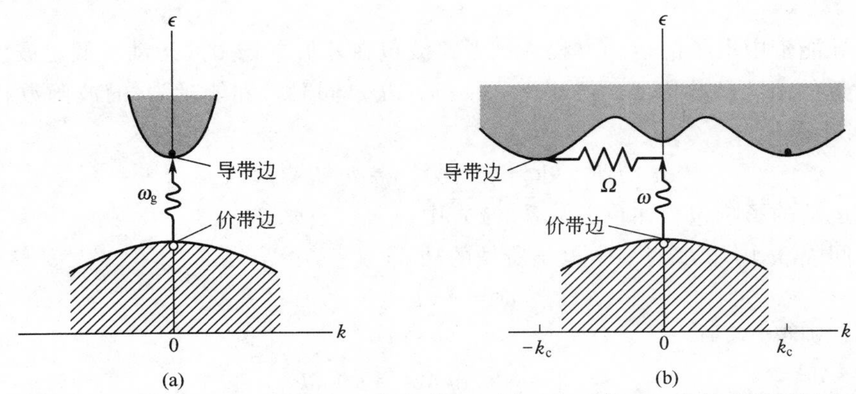

图 5　（a）导带的最低点和价带的最高点出现于同一个 $\boldsymbol{k}$ 值处，直接光跃迁画作垂直的，没有显著的 $\boldsymbol{k}$ 变化，因为吸收的光子具有很小的波矢。直接跃迁吸收阈频率 ω_g 确定能隙 $E_g=\hbar\omega_g$；（b）间接跃迁涉及光子和声子，因为导带边和价带边在 $\boldsymbol{k}$ 空间中远离。在（b）中间接跃迁过程的阈能比真正的带隙大，两个带边之间的间接跃迁的吸收阈相应于 $\hbar\omega=E_g+\hbar\Omega$，此处 Ω 是波矢为 $\boldsymbol{K}\cong-\boldsymbol{k}_c$ 的发射声子的频率。在较高的温度下，声子已经存在；如里声子和光子一起被吸收，则阈能为 $\hbar\omega=E_g-\hbar\Omega$。请注意：这个图仅仅表示阈跃迁。一般说来，两个能带中凡是能够保证波矢和能量守恒的点之间几乎都能发生跃迁。

在图 4（b）和图 5（b）中所示的间接吸收过程中，能带结构的最小能隙所涉及的电子和空穴相隔一个相当大的波矢 $\boldsymbol{k}_c$。在这种情况下，相应于最小能隙能量的光子直接跃迁不能满足波矢守恒的要求，因为在感兴趣的能量范围内光子波矢可以忽略不计。但是，如果在该过程中产出一个波矢为 $\boldsymbol{K}$、频率为 Ω 的声子，便可以有

$$\boldsymbol{k}\ (\text{光子})=\boldsymbol{k}_c+\boldsymbol{K}\cong 0;\hbar\omega=E_g+\hbar\Omega$$

从而满足守恒定律的要求。声子能量$\hbar\Omega$一般远小于E_g：甚至于大的波矢的声子也是格波动量的一个较为“经济”的来源，因为典型的声子能量（约0.01～0.03eV）和能隙相比是很小的。如果温度如此之高以致于在晶体中所需要的声子已经被热激发，那么伴随着光子吸收过程，将有可能发生声子被吸收的情形。

带隙也可以由本征范围内的电导率或载流子浓度对温度的依赖关系导出。载流子浓度可由霍尔电压的测量（参见第6章）得到，有时以电导率测量作为补充。光学测量可以确定带隙究竟是直接的还是间接的。Ge和Si的两个带边由间接跃迁连接；在InSb和GaAs中的两个带边由直接跃迁连接（见图6）。α-Sn的能隙是直接的，并且精确地为零；HgTe和HgSe为半金属，并且有负的带隙，亦即其导带和价带发生了交叠。

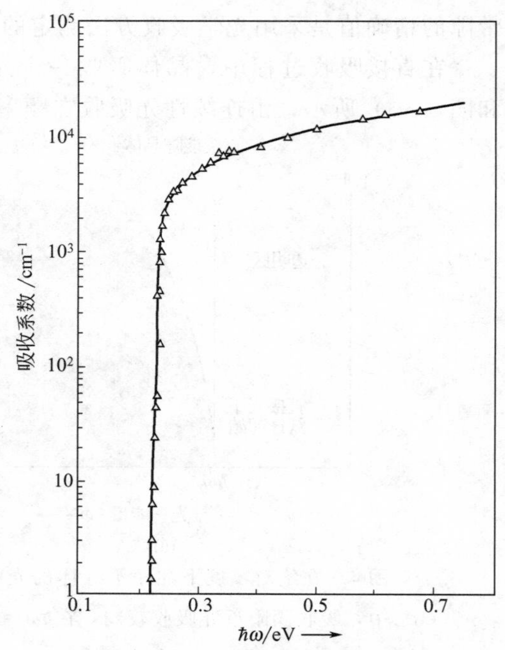

图6 纯锑化铟（InSb）的光吸收。跃迁是直接的，因为导带边和价带边都在布里渊中心的$\boldsymbol{k}=0$处。请读者注意陡峭的阈。引自G. W. Gobeli和H. Y. Fan。

8.2 运动方程

现在推导能带中电子的运动方程。试考察波包在外加电场中的运动，假定波包由一个特定波矢k附近的诸波函数构成，群速为$v_g=\mathrm{d}\omega/\mathrm{d}k$。同时，和能量为$\epsilon$的波函数相关的频率为$\omega=\epsilon/\hbar$，于是

$$v_g=\hbar^{-1}\mathrm{d}\epsilon/\mathrm{d}k \quad \text{或} \quad \boldsymbol{v}=\hbar^{-1}\nabla_{\boldsymbol{k}}\epsilon(\boldsymbol{k}) \tag{1}$$

晶体对电子运动的影响包含在色散关系$\epsilon(\boldsymbol{k})$中。

在时间间隔δt内场E对一个电子所做的功$\delta\epsilon$是

$$\delta\epsilon=-eEv_g\delta t \tag{2}$$

利用式（1），则得

$$\delta\epsilon=(\mathrm{d}\epsilon/\mathrm{d}k)\delta k=\hbar v_g\delta k \tag{3}$$

比较式（2）和式（3），得到

$$\delta k=-(eE/\hbar)\delta t \tag{4}$$

由此可见，$\hbar\mathrm{d}k/\mathrm{d}t=-eE$。

式（4）可以用合外力$\boldsymbol{F}$表示为

$$\hbar\frac{\mathrm{d}\boldsymbol{k}}{\mathrm{d}t}=\boldsymbol{F} \tag{5}$$

这是一个重要的关系式。在晶体中，$\hbar\mathrm{d}\boldsymbol{k}/\mathrm{d}t$等于作用在电子上的合外力。我们知道，根据牛顿第二定律，在自由空间中，$\mathrm{d}(m\boldsymbol{v})/\mathrm{d}t$等于力。显然，我们并没有违反牛顿第二定律：晶体中的电子既受到来自外部的力，也受到来自晶格的力。

同时，应当指出，上述式（5）中的外力也包括电场和磁场对电子的作用力。因此，在磁场不致强烈到足以破坏能带结构的一般条件下，这个结果也适用于磁场作用在一个电子上

的洛伦兹力。于是，在恒定磁场 $\boldsymbol{B}$ 中群速为 $\boldsymbol{v}$ 的电子的运动方程为

$$(\mathrm{CGS})\hbar\frac{\mathrm{d}\boldsymbol{k}}{\mathrm{d}t}=-\frac{e}{c}\boldsymbol{v}\times\boldsymbol{B};\qquad(\mathrm{SI})\hbar\frac{\mathrm{d}\boldsymbol{k}}{\mathrm{d}t}=-e\boldsymbol{v}\times\boldsymbol{B}\tag{6}$$

式中右边是作用在电子上的洛伦兹力。由于群速 $\boldsymbol{v}=\hbar^{-1}\mathrm{grad}_{\boldsymbol{k}}\,\epsilon$，则波矢的变化速率就是

$$(\mathrm{CGS})\ \frac{\mathrm{d}\boldsymbol{k}}{\mathrm{d}t}=-\frac{e}{\hbar^2 c}\nabla_{\boldsymbol{k}}\epsilon\times\boldsymbol{B};\qquad(\mathrm{SI})\ \frac{\mathrm{d}\boldsymbol{k}}{\mathrm{d}t}=-\frac{e}{\hbar^2}\nabla_{\boldsymbol{k}}\epsilon\times\boldsymbol{B}\tag{7}$$

现在方程的两端均取 $\boldsymbol{k}$ 空间中的坐标。

由式（7）中的矢量矢积看出，磁场中的电子在 $\boldsymbol{k}$ 空间内沿垂直于能量ϵ的梯度的方向运动，因此电子是在等能面上运动。在运动过程中，$\boldsymbol{k}$ 在 $\boldsymbol{B}$ 方向上的投影 k_{B} 的值保持恒定。在 $\boldsymbol{k}$ 空间中，其运动位于垂直于 $\boldsymbol{B}$ 的平面内，而轨道则由这个平面与一个等能面的交线所确定。

8.2.1　公式$\hbar\dot{\boldsymbol{k}}=\boldsymbol{F}$ 的物理推导

现在，我们来研究属于能量本征值$\epsilon_{\boldsymbol{k}}$ 和波矢 $\boldsymbol{k}$ 的布洛赫本征函数 $\psi_{\boldsymbol{k}}$，即

$$\psi_{\boldsymbol{k}}=\sum_{\boldsymbol{G}}C(\boldsymbol{k}+\boldsymbol{G})\exp[i(\boldsymbol{k}+\boldsymbol{G})\cdot\boldsymbol{r}]\tag{8}$$

一个电子在布洛赫态（$\boldsymbol{k}$）中的动量期望值可以写为

$$\begin{aligned}\boldsymbol{p}_{\mathrm{el}}&=(\boldsymbol{k}|-i\hbar\nabla|\boldsymbol{k})=\sum_{\boldsymbol{G}}\hbar(\boldsymbol{k}+\boldsymbol{G})|C(\boldsymbol{k}+\boldsymbol{G})|^2\\&=\hbar(\boldsymbol{k}+\sum_{\boldsymbol{G}}\boldsymbol{G}|C(\boldsymbol{k}+\boldsymbol{G})|^2)\end{aligned}\tag{9}$$

其中利用了$\sum|C(\boldsymbol{k}+\boldsymbol{G})|^2=1$。

下面讨论：当由于施加外力使电子由态 $\boldsymbol{k}$ 变化至 $\boldsymbol{k}+\Delta\boldsymbol{k}$ 时，电子和晶格之间产生的动量转移。为方便起见，将一个绝缘晶体想象为静电中性的，只是在一个能带上有一个处在态 $\boldsymbol{k}$ 中的电子，这个能带的其余态都是空的。

假定在一个时间间隔内施加一个微弱的外力，使给予整个晶体系统的总冲量为 $\boldsymbol{J}=\int\boldsymbol{F}\mathrm{d}t$。如果传导电子是自由的（$m^*=m$），那么由这个冲量给予晶体系统的总动量应反映在传导电子的动量变化之中，即有

$$\boldsymbol{J}=\Delta\boldsymbol{p}_{\mathrm{tot}}=\Delta\boldsymbol{p}_{\mathrm{el}}=\hbar\Delta\boldsymbol{k}\tag{10}$$

同时，应该指出，这个中性晶体不会直接或间接地通过该自由电子同电场发生净相互作用。

如果考虑到传导电子同晶格周期势场的相互作用，则应该有

$$\boldsymbol{J}=\Delta\boldsymbol{p}_{\mathrm{tot}}=\Delta\boldsymbol{p}_{\mathrm{lat}}+\Delta\boldsymbol{p}_{\mathrm{el}}\tag{11}$$

根据式（9）关于 $\boldsymbol{p}_{\mathrm{el}}$ 的结果，便有

$$\Delta\boldsymbol{p}_{\mathrm{el}}=\hbar\Delta\boldsymbol{k}+\sum_{\boldsymbol{G}}\hbar\boldsymbol{G}[(\nabla_{\boldsymbol{k}}|C(\boldsymbol{k}+\boldsymbol{G})|^2)\cdot\Delta\boldsymbol{k}]\tag{12}$$

关于由电子状态改变引起的晶格动量的改变 $\Delta\boldsymbol{p}_{\mathrm{lat}}$，我们可以通过一个简单的物理过程来理解，亦即电子通过晶格对电子的反射过程把动量转移给晶格。如果入射电子具有动量为 $\hbar\boldsymbol{k}$ 的平面波分量，它被反射后具有动量$\hbar(\boldsymbol{k}+\boldsymbol{G})$，那么根据动量守恒的要求，晶格将获得动量$-\hbar\boldsymbol{G}$。所以，当状态由 $\psi_{\mathbf{k}}$ 跃迁到 $\psi_{\mathbf{k}+\Delta\mathbf{k}}$ 时，转移给晶格的动量为

$$\Delta\boldsymbol{p}_{\mathrm{lat}}=-\hbar\sum_{\boldsymbol{G}}\boldsymbol{G}[(\nabla_{\mathbf{k}}|\boldsymbol{C}(\boldsymbol{k}+\boldsymbol{G})|^2)\cdot\Delta\boldsymbol{k}]\tag{13}$$

这也就是说，在状态改变 $\Delta\boldsymbol{k}$ 的过程中，对于初始状态的每一个独立的分量，都将被反射如下式（14）所示的部分，即

$$\nabla_{\boldsymbol{k}}|C(\boldsymbol{k}+\boldsymbol{G})|^2\cdot\Delta\boldsymbol{k}\tag{14}$$

因此，总的动量变化为

$$\Delta \boldsymbol{p}_{\mathrm{el}} + \Delta \boldsymbol{p}_{\mathrm{lat}} = \boldsymbol{J} = \hbar \Delta \boldsymbol{k} \tag{15}$$

由此，显见，对于自由电子，我们将自然地得到上述式（10）所示的结果。同时，根据 $\boldsymbol{J}$ 的定义便有

$$\hbar \mathrm{d}\boldsymbol{k}/\mathrm{d}t = \boldsymbol{F} \tag{16}$$

这和前面以不同方法得出的式（5）一样。在本书附录 E 中，通过另一种完全不同的方法给出了式（16）的严格推导，请读者参阅之。

8.2.2 空穴

在半导体物理和固体电子学中，能带上除了被占轨道之外，未被占据的空轨道性质也是很重要的。能带中的空轨道通常称为空穴。没有空穴就不可能存在晶体管。一个空穴在外加电场或磁场中的行为犹如它带有正电荷 $+e$，其理由下面将从五个方面进行阐述。

1. $$\boldsymbol{k}_{\mathrm{h}} = -\boldsymbol{k}_{\mathrm{e}} \tag{17}$$

在满带中电子的总波矢为零：$\sum \boldsymbol{k} = 0$，此处求和遍及布里渊区内的所有状态。这个结果得自布里渊区的几何对称性：每一基本晶格类型在对于任何格点的反演操作 $\boldsymbol{r} \to -\boldsymbol{r}$ 之下都具有对称性。由此得出结论，晶格的布里渊区也具有反演对称性。如果能带被填满，则所有一对对 $\boldsymbol{k}$ 和 $-\boldsymbol{k}$ 轨道都是满的，从而总的波矢为零。

如果波矢为 $\boldsymbol{k}_{\mathrm{e}}$ 的轨道逸失一个电子，则系统的总波矢为 $-\boldsymbol{k}_{\mathrm{e}}$，并认为它是空穴的波矢。这个结果是出人意料的：若电子由 $\boldsymbol{k}_{\mathrm{e}}$ 逸去，在绘图中空穴的位置通常就标识在 $\boldsymbol{k}_{\mathrm{e}}$ 处，如图 7 所示。但是，尽管空穴在 E 处，它的真正的波矢 $\boldsymbol{k}_{\mathrm{h}}$ 却是 $-\boldsymbol{k}_{\mathrm{e}}$，亦即点 G 的波矢。波矢 $-\boldsymbol{k}_{\mathrm{e}}$ 将会出现在光子吸收的选择定则中。

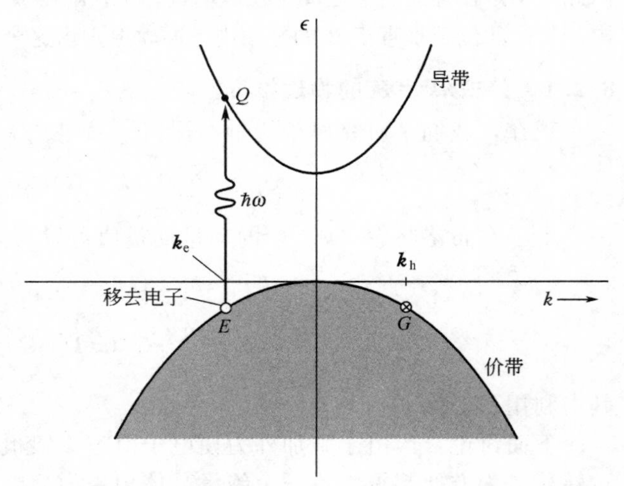

图 7 一个能量为 $\hbar\omega$，波矢可以忽略不计的光子被吸收，使被充满的价带中 E 点上的一个电子转移到导带中 Q 点处。如果 $\boldsymbol{k}_{\mathrm{e}}$ 是原来 E 处的电子波矢，那么现在它应变成 Q 处的电子波矢。在吸收以后价带的总波矢为 $-\boldsymbol{k}_{\mathrm{e}}$，并且如果将价带描述为由一个空穴所占据的能带，那么波矢 $-\boldsymbol{k}_{\mathrm{e}}$ 就应是赋予空穴的波矢；于是 $\boldsymbol{k}_{\mathrm{h}} = -\boldsymbol{k}_{\mathrm{e}}$，空穴的波矢和留在 G 处的电子的波矢一样。对于整个系统来讲，吸收光子之后总的波矢为 $\boldsymbol{k}_{\mathrm{e}} + \boldsymbol{k}_{\mathrm{h}} = 0$。因此，光子的吸收以及一个自由电子和一个自由空穴的产生并不改变总的波矢。

空穴是关于能带失去一个电子时的另一种描述。我们说空穴具有波矢 $-\boldsymbol{k}_{\mathrm{e}}$，或者说具有单个逸失电子的能带具有总波矢 $-\boldsymbol{k}_{\mathrm{e}}$。

2. $$\epsilon_{\mathrm{h}}(\boldsymbol{k}_{\mathrm{h}}) = -\epsilon_{\mathrm{e}}(\boldsymbol{k}_{\mathrm{e}}) \tag{18}$$

通常，令价带能量零点位于价带顶。逸失的电子在带内的位置愈低，系统的能量愈高。空穴的能量和逸失的电子能量符号相反。因为从低轨道移去一个电子比从高轨道移去一个电子需要做更多的功。于是，如果能带是对称的[1]，则有 $\epsilon_{\mathrm{e}}(\boldsymbol{k}_{\mathrm{e}}) = \epsilon_{\mathrm{e}}(-\boldsymbol{k}_{\mathrm{e}}) = -\epsilon_{\mathrm{h}}(-\boldsymbol{k}_{\mathrm{e}}) = -\epsilon_{\mathrm{h}}$

---

[1] 如果自旋-轨道相互作用可以忽略，则在反演操作 $\boldsymbol{k} \to -\boldsymbol{k}$ 下能带始终是对称的。即使存在自旋-轨道相互作用，如果晶体结构允许反演操作，则能带也始终对称。在无对称中心但有自旋-轨道相互作用的情况下，如果比较自旋方向相反的子能带，那么它们也是对称的：$\epsilon(\boldsymbol{k}, \uparrow) = \epsilon(-\boldsymbol{k}, \downarrow)$。参阅 QTS 第 9 章。

($\boldsymbol{k}_h$)。如图8所示，勾画了一个能带示意图，以表示空穴的性质。这个空穴的能带是一个有用的表示方法，因为它看起来是开口朝上的。

3.
$$\boldsymbol{v}_h = \boldsymbol{v}_e \tag{19}$$

空穴的速度等于逸失的电子的速度。由图8可知$\nabla \epsilon_h(\boldsymbol{k}_h) = \nabla \epsilon_e(\boldsymbol{k}_e)$，因此有$\boldsymbol{v}_h(\boldsymbol{k}_h) = \boldsymbol{v}_e(\boldsymbol{k}_e)$。

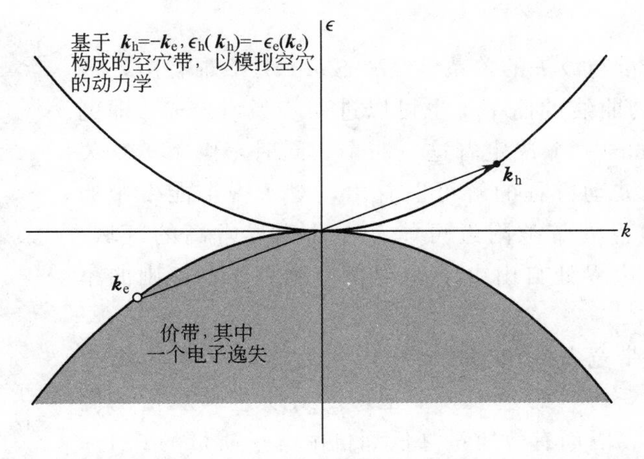

图8 图的上半部表示模拟空穴动力学的空穴能带。它是通过将价带对原点进行的反演而构成的。空穴的波矢和能量同价带中空电子轨道的波矢和能量大小相等，符号相反。请注意，在图中我们无法标明从价带$\boldsymbol{k}_e$处逸去的电子的去处。

4.
$$m_h = -m_e \tag{20}$$

有效质量反比于曲率$d^2\epsilon/dk^2$（这个结论我们将在下述内容中给以证明），并且对于空穴能带，这个值和价带中电子所相应的值符号相反。在价带顶附近m_e为负，因此m_h为正。

5.
$$\hbar \frac{d\boldsymbol{k}_h}{dt} = e\left(\boldsymbol{E} + \frac{1}{c}\boldsymbol{v}_h \times \boldsymbol{B}\right) \tag{21}$$

这个公式来自适用于逸失的电子的运动方程，即

(CGS)
$$\hbar \frac{d\boldsymbol{k}_e}{dt} = -e\left(\boldsymbol{E} + \frac{1}{c}\boldsymbol{v}_e \times \boldsymbol{B}\right) \tag{22}$$

式中不过是用$-\boldsymbol{k}_h$取代了$\boldsymbol{k}_e$，并用$\boldsymbol{v}_h$取代$\boldsymbol{v}_e$。由此不难看出，一个空穴的运动方程

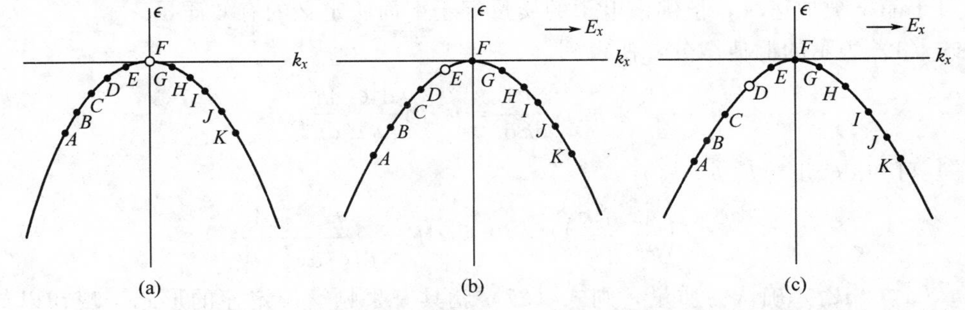

图9 (a) 在$t=0$时，除能带顶F的位置以外，所有的态都被充满。在F处速度v_x为零，因为$d\epsilon/dk_x=0$。(b) 沿$+x$方向施加电场E_x，作用在电子上的力沿$-k_x$方向，从而使所有的电子一起向$-k_x$方向迁移，将空穴移至状态E。(c) 再经过一段时间，电子在$\boldsymbol{k}$空间继续一起运动，这时空穴到达D。

等价于一个带正电荷 e 的粒子的运动方程。空穴的正电荷同图 9 的价带所携载的电流是一致的。这个电流是轨道 G 中未配对的那个电子所携载的电流，即有

$$\boldsymbol{j}=(-e)\boldsymbol{v}(G)=(-e)[-\boldsymbol{v}(E)]=e\boldsymbol{v}(E) \tag{23}$$

这刚好是一个正电荷的电流，正电荷的运动速度就是在 E 处逸失的电子的速度。这一电流示意在图 10 中。

8.2.3 有效质量

由自由电子的能量与波矢的关系$\epsilon=(\hbar^2/2m)k^2$ 不难看出，k^2 的系数决定了ϵ对 k 的曲线的曲率。也可以进一步说，$1/m$ ［即倒易质量（reciprocal mass）］决定着这一曲率。同时，由第 7 章关于布里渊区边界附近波动方程的解可以看出，对于一个能带中的电子，在布里渊区边界处带隙附近可能存在曲率异常高的区域。如果能隙与布里渊区边界处自由电子能量 λ 相比是小的，则曲率提高 λ/E_g 倍。

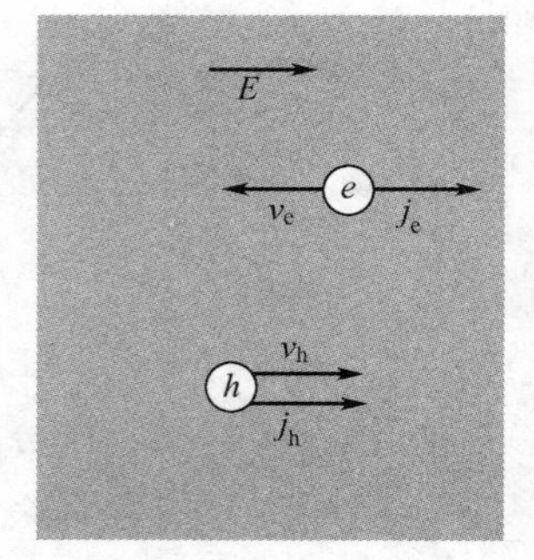

图 10 导带中的电子和价带中的空穴在电场 E 中的运动。空穴和电子漂移速度方向相反，但是它们的电流方向相同，即沿电场的方向。

在半导体中，其带宽大致相当于自由电子的能量，约为 20eV 量级，而带隙为 0.2～2eV 的量级。于是，倒易质量（质量的倒数）提高 10～100 倍，因而有效质量降低到自由电子质量的 0.1～0.01。这些值适用于带隙附近；当离开带隙时，曲率和这些质量大体趋向于自由电子的值。

综合第 7 章关于 U 为正值的解，电子在第二能带的低带边附近所具有的能量可以写成如下形式：

$$\epsilon(K)=\epsilon_c+(\hbar^2/2m_e)K^2;\quad m_e/m=1/[(2\lambda/U)-1] \tag{24}$$

其中 K 是由布里渊区边界开始量度的波矢，而 m_e 表示第二能带的边缘附近电子的有效质量。电子在第一能带顶端附近具有的能量为

$$\epsilon(K)=\epsilon_v-(\hbar^2/2m_h)K^2;\quad m_h/m=1/[(2\lambda/U)+1] \tag{25}$$

在第一能带的顶端附近曲率是负的，因而有效质量也是负的，但在式（25）中已经引入负号，以便空穴质量的记号 m_h 具有正值，见上文式（20）。

即使载流子的有效质量比自由电子质量小，晶体质量也不会发生任何减小。对于作为整体的晶体来说，牛顿第二定律也不会被违反。重点在于，周期势场中的电子在外加电场或磁场中相对于晶格被加速时，仿佛该电子的质量等于下面所定义的有效质量。

将式（1）表示的群速微分，便得到

$$\frac{\mathrm{d}v_g}{\mathrm{d}t}=\hbar^{-1}\frac{\mathrm{d}^2\epsilon}{\mathrm{d}k\,\mathrm{d}t}=\hbar^{-1}\left(\frac{\mathrm{d}^2\epsilon}{\mathrm{d}k^2}\frac{\mathrm{d}k}{\mathrm{d}t}\right) \tag{26}$$

由式（5）可知 $\mathrm{d}k/\mathrm{d}t=F/\hbar$，故有

$$\frac{\mathrm{d}v_g}{\mathrm{d}t}=\left(\frac{1}{\hbar^2}\frac{\mathrm{d}^2\epsilon}{\mathrm{d}k^2}\right)F;\quad 或\quad F=\frac{\hbar^2}{\mathrm{d}^2\epsilon/\mathrm{d}k^2}\frac{\mathrm{d}v_g}{\mathrm{d}t} \tag{27}$$

如果将$\hbar^2(\mathrm{d}^2\epsilon/\mathrm{d}k^2)$确认为质量，则式（27）就具有牛顿第二定律的形式。现在以如下的形式定义有效质量 m^*，即

$$\frac{1}{m^*}=\frac{1}{\hbar^2}\frac{\mathrm{d}^2\epsilon}{\mathrm{d}k^2} \tag{28}$$

如果要考虑等能面的各向异性（比如在 Si 和 Ge 中的电子），这个结果也容易加以推广。

为此，引入倒易有效质量（reciprocal effective mass）张量的分量

$$\left(\frac{1}{m^*}\right)_{\mu\nu}=\frac{1}{\hbar^2}\frac{\mathrm{d}^2\epsilon_{\mathrm{k}}}{\mathrm{d}k_\mu \mathrm{d}k_\nu};\qquad \frac{\mathrm{d}v_\mu}{\mathrm{d}t}=\left(\frac{1}{m^*}\right)_{\mu\nu}F_\nu \tag{29}$$

式中，μ、ν 是笛卡尔坐标。

8.2.4　有效质量的物理基础

为什么当一个质量为 m 的电子进入晶体之后，对外加场的响应犹如它具有质量 m^* 呢？思考一下电子波在晶格中的布拉格反射过程是有帮助的。试考虑在第 7 章中讨论过的弱相互作用近似（weak interaction approximation）。在较低能带的底部附近，用一个动量为 $\hbar k$ 的平面波 $\exp[ikx]$ 来表示轨道可以给出令人满意的结果。动量为 $\hbar(k-G)$ 的波分量 $\exp[i(k-G)x]$ 很小，而且当 k 增加时，它只是缓慢增大，因而在这个区域内 $m^*\simeq m$。当 k 增加时，反射分量 $\exp[i(k-G)x]$ 的增加表示动量由晶格转移给电子。

在布里渊区边界附近反射分量相当大，在区界上它的振幅等于前向分量的振幅，这时本征函数是驻波而不是行波。因而，其动量分量 $\hbar\left(-\frac{1}{2}G\right)$ 和动量分量 $\hbar\left(\frac{1}{2}G\right)$ 彼此相消。

对于能带中的电子来说，它既可以具有正的有效质量，也可以具有负的有效质量。正有效质量的情况出现在能带底附近，因为正有效质量意味着能带具有向上的曲率（亦即 $\mathrm{d}^2\epsilon/\mathrm{d}k^2$ 为正）；而负有效质量则出现在能带顶附近。负的有效质量意味着由状态 k 到状态 $k+\Delta k$ 时，由电子转移给晶格的动量大于由外力转移给电子的动量。虽然由于外加电场使 k 增加了 Δk，但是，若基本满足布拉格反射条件，则可以使电子的前向动量总的说来减小。如果出现这种情况，有效质量便为负值（见图 11）。

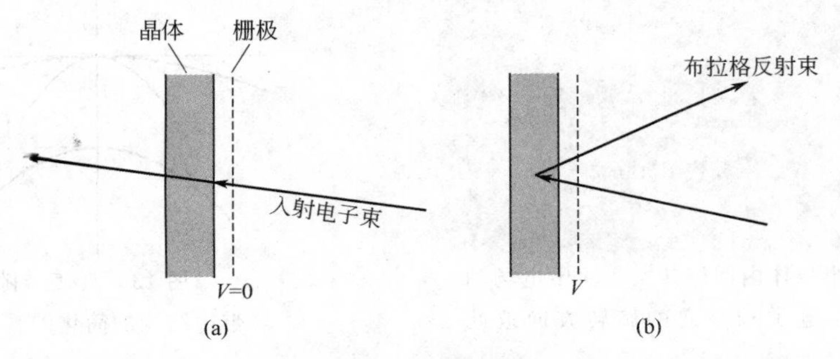

图 11　关于出现在布里渊区边界附近的负有效质量的解释。(a) 入射到薄晶体上的电子束的能量稍稍偏低，以致不能满足布拉格反射条件，于是这个电子束就透过晶体。在栅极上加个小电压，如图 (b) 所示，可能使布拉格条件得到满足，于是该电子束将被一组适当的晶体面所反射。

当离开布里渊区边界进入第二能带时，$\exp[i(k-G)]$ 的振幅迅速减少，m^* 取小的正值。在这种情况下，由给定的外来冲量所引起的电子速度的增加大于一个自由电子可能得到的速度增加。当 $\exp[i(k-G)x]$ 的振幅减小时，晶格受到反冲，通过这个反冲来补偿上述速度差。

如果一个能带的能量只是微弱地依赖于 k，则有效质量将很大。也就是说 $m^*/m\gg1$，因为 $\mathrm{d}^2\epsilon/\mathrm{d}k^2$ 很小。下面将在第 9 章中讨论紧束缚近似，这对于窄能带的形成可以提供简捷的了解。如果以相邻原子为中心的波函数交叠很小，则交叠积分值小，能带的宽度窄，有效质量就大。对于内层电子（即离子实的电子），以相邻原子为中心的波函数的交叠小。例如稀土金属的 4f 电子，这种交叠就很小。

8.2.5 半导体中的有效质量

对于许多半导体已经能够利用回旋共振方法测定导带和价带边附近的载流子的有效质量。确定等能面相当于确定有效质量张量［见式（29）给出的定义］。对于半导体而言，其回旋共振是在低载流子浓度下利用厘米波或毫米波进行的。

载流子被加速，并在绕静磁场轴的螺旋轨道上运行，其旋转角频率为

$$(\text{CGS})\ \omega_c=\frac{eB}{m^*c};\qquad (\text{SI})\ \omega_c=\frac{eB}{m^*} \tag{30}$$

其中 m^* 为相应的回旋有效质量。当射频频率等于回旋频率时，垂直于静磁场的射频电场（见图 12）的能量被共振吸收。在磁场中，空穴和电子的旋转方向彼此相反。

现在就 $m^*/m=0.1$ 考虑这种实验。如 $f_c=24\text{GHz}$，或 $\omega_c=1.5\times10^{11}\text{s}^{-1}$，在共振时 $B=860\text{G}$。线宽由碰撞弛豫时间 τ 决定，为了得到明晰的共振必须有 $\omega_c\tau\geqslant1$。平均自由程必须足够长，使得平均看来载流子在两个碰撞之间能在圆周上转动 1rad（弧度）。这些要求只有在较高频率和强磁场下利用高纯晶体在液氦中进行工作时方能得到满足。

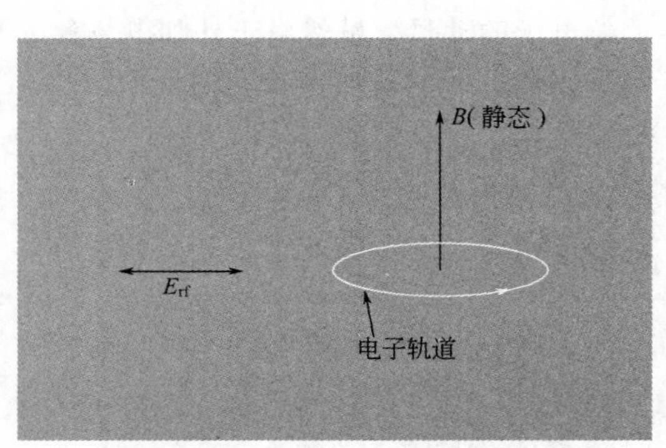

图 12 半导体内回旋共振实验中电场和磁场的布置。电子和空穴的旋转方向彼此相反。

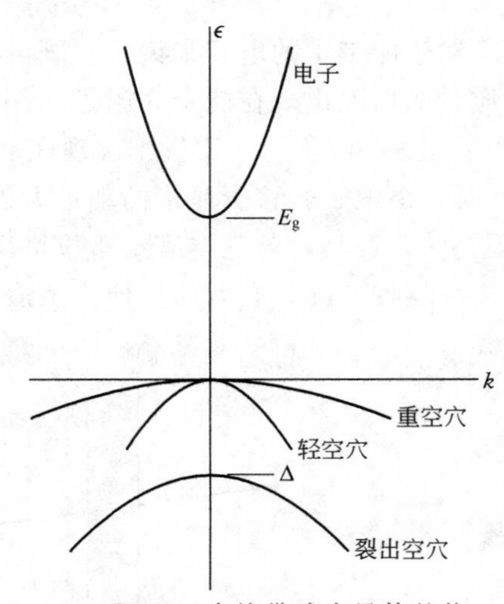

图 13 直接带隙半导体的能带边结构的简化图。

在带边位于布里渊区中央的直接能隙半导体中，能带具有图 13 所示的结构。导带边为球形，其有效质量满足如下的公式：

$$\epsilon_c=E_g+\hbar^2k^2/2m_e \tag{31}$$

其中能量相对于价带边而言。价带在带边附近具有“三重”简并的特征：重空穴带 hh 和轻空穴带 lh 在中央简并；另外有一个能带 soh，它是由于自旋-轨道劈裂 Δ 而分裂出来的。于是，即有

$$\begin{aligned}&\epsilon_v(\text{hh})\cong-\hbar^2k^2/2m_{\text{hh}};\qquad \epsilon_v(\text{lh})\cong-\hbar^2k^2/2m_{\text{lh}}\\&\epsilon_v(\text{soh})\cong-\Delta-\hbar^2k^2/2m_{\text{soh}}\end{aligned} \tag{32}$$

在表 2 中给出了质量参数的值。式（32）只是近似的，因为即使在很靠近 $k=0$ 处，重空穴和轻空穴带也不是球状的，参阅下文中关于 Ge 和 Si 的讨论。

表 2　直接带隙半导体中电子和空穴的有效质量

晶体	电子 m_e/m	重空穴 m_{hh}/m	轻空穴 m_{lh}/m	裂出空穴 m_{soh}/m	自旋-轨道 Δ/eV
InSb	0.015	0.39	0.021	(0.11)	0.82
InAs	0.026	0.41	0.025	0.08	0.43
InP	0.073	0.4	(0.078)	(0.15)	0.11
GaSb	0.047	0.3	0.06	(0.14)	0.80
GaAs	0.066	0.5	0.082	0.17	0.34
Cu_2O	0.99	—	0.58	0.69	0.13

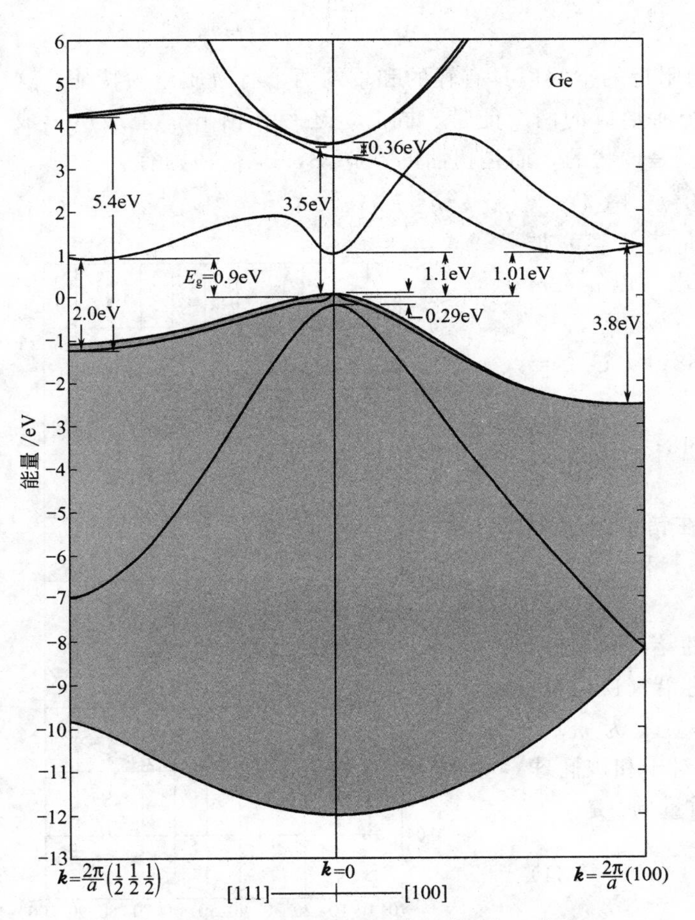

图 14　计算给出的锗的能带结构图（引自 C. Y. Fong）。其一般特征与实验符合得很好。四个价带以灰色表示，价带边的精细结构由自旋-轨道分裂所引起。能隙是间接的，导带边在 $(2\pi/a)$ $(\frac{1}{2}\ \frac{1}{2}\ \frac{1}{2})$ 点。围绕该点的等能面为椭球形。

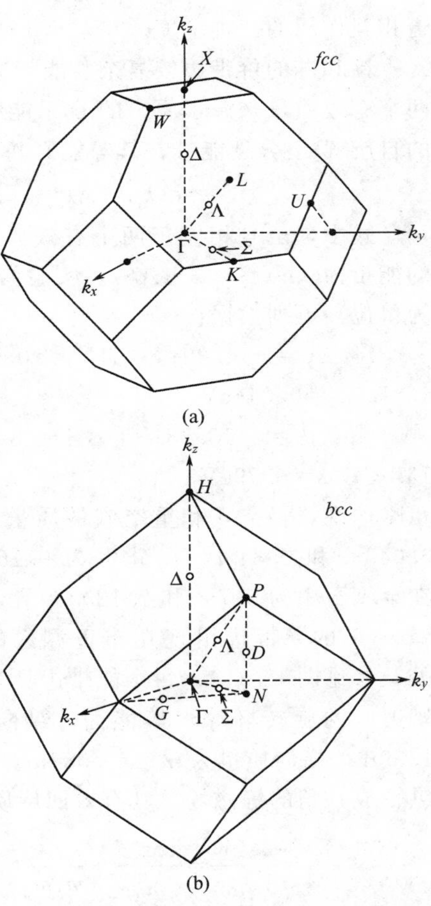

图 15　面心立方和体心立方晶格的布里渊区中各对称点和对称轴的标准记号示意图。区中心记为 Γ；（a）在 $(2\pi/a)(100)$ 处的边界点记为 X，在 $(2\pi/a)(\frac{1}{2}\frac{1}{2}\frac{1}{2})$ 处的边界点记为 L，Δ 线连接 Γ 点和 X 点。在（b）中，相应的记号为 H、P 和 Δ。

能带边的微扰理论（参见第 9 章习题 8）提出，对于直接带隙晶体，电子有效质量应当近似地反比于带隙。对于 InSb、InAs 和 InP，利用表 1 和表 2 提供的数据得到他们的 $m_e/(mE_g)$ 值分别为 0.063、0.060 和 0.051 $(\mathrm{eV})^{-1}$，与理论预期的结果一致。

8.2.6 硅和锗

基于理论和实验的综合结果，在图 14 中给出了锗的导带和价带结构图。锗和硅的价带边都在 $\boldsymbol{k}=0$ 处，并且由自由原子的 $p_{3/2}$ 和 $p_{1/2}$ 态导出。根据紧束缚近似的波函数（参见第 9 章）可以看出这一点。

$p_{3/2}$ 能级如在原子中一样是四重简并的；这四个态相应于 m_J 的值分别为 $\pm\frac{3}{2}$ 和 $\pm\frac{1}{2}$。$p_{1/2}$ 能级是二重简并的，相应于 $m_J=\pm\frac{1}{2}$。$p_{3/2}$ 态的能量比 $p_{1/2}$ 态高，能量差 Δ 是自旋-轨道相互作用的一种量度。

锗和硅的价带边较复杂。能带边附近的空穴以具有轻的和重的两个有效质量为特征。这两个有效质量来源于原子的 $p_{3/2}$ 能级所形成的两个能带。同时，还存在由 $p_{1/2}$ 能级所形成的自旋-轨道分裂能带，其等能面并不是球状的，而是扭曲的（QTS，P_{271}），则有

$$\epsilon(\boldsymbol{k})=Ak^2\pm[B^2k^4+C^2(k_x^2k_y^2+k_y^2k_z^2+k_z^2k_x^2)]^{1/2} \tag{33}$$

式中，$\pm$ 号相应于两个有效质量。分裂能带的能量为 $\epsilon(k)=-\Delta+Ak^2$。实验给出（以 $\hbar^2/2m$ 为单位）下列数据：

Si：$A=-4.29$；$|B|=0.68$；$|C|=4.87$；$\Delta=0.044\mathrm{eV}$

Ge：$A=-13.38$；$|B|=8.48$；$|C|=13.15$；$\Delta=0.29\mathrm{eV}$

粗略地说，轻空穴和重空穴的质量在锗中分别为 $0.043m$ 和 $0.34m$，在硅中为 $0.16m$ 和 $0.52m$，在金刚石中为 $0.7m$ 和 $2.12m$。

Ge 的导带边出现在布里渊区的诸等价点 L 处，参见图 15（a）。每个能带边具有沿（111）晶轴方向的旋转椭球形等能面，纵向质量为 $m_l=1.59\mathrm{m}$，横向质量为 $m_t=0.082\mathrm{m}$。对于和该椭球纵轴成 θ 角的静磁场，其有效回旋质量 m_c 是

$$\frac{1}{m_c^2}=\frac{\cos^2\theta}{m_t^2}+\frac{\sin^2\theta}{m_tm_l} \tag{34}$$

关于 Ge 的结果示于图 16。

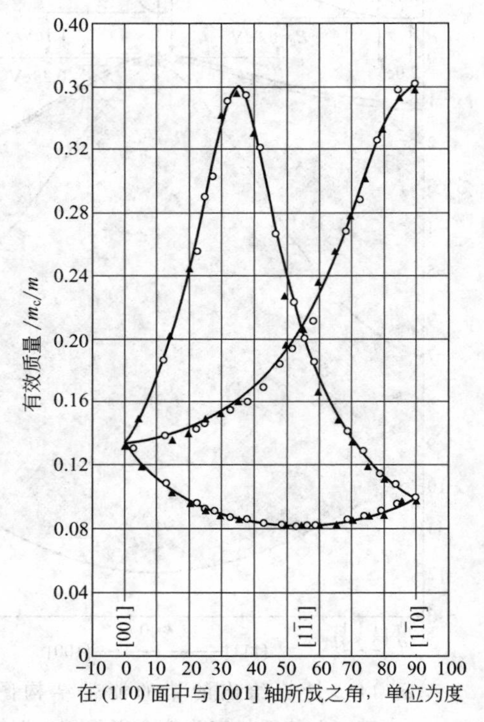

图 16 在 4K 下锗中电子的有效回旋质量，其中磁场方向在一个（110）面内。Ge 中有 4 个彼此独立的质量（旋转）椭球，沿每个［111］轴一个，但是在（110）面内看来总有两个椭球好像是等价的。引自 Dresselhaus，Kip 和 Kittel。

在硅中，导带边是沿布里渊区诸等价〈100〉方向的旋转椭球形，其质量参数 $m_l=0.92\mathrm{m}$，$m_t=0.19m$，如图 17（a）所示。能带边沿图 15（a）所示布里渊区中的 Δ 线，稍稍离开 X 点。

在 GaAs 中我们有 $A=-6.98$，$B=-4.5$，$|C|=6.2$，$\Delta=0.341\mathrm{eV}$。其能带结构如图 17

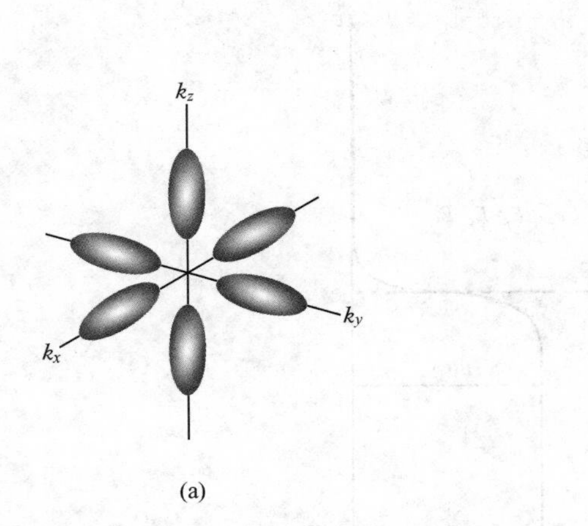

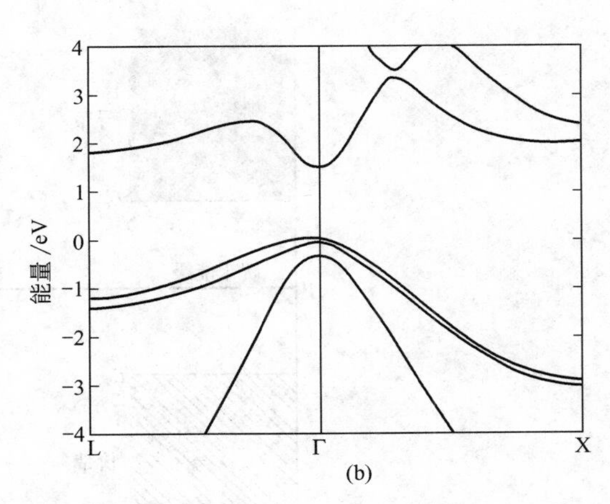

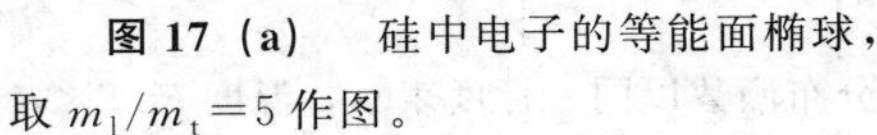
图 17 (a) 硅中电子的等能面椭球，取 $m_l/m_t=5$ 作图。

图 17 (b) GaAs 的能带结构，引自 S. G. Louie。

(b) 所示。GaAs 是直接带隙，其各向同性传导电子质量为 $0.067m$。

8.3 本征载流子浓度

本征载流子浓度作为温度的函数，我们希望能以带隙表示之。现在对简单的抛物状带边进行计算。首先借助化学势 μ 计算在温度 T 下激发至导带的电子数目。在半导体物理中，μ 称为费米能级。在人们感兴趣的温度范围内，对于半导体的导带可以假定有 $\epsilon-\mu\gg k_BT$ 成立，于是费米-狄拉克分布函数简化为

$$f_e\simeq\exp[(\mu-\epsilon)/k_BT] \tag{35}$$

当 $f_e\ll1$ 时，该式近似于传导电子轨道被占据的概率。

导带中电子的能量是

$$\epsilon_k=E_c+\hbar^2k^2/2m_e \tag{36}$$

其中 E_c 表示导带边的能量，参见图 18 所示。此外，m_e 是电子的有效质量。于是，由第 6 章的式 (20) 可知，在 ϵ 处的态密度为

$$D_e(\epsilon)=\frac{1}{2\pi^2}\left(\frac{2m_e}{\hbar^2}\right)^{3/2}(\epsilon-E_c)^{1/2} \tag{37}$$

导带中的电子浓度为

$$n=\int_{E_c}^{\infty}D_e(\epsilon)f_e(\epsilon)\mathrm{d}\epsilon=\frac{1}{2\pi^2}\left(\frac{2m_e}{\hbar^2}\right)^{3/2}\exp(\mu/k_BT)\times$$
$$\int_{E_c}^{\infty}(\epsilon-E_c)^{1/2}\exp(-\epsilon/k_BT)\mathrm{d}\epsilon \tag{38}$$

经过积分，可得

$$n=2\left(\frac{m_ek_BT}{2\pi\hbar^2}\right)^{3/2}\exp[(\mu-E_c)/k_BT] \tag{39}$$

由此可见，若 μ 已知，n 的问题就解决了。计算空穴的平衡浓度也是很有意义的。空穴

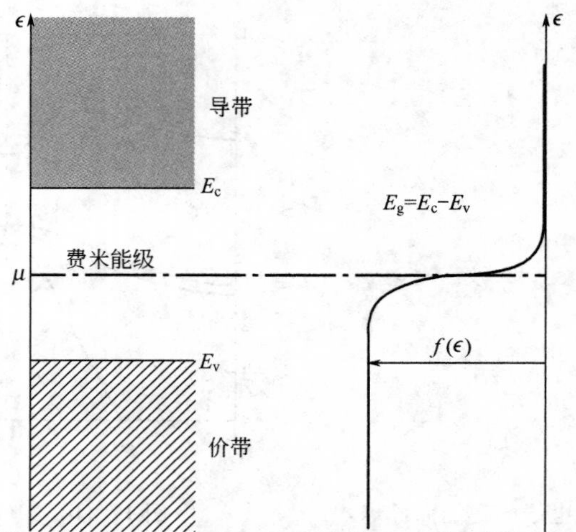

图 18 关于统计计算时的能量标度示意图。费米分布函数以同一标度表示，温度 $k_BT \ll E_g$。

费米能级 μ 取在能隙深处，如同本征半导体的情形。如果$\epsilon=\mu$，则 $f=\frac{1}{2}$。

分布函数 f_h 和电子分布函数 f_e 之间的关系是 $f_h=1-f_e$，因为一个空穴就是一个电子的欠缺。如果 $(\mu-\epsilon)\gg k_BT$，则有

$$f_h=1-\frac{1}{\exp[(\epsilon-\mu)/k_BT]+1}=\frac{1}{\exp[\mu-\epsilon/k_BT]+1}$$
$$\cong\exp[(\epsilon-\mu)/k_BT] \tag{40}$$

如果价带顶附近的空穴的行为如同有效质量为 m_h 的粒子，则空穴的态密度可以写成

$$D_h(\epsilon)=\frac{1}{2\pi^2}\left(\frac{2m_h}{\hbar^2}\right)^{3/2}(E_v-\epsilon)^{1/2} \tag{41}$$

其中 E_v 表征价带边的能量。仿照式（38）的运算，便得到价带中空穴的浓度 p 为

$$p=\int_{-\infty}^{E_c}D_h(\epsilon)f_h(\epsilon)\mathrm{d}\epsilon=2\left(\frac{m_hk_BT}{2\pi\hbar^2}\right)^{3/2}\exp[(E_c-\mu)/k_BT] \tag{42}$$

将 n 和 p 的表达式乘在一起，便得到平衡关系式为

$$np=4\left(\frac{k_BT}{2\pi\hbar^2}\right)^3(m_cm_h)^{3/2}\exp(-E_g/k_BT) \tag{43}$$

这个很有用的结果不涉及费米能级 μ。在 300K 下，对于 Si、Ge 和 GaAs 的实际带结构，计算得到它们的 np 值分别为 $2.10\times10^{19}\,\mathrm{cm}^{-6}$、$2.89\times10^{26}\,\mathrm{cm}^{-6}$ 和 $6.55\times10^{12}\,\mathrm{cm}^{-6}$。

在上述推导过程中，无论何处都没有假定材料是本征的。因此，这个结果对存在杂质的情况同样成立。所作的唯一假设就是费米能级离两个能带边的距离同 k_BT 相比是大的。

事实上，我们可以借助一个简单的动力学论证，说明为什么在给定温度下乘积 np 为常数。例如，假定电子和空穴的平衡布居由在温度 T 下的黑体光子辐射所维持。光子以速率 $A(T)$ 产生电子-空穴对，而$B(T)np$ 是复合反应“e+h=光子”的速率。于是，有

$$\mathrm{d}n/\mathrm{d}t=A(T)-B(T)np=\mathrm{d}p/\mathrm{d}t \tag{44}$$

在平衡情况下，$\mathrm{d}n/\mathrm{d}t=0$，$\mathrm{d}p/\mathrm{d}t=0$，由此，$np=A(T)/B(T)$。

因为在给定温度下电子和空穴浓度之乘积是一个不依赖于杂质浓度的常数，因此引入少量适当的杂质而使 n 增大，那么必定会使 p 减小。这个结果在实践中很重要：即通过有控

制地引入适当的杂质可以降低非纯晶体内的总载流子浓度 $n+p$。通常这种方法效果显著。这种降低总载流子浓度的方式，称为一种杂质类型被另一类杂质所“补偿”（compensation）。

在本征半导体中电子的数目等于空穴的数目，因为一个电子的热激发就会在价带中留下一个空穴。令下标 i 代表“本征”，且 $E_g=E_c-E_v$，则由式（43）可得出

$$n_i=p_i=2\left(\frac{k_B T}{2\pi\hbar^2}\right)^{3/2}(m_e m_h)^{3/4}\exp(-E_g/2k_B T) \tag{45}$$

本征载流子按指数形式依赖于 $E_g/2k_B T$，此处 E_g 为能隙。让式（39）与式（42）相等，并且费米能级从价带顶开始量度，则有

$$\exp(2\mu/k_B T)=(m_h/m_e)^{3/2}\exp(E_g/k_B T) \tag{46}$$

$$\mu=\frac{1}{2}E_g+\frac{3}{4}k_B T\ \ln(m_h/m_e) \tag{47}$$

如果 $m_h=m_e$，则 $\mu=\frac{1}{2}E_g$，费米能级位于带隙中央。

8.3.1 本征迁移率

迁移率是单位电场强度所引起的带电载流子漂移速度的大小，亦即

$$\mu=|v|/E \tag{48}$$

虽然电子和空穴的漂移速度方向相反，但是它们的迁移率都定义为正的。把电子或空穴的迁移率写为 μ_e 或 μ_h，就可避免同时用符号 μ 来标记化学势和迁移率所可能引起的混淆。

电导率是电子和空穴的贡献之和：

$$\sigma=(ne\mu_e+pe\mu_h) \tag{49}$$

其中 n 和 p 分别表示电子和空穴的浓度。在第 6 章中，电荷 q 的漂移速度为 $v=q\tau E/m$，由此可得：

$$\mu_e=e\tau_e/m_e;\qquad \mu_h=e\tau_h/m_h \tag{50}$$

式中，τ 为碰撞时间。

迁移率以适当的幂次律随温度变化。在本征电导率对温度的依赖关系中，载流子浓度的指数关系 $\exp(-E_g/2k_B T)$［式（45）］起主导作用。

表 3 给出了室温下迁移率的实验值。在国际单位制（SI）中，迁移率的单位为 $m^2/V\cdot s$，是实用单位（$cm^2/V\cdot s$）给出的迁移率的 10^4 倍。对于大多数物质，所引用的数值是关

表 3 室温下的载流子迁移率（$cm^2/V\cdot s$）

晶 体	电 子	空 穴	晶 体	电 子	空 穴
Diamond	1800	1200	GaAs	8000	300
Si	1350	480	GaSb	5000	1000
Ge	3600	1800	PbS	550	600
InSb	800	450	PbSe	1020	930
InAs	30000	450	PbTe	2500	1000
InP	4500	100	AgCl	50	—
AlAs	280	—	KBr（100K）	100	—
AlSb	900	400	SiC	100	10～20

于载流子受热声子散射的典型数值。一般而言，空穴迁移率小于电子迁移率。这是因为在布里渊区中央的价带边发生能带简并，使得带间散射成为可能，从而导致迁移率的明显减小。

在一些晶体尤其是离子晶体中，空穴基本上是静止的，只是通过热激活从一个离子跳跃到另一个离子。造成这种“自陷俘”（self-trapping）现象的主要原因是与简并态的杨-特勒效应（Jahn-Teller effect）相关的晶格畸变。就自陷俘所必需的轨道简并条件来说，空穴比电子更容易满足。

对于具有小能隙的直带隙晶体，倾向于具有高的电子迁移率。小的能隙导致小的有效质量，这有利于造成高的迁移率。在体相半导体（bulk semiconductor）中观测到的最高迁移率是 4K 下 PbTe 的 $5\times10^6 cm^2/Vs$，其能隙为 0.19eV。

8.4 杂质导电性

某些杂质和缺陷对半导体的电子性质有着强烈影响。将硼以 1 对 10^5 的原子比例加入硅中，能使纯硅在室温下的电导率增大 10^3 倍。在化合物半导体中一种组分对化学计量比的欠缺会起到和杂质一样的作用，这种半导体称为欠缺半导体（deficit semiconductor）。有意识地把杂质加入半导体称为掺杂（doping）。

下面讨论硅和锗中杂质的影响。这两种元素都结晶为金刚石型结构。每个原子形成四个共价键，同它的每个最近邻都形成一个共价键，相应于化学价为 4。如果有一个五价的杂质原子，例如磷、砷或锑，在晶格中取代一个正常的原子，那么在和最近邻建立起四个共价键，也就是杂质原子以尽可能小的微扰纳入结构之后，还剩下一个来自杂质原子的价电子。这种能够提供一个电子的杂质原子称为施主（donor）。

8.4.1 施主态

在图 19 的结构中，杂质原子（已经失去一个电子）具有一个正电荷。晶格常量研究已经证明，五价杂质是通过取代正常原子进入晶格的，而不是处在间隙位置。晶体作为整体来讲仍然保持电中性，因为这个电子还保留在晶体内。

这个“额外”的电子在杂质离子的库仑势场 $\left(\frac{e}{\epsilon r}\right)$ 中运动着。在共价晶体中，ϵ就是介质

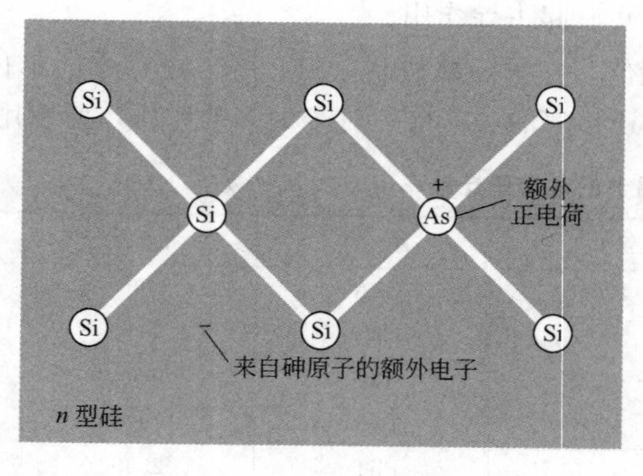

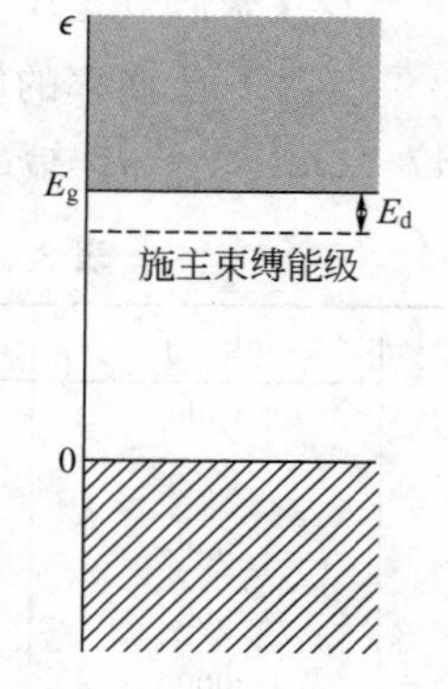

图 19 与硅中砷杂质原子相联系的电荷分布示意图。砷含有五个价电子，而硅只有四个价电子，于是砷原子的 4 个价电子形成类似于硅的四面体共价键，而第 5 个价电子可用于传导。砷原子称为施主，因为它电离时为导带提供了一个电子。

的静介电常量。因子 $1/\epsilon$ 是考虑了介质的电子极化引致电荷之间库仑力减少而得出的。这些讨论成立的条件包括：轨道半径和原子间距相比很大；电子的运动如此之慢，以致于轨道频率和能隙对应的频率 ω_g 相比很低。对于 Ge 和 Si 来讲，P、As 或 Sb 的施主电子能很好地满足这些条件。

现在估算施主杂质的电离能。氢原子的玻尔理论可以很容易地加以推广，以便计及介质的介电常量和电子在晶体周期势场中的有效质量。原子氢的电离能在 CGS 制中为 $-e^4m/2\hbar^2$，而在 SI 制中为 $-e^4m/2(4\pi\epsilon_0\hbar)^2$。

在介电常量为 ϵ 的半导体中，以 e^2/ϵ 代替 e^2，以有效质量 m_e 代替 m，便得到半导体的施主电离能为

$$\text{(CGS)}\ E_d=\frac{e^4m_e}{2\epsilon^2\hbar^2}=\left(\frac{13.6}{\epsilon^2}\frac{m_e}{m}\right)\text{eV};\qquad \text{(SI)}\ E_d=\frac{e^4m_e}{2(4\pi\epsilon\epsilon_0\hbar)^2}\tag{51}$$

氢的基态的玻尔半径是 $\hbar^2/me^2$（CGS 制）或 $4\pi\epsilon_0\hbar^2/me^2$（SI 制）。于是施主的玻尔半径为

$$\text{(CGS)}\ a_d=\frac{\epsilon\hbar^2}{m_ee^2}=\left(\frac{0.53\epsilon}{m_e/m}\right)\text{Å};\qquad \text{(SI)}\ a_d=\frac{4\pi\epsilon\epsilon_0\hbar^2}{m_ee^2}\tag{52}$$

由于传导电子有效质量的各向异性，要把杂质态理论应用于锗和硅就显得很复杂。不过，介电常量对施主能量的影响是最为主要的。因为它以二次方出现，而有效质量仅仅以一次方出现。

为了对杂质能级得到一个一般性了解，对于锗内电子采用 $m_e\approx0.1m$，对硅内电子采用 $m_e\approx0.2m$。静介电常量在表 4 中给出。自由氢原子的电离能为 13.6eV。根据我们的模型，锗的施主电离能 E_d 为 5meV，和氢相比小 $m_e/m\,\epsilon^2=4\times10^{-4}$ 倍；对于硅，其相应的结果为 20meV。采用正确的各向异性质量张量的计算结果表明，对于锗 E_d 为 9.05meV，硅为 29.8meV。在表 5 中给出了施主电离能的观测值。对于 GaAs，其施主电离能 $E_d\approx6$meV。

表 4 半导体的静态相对介电常量

晶 体	ϵ	晶 体	ϵ
金刚石	5.5	GaSb	15.69
Si	11.7	GaAs	13.13
Ge	15.8	AlAs	10.1
InSb	17.88	AlSb	10.3
InAs	14.55	SiC	10.2
InP	12.37	Cu_2O	7.1

表 5 锗和硅内五价杂质的施主电离能 E_d（meV）

晶体	P	As	Sb
Si	45	49	39
Ge	12.0	12.7	9.6

第一玻尔轨道半径增加为自由氢原子 0.53Å 的 $\epsilon m/m_e$ 倍。相应的半径在锗内为（160）(0.53)≈80Å，在硅内为（60）（0.53）≈30Å。这两个半径都大，因此在比较低的杂质浓度（相对于基质原子的数目）下杂质轨道发生重叠。对于足够强的轨道交叠，由施主态构成一

个所谓的杂质带（impurity band）（请参阅第15章中关于金属-绝缘体转变的讨论）。

在半导体的杂质带中，通过电子在施主之间的跳跃可以实现传导。如果半导体还存在着一定量的受主原子，则在较低施主浓度下，就可建立这种杂质带的传导过程。也正因为如此，总有一些施主原子一直处于电离态。电离态施主（未被占据）与占据态施主相比，施主电子更容易跳跃到前者，因为在电荷输运过程中两个电子不能同时占据同一个格位。

8.4.2 受主态

正如一个电子可被束缚到五价杂质上一样，空穴也可以束缚于锗或硅内的三价杂质上（图20）。像B、Al、Ga和In这样的三价杂质被称为受主（acceptor），因为它们能从价带接受电子以便同近邻原子形成4个共价键，并在价带中留下空穴。

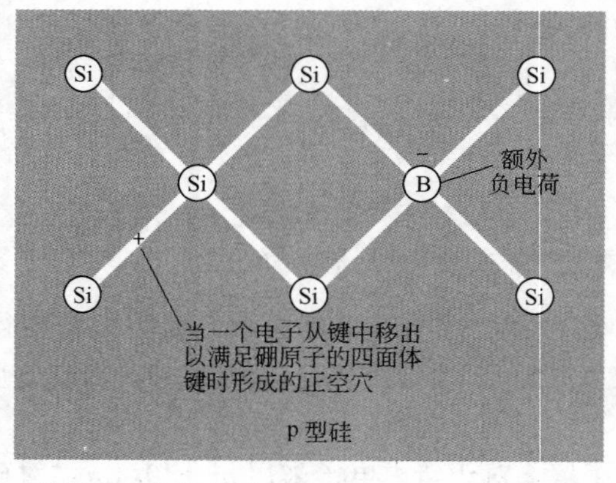

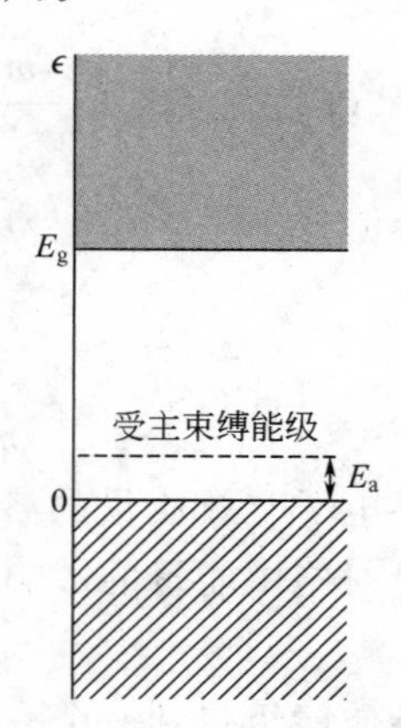

图20 硼仅有三个价电子，只有从Si—Si键取来一个电子才能完成硼的四面体键，同时在硅的价带中留下一个空穴。于是，这个正的空穴可用于导电。硼原子称为受主，因为电离时它从价带接受一个电子。在0K下空穴被束缚。

当使一个受主电离时，就会释放出一个空穴，但这需要输入相应能量。在常见的能带图中，当电子获得能量时，它便向上升，而空穴增加能量时则下沉。

锗和硅内受主电离能的实验值列在表6中。恰如电子一样，玻尔模型也可定性地用于空穴，但是在价带顶部的简并使有效质量的问题复杂化。

表6 锗和硅中三价杂质的受主电离能 E_a（meV）

晶体	B	Al	Ga	In
Si	45	57	65	157
Ge	10.4	10.2	10.8	11.2

由给出的两个表可以看出，Si内施主和受主电离能与室温时的 $k_B T$（26meV）可以相比拟，因此在室温下施主和受主的热电离对硅的电导率很重要。如果施主原子的数目显著大于受主的数目，则施主的热电离将释放电子进入导带。这时样品的电导率将受电子（负电荷）的控制，这种材料被称为n型。

如果受主占主要地位，空穴将被释放进入价带，电导率将受空穴（正电荷）的控制，这种材料称为p型。霍尔电压的符号是n型或p型的一种粗略检测方法。另一个方便的实验室判别方法是下文将要讨论的温差电势的符号。

在本征区内空穴和电子的数目相等。在300K下，本征电子浓度 n_i：在锗中为 $1.7\times10^{13}\,\text{cm}^{-3}$，在硅中 $4.6\times10^{9}\,\text{cm}^{-3}$；锗和硅的本征电阻率分别为 $43\Omega\cdot\text{cm}$ 和 $2.6\times10^{5}\,\Omega\cdot\text{cm}$。

对于 Ge，单位立方厘米中有 4.42×10^{22} 个原子。相对于其他元素，Ge 的纯化技术发展最快，提纯水平最高。普通电活性杂质（浅施主和浅受主杂质）的浓度已经低到每 10^{11} 个 Ge 原子中仅含有 1 个杂质原子的水平（图 21）。例如，P 在 Ge 中的浓度可以降到 $4\times10^{10}\,\mathrm{cm}^{-3}$ 以下。在 Ge 中还含有其他杂质（H，O，Si，C），它们的浓度在 $10^{12}\sim10^{14}\,\mathrm{cm}^{-3}$ 的水平，一般无法再使其降低，但是这类杂质不影响电学测量，因而要检测它们也很困难。

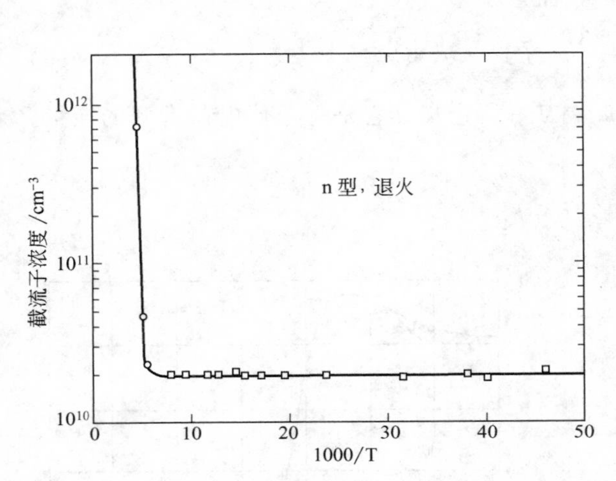

图 21 在超纯锗中自由载流子浓度的温度依赖关系（引自 R. N. Hall）。电活性杂质的净浓度是 $2\times10^{10}\,\mathrm{cm}^{-3}$，利用霍尔系数的测量结果来确定。在 $1/T$ 值小时，本征激发骤然增大是很明显的。载流子浓度在 20K 和 200K 之间则接近常值。

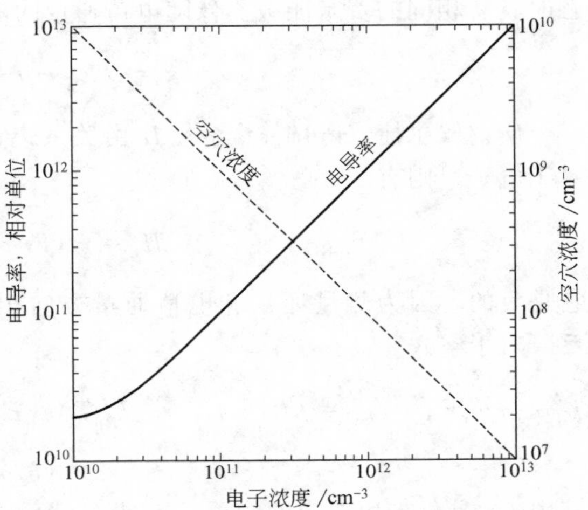

图 22 在相应于 $np=10^{20}\,\mathrm{cm}^{-6}$ 的温度下半导体的电导率和空穴浓度 p 的计算值。结果作为电子浓度 n 的函数给出。电导率关于点 $n=10^{10}\,\mathrm{cm}^{-3}$ 对称。$n>10^{10}\,\mathrm{cm}^{-3}$ 样品为 n 型；$n<10^{10}\,\mathrm{cm}^{-3}$ 则为 p 型。对迁移率，取 $\mu_e=\mu_h$。

8.4.3 施主和受主的热致电离

关于电离施主所贡献的传导电子平衡浓度的计算，和统计力学中氢原子热致电离（简称热电离）的标准计算完全一样。如果不存在受主，则低温极限 $k_BT\ll E_d$ 下的结果为

$$n\cong(n_0N_d)^{1/2}\exp(-E_d/2k_BT) \tag{53}$$

式中，$n_0\equiv2\,(m_ek_BT/2\pi\hbar^2)^{3/2}$；$N_d$ 为施主浓度。为了得到式（53），把化学平衡定律应用于浓度比$[e][N_d^+]/[N_d]$。然后令$[N_d^+]=[e]=n$。在无施主的假定之下，对受主可得完全一样的结果。

如果施主和受主浓度可比拟，事情会变得相当复杂，方程需要用数值法求解。但是质量作用定律式（43）要求在给定温度下 np 的乘积为常数。施主的过量会提高电子浓度并降低空穴浓度，总和 $n+p$ 会增加。如果两个迁移率相等，则电导率随 $n+p$ 的增加而增加，如图 22 所示。

8.5 温差电效应

试考虑一个半导体维持在恒温下，同时一个外加电场在其内驱动一电流密度 。如果仅

仅由电子携载电流，则电荷通量为

$$j_{\mathrm{q}}=n(-e)(-\mu_{\mathrm{e}})E=ne\mu_{\mathrm{e}}E \tag{54}$$

其中 μ_{e} 为电子迁移率。由一个电子所传输的平均能量（参照于费米能级 μ）为

$$(E_{\mathrm{c}}-\mu)+\frac{3}{2}k_{\mathrm{B}}T$$

式中，E_{c} 是导带边对应的能量。之所以将能量参照于费米能级，是因为不同的导体接触时具有相同的费米能级。伴随电荷通量的能量通量为

$$j_{\mathrm{U}}=n\left(E_{\mathrm{c}}-\mu+\frac{3}{2}k_{\mathrm{B}}T\right)(-\mu_{\mathrm{e}})E \tag{55}$$

所谓佩尔捷（Peltier）系数 Π 由关系式 $j_{\mathrm{U}}=\Pi j_{\mathrm{q}}$ 所定义，它是每单位电荷携载的能量。对于电子，则有

$$\Pi_{\mathrm{e}}=-\left(E_{\mathrm{c}}-\mu+\frac{3}{2}k_{\mathrm{B}}T\right)/e \tag{56}$$

它是负的，因为能量通量和电荷通量方向相反。对于空穴

$$j_{\mathrm{q}}=pe\mu_{\mathrm{h}}E;\qquad j_{\mathrm{U}}=p\left(\mu-E_{\mathrm{v}}+\frac{3}{2}k_{\mathrm{B}}T\right)\mu_{\mathrm{h}}E \tag{57}$$

其中 E_{v} 是价带边对应的能量，于是

$$\Pi_{\mathrm{h}}=\left(\mu-E_{\mathrm{v}}+\frac{3}{2}k_{\mathrm{B}}T\right)/e \tag{58}$$

其值为正。式（56）和式（58）是纯粹基于漂移速度理论的结果。利用玻尔兹曼输运方程处理的结果与此结果存在些许差别❶。

绝对温差电势率 Q 是根据温度梯度所引起的开路电场来定义的：

$$E=Q\,\mathrm{grad}T \tag{59}$$

佩尔捷系数与温差电势率之间的关系为

$$\Pi=QT \tag{60}$$

这是不可逆热力学中著名的开尔文方程(Kelvin relation)。测量一端加热的半导体样品上的电压符号是判断样品究竟属于 n 型还是 p 型的简便方法（图 23）。

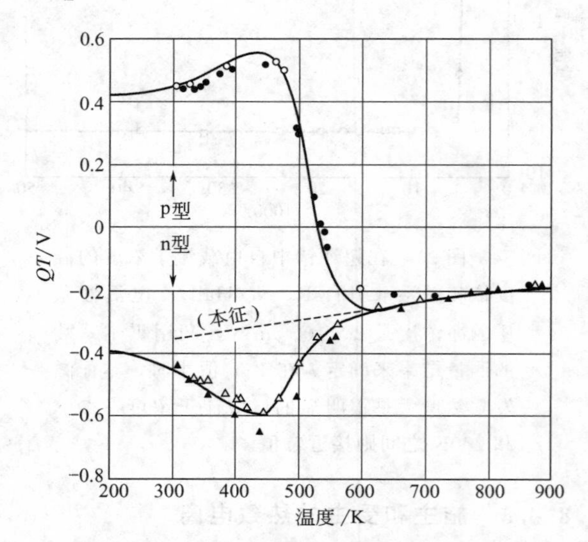

图 23　n 型和 p 型硅的佩尔捷系数作为温度的函数图示。在 600K 以上样品成为本征的。图中曲线为计算值，点为实验值。引自 T. H. Geballe 和 G. H. Hull。

8.6　半金属

在半金属中，导带边处的能量比价带边略低。导带和价带的少许交叠，使得价带和导带中各产生浓度不大的空穴和电子（见表 7）。砷、锑和铋是三种常见的半金属，均属于周期表中的第Ⅴ族。

它们的原子在晶格中联结成对，每个原胞中含有两个离子和 10 个价电子。这些偶数个

❶ 在附录 F 中给出了相关玻尔兹曼输运理论的简单讨论。

价电子使得这些元素也可能成为绝缘体。像半导体一样，半金属也可以掺入适当的杂质，以改变空穴和电子的相对浓度。同时，也可以通过施加压力改变它们的浓度，因为能带边的交叠随压力而变化。

表 7　半金属中电子和空穴的浓度

半金属	n_e/cm^{-3}	n_h/cm^{-3}
砷	$(2.12\pm0.01)\times10^{20}$	$(2.12\pm0.01)\times10^{20}$
锑	$(5.54\pm0.05)\times10^{19}$	$(5.49\pm0.03)\times10^{19}$
铋	2.88×10^{17}	3.00×10^{17}
石墨	2.72×10^{18}	2.04×10^{18}

8.7　超晶格

试考虑一个由不同成分的薄层交替形成的多层晶体。这些厚度在纳米量级的相干薄层可以通过分子束外延（MBE）技术或金属有机化合物气相沉积（MOCVD）技术沉积制备，并由此在大尺度上构建超周期性结构。关于 GaAs 和 GaAlAs 的交替薄层组成的体系的研究已经达到 50 个周期以上，其晶格间距 A 约为 5nm（50Å）。这种超周期结构将产生相应的超周期晶体势场，它作用于其结构中的电子和空穴，从而给出新的（即小的）布里渊区和叠加在这些交替薄层能带结构上的微带。下面将在这种情形下，讨论超晶格内的电子在外加电场下的运动规律。

8.7.1　布洛赫振子

现在讨论一维周期中无碰撞电子的情况，电子沿垂直于超晶格平面的方向运动。在平行于波矢 k 的恒定电场中，电子的运动方程为$\hbar \mathrm{d}k/\mathrm{d}t=-eE$；当电子穿过一个倒格矢 $G=2\pi/A$ 的布里渊区运动时，我们有$\hbar G=\hbar\ (2\pi/A)=eET$，这里的 T 为运动的周期。这样，电子运动的布洛赫频率（Bloch frequency）就是 $\omega_B=2\pi/T=eEA/\hbar$。根据第二章中的讨论可知，电子由 $k=0$ 向布里渊区边界是作加速运动；如果它到达 $k=\pi/A$ 的边界上，那么它就会在区界上的、与之等价的点 $k=-\pi/A$ 处再次出现（倒逆过程）。

下面考虑在正格空间（实空间，real space）的模型体系中的运动。假定电子处在宽度为ϵ_0 的能带上，则有

$$\epsilon=\epsilon_0(1-\cos kA) \tag{61}$$

在 k 空间（即动量空间）的速度为

$$v=\hbar^{-1}\mathrm{d}\epsilon/\mathrm{d}k=(A\epsilon_0/\hbar)\ \sin kA \tag{62}$$

如果在 $t=0$ 时的初始位置为 $z=0$，那么之后电子在正格空间中的位置就由下式给出

$$\begin{aligned} z&=\int v\mathrm{d}t=\int \mathrm{d}k v(k)(\mathrm{d}t/\mathrm{d}k)=(A\epsilon_0/\hbar)\int \mathrm{d}k(-\hbar/eE)\sin kA \\ &=(-\epsilon_0/eE)(\cos kA-1)=(-\epsilon_0/eE)[\cos(-eEAt/\hbar)-1] \end{aligned} \tag{63}$$

此式表明，在实空间中，布洛赫振动频率 $\omega_B=eEA/\hbar$。电子在周期晶格中的运动与其在自由空间中的运动很不一样，因为电子在自由空间的加速度是常量。

8.7.2　齐纳隧道效应

到此为止，我们已经完成了静电势$-eEz$（或$-eEnA$）对一个能带的影响的讨论。这

个势使整个能带发生倾斜。对于较高的能带也会发生类似的倾斜，从而使得不同能带的梯形能级之间的交叠成为可能。在不同能带中具有相同能量的能级之间的相互作用，将引致一个能带中处在 n 能级的电子可以横穿到另一个能带的 n'能级上。这种场致带间隧道效应是齐纳击穿（Zener breakdown）的一个例子。像在齐纳二极管中的情形一样，在单结中也经常会遇到这种效应。

小　结

- 采用方程 $\mathbf{F}=\hbar d\mathbf{k}/dt$ 来描述中心在波矢 $\mathbf{k}$ 处的波包的运动，这里 $\mathbf{F}$ 为外力。实空间中的运动是由群速 $\mathbf{v}_g=\hbar^{-1}\nabla_{\mathbf{k}}\epsilon(\mathbf{k})$ 得出的。
- 能隙愈小，则能隙附近的有效质量 $|m^*|$ 也愈小。
- 具有一个空穴的晶体在一个能带上有一个空电子态。这个能带其余所有的态都是被填满的。空穴的性质就是那 $N-1$ 电子的性质。
  (a) 如果电子由波矢为 $\mathbf{k}_e$ 的态逸失，则空穴的波矢为 $\mathbf{k}_h=-\mathbf{k}_e$；
  (b) 在外加电场中，$\mathbf{k}_h$ 的变化速率要求以正电荷赋予空穴：$e_h=e=-e_e$；
  (c) 如果 $\mathbf{v}_e$ 是一个电子在 $\mathbf{k}$ 态中应具有的速度，则赋予波矢为 $\mathbf{k}_h=-\mathbf{k}_e$ 的空穴速度为 $\mathbf{v}_h=\mathbf{v}_e$；
  (d) 以满带能量为零作标准，空穴的能量为正，并且是$\epsilon_h(\mathbf{k}_h)=-\epsilon(\mathbf{k}_e)$；
  (e) 在能带中同一点上，空穴的有效质量和电子的有效质量彼此异号，即 $m_h=-m_e$。

习　题

1. 介电弛豫时间常量。我们知道，若用高能光子辐照半导体，则将在其中产生额外的电子-空穴对。由于此时的空穴浓度与电子浓度相当而达到平衡，所以该半导体总体上保持准电中性。如果将浓度为 Δp 的空穴骤然地注入 n 型半导体表面的某个区域，其情形则与之不同。对于介电现象而引入的弛豫时间 τ_D，可以作为半导体内过剩载流子因中和而实现电中性所需时间的一种量度。试证明：$\tau_D=\varepsilon/\sigma$，式中，$\varepsilon$ 和 σ 分别表示半导体的介电常量和电导率。假定 n 型半导体的相对介电常量 $\varepsilon_r=11.7$，电子迁移率 $\mu_n=1000\text{cm}^2\cdot\text{V}^{-1}\cdot\text{s}^{-1}$，且其施主杂质浓度 $N_d=10^{16}\text{cm}^{-3}$。试计算该半导体的弛豫时间常量 τ_D。

2. 杂质轨道。锑化铟能隙 $E_g=0.23\text{eV}$，介电常量$\epsilon=18$；电子有效质量 $m_e=0.015m$。试计算：(a) 施主电离能；(b) 基态轨道的半径；(c) 施主浓度最小应为多大时就会出现相邻杂质原子轨道间的显著交叠效应？这种交叠可能产生一个杂质能带。这个能带的能级使得有可能出现一种导电性，它大概是通过一种跳迁机制进行，在这种机制中电子由一个杂质位置运动到相邻的电离杂质位置。

3. 最小电导率。现有某半导体，其电子和空穴的迁移率分别为 μ_n 和 μ_p。试证明，当电子浓度 $n_0=n_i(\mu_p/\mu_n)^{1/2}$ 时存在最小电导率，且其最小电导率 σ_{min} 为

$$\sigma_{min}=\frac{2\sigma_i\sqrt{\mu_n\mu_p}}{(\mu_n+\mu_p)}$$

式中，σ_i 表示本征电导率。

4. 施主的电离。在某一半导体中施主浓度是 10^{13}cm^{-3}，其电离能 E_d 为 1meV，有效质量为 $0.01m$。(a) 试估算 4K 时的传导电子浓度；(b) 霍尔系数的值为多少？假定不存在受主原子，并且 $E_g\gg k_BT$。

5. 存在两种类型载流子时的霍尔效应。假定两种载流子的浓度分别为 n 和 p，弛豫时间分别为 τ_e 和 τ_h，质量分别为 m_e 和 m_h。试证：在漂移速度近似下霍尔系数为

$$(\text{CGS})\quad R_H=\frac{1}{ec}\frac{p-nb^2}{(p+nb)^2}$$

其中 $b=\mu_e/\mu_h$ 为迁移率比。在推导中略去 B^2 项，使用 SI 制时应去掉 c。提示：当存在纵向电场时，求出使横向电流为零的横向电场。代数运算可能显得很烦琐，但是就其结果看来，这种费事是值得的。利用第 6 章中的式（64），但针对两种类型载流子的情形，与 $\omega_c\tau$ 相比，$(\omega_c\tau)^2$ 可以忽略。

6. 旋转椭球等能面的回旋共振。考虑等能面

$$\epsilon(\boldsymbol{k})=\hbar^2\left(\frac{k_x^2+k_y^2}{2m_t}+\frac{k_z^2}{2m_l}\right)$$

其中 m_t 和 m_l 分别是横向和纵向质量参数。$\epsilon(\boldsymbol{k})$ 取常值的等能面为一椭球面。利用运动式（6），$\boldsymbol{v}=\hbar^{-1}\nabla_{\mathbf{k}}\epsilon$，试证：当静磁场 B 在 xy 平面内时，$\omega_c=eB/(m_t m_l)^{1/2}c$。当 $\theta=\dfrac{\pi}{2}$时，这个结果与式（24）一致。此处用 CGS 制给出，略去公式中的 c 便得到 SI 制表示。

7. 存在两种类型载流子时的磁致电阻。由第 6 章习题 11 可知，电场和磁场中载荷子运动的漂移速度近似不导致横向磁致电阻。当有两种载流子存在时，结果就不同了。考虑一个导体，其中电子浓度为 n，有效质量为 m_e，弛豫时间为 τ_e；空穴浓度为 p，有效质量为 m_h，弛豫时间为 τ_h。在磁场很强的极限情况下，$\omega_c\tau\gg1$，(a) 证明，在此极限情况下，$\sigma_{yx}=(n-p)ec/B$；(b) 证明，若 $Q\equiv\omega_c\tau$，则霍尔电场由下式给出：

$$E_y=-(n-p)\left(\frac{n}{Q_e}+\frac{p}{Q_h}\right)^{-1}E_x$$

可见，若 $n=p$，上式为零；(c) 试证在 x 方向上的有效电导率是

$$\sigma_{\text{eff}}=\frac{ec}{B}\left[\left(\frac{n}{Q_e}+\frac{p}{Q_h}\right)+(n-p)^2\left(\frac{n}{Q_e}+\frac{p}{Q_h}\right)^{-1}\right]$$

如果 $n=p$，则 $\sigma\propto B^{-2}$。若 $n\neq p$，在强磁场中 σ 饱和。也就是说，当 $B\to\infty$时，σ 趋近于不依赖于 B 的极限。

第9章　费米面和金属

很少有人会把金属定义为“具有费米面的固体”。尽管如此，这仍然可能是今日能给金属所下的最有意义的定义；它表明在了解金属的行为本质方面有了深刻的进展。基于量子物理发展起来的费米面的概念为金属的主要物理性质提供了精确的解释。

——A. R. Mackintosh

费米面是 $\boldsymbol{k}$ 空间中能量为恒值ϵ_F 的曲面。绝对零度下费米面将未被填满的轨道与被填满的轨道分隔开。金属的电学性质由费米面的体积和形状决定，因为电流是由于费米面附近能态占据状况的变化所引起。

在简约布里渊区图式中，费米面的形状可能很复杂，但仍然可以借助于一个球形面来简单的解释。图1表示两种具有面心立方结构的金属所构成的自由电子费米面。这里铜具有一个价电子，铝具有三个价电子。自由电子费米面是由半径为 k_F 的球发展而来，k_F 由价电子浓度确定。对于铜，由于电子与晶格的相互作用，这个球形费米面要发生变形。那么，我们怎样从一个球形面出发而得到这种曲面呢？这样的构图法需要应用简约布里渊区图式和周期布里渊区图式（有时将布里渊区简称为能区，二者通用）。

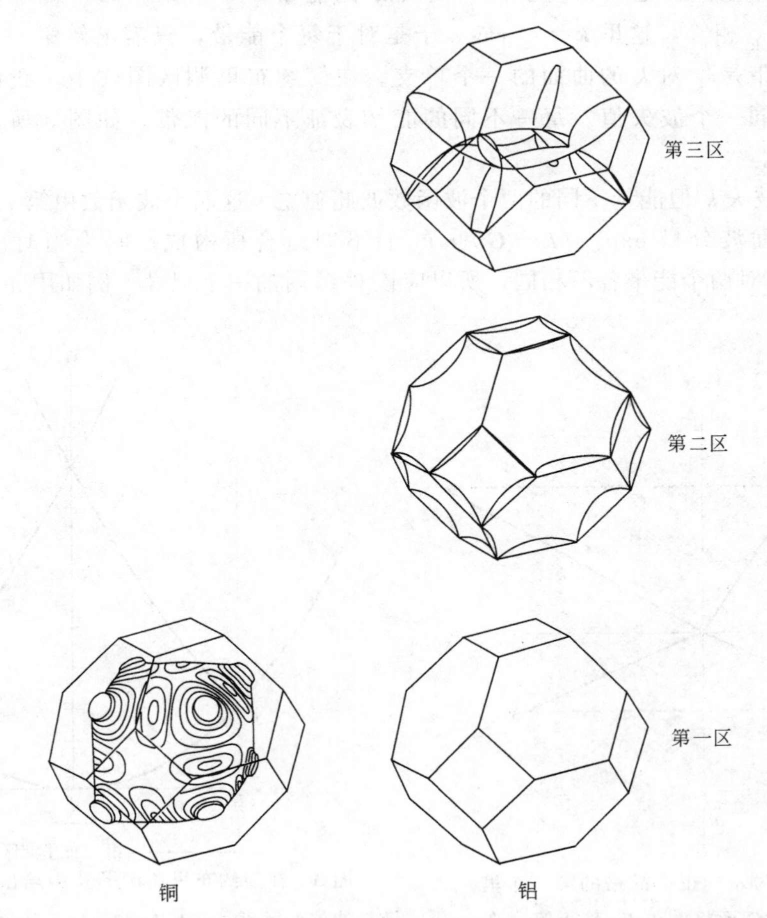

图1 面心立方金属铜（Cu）和铝（Al）的自由电子费米面。铜的每一个原胞含有一个价电子，铝的每个原胞含有三个价电子。图中所示铜的费米面已经经过形变而不是一个球面，从而与实验结果相符。铝的第二布里渊区接近被电子半填满。引自 A. R. Mackintosh。

简约布里渊区图式

一般而言，选择布洛赫函数所含指数部分的波矢 $\boldsymbol{k}$ 位于第一布里渊区内，这总是可能的。这个过程称为将能带以简约布里渊区图式描述。

假如我们遇到像 $\psi_{\mathbf{k}'}(\boldsymbol{r})=e^{i\mathbf{k}'\cdot\boldsymbol{r}}u_{\mathbf{k}'}(\boldsymbol{r})$ 这样的布洛赫函数，其中 $\boldsymbol{k}'$ 在第一布里渊区之外（如图 2），那么总可以找到一个适当的倒格矢 $\boldsymbol{G}$，使 $\boldsymbol{k}=\boldsymbol{k}'+\boldsymbol{G}$ 位于第一布里渊区之内。这样一来，就有

$$\begin{aligned}\psi_{\mathbf{k}'}(\boldsymbol{r})&=e^{i\mathbf{k}'\cdot\boldsymbol{r}}u_{\mathbf{k}'}(\boldsymbol{r})=e^{i\mathbf{k}\cdot\boldsymbol{r}}\left[e^{-i\boldsymbol{G}\cdot\boldsymbol{r}}u_{\mathbf{k}'}(\boldsymbol{r})\right]\\&=e^{i\mathbf{k}\cdot\boldsymbol{r}}u_{\mathbf{k}}(\boldsymbol{r})=\psi_{\mathbf{k}}(\boldsymbol{r})\end{aligned}\tag{1}$$

其中 $\boldsymbol{u}_{\mathbf{k}}(\boldsymbol{r})=e^{-i\boldsymbol{G}\cdot\boldsymbol{r}}u_{\mathbf{k}'}(\boldsymbol{r})$。$e^{-i\boldsymbol{G}\cdot\boldsymbol{r}}$ 和 $u_{\mathbf{k}'}(\boldsymbol{r})$ 二者都具有晶格的周期性，所以 $u_{\mathbf{k}}(\boldsymbol{r})$ 也是如此，于是 $\psi_{\mathbf{k}}(\boldsymbol{r})$ 具有布洛赫函数形式。

即使是在自由电子的情况下，用简约布里渊区图式来处理问题也是很有用的，如图 3 所示。在第一布里渊区之外相应于任一波矢 $\boldsymbol{k}'$ 的能量 $\epsilon_{\mathbf{k}'}$，与第一布里渊区内相应于某一波矢 $\boldsymbol{k}$ 的能量 $\epsilon_{\mathbf{k}}$ 相等，这里 $\boldsymbol{k}=\boldsymbol{k}'+\boldsymbol{G}$。于是对于每个能带，只需求解第一布里渊区内的能量。一个能带是 $\epsilon_{\mathbf{k}}$ 对 $\boldsymbol{k}$ 的曲面的一个单支。在简约布里渊区图式中，我们会发现不同的能量相应于同一个波矢值。每一不同的能量表征不同的能带。如图 3 所示，画出了两个能带的情况。

具有同一波矢 $\boldsymbol{k}$ 但能量不同的两个波函数彼此独立。这两个波函数由第 7 章式（29）所示展开式的平面波分量 $\exp[i(\boldsymbol{k}+\boldsymbol{G})\cdot\boldsymbol{r}]$ 的不同组合所构成。因为当时所定义的系数 $C(\boldsymbol{k}+\boldsymbol{G})$ 的值对两个能带各不相同，所以应该对 C 附加一个记号。例如用 n 作为能带的标

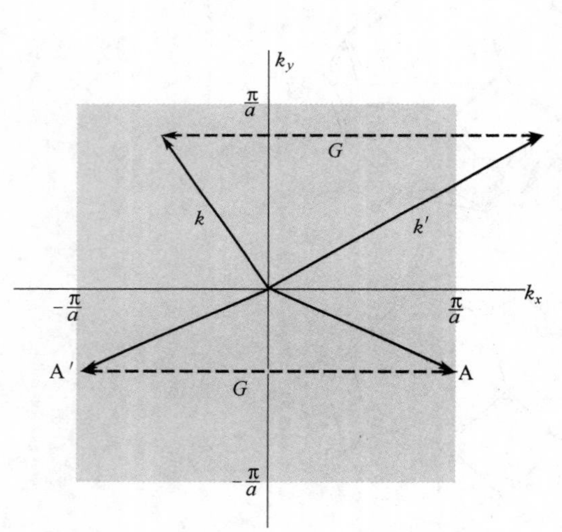

图 2 边长为 a 的正方晶格的第一布里渊区。构成 $\boldsymbol{k}'+\boldsymbol{G}$ 而将波矢 $\boldsymbol{k}'$ 移入第一布里渊区。布里渊区边界点 A 上的波矢借助于 $\boldsymbol{G}$ 而移至同一区对面的边界点 A' 处，是否应把 A 和 A' 都算作位于第一布里渊区之内呢？因为它们可以通过一个倒格矢相互连接，因而我们把这两个点可以看作是第一布里渊区中的一对全同的点。

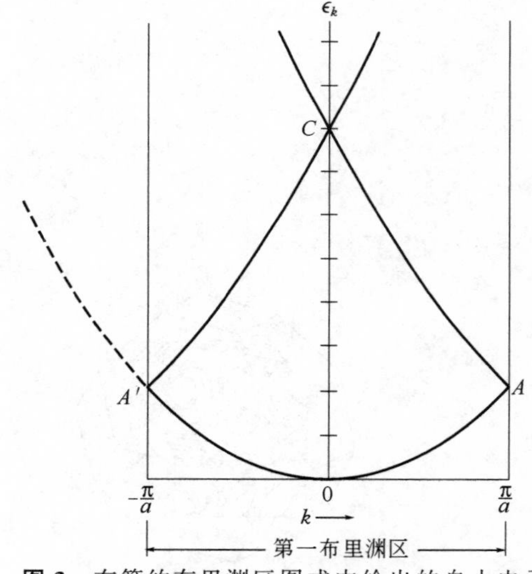

图 3 在简约布里渊区图式中给出的自由电子能量与波矢的关系 $\epsilon_{\mathbf{k}}=\hbar^2k^2/2m$。这种构图法常给晶体能带结构的全貌提供有用的概念。若 AC 支位移（$-2\pi/a$），则给出相应于 k 为负的通常的自由电子曲线。若 $A'C$ 支位移（$2\pi/a$），则给出相应于 k 为正的通常的自由电子曲线。晶体势 $U(x)$ 在布里渊区的边缘（如在 A 和 A'）处和在该区的中心（如在 C）处产生带隙。依照扩展布里渊区图式，点 C 落在第二布里渊区的边缘上。常常用这种简约布里渊区图式中的自由电子能带恰当地指明能带结构的总宽度和整体特征。

记，即记为 $C_n(\boldsymbol{k}+\boldsymbol{G})$。于是，能带 n 中波矢为 $\boldsymbol{k}$ 的态的布洛赫函数就可写成

$$\psi_{n,\mathbf{k}}=\exp(i\boldsymbol{k}\cdot\boldsymbol{r})u_{n,\mathbf{k}}(\boldsymbol{r})=\sum_G C_n(\boldsymbol{k}+\boldsymbol{G})\exp[i(\boldsymbol{k}+\boldsymbol{G})\cdot\boldsymbol{r}]$$

周期布里渊区图式

我们能够让一个给定的布里渊区在整个波矢空间内作周期性重复。为了重复一个布里渊区，可以将它平移一个倒格矢。假如能把一个能带从其他布里渊区平移进入第一布里渊区，那么就能把第一布里渊区内的一个能带平移到其他每一个能区内。在这种图式下，能带的能量 $\epsilon_{\mathbf{k}}$ 是倒格矢的周期性函数，即有

$$\epsilon_{\mathbf{k}}=\epsilon_{\mathbf{k}+\boldsymbol{G}} \quad (2)$$

这就是认为 $\epsilon_{\mathbf{k}+\boldsymbol{G}}$ 与 $\epsilon_{\mathbf{k}}$ 所指是同一能带。

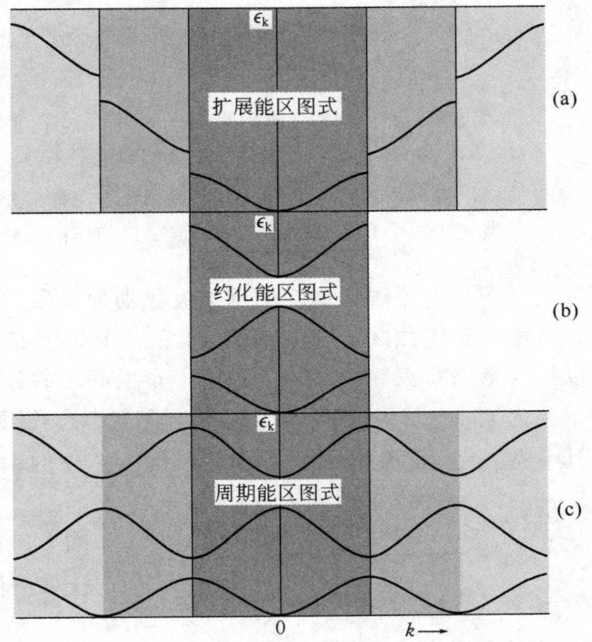

图 4　在扩展布里渊区图式（a）、简约布里渊区图式（b）和周期布里渊区图式（c）中给出的线型晶格的三个能带。

由这种构图法所得的结果称为周期布里渊区图式。同时，从中心方程［第 7 章中的式（27）］也能容易地看出能量的周期性质。

作为一个例子，现在讨论采用紧束缚近似计算的简单立方晶格的能带：

$$\epsilon_{\mathbf{k}}=-\alpha-2\gamma(\cos k_x a+\cos k_y a+\cos k_z a) \quad (3)$$

式中，α 和 γ 是常数。简单立方（sc）晶格的倒格矢是 $\boldsymbol{G}=(2\pi/a)\hat{\boldsymbol{x}}$；假如令 $\boldsymbol{k}$ 加上 $\boldsymbol{G}$，则在上述式（3）中引起的改变仅是

$$\cos k_x a\rightarrow\cos(k_x+2\pi/a)a=\cos(k_x a+2\pi)$$

但是这恒等于 $\cos k_x a$。当波矢加上一个倒格矢时能量不发生变化，所以能量是波矢的周期函数。

下列三种不同的布里渊区图式都是有用的（参见图 4）：

1. 扩展布里渊区图式，其中不同的能带描绘于波矢空间中不同的布里渊区内；
2. 简约布里渊区图式，其中所有的能带都绘入第一布里渊区内；
3. 周期布里渊区图式，其中在每一个布里渊区给出所有的能带。

9.1　费米面的结构

现在，我们着手分析图 5 中所示的正方晶格。布里渊区边界的方程是 $2\boldsymbol{k}\cdot\boldsymbol{G}+\boldsymbol{G}^2=0$。如果 $\boldsymbol{k}$ 终止于通过 $\boldsymbol{G}$ 的中点并与 G 垂直的平面上，该方程就被满足。正方晶格的第一布里渊区是由倒格矢 $\boldsymbol{G}_1$，以及图 5（a）中另外三个关于 $\boldsymbol{G}_1$ 对称且等价的倒格矢的四条垂直平

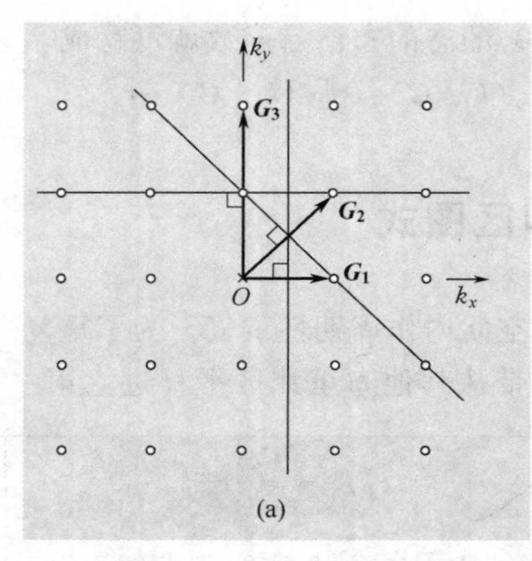

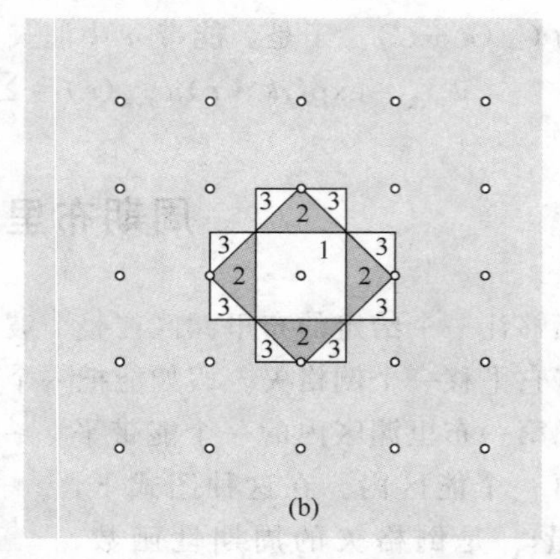

图 5 (a) 在 $\boldsymbol{k}$ 空间内正方晶格的前三个布里渊区的结构图。三个最短的倒格矢表示为 $\boldsymbol{G}_1$、$\boldsymbol{G}_2$ 和 $\boldsymbol{G}_3$。图中所画的三条直线是这些 $\boldsymbol{G}$ 矢量的垂直平分线。(b) 绘出与 (a) 中的三条直线因对称而等价的诸直线，便得到在 $\boldsymbol{k}$ 空间中形成的前三个布里渊区的区域。数字表示所在区域属于哪个布里渊区；这里的数字以构作区域外边界时涉及的矢量 $\boldsymbol{G}$ 的长度为序排列。

分线所围成的区域。这四个倒格矢分别为$\pm(2\pi/a)\hat{\boldsymbol{k}}_x$ 和$\pm(2\pi/a)\hat{\boldsymbol{k}}_y$。

第二布里渊区，则可基于 $\boldsymbol{G}_2$ 和三个关于 $\boldsymbol{G}_2$ 对称且等价的矢量而构成。与此相似，可以构成第三布里渊区。第二和第三布里渊区的各个组成部分在图 5 (b) 中给出。

为了确定某些布里渊区的边界，需要考虑几组非等价的倒格矢。比如，对于第三布里渊区，其组成单元标记为 3_a 的边界由三个倒格矢 $\boldsymbol{G}$ 的垂直平分线所构成：这些 $\boldsymbol{G}$ 分别是$(2\pi/a)\hat{\boldsymbol{k}}_x$，$(4\pi/a)\hat{\boldsymbol{k}}_y$ 和$(2\pi/a)(\hat{\boldsymbol{k}}_x+\hat{\boldsymbol{k}}_y)$。

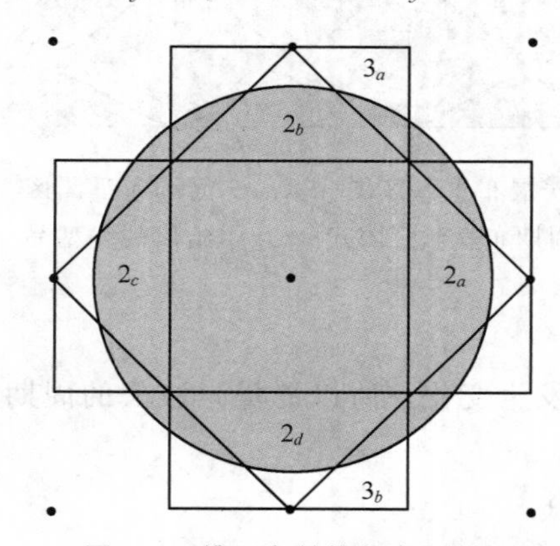

图 6 二维正方晶格的布里渊区。图中的圆是自由电子的等能面；这是对应于电子浓度的某个特定取值的费米面。$\boldsymbol{k}$ 空间中被充满区域的“总面积”仅仅依赖于电子浓度，而与电子同晶格的相互作用无关。费米面的形状取决于晶格相互作用。对于实际晶格，其形状并不是精确的圆。关于第二和第三布里渊区的各个组成单元的标记，请参看图 7 所示。

图 6 表示一个具有任意电子浓度的自由电子费米面。让属于同一布里渊区的费米面的各个组成单元彼此分离是不太方便的。若变换到简约布里渊区图式，则这种分离状况就能得到改善。

取以 2_a 标记的三角形，将它平移一个倒格矢 $\boldsymbol{G}=-(2\pi/a)\hat{\boldsymbol{k}}_x$，使其在第一布里渊区的区域内重现，如图 7 所示。类似地，其他组成单元通过平移一个倒格矢，分别使三角形 2_b、2_c、2_d 移到第一布里渊区的其他相应部分，从而把第二布里渊区全部以简约布里渊区图式给出。这样，原来处在第二布里渊区内的“分割型”费米面，现在就变成连通的了，如图 8 所示。

第三布里渊区也被组合拼成图 8 中的正方形，但费米面的各个组成部分看来仍是非连通的。若在周期布里渊区图式中考察，则这类费米面将组成一个酷似玫瑰花形的图案，参见图 9 所示。

9.1.1 近自由电子的情况

如何从自由电子的费米面过渡到近自由电子的费米面呢？利用下列的四个事实，我们能够对近自由电子费米面的大致构型有一个概括性的认识：

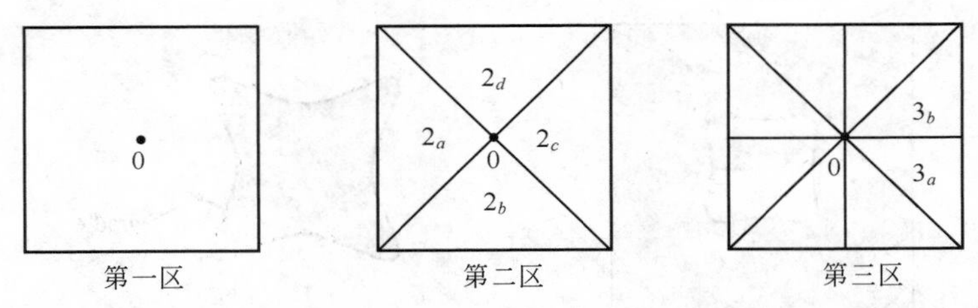

图 7　第一、二、三布里渊区在简约布里渊区图式中的构成示意图。选取恰当的倒格矢，通过平移将图 6 中第二布里渊区的各个组成部分汇集成一个正方形。应该指出，对于一个区的不同组成单元需要选用不同的 $\boldsymbol{G}$。

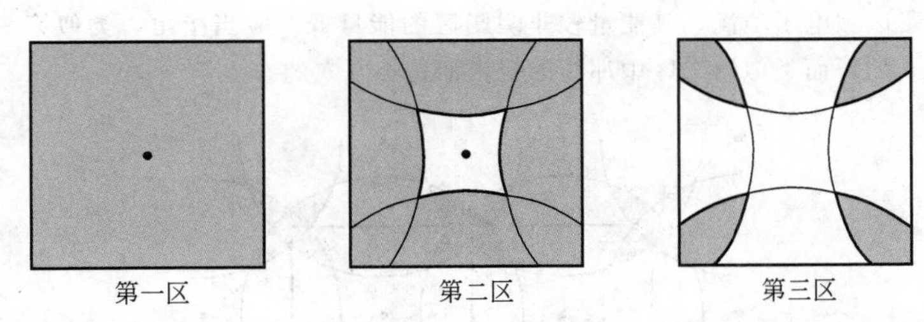

图 8　图 6 中的自由电子费米面以简约布里渊区图式表示的构型图。图中阴影面积表示被占据的电子态。费米面的有些部分落在第二、第三和第四布里渊区内。第四布里渊区没有给出。第一布里渊区的状态被全部占据。

1. 电子与晶体周期势场的相互作用在布里渊区边界处产生能隙；
2. 费米面几乎总是与布里渊区边界垂直地交截；
3. 晶体周期势场使费米面的尖锐角隅圆滑化；
4. 费米面所包围的总体积仅仅依赖于电子浓度，而与晶格相互作用的具体情况无关。

很显然，如果不进行系统的计算，我们就不可能给出费米面定量的描述，但是，基于前文关于自由电子费米面的讨论和认知，我们可以定性地预期：图 8 中第二和第三布里渊区的费米面的改变应如图 10 中所示。

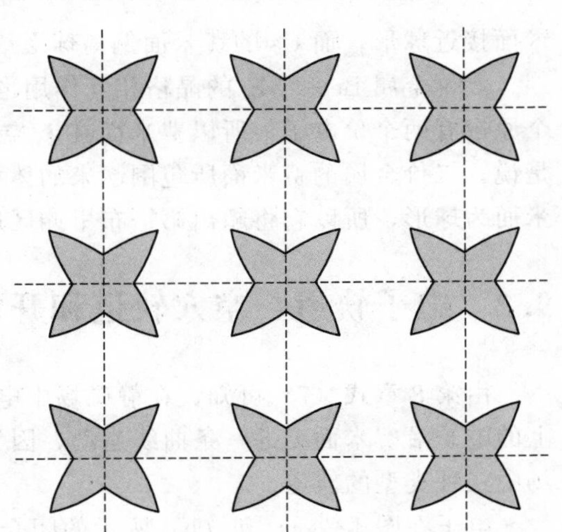

图 9　以周期布里渊区图式表示的第三布里渊区中的费米面，重复图 8 所示的第三布里渊区即构成此图。

上述从自由电子费米面出发给出的关于费米面的定性描述是有用的。如图 11 所示，是采用 Harrison 提出的构图程序给出的自由电子费米面。首先确定出各倒格点，然后以每个点为中心画出一个半径与电子浓度相应的自由电子球。对于 $\boldsymbol{k}$ 空间中的任意一点，如果处在至少一个球内，则该点相应于第一布里渊区内一个被占据的态；同理，处在至少两个球内的那些点相应于第二布里渊区内被占据的态。对于处在至少三个或更多的球内的点，照此类推。

前已指出，碱金属是最简单的金属，其传导电子与晶格之间的相互作用弱。由于每个碱金属原子仅有一个价电子，所以它们的第一布里渊区边界与其接近的球形的费米面之间的距离大，并且费米面包围的总体积占有布里渊区的一半。计算结果和实验研究表明，Na 的费

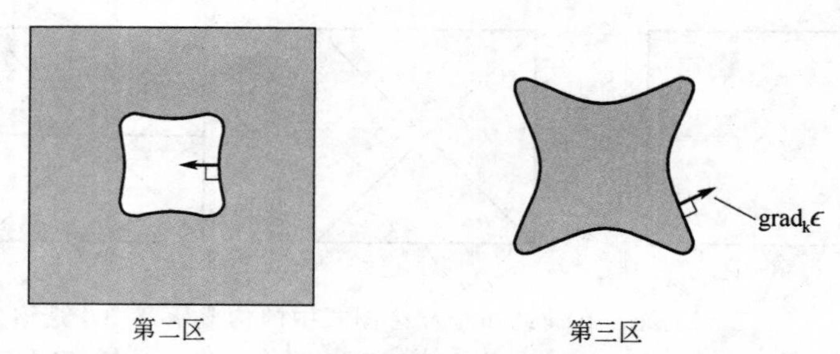

图 10 弱周期晶体势场对图 8 中费米面影响的定性描述。在每个费米面的一个点上表示出矢量 $\text{grad}_k\,\epsilon$。在第二布里渊中能量增加的方向指向图形内，而在第三布里渊区中能量增加的方向指向外。阴影区被电子填满，其能量较非阴影区的能量低。应当指出，类似第三区中那样的费米面是类电子的，而类似第二区中那样的费米面是类空穴的。

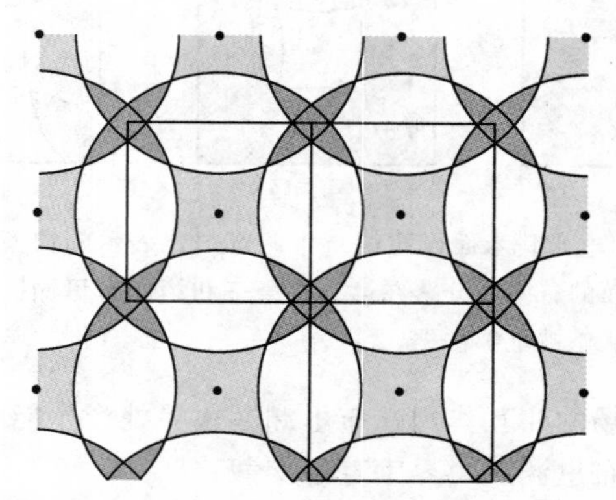

图 11 正方晶格的第二、第三和第四布里渊区中自由电子费米面的 Harrison 构图法。费米面将第一布里渊区封闭或包围，所以后者被电子填满。

米面接近球形，而 Cs 的费米面偏离球形约 10%。

二价金属 Be 和 Mg 的晶格相互作用也是弱的，其费米面也接近球形。但由于它们的每个原子有两个价电子，所以费米面在 $\boldsymbol{k}$ 空间所围成的体积将是碱金属情况下的两倍。也就是说，二价金属的费米面所包围起来的体积正好与一个布里渊区的体积相等；但是，由于费米面为球形，所以它将超出第一布里渊区进入第二布里渊区。

9.2 电子轨道、空穴轨道和开放轨道

由第 8 章式（7）可知，在静磁场中电子在垂直于 $\boldsymbol{B}$ 的平面上沿等能曲线运动。费米面上的电子沿费米面上的一条曲线运动，因为费米面是一个等能面。如图 12 所示，给出了磁场中三种类型的轨道。

电子在图 12（a）和（b）所示的闭合轨道上沿相反方向运行。由于在磁场中电荷相反的粒子彼此沿相反方向做圆周运动，因此称其中一种轨道是类电子（electronlike）轨道，另一种轨道就是类空穴（holelike）轨道。在磁场中电子沿空穴轨道运动时，犹如它被赋予了正电荷，这同第 8 章中关于空穴的说法一致。

图 12（c）中的轨道不闭合：当粒子达到布里渊区边界 A 处立即折回到 B，这里 B 与 B' 等价，因为它们通过倒格矢互相连接。这样的轨道称为开放轨道。开放轨道对磁致电阻效应的研究有重要影响。

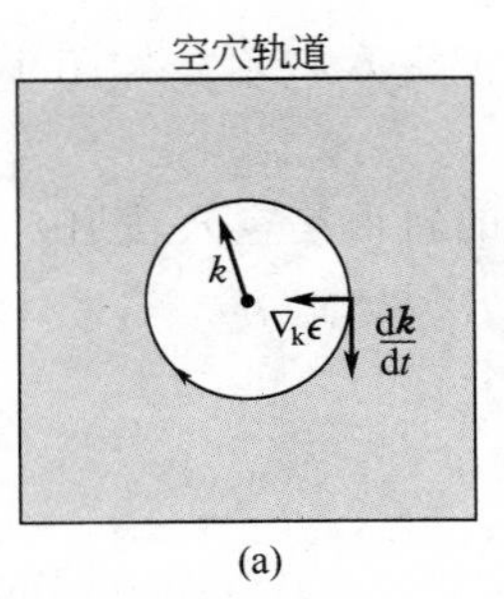

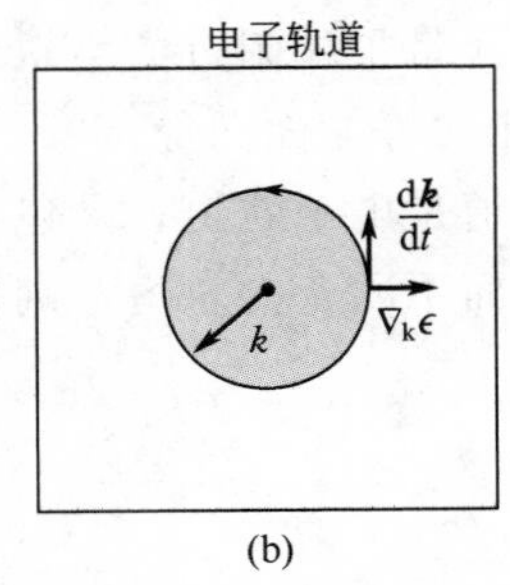

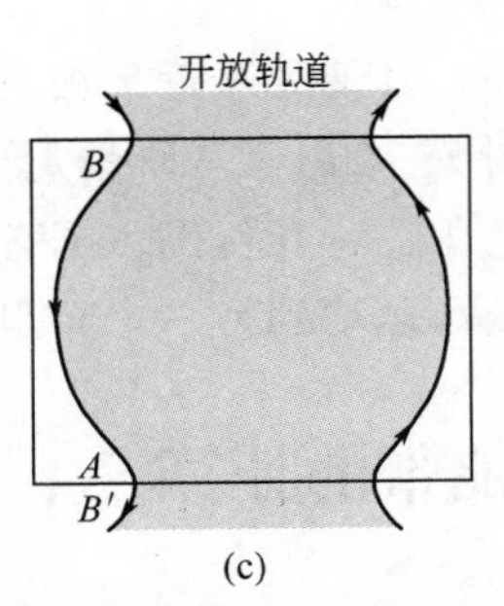

图 12　磁场中电子波矢在费米面上的运动示意图。(a) 和 (b) 中的费米面在拓扑上等价于图 10 所示的费米面。在 (a) 中波矢按顺时针方向沿轨道运动；在 (b) 中波矢方向按逆时针方向沿轨道运动。(b) 中的方向是对电荷为 $-e$ 的自由电子所预期的结果：$\boldsymbol{k}$ 值愈小，具有的能量愈低，因此被电子充满的态处于费米面之内。(b) 中的轨道称为类电子轨道。在磁场中，(a) 图中波矢的运动方向同 (b) 图中相反，因此把 (a) 中的轨道称为类空穴轨道。空穴的运动与带正电荷 e 的粒子相同。(c) 对于矩形布里渊区示出在周期布里渊区图式中沿开放轨道的运动，这种轨道在拓扑上介于空穴轨道和电子轨道之间。

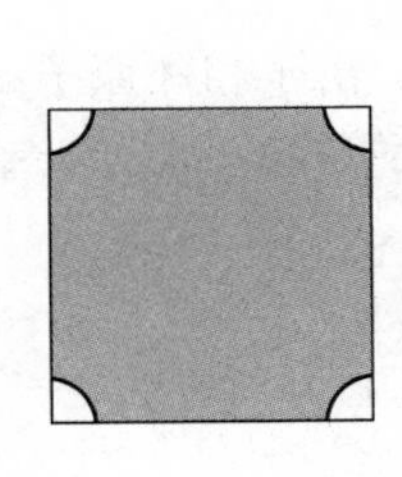

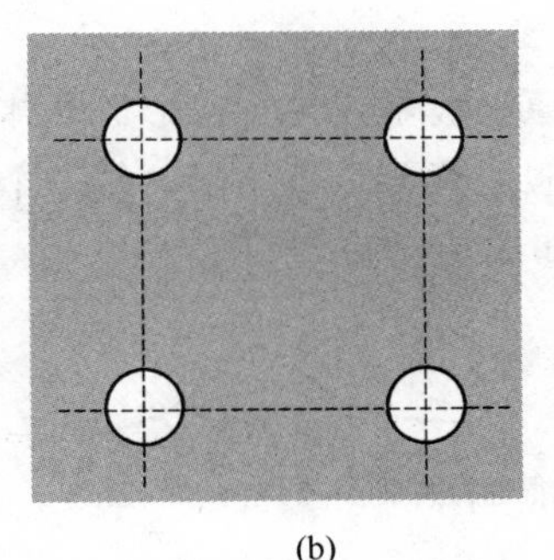

图 13　(a) 处于接近被充满的能带角隅上的空态，在简约布里渊区图式中绘出。(b) 周期布里渊区图式中费米面各部分是相互连通的，每一个圆构成一个类空穴轨道。不同的圆彼此完全等价，态密度是单个圆的态密度（轨道不需要是真正的圆，对于所示的晶格，只要求轨道具有四重对称性）。

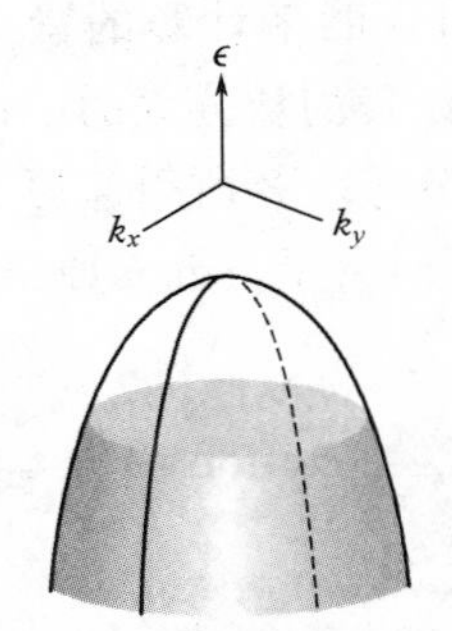

图 14　三维晶体中接近被充满的能带顶端附近的空态示意图。这个图与图 12 (a) 等价。

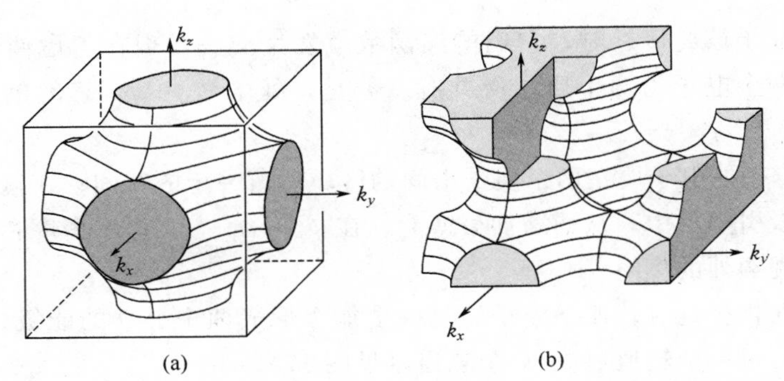

图 15　对于能带$\epsilon_{\mathrm{k}}=-\alpha-2\gamma\ (\cos k_x a+\cos k_y a+\cos k_z a)$，图中给出了简单立方晶格布里渊区内的等能面。(a) 等能面$\epsilon=-\alpha$。被充满的体积包含有每个原胞所贡献的一个电子。(b) 在周期布里渊区图式中给出的同一个等能面，图中清晰显示了轨道的连通性。读者能否找出在磁场 $B\hat{z}$ 中运动的电子轨道、空穴轨道和开放轨道？引自 A. Sommerfeld 和 H. A. Bethe。

另外，其他处于近乎被充满的能带顶端附近的空轨道给出类空穴轨道，如图 13 和图 14 所示。图 15 给出了三维情形下可能的等能面图像。

综上所述，凡包围占据态的轨道是电子轨道；凡包围空态的轨道是空穴轨道；可以由一个布里渊区运动到另一个布里渊区而不闭合的轨道，则被称为开放轨道。

9.3 能带的计算

1933 年，维格纳（Wigner）和赛茨（Seitz）首次认真地进行了能带计算。他们提到，在进行这项工作的那段时间里，两个人把一个又一个下午的时间花费在当时的手摇台式计算机上。他们为处理一个尝试波函数就得耗上一个下午的时间。

这里，我们限于讨论三种对初学者有用的方法：①紧束缚法，它对内插法有用；②维格纳-赛茨法（Wigner-Seitz method），它对碱金属的形象化描述和深入理解有帮助；③赝势法，它引用第 7 章中的一般性理论，表明了许多问题的简单性。

9.3.1 能带计算的紧束缚法

让我们从分立的中性原子出发，考察当原子被聚集在一起形成晶体时，由于相邻原子的电荷分布交叠所引起原子能级的变化。现在假定有两个氢原子，每一个原子具有一个处于基态 1*s* 的电子。分立原子的波函数 ψ_A 和 ψ_B 如图 16（a）所示。

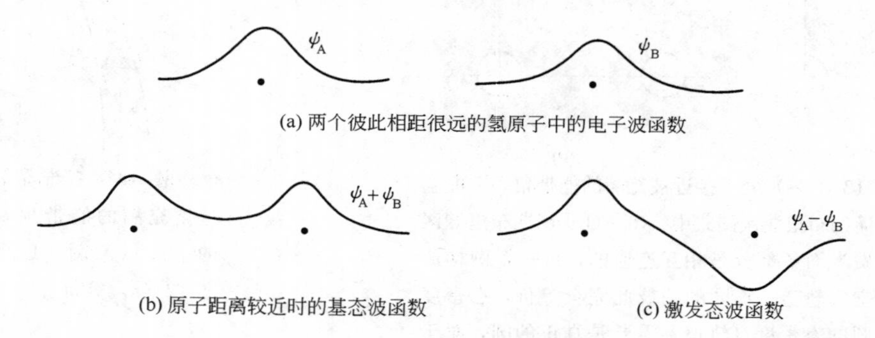

图 16 示意图：（a）两个彼此相距很远的氢原子中的电子波函数；（b）原子距离较近时的基态波函数；（c）激发态波函数。

当使这两个原子彼此接近时，它们的波函数就发生交叠。现在考虑两种组合 $\psi_A \pm \psi_B$，每一种组合都使两个电子为两个质子所共有。但是，处于 $\psi_A + \psi_B$ 态的电子的能量较处于 $\psi_A - \psi_B$ 态的稍低。

处于 $\psi_A + \psi_B$ 态的电子要在两个质子中间的区域逗留一定的时间；在这个区域内它同时处于两个质子的吸引势场中，从而增加束缚能。在 $\psi_A - \psi_B$ 态，概率密度在两个核间连线的中点为零，不出现额外的束缚。

当两个原子互相接近时，孤立原子的每一个能级形成两个分立的能级。对于 N 个原子而言，孤立原子的每一个轨道形成 N 个轨道（见图 17）。

当自由原子相互接近时，原子实和电子之间的库仑相互作用使能级劈裂，把它们展宽为带。自由原子每一个给定量子数的态在晶体内展宽为一个能带，带宽正比于相邻原子之间交叠相互作用的强度。

同时，也会出现基于自由原子的 p，d，…诸态（l＝1，2，…）所形成的能带。在自由原子中简并的各态会分裂形成不同的能带。由于其中任一能带都将横跨相当宽的波矢范围，所以，这些分属于不同能带的简并态不再具有相同的能量；但是，在布里渊区的某些 $\boldsymbol{k}$ 值上，有些能带可能会因能量相同而重叠。

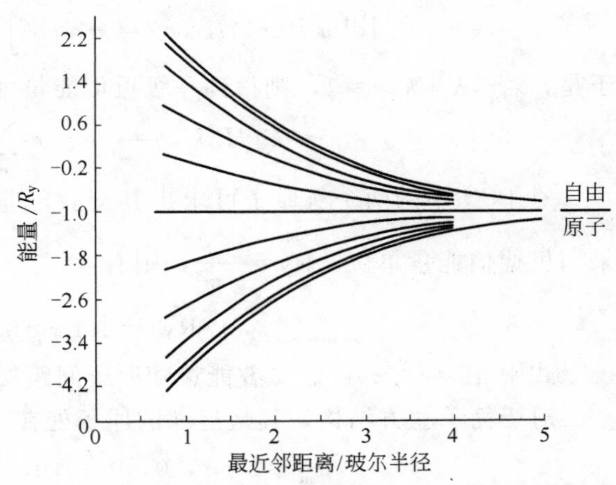

图 17　20 个氢原子构成的原子环的 1s 能带。采用紧束缚近似和式（9）的最近邻重叠积分计算单电子能量。

由自由原子波函数出发的近似称为紧束缚近似（tight-binding approximation）或 LCAO（原子轨道线性组合）近似。这种近似对处理原子的内层电子相当不错，但它对其传导电子却往往不是一种好的描述方法。这种方法可以用于近似地描述过渡金属的 d 带和类金刚石与惰性气体晶体的价带。

假设在孤立原子的势场 $U(\boldsymbol{r})$ 中运动的电子基态是 $\varphi(\boldsymbol{r})$，并且 φ 是一个 s 态。处理由简并的（p，d，…）原子能级所产生的能带将更为复杂。如果一个原子对另一个原子的影响是小的，则取

$$\psi_{\mathbf{k}}(\boldsymbol{r})=\sum_{j} C_{k_j}\ \varphi(\boldsymbol{r}-\boldsymbol{r}_j) \tag{4}$$

作为一个电子在整个晶体中的波函数的近似形式，此处求和遍及所有格点。假定初基基元包含一个原子。可以看出，对于由 N 个原子组成的晶体，如果 $C_{\boldsymbol{k}_j}=N^{-1/2}\mathrm{e}^{i\boldsymbol{k}\cdot\boldsymbol{r}}$，则这个函数具有布洛赫形式［第 7 章式（7）所示］。于是，有

$$\psi_{\mathbf{k}}(\boldsymbol{r})=N^{-1/2}\sum_{j}\exp(i\boldsymbol{k}\cdot\boldsymbol{r}_j)\varphi(\boldsymbol{r}-\boldsymbol{r}_j) \tag{5}$$

现在证明式（5）具有布洛赫形式。考虑连接两个格点的平移矢量 $\boldsymbol{T}$：

$$\begin{aligned}\psi_{\mathbf{k}}(\boldsymbol{r}+\boldsymbol{T})&=N^{-1/2}\sum_{j}\exp(i\boldsymbol{k}\cdot\boldsymbol{r}_j)\varphi(\boldsymbol{r}+\boldsymbol{T}-\boldsymbol{r}_j)\\&=\exp(i\boldsymbol{k}\cdot\boldsymbol{T})N^{-1/2}\sum_{j}\exp[i\boldsymbol{k}\cdot(\boldsymbol{r}_j-\boldsymbol{T})]\varphi[\boldsymbol{r}-(\boldsymbol{r}_j-\boldsymbol{T})]\\&=\exp(i\boldsymbol{k}\cdot\boldsymbol{T})\psi_{\mathbf{k}}(\boldsymbol{r})\end{aligned} \tag{6}$$

正好满足布洛赫要求。

通过下面对晶体哈密顿算符对角矩阵元的计算，可以求出一级近似能量：

$$\langle\boldsymbol{k}|H|\boldsymbol{k}\rangle=N^{-1}\sum_{j}\sum_{m}\exp[i\boldsymbol{k}\cdot(\boldsymbol{r}_j-\boldsymbol{r}_m)]\langle\varphi_m|H|\varphi_j\rangle \tag{7}$$

其中 $\varphi_m\equiv\varphi$（$\boldsymbol{r}-\boldsymbol{r}_{\mathrm{m}}$）。令 $\boldsymbol{\rho}_m=\boldsymbol{r}_m-\boldsymbol{r}_j$，则有

$$\langle\boldsymbol{k}|H|\boldsymbol{k}\rangle=\sum_{m}\exp(-i\boldsymbol{k}\cdot\boldsymbol{\rho}_m)\int\mathrm{d}V\varphi^*(\boldsymbol{r}-\boldsymbol{\rho}_m)H\varphi(\boldsymbol{r}) \tag{8}$$

对于式（8），除了属于同一原子和可以用 $\boldsymbol{\rho}$ 联结的最近邻之间的积分外，略去其他所有积分。令

$$\int dV\varphi^*(\boldsymbol{r})H\varphi(\boldsymbol{r})=-\alpha;\quad \int dV\varphi^*(\boldsymbol{r}-\boldsymbol{\rho})H\varphi(\boldsymbol{r})=-\gamma \tag{9}$$

于是，若$<\boldsymbol{k}\mid\boldsymbol{k}>=1$，则得到一级近似能量为

$$<\boldsymbol{k}|H|\boldsymbol{k}>=-\alpha-\gamma\sum_m \exp(-i\boldsymbol{k}\cdot\boldsymbol{\rho}_m)=\epsilon_{\mathbf{k}} \tag{10}$$

对1s态中的两个氢原子可求出其交叠能量γ对原子间距ρ的依赖关系的显式表达式。采用里德伯能量单位：$\mathrm{Ry}=\frac{me^4}{2\hbar^2}$，则有

$$\gamma(\mathrm{Ry})=2(1+\rho/a_0)\exp(-\rho/a_0) \tag{11}$$

式中$a_0=\hbar^2/me^2$。交叠能量随原子间距按指数律下降。

对于简单立方结构，其最近邻的原子处在

$$\boldsymbol{\rho}_m=(\pm a,0,0);(0,\pm a,0);(0,0,\pm a) \tag{12}$$

因此式（10）成为

$$\epsilon_{\mathrm{k}}=-\alpha-2\gamma(\cos k_x a+\cos k_y a+\cos k_z a) \tag{13}$$

于是能量限制在宽度为12γ的能带内。交叠愈少则能带愈窄。图15示出了一个等能面。对于$ka\ll1$，$\epsilon_{\mathrm{k}}\simeq-\alpha-6\gamma+\gamma k^2a^2$，有效质量为$m^*=\hbar^2/2\gamma a^2$。当交叠积分$\gamma$小时，则能带窄，有效质量大。

上面对每个自由原子的一个轨道，得出一个能带ϵ_{k}。如果原子能级是非简并的，对于N个原子，带内的轨道数目是$2N$。这一点可以直接推知：在第一布里渊区中的诸$\boldsymbol{k}$值确定独立的波函数。简单立方布里渊区有$-\pi/a<k_x<\pi/a$，等等。这个布里渊区的体积为$8\pi^3/a^3$。$\boldsymbol{k}$空间每单位体积中的轨道数（计及两个自旋取向）是$V/4\pi^3$，所以布里渊区内轨道数应为$2V/a^3$。其中，V是晶体的体积，$1/a^3$是每单位体积内的原子数，于是有$2N$个轨道。

对于具有8个最近邻的体心立方（bcc）结构，则有

$$\epsilon_{\mathrm{k}}=-\alpha-8\gamma\cos\frac{1}{2}k_xa\cos\frac{1}{2}k_ya\cos\frac{1}{2}k_za \tag{14}$$

对于具有12个最近邻的面心立方（fcc）结构，则有

$$\epsilon_{\mathrm{k}}=-\alpha-4\gamma\left(\cos\frac{1}{2}k_ya\cos\frac{1}{2}k_za+\cos\frac{1}{2}k_za\cos\frac{1}{2}k_xa+\cos\frac{1}{2}k_xa\cos\frac{1}{2}k_ya\right) \tag{15}$$

图18是fcc结构的一个等能面的示意图。

9.3.2 维格纳-赛茨法

维格纳和赛茨曾经证明，至少对于碱金属而言，在自由原子的电子波函数和晶体能带结构的近自由电子模型之间不存矛盾。对于大多数能带而言，能量对波矢的依赖关系可能接近自由电子的情形。但是，布洛赫波函数不是平面波，它将使电荷聚集在正离子实上，犹如在原子中的波函数那样。

布洛赫函数满足波动方程：

$$\left[\frac{1}{2m}\boldsymbol{p}^2+U(\boldsymbol{r})\right]e^{i\boldsymbol{k}\cdot\boldsymbol{r}}u_{\mathbf{k}}(\boldsymbol{r})=\epsilon_{\mathbf{k}}e^{i\boldsymbol{k}\cdot\boldsymbol{r}}u_{\mathbf{k}}(\boldsymbol{r}) \tag{16}$$

令$\boldsymbol{p}\equiv-i\hbar\nabla$，则得

$$\boldsymbol{p}e^{i\boldsymbol{k}\cdot\boldsymbol{r}}u_{\mathbf{k}}(\boldsymbol{r})=\hbar\boldsymbol{k}e^{i\boldsymbol{k}\cdot\boldsymbol{r}}u_{\mathbf{k}}(\boldsymbol{r})+e^{i\boldsymbol{k}\cdot\boldsymbol{r}}\boldsymbol{p}u_{\mathbf{k}}(\boldsymbol{r});$$

$$\boldsymbol{p}^2e^{i\boldsymbol{k}\cdot\boldsymbol{r}}u_{\mathbf{k}}(\boldsymbol{r})=(\hbar k)^2e^{i\boldsymbol{k}\cdot\boldsymbol{r}}u_{\mathbf{k}}(\boldsymbol{r})+e^{i\boldsymbol{k}\cdot\boldsymbol{r}}(2\hbar\boldsymbol{k}\cdot\boldsymbol{p})u_{\mathbf{k}}(\boldsymbol{r})+e^{i\boldsymbol{k}\cdot\boldsymbol{r}}\boldsymbol{p}^2u_{\mathbf{k}}(\boldsymbol{r})$$

于是式（16）可写为关于 $u_{\mathbf{k}}$ 的方程，即

$$\left[\frac{1}{2m}(\boldsymbol{p}+\hbar\boldsymbol{k})^2+\boldsymbol{U}(\boldsymbol{r})\right]u_{\mathbf{k}}(\boldsymbol{r})=\epsilon_{\mathbf{k}}u_{\mathbf{k}}(\boldsymbol{r}) \tag{17}$$

在 $\boldsymbol{k}=0$ 处有 $\psi_0=u_0(\boldsymbol{r})$，其中 $u_0(\boldsymbol{r})$ 具有晶格的周期性；$u_0(\boldsymbol{r})$ 感受到离子实的作用，并在离子实附近犹如自由原子的波函数。

对于 $\boldsymbol{k}=0$ 求解比对一般的 $\boldsymbol{k}$ 值求解要容易得多，因为在 $\boldsymbol{k}=0$ 处，一个非简并的解将具有晶体的全部对称性［即 $U(\boldsymbol{r})$ 的全部对称性］。这时可以用 $u_0(\boldsymbol{r})$ 来构造近似解：

$$\psi_{\mathbf{k}}=\exp(i\boldsymbol{k}\cdot\boldsymbol{r})u_0(\boldsymbol{r}) \tag{18}$$

它具有布洛赫函数的形式，但 u_0 不是式（17）的精确解；只有在舍弃 $\boldsymbol{k}\cdot\boldsymbol{p}$ 的项时，它才是一个解。$\boldsymbol{k}\cdot\boldsymbol{p}$ 一般作为微扰处理，就像习题 8 中的考虑那样。$\boldsymbol{k}\cdot\boldsymbol{p}$ 微扰论的提出对于求解带边处的有效质量 m^* 具有特别重要的意义。

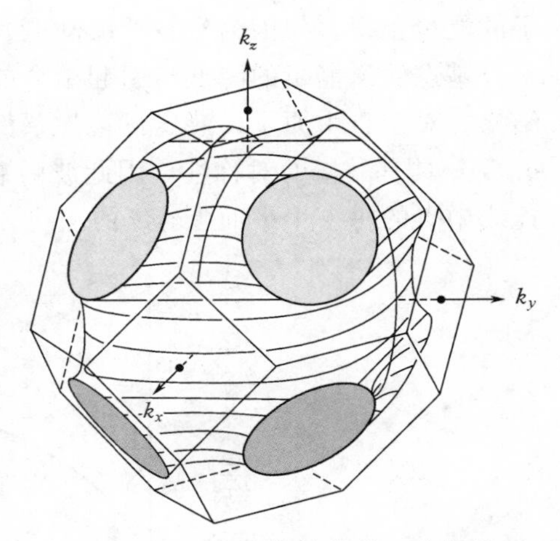

图 18　*fcc* 晶体结构的一个等能面示意图。采用最近邻紧束缚近似得到，所示的面为 $\epsilon=-\alpha+2|\gamma|$。

因为已考虑到离子实的作用势，所以式（18）给出的函数要比平面波函数更接近于真正正确的波函数。但是，这个近似解的能量对 $\boldsymbol{k}$ 的依赖关系完全和平面波一样，即 $(\hbar k)^2/2m$，因为 u_0 是方程

$$\left[\frac{1}{2m}\boldsymbol{p}^2+U(\boldsymbol{r})\right]u_0(\boldsymbol{r})=\epsilon_0 u_0(\boldsymbol{r}) \tag{19}$$

的一个解，函数式（18）的能量期望值是 $\epsilon_0+(\hbar^2k^2/2m)$。函数 $u_0(\boldsymbol{r})$ 通常能给出晶胞内电荷分布的一个好的图像。

维格纳和赛茨发展了一种简单而又相当精确的方法来计算 $u_0(\boldsymbol{r})$。图 19 示出金属钠 3s 导带中 $\boldsymbol{k}=0$ 处的维格纳-赛茨波函数。在原子体积的 90％之内该函数几乎是常数。对于较高的 $\boldsymbol{k}$，当解可以用 $e^{i\boldsymbol{k}\cdot\boldsymbol{r}}u_0(\boldsymbol{r})$近似表示时，导带波函数在大部分原子体积中与平面波相似，但在离子实内显著增大而且发生振荡。

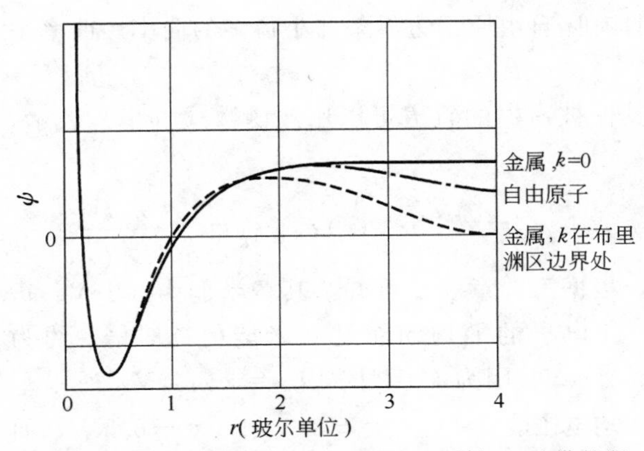

图 19　自由钠原子 3s 轨道和金属钠 3s 导带的径向波函数。对处于 Na^+ 离子实势阱内的电子的薛定谔方程进行积分，求得波函数。对于自由原子，在通常的薛定谔边界条件下，即当 $r\to\infty$ 时，$\psi(r)\to 0$，解出波函数，能量本征值是 -5.15eV。金属钠中波矢 $k=0$ 的波函数服从维格纳-赛茨边界条件，即当 r 为相邻原子间距之一半时，$d\psi/dr=0$，这一轨道的能量为 -8.2eV，明显低于自由原子的能量。钠中布里渊区边界处的轨道没有被充满；它们的能量为 $+2.7$eV。引自 E. Wigner 和 F. Seitz。

9.3.3　内聚能

简单金属（simple metal）之所以相对于自由原子具有稳定性，原因在于同自由原子的价电子基态轨道相比，晶体内 $\boldsymbol{k}=0$ 的布洛赫轨道的能量有所降低。图 19 和图 20 分别就钠和方形吸引势阱的线型周期势场表明了这一效应。在金属的实际原子间距下，其基态轨道的能量比孤立原

子的能量小很多（因为有较低的动能）。

基态轨道能量的降低将引起结合能增加。基态轨道能量的降低是波函数边界条件变化的结果：对于自由原子，薛定谔边界条件是当 $r \rightarrow \infty$ 时 $\psi(\boldsymbol{r}) \rightarrow 0$；在晶体中，$\boldsymbol{k}=0$ 的波函数 $u_0(\boldsymbol{r})$ 具有晶格的对称性，因此波函数关于 $r=0$ 对称。为了满足这一点，在通过相邻原子连线中点的每一个平面上，ψ 的法线方向导数必须等于零。

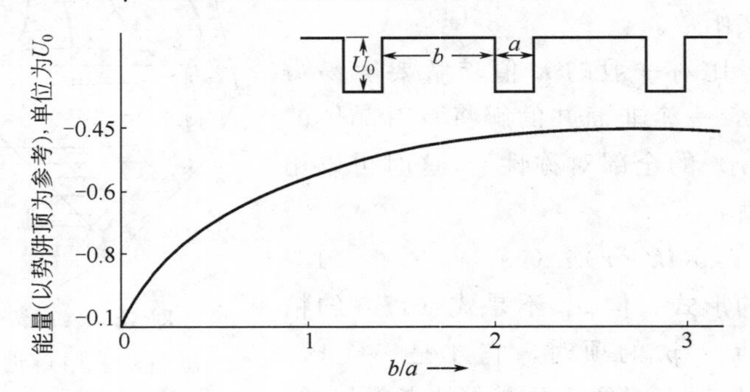

图 20 在深度为 $|U_0|=2\hbar^2/ma^2$ 的方形周期势阱内电子基态轨道（$k=0$）能量图示。当势阱间距 b 减少时，能量降低。这里 a 保持不变而 b 变化。b/a 值大时对应于分立的原子。引自 C. Y. Fong。

如果用一个球来近似表示最小维格纳-赛茨原胞，则有维格纳-赛茨边界条件为

$$(\mathrm{d}\psi/\mathrm{d}r)_{r_0}=0 \tag{20}$$

式中 r_0 是球的半径，这个球的体积等于晶格的一个原胞的体积。对于钠，$r_0=3.95$（玻尔单位），或 2.08Å。最近邻间距的一半是 1.86Å。对于 fcc 和 bcc 结构，这种球形近似还是不错的。边界条件容许基态轨道波函数具有比自由原子边界条件小得多的曲率，曲率小得多意味着动能也小得多。

对于钠，作为一种粗略的近似，导带内其他被占据的轨道可以用波函数式（18）表示，即有

$$\psi_{\mathbf{k}}=\mathrm{e}^{i\boldsymbol{k}\cdot\boldsymbol{r}}u_0(\boldsymbol{r});\quad \epsilon_{\mathbf{k}}=\epsilon_0+\frac{\hbar^2k^2}{2m}$$

根据第 6 章表 1 可知，其费米能为 3.1eV。每个电子的平均动能是费米能的 0.6 倍，约为 1.9eV。因为 $\boldsymbol{k}=0$ 时，$\epsilon_0=-8.2\text{eV}$，所以平均电子能量 $\langle\epsilon_{\mathbf{k}}\rangle=-8.2+1.9=-6.3\text{eV}$，而自由原子价电子的能量为 5.15eV，参见图 21。

于是可以看出，相对于自由原子，金属钠由于约有 1.1eV 的能量降低而具有稳定性。这个结果同实验值 1.13eV 符合得很好。

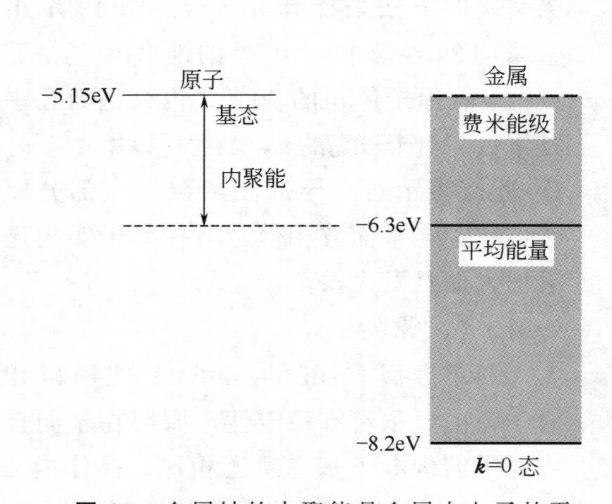

图 21 金属钠的内聚能是金属中电子的平均能量（6.3eV）与自由原子内 3s 价电子的基态能量（5.15eV）之差。能量值参照点为：一个 Na^+ 离子加上一个处于无穷远处的自由电子。

9.3.4 赝势法

在离子实之间的区域里金属中传导电子波函数的变化通常是平滑的，但在离子实处却有复杂的波节结构。这种行为特性可以通过图 19 中的钠基态轨道的描述看出。在离子实所在

位置区域内，传导电子的波函数出现的波节被认为是由该波函数与离子实电子波函数之间的正交性要求引起的。这一结果可通过求解薛定谔方程得到。但应该指出的是，在 Na 的 3s 传导轨道上的两个波节具有“灵活性”，因为这一轨道既要垂直于没有波节的 1s 离子实轨道，也要垂直于具有一个波节的 2s 离子实轨道。

在离子实的外部区域，离子实势场对传导电子的作用相对较弱，因为这种势场仅仅是载有一个正电荷离子实的库仑势，并且这一势场将由于其他传导电子的静电屏蔽而显著地降低。对此可参阅第 15 章中的相关内容。在这一外部区域，传导电子波函数会像平面波那样平滑地变化。

如果在外部区域中导带轨道近似于平面波，则能量对波矢的依赖关系必定近似地同自由电子的这一关系$\epsilon_{\mathbf{k}}=\hbar^2k^2/2m$ 相仿。但是，我们不禁会问：应如何处理离子实区域的情况呢？因为在这一区域内传导电子轨函毕竟不像平面波。

在离子实区域内发生什么情况多半与ϵ对 $\boldsymbol{k}$ 的依赖关系无关。回顾前文，我们知道，对于空间中任一点的轨道波函数，可以用哈密顿算符作用于该轨道从而计算出相应的能量；对于离子实的外部区域，这种运算将给出接近于自由电子动能的结果。

我们由上述讨论可以得出这样的看法，也就是可以用有效势能[1]代替离子实区域（或满壳）中的真实势能，在离子实之外有效势能和真实势能给出同样的波函数。令人惊讶的是，这种有效势（或称赝势）在离子实区域中接近于零。这个关于赝势的结论在实践经验和理论研究两方面都得到了有力的支持，并称之为相消定理（cancellation theorem）。

就其某个问题而言，其赝势不是唯一的，也不是精确的，但它是非常好用的。对于空芯模型（Empty Core Model-ECM），甚至可以将非屏蔽赝势在某一半径 R_e 内取为零，亦即

$$U(r)=\begin{cases}0, & \text{对于 } r<R_e \\ -e^2/r, & \text{对于 } r>R_e\end{cases} \tag{21}$$

按照第 10 章中的描述，这个势应被屏蔽。$U(r)$ 的每个傅里叶分量 $U(\boldsymbol{k})$ 应除以电子气的介电常量$\epsilon(\boldsymbol{k})$。如果仅作为一个例子，采用托马斯-费米介电函数［第 15 章的式（33）］就可得到图 22（a）中所给出的屏蔽赝势。

赝势比真实势弱得多，但在外部区域中这两个势的波函数接近于全同。从散射理论的角度讲，这可以看作是通过调节赝势的相移使之与真实势相移相匹配的问题。

能带结构的计算仅仅涉及赝势在倒格矢处的傅里叶分量。通常，只需要少数几个系数（或分量）$U(\boldsymbol{G})$ 的值，就可以给出具有良好精确度的能带结构，参见图 22（b）所示出的 $U(\boldsymbol{G})$。这些系数有时从模型势算出，有时通过试探性能带结构与光学测量结果之间的拟合导出。由第一性原理可给出好的$U(0)$ 值。根据第 15 章中的式（43）可知，对于一个屏蔽库仑势，$U(0)=-\frac{2}{3}\epsilon_F$。

在非常成功的经验赝势方法（EPM）中，采用少数几个 $U(\boldsymbol{G})$ 的值来计算能带结构，其中系数 $U(\boldsymbol{G})$ 值是从晶体的光学反射比和吸收谱的观测所作的理论拟合得出，如在第 16

[1] J. C. Phillips and L. Kleinman, Phys. Rev., 116, 287 (1959); E. Antoncik, J. Phys. Chem. Solids 10, 314 (1959). B. J. Austin, V. Heine, and L. J. Sham, 在 Phys. Rev. 127, 276 (1962) 讨论了赝势的一般理论。也可参看 Solid state physics Vol. 24. 空芯模型的用处已提出多年；可追溯到 H. Hellmann, Acta Physiochimica URSS 1, 913 (1935), H. Hemann and Kassatotschkin, J. Chem, Phys. 4, 324 (1936), 他们曾写道“因为用这种方法确定的离子场变化比较平缓，因此在一级近似下令晶格中的价电子相当于一个平面波就足够了”。

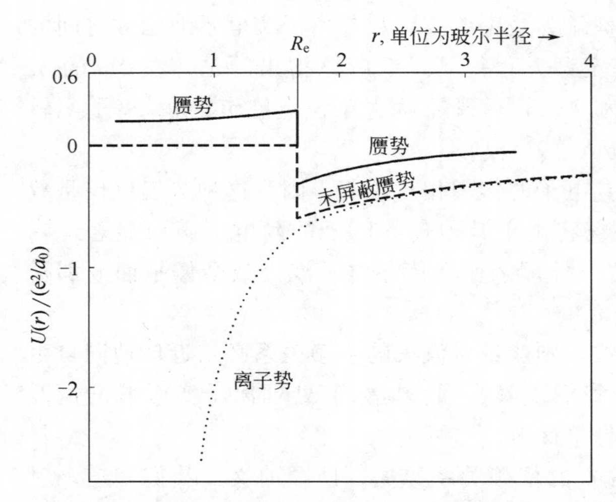

图 22（a） 金属钠的赝势：根据空芯模型，并由托马斯-费米介电函数屏蔽。取空芯半径 $R_e = 1.66a_0$ 以及屏蔽参数 $k_s a_0 = 0.79$ 进行计算，此处 a_0 是玻尔半径。虚线表明假设的未屏蔽势，如式(21)所示，点线是离子实的真实势；对于 $r=0.15$，0.4 和 0.7，$U(r)$ 分别是 -50.4、-11.6 和 -4.6。由此，离子的真实势（选择来拟合自由原子的能级）远大于赝势，在 $r=0.15$ 处大 200 倍以上。

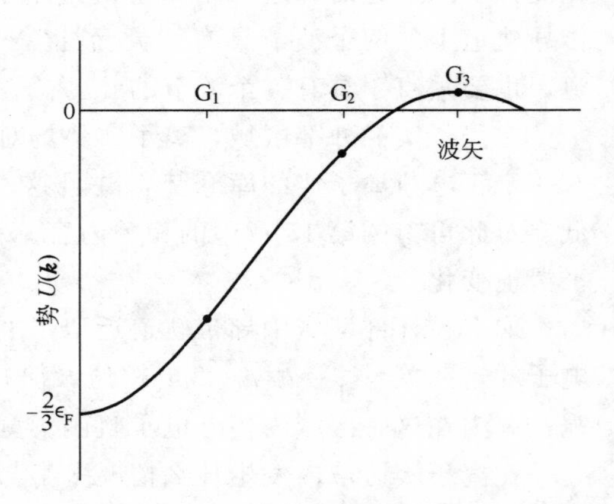

图 22（b） 一个典型的倒易空间赝势示意图。对于波矢等于倒格矢 $\boldsymbol{G}$ 时的 $U(\boldsymbol{k})$ 的值在图中以黑点表示；对于非常小的 $\boldsymbol{k}$，这个势能值趋近于费米能的（$-\frac{2}{3}$）倍。对于金属，这个值就是屏蔽离子的极限（the screened-ion limit）。引自 M. L. Cohen。

章中所讨论的那样。由 EPM 给出的波函数可以给出电荷密度分布图，参见第 3 章图 11 所示。这些结果与 X 射线衍射给出的结果非常吻合。利用这些密度分布图不仅可以帮助我们深入理解晶体结合的本质，而且还可以帮助我们预测新的结构和新的化合物。

当有若干种离子存在时，它们对 EPM 中的 $U(\boldsymbol{G})$ 值的贡献通常是相加性的。因此，对于一个全新的结构，我们就有可能基于已知结构的数据推测其 $U(\boldsymbol{G})$。进而言之，如果我们能够根据 $U(r)$ 曲线的形态推知 $U(\boldsymbol{G})$ 对 $\boldsymbol{G}$ 微小变化时的依赖关系，那么我们就可以确定能带结构对压力的依赖关系。

我们通常可以从第一性原理出发对能带结构、内聚能、晶格常量和体弹模量进行计算。在这种从头计算方法中，赝势的计算需要输入一些基本参数；这些参数包括晶体结构类型、原子数以及被确证的交换能项的理论近似值。这不同于仅从原子数出发的计算，但这对于第一性原理计算来讲又是非常必要的。下表给出了 Yin 和 Cohen 的计算结果与实验值的比较。

	晶格常量/Å	内聚能/eV	体弹模量/Mbar
硅			
计算值	5.45	4.84	0.98
实验值	5.43	4.63	0.99
锗			
计算值	5.66	4.26	0.73
实验值	5.65	3.85	0.77
金刚石			
计算值	3.60	8.10	4.33
实验值	3.57	7.35	4.43

9.4　费米面研究中的实验方法

对于确定费米面已经发展了多种强有力的实验方法。这些方法包括磁致电阻、反常趋肤效应、回旋共振、磁声几何效应、舒布尼科夫-德哈斯效应（Shubnikov-de Haas effect）以及德哈斯-范阿尔芬效应等。关于动量分布的更多的信息可借助正电子湮灭、康普顿散射和科恩效应（Kohn effect）获得。

我们在这里只准备比较细致地讨论一种方法。所有的方法都是有用的，但它们都需要详细的理论分析。我们选择德哈斯-范阿尔芬方法，因为它能很好地显示在均匀磁场中金属性质所特有的“1/B”周期性。

9.4.1　磁场中的轨道量子化

在磁场中，粒子的 $\boldsymbol{p}$ 是由两部分组成（参见附录G）：一是运动动量 $\boldsymbol{p}_{\text{kin}}=m\boldsymbol{v}=\hbar\boldsymbol{k}$，二是“势动量”或场动量 $\boldsymbol{p}_{\text{field}}=q\boldsymbol{A}/c$，其中 q 表示电荷，矢势 $\boldsymbol{A}$ 通过 $\boldsymbol{B}=\nabla\times\boldsymbol{A}$ 与磁场相联系。由此，总的动量是

(CGS) $$\boldsymbol{p}=\boldsymbol{p}_{\text{kin}}+\boldsymbol{p}_{\text{field}}=\hbar\boldsymbol{k}+q\boldsymbol{A}/c \tag{22}$$

如果采用SI制，则略去式中的因子 c^{-1}。

根据Onsager和Lifshitz的半经典近似方法，在磁场中轨道将按如下的玻尔-索末菲(Bohr-Sommerfeld)关系量子化：

$$\oint\boldsymbol{p}\cdot\mathrm{d}\boldsymbol{r}=(n+\gamma)2\pi h \tag{23}$$

其中 n 为整数，γ 是相位修正因子。对于自由电子，$\gamma=\frac{1}{2}$。于是

$$\oint\boldsymbol{p}\cdot\mathrm{d}\boldsymbol{r}=\oint\hbar\boldsymbol{k}\cdot\mathrm{d}\boldsymbol{r}+\frac{q}{c}\oint\boldsymbol{A}\cdot\mathrm{d}\boldsymbol{r} \tag{24}$$

在磁场中，具有电荷 q 的粒子的运动方程为

$$\hbar\frac{\mathrm{d}\boldsymbol{k}}{\mathrm{d}t}=\frac{q}{c}\frac{\mathrm{d}\boldsymbol{r}}{\mathrm{d}t}\times\boldsymbol{B} \tag{25a}$$

上式对时间积分，得到

$$\hbar\boldsymbol{k}=\frac{q}{c}\boldsymbol{r}\times\boldsymbol{B}$$

式中略去了对最后结果没有贡献的附加常数。

因此式（24）中的一个回路积分是

$$\oint\hbar\boldsymbol{k}\cdot\mathrm{d}\boldsymbol{r}=\frac{q}{c}\oint\boldsymbol{r}\times\boldsymbol{B}\cdot\mathrm{d}\boldsymbol{r}=-\frac{q}{c}\boldsymbol{B}\cdot\oint\boldsymbol{r}\times\mathrm{d}\boldsymbol{r}=-\frac{2q}{c}\Phi \tag{25b}$$

式中，Φ 代表真实空间中轨道所包围的磁通量。此处利用了如下的几何结果：

$$\oint\boldsymbol{r}\times\mathrm{d}\boldsymbol{r}=2\times(\text{轨道所包围的面积})$$

根据斯托克斯定理（Stokes theorem），式（24）中的另一个回路积分为

$$\frac{q}{c}\oint\boldsymbol{A}\cdot\mathrm{d}\boldsymbol{r}=\frac{q}{c}\int\nabla\cdot\boldsymbol{A}\cdot\mathrm{d}\boldsymbol{\sigma}=\frac{q}{c}\int\boldsymbol{B}\cdot\mathrm{d}\boldsymbol{\sigma}=\frac{q}{c}\Phi \tag{25c}$$

式中，$\mathrm{d}\boldsymbol{\sigma}$ 代表真实空间中的面积元。动量回路积分等于式（25b）和式（25c）之和，故有

$$\oint\boldsymbol{p}\cdot\mathrm{d}\boldsymbol{r}=-\frac{q}{c}\boldsymbol{\Phi}=(n+\gamma)2\pi\hbar \tag{26}$$

因而电子轨道以这样的方式量子化，使穿过轨道的通量是

$$\Phi_n=(n+\gamma)(2\pi\hbar c/e) \tag{27}$$

通量单位为 $2\pi\hbar c/e=4.14\times10^{-7}\mathrm{G\cdot cm^2}$（或 $\mathrm{T\cdot m^2}$）。

为了分析德哈斯-范阿尔芬效应需要用波矢空间中轨道的面积。在式（27）中，我们已得到真实空间中穿过轨道的通量。由式（25a）可知，在垂直于 $\mathbf{B}$ 的平面内线元 Δr 与 Δk 的关系为 $\Delta r=(\hbar c/eB)\Delta k$，因此 $\mathbf{k}$ 空间中的面积 S_n 与 $\mathbf{r}$ 空间中的轨道面积 A_n 之间存在如下关系：

$$A_n=(\hbar c/eB)^2 S_n \tag{28}$$

由式（27），则有

$$\Phi_n=\left(\frac{\hbar c}{e}\right)^2\frac{1}{B}S_n=(n+\gamma)\ \frac{2\pi\hbar c}{e} \tag{29}$$

因此，$\mathbf{k}$ 空间中轨道的面积满足：

$$S_n=(n+\gamma)\frac{2\pi e}{\hbar c}B \tag{30}$$

在费米面实验中一般对两个相继轨道（$n,n+1$）的增量 ΔB 感兴趣，这两个轨道在 $\mathbf{k}$ 空间的费米面上所围成的面积相同。根据式（30）可知，若有

$$S\left(\frac{1}{B_{n+1}}-\frac{1}{B_n}\right)=\frac{2\pi e}{\hbar c} \tag{31}$$

成立，则这两个面积相等。于是，我们得到一个重要的结果：相等的 $1/B$ 增量将使全同的轨道复现。这种关于 $1/B$ 的周期性是低温下金属性质（比如电阻率、磁化率、比热容）磁致振荡效应引人注目的特征。

当 B 变化时，费米面上或近费米面的轨道的粒子布居将发生振荡，从而引起很多种效应。根据振荡周期可以构造费米面。应该说，结果式（30）不依赖于动量表达式（22）中所使用的矢势规范，即 $\mathbf{p}$ 不是规范不变的，但 S_n 是规范不变的。在后面第 10 章和附录 G 中将对规范不变性作进一步讨论。

9.4.2 德哈斯-范阿尔芬效应

德哈斯-范阿尔芬效应是金属磁矩随静磁场强度变化而发生的振荡现象。在低温下对纯净样品施加强磁场就可以观察到这种效应。之所以要有特定条件和环境，是因为我们既不希望电子轨道的量子化由于碰撞而模糊，也不希望粒子布居振荡被相邻轨道的热布居平均化。

下面关于德哈斯-范阿尔芬（简写为 dHvA）效应的分析是针对绝对零度的情况，如图 23 所示。为简明起见，讨论中忽略电子自旋。我们从二维（2D）模型出发，因为在三维（3D）情况下只需将 2D 波函数乘上平面波因子 $\exp(ik_z z)$ 即可，此处磁场平行于 z 轴。轨道在 $\mathbf{k}$（k_x,k_y）空间中的面积按式（30）量子化。这样，两个相继轨道之间的面积为：

$$\Delta S=S_n-S_{n-1}=2\pi eB/\hbar c \tag{32}$$

对于边长为 L 的正方形样品，若略去自旋，则在 $\mathbf{k}$ 空间中单个轨道占据的面积是 $(2\pi/L)^2$。由此，利用式（32）就可得到单个磁能级的简并度（即简并为一个磁能级的自由电子轨道的数目）为

$$D=(2\pi eB/\hbar c)(L/2\pi)^2=\rho B \tag{33}$$

式中，$\rho=eL^2/2\pi\hbar c$，如图 24 所示。这种磁能级称为朗道能级（Landau level）。

B 对费米能级有着强烈的影响。对于处在绝对零度下的包含 N 个电子的系统，朗道能级被充满到磁量子数记为 s 的能级，而在下一个较高的能级（$s+1$）上的轨道部分地填充到

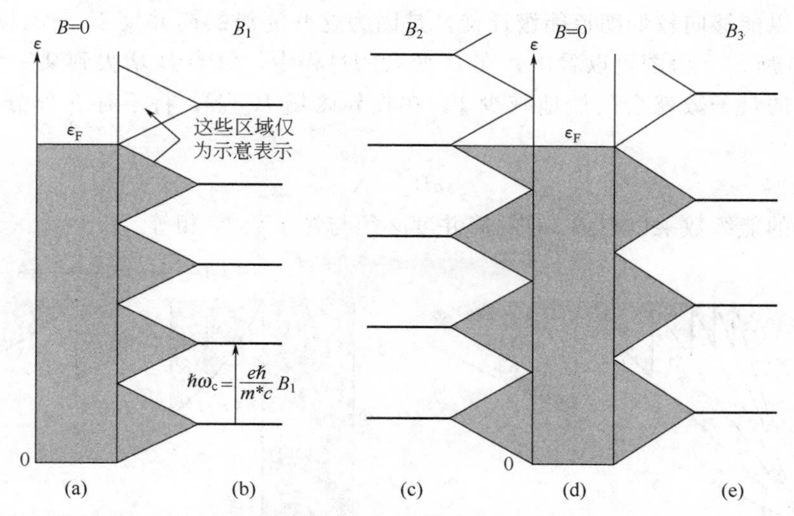

图 23　二维情况下自由电子在磁场中的德哈斯-范阿尔芬效应的解释示意图。未加磁场时，费米海中被充满的轨道是（a）和（d）中的阴影部分，在（b）、（c）和（e）中示出磁场中电子的能级。(b) 中磁场值为 B_1，使电子总能量与无磁场时一样：在磁场 B_1 中，由于轨道量子化使能量增加和能量减少的电子数相等；当磁场增至 B_2 时，电子总能量增加，因为最上面的电子能量增加。在（e）中场为 B_3，能量又等于 $B=0$ 时的值。总能量在如 B_1，B_3，B_5，…之类的点上为极小，而在如 B_2，B_4，…诸点附近为极大。

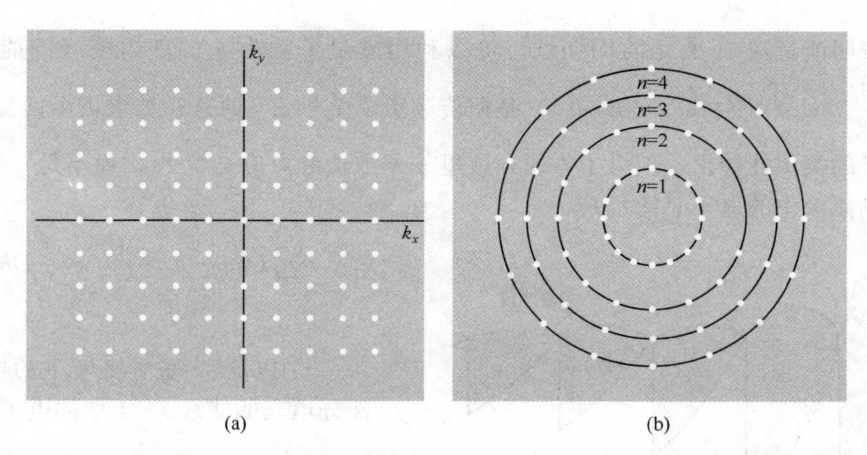

图 24　(a) 表示无磁场时二维系统中允许的电子轨道。(b) 有磁场时的情况。图示表明，原来那些在 $k_x k_y$ 平面上代表自由电子轨道的点，现在可以看作是约束在圆上；相邻的圆对应于能量 $(n-\frac{1}{2})\hbar\omega_c$ 中相邻量子数 n 的值。相邻圆之间的面积为 $\pi\Delta(k^2)=2\pi k(\Delta k)=(2\pi m/\hbar^2)\Delta\epsilon=2\pi m\omega_c/\hbar=2\pi eB/\hbar c$（CGS）。圆中点的方位角没有意义。圆上的轨道数是一个定值，并等于两个相邻圆之间的面积乘上（a）中给定的单位面积上的轨道数，或 $(2\pi eB/\hbar c)(L/2\pi)^2=L^2eB/2\pi\hbar c$，讨论不计自旋。

为容纳这些电子所需要的程度。如果在量子数为 $(s+1)$ 的朗道能级上有电子填充，那么费米能级将处在这个能级上；当磁场增大时，电子将向较低能级运动。当 $s+1$ 能级为空的时，费米能级就会自然地移到下一个较低的能级 s。

电子之所以能够向较低朗道能级迁徙，是因为这些能级的简并度 D 随磁场 B 的增大而增大，如图 25 所示。由图可以看出，在 B 变大的过程中，每当 B 增大到某一个值时，被充满的最高能级的量子数就会陡然地减少 1。在临界磁场 B_s 下，将不存在部分占据的能级，因此有

$$s\rho B_s = N \tag{34}$$

这说明被充满的能级数乘以在 B_s 时的简并度必须与粒子数 N 相等。

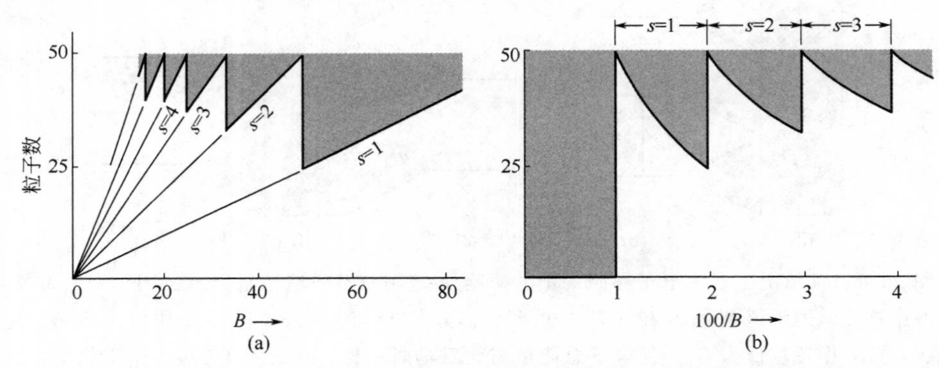

图 25 (a) 粗线给出 $N=50$，$\rho=0.50$ 的二维系统在磁场 B 中被完全占据能级中的粒子数。阴影面积给出部分占据能级中的粒子数。s 的值表示完全被充满的最高能级的量子数。因此当 $B=40$ 时，得到 $D=20$，$n=1$ 和 $n=2$ 能级被充满，在 $n=3$ 的能级上有 10 个粒子；当 $B=50$，$D=25$，则 $n=3$ 的能级是空的。(b) 当同样的点以 $1/B$ 为变量作图时，"$1/B$" 周期性是明显的。

为了表明能量随 B 变化的周期性，可以利用磁量子数为 n 的朗道能级的能量表达式 $E_n=(n-\frac{1}{2})\hbar\omega_c$，其中 $\omega_c=eB/m^*c$ 是回旋频率。关于 E_n 的这一结果可由回旋共振轨道与简谐振子的类似性导出，但为了方便，这里 n 的取值起点应是 $n=1$，而不是 $n=0$。

全充满能级中的电子总能量是

$$\sum_{n=1}^{s} D\hbar\omega_c(n-\frac{1}{2})=\frac{1}{2}D\hbar\omega_c s^2 \tag{35}$$

式中 D 为每个能级中的电子数目。部分填充的能级 $s+1$ 中的电子总能量是

$$\hbar\omega_c(s+\frac{1}{2})(N-sD) \tag{36}$$

其中 sD 是较低充满能级中的电子数。N 个电子的总能量就是式 (35) 和式 (36) 之和，如图 26 所示。

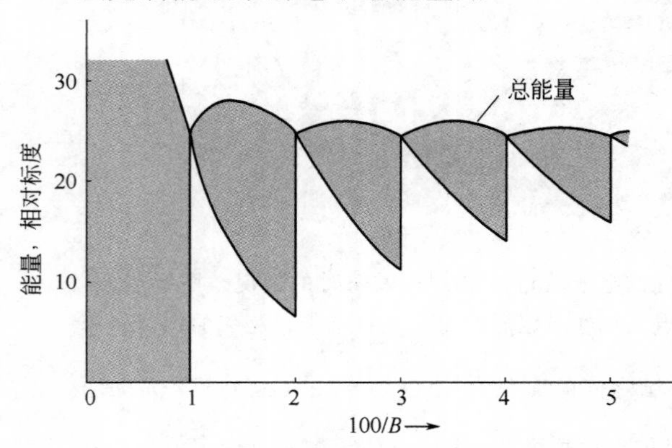

图 26 上边的曲线是总电子能量对 $1/B$ 的图示。通过测量磁矩（由 $-\partial U/\partial B$ 给出），能够给出能量 U 的振荡：当磁场增大时，相继的轨道能级穿过费米能级，金属的热学性质和输运性质也发生振荡。图中的阴影区给出部分被充满的能级对能量的贡献。图中所用的参数与图 25 中的相同，选取 B 的单位使 $B=\hbar\omega_c$。

在绝对零度下系统的磁矩 $\mu=-\partial U/\partial B$。这里磁矩是以 $1/B$ 为变量的振荡函数，如图 27 所示。费米气在低温下的这种磁矩振荡现象就是德哈斯-范阿尔芬效应。由式 (31) 可以看出，振荡以 $1/B$ 的相等间隔为周期，即有

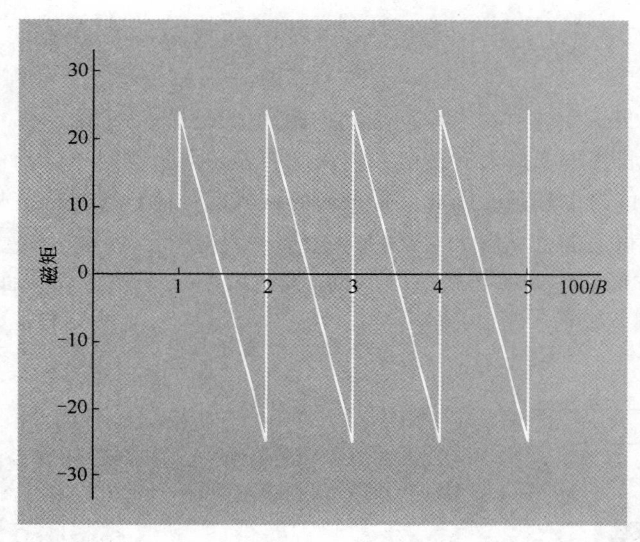

图 27　绝对零度下磁矩等于 $-\partial U/\partial B$。由图 26 所绘出的能量得到此图所示的磁矩，它是以 $1/B$ 为变量的振荡函数。在非纯净样品中，因为能级不再清晰确定，所以振荡部分地模糊不清。

$$\Delta\left(\frac{1}{B}\right)=\frac{2\pi e}{\hbar cS} \tag{37}$$

其中 S 表示垂直于 $\boldsymbol{B}$ 方向的费米面的极值面积（见下文）。从 $\Delta\left(\frac{1}{B}\right)$ 的测量结果可以推知相应的极值面积。由此，我们可以推断出许多有关费米面形状和大小的信息。

9.4.3　极值轨道

在德哈斯-范阿尔芬效应的解释中有一点是微妙的。对一般形状的费米面，属于不同 k_B 值的断面将具有不同的周期。这里 k_B 表示波矢 k 沿磁场方向上的分量。响应是所有断面或全部轨道的贡献之和。但系统的占主导地位的响应是来自于那些对 k_B 的小变化其周期保持稳定的轨道。这样的轨道称为极值轨道（extremal orbits）。因此，图 28 中的 AA' 断面在观察到的回旋周期中居主导地位。

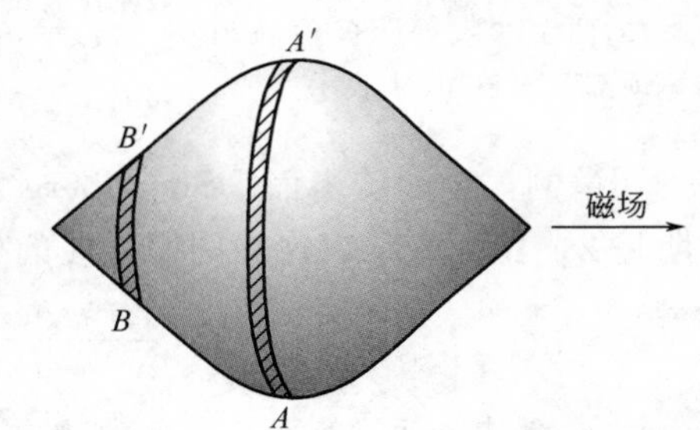

图 28　在 AA' 断面区域内的轨道是极值轨道：回旋周期在费米面相应的断面区域内大致不变。其他断面内的轨道，例如 BB'，其轨道周期将沿该断面发生变化。

这种论证可以用数学语言表达出来，但是在这里不准备去深究。这实质上是一个相位相消的问题。不同的非极值轨道的贡献互相抵消，但极值轨道附近的相位只是缓慢变化，因而出现一个来自这些轨道的净信号。理论与实验一致肯定：即使是复杂的费米面也会得到锐共振，因为实验“会选出”极值轨道。

9.4.4　铜的费米面

铜的费米面（见图 29）是明显地非球形的：8 个颈状部分与面心立方晶格的第一布里渊区的六角面相接触。在具有面心立方结构的单价金属中，其电子浓度为 $n=4/a^3$：在体积为 a^3 的立方体中有四个电子。自由电子费米球的半径是

$$k_F=(3\pi^2 n)^{\frac{1}{3}}=(12\pi^2/a^3)^{\frac{1}{3}}\cong(4.90/a) \tag{38}$$

直径是 $9.80/a$。

跨越布里渊区的最短距离（即六角面之间的距离）是 $(2\pi/a)(3)^{\frac{1}{2}}=10.88/a$，比自由电子球的直径稍大一些。自由电子球没有接触布里渊区边界，但是我们知道，布里渊区边界的存在倾向于降低边界附近能带的能量。因此，费米面的颈状部分伸长到与布里渊区靠得最近的六角面相接触，似乎是说得通的（见图 18 和图 29）。

布里渊区的正方形面之间离得更远，其间距是 $12.57/a$，因此费米面颈状部分不会伸长到与这些面接触。

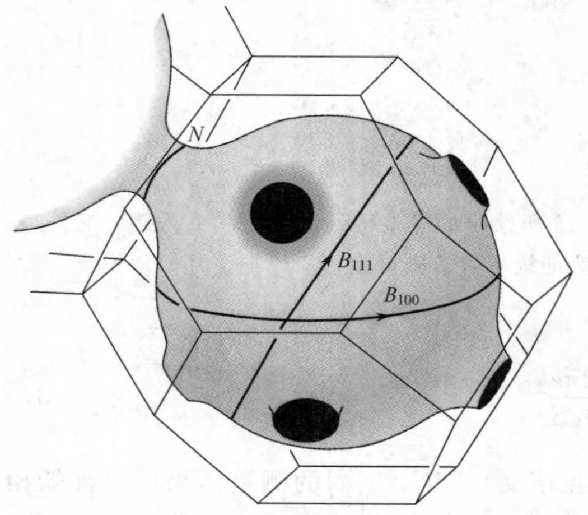

图 29 铜的费米面，引自 Pippard。fcc 结构的布里渊区是第 2 章中导出的截角八面体。在 $\boldsymbol{k}$ 空间中的［111］方向上，费米面与布里渊区的六角面中心处边界相接触。图中所示的两个“腹部”极值轨道用 B 表示；极值“颈部”轨道用 N 表示。

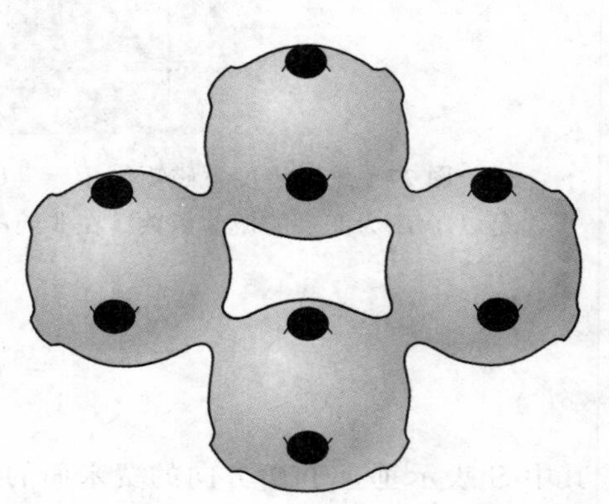

图 30 磁场中铜或金费米面上电子的“枯骨形”轨道。这是类空穴轨道因为能量增加的方向指向轨道内部。

举例：金的费米面。Shoenberg 发现，在磁场方向变化相当大的范围内，金的磁矩的周期是 $2\times10^{-9}\mathrm{G}^{-1}$。这一周期对应的极值轨道面积为：

$$S=\frac{2\pi e/\hbar c}{\Delta(1/B)}\cong\frac{9.55\times10^7}{2\times10^{-9}}\cong4.8\times10^{16}\,\mathrm{cm}^{-2}$$

由第 6 章表 1 可知，金的自由电子费米球的 $k_F=1.2\times10^8\mathrm{cm}^{-1}$，或极值面积为 $4.5\times10^{16}\mathrm{cm}^{-2}$，与实验值是基本一致的。由 Shoenberg 所报道的实际周期是 $2.05\times10^{-9}\mathrm{G}^{-1}$ 和 $1.95\times10^{-9}\mathrm{G}^{-1}$。在金的［111］方向上还发现了一个大的周期，其值为 $6\times10^{-8}\mathrm{G}^{-1}$，相应的轨道面积等于 $1.6\times10^{15}\mathrm{cm}^{-2}$，这是颈状轨道 N。在图 30 中还示出了另一极值轨道，即“枯骨形”(dog's bone) 轨道：对于金，它的面积大约为“腹部”极值轨道面积的 0.4 倍。实验结果已在图 31 中给出。若用 SI 制表示，则由 S 的关系式中去掉 c，而周期的值用 $2\times10^{-5}\mathrm{T}^{-1}$。

铝的自由电子费米球完全充满第一布里渊区，而且还有相当大的部分延伸进入到第二和第三布里渊区，如图 1 所示。由图看出，即使它只是由自由电子球表面的某些小片所组成，但其第三布里渊区费米面还是相当复杂的。自由电子模型在第四布里渊区内还给出一些盛装空穴的“小袋”，但当计及晶格势时，它们就空出来了，电子进入第三布里渊区。关于铝的

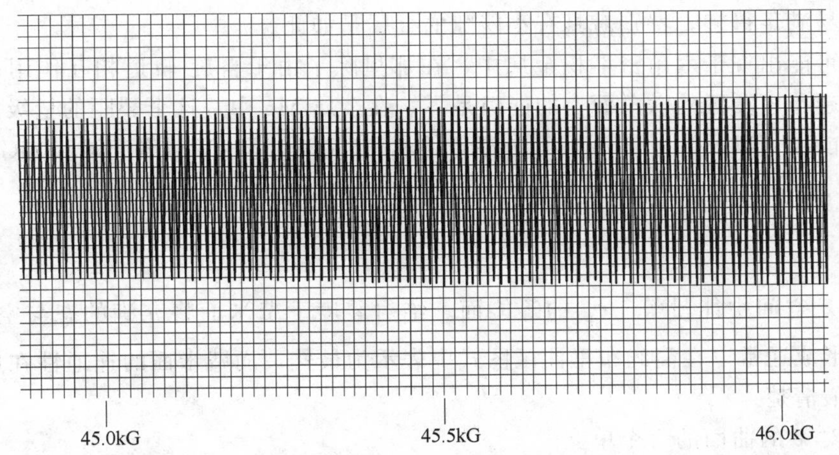

图 31　金的德哈斯-范阿耳芬效应，$B /\!/ [110]$。振荡是由图 30 "枯骨形" 轨道产生的。信号与磁矩对磁场的二级微商有关。在 1.2K 左右高均匀度的超导螺线管中用磁场调制技术得出此实验结果。引自 I. M. Templeton。

费米面所预言的一般特征都已被实验很好地证实。图 32 表示镁自由电子费米面的一部分。

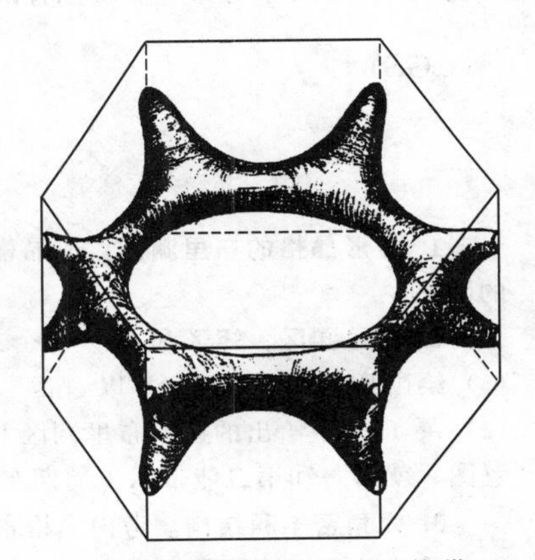

图 32　镁的能带 1 和能带 2 的多连通空穴表面。引自 L. M. Falicvo，由 Marta Puebla 绘制。

9.4.5　磁击穿

电子在足够强的磁场中，能在自由粒子轨道［亦即图 33（a）所示的圆形回旋轨道］上运动。这时磁力居于主导地位，而晶格势是一个小的微扰。在这个极限情况下，把轨道划分成能带可能已没有多大意义。但是我们知道，在弱磁场下，电子运动用第 8 章式（7）来描述，其中能带结构 $\epsilon_{\mathbf{k}}$ 相应于无磁场时的情况。

当磁场增大，上述图像终被破坏失效，这就称为磁致击穿，通常称为磁击穿（Magnetic breakdown）。在过渡到强磁场时，轨道的连通性会发生剧烈的变化。如图中所示。磁击穿的起始点可以借助灵敏地依赖于连通性的各种物理性质（如磁致电阻）来观测。磁击穿的条件近似地是 $\hbar\omega_c \epsilon_F > E_g^2$。这里，$\epsilon_F$ 是自由电子费米能，E_g 是能隙。这个条件较之那种磁裂距 $\hbar\omega_c$ 必须超过能隙的苛

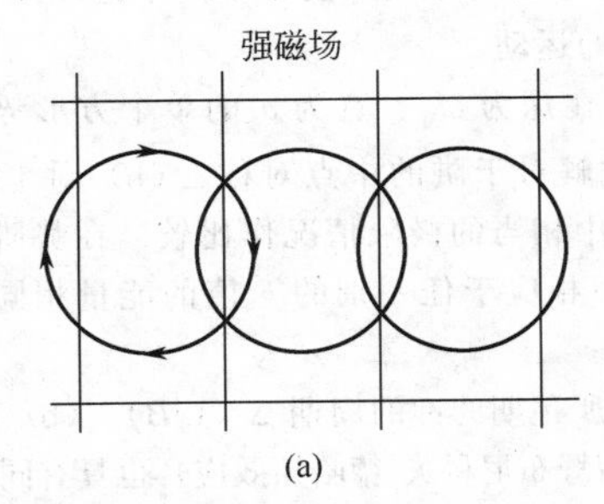

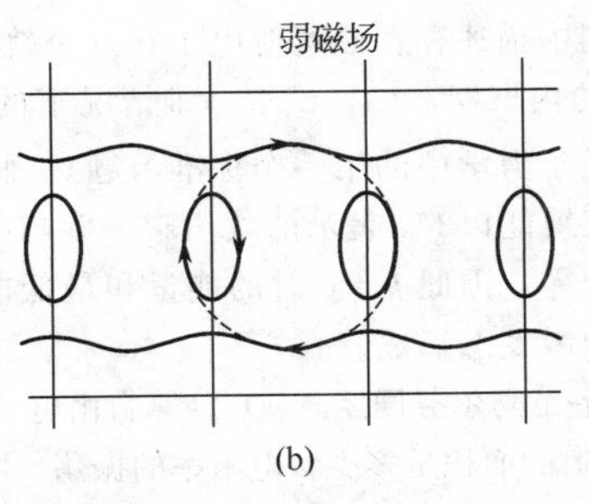

图 33　强磁场破坏能带结构。布里渊区边界用细线表示。（a）强磁场中自由电子轨道改变了图（b）弱磁场中轨道的连通性，而成为第一能带中的开放轨道和第二能带中的电子轨道。两个能带绘制在一起。

刻条件要容易满足得多，特别对具有小能隙的金属是如此。

小能隙可能出现于六角密堆积金属中，在那里除了由于自旋-轨道相互作用产生小的裂距之外，跨越布里渊区的六角面上的能隙是零。在金属 Mg 中，这个裂距的量级是 10^{-3}eV；对应于这个能隙，以及$\epsilon_F \approx 10$eV，其击穿条件就是$\hbar\omega_c > 10^{-5}$eV 或者 $B > 1000$G。

小　结

- 费米面是 $\boldsymbol{k}$ 空间中能量等于ϵ_F 的等能面。绝对零度下费米面将充满的态与空态分隔开。费米面的形成通常以在简约布里渊区图式中表示为最佳，而费米面的连通性在周期布里渊区图式中最清楚。
- 能带是$\epsilon_{\mathbf{k}}$ 对 $\boldsymbol{k}$ 的曲面的一个单支。
- 当波函数的边界条件从薛定谔型变化到维格纳-赛茨型时，$\boldsymbol{k}=0$ 的导带轨道的能量有所降低，由此解释简单金属的内聚性。
- 德哈斯-范阿尔芬效应的周期性表征了 $\boldsymbol{k}$ 空间中费米面的极值截面面积 S，截面取作垂直于 $\boldsymbol{B}$：

(CGS)
$$\Delta\left(\frac{1}{B}\right)=\frac{2\pi e}{\hbar c S}$$

习　题

1. 矩形晶格的布里渊区。 取晶格的轴为 a，$b=3a$。试作出一个初基矩形二维晶格的前两个布里渊区的图。

2. 布里渊区，矩形晶格。 一个二维金属在简单矩形原胞 $a=2$Å 和 $b=4$Å 内含有一个单价原子。(a) 绘出第一布里渊区，并以 cm^{-1} 为单位标示其大小。(b) 计算自由电子费米球的半径，单位为 cm^{-1}。(c) 在 (a) 中给出的第一布里渊区上绘制自由电子费米球。假设在布里渊区边界上有个小能隙，另作一示意图，就第一和第二能带示出周期布里渊区图式中自由电子能带的前几个周期。

3. 六角密堆积结构。 考虑晶格常数为 a 和 c 的三维简单六角晶格晶体的第一布里渊区。令 $\boldsymbol{G}_c$ 表示平行于晶体晶格 c 轴的最短倒格矢。(a) 证明六角密堆积晶体结构的晶体势 $U(\boldsymbol{r})$ 的傅里叶分量 $U(\boldsymbol{G}_c)$ 为零。(b) $U(2\boldsymbol{G}_c)$ 是否也为零？(c) 为什么原则上可以得到由处于简单六角晶格的格点上的二价原子所构成的绝缘体？(d) 为什么不可能得到六角密堆积的单价原子构成的绝缘体。

4. 二维二价金属的布里渊区。 在二维正方晶格的金属中，每个原子有两个传导电子。在近自由电子近似中，仔细地绘出电子和空穴等能面示意图。对于电子选择这样一个能区图式，使所示费米面是闭合的。

5. 开放轨道。 单价四角金属中的开放轨道连通相对的布里渊区界面，这些面相距 $G=2\times10^8\mathrm{cm}^{-1}$，磁场$B=10^3G=10^{-1}$T 垂直于开放轨道的平面。(a) 取 $v\approx10^8$cm/s，在 $\boldsymbol{k}$ 空间中运动周期的量级是多少？(b) 试在真实空间中描述存在磁场时电子在这个轨道上的运动。

6. 方形势阱的内聚能。 (a) 试求一维情况下的电子在深为 U_0、宽为 a 的单个方形势阱内的束缚能表达式（这是初等量子力学中的第一个标准习题）。假设此解对于阱的中点对称。(b) 对 $|U_0|=2\hbar^2/ma^2$ 的特殊情况，求束缚能以 U_0 表示的数值解，并与图 20 中相当的极限情况作比较。在势阱分隔很宽的极限情况下，带宽趋于零，因此 $\boldsymbol{k}=0$ 时的能量和最低能带中相应于任一别的 k 值的能量相同。在这种极限下别的能带由势阱的激发态形成。

7. 钾的德哈斯-范阿尔芬周期。 (a) 计算自由电子模型所预期的钾的周期 $\Delta(1/B)$。(b) 若 $B=10$kG$=1$T，真实空间中极值轨道的面积是多少？电阻率的振荡（即所谓舒布尼科夫-德哈斯效应）也具有同样的周期。

❶**8. k · p 微扰论的带边结构。** 考虑立方晶体能带 n 中 $k=0$ 的一个非简并轨道 ψ_{nk}。试采用二级微扰论

---

❶ 此题偏难。

求出如下结果：

$$\epsilon_n(\boldsymbol{k})=\epsilon_n(0)+\frac{\hbar^2k^2}{2m}+\frac{\hbar^2}{m^2}\sum_j\frac{|\langle n0|\boldsymbol{k}\cdot\boldsymbol{p}|j0\rangle|^2}{\epsilon_n(0)-\epsilon_j(0)} \tag{39}$$

其中求和遍及 $\boldsymbol{k}=0$ 处的其余所有轨道 $\psi_{j\boldsymbol{k}}$。在这一点上有效质量是：

$$\frac{m}{m^*}\approx1+\frac{2}{m}\sum_j{}'\frac{|\langle n0|\boldsymbol{p}|j0\rangle|^2}{\epsilon_n(0)-\epsilon_j(0)} \tag{40}$$

对于窄带隙半导体中导带边处的质量而言，价带边效应经常起主导作用。从而

$$\frac{m}{m^*}\approx\frac{2}{mE_g}\sum_v|\langle c|\boldsymbol{p}|v\rangle|^2 \tag{41}$$

其中和式遍及所有价带，E_g 为能隙。对于给定的矩阵元，小能隙导致小的质量。

9. 万尼尔（Wannier）函数。一个能带的万尼尔函数借助该能带的布洛赫函数定义，即

$$w(\boldsymbol{r}-\boldsymbol{r}_n)=N^{-1/2}\sum_{\boldsymbol{k}}\exp(-i\boldsymbol{k}\cdot\boldsymbol{r}_n)\psi_{\boldsymbol{k}}(\boldsymbol{r}) \tag{42}$$

其中 $\boldsymbol{r}_n$ 是晶格格点。(a) 证明属于不同格点 n 和 m 的万尼尔函数是正交的：

$$\int dVw^*(\boldsymbol{r}-\boldsymbol{r}_n)w(\boldsymbol{r}-\boldsymbol{r}_m)=0,n\neq m \tag{43}$$

这种正交性质使这些万尼尔函数常常比集中在不同晶格位置上的原子轨道有更大的用处，因为后者一般不正交。(b) 万尼尔函数在晶格位置周围的地方出现峰值。证明对于晶格常数为 a 的线上的 N 个原子，若 $\psi_k=N^{-\frac{1}{2}}e^{ikx}u_0(x)$，则万尼尔函数为

$$w(x-x_n)=u_0(x)\frac{\sin\pi(x-x_n)/a}{\pi(x-x_n)/a}$$

10. 开放轨道的磁致电阻。我们曾在第 6 章习题 11 和第 8 章习题 7 中分别讨论了自由电子、电子和空穴的横向磁致电阻。在有些晶体中除去特殊的晶体取向之外，磁致电阻会饱和。开放轨道在垂直于磁场的平面内仅在一个方向上携带电流，这样的载流子不被磁场所偏转。在第 6 章图 14 中，令开放轨道与 k_x 平行。在真实空间中这些轨道携带与 y 轴平行的电流。令 $\sigma_{yy}=s\sigma_0$，是开放轨道的电导率，此式定义常数 s。在高场 $\omega_c\tau\gg1$ 的极限下，磁致电导率张量是

$$\sigma_0\begin{pmatrix}Q^{-2} & -Q^{-1} & 0\\ Q^{-1} & s & 0\\ 0 & 0 & 1\end{pmatrix}$$

这里 $Q\equiv\omega_c\tau$。(a) 证明霍尔场是 $E_y=-E_x/sQ$；(b) 证明在 x 方向上的有效电阻率是 $\rho=(Q^2/\sigma_0)[s/(s+1)]$，因此电阻率不会饱和，而是随 B^2 增加。

11. 朗道能级。在朗道规范下，均匀磁场 $B\hat{z}$ 的矢势 $\boldsymbol{A}=-By\hat{\boldsymbol{x}}$。不计自旋时，自由电子的哈密顿量为

$$H=-(\hbar^2/2m)(\partial^2/\partial y^2+\partial^2/\partial z^2)+(1/2m)[-i\hbar\partial/\partial x-eyB/c]^2$$

并且波动方程 $H\psi=\epsilon\psi$ 的本征函数具有如下形式：

$$\psi=\chi(y)\exp[i(k_xx+k_zz)]$$

(a) 试证明 $\chi(y)$ 满足下列方程：

$$(\hbar^2/2m)d^2\chi/dy^2+[\epsilon-(\hbar^2k_z^2/2m)-\frac{1}{2}m\omega_c^2(y-y_0)^2]\chi=0$$

其中 $\omega_c=eB/mc$，$y_0=c\hbar k_x/eB$；(b) 证明前式是一个频率为 ω_c 的谐振子的波动方程，其中本征能量为

$$\epsilon_n=\left(n+\frac{1}{2}\right)\hbar\omega_c+\hbar^2k_z^2/2m$$

第10章 超导电性[1]

[1] 在这一章里，B_a 表示外磁场；在CGS制下，依照从事超导性工作者的惯例，用 H_c 来表示外磁场的临界值 B_{ac}。其中在CGS制中 B_{ac} 值以高斯（G）为单位，在SI制中 B_{ac} 值以特斯拉（T）为单位；1T=10^4G。在SI制中 $B_{ac}=\mu_0 H_c$。

对于许多金属及其合金，当其样品被冷却到足够低的温度（往往是液氦温区）时，电阻率会突然降到零。这个被称为超导电性的现象是由卡默林·昂内斯（Kamerlingh Onnes）于1911年在莱顿（Leiden）首先观察到的，这件事情发生在他首次液化了氦气的三年之后。在临界温度 T_c 下，样品将经历一个从具有正常电阻率的态到超导态的相变过程，参见图1所示。

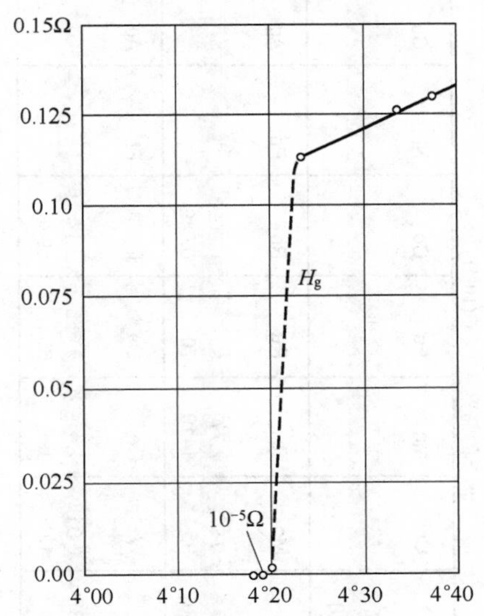

图1 水银样品的电阻（以Ω为单位）与绝对温度的关系。由卡默林·昂内斯绘制的这一曲线图标志了超导电性的发现。

现在，人们对超导电性已经有了一个很好地理解。但是，这一领域无论在理论还是在实践方面都是非常广阔的，有许多课题有待我们去研究、去探索。从本章所花的篇幅和书后的相关附录不难想见，超导电性这一研究领域是多么的精妙和丰富多彩。

10.1 实验结果概述

在超导态下，直流电阻率为零，或者是如此接近于零，以致观察到持续电流无衰减地在超导环内流动达一年以上，直到最后实验者对实验感到厌倦。

表 1　元素的超导电性参数

（星号表示此元素仅在薄膜或高压下某种晶体变态是超导的，而这种变态在正常情况下是不稳定的。数据由 B. T. Matthias 提供，并经 T. Geballe 修订完善）。

转变温度，K

0K下的临界磁场，G(10^{-4}T)

1	2	3	4	5	6	7	8	9	10	11	12	13	14	15	16	17	18
Li	Be 0.026											B	C	N	O	F	Ne
Na	Mg											Al 1.140 105	Si☆	P☆	S☆	Cl	Ar
K	Ca	Sc	Ti 0.39 100	V 5.38 1420	Cr☆	Mn	Fe	Co	Ni	Cu	Zn 0.875 53	Ga 1.091 51	Ge☆	As☆	Se☆	Br	Kr
Rb	Sr	Y☆	Zr 0.546 47	Nb 9.50 1980	Mo 0.92 95	Tc 7.77 1410	Ru 0.51 70	Rh 0.0003 0.049	Pd	Ag	Cd 0.56 30	In 3.4035 293	Sn (w) 3.722 309	Sb☆	Te☆	I	Xe
Cs☆	Ba☆	La fcc 6.00 1100	Hf 0.12	Ta 4.483 830	W 0.012 1.07	Re 1.4 198	Os 0.655 65	Ir 0.14 19	Pt	Au	Hg (α) 4.153 412	Tl 2.39 171	Pb 7.193 803	Bi☆	Po	At	Rn
Fr	Ra	Ac															

Ce☆	Pr	Nd	Pm	Sm	Eu	Gd	Tb	Dy	Ho	Er	Tm	Yb	Lu 0.1
Th 1.368 1.62	Pa 1.4	U☆(α)	Np	Pu	Am	Cm	Bk	Cf	Es	Fm	Md	No	Lr

File 和 Mills 利用精确核磁共振方法通过测量超导电流产生的磁场来研究螺线管内超导电流的衰变。他们得出的结论是，超导电流的衰变时间不短于 10 万年。我们将在下文中估算这个衰变时间。对于某些超导材料而言，特别是在用作超导磁体的材料中，由于磁通在材料中不可逆地重新分布，以至于我们可以观测到有限的衰变时间。

超导体所显示的磁学性质同它们表现出的电学性质一样，也非常引人注目。从超导态的特征完全是电阻率为零这一假设出发不能解释超导体的这些磁学性质。

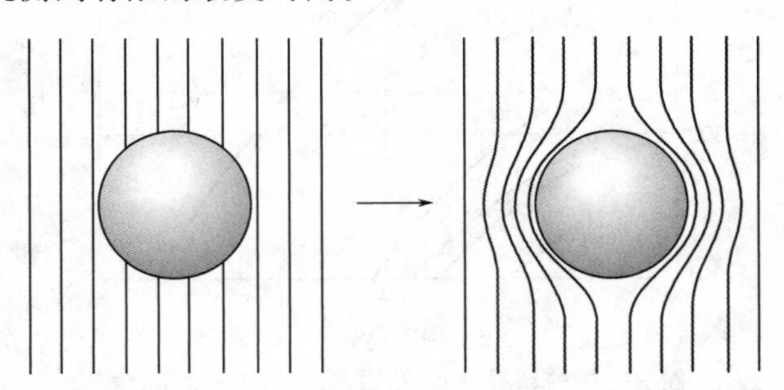

图 2　在恒定外磁场中冷却的超导球内的迈斯纳效应；当过渡到转变温度以下时磁感应线 $\boldsymbol{B}$ 从球内被排出。

一个实验事实是：块体超导体在弱磁场中的表现犹如一个理想抗磁体，在其内部磁感强度为零。如果把样品放于磁场中，然后将其冷却到超导转变温度以下，结果发现，原来存在于样品内的磁通被从样品内排出。这个现象被称为迈斯纳效应(Meissner effect)。图 2 表示这一现象发生的过程。超导体独特的磁学性质是超导态极为重要的特征。

我们知道，超导态是金属内传导电子的有序态。这个有序就是弱结合电子对的形成。在低于转变温度的温度下，电子是有序的；高于转变温度时它们是无序的。

这种有序化的本质和起因后来由巴丁（Bardeen）、库珀（Cooper）和施里弗（Schrieffer）给出了清晰的阐释[1]。在本章里，我们将尽可能采用深入浅出的方法论述超导态的物理问题；同时，我们还将讨论用作超导磁体的材料的基本物理问题，但不涉它们的工艺。附录 H 和附录 I 给出了关于超导态更为深入的讨论。

10.1.1　超导电性的普遍性

超导电性出现在周期表内许多金属元素中，也出现在合金、金属间化合物和掺杂半导体中。目前证实，转变温度的范围从 90.0K（化合物 $YBa_2Cu_3O_7$）至 0.001K（元素 Rh）。在第 6 章中曾提到几种 f 带超导体，这样的超导体又被称为"奇异超导体"（"exotic superconductor"）。有些材料只有在高压下才变为超导体；例如，硅（Si）在 165kbar 和 $T_c=8.3$K 下出现超导性。表 1 列出了在零压下目前已知的超导元素。

是否每一种非磁性金属元素在足够低的温度下都将变成超导体呢？我们不知道。在探索极低转变温度的超导体的实验中，重要的是要从样品中除去甚至是痕量的外来顺磁性元素，因为它们能使转变温度显著降低。在 Mo 中含有万分之一的 Fe 时，它的超导电性就会被破坏，纯 Mo 的 T_c 是 0.92K；百分之一原子比的钆使镧的转变温度从 5.6K 降至 0.6K。非磁性杂质对转变温度没有显著影响。表 2 列举了引起人们兴趣的一些超导化合物的转变温度。

表 2　化合物超导性举例

化合物	T_c/K	化合物	T_c/K
Nb_3Sn	18.05	V_3Ga	16.5
Nb_3Ge	23.2	V_3Si	17.1
Nb_3Al	17.5	$YBa_2Cu_3O_{6.9}$	90.0
NbN	16.0	Rb_2CsC_{60}	31.3
C_{60}	19.2	MgB_2	39.0

---

[1] J. Bardeen, L. N. Cooper, and J. R. Schrieffer, Phys. Rev. 106, 162 (1957); 108, 1175 (1957).

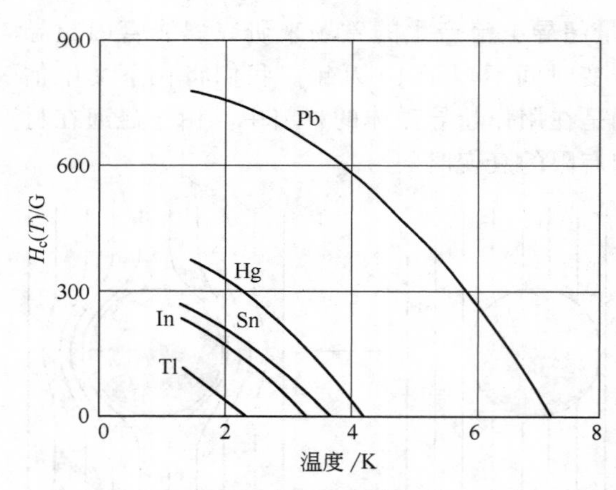

图 3 几种超导体临界磁场 H_c(T) 的阈值与温度的关系曲线。样品在曲线下方是超导的，在曲线上方是正常的。

10.1.2 磁场导致超导电性的破坏

足够强的磁场将会破坏超导电性。为破坏超导电性所需要的外磁场的阈值或临界值记为 $H_c(T)$，它是温度的函数。在临界温度下，临界磁场为零，亦即 $H_c(T_c)=0$。在图 3 中给出了几种超导元素的临界场随温度的变化关系。

阈值曲线将位于图左下方的超导态和右上方的正常态分隔开。应当指出，我们本来应该用 B_{ac} 来表示外磁场的临界值，但这不是超导电性研究领域中的惯用记法。在 CGS 制中，我们总是认为 $H_c=B_{ac}$；在 SI 制中，我们使用 $H_c=B_{ac}/\mu_0$。符号 B_a 表示外加磁场。

10.1.3 迈斯纳效应

迈斯纳（Meissner）和奥森菲尔德（Ochsenfeld）（1933 年）发现，如果超导体在磁场中被冷却到转变温度以下，则在转变点处磁感应线将从超导体内被排出（参见图 2）。这个现象称为迈斯纳效应，它表明一个块体超导体的行为如同样品内 $B=0$ 一样。

如果我们限于考虑细长样品，其长轴平行于 B_a，则将得到关于迈斯纳效应的一种特别有用的表示形式；此时可以忽略磁场 B 的影响（参阅第 16 章），因此有[1]

$$\text{(CGS)}\qquad B=B_a+4\pi M=0;\qquad 或\quad \frac{M}{B_a}=-\frac{1}{4\pi}\tag{1}$$

$$\text{(SI)}\qquad B=B_a+\mu_0 M=0;\qquad 或\quad \frac{M}{B_a}=-\frac{1}{\mu_0}=-\epsilon_0 c^2$$

如果认为零电阻率是超导体的唯一特征性质，那么我们就不可能由此得出 $B=0$ 的结果。根据欧姆定律 $\boldsymbol{E}=\rho\boldsymbol{j}$ 可以看出，如电阻率 ρ 为零，而 $\boldsymbol{j}$ 仍保持为有限值，则 $\boldsymbol{E}$ 必须为零。按照麦克斯韦方程组，$\mathrm{d}\boldsymbol{B}/\mathrm{d}t$ 与 $\nabla\times\boldsymbol{E}$ 成比例，因此电阻率为零意味着 $\mathrm{d}\boldsymbol{B}/\mathrm{d}t=0$，但是 $\boldsymbol{B}$ 不一定为零。这一论证并不完全是显而易见的，但其结果表明，当金属被冷却通过转变温度时，穿过金属的磁通量不能改变。迈斯纳效应指出，完全抗磁性是超导态的一个基本性质。

由此可知，超导体与理想导体之间存在本质上的差别。理想导体定义为电子在其中具有无穷大平均自由程的导体。对这个问题进行细致分析的结果表明，如果把理想导体放置于磁场中，它不能产生永久的涡流屏蔽，磁场在 1h 内大约穿透 1cm[2]。

如图 4（a）所示，它示意地给出了在迈斯纳-奥森菲尔德实验条件下所预期的超导体磁化曲线。该曲线定量地适用于放置在纵向磁场中的长实心圆柱样品。许多材料的纯净样品都表现出这种行为特性，它们被称为第Ⅰ类超导体。在早期称其为软超导体。第Ⅰ类超导体的 H_c 值总是太低，作为超导磁体线圈没有什么应用价值。

同时，研究发现，其他一些材料表现出如图 4（b）所示样式的磁化曲线，这些材料被称为第Ⅱ类超导体。它们大多是合金［如图 5（a）所示］，或者是在正常态具有高电阻率的

---

[1] 将在第 15 章中定义轨道抗磁性、磁化强度 M 以及磁化率。块体超导体的表观抗磁磁化率的大小比典型抗磁物质的大得多。在（1）式中，M 是等效于样品中超导电流的磁化强度。

[2] A. B. Pippard, Dynamics of conduction electrons, Gordon and Breach, 1965.

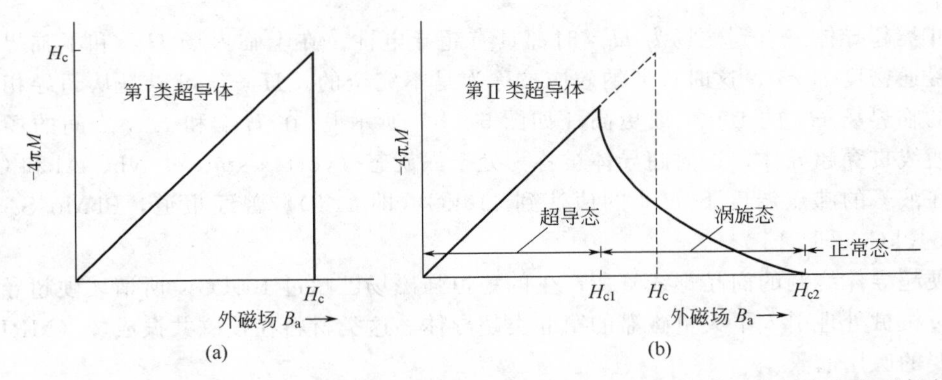

图 4　(a) 显示出完全迈斯纳效应（完全抗磁性）的块体超导体其磁化强度与外磁场的关系。具有这行为的超导体称为第Ⅰ类超导体。高于临界场 H_c 时，样品为正常导体，其磁化强度太小，在图中的标度下不可显示。应当指出，纵坐标标志为负 $4\pi M$，负的 M 值相当于抗磁性。(b) 第Ⅱ类超导体的超导磁化曲线。在低于热力学临界场 H_c 的磁场 H_{c1} 中，磁通开始穿入样品。在 H_{c1} 和 H_{c2} 之间样品处于涡旋态，一直到 H_{c2}，样品都具有超导电性。高于 H_{c2} 时除了可能的表面效应外，样品在各方面都表现为正常导体。对于给定的 H_c 值，第Ⅱ类超导体磁化曲线下方的面积与第Ⅰ类超导体的相同（图中全部用 CGS 制标示）。

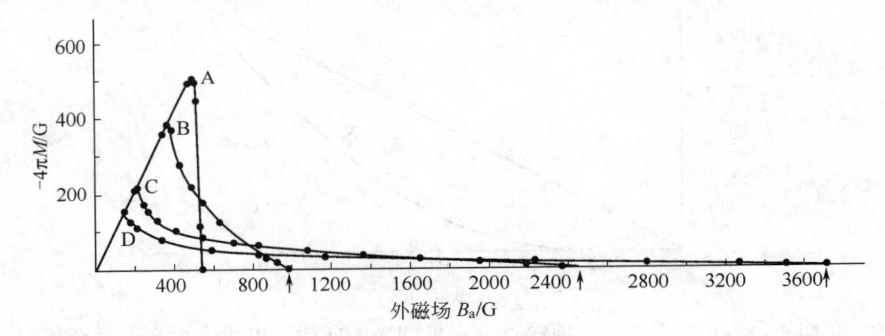

图 5 (a)　退火的多晶铅和铅-铟合金在 4.2K 下的超导磁化曲线。A 表示铅，B 代表铅-2.08%(质量) 铟，C 代表铅-8.23%(质量) 铟，D 代表铅-20.4%(质量) 铟；引自 Livingston。

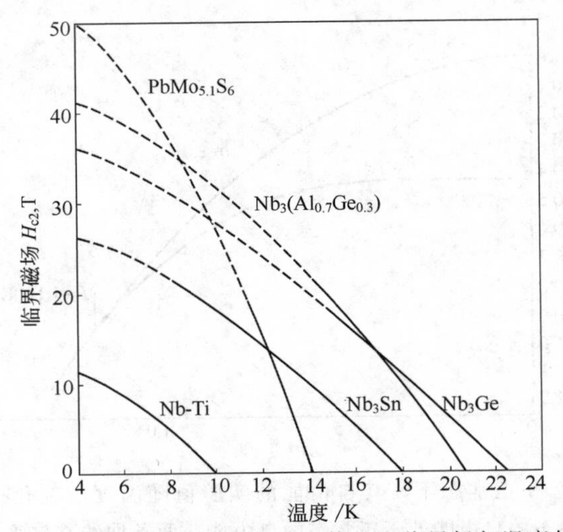

图 5 (b)　几种具有高磁场的第Ⅱ类超导体的上临界场与温度的关系曲线。

过渡金属；也就是说这类过渡金属在正常态下其电子的平均自由程较小。下面我们将会看到为什么超导体的“磁化”中涉及平均自由程。

第Ⅱ类超导体一直到磁场为 H_{c2} 时都具有超导电性。在上临界场 H_{c2} 和下临界场 H_{c1} 之间，磁通密度 $B \neq 0$，这时迈斯纳效应被称为是不完全的。H_{c2} 值可以是从超导相变热力学算出的临界场 H_c 的 100 倍或更高［如图 5（b）所示］。在 H_{c1} 和 H_{c2} 之间的场强区间内，磁通线贯穿超导体，这时超导体被称为处于涡旋态（vortex state）。Nb、Al 和 Ge 的一个合金在液氦的沸点温度下 H_{c2} 的值达到 410kG（即 41T）。曾经报道，$PbMo_6S_8$ 的 H_{c2} 值达到 540kG（即 54T）。

用硬超导体绕制的商品螺线管所产生的稳恒强磁场已超过 100kG。所谓“硬超导体”是一种经过机械处理引入了大量磁滞的第Ⅱ类超导体。这类材料在核磁共振成像（MRI）领域有着重要的医用前景。

10.1.4 比热容

所有超导体当冷却到临界温度 T_c 以下时，熵都显著降低。关于铝的测试结果如图 6 所示。超导态与正常态相比其熵减小这一事实表明，超导态比正常态有序度高，因为熵是一个

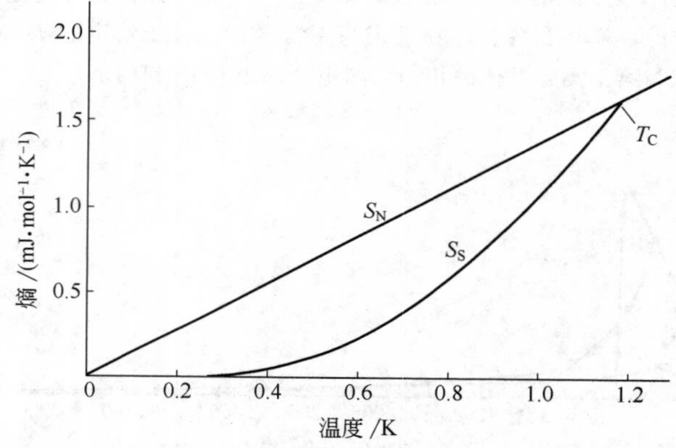

图 6 在超导态和正常态下，铝的熵 S 与温度的关系曲线。由于电子在超导态比在正常态更为有序，所以超导态的熵较低。在低于临界温度 T_c 的任一温度下，可以通过施加高于临界场的磁场使样品进入正常态。

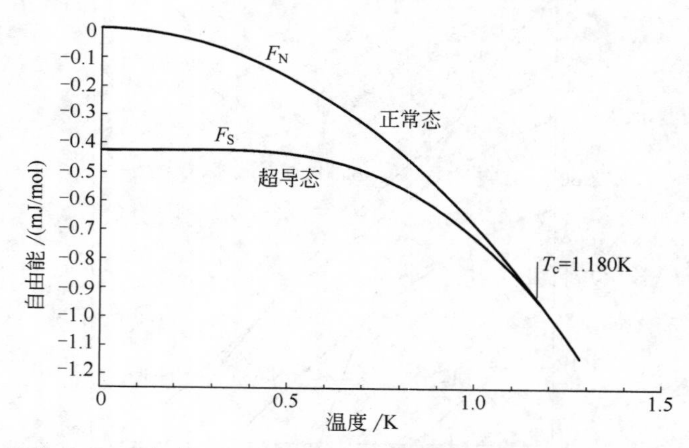

图 7 铝在超导态和正常态下，其自由能的实验值随温度的变化。温度低于转变温度 $T_c=1.180K$ 时，超导态的自由能低于正常态的自由能。两条曲线在转变温度处并合起来，因此其相变是二级相变（在 T_c 处没有相变潜热）。F_S 曲线是在零磁场下测量的，F_N 曲线是在足以使样品进入正常态的磁场中测量的。引自 N. E. Phillips。

系统无序度的量度。在正常态中处于热激发的电子，它们在超导态将部分地或全部地成为有序。其实，熵的这种变化很小，例如在铝中它的量级是 $10^{-4}k_B$/原子。熵变很小必然意味着只有很少一部分（约 10^{-4} 量级）传导电子参与了向有序超导态的转变。作为比较，图 7 给出了正常态和超导态的自由能。

图 8 给出了镓的比热容：(a) 为正常态与超导态的比较；(b) 显示在超导态下电子对热容的贡献是指数型的，指数函数的宗量与 $-1/T$ 成正比，这表明电子被激发要跨越一个能隙。能隙（见图 9）是超导态的一个特征性质，但不具有普适性。超导电性的 BCS 理论解释了能隙的存在（参见附录 H）。

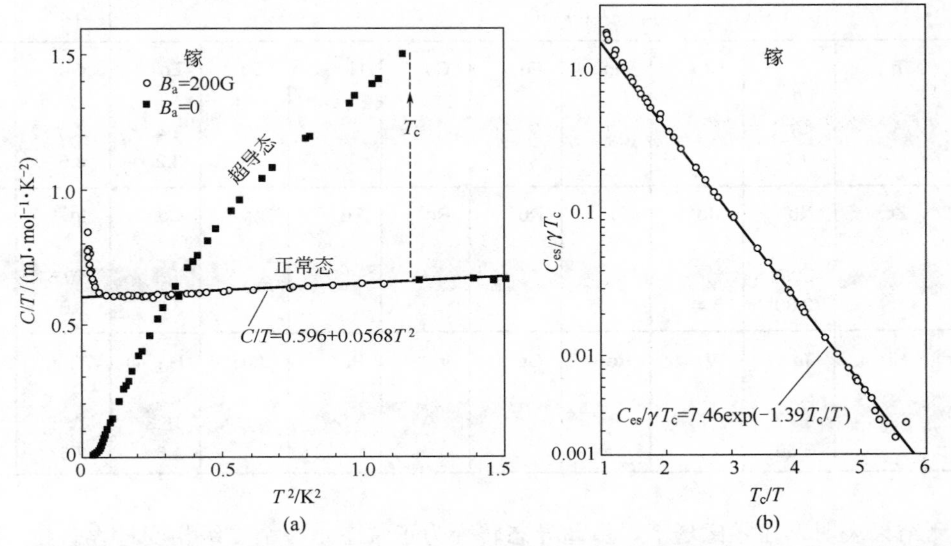

图 8　(a) 镓在正常态和超导态下的比热容。正常态的比热容包含电子的贡献、晶格的贡献以及低温下核四极矩的贡献。(b) 超导态下比热容中的电子部分 C_{es} 与 T_c/T 的关系按对数坐标画出，它与 $1/T$ 的指数关系是明显的。这里 $\gamma=0.60\mathrm{mJ\cdot mol^{-1}\cdot deg^{-2}}$。引自 N. E. Phillips。

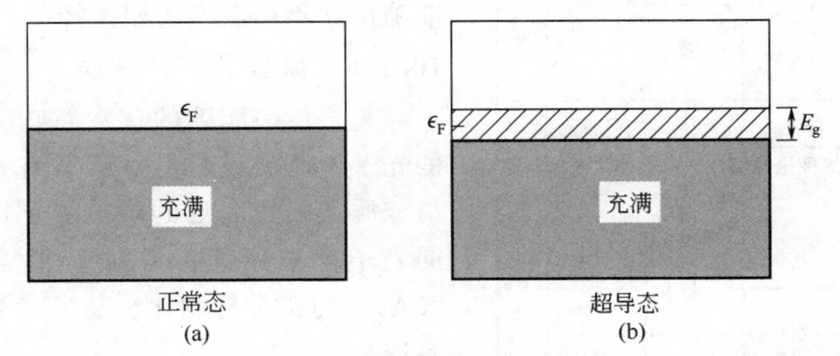

图 9　(a) 正常态中的导带；(b) 超导态中费米能级处的能隙。处于能隙以上激发态的电子其行为如同正常电子在射频场中一样：这些电子产生电阻，它们在直流情况下为超导电子所短路。图中的能隙 E_g 已被夸张，典型值 $E_g\sim10^{-4}\epsilon_F$。

10.1.5　能隙

超导体的能隙同绝缘体的能隙相比较具有全然不同的本质和起因。在第 7 章中我们知道，绝缘体中的能隙是由电子-声子之间的相互作用引起的；这种相互作用将电子与晶格联系在一起。然而在超导体中，重要的相互作用是电子-电子之间的相互作用，正是这一相互作用使得这些电子相对于电子费米气在 $\boldsymbol{k}$ 空间有序化。

研究发现，在超导体中电子热容中的指数因子宗量是 $-E_g/2k_BT$，而不是 $-E_g/k_BT$；通过比较光学与电子隧道效应方法测定的能隙 E_g 值，我们可以明了这一点。几种超导体的能隙值示于表 3。

表 3　$T=0$ 时超导体的能隙

										Al	Si
$E_g(0)/10^4$ eV										3.4	
$E_g(0)/k_BT_c$										3.3	
Sc	Ti	V	Cr	Mn	Fe	Co	Ni	Cu	Zn	Ga	Ge
		16.							2.4	3.3	
		3.4							3.2	3.5	
Y	Zr	Nb	Mo	Tc	Ru	Rh	Pd	Ag	Cd	In	Sn (w)
		30.5	2.7						1.5	10.5	11.5
		3.80	3.4						3.2	3.6	3.5
La fcc	Hf	Ta	W	Re	Os	Ir	Pt	Au	Hg (α)	Tl	Pb
19.		14.							16.5	7.35	27.3
3.7		3.60							4.6	3.57	4.38

观测结果表明，在零磁场下，由超导态转变为正常态是一个二级相变过程。在二级相变中没有相变潜热，但其比热容不连续，如图 8（a）所示。此外，当温度上升到转变温度 T_c，能隙连续减小至零，如图 10 所示。如果是一级相变，就应该呈现出具有相变潜能以及能隙出现不连续性的相关特征。

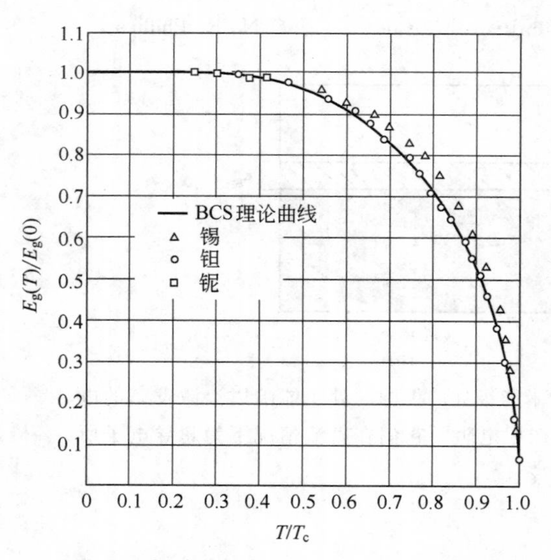

图 10　能隙约化值 $E_g(T)/E_g(0)$ 的观测值与约化温度 T/T_c 之间的关系。引自 Townsend 和 Sutton。图中实线由 BCS 理论得出。

10.1.6　微波及红外性质

超导体中能隙的存在意味着能量低于能隙的光子不能被吸收。对于所有金属，由于真空与金属之间界面处的阻抗失配，几乎所有入射的光子都被反射；但对于非常薄的薄膜（约 20Å），与正常态相比，超导态会被更多的光子穿透。

在绝对零度下，对于能量小于能隙的光子，超导体的电阻率变为零。当 $T \ll T_c$ 时，超导态的电阻在能隙处表现出一个陡的阈。能量较此为低的光子所感受到的是一个无电阻的表面；而较高能量的光子所感受到的是具有接近正常态电阻值的表面，因为这些光子能引致到达能隙以上尚未被占据的正常能级的跃迁。

当温度升高时，不仅能隙变小，而且除了频率为零的情况外，能量小于能隙的光子其电阻率不再为零。在零频率时，超导电子使所有热激发到能隙以上的正常电子“短路”；频率不为零时，超导电子的惯性阻止它们将电场完全屏蔽，因此热激发的正常电子现在可以吸收能量（参阅习题4）。

10.1.7 同位素效应

曾经观测到超导体的临界温度随同位素质量而变化。对于水银，当平均原子量 M 从199.5变化到203.4原子质量单位时，T_c 从4.185K变化到4.146K。当我们将同一元素的不同同位素加以混合时，转变温度平滑地变化。每一系列内的同位素的实验结果可用如下形式的关系拟合：

$$M^{\alpha} T_c = 常数 \tag{2}$$

表4中给出了 α 的观测值。

表4 超导体中的同位素效应

（$M^{\alpha} T_c$ =常数中 α 的实验值，M 是同位素质量）

材料	α	材料	α
Zn	0.45±0.05	Ru	0.00±0.05
Cd	0.32±0.07	Os	0.15±0.05
Sn	0.47±0.02	Mo	0.33
Hg	0.50±0.03	Nb_3Sn	0.08±0.02
Pb	0.49±0.02	Zr	0.00±0.05

从 T_c 与同位素质量的关系中人们可以了解晶格振动，从而电子-晶格相互作用与超导电性也有比较深刻的联系。这是一个重要的发现，因为没有其他理由可以说明为什么超导转变温度与原子核内的中子数有关。

BCS理论的最初模型给出的结果是 $T_c \propto \theta_D \propto M^{-\frac{1}{2}}$，因而式（2）中的 $\alpha=\frac{1}{2}$；但若考虑电子之间的库仑相互作用，这一关系将会改变。$\alpha=\frac{1}{2}$ 并非神圣不可侵犯的。对于Ru和Zr两种金属，没有发现同位素效应。对此，人们已根据它们的电子能带结构作出了解释。

10.2 理论研究概述

人们已建立起好几种模型，借此我们可以从理论上理解那些与超导电性有关的现象。有些结果可以直接从热力学中导出。许多重要结果可以用唯象方程描述：即伦敦方程（London equation）和朗道-金兹堡方程（Landau-Ginzburg equation）。关于超导电性成功的量子理论是由巴丁、库珀和施里弗三人提出的，这一理论为更深入的研究工作奠定了基础。约瑟夫森（Josephson）和安德森（Anderson）发现了超导波函数相位因子的重要性。

10.2.1 超导相变热力学

正常态与超导态之间的转变在热力学上是可逆的，正如一种物质的液态与气态之间的转变是可逆的一样。因此，我们可以应用热力学来分析这个转变，并由此得到借助临界磁场 H_c 与 T 的关系曲线来表示正常态与超导态之间熵差的表达式。这与液-气共存曲线的蒸汽压方程相似（参见TP，第10章）。

现在考虑具有完全迈斯纳效应的第一类超导体，因此在超导体内部 $B=0$。我们将在下面看到，临界场 H_c 是在恒定温度下超导态与正常态之间自由能之差的一个定量量度。符号 H_c 始终指的是块体样品，从不针对薄膜。对于第Ⅱ类超导体，H_c 是指与稳定自由能相联系的热力学临界场。

超导态相对于正常态的稳定自由能可以通过量热法或磁学法测量确定。在量热法中，超导态和正常态的比热容都是作为温度的函数进行测定的，这就是说超导处于一个比 H_c 大的磁场中。根据它们比热容的差值，就可以计算出其自由能的差值，亦即超导态的稳定自由能。

在磁学方法中，稳定自由能是从恒定温度下破坏超导态所需的外磁场值中得出的。兹论证如下：在恒定温度下，将超导体从外磁场为零的无穷远处移到永久磁体所产生的场内位置处。在这一过程中对单位体积超导体样品所做的功是（图 11）：

$$W=-\int_0^{B_a}\boldsymbol{M}\cdot \mathrm{d}\boldsymbol{B}_a \tag{3}$$

这个功表现为磁场的能量。根据 TP 第 8 章，这个过程的热力学恒等式为

$$\mathrm{d}F=-\boldsymbol{M}\cdot \mathrm{d}\boldsymbol{B}_a \tag{4}$$

对于一个超导体，其 $\boldsymbol{M}$ 与 $\boldsymbol{B}_a$ 通过（1）式联系，则有

(CGS) $$\mathrm{d}F_S=\frac{1}{4\pi}B_a\mathrm{d}B_a \tag{5}$$

(SI) $$\mathrm{d}F_S=\frac{1}{\mu_0}B_a\mathrm{d}B_a$$

这样，将超导体从外场为零处移到外场为 B_a 处，其超导体自由能密度的增加应为

(CGS) $$F_S(B_a)-F_S(0)=B_a^2/8\pi \tag{6}$$

(SI) $$F_S(B_a)-F_S(0)=B_a^2/2\mu_0$$

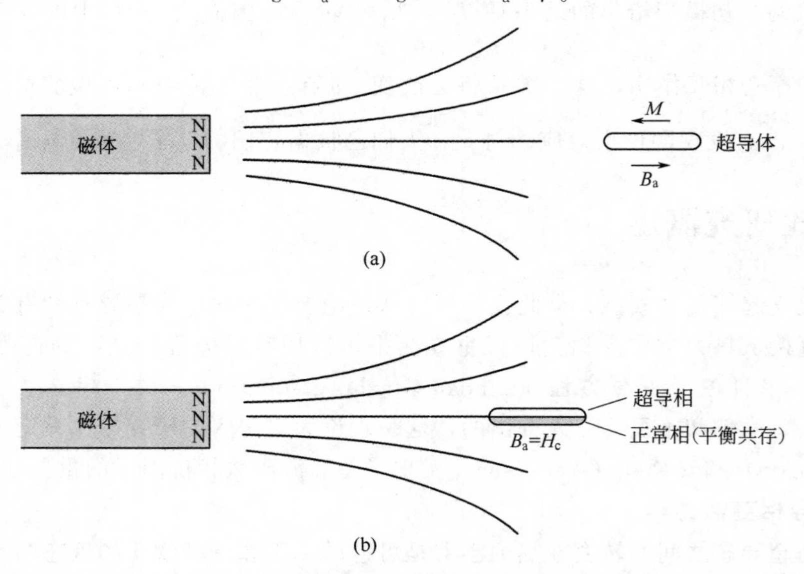

图 11 （a）具有完全迈斯纳效应的超导体，体内 $B=0$，犹如磁化强度 $M=-B_a/4\pi$（CGS）。（b）当外场值达到 B_{ac} 时，正常态与超导态能平衡地共存。在共存时，其自由能密度相等，即 $F_N(T,B_{ac})=F_S(T,B_{ac})$。

现在考虑正常的非磁性金属。如果忽略金属在正常态下微小的磁化率[1]，则有 $\boldsymbol{M}=0$；而且正常金属的能量不依赖于磁场。在临界场下，则有

$$F_N(B_{ac})=F_N(0) \tag{7}$$

为了确定绝对零度下超导态的稳定（自由）能，式（6）和式（7）的结果是我们必须知道的信息。在外磁场的临界值 B_{ac} 下，正常态与超导态的能量相等，即有

$$\text{(CGS)}\quad F_N(B_{ac})=F_S(B_{ac})=F_S(0)+B_{ac}^2/8\pi; \tag{8}$$

$$\text{(SI)}\quad F_N(B_{ac})=F_S(B_{ac})=F_S(0)+B_{ac}^2/2\mu_0$$

在 SI 制，$H_c=B_{ac}/\mu_0$；而在 CGS 制中，$H_c=B_{ac}$。

当外加磁场等于临界磁场时，样品处在任一态中都是稳定的。根据式（7），可得

$$\text{(CGS)}\quad \Delta F\equiv F_N(0)-F_S(0)=B_{ac}^2/8\pi \tag{9}$$

其中 ΔF 是超导态的稳定自由能密度。对于铝，在绝对零度下其 B_{ac} 为 105G，由此 $\Delta F=(105)^2/8\pi=439\text{erg}\cdot\text{cm}^{-3}$。这个值与热学测量结果 $430\text{erg}\cdot\text{cm}^{-3}$ 符合极好。

在有限温度下，当磁场使得正常相与超导相的自由能 $F=U-TS$ 相等时，两相处于平衡。两相自由能与磁场的关系曲线如图 12 所示。铝的两相自由能的实验曲线已在图 7 中给出。由于在转变温度点斜率 $\mathrm{d}F/\mathrm{d}T$ 相等，因而无相变潜热。

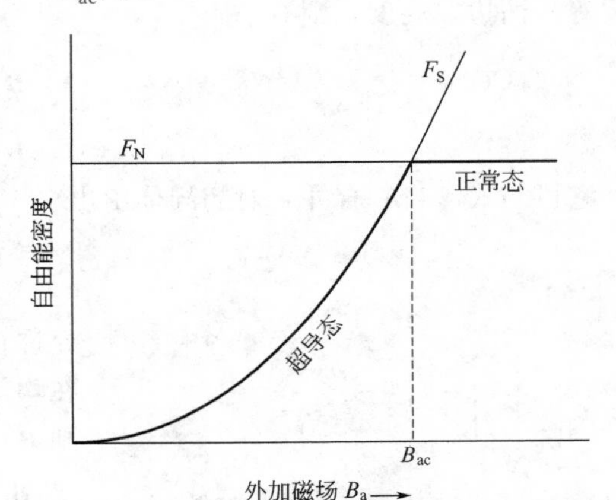

图 12　非磁性正常金属的自由能密度 F_N 近似地不依赖于外磁场强度 B_a。在 $T<T_c$ 的温度下，零磁场中这种金属是超导体，因此 $F_S(T,0)$ 低于 $F_N(T,0)$。在 CGS 制中，外磁场使 F_S 增加 $B_{ac}^2/8\pi$，所以 $F_S(T,B_a)=F_S(T,0)+B_{ac}^2/8\pi$。如果 B_a 大于临界场 B_{ac}，则正常态的自由能密度较超导态的为低，这时正常态是稳定相。图中纵坐标原点是在 $F_S(T,0)$ 处，这个图可同样应用于 $T=0$ 时的 U_S 和 U_N。

10.2.2　伦敦方程

我们知道，迈斯纳效应意味着超导态下的磁化率 $\chi=-1/4\pi$(CGS)，或 $\chi=-1$（SI）。我们是否能将电动力学的一个本构方程（例如欧姆定律）作某些修改，以得出迈斯纳效应呢？我们不希望修改麦克斯韦方程组本身。金属在正常态下的电导用欧姆定律 $\boldsymbol{j}=\sigma\boldsymbol{E}$ 描述。为了描述超导态的电导和迈斯纳效应，需要将欧姆定律作重大修改。我们先作一个假定，然后看看会发生什么情况。

假定超导态下的电流密度正比于局部磁场的矢势 $\boldsymbol{A}$，这里 $\boldsymbol{B}=\nabla\times\boldsymbol{A}$，同时要求 $\boldsymbol{A}$ 满足特定的规范。在 CGS 制中，将这个比例常数写为 $-c/4\pi\lambda_L^2$，其理由在下文中会弄清楚。此处，c 是光速，λ_L 是一个具有长度量纲的常数。在 SI 单位制中将比例常数写作 $-1/\mu_0\lambda_L^2$。这样，我们就有

$$\text{(CGS)}\quad \boldsymbol{j}=-\frac{c}{4\pi\lambda_L^2}\boldsymbol{A};\qquad \text{(SI)}\quad \boldsymbol{j}=-\frac{1}{\mu_0\lambda_L^2}\boldsymbol{A} \tag{10}$$

这就是伦敦（London）方程。上式两边取旋度，可以将伦敦方程表达为另一种形式：

---

[1] 对于第Ⅰ类超导体，这是个合理的假设。对于第Ⅱ类超导体，在高场下传导电子自旋顺磁性的变化使正常相的能量显著降低。有些第Ⅱ类超导体（而并非全部第Ⅱ类超导体）的上临界场受这个效应的限制。Clogston 曾指出 $H_{c2}(\max)=18400T_c$，式中 H_{c2} 的单位为 G，T_c 为 K。

$$\text{(CGS)}\quad \nabla\times\boldsymbol{j}=-\frac{c}{4\pi\lambda_{\mathrm{L}}^{2}}\boldsymbol{B};\qquad \text{(SI)}\ \nabla\times\boldsymbol{j}=-\frac{1}{\mu_0\lambda_{\mathrm{L}}^{2}}\boldsymbol{B} \tag{11}$$

伦敦方程式（10）中假定矢势 $\boldsymbol{A}$ 取伦敦规范，即 $\nabla\cdot\boldsymbol{A}=0$，并且在没有外电流馈入的任一外表面上 $A_n=0$，下标 n 表示垂直于该表面的分量。由此，实际的物理边界条件是 $\nabla\cdot\boldsymbol{j}=0$ 和 $j_n=0$。式（10）适用于单连通的超导体；环或圆筒还可能有附加项，但式（11）对任何的几种形状都成立。

首先证明伦敦方程导致迈斯纳效应。由麦克斯韦方程组可知，在静态条件下：

$$\begin{cases}\text{(CGS)}\quad \nabla\times\boldsymbol{B}=\dfrac{4\pi}{c}\boldsymbol{j}\\ \text{(SI)}\quad \nabla\times\boldsymbol{B}=\mu_0\boldsymbol{j}\end{cases} \tag{12}$$

等式两边取旋度，则有

$$\text{(CGS)}\quad \nabla\times(\nabla\times\boldsymbol{B})=-\nabla^2\boldsymbol{B}=\frac{4\pi}{c}\nabla\times\boldsymbol{j}$$

$$\text{(SI)}\quad \nabla\times(\nabla\times\boldsymbol{B})=-\nabla^2\boldsymbol{B}=\mu_0\nabla\times\boldsymbol{j}$$

它可与式（11）合并，对超导体给出

$$\nabla^2\boldsymbol{B}=\boldsymbol{B}/\lambda_{\mathrm{L}}^2 \tag{13}$$

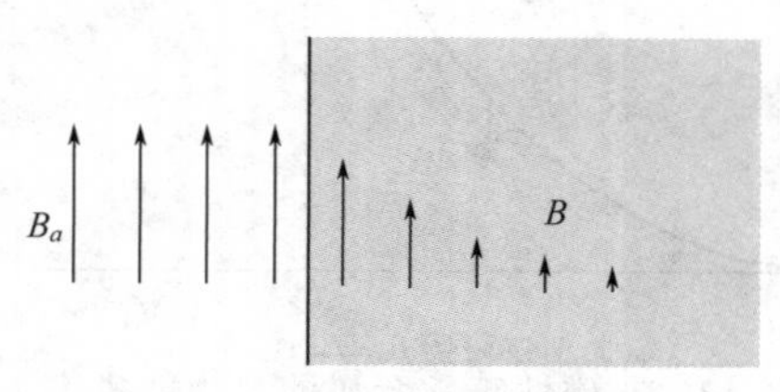

图 13 外磁场在半无限超导体中的穿透。穿透深度 λ 定义为磁场降低一个因子 e^{-1} 时相应的距离。在纯超导体内典型的值是 $\lambda\approx500$Å。

通过上述式（13）可以解释迈斯纳效应：因为它不允许存在一个空间上均匀的解，所以超导体内不可能存在均匀磁场。这就是说，除非恒定场 $\boldsymbol{B}_0$ 恒等于零，否则 $\boldsymbol{B}(\boldsymbol{r})=\boldsymbol{B}_0=$ 常数不是方程式（13）的解。由于 $\nabla^2\boldsymbol{B}_0$ 始终是零，而除非 $\boldsymbol{B}_0$ 为零，否则 $\boldsymbol{B}_0/\lambda_{\mathrm{L}}^2$ 不能等于零。这就是迈斯纳效应。注意，式（13）表明，哪里有 $\boldsymbol{B}=0$，就会有 $\boldsymbol{j}=0$。

在纯超导态下，唯一允许的场是随着与外表面的距离按指数律衰减的场。令一个半无限超导体占据正 x 轴一方的空间，如图 13 所示。如果 $B(0)$ 是一平面边界处的磁场，则内部的磁场为

$$B(x)=B(0)\exp(-x/\lambda_{\mathrm{L}}) \tag{14}$$

这是因为式（14）是式（13）的一个解。在这个例子中，假设磁场与边界平行。由此可见，λ_{L} 是磁场穿透深度的一个量度，通称为伦敦穿透深度（London penetration depth）。实际的穿透深度不能单独用 λ_{L} 作出精确的描述，因为现在我们知道，伦敦方程有点过分简单化。将下文式（22）与式（11）比较可知，对于电荷为 q，质量为 m，浓度为 n 的粒子系统，得出

$$\text{(CGS)}\quad \lambda_{\mathrm{L}}=(mc^2/4\pi nq^2)^{1/2};\qquad \text{(SI)}\quad \lambda_{\mathrm{L}}=(\epsilon_0 mc^2/nq^2)^{1/2} \tag{14a}$$

下面表 5 给出了 λ_{L} 的值。

表 5　绝对零度下的内禀相干长度和伦敦穿透深度的计算值

金　属	Pippard 内禀相干长度 $\xi_0/10^{-6}$cm	伦敦穿透深度 $\lambda_{\mathrm{L}}/10^{-6}$cm	$\lambda_{\mathrm{L}}/\xi_0$
Sn	23	3.4	0.16
Al	160	1.6	0.010
Pb	8.3	3.7	0.45
Cd	76	11.0	0.14
Nb	3.8	3.9	1.02

注：引自 R. Meservey and B. B. Schwartz。

如果薄膜的厚度比 λ_L 小得多，外磁场 B_a 将相当均匀地穿透薄膜，因此薄膜中迈斯纳效应是不完全的。在这种情况下，感生磁场远小于 B_a，并且 B_a 对超导态能量密度的影响不大，所以式（6）不能应用。据此可知，薄膜在纵向（平行）磁场中临界场 H_c 应该很高。

10.2.3 相干长度

伦敦穿透深度 λ_L 是表征超导体的一个基本长度。另一个独立的长度是相干长度（Coherence length）ξ。所谓相干长度是下述距离的一个量度：在随空间变化的磁场中，超导电子浓度在这个距离内不能有显著的变化。

伦敦方程是一个局域方程。它将 $\boldsymbol{r}$ 点的电流密度与该点上的矢势联系起来。只要 $\boldsymbol{j}(\boldsymbol{r})$ 给定为一个常数乘以 $\boldsymbol{A}(\boldsymbol{r})$，就要求电流精确地随着矢势变化。但相干长度 ξ 是一种尺度范围的量度，应在这个范围内取 $\boldsymbol{A}$ 的平均值来得出 $\boldsymbol{j}$，它也是正常与超导之间过渡层的最小空间尺度。其实，相干长度由朗道-金兹堡方程引入是最恰当的，对此请参阅附录Ⅰ。下面我们就调制超导电子浓度所需能量的问题给出一个富有启发性的论证。

电子系统任一点的状态的变化都需要额外的能量。本征函数的调制会增加动能，因为这种调制将使 $\mathrm{d}^2\varphi/\mathrm{d}x^2$ 的积分增大。我们可以限制 $\boldsymbol{j}(\boldsymbol{r})$ 的空间变化，以使额外动能小于超导态的稳定能，这样做是合理的。

将平面波函数 $\Psi(x)=e^{ikx}$ 与强调制的波函数

$$\varphi(x)=2^{-1/2}(\mathrm{e}^{i(k+q)x}+\mathrm{e}^{ikx}) \tag{15a}$$

进行比较。与平面波相联系的概率密度在整个空间上是均匀的：$\Psi^*\Psi=\mathrm{e}^{-ikx}\mathrm{e}^{ikx}=1$，而 $\varphi^*\varphi$ 则依照波矢 q 被调制：

$$\begin{aligned}\varphi^*\varphi&=\frac{1}{2}(\mathrm{e}^{-i(k+q)x}+\mathrm{e}^{-ikx})(\mathrm{e}^{i(k+q)x}+\mathrm{e}^{ikx})\\&=\frac{1}{2}(2+\mathrm{e}^{iqx}+\mathrm{e}^{-iqx})=1+\cos qx\end{aligned} \tag{15b}$$

波 $\Psi(x)$ 的动能是 $\epsilon=\hbar^2k^2/2m$。而调制的密度分布的动能将更高些，这是因为

$$\int\mathrm{d}x\varphi^*\left(-\frac{\hbar^2}{2m}\frac{\mathrm{d}^2}{\mathrm{d}x^2}\right)\varphi=\frac{1}{2}\left(\frac{\hbar^2}{2m}\right)[(k+q)^2+k^2]\cong\frac{\hbar^2}{2m}k^2+\frac{\hbar^2}{2m}kq$$

式中由于 $q\ll k$，所以略去了 q^2 项。

为了调制，所需的能量增加是 $\hbar^2qk/2m$。如果这个增量超过能隙 E_g，则超导电性被破坏，调制波矢的临界值 q_0 由下式给出：

$$\frac{\hbar^2}{2m}k_Fq_0=E_g \tag{16a}$$

现在定义一个内禀相干长度 ξ_0，它通过 $\xi_0=1/q_0$ 与临界调制相联系。于是，有

$$\xi_0=\hbar^2k_F/2mE_g=\hbar v_F/2E_g \tag{16b}$$

式中，v_F 是费米面上的电子速度。根据 BCS 理论，我们可以得到类似的结果：

$$\xi_0=2\hbar v_F/\pi E_g \tag{17}$$

在表5中列出了根据式（17）算出的 ξ_0 值。内禀相干长度 ξ_0 是纯超导体的特征。

在不纯材料和合金中，相干长度 ξ 比 ξ_0 短。这一点可以定性的理解如下：在不纯的材料中，电子本征函数本身已经出现“起伏”；从“起伏”的波函数出发，用比平滑波函数更少的能量就能构成一个给定的电流密度局域性的变化。

相干长度 ξ 首次在一对唯象方程的解中出现，这对方程通称为朗道-金兹堡方程（$L-G$ 方程）。这对方程也可以用后面讲到的 BCS 理论得出。借助它们，我们就可以描述相互接触

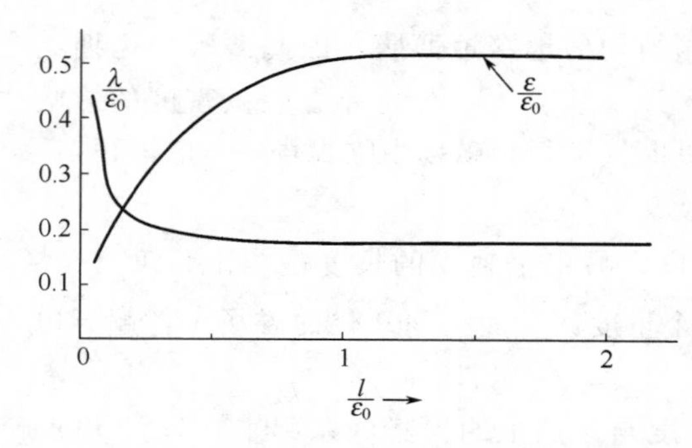

图 14 穿透深度 λ 与相干长度 ξ 与正常态传导电子的平均自由程 l 的关系。所有的长度都用内禀相干长度 ξ_0 作单位。曲线是对 $\xi_0=10\lambda_L$ 绘出的。若平均自由程短，则相干长度变得更短，而穿透深度变得更长。比值 λ/ξ 增大有利于形成第Ⅱ类超导电性。

的正常相与超导相之间过渡层的结构。相干长度和实际穿透深度 λ 依赖于正常态下测定的电子平均自由程 l，图 14 给出了它们之间的关系曲线。若超导体非常不纯，具有很小的 l 值，则 $\xi\approx(\xi_0 l)^{1/2}$，并且 $\lambda=\lambda_L(\xi_0/l)^{1/2}$，从而得到 $\lambda/\xi=\lambda_L/l$。这就是“脏超导体（dirty superconductor）”极限；系数 λ/ξ 被记作 κ。

10.2.4 超导电性的 BCS 理论

超导电性量子理论的基础是由 Bardeen、Cooper 和 Schrieffer 在其 1957 年发表的经典性文章中确立的。超导电性的 BCS 理论具有广泛的应用，从处于凝聚相的 He^3 原子到第Ⅰ类和第Ⅱ类金属超导体，甚至到基于 CuO_2 平面的高温超导体，BCS 理论都能“大显身手”。进而言之，利用 BCS 理论处理由粒子对 $\boldsymbol{k}$ 和 $-\boldsymbol{k}\downarrow$ 构成的 BCS 波函数，可以给出我们在实验中所观测到的电子超导电性以及在表 3 中所列出的能隙值。这种成对形式就是所谓的“s 波成对”。当然，对于 BCS 理论，也可能存在其他的粒子成对形式，但我们在这里除了 BCS 波函数之外还没有可以认真考虑的对象。从 BCS 波函数出发，BCS 理论取得了巨大成功。本章所论及的 BCS 理论的成就包括以下几个方面。

1. 电子之间的一种相互吸引作用能导致一个基态的存在，它与激发态之间由一个能隙分隔开。临界场、热学性质和大多数电磁性质都由能隙所引起。

2. 电子-晶格-电子相互作用导致一个与观测值数量级相同的能隙。这种间接相互作用是这样进行的：一个电子与晶格相互作用使晶格发生形变；第二个电子感受到经过形变的晶格，就乘机自行调整，以利用形变来降低它的能量。第二个电子就这样通过晶格形变与第一个电子发生相互作用。

3. 穿透深度和相干长度作为 BCS 理论的自然结果而出现。可以得出在空间缓慢变化的磁场的伦敦方方程。由此自然得出超导电性的中心现象即迈斯纳效应。

4. 一种元素或合金转变温度的判据涉及费米能级上电子轨道的密度 $D(\epsilon_F)$ 和电子-晶格相互作用 U；而 U 可以从电阻率来估计，因为室温电阻率就是电子与声子相互作用的一种量度。若 $UD(\epsilon_F)\ll 1$，BCS 理论给出

$$T_c=1.14\theta\exp[-1/UD(\epsilon_F)] \tag{18}$$

式中，θ 是德拜温度，U 是相互吸引作用，所得的 T_c 至少定性地与实验数据符合。存在一个有趣的表观矛盾：一种金属在室温下具有的电阻率越高，其 U 值就越大，冷却时就有更大可能变成超导体。

5. 穿过超导环的磁通是量子化的，电荷的有效单位是 2e 而不是 e，BCS 基态涉及的是电子对；所以磁通量子化用电子对电荷 2e 是这一理论的一个推论。

10.2.5 BCS 基态

填满的费米海是无相互作用的电子构成的费米气的基态。这个态允许有任意小的激发，即能够将费米面上的一个电子提高到刚好超出费米面而形成激发态。BCS 理论表明，当电子之间存在适合的相互吸引作用时，新的基态就是超导的，它同最低的激发态间由一个有限

的能量 E_g 分隔开。

图 15 表示 BCS 基态的形成。在（b）中，BCS 态是由高于费米能量ϵ_F 的一些单电子轨道杂化形成。初看起来 BCS 态似乎具有比费米态更高的能量：由（b）与（a）相比较可知，BCS 态的动能比费米态高。然而，BCS 态的吸引势能虽然没有在图中表示，但其作用是使得 BCS 态的总能量相对于费米态降低。

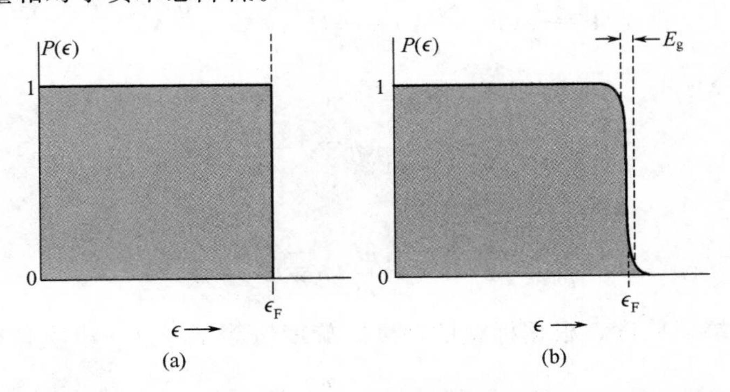

图 15 （a）在无相互作用的费米气基态里，具有动能ϵ的轨道被占据的概率 P 的示意图；（b）在能隙 E_g 数量级的能量范围内，BCS 基态与费米态有差别，两条曲线都是绝对零度下的情况。

当用单粒子轨道的占据状况来描述多电子系统的 BCS 基态时，靠近ϵ_F 一些轨道的填充状况有些类似于有限温度下的费米-狄拉克分布。

但是，BCS 态的主要特色是单粒子轨道态成对地被占据：如果一个具有波矢 $\boldsymbol{k}$ 和自旋向上的轨道态被占据，则具有波矢$-\boldsymbol{k}$ 和自旋向下的轨道态也被占据。如果 $\boldsymbol{k}\uparrow$ 是空的，则$-\boldsymbol{k}\downarrow$ 也是空的。这些电子对称作库珀对（Cooper pair，参见附录 H 的讨论），其总自旋为零，并具有玻色子的许多特征。

10.2.6 超导环内的磁通量子化

下面证明，通过超导环的总磁通只可能取量子化的数值，即磁通量子 $2\pi\hbar c/q$ 的整倍数。这里根据实验 $q=-2e$，即为一个电子对的电荷。磁通量子化是长程量子效应的一个优美的例证。在这个效应中，超导态的相干性展布于环或螺线管的尺度。

首先，把电磁场看作是一个类玻色子场的例子。电场强度 $\boldsymbol{E}(\boldsymbol{r})$ 定性地相当于概率振幅。当光子总数大时，能量密度可以写成

$$E^*(\boldsymbol{r})E(\boldsymbol{r})/4\pi\cong n(\boldsymbol{r})\hbar\omega$$

其中 $n(\boldsymbol{r})$ 是频率为 ω 的光子数密度。于是，在半经典近似下，可以把电场写成

$$E(\boldsymbol{r})\cong(4\pi\hbar\omega)^{\frac{1}{2}}n(\boldsymbol{r})^{\frac{1}{2}}e^{i\theta(\boldsymbol{r})}$$

$$E^*(\boldsymbol{r})\cong(4\pi\hbar\omega)^{\frac{1}{2}}n(\boldsymbol{r})^{\frac{1}{2}}e^{-i\theta(\boldsymbol{r})}$$

其中 $\theta(\boldsymbol{r})$ 是场的相位。利用类似的概率振幅，可以描述库珀对。

下面的讨论适用于相同轨道上有大量玻色子的玻色气体。现在把玻色子概率振幅作为一个经典量来处理，就像采用电磁场描述光子那样。这样，幅度和相位二者都有意义，而且都可以观测。这些讨论不能应用于正常态金属，因为在正常态下的电子行为相当于单个未配对的费米子，对它不能作经典处理。

首先证明，带电玻色气服从伦敦方程。令 $\Psi(r)$ 是粒子的概率振幅。假定电子对浓度 $n=\Psi^*\Psi=$常数。绝对零度下 n 是导带中电子浓度的一半，因为 n 所指的是电子对。这样，

就可以写为

$$\Psi = n^{\frac{1}{2}} \mathrm{e}^{i\theta(\boldsymbol{r})}\text{；}\ \Psi^* = n^{\frac{1}{2}} \mathrm{e}^{-i\theta(\boldsymbol{r})} \tag{19}$$

相位 $\theta(\boldsymbol{r})$ 对于下面的论述是重要的。在 SI 制中，令下述方程中的 $c=1$。

根据力学的哈密顿方程，粒子的速度应是

$$\boldsymbol{v} = \frac{1}{m}\left(\boldsymbol{p} - \frac{q}{c}\boldsymbol{A}\right) = \frac{1}{m}\left(-i\hbar\nabla - \frac{q}{c}\boldsymbol{A}\right)$$

粒子通量为

(CGS)
$$\Psi^* \boldsymbol{v} \Psi = \frac{n}{m}\left(\hbar\nabla\theta - \frac{q}{c}\boldsymbol{A}\right) \tag{20}$$

因此电流密度是

$$\boldsymbol{j} = q\Psi^* \boldsymbol{v}\Psi = \frac{nq}{m}\left(\hbar\nabla\theta - \frac{q}{c}\boldsymbol{A}\right) \tag{21}$$

可以在等式两端取旋度，根据标量的梯度的旋度恒等于零这一事实，得到伦敦方程：

$$\nabla \times \boldsymbol{j} = -\frac{nq^2}{mc}\boldsymbol{B} \tag{22}$$

$\boldsymbol{B}$ 前的项乘上一个常数因子与式（14a）相符。应当记住：迈斯纳效应是这里导出的伦敦方程的一个结果。

穿过环的磁通量量子化是式（21）的一个引人注目的结论。让我们选定一个通过超导材料内部远离表面的闭合回路 C（图 16）。迈斯纳效应断定在超导体内 $\boldsymbol{B}$ 和 $\boldsymbol{j}$ 都是零。如果

$$\hbar c\nabla\theta = q\boldsymbol{A} \tag{23}$$

则式（21）为零。写出绕环一周的相位变化，即有

$$\oint_C \nabla\theta \cdot \mathrm{d}l = \theta_2 - \theta_1$$

在经典近似中概率振幅是可测的，因此 Ψ 必须为单值，同时

$$\theta_2 - \theta_1 = 2\pi s \tag{24}$$

式中，s 是整数。根据斯托克斯定理，有

$$\oint_C \boldsymbol{A}\cdot\mathrm{d}\boldsymbol{l} = \int_C (\nabla\times\boldsymbol{A})\cdot\mathrm{d}\boldsymbol{\sigma} = \int_C \boldsymbol{B}\cdot\mathrm{d}\boldsymbol{\sigma} = \Phi \tag{25}$$

其中 $\mathrm{d}\sigma$ 是以曲线 C 为边界的曲面上的面积元，Φ 是穿过 C 的磁通量。由式（23）、式（24）和式（25）得到：

图 16 穿过超导环内部的积分回路 C。穿过环的磁通是来自外源的磁通 Φ_{ext} 和环表面超导电流产生的磁通 Φ_{sc} 的总和：$\Phi=\Phi_{\mathrm{ext}}+\Phi_{\mathrm{sc}}$。磁通 Φ 是量子化的。通常对来自外源的磁通没有量子化条件的限制，因此为了 Φ 取量子化的数值，Φ_{sc} 必须适当地自行调整。

$$2\pi\hbar cs = q\boldsymbol{\Phi}$$

或

$$\boldsymbol{\Phi} = (2\pi\hbar c/q)s \tag{26}$$

这样，穿过环的磁通就是量子化的，它是 $2\pi\hbar c/q$ 的整倍数。

根据实验，知 $q=-2\mathrm{e}$，这对一个电子对是合理的。因此超导体内磁通的量子是

(CGS) $\quad \Phi_0 = 2\pi\hbar c/2\mathrm{e} \cong 2.0678\times10^{-7}\,\mathrm{G\cdot cm^2}$ (27)

(SI) $\quad \Phi_0 = 2\pi\hbar/2\mathrm{e} \cong 2.0678\times10^{-15}\,\mathrm{T\cdot m^2}$

这一表征磁通（量）量子化的基本磁通量称作磁通量子（fluxoid 或 fluxon）。

穿过环的磁通是外源产生的磁通 Φ_{ext} 和环表面流动的超导电流所产生的磁通 Φ_{sc} 之总

和 $\Phi=\Phi_{\text{ext}}+\Phi_{\text{sc}}$：磁通 Φ 是量子化的。外源产生的磁通一般没有量子化的限制，因此为使 Φ 取量子化数值，Φ_{sc} 必须适当地自行调整。

10.2.7　持续电流的存在时间

考虑在由横截面为 A、长为 L 的第Ⅰ类超导体做成的环内流动的持续电流。持续电流所维持穿过环的磁通是式（27）所示磁通量子的整倍数。除非借助于热涨落而使超导环的一个最小体积瞬间处于正常态，否则磁通量子不能从环内逸出而使持续电流降低。

每单位时间磁通量子逸出的概率是如下的乘积：

$$P=(\text{尝试频率})\times(\text{激活势垒穿透因子}) \tag{28}$$

激活势垒穿透因子为 $e^{-\Delta F/k_BT}$，其中势垒的自由能是

$$\Delta F\approx(\text{最小体积})\times(\text{正常态比超导态多余的自由能密度})$$

环内必须过渡为正常态以容许磁通量子逸出的最小体积是 $R\xi^2$ 的数量级，这里 ξ 是超导体的相干长度，R 是线的直径。正常态与超导态相比自由能密度余值为 $H_c^2/8\pi$，因而势垒自由能为

$$\Delta F\approx R\xi^2H_c^2/8\pi \tag{29}$$

假定线直径 $=10^{-4}$ cm，相干长度 $=10^{-4}$ cm，同时 $H_c=10^3$ G；则 $\Delta F\approx10^{-7}$ erg。当我们从转变温度以下接近转变温度，ΔF 将降低而趋于零，但在绝对零度与 $0.8T_c$ 之间上述的值是一个较好地估计值。这样激活势垒穿透因子就是

$$e^{-\Delta F/k_BT}\approx e^{-10^8}\approx10^{-(4.34\times10^7)}$$

最小体积尝试改变其状态的特征频率必须是 $E_g/\hbar$ 的数量级。如果 $E_g=10^{-15}$ erg，尝试频率 $\approx10^{-15}/10^{-27}\approx10^{12}\,\text{s}^{-1}$。逸出概率［式（28）］成为

$$P\approx10^{12}\times10^{-(4.34\times10^7)}\ \text{s}^{-1}=10^{-(4.34\times10^7)}\ \text{s}^{-1}$$

P 的倒数是一个磁通量子逸出所需时间的量度，$T=1/P=10^{4.34\times10^7}$ s。宇宙的年龄仅是 10^{18} s，因此磁通量子在宇宙的年龄内，在我们假定的条件下始终不会逸出。因此，电流永久维持。

在两种情况下激活能要低得多，可以观测到环内磁通量子的逸出：一是非常接近于临界温度，这时 H_c 很小；二是当环的材料是第Ⅱ类超导体，早已有磁通量子嵌在它里面。这些特殊情况在文献中有关超导体内涨落的内容中都会有讨论。

10.2.8　第Ⅱ类超导体

第Ⅰ类和第Ⅱ类超导体的超导电性机制没有差别。在零磁场中，两类超导体在超导态-正常态转变点处具有相似的热学性质。但迈斯纳效应完全不同（图5）。

好的第Ⅰ类超导体完全排除磁场，直到超导电性被突然破坏，然后磁场完全穿透。好的第二类超导体完全排除磁场，直到磁场达到某 H_{c1}。在 H_{c1} 以上，磁场被部分排除，但样品仍保持超导性。在更强的场 H_{c2} 下，磁通完全穿透，同时超导电性消失（样品的一个外表面层可能保持超导，直到达到某一更高的场 H_{c3}）。

第Ⅰ类与第Ⅱ类超导体之间的一个重要差别是正常态传导电子的平均自由程的差别。如果相干长度 ξ 比穿透深度 λ 大，超导体将是第Ⅰ类。大多数纯金属是第Ⅰ类超导体，因为 $\lambda/\xi<1$（参见表5）。

但是，如果平均自由程短，相干长度短，穿透深度大（图14），则超导体将是第Ⅱ类。

通过适量地掺入一种合金元素，能够把某些金属从第Ⅰ类变为第Ⅱ类。如图5所示，在铅中加入2%（质量）的铟，能使铅从第Ⅰ类变为第Ⅱ类，虽然转变温度几乎一点也不变。这种掺杂

型合金化对铅的电子结构没有本质影响，但在超导态下的磁性行为发生剧烈变化。

第Ⅱ类超导体的理论是 Ginzburg、Landau、Abrikosov 和 Gorkov 提出来的。后来 Kunzler 及其合作者观测到 Nb_3Sn 线在接近 100kG 的磁场下能负载大的超导电流，这推动了强场超导磁体的商业化开发。

考虑一个超导区域与一个正常区域之间的界面，界面具有表面能，可以是正的或者是负的，而且随外磁场的增强而减小。如果表面能总是正的，则超导体是第Ⅰ类；如果当磁场增加表面能变负，则是第Ⅱ类超导体。表面能的正负对于转变温度没有重要影响。

当磁场被排出，块体超导体的自由能增加。但是纵向（平行于膜的方向）的磁场能几乎均匀地穿透很薄的膜（见图 17），只有一部分磁通被排出。同时，随着外磁场的增强，超导膜的能量仅缓慢地增加。这就使破坏超导电性所需的磁场强度大为提高。膜具有通常的能隙，并且将是无电阻的。薄膜不是第Ⅱ类超导体，但关于膜的研究结果表明：在适当的条件下超导电性能够在高磁场下存在。

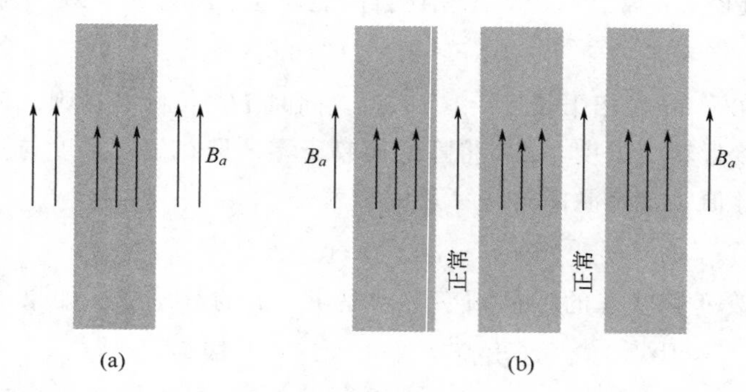

图 17 （a）磁场穿入厚度等于穿透深度 λ 的薄膜。箭号长短表示磁场强度。（b）磁场穿入混合态（或涡旋态）的均匀化总体结构示意图，这时有处于正常态和超导态的交替层，超导层与穿透深度 λ 相比是薄的。为方便起见，用层状结构表示，实际结构是棒状正常态被超导态包围所组成。处于涡旋态的正常区并不是严格的正常区，但是可以用低的稳定能密度值来描述。

10.2.9 涡旋态

关于薄膜超导电性之研究结果，我们还可以提出这样一个问题：是否存在超导体在磁场中的稳定结构，其体内有些区域是正常态，每个正常区被超导区所包围？在这种被称为涡旋态的混合态中，外磁场将均匀地穿透薄的正常区，而且磁场也将或多或少穿透到周围的超导材料里，如图 18。

涡旋态一词描述贯穿整个块体样品的涡旋形式的超导电流环流，如图 19 中所示。在涡旋态下，正常区同超导区之间没有化学上的或晶体学上的差别。因为外场穿透进入超导材料，使表面能变为负，所以涡旋态是稳定的。在一定的磁场强度范围内，即 H_{c1} 和 H_{c2} 之间，保持稳定的涡旋态是第Ⅱ类超导体的特征。

10.2.10 H_{c1} 和 H_{c2} 的估算

随着外加磁场的增强，形成涡旋态的起始条件是什么呢？根据穿透深度 λ，我们可以估算 H_{c1}。如果外加磁场为 H_{c1}，那么在涡旋线的正常芯子中的磁场应该是 H_{c1}。

从正常芯子向外扩展一个距离 λ，进入周围的超导区，这样与单个正常芯子相联系的磁通是 $\pi\lambda^2 H_{c1}$，它必须等于由式（27）定义的磁通量子 Φ_0。由此，可得

$$H_{c1} \simeq \Phi_0 / \pi\lambda^2 \tag{30}$$

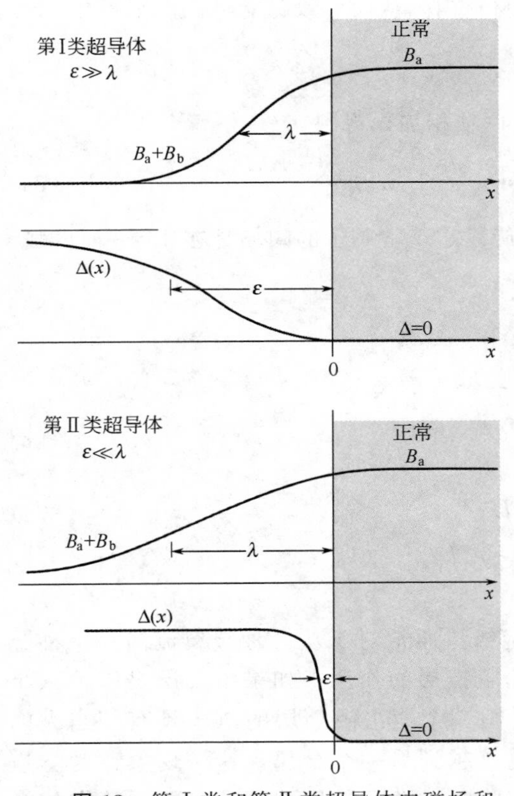

图 18 第Ⅰ类和第Ⅱ类超导体内磁场和能隙参数 Δ（x）在超导和正常区界面上的变化，能隙参数是超导态稳定能密度的量度。

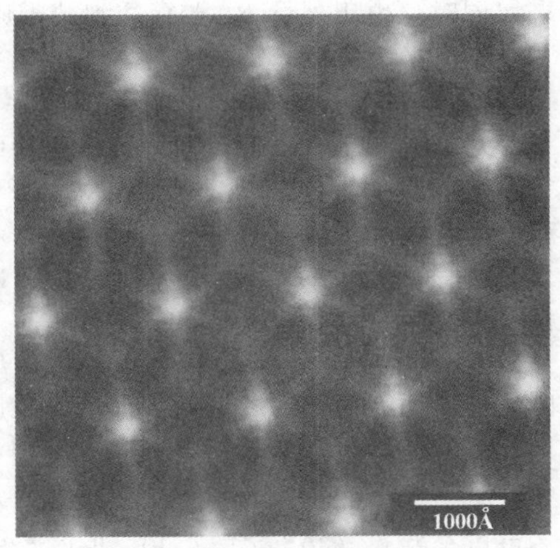

图 19 由扫描隧道显微镜（SEM）对 $NbSe_2$ 在 1000G 和 0.2K 下得到的磁通晶格（flux lattice）图样。图中显示了费米面上的态密度分布情况，参见图 23。涡旋芯处态密度高，并在芯部渐显亮白，如图示；而超导区呈现为图中暗黑区域，因为没有态在费米面上。对于一个第Ⅱ类超导体，图 18 所示 Δ(x) 形成的势阱决定了这些态的分布区域及密度大小。并且，这一势阱构成了芯态波函数在图中显示的边界。星状花样反映了更精细的电子态特征，对于 $NbSe_2$，则表示费米面上电荷密度的六级微扰的情况。引自 H. F. Hess。

这是含有单个磁通量子的孤立涡旋线赖以形成的临界场。

在 H_{c2} 下，涡旋线尽可能紧密地排在一起以保持超导态的条件，这意味着：只要相干长度所容许，其正常芯子越密集越好。外场几乎均匀地贯穿样品，只是在正常芯子“点阵”间隔范围内有微小的波动起伏，每个“芯子”负载数量级为 $\pi\xi^2 H_{c2}$ 的磁通，后者也应量子化为 Φ_0。因此

$$H_{c_2} \approx \Phi_0 / \pi\xi^2 \tag{31}$$

给出上临界场，比值 λ/ξ 愈大，H_{c2} 对 H_{c1} 的比值也就会愈大。

我们还要寻求这些临界场与热力学临界场 H_c 之间的关系。H_c 量度超导态的稳定能密度，从式（9）已知这密度是 $H_c^2/8\pi$。对于第Ⅱ类超导体，只能用量热法测量稳定能，以间接地确定 H_c。为了通过 H_c 估计 H_{c1}，应该考虑在绝对零度非纯极限 $\xi<\lambda$ 下涡旋态的稳定性。这时 $\kappa>1$，亦即相干长度比穿透深度短。

我们估计一下在涡旋态下涡旋线的正常芯子的稳定能。这芯子看作是负载着平均磁场 B_a 的正常金属圆柱体，半径的数量级是相干长度，即正常同超导相之间边界厚度。参照纯超导体的能量表达式，正常芯子（每单位长度）的能量可由稳定能与芯子面积的乘积给出，即

(CGS)
$$f_{core} \approx \frac{1}{8\pi} H_c^2 \times \pi\xi^2 \tag{32}$$

同时，由于外场 B_a 会穿透到芯子周围的超导材料内，从而导致磁能降低，则得

(CGS) $$f_{mag} \approx -\frac{1}{8\pi} B_a^2 \times \pi\lambda^2 \tag{33}$$

对于含有单个磁通量子的孤立涡旋线，可将这两项相加，得到

(CGS) $$f = f_{core} + f_{mag} \approx \frac{1}{8}(H_c^2\xi^2 - B_a^2\lambda^2) \tag{34}$$

当 $f<0$ 时，芯子就是稳定的。根据定义，稳定涡旋线之正常芯子的阈场是在 $f=0$ 时的场。用 H_{c1} 表示 B_a，则有

$$H_{c1}/H_c \approx \xi/\lambda \tag{35}$$

阈场把表面能为正的区域同表面能为负的区域分开。

可以合并式（30）和式（35）得到关于 H_c 的一个关系式：

$$\pi\xi\lambda H_c \approx \Phi_0 \tag{36}$$

还可以合并式（30）、式（31）和式（35）得到：

$$(H_{c1}H_{c2})^{1/2} \approx H_c \tag{37a}$$

和

$$H_{c2} \approx (\lambda/\xi) H_c = \kappa H_c \tag{37b}$$

10.2.11 单粒子隧道效应

考虑被绝缘体分隔开的两个金属，如图 20。绝缘体通常对于从一种金属流向另一种金属的传导电子起阻挡层的作用。如果阻挡层足够薄（小于 10 或 20Å），则一个撞击阻挡层的电子具有相当大的概率从一个金属渡越到另一个金属，这一现象称为隧道效应。在许多实验中，绝缘层只不过是在两个蒸发的金属膜中的某一个上面形成的薄氧化物层，如图 21 所示。

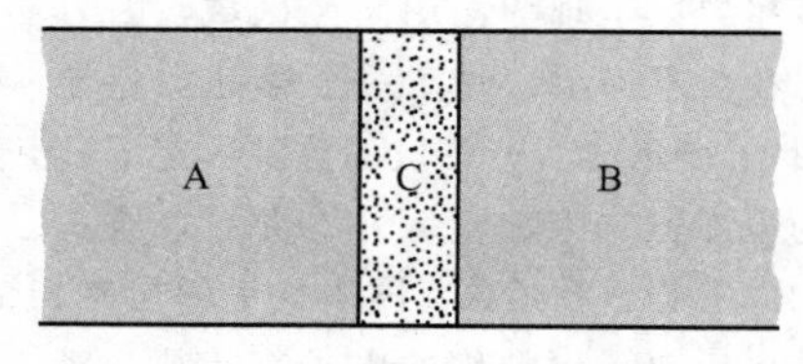

图 20 A 和 B 两种金属被绝缘体 C 的薄层分隔开。

当两个金属都是正常导体时，夹层结构（或隧道结）的电流-电压关系在低电压下是欧姆型的，电流正比于外电压。Giaever（1960 年）发现：如果金属中的一个变为超导的，电流-电压的特性曲线将由图 22（a）的直线变为图 22（b）所示的曲线。

在图 23（a）中将超导体与正常金属内的电子轨道密度做了对比。超导体内存在一个以费米能级为中心的能隙。绝对零度下，直到外电压达到 $V = E_g/2e = \Delta/e$ 时，没有电流流动。能隙 E_g 对应于破坏一个超导态的电子对而形成正常态的电子或一个电子和一个空穴的能量。当 eV=Δ，电流开始出现。在有限温度下，由于超导体内的电子被热激发跨过能隙，

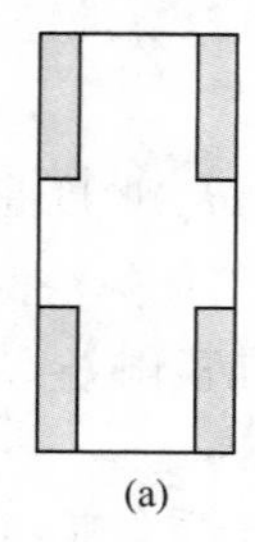

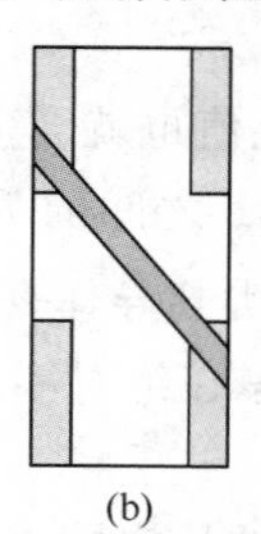

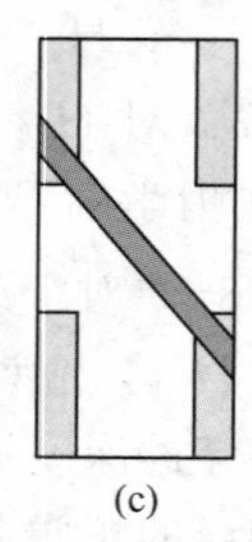

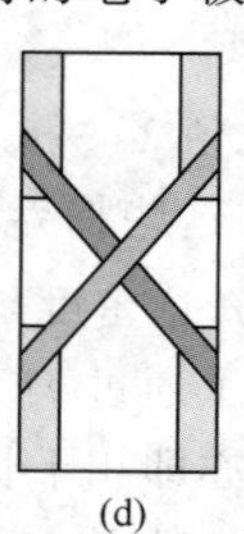

图 21 $Al/Al_2O_3/Sn$ 夹层结构的制备。（a）具有铟触点的玻璃片。（b）横跨触点沉积宽 1mm、厚 1000～3000Å 的铝带。（c）铝带氧化后形成厚 10～20Å 的 Al_2O_3 层。（d）横跨铝膜淀积 Sn 膜形成 $Al/Al_2O_3/Sn$ 夹层结构。外引线连接到铟的触点。其中两个触点用于电流测量，另两个用于电压测量。引自 Giaever and Megerle。

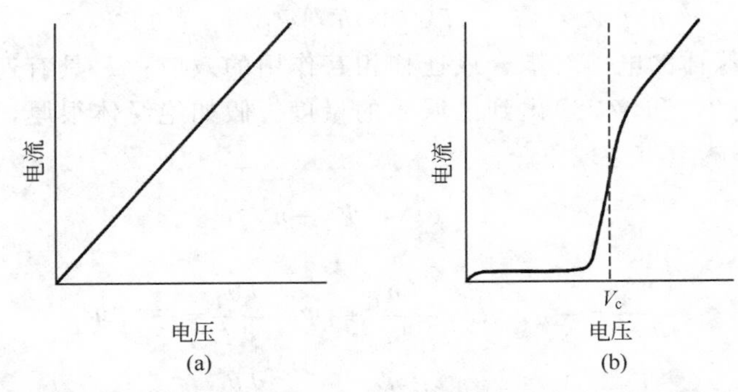

图22 (a) 被氧化层分隔开的正常金属结的电流-电压线性关系曲线。(b) 一种金属正常，另一种金属超导的电流-电压关系曲线。

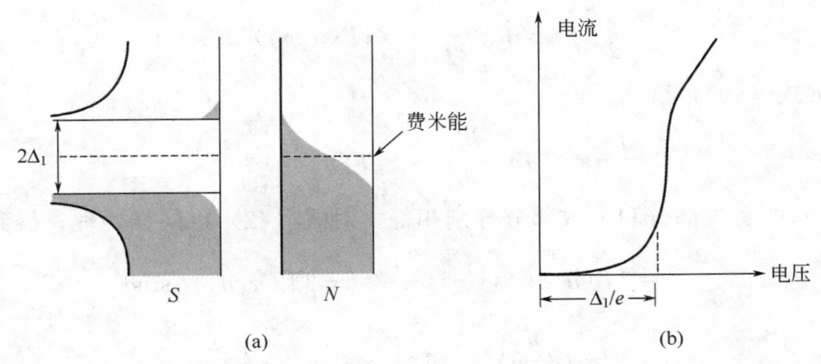

图23 隧道结的轨道密度和电流-电压特性。(a) 纵坐标表示能量，横坐标表示轨道密度。一个金属处于正常态，另一个处于超导态。(b) I 与 V 的关系，虚线表示 $T=0$ 时预期的转折。引自 Giaever and Megerle。

因此即使在低电压下也存在小的电流。

10.2.12 约瑟夫森超导体隧道贯穿现象

在适当条件下，可以观察到某些引人注目的效应，即超导电子对从一个超导体穿过一层绝缘体进入另一超导体的隧道贯穿现象。这样一种结称为弱连接。电子对隧道贯穿现象的效应包括：

直流约瑟夫森效应： 在不存在任何电场或磁场时，有直流电流通过结。

交流约瑟夫森效应： 在结的两端加直流电压，则导致结中产生射频电流振荡，这个效应曾应用于$\hbar/e$的精确测定；其次，如果与直流电压同时施加一射频电压，则能产生通过结的直流电流。

宏观长程量子干涉效应： 直流磁场加到包含两个结的超导电路，会使最高超导电流呈现随磁场强度改变的干涉效应。这种效应可应用于灵敏磁强计。

10.2.13 直流（DC）约瑟夫森效应

这里关于约瑟夫森结现象的讨论是关于磁通量子化讨论的继续。令 Ψ_1 表示在结的一边电子对的概率振幅，Ψ_2 表示另一边的概率振幅。为简单起见，假定这两个超导体全同，它们都处于零电势。

含时薛定谔方程可以写为

$$i\hbar\,\partial\Psi/\partial t=H\Psi$$

应用到两个概率振幅时，给出

$$i\hbar\,\partial\Psi_1/\partial t=\hbar T\Psi_2,\quad i\hbar\,\partial\Psi_2/\partial t=\hbar T\Psi_1 \tag{38}$$

这里$\hbar T$表示跨过绝缘体的电子对耦合或迁移相互作用的效应；T具有速率或频率的量纲，它是Ψ_1逸出到区域2，和Ψ_2逸出到区域1的量度。假如绝缘体很厚，T将为零，这时，将不会发生电子对的隧道贯穿现象。

令
$$\Psi_1=n_1^{1/2}\mathrm{e}^{i\theta_1},\quad \Psi_2=n_2^{1/2}\mathrm{e}^{i\theta_2}$$
于是
$$\frac{\partial\Psi_1}{\partial t}=\frac{1}{2}n_1^{-\frac{1}{2}}\mathrm{e}^{i\theta_1}\frac{\partial n_1}{\partial t}+i\Psi_1\frac{\partial\theta_1}{\partial t}=-iT\Psi_2 \tag{39}$$
$$\frac{\partial\Psi_2}{\partial t}=\frac{1}{2}n_2^{-\frac{1}{2}}\mathrm{e}^{i\theta_2}\frac{\partial n_2}{\partial t}+i\Psi_2\frac{\partial\theta_2}{\partial t}=-iT\Psi_1 \tag{40}$$
用$n_1^{1/2}e^{-i\theta_1}$乘式（39），令$\delta=\theta_2-\theta_1$，得到
$$\frac{1}{2}\frac{\partial n_1}{\partial t}+in_1\frac{\partial\theta_1}{\partial t}=-iT(n_1n_2)^{\frac{1}{2}}\mathrm{e}^{i\delta} \tag{41}$$
用$n_2^{1/2}e^{-i\theta_2}$乘式（40），得到
$$\frac{1}{2}\frac{\partial n_2}{\partial t}+in_2\frac{\partial\theta_2}{\partial t}=-iT(n_1n_2)^{\frac{1}{2}}\mathrm{e}^{-i\delta} \tag{42}$$
现在让式（41）的实数部分和虚数部分分别相等，对式（42）也同样处理，得到
$$\frac{\partial n_1}{\partial t}=2T(n_1n_2)^{\frac{1}{2}}\sin\delta,\quad\frac{\partial n_2}{\partial t}=-2T(n_1n_2)^{\frac{1}{2}}\sin\delta \tag{43}$$
$$\frac{\partial\theta_1}{\partial t}=-T\left(\frac{n_2}{n_1}\right)^{\frac{1}{2}}\cos\delta,\quad\frac{\partial\theta_2}{\partial t}=-T\left(\frac{n_1}{n_2}\right)^{\frac{1}{2}}\cos\delta \tag{44}$$

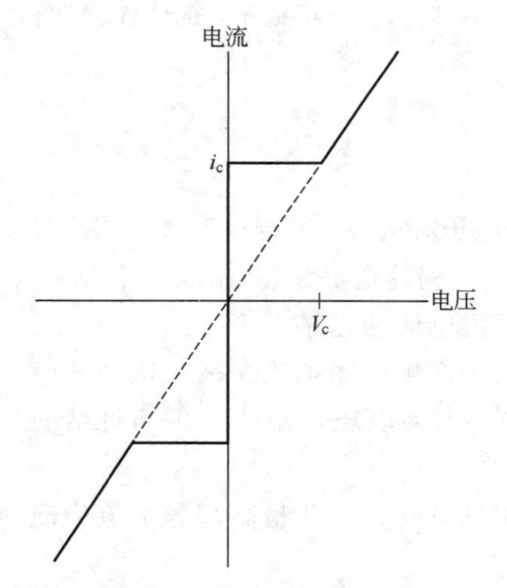

图 24 约瑟夫森结电流-电压特性。在外压为零时，有直流电流流动，可高达临界电流i_c；这就是直流约瑟夫森效应。电压高于V_c时，结具有有限的电阻，但电流有一频率为$\omega=2\mathrm{eV}/\hbar$的振荡分量，这就是交流约瑟夫森效应。

如果超导体1和2是全同的，则有$n_1\cong n_2$，从而由式（44）可得
$$\frac{\partial\theta_1}{\partial t}=\frac{\partial\theta_2}{\partial t},\quad\frac{\partial}{\partial t}(\theta_2-\theta_1)=0 \tag{45}$$
从式（43）可以看出
$$\frac{\partial n_2}{\partial t}=-\frac{\partial n_1}{\partial t} \tag{46}$$

从（1）流到（2）的电流正比于$\frac{\partial n_2}{\partial t}$，换一个说法，正比于$-\frac{\partial n_1}{\partial t}$。因此从式（43）得出结论，通过结的超导电子对电流J对相位差δ的依赖关系是
$$J=J_0\sin\delta=J_0\sin(\theta_2-\theta_1) \tag{47}$$
其中J_0正比于迁移相互作用T。电流J_0是能够通过结的最大零电压电流。外电压为零时，将有一个直流电流流过结（图24），这电流的值由位相差$\theta_2-\theta_1$的值决定，在J_0与$-J_0$之间。这就是直流约瑟夫森效应。

10.2.14 交流（AC）约瑟夫森效应

假定在结的两侧加上电压V，其所以能做到这一点是

因为结是绝缘体。电子对在穿过结时势能改变 qV，这里 $q=-2e$。可以认为电子对处于结的一方时势能为 $-eV$，而在另一方时势能为 eV。代替式（38）的运动方程是

$$i\hbar\,\partial\,\Psi_1/\partial\,t=\hbar T\Psi_2-eV\Psi_1 \tag{48}$$

$$i\hbar\,\partial\,\Psi_2/\partial\,t=\hbar T\Psi_1+eV\Psi_2$$

依照上面程序处理，可以得出代替式（41）的方程，它是

$$\frac{1}{2}\;\frac{\partial n_1}{\partial t}+in_1\;\frac{\partial\theta_1}{\partial t}=ieVn_1\hbar^{-1}-iT(n_1n_2)^{\frac{1}{2}}e^{i\delta} \tag{49}$$

将这个方程分成实数部分和虚实数部分,其实数部分是：

$$\frac{\partial n_1}{\partial t}=2T(n_1n_2)^{\frac{1}{2}}\sin\delta \tag{50}$$

它同没有电压 V 的情形完全一样；虚数部分是：

$$\frac{\partial\theta_1}{\partial t}=(eV/\hbar)-T(n_2/n_1)^{\frac{1}{2}}\cos\delta \tag{51}$$

它与式（44）相差一项 $eV/\hbar$。

其次，将式（42）式加以推广，则有

$$\frac{1}{2}\frac{\partial n_2}{\partial t}+in_2\;\frac{\partial\theta_2}{\partial t}=-ieVn_2\hbar^{-1}-iT(n_1n_2)^{\frac{1}{2}}e^{-i\delta} \tag{52}$$

由此得到

$$\frac{\partial n_2}{\partial t}=-2T(n_1n_2)^{\frac{1}{2}}\sin\delta \tag{53}$$

$$\frac{\partial\theta_2}{\partial t}=-(eV/\hbar)-T(n_1/n_2)^{\frac{1}{2}}\cos\delta \tag{54}$$

根据式（51）和式（54）以及 $n_1\cong n_2$，得到

$$\partial(\theta_2-\theta_1)/\partial t=\partial\delta/\partial t=-2eV/\hbar \tag{55}$$

将式（55）积分，可以看到当在结两边施加直流电压时，概率振幅相对相位依照下式变化：

$$\delta(t)=\delta(0)-(2eVt/\hbar) \tag{56}$$

现在超导电流由式（47）给出，其相位由式（56）表示：

$$J=J_0\sin[\delta(0)-(2eVt/\hbar)] \tag{57}$$

电流发生振荡，其频率是

$$\omega=2eV/\hbar \tag{58}$$

这就是交流约瑟夫森效应。$1\mu V$ 的直流电压产生的振荡频率为 863.6MHz。关系式（58）说明当电子对穿过势垒时，会发射或吸收能量为$\hbar\omega=2eV$ 的光子。借助于测量电压和频率，可以获得非常精确的 $e/\hbar$ 值。

10.2.15　宏观量子相干性

从式（24）和式（26）可知，环绕包含总磁通 Φ 的闭合回路给出相位差$\theta_2-\theta_1$ 为

$$\theta_2-\theta_1=(2e/\hbar c)\Phi \tag{59}$$

磁通是由外磁场产生的与电路中电流本身所产生的磁通的总和。

我们考虑两个并联的约瑟夫森结，如图 25 所示。不加电压。假定取穿过结 a 的路径，点 1 和点 2 间的相位差是 δ_a。当取穿过结 b 的路径，相位差是 δ_b。在磁场为零时，两个相位必须相等。

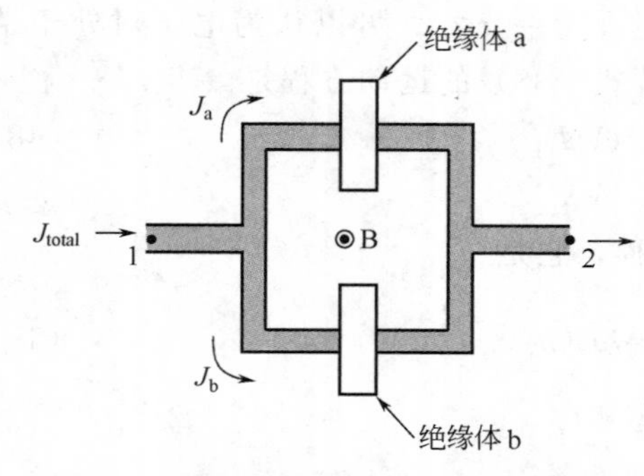

图 25 宏观量子干涉实验原理示意图。磁通 Φ 穿过回路的内部。

现在令磁通 Φ 穿过回路内部。这可以通过垂直于纸面置于回路里面的直螺线管来实现。根据式(59)，可得

$$\delta_b-\delta_a=(2e/\hbar c)\Phi$$

或
$$\delta_b=\delta_0+\frac{e}{\hbar c}\Phi;\delta_a=\delta_0-\frac{e}{\hbar c}\Phi \tag{60}$$

总电流是 J_a 和 J_b 的和。通过每个结的电流具有式（47）的形式，因此

$$J_{\text{Total}}=J_0\left\{\sin\left(\delta_0+\frac{e}{\hbar c}\Phi\right)+\sin\left(\delta_0-\frac{e}{\hbar c}\Phi\right)\right\}$$
$$=2(J_0\sin\delta_0)\cos\frac{e}{\hbar c}\Phi$$

电流随 Φ 变化。当

$$e\Phi/\hbar c=s\pi, s=\text{整数} \tag{61}$$

时，电流的数值最大。

图 26 示出电流的周期性。短周期变化是由式（61）预示的两个结的干涉效应；较长周期的变化是由于每个结具有有限尺寸而产生的衍射效应，有限尺寸使 Φ 依赖于进行积分时的具体路径（参见习题 8）。

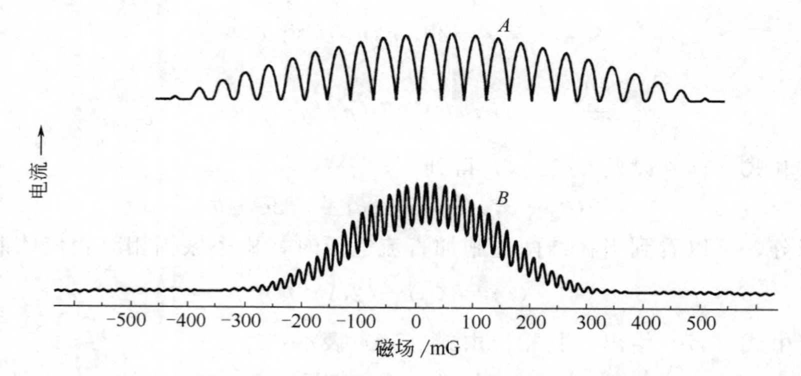

图 26 J_{max} 与磁场关系的实验曲线，图中 A 和 B 分别表示双结并联型结构绘出的干涉和衍射效应。A 和 B 的场周期分别是 39.5mG 和 16mG。最大电流近似是 1mA（A）和 0.5mA（B）。两个结的结间距为 3mm，结的宽度为 0.5mm。A 图中的零点偏移是由于背景磁场产生的。引自 R. C. Jaklevic，J. Lambe，J. E. Mercereau and A. H. Silver。

10.3 高温超导体

高 T_c 或高温超导体（HTS）是指材料（主要为铜氧化物）的超导电性具有高的转变温度、高的临界电流和高的临界磁场。这就是目前备受人们关注的所谓“三高”超导电性。在 1988 年，由金属间化合物长期保持的超导转变温度 $T_c=23\text{K}$ 的纪录被块体超导氧化物所打破，将 T_c 提高到 125K。这些高温超导体通过了针对超导电性的一系列标准测试，诸如迈斯纳效应、交流约瑟夫森效应、长时间的持续电流以及零直流电阻率的显著性。在高温超导发展历程中，其标志性进展包括：

$BaPb_{0.75}Bi_{0.25}O_3$	$T_c=12K$	[BPBO]
$La_{1.85}Ba_{0.15}CuO_4$	$T_c=36K$	[LBCO]
$YBa_2Cu_3O_7$	$T_c=90K$	[YBCO]
$Tl_2Ba_2Ca_2Cu_3O_{10}$	$T_c=120K$	[TBCO]
$Hg_{0.8}Tl_{0.2}Ba_2Ca_2Cu_3O_{8.33}$	$T_c=138K$	

小 结（CGS）

- 超导体显示无限大的电导率。
- 处于超导态的金属块体样品显示完全抗磁性，磁感应强度 $\boldsymbol{B}=0$。这就是迈斯纳效应。外磁场穿透到块体样品表面内的距离由穿透深度 λ 决定。
- 有两种类型的超导体，即第Ⅰ类超导体和第Ⅱ类超导体。对于第Ⅰ类超导体的块体样品，施加超过临界值 H_c 的外磁场，超导态就被破坏，恢复到正常态。第Ⅱ类超导体有两个临界场，$H_{c1}<H_c<H_{c2}$；H_{c1} 和 H_{c2} 之间的范围内存在一种涡旋态。在第Ⅰ和第Ⅱ两类超导体中，纯超导态的稳定能密度都是 $H_c^2/8\pi$。
- 在超导态下，能隙 $E_g\approx 4k_BT_c$ 将低于能隙的超导电子与高于能隙的正常电子分隔开。借助于比热容、红外吸收和隧道效应的实验可检测到能隙。
- 在超导电性理论中有三个重要的长度：伦敦穿透深度 λ_L、内禀相干长度 ξ_0 以及正常电子平均自由程 l。
- 由伦敦方程

$$\boldsymbol{j}=-\frac{c}{4\pi\lambda_L^2}\boldsymbol{A} \text{ 或 } \nabla\times\boldsymbol{j}=-\frac{c}{4\pi\lambda_L^2}\boldsymbol{B}$$

通过穿透方程 $\nabla^2B=B/\lambda_L^2$，可以导出迈斯纳效应，其中 $\lambda_L\approx(mc^2/4\pi ne^2)^{\frac{1}{2}}$ 是伦敦穿透深度。
- 伦敦方程中的 $\boldsymbol{A}$ 和 $\boldsymbol{B}$ 应该是对相干长度 ξ 范围内的加权平均值，内禀相干长度 $\xi_0=2\hbar v_F/\pi E_g$。
- BCS理论解释了由 $\boldsymbol{k}\uparrow$ 和 $-\boldsymbol{k}\downarrow$ 的电子对构成的超导态。这些电子对是玻色子。
- 对于第Ⅱ类超导体 $\xi<\lambda$。临界场通过表达式 $H_{c1}\approx(\xi/\lambda)\ H_c$ 及 $H_{c2}\approx(\lambda/\xi)\ H_c$ 相联系。金兹堡-朗道参数 κ 定义为 λ/ξ。

习 题

1. 超导环的电阻率。现有一个由半径为 γ 的超导线围成的半径为 Γ 的超导环，环上通有电流 I_0。若有一电流检测计，其灵敏度为 10^{-7}，在两年时间内，并未检测到该超导环上的电流 I_0 有任何变化。假设 $\Gamma=5cm$，$\gamma=1mm$，$I_0=100A$。试讨论所用超导材料的电阻率 ρ。

2. 平板内磁场的穿透现象。穿透方程可以写成 $\lambda^2\nabla^2B=B$，其中 λ 是穿透深度。(a) 证明垂直于 x 轴，厚度为 δ 的超导平板内部的 $B(x)$ 是

$$B(x)=B_a\frac{\cosh(x/\lambda)}{\cosh(\delta/2\lambda)}$$

其中 B_a 是平板外部并与之相平行的场，这里 $x=0$ 取在平板的中心。(b) 平板内的有效磁化强度 $M(x)$ 由 $B(x)-B_a=4\pi M(x)$ 定义。证明，用CGS制，对 $\delta\ll\lambda$，$4\pi M(x)=-B_a(1/8\lambda^2)(\delta^2-4x^2)$，用SI制应以 μ_0 代替式中的 4π。

3. 薄膜的临界场。(a) 利用习题 2 (b) 的结果，证明在 $T=0\mathrm{K}$，外磁场为 B_a 时，厚度为 δ 的超导薄膜内的能量密度，对于 $\delta \ll \lambda$，是

$$(\mathrm{CGS}) \quad F_S(x, B_a)=U_S(0)+(\delta^2-4x^2)B_a^2/64\pi\lambda^2$$

用 SI 制应以 $(1/4)\mu_0$ 代换式中的因子 π。忽略动能的贡献。(b) 证明磁场对 F_S 的贡献在膜厚度范围内平均值是 $B_a^2\ (\delta/\lambda)^2/96\pi$。(c) 证明如果只考虑磁场对 U_S 的贡献，则薄膜的临界场正比于 $(\lambda/\delta)H_c$，其中 H_c 是块体样品的临界场。

4. 超导体的二流体模型。按超导体的二流体模型，我们假设温度 $0<T<T_c$ 时的电流密度可以写成正常电子和超导电子的贡献之和：$\boldsymbol{j}=\boldsymbol{j}_N+\boldsymbol{j}_S$，其中 $\boldsymbol{j}_N=\sigma_0\boldsymbol{E}$，$\boldsymbol{j}_S$ 由伦敦方程给出。这里 σ_0 是通常的正常电导率，它由于在温度 T 下与正常态相比较正常电子的数目有所减少而降低。忽略惯性对 j_N 和 j_S 的影响。(a) 根据麦克斯韦方程证明：联系超导体内电磁波波矢 $\boldsymbol{k}$ 和频率 ω 的色散关系是

$$(\mathrm{CGS}) \quad k^2c^2=4\pi\sigma_0\omega i-c^2\lambda_L^{-2}+\omega^2$$

或

$$(\mathrm{SI}) \quad k^2c^2=(\sigma_0/\epsilon_0)\omega i-c^2\lambda_L^{-2}+\omega^2$$

其中 λ_L^2 由 (14a) 给定，用 n_S 代替 n。记住：$\nabla\times\nabla\times\boldsymbol{B}=-\nabla^2\boldsymbol{B}$。(b) 如果 τ 是正常电子的弛豫时间，n_N 是它们的浓度，利用表示式 $\sigma_0=n_N e^2\tau/m$ 证明：在频率 $\omega\ll 1/\tau$ 时色散关系与正常电子的关联不大，因此可单独用伦敦方程描述电子的运动。超导电流短路了正常电子。伦敦方程本身仅在 $\hbar\omega$ 比能隙小的情况下才成立。有意义的频率是 $\omega\ll\omega_p$，这里 ω_p 是等离体频率。

5. 第二类超导体螺线管。现有一个由第二类超导体做成的超导螺线管。该第二类超导体的临界温度 $T_c=15.0\mathrm{K}$，且 $T=0\mathrm{K}$ 时，下(上)临界磁场为 $B_{c1}=30\mathrm{T}$。如果螺线管半径为 5.0cm，长为 1.0m，单位厘米绕线 100 匝，所用超导线半径为 1mm。试问：该螺线管需要通多大电流，才能在其中心处产生 3.0T 的磁场？若在 10K 下保持超导态，则该螺线管能够承受的最大电流是多少？

❶**6. 涡旋的结构。**(a) 求出伦敦方程具有圆柱对称性并能应用到涡旋线芯子之外的解。在圆柱极坐标中要对方程

$$B-\lambda^2\ \nabla^2 B=0$$

求出奇异点在原点、总磁通是磁通量子

$$2\pi\int_0^\infty \mathrm{d}\rho\ \rho B(\rho)=\Phi_0$$

这样一个解。事实上方程仅在半径为 ξ 的正常芯子外面是适用的。(b) 证明解的极限形式是

$$B(\rho)\simeq(\Phi_0/2\pi\lambda^2)\ln(\lambda/\rho),(\xi\ll\rho\ll\lambda)$$

$$B(\rho)\simeq(\Phi_0/2\pi\lambda^2)(\pi\lambda/2\rho)^{\frac{1}{2}}\exp(-\rho/\lambda),(\rho\gg\lambda)$$

7. 伦敦穿透深度。(a) 取伦敦方程式 (10) 的时间导数，证明 $\partial\boldsymbol{j}/\partial t=(c^2/4\pi\lambda_L^2)\ \boldsymbol{E}$。(b) 假若 $m\mathrm{d}\boldsymbol{v}/\mathrm{d}t=q\boldsymbol{E}$，如同电荷为 q、质量为 m 的自由载流子的情形，证明 $\lambda_L^2=mc^2/4\pi nq^2$。

8. 约瑟夫森结的衍射效应。考虑一长方形截面的结，外加磁场 $\boldsymbol{B}$ 与结面平行并垂直于宽度为 w 的结边。令结的厚度是 T。为方便起见，假设 $\boldsymbol{B}=0$ 时两超导体的相位差是 $\frac{\pi}{2}$。证明存在磁场的情况下，直流电流是

$$J=J_0\frac{\sin(wTBe/\hbar c)}{(wTBe/\hbar c)}$$

9. 球体内的迈斯纳效应。考虑具有临界磁场为 H_c 的第Ⅰ类超导体。(a) 证明在迈斯纳状态中，球内的有效磁化强度是 $-8\pi M/3=B_a$，B_a 是均匀的外磁场；(b) 证明球表面赤道面内的磁场是 $3B_a/2$ (由此给出开始破坏迈斯纳效应的外场是 $2H_c/3$)。注意：均匀磁化的球的退磁场是 $-4\pi M/3$。

参考文献

An excellent superconductor review is the website superconductors. org.

❶ 此题较难。

第 11 章　抗磁性与顺磁性[1]

磁性与量子力学是不可分开的，因为处于热平衡的严格的经典系统，即使在磁场中也不会显出磁性。自由原子的磁矩有三个主要的来源：一是电子所固有的自旋；二是电子绕核旋转的轨道角动量；三是外加磁场感生的轨道矩改变。

前两个效应对磁化产生顺磁性贡献，第三个给出抗磁性贡献。处于基态 1s 的氢原子，轨

---

[1] 在本章处理的问题中，磁场 B 总是很接近于外加磁场 B_a，所以在大部分情况下都将 B_a 写作 B。

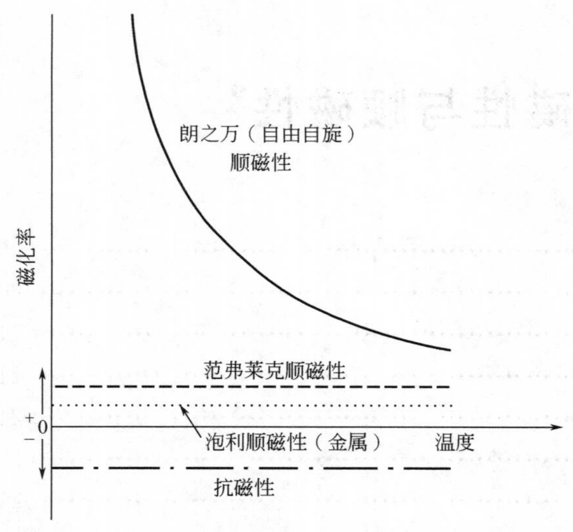

图 1 抗磁性物质和顺磁性物质的特征磁化率。

道矩为零，它的磁矩是电子自旋磁矩加上一个不大的感生抗磁矩。处于 $1s^2$ 态的氦，自旋矩和轨道矩均为零，只有感生磁矩。对于电子壳层已经填满的原子，其自旋矩和轨道矩都等于零。自旋矩和轨道矩是与未填满的壳层相联系的。

磁化强度 M 定义为单位体积所具有的磁矩。单位体积的磁化率定义为

$$\text{(CGS)} \quad \chi=\frac{M}{B}, \quad \text{(SI)} \quad \chi=\frac{\mu_0 M}{B} \tag{1}$$

其中 B 是宏观磁场强度。在两种单位制中，χ 都是无量纲量。有时为了简便起见，将不说明单位制，就讲磁化率为 M/B。

磁化率也常常按单位质量，或按每摩尔物质定义。摩尔磁化率写作 χ_M。每克物质的磁矩有时记为 σ。磁化率为负的物质称为抗磁性的，磁化率为正的物质称为顺磁性的，如图 1 所示。

磁矩的有序阵列将在本书第 12 章中讨论。这类阵列可以是铁磁性的，亚铁磁性的，反铁磁性的，螺旋型的，或其他更复杂的形式。原子核的磁矩引致核顺磁性。核磁矩约比电子磁矩小三个数量级。

11.1 朗之万抗磁性方程

电荷具有屏蔽物体内部使之与外加磁场部分地隔离的倾向，抗磁性就是与此相联系的。电磁学里我们熟知的楞次定律，即：当穿过电路的磁通改变时，在电路中会产生一个感应（抗磁性的）电流，它的方向应该使其效果与磁通变化相对抗。

在超导体中，或是在原子里的电子轨道中，只要外加磁场存在，感应电流就会永久持续下去。感应电流的磁场与外加磁场方向相反，与这个电流相联系的磁矩是抗磁性磁矩。甚至在正常金属中，传导电子也有抗磁性贡献，并且这个抗磁性不会由于电子碰撞而被破坏。

讨论原子和离子的抗磁性，一般引用拉莫尔定律（Lamor theorem）：在磁场中电子绕中心核的运动（取至 B 的一级近似）和没有磁场时可能的运动一样，只不过是叠加了一个电子进动，进动的角频率是

$$\text{(CGS)} \quad \omega=eB/2mc\text{；} \qquad \text{(SI)} \quad \omega=eB/2m \tag{2}$$

如果外加场是很缓慢地施加于电子，则在旋转坐标系里的电子运动同施加外场以前在静止坐标系里原来的运动相同。

如果绕核的平均电流起初为零，施加磁场会产生一个不为零的绕核电子流。这个电流等效于一个方向与外加场相反的磁矩。这里假定式（2）中的拉莫尔频率远小于电子原来在中心场中运动的频率。在自由载流子回旋共振中，这个条件并不被满足，回旋频率是拉莫尔频率的两倍。

Z 个电子的拉莫尔进动等效于一个电流，即

$$\text{(SI)} \quad I=(\text{电荷})\times(\text{单位时间的转数})$$

$$=(-Ze)\left(\frac{1}{2\pi}\cdot\frac{eB}{2m}\right) \tag{3}$$

一个电流环的磁矩 μ 等于电流与环面积的乘积。半径为 ρ 的环，其面积是 $\pi\rho^2$，因此

(SI)
$$\mu=-\frac{Ze^2B}{4m}\langle\rho^2\rangle$$

(CGS)
$$\mu=-\frac{Ze^2B}{4mc^2}\langle\rho^2\rangle \tag{4}$$

这里$\langle\rho^2\rangle=\langle x^2\rangle+\langle y^2\rangle$，是电子与穿过核的磁场轴之间垂直距离的均方值。电子与核间距离的均方值是$\langle r^2\rangle=\langle x^2\rangle+\langle y^2\rangle+\langle z^2\rangle$。对于球对称的电荷分布有$\langle x^2\rangle=\langle y^2\rangle=\langle z^2\rangle$，所以$\langle r^2\rangle=\frac{3}{2}\langle\rho^2\rangle$。若单位体积中的原子数为 N，根据式(4)，则单位体积的抗磁磁化率就是

(CGS)
$$\chi=\frac{N\mu}{B}=-\frac{NZe^2}{6mc^2}\langle r^2\rangle$$

(SI)
$$\chi=\frac{\mu_0N\mu}{B}=-\frac{\mu_0NZe^2}{6m}\langle r^2\rangle \tag{5}$$

此式是经典的朗之万结果。

由此可见，计算一个孤立原子的抗磁磁化率的问题，将简化为计算原子中电子分布的$\langle r^2\rangle$。借助量子力学可以计算这一电子分布。

中性原子的实验值，对于惰性气体最易得到，典型的摩尔磁化率实验值列举如下：

	He	Ne	Ar	Kr	Xe
χ_M（CGS，$10^{-6}cm^3/mole$）	−1.9	−7.2	−19.4	−28.0	−43.0

在介电体中，朗之万结果粗略地表述了离子实对抗磁性的贡献。传导电子的贡献更复杂一些，这可以从第 9 章中讨论的德哈斯-范阿尔芬效应看出。

11.2　单核体系抗磁性的量子理论

我们现在讨论朗之万经典结果的量子论处理。由附录 G 中的式（18）可知，若考虑到磁场的作用，则哈密顿算符附加项的表达式可以写为

$$\mathscr{H}=\frac{ie\hbar}{2mc}(\nabla\cdot\mathbf{A}+\mathbf{A}\cdot\nabla)+\frac{e^2}{2mc^2}A^2 \tag{6}$$

对于一个原子中的电子，这些项通常可以作为小的微扰处理。如果磁场沿 z 轴方向，并且是均匀的，则有

$$A_x=-\frac{1}{2}yB，\ A_y=\frac{1}{2}xB，\ A_z=0 \tag{7}$$

由此，式（6）即变为

$$\mathscr{H}=\frac{ie\hbar B}{2mc}\left(x\frac{\partial}{\partial y}-y\frac{\partial}{\partial x}\right)+\frac{e^2B^2}{8mc^2}(x^2+y^2) \tag{8}$$

如果 $\boldsymbol{r}$ 自原子核开始量度，则上式右边第一项正比于轨道角动量分量 L_z。对于单核体系，这一项仅给出顺磁性。对于一个球对称体系，由一级微扰论可知，式（8）右边第二项给出的贡献为

$$E'=\frac{e^2B^2}{12mc^2}\langle r^2\rangle \tag{9}$$

其相应的磁矩是抗磁性的，亦即

$$\mu=-\frac{\partial E'}{\partial B}=-\frac{e^2\langle r^2\rangle}{6mc^2}B \tag{10}$$

这与式（5）给出的经典结果是一致的。

11.3 顺磁性

电子顺磁性（对于 χ 的正的贡献）出现于下列情形之中：

（1）具有奇数个电子的原子、分子和晶格缺陷；因为在这种情况下，系统的总自旋不可能为零。例如：自由钠原子；气态一氧化氮（NO）；有机自由基，如三苯甲基 $C(C_6H_5)_3$；卤化碱晶体中的 F 中心。

（2）内壳层没有被填满的自由原子和离子：过渡族元素；电子结构与过渡族元素相同的离子；稀土元素和锕系元素。例如 Mn^{2+}、Gd^{3+}、U^{4+}。这些离子存在于固体中时，有许多表现出顺磁性，但并非所有的都是这样。

（3）少数含有偶数个电子的化合物，包括分子氧和有机双基团。

（4）金属。

11.4 顺磁性的量子理论

在自由空间里，原子或离子的磁矩是

$$\boldsymbol{\mu}=\gamma\hbar\boldsymbol{J}=-g\mu_B\boldsymbol{J} \tag{11}$$

式中，总角动量 $\hbar\boldsymbol{J}$ 是轨道角动量 $\hbar\boldsymbol{L}$ 和自旋角动量 $\hbar\boldsymbol{S}$ 之和。常数 γ 是磁矩对角动量之比，称为旋磁比（或磁旋比）。对于电子系统，由公式

$$g\mu_B=-\gamma\hbar \tag{12}$$

定义一个量 g，称为 g 因子或光谱劈裂因子。对于电子自旋，$g=2.0023$，一般就取作 2.00。对于自由原子，g 因子由朗德方程（Landé equation）给出，即

$$g=1+\frac{J(J+1)+S(S+1)-L(L+1)}{2J(J+1)} \tag{13}$$

同时，玻尔磁子（Bohr magneton）μ_B 在 CGS 制中定义为 $e\hbar/2mc$、在 SI 制中为 $e\hbar/2m$；它与自由电子的自旋磁矩接近相等。

在磁场中，系统的能级是

$$U=-\boldsymbol{\mu}\cdot\boldsymbol{B}=m_J g\mu_B B \tag{14}$$

式中，m_J 是角量子数，取值为 J，$J-1$，…，$-J$。对于没有轨道矩的单个自旋，$m_J=\pm\frac{1}{2}$，$g=2$，因此劈裂是 $U=\pm\mu_B B$，如图 2 所示。

若系统只有两个能级，则平衡时这两个能级的相对布居分数是

$$\frac{N_1}{N}=\frac{\exp(\mu_B/\tau)}{\exp(\mu_B/\tau)+\exp(-\mu_B/\tau)} \tag{15}$$

$$\frac{N_2}{N}=\frac{\exp(-\mu_B/\tau)}{\exp(\mu_B/\tau)+\exp(-\mu_B/\tau)} \tag{16}$$

式中，N_1、N_2 分别是低能态和高能态布居的原子数，$N=N_1+N_2$ 是原子的总数，$\tau=k_BT$。两能级系统的相对布居分数绘于图 3 之中。

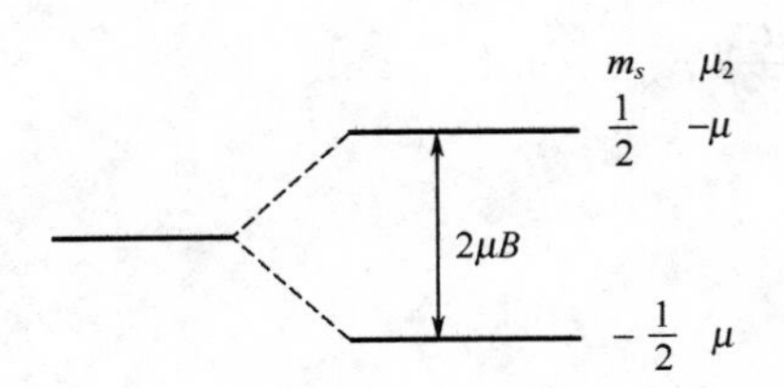

图 2 单个电子在沿 $+z$ 取向的磁场 B 中的能级劈裂。对于电子，磁矩 μ 与自旋 S 符号相反，因此 $\mu=-g\mu_B S$。在低能态里磁矩平行于磁场。

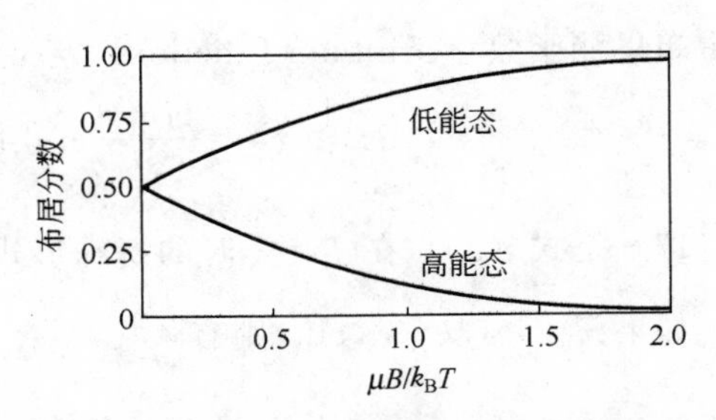

图 3 温度为 T 的热平衡态二能级系统在磁场 B 作用下的相对布居分数曲线。磁矩正比于两条曲线之差。

高能态的磁矩沿磁场方向的投影为$-\mu$，低能态的投影为 μ。于是，单位体积内的 N 个原子所给出的总磁化强度为

$$M=(N_1-N_2)\mu=N\mu\cdot\frac{e^x-e^{-x}}{e^x+e^{-x}}=N\mu\tanh x \tag{17}$$

其中 $x=\mu B/k_B T$。如果 $x\ll 1$，则 $\tanh x\cong x$，于是得到

$$M\cong N\mu(\mu B/k_B T) \tag{18}$$

在磁场中角动量量子数为 J 的原子具有 $2J+1$ 个等间距的能级。磁化强度（见图 4）的公式是

$$M=NgJ\mu_B B_J(x),(x=gJ\mu_B B/k_B T) \tag{19}$$

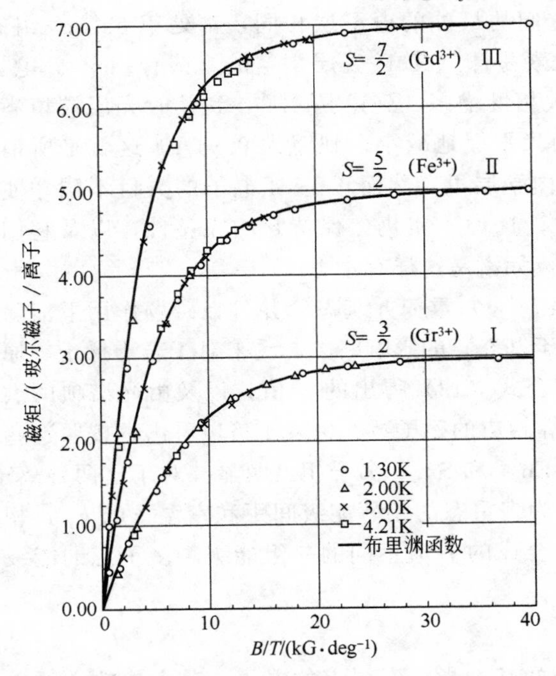

图 4 球形样品的磁矩对 B/T 的关系曲线图。（Ⅰ）钾铬矾，（Ⅱ）铁铵矾，（Ⅲ）八水合硫酸钆。在 1.3K 和约 50000G（5T）之下，磁化饱和的程度已经超过 99.5%。引自 W. E. Henry。

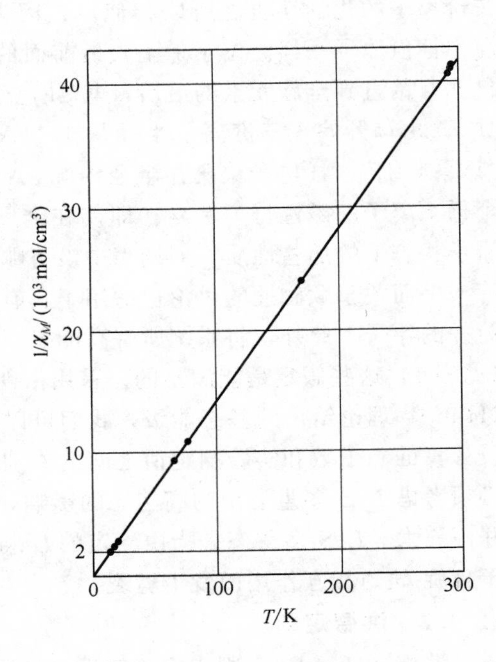

图 5 钆盐 $Gd(C_2H_3SO_4)_3\cdot 9H_2O$ 的 $1/\chi\sim T$ 函数关系图。直线是居里定律，引自 L. C. Jackson and H. Kamerlingh Onnes。

其中布里渊函数（Brillouin function）定义为

$$B_J(x)=\frac{2J+1}{2J}\operatorname{ctnh}\left(\frac{(2J+1)x}{2J}\right)-\frac{1}{2J}\operatorname{ctnh}\left(\frac{x}{2J}\right) \tag{20}$$

式（17）是式（20）在 $J=\frac{1}{2}$时的特殊形式。

如果 $x=\mu B/k_B T \ll 1$，则有

$$\operatorname{ctnh}x=\frac{1}{x}+\frac{x}{3}-\frac{x^3}{45}+\cdots \tag{21}$$

因此磁化率为

$$\frac{M}{B}\cong\frac{NJ(J+1)g^2\mu_B^2}{3k_B T}=\frac{Np^2\mu_B^2}{3k_B T}=\frac{C}{T} \tag{22}$$

这里的 p 是有效玻尔磁子数，定义为

$$p\cong g[J(J+1)]^{\frac{1}{2}} \tag{23}$$

常数 C 称为居里常数（Curie constant）。上述式（19）称为居里-布里渊定律（Curie-Brillouin law）；式（22）所表示的形式称为居里定律（Curie law）。包含在一种钆盐里的顺磁离子的结果如图 5 所示。

11.4.1 稀土离子

稀土族元素离子的化学性质彼此很相似。这些元素被发现以后很久，人们才完成纯度比较满意的化学分离。它们的磁学性质引人入胜：既表现出系统的变化，又有分明的多样性。三价离子的化学性质之所以相似，是因为它们的最外的电子层相同，都处于 $5s^2 5p^6$ 组态，与中性氙原子一样。位于稀土族最前面的元素是镧，其 4f 壳层是空的。铈有一个 4f 电子，自此开始直到全族元素的最后，其 4f 电子数相继增多，到镱是 $4f^{13}$，到镥时壳层被填满为 $4f^{14}$。由铈开始，三价离子半径从 1.11Å 相当平缓地减小，到镱为 0.94Å。这就是所谓的“镧系收缩”。4f 电子聚集在半径约 0.3Å 的内壳层里，然而正是 4f 电子的数目不同才使各个稀土离子的磁性行为迥异。即使在金属中，4f 原子实仍然保持它的完整性，以及它们在原子状态下的那些性质：周期表中没有哪一族元素是这样有意思。

上面关于顺磁性的讨论也适用于具有（$2J+1$）重简并基态，并且在磁场作用下消除了简并的原子。此外，将系统所有高能态（高于基态）的影响略去。看来对于若干稀土族原子（见表 1）这些假定是能满足的。采用由朗德公式（13）得出的 g 值，以及由光谱项的洪德（Hund）理论给出的基态能级，我们可以计算相应的磁子数。由表 1 可以看出，按照这些假设计算的磁子数和实验测定值之间的差别对 Eu^{3+} 和 Sm^{3+} 离子相当明显。对于这两种离子，必须考虑 L-S 多重态中的高能态的影响，因为多重态的相邻能级间距和室温下的 $k_B T$ 相比并不算大。L-S 多重态是指由给定的 L 和 S 合成的 J 值不同的一组能级。多重态的能级由于自旋-轨道相互作用而发生劈裂。

11.4.2 洪德定则

洪德（Hund）定则指出，对于处在原子的某个指定壳层上的电子，其占据轨道的方式使基态具有下列特征：

（1）总自旋 S 取不相容原理所允许的最大值；

（2）轨道角动量 L 取与这个 S 值不相矛盾的最大值；

（3）壳层不够半满时，总角动量 J 的值等于 $|L-S|$，超过半满时，等于 $L+S$；壳层

表 1　三价镧系离子的有效磁子数 p（接近室温）

离　子	组　态	基　态	p(计算)$=g[J(J+1)]^{\frac{1}{2}}$	p(实验)近似结果
Ce^{3+}	$4f^1 5s^2 p^6$	$^2F_{5/2}$	2.54	2.4
Pr^{3+}	$4f^2 5s^2 p^6$	$^3H_4$	3.58	3.5
Nd^{3+}	$4f^3 5s^2 p^6$	$^4I_{9/2}$	3.62	3.5
Pm^{3+}	$4f^4 5s^2 p^6$	$^5I_4$	2.68	—
Sm^{3+}	$4f^5 5s^2 p^6$	$^6H_{5/2}$	0.84	1.5
Eu^{3+}	$4f^6 5s^2 p^6$	$^7F_0$	0	3.4
Gd^{3+}	$4f^7 5s^2 p^6$	$^8S_{7/2}$	7.94	8.0
Tb^{3+}	$4f^8 5s^2 p^6$	$^7F_6$	9.72	9.5
Dy^{3+}	$4f^9 5s^2 p^6$	$^6H_{15/2}$	10.63	10.6
Ho^{3+}	$4f^{10} 5s^2 p^6$	$^5I_8$	10.60	10.4
Er^{3+}	$4f^{11} 5s^2 p^6$	$^4I_{15/2}$	9.59	9.5
Tm^{3+}	$4f^{12} 5s^2 p^6$	$^3H_6$	7.57	7.3
Yb^{3+}	$4f^{13} 5s^2 p^6$	$^2F_{7/2}$	4.54	4.5

正好半满时，应用第一条定则得到 $L=0$，于是 $J=S$。

第一条洪德定则起源于不相容原理和电子间的库仑排斥作用。不相容原理不允许自旋相同的两个电子同时处于相同位置。因此，自旋相同的电子被分离开，分开的距离远于自旋相反的电子。由于库仑相互作用，自旋相同的电子能量较低，虽然两个电子在其自旋平行或反平行时的库仑势符号都是正的，但比较而言，自旋平行的两个电子将给出更小的正平均势能。Mn^{2+} 离子是一个好例子，在这个离子的 3d 壳层中有 5 个电子，因此它是半满的，如果每个电子占据一个不同的轨道，则自旋全都可以相互平行。可被占据的正好有 5 个不同的轨道，以轨道量子数 $m_L=2$、1、0、-1、-2 标志。诚然，我们知道，这里的每个轨道被一个电子所占据，预期 $S=\frac{5}{2}$，同时因为 $\sum m_L=0$，所以 L 唯一可取的值为零，与观测结果相符。

对于第二条洪德定则，若能根据模型计算去思考与理解，那是极好的。例如，Pauling 和 Wilson[1] 计算了 p^2 组态所产生的光谱项。第三条洪德定则是自旋-轨道相互作用的符号所引致的结果：对于单个电子，自旋与轨道角动量反平行时能量最低。但是，由于一个个电子加入壳层，低能量的 m_L、m_S 态逐步被占满。当壳层超过半满时，根据不相容原理，能量最低的态自旋必然与轨道矩相平行。

现在考虑应用洪德定则的两个例子。Ce^{3+} 离子有一个 f 电子。这个 f 电子 $l=3$，$s=\frac{1}{2}$。因为 f 壳层不够半满。按照上述法则，J 值为 $|L-S|=L-\frac{1}{2}=\frac{5}{2}$。$Pr^{3+}$ 离子有两个 f 电子：定则之一断定两个电子自旋是相加的，得到 $S=1$。为了不违反泡利不相容原理，两个电子不能都取 $m_L=3$，所以，能够与泡利原理相容的最大 L 值不是 6 而是 5。J 值是 $|L-S|=5-1=4$。

11.4.3　铁族离子

由表 2 可知，对于周期表中的铁族过渡元素的盐类，磁子数的实验值与式 (23) 符合不佳。实验值常常与应用公式 $p=2[S(S+1)]^{\frac{1}{2}}$ 计算的磁子数符合得不错，而这个表达式是按

[1] L. Pauling and E. B. Wilson, Introduction to quantum mechanics, McGraw-Hill, 1935, pp. 239～346. See also Dover Reprint.

照轨道磁矩似乎根本不存在这种情况计算的。

表 2 铁族离子的有效磁子数

离　子	组　态	基　态	p(计算)$=g[J(J+1)]^{\frac{1}{2}}$	p(计算)$=2[S(S+1)]^{\frac{1}{2}}$	p(实验)①
Ti^{3+}, V^{4+}	$3d^1$	$^2D_{3/2}$	1.55	1.73	1.8
V^{3+}	$3d^2$	$^3F_2$	1.63	2.83	2.8
Cr^{3+}, V^{2+}	$3d^3$	$^4F_{3/2}$	0.77	3.87	3.8
Mn^{3+}, Cr^{2+}	$3d^4$	$^5D_0$	0	4.90	4.9
Fe^{3+}, Mn^{2+}	$3d^5$	$^6S_{5/2}$	5.92	5.92	5.9
Fe^{2+}	$3d^6$	$^5D_4$	6.70	4.90	5.4
Co^{2+}	$3d^7$	$^4F_{9/2}$	6.63	3.87	4.8
Ni^{2+}	$3d^8$	$^3F_4$	5.59	2.83	3.2
Cu^{2+}	$3d^9$	$^2D_{5/2}$	3.55	1.73	1.9

① 表示代表性数值。

11.4.4 晶体场劈裂

稀土和铁族盐类的行为不同，原因在于稀土离子中给出顺磁性的 4f 壳层位于 5s 和 5p 壳层以内，处在离子内部深处，而在铁族离子中给出顺磁性的 3d 层却是最外面的壳层。3d 壳层感受到近邻离子所产生的非均匀强电场的作用。这个非均匀电场称为晶（体）场 (crystal field)。顺磁离子和晶体场的相互作用有两个主要后果：其一，$\boldsymbol{L}$ 和 $\boldsymbol{S}$ 矢量耦合在很大程度上被破坏，以致态不能在用 J 值标志；其次，在自由离子中属于给定 L 的 $(2L+1)$ 重简并的子能级被晶体场劈裂，如图 6 所示。这个劈裂使轨道运动对磁矩的贡献减小。

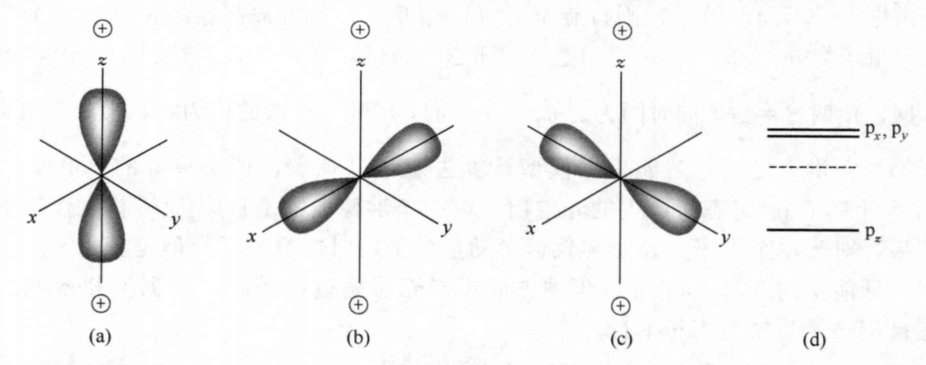

图 6 设轨道角动量 $L=1$ 的原子置于单轴晶体电场之中，这个电场是由 z 轴上的两个正离子所产生的。在自由原子中，$m_L=\pm1$、0 这三个态能量相等，即能级是简并的。在晶体中当电子云靠近正离子时，如 (a)，原子的能量较低，而当电子云取向是在 $x-y$ 平面之中时，如图 (b) 和 (c) 所示，原子的能量较高。具有这几种电荷密度分布的波函数的形式为 $zf(r)$、$xf(r)$ 和 $yf(r)$，分别称为 p_z、p_x、p_y 轨道。如图所示，在轴对称的场中 p_x 和 p_y 轨道是简并的。(d) 表示这几个能级相对于自由原子能级（虚线）的位置。若电场不具有轴对称性，则三个态各具有不同的能量。

11.4.5 轨道角动量猝灭

在指向一个固定原子核的电场中，经典轨道的轨道平面在空间中是固定的，所以轨道角动量的所有分量（L_x、L_y 和 L_z）都是恒量。在量子理论中，对于中心场，其总轨道角动量的平方 L^2 和角动量的一个分量（通常取作 L_z）是恒量；而对于非中心场，轨道平面会变动，角动量分量不再是恒量，其平均值可能为零。在晶体中，虽然 L^2 可以很好地保持近似不变，但是 L_z 不再是运动恒量。当 L_z 平均为零时，就称为轨道角动量已被猝灭。一个态的磁矩是磁矩算符 μ_B（$\boldsymbol{L}+2\boldsymbol{S}$）的平均值。在沿 z 方向的磁场中，轨道运动对磁矩的贡献正比于 L_z 的量子期望值；如果动量矩 L_z 猝灭，则轨道磁矩也猝灭。

作为一个例子，下面讨论一个围绕着原子核运动的单电子体系，其轨道量子数 $L=1$，不计电子自旋，并假定该体系处于一个非均匀的晶体电场中。

若晶体具有正交对称性，则近邻于该体系原子核的离子电荷将在其周围产生一个如下形式的静电场：

$$e\varphi=Ax^2+By^2-(A+B)z^2 \tag{24}$$

式中 A 和 B 均为常数。这一表达式作为拉普拉斯（Laplace）方程 $\nabla^2\varphi=0$ 的一个解，是满足上述晶体对称性要求的、关于 x、y 和 z 的最低次多项式。

在自由空间中，其基态是三重简并的，磁量子数 $m_L=1$，0，-1；然而在磁场中，这些能级将被劈裂成裂距正比于磁场强度 B 的子能级；正是这种“场正比（field-proportional）”劈裂效应给出了离子的正常顺磁磁化率。在晶体中这种情况会有不同。令离子的三个未微扰基态波函数取为

$$U_x=xf(r);U_y=yf(r);U_z=zf(r) \tag{25}$$

这些波函数是正交的，并且认为它们已被归一化。可以证明，它们具有如下性质：

$$\mathscr{L}^2U_i=L(L+1)U_i=2U_i \tag{26}$$

其中 $\mathscr{L}^2$ 是轨道角动量平方算符，单位为 $\hbar^2$。式（26）表明，上述选取的波函数确实是 $L=1$ 的 p-函数。

显见，这些 U 函数的微扰矩阵元是对角化的。因为，根据对称性，其非对角元等于零，亦即

$$\langle U_x|e\varphi|U_y\rangle=\langle U_x|e\varphi|U_z\rangle=\langle U_y|e\varphi|U_z\rangle=0 \tag{27}$$

作为例子，考虑

$$\langle U_x \mid e\varphi \mid U_y\rangle=\int xy \mid f(r)\mid^2\{Ax^2+By^2-(A+B)z^2\}\mathrm{d}x\mathrm{d}y\mathrm{d}z \tag{28}$$

因为式中被积函数是 x（和 y）的奇函数，因此其积分必然等于零。于是，由对角矩阵元给出的能级是

$$\begin{aligned}\langle U_x \mid e\varphi \mid U_x\rangle&=\int \mid f(r)\mid^2\{Ax^4+By^2x^2-(A+B)z^2x^2\}\mathrm{d}x\mathrm{d}y\mathrm{d}z\\&=A(I_1-I_2)\end{aligned} \tag{29}$$

其中

$$I_1=\int \mid f(r)\mid^2x^4\mathrm{d}x\mathrm{d}y\mathrm{d}z;I_2=\int \mid f(r)\mid^2x^2y^2\mathrm{d}x\mathrm{d}y\mathrm{d}z$$

另外，同理可得

$$\langle U_y|e\varphi|U_y\rangle=B(I_1-I_2);\langle U_z|e\varphi|U_z\rangle=-(A+B)(I_1-I_2)$$

上述在晶体场中的三个本征态，分别对应于 x、y 和 z 轴的 p 函数。

每个能级的轨道矩均等于零，因为

$$\langle U_x|L_z|U_x\rangle=\langle U_y|L_z|U_y\rangle=\langle U_z|L_z|U_z\rangle=0$$

由于 $\mathscr{L}^2$ 是对角化的、并给出 $L=1$，所以上述能级仍然具有一个确定的总角动量；但是，角动量的空间分量不再是运动常量，其时间平均在一级近似下等于零。晶体场在这种猝灭过程中的作用就是将原来简并的能级劈裂成能量间隔 $\gg\mu H$ 的非磁性能级，因此与晶体场相

比，磁场是一个小的微扰。

在立方对称的格点上不存在如式（24）给出的势能项。也就是说，其势能中不含有电子坐标的二次项。于是，一个含有单个电子（或在p壳层有一个空穴）的离子的基态将是三重简并的。然而，如果这个离子自己相对于其周围离子产生了位移，这个离子的能量就将降低，从而给出一个诸如式（24）所示的非立方晶体势。这种自发位移现象称为杨-特勒效应(Jahn-Teller effect)；这种位移通常是很显著的，并且很重要，尤其是Mn^{3+}、Cu^{2+}离子和存在于卤化碱或卤化银晶体中的空穴。

11.4.6 光谱劈裂因子

为方便起见，假定晶体场常数A、B的选取使得$U_x=xf(r)$代表晶体中原子基态的轨道波函数。对于自旋$S=\frac{1}{2}$，存在着两种可能的自旋态$S_z=\pm\frac{1}{2}$，其自旋波函数分别用α和β表示；在没有磁场时，它们在零级近似下是简并的。现在的问题是讨论存在自旋-轨道相互作用能$\boldsymbol{L}\cdot\boldsymbol{S}$时的情况。

如果取零级近似的基态函数为$\Psi_0=U_x\alpha=xf(r)\alpha$，则根据标准的微扰论，在计及$\lambda\boldsymbol{L}\cdot\boldsymbol{S}$相互作用的一级近似下，我们有

$$\Psi=[U_x-i(\lambda/2\Delta_1)U_y]\alpha-i(\lambda/2\Delta_2)U_z\beta \tag{30}$$

其中Δ_1表示U_x态和U_y态之间的能量差，而Δ_2则是U_x和U_z两态之间的能差。式中$U_z\beta$这一项实际上仅对结果产生二级效应，故而可以略去不计。由此，对于一级近似，其轨道角动量的期望值可由下式直接给出，即

$$(\psi|L_z|\psi)=-\lambda/\Delta_1$$

同时，沿z轴方向的磁矩则为

$$\mu_B(\psi|L_z+2S_z|\psi)=[-(\lambda/\Delta_1)+1]\mu_B$$

由于能级$S_z=\pm\frac{1}{2}$在磁场H中的能级间隔是

$$\Delta E=g\mu_B H=2[1-(\lambda/\Delta_1)]\mu_B H$$

所以，在z方向上的g值或根据式（12）中定义的光谱劈裂因子就是：

$$g=2[1-(\lambda/\Delta_1)] \tag{31}$$

11.4.7 与温度无关的范弗莱克顺磁性

现在我们接着讨论在基态下不存在磁矩的原子或分子体系；也就是说，在该体系中，磁矩算符μ_z的对角矩阵元等于零。

假定存在一个磁矩算符的非对角矩阵元$\langle s|\mu_z|0\rangle$，它把能量差为$\Delta=E_s-E_0$的基态“0”和激发态s联系起来。那么，根据标准微扰论，在一个弱场（$\mu_B\ll\Delta$）中，其基态波函数将成为：

$$\psi_0'=\psi_0+(B/\Delta)\langle s|\mu_z|0\rangle\psi_s \tag{32}$$

同时，其激发态的波函数变为

$$\psi_s'=\psi_s-(B/\Delta)\langle 0|\mu_z|s\rangle\psi_0 \tag{33}$$

现在，微扰基态有一个磁矩，即

$$\langle 0'|\mu_z|0'\rangle\cong 2B|\langle s|\mu_z|0\rangle|^2/\Delta \tag{34}$$

同时，高能态（即激发态）也有一个磁矩，即

$$\langle s'|\mu_z|s'\rangle\cong -2B|\langle s|\mu_z|0\rangle|^2/\Delta \tag{35}$$

下面我们讨论两种有趣的特例。

(a) $\Delta \ll k_{\mathrm{B}}T$。在这种情况下，处于基态的粒子数与处于激发态的粒子数之差称为剩余粒子数，它大致上等于 $N\Delta/2k_{\mathrm{B}}T$；由此可知，总磁化强度为

$$M=\frac{2B|\langle s|\mu_z|0\rangle|^2}{\Delta}\cdot\frac{N\Delta}{2k_{\mathrm{B}}T} \tag{36}$$

从而得到磁化率为

$$\chi=N|\langle s|\mu_z|0\rangle|^2/k_{\mathrm{B}}T \tag{37}$$

式中，N 是单位体积中的分子数。这一贡献归属于通常所谓的居里（Curie）型贡献。尽管其磁化机制是体系状态的极化，而当存在自由自旋时磁化机制表现为离子在自旋态上的重新分布。此外，值得注意的是，在式（37）中没有出现裂距参数 Δ。

(b) $\Delta \gg k_{\mathrm{B}}T$。这时，几乎所有粒子都处于基态；因此，就有

$$M=\frac{2NB|\langle s|\mu_z|0\rangle|^2}{\Delta} \tag{38}$$

相应的磁化率为

$$\chi=\frac{2N|\langle s|\mu_z|0\rangle|^2}{\Delta} \tag{39}$$

可见，它与温度无关。这种类型的贡献被称为范弗莱克（Van Vleck）顺磁性。

11.5 绝热去磁致冷

获得远低于 1K 温度的第一种方法就是顺磁性盐类的等熵或绝热去磁方法。人们用这种方法已经获得 10^{-3}K 以及更低的温度。该方法所根据的事实是：在固定温度的情况下，磁矩系统的熵将由于外加磁场而减小。

熵是系统无序度的量度：无序度愈大，熵就愈高。在磁场中，磁矩部分地排列整齐（部分有序），所以加磁场使熵降低。如果降低温度，熵也会降低，因为这时有更多的磁矩排列整齐。

若在磁化以后，能够保持自旋系统的熵不变而将磁场撤去，那么自旋系统的有序度所相应的温度看来比同样的有序度在磁场存在时所相应的温度为低。当样品绝热去磁时熵只可能从晶格振动系统流入自旋系统，如图 7 所示。在感兴趣的温度下，晶格振动的熵通常小到可以忽略，因此在样品绝热去磁的过程中，自旋系统的熵基本上不改变。去磁致冷是单次操作的，不能循环进行。

首先求出 N 个离子系统的自旋熵表达式。每个离子的自旋为 S，系统处在足够高的温度下，以致自旋排列完全无序。即假定 T 远高于某个特征温度 Δ，Δ 表征倾向于使自旋择优取向的相互作用能量（$E_{\mathrm{int}}\equiv k_{\mathrm{B}}\Delta$）。在第 12 章里将讨论若干这一类相互作用。如果系统可以取 G 个态，则它的熵定义为 $\sigma=k_{\mathrm{B}}\ln G$。温度升高到每个离子的 $2S+1$ 个态被占据的情况几乎相同时，G 就是把 N 个自旋安排到 $2S+1$ 个态中去的一切方式的总数。因此 $G=(2S+1)^N$，而自旋熵 σ_{S} 为

$$\sigma_{\mathrm{S}}=k_{\mathrm{B}}\ln(2S+1)^N=Nk_{\mathrm{B}}\ln(2S+1) \tag{40}$$

当磁场使这 $2S+1$ 个态的能量分开时，如果在低能量状态上的布居数（即粒子数）增加，那么就意味着外加磁场使这一自旋熵减小。

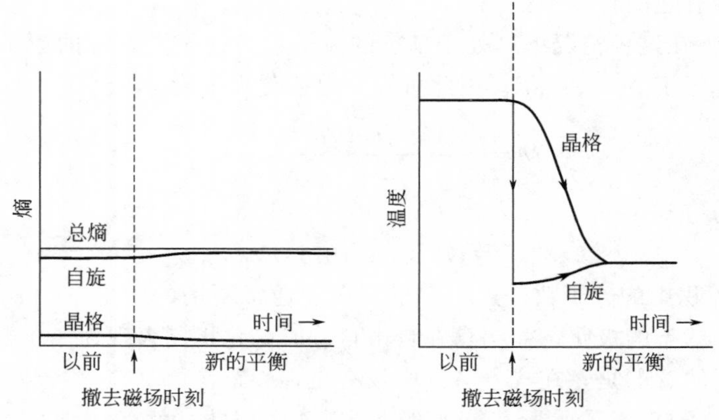

图 7 绝热去磁过程中样品的总熵不变。为了有效致冷，初始的晶格熵应该小于自旋系统的熵。

致冷过程的程序步骤示于图 8。在温度 T_1 之下加磁场，样品与周围环境保持良好的接触，过程的这一步以等温线 ab 表示，然后样品绝热（$\Delta\sigma=0$）去磁。过程沿等熵线 bc 进行，最终到达温度 T_2。T_1 时的热接触由氦气提供，用泵抽去氦气以除去热接触。

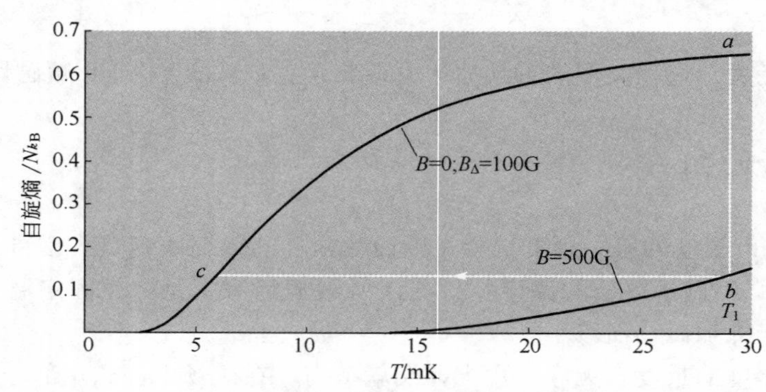

图 8 自旋（1/2）系统的熵作为温度的函数。假定内部无规磁场 B_Δ 为 100G。沿着 ab 线样品等温磁化，然后使它绝热。去掉外磁场后，样品状态沿 bc 变化。为使图中标度合理，初始温度 T_1 和外加磁场均低于实际使用数值。

分布于一个磁致子能级（magnetic sublevel）上的粒子数仅仅是 $\mu B/k_B T$ 的函数，因而只依赖于 B/T；自旋系统的熵又只是粒子分布的函数，因此自旋熵也只是 B/T 的函数。如果 B_Δ 表示对应于这种局域相互作用的有效场，那么在绝热去磁实验中达到的最终温度 T_2 就是

$$T_2=T_1(B_\Delta/B) \tag{41}$$

式中，B 表示初始磁场；T_1 代表初始温度。

11.5.1 核去磁

因为核磁矩弱，所以核磁相互作用也比类似的电子相互作用弱得多，预计用核顺磁体达到的温度比用电子顺磁体达到的温度低 100 倍。在核自旋致冷实验中，核致冷级的初始温度 T_1 必须比电子自旋冷实验中的初始温度低。如果从 $B=50\text{kG}$，$T_1=0.01\text{K}$ 开始，则 $\mu B/k_B T\approx0.5$，磁化中熵的减小超过最大自旋熵的 10%。这足以显著地影响晶格，根据式（41）估计的最终温度 $T_2\approx10^{-7}\text{K}$。首次核致冷实验是用金属中的 Cu 核作的，由电子致冷获得的前级（约 0.02K）开始。达到的最低温度是 $1.2\times10^{-6}\text{K}$。图 9 中的结果符合公式

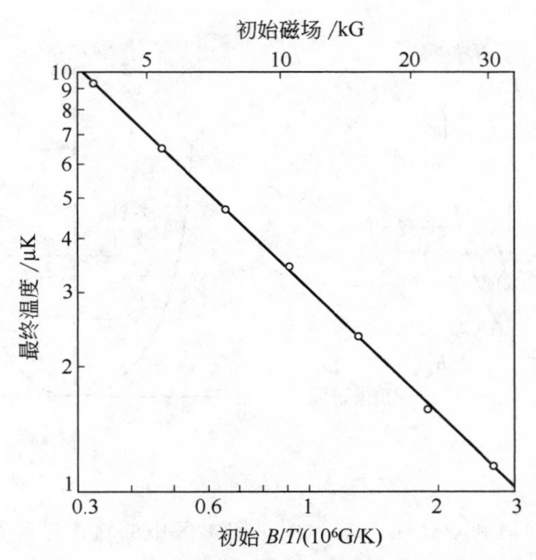

图 9　从 0.012K 开始，采用不同初始磁场对金属中铜核去磁致冷比较图。引自 M. V. Hobden and N. Kurti。

(41) 形式的直线：$T_2=T_1$ $(3.1/B)$，其中 B 以高斯为单位，因此 $B_\Delta=3.1\mathrm{G}$。这是 Cu 核磁矩的有效相互作用场。采用金属中的核，是因为金属中的传导电子有助于在前级温度下保证迅速实现晶格与核之间的热接触。

11.6　传导电子的顺磁磁化率

现在我们试图说明，如何基于这些统计方法，证明许多金属是抗磁性或仅仅是弱顺磁性这一事实与电子磁矩的存在是一致的。

——W. Pauli，1927

经典自由电子论关于传导电子顺磁磁化率的考虑不能令人满意。每个电子与一个玻尔磁子 (μ_B) 的磁矩相联系。人们可能会预料传导电子对金属的磁化强度有居里型顺磁性质献：按照式 (22)，$M=N\mu_B^2B/k_BT$。然而观测结果却说明大多数正常非铁磁性金属的磁化强度与温度无关。

泡利证明，应用费米-狄拉克分布（见第 6 章）可以如所要求的那样修正这个理论。我们先对问题的大致情况作一个定性的说明。公式 (18) 告诉我们，原子平行于磁场 B 取向的概率，比之反平行取向的概率大约超出 $\mu B/k_BT$。若单位体积内有 N 个原子，则这个概率之差给出的净磁化强度约等于 $N\mu^2B/k_BT$。这是标准的结果。

但是，金属中的大部分传导电子并不能在加磁场时转向，因为费米海中自旋平行于磁场的大部分轨道已经占满，只有在费米分布的顶部、范围为 k_BT 以内的电子才会有机会在磁场中转向。因此在电子总数中，对磁化率有贡献的电子数的比例仅为 T/T_F。由此，可得

$$M\approx\frac{N\mu^2B}{k_BT}\cdot\frac{T}{T_F}=\frac{N\mu^2}{k_BT_F}B\tag{42}$$

这个磁化强度与温度无关，大小也与观测值数量级相吻合。

现在来计算自由电子在 $T\ll T_F$ 时的顺磁磁化率表达式。采用图 10 表示的计算方法。另一种推导是本章习题 7 所讨论的主题。

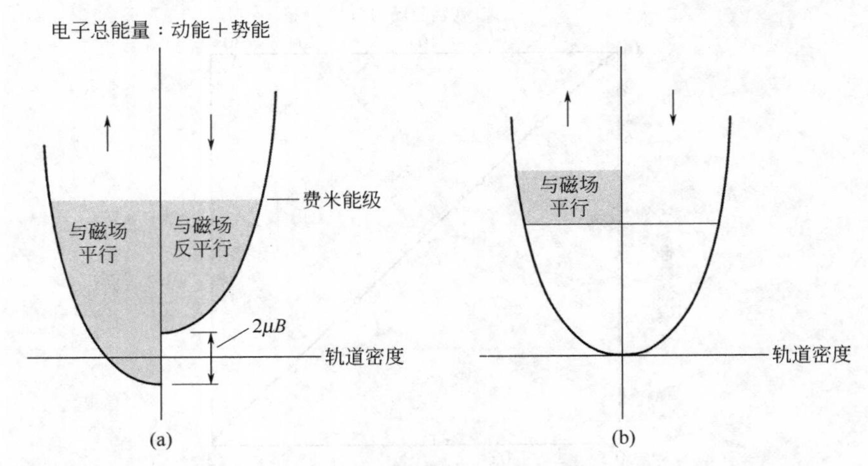

图 10 绝对零度下的泡利顺磁性。(a) 图里阴影区中的轨道已经被占满。布居于"向上"与"向下"两个区域的电子数将会及时调整，使其在费米能级处的能量相等。磁矩"向上"电子的化学势（费米能级）应该与"向下"的相等。(b) 表示磁场中的"向上"电子过量时的情形。

磁矩平行于磁场的电子浓度为

$$N_{+}=\frac{1}{2}\int_{-\mu B}^{\epsilon_F}\mathrm{d}\epsilon\, D(\epsilon+\mu B)$$

$$\cong\frac{1}{2}\int_{0}^{\epsilon_F}\mathrm{d}\epsilon\, D(\epsilon)+\frac{1}{2}\mu BD(\epsilon_F) \tag{43}$$

上式是在绝对零度下给出的，其中$(1/2)D(\epsilon+\mu B)$是一种自旋取向的轨道密度，其中已经计入了能量向下移动$-\mu B$。这一近似结果适用于$k_BT\ll\epsilon_F$的情况。

磁矩反平行于磁场的电子浓度为

$$N_{-}=\frac{1}{2}\int_{\mu B}^{\epsilon_F}\mathrm{d}\epsilon\, D(\epsilon-\mu B)$$

$$\cong\frac{1}{2}\int_{0}^{\epsilon_F}\mathrm{d}\epsilon\, D(\epsilon)-\frac{1}{2}\mu BD(\epsilon_F) \tag{44}$$

磁化强度为$M=\mu(N_{+}-N_{-})$，因此

$$M=\mu^2 D(\epsilon_F)B=\frac{3N\mu^2}{2k_BT_F}B \tag{45}$$

其中用到第 6 章中的结果：$D(\epsilon_F)=3N/2\epsilon_F=3N/2k_BT_F$。结果式 (45) 给出传导电子的泡利自旋磁化强度（Pauli spin magnetization）。

以上在推导顺磁磁化率的过程中，假定电子的空间运动不受磁场影响。但是磁场会改变波函数。Landau 曾经证明，对于自由电子这一改变将产生一个抗磁矩，它等于顺磁矩的$-1/3$。因此，自由电子气的总磁化强度为

$$M=\frac{N\mu_B^2}{k_BT_F}B \tag{46}$$

在将式 (46) 同实验相比较时，还必须考虑到离子实的抗磁性、能带的作用和电子-电子相互作用。对于钠，相互作用效应使自旋磁化率约增加 75%。

大多数过渡金属（具有未填满的内电子壳层）的磁化率显著高于碱金属的磁化率。这么高的磁化率表明，过渡金属的轨道密度特别大，这与电子比热容的有关测量结果是吻合的。

事实上，我们在第 9 章中已看到这是怎样从能带论得出的。

小　结（CGS）

- N 个原子序数为 Z 的原子的抗磁磁化率 $\chi=-Ze^2N\langle r^2\rangle/6mc^2$，其中 $\langle r^2\rangle$ 是原子半径的均方值（Langevin）。
- 当 $\mu B \ll k_B T$ 时，永久磁矩为 μ 的原子具有顺磁磁化率 $\chi=N\mu^2/3k_BT$（Curie-Langevin）。
- 对于自旋 $S=\frac{1}{2}$ 的系统，精确的磁化强度是 $M=N\mu\tanh(\mu B/k_B T)$，其中 $\mu=\frac{1}{2}g\mu_B$（Brillouin）。
- 同一个壳层的电子，其基态具有泡利原理允许的最大 S 值，并具有与这个 S 值相容的最大 L 值。若壳层超过半满，则 J 值取 $L+S$。若壳层不够半满，则 $J=|L-S|$。
- 顺磁盐的等熵去磁形成一个致冷过程。达到的最终温度数量级为 $(B_\Delta/B)T_{初始}$，其中 B_Δ 是有效局域场，B 是初始外加磁场。
- 传导电子构成的费米气的顺磁磁化率 $\chi=3N\mu^2/2\epsilon_F$，当 $k_BT\ll\epsilon_F$ 时，χ 不依赖于温度（Pauli）。

习　题

1. 偶极—偶极相互作用。设由磁矩 $\vec{\mu}_1$ 和 $\vec{\mu}_2$ 构成一个二维正方阵列。其中，$\vec{\mu}_1$ 处在正方形的中心，而 $\vec{\mu}_2$ 位于其四个顶点。若有 $\vec{\mu}_1=\mu_1\hat{x}$，试在 (a) $\vec{\mu}_2=\mu_2\hat{x}$ 和 (b) $\vec{\mu}_2=\mu_2\hat{y}$ 两种情形下，计算中心磁矩 $\vec{\mu}_1$ 与其四个最近邻磁矩 $\vec{\mu}_2$ 相互作用产生的偶极—偶极相互作用能，并比较 (a) 和 (b) 两种构型中哪一个具有更低的能量？

2. 原子氢的抗磁磁化率。氢原子的基态（1s）波函数是 $\psi=(\pi a_0^3)^{-\frac{1}{2}}e^{-r/a_0}$，其中 $a_0=\hbar^2/me^2=0.529\times10^{-8}$cm。按照波函数的统计解释，电荷密度 $\rho(x,y,z)=-e|\psi|^2$。试证明该态的 $\langle r^2\rangle=3a_0^2$，并计算原子氢的摩尔抗磁磁化率（$-2.36\times10^{-6}$cm^3/mole）。

3. 洪德定则。试应用洪德定则求下列离子的基态（参看表 1）：(a) Eu^{2+}，组态为 $4f^7 5s^2 p^6$；(b) Yb^{3+}；(c) Tb^{3+}。(b) 和 (c) 的答案已列于表 1 中，但读者应给出定则应用的各个步骤。

4. 三重激发态。一些有机分子具有三重激发态（$S=1$），它比单重基态（$S=0$）的能量高出 $k_B\Delta$。(a) 试求在场 B 中磁矩 $\langle\mu\rangle$ 的表达式。(b) 证明当 $T\gg\Delta$ 时，磁化率几乎与 Δ 无关。(c) 用能级与磁场的关系图和熵与磁场关系的草图，解释怎样通过绝热磁化（不是去磁）可以使这个系统冷却。

5. 内部自由度的比热容。(a) 考虑一个二能级系统，其高能态与低能态之间的裂距为 $k_B\Delta$。这个裂矩可能是磁场或其他原因造成的。试证明每个系统的比热容是

$$C=\left(\frac{\partial U}{\partial T}\right)_\Delta=k_B\frac{(\Delta/T)^2e^{\Delta/T}}{(1+e^{\Delta/T})^2}$$

图 11 中绘出了这个函数。比热容的这类谱峰通常称为肖特基反常（Schottky anomalies）。比热容的最大值相当高，而 $T\ll\Delta$ 和 $T\gg\Delta$ 时的比热容都很小。(b) 证明当 $T\gg\Delta$ 时，$C\cong k_B(\Delta/2T)^2+\cdots$。在顺磁盐中，以及在电子自旋有序的系统中，电子磁矩与核磁矩的超精细相互作用引起的裂距 $\Delta\approx1\sim100$mK。通常是通过比热容在 $T\gg\Delta$ 区域存在 $1/T^2$ 项从实验上检测这一劈裂。晶体场与核的电四极矩相互作用也引致劈裂，如图 12 所示。

6. 自旋态布居与温度的关系。现将 1T 的磁场施加于单原子的氢气。假设其电子仅能占据 1s 能级，当温度分别为 3K、30K 和 300K 时，试计算向上与向下两种自旋态各自的布居数；同时，请解释你所得出的结果。

7. 泡利自旋磁化率。关于传导电子气在绝对零度下的自旋磁化率，可以用另一种方法讨论。令

$$N^+=\frac{1}{2}N(1+\zeta),N^-=\frac{1}{2}N(1-\zeta)$$

分别表示自旋“向上”和自旋“向下”电子的浓度。(a) 试证自由电子气中的自旋“向上”带的总能量在磁场 B 中为

$$E^{+}=E_0(1+\zeta)^{\frac{5}{3}}-\frac{1}{2}N\mu B(1+\zeta)$$

式中 E_0 以磁场为零时的费米能 ϵ_F 表示，是 (3/10) $N\epsilon_F$。并求出类似的 E^{-} 的表达式。(b) 改变 ζ，使 $E_{总}=E^{+}+E^{-}$ 取极小值，在 $\zeta\ll1$ 的近似之下，求出平衡态的 ζ 值。进而证明磁化强度 $M=3N\mu^2B/2\epsilon_F$，与式 (45) 一致。

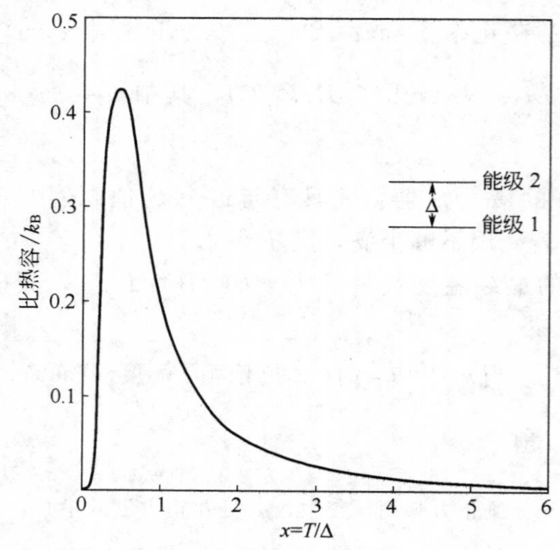

图 11 裂距为 Δ 的二能级系统的比热容关于 T/Δ 的函数曲线。对于确定稀土和过渡族金属以及它们的化合物或合金中离子的能级劈裂，肖特基反常是很有用的工具。

图 12 $T<0.21\text{K}$ 时镓的正常态比热容。在很低温度下，核四极矩的贡献 ($C\propto T^{-2}$) 和传导电子的贡献 ($C\propto T$) 是比热容中占主导地位的部分。引自 N. E. Phillips。

8. 传导电子铁磁性。 为了近似地描写传导电子之间的交换作用的影响，假设自旋平行的电子之间的相互作用能为 $-V$ (V 为正)，而自旋反平行的电子间没有相互作用。

(a) 利用习题 7 的条件和结果，证明自旋“向上”带的总能量为

$$E^{+}=E_0(1+\zeta)^{\frac{5}{3}}-\frac{1}{8}VN^2(1+\zeta)^2-\frac{1}{2}N\mu B(1+\zeta)$$

并求出 E^{-} 的类似表达式。(b) 使总能取极小值，在 $\zeta\ll1$ 的极限下解出 ζ。证明磁化强度是

$$M=\frac{3N\mu^2}{2\epsilon_F-\frac{3}{2}VN}B$$

因此交换作用使磁化率增大。(c) 试证明：如果 $B=0$，当 $V>4\epsilon_F/3N$ 时，在 $\zeta=0$ 的状态总能量是不稳定的。如果满足这个条件，则有铁磁态 ($\zeta\neq0$) 的能量低于顺磁态。由于假定 $\zeta\ll1$，得到的这个结论是铁磁性出现的充分条件，而不一定是必要条件。

9. 二能级系统。 通常也把习题 5 的结果写成另一种形式。(a) 若两个能级分别位于 Δ 和 −Δ，试证明内能和比热容分别是 $U=-\Delta\tanh(\Delta/k_BT)$ 和 $C=k_B(\Delta/k_BT)^2\operatorname{sech}^2(\Delta/k_BT)$。(b) 若系统具有无规成分，使 Δ 有同样的可能性取 Δ_0 以下的所有数值。试证明：当 $k_BT\ll\Delta_0$ 时，比热容与温度成线性比例。在文献 W. Marshall, Phys. Rev. **118**, 1519 (1960) 中，曾经把这个结果应用于解释稀释磁性合金的比热容。在玻璃体的理论中也用到这个结果。

10. 自旋 $S=1$ 自由粒子气的磁化率。 在弱磁场近似 ($\mu B\ll k_BT$) 下，试计算自旋 $s=1$ 粒子 (其内禀磁矩为 μ) 的理想气体的磁化率。

第 12 章　铁磁性与反铁磁性

注：(CGS)$B=H+4\pi M$；(SI)$B=\mu_0(H+M)$。两种单位制中都用 B_a 表示外加磁场：在 CGS 制中$B_a=H_a$；在 SI 制中 $B_a=\mu_0 H_a$。在 CGS 制中磁化率 $\chi=M/B_a$；而在 SI 制中 $\chi=M/H_a=\mu_0 M/B_a$。1T=10^4G。

12.1 铁磁序

即使外加磁场为零，铁磁体也具有磁矩，即自发磁矩。自发磁矩的存在表明，电子的自旋和磁矩按照有规则的方式排列。排列并不必然是简单的：在图 1 所示的各种自旋排列中，除简单反铁磁体外，其余的都有自发磁矩，称为饱和磁矩。

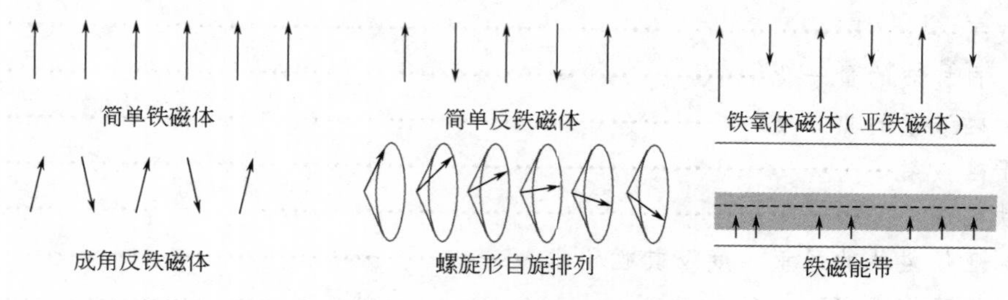

图 1 电子自旋的有序排列。

12.1.1 居里点和交换积分

试考虑一个顺磁体，它含有自旋为 S 的离子，其浓度为 N。只要有一种内部的相互作用使这些磁矩趋于相互平行排列，就会得到一个铁磁体。让我们假定确实有这样一种相互作用，并把它称为交换场[1]。热扰动反抗交换场的磁矩取向效应，到高温时自旋的序就会被破坏。

我们把交换场看作与一个磁场 $\boldsymbol{B}_E$ 等效。交换场的量值可高达 10^7G（10^3T）。这里，假设 $\boldsymbol{B}_E$ 正比于磁化强度 $\boldsymbol{M}$。

磁化强度定义为单位体积的磁矩。不另加说明时，它都是指在温度 T 的热平衡下的值。若存在磁畴（沿不同方向磁化的区域），则磁化强度指的是一个畴内的值。

在平均场近似中，假设每个磁化原子都感受到一个正比于磁化强度的磁场，则有

$$\boldsymbol{B}_E=\lambda \boldsymbol{M} \tag{1}$$

其中 λ 是一个不依赖于温度的常量。按照式（1），每个自旋将会感受到所有其他自旋的平均磁化强度的作用。实际上，它或许只能感受到近邻的作用。但是很显然，这种简化对初步分析有关问题是有益的。

居里温度（Curie temperature）T_c 是这样一个温度，在此温度以上自发磁化就消失了。无序的顺磁相（$T>T_c$）和有序的铁磁相（$T<T_c$）就是由此温度分开的。我们可以利用式（1）中的常量 λ 给出 T_c。

设想在顺磁相中，外加场 B_a 产生一定大小的磁化强度，该磁化强度又转而产生一定大

---

[1] 交换场也称为分子场或外斯场，最早设想这种场的人是 P. 外斯（Pierre Weiss）。交换场 $\boldsymbol{B}_E$ 在能量表达式 $-\boldsymbol{\mu}\cdot\boldsymbol{B}_E$ 中及在作用于磁矩 $\boldsymbol{\mu}$ 的力矩表达式 $\boldsymbol{\mu}\times\boldsymbol{B}_E$ 中都与真正的磁场类同。但 B_E 并非真正的磁场，因此它不进入麦克斯韦方程组；例如，并不存在按照方程 $\nabla\times\boldsymbol{H}=4\pi\boldsymbol{j}/c$ 与 $\boldsymbol{B}_E$ 相联系的电流密度 $\boldsymbol{j}$。$\boldsymbol{B}_E$ 的典型量值比铁磁体中磁偶极子的平均磁场约大 10^4 倍。

小的交换场 B_E。若顺磁磁化率为 χ_p，则有

(CGS) $$M=\chi_p(B_a+B_E)$$

(SI) $$\mu_0 M=\chi_p(B_a+B_E) \tag{2}$$

只有当排列好的部分不大时，磁化强度才能写成一个恒定的磁化率与磁场之积：为此，在这里就引进了样品处于顺磁相这个假设。

按照居里定律，顺磁磁化率 $\chi_p=C/T$，其中 C 为居里常数。将式（1）代入式（2），得到 $MT=C$（$B_a+\lambda M$）及

(CGS) $$\chi=\frac{M}{B_a}=\frac{C}{(T-C\lambda)} \tag{3}$$

磁化率式（3）在 $T=C\lambda$ 时出现奇点。在这个温度和这个温度以下存在自发磁化，这是因为若 χ 为无限大，则当 B_a 为零时也能有一定大小的 M。由式（3），得到居里-外斯定律（Curie-Weiss law）：

(CGS) $$\chi=\frac{C}{T-T_c}, T_c=C\lambda \tag{4}$$

在居里点以上的顺磁性范围内，此式能相当好地描述实验观测到的磁化率的变化情况。镍的磁化率倒数与温度的关系曲线绘于图 2 之中。

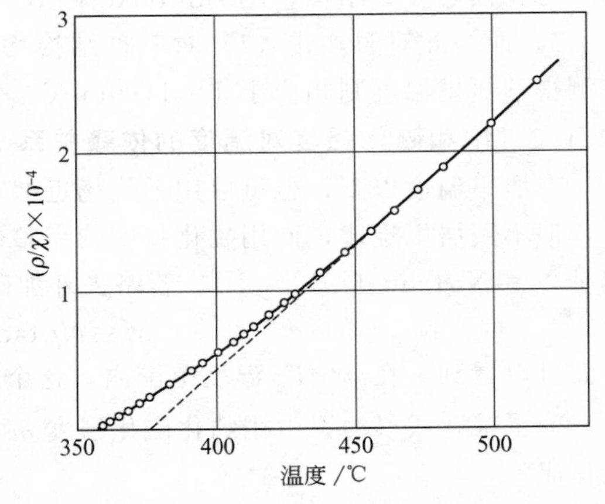

图 2　在居里温度（358℃）附近，每克镍的磁化率的倒数曲线。密度为 ρ。虚线是高温段的线性外推。引自 P. Weiss and R. Forrer。

根据式（4）和第 11 章式（22）关于居里常数 C 的定义，可以定出平均场常数 λ 的数值，即

(CGS) $$\lambda=\frac{T_c}{C}=\frac{3k_B T_c}{Ng^2 S(S+1)\mu_B^2} \tag{5}$$

对于铁，$T_c\approx1000\text{K}$，$g\approx2$，$S\approx1$；根据式（5）得到 $\lambda\approx5000$。若取 $M_s\approx1700$，则得 $B_E\approx\lambda M\approx(5000)(1700)\approx10^7\text{G}=10^3\text{T}$。铁中的交换场比晶体中其他磁性离子产生的真正的磁场强得多：一个磁性离子在近邻格点位置上产生的场约等于 μ_B/a^3，即约为 $10^3\text{G}=0.1\text{T}$。

交换场近似地表示量子力学的交换作用，我们基于一定的假设可以证明（参见有关量子理论的教材）：分别具有自旋 $\boldsymbol{S}_i$ 和 $\boldsymbol{S}_j$ 的原子 i 和原子 j 之间的相互作用能量包含一项

$$U=-2J\boldsymbol{S}_i\cdot\boldsymbol{S}_j \tag{6}$$

其中 J 是交换积分，它与原子 i 和 j 的电荷分布的重叠有关。式（6）称为海森堡模型（Heisenberg model）。

因为泡利原理不允许两个自旋相同的电子同时处于相同位置，所以两个自旋系统的电荷分布依赖于自旋是平行的还是反平行的[1]。泡利原理对于两个自旋相反的电子没有这样的限制。

---

[1] 如果两个自旋反平行，则两个电子的波函数必然是对称的，如组合 $u(\boldsymbol{r}_1)v(\boldsymbol{r}_2)+u(\boldsymbol{r}_2)v(\boldsymbol{r}_1)$ 那样；若两个自旋平行，泡利原理要求波函数的轨道部分是反对称的，如 $u(\boldsymbol{r}_1)v(\boldsymbol{r}_2)-u(\boldsymbol{r}_2)v(\boldsymbol{r}_1)$，因为在其中交换坐标 $\boldsymbol{r}_1$ 和 $\boldsymbol{r}_2$ 时，波函数改变符号。如果令位置相同，即 $r_1=r_2$，则反对称函数变为零；这就是说，若两个电子的自旋平行，则它们在同一位置出现的概率为零。

于是，一个系统的静电能依赖于自旋的相对取向，不同相对取向的能量之差定义了交换能。

两个电子的交换能可以写成$-2J\boldsymbol{s}_1\cdot\boldsymbol{s}_2$的形式，如式（6），犹如两个自旋取向之间有直接的耦合。对于铁磁性的许多问题，把自旋当作经典角动量矢量处理是一个好的近似。

交换积分J与居里温度T_c之间可以建立一个近似的联系。假设所考虑的原子有z个最近邻，每个最近邻通过相互作用J与中心原子连接。对于更远些的近邻原子可以取$J=0$。平均场理论的结果是

$$J=\frac{3k_BT_c}{2zS(S+1)} \tag{7}$$

更好的统计近似将给出稍许不同的结果。对于由$S=1/2$的原子所构成的简单立方、体心立方和面心立方结构，Rushbrooke 和 Wood 给出的k_BT_c/zJ的值分别为 0.28、0.325 和 0.346。而与此对照，式（7）对三种结构均给出 0.500。若铁用$S=1$的海森堡模型表示，其测得的居里温度则相应于$J=11.9\text{meV}$。

12.1.2 饱和磁化强度对温度的依赖关系

在居里温度以下，也可以用平均场近似求出磁化强度与温度的函数关系。步骤同前面一样，但不用居里定律，而用磁化强度的完整的布里渊表达式。对于自旋$S=1/2$，这个表达式是$M=N\mu\tanh(\mu B/k_BT)$。若略去外加磁场，用分子场$B_E=\lambda M$代替B，则有

$$M=N\mu\tanh(\mu\lambda M/k_BT) \tag{8}$$

下面可以看到，在$0\sim T_c$温度范围内，这个方程有M不为零的解。

为了求解式（8），引用约化磁化强度$m\equiv M/N\mu$和约化温度$t=k_BT/N\mu^2\lambda$，把式（8）改写成

$$m=\tanh(m/t) \tag{9}$$

然后，把方程的左端和右端作为m的函数分别作图，如图 3 所示。两条曲线的交点给出感兴趣的温度之下的m值。临界温度是$t=1$，即$T_c=N\mu^2\lambda/k_B$。这样得到的M-T曲线粗略地表现了实验结果的特征（如图 4 表示的镍的结果）。随着温度上升磁化强度平滑地减小，至$T=T_c$时降到零。由于这种行为，通常的铁磁-顺磁转变应属于二级相变。

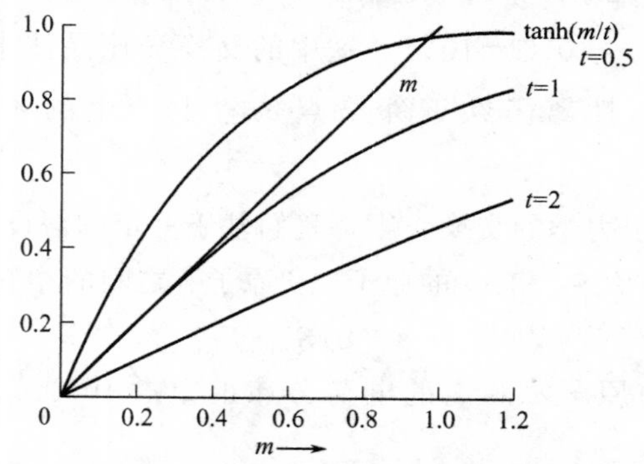

图 3 图解法求解式（9），得到约化磁化强度与温度的关系。约化磁化强度定义为$m=M/N\mu$。按式（9）的左端绘出斜率为 1 的直线m。右端是$\tanh(m/t)$，用三个不同的约化温度值（$t\approx k_BT/N\mu^2\lambda=T/T_c$）绘出右端与$m$的关系。这三条曲线相应的温度的是$2T_c$，$T_c$和$0.5T_c$。$t=2$的曲线只在$m=0$处与直线$m$相交，这相当于顺磁区域（无外加磁场）。$t=1$（即$T=T_c$）的曲线在原点与直线$m$相切；这个温度标志着铁磁性的开始。$t=0.5$的曲线在铁磁区域，在$m$大约等于$0.94N\mu$处与直线$m$相交。当$t\to0$时交点上移至$m=1$处，所以在绝对零度下全部磁矩将排列整齐。

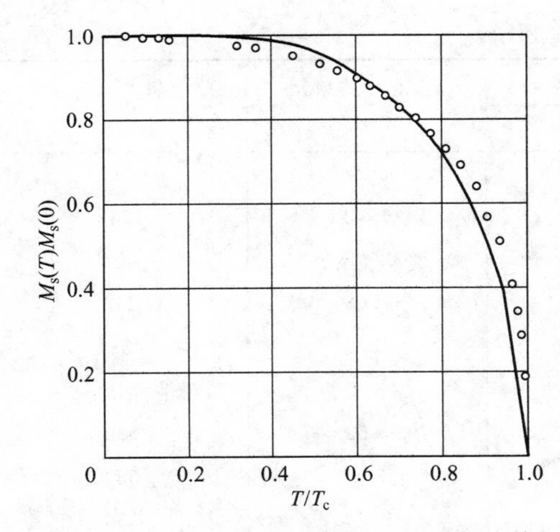

图 4　镍的饱和磁化强度和温度的关系，以及 $S=1/2$ 的平均场理论曲线。实验值引自 P. Weiss and R. Forrer。

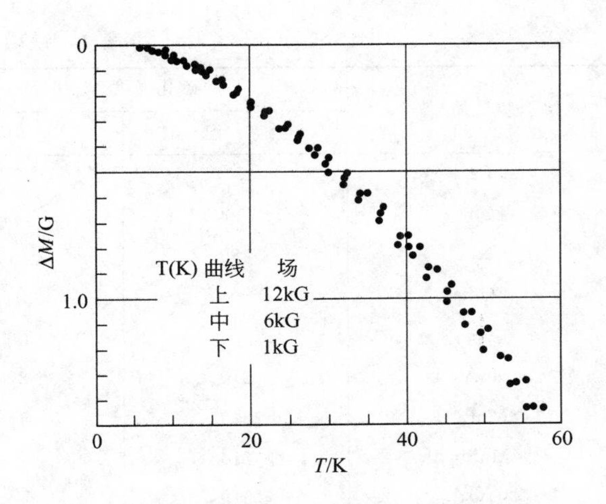

图 5　镍的磁化强度随温度升高而降低，引自 Argyle，Charap and Pugh。图中取 4.2K 的 $\Delta M\equiv 0$。

对于 M 在低温下的变化，平均场理论不能给出令人满意的描述。当 $T\ll T_c$ 时，式（9）中的双曲正切函数的宗量较大，因此

$$\tanh\xi\cong 1-2e^{-2\xi}\cdots\cdots$$

取最低级的近似，磁化强度的偏离 $\Delta M=M(0)-M(T)$ 是

$$\Delta M\cong 2N\mu\exp(-2\lambda N\mu^2/k_B T) \tag{10}$$

指数函数的宗量等于 $-2T_c/T$，对于 $T=0.1T_c$，得到 $\Delta M/N\mu\cong 4\times 10^{-9}$。

实验结果表明，在低温下 ΔM 随温度的变化要快得多。$T=0.1T_c$ 时，根据图 5 的数据得到 $\Delta M/M\cong 2\times 10^{-3}$。实验测定的 ΔM 主项的形式为

$$\frac{\Delta M}{M(0)}=AT^{3/2} \tag{11}$$

式中常数 A 的实验值对于镍为 $(7.5\pm 0.2)\times 10^{-6}\,\mathrm{deg}^{-3/2}$（deg 表示“度”），对于铁是 $(3.4\pm 0.2)\times 10^{-6}\,\mathrm{deg}^{-3/2}$。式（11）所示结果可以由自旋波理论给出自然的解释。

12.1.3　绝对零度下的饱和磁化强度

表 1 给出饱和磁化强度 M_s、铁磁居里温度以及有效磁子数的一些代表性数值，其中有效磁子数 n_B 由公式 $M_s(0)=n_B N\mu_B$ 定义，N 是单位体积内的化学式单元数目。不要把 n_B 与按照第 11 章式（23）定义的顺磁有效磁子数 p 混淆起来。

n_B 的观测值往往不是整数。这有许多可能的原因。一个原因是自旋-轨道相互作用，它会增添或减去一些轨道磁矩。另一个原因是在铁磁金属中，在顺磁性离子实周围出现的局部感生传导电子磁化强度。图 1 所示的亚铁磁性自旋排列还提示了第三个原因：如果对于每两个自旋投影为 $+S$ 的原子就有一个投影为 $-S$ 的原子，则平均自旋为（1/3）S。现在的问题是：是否存在某种简单的铁磁绝缘体，其全体离子的自旋在基态都是平行排列的呢？目前知道的少数几种简单铁磁体有 $CrBr_3$、EuO 和 EuS。

对于阐释过渡金属 Fe、Co、Ni 的铁磁性，能带及巡游电子模型都是可用的模型。基本思路如图 6 和图 7 所示。对于非铁磁性的铜，4s 带和 3d 带的关系示于图 6。如果从铜里移

表 1　铁磁性晶体

物　质	磁化强度 M_s/G		n_B/化学式单元 (0K)	居里温度 /K
	室　温	0K		
Fe	1707	1740	2.22	1043
Co	1400	1446	1.72	1388
Ni	485	510	0.606	627
Gd	—	2060	7.63	292
Dy	—	2920	10.2	88
MnAs	670	870	3.4	318
MnBi	620	680	3.52	630
MnSb	710	—	3.5	587
CrO_2	515	—	2.03	386
$MnOFe_2O_3$	410	—	5.0	573
$FeOFe_2O_3$	480	—	4.1	858
$NiOFe_2O_3$	270	—	2.4	(858)
$CuOFe_2O_3$	135	—	1.3	728
$MgOFe_2O_3$	110	—	1.1	713
EuO	—	1920	6.8	69
$Y_3Fe_5O_{12}$	130	200	5.0	560

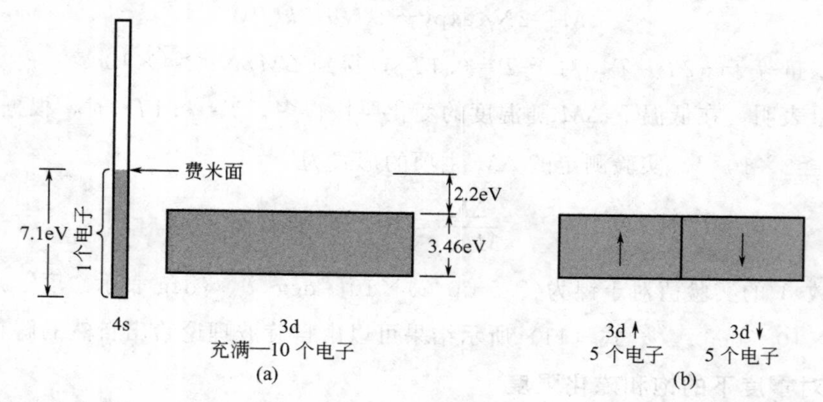

图 6　(a) 金属铜的 4s 带和 3d 带关系示意图。按每个原子计算，3d 带容纳 10 个电子，在铜中这个带已经填满。4s 带可以容纳两个电子；因为铜在填满的 3d 层外有一个价电子，所以图中所示的 4s 带是半满的。(b) 在铜中填满的 3d 带分成电子自旋相反的两个子能带，每一个容纳 5 个电子。图中所示的两个子能带均已填满，d 带的净自旋为零，因此净磁化强度也是零。

去一个电子，则得到的就是在 3d 带中可能会出现一个空穴的镍。图 7 (a) 是 $T>T_c$ 时镍的能带结构，与铜相比较，从 3d 带移去 $2\times0.27=0.54$ 个电子，从 4s 带移去 0.46 个电子就形成这种能带结构。

绝对零度下镍的能带结构示于图 7 (b)。镍是铁磁性的，在绝对零度下每个原子的玻尔磁子数 $n_B=0.60$。考虑到电子轨道运动对磁矩的贡献，在每个镍原子中，自旋择优指向一个方向的超额电子数平均为 0.54 个。金属中交换相互作用引起磁化率增大，这是第 11 章习题 8 所讨论的主题。

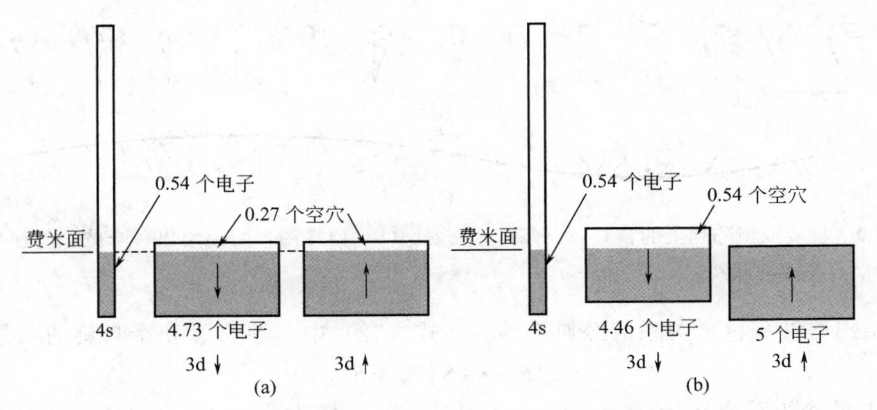

图 7　(a) 镍在居里点以上的能带关系。因为 3d↑带和 3d↓带的空穴数相等，所以净磁矩为零。(b) 镍在绝对零度下的能带关系示意图。交换相互作用使 3d↑子能带与 3d↓子能带的能量分开。3d↑带已经填满。3d↓带含有 4.46 个电子和 0.54 个空穴。一般认为 4s 带中所含的两种自旋方向的电子数目近似相等，所以无须把它分成子能带。每个原子具有 $0.54\mu_B$ 的净磁矩，这是由于 3d↑带具有比 3d↓带超额的布居数所导致。为了方便起见，也常常说磁化强度是由 3d↓带的 0.54 个空穴所导致。

12.2　磁波子

磁波子（传统上又称磁振子）就是量子化的自旋波。正像对声子那样，我们采用经典的论证求出磁波子的色散关系 $\omega(\boldsymbol{k})$。然后对磁波子能量进行量子化，并且用自旋反转来解释这个量子化。

在简单铁磁体的基态中，如图 8 (a) 所示，全部自旋是平行的。考虑 N 个自旋，每个大小为 S，排成一条直线或者一个圆圈，最近邻自旋之间借助海森堡相互作用耦合，即

$$U=-2J\sum_{p=1}^{N}\boldsymbol{S}_p\cdot\boldsymbol{S}_{p+1} \tag{12}$$

这里 J 是交换积分，$\hbar\boldsymbol{S}_p$ 是 p 位置上的自旋角动量。若把 $\boldsymbol{S}_p$ 当作经典矢量处理，则在基态有 $\boldsymbol{S}_p\cdot\boldsymbol{S}_{p+1}=S^2$，系统的交换能就是 $U_0=-2NJS^2$。

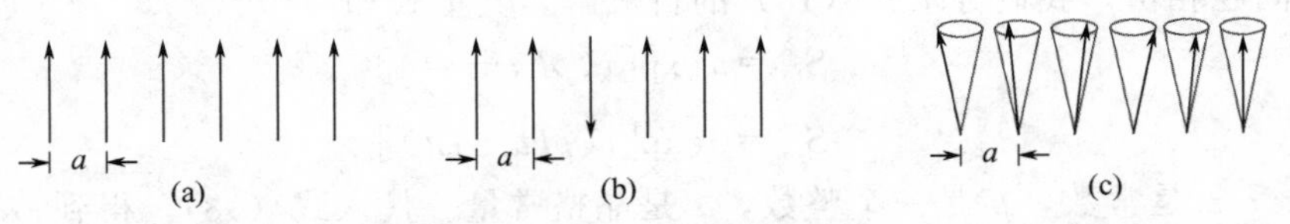

图 8　(a) 简单铁磁体基态的经典图像，自旋全部平行。(b) 一种可能的激发，即一个自旋反向。(c) 低能量的元激发，即自旋波。自旋矢量在圆锥面上进动，每一个自旋的相位比前一个自旋都超前一个相同的角度。

第一激发态的能量是多大呢？考虑如图 8 (b) 所示的激发态，其中有一个特定的自旋方向倒反。由式 (12) 可以看到，这种状态使能量增加 $8JS^2$，因此 $U_1=U_0+8JS^2$。如果能让所有的自旋分担这一反向，如图 8 (c) 所示，就可以构成一个能量低得多的激发态。自旋系统的元激发具有与波相似的形式，称为磁波子（图 9）。它们与晶格振动或声子类似。自旋波是晶格中自旋的相对取向的振动；晶格振动是晶格原子的相对位置的振动。

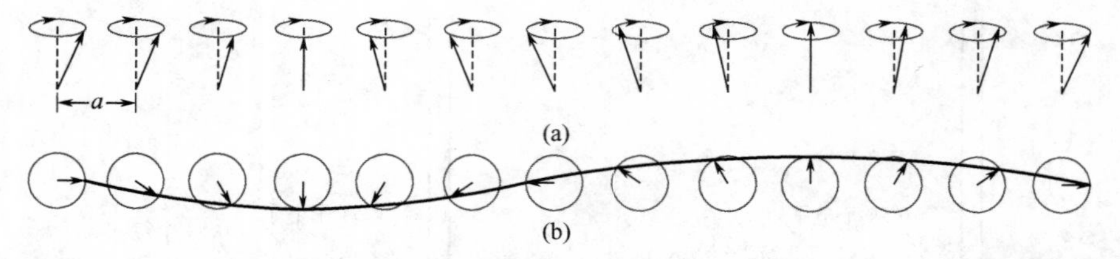

图 9 自旋线型阵列上的自旋波。(a) 透视图。(b) 俯视图，图中绘出一个波长，连接自旋矢量的端点描成波状线。

现在给出磁波子色散关系的经典推导。在式 (12) 中，涉及第 p 个自旋的项是

$$-2J\boldsymbol{S}_p\cdot(\boldsymbol{S}_{p-1}+\boldsymbol{S}_{p+1}) \tag{13}$$

把 p 位置上的磁矩写成 $\boldsymbol{\mu}_p=-g\mu_B\boldsymbol{S}_p$。于是式 (13) 成为

$$-\boldsymbol{\mu}_p\cdot[(-2J/g\mu_B)(\boldsymbol{S}_{p-1}+\boldsymbol{S}_{p+1})] \tag{14}$$

此式的形式恰如 $-\boldsymbol{\mu}_p\cdot\boldsymbol{B}_p$，其中作用在第 p 个自旋上的有效磁场或交换场是

$$\boldsymbol{B}_p=(-2J/g\mu_B)(\boldsymbol{S}_{p-1}+\boldsymbol{S}_{p+1}) \tag{15}$$

根据力学定律，角动量 $\hbar\boldsymbol{S}_p$ 的变化速率等于作用在自旋上的力矩 $\boldsymbol{\mu}_p\times\boldsymbol{B}_p$，即 $\hbar\mathrm{d}\boldsymbol{S}_p/\mathrm{d}t=\boldsymbol{\mu}_p\times\boldsymbol{B}_p$，也就是

$$\begin{aligned}\mathrm{d}\boldsymbol{S}_p/\mathrm{d}t&=(-g\mu_B/\hbar)\ \boldsymbol{S}_p\times\boldsymbol{B}_p\\&=(2J/\hbar)(\boldsymbol{S}_p\times\boldsymbol{S}_{p-1}+\boldsymbol{S}_p\times\boldsymbol{S}_{p+1})\end{aligned} \tag{16}$$

写成笛卡尔分量形式，即有

$$\begin{aligned}\mathrm{d}S_p^x/\mathrm{d}t=(2J/\hbar)[&S_p^y(S_{p-1}^z+S_{p+1}^z)\\&-S_p^z(S_{p-1}^y+S_{p+1}^y)]\end{aligned} \tag{17}$$

对于 $\mathrm{d}S_p^y/\mathrm{d}t$ 与 $\mathrm{d}S_p^z/\mathrm{d}t$ 有类似的方程。这组方程含有自旋分量的乘积，并且是非线性的。

如果激发的幅度小 (S_p^x，$S_p^y\ll S$)，则取所有的 $S_p^z=S$，并且在关于 $\mathrm{d}S_p^z/\mathrm{d}t$ 的方程中，略去 S^x 与 S^y 相乘的项，这样就可以得到一个近似的线性方程组。这组线性化的方程是

$$\mathrm{d}S_p^x/\mathrm{d}t=(2JS/\hbar)(2S_p^y-S_{p-1}^y-S_{p+1}^y) \tag{18a}$$

$$\mathrm{d}S_p^y/\mathrm{d}t=-(2JS/\hbar)(2S_p^x-S_{p-1}^x-S_{p+1}^x) \tag{18b}$$

$$\mathrm{d}S_p^z/\mathrm{d}t=0 \tag{19}$$

与声子问题相仿，我们寻求式 (18) 的行波解，其形式如

$$\begin{aligned}S_p^x&=u\exp[i(pka-\omega t)]\\S_p^y&=v\exp[i(pka-\omega t)]\end{aligned} \tag{20}$$

式中，u，v 是常数，p 是一个整数，a 是晶格常量。代入式 (18)，得到

$$\begin{aligned}-i\omega u&=(2JS/\hbar)(2-\mathrm{e}^{-ika}-\mathrm{e}^{ika})v\\&=(4JS/\hbar)(1-\cos ka)v\\-i\omega v&=-(2JS/\hbar)(2-\mathrm{e}^{-ika}-\mathrm{e}^{ika})u\\&=-(4JS/\hbar)(1-\cos ka)u\end{aligned}$$

若系数行列式等于零，即

$$\begin{vmatrix}i\omega & (4JS/\hbar)(1-\cos ka)\\-(4JS/\hbar)(1-\cos ka) & i\omega\end{vmatrix}=0 \tag{21}$$

则方程组对 u、v 有解。由式 (21) 可得

$$\hbar\omega=4JS(1-\cos ka) \tag{22}$$

这个结果绘于图 10 之中。有了这个解，就得到关系 $v=-iu$，这相应于每个自旋绕 z 轴作圆周进动。令 $v=-iu$，取式（20）的实数部分就得到

$$S_p^x=u\cos(pka-\omega t);S_p^y=u\sin(pka-\omega t)$$

式（22）是在具有最近邻相互作用的一维系统中的自旋波的色散关系。通过量子力学的精确求解也可以得到完全同样的结果，参见 QTS 的第 4 章。在长波区域，$ka\ll 1$，于是 $(1-\cos ka)\cong\frac{1}{2}(ka)^2$，因此

$$\hbar\omega\cong(2JSa^2)k^2 \tag{23}$$

频率正比于 k^2；在相同的极限下，声子的频率正比于 k。

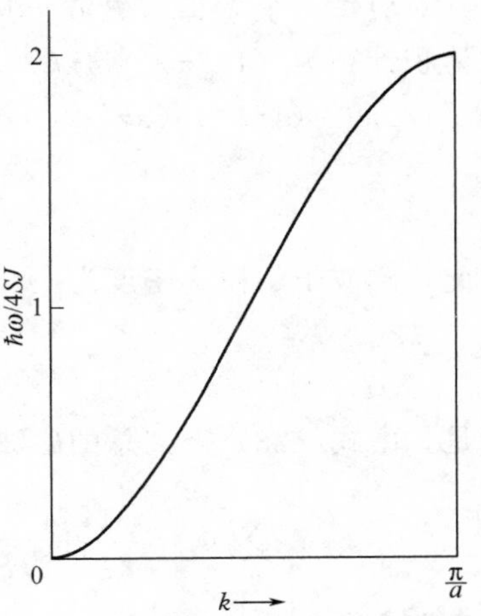

对于具有最近邻相互作用的铁磁性立方晶格，色散关系是

$$\hbar\omega=2JS\left[z-\sum_{\delta}\cos(\boldsymbol{k}\cdot\boldsymbol{\delta})\right] \tag{24}$$

图 10　具有最近邻相互作用的一维铁磁体中磁波子的色散关系。

式中的 $\boldsymbol{\delta}$ 表示连接中心原子和其最近邻的 z 个矢量，求和就是对它们进行。对于 $ka\ll 1$，三种立方晶格都有

$$\hbar\omega=(2JSa^2)k^2 \tag{25}$$

式中，a 是晶格常量。

k^2 的系数一般可以由薄膜的中子散射或自旋波共振（见第 13 章）准确地测定。G. Shirane 及其合作者通过中子散射发现，对于铁、钴和镍，在温度 295K 下，方程 $\hbar\omega=Dk^2$ 中的系数 D 分别为 281、500 和 364meV · Å^2。

12.2.1　自旋波的量子化

自旋波量子化的步骤与光子和声子完全一样。若在频率为 ω_{k} 的模中含有 n_{k} 个磁波子，则其能量由以下公式给出，即

$$\epsilon_{\mathbf{k}}=\left(n_k+\frac{1}{2}\right)\hbar\omega_{\mathrm{k}} \tag{26}$$

类比可见，激发一个磁波子，相当于一个 1/2 自旋的反转。

12.2.2　磁波子的热激发

在热平衡下，n_k 的平均值由普朗克分布律给出[1]：

$$\langle n_{\mathbf{k}}\rangle=\frac{1}{\exp(\hbar\omega_{\mathbf{k}}/k_BT)-1} \tag{27}$$

温度为 T 时激发的磁波子总数是

$$\sum_k n_{\mathbf{k}}=\int d\omega D(\omega)\langle n(\omega)\rangle \tag{28}$$

式中，$D(\omega)$ 是单位频率区间内磁波子模的数目。积分遍及 $\boldsymbol{k}$ 的允许范围，即第一布里渊区。在足够低的温度下，可以由 0～∞做积分，因为当 $\omega\to\infty$时，$\langle n(\omega)\rangle$按照指数律趋于零。

---

[1] 这个结果的论证与关于声子和光子的论证完全一样。对于任何问题，只要能级与一个简谐振子或一组简谐振子的能级全同，都得到普朗克分布。

对应每一个 $\boldsymbol{k}$ 值，磁波子只有一种偏振方式。在三维中，波矢小于 k 的模的数目按单位体积计算为 $(1/2\pi)^3$ $(4\pi k^3/3)$。因此，在 ω 附近的频率区间 $\mathrm{d}\omega$ 内，磁波子数 $D(\omega)$ $\mathrm{d}\omega$ 是 $(1/2\pi)^3$ $(4\pi k^2)$ $(\mathrm{d}k/\mathrm{d}\omega)$ $\mathrm{d}\omega$。按照近似的色散关系式（25），可得到

$$\frac{\mathrm{d}\omega}{\mathrm{d}k}=\frac{4JSa^2k}{\hbar}=2\left(\frac{2JSa^2}{\hbar}\right)^{\frac{1}{2}}\omega^{\frac{1}{2}}$$

因此，磁波子的模式密度为

$$D(\omega)=\frac{1}{4\pi^2}\left(\frac{\hbar}{2JSa^2}\right)^{3/2}\omega^{\frac{1}{2}} \tag{29}$$

于是，由式（28）得到总的磁波子数为

$$\sum_k n_k=\frac{1}{4\pi^2}\left(\frac{\hbar}{2JSa^2}\right)^{\frac{3}{2}}\int_0^\infty \mathrm{d}\omega\ \frac{\omega^{\frac{1}{2}}}{\mathrm{e}^{\beta\hbar\omega}-1}=\frac{1}{4\pi^2}\left(\frac{k_\mathrm{B}T}{2JSa^2}\right)^{\frac{3}{2}}\int_0^\infty \mathrm{d}x\ \frac{x^{\frac{1}{2}}}{\mathrm{e}^x-1}$$

最后那个定积分的值可从积分表中查到，数值是 (0.0587) $(4\pi^2)$。

单位体积的原子数 N 为 Q/a^3。对于简单立方、体心立方和面心立方晶格，其数值 Q 分别等于 1、2 和 4。由于 $(\sum n_{\boldsymbol{k}})$ $/NS$ 等于磁化强度的相对变化分数 $\Delta M/M(0)$，因此

$$\frac{\Delta M}{M(0)}=\frac{0.0587}{SQ}\cdot\left(\frac{k_\mathrm{B}T}{2JS}\right)^{\frac{3}{2}} \tag{30}$$

这个结果由 F. Bloch 得出，称为布洛赫 $T^{\frac{3}{2}}$ 定律（Bloch$T^{\frac{3}{2}}$ law）。显见，其形式与实验得到的相同。在中子散射实验中，直到居里温度附近，甚至居里温度以上，都曾经观察到自旋波。

12.3 中子磁散射

X 射线光子能感觉到电子电荷的空间分布，无论电荷密度是否磁化。中子能感受到晶体的两个方面：亦即核的分布和电子磁化强度的分布。铁的中子衍射图见图 11。

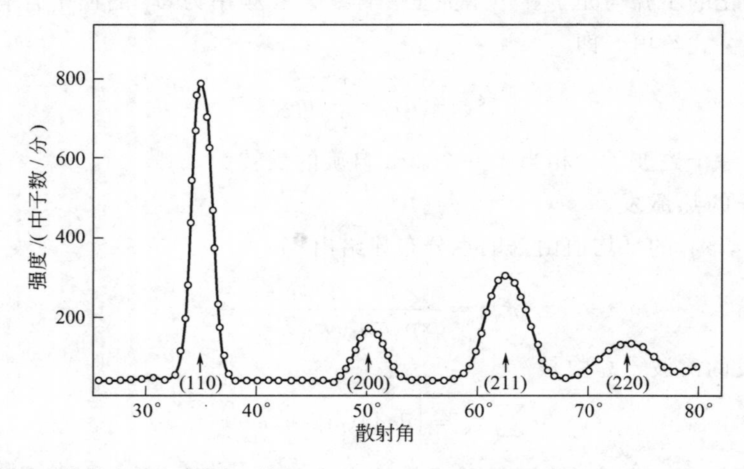

图 11 铁的中子衍射图。引自 C. G. Shull，E. O. Wollan and W. C. Konhler。

中子的磁矩与电子的磁矩之间有相互作用。中子-电子相互作用的截面与中子-核相互作用的截面具有相同数量级。磁性晶体对中子的衍射能够用来确定磁矩的分布、方向和磁矩的序。

中子可以被磁性结构非弹性散射，并产生或湮灭一个磁波子（如图 12）。由此，我们就

有可能从实验上测定磁波子谱。如果入射中子的波矢为 $\boldsymbol{k}_n$，散射后变为 $\boldsymbol{k}'_n$，同时产生一个波矢为 $\boldsymbol{k}$ 的磁波子，则根据晶体动量守恒定律，即有 $\boldsymbol{k}_n=\boldsymbol{k}'_n+\boldsymbol{k}+\boldsymbol{G}$，其中 $\boldsymbol{G}$ 是倒格矢量。根据能量守恒定律，则有

$$\frac{\hbar^2 k_n^2}{2M_n}=\frac{\hbar^2 k_n'^2}{2M_n}+\hbar\omega_{\mathbf{k}} \tag{31}$$

式中，$\hbar\omega_{\mathbf{k}}$ 是散射过程中产生的磁波子的能量。观测得到的 $MnPt_3$ 的磁波子谱如图 13 所示。

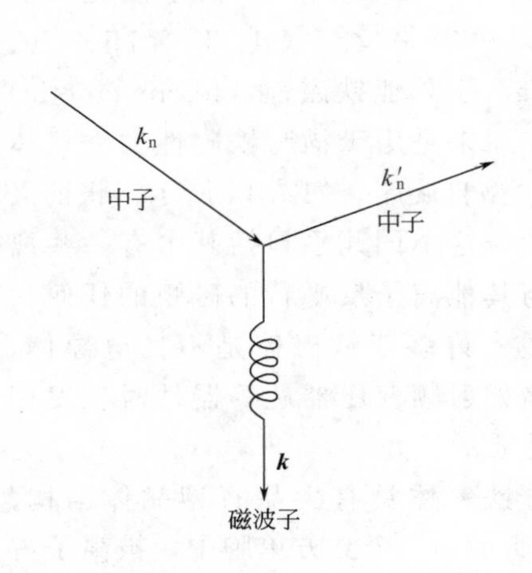

图 12　中子被有序磁结构散射，伴随着产生一个磁波子。

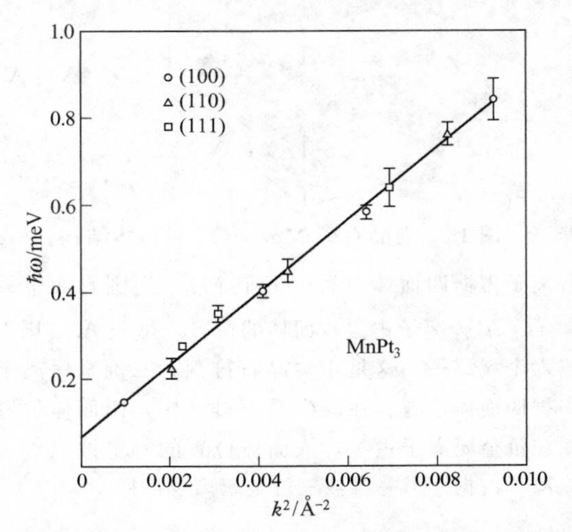

图 13　对于磁铁体 $MnPt_3$，实验测定的磁波子能量关于波矢平方的函数曲线。引自 B. Antonini and V. J. Minkiewicz。

12.4　亚铁磁序

对于许多铁磁晶体，$T=0$K 时的饱和磁化强度，并不对应着所含顺磁离子磁矩的平行排列。甚至对于有一些晶体，虽然存在有力的证据表明单个顺磁离子具有正常的磁矩，也仍然还有这种现象。最熟悉的例子是磁铁矿，即 Fe_3O_4，或写作 $FeO \cdot Fe_2O_3$，根据第 11 章表 2，三价铁离子（Fe^{3+}）所处态的自旋 S 等于 5/2，轨道矩为零。因此每个离子应该对饱和磁矩贡献 $5\mu_B$。亚铁离子（Fe^{2+}）自旋为 2，应该贡献 $4\mu_B$（残余的轨道矩贡献不计在内）。因此，如果全部自旋平行，每个化学式（Fe_3O_4）单元的有效玻尔磁子数应为 $2\times5+4=14$。观测值（见表 1）是 4.1。若假设 Fe^{3+} 的磁矩是相互反平行的，因而测得的磁矩只是由于

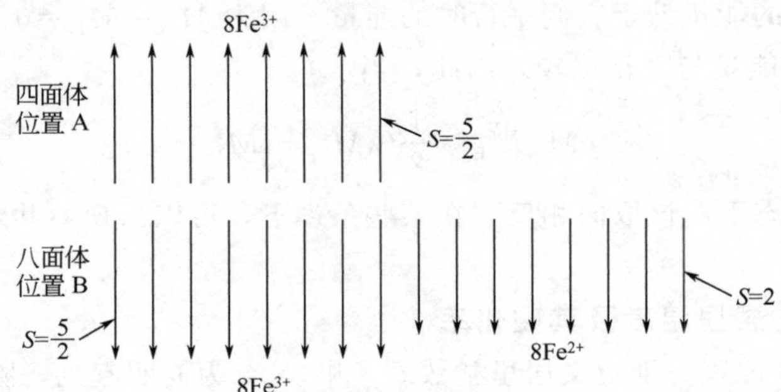

图 14　磁铁矿 $FeO \cdot Fe_2O_3$ 的自旋排列。Fe^{3+} 的磁矩相互抵消，只余下 Fe^{2+} 的磁矩。

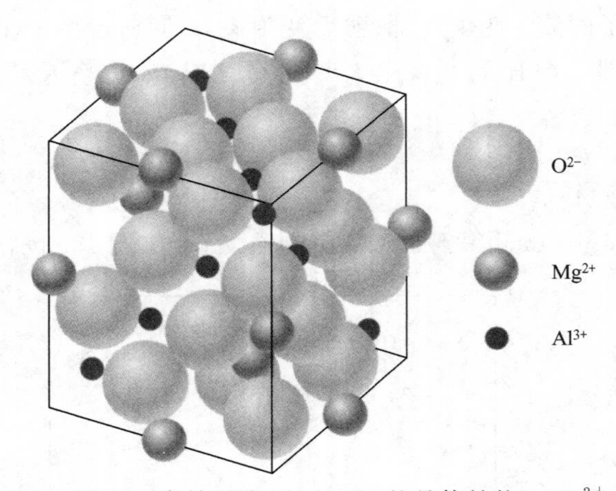

图 15 尖晶石矿 $MgAl_2O_4$ 的晶体结构。Mg^{2+} 离子占据四面体位置，每个 Mg^{2+} 周围有四个氧离子。Al^{3+} 离子占据八面体的位置，每个 Al^{3+} 周围有六个氧离子。这是正尖晶石排列：二价金属离子占据四面体位置。在反尖晶石排列中，四面体位置被三价金属离子占据，八面体位置的一半被二价金属离子占据，另一半被三价金属离子占据。

Fe^{2+} 离子所引起（如图 14 所示），则可以解释上述分歧。中子衍射的结果与这个模型一致。

L. Néel 对这种类型的自旋序所产生的后果，就一类重要的磁性氧化物——铁氧体——进行了系统的讨论。铁氧体通常的化学式是 $MO \cdot Fe_2O_3$，式中的 M 是二价阳离子，一般是 Zn、Cd、Fe、Ni、Cu、Co 和 Mg。引入亚铁磁性（ferrimagnetic）这个词，原来是用于描写铁磁性的铁氧体（ferrite）型自旋序，如图 14 所示。将词义引申以后，这个词几乎包括其中有一些离子具有与其他离子反平行的磁矩的任何一种化合物。许多亚铁磁体是不良电导体，若用于诸如射频变压器芯等器件时就发挥了这个性质的长处。

立方铁氧体具有尖晶石型晶体结构，如图 15 所示。一个立方单胞中，被离子占据的四面体（A）位置有 8 个，占据的八面体（B）位置有 16 个。晶格常量约为 8Å。尖晶石的一个值得注意的特点是所有交换积分 J_{AA}、J_{AB} 和 J_{BB} 都是负的。它们都有利于通过交换作用相连接的自旋成反平行排列。但是，其中 AB 相互作用很强，因而使 A 自旋相互平行，B 自旋也相互平行，这样正好使 A 自旋可以反平行于 B 自旋。如果 $U=-2J\boldsymbol{S}_i \cdot \boldsymbol{S}_j$ 中的 J 是正的，这个交换积分就称为铁磁性的；如果是负的，则称为反铁磁性的。

现在证明：三种反铁磁相互作用可以导致亚铁磁性。作用在 A 自旋晶格和 B 自旋晶格上的平均交换场可以写作

$$\boldsymbol{B}_A=-\lambda\boldsymbol{M}_A-\mu\boldsymbol{M}_B,\boldsymbol{B}_B=-\mu\boldsymbol{M}_A-\nu\boldsymbol{M}_B \tag{32}$$

所有的常数 λ、μ、ν 都取为正。因此，负号相应于反平行相互作用，其相互作用能密度是

$$\begin{aligned} U&=-\frac{1}{2}(\boldsymbol{B}_A\cdot\boldsymbol{M}_A+\boldsymbol{B}_B\cdot\boldsymbol{M}_B)\\ &=-\frac{1}{2}\lambda M_A^2+\mu\boldsymbol{M}_A\cdot\boldsymbol{M}_B+\frac{1}{2}\nu M_B^2 \end{aligned} \tag{33}$$

$\boldsymbol{M}_A$ 与 $\boldsymbol{M}_B$ 反平行时的能量低于它们平行时的能量。因为 $\boldsymbol{M}_A=\boldsymbol{M}_B=0$ 是一个可能的解，所以应该把反平行时的能量与零相比较。因此，当

$$\mu M_A M_B>\frac{1}{2}(\lambda M_A^2+\nu M_B^2) \tag{34}$$

时，$\boldsymbol{M}_A$ 与 $\boldsymbol{M}_B$ 在基态下应该取向相反（在某些条件下，可以出现不共线的自旋阵列，其能量更低）。

12.4.1 亚铁磁体的居里温度及其磁化率

对于 A 位置和 B 位置分别定义居里常数 C_A 和 C_B。为简明起见，除了 A 和 B 位置之间的反平行相互作用之外，令其他的相互作用都为零。即取 $\boldsymbol{B}_A=-\mu\boldsymbol{M}_B$，$\boldsymbol{B}_B=-\mu\boldsymbol{M}_A$，其

中 μ 为正。这两个表达式中出现的 μ 是同一个常数，因为能量具有式（33）那种形式。

在平均场近似下，得到

（CGS）
$$M_A T = C_A(B_a - \mu M_B)$$
$$M_B T = C_B(B_a - \mu M_A) \tag{35}$$

式中的 B_a 为外加场。在外加场为零时，这组方程对 M_A 和 M_B 有非零解的条件是

$$\begin{vmatrix} T & \mu C_A \\ \mu C_B & T \end{vmatrix} = 0 \tag{36}$$

所以，亚铁磁居里温度为 $T_c = \mu(C_A C_B)^{\frac{1}{2}}$。

由式（35）解出 M_A 和 M_B，得到 $T > T_c$ 时的磁化率为

（CGS）
$$\chi = \frac{M_A + M_B}{B_a} = \frac{(C_A + C_B)T - 2\mu C_A C_B}{T^2 - T_c^2} \tag{37}$$

这个结果比式（4）复杂。Fe_3O_4 的实验值绘于图 16，其中 $1/\chi$-T 曲线的弯曲是亚铁磁体的一个特征。反铁磁性的情况（$C_A = C_B$）将在下面讨论。

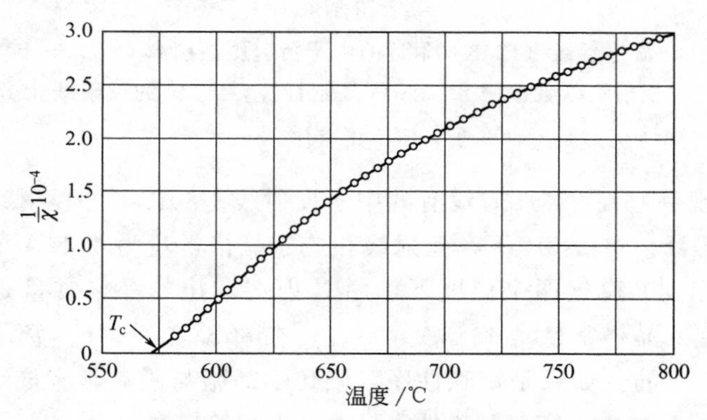

图 16　磁铁矿 $FeO \cdot Fe_2O_3$ 的磁化率倒数的实验曲线。

12.4.2　铁石榴石（Iron Garnets）

铁石榴石是立方的亚铁磁绝缘体，一般化学式是 $M_3Fe_5O_{12}$，其中 M 是三价金属离子，Fe 是三价铁离子（$S = 5/2$，$L = 0$）。钇铁石榴石（YIG）：$Y_3Fe_5O_{12}$ 是一个例子。Y^{3+} 是抗磁性的。

YIG 的净磁化强度是由两套反向磁化的 Fe^{3+} 离子晶格合成产生的。在绝对零度下，每个三价铁离子对磁化强度贡献 $\pm 5\mu_B$，但是在每个化学式单元中，处于以 d 位置为标记的位置上的三个 Fe^{3+} 离子沿一个方向磁化，而处于 a 位置上的两个 Fe^{3+} 离子沿相反的方向磁化。合成的结果是每个化学式的单元为 $5\mu_B$，与 Geller 等的测量结果一致。

d 位置的离子作用在 a 位置上的平均场是 $B_a = -(1.5 \times 10^4) M_d$。YIG 的实测居里温度 559K 是由 a-d 相互作用决定的。在 YIG 中，唯一的一种磁性离子是三价铁离子。因为三价离子处于 $L = 0$ 的态，具有球形电荷分布，所以它们与晶格形变和声子的相互作用较弱，这导致 YIG 具有一个特点：即在铁磁共振实验中其线宽非常窄。

12.5　反铁磁序

利用中子测定磁结构的典型例子示于图 17。实验所用样品为 MnO，它具有 NaCl 型结

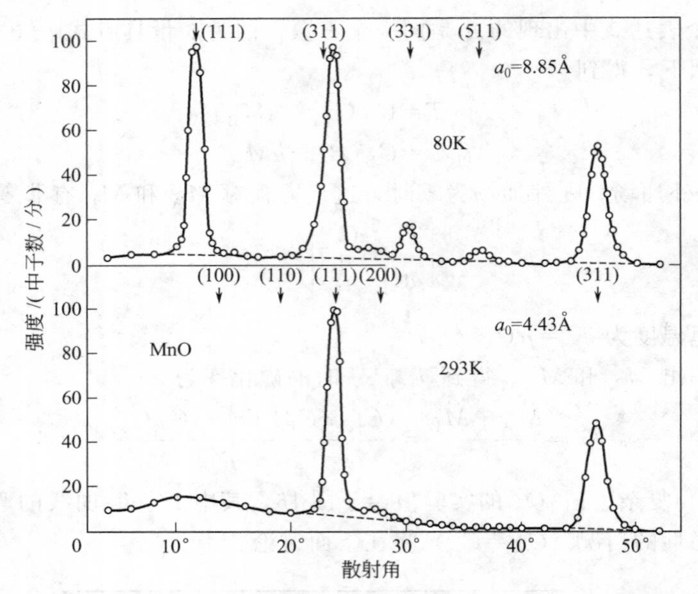

图 17 MnO 在自旋序温度（120K）附近的中子衍射图。引自 C. G. Shull W. A. Strauser and E. O. Wollan。80K 的反射线指数按照 8.85Å 的晶胞计算，293K 的反射线指数按照 4.43Å 晶胞计算。在 293K 下 Mn^{2+} 仍然是磁性离子，但不再有序。

构。在 80K 下，出现一些在 293K 时没有的中子反射线。80K 下的反射线可以用晶格常量为 8.85Å 的立方晶胞解释。在 293K 下，反射线相应于晶格常量为 4.43Å 的面心立方晶胞。

但是，在 80K 和 293K 这两个温度下，用 X 射线定出的晶格常量是 4.43Å。由此，人们断言：其化学单胞的晶格常量是 4.43Å。不过，在 80K 之下 Mn^{2+} 离子的电子磁矩是按照某种非铁磁性方式列序的。如果是铁磁性序，则化学晶胞与磁晶胞应该给出同样的反射线。

图 18 所示自旋排列与中子衍射和磁性测量的结果相符。在单个［111］面上的自旋相互平行，但相邻的两个［111］面上的自旋反平行。因此，MnO 是一个反铁磁体，如图 19 所示。

对于反铁磁体，在有序温度即奈尔温度（Neel temperature）T_N（见表 2）以下，自旋反平行排列，净磁矩为零。在 $T=T_N$ 时，反铁磁体的磁化率不是无限大，而是如图 20 所示那样有一个不太突出的尖点。

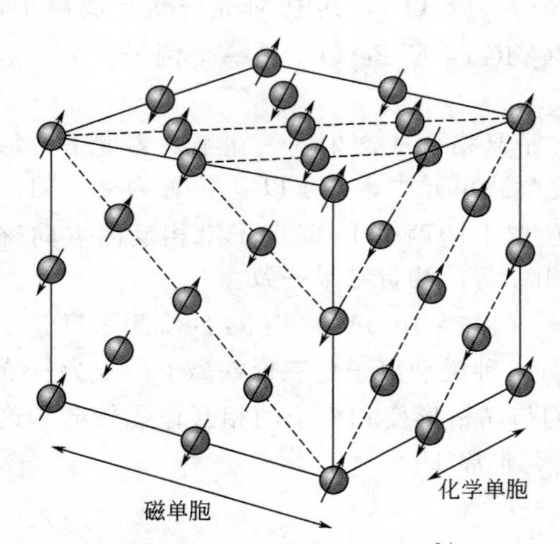

图 18 氧化锰（MnO）里 Mn^{2+} 离子自旋的有序排列。由中子衍射所确定，图中未给出 O^{2-} 离子。

反铁磁体是亚铁磁体的一种特殊情况，即其中的 A 和 B 两套子晶格磁化强度相等。因此，在式（37）中 $C_A=C_B$，在平均场近似下奈尔温度由下式给出：

$$T_N=\mu C \tag{38}$$

式中，C 是单个子晶格的居里常数。按照式（37），可得顺磁区域 $T>T_N$ 的磁化率为

$$\chi=\frac{2CT-2\mu C^2}{T^2-(\mu C)^2}=\frac{2C}{T+\mu C}=\frac{2C}{T+T_N} \tag{39}$$

$T>T_N$ 的实验结果具有如下形式：

$$\text{(CGS)} \qquad \chi=\frac{2C}{T+\theta} \tag{40}$$

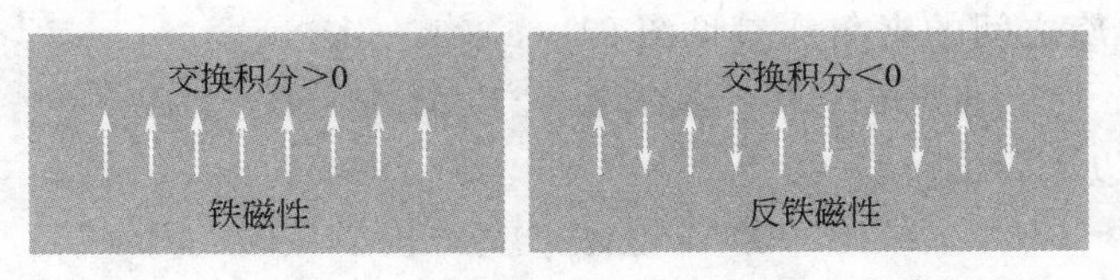

图 19　铁磁体（$J>0$）和反铁磁体（$J<0$）中的自旋序。

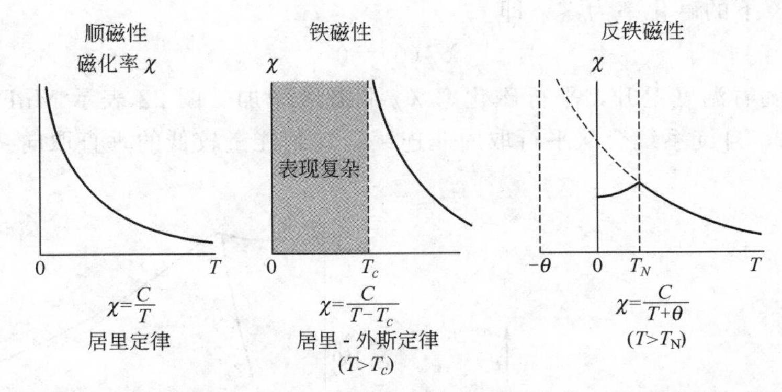

图 20　顺磁体、铁磁体和反铁磁体磁化率与温度的关系曲线。在反铁磁体的奈尔温度以下，自旋反平行取向；在 T_N 处磁化率达到极大值。χ-T 曲线有明显的转折，这个转变以在比热容和热膨胀系数的温度曲线上所出现的峰显示。

表 2 中列出 θ/T_N 的实验值，与根据式（39）预计的值（即等于 1）相比往往相差很多。考虑次近邻相互作用及子晶格排列之后，可以得到同观测值大小相近的 θ/T_N 值。若引入平均场常数 $-\epsilon$ 描述一个子晶格里的相互作用，则 $\theta/T_N=(\mu+\epsilon)/(\mu-\epsilon)$。

表 2　反铁磁性晶体

物　质	顺磁离子晶　格	转变温度 T_N/K	居里-外斯 θ/K	θ/T_N	$\frac{\chi(0)}{\chi(T_N)}$
MnO	面心立方	116	610	5.3	2/3
MnS	面心立方	160	528	3.3	0.82
MnTe	六角分层	307	690	2.25	
MnF_2	体心四方	67	82	1.24	0.76
FeF_2	体心四方	79	117	1.48	0.72
$FeCl_2$	六角分层	24	48	2.0	<0.2
FeO	面心立方	198	570	2.9	0.8
$CoCl_2$	六角分层	25	38.1	1.53	
CoO	面心立方	291	330	1.14	
$NiCl_2$	六角分层	50	68.2	1.37	
NiO	面心立方	525	~2000	~4	
Cr	体心立方	308			

12.5.1　奈尔温度以下的磁化率

存在着两种情况，即外加磁场垂直于自旋轴和外加场平行于自旋轴。在奈尔温度以及低于奈尔温度的情况下，磁化率几乎与外场和自旋轴的相对方向无关。对于 $\boldsymbol{B}_a$ 垂直于自旋轴的情况，可以根据初等理论算出磁化率。取 $M=|M_A|=|M_B|$，磁场存在时能量密度为

$$U=\mu\boldsymbol{M}_A\cdot\boldsymbol{M}_B-\boldsymbol{B}_a\cdot(\boldsymbol{M}_A+\boldsymbol{M}_B)$$
$$\cong-\mu M^2\left[1-\frac{1}{2}(2\varphi)^2\right]-2B_aM\varphi \tag{41}$$

式中，2φ 是自旋之间的夹角［参见图 21（a）］，当

$$dU/d\varphi=0=4\mu M^2\varphi-2B_aM,\varphi=B_a/2\mu M \tag{42}$$

时能量为极小，所以

$$\chi_\perp=2M\varphi/B_a=1/\mu \tag{43}$$

当外场平行于自旋轴时［图 21（b）］，若自旋系统 A 和 B 与外场夹角相等，则磁能不变。因此 $T=0\mathrm{K}$ 下的磁化率为零，即

$$\chi_{/\!/}(0)=0 \tag{44}$$

由 0 直到 T_N，随着温度上升，平行磁化率 $\chi_{/\!/}$ 平滑地增加。图 22 表示 MnF_2 的测量结果。在很强的磁场中，自旋系统会从平行取向非连续地转到能量较低的垂直取向。

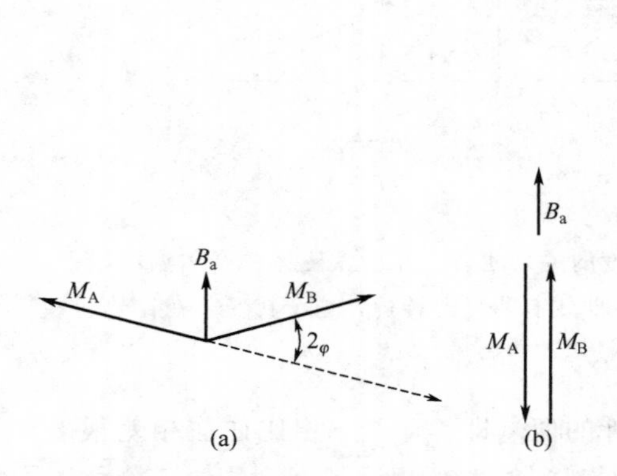

图 21 利用平均场近似方法计算 0K 下磁化率时的两种情况示意图：(a) 垂直；(b) 平行。

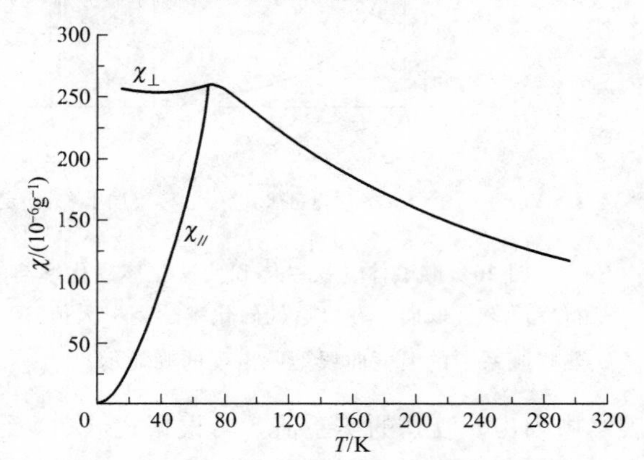

图 22 氟化锰（MnF_2）的磁化率。外场平行于四方轴和垂直四方轴，引自 S. Foner。

12.5.2 反铁磁性磁波子

把关于铁磁性线型阵列给出的式（16）～式（22）作恰当的修改，就不难得到一维反铁磁体中磁波子的色散关系表达式。令偶数指标（$2p$）的自旋构成子晶格 A，其自旋向上（$S_z=S$）；而奇数指标（$2p+1$）的自旋构成子晶格 B，其自旋向下（$S_z=-S$）。若只考虑最近邻相互作用，并取 J 为负，则类比式（17）和式（18）可得关于 A 晶格的方程，亦即

$$dS_{2p}^x/dt=(2JS/\hbar)(-2S_{2p}^y-S_{2p-1}^y-S_{2p+1}^y) \tag{45a}$$

$$dS_{2p}^y/dt=-(2JS/\hbar)(-2S_{2p}^x-S_{2p-1}^x-S_{2p+1}^x) \tag{45b}$$

同理可知，关于 B 晶格自旋的相应的方程是

$$dS_{2p+1}^x/dt=(2JS/\hbar)(2S_{2p+1}^y+S_{2p}^y+S_{2p+2}^y) \tag{46a}$$

$$dS_{2p+1}^y/dt=-(2JS/\hbar)(2S_{2p+1}^x+S_{2p}^x+S_{2p+2}^x) \tag{46b}$$

令 $S^+=S^x+iS^y$，则有

$$dS_{2p}^+/dt=(2iJS/\hbar)(2S_{2p}^++S_{2p-1}^++S_{2p+1}^+) \tag{47}$$

$$dS_{2p+1}^+/dt=-(2iJS/\hbar)(2S_{2p+1}^++S_{2p}^++S_{2p+2}^+) \tag{48}$$

若令解的形式为

$$S_{2p}^+=u\exp(i2pka-iwt)$$

$$S_{2p+1}^+=v\exp[i(2p+1)ka-iwt] \tag{49}$$

则式（47）与式（48）变为

$$\omega u=\frac{1}{2}\omega_{ex}(2u+ve^{-ika}+ve^{ika}) \quad (50a)$$

$$-\omega v=\frac{1}{2}\omega_{ex}(2v+ue^{-ika}+ue^{ika}) \quad (50b)$$

其中 $\omega_{ex}\equiv-4JS/\hbar=4|J|S/\hbar$。如果

$$\begin{vmatrix} \omega_{ex}-\omega & \omega_{ex}\cos ka \\ \omega_{ex}\cos ka & \omega_{ex}+\omega \end{vmatrix}=0 \quad (51)$$

则式（50）有解。因此，

$$\omega^2=\omega_{ex}^2(1-\cos^2 ka);\omega=\omega_{ex}|\sin ka| \quad (52)$$

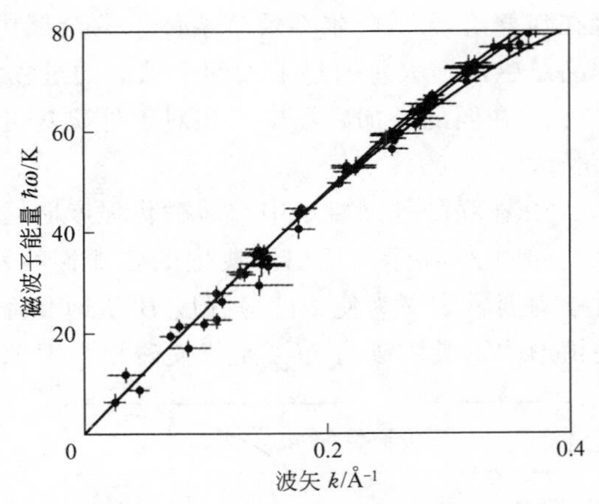

图 23 简单立方结构的反铁磁体 $RbMnF_3$ 的磁波子色散关系，在 4.2K 下由中子非弹性散射测定。引自 C. G. Windsor and R. W. H. Stevenson。

反铁磁体中磁波子的色散关系与铁磁体中磁波子的色散关系式（22）很不相同。对于 $ka\ll1$，可以看出式（52）成为 k 的线性式，即 $\omega\cong\omega_{ex}|ka|$。由中子非弹性散射实验测定的 $RbMnF_3$ 磁波子谱示于图 23 之中。在很大一个范围里，磁波子频率与波矢是线性关系。在 MnF_2 中，直到样品温度高达 $0.93T_N$ 时，仍然能观测到清晰可辨的磁波子。因此，即使在高温之下，磁波子近似法也是有用的。

12.6 铁磁畴

在远低于居里点的温度之下，从微观尺度上看，铁磁体的电子磁矩基本上都排列整齐。然而，从整个样品看，其磁矩可以远远小于饱和磁矩，要使样品饱和可能需要外加磁场。在多晶样品上观察到的行为与单晶的相似。

实际的样品由一些小区域组成，这些区域称为畴。在每一个畴内，其局部的磁化强度是饱和的。在不同的畴之间，其磁化强度的方向不一定要相互平行。图 24 中表示一种畴排列，它的总磁矩大致等于零。在反铁磁体、铁电体、反铁电体、铁弹性体和超导体之中，以及有

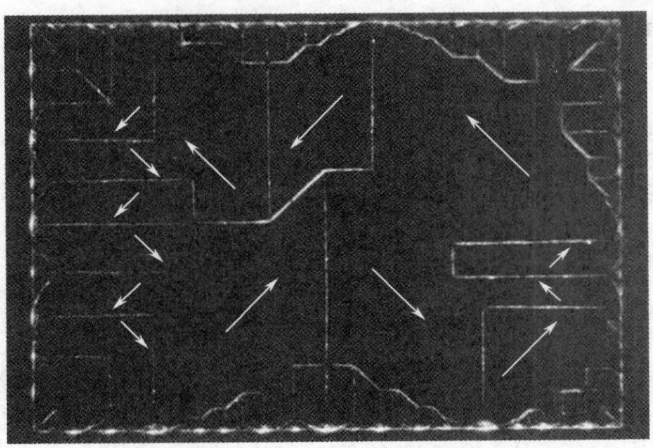

图 24 单晶镍片上的铁磁畴图形。采用 Bitter 磁粉纹技术可以使畴的边界成为可见。通过观测在磁场中磁畴的长大或收缩，可以定出畴里的磁化强度方向。引自 R. W. De Blois。

时在强德哈斯-范阿尔芬效应条件下的金属中，也都会形成畴。在外加磁场作用下，铁磁体样品总磁矩增大是通过下列两个独立的过程实现的：

1. 在弱的外加磁场中，相对于外磁场处于有利取向的畴将通过并吞处于不利取向的畴而长大（图 25）；

2. 在强的外加磁场中，畴磁化强度向磁场方向转动。

如图 26 所示，给出了典型的磁滞回线示意图，并在图中标示了有关技术术语的定义。矫顽力通常定义为使磁感应强度 B 从饱和降到零所需要的反向磁场 H_c；而在高矫顽力材料的情形中，其矫顽力 H_{ci} 是指使磁化强度 M 降为零时所需的反向磁场。

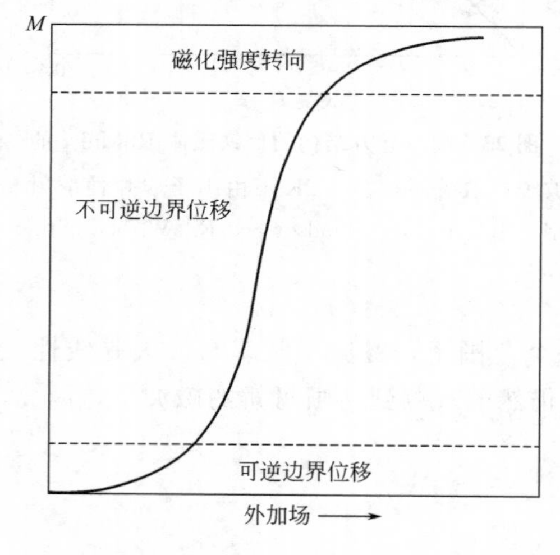

图 25 磁化曲线示意图。表明了在曲线不同区域占主导的磁化过程。

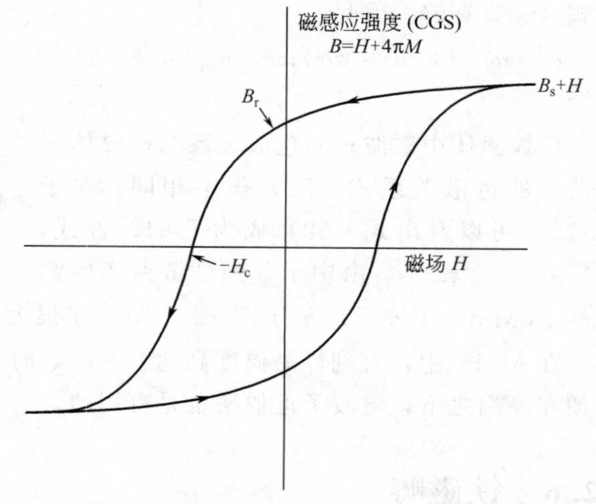

图 26 技术磁化曲线（即磁滞回线）。矫顽力 H_c 是使磁感应强度 B 降到零所需要的反向磁场；与之相关的另一个矫顽力 H_{ci}，则定义为 M 或 B-H 降至零时的反向磁场。剩磁 B_r 是 $H=0$ 时的 B 值；饱和磁感应强度 B_s 定义为 H 很大时（B-H）的极限值。饱和磁化强度 M_s 等于 $B_s/4\pi$。在 SI 制中，纵坐标是 $B=\mu_0(H+M)$。

12.6.1 各向异性能

铁磁晶体具有一项能量，它使磁化强度指向某些特定的晶体学轴，这些轴称为易磁化方向。这项能量称为磁晶能，或各向异性能。它的产生不是由于上面考虑过的完全各向同性的

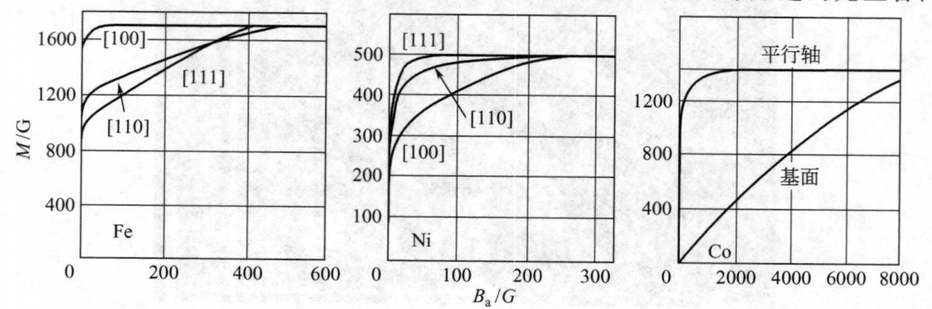

图 27 铁、镍和钴单晶的磁化曲线。由铁的曲线可以看出，［100］是易磁化方向，［111］是难磁化方向。B_a 是外加场，引自 Honda 和 Kaya。

交换相互作用。

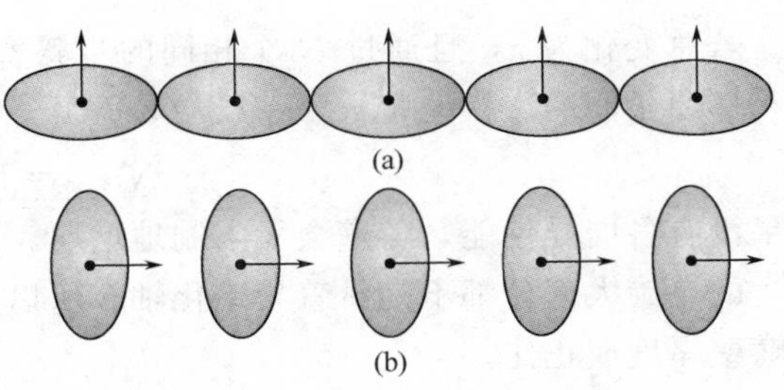

图 28　由相邻离子的电子分布的交叠非对称性给出磁晶各向异性的一种机制。由于自旋-轨道相互作用，电荷分布是旋转椭球形，而不是球形。非对称性与自旋方向有密切联系，所以自旋方向相对于晶轴的转动使交换能改变，同时也使一对对原子的电荷分布的静电相互作用能改变。两种效应都会导致各向异性能。(a) 图的能量不同于 (b) 图的能量。

钴是六角晶体，在室温下六角轴是易磁化方向，如图 27 所示。图 28 示意了各向异性能的一种起因。通过电子的轨道交叠，晶体的磁化强度感受到晶体晶格的影响：由于自旋-轨道耦合，自旋与轨道运动之间存在着相互作用。钴的各向异性能密度由下述公式给出，即

$$U_{\mathrm{K}}=K_1'\sin^2\theta+K_2'\sin^4\theta \tag{53}$$

式中，θ 是磁化强度与六角轴之间的夹角。在室温下，$K_1'=4.1\times10^6\,\mathrm{erg/cm^3}$，$K_2'=1.0\times10^6\,\mathrm{erg/cm^3}$。

铁是立方晶体，立方体边是易磁化方向。为了表示铁沿着某一任意方向（相对于立方边的方向余弦是 α_1、α_2 和 α_3）磁化的各向异性能，必须参照其立方对称性。若一个晶轴的两个相反方向在磁性上是等价的，则各向异性能表达式必须是由 α_i 的偶幂次项组成，并且当各 α_i 彼此互换时，这个表达式不变，满足此对称要求的最低幂次组合是 $\alpha_1^2+\alpha_2^2+\alpha_3^2$，但是它恒等于 1，不反映各向异性效果。高一级的组合是四次式：$\alpha_1^2\alpha_2^2+\alpha_1^2\alpha_3^2+\alpha_2^2\alpha_3^2$，再高一级是六次式：$\alpha_1^2\alpha_2^2\alpha_3^2$。因此

$$U_K=K_1(\alpha_1^2\alpha_2^2+\alpha_2^2\alpha_3^2+\alpha_3^2\alpha_1^2)+K_2\alpha_1^2\alpha_2^2\alpha_3^2 \tag{54}$$

在室温下，$K_1=4.2\times10^5\,\mathrm{erg/cm^3}$，$K_2=1.5\times10^5\,\mathrm{erg/cm^3}$。

12.6.2　畴间的过渡区域

所谓晶体中的布洛赫壁（Bloch wall），是指把相邻的沿不同方向磁化的区域（畴）分开的那个过渡层。两个畴之间的自旋方向的总变化，并不是在穿过一个原子面时以一次不连续的跃变实现，而是以逐渐变化的方式，经过许多原子面才完成的（图 29）。当自旋变化分配于许多个自旋上时，其交换能更低。事实上，我们基于海森堡式（6）可以理解这个现象。用 $1-(1/2)\varphi^2$ 代替 $\cos\varphi$，于是夹角不大的两个自旋的交换能就是 $w_{\mathrm{ex}}=JS^2\varphi^2$，其中 J 是交换积分，S 是自旋量子数，能量 w_{ex} 是相对于平行自旋的能量而给出的。

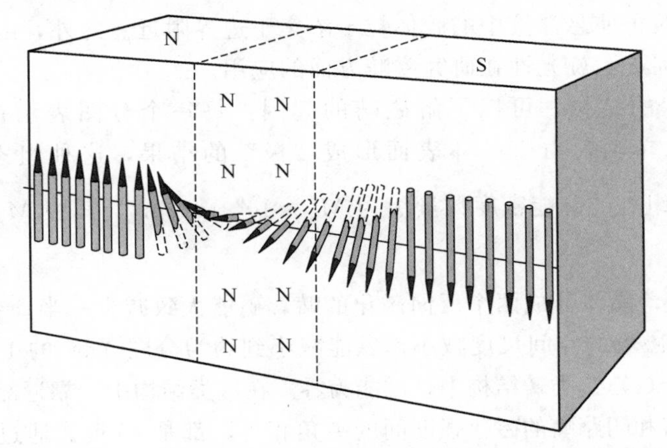

图 29　分隔两个磁畴的布洛赫壁的结构。在铁中，过渡区域的厚度大约为 300 个晶格常量。

若总变化为π，且通过 N 个相同的步骤实现，则相邻自旋之间的夹角为 π/N，于是每对相邻原子间的交换能是 $w_{ex}=JS^2(\pi/N)^2$。对于 $N+1$ 个原子的线列，其总交换能是

$$Nw_{ex}=JS^2\pi^2/N \tag{55}$$

如果没有各向异性能，畴壁会无限制地增厚，然而各向异性能限制了过渡层的宽度。畴壁里包含的自旋大部分都不是沿着易磁化轴，所以具有一项与畴壁相联系的各向异性能，它大致与畴壁厚度成正比。

考虑一个畴壁，它平行于简单立方晶格的立方面，并把沿相反方向磁化的两个畴分开。下面来定出畴壁包含的原子面的个数 N。单位面积畴壁的能量是交换能与各向异性能的贡献之和：$\sigma_w=\sigma_{ex}+\sigma_{anis}$。

对于每个垂直于畴壁平面的原子线列，其交换能由式（55）近似给出。若 a 是晶格常量，则单位面积含有 $1/a^2$ 个这种线列，因此 $\sigma_{ex}=\pi^2JS^2/Na^2$。各向异性能的数量级为各向异性常数乘以厚度 Na，即 $\sigma_{anis}\approx KNa$。于是有

$$\sigma_w\approx(\pi^2JS^2/Na^2)+KNa \tag{56}$$

当

$$\partial\sigma_w/\partial N=0=-(\pi^2JS^2/N^2a^2)+Ka \tag{57}$$

亦即当

$$N=(\pi^2JS^2/Ka^3)^{\frac{1}{2}} \tag{58}$$

时，σ_w 关于 N 取极小值。对于铁，数量级约 $N\approx300$。按照上述模型，单位面积的总畴壁能是

$$\sigma_w=2\pi(KJS^2/a)^{\frac{1}{2}} \tag{59}$$

对于铁 $\sigma_w\approx1\text{erg/cm}^2$。对于（100）面的180°畴壁，准确计算的结果是 $\sigma_w=2(2K_1JS^2/a)^{\frac{1}{2}}$。

12.6.3 磁畴的起因

Landau 和 Lifshitz 指出，畴结构是对铁磁体能量的各种贡献所引致的自然结果，这些贡献是交换能、各向异性能和磁能。

用磁粉纹技术得到的畴的边界的显微照相以及用法拉第旋转所作的光学研究，都提供了磁畴结构的直接证据。磁粉纹方法是 F. Bitter 发明的。用细微的铁磁材料（如四氧化三铁）制成胶体悬浮液，然后把一滴悬浮液放到铁磁晶体表面上。在畴间的边界上存在着强的局部磁场，它吸引磁性粒子使悬浮液中的胶体粒子浓集于边界附近。此外，由于透明铁磁性化合物的发现，进一步促进了旋光性在研究磁畴方面的应用。

分析图 30 所示的结构，可以了解磁畴的起因：每一个分图表示铁磁单晶的一个截面。分图（a）表示单畴，由于晶体表面形成“极”的结果，这种组态具有较高的磁能 $(1/8\pi)\int B^2\text{d}V$。其组态的磁能密度数量级为 $M_s^2\approx10^6\text{erg/cm}^3$，其中 M_s 为饱和磁化强度，采用 CGS 单位制。

在分图（b）中，晶体分成两个反向磁化的畴，磁能大致减少一半。在分图（c）中，则分成 N 个畴，由于磁场的空间尺度减小，磁能减小到约为分图（a）的 $1/N$。

在分图（d）和（e）这类畴结构中，磁能为零。在这类结构中，靠近晶体端面的三角棱柱畴的边界与长方形畴和闭路畴的磁化强度间的夹角相等，都是 45 度。通过这个边界时，垂直于边界的磁化强度分量连续，因此与这个磁化强度相联系的磁场为零。磁通回路在晶体之内闭合。因此，将使磁通回路闭合的这些表面磁畴命名为闭合畴（亦称为闭路畴），如图 31 所示。

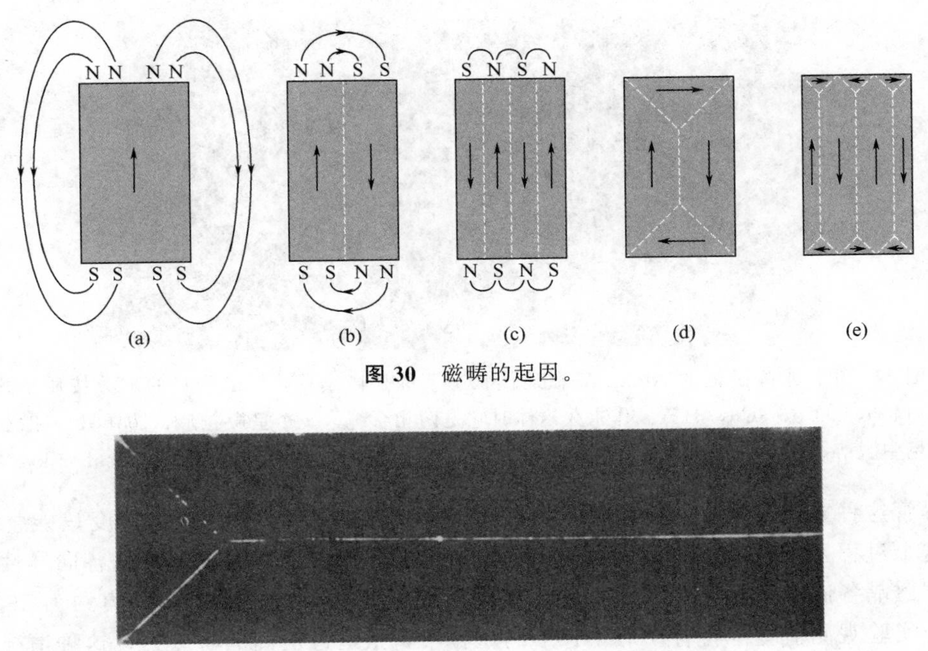

图 30　磁畴的起因。

图 31　铁单晶晶须一端的闭合畴。表面为（100）面，晶须的轴为［001］。引自 R. V. Coleman，C. G. Scott and A. Isin。

磁畴结构往往比这些简单的例子更为复杂。但是，一个系统总是趋向于从高磁能的饱和组态转变成低磁能的分畴组态，这就是说，系统能量降低是形成畴结构的本质驱动力。

12.6.4　矫顽力和磁滞

矫顽力是使磁感应强度 B 降低到零所需的场强 H_c（图 26）。对于铁磁材料应用开发而言，其矫顽力是最敏感的性质。矫顽力的范围可以从扬声器永久磁体（Alnico V）的 600G，或特种高稳定性永磁体（$SmCo_5$）的 10000G，直到商品电力变压器（Fe-Si 4wt. pct）的 0.5G，甚至到脉冲变压器（超透磁合金或超坡莫合金）的 0.002G。在变压器应用领域要求低磁滞，这意味着要求低的矫顽力。尽管磁硬度与机械硬度之间并不是一对一的关系，但是人们还是通常把具有低矫顽力的材料称为软磁材料，而把那些具有高矫顽力的材料称为硬磁材料。

当杂质成分减少时，矫顽力降低；用退火（缓冷）除去内部应变时，矫顽力也会降低。非晶铁磁合金一般具有低的矫顽力、低的磁滞损耗和高的磁导率。含有脱溶相的合金可以具有高的矫顽力，如图 32 所示的 Alnico V。

软磁材料通常被用来增强磁通或引导磁通，例如用于电动机、发电机、变压器和磁场传感器。常用的软磁材料包括电工钢（通常在这种合金中添加百分之几的硅，以便提高电阻率、降低各向异性）、Fe-Co-Mn 系列合金（这类合金起源于组分近似为 $Ni_{78}Fe_{22}$ 的坡莫合金，具有近零的各向异性和近零的磁致伸缩）、NiZn 和 MnZn 铁氧体以及由快速凝固制备的金属玻璃。就每个循环的磁滞损耗而言，成分为 $Fe_{79}B_{13}Si_9$ 的商业化金属玻璃（METGLAS 2605S−2）比最好的晶粒取向硅钢还低得多。

人们对由非常小的晶粒或超细粉末组成的高矫顽力材料已有了很好的了解。对于直径小于 10^{-5}（或 10^{-6}）cm 的足够小的粒子，总是以一个单畴的方式磁化到饱和，因为形成磁通闭路组态在能量上是不利的。在单畴粒子中，磁化强度反转不可能通过畴的界壁位移方式

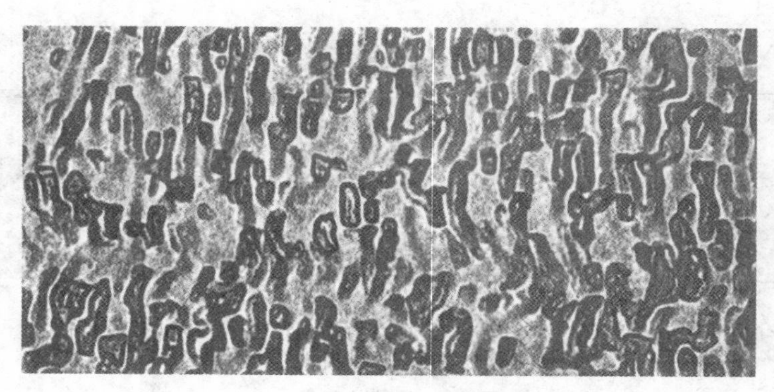

图 32 用作永久磁体的 Alnico V 在最佳状态下的显微结构。Alnico V 的成分按质量比为 8Al，14Ni，24Co，3Cu，51Fe。作永久磁体时它是两相系统，一个呈微粒形，嵌在另一相之中。在磁场中脱溶，使粒子长轴的取向平行于磁场。本图的宽度为 1.1μm。引自 F. E. Luborsky。

进行，尽管这种方式一般只需要相对弱的磁场；相反，单畴粒子的磁化强度只能整体地转向，而这个过程要求强的磁场，其强度大小由材料各向异性能和粒子形状的各向异性决定。

根据磁晶各向异性能对转动的阻碍，从理论上预计微小铁粒子的矫顽力约为 500G，这个结果与实验观测值基本符合。对于长形的铁粒子，报道过更高的矫顽力，这种情况下阻碍磁化转动的是退磁能的形状各向异性。

在 Mn、Fe、Co 和 Ni 的合金中添加稀土金属可以获得很大的各向异性（以 K 表示之）和相应于 $2K/M$ 量级的高矫顽力。这类合金是非常好的永磁材料。例如，六角化合物 $SmCo_5$ 的各向异性能为 $1.1\times10^8 erg\cdot cm^{-3}$，相当于 290kG（29T）的矫顽力（$2K/M$）；$Nd_2Fe_{14}B$ 磁体拥有高达 50MGOe 的磁能积，优于商用的其他所有磁体。

12.7 单畴粒子

铁磁性材料在磁记录器件方面的应用是其主要的工业和商业应用。在这些场合，磁性材料是以单畴粒子或单畴区域的形式出现。目前，磁记录器件的生产总值已可以同半导体器件的生产总值相媲美，并远远超过超导器件的生产总值（因为与磁性的居里温度相比，超导临界温度要低得多，从而限制了超导电性的应用开发）。磁记录（或磁存储）器件一般是用作计算机的硬盘和录像机、录音机的磁带。

理想的单畴粒子往往是指其磁矩朝向某一端的长形微细颗粒或其他特殊形状的粒子。它的不同指向记为 N 和 S 或“+”和“−”，在数字记录领域一般表示为“0”和“1”。为了具有数字特性，铁磁粒子的尺寸应当足够的小，一般在 10～100nm 范围，这样在粒子中只含有一个磁畴。如果这种微小粒子是拉长的（针形）或具有单轴对称性，则单畴磁矩只可能有两个值，这正是人们需要的数字特性。第一个成功用于信息存储的磁性材料是 τ-Fe_2O_3，其长横比约为 5∶1，矫顽力接近 200Oe，长度小于 1μm。后来研究发现，CrO_2 是一种更好的基础材料，可以制成长横比为 20∶1 的针状粒子，其矫顽力达到 500Oe 左右。

如果像珠子项链那样，将球状粒子排成链状就可以获得有效的拉长效果。据报道，这种链状体系在每个组元都具有相同磁矩的情况下可以呈现出超顺磁性。若每个组元在磁场 B 中都有一个磁矩 μ，并将这些粒子放入液体使其能自由地整体转动，那么根据第 11 章中给出的居里-布里渊-朗之万定律就可以得到这个体系的净磁化强度；如果粒子在固体中被固定，则撤去外加场之后将出现一个剩余磁化强度（见图 26）。

12.7.1 地磁和生物磁性

在沉积岩中，单畴铁磁性特征具有特殊的地质学意义，因为这些岩石借助其剩余磁化强度能够记录它们形成时的地磁场方向，并由此给出这个时期岩石所在区域的地质地理信息。这种磁性记录或许是大陆漂移学说最重要的根据。在年复一年地沉积在河床上的成层沉积物中会含有一些单畴磁性粒子；从地质年代上讲，这种磁性记录可以保持至少 5 亿年以上，它能告诉我们什么年代会在地球表面的什么地方有沉积层形成。此外，熔岩流也能记录磁场方向。

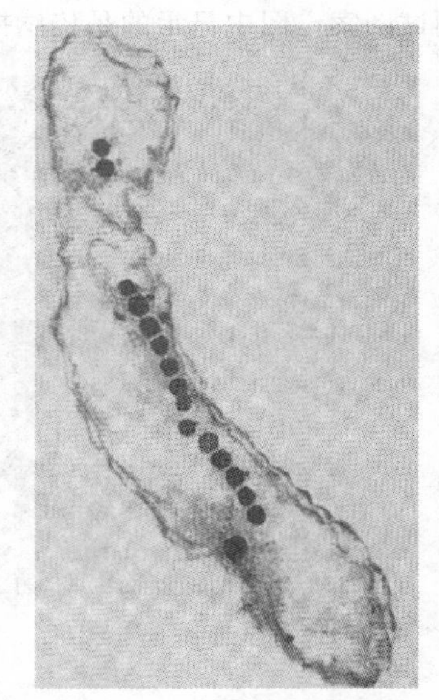

图 33 一个磁趋向性细菌细胞的生物学薄片，图中清晰可见由 50nm Fe_3O_4 粒子构成的磁性粒子链。本图由 Marta Puebla 画自 R. B. Frankel 及其他人的相关照片。

一层一层沉积物中的磁化强度变化为大陆板块在地球表面上漂移的历史留下了难能可贵的实时记录。古磁记录研究已成为板块构造地质学中一个非常重要的分支领域。关于地质磁记录起源和本质的解释，曾被一个“突然”的相关发现（Brunhes，1906）弄得既更加令人难以接受又更加令人激动，因为这个发现告诉人们，作为地磁动力论的一个标准结果，地球磁场能够自己翻转方向。地磁方向每隔 $1\times10^4\sim25\times10^6$ 年翻转一次，而到底何时发生却是人们难以预料的。

超细单畴粒子（通常指的是 Fe_3O_4）甚至在生物学领域也是非常重要的。被称作趋磁性的定向效应通常用于引导（也可能同时携载天体导航系统）细菌的运动、鸟类的迁徙以及信鸽和蜜蜂的飞行。这种效应起因于生物中的单畴粒子（或这种粒子组成的团簇，见图 33）与外部地磁场之间的相互作用。

12.7.2 磁力显微术

扫描隧道显微镜的成功极大地促进了其相关扫描探针技术和设备的发展。其中，磁力显微镜是最典型的例子之一。如图 34 所示，由磁性材料（如 Ni）做成的尖状探针被固定于一个悬臂的杆上。在理想情况下，这种探针是一个单畴粒子（但目前还很难实现）。由于磁性样品对探针的作用力将在悬臂上引致一个类似偏转或弯曲那样的一个微小变化，从而通过探针对样品的扫描就可以得到关于样品表面的一个图像。磁力显微镜（MFM）是一种不需要对样品表面特别处理的高分辨（10～100nm）磁性成像技术；例如，我们可以用 MFM 对布洛赫壁界面处（参见图 29）的磁通量进行观察和照相。MFM 的一个重要的用场就是关于磁记录介质的研究。如图 35，给出了在 Co 合金磁盘表面上的一个 2μm 磁头所给出的磁信号

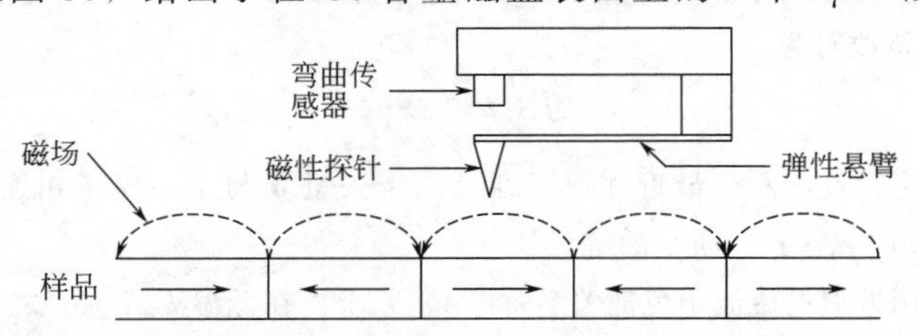

图 34 磁力显微技术基本原理示意图。磁探针固定于一个易弯曲的弹性悬臂上，用于探测样品表面不同磁化区域产生的磁场。引自 Gruetter，Mamin and Rugar，1992。

测试图案，图中显示的是传感探针感受到的场的平行分量。

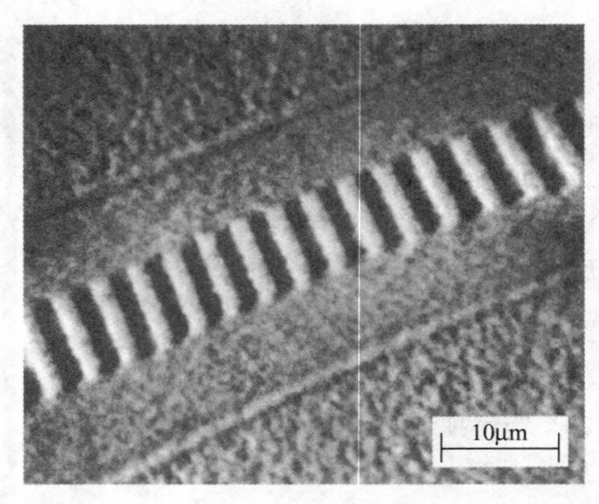

图 35 Co 合金磁盘表面上的 2μm 磁头磁化给出的测试结果，利用 MFM 测得。引自 Rugar 等。

小　结（CGS）

- 按照平均场近似，在居里温度以上，铁磁体磁化率的形式是 $\chi=C/(T-T_c)$。
- 按照平均场近似，铁磁体中磁矩感受到的有效磁场是 $\boldsymbol{B}_a+\lambda\boldsymbol{M}$，其中 $\lambda=T_c/C$，$\boldsymbol{B}_a$ 是外加磁场。
- 铁磁体中的元激发是磁波子。外磁场为零时，对于 $ka\ll1$ 的情况，磁波子色散关系的形式为 $\hbar\omega\approx Jk^2a^2$。低温下磁波子的热激发所引起的比热容变化率和磁化强度变化率均正比于 $T^{\frac{3}{2}}$。
- 在反铁磁体中，两套自旋晶格相同，但是沿相反方向磁化。在亚铁磁体中，两套晶格沿相反方向磁化，但是一套晶格的磁矩大于另一套晶格的磁矩。
- 在奈尔温度以上，反铁磁体磁化率的形式为 $\chi=2C/(T+\theta)$。
- 反铁磁体的磁波子色散关系的形式为 $\hbar\omega\approx Jka$。低温比热容中，除了有声子的 T^3 项之外，应该再加上磁波子热激发引起的 T^3 项。
- 布洛赫壁将沿不同方向磁化的畴分开。畴壁厚度约为 $(J/Ka^3)^{1/2}$ 个晶格常量，单位面积的能量约为 $(KJ/a)^{\frac{1}{2}}$，其中 K 是各向异性能密度。

习　题

1. 磁波子色散关系。对于简单立方晶格（$z=6$）上的自旋 S，推导磁波子色散关系式（24）。提示：首先证明公式（18a）应该改写为

$$\mathrm{d}S_{\boldsymbol{\rho}}^x/\mathrm{d}t=(2JS/\hbar)\left(6S_{\boldsymbol{\rho}}^y-\sum_{\delta}S_{\boldsymbol{\rho}+\delta}^y\right)$$

其中 $\boldsymbol{\rho}$ 是中心原子的位置，六个最近邻原子通过六个矢量 $\boldsymbol{\delta}$ 与中心原子相连。试求满足 $\mathrm{d}S_{\boldsymbol{\rho}}^x/\mathrm{d}t$ 和 $\mathrm{d}S_{\boldsymbol{\rho}}^y/\mathrm{d}t$ 方程的形式为 $\exp(i\boldsymbol{k}\cdot\boldsymbol{\rho}-i\omega t)$ 的解。

2. 磁波子比热容。用近似的磁波子色散关系 $\omega=Ak^2$，求出在低温 $k_BT\ll J$ 之下三维铁磁体的比热容的首项。按单位体积计算，结果为 $0.113k_B\ (k_BT/\hbar A)^{\frac{3}{2}}$。求解中出现的 ζ 函数可以作数值估计，ζ 函数列于 Jahnke-Emde 编的函数表之中。

3. 奈尔温度。 对于反铁磁体的双子晶格模型，其有效场取为

$$B_A = B_a - \mu M_B - \epsilon M_A ; B_B = B_a - \mu M_A - \epsilon M_B$$

试证明：

$$\frac{\theta}{T_N} = \frac{\mu + \epsilon}{\mu - \epsilon}$$

4. 磁弹耦合。 在立方晶体中，弹性能密度用通常的应变分量 e_{ij} 表示为

$$U_{el} = \frac{1}{2}C_{11}(e_{xx}^2 + e_{yy}^2 + e_{zz}^2) + \frac{1}{2}C_{44}(e_{xy}^2 + e_{yz}^2 + e_{zx}^2) + C_{12}(e_{yy}e_{zz} + e_{xx}e_{zz} + e_{xx}e_{yy})$$

按照式（54），磁各向异性能密度的首项是

$$U_K = K_1(\alpha_1^2\alpha_2^2 + \alpha_2^2\alpha_3^2 + \alpha_3^2\alpha_1^2)$$

在总能量中引入一项

$$U_c = B_1(\alpha_1^2 e_{xx} + \alpha_2^2 e_{yy} + \alpha_3^2 e_{zz}) + B_2(\alpha_1\alpha_2 e_{xy} + \alpha_2\alpha_3 e_{yz} + \alpha_3\alpha_1 e_{zx})$$

可以形式上把弹性应变与磁化方向之间的耦合包括在内，U_c 是由于 U_K 对应变的依赖性而产生的，其中 B_1、B_2 称为磁弹耦合常数。试证明：当

$$e_{ii} = \frac{B_1[C_{12} - \alpha_i^2(C_{11} + 2C_{12})]}{[(C_{11} - C_{12})(C_{11} + 2C_{12})]}$$

$$e_{ij} = -\frac{B_2\alpha_i\alpha_j}{C_{44}} \quad (i \neq j)$$

时，总能量为极小值。这解释了磁致伸缩，即长度随磁化而改变的原因。

5. 小粒子的矫顽力。 (a) 考虑一个单轴铁磁体的球形单畴小粒子。试证明：为了使磁化强度反向，沿易轴所需加的反向场为 $B_a = 2K/M_s$（CGS制）。实测的单畴粒子矫顽力具有这个量级。各向异性能密度取为 $U_K = K\sin^2\theta$，与外场 H 相互作用的能量密度为 $U_M = -B_a M\cos\theta$，θ 是 $\mathbf{B}_a$ 与 $\mathbf{M}$ 之间的夹角。提示：在 $\theta = \pi$ 附近，把能量对角度展开，求出使 $U_K + U_M$ 在 $\theta = \pi$ 附近没有极小值的 B_a 值。(b) 对于直径为 d 的饱和磁化的球，试证明其磁能约等于 $M_s^2 d^3$。一种磁能更小的安排是沿赤道面形成一个畴壁，其畴壁能为 $\pi\sigma_w d^2/4$，其中 σ_w 是单位面积的畴壁能。试估计钴的临界半径，当半径小于临界值时粒子作为单畴是稳定的。JS^2/a 的数值可以取铁的数值。

6. T_c 附近的饱和磁化强度。 试证：略低于居里温度时，按照平均场近似，饱和磁化强度对温度的依赖关系的主要部分是 $(T_c - T)^{\frac{1}{2}}$。可以假设自旋 $S = 1/2$。本题的结果与第14章中讨论的铁电晶体二级相变的结果相同。铁磁体的实验数据（见表1）似乎表明上述温度依赖关系的指数更接近于0.33。

7. 奈尔（畴）壁。 对于磁晶各向异性能可以忽略不计的材料（例如坡莫合金），在其薄膜样品中，当磁化强度在畴壁中变化时，可以由布洛赫壁的方向变为奈尔壁的方向，如图36所示。布洛赫壁与薄膜表面的交截将产生一个高退磁能表面区，而奈尔壁避免了这种交截引起的贡献，但整个壁到处都有退磁损耗。当薄膜足够薄时，奈尔壁将在能量上变得更有利。然而，我们考虑的是在不计磁晶各向异性能的块体材料中的奈尔壁能量学问题。现在，假定对畴壁能密度有一个退磁贡献；请通过与式（56）相似的定性讨论证明：

$$\sigma_w \approx (\pi^2 JS^2/Na^2) + (2\pi M_s^2 Na)$$

并求出 σ_w 取极小时的 N 的表达式；进而对于 J、M_s 和 a 的典型值，计算 σ_w 值的数量级。

8. 力显微技术。 若有一磁力显微镜的悬臂，可在某正弦力 $F_s(\omega t)$ 激励下实现共振。在悬臂与待测样品之间存在另一个力 $F_{ts}(z)$，其在悬臂弯曲的 z 方向存在力梯度。因此，该悬臂可以当成一个共振频率出现小偏移的简谐振子。试推导以胡克常量（Hook's constant）或弹性常量 k 和力梯度表示的这个共振频率偏移的表达式。

我们知道，力梯度可以通过悬臂振幅与相位变化的测量而得到。若悬臂在近共振的某个频率 ω 下启动

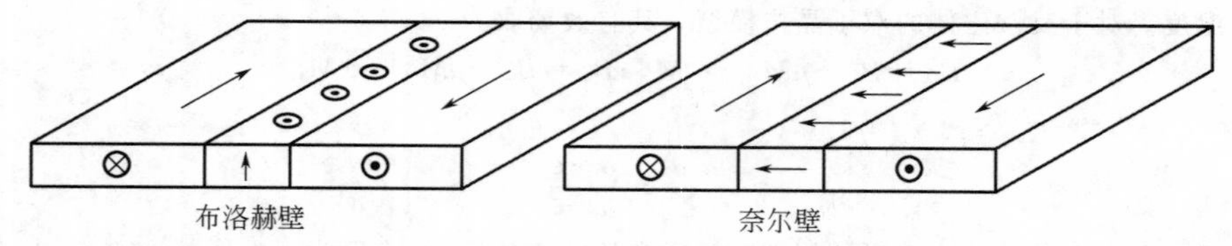

图 36 薄膜中的布洛赫壁和奈尔壁。在布洛赫壁中，磁化强度与薄膜平面垂直，并对畴壁能有一个退磁能贡献，单位壁长上的退磁能约为 $M_s^2\delta d$。其中 δ 是畴壁厚度，d 为薄膜厚度。在奈尔壁中，磁化强度与薄膜表面平行，当 $d \ll \delta$ 时可以忽略其对壁能的附加贡献。当 $d \gg \delta$ 时，考虑对奈尔壁能的贡献则是习题 7 的主题。引自 S. Middelhock。

运行，则其共振频率将由于力梯度的变化而发生偏移；同时，悬臂振幅及其相位也随着改变。试计算新的振幅和相位。

另外，从实验角度看，当给定共振频率偏移时，为获得悬臂振幅的最大变化，测量应在$\dfrac{\partial A}{\partial \omega}$取极大值［亦即 A（ω）曲线之最陡处］时的频率下进行。请在大 Q 值的极限条件下，计算这一频率 ω，并证明在此频率下，则有

$$\frac{\partial A}{\partial \omega}=\frac{4A_0Q}{3\sqrt{3}\,\omega_0}$$

式中，A_0 是不存在力梯度时悬臂的振幅；Q 是悬臂的品质因子，ω_0 是悬臂的本征频率。

由振幅偏离 ΔA 给出的力梯度表达式为

$$\frac{\mathrm{d}F_{\mathrm{ts}}}{\mathrm{d}z}=\frac{3\sqrt{3}\,k}{2Q}\times\frac{\Delta A}{A_0}$$

9. 巨磁致电阻。在铁磁金属中，那些磁矩取向平行于磁化强度的电子电导率 σ_p 一般大于那些磁矩取向反平行于磁化强度的电子电导率 σ_a。考虑一个由两个大小相同的分立区域串联组成的铁磁导体，这两个区域的磁化可以分别独立地控制。对于给定自旋的电子，可以先通过一个区域，然后接着通过另一个区域。

观测结果表明，当两个区的磁化强度均指向上时，其电阻 $R_{\uparrow\uparrow}$ 小于两个磁化强度指向相反时的电阻 $R_{\uparrow\downarrow}$。当 $\sigma_\mathrm{p}/\sigma_\mathrm{a} \gg 1$ 时，这一电阻差别可能很大，而这种现象被称为巨磁致电阻（GMR）效应。在一个小的外加磁场作用下，通过改变第二层的磁化强度方向，可以将电阻由 $R_{\uparrow\downarrow}$ 变成 $R_{\uparrow\uparrow}$。这一效应在磁存取方面（例如硬驱的磁头读取）的应用正在逐年增加。巨磁致电阻系数由下式定义，即

$$GMRR=\frac{R_{\uparrow\downarrow}-R_{\uparrow\uparrow}}{R_{\uparrow\uparrow}}$$

（a）如果传导电子不存在自旋翻转散射，证明

$$GMRR=(\sigma_\mathrm{p}/\sigma_\mathrm{a}+\sigma_\mathrm{a}/\sigma_\mathrm{p}-2)/4$$

（提示：将自旋向上和自旋向下的传导电子分别作为独立的传导通道并行处理）。

（b）如果 $\sigma_\mathrm{a}\to 0$，试从物理上解释为什么处于 $\uparrow\downarrow$ 磁化组态的电阻是无限大的。

10. 隧道磁致电阻。假设两个铁磁片被一绝缘薄层（纳米量级）隔开，其铁磁片中的磁自旋方向可以通过外加磁场独立地进行翻转。电子在两个磁自旋平行时隧穿绝缘薄层的概率大于其反平行时的概率。由此可见，这种结可以在高低两个阻抗状态之间实现开关功能。

现在，具体考虑两个铁磁体被一很薄绝缘层隔开所组成的系统。假设 I_p 和 I_ap 分别表示自旋平行与自旋反平行时的隧道电流，而 p_1 及 p_2 分别代表两个铁磁体的自旋极化率。试证明，有效隧道磁致电阻（TMR）为

$$\mathrm{TMR}_{\mathrm{eff}}=\frac{2p_1p_2}{1-p_1p_2}$$

第13章 磁 共 振

注： 在这一章里，符号 B_a 和 B_0 指外加场，B_i 表示外加场与退磁场之和。特别是将 B_a 写作 $\boldsymbol{B}_a=B_0\boldsymbol{z}$。对于习惯CGS单位制的读者，在本章中将 B 都当作 H 可能更简单一些。

本章将主要讨论与原子核及电子自旋角动量相关的动力学磁效应。在文献中，主要的现

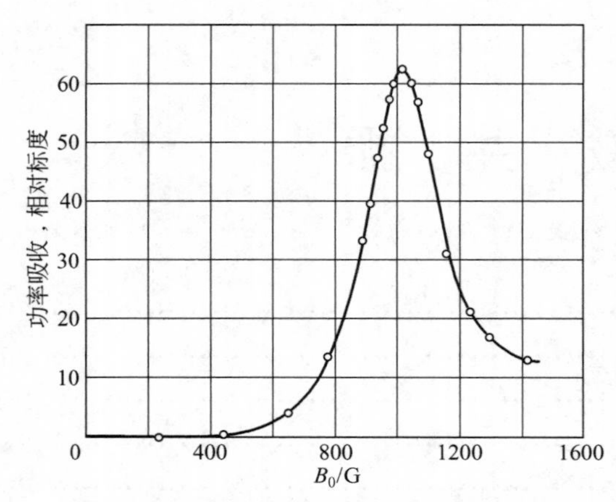

图 1 $MnSO_4$ 的电子自旋共振吸收：298K，2.75GHz。引自 Zavoisky。

象常常用英文名词的字首表示，如

NMR：核磁共振

NQR：核四极矩共振

EPR 或 ESR：电子顺磁共振或电子自旋共振（见图 1）

FMR：铁磁共振

SWR：自旋波共振（铁磁薄膜）

AFMR：反铁磁共振

CESR：传导电子自旋共振

研究共振所能获得的关于固体的各种知识，可以分为以下几类：

1. 单个缺陷的电子结构，由吸收线的精细结构所揭示；

2. 自旋的运动或自旋周围物质的运动，由线宽的变化所揭示；

3. 自旋感受到的内部磁场，由共振线位置所揭示（化学移位；奈特移位）；

4. 自旋的集体激发。

为了简要地论述其他共振实验，最好以关于 NMR 的讨论作为基础。不过 NMR 所产生的最大影响不是对于固体，而是对于有机化学和生物化学。在有机化学和生物化学中，NMR 是鉴定复杂分子和测定复杂分子结构的强有力工具。之所以取得这样的成就，是由于在抗磁性液体中 NMR 可以达到极高的分辨本领。NMR 在医学中的主要应用是磁共振成像（MRI），借此可以对人们身体中可能存在的反常生长、异常构形以及不良反应等进行全方位的三维（3D）剖析和诊断。

13.1 核磁共振

考虑一个原子核，具有磁矩为 $\boldsymbol{\mu}$，角动量为 $\hbar\boldsymbol{I}$。这两个矢量是平行的，可以表示为

$$\boldsymbol{\mu}=\gamma\hbar\boldsymbol{I} \tag{1}$$

旋磁比 γ 是一个常数。$\boldsymbol{I}$ 照例表示以 $\hbar$ 单位量度的核角动量。磁矩与外加磁场相互作用能量为

$$U=-\boldsymbol{\mu}\cdot\boldsymbol{B}_{\mathrm{a}} \tag{2}$$

若 $\boldsymbol{B}_{\mathrm{a}}=B_0\hat{z}$，则

$$U=-\mu_z B_0=-\gamma\hbar B_0 I_z \tag{3}$$

I_z 的容许值是 $m_I=I$，$I-1$，…，$-I$，而 $U=-m_I\gamma\hbar B_0$。

在磁场中，$I=\dfrac{1}{2}$ 的核具有两个能级，相应于 $m_I=\pm\dfrac{1}{2}$，如图 2 所示。若以 $\hbar\omega_0$ 表示两个能级之间的能量差，则 $\hbar\omega_0=\gamma\hbar B_0$，或

$$\omega_0=\gamma B_0 \tag{4}$$

这是共振吸收的基本条件。对于质子[1]，$\gamma=2.675\times10^4\,\mathrm{s^{-1}\cdot G^{-1}}=2.675\times10^8\,\mathrm{s^{-1}\cdot T^{-1}}$。

[1] 质子的磁矩 μ_p 是 $1.4106\times10^{-23}\,\mathrm{erg\cdot G^{-1}}$，或 $1.4106\times10^{-26}\,\mathrm{J\cdot T^{-1}}$，而 $\gamma\equiv2\mu_p/\hbar$。核磁子 μ_n 定义为 $e\hbar/2M_pc$，等于 $5.0509\times10^{-24}\,\mathrm{erg\cdot G^{-1}}$，或 $5.0509\times10^{-27}\,\mathrm{J\cdot T^{-1}}$。因此 $\mu_p=2.793\mu_n$。

所以共振频率 ν 为

$$\nu(\mathrm{MHz})=4.258B_0(\mathrm{kG})$$
$$=42.58B_0(\mathrm{T}) \tag{4a}$$

1T 精确地等于 10^4G。对于电子自旋，则有

$$\nu(\mathrm{GHz})=2.80B_0(\mathrm{kG})$$
$$=28.0B_0(\mathrm{T}) \tag{4b}$$

表 1 给出了若干原子核的磁性质数据。

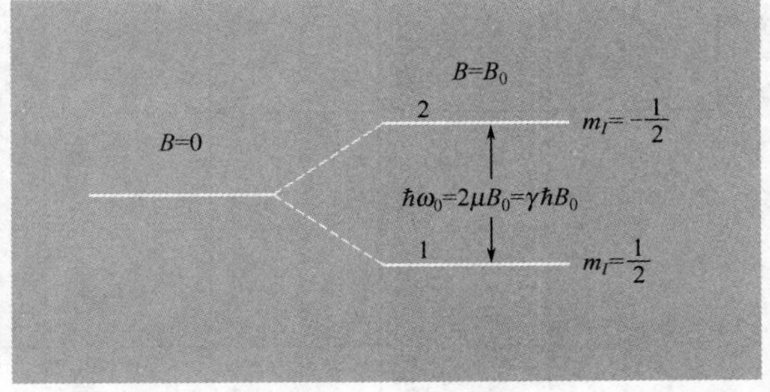

图 2 在静磁场 B_0 中，自旋 $I=1/2$ 的核的能级劈裂。

13.1.1 运动方程

一个系统的角动量的变化速率等于作用在该系统上的力矩。在磁场 $\boldsymbol{B}$ 中，作用在磁矩 $\boldsymbol{\mu}$ 上的力矩是 $\boldsymbol{\mu}\times\boldsymbol{B}$，所以得到回转方程

$$\hbar \mathrm{d}\boldsymbol{I}/\mathrm{d}t=\boldsymbol{\mu}\times\boldsymbol{B}_\mathrm{a} \tag{5}$$

或

$$\mathrm{d}\boldsymbol{\mu}/\mathrm{d}t=\gamma\boldsymbol{\mu}\times\boldsymbol{B}_\mathrm{a} \tag{6}$$

核磁化强度 $\boldsymbol{M}$ 是单位体积内所有核磁矩之和 $\sum\boldsymbol{\mu}_i$。若重要的同位素只有一种，则只需考虑一个 γ 值，因此

$$\mathrm{d}\boldsymbol{M}/\mathrm{d}t=\gamma\boldsymbol{M}\times\boldsymbol{B}_\mathrm{a} \tag{7}$$

将核置于静磁场 $\boldsymbol{B}_\mathrm{a}=B_0\hat{\boldsymbol{z}}$ 中，在温度为 T 的热平衡下，磁化强度将平行于 $\hat{\boldsymbol{z}}$ 方向，即有

$$M_x=0, M_y=0, M_z=M_0=\chi_0B_0=CB_0/T \tag{8}$$

式中，χ_0 是磁化率，居里常数 $C=N\mu^2/3k_\mathrm{B}$。

$I=\dfrac{1}{2}$ 自旋系统的磁化强度依赖于图 2 中所示的低能态与高能态的布居数之差：$M_z=(N_1-N_2)\mu$，式中的 N 按单位体积计算。在热平衡情况下，布居数比值恰由能量差 $2\mu B_0$ 的玻尔兹曼因子给出：

$$(N_2/N_1)_0=\exp(-2\mu B_0/k_\mathrm{B}T) \tag{9}$$

平衡磁化强度是 $M=N\mu\tanh(\mu B/k_\mathrm{B}T)$。

若磁化强度分量 M_z 不处于热平衡，可以假定它趋向平衡的速率正比于它与平衡值 M_0 的差：

$$\frac{\mathrm{d}M_z}{\mathrm{d}t}=\frac{M_0-M_z}{T_1} \tag{10}$$

依照标准的记号，T_1 称为纵向弛豫时间或自旋-晶格弛豫时间。

若在 $t=0$ 时刻将未磁化的样品放入磁场 $B_0\hat{\boldsymbol{z}}$ 中，则磁化强度会从初值 $M_z=0$ 增加到终值 $M_z=M_0$。置入磁场之前和刚刚置入的时候，布居数 N_1 等于 N_2，这合乎零磁场中的热平衡分布。为了在场 B_0 中建立新的平衡分布，必须让一些自旋反向。对式（10）积分，可得

$$\int_0^{M_z}\frac{\mathrm{d}M_z}{M_0-M_z}=\frac{1}{T_1}\int_0^t\mathrm{d}t \tag{11}$$

可以得到

$$\log\frac{M_0}{M_0-M_z}=\frac{t}{T_1}, M_z(t)=M_0(1-\mathrm{e}^{-t/T_1}) \tag{12}$$

表 1 核磁共振数据

丰度最大的磁性同位素数据，引自 Varian Associates NMR Table

H^{1}																	He^{3}
1/2																	1/2
99.98																	10^{-6}
2.792																	-2.127
Li^{7}	Be^{9}											B^{11}	C^{13}	N^{14}	O^{17}	F^{19}	Ne^{21}
3/2	3/2											3/2	1/2	1	5/2	1/2	3/2
92.57	100.											81.17	1.108	99.64	0.04	100.	0.257
3.256	-1.177											2.688	0.702	0.404	-1.893	2.627	-0.662
Na^{23}	Mg^{25}	←具有非零核自旋的最丰同位素→										Al^{27}	Si^{29}	P^{31}	S^{33}	Cl^{35}	Ar
3/2	5/2	←核自旋，单位 $\hbar$→										5/2	1/2	1/2	3/2	3/2	
100.	10.05	←同位素天然丰度，%→										100.	4.70	100.	0.74	75.4	
2.216	0.855	←核磁矩，单位 $e\hbar/2M_pc$→										3.639	0.555	1.131	0.643	0.821	
K^{39}	Ca^{43}	Sc^{45}	Ti^{47}	V^{51}	Cr^{53}	Mn^{55}	Fe^{57}	Co^{59}	Ni^{61}	Cu^{63}	Zn^{67}	Ga^{69}	Ge^{73}	As^{75}	Se^{77}	Br^{79}	Kr^{83}
3/2	7/2	7/2	5/2	7/2	3/2	5/2	1/2	7/2	3/2	3/2	5/2	3/2	9/2	3/2	1/2	3/2	9/2
93.08	0.13	100.	7.75	~100.	9.54	100.	2.245	100.	1.25	69.09	4.12	60.2	7.61	100.	7.50	50.57	11.55
0.391	-1.315	4.749	0.787	5.139	0.474	3.461	0.090	4.639	0.746	2.221	0.874	2.011	0.877	1.435	0.533	2.099	-0.967
Rb^{85}	Sr^{87}	Y^{89}	Zr^{91}	Nb^{93}	Mo^{95}	Tc	Ru^{101}	Rh^{103}	Pd^{105}	Ag^{107}	Cd^{111}	In^{115}	Sn^{119}	Sb^{121}	Te^{125}	I^{127}	Xe^{129}
5/2	9/2	1/2	5/2	9/2	5/2		5/2	1/2	5/2	1/2	1/2	9/2	1/2	5/2	1/2	5/2	1/2
72.8	7.02	100.	11.23	100.	15.78		16.98	100.	22.23	51.35	12.86	95.84	8.68	57.25	7.03	100.	26.24
1.348	1.089	0.137	1.298	6.144	0.910		-0.69	0.088	-0.57	-0.113	-0.592	5.507	-1.041	3.342	-0.882	2.794	-0.773
Cs^{133}	Ba^{137}	La^{139}	Hf^{177}	Ta^{181}	W^{183}	Re^{187}	Os^{189}	Ir^{193}	Pt^{195}	Au^{197}	Hg^{199}	Tl^{205}	Pb^{207}	Bi^{209}	Po	At	Rn
7/2	3/2	7/2	7/2	7/2	1/2	5/2	3/2	3/2	1/2	3/2	1/2	1/2	1/2	9/2			
100.	11.32	99.9	18.39	100.	14.28	62.93	16.1	61.5	33.7	100.	16.86	70.48	21.11	100.			
2.564	0.931	2.761	0.61	2.340	0.115	3.176	0.651	0.17	0.600	0.144	0.498	1.612	0.584	4.039			
Fr	Ra	Ac															

Ce^{141*}	Pr^{141}	Nd^{143}	Pm	Sm^{147}	Eu^{153}	Gd^{157}	Tb^{159}	Dy^{163}	Ho^{165}	Er^{167}	Tm^{169}	Yb^{173}	Lu^{175}
7/2	5/2	7/2		7/2	5/2	3/2	3/2	5/2	7/2	7/2	1/2	5/2	7/2
—	100.	12.20		15.07	52.23	15.64	100.	24.97	100.	22.82	100.	16.08	97.40
0.16	3.92	-1.25		-0.68	1.521	-0.34	1.52	-0.53	3.31	0.48	-0.20	-0.677	2.9
Th	Pa	U	Np	Pu	Am	Cm	Bk	Cf	Es	Fm	Md	No	Lr

这种改变示于图 3 中。当 M_z 趋向新平衡值时，磁能 $\boldsymbol{M}\cdot\boldsymbol{B}_a$ 降低。

磁化强度赖以趋于平衡的典型过程如图 4 所示。在晶体中顺磁离子自旋-晶格相互作用的主要部分是由声子对晶体电场的调制引起的。弛豫通过三个主要过程 [图 4（b）] 进行，即直接过程（发射或吸收声子）、拉曼过程（声子散射）和奥尔巴赫过程（Orbach process）（有第三个态介入的过程）。

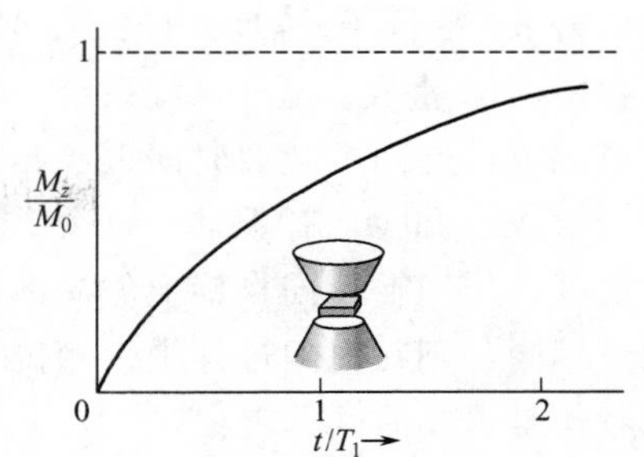

图 3　在时刻 $t=0$ 将未磁化样品 [$M_z(0)=0$] 置入静场 B_0 中。磁化强度随时间增加，趋向于新平衡值 $M_0=\chi_0 B_0$。利用这个实验可以确定纵向弛豫时间 T_1。当部分自旋布居数移到低能态时，磁能密度 $\boldsymbol{M}\cdot\boldsymbol{B}$ 降低。当 $t\gg T_1$ 时，磁能密度的渐近值是 $-M_0B_0$。能量从自旋系统流入晶格系统，因此 T_1 也被称为自旋-晶格弛豫时间。

若计入弛豫项，即式（10），则运动式（7）的 z 分量成为

$$\frac{\mathrm{d}M_z}{\mathrm{d}t}=\gamma(\boldsymbol{M}\times\boldsymbol{B}_a)_z+\frac{M_0-M_z}{T_1} \tag{13a}$$

式中的 $(M_0-M_z)/T_1$ 是运动方程中额外的一项，产生于自旋-晶格间的相互作用，它不包含在式（7）之中。这就是说 $\boldsymbol{M}$ 除了围绕磁场进动之外，还要向平衡值 $\boldsymbol{M}_0$ 弛豫。

如果在静场 $B_0\hat{z}$ 中，横向磁化分量 M_x 不为零，则 M_x 会衰减到零。M_y 也与之相似。发生衰减是因为在热平衡下横向分量为零。对于横向弛豫可以写出如下方程：

$$\mathrm{d}M_x/\mathrm{d}t=\gamma(\boldsymbol{M}\times\boldsymbol{B}_a)_x-M_x/T_2 \tag{13b}$$

$$\mathrm{d}M_y/\mathrm{d}t=\gamma(\boldsymbol{M}\times\boldsymbol{B}_a)_y-M_y/T_2 \tag{13c}$$

其中 T_2 称为横向弛豫时间。

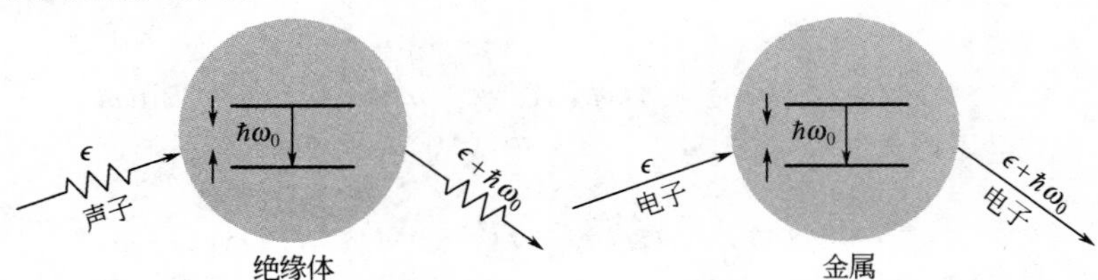

图 4（a）　在绝缘体和金属中对磁化的纵向弛豫有贡献的一些重要过程。对于绝缘体，图表示自旋系统对声子的非弹性散射。自旋系统跃迁到低能态，发射出去的声子能量比吸收的高 $\hbar\omega_0$。对于金属，图中给出了类似的非弹性散射过程，其中被散射的是传导电子。

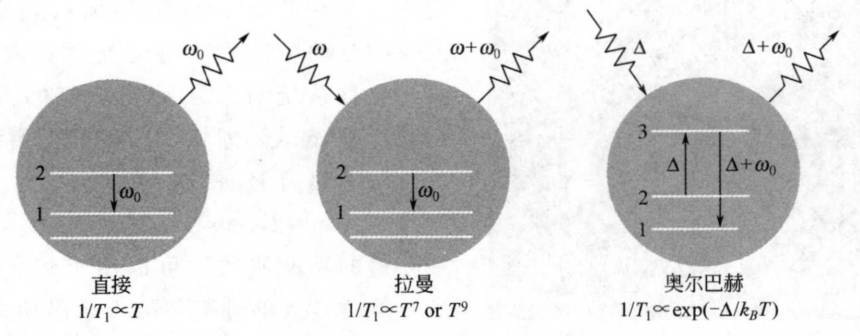

图 4（b）　通过声子发射、声子散射和二级声子过程，产生由能级 2 到能级 1 的自旋弛豫。图下面的公式给出了这几个过程的纵向弛豫时间 T_1 的温度依赖性。

若 $\boldsymbol{B}_a$ 平行于 z 轴，则当 M_x 或 M_y 改变时磁能 $\boldsymbol{M}\cdot\boldsymbol{B}_a$ 并不改变。在 M_x 或 M_y 弛豫的过程中，能量无需流出自旋系统，所以决定 T_2 的条件可以不如决定 T_1 的那样严格。在有些情况下，这两个弛豫时间近于相等，而在另一些情况下 $T_1 \gg T_2$，这依赖于局部的条件。

对 M_x 和 M_y 有贡献的每个磁矩，在一段时间里保持相位相同，T_2 就是这段时间长短的量度。作用在不同自旋上的局部磁场不同，使这些自旋以不同的频率进动。若开始时自旋相位相同，则在时间进程中，相位会变成相对无规的，并且 M_x 和 M_y 的值变为零，T_2 可以看作是退相时间。

式 (13) 称为布洛赫方程 (Bloch equation)。这组方程对于 x、y 和对于 z 是不对称的，因为沿 $\hat{z}$ 方向对系统加有静态偏置磁场。在实验中，一般沿 $\hat{x}$ 或 $\hat{y}$ 轴加射频磁场。这里，我们感兴趣的是磁化强度在射频场和静场联合作用下的行为，如图 5 所示。布洛赫方程表面上颇有道理，但并不精确，它们不能描述所有的自旋现象，特别是固体中的现象。

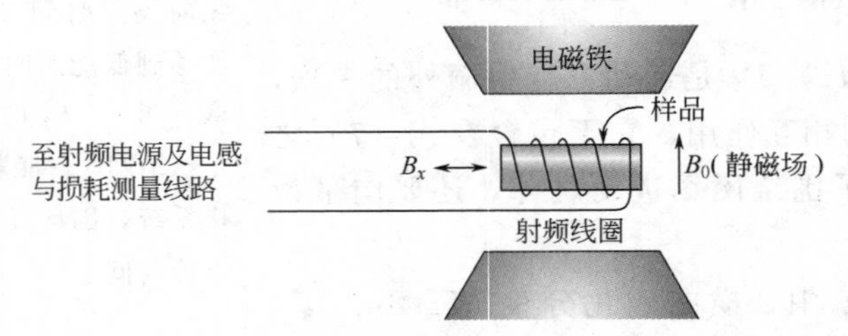

图 5 磁共振实验装置示意图。

下面，我们将在静磁场 $\boldsymbol{B}_a = B_0\hat{z}$ 中，考量 $M_z = M_0$ 的自旋系统的自由进动频率。此时布洛赫方程约化为

$$\frac{\mathrm{d}M_x}{\mathrm{d}t} = \gamma B_0 M_y - \frac{M_z}{T_2}, \frac{\mathrm{d}M_y}{\mathrm{d}t} = -\gamma B_0 M_x - \frac{M_y}{T_2}, \frac{\mathrm{d}M_z}{\mathrm{d}t} = 0 \tag{14}$$

为了求出形式为

$$M_x = m\exp(-t/T')\cos\omega t, M_y = -m\exp(-t/T')\sin\omega t \tag{15}$$

的阻尼振荡解，将此式代入式 (14)，第一个方程成为：

$$-\omega\sin\omega t - \frac{1}{T'}\cos\omega t = -\gamma B_0\sin\omega t - \frac{1}{T_2}\cos\omega t \tag{16}$$

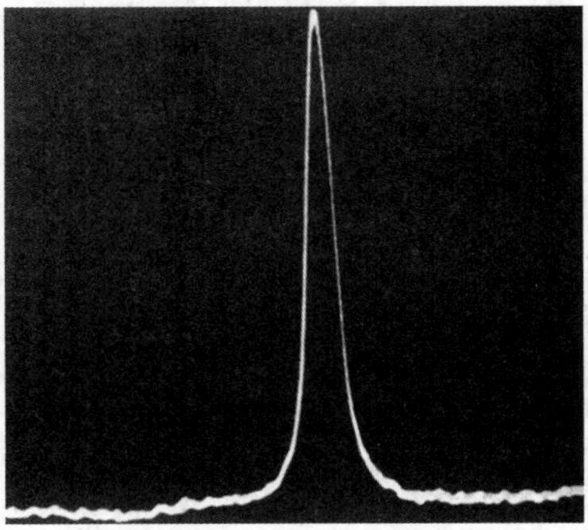

所以，自由进动为 ω_0 和 T' 所表征：

$$\omega_0 = \gamma B_0 ; T' = T_2 \tag{17}$$

这个运动类似于二维阻尼谐振子的运动。这一类比正确地提示：自旋系统从频率接近 $\omega_0 = \gamma B_0$ 的驱动场那里取得能量时会表现出共振吸收；并且系统对于驱动场响应的频宽为 $\Delta\omega \approx 1/T_2$。图 6 表示水中质子的共振谱线。

图 6 水中质子的共振吸收。引自 E. L. Hahn。

从振幅为 B_1 的旋转磁场

$$B_x = B_1\cos\omega t, \; B_y = -B_1\sin\omega t \tag{18}$$

中获得的功率吸收，可以由求解布洛赫方程给出。经过常规的计算，可以求出功率的吸收是

$$\text{(CGS)} \qquad \mathscr{P}(\omega) = \frac{\omega\gamma M_z T_2}{1+(\omega_0-\omega)^2 T_2^2} B_1^2 \tag{19}$$

对应于半峰功率的共振线半宽度为

$$(\Delta\omega)_{\frac{1}{2}}=1/T_2 \tag{20}$$

13.2　谱线宽度

一般而言，对于磁偶极子组成的刚性晶格，共振线增宽的最重要原因是磁偶极相互作用。磁偶极子 $\boldsymbol{\mu}_1$ 受到磁偶极子 $\boldsymbol{\mu}_2$ 产生的磁场 $\Delta\boldsymbol{B}$ 的作用，若 $\boldsymbol{\mu}_1$ 与 $\boldsymbol{\mu}_2$ 间距离为 $\boldsymbol{r}_{12}$，则根据静磁学的一个基本结果，$\Delta\boldsymbol{B}$ 为

$$\text{(CGS)}\qquad \Delta\boldsymbol{B}=\frac{3(\boldsymbol{\mu}_2\cdot\boldsymbol{r}_{12})\boldsymbol{r}_{12}-\boldsymbol{\mu}_2\boldsymbol{r}_{12}^2}{\boldsymbol{r}_{12}^5} \tag{21}$$

这项相互作用的数量级是

$$\text{(CGS)}\qquad B_i\approx\mu/r^3 \tag{22}$$

式中的 B_i 就是式（21）中的 ΔB。B_i 对 r 的强烈依赖提示：起主导作用的是最近邻相互作用，因此

$$\text{(CGS)}\qquad B_i\approx\mu/a^3 \tag{23}$$

式中 a 是最近邻距离。假定邻近的磁矩是无规取向的，则这个结果给出自旋共振线宽的量度。对于相距 2Å 的质子，则有

$$B_i\approx\frac{1.4\times10^{-23}\text{G}}{8\times10^{-24}\text{cm}^3}\approx2\text{G}=2\times10^{-4}\text{T} \tag{24}$$

若要把式（21）、式（22）、式（23）以 SI 单位制表示，应将其右端乘以 $\mu_0/4\pi$。

13.2.1　线宽的运动致窄效应

处在迅速相对运动中的核，线宽减小。图 7 表示固体中的这个效应：在进行扩散时，原子从一个晶格位置跳到另一个位置，类似于随机的徘徊。原子停留在一个位置上的平均时间为 τ，当温度升高时，这一时间急剧缩短。因为在正常液体里原子特别容易活动，所以运动对线宽的影响尤其显著。水中质子的共振线宽，与对位置固定的水分子所预计的线宽相比，前者只有后者的 10^{-5}。

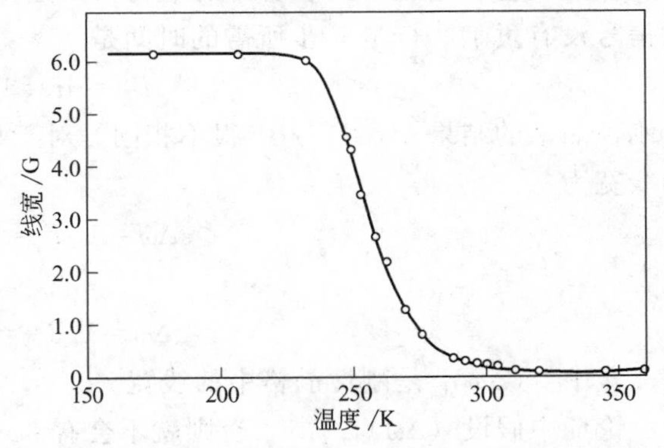

图 7　金属锂中，原子核扩散对 Li^7 的 NMR 线宽的影响。在低温下线宽与关于刚性晶格的理论值符合。当温度升高时，扩散速率增大，线宽减小。在 $T=230$K 以上，扩散的跳迁时间 τ 变得比 $1/\gamma B_i$ 还短，线宽突然下降。因此这个实验结果给出原子改变格点位置所需跳跃时间的直接量度。引自 H. S. Guotowsky and B. R. McGarvey。

尽管核运动对 T_2 和线宽的影响是微妙的，但我们还是可以借助一个基本论证加以理解。由布洛赫方程可知：T_2 是单个自旋退相达到 1 弧度所需时间的量度，这个退相过程是由于磁场强度的局部扰动所引致。其中，$(\Delta\omega)_0\approx\gamma B_i$ 表示扰动 B_i 引起的局部频率偏差。局部场可能是由于同其他自旋的偶极相互作用所产生。

如果原子处于迅速的相对运动之中，则一个指定的自旋感受到的局部场 B_i 会随时间迅速起伏。假设局部取值 $+B_i$ 的平均时间为 τ，然后变为 $-B_i$，如图 8 所示。产生这种随机变化可能是由于式（21）中

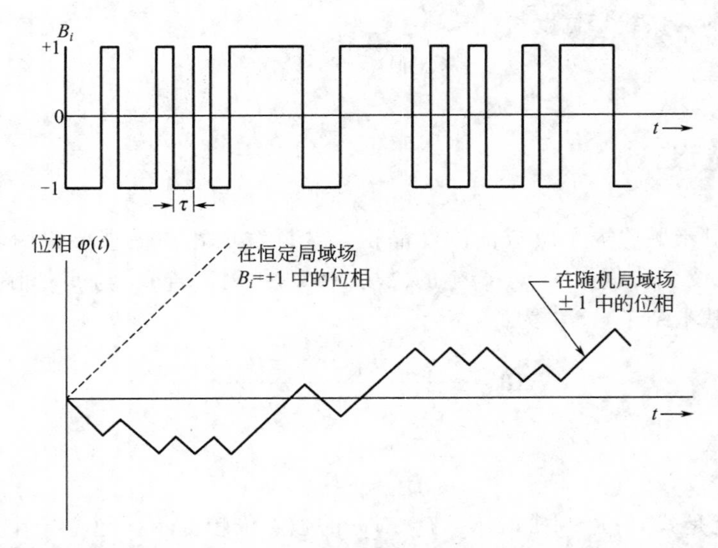

图 8 一个自旋的退相：它在局部场为±1 的格点间，每隔固定的时间间隔 τ 作一次无规跳迁。与此对照，虚线表示处于恒定局部场中的自旋的相位。退相是相对于外加场 B_0 中自旋的相位量度的。

的 $\boldsymbol{\mu}$ 和 $\boldsymbol{r}$ 之间的夹角改变所导致。在 τ 这一段时间内，自旋进动的相位相对于在外加场 B_0 中平衡进动的相位而言增加 $\delta\varphi=\pm\gamma B_i\tau$。

如果 τ 很小，以致 $\delta\varphi\ll1$，则产生运动致窄效应。在外场 B_0 中，经过 n 段时间 τ 以后，退相角的均方值为

$$\langle\varphi^2\rangle=n\langle\delta\varphi\rangle^2=n\gamma^2B_i^2\tau^2 \tag{25}$$

这个结果可以由与无规行走问题的类比得到：经过步长为 l 的 n 步无规行走之后，与初始位置之间距离的均方值是 $\langle r^2\rangle=nl^2$。

使自旋退相达到 1 弧度所需的平均步数是 $n=1/\gamma^2B_i^2\tau^2$。退相远超过 1 弧度的自旋对吸收信号没有贡献。行走 n 步所需的时间是

$$T_2=n\tau=1/\gamma^2B_i^2\tau \tag{26}$$

与刚性晶格的结果 $T_2\cong1/\gamma B_i$ 很不相同。对于特征时间为 τ 的快速运动，根据式（26），得到线宽为

$$\Delta\omega=1/T_2=(\gamma B_i)^2\tau \tag{27}$$

或者

$$\Delta\omega=1/T_2=(\Delta\omega)_0^2\tau \tag{28}$$

式中，$(\Delta\omega)_0$ 是刚性晶格中的线宽。

论证中假设 $(\Delta\omega)_0\tau\ll1$，否则就不会有 $\delta\varphi\ll1$。因此 $\Delta\omega\ll(\Delta\omega)_0$。$\tau$ 愈短，则共振谱线愈窄！这个引人注目的效应称为运动致窄❶。由介电常量测量知道，水分子在室温下的转动弛豫时间的数量级为 10^{-10}s。如果 $(\Delta\omega)_0\approx10^5\text{s}^{-1}$，则 $(\Delta\omega)_0\tau\approx10^{-5}$，并且 $\Delta\omega\approx$

---

❶ 这个物理概念是 N. Bloembergen 等人提出的，见 Phys. Rev. 43，679（1948）。这个结果与因为原子间强烈碰撞（如在气体放电中）引起光谱线宽的理论不同。在那种情况下，短的 τ 给出宽谱线。在核自旋问题中，碰撞很弱。在大多数光学问题中，强烈的原子碰撞足以中断振动相位的连续性。在核磁共振中，虽然频率可以从一个数值突然改变到另一个相近的数值，然而，相位在碰撞过程中却可以平缓变化。

$(\Delta\omega)_0^2\tau \approx 1\mathrm{s}^{-1}$。因此，运动使质子共振谱线变窄，其共振线宽约为静宽度的 10^{-5} 倍。

13.3　超精细劈裂

超精细相互作用是核磁矩与电子磁矩之间的磁相互作用。由处在原子核上的观察者看来，这项作用似乎是由于电子绕核旋转产生的磁场所引起。如果电子所处的态具有绕核旋转的轨道角动量，则核的周围就有电子流。然而，即使电子所处的态的轨道角动量为零，核周围也还有电子自旋流，这个自旋流产生的接触超精细作用，在固体里它具有特殊的重要性。关于接触相互作用的起因，可以从定性的物理论证加以了解（下面采用 CGS 单位制）。

关于电子的狄拉克理论的结果提示：电子磁矩 $\mu_B = e\hbar/2mc$ 是由电子以速度 c 在一个回路中环行产生，回路的半径近似地等于电子的康普顿波长 $\lambda_e = \hbar/mc \sim 10^{-11}\,\mathrm{cm}$。与这个环行相联系的电流是

$$I \sim e \times (\text{单位时间内的转数}) \sim ec/\lambda_e \tag{29}$$

这个电流产生的磁场（图 9）是

(CGS)
$$B \sim I/\lambda_e c \sim e/\lambda_e^2 \tag{30}$$

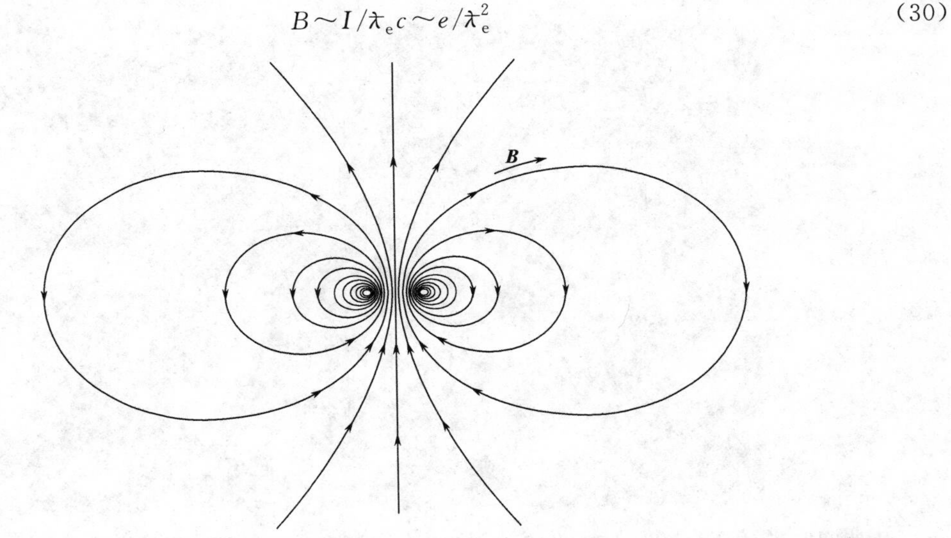

图 9　沿圆形回路运动的电荷产生的磁场 $\boldsymbol{B}$，核磁矩超精细作用中的接触部分是在电流回路内部，或在回路附近的区域产生。在包围回路的球壳层上，场平均为零。因此，对于 s 电子 $(L=0)$，只有接触部分对相互作用有贡献。

对于处在核上的观察者，其发现自己在“电子里面”（即在电子周围体积为 λ_e^3 的球内）的概率为

$$P \approx |\psi(0)|^2 \lambda_e^3 \tag{31}$$

式中 $\psi(0)$ 是在原子核处的电子波函数。因此，核感受到的磁场的平均值为

$$\overline{B} \approx e|\psi(0)|^2 \lambda_e \approx \mu_B |\psi(0)|^2 \tag{32}$$

其中 $\mu_B = e\hbar/2mc = \dfrac{1}{2}e\lambda_e$ 是玻尔磁子。超精细相互作用能中的接触部分是

$$\begin{aligned} U &= -\boldsymbol{\mu}_I \cdot \overline{\boldsymbol{B}} \approx -\boldsymbol{\mu}_I \cdot \boldsymbol{\mu}_B |\psi(0)|^2 \\ &\approx \gamma\hbar\mu_B |\psi(0)|^2 \boldsymbol{I} \cdot \boldsymbol{S} \end{aligned} \tag{33}$$

其中 $\boldsymbol{I}$ 是以 $\hbar$ 为单位的核自旋。

原子中的接触相互作用（contact interaction）具有如下形式：

$$U=a\boldsymbol{I}\cdot\boldsymbol{S} \tag{34}$$

几种自由原子基态的超精细常数 a 的值列举如下：

核	H^1	Li^7	Na^{23}	K^{39}	K^{41}
I	$\frac{1}{2}$	$\frac{3}{2}$	$\frac{3}{2}$	$\frac{3}{2}$	$\frac{3}{2}$
a/G	507	144	310	83	85
a/MHz	1420	402	886	231	127

在强磁场中，电子能级的塞曼分裂对自由原子或离子能级结构的影响占主导地位。超精细相互作用引起进一步的劈裂，在强场中为 $U'\cong am_Sm_I$，这里 m_S 和 m_I 是磁量子数。

在图 10 所示的能级图中，给出了电子在其能级之间的两个可能的跃迁，其选择定则为 $\Delta m_S=\pm1$，$\Delta m_I=0$，频率是 $\omega=\gamma H_0\pm a/2\hbar$。图中没有标出核跃迁，核跃迁 $\Delta m_S=0$，因此 $\omega_{nuc}=a/2\hbar$。核跃迁 1→2 的频率等于核跃迁 3→4 的频率。

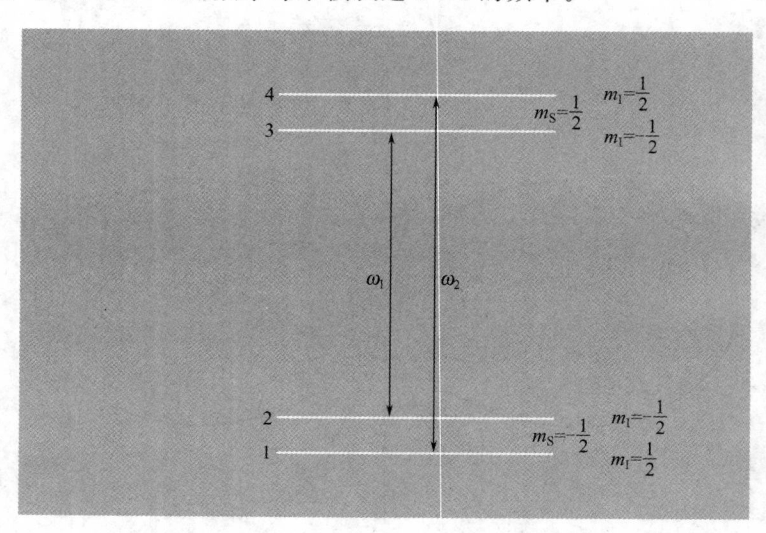

图 10 具有 $S=1/2$，$I=1/2$ 的系统在磁场中的能级。这个图按强场近似 $\mu_B B\gg a$ 绘出，其中 a 是超精细耦合常数，取为正数。四个能级按磁量子数 m_S、m_I 标号。强的电子跃迁具有 $\Delta m_I=0$，$\Delta m_S=\pm1$。

对于磁性原子，其超精细相互作用将可能引致基态能级劈裂。氢的劈裂是 1420MHz，这相应于星际空间原子氢的射频谱线。

13.3.1 举例：顺磁性点缺陷

电子自旋共振的超精细劈裂提供了关于顺磁性点缺陷结构有价值的知识，例如卤化碱晶体中的 F 心以及半导体晶体中的施主原子。

A. 卤化碱晶体中的 F 心

F 心是由一个负离子空位以及束缚于该空位的一个额外电子组成（图 11）。这个被俘获电子的波函数主要分布在与晶格空位邻近的六个碱族离子上。在次近邻层的十二个卤族离子上波函数幅度较小。这里计算上的考量是对 NaCl 结构晶体而言的。如果 $\varphi(\boldsymbol{r})$ 是单个碱族

离子的价电子波函数，则在一级近似下

$$\psi(\boldsymbol{r})=C\sum_{p}\varphi(\boldsymbol{r}-\boldsymbol{r}_{p}) \tag{35}$$

式中的六个 $\boldsymbol{r}_p$ 值表示在 NaCl 结构中邻接着晶格空位的六个碱族离子位置。

F 心的电子自旋共振线宽，基本上取决于被俘获电子的磁矩同与晶格空位邻近的碱族离子核矩之间的超精细作用。实测的线宽证实上述关于电子波函数的简单图像是合理的。这里所说的线宽，是指所有可能的超精细结构分量的包络的宽度。

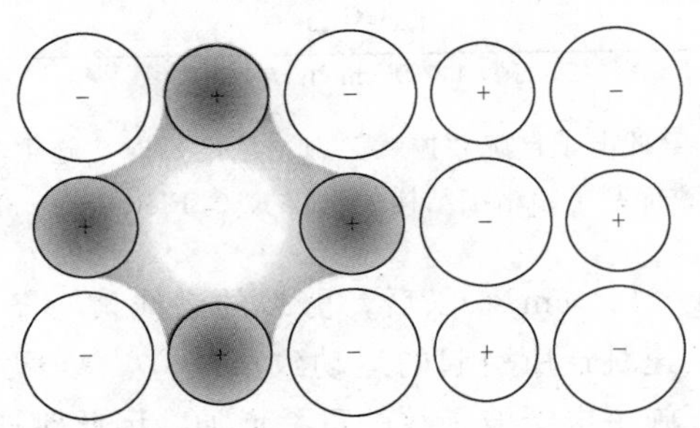

图 11　F 心是一个负离子空穴和束缚于这个空位的一个额外电子。额外电子主要分布在邻近这个格点空位的诸金属正离子上。

例如，考虑 KCl 中的 F 心。天然钾中含 K^{39} 为 93%，K^{39} 的核自旋 $I=\frac{3}{2}$。在 F 心近旁的六个钾核的总自旋 $I_{\max}=6\times\frac{3}{2}=9$，因此超精细结构分量的总数是 $2I_{\max}+1=19$，这是量子数 m_I 可能取值的数目。六个自旋共有 $(2I+1)^6=4^6=4096$ 种独立的排列方式，分属于 19 个分量，如图 12 所示。我们通常只观测到 F 心吸收线的包络谱线。

B. 硅中的施主原子

磷在硅中是施主杂质。每个施主原子有 5 个外层电子，其中 4 个电子以抗磁性的角色加

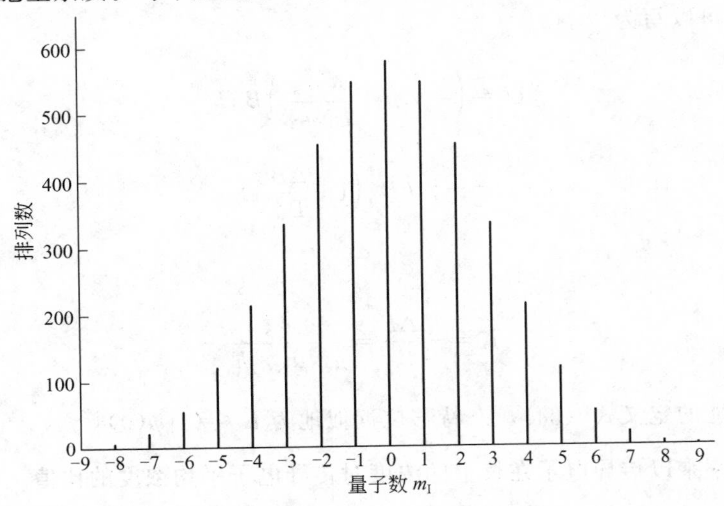

图 12　六个 K^{39} 核自旋的 4096 种排列，分属于 19 个超精细结构分量。每一个分量又可以因为有 12 个邻近 Cl 核的剩余超精细作用进一步劈裂而分出大量分量。邻近的 Cl 核可能是 Cl^{35}（75%）或 Cl^{37}（25%）。图形的包络线近似为高斯型。

入晶体的共价键网络，而第 5 个电子则起着自旋 $S=\frac{1}{2}$ 的顺磁中心的作用。强场极限下超精细劈裂实验结果示于图 13。

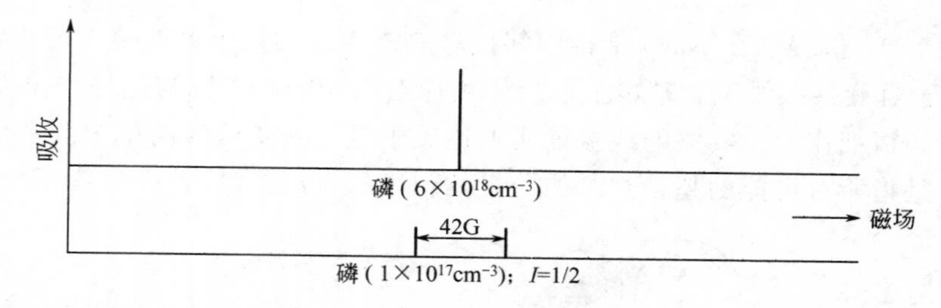

图 13 硅中施主原子 P 的电子自旋共振线。施主浓度高时，施主电子可以迅速地从一个位置跳跃到另一个位置，以致抑制了超精细结构。引自 R. C. Fletcher et al。

当施主浓度超过大约 $1\times10^{18}\,cm^{-3}$ 以后，劈裂的谱线被一条窄线所代替。这是由于施主电子在许多施主原子间迅速跳迁所引起的运动致窄效应，参看式（28）。迅速跳迁会平均掉超精细劈裂。在高浓度下施主电子波函数的重叠增加，因此跳迁速率增加。这种看法已为电导率测量结果所证实（参见第 15 章）。

13.3.2 奈特移位 (Knight Shift)

在固定频率下，就金属和抗磁性固体比较而言，两者呈现核自旋共振时的磁场略有不同。这个效应称为奈特移位或金属移位，作为研究传导电子的一种工具，它是有价值的。

对于自旋为 $\boldsymbol{I}$，旋磁比为 γ_I 的核，相互作用能为

$$U=(-\gamma_I\hbar B_0+a\langle S_z\rangle)I_z \tag{36}$$

式中的第一项是核与外加磁场 B_0 的作用，第二项是核与传导电子之间的平均超精细作用。传导电子的平均自旋 $\langle S_z\rangle$ 与泡利自旋磁化率 χ_s 相联系：$M_z=gN\mu_B\langle S_z\rangle=\chi_s B_0$。由此，相互作用可以写为

$$\begin{aligned}U&=\left(-\gamma_I\hbar+\frac{a\,\chi_s}{gN\mu_B}\right)B_0 I_z\\&=-\gamma_I\hbar B_0\left(1+\frac{\Delta B}{B_0}\right)I_z\end{aligned} \tag{37}$$

奈特移位定义为

$$K=-\frac{\Delta B}{B_0}=\frac{a\,\chi_s}{gN\mu_B\gamma_I\hbar} \tag{38}$$

根据超精细接触能的定义式（34），奈特移位近似地为 $K\approx\chi_s|\psi(0)|^2/N$；也就是说，$K$ 等于泡利自旋磁化率乘以传导电子在核上的浓度对传导电子平均浓度的比值。

实验值列于表 2 之中。对于金属和自由原子而言，因为核上的波函数不同，所以超精细耦合常数 a 也有些不同。由金属 Li 的奈特移位推断出这种金属中的 $|\psi(0)|^2$ 是自由原子的 0.44。这个比值的计算值是 0.49。

表 2　金属元素 NMR 的奈特移位（室温）

核	奈特移位/%	核	奈特移位/%
Li^7	0.0261	Cu^{63}	0.237
Na^{23}	0.112	Rb^{87}	0.653
Al^{27}	0.162	Pd^{105}	−3.0
K^{39}	0.265	Pt^{195}	−3.533
V^{51}	0.580	Au^{197}	1.4
Cr^{53}	0.69	Pb^{207}	1.47

13.4　核四极矩共振

自旋 $I\geqslant 1$ 的核具有电四极矩。四极矩 Q 是核电荷分布椭圆率的量度。按经典方式将与此有关的量定义为

$$eQ=\frac{1}{2}\int(3z^2-r^2)\rho(\boldsymbol{r})\mathrm{d}^3x \tag{39}$$

式中，$\rho(\boldsymbol{r})$ 为电荷密度。蛋形的核 Q 为正，碟形的核 Q 为负。核置于晶体中时会感受到周围的电荷所产生的静电场，如图 14 所示。如果这个电场的对称性低于立方对称，由于核四极矩与局部电场的相互作用，会引致一组能级劈裂。

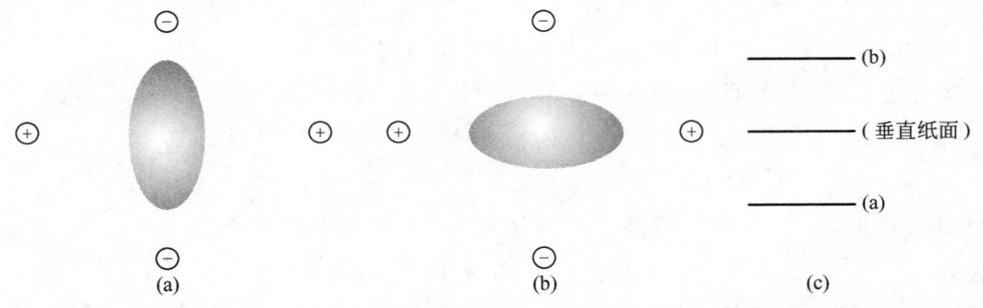

图 14　(a) 核的电四极矩（$Q>0$）在局部电场中的最低能量取向，该电场是由图中所示的四个离子产生的；(b) 最高能量取向；(c) $I=1$ 的能级劈裂。

被劈裂的是自旋 I 的 $2I+1$ 个态。四极矩劈裂常常可以直接观测，因为频率适当的射频磁场可以导致这些能级之间的跃迁。核四极矩共振，这个词与在不加静磁场的条件下观察核四极矩劈裂有关。在共价键分子如 Cl_2、Br_2、和 I_2 中，四极矩劈裂特别大，数量级达 10^7 或 10^8 Hz。

13.5　铁磁共振

在微波频率下，铁磁体中的自旋共振在原理上与核磁共振相似。样品的电子总磁矩绕静磁场方向进动，当横向射频场频率等于进动频率时，从射频场强烈地吸收能量。可以将表示铁磁体总自旋的宏观矢量 **S** 看成在静磁场中被量子化了，其能级间距为通常的塞曼频率（参见正常塞曼效应）。选择定则 $\Delta m_s=\pm 1$ 只允许相邻能级之间的跃迁。

铁磁共振不寻常的特点是：

- 横向磁化率分量 χ' 和 χ'' 很大，因为在同样的静场中，铁磁体的磁化强度远大于电子顺磁体或核顺磁体的磁化强度；
- 样品形状起着重要作用。因为磁化强度大，退磁场也大；

- 铁磁电子之间的强交换耦合有助于抑制偶极相互作用对线宽的贡献，所以在有利的条件下铁磁共振可以相当尖锐（$<1G$）；
- 在低射频功率下发生饱和效应。要强烈地激励铁磁自旋系统，以致使磁化强度 M_z 像在核自旋系统中那样降到零或者反向，是不可能的。在磁化矢量能够显著地偏离初始方向之前，铁磁共振激发就被破坏，转变成自旋波模。

13.5.1 铁磁共振（FMR）中的形状效应

这里讨论样品形状对共振频率的影响。考虑立方结构的铁磁绝缘体样品，外形为椭球，其主轴平行于笛卡尔坐标的 x、y、z 轴。退磁因子 N_x、N_y、N_z 与第14章中定义的退极化因子相同。椭球内部磁场 B_i 的分量与外加场的关系是

$$B_x^i=B_x^0-N_xM_x,\quad B_y^i=B_y^0-N_yM_y,\quad B_z^i=B_z^0-N_zM_z$$

显然，洛仑兹场（$4\pi/3$）$\boldsymbol{M}$ 和交换场 $\lambda\boldsymbol{M}$ 与 $\boldsymbol{M}$ 的矢积恒等于零，因此它们对力矩没有贡献。在SI单位制中，$\boldsymbol{M}$ 的分量应换为 $\mu_0\boldsymbol{M}$ 的分量，同时 N 的定义相应作适当变更。

外加静场为 $B_0\hat{z}$ 时，自旋运动方程 $\dot{\boldsymbol{M}}=\gamma(\boldsymbol{M}\times\boldsymbol{B}^i)$ 的分量式成为

$$\frac{\mathrm{d}M_x}{\mathrm{d}t}=\gamma(M_yB_z^i-M_zB_y^i)=\gamma[B_0+(N_y-N_z)M]M_y$$

$$\begin{aligned}\frac{\mathrm{d}M_y}{\mathrm{d}t}&=\gamma[M(-N_xM_x)-M_x(B_0-N_zM)]\\&=-\gamma[B_0+(N_x-N_z)M]M_x\end{aligned}\tag{40}$$

取一级近似，可以令 $\mathrm{d}M_z/\mathrm{d}t=0$ 及 $M_z=M$。式（40）当

$$\begin{vmatrix}i\omega & \gamma[B_0+(N_y-N_z)M]\\ -\gamma[B_0+(N_x-N_z)M] & i\omega\end{vmatrix}=0$$

时，有时间因子为 $\mathrm{e}^{-i\omega t}$ 的解。所以，在外加场 B_0 中铁磁共振频率是

(CGS) $$\omega_0^2=\gamma^2[B_0+(N_y-N_z)M][B_0+(N_x-N_z)M]$$

(SI) $$\omega_0^2=\gamma^2[B_0+(N_y-N_z)\mu_0M][B_0+(N_x-N_z)\mu_0M]\tag{41}$$

频率 ω_0 称为一致进动模频率，以区别于磁波子模和其他非一致模的频率。在一致进动模中，所有的磁矩以相同的幅度、按同一相位一起进动。

对于球形样品，$N_x=N_y=N_z$，所以 $\omega_0=\gamma B_0$。图15表示这种形状样品的一条很尖锐的共振线。对于平板，B_0 垂直于板平面时，$N_x=N_y=0$，$N_z=4\pi$，由此

(CGS) $$\omega_0=\gamma(B_0-4\pi M)$$

(SI) $$\omega_0=\gamma(B_0-\mu_0M)\tag{42}$$

如果 B_0 平行于板平面，即 xz 平面，则 $N_x=N_z=0$，$N_y=4\pi$，并且

(CGS) $$\omega_0=\gamma[B_0(B_0+4\pi M)]^{\frac{1}{2}}$$

(SI) $$\omega_0=\gamma[B_0(B_0+\mu_0M)]^{\frac{1}{2}}\tag{43}$$

实验可以确定 γ。γ 和光谱劈裂因子 g 的关系是 $-\gamma\equiv g\mu_B/\hbar$。金属Fe、Co、Ni在室温下 g 值分别为2.10、2.18和2.21。

13.5.2 自旋波共振

如果薄膜表面的电子自旋感受到的各向异性场与薄膜内部的自旋所感受到的不同，则均匀的射频磁场可以在铁磁薄膜里激发长波长的自旋波。实际上，这就是说表面自旋可以被钉扎，如图16所示。如果射频场是均匀的，它可以激发半波长的奇数倍与膜厚相等的自旋波。

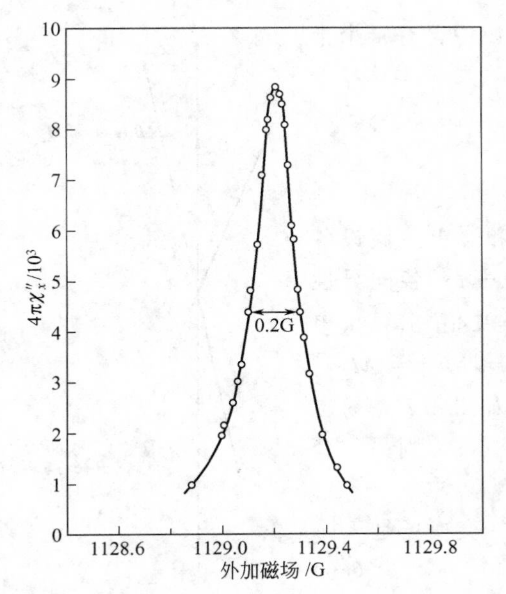

图 15　抛光的钇铁石榴石小球的铁磁共振：3.33 GHz，300K，B_0//[111]。半功率点的总线宽仅为 0.2G。引自 R. C. LeCraw and E. Spencer。

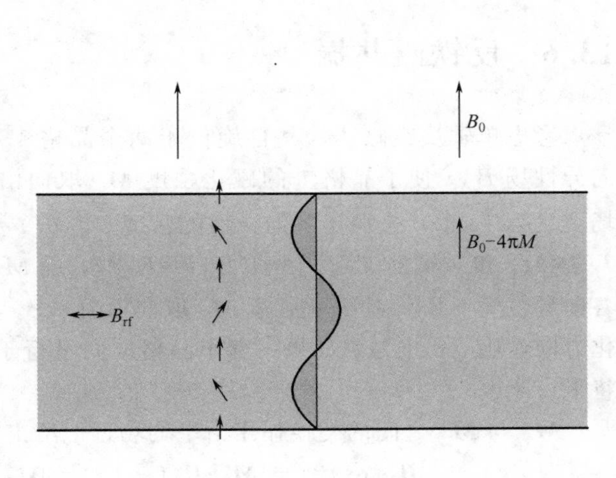

图 16　薄膜中的自旋波共振。外加场 B_0 垂直于膜面。此图表示膜的一个截面，内磁场为 $B_0-4\pi M$。假设由于表面各向异性，膜表面自旋保持方向固定不动。均匀射频场将激发奇数个半波长的自旋波模。图中所示的波具有 3 个半波长（$n=3$）。

偶数个半波长的自旋波与场的净作用能是零。

在式（42）右端加上交换作用对频率的贡献，就得到外加磁场垂直膜面的自旋波共振（SWR）条件。交换作用的贡献可以写为 Dk^2，其中 D 是自旋波交换常数。对于 SWR 实验，假定 $ka \ll 1$ 成立。因此，在外加场 B_0 中，共振条件是

(CGS)
$$\begin{aligned}\omega_0 &= \gamma(B_0-4\pi M)+Dk^2 \\ &= \gamma(B_0-4\pi M)+D(n\pi/L)^2\end{aligned} \tag{44}$$

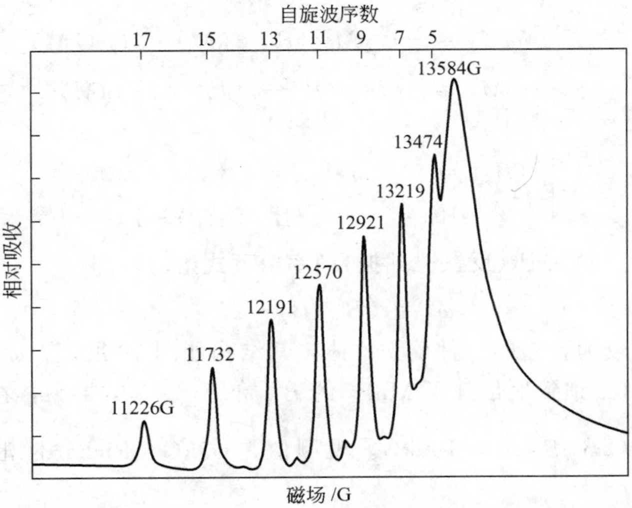

图 17　坡莫合金（80Ni20Fe）薄膜在 9GHz 下的自旋波共振谱。自旋波序数是在薄膜厚度范围内所允许的半波长个数。引自 R. Weber。

式中的 $k=n\pi/L$ 是模的波矢，这个模在膜厚 L 中含有 n 个半波长。实验观测谱示于图 17。

13.6 反铁磁共振

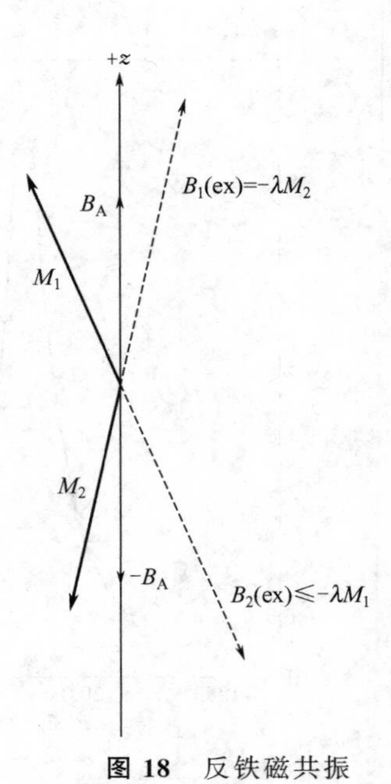

图 18 反铁磁共振中的有效场。子晶格 1 的磁化强度 $\boldsymbol{M}_1$ 感受到的场是 $-\lambda\boldsymbol{M}_2+B_A\hat{z}$；磁化强度 $\boldsymbol{M}_2$ 感受到的是 $-\lambda\boldsymbol{M}_1-B_A\hat{z}$。晶轴的两个方向都是磁化"易轴"。

考虑单轴反铁磁体，其自旋位于两个晶格 1 和 2 上。假设各向异性场 $B_A\hat{z}$ 使子晶格 1 的磁化强度 $\boldsymbol{M}_1$ 取向沿 $+z$；各向异性场（见第 12 章）来源于各向异性能密度 $U_K(\theta_1)=K\sin^2\theta_1$。这里 θ_1 是 $\boldsymbol{M}_1$ 和 z 轴的夹角，由此 $B_A=2K/M$，而 $M=|\boldsymbol{M}_1|=|\boldsymbol{M}_2|$。各向异性场 $-B_A\hat{z}$ 使磁化强度 $\boldsymbol{M}_2$ 取向沿着 $-z$。如果 $+z$ 是易磁化方向，则 $-z$ 也是。如果一套子晶格取向平行于 $+z$，则另一套将平行于 $-z$。

$\boldsymbol{M}_1$ 与 $\boldsymbol{M}_2$ 之间的交换作用由平均场近似给出。交换场是

$$\boldsymbol{B}_1(\mathrm{ex})=-\lambda\boldsymbol{M}_2;\boldsymbol{B}_2(\mathrm{ex})=-\lambda\boldsymbol{M}_1 \tag{45}$$

其中 λ 为正。这里 $\boldsymbol{B}_1$ 是作用在子晶格 1 的自旋上的场，$\boldsymbol{B}_2$ 是作用在子晶格 2 的自旋上的场。没有外加场时，作用在 $\boldsymbol{M}_1$ 上的总场是 $\boldsymbol{B}_1=-\lambda\boldsymbol{M}_2+B_A\hat{z}$，作用在 $\boldsymbol{M}_2$ 上的总场是 $\boldsymbol{B}_2=-\lambda\boldsymbol{M}_1-B_A\hat{z}$，如图 18 所示。

以下取 $M_1^z=M$，$M_2^z=-M$。线性化的运动方程是

$$\begin{aligned}\mathrm{d}M_1^x/\mathrm{d}t&=\gamma[M_1^y(\lambda M+B_A)-M(-\lambda M_2^y)]\\ \mathrm{d}M_1^y/\mathrm{d}t&=\gamma[M(-\lambda M_2^x)-M_1^x(\lambda M+B_A)]\end{aligned} \tag{46}$$

$$\begin{aligned}\mathrm{d}M_2^x/\mathrm{d}t&=\gamma[M_2^y(-\lambda M-B_A)-(-M)(-\lambda M_1^y)]\\ \mathrm{d}M_2^y/\mathrm{d}t&=\gamma[(-M)(-\lambda M_1^x)-M_2^x(-\lambda M-B_A)]\end{aligned} \tag{47}$$

定义 $M_1^+=M_1^x+iM_1^y$，$M_2^+=M_2^x+iM_2^y$。于是，对于时间因子为 $\exp(-i\omega t)$ 的情况，式 (46) 和式 (47) 变为

$$-i\omega M_1^+=-i\gamma[M_1^+(B_A+\lambda M)+M_2^+(\lambda M)]$$

$$-i\omega M_2^+=i\gamma[M_2^+(B_A+\lambda M)+M_1^+(\lambda M)]$$

这组方程有解的条件是

$$\begin{vmatrix}\gamma(B_A+B_E)-\omega & \gamma B_E\\ \gamma B_E & \gamma(B_A+B_E)+\omega\end{vmatrix}=0$$

其中 $B_E\equiv\lambda M$。因此，AFMR(反铁磁共振)频率由下式给出，即

$$\omega_0^2=\gamma^2B_A(B_A+2B_E) \tag{48}$$

MnF_2 是研究得较为普遍的一种反铁磁体，其结构如图 19 所示。ω_0 随温度变化的观测结果示于图 20。Keffer 细致地估计了 MnF_2 的 B_A 和 B_E。其结果为：在 0K，$B_E=540\mathrm{kG}$，$B_A=8.8\mathrm{kG}$，由此 $(2B_AB_E)^{\frac{1}{2}}=100\mathrm{kG}$。观测值是 93kG。Richards 汇集了外推到 0K 的 AFMR 频率：

晶体	CoF_2	NiF_2	MnF_2	FeF_2	MnO	NiO
频率(10^{10} Hz)	85.5	93.3	26.0	158	82.8	109

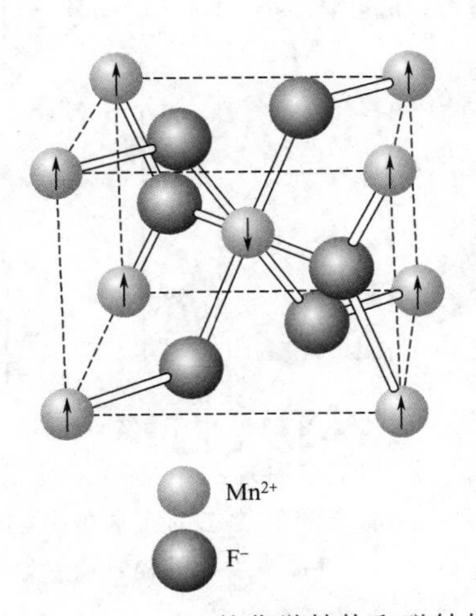

图 19 MnF_2 的化学结构和磁结构，箭头表示锰原子磁矩的方向和排列。

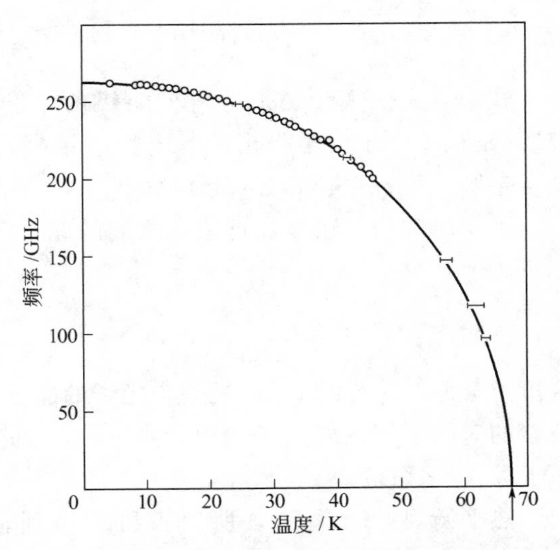

图 20 MnF_2 的反铁磁共振频率随温度的变化，引自 Johnson and Nethercot。

13.7 电子顺磁共振

13.7.1 线宽的交换致窄效应

考虑最近邻电子自旋之间存在交换作用 J 的顺磁体。假设温度远高于任何自旋有序温度 T_c。在这种情况下，自旋共振线宽往往比根据偶极子-偶极子相互作用预计的窄得多。这个效应称为交换致窄效应。它与运动致窄效应很相似。把交换频率 $\omega_{ex} \approx J/\hbar$ 理解为跳迁频率 $1/\tau$，则由运动致窄的结果式（28）加以推广，可以得到交换致窄的线宽为

$$\Delta\omega \approx (\Delta\omega)_0^2/\omega_{ex} \tag{49}$$

式中 $(\Delta\omega)_0^2 = \gamma^2 \langle B_i^2 \rangle$ 是没有交换作用时的静偶极线宽的平方。

交换致窄的突出而且有用的例子是顺磁性有机晶体 DPPH，即二苯基间三硝苯基酰肼，通常用于磁场的校准，称为 g 标定剂（g marker）。这种自由基的共振线在半功率点的半宽为 1.35G，仅仅只有纯偶极线宽的百分之几。

13.7.2 谱线的零场劈裂现象

许多顺磁离子磁性基态的能级会发生晶体场劈裂，它们的劈裂在 $10^{10} \sim 10^{11}$ Hz 范围内，这容易用微波技术加以研究。最有名的是 Mn^{2+} 离子，以它作为许多晶体的掺杂成分而受到广泛的研究。观测到的基态劈裂在 $10^7 \sim 10^8$ Hz 范围内，取决于它所处的环境。

13.8 微波激射作用的原理

晶体可以用于制作微波放大器、光放大器以及相干辐射源。微波激射器通过辐射的受激发射，把微波放大；激光器通过同样的途径把光放大。可以借助图 21 中的二能级磁性系统来理解汤斯（Townes）所阐明的原理。假如高能态中有 n_u 个原子，低能态中有 n_l 个原子。把系统放在频率为 ω 的辐射中，辐射场磁分量的振幅为 B_{rf}。单位时间内一个原子在高低能态之间跃迁的概率是

$$P=\left(\frac{\mu B_{\mathrm{rf}}}{\hbar}\right)^{2}\frac{1}{\Delta\omega} \tag{50}$$

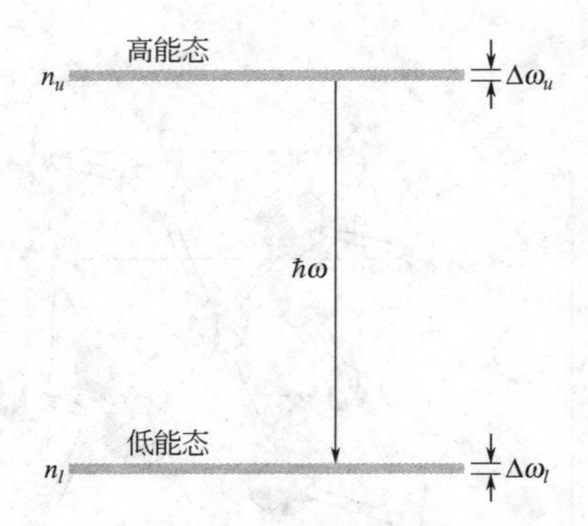

图 21 用于解释微波激射器工作原理的二能级系统。高能态和低能态的布居数分别为 n_u 和 n_l。发射的辐射频率为 ω。态的组合宽度 $\Delta\omega=\Delta\omega_u+\Delta\omega_l$。

式中 μ 是磁矩，$\Delta\omega$ 是两个能级的组合宽度。结果式(50）是根据量子力学得出的一个标准结果，即由所谓费米黄金定则（Fermi golden rule）给出。

单位时间内，由于高低能态之间的原子跃迁所发射的净能量为

$$\mathscr{P}=\left(\frac{\mu B_{\mathrm{rf}}}{\hbar}\right)^{2}\frac{1}{\Delta\omega}\cdot\hbar\omega\cdot(n_u-n_l) \tag{51}$$

这里 $\mathscr{P}$ 表示功率输出，$\hbar\omega$ 是一个光子的能量，n_u-n_l 是在开始的时候能够发射光子的原子数 n_u 超出能够吸收光子的原子数 n_l 之余额。

热平衡时，$n_u<n_l$，所以不可能得到辐射的净发射，但是在满足 $n_u>n_l$ 的非平衡条件下会出现发射。事实上，如果从 $n_u>n_l$ 开始，并且将发射的辐射反射回系统中，这样就加大了 B_{rf}，因而激励起更高的发射速率。激励继续增强，直到高能态的布居数减少至等于低能态的布居数为止。

把晶体置入电磁谐振腔，可以增加辐射场强度。在谐振腔壁上会有一些功率损耗，损耗速率为：

(CGS)
$$\mathscr{P}_L=\frac{B_{\mathrm{rf}}^2 V}{8\pi}\cdot\frac{\omega}{Q}$$

(SI)
$$\mathscr{P}_L=\frac{B_{\mathrm{rf}}^2 V}{2\mu_0}\cdot\frac{\omega}{Q} \tag{52}$$

其中 V 是谐振腔体积，Q 是腔的 Q 因子。B_{rf}^2 理解为体积平均值。

微波激射器的工作条件是发射功率 $\mathscr{P}$ 超过功率损耗 $\mathscr{P}_L$。这两个量都与 B_{rf}^2 有关。用高低能态的布居反转数表示，微波激射条件是

(CGS)
$$n_u-n_l>\frac{V\Delta B}{8\pi\mu Q}$$

(SI)
$$n_u-n_l>\frac{V\Delta B}{2\mu_0\mu Q} \tag{53}$$

其中 μ 是磁矩，线宽 ΔB 用高低能态的组合线宽 $\Delta\omega$ 定义：$\mu\Delta B=\hbar\Delta\omega$。微波激射器或激光器的核心问题在于获得合适的高低能态布居数反转。实际上，不同的器件将采用不同的方法来解决这个问题。

13.8.1 三能级微波激射器

三能级微波激射系统（图 22）巧妙地解决了布居数反转问题。在晶体中加入磁性离子，可以得到具有这种能级的系统。外加射频功率的频率为抽运频率 $\hbar\omega_{\mathrm{p}}=E_3-E_1$，其强度应足以保持能级 3 的布居数基本上等于能级 1 的布居数。这就是所谓的饱和，参见习题 8。正常的热弛豫过程导致能级 2 的布居数 n_2 变化，现在来考查这个变化的速率。用各个态之间的跃迁速率 P 表示，则有

$$\mathrm{d}n_2/\mathrm{d}t=-n_2P(2\to1)-n_2P(2\to3)+n_3P(3\to2)+n_1P(1\to2) \tag{54}$$

在稳态下，$\mathrm{d}n_2/\mathrm{d}t=0$，同时由于射频功率饱和，有 $n_3=n_1$。由此

$$\frac{n_2}{n_1}=\frac{P(3\rightarrow 2)+P(1\rightarrow 2)}{P(2\rightarrow 1)+P(2\rightarrow 3)} \tag{55}$$

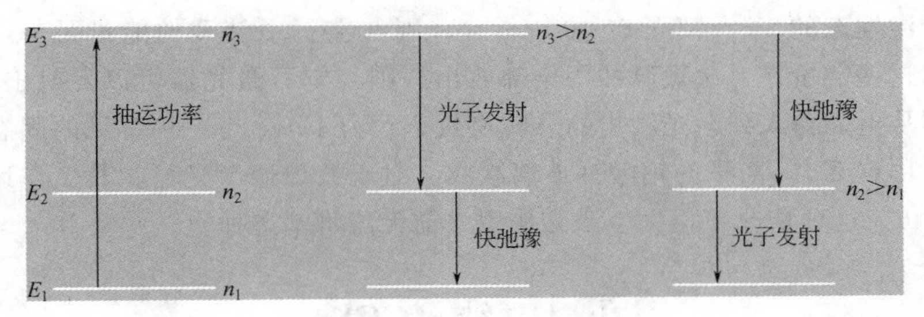

图 22　三能级微波激射系统。

顺磁离子以及它所处环境的许多细节都会影响跃迁速率，不过这样的系统几乎总不会使人们失望：因为若是 $n_2>n_1$，则可以在能级 2 和能级 1 之间产生微波激射作用；或者相反 $n_2<n_1=n_3$，则可以在能级 3 和能级 2 之间产生微波激射作用。Er^{3+} 离子的能级可以用于光纤通信中的光放大器。这种离子可以通过光泵将其由能级 1 抽运到能级 3，由能级 3 到能级 2 有一个快速无辐射衰变；然后由能级 2 到能级 1 受激发射，从而使波长为 1.55μm 的信号得到放大。这一波长对在光纤中的长程传输非常有利，其带宽为 4×10^{12} Hz 的量级。

13.8.2　激光器

红宝石既是用于制作微波激射器的晶体，也是表现出光学激射特性的第一个晶体。但是，通常用到的是 Cr^{3+} 离子的另一组能级（图 23）。在基态以上约 15000cm^{-1} 处，有一对能级，用记号 ^2E 标志，这两个能级的间距为 29cm^{-1}。在 ^2E 以上有两个宽能带，以记号 $^4F_1$ 和 $^4F_2$ 标志。因为带较宽，所以从氙闪光灯之类的宽带光源得到的光吸收就可以高效率地增加带里的布居数。

红宝石激光器工作时，宽带光源使两个 ^4F 带都被占据。这样激发的原子通过发射声子这类无辐射过程，在 10^{-7}s 内衰变到 ^2E 态。由 ^2E 中的低能态到基态的光子发射进行得较

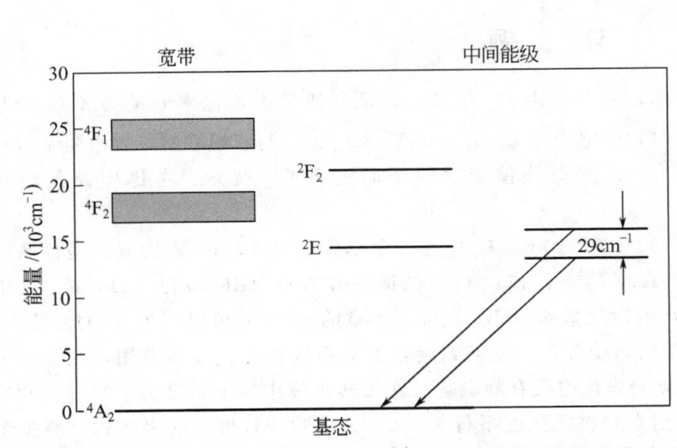

图 23　激光器使用的红宝石 Cr^{3+} 能级图。初始激发使离子跃迁到宽带上，然后通过声子发射，离子衰变到中间能级。最后当离子跃迁到基态时发射光子。

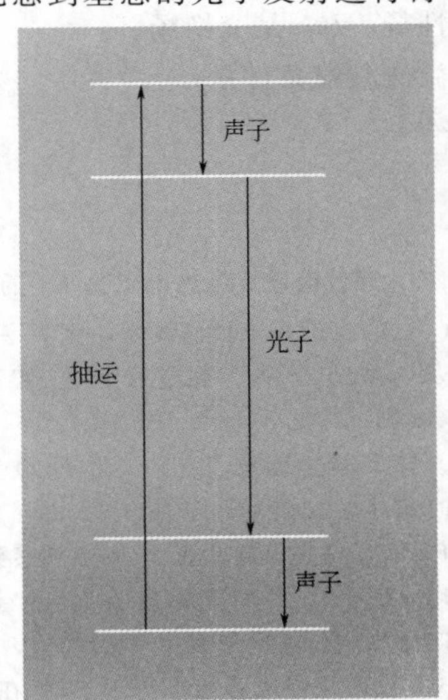

图 24　四能级系统，例如钕玻璃激光器。

慢，大约需 5×10^{-3}s，因此在 ^{2}E 态里可以集聚大量激发的离子。为了实现光激射作用，^{2}E 态的布居数必须超过基态布居数。

如果处于激发态的 Cr^{3+} 离子有 $10^{20}cm^{-3}$，则红宝石中储藏的能量是 $10^8erg\cdot cm^{-3}$。如果将储藏的这些能量在一次短脉冲中全部放出，则红宝石激光器可以发射出的功率极高。红宝石激光器从电能输入到激光输出的总转换效率约为1%。另一种常见的固态激光器是钕玻璃激光器，用掺 Nd^{3+} 离子的钨酸钙玻璃制成。对于钕玻璃激光器，其工作运行基于四能级系统（图24）。这种情况下，发生激光作用之前无需将基态抽空。

小　结（CGS）

- 自由自旋的共振频率为 $\omega_0=\gamma B_0$，其中 $\gamma=\mu/\hbar I$ 是旋磁比。
- 布洛赫方程是

$$dM_x/dt=\gamma(\boldsymbol{M}\times\boldsymbol{B})_x-M_x/T_2$$
$$dM_y/dt=\gamma(\boldsymbol{M}\times\boldsymbol{B})_y-M_y/T_2$$
$$dM_z/dt=\gamma(\boldsymbol{M}\times\boldsymbol{B})_z+(M_0-M_z)/T_1$$

- 共振线的半功率点半宽是 $(\Delta\omega)_{\frac{1}{2}}=1/T_2$。
- 刚性晶格的偶极线宽是 $(\Delta B)_0\approx\mu/a^3$。
- 如果磁矩处于不断运动中，特征时间 $\tau\ll1/(\Delta\omega)_0$，则线宽减小一个因子 $(\Delta\omega)_0\tau$。在这个极限下 $1/T_1\approx1/T_2\approx(\Delta\omega)_0^2\tau$。存在交换耦合的顺磁体，线宽成为 $\approx(\Delta\omega)_0^2/\omega_{ex}$。
- 退磁因子为 N_x、N_y、N_z 的椭球，其铁磁共振频率是 $\omega_0^2=\gamma^2[B_0+(N_y-N_z)M][B_0+(N_x-N_z)M]$。
- 外加场为零时，球形样品的反铁磁共振频率是 $\omega_0^2=\gamma^2B_A(B_A+2B_E)$，其中 B_A 是各向异性场，B_E 是交换场。
- 微波激射条件是

$$n_u-n_l>V\Delta B/8\pi\mu Q$$

习　题

1. 等效电路。 考虑电感为 L_0 的空线圈，它与电阻 R_0 串联。试证：如果用磁化率分量为 $\chi'(\omega)$ 和 $\chi''(\omega)$ 的自旋系统填满线圈，则频率为 ω 时，电感变成 $L=[1+4\pi\chi'(\omega)]L_0$，与它串联的等效电阻是 $R=4\pi\omega\chi''(\omega)L_0+R_0$。在这个问题中 $\chi=\chi'+i\chi''$ 是对线偏振射频场而定义的。提示：考虑电路的阻抗（CGS制）。

2. 旋转坐标系。 定义矢量 $\boldsymbol{F}(t)=F_x(t)\hat{\boldsymbol{x}}+\boldsymbol{F}_y(t)\hat{\boldsymbol{y}}+\boldsymbol{F}_z(t)\hat{\boldsymbol{z}}$。令单位矢量 $\hat{\boldsymbol{x}}$，$\hat{\boldsymbol{y}}$，$\hat{\boldsymbol{z}}$ 构成的坐标系以瞬时角速度 Ω 转动，于是有 $d\hat{\boldsymbol{x}}/dt=\Omega_y\hat{\boldsymbol{z}}-\Omega_z\hat{\boldsymbol{y}}$ 等方程式。(a) 试证：$d\boldsymbol{F}/dt=(d\boldsymbol{F}/dt)_R+\Omega\times\boldsymbol{F}$，其中 $(d\boldsymbol{F}/dt)_R$ 是在旋转坐标系 R 中观察到的 F 的时间微商。(b) 试证：本章的式（7）可以写为 $(d\boldsymbol{M}/dt)_R=\gamma\boldsymbol{M}\times(\boldsymbol{B}_a+\Omega/\gamma)$。这是 $\boldsymbol{M}$ 在旋转坐标系里的运动方程。变换到旋转坐标系这种方式极其有用，在文献中已广泛采用。(c) 令 $\Omega=-\gamma B_0\hat{\boldsymbol{z}}$，因此在旋转坐标中没有静磁场。在旋转坐标中加上长度为 t 的直流脉冲 $B_1\hat{\boldsymbol{x}}$。设磁化强度开始平行于 $+\hat{\boldsymbol{z}}$，在脉冲结束时磁化强度平行于 $-\hat{\boldsymbol{z}}$。试求脉冲长度 t 的表达式（略去弛豫效应）。(d) 从实验室坐标系观察表述这个脉冲。

3. 超精细结构对金属中电子自旋共振（ESR）的影响。 假设由于电子自旋与核自旋之间的超精细相互作用，金属中传导电子的自旋感受到一个有效磁场。设传导电子感受到的这个场的 z 分量可以写为

$$B_i=\left(\frac{a}{N}\right)\sum_{j=1}^{N}I_j^z$$

式中的 I_j^z 以同样的几率取值 $\pm 1/2$。(a) 试证 $\langle B_i^2\rangle=(a/2N)^2N$。(b) 对于 $N\gg 1$，试证 $\langle B_i^4\rangle=3(a/2N)^4N^2$。

4. 各向异性场中的铁磁共振。 考虑单轴铁磁晶体的球形样品，各向异性能密度的形式为 $U_K=K\sin^2\theta$，其中 θ 是磁化强度与 z 轴之间的夹角。假设 K 为正。证明：在外磁场 $B_0\hat{z}$ 中，铁磁共振频率 $\omega_0=\gamma(B_0+B_A)$，其中 $B_A\equiv 2K/M_s$。

5. 自旋波共振频率。 现将一个 1200G (gauss) 的磁场施加于厚度为 $1\mu m$ 的薄膜。若其自旋交换常数 $D=2.1\times10^{-9}\,Oe\cdot cm^2$，旋磁比 $\gamma=2.9GHz\cdot(kOe)^{-1}$，有效饱和磁化强度 $M_s=12G$。试在长波极限条件下，计算其自旋波共振频率。

6. 交换频率共振。 考虑两个子晶格 A 和 B 组成的亚铁磁体，子晶格的磁化强度分别为 $\boldsymbol{M}_A$ 和 $\boldsymbol{M}_B$。当自旋系统处于静止时，$\boldsymbol{M}_B$ 与 $\boldsymbol{M}_A$ 方向相反，旋磁比为 γ_A 和 γ_B，分子场 $\boldsymbol{B}_A=-\lambda\boldsymbol{M}_B$；$\boldsymbol{B}_B=-\lambda\boldsymbol{M}_A$。证明，在下面条件下出现共振：

$$\omega_0^2=\lambda^2(\gamma_A|M_B|-\gamma_B|M_A|)^2$$

这个共振称为交换频率共振。

7. 激光。 现有一个 GaAs 激光器，其谐振腔长度为 $200\mu m$，折射率 $n=3.6$。假如激光波长 λ 的范围为：$750nm<\lambda<850nm$，试问该激光器可以产生多少模(式)?

8. 射频饱和。 在磁场 $H_0\hat{z}$ 中，给定一个处于温度为 T 的平衡态的二能级自旋系统，其粒子布居数为 N_1、N_2，跃迁速率为 W_{12}、W_{21}。输入一射频信号，给出跃迁速率 W_{rf}。(a) 推导关于 dM_z/dt 的方程，并证明在稳态下有

$$M_z=M_0/(1+2W_{rf}T_1)$$

其中 $1/T_1=W_{12}+W_{21}$。采用以下写法是有益的：$N=N_1+N_2$，$n=N_1-N_2$，$n_0=N(W_{21}-W_{12})/(W_{21}+W_{12})$。可以看到，只要 $2W_{rf}T_1\ll 1$，从射频场吸收的能量并不会使布居分布显著地偏离其热平衡值。(b) 利用关于 n 的表达式，写出从射频场吸收能量的速率。当 W_{rf} 接近于 $1/2T_1$ 时会出现什么情况? 这个效应称为饱和，可用开始出现饱和来测量 T_1。

第 14 章　介电体和铁电体

注：本章拟采用的记号：

$$\epsilon_0 = 10^7/4\pi c^2$$

(CGS)　$D = E + 4\pi P = \epsilon E = (1+4\pi\chi)E$；$\alpha = p/E_{\text{local}}$

(SI)　$D = \epsilon_0 E + P = \epsilon\epsilon_0 E = (1+\chi)\,\epsilon_0 E$；$\alpha = p/E_{\text{local}}$

$$\epsilon_{\text{CGS}} = \epsilon_{\text{SI}};\ 4\pi\chi_{\text{CGS}} = \chi_{\text{SI}};\ \alpha_{\text{SI}} = 4\pi\epsilon_0\alpha_{\text{CGS}}$$

首先，我们来建立外加电场与介电晶体中内电场之间的联系。如果提出以下问题，就会引出关于介电体（旧称电介质）内部电场的研究。

（1）介电体内部介电极化强度 $\boldsymbol{P}$ 与麦克斯韦方程组中的宏观电场 $\boldsymbol{E}$ 之间的关系是什么？

（2）介电极化强度与作用在晶格中一个原子位置上的局部电场之间的关系是什么？这个局部电场决定了原子的电偶极矩。

A. 麦克斯韦方程组（Maxwell Equations）

在 CGS 单位制中，麦克斯韦方程组为：

$$\begin{cases} \nabla\times\boldsymbol{H} = \dfrac{4\pi}{c}\boldsymbol{j} + \dfrac{1}{c}\dfrac{\partial}{\partial t}(\boldsymbol{E}+4\pi\boldsymbol{P}) \\ \nabla\times\boldsymbol{E} = -\dfrac{1}{c}\dfrac{\partial B}{\partial t} \\ \nabla\cdot\boldsymbol{E} = 4\pi\rho \\ \nabla\cdot\boldsymbol{B} = 0 \end{cases}$$

在 SI 单位制中，麦克斯韦方程组为：

$$\begin{cases} \nabla\times\boldsymbol{H} = \boldsymbol{j} + \dfrac{\partial}{\partial t}(\epsilon_0\boldsymbol{E}+\boldsymbol{P}) \\ \nabla\times\boldsymbol{E} = -\dfrac{\partial \boldsymbol{B}}{\partial t} \\ \nabla\cdot(\epsilon_0\boldsymbol{E}) = \rho \\ \nabla\cdot\boldsymbol{B} = 0 \end{cases}$$

B. 极化强度（Polarization）

极化强度 $\boldsymbol{P}$ 定义为单位体积内的电偶极矩，在一个晶胞体积中取平均。总的偶极矩定义为

$$\boldsymbol{p} = \sum q_n\boldsymbol{r}_n \tag{1}$$

式中 $\boldsymbol{r}_n$ 表示电荷 q_n 的位置矢量。如果系统是中性的，那么这个求和式的值就将不依赖于诸位置矢量原点的选择。例如令 $\boldsymbol{r}'_n = \boldsymbol{r}_n + \boldsymbol{R}$，则 $\boldsymbol{p} = \sum q_n\boldsymbol{r}'_n = \boldsymbol{R}\sum q_n + \sum q_n\boldsymbol{r}_n = \sum q_n\boldsymbol{r}_n$。图 1 表示一个水分子的偶极矩。

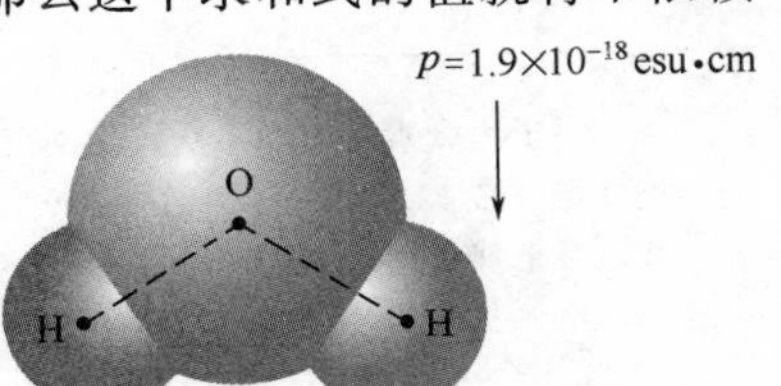

图 1　水分子的永偶极矩，大小为 1.9×10^{-18} esu·cm，方向是由 O^{2-} 离子指向两个 H^+ 离子联线的中点 [为了转换为 SI 单位制，乘以因数 $(1/3)\times10^{11}$]。

以偶极子上的一点为原点，则 $\boldsymbol{r}$ 处的电场 $\boldsymbol{E}(\boldsymbol{r})$ 是

$$\text{(CGS)}\qquad \boldsymbol{E}(\boldsymbol{r}) = \frac{3(\boldsymbol{p}\cdot\boldsymbol{r})\boldsymbol{r} - r^2\boldsymbol{p}}{r^5} \tag{2}$$

$$\text{(SI)}\qquad \boldsymbol{E}(\boldsymbol{r}) = \frac{3(\boldsymbol{p}\cdot\boldsymbol{r})\boldsymbol{r} - r^2\boldsymbol{p}}{4\pi\epsilon_0 r^5}$$

这是初等静电学的一个标准结果。

图 2 表示一个指向 z 轴方向的偶极子的电力线。

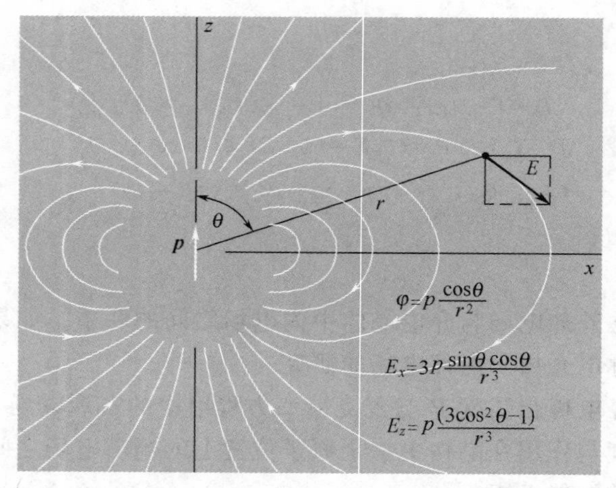

图 2 一个指向 z 轴方向的偶极子 $\boldsymbol{p}$ 在点（r，θ）处的静电势及电场分量，用 CGS 单位制表示。如 $\theta=0$，则 $E_x=E_y=0$，$E_z=2p/r^3$。如 $\theta=\pi/2$，则 $E_x=E_y=0$，而 $E_z=-pr^3$。为了转换为 SI 单位制，用 $p/4\pi\epsilon_0$ 去代换式中的 p。引自 E. M. Purcell。

14.1 宏观电场

对物体内部电场的贡献之一是外加电场的贡献。外加电场定义为

$$\boldsymbol{E}_0' \equiv \text{由物体外部固定电荷所产生的电场} \tag{3}$$

对内电场的另一部分贡献是构成物体的所有电荷的电场之和。如果物体是中性的，那么对于平均场的贡献就可以用原子偶极子的场之和表示。

平均电场 $\boldsymbol{E}(\boldsymbol{r}_0)$ 定义为在包含格点 $\boldsymbol{r}_0$ 的晶胞中平均的场：

$$\boldsymbol{E}(\boldsymbol{r}_0)=\frac{1}{V_c}\int \mathrm{d}V\boldsymbol{e}(\boldsymbol{r}) \tag{4}$$

式中 $\boldsymbol{e}(\boldsymbol{r})$ 表示点 $\boldsymbol{r}$ 处的微观场。与微观场 $\boldsymbol{e}$ 相比较，场 $\boldsymbol{E}$ 是一个很平滑的量。我们完全可以将式（2）表示的偶极场写为 $\boldsymbol{e}(\boldsymbol{r})$，因为它是一个微观的、未平滑化的场。

我们将 $\boldsymbol{E}$ 称为宏观电场。如果我们知道了 $\boldsymbol{E}$ 同极化强度 $\boldsymbol{P}$ 以及与电流密度 $\boldsymbol{j}$ 之间的联系，并且，所感兴趣的波长与晶格间距比较起来是长的，那么对于解决晶体电动力学的所有问题来说，条件就是足够的了❶。

为了求出极化强度对于宏观场的贡献，可以将对样品中所有偶极子的求和加以简化。根据静电学中的一个著名的定理❷可知，由均匀极化所产生的电场等于分布在物体表面上的一

❶ 关于由微观场 $\boldsymbol{e}$ 和 $\boldsymbol{h}$ 所满足的麦克斯韦方程组出发，推导宏观场 $\boldsymbol{E}$ 和 $\boldsymbol{H}$ 所满足的麦克斯韦方程组的详细过程，请参阅文献：E. M. Purcell，Electricity and magnetism，2nd ed.，McGraw-Hill，1985。

❷ 一个偶极子 $\boldsymbol{p}$ 的静电电势，用 CGS 单位制写出，是 $\varphi(\boldsymbol{r})=\boldsymbol{p}\cdot\operatorname{grad}(1/r)$。对于体积分布的极化强度 $\boldsymbol{P}$，有

$$\varphi(\boldsymbol{r})=\int \mathrm{d}V\left[\boldsymbol{P}\cdot\operatorname{grad}(1/r)\right]$$

根据一个矢量恒等式，它变为

$$\varphi(\boldsymbol{r})=\int \mathrm{d}V\left(-\frac{1}{r}\nabla\cdot\boldsymbol{P}+\nabla\cdot\frac{\boldsymbol{P}}{r}\right)$$

如果 $\boldsymbol{P}$ 是常矢量，则 $\nabla\cdot\boldsymbol{P}=0$，于是根据高斯定理，有

$$\varphi(\boldsymbol{r})=\int \mathrm{d}S\,\frac{P_n}{r}=\int \mathrm{d}S\,\frac{\sigma}{r}$$

式中，$\sigma\mathrm{d}S$ 是物体表面上的一个面电荷元。证毕。

个虚设的表面电荷密度 $\sigma=\hat{\boldsymbol{n}}\cdot\boldsymbol{P}$ 在真空中产生的电场。这里 $\hat{\boldsymbol{n}}$ 是表面上的法线单位矢量，指向被极化物质的外方。我们把这个结果应用于一个薄的介电平板［图 3（a）］，它具有均匀体极化强度 $\boldsymbol{P}$。由极化强度产生的电场 $\boldsymbol{E}_1(\boldsymbol{r})$ 等于平板表面上虚设的表面电荷密度 $\sigma=\hat{\boldsymbol{n}}\cdot\boldsymbol{P}$ 所产生的电场。在上界面上，单位矢量 $\hat{\boldsymbol{n}}$ 的方向向上；而在下界面上，单位矢量 $\hat{\boldsymbol{n}}$ 的方向向下。于是，上界面就带有每单位面积为 $\sigma=\hat{\boldsymbol{n}}\cdot\boldsymbol{P}=P$ 的虚设电荷，而下界面每单位面积所带的电荷是 $-P$。

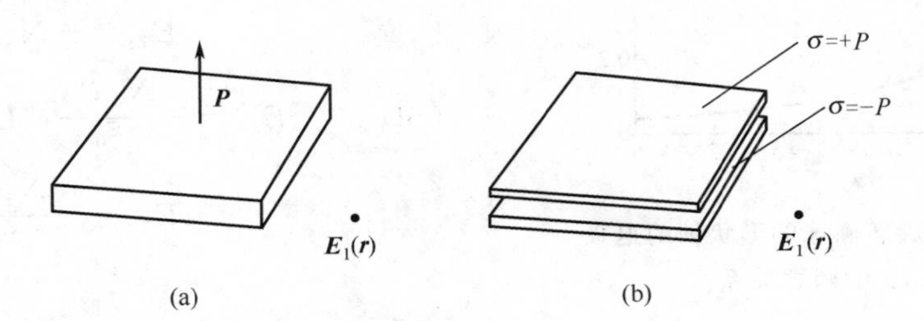

图 3　（a）一个均匀极化的介电平板，其极化强度矢量 $\boldsymbol{P}$ 与平板的平面垂直。（b）一对均匀带电平行平片，它们产生的电场 $\boldsymbol{E}_1$ 与（a）中的电场 $\boldsymbol{E}_1$ 全同，上面平片具有面电荷密度 $\sigma=+P$，下面平片具有 $\sigma=-P$。

在上、下两片之间任一点上（只要这点离边缘适当地远），由表面电荷引起的电场 $\boldsymbol{E}_1$ 具有简单的形式。根据高斯定律，有

(CGS)
$$E_1=-4\pi|\sigma|=-4\pi P \tag{4a}$$

(SI)
$$E_1=-\frac{|\sigma|}{\epsilon_0}=-\frac{P}{\epsilon_0}$$

现在将 $\boldsymbol{E}_1$ 同外加电场 $\boldsymbol{E}_0$ 加起来，求得平板内部的总宏观电场，即

(CGS)
$$\boldsymbol{E}=\boldsymbol{E}_0+\boldsymbol{E}_1=\boldsymbol{E}_0-4\pi P\hat{z} \tag{5}$$

(SI)
$$\boldsymbol{E}=\boldsymbol{E}_0+\boldsymbol{E}_1=\boldsymbol{E}_0-\frac{P}{\epsilon_0}\hat{z}$$

式中 $\hat{z}$ 表示平板平面的法线单位矢量。定义

$$\boldsymbol{E}_1\equiv\text{边界上面密度为 } \hat{\boldsymbol{n}}\cdot\boldsymbol{P} \text{ 的表面电荷所产生的电场} \tag{6}$$

这个场在物体内部和外部空间都是平滑变化的，它同宏观场 $\boldsymbol{E}$ 一样满足麦克斯韦方程组。电场 $\boldsymbol{E}_1$ 由原子尺度看来是一个平滑函数，其所以如此，是因为我们用平滑化的极化强度 $\boldsymbol{P}$ 代替了诸偶极子 $\boldsymbol{p}_j$ 的离散点阵。

14.1.1　退极化场 $\boldsymbol{E}_1$

如果物体中的极化强度是均匀的，那么，对宏观场的贡献就完全来自 $\boldsymbol{E}_0$ 和 $\boldsymbol{E}_1$：

$$\boldsymbol{E}=\boldsymbol{E}_0+\boldsymbol{E}_1 \tag{7}$$

这里 $\boldsymbol{E}_0$ 是外加电场，$\boldsymbol{E}_1$ 是均匀极化强度所产生的电场。

人们将电场 $\boldsymbol{E}_1$ 称为退极化场（depolarization field），因为在物体内部 $\boldsymbol{E}_1$ 倾向于对抗外加电场 $\boldsymbol{E}_0$，如图 4 中所示。一个椭球形的样品（包括球形、柱形和圆盘作为它的极限形式）具有如下的优点，即：均匀的极化强度产生一个均匀的退极化场。这是一

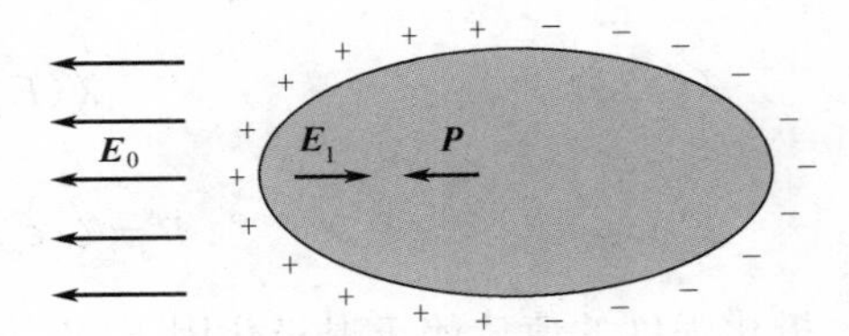

图 4　退极化场 $\boldsymbol{E}_1$ 与 $\boldsymbol{P}$ 的方向相反。图中示出虚设的表面电荷，它们在椭球内部产生的场是 $\boldsymbol{E}_1$。

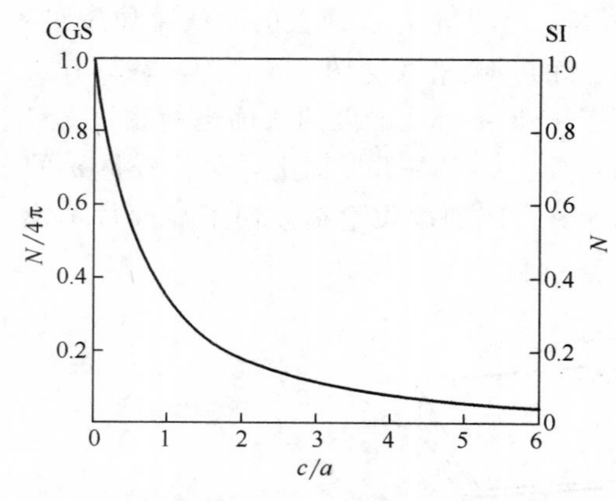

图 5 平行于旋转椭球的形状轴的退极化因子 N 与轴比 c/a 的函数关系。

个大家熟知的数学结果，经典电磁学教科书里[1]载有关于它的证明。

如果以椭球的三个主轴作参考。极化强度 $\boldsymbol{P}$ 的三个分量写作 P_x、P_y、P_z，那么退极化场的三个分量就是：

$$\text{(CGS)}\quad E_{1x}=-N_xP_x,\ E_{1y}=-N_yP_y,\ E_{1z}=-N_zP_z$$

$$\text{(SI)}\quad E_{1x}=-\frac{N_xP_x}{\epsilon_0},\ E_{1y}=-\frac{N_yP_y}{\epsilon_0},\ E_{1z}=-\frac{N_zP_z}{\epsilon_0} \tag{8}$$

式中 N_x、N_y、N_z 称为退极化因子；它们的值决定于椭球的三个主轴长度之比。这里的 N 都是正数，并满足求和定则：

$$\text{(CGS)}\quad N_x+N_y+N_z=4\pi,\qquad \text{(SI)}\quad N_x+N_y+N_z=1$$

平行于旋转椭球的形状轴（figure axis）方向上的 N 值绘于图 5 之中，Osorn 和 Stoner 曾计算过另外一些情况[2]。一些极限情况下 N 的数值是：

形　状	轴　向	N(CGS)	N(SI)
球	任意	$4\pi/3$	1/3
薄平板	法向	4π	1
薄平板	平面内	0	0
长圆柱	纵向(轴)	0	0
长圆柱	横向(径)	2π	1/2

能够采用两种办法使退极化场成为零，亦即使用一个细长的样品，或使用一个薄板样品，在它的两个相对的面上镀上电极，作电的联通。

均匀的外加电场 $\boldsymbol{E}_0$ 会在一个椭球内部感生均匀的极化强度。引入介电极化率 χ（dielectric susceptibility）将椭球内部的宏观电场 $\boldsymbol{E}$ 同极化强度 $\boldsymbol{P}$ 联系起来：

$$\text{(CGS)}\quad \boldsymbol{P}=\chi\boldsymbol{E},\qquad \text{(SI)}\quad \boldsymbol{P}=\epsilon_0\chi\boldsymbol{E} \tag{9}$$

如果 $\boldsymbol{E}_0$ 是均匀的，并平行于椭球的某一个主轴，那么，根据式（8）就有

$$\text{(CGS)}\quad E=E_0+E_1=E_0-NP$$

$$\text{(SI)}\quad E=E_0-\frac{NP}{\epsilon_0} \tag{10}$$

由此可得

$$\text{(CGS)}\quad P=\chi(E_0-NP),\ P=\frac{\chi}{1+N\chi}E_0$$

$$\text{(SI)}\quad P=\chi(\epsilon_0E_0-NP),\ P=\frac{\chi\epsilon_0}{1+N\chi}E_0 \tag{11}$$

极化强度的值依赖于退极化因子 N。

---

[1] R. Becker，“Electromagnetic fields and interactions”，Blaisdell，1964，pp. 102～107.

[2] J. A. Oshorn，Phys. Rev. 67，351（1945）；E. C. Stoner，Phil. Mag. 36，803（1945）.

14.2　原子位置上的局部场

作用在一个原子位置上的局部电场其数值与宏观电场之值相差甚大。为了令人信服地说明这一点，可以考虑一个球形晶体中某个具有立方对称近邻配置的位置上的局部电场❶。根据式（10），一个球体内部的宏观电场是

$$\text{(CGS)} \quad \boldsymbol{E}=\boldsymbol{E}_0+\boldsymbol{E}_1=\boldsymbol{E}_0-\frac{4\pi}{3}\boldsymbol{P}$$

$$\text{(SI)} \quad \boldsymbol{E}=\boldsymbol{E}_0+\boldsymbol{E}_1=\boldsymbol{E}_0-\frac{1}{3\epsilon_0}\boldsymbol{P} \tag{12}$$

现在考虑作用在球心处的原子上的场（这个原子还是具有代表性的）。如果所有的偶极子均平行于 z 轴，大小为 p，则根据式（2），由所有偶极子在球心上所产生的场的 z 分量应是

$$\text{(CGS)} \quad E_{\text{dipole}}=p\sum_i \frac{3z_i^2-r_i^2}{r_i^5}=p\sum_i \frac{2z_i^2-x_i^2-y_i^2}{r_i^5} \tag{13}$$

如采用SI制，则应将 p 用 $p/4\pi\epsilon_0$ 代换。由于球体的对称性以及晶格的对称性，x、y、z 三个方向是等价的，因此

$$\sum_i \frac{z_i^2}{r_i^5}=\sum_i \frac{x_i^2}{r_i^5}=\sum_i \frac{y_i^2}{r_i^5}$$

由此，$E_{\text{dipole}}=0$。这样，对于球形样品中一个具有立方对称性环境的原子位置来说，正确的局部场恰好等于外加电场，即：$\boldsymbol{E}_{\text{local}}=\boldsymbol{E}_0$。所以，局部场与宏观平均场并不相同。

现在来导出一个一般晶格格点上局部场的表达式，这个位置不一定要具有立方对称性。一个原子位置上的局部场是外部场源产生的电场 $\boldsymbol{E}_0$ 与样品内部诸偶极子所产生的电场之和。为了方便，可将偶极子场加以分解，使得对诸偶极子求和的一部分可以用一个积分来代替。我们写出

$$\boldsymbol{E}_{\text{local}}=\boldsymbol{E}_0+\boldsymbol{E}_1+\boldsymbol{E}_2+\boldsymbol{E}_3 \tag{14}$$

此处 $\boldsymbol{E}_0$ 为物体外部固定电荷所产生的电场；$\boldsymbol{E}_1$ 为退极化场，由样品外表面上的一个表面电荷密度 $\sigma=\boldsymbol{n}\cdot\boldsymbol{P}$ 所产生；$\boldsymbol{E}_2$ 为洛伦兹空腔场：在样品中，（数学上想象的）切割出一个以所考虑的参考原子为中心的球形空腔，如图6所示，极化电荷在这空腔里所产生的场就是所谓的洛伦兹空腔场；$\boldsymbol{E}_3$ 为空腔内部原子产生的场。

$\boldsymbol{E}_1+\boldsymbol{E}_2+\boldsymbol{E}_3$ 对于局部场的贡献是由样品中所有其他原子的偶极矩在一个原子位置上所产生的总场：

$$\text{(CGS)} \quad \boldsymbol{E}_1+\boldsymbol{E}_2+\boldsymbol{E}_3=\sum_i \frac{3(\boldsymbol{p}_i\cdot\boldsymbol{r}_i)\boldsymbol{r}_i-r_i^2\boldsymbol{p}_i}{\boldsymbol{r}_i^5} \tag{15}$$

在SI制中，应以 $\boldsymbol{p}_i/4\pi\epsilon_0$ 代替这里的 $\boldsymbol{p}_i$。

与参考位置的距离大于约十个晶格常量的那些偶极子对求和式（15）给出的贡献是平滑

---

❶　立方晶体中的原子位置并不必定具有立方对称性的环境，钛酸钡结构（图10）中 O^{2-} 位置就不具有立方对称环境。不过NaCl结构中 Na^+ 和 Cl^- 位置以及CsCl结构中 Cs^+ 和 Cl^- 位置却具有立方对称性。

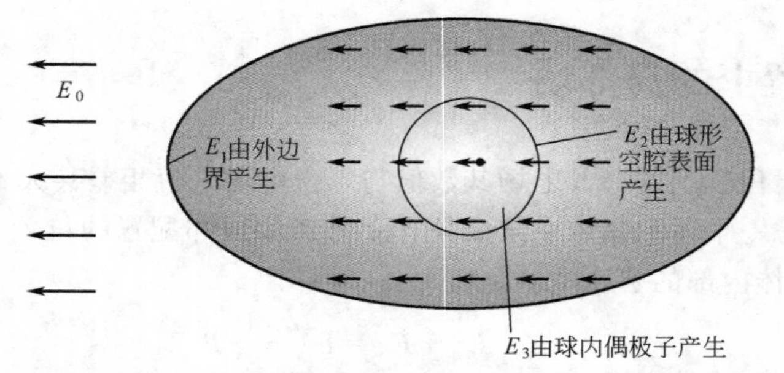

图 6 晶体中作用于一个原子上的内电场是外加电场 $\boldsymbol{E}_0$ 及晶体中其他原子所产生的场之和。对其他原子的偶极子场求和的标准方法是首先对一个想象的与参考原子同心的球内适当数目的近邻原子单个地求和，这样确定 $\boldsymbol{E}_3$；如参考位置具有立方对称环境，则 $\boldsymbol{E}_3$ 为零。在此球之外的原子可以作为均匀极化的介电体处理。它们对于参考点电场的贡献是 $\boldsymbol{E}_1+\boldsymbol{E}_2$，这里 $\boldsymbol{E}_1$ 是与外边界相联系的退极化场，$\boldsymbol{E}_2$ 是与球形空腔的边界相联系的场。

变化的，这个贡献可以代之两个面积分。其中一个面积分是在椭球样品外表面上进行的，依照式（6），确定 $\boldsymbol{E}_1$；第二个面积分确定 $\boldsymbol{E}_2$，可以在一个与参考位置间有适当距离（例如 50Å）的内表面上进行这个积分。然后计算不包括在上述内外两个表面之间体积之内的所有偶极子，以确定 $\boldsymbol{E}_3$。将内表面取为球形是方便的。

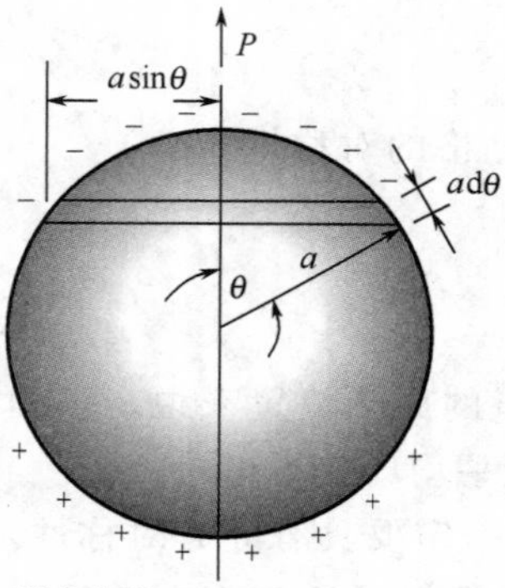

环上电荷$=2\pi a\sin\theta\cdot a\mathrm{d}\theta\cdot P\cos\theta$

图 7 均匀极化的介质里一个球形空腔中电场的计算。

14.2.1 洛伦兹场 $\boldsymbol{E}_2$

洛伦兹曾计算了设想的空腔表面上极化电荷所产生的场 $\boldsymbol{E}_2$。如以 θ 表示参考于极化方向的极角（参看图 7），空腔表面上的表面电荷密度就是 $-P\cos\theta$。半径为 a 的球形空腔中心处的电场是

$$\text{(CGS)}\quad \boldsymbol{E}_2=\int_0^{\pi}(a^{-2})(2\pi a\sin\theta)(a\,\mathrm{d}\theta)(\boldsymbol{P}\cos\theta)(\cos\theta)=\frac{4\pi}{3}\boldsymbol{P}$$

$$\text{(SI)}\quad \boldsymbol{E}_2=\frac{1}{3\epsilon_0}\boldsymbol{P} \tag{16}$$

它是在一个极化球内的退极化场 $\boldsymbol{E}_1$ 的反向场。因此，对于一个球来讲，$\boldsymbol{E}_1+\boldsymbol{E}_2=0$。

14.2.2 空腔内诸偶极子的场 $\boldsymbol{E}_3$

球形空腔里诸偶极子产生的场 $\boldsymbol{E}_3$ 是唯一的由晶体结构决定的一项。我们已证明：对于球体中具有立方对称环境的一个参考格点而言，如果所有原子都可以用彼此平行的“点”偶极子来代替，则 $\boldsymbol{E}_3=0$。

根据式（14）和式（16），在一个立方晶格格点上的总局部场是

$$\text{(CGS)}\qquad \boldsymbol{E}_{\text{local}}=\boldsymbol{E}_0+\boldsymbol{E}_1+\frac{4\pi}{3}\boldsymbol{P}=\boldsymbol{E}+\frac{4\pi}{3}\boldsymbol{P}$$

$$\text{(SI)}\qquad \boldsymbol{E}_{\text{local}}=\boldsymbol{E}+\frac{1}{3\epsilon_0}\boldsymbol{P} \tag{17}$$

这就是洛伦兹关系：作用在立方格点原子上的场等于式（17）所表示的宏观场加上 $4\pi\boldsymbol{P}/3$ 或 $\boldsymbol{P}/3\epsilon_0$，这里 $\boldsymbol{P}$ 是样品中其他原子所给出的极化强度。关于立方对称离子晶体的实验数据表明，洛伦兹关系是正确的。

14.3　介电常量与极化率

对于各向同性介质或立方介质，其相对于真空的介电常量ϵ，可以通过宏观场 E 定义，即有

$$\text{(CGS)}\qquad \epsilon \equiv \frac{E+4\pi P}{E}=1+4\pi\chi$$

$$\text{(SI)}\qquad \epsilon=\frac{\epsilon_0 E+P}{\epsilon_0 E}=1+\chi \tag{18}$$

我们记得，根据定义有 $\chi_{SI}=4\pi\chi_{CGS}$，因而$\epsilon_{SI}=\epsilon_{CGS}$。

极化率 χ ［式（9）］与介电常量的关系是

$$\text{(CGS)}\qquad \chi=\frac{P}{E}=\frac{\epsilon-1}{4\pi}$$

$$\text{(SI)}\qquad \chi=\frac{P}{\epsilon_0 E}=\epsilon-1 \tag{19}$$

对于非立方对称的晶体，其介电响应可借助极化率张量或介电常量张量的诸分量来加以描述，则有

$$\text{(CGS)}\qquad P_\mu=\chi_{\mu\nu}E_\nu,\qquad \epsilon_{\mu\nu}=\delta_{\mu\nu}+4\pi\chi_{\mu\nu}$$

$$\text{(SI)}\qquad P_\mu=\chi_{\mu\nu}\epsilon_0 E_\nu,\qquad \epsilon_{\mu\nu}=\delta_{\mu\nu}+\chi_{\mu\nu} \tag{20}$$

一个原子的极化率 α 通过该原子位置上的局部电场 E_{local} 定义：

$$p=\alpha E_{local} \tag{21}$$

式中 p 是电偶极矩。这个定义在 CGS 和 SI 两种单位制中都成立。但是，$\alpha_{SI}=4\pi\epsilon_0\alpha_{CGS}$。极化率是一个原子的性质，而介电常量则依赖于原子排列组装成晶体的方式。对于一个非球形原子，α 是一个张量。

一个晶体的极化强度可以近似地表示为诸原子的极化率与局部电场之乘积，即

$$P=\sum_j N_j p_j=\sum_j N_j\alpha_j E_{loc}(j) \tag{22}$$

式中 N_j 和 α_j 分别表示第 j 个原子的浓度和极化率，$E_{loc}(j)$ 是原子 j 位置上的局部场。

我们要求出介电常量与极化率的联系，推导的结果将依赖于宏观电场与局部电场之间的关系。采用 CGS 制进行推导，结果用两种单位制表示。

如果局部场由洛伦兹关系式（17）给出，则应有

$$\text{(CGS)}\qquad P=\left(\sum N_j\alpha_j\right)\left(E+\frac{4\pi}{3}P\right)$$

解出 P，求得极化率

$$\text{(CGS)}\qquad \chi=\frac{P}{E}=\frac{\sum N_j\alpha_j}{1-\frac{4\pi}{3}\sum N_j\alpha_j} \tag{23}$$

在 CGS 制中，定义$\epsilon=1+4\pi\chi$。于是，将式（23）加以整理就可得出如下的克劳修斯-莫索提关系（Clausius-Mossotti relation），即

$$\text{(CGS)}\qquad \frac{\epsilon-1}{\epsilon+2}=\frac{4\pi}{3}\sum N_j\alpha_j$$

$$\text{(SI)}\qquad \frac{\epsilon-1}{\epsilon+2}=\frac{1}{3\epsilon_0}\sum N_j\alpha_j \tag{24}$$

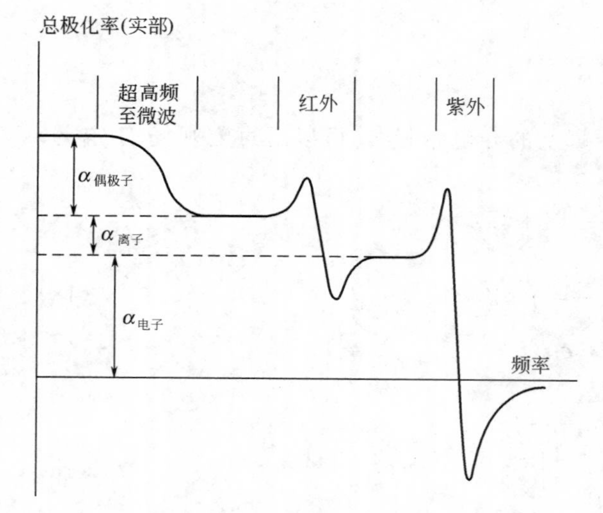

图 8　极化率的几种贡献对频率的依赖关系。

它将介电常量同电子极化率联系起来，不过，只能用于洛伦兹局部场关系式（17）可以通用的那些晶体结构。

14.3.1　电子极化率

总极化率一般可以分为三个部分：电子极化率、离子极化率和偶极子极化率，如图 8 所示。电子的极化率贡献是由电子壳层相对于核的位移所产生。离子的极化率贡献是由一个“受控对象”离子相对于其他离子的位移所产生。然而，偶极子的极化率贡献则是由具有永偶极矩的分子所产生，同时，它们的电偶极矩在外加电场中可以改变其取向。

在非均匀材料中，往往还会出现一个界面极化强度，它是由结构界面上聚集的电荷所引起。它没有多少基础性的意义，但是在实际中却有相当的重要性，因为工业绝缘材料一般都是非均匀的[1]。

光频介电常量几乎完全来自电子极化率的贡献。由于分子和离子的惯性，所以在高频下偶极子和离子的极化率贡献是小的。在光学频段，式（24）约化为

$$\text{(CGS)}\qquad \frac{n^2-1}{n^2+2}=\frac{4\pi}{3}\sum N_j\alpha_j\ （电子）\tag{25}$$

这里我们应用了关系式 $n^2=\epsilon$，n 表示折射率。

将式（25）应用于若干种晶体，人们由此得到如表 1 中所列出的电子极化率经验数值，它们与折射率的观测值相一致。不过，上述的简化模型并非完全自洽的，因为一个离子的电子

表 1　原子或离子的电子极化率（单位：$10^{-24}\,cm^3$）

			He	Li^+	Be^{2+}	B^{3+}	C^{4+}
泡令			0.201	0.029	0.008	0.003	0.0013
JS				0.029			
	O^{2-}	F^-	Ne	Na^+	Mg^{2+}	Al^{3+}	Si^{4+}
泡令	3.88	1.04	0.390	0.179	0.094	0.052	0.0165
JS-(TKS)	(2.4)	0.858		0.290			
	S^{2-}	Cl^-	Ar	K^+	Ca^{2+}	Sc^{3+}	Ti^{4+}
泡令	10.2	3.66	1.62	0.83	0.47	0.286	0.185
JS-(TKS)	(5.5)	2.947		1.133	(1.1)		(0.19)
	Se^{2-}	Br^-	Kr	Rb^+	Sr^{2+}	Y^{3+}	Zr^{4+}
泡令	10.5	4.77	2.46	1.40	0.86	0.55	0.37
JS-(TKS)	(7.)	4.091		1.679	(1.6)		
	Te^{2-}	I^-	Xe	Cs^+	Ba^{2+}	La^{3+}	Ce^{4+}
泡令	14.0	7.10	3.99	2.42	1.55	1.04	0.73
JS-(TKS)	(9.)	6.116		2.743	(2.5)		

注：数值引自 L. Pauling，Proc. Roy. Soc. （London） A114 181 （1927）；S. S. Jaswal and T. P. Sharma，J. Phys. Chem. Solids 34，509（1973）；J. Tessman，A. Kahn and W. Shockley Phys. Rev. 92，890（1953）；TKS 给出的极化率是使用钠的 D 线频率得到的结果。表中所列是 CGS 单位制的数值。如果要化为 SI 单位制，则应乘以 9×10^{-15}。

[1] 参见 D. E. Aspnes，Am. J. Phys. 50，704（1982）。

极化率会或多或少地依赖于它所处的环境。由于负离子比较大，所以很容易极化。

14.3.2　电子极化率的经典理论

一个电子若被一个简谐力束缚于原子，就会在频率 $\omega_0=(\beta/m)^{1/2}$ 下呈现共振吸收，这里 β 是力常量。由于施加电场 $E_{\rm loc}$ 所引起电子的位移 x 由下式给出，即有

$$-eE_{\rm loc}=\beta x=m\omega_0^2 x \tag{26}$$

因此静态电子极化率应是

$$\alpha(\text{电子})=p/E_{\rm loc}=-ex/E_{\rm loc}=e^2/m\omega_0^2 \tag{27}$$

电子极化率应依赖于频率，下面的例题中要证明：在频率 ω 下，有

(CGS)
$$\alpha(\text{电子})=\frac{e^2/m}{\omega_0^2-\omega^2} \tag{28}$$

不过在可见光频段内，对于大多数透明材料而言，其对频率的依赖关系（色散）一般并不十分重要。

14.3.3　举例：频率依赖性

例：对频率的依赖关系。试求具有共振率为 ω_0 的一个电子的电子极化率对频率的依赖关系，将这个系统作为一个简谐振子处理。

在局部电场 $E_{\rm loc}\sin\omega t$ 的作用下，运动方程是

$$m\frac{d^2x}{dt^2}+m\omega_0^2x=-eE_{\rm loc}\sin\omega t$$

这样，如令 $x=x_0\sin\omega t$，则有

$$m(-\omega^2+\omega_0^2)x_0=-eE_{\rm loc}$$

而偶极矩的大小为

$$p_0=-ex_0=\frac{e^2E_{\rm loc}}{m(\omega_0^2-\omega^2)}$$

由此得到式（28）。

在量子理论中，与式（28）相应的表达式是

$$\alpha(\text{电子})=\frac{e^2}{m}\sum_j\frac{f_{ij}}{\omega_{ij}^2-\omega^2} \tag{29}$$

式中，f_{ij} 称为原子态 i 和 j 之间电偶极跃迁的振子强度。在跃变点附近极化率改变符号（参见图 8）。

14.4　结构相变

当温度或压力改变时，晶体往往会从一种晶体结构转变为另外一种晶体结构。绝对零度时的稳定结构 A 所具有的内能在所有可能结构的内能中是最小的。但是，这一结构 A 的选择将随着外加压力的改变而不同，因为小的原子的体积有利于形成密堆积结构甚至形成金属相结构。例如氢和氙（Xe）在极端高的压力下将变成金属相。

其他的结构，比如说结构 B，它可以具有比 A 结构频率更低（或更软）的声子谱。随着温度的升高，在 B 结构中的声子将比 A 中的声子处在更高的激发态（即具有更高的热平均占有率）。由于熵随着占有率增大而增加，所以当温度升高时，B 结构的熵将变得大于 A 的熵。

由此可见，随着温度增加，上述稳定结构将可能由 A 转变成 B。在温度 T 时的稳定结构是由自由能 $F=U-TS$ 取最小值决定的。如果存在一个温度 T_c，使得 $F_A(T_c)=F_B(T_c)$，那么就会发生由 A 相向 B 相的转变。

通常，在绝对零度下会有好几种结构具有几乎相同的内能。然而，这些结构的声子色散

关系却相当不同。这是因为声子能量对近邻原子的数目和排布情况很敏感，而这些参数又都是随结构不同而变化的。

研究表明，对于有些结构相变，其仅对材料的宏观物理性质产生很小的影响。但是，如果相变是在外施应力的作用下进行的，那么在晶体中，就会由于应力引致两相的比例发生变化，从而很容易达成与相转变温度相似的力学效果。因而，有一些结构相变会对宏观电学性质产生显著的影响。

铁电相变作为结构相变的一种，其特征是在晶体中存在一个自发介电极化强度。铁电体由于具有异常显著的介电常量温度依赖性、压电效应、热电效应、电光效应以及光频倍增效应，使其无论在理论上还是在技术上都引起了人们的广泛兴趣。

14.5 铁电晶体

甚至在外加电场不存在的情况下，铁电晶体仍然呈现一个电偶极矩。在铁电态下，晶体的正电荷中心与负电荷中心不重合。

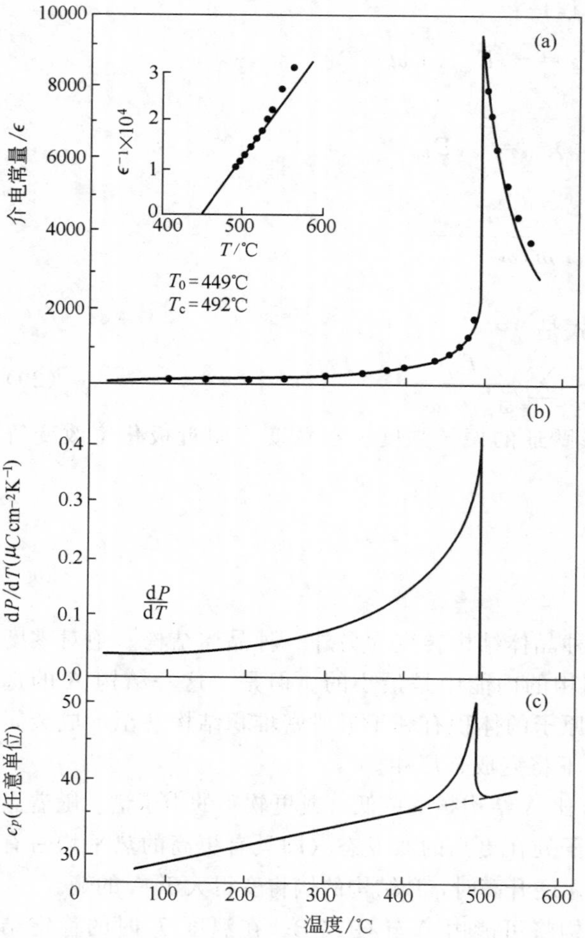

在铁电态下，极化强度对电场的关系曲线是一个电滞回线。一个处于正常介电状态的晶体，在电场缓慢增大然后缓慢逆转的过程中，一般并不表现可以察知的电滞后效应。

铁电性一般会在某一温度以上消失，这一温度称为转变温度。在转变点温度以上晶体处于所谓顺电态。顺电性一词表示它们与顺磁性之间存在类同性，隐含着随温度的上升介电常量迅速减小。

对于某些晶体而言，即使在不造成电击穿的最大电场强度之下，铁电偶极矩也不会改变。当这一类晶体在温度发生变化时，往往可以观察到它的自发偶极矩发生变化（参见图 9），这种晶体称为热电体（即热释电晶体）。铌酸锂（$LiNbO_3$）在室温下是一个热电体，它的转变温度高（$T_c=1480K$），并具有很高的饱和极化强度（$50\mu C/cm^2$）。是啊，它可以被“极化”（极端之化，Poled）。这意味着：给定一个剩余极化强度，需要通过施加一个超过 1400K 的电场。[这里，原作者用了一句只可意会的幽默语。——译注]。

图 9 $PbTiO_3$ 晶体的介电常量ϵ(a)、热电系数 dP/dT (b) 以及比热容 c_p 随温度的变化 (c)。引自 Remeika and Class。

14.5.1 铁电晶体的分类

表 2 中列出若干被认为是铁电体的晶体以及它们的转变温度或居里点（Curie point）T_c。在转变温度下晶体从低温极

表 2　铁电晶体

将表中以 $\mu C \cdot cm^{-2}$（微库·厘米$^{-2}$）给出的 P_s 值乘以 3×10^3，就得到在 CGS 制中用 $esu \cdot cm^{-2}$ 给出的 P_s 之值。

		T_c/K	$P_s/(\mu C \cdot cm^{-2}[T/K])$	
KDP 型	KH_2PO_4	123	4.75	[96]
	KD_2PO_4	213	4.83	[180]
	RbH_2PO_4	147	5.6	[90]
	KH_2AsO_4	97	5.0	[78]
	GeTe	670	—	—
TGS 型	硫酸三甘肽	322	2.8	[29]
	硒酸三甘肽	295	3.2	[283]
钙钛矿型	$BaTiO_3$	408	26.0	[296]
	$KNbO_3$	708	30.0	[523]
	$PbTiO_3$	765	>50	[296]
	$LiTaO_3$	938	50	
	$LiNbO_3$	1480	71	[296]

化态转变至高温非极化态。热运动倾向于破坏铁电序。某些铁电晶体没有居里点，这是因为它们在变为非铁电态以前就熔化了。在表中还列出自发极化强度 P_s 值。铁电晶体可以区分为两大类，即有序-无序型铁电体和位移型铁电体。

我们可以从最低频（软）光学声子模的动力学角度来确定这些相转变的特征。如果在相变时软模可以在晶体中传输，那么这个转变就是位移型；如果软模仅有扩散行为（没有传输），实际不存在任何一个声子，但在有序-无序系统的势阱之间有且只有大幅度的跳迁运动，这种转变就是有序-无序型。许多具有软模的铁电体，介于这两种极端情况之间。

有序-无序型铁电体包括含有氢键的晶体，这类晶体中质子的运动与铁电性相联系，磷酸二氢钾（KH_2PO_4）及其同型盐就是如此。晶体中的氢若被氘置换，它的性质就很有意思，如：

	KH_2PO_4	KD_2PO_4	KH_2AsO_4	KD_2AsO_4
居里温度	123K	213K	97K	162K

用氘核置换质子，虽然只使化合物分子量分数改变不到 2%，但是却使 T_c 提高近乎一倍。一般认为，这个异常大的同位素位移是一个量子效应，涉及德布罗意波波长对质量的依赖。中子衍射数据表明：在居里温度以上，沿氢键的质子分布被对称地拉长。在居里温度以下，质子的分布较为密集，相对于邻近离子是非对称的。因此，氢键的一端比起另一端更优先地为质子占据，同时产生一个极化强度。

位移型铁电体包括同钙钛矿结构及钛铁矿结构紧密相关的那些离子晶体结构。最简单的铁电晶体是 GeTe，它具有氯化钠型结构。我们在这里主要讨论具有钙钛矿结构的晶体，参看图 10。

考虑钛酸钡中铁电效应的数量级：室温下饱和极化强度的观测值（见图 11）是 8×10^4 $esu \cdot cm^{-2}$。一个晶胞的大小是 $(4\times10^{-8})^3=64\times10^{-24}cm^3$，因此一个晶胞的偶极矩是

(CGS)
$$p\cong(8\times10^4 esu\cdot cm^{-2})(64\times10^{-24}cm^{-3})$$
$$\cong5\times10^{-18}esu\cdot cm$$

(SI)
$$p\cong(3\times10^{-1}C\cdot m^{-2})(64\times10^{-30}m^3)$$
$$\cong2\times10^{-29}C\cdot m$$

如果正离子 Ba^{2+} 和 Ti^{4+} 相对于负离子 O^{2-} 移动 $\delta\cong0.1Å$，则一个晶胞的偶极矩应为 $5e\delta\cong3\times10^{-18}esu\cdot cm$。在 $LiNbO_3$ 中其位移明显较大，锂离子和铌离子的位移分别是 0.9Å 和 0.5Å，并给出较大的 P_s 值。

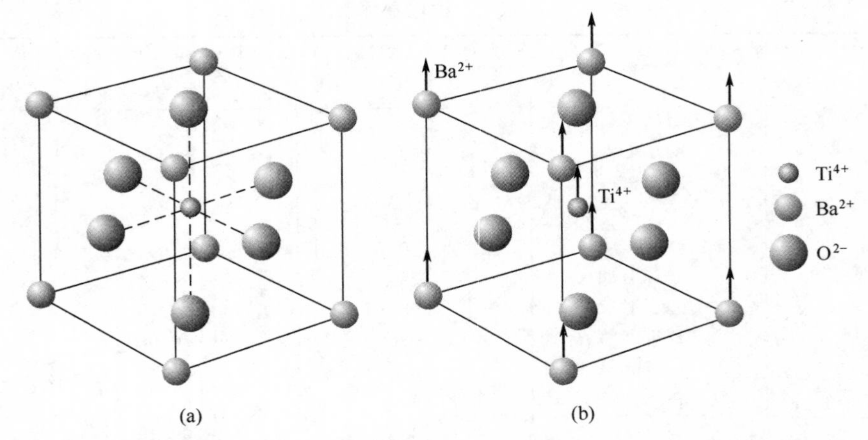

图 10 (a) 钛酸钡晶体结构，原型晶体是钛酸钙（钙钛矿）。结构是立方的，离子位于立方体的顶角，O^{2-} 离子位于面心，Ti^{4+} 离子位于体心。(b) 在居里温度以下晶体结构稍有畸变；Ba^{2+} 和 Ti^{4+} 相对于 O^{2-} 离子发生一个位移，由此产生一个偶极矩。上面的和下面的氧离子可能稍稍向下移动。

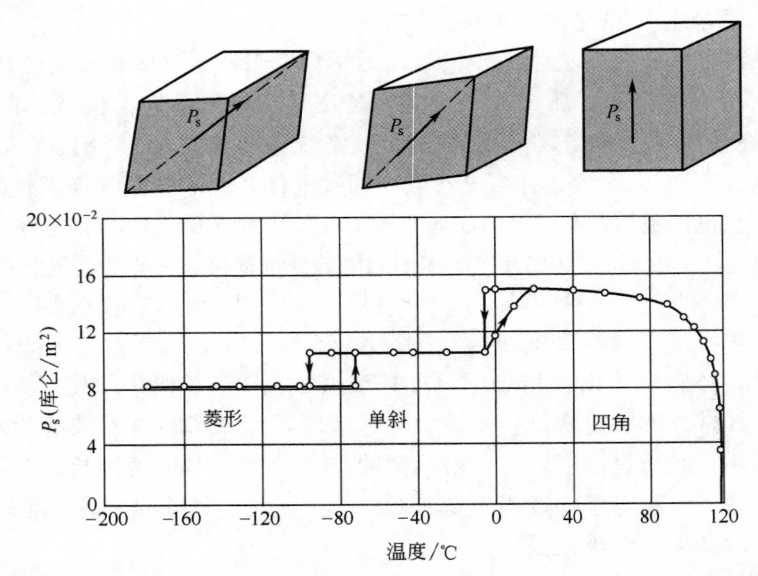

图 11 在钛酸钡中，自发极化强度在其立方体边上的投影对温度的函数关系。引自 W. J. Merz。

14.6 位移相变

下面，我们将讨论关于铁电性位移相变在理解上的两种观点，并将位移相变推广到普遍的情况。

我们可以用极化强度突变（Catastrophe）的语言来进行讨论。所谓“突变”就是在某个临界条件下极化强度或极化强度的某个傅里叶分量突然变得很大。同样，也可以引用横光学声子的凝聚来进行讨论。这里的“凝聚（Condensation）”一词，应该在玻色-爱因斯坦关于“有限振幅的时间无关位移的思想框架下（参见 TP，p. 199）来理解”。当相应的横光学（TO）声子频率在布里渊区内的某一点上突然变成零时，上述情况就可能存在。LO 声子的频率总是大于相同波矢的 TO 声子的频率，所以在这里将不涉及 LO 声子的凝聚问题。

在极化强度突变中，由离子位移引起的局部电场大于相应的弹性回复力，从而导致离子位置的非对称移动，这个移动将由于更高阶回复力的存在而被限制于有限位移。

研究表明，在许多具有钙钛矿结构的晶体中都能观测到铁电性和反铁电性。这就向人们提示，该结构有利于产生位移相变。关于局部电场的计算使人们弄清楚了钙钛矿结构中有利位置的物理原因：其中的 O^{2-} 离子周围不具有立方对称的环境，使得产生的局部电场往往很大。

我们首先论述突变理论的一个简单形式。假定在所有原子处局部场都等于（CGS）$\mathbf{E}+4\pi\mathbf{P}/3$ 或（SI）$\mathbf{E}+\mathbf{P}/3\epsilon_0$。这里给出的理论导致一个二级相变，不过其物理观念却可以推广至一级相变。在二级相变中，没有相变潜热，在达到转变温度时序参量（在目前这个例子里就是极化强度）是一个连续性的变化。在一级相变中有相变潜热，在达到转变温度时序参量则给出不连续地变化。

将式（24）所表示的介电常量重写为如下形式，即

(CGS)
$$\epsilon=\frac{1+\frac{8\pi}{3}\sum N_i\alpha_i}{1-\frac{4\pi}{3}\sum N_i\alpha_i} \tag{30}$$

式中，α_i 表示一个 i 类离子的电子极化率与离子极化率之和，N_i 表示单位体积中 i 类离子的数目。当

(CGS)
$$\sum N_i\alpha_i=3/4\pi \tag{31}$$

时，介电常量变为无限大，而在外加场为零时容许出现一个有限大小的极化强度。这就是极化强度突变的条件。

式（30）所表示的ϵ值对于$\sum N_i\alpha_i$ 与其临界值 $3/4\pi$ 之间的小偏离甚为敏感，如令

(CGS)
$$(4\pi/3)\sum N_i\alpha_i=1-3s \tag{32}$$

这里 $s\ll1$，则介电常量式（30）成为

$$\epsilon\approx1/s \tag{33}$$

假定在临界温度附近随温度线型地变化，即

$$s\approx(T-T_c)/\xi \tag{34}$$

式中，ξ 是一个常数，s 或$\sum N_i\alpha_i$ 的这种变化可能来自晶格的正常热膨胀。于是，介电常量具有如下形式，即

$$\epsilon\approx\frac{\xi}{T-T_c} \tag{35}$$

这一结论接近于顺电体状态中ϵ随温度变化的观测结果，如图 12 所示。

14.6.1　软光学声子

在第 15 章中，我们得到 LST 关系为

$$\omega_T^2/\omega_L^2=\epsilon(\infty)/\epsilon(0) \tag{36}$$

可以看出，当横光学声子频率减小时，静态介电常量将增大。换句话说，当静态介电常量 $\epsilon(0)$ 有一个很大的值时，比如取值为 100～10000，我们就可得到一个值很小的 ω_T。

当 $\omega_T=0$ 时，晶体不稳定，并且$\epsilon(0)$ 成为无穷大，因为在这种情况下有效的回复力为零。在 24℃下，铁电体 $BaTiO_3$ 在 $12cm^{-1}$ 处有一个 TO 模，亦即存在一个低频光子模。

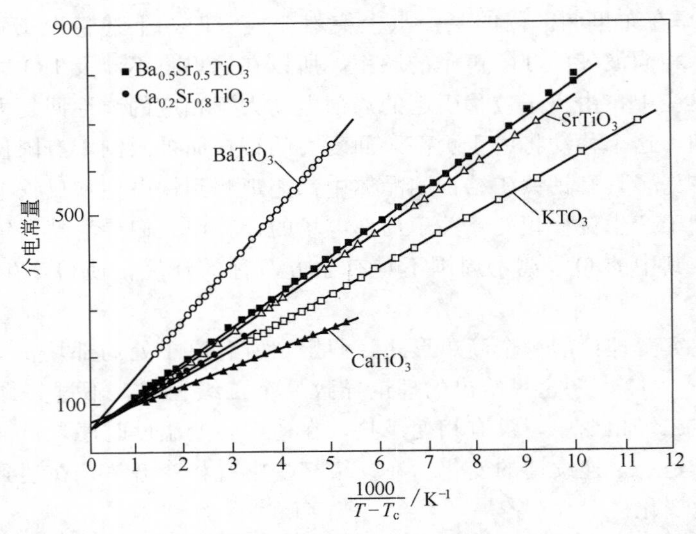

图 12 钙钛矿型晶体在顺电态下（$T>T_c$）介电常量对（$T-T_c$）$^{-1}$ 的函数关系。引自 G. Rupprecht and R. O. Bell。

当向铁电态的转变是一级相变时，在相变中并不会有 $\omega_T=0$ 或 $\epsilon(0)=\infty$。那么在这种情况下，LST 关系仅仅表明，$\epsilon(0)$ 外推至某一温度 T_0（$T_0<T_c$）时会出现一个奇点。

高的静态介电常量与低频光学模之间的上述关联性得到了 $SrTiO_3$ 晶体相关实验结果的支持。根据 LST 关系，如果静态介电常量的倒数对温度的依赖关系为 $1/\epsilon(0)\propto(T-T_0)$，并且 ω_L 与温度无关，那么光学模频率的平方也应该与温度有一个类似的关系，即有 $\omega_T^2\propto(T-T_0)$，图 13 与这里关于 ω_T^2 的结论符合得非常好。此外，图 14 给出了另一种铁电晶体 SbSI 的观测结果，图示为 ω_T 关于 T 的关系曲线。

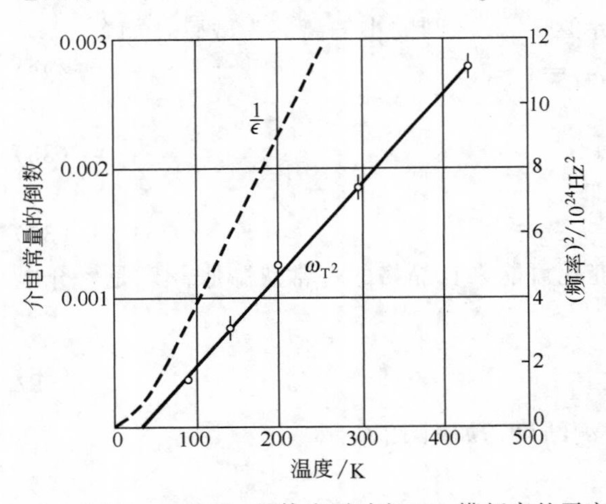

图 13 $SrTiO_3$ 晶体中零波矢 TO 模频率的平方关于温度的关系曲线，引自 Cowley 的中子衍实验；图中虚线代表介电常量的倒数随温度的变化，引自 Mitsui 和 Westphal 的观测结果。

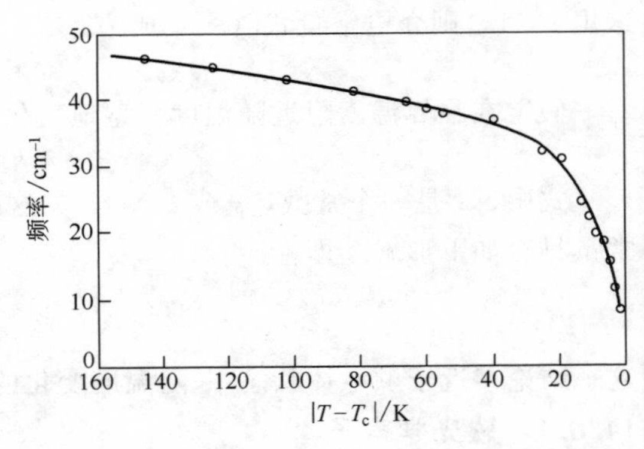

图 14 对于铁电晶体 SbSI，当温度 T 从居里温度 T_c 以下趋近 T_c 时，模声子频率降低的趋势。引自 C. H. Perry and D. K. Agrawal 的拉曼散射实验。

14.6.2 相变的朗道（Landau）理论

铁电体在其铁电态与顺电态之间发生一个一级相变，由转变温度下饱和极化强度的不连续变化所标志。正常态与超导态之间的转变是一个二级相变，铁磁态与顺磁态之间的转变也是二级相变；在这类相变中，有序度随着温度的上升而渐趋于零，并不发生不连续变化。

通过把能量作为极化强度的函数进行展开，能够得到有关铁电体行为的一个适用的热力学理论。假定朗道的自由能密度[1]在一维的情况下可以形式地展开为

$$\hat{F}(P;T,E)=-EP+g_0+\frac{1}{2}g_2P^2+\frac{1}{4}g_4P^4+\frac{1}{6}g_6P^6+\cdots \tag{37}$$

式中，各系数 g_n 依赖于温度。

如果未极化晶体具有一个反演对称中心，则级数中不含 P 的奇次幂项。不过，我们知道，对有些晶体而言，奇次幂项是重要的。关于自由能的幂级数展开，并非无例外地存在和可行，因为有时会出现非解析项，尤其在非常靠近转变点时。例如，在 KDP(KH_2PO_4) 的转变中，其热容在相变点会出现一个对数型奇点，这个相变就既不能被区分为一级相变，也不能被区分为二级相变。

热平衡下 P 的值由作为 P 的函数 $\hat{F}$ 取极小给出；$\hat{F}$ 在这些极小点上的值给出亥姆霍兹自由能 $F(T,E)$。若外加电场为 E 时，平衡极化强度满足下式的极值条件，即有

$$\frac{\partial\hat{F}}{\partial P}=0=-E+g_2P+g_4P^3+g_6P^5+\cdots \tag{38}$$

在本节中假定试样是一个长棒，外加电场 E 平行于棒的长轴。

为了得到铁电态，必须假定式（37）中 P^2 项的系数 g_2 在某个温度 T_0 之下通过零点，即

$$g_2=\gamma(T-T_0) \tag{39}$$

式中，γ 取作一个正的常数，而 T_0 可以等于或者低于转变温度。g_2 取一个小的正值意味着晶格成为“软”的，接近于失稳。g_2 取负值表示未极化晶格是不稳定的。g_2 随温度的变化可以用热膨胀及非谐晶格相互作用的其他效应来加以说明。

14.6.3　二级相变

如果式（37）中的 g_4 为正，则含 g_6 的项不会给出更多的结果，因而它可以略。由方程（38）求出外加电场为零时的极化强度：

$$\gamma(T-T_0)P_s+g_4P_s^3=0 \tag{40}$$

因此 $P_s=0$ 或 $P_s^2=(\gamma/g_4)(T_0-T)$。对于 $T\geqslant T_0$，式（40）仅有的实根是 $P_s=0$，因为 γ 和 g_4 都是正数。因此 T_0 就是居里温度。对于 $T<T_0$，外加电场为零时朗道自由能的极小出现在

$$|P_s|=(\gamma/g_4)^{1/2}(T_0-T)^{1/2} \tag{41}$$

如图 15 中所绘出的那样。因为在转变温度下极化强度连续地变为零，所以这个相变是二级相变。$LiTaO_3$ 的相变是二级相变的一个例子（图 16）。

14.6.4　一级相变

如果式（37）中的 g_4 为负，则相变是一级相变。现在就必须保留 g_6，并将它取为正，这样才能限制 $\hat{F}$，使之不致变为负无限大（图 17）。$E=0$ 时的平衡条件由式（38）给出：

$$\gamma(T-T_0)P_s-|g_4|P_s^3+g_6P_s^5=0 \tag{42}$$

因此 $P_s=0$，或

$$\gamma(T-T_0)-|g_4|P_s^2+g_6P_s^4=0 \tag{43}$$

---

[1] 关于朗道函数的讨论请参见文献“TP”中 pp. 69 和 pp. 298。

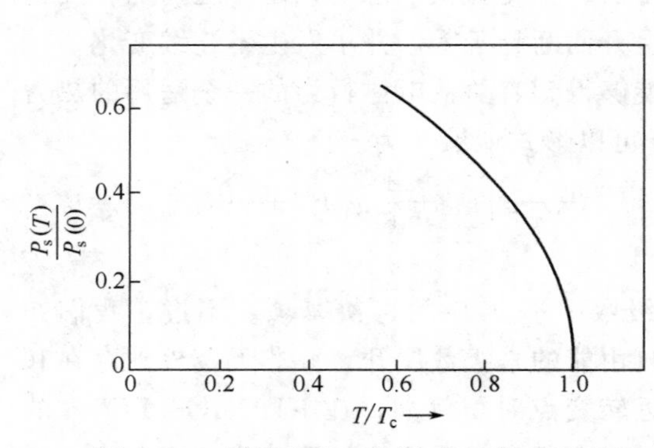

图 15 二级相变中自发极化强度对温度的关系曲线。

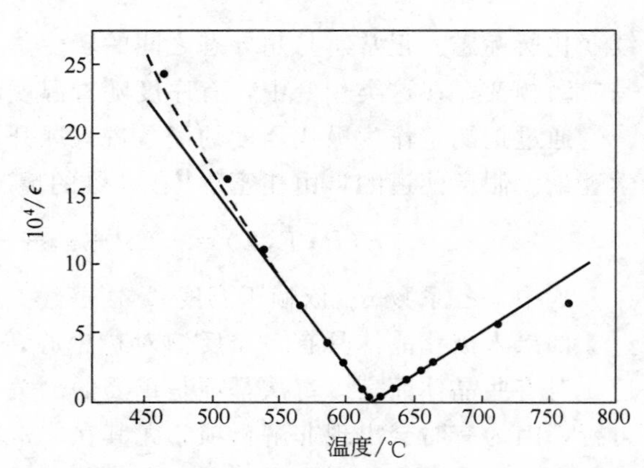

图 16 $LiTaO_3$ 晶体的极轴静态介电常量对温度的关系曲线，引自 Glass。

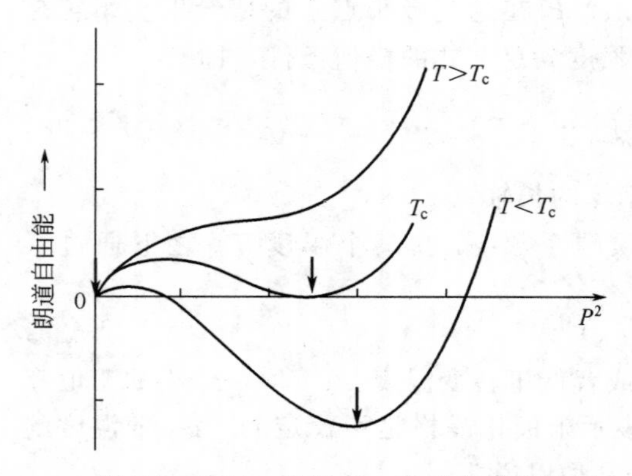

图 17 对于一级相变，在三个代表性温度下，朗道自由能关于（极化强度）^{2} 的函数曲线。在温度为 T_c 时，自由能在 $P=0$ 及一个一定的 P 值处出现相等的极小，如图所示。在低于 T_c 的温度 T 下，一个绝对极小在较大的 P 值处出现；当 T 通过 T_c，绝对极小的位置有一个不连续的变化，箭头指示极小。

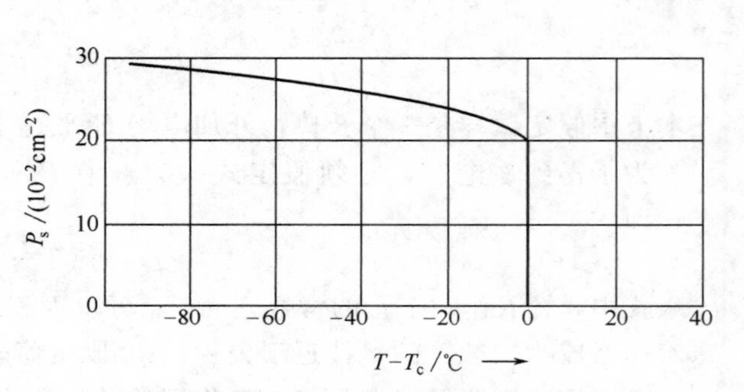

图 18 自发极化强度的计算值关于温度的函数关系曲线，所采用的是钛酸钡的参数。引自 W. Cochran。

在转变温度 T_c 下，顺电相和铁电相的自由能必定相等。这也就是：$P_s=0$ 时 $\hat{F}$ 的值必定等于由式（43）给出的 $\hat{F}$ 极小值。图 18 表示出一个一级相变中 P_s 随温度变化的特征，可以将这个图同图 15 所示二级相变中表现的变化相对比。$BaTiO_3$ 的相变是一个一级相变。

根据在一个外加电场 E 之中的平衡极化强度可以计算介电常量，由式（38）求得。在转变温度以上的平衡态中，含 P^4 和 P^6 的项可以略去；因此 $E=\gamma(T-T_0)$，或

$$\text{(CGS)} \qquad \epsilon(T>T_c)=1+4\pi P/E=1+4\pi/\gamma\ (T-T_0) \qquad (44)$$

其形式犹如式（35）。对于一级相变和二级相变这个结果都能成立；如果是二级相变，就有 $T_0=T_c$；如果是一级相变，则 $T_0<T_c$。式（39）定义 T_0，而 T_c 表示转变温度。

14.6.5 反铁电性

铁电性位移并非介电体中所能发生的唯一一种类型的失稳性。在钙钛矿结构中还会发生如图 19 所示的其他形变。这些形变尽管并不产生自发极化，但是却伴随着介电常量的改变。

其中一类形变称为反铁电性形变，此时相邻两行的离子位移方向相反，钙钛矿结构易于发生多种型式的位移，不同型式位移之间能量差别不大。钙钛矿混晶系统（例如 $PbZrO_3$-$PbTiO_3$ 系统）的相图显示了顺电态、铁电态和反铁电态之间的转变（如图 20 所示）。在表 3 中列出了几种据信可能出现有序非极性态的晶体。

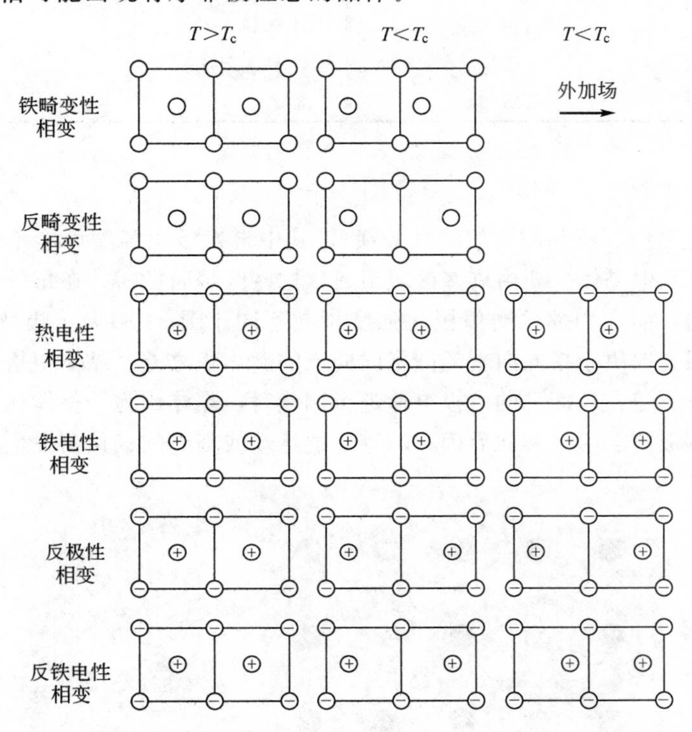

图 19　基于中心对称性，图中示意了结构相变的基本类型。引自 Lines and Glass。

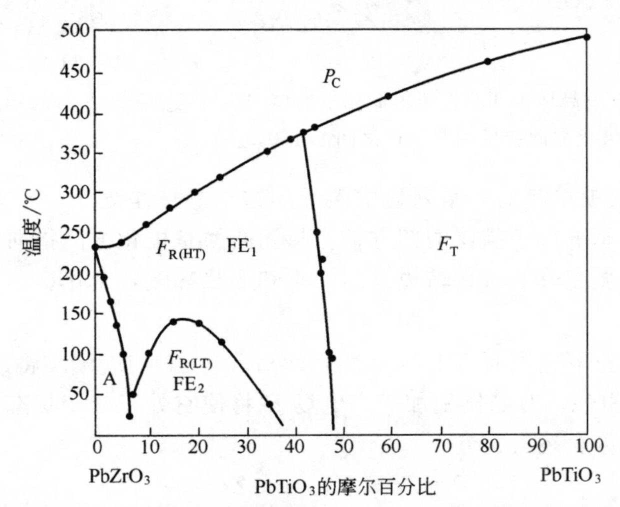

图 20　$PbZrO_3$-$PbTiO_3$ 固溶体系的铁电（F）、反铁电（A）和顺电（P）相图。下标 T 表示四角晶相，C 表示立方晶相，R 表示菱形晶相，HT 代表高温，LT 代表低温。在菱形-四角相边界附近，将给出高的压电耦会系数。引自 Jaffe。

表 3 反铁电晶体

晶 体	转变至反铁电态的转变温度(K)	晶 体	转变至反铁电态的转变温度(K)
WO_3	1010	$ND_4D_2PO_4$	242
$NaNbO_3$	793,911	$NH_4H_2AsO_4$	216
$PbZrO_3$	506	$ND_4D_2AsO_4$	304
$PbHfO_3$	488	$(NH_4)_2H_3IO_6$	254
$NH_4H_2PO_4$	148		

注：由 Walter J. Mer2 汇编。

14.6.6 铁电畴

考虑一个铁电晶体（例如四角相的钛酸钡），其中自发极化强度可能平行于或是反平行于晶体的 c 轴。一个铁电晶体一般由许多区域组成，这些区域叫做畴。在每一个畴里极化强度都是平行于同一方向，而在相邻的畴里极化强度指向不同。图 21 中表示极化强度彼此反平行。晶体净余的极化强度取决于指向向上的同指向向下的畴体积之差。晶体中指向相反的两种畴体积如果相等，当对覆盖在端面上的电极电荷进行测量时，晶体作为一整体就会表现为犹如未极化的。晶体的总偶极矩会由于畴间界面（畴壁）的运动或新畴的成核而发生改变。

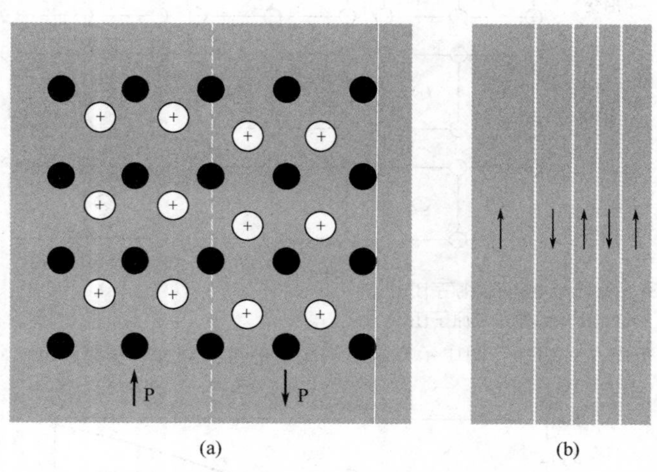

图 21 （a）铁电晶体中两个极化方向相反的畴间边界两侧原子位移的示意图；（b）畴结构的一个图像，表明极化方向相反的两个畴之间的 180°边界。

图 22 是一个钛酸钡单晶的一系列显微照片。这个晶体是处于一个电场之中，电场方向垂直于照片（纸面）而平行于晶体的四方轴。封闭曲线是极化方向指向照片外或指向照片里的畴的边界。当电场强度改变时，畴边界的大小和形状都随着变化。

14.6.7 压电性

所有晶体在铁电态下也同时具有压电性，即对晶体施加应力 Z 将改变晶体的电极化强度（见图 23）。与此相似，对晶体施加一个电场 E 将使它处于应变状态。引用示意的一维记号，压电方程的形式可表述为：

(CGS) $$P=Zd+E\chi,\quad e=Zs+Ed \tag{45}$$

式中，P 是极化强度，Z 是应力，d 表示应变压电常量，E 是电场强度，χ 表示介电极化率，e 是弹性应变，而 s 是弹性顺度常量。

为了将式（45）用 SI 制表出，应该用$\epsilon_0\chi$ 去代替 χ。这些关系式表明，由外加应力会产生极化以及由外加电场会产生弹性应变。

一个晶体可能是压电晶体但不同时具有铁电性，图 24 表示这种结构的一个示意的例子。石英是压电晶体，但并非铁电体；钛酸钡既是压电体又是铁电体。从数量级来说，

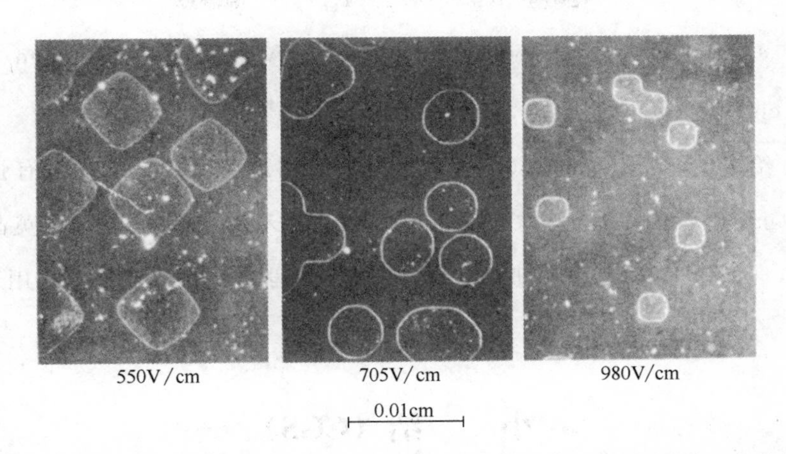

图 22　钛酸钡单晶晶面上的铁电畴。这个晶面与 c 轴（即四方轴）垂直。当平行于 c 轴的电场强度由 550V/cm 增大至 980V/cm，由铁电畴的体积可以判定晶体的净极化强度随之显著增大。用一种弱酸溶液侵蚀晶体使畴边界成为可见。引自 R. C. Miller。

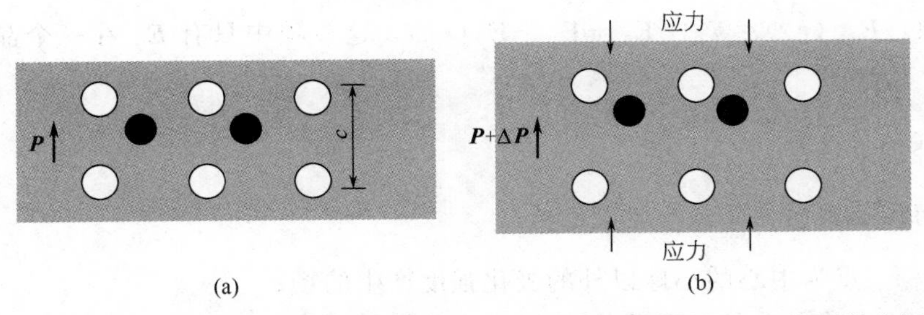

图 23　(a) 未加应力的铁电晶体。(b) 在应力之下的铁电晶体。应力使晶体的极化强度改变 ΔP，即感生压电极化强度。

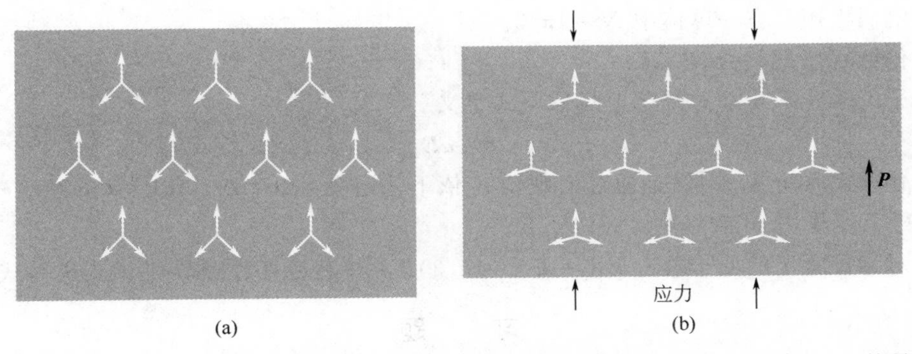

图 24　(a) 未加应力的晶体具有一个三重对称轴。小箭号表示偶极矩，每组三个箭号表示平面上的一组离子，可以写作 $A_3^+B^{3-}$，而 B^{3-} 离子位于每一个顶点。每一顶点上三个电偶极矩之和为零。(b) 晶体在应力之下会产生一个极化强度，其方向如图所示。每一顶点上诸偶极矩之和不再等于零。

石英 $d\approx10^{-7}$ cm/statvolt（厘米/静电伏），钛酸钡 $d\approx10^{-5}$ cm/statvolt。应变压电常量的普遍定义是

$$d_{ik}=(\partial e_k/\partial E_i)_Z \tag{46}$$

式中，$i\equiv x,\ y,\ z$；$k\equiv xx,\ yy,\ zz,\ zx,\ xy,\ yz$。为了将用单位 m/V 给出的 d_{ik} 之值转换为用 cm/statvolt 单位表出，应乘以因子 3×10^4。

对于图 20 给出的 $PbZrO_3$-$PbTiO_3$ 体系，目前应用最广泛的是它的含有强烈压电耦合效应的多晶（陶瓷）态材料。合成聚合物聚偏 1,1-二氯乙烯（PVF_2）比石英晶体的压电效应强 5 倍以上，由它拉制的薄膜柔韧性好，可以作为医学中的超声换能器，用于监测血压和呼吸。

小　结（CGS）

- 在整个样品体积中取平均的电场给出麦克斯韦方程组中的宏观电场 $\boldsymbol{E}$。
- 作用在一个原子 j 的位置 $\boldsymbol{r}_j$ 上的电场是局部电场 $\boldsymbol{E}_{\text{loc}}$。这个场是所有电荷贡献之和，包括如下的几项：$\boldsymbol{E}_{\text{loc}}(\boldsymbol{r}_j)=\boldsymbol{E}_0+\boldsymbol{E}_1+\boldsymbol{E}_2+\boldsymbol{E}_3(\boldsymbol{r}_j)$，这些项中只有 $\boldsymbol{E}_3$ 在一个晶胞里迅速变化，式中

  $\boldsymbol{E}_0$＝外加电场；

  $\boldsymbol{E}_1$＝与样品表面相联系的退极化场；

  $\boldsymbol{E}_2$＝以 $\boldsymbol{r}_j$ 点为中心的小球以外的极化强度产生的场；

  $\boldsymbol{E}_3(\boldsymbol{r}_j)$＝小球之内所有原子在 $\boldsymbol{r}_j$ 点产生的场。
- 麦克斯韦方程组中的宏观场 $\boldsymbol{E}$ 等于 $\boldsymbol{E}_0+\boldsymbol{E}_1$，一般情况下 $\boldsymbol{E}$ 并不等于 $\boldsymbol{E}_{\text{loc}}(\boldsymbol{r}_j)$。
- 一个椭球中的退极化场是 $E_{1\mu}=-N_{\mu v}P_v$，这里 $N_{\mu v}$ 是退极化张量；极化强度 $\boldsymbol{P}$ 是单位体积中的电偶极矩。在一球体中 $N=4\pi/3$。
- 所谓洛伦兹场是 $E_2=4\pi\boldsymbol{P}/3$。
- 一个原子的极化率 α 通过局部电场依下式定义

$$\boldsymbol{p}=\alpha\boldsymbol{E}_{\text{loc}}$$

- 介电极化率 χ 和介电常量ϵ是通过宏观场 $\boldsymbol{E}$ 依下式定义：$\boldsymbol{D}=\boldsymbol{E}+4\pi\boldsymbol{P}=\epsilon\boldsymbol{E}=(1+4\pi\chi)\boldsymbol{E}$ 或 $\chi=P/E$。采用 SI 制，则 $\chi=P/\epsilon_0E$。
- 在立方对称位置上的原子具有 $\boldsymbol{E}_{\text{loc}}=\boldsymbol{E}+(4\pi/3)\boldsymbol{P}$，并满足克劳修斯-莫索提关系式（24）。

习　题

1. 氢原子的极化率。 考虑一个氢原子在方向垂直于其轨道平面的电场中的基态的半经典模型（图 25），试证：对此模型而言 $\alpha=a_{\mathrm{H}}^3$，这里 a_{H} 是未受微扰的轨道半径。注意：如果外场是平行于 x 方向，则在经过位移的电子轨道处原子核的场的 x 分量必与外场相等。正确的量子力学结果比上面的结果大一个因子 9/2。（我们所讨论的是展开式 $\alpha=\alpha_0+\alpha_1E+\cdots$ 中的首项 α_0）。

2. 导体球的极化率。试证一个半径为 a 的金属导体球的极化率是 $\alpha=a^3$。注意到在球体内部 $E=0$，并应用球的退极化因子 $4\pi/3$，就很容易得出这个结果（参看图 26）。这个结果给出的 α 值的数量级与原子极化率实测值的数量极相符。一个晶格若其单位体积中含有 N 个导体球，并且 $Na^3\ll 1$，则其介电常量$\epsilon=1+4\pi Na^3$。结果提示：α 正比于离子半径的三次方，这一关系对于碱族离子和卤族离子都很满意。试采用 SI 制作此习题，将退极化因子取为 1/3，可以得到相同的结果。

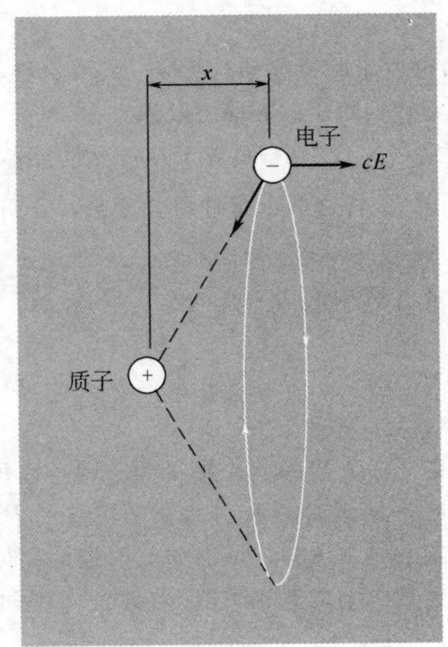

图 25　在半径为 a_H 的圆形轨道上运动的电子，当施加一个指向 $-x$ 方向的电场 E 时，会发生距离为 x 的位移。原子核对电子的作用力是 e^2/a_H^2（CGS）或 $e^2/4\pi\epsilon_0 a_H^2$（SI）。假设 $x\ll a_H$。

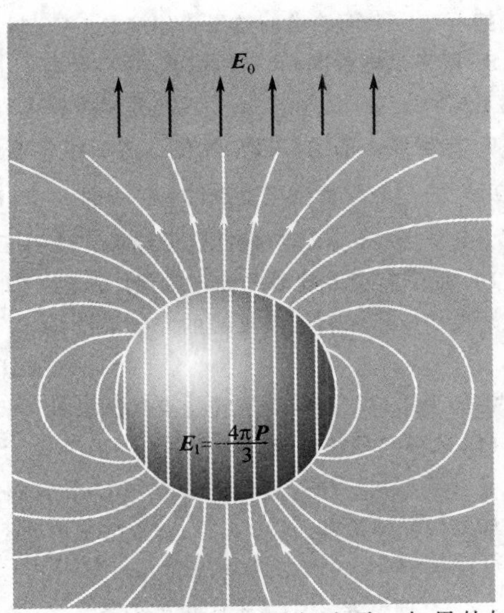

图 26　导体球内部的总场为零。如果外加场是 $\boldsymbol{E}_0$。则球的表面电荷产生的场 $\boldsymbol{E}_1$ 应正好抵消 $\boldsymbol{E}_0$。因此在球的内部 $\boldsymbol{E}_0+\boldsymbol{E}_1=0$。但是 $\boldsymbol{E}_1$ 可以用一个极化强度为 $\boldsymbol{P}$ 的均匀极化的球的退极化场 $-4\pi\boldsymbol{P}/3$ 来加以模拟，将 $\boldsymbol{P}$ 和 $\boldsymbol{E}_0$ 联系起来，并计算球的偶极矩 $\boldsymbol{p}$。在 SI 单位制中，退极化场是 $-\boldsymbol{P}/3\epsilon^0$。

3. 柯西常量。请基于经典的洛伦兹（Lorentz）理论，建立折射率与波长的关系。进而，(a) 当阻尼常量 $\gamma_{0j}\to 0$ 时，试导出泽尔迈尔（Sellmeier）关系；(b) 当阻尼常量 $\gamma_{0j}\to 0$ 和波长 $\lambda\gg\lambda_{0j}$ 时，试给出柯西关系（Cauchy relation）。

4. 极化率。试计算透明的钙钛矿（$BaTiO_3$）的极化率。假设其介电常量等于 7000。

5. 空气隙效应。如图 27 所示，试讨论处在电容器极板与介电体平板之间的一个空气隙对高介电常量测量产生的效应。如果空气隙厚度为总厚度之 10^{-3}，那么最高可能的表观介电常量应是多少？空气隙的存在会使高介电常量测量严重失真。

6. 界面极化强度。如果一个平行板电容器由两层平行的材料组成：第一层的介电常量为ϵ，电导率为零，厚度为 d；另一层为方便起见取$\epsilon=0$，有限的电导率 σ，厚度为 qd。试证这个电容器的行为特性犹如其极板之间填充了一种介电常量为 ϵ_{eff} 的均匀介电体一样，这里

$$\epsilon_{eff}=\frac{\epsilon(1+q)}{1-(i\epsilon\omega q/4\pi\sigma)}$$

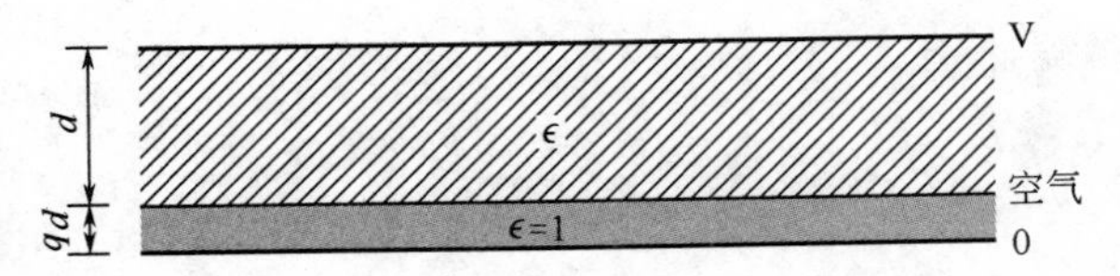

图 27　厚度为 qd 的一个空气隙与一片厚度为 d 的介电体平板位于电容器的极板之间。

式中 ω 是角频率，若干情况下发现ϵ_{eff} 的值高达 $10^4\sim10^5$，主要由这种所谓麦克斯韦-瓦格纳机制（Maxwell-Wagner mechanism）引起，不过高的ϵ_{eff} 值却总是伴随着出现大的交流损耗。

7. 球的极化强度。如果一个介电常量为ϵ的球置于均匀外电场E_0之中。(a) 球中的体积平均电场E是多大?(b) 试证球中的极化强度P是$P=\chi E_0/[1+(4\pi\chi/3)]$,式中$\chi=(\epsilon-1)/4\pi$。提示:在这个习题中不必计算$E_{loc}$;实际上若计算它就会引起混淆,这是因为$\epsilon$和$\chi$是这样定义的,使$P=\chi E$。假定当介电球置入电场$E_0$之后电场$E_0$不变。要产生一个恒定电场$E_0$可以相对地放置两片绝缘薄板,一片带正电,另一片带负电。如果这两片极板始终离介电体球很远,则当将此球放入极板之间的空间时,极板产生的电场保持不变。上面给出的结果采用的是CGS制。

8. 原子铁电性判据。考虑两个中性原子,相距一定距离a,两个原子的极化率均为α,试求α与a间应满足何种关系,这个二原子系统才表现铁电性。提示:偶极场在沿偶极矩轴的方向上最强。

9. 居里点上的饱和极化强度。在一级相变中,如令平衡条件式(43)中的T等于T_c,则给出对于$P_s(T_c)$的一个方程。居里点的另一条件是$\hat{F}(P_s,T_c)=\hat{F}(0,T_c)$。(a) 将这两个条件组合起来,证明$P_s^2(T_c)=3|g_4|/4g_6$;(b) 根据这个结果,证明$T_c=T_0+3g_4^2/16\gamma g_6$。

10. 低于转变温度时的介电常量。试证:如果引用朗道自由能展开式中的诸参数表示,那么,在一个二级相变中,低于转变温度时的介电常量是

$$\epsilon=1+4\pi\Delta P/E=1+2\pi/\gamma(T_c-T)$$

可以将这个结果与表示高于转变点的结果式(44)相比较。

11. 软模和晶格转变。画出一个晶格常量为a的单原子线型晶格。(a) 以每六个原子为一组,以每一个原子为端点画一个矢量标志其波矢在布里渊区边界处的纵声子在一给定时刻所引起原子位移的方向。(b) 如果当晶体冷却至T_c以下,这个布里渊区边界声子成为不稳定的($\omega\to0$),画出如此形成的晶体结构。(c) 在一个图中给出单原子晶格在$T\gg T_c$及$T=T_c$时纵声子色散关系的基本形貌。在同一图中也画出在$T\ll T_c$时新结构中声子的色散关系。

12. 铁电性线型阵列。考虑一排原子,原子极化率为α,彼此相距为a。试证:当$\alpha\geqslant a^3/4\sum n^{-3}$时,则此阵列将自发极化。此处求和式是对所有正整数$n$求和,其值在数学用表中给出,等于1.202…。

第15章　等离体子、电磁耦子和极化子

注：这一章所讨论的内容以及所涉及的相关问题要求读者对电磁理论有相当的了解。

15.1 电子气的介电函数

电子气的介电函数$\epsilon(\omega,\boldsymbol{K})$以及它对于频率及波矢的强烈依赖性，将对固体的物理性质产生显著的影响。显见，介电函数$\epsilon(\omega,\boldsymbol{K})$具有两个极限形式：在第一个极限下，即$\epsilon(\omega,0)$描述费米海的集体激发，包括体积等离体子及表面等离体子。在另一极限下，即$\epsilon(0,\boldsymbol{K})$，描述晶体中电子-电子、电子-晶格及电子-杂质相互作用的静电屏蔽。

我们将应用离子晶体的介电函数推导电磁耦子的谱，然后讨论极化子的性质。但首先要关注金属中的电子气。

15.1.1 介电函数的定义

静电学中的介电常量ϵ是通过电场强度$\boldsymbol{E}$和极化强度（偶极矩密度）$\boldsymbol{P}$定义的：

(CGS)
$$\boldsymbol{D}=\boldsymbol{E}+4\pi\boldsymbol{P}=\epsilon\boldsymbol{E}$$

(SI)
$$\boldsymbol{D}=\epsilon_0\boldsymbol{E}+\boldsymbol{P}=\epsilon\epsilon_0\boldsymbol{E} \tag{1}$$

这样定义的ϵ也被称为相对电容率。之所以引入电位移矢量$\boldsymbol{D}$，其动机是来自如下这样一个矢量的有用性，这个矢量对于外加电荷密度ρ_{ext}的依赖关系与$\boldsymbol{E}$对总电荷密度$\rho=\rho_{\text{ext}}+\rho_{\text{ind}}$的依赖关系相同，此处$\rho_{\text{ind}}$是由$\rho_{\text{ext}}$在系统中所感生的电荷密度。这样，散度关系就是

(CGS)
$$\text{div}\boldsymbol{D}=\text{div}(\epsilon\boldsymbol{E})=4\pi\rho_{\text{ext}} \qquad \text{div}\boldsymbol{E}=4\pi\rho=4\pi(\rho_{\text{ext}}+\rho_{\text{ind}}) \tag{2}$$

(SI)
$$\text{div}\boldsymbol{D}=\text{div}(\epsilon\epsilon_0\boldsymbol{E})=\rho_{\text{ext}} \qquad \text{div}\boldsymbol{E}=\rho/\epsilon_0=(\rho_{\text{ext}}+\rho_{\text{ind}})/\epsilon_0 \tag{3}$$

本章的部分内容将用CGS制表述。为了得到用SI制表示的结果，应将4π写作$1/\epsilon_0$。

下面将用到$\boldsymbol{D}$、$\boldsymbol{E}$、ρ的傅里叶分量与静电势φ的傅里叶分量之间的关系。为了简明起见，在这里不表示出对频率的依赖性。定义$\epsilon(\boldsymbol{K})$，使

$$\boldsymbol{D}(\boldsymbol{K})=\epsilon(\boldsymbol{K})\boldsymbol{E}(\boldsymbol{K}) \tag{3a}$$

于是式（3）成为

$$\text{div}\boldsymbol{E}=\text{div}\sum\boldsymbol{E}(\boldsymbol{K})\mathrm{e}^{i\boldsymbol{K}\cdot\boldsymbol{r}}=4\pi\sum\rho(\boldsymbol{K})\mathrm{e}^{i\boldsymbol{K}\cdot\boldsymbol{r}} \tag{3b}$$

而式（2）成为

$$\text{div}\boldsymbol{D}=\text{div}\sum\epsilon(\boldsymbol{K})\boldsymbol{E}(\boldsymbol{K})\mathrm{e}^{i\boldsymbol{K}\cdot\boldsymbol{r}}=4\pi\sum\rho_{\text{ext}}(\boldsymbol{K})\mathrm{e}^{i\boldsymbol{K}\cdot\boldsymbol{r}} \tag{3c}$$

每一方程必须逐项地被满足，将其中一个方程除以另一个方程，得到

$$\epsilon(\boldsymbol{K})=\frac{\rho_{\text{ext}}(K)}{\rho(\boldsymbol{K})}=1-\frac{\rho_{\text{ind}}(\boldsymbol{K})}{\rho(\boldsymbol{K})} \tag{3d}$$

由方程$-\nabla\varphi_{\text{ext}}=\boldsymbol{D}$定义的静电势$\varphi_{\text{ext}}$满足泊松方程$\nabla^2\varphi_{\text{ext}}=-4\pi\rho_{\text{ext}}$，而由方程$-\nabla\varphi=E$定义的电势$\varphi$满足$\nabla^2\varphi=-4\pi\rho$。因此，根据方程（3d），它们的傅氏分量必须满足

$$\frac{\varphi_{\text{ext}}(\boldsymbol{K})}{\varphi(\boldsymbol{K})}=\frac{\rho_{\text{ext}}(\boldsymbol{K})}{\rho(\boldsymbol{K})}=\epsilon(\boldsymbol{K}) \tag{3e}$$

下面将要把这个关系应用于处理屏蔽的库仑势。

15.1.2 等离体光学

电子气的长波长介电响应$\epsilon(\omega,0)$或$\epsilon(\omega)$可由自由电子在电场中的运动方程

$$m\frac{\mathrm{d}^2x}{\mathrm{d}t^2}=-\mathrm{e}E \tag{4}$$

得出。

如果x和E对时间的依赖关系形如$\mathrm{e}^{-i\omega t}$，则有

$$-\omega^2 mx = -eE; \; x = eE/m\omega^2 \tag{5}$$

一个电子的偶极矩是 $-ex = -e^2E/m\omega^2$；而极化强度定义为单位体积的偶极矩，它等于

$$P = -nex = -\frac{ne^2}{m\omega^2}E \tag{6}$$

式中，n 表示电子的浓度。

频率 ω 下的介电函数是

(CGS) $$\epsilon(\omega) \equiv \frac{D(\omega)}{E(\omega)} \equiv 1 + 4\pi \frac{P(\omega)}{E(\omega)}$$

(SI) $$\epsilon(\omega) = \frac{D(\omega)}{\epsilon_0 E(\omega)} = 1 + \frac{P(\omega)}{\epsilon_0 E(\omega)} \tag{7}$$

于是得到自由电子气的介电函数为

(CGS) $$\epsilon(\omega) = 1 - \frac{4\pi ne^2}{m\omega^2},$$

(SI) $$\epsilon(\omega) = 1 - \frac{ne^2}{\epsilon_0 m\omega^2} \tag{8}$$

等离体频率由下列关系定义：

(CGS) $\omega_p^2 \equiv 4\pi ne^2/m$， (SI) $\omega_p^2 \equiv ne^2/\epsilon_0 m$ (9)

等离体（plasma，旧称等离子体）是这样一种介质，它所含有的正电荷与负电荷的浓度相等，这两种电荷中至少有一种是可迁移的。在固体中，传导电子的负电荷被离子实的相等浓度的正电荷所平衡。我们将介电函数写作：

$$\epsilon(\omega) \equiv 1 - \frac{\omega_p^2}{\omega^2} \tag{10}$$

这在图 1 中绘出。

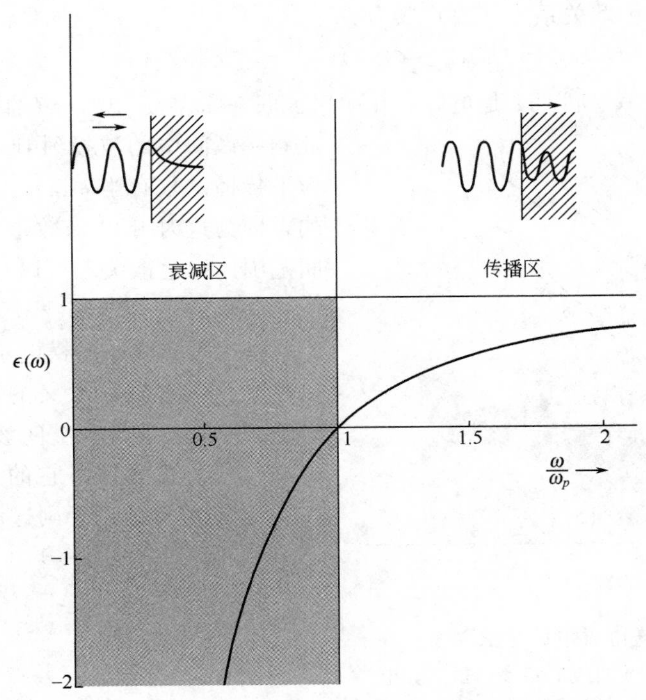

图 1 自由电子气的介电函数 $\epsilon(\omega)$ 与频率的关系曲线，以等离体频率 ω_p 为单位。只有 ϵ 为正时，电磁波才可以传播；当 ϵ 为负时，电磁波由介质全反射。

如果正离子背景具有的介电常量写为$\epsilon(\infty)$，它直至远高于 ω_p 的频率之下仍然基本上保持为常数，这样式（8）就成为

$$\epsilon(\omega)=\epsilon(\infty)-4\pi ne^2/m\omega^2=\epsilon(\infty)[1-\overline{\omega}_p^2/\omega^2] \tag{11}$$

式中，$\overline{\omega}_p$ 定义为

$$\overline{\omega}_p^2\equiv 4\pi ne^2/\epsilon(\infty)m \tag{12}$$

注意，当 $\omega=\overline{\omega}_p$ 时，$\epsilon=0$。

15.1.3 电磁波的色散关系

在非磁性的各向同性介质中，电磁波方程是

(CGS) $$\partial^2\mathbf{D}/\partial t^2=c^2\nabla^2\mathbf{E}$$

(SI) $$\mu_0\partial^2\mathbf{D}/\partial t^2=\nabla^2\mathbf{E} \tag{13}$$

我们寻求这样一个解：$\mathbf{E}\propto e^{i\omega t}e^{i\mathbf{K}\cdot\mathbf{r}}$，$\mathbf{D}=\epsilon(\omega,\mathbf{K})\mathbf{E}$；于是得到电磁波的色散关系：

(CGS) $$\epsilon(\omega,\mathbf{K})\omega^2=c^2K^2$$

(SI) $$\epsilon(\omega,\mathbf{K})\epsilon_0\mu_0\omega^2=K^2 \tag{14}$$

由这个关系人们可以认识到许多问题，例如：

- $\epsilon>0$。对于实数的 ω，K 是实数，则一个横电磁波将以相速 $c/\epsilon^{1/2}$ 传播。
- $\epsilon<0$。对于实数的 ω，K 是虚数，波被阻尼，相应有一特征长度 $1/|K|$。
- ϵ为复数。对于实数的 ω，K 在ϵ的零点和极点上为复数，而波在空间中被阻尼。
- $\epsilon=\infty$。这意味着系统在外加力不存在时仍具有一个有限的响应；因此$\epsilon(\omega,\mathbf{K})$ 的诸极点确定介质自由振荡的频率。
- $\epsilon=0$。我们将会看到，仅在ϵ的诸零点上才可能出现纵偏振波。

15.1.4 等离体中的横光学模

应用式（11），色散关系式（14）成为

(CGS) $$\epsilon(\omega)\omega^2=\epsilon(\infty)(\omega^2-\overline{\omega}_p^2)=c^2K^2 \tag{15}$$

如 $\omega<\overline{\omega}_p$，则 $K^2<0$，所以 K 是虚数。在频率区间 $0<\omega\leqslant\overline{\omega}_p$ 中，解的形式是 $e^{-|K|x}$。在此频率区间中的波投射到介质上将被全反射，而不传播。只有当 $\omega>\overline{\omega}_p$ 时电子气才是透明的，因为这时介电函数取正实数。在这个区间范围内，色散关系可以写成

(CGS) $$\omega^2=\overline{\omega}_p^2+c^2K^2/\epsilon(\infty) \tag{16}$$

此式描述等离体中的横电磁波（图 2）。

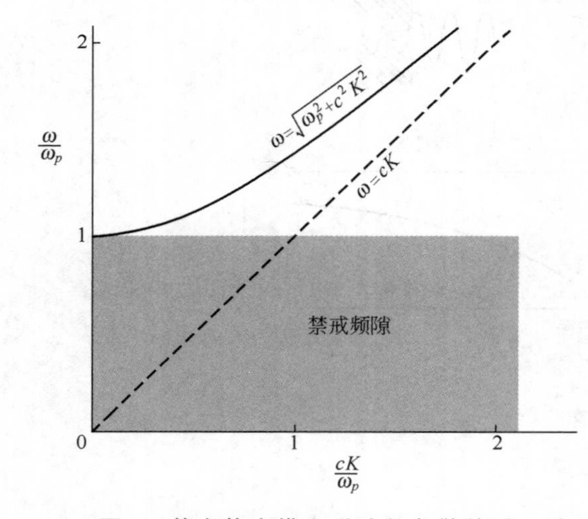

图 2 等离体中横电磁波的色散关系。群速 $v_g=d\omega/dK$ 等于色散曲线的斜率。虽然介电函数之值是在 0 与 1 之间，但群速总是小于真空中的光速。

下面列出与有意义的电子浓度相应的等离子频率 ω_p 及自由空间波长 $\lambda_p\equiv 2\pi c/\omega_p$ 的数值。一个波只有当它的自由空间波长小于 λ_p 时才能够传播，否则这波就将被反射。

n/(电子/cm^3)	10^{22}	10^{18}
ω_p/s^{-1}	5.7×10^{15}	5.7×10^{13}
λ_p/cm	3.3×10^{-5}	3.3×10^{-3}
n/(电子/cm^3)	10^{14}	10^{10}
ω_p/s^{-1}	5.7×10^{11}	5.7×10^{9}
λ_p/cm	0.33	33

15.1.5　金属的紫外透明性

根据上面关于介电函数的讨论，可以断定，简单金属会反射可见光，而对于高频率的紫外光则是透明的。在表 1 中比较了截止波长的计算值和观测值。金属对于光的反射同电离层对于无线电波的反射完全类似，因为电离层中的自由电子使得低频下介电常量为负。图 3 示出 InSb 的实验结果，其中 $n=4\times10^{18}\mathrm{cm}^{-3}$。等离体频率接近于 0.09eV。

表 1　碱金属紫外透射极限（单位 Å）

	Li	Na	K	Rb	Cs
λ_p(计算值)	1550	2090	2870	3220	3620
λ_p(观测值)	1550	2100	3150	3400	—

15.1.6　纵等离体振荡

介电函数的零点决定了振荡纵模的频率。这就是说，根据条件

$$\epsilon(\omega_L)=0 \tag{17}$$

确定近似于 $K=0$ 附近的纵频率 ω_L。

根据纵偏振波的几何关系，会存在一个退极化场 $\boldsymbol{E}=-4\pi\boldsymbol{P}$，这一问题将在下面讨论。这样，对等离体中，或更普遍一些，对晶体中的纵波来说，有 $\boldsymbol{D}=\boldsymbol{E}+4\pi\boldsymbol{P}=0$。用 SI 制，是 $\boldsymbol{D}=\epsilon_0\boldsymbol{E}+\boldsymbol{P}=0$。对于电子气的介电函数，综合考虑式（17）和式（10），则有

$$\epsilon\ (\omega_L)=1-\omega_p^2/\omega_L^2=0 \tag{18}$$

由此，$\omega_L=\omega_p$。于是，这时的电子气将会出现以等离体频率 ω_p 振荡的自由纵振荡模式（图 4）。其实，这个 ω_p 就是前面通过式（15）给出的横电磁波的低频截止频率。

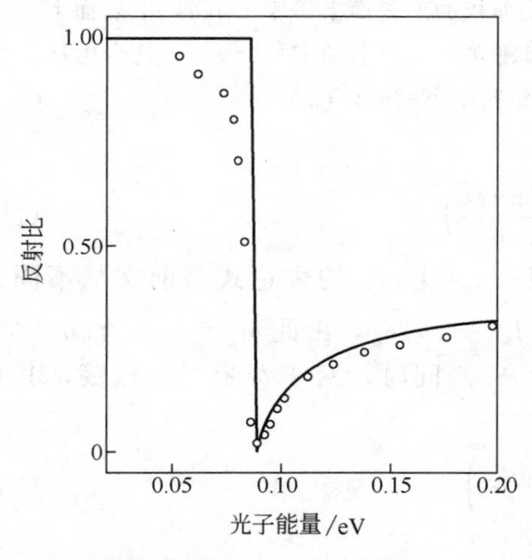

图 3　锑化铟的反射比，样品中 $n=4\times10^{18}\mathrm{cm}^{-3}$。引自 J. N. Hodgson。

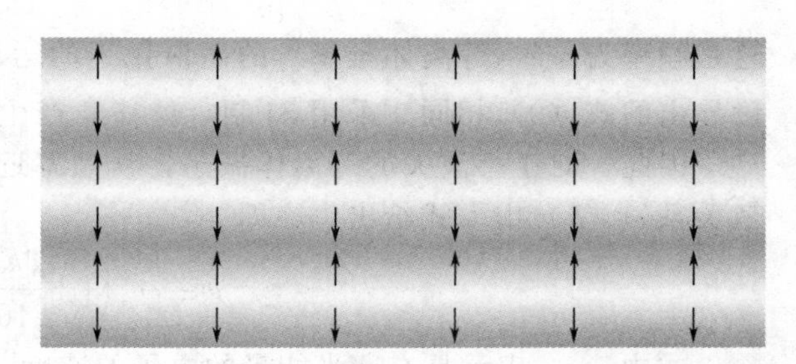

图 4　等离体振荡。图示箭头表示电子位移的方向。

如图 5 所示，表示一块薄金属板中电子气的均匀位移，它描绘了 $K=0$ 的纵等离体振荡。这时，电子气作为一个整体相对于正离子背景发生运动，其位移 u 产生的电场为 $E=4\pi neu$。这个电场的作用如同对电子气施加一个回复力。

若电子气的浓度为 n，则单位体积的电子气的运动方程是

(CGS)
$$nm\frac{\mathrm{d}^2u}{\mathrm{d}t^2}=-neE=-4\pi n^2\mathrm{e}^2u \tag{19}$$

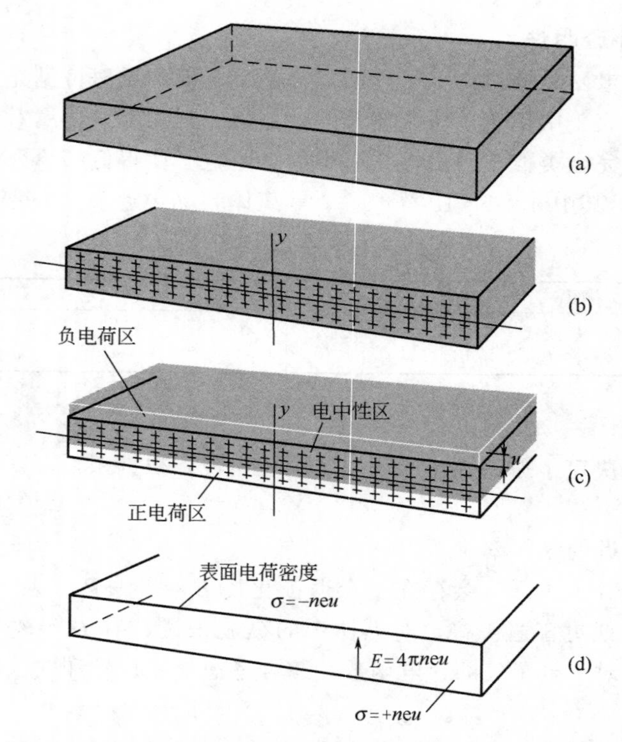

图 5 (a) 一块薄金属板或金属薄膜；(b) 表示这块金属板的截面，其中＋号表示正离子实，灰色背景是电子海，金属板是电中性的；(c) 负电荷发生了一个均匀的向上位移 u，夸张地表示于图中；(d) 这个位移产生一个表面电荷密度，在金属板的上表面上等于 $-neu$，下表面上等于 $+neu$，这里 n 是电子浓度。这样就在金属板的内部建立起一个电场 $E=4\pi neu$。这个电场倾向于使电子海回复到它原来的平衡位置 (b)。在 SI 单位制中 $E=neu/\epsilon_0$。

或

$$\text{(CGS)} \qquad \frac{\mathrm{d}^2u}{\mathrm{d}t^2}+\omega_p^2u=0,\ \omega_p=\left(\frac{4\pi n\mathrm{e}^2}{m}\right)^{1/2} \tag{20}$$

这是频率为 ω_p（等离体频率）的简谐振子的运动方程。这里 ω_p 的表达式与前文从不同角度导出的式 (9) 相同。采用 SI 制，位移 u 产生电场 $E=neu/\epsilon_0$，由此 $\omega_p=(n\mathrm{e}^2/\epsilon_0 m)^{1/2}$。

因此，对于小波矢的等离体振荡，其频率近似为 ω_p。同时，对于费米气纵振荡，其色散关系 $\omega(k)$ 由下式给出，亦即

$$\omega \cong \omega_p\left(1+\frac{3k^2v_F^2}{10\omega_p^2}+\cdots\right) \tag{21}$$

式中，v_{F} 表示具有费米能量的电子的速度。

15.2 等离体子（Plasmon）

从本质上讲，金属中的等离体振荡，其实就是传导电子气的一种集体纵向激发。等离体子(plasmon，俗称等离激元) 是等离体振荡的量子。事实上，我们可以通过不同的方式激发一个等离体子。比如，可以令电子穿过金属薄膜（图 6 和图 7)，抑或令电子或光子由薄膜上反射等。这里值得指出，等离体振荡的静电场波动，与电子气的电荷密度之间关联偶合，互为因果。另外，反射或透射的电子将发生能量损失，其大小等于等离体子能量的整倍数。

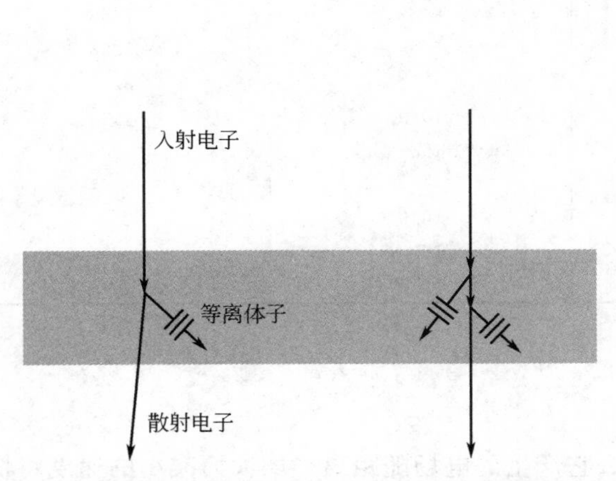

图 6　在金属膜中借助电子的非弹性散射产生的等离体子。入射电子能量通常为 1～10eV；等离体子能量数量级为 10eV。图中还示出了产生两个等离体子的事例。

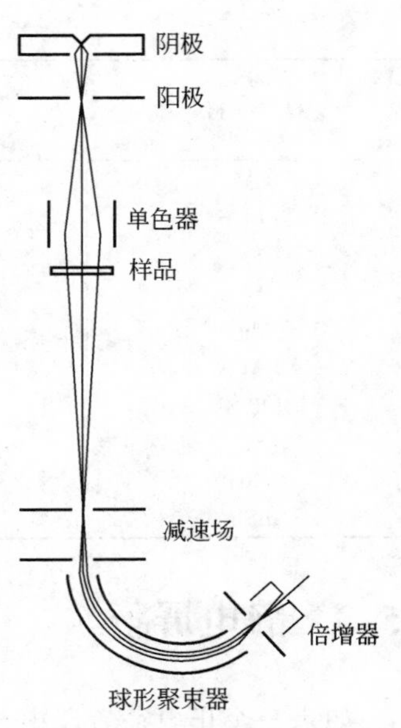

图 7　用于研究电子激发等离体子的静电分析谱仪原理示意图。引自 J. Daniels。

图 8 表示 Al 和 Mg 的实验激发谱。在表 2 中对等离体子能量的观测值与计算值进行了比较；在 Raether 和 Daniels 的综述文章里给出了更多的数据。我们应当记得，在由式（12）定义的 $\overline{\omega}_p$ 中已通过参量$\epsilon(\infty)$ 包含了离子实的因素。

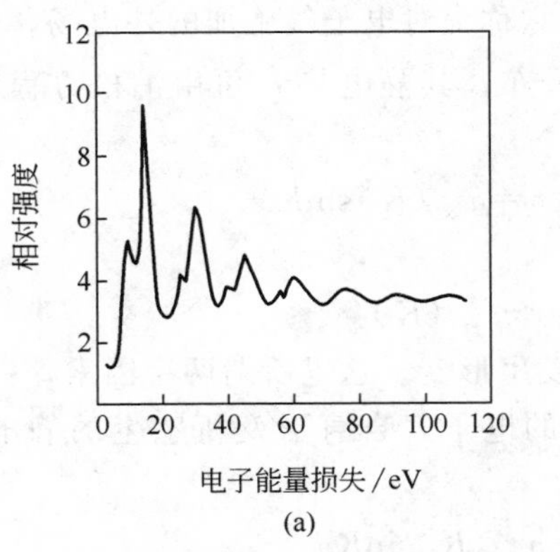

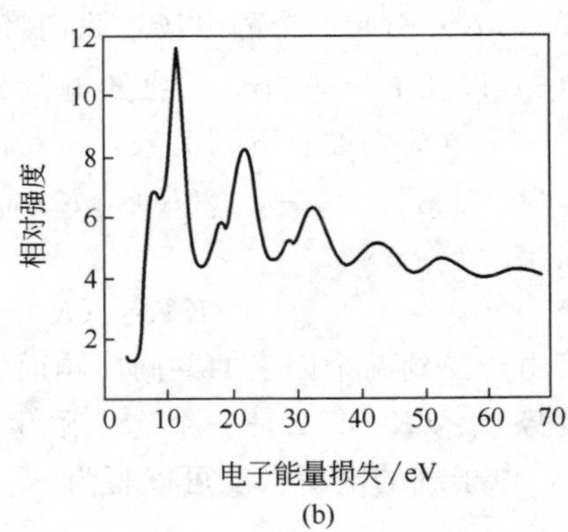

图 8　由金属膜反射的电子的能量损失谱，（a）铝，（b）镁。电子初始能量为 2020eV。铝中观察到 12 个能损峰，是由 10.3eV 和 15.3eV 处出现的能损所组合而成，10.3eV 能损是由表面等离体子引起，15.3eV 能损是由体积等离体子引起。观测到镁中出现 10 个损失峰，它们是由 7.1eV 表面等离体子和 10.6eV 体积等离体子组合而成。表面等离体子是习题 1 的主题。引自 C. J. Powell and J. B. Swan。

同样地，我们也可以在介电体薄膜中激发集体等离体振荡，表 2 给出了几种典型介电体的相关结果。其中，关于 Si、Ge 和 InSb 等离体能量的计算基于每一原子的四个价电子。从物理上讲，介电体中的等离体振荡与金属中的等离体振荡是相同的，整个的价电子气相对于离子实来回地振荡。

表 2 体积等离体子能量（单位 eV）

材料	观测值	计算值	
		$\hbar\omega_p$	$\hbar\bar{\omega}_p$
金属			
Li	7.12	8.02	7.96
Na	5.71	5.95	5.58
K	3.72	4.29	3.86
Mg	10.6	10.9	
Al	15.3	15.8	
介电体			
Si	16.4～16.9	16.0	
Ge	16.0～16.4	16.0	
InSb	12.0～13.0	12.0	

15.3 静电屏蔽

如果一个正电荷置于电子气之中，那么它产生的电场随距离 r 增大而减小的速度将快于 $1/r$；之所以如此，是因为电子气倾向于聚集在这个正电荷周围将其屏蔽起来。关于电子气的这种重要的屏蔽性质，我们可以通过静态介电函数对波矢的依赖关系$\epsilon(0,\boldsymbol{K})$ 描述。现在，让我们考虑电子气对于一个外加静电场的响应。假如，开始时是电荷浓度为$-n_0\mathrm{e}$ 的均匀电子气叠加于浓度为 $n_0\mathrm{e}$ 的正电荷背景之上，然后令正电荷背景通过物理形变使得正电荷密度在 x 方向上产生一个正弦式变化，即有

$$\rho^+(x)=n_0\mathrm{e}+\rho_{\mathrm{ext}}(K)\sin Kx \tag{22}$$

其中，$\rho_{\mathrm{ext}}(K)\sin Kx$ 引起一个静电场，我们将它称为对电子气施加的外电场。

根据式（3）以及 $\boldsymbol{E}=-\nabla\varphi$，若已知电荷分布，其静电势 φ 可由泊松方程$\nabla^2\varphi=-4\pi\rho$ 求得。对于这一正电荷，如有下列关系：

$$\varphi=\varphi_{\mathrm{ext}}(K)\sin Kx,\quad \rho=\rho_{\mathrm{ext}}(K)\sin Kx \tag{23}$$

则泊松方程给出

$$K^2\varphi_{\mathrm{ext}}(K)=4\pi\rho_{\mathrm{ext}}(K) \tag{24}$$

电子气将由于受到两个因素的共同影响而发生形变。这里所谓两个因素，一是正电荷分布造成的静电势 $\varphi_{\mathrm{ext}}(K)$，二是一个迄今陌生的电子气自身形变所感生的静电势 $\varphi_{\mathrm{ind}}(K)\sin Kx$。这时，电子气的电荷密度可以写为

$$\rho^-(x)=-n_0\mathrm{e}+\rho_{\mathrm{ind}}(K)\sin Kx \tag{25}$$

式中，$\rho_{\mathrm{ind}}(K)$是电子气中感生的电荷密度变化的振幅。在此我们应解决如何用 $\rho_{\mathrm{ext}}(K)$ 来表示 $\rho_{\mathrm{ind}}(K)$。

正电荷分布和负电荷分布的总静电势的振幅 $\varphi(K)=\varphi_{\mathrm{ext}}(K)+\varphi_{\mathrm{ind}}(K)$是通过泊松方程而与总的电荷密度变化 $\rho(K)=\rho_{\mathrm{ext}}(K)+\rho_{\mathrm{ind}}(K)$相联系。这样，如同式（24），有

$$K^2\varphi(K)=4\pi\rho(K) \tag{26}$$

为了进一步推导，我们需要建立静电势与电子浓度相联系的另一方程。现在，我们基于所谓托马斯-费米近似（Thomas-Fermi approximation）来推演这一联系方程。在这个近似中假定：局域内部化学势是该处电子浓度的函数。在平衡之下，电子气的总化学势必定为常数，与位置无关。在静电势对化学势贡献为零的区域中，根据第 6 章式（17），在绝对零度

下，化学势 μ 与均匀浓度 n_0 通过下式联系

$$\mu=\epsilon_{\mathrm{F}}^{0}=\frac{\hbar^2}{2m}\left(3\pi^2 n_0\right)^{2/3} \tag{27}$$

在静电势为 $\varphi(x)$ 的区域中，总化学势（图 9）为常数，它等于

$$\begin{aligned}\mu=\epsilon_{\mathrm{F}}(x)-e\varphi(x)&\simeq\frac{\hbar^2}{2m}\left[3\pi^2 n(x)\right]^{2/3}-e\varphi(x)\\&\cong\frac{\hbar^2}{2m}\left[3\pi^2 n_0\right]^{2/3}\end{aligned} \tag{28}$$

其中$\epsilon_{\mathrm{F}}(x)$ 表示不同位置处的费米能。如果与费米能级上的电子波长（变化）相比，其静态的静电势是缓慢变化的，则上面的表达式（28）成立；具体地讲，这一近似就是 $q\ll k_{\mathrm{F}}$。根据ϵ_{F} 的泰勒级数展开，式（28）可以写为

$$\frac{\mathrm{d}\,\epsilon_{\mathrm{F}}}{\mathrm{d}n_0}\left[n(x)-n_0\right]\cong e\varphi(x) \tag{29}$$

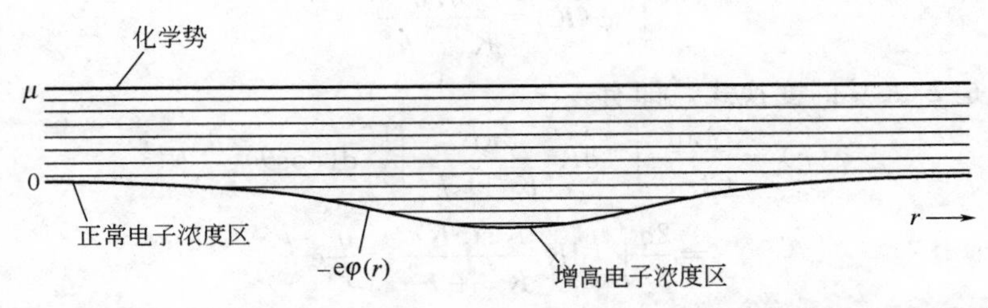

图 9　在热平衡和扩散平衡之下，为维持化学势为常数，必须使势能低的区域中的电子浓度增高，使势能高的区域中的电子浓度减低。

由式（27）可知，$\mathrm{d}\,\epsilon_{\mathrm{F}}/\mathrm{d}n_0=2\,\epsilon_{\mathrm{F}}/3n_0$，由此可得

$$n(x)-n_0\cong\frac{3}{2}n_0\ \frac{\mathrm{e}\varphi(x)}{\epsilon_{\mathrm{F}}} \tag{30}$$

等式左端是电子浓度的感生部分。因此，这个方程的诸傅里叶分量是

$$\rho_{\mathrm{ind}}(K)=-(3n_0\mathrm{e}^2/2\,\epsilon_{\mathrm{F}})\varphi(K) \tag{31}$$

根据式（26），它变成

$$\rho_{\mathrm{ind}}(K)=-(6\pi n_0\mathrm{e}^2/\epsilon_{\mathrm{F}}K^2)\rho(K) \tag{32}$$

于是，由式（3d）可得

$$\epsilon(0,K)=1-\frac{\rho_{\mathrm{ind}}(K)}{\rho(K)}=1+k_{\mathrm{s}}^2/K^2 \tag{33}$$

再经过运算，就有

$$k_{\mathrm{s}}^2=6\pi n_0\mathrm{e}^2/\epsilon_{\mathrm{F}}=4(3/\pi)^{1/3}n_0^{1/3}/a_0=4\pi\mathrm{e}^2D\ (\epsilon_{\mathrm{F}}) \tag{34}$$

式中 a_0 是玻尔半径，$D(\epsilon_{\mathrm{F}})$ 是自由电子气态密度。$\epsilon(0,K)$ 的近似表达式（33）称为托马斯-费米介电函数，而 $1/k_{\mathrm{s}}$ 是托马斯-费米屏蔽长度，参见下文的式（40）。对于 $n_0=8.5\times10^{22}\,\mathrm{cm}^{-3}$ 的铜来说，其屏蔽长度等于 0.55Å。

对于电子气的介电函数已经导出了两个极限表达式，亦即

$$\epsilon(0,\ K)=1+\frac{k_{\mathrm{s}}^2}{K^2};\ \epsilon(\omega,\ 0)=1-\frac{\omega_p^2}{\omega^2} \tag{35}$$

注意：当 $K\rightarrow0$ 时，$\epsilon(0,K)$ 趋近一个极限，并且它与 $\omega\rightarrow0$ 时$\epsilon(\omega,0)$ 所趋近的极限不相同。这意味着，在考虑 ω-K 平面原点附近的介电函数时需要特别注意。关于普遍函数$\epsilon(\omega,$

K）的完整理论曾由 Lindhard[1] 完成。

15.3.1 屏蔽库仑势

现在，考虑一个处在传导电子海中的点电荷 q。未屏蔽的库仑势的泊松方程是

$$\nabla^2\varphi_0=-4\pi q\delta(\boldsymbol{r}) \tag{36}$$

我们知道 $\varphi_0=q/r$，让我们将 $\varphi_0(\boldsymbol{r})$ 写为

$$\varphi_0(\boldsymbol{r})=(2\pi)^{-3}\int \mathrm{d}\boldsymbol{K}\ \varphi_0(\boldsymbol{K})\mathrm{e}^{i\boldsymbol{K}\cdot\boldsymbol{r}} \tag{37}$$

对于式（36）中出现的 δ 函数，其傅里叶表示式为

$$\delta(\boldsymbol{r})=(2\pi)^{-3}\int \mathrm{d}\boldsymbol{K}\ \mathrm{e}^{i\boldsymbol{K}\cdot\boldsymbol{r}} \tag{38}$$

由此，可得 $K^2\varphi_0(K)=4\pi q$。根据式（3e），有

$$\varphi_0(K)/\varphi(K)=\epsilon(K)$$

这里 $\varphi(K)$ 是总的或屏蔽了的电势。采用托马斯-费米形式的$\epsilon(K)$［式（33）］，得到

$$\varphi(\boldsymbol{K})=\frac{4\pi q}{K^2+k_s^2} \tag{39}$$

屏蔽的库仑势是 $\varphi(\boldsymbol{K})$ 的变换式，即有

$$\begin{aligned}\varphi(r)&=\frac{4\pi q}{(2\pi)^3}\int_0^\infty \mathrm{d}K\ \frac{2\pi K^2}{K^2+k_s^2}\int_{-1}^{1}\mathrm{d}(\cos\theta)\mathrm{e}^{iKr\cos\theta}\\&=\frac{2q}{\pi r}\int_0^\infty \mathrm{d}K\ \frac{K\sin Kr}{K^2+k_s^2}=\frac{q}{r}\mathrm{e}^{-k_s r}\end{aligned} \tag{40}$$

如图 10（a）所示。屏蔽参量 k_s 由式（34）定义。指数因子减小了库仑势的作用半径。令电荷浓度 $n_0\to 0$，得出裸势 q/r，因为此时 $k_s\to 0$。在真空极限下 $\varphi(K)=4\pi q/K^2$。

屏蔽相互作用的应用之一是考虑某种合金的电阻率。如 Cu、Zn、Ga、Ge、As 等元素，其原子分别含有 1 个、2 个、3 个、4 个、5 个价电子。若将一个 Zn、Ga、Ge 或 As 的原子替换式地引入到金属铜，如果外来原子的所有价电子都进入基质金属铜的导带，那么，相对于铜原子来说，就会分别给出 1 个、2 个、3 个或 4 个过剩电荷。外来原子散射传导电子，其相互作用由屏蔽的库仑势确定。这个散射对剩余电阻率有所贡献。Mott 关于电阻率增加的计算值与实验符合较佳。

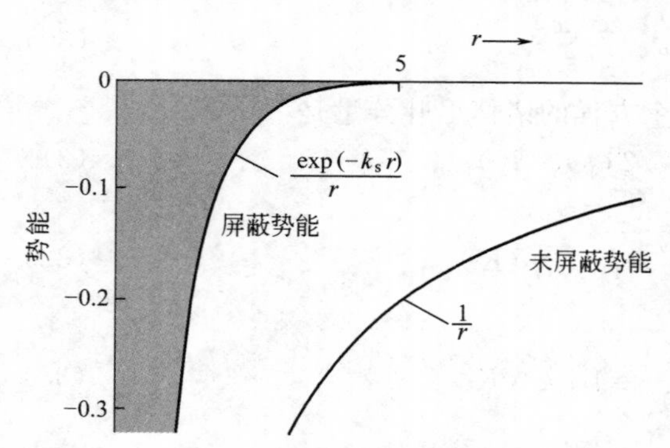

图 10（a） 一个单位正电荷的屏蔽库仑势与未屏蔽库仑势之间的比较。其中，将屏蔽长度 $1/k_s$ 取为 1；在 Thomas-Fermi 近似下考虑静电屏蔽作用，近似适用于小波矢 $q\ll k_F$。关于包含所有波矢更完整的计算及其给出所谓夫里德耳（Friedel）振荡的具体细节，请读者查阅 QTS（p. 114）。

15.3.2 赝势分量 $U(0)$

我们在第 9 章图 22（b）的图例中曾经给出过一个在赝势理论中很重要的结果，亦即"对于非常小的 k，这个势能趋近于费米能的 $-2/3$ 倍"。这个被称为金属中屏蔽离子极限的结果，可以由式（39）导出。

[1] J. Ziman 在"Principles of the Theory of Solids"（2nd ed.，Cambridge，1972）一书第 5 章里很好地讨论了介电函数。推导 Ziman 的方程（5.16）的代数步骤细节曾由 Kittel 给出（Solid State Physics 22，1，1968，第六节）。

现在，反过来考虑一个带电量为 e 的电子在金属中的势能。若假定金属中原子的化合价为 z，单位体积金属中的离子数记为 n_0，则 $k=0$ 时的势能分量将变为

$$U(0)=-ezn_0\varphi(0)=-4\pi zn_0e^2/k_s^2 \tag{41}$$

这时，关于 k_s^2 的式（34）应写作

$$k_s^2=6\pi zn_0e^2/\epsilon_F \tag{42}$$

由此，则有

$$U(0)=-\frac{2}{3}\epsilon_F \tag{43}$$

15.3.3 莫特型金属-绝缘体转变

根据独立电子模型，一个晶体若其每一原胞内含有一个氢原子，那么这一晶体就会始终是一个金属，因为它有一个半满的能带，在其中电子输运总能进行；而对于每一原胞内含有一个氢分子的晶体，则完全又是另外一回事，因为这时的能带是完全充满的。在极端高压下，比如在木星上，氢也许会以金属态形式存在。

虽然如此，还是让我们来想象一下，考虑一个在绝对零度下的氢原子的晶格：请问它们是金属或是绝缘体？这个问题的答案取决于晶格常量 a，亦即如果 a 值小，则为金属；如果 a 值大，则是绝缘体。早年，莫特（N. F. Mott）对区分金属态和绝缘体态的晶格常量临界值 a_c 进行了估算。他指出 $a_c=4.5a_0$，其中 $a_0=\hbar^2/me^2$ 是氢原子的第一玻尔轨道半径。

为了探讨这个问题，我们从氢原子晶格的金属态出发。这时，一个传导电子所感受到的来自每个质子的屏蔽库仑势为

$$U(r)=-(e^2/r)\exp(-k_sr) \tag{44}$$

式中，$k_s^2=3.939n_0^{1/3}/a_0$。如式（34）所示，这里的 n_0 为电子浓度。在高浓度情况下，k_s 的值大，从而给出这一势能不存在束缚态，于是我们在这种情况下得到的一定是金属。

大家知道，这个势只有当 k_s 小于 $1.19/a_0$ 时才会有束缚态。如果存在一个束缚态，电子就将聚集在质子周围而形成绝缘体。若以 n_0 表示，则可以写出如下不等式，即

$$3.939n_0^{1/3}/a_0<1.42/a_0^2 \tag{45}$$

对于一个简单立方晶格，$n_0=1/a^3$；那么当 $a_c>2.78a_0$ 时，我们就会得到一个绝缘体。可见，这个结果与莫特用其他方法推出的 $4.5a_0$ 相差不大。

“金属-绝缘体转变”一词的含义是：当某种材料由金属变为缘缘体时，其电导率的变化是作为某种外部参数的函数来描述的；这一外部参数可能是材料的组成、压力、应变或磁场。金属相通常是利用独立电子模型进行处理，绝缘体则要着重考虑电子-电子相互作用。晶体格点的无规占据为这类问题带来了新的面貌，其所涉猎的概念和方法属于逾渗理论的范畴；有关逾渗转变的讨论已超出本书的范围。

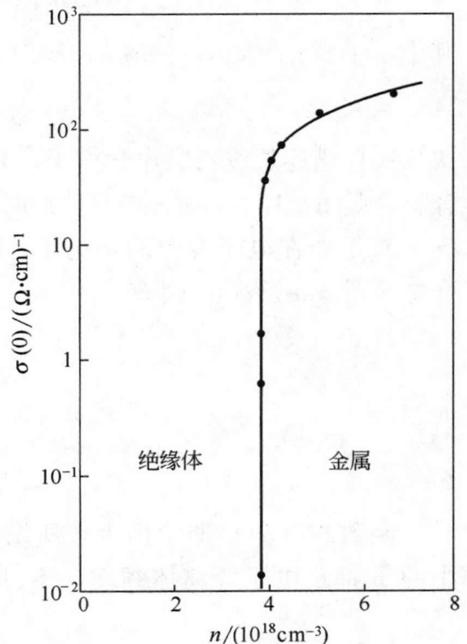

图 10（b） 对于 Si 中掺杂 P，图中给出了“零温度”电导率 $\sigma(0)$ 与施主浓度之间关系的实验曲线。引自 T. F. Rosebaum et al。

当半导体掺杂浓度（即施主或受主浓度）增加时，它将向传导金属相转变。关于 Si 中掺杂 P 的实验结果如图 10（b）所示。同样，当掺杂的浓度足够高，以致电子的基态波函数与近邻杂质原子的波函数有显著的交叠，这时就会发生绝缘体-金属转变。

由图 10（b）可以看出，在 Si：P 合金体系中，这一临界浓度的观测值是 $n_c=3.74\times 10^{18}\,\mathrm{cm}^{-3}$。如果在球形近似下取 Si 中施主基态的半径为 32×10^{-8}cm，那么莫特判据 $a_c=1.44\times10^{-6}$cm。假定 P 原子无规地占据格点，并且其晶格为简单立方，则估算的临界莫特浓度为

$$n_c=1/a_c^3=0.33\times10^{18}\,\mathrm{cm}^{-3} \tag{46}$$

这个结果明显小于观测值。在半导体文献中，通常将金属范围内的重掺杂半导体（heavily-doped semiconductor）称为简并半导体（degenerate semiconductor）

15.3.4 金属中的屏蔽效应和声子

对于介电函数的两个极限形式，它们的一个很有趣的应用是讨论金属中的纵声学声子。由上述式（17）可知，对于纵模而言，总的（离子加电子的）介电函数必然为零。只要声速小于电子的费米速度，对于电子就可以应用托马斯-费米介电函数，即

$$\epsilon_{\mathrm{el}}(\omega,K)=1+k_s^2/K^2 \tag{47}$$

另外，只要离子之间有足够大的间距，并且相互独立地运动，那么对于它们就可以选取适当的质量 M 而应用等离体子极限 $\epsilon(\omega,0)$。总的介电函数，即晶格加电子的介电函数（但不包括离子实的电子极化率）是

$$\epsilon(\omega,K)=1-\frac{4\pi ne^2}{M\omega^2}+\frac{k_s^2}{K^2} \tag{48}$$

当 K 和 ω 都很小时，可以略去 1 这一项。在此近似下，对于 $\epsilon(\omega,K)$ 的零点，即有

$$\omega^2\frac{4\pi ne^2}{Mk_s^2}K^2=\frac{4\pi ne^2}{M}\cdot\frac{\epsilon_F}{6\pi ne^2}K^2=\frac{m}{3M}v_F^2K^2 \tag{49}$$

其中，上式用到 $\epsilon_F=\frac{1}{2}mv_F^2$。同时，由上式可得

$$\omega=vK;\quad v=(m/3M)^{1/2}v_F \tag{50}$$

式（50）描述长波长纵声学声子，并且，对于碱金属，它与纵波波速的观测值符合很好。钾的计算值是 $v=1.8\times10^5\,\mathrm{cm\cdot s^{-1}}$；而 4K 下 [100] 方向上速度的观测值是 $2.2\times10^5\,\mathrm{cm\cdot s^{-1}}$

对于处在电子海中的正离子，$\epsilon(\omega,K)$ 还会出现另一个零点。在高频下，采用电子气的介电贡献 $-\omega_p^2/\omega^2$，则有

$$\epsilon(\omega,0)=1-\frac{4\pi ne^2}{M\omega^2}-\frac{4\pi ne^2}{m\omega^2} \tag{51}$$

而当

$$\omega^2=\frac{4\pi ne^2}{\mu},\quad \frac{1}{\mu}=\frac{1}{M}+\frac{1}{m} \tag{52}$$

时，函数式（51）即给出上述所谓的另一个零点。实际上，式（52）与式（20）一样，它们中的 ω 都是电子等离体频率，不过，为了计及正离子的运动，在这里引入了约化质量修正。

15.4 电磁耦子

在第 4 章曾讨论了纵光学声子和横光学声子，但当时并未涉及有关横光学声子与横电磁波相互作用的分析。对于发生共振时的两个波，声子-光子耦合会完全改变其传播特性，同

时出现一个禁带，而产生这一禁带的原因却与晶格的周期性毫无关系。

所谓共振，意指这样一个条件，此时两个波的频率和波矢均近似相等。图 11 中两条虚线交叉的区域就是共振区。这两条虚线分别表示光子和横光学声子在它们之间不存在任何耦合时的色散关系。不过，实际上总是存在着耦合，这种耦合作用隐含于麦克斯韦方程组之中，并由介电函数表征。耦合声子-光子横波场的量子称为一个电磁耦子（polariton，俗称极化激元）。

在这一节中，我们将讨论耦合作用如何给出图中实线所示的色散关系的问题。所有讨论都将在波矢值同布里渊区边界点的 k 比较起来非常小的条件下进行，这是因为交叉时 ω（光子）$=ck$（光子）$=\omega$（声子）$\approx 10^{13}\,\mathrm{s}^{-1}$，由此 $k\approx 300\,\mathrm{cm}^{-1}$。

在此应提前指出：虽然在理论推导中必然要出现符号 ω_L，但在效果上并不涉及纵光学声子。诚然，在晶体体积内纵声子不与横光子发生耦合。

若光子的电场 E 与 TO 声子的介电极化强度 P 之间发生耦合，则其耦合可由如下电磁波方程描述，即

(CGS)
$$c^2K^2E=\omega^2(E+4\pi P) \tag{53}$$

在小波矢的情况下，TO 声子频率 ω_T 不依赖于 K。极化强度正比于正离子相对于负离子的位移，因此极化强度的运动方程与一个振子的运动方程相似，可以写为

$$-\omega^2P+\omega_T^2P=(Nq^2/M)E \tag{54}$$

这里，在单位体积中有 N 个离子对，其有效电荷为 q，约化质量为 M，而 $P=Nqu$。为简明起见，讨论中我们忽略了电子对极化强度的贡献。联立求解上述式（53）与式（54），其有解条件为

$$\begin{vmatrix} \omega^2-c^2K^2 & 4\pi\omega^2 \\ Nq^2/M & \omega^2-\omega_T^2 \end{vmatrix}=0 \tag{55}$$

因此，基于方程（55），即可给出电磁耦子的色散关系，如图 11、图 12 所示。在 $K=0$ 处，式（55）有两个根，即：对于光子有 $\omega=0$，对于电磁耦子有

$$\omega^2=\omega_T^2+4\pi Nq^2/M \tag{56}$$

这里 ω_T 表示耦合不存在时的 TO 声子频率。

由式（54）得出的介电函数是

$$\epsilon(\omega)=1+4\pi P/E=1+\frac{4\pi Nq^2/M}{\omega_T^2-\omega^2} \tag{57}$$

如果对于极化强度存在来自离子实的光学电子的贡献，则应将它照样计入。对于由 $\omega=0$ 至红外的频率区间，可得到

$$\epsilon(\omega)=\epsilon(\infty)+\frac{4\pi Nq^2/M}{\omega_T^2-\omega^2} \tag{58}$$

这一表达式与$\epsilon(\infty)$ 作为光学介电常量的定义相符合，后者是光学折射率的平方。

为了求得静态介电函数，令 $\omega=0$，所以

$$\epsilon(0)=\epsilon(\infty)+4\pi Nq^2/M\omega_T^2 \tag{59}$$

此式可与式（58）合并，从而得出$\epsilon(\omega)$ 的表达式，采用易于理解的诸参量表示，即有

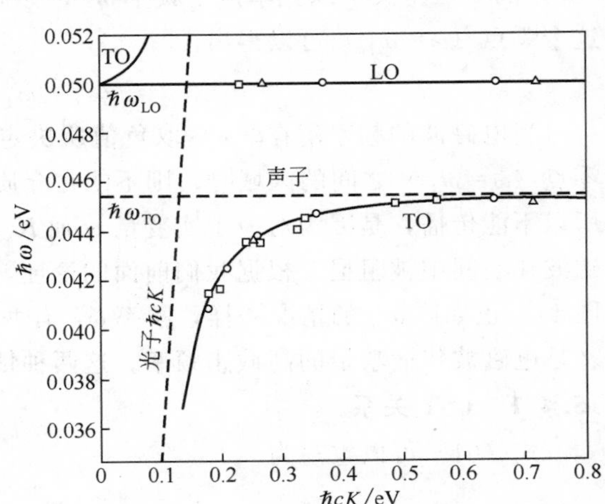

图 11　GaP 中电磁耦子和 LO 声子能量观测值对波矢的曲线。理论色散曲线用实线表示。未耦合声子及光子的色散曲线用虚线表示。引自 C. H. Henry and J. J. Hopfield。

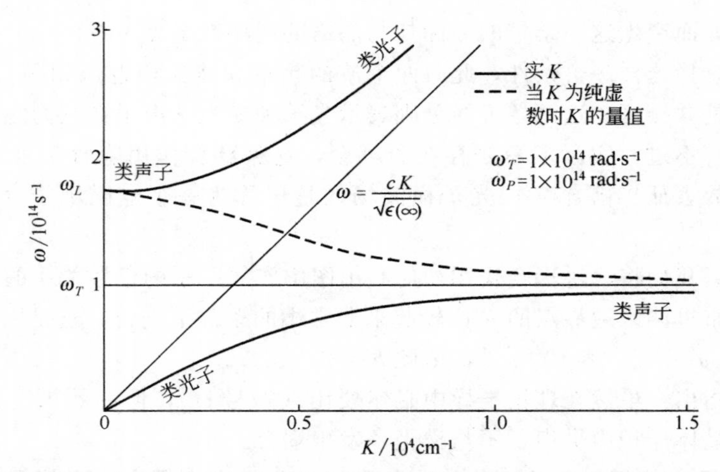

图 12 离子晶体中光子与TO声子的耦合模。水平细线表示与电磁场耦合的频率为 ω_T 的振子，而标以 $\omega=cK/\sqrt{\epsilon(\infty)}$ 的细线相应于晶体中未与晶格振子 ω_T 耦合的电磁波。粗线表示晶格振子与电磁波之间存在耦合时的色散关系。耦合的效应之一是产生了 ω_L 同 ω_T 之间的频率空隙：在此隙中波矢是纯虚量，其量值大小在图中用虚线表出。在这频率空隙中，波按 $e^{-|K|x}$ 规律衰减。从图中可以看到，波在 ω_T 附近的衰减远较 ω_L 附近为强。色散曲线每一支的特征随 K 而变；在名义上的交叉点附近出现一个电学-力学混合特性的区域。最后应指出：介质中光的群速始终小于 c，这是因为真实色散曲线（粗线）的斜率 $\partial\omega/\partial K$ 处处小于自由空间中未耦合光子色散曲线斜率 c。

$$\epsilon(\omega)=\epsilon(\infty)+[\epsilon(0)-\epsilon(\infty)]\frac{\omega_T^2}{\omega_T^2-\omega^2}$$

或

$$\epsilon(\omega)=\frac{\omega_T^2\epsilon(0)-\omega^2\epsilon(\infty)}{\omega_T^2-\omega^2}=\epsilon(\infty)\left(\frac{\omega_L^2-\omega^2}{\omega_T^2-\omega^2}\right) \tag{60}$$

$\epsilon(\omega)$ 的零点定义了纵光学声子频率 ω_L，如同由 $\epsilon(\omega)$ 的极点（无穷大）定义 ω_T 一样。由这个零点（$\omega=\omega_L$）可以得出：

$$\epsilon(\infty)\omega_L^2=\epsilon(0)\omega_T^2 \tag{61}$$

当电磁波的频率落在 $\epsilon(\omega)$ 取负值所决定的区间，亦即落在 $\epsilon(\omega)$ 的极点（$\omega=\omega_T$）和零点（$\omega=\omega_L$）之间的区域时，则不能在介质中传播，如图13所示。对于负值 ϵ，电磁波之所以不能传播，是因为对应于实变量 ω 而 K 是虚数，即有 $\exp(iKx)\to\exp(-|K|x)$，电磁波在空间中被阻尼。根据我们前面的论证，$\epsilon(\omega)$ 的零点相应于小 K 时的LO频率，参见图14。正如同 ω_p 的情况一样，频率 ω_L 有两个含义：一个是指小 K 下的LO频率，另一含义是电磁波传播禁带的高截止频率。这两种情况下，其 ω_L 具有相同的值。

15.4.1 LST关系

式（61）可以重写为

$$\frac{\omega_L^2}{\omega_T^2}=\frac{\epsilon(0)}{\epsilon(\infty)} \tag{62}$$

式中，$\epsilon(0)$ 是静态介电常量，$\epsilon(\infty)$ 是介电函数的高频极限，其定义包含了离子实的电子贡献。这个结果就是LST（Lyddane-Sachs-Teller）关系。推导中假定取一个立方晶体，每一原胞含有两个原子。对于软模 $\omega_T\to0$，可以推知 $\epsilon(0)\to\infty$，这是铁电性的一个特征。

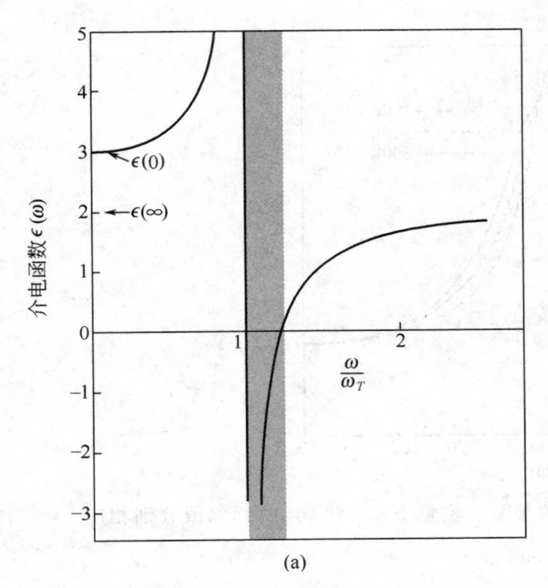

图 13 (a) 根据式（60）给出的$\epsilon(\omega)$，取$\epsilon(\infty)=2$，$\epsilon(0)=3$。在$\omega=\omega_T$和$\omega=\omega_L=(3/2)^{1/2}\omega_T$之间，介电常量为负，这就是$\epsilon(\omega)$的极点（无限大）和零点之间的区间。具有频率$\omega(\omega_T<\omega<\omega_L)$的电磁波在介质中不能传播，而是在边界上被反射。

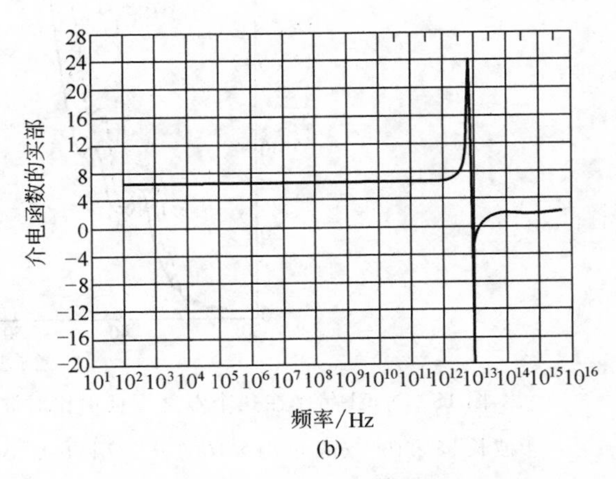

图 13 (b) SrF_2的介电函数（实部）在一个宽的频率区间上测量的结果，表明了高频下离子极化率的降低。引自 A. von Hippel。

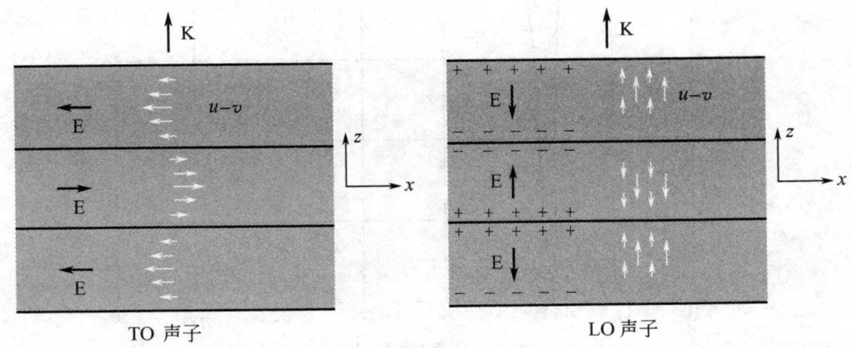

图 14 一个沿z轴方向行进的光学模式的波在某一时刻正离子与负离子的相对位移。图中示出波的节面（位移为零的平面）。对于长波长声子，节面之间相隔许多个原子平面。在横光学声子模式中，粒子的位移与波矢$\boldsymbol{K}$垂直。对于图中所示的模式而言，无限大介质中的宏观电场只能取$\pm x$方向，并且，根据问题的对称性，应有$\partial E_x/\partial x=0$。由此可知，对于TO声子$\nabla\cdot\boldsymbol{E}=0$。在纵光学声子模式中，粒子的位移，从而电介质极化强度$\boldsymbol{P}$，均与波矢平行。宏观电场$\boldsymbol{E}$满足$\boldsymbol{D}=\boldsymbol{E}+4\pi\boldsymbol{P}=0$（CGS制）或$\epsilon_0\boldsymbol{E}+\boldsymbol{P}=0$（SI制）；根据对称性，$\boldsymbol{E}$和$\boldsymbol{P}$均平行于$z$轴，并且$\partial E_z/\partial z\neq0$。因此对于LO声子$\nabla\cdot\boldsymbol{E}\neq0$，并且只有当$\epsilon(\omega)=0$时$\epsilon(\omega)$，$\nabla\cdot\boldsymbol{E}$才等于零。

对于没有阻尼的电磁波，如果它的频率在禁区内，则不能在一个厚的晶体中传播。对此，可以预计，在这个频率区间，晶体表面的反射率是高的，见图15。

对于厚度小于一个波长的薄膜而言，情况会有所不同。因为，如果波的频率在禁带内，则它会按照$e^{-|K|x}$的规律衰减。如果辐射波的$|K|$值较小，接近于ω_L，则可能透射通过

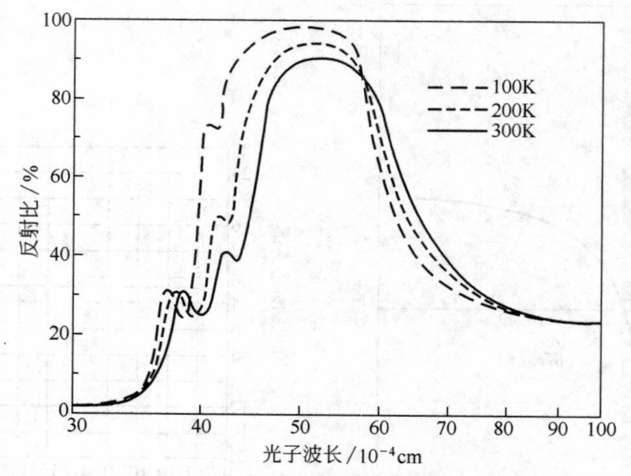

图 15 NaCl 晶体在几个温度下反射比对波长的关系。室温下 ω_L 和 ω_T 的标称值分别相应于波长 38×10^{-4} cm 和 61×10^{-4} cm。引自 A. Mitsuishi et al。

薄膜；如 $|K|$ 值大，接近于 ω_T，则波将被反射。通过非垂直入射时的反射，我们可以观测纵光学声子的频率 ω_L，如图 16 所示。

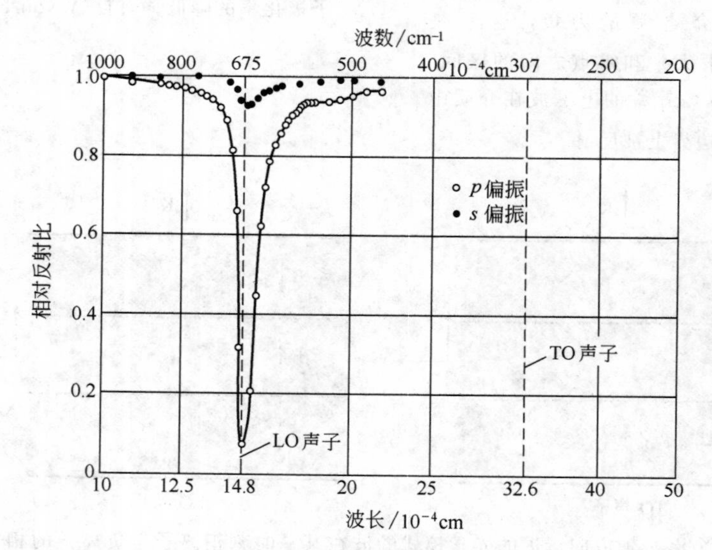

图 16 以银为基底的 LiF 薄膜样品反射比对波长的关系，辐射入射角接近 30°。纵光学声子对在垂直于薄膜的平面中偏振的辐射（p）有强烈吸收，但对在平行于薄膜的平面中偏振的辐射（s）几乎一点也不吸收。引自 D. W. Berreman。

表 3 列出 $\epsilon(0)$、$\epsilon(\infty)$ 和 ϵ_T 的实验值，以及用 LST 关系式（62）算出的数值。下面，我们将由非弹性中子散射所得的 ω_L/ω_T 同由介电性质测量所得 $[\epsilon(0)/\epsilon(\infty)]^{1/2}$ 的实验值加以比较：

	NaI	KBr	GaAs
ω_L/ω_T	1.44±0.05	1.39±0.02	1.07±0.02
$[\epsilon(0)/\epsilon(\infty)]^{1/2}$	1.45±0.03	1.38±0.03	1.08

可见，LST 关系的计算值与观测值符合得极好。

表 3　晶格参量（主要为 300K 下的值）

晶　体	静态介电常量 $\epsilon(0)$	光频介电常量 $\epsilon(\infty)$	$\omega_T/10^{13}s^{-1}$ 实验值	$\omega_L/10^{13}s^{-1}$ LST 关系
LiH	12.9	3.6	11.0	21.0
LiF	8.9	1.9	5.8	12.
LiCl	12.0	2.7	3.6	7.5
LiBr	13.2	3.2	3.0	6.1
NaF	5.1	1.7	4.5	7.8
NaCl	5.9	2.25	3.1	5.0
NaBr	6.4	2.6	2.5	3.9
KF	5.5	1.5	3.6	6.1
KCl	4.85	2.1	2.7	4.0
KI	5.1	2.7	1.9	2.6
RbF	6.5	1.9	2.9	5.4
RbI	5.5	2.6	1.4	1.9
CsCl	7.2	2.6	1.9	3.1
CsI	5.65	3.0	1.2	1.6
TlCl	31.9	5.1	1.2	3.0
TlBr	29.8	5.4	0.81	1.9
AgCl	12.3	4.0	1.9	3.4
AgBr	13.1	4.6	1.5	2.5
MgO	9.8	2.95	7.5	14.0
GaP	10.7	8.5	6.9	7.6
GaAs	13.13	10.9	5.1	5.5
GaSb	15.69	14.4	4.3	4.6
InP	12.37	9.6	5.7	6.5
InAs	14.55	12.3	4.1	4.5
InSb	17.88	15.6	3.5	3.7
SiC	9.6	6.7	14.9	17.9
C	5.5	5.5	25.1	25.1
Si	11.7	11.7	9.9	9.9
Ge	15.8	15.8	5.7	5.7

15.5　电子-电子相互作用

15.5.1　费米液体

由于传导电子通过它们之间的静电势而彼此发生相互作用，所以电子将经历碰撞。此外，一个运动的电子在它周围的电子气中产生一个惯性反作用，后者使电子的有效质量增大。关于电子-电子相互作用的效果，通常引用费米液体的朗道理论进行描述。该理论的目的在于给出关于相互作用效果的一个统一解释。费米气是一个由无相互作用的费米子构成的系统。当存在着相互作用时，这个系统就是费米液体。

朗道理论对于相互作用电子系统的低能态单粒子激发能够给出一个很好的说明。这些单粒子激发被称为准粒子，它们与自由电子气中的单粒子激发之间存在着一一对应。一个准粒子可以看作是电子气中的一个单粒子伴随着一团畸变的“云”。电子之间库仑相互作用的效果之一就是改变电子的有效质量。在碱金属中，有效质量的增加可达到 25% 左右。

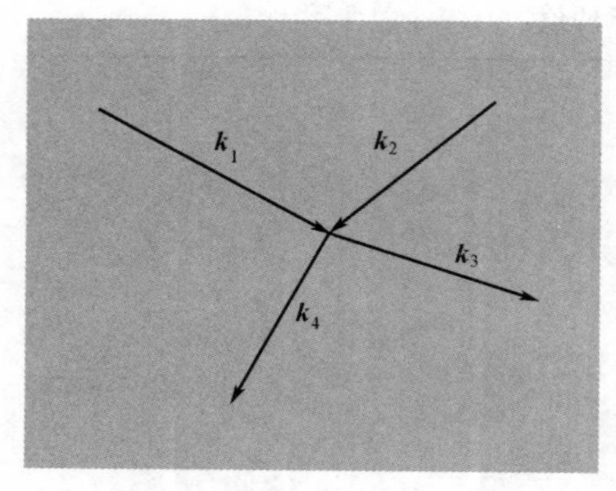

图 17 两个电子的碰撞，其波矢分别为 $\boldsymbol{k}_1$ 和 $\boldsymbol{k}_2$。碰撞以后粒子的波矢分别为 $\boldsymbol{k}_3$ 和 $\boldsymbol{k}_4$。根据泡利原理，只允许这样的碰撞发生，即其终态 $\boldsymbol{k}_3$、$\boldsymbol{k}_4$ 在碰撞以前是未被占据的态。

15.5.2 电子-电子碰撞

金属中的传导电子虽然拥挤在一起，彼此仅相距 2Å，但是在两次相互碰撞之间却运动了相当长的距离，这是金属的一个令人惊异的性质。电子-电子碰撞的平均自由程在室温下大于 10^4Å，而在 1K 下大于 10cm。

这样长的平均自由程是由两个因素所引起（如果自由程不是这样的长，金属的自由电子模型将没有什么价值）：这两个因素中最强的是不相容原理（图 17），第二个因素是两个电子之间库仑相互作用的屏蔽。

在这里要论证：不相容原理是如何降低这样一个电子的碰撞频率的，而这个电子处在费米球之外，具有低的激发能量ϵ_1（图 18）。我们首先来考察不相容原理对于二体碰撞 $1+2 \to 3+4$ 的影响，这个二体碰撞发生在激发轨道 1 中的一个电子与费米海里一个填满的轨道 2 中的一个电子之间。为了方便起见，将费米能级 μ 取为能量零点，并作为所有能量的参考点。这样，ϵ_1 应为正，ϵ_2 则应为负。根据不相容原理，碰撞以后电子的轨道 3 和 4 必定在费米球之外，这是因为费米球里面的所有的轨道都已被占满；这样，相对于费米球面上的能量零点，能量ϵ_3、ϵ_4 两者均为正值。

能量守恒要求 $|\epsilon_2| < \epsilon_1$，因为如果不是如此则$\epsilon_3+\epsilon_4=\epsilon_1+\epsilon_2$ 不能为正。这意味着只有当轨道 2 处在费米面以下厚度为ϵ_1 的能壳中时碰撞过程方才可能发生，如图 18（a）所示。这样，处在充满轨道中的电子，其总数中有比例大约为ϵ_1/ϵ_F 这么一部分电子才是电子 1 的恰当碰撞靶体。但是，即使靶电子 2 是处于恰当的能壳中，也只有一小部分的终态

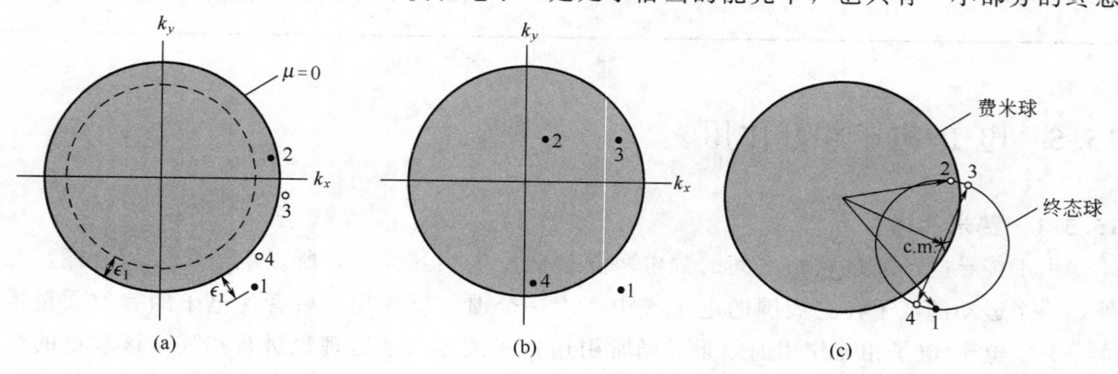

图 18 （a）初轨道 1 和 2 中的两个电子发生碰撞。如果轨道 3 和 4 原来是空着的，那么电子 1 和 2 在碰撞以后可以占据轨道 3 和 4。能量和动量均守恒。（b）对于处在初轨道 1 和 2 中的电子并不存在这样的空着的终轨道：虽然满足碰撞中能量守恒，例如 3 和 4 这些轨道可使能量和动量守恒，但它们已被其他电子所占据。（c）用×号标志 1 和 2 的质心的波矢。所有位于那个小球的某一直径两个端点上的成对的两个轨道 3 和 4 都能使能量和动量守恒。这个小球是以质心为中心，并通过 1 和 2。但是根据不相容原理，并非所有一对对的点 3、4 都是被允许的，这是因为要求 3、4 两者都位于费米球之外，被允许轨道的相对分数约为ϵ_1/ϵ_F。

能够满足能量守恒和动量守恒的要求，并为不相容原理所允许。这样又给出第二个ϵ_1/ϵ_F因子。

在图18（c）中我们绘出一个小球，一对轨道3、4若处在此小球面上且为一条直径的两端，则守恒定律即被满足，但是只有当3、4两个轨道都在费米海之处，碰撞才能发生。两个因子的乘积是$(\epsilon_1/\epsilon_F)^2$。如$\epsilon_1$相当于1K，$\epsilon_F$相当于$5\times10^4$K，就有$(\epsilon_1/\epsilon_F)^2\approx4\times10^{-10}$，这就是不相容原理使碰撞频率降低的数值因子。

对于低温下$(k_BT\ll\epsilon_F)$热分布的电子，上述论证仍然有效。现在用热能$(\approx k_BT)$来代替ϵ_1，于是电子-电子碰撞的速率与经典数值相比较降低一个因子$(k_BT/\epsilon_F)^2$，因此有效碰撞截面成为

$$\sigma\approx(k_BT/\epsilon_F)^2\sigma_0 \tag{63}$$

这里σ_0是屏蔽库仑相互作用下的碰撞截面。

一个电子与另一个电子相互作用范围的数量级相当于屏蔽长度$1/k_s$［见式（34）］。根据数值计算，对于典型金属，在屏蔽存在的情况下，电子间碰撞的有效截面数量级为10^{-15}cm^2或10Å^2。屏蔽效应在电子-电子碰撞过程中所起的作用是降低σ_0，使之小于未屏蔽库仑势所给出的卢瑟福散射截面。但是，泡利因子$(k_BT/\epsilon_F)^2$致使σ的降低远远超过屏蔽效应。

室温下典型金属中k_BT/ϵ_F约为10^{-2}，因此$\sigma\sim10^{-4}\sigma_0\sim10^{-19}\text{cm}^2$。室温下电子-电子碰撞的平均自由程是$l\approx1/n\sigma\sim10^{-4}$cm。这与电子-电子碰撞的平均自由程相比至少大一个数量级。因此，在室温下，电子与电子的碰撞占主导地位。液氦温度下，在铟和铝的电阻率中出现一项正比于T^2的贡献，这同电子-电子散射截面式（63）相一致。2K下铟中的平均自由程为30cm的量级，正如式（63）所期望的那样。如此，泡利原理就解释了金属理论中的一个中心问题，即：电子何以能够运动较长距离而彼此不发生碰撞?!

15.6 电子-声子相互作用：极化子

电子-声子相互作用最通常的效应是在电阻率对温度的依赖关系中表现出来的：纯铜在0℃的电阻率是$1.55\mu\Omega\cdot\text{cm}$，100℃下是$2.28\mu\Omega\cdot\text{cm}$。电子被声子所散射，温度愈高就会存在更多的声子，因此，散射也就会愈加频繁。在德拜温度以上，热声子的数目粗略地正比于绝对温度；同时人们也发现在这个温度范围之内，所有较为纯净的金属的电阻率都将随绝对温度增大而增大。

电子-声子相互作用一种更为微妙的效应就是在金属和绝缘体中由于电子牵曳重离子实一起运动，使得电子质量表观地增大。在绝缘体中，电子与其应变场的耦合量子称为一个极化子（polaron），见图19。在离子晶体中，由于离子与电子之间强的库仑相互作用，其效应更大。在共价晶体中，因为中性原子和电子仅发生微弱的相互作用，所以其效应较弱。

对于电子-晶格相互作用的强度，一般采用无量纲耦合系数α来表征，α由下式给出，即

$$\frac{1}{2}\alpha=\frac{\text{形变能}}{\hbar\omega_L} \tag{64}$$

式中，ω_L是零波矢附近的纵光学声子频率。通常，人们将$(1/2)\alpha$看作是“晶体中围

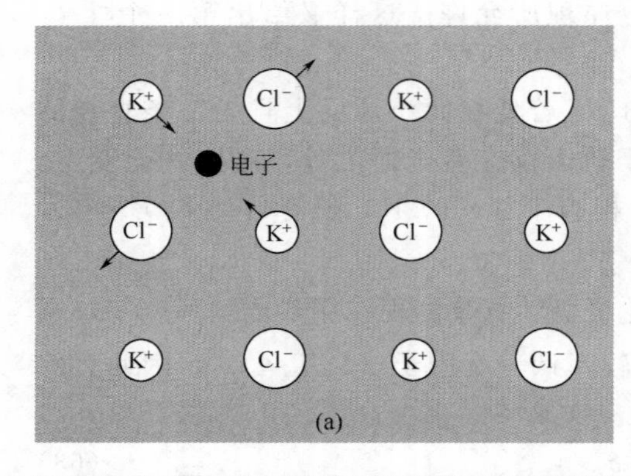

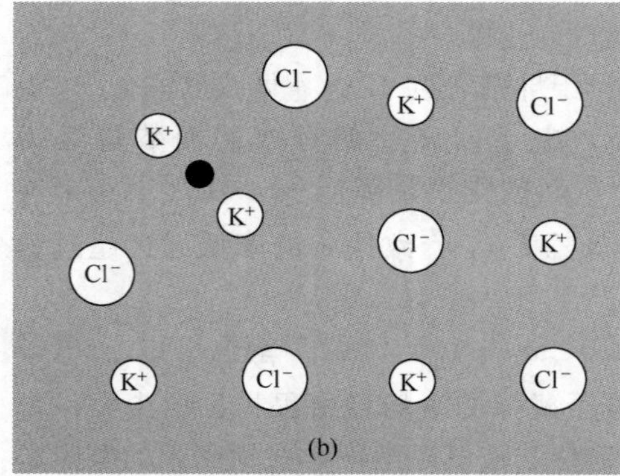

图 19 一个极化子的形成。(a) 离子晶体 KCl 的刚性晶格中的一个传导电子。图中示出作用在电子附近的离子上的力。(b) 弹性晶格或可形变晶格中的电子。电子加上与之相联系的应变场称为一个极化子。离子的位移增大了电子的有效惯性，因此也就增大了它的有效质量。在 KCl 中，这质量为刚性晶格中电子能带论质量的 2.5 倍。在极端情况下（通常是空穴存在时），粒子可能自陷俘（局域化）于晶格中。在共价晶体中电子对原子的作用力较离子晶体中为弱，因此共价晶体中极化子的形变较小。

绕着一个缓慢运动的电子的声子数目。”

表 4 引自 F. C. Brown 的书，其中列出由各种不同的实验和理论导出的数值。离子晶体的 α 数值高，共价晶体的 α 数值低。极化子的有效质量 m^*_{pol} 是得自回旋共振实验。所列出的能带有效质量 m^* 数值是由 m^*_{pol} 计算而得。表中最末一行给出因子 m^*_{pol}/m^*，这就是晶格形变导致能带质量增大的数值因子。

理论表明：极化子有效质量 m^*_{pol} 同无形变晶格中电子的有效能带质量 m^* 通过如下关系式相联系：

$$m^*_{pol} \cong m^* \left(\frac{1-0.0008\alpha^2}{1-\frac{1}{6}\alpha+0.0034\alpha^2} \right) \tag{65}$$

如有 $\alpha \ll 1$，则 m^*_{pol} 约等于 $m^*\left(1+\frac{1}{6}\alpha\right)$。因为耦合常数 α 始终为正，所以极化子质量大于裸质量，正如人们根据离子的惯性所预期的那样。

通常会听到所谓的大极化子和小极化子。其实，与一个大极化子相联系的电子是在一个能带中运动，但其质量增大少许，这就是上面所讨论过的极化子。与一个小极化子相联系的电子则大部分时间停留在某个离子的陷俘组态。在高温下，电子借助于热激励而跳迁，从一个晶格位置运动到另一个位置；在低温下，电子借助于隧道贯穿而缓慢地通过晶体，正如在一个具有大有效质量的能带中一样。

空穴或电子可能感生晶格的非对称局域形变，从而落入自陷态。当能带边简并，并且晶体是极性的（例如卤化碱或卤化银），粒子与晶格耦合很强，这时自陷就最可能发生。同导带边相比较，价带边更经常地发生简并。在所有卤化碱和卤化银晶体中，空穴似乎都陷入自陷态。

表 4　极化子耦合常数 α，质量 m^*_{pol} 及导带中的电子能带质量 m^*

晶　体	KCl	KBr	AgCl	AgBr	ZnO	PbS	InSb	GaAs
α	3.97	3.52	2.00	1.69	0.85	0.16	0.014	0.06
m^*_{pol}/m	1.25	0.93	0.51	0.33	—	—	0.014	—
m^*/m	0.50	0.43	0.35	0.24	—	—	0.014	—
m^*_{pol}/m^*	2.5	2.2	1.5	1.4	—	—	1.0	—

在室温下，离子晶体中由于离子通过晶体运动而产生的电导率一般非常之低，小于 $10^{-6}(\Omega\cdot cm)^{-1}$。但曾经报道，有一组化合物在 20℃下具有电导率约为 $0.2(\Omega\cdot cm)^{-1}$。

这些化合物的组成通式是 MAg_4I_5，这里 M 表示 K、Rb 或 NH_4。诸 Ag^+ 离子只占据所有等价晶格格点的一部分，而离子电导性是由银离子从一个格点跳迁到它邻近空位的运动所产生。它们的晶体结构也具有平行的开放通道。

15.7　线型金属的派尔斯失稳性

考虑一个一维金属，在绝对零度下其电子气充满所有导带轨道，直到波矢 k_F。Peierls 提出这样一个线型金属，其在波矢 $G=2k_F$ 的静态晶格形变之下是不稳定的。这个形变在费米面上产生一个能隙，致使能隙下方的电子的能量降低，如图 20 所示。形变继续增大，直到被弹性能的增加所限制，平衡形变 Δ 由下面方程式 (66) 的根所确定：

$$\frac{d}{d\Delta}(E_{电子}+E_{弹})=0 \qquad (66)$$

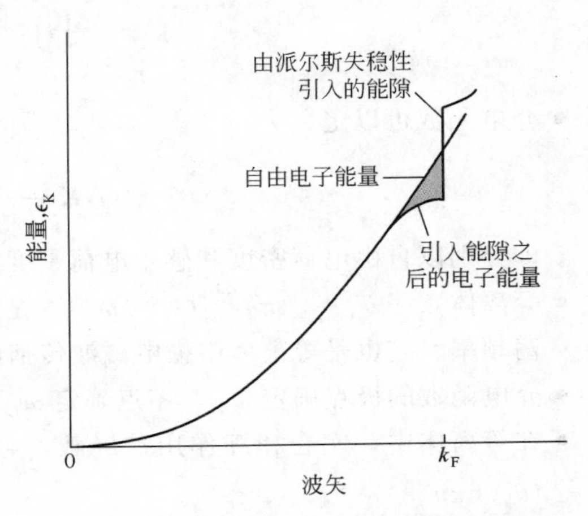

图 20　派尔斯失稳性。电子的波矢如果接近费米面，则其能量将由于晶格畸变而降低。

考虑形如 $\Delta\cos 2k_Fx$ 的弹性应变。单位长度的空间平均弹性能是 $E_{弹}=\frac{1}{2}C\Delta^2\langle\cos^2 2k_Fx\rangle=\frac{1}{4}C\Delta^2$，这里 C 是线型金属的力常数。第二步计算 $E_{电子}$。假定一个传导电子所感受的离子对晶格势的贡献正比于形变：$U(x)=2A\Delta\cos 2k_Fx$，则根据第 7 章式 (51)，有

$$\epsilon_K=(\hbar^2/2m)(k_F^2+K^2)\pm[4(\hbar^2k_F^2/2m)(\hbar^2K^2/2m)+A^2\Delta^2]^{1/2} \qquad (67)$$

为了方便起见，可定义

$$x_K\equiv\hbar^2K^2/m;\ x_F\equiv\hbar^2k_F^2/m;\ x\equiv\hbar^2Kk_F/m$$

若仅考虑式 (67) 中取负号的情况，则取微商得

$$\frac{d\epsilon_K}{d\Delta}=\frac{-A^2\Delta}{(x_Fx_K+A^2\Delta^2)^{1/2}}$$

由此，若单位长度中轨道的数目是 dK/π，则得

$$\frac{dE_{电子}}{d\Delta}=\frac{2}{\pi}\int_0^{k_F}dK\,\frac{d\epsilon_K}{d\Delta}=-\left(\frac{2A^2\Delta}{\pi}\right)\int_0^{k_F}\frac{dK}{(x_Fx_K+A^2\Delta^2)^{1/2}}$$

$$=-(2A^2\Delta/\pi)\left(\frac{k_F}{x_F}\right)\int_0^{x_F}\frac{dx}{(x^2+A^2\Delta^2)^{1/2}}=-(2A^2\Delta/\pi)\left(\frac{k_F}{x_F}\right)\sinh^{-1}\left(\frac{x_F}{A\Delta}\right)$$

把这些表达式都组合起来，平衡形变应是下面方程的根：

$$\frac{1}{2}C\Delta-(2A^2m\Delta/\pi\hbar^2k_F)\sinh^{-1}\ (\hbar^2k_F^2/mA\Delta)=0$$

相应于极小能量的根 Δ 由下式给出，即

$$\hbar^2k_F^2/mA\Delta=\sinh(-\hbar^2k_F\pi C/4mA^2) \qquad (68)$$

如果式 (68) 中双曲正弦函数的自变量≫1，且有 $k_F\leqslant\frac{1}{2}k_{max}$，则可得

$$|A|\Delta \simeq (2\hbar^2 k_F^2/m)\exp(-\hbar^2 k_F \pi C/4mA^2) \tag{69}$$

这个结果与超导 BCS 理论中的能隙方程（见第 10 章）形式相同。形变 Δ 是所有电子的一个集体效应。如果令 $W=\hbar^2 k_F^2/2m=$ 导带宽度，$N(0)=2m/\pi\hbar^2 k_F=$ 费米面上轨道的密度，$V=2A^2/C=$ 电子-电子相互作用有效能量，则可以将式（69）写为

$$|A|\Delta \simeq 4W\exp[-1/N(0)V] \tag{70}$$

此式与 BCS 能隙方程相类似。派尔斯绝缘体的一个例证是 TaS_3。

小　结（CGS）

- 介电函数可以定义为

$$\epsilon(\omega,\boldsymbol{K})=\frac{\rho_{ext}(\omega,\boldsymbol{K})}{\rho_{ext}(\omega,\boldsymbol{K})+\rho_{ind}(\omega,\boldsymbol{K})}$$

  即分别以自由电荷密度和感生电荷密度的 ω 和 $\boldsymbol{K}$ 给出。
- 等离体频率 $\overline{\omega}_p=[4\pi n e^2/\epsilon(\infty)m]^{1/2}$ 是电子气相对于一个固定正离子背景的均匀集体纵振荡频率。它也是等离体中横电磁波传播的低限截止频率。
- 介电函数的极点确定 ω_T，零点确定 ω_L。
- 在等离体中，库仑相互作用被屏蔽，它变为 $(q/r)\exp(-k_s/r)$，这里屏蔽长度 $1/k_s=(\epsilon_F/6\pi n_0 e^2)^{1/2}$。
- 当晶体中最近邻间距 a 变至 $4a_0$ 的量级时，就可能发生一个金属-绝缘体转变，这里 a_0 是绝缘体中的第一玻尔轨道半径。金属相在 a 取小于 $4a_0$ 的条件下存在。
- 一个电磁耦子是 TO 声子-光子耦合场的量子。这种耦合由麦克斯韦方程组所保证。对于电磁波传播，频谱区间 $\omega_T<\omega<\omega_L$ 是禁戒区间。
- 所谓 Lyddane-Sachs-Teller（LST）关系就是 $\omega_L^2/\omega_T^2=\epsilon(0)/\epsilon(\infty)$。

习　题

1. 表面等离体子。 考虑处在平面 $z=0$ 正侧的一个半无限等离体。等离体中拉普拉斯方程 $\nabla^2\varphi=0$ 的一个解是 $\varphi_i(x,z)=A\cos kx\,e^{-kz}$，由此可得 $E_{zi}=kA\cos kx\,e^{-kz}$；$E_{xi}=kA\sin kx\,e^{-kz}$。（a）求证：在真空中，即 $z<0$ 的区中，$\varphi_0(x,z)=A\cos kx\,e^{kz}$ 在边界上满足 $\boldsymbol{E}$ 的切向分量连续的边界条件；这也就是求出 E_{x0}。（b）注意：$\boldsymbol{D}_i=\epsilon(\omega)\boldsymbol{E}_i$，$\boldsymbol{D}_0=\boldsymbol{E}_0$。试证在边界上 $\boldsymbol{D}$ 的法向分量应该连续的边界条件要求 $\epsilon(\omega)=-1$，由此，并根据式（10），可以得到 Stern-Ferrell 的关于表面等离体振荡频率 ω_s 的结果为

$$\omega_s^2=\frac{1}{2}\omega_p^2 \tag{71}$$

2. 表面等离体子共振（SPR）——薄膜。 在棱镜-金属薄膜-空气组成的系统中，设有一金属薄膜（记为材料 1）将两个半无限介质（分别记为材料 0 和 2）隔开。对于表面等离体子共振，其切向波矢量的大小与表面等离体子波矢量的实数部分相等，则有

$$\frac{2\pi}{\lambda}n_p\sin\theta=Re(k_p)=\frac{2\pi}{\lambda}\sqrt{\frac{\epsilon_1\epsilon_2}{\epsilon_1+\epsilon_2}}$$

跨越两个材料的反射比可由菲涅尔（Fresnel）方程给出，即有

$$r_{12}=\frac{\dfrac{k_{z1}}{\epsilon_1}-\dfrac{k_{z2}}{\epsilon_2}}{\dfrac{k_{z1}}{\epsilon_1}+\dfrac{k_{z2}}{\epsilon_2}}$$

式中，$k_{zi}=\frac{2\pi}{\lambda}(\epsilon_i-\epsilon_0\sin^2\theta)^{\frac{1}{2}}$，$\theta$ 为入射角，k_{z1}、k_{z2} 和 ϵ_1、ϵ_2 分别相应于介质 1 和 2 的波矢量与介电常量。关于棱镜（0）-金属（1）-空气（2）系统的反射比，曾由 N. Mehan、V. Gupta、K. Sreenivas 和 A. Mamsingh 给出，其反射比表达式为

$$R_{012}=\left\|\frac{r_{01}+r_{12}\exp(2ik_{z1}d_1)}{1+r_{01}r_{12}\exp(2ik_{z1}d_1)}\right\|^2$$

参见 Indian J. Pure and Appl. Phys., **43**（2005）854。式中 d_1 是金属薄膜的厚度。若在棱镜（$n_p=1.714$）表面沉积一层银薄膜（厚度为 545Å），以期当 He－Ne 激光（λ＝632. 8nm）入射到棱镜上时的反射波强度达到极小。试编写一个程序，绘出反射强度与入射角的关系曲线，并由此曲线估算反射强度为极小时的入射角。$\epsilon_1=-16.3+0.51l$，空气折射率取 1。

3. 甘斯（Gans）模型。 通过形变方式，纳米粒子可以由球形变为椭球形（参见 R. Gans，Annalen Der Physik，**37**（1912）881）。基于模型的修正与扩展，米氏散射理论可以适用于非球形粒子。甘斯理论预测了纵模（沿主轴）和横模（垂直于主轴）的 SPR 劈裂现象（参见 R. Gans，Annalen Der Physik，**47**（1915）270）。对于椭球形纳米粒子，其消光系数 σ_{ext} 可以写为

$$\sigma_{ext}=\left(\frac{\omega}{3c}\right)\epsilon_m^{\frac{3}{2}}V\sum_j\frac{\left(\frac{1}{p_j^2}\right)\epsilon_2}{[\epsilon_1+(1-p_j)\epsilon_m/p_j]^2+\epsilon_2^2}$$

式中，$p_j=\frac{1-e^2}{e^2}\left[\left(\frac{1}{2e}\right)\ln\left(\frac{1+e}{1-e}\right)-1\right]$ 是极化因子；$e=\left[1-\left(\frac{B}{A}\right)^2\right]^{\frac{1}{2}}$ 是长径比；ω 为激发光的角频率；c 为光速；V 是粒子的体积（参见 S. Link，M. B. Mohamed，M. A. El－Sayed，J. Phys. Chem. B，**103**（1999）3073 and Erratum：J. Phys. Chem. B，**109**（2005）10531）。

对于溴化铯薄膜，F－色心将借助于体扩散向粒子的表面移动，进而聚集形成金属铯团簇。这些在溴化铯粒子（母粒）表面的铯金属团簇，将通过在粒子界面上的表面扩散进一步形成铯纳米棒（子粒）。假如铯纳米棒的长径比以步长 0.5 由 2 变到 10。试编写一个程序，从而找出铯纳米棒的共振峰位。对于溴化铯薄膜，参见 Kuldeep Kumar，P. Arun，Chhaya Ravi Kant and Bala Krishna Juluri，Appl. Phys. Lett. 100，243106（2012），CsBr 的介电常量 $\epsilon_m=2.88$；对于金属铯的复介电常量 $\epsilon=\epsilon_1+i\epsilon_2$，参见 N. V. Smith，Phys. Rev. B2（1970）2840。

4. 界面等离体子。 考虑处在 $z>0$ 半空间中的金属 1 同 $z<0$ 中的金属 2 之间的界面 $z=0$。金属 1 和 2 的体积等离体频率分别是 ω_{p1} 和 ω_{p2}。两种金属的介电常量都是自由电子气的介电常量。试证：与此界面相联系的表面等离体子具有频率

$$\omega=\left[\frac{1}{2}(\omega_{p1}^2+\omega_{p2}^2)\right]^{1/2}$$

5. 阿耳文波（Alfven waves）。 考虑一个固体，其中含有电子与空穴的浓度均等于 n，电子和空穴的质量分别为 m_e 和 m_h。半金属或补偿式半导体中可能出现这种情况。将这个固体置于均匀磁场中：$\boldsymbol{B}=B\hat{z}$。引入适用于圆偏振运动的坐标 $\xi=x+iy$，ξ 对于时间的依赖关系是 $e^{-i\omega t}$。令 $\omega_e\equiv eB/m_ec$，$\omega_h\equiv eB/m_hc$。(a) 采用 CGS 制，试证在电场 $E^+e^{-i\omega t}=(E_x+iE_y)e^{-i\omega t}$ 中，电子和空穴的位移分别是 $\xi_e=eE^+/m_e\omega(\omega+\omega_e)$ 和 $\xi_h=-eE^+m_h\omega(\omega-\omega_h)$。(b) 试证：在 $\omega\ll\omega_e$，ω_h 的区间中，介电极化强度 $P^+=ne(\xi_h-\xi_e)$ 可以写作 $P^+=nc^2(m_h+m_e)E^+/B^2$，而介电函数 $\epsilon(\omega)\equiv\epsilon_l+4\pi P^+/E^+=\epsilon_l+4\pi c^2\rho/B^2$，这里 ϵ_l 是基质晶格的介电常量，$\rho\equiv n(m_e+m_h)$ 是截流子的质量浓度。如果 ϵ_l 可以忽略，则对于沿 z 轴方向传播的电磁波而言，色散关系 $\omega^2\epsilon(\omega)=\xi^2K^2$ 成为 $\omega^2=(B^2/4\pi\rho)K^2$。这种波称为阿耳文波（Alfvén waves），它们可以定速 $B/(4\pi\rho)^{1/2}$ 传播。如 $B=10\text{kG}$，$n=10^{18}\text{cm}^{-3}$，$m=10^{-27}\text{g}$，这个速度就大致等于 $10^8\text{cm}\cdot\text{s}^{-1}$。在半金属中，以及在锗里的电子-空穴液滴（见第 16 章）中都曾观察到阿耳文波。

6. 螺旋波（Helicon waves）。 (a) 应用习题 5 的方法去处理一个仅含一种载流子的样品，例如空穴，浓度为 p，考虑极限情况 $\omega\ll\omega_h=eB/m_hc$。试证：$\epsilon(\omega)\cong4\pi pe^2/m_h\omega\omega_h$，这里 $\epsilon(\omega)$ 满足 $D^+(\omega)=\epsilon(\omega)E^+(\omega)$。$\epsilon$ 中的项 ϵ_l 已被略去。(b) 证明色散关系成为 $\omega=(Bc/4\pi pe)K^2$，这是螺旋子色散关系（CGS 制）。给定 $K=1\text{cm}^{-1}$，$B=1000\text{G}$，估计金属钠中的螺旋波频率（这个频率是负数。对于圆偏振模式而言，频率的符号取决于旋转的方向）。

7. 球的等离体子模。一个球的均匀等离体子模式由球的退极化场 $\boldsymbol{E}=-4\pi\boldsymbol{P}/3$ 确定，此处极化强度 $\boldsymbol{P}=-ne\boldsymbol{r}$，$\boldsymbol{r}$ 是浓度为 n 的诸电子的平均位移。试根据 $\boldsymbol{F}=m\boldsymbol{a}$ 证明电子气的共振频率 ω_0 满足 $\omega_0^2=4\pi ne^2/3m$。由于所有电子都参与振荡，因此这种激发称为集体激发或电子气的集体模式。

8. 磁等离体频率。试应用习题 7 的方法，求出置于一个均匀恒磁场 $\boldsymbol{B}$ 中的球的均匀等离体子模式。令 $\boldsymbol{B}$ 平行于 z 轴。其解在一个极限之下趋于回旋频率 $\omega_c=eB/mc$，另一个极限下趋于 $\omega_0=(4\pi ne^2/3m)^{1/2}$。运动取作在 x-y 平面内进行。

9. 小波矢处的光学支。(a) 试考虑式 (56)，如果将$\epsilon(\infty)$ 计入，它会成为什么形式？(b) 试证式 (55) 在波矢小的情况下有一个解 $\omega=cK/\sqrt{\epsilon(0)}$，这就是在具有折射系数 $n^2=\epsilon$的晶体中一个光子所满足的关系。

10. 等离体频率和电导率。近来通过光学研究发现某种有机导体的等离体频率 $\omega_p=1.80\times10^{15}\,\mathrm{s}^{-1}$，室温下电子弛豫时间 $\tau=2.83\times10^{-15}\,\mathrm{s}$。(a) 根据这些数据计算电导率。载流子质量未知，但此处并不需要。取$\epsilon(\infty)=1$。将结果转换为单位 $(\Omega\cdot\mathrm{cm})^{-1}$ 表示。(b) 根据晶体结构和化学结构可知传导电子浓度为 $4.7\times10^{21}\,\mathrm{cm}^{-3}$。试计算电子有效质量 m^*。

11. 费米气的体弹模量。试证电子气中在绝对零度下动能对于其体积弹性模量的贡献是 $B=1/3nmv_F^2$。应用第 6 章式 (60) 是便利的。B 的这一结果可用来求出声速，在可压缩流体中声速是 $v=(B/\rho)^{1/2}$，由此 $v=(m/3M)^{\frac{1}{2}}v_F$，与式 (46) 相符合。在这些估计中略去了吸引相互作用。

12. 电子气的响应。在某些电磁学中有如下错误的论述：静态电导率 σ，它在高斯单位制中具有频率的量纲，可以作为一个金属在突然施加一个电场之下响应频率的量度。请读者论证一下这个论断对于室温下铜样品的确不成立。设此样品电阻率$\sim1\mu\Omega\cdot\mathrm{cm}$，电子浓度 $8\times10^{22}\,\mathrm{cm}^{-3}$，平均自由程$\sim400\text{Å}$，费米速度为 $1.6\times10^8\,\mathrm{cm}\cdot\mathrm{s}^{-1}$。读者并不一定需要所有这些数据。试给出 σ、ω_p 和 τ^{-1} 这三个频率可能适合这个问题的数量级大小。考虑这个系统对于电场 $E(t<0)=0$，$E(t>0)=1$ 的响应 $x(t)$，并将这个问题解出。系统是一片铜薄片，外加电场与铜片垂直。考虑阻尼。用初等方法求解微方程。

[1]**13. 空隙等离体子和范德瓦耳斯相互作用**。考虑两个半无限介质，具有平面表面 $z=0$ 和 $z=d$。它们的介电函数是$\epsilon(\omega)$。试证：对于空隙为对称的表面等离体子的频率必须满足$\epsilon(\omega)=-\tanh(Kd/2)$，此处 $K^2=k_x^2+k_y^2$，而电势将具有以下形式：

$$\varphi=f(z)\exp(ik_xx+ik_yy-i\omega t)$$

试求非推迟解，即是求拉普拉斯方程的解，而不是求波动方程的解。所有空隙模的零点能之和等于两个样品之间范德瓦耳斯吸引相互作用的非推迟部分。参阅 N. G. van Kampen et al.，Physics Letters 26A，307 (1968)。

---

[1] 此题稍难。

第16章　光学过程与激子

我们在前一章里引入了介电函数$\epsilon(\omega,\boldsymbol{K})$，用于描述晶体对于电磁场的响应（参见图1）。介电函数灵敏地依赖于晶体的电子能带结构。由此可以看出，光学介电函数对于全面地确定晶体的整个能带结构极其有用。实际上，光学光谱技术已发展为表征能带结构的一种最重要的实验工具。

在红外、可见和紫外光谱区，辐射的波矢与最短的倒格矢相比是非常小的，所以它一般可以取为零。这样，就可以单独讨论零波矢下介电函数$\epsilon(\omega)$的实部ϵ'和虚部ϵ''，$\epsilon(\omega)=\epsilon'(\omega)+i\epsilon''(\omega)$，或者写作$\epsilon_1(\omega)+i\epsilon_2(\omega)$。

不过，在实验上介电函数并非由光学方法直接测得，直接可测的是反射比$R(\omega)$、折射

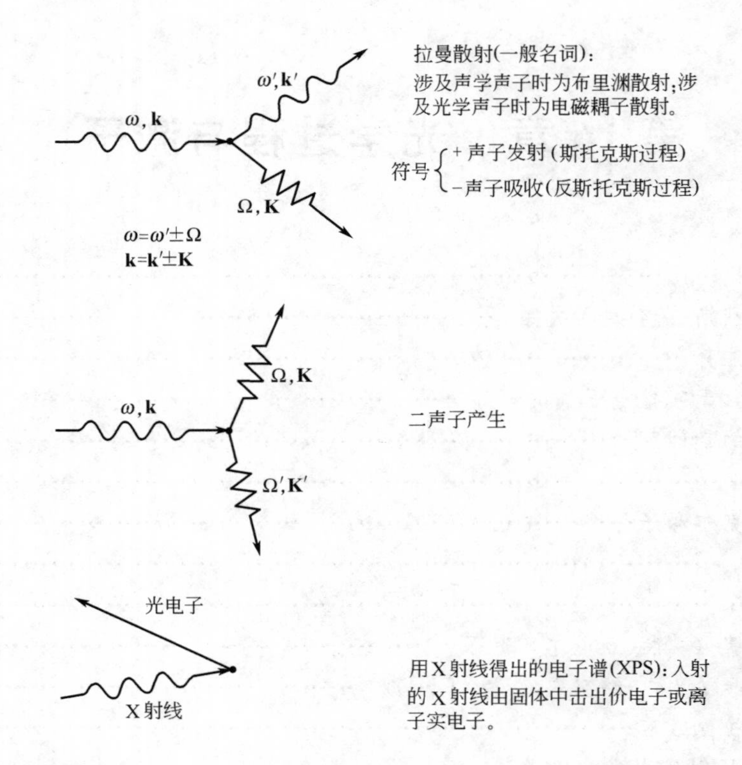

图 1 许多实验证明，光与晶体中的类波激发发生相互作用，这里仅举例给出几种光吸收过程。

率 $n(\omega)$ 和消光系数 $K(\omega)$，我们的任务首先是导出实验可观测量与介电函数的实部和虚部之间的关系。

16.1 光学反射比

所谓能够给出有关电子系统最完整信息的光学测量，就是关于光在单晶体上垂直入射时反射率的测量。反射系数 $r(\omega)$ 是一个在晶体表面上定义的复函数。它是反射电场 $E(\text{refl})$ 对入射电场 $E(\text{inc})$ 之比，即

$$E(\text{refl})/E(\text{inc})\equiv r(\omega)\equiv\rho(\omega)\mathrm{e}^{i\theta(\omega)} \tag{1}$$

在这里应注意，我们已将反射系数的振幅 $\rho(\omega)$ 与相位部分 $\theta(\omega)$ 分开。对于晶体中的折射率 $n(\omega)$、消光系数 $K(\omega)$ 和反射率 $r(\omega)$，在垂直入射的情况下，其间关系为

$$r(\omega)=\frac{n+iK-1}{n+iK+1} \tag{2}$$

在习题 3 里，借助关于 $\boldsymbol{E}$ 和 $\boldsymbol{B}$ 平行于晶体表面的分量为连续性的基本考虑，可以导出此式。根据定义，$n(\omega)$ 和 $K(\omega)$ 与介电函数 $\epsilon(\omega)$ 以下式联系：

$$\sqrt{\epsilon(\omega)}\equiv n(\omega)+iK(\omega)\equiv N(\omega) \tag{3}$$

式中 $N(\omega)$ 是复折射率。注意不要将这里所定义的 $K(\omega)$ 与一个波矢相混淆。

如果入射行波具有波矢 k，在 x 方向行进的波的 y 分量则可以写为

$$E_y(\text{inc})=E_{y0}\cdot\mathrm{e}^{i(kx-\omega t)} \tag{4}$$

则根据电磁波的色散关系，介质中的波矢以真空中的入射波矢 k 表之应是 $(n+iK)k$，因此

介质中透射的波会发生衰减，亦即

$$E_y(\text{trans}) \propto e^{i[(n+iK)kx-\omega t]} = e^{-Kkx} e^{i(nkx-\omega t)} \tag{5}$$

实验所测量的一个量是反射比，它是反射的强度对入射强度之比：

$$R = E^*(\text{refl}) \cdot E(\text{refl}) / E^*(\text{inc}) \cdot E(\text{inc}) = r^* r = \rho^2 \tag{6}$$

测量反射波的相位 $\theta(\omega)$ 是困难的，不过我们将在下面证明：它可以由测得的 $R(\omega)$ 算出，只要知道了相应于所有频率的 $R(\omega)$ 便可。这样，求得了 $\rho(\omega)$ 和 $\theta(\omega)$，就能通过式 (2) 得出 $n(\omega)$ 和 $K(\omega)$。然后代入式 (3)，给出 $\epsilon(\omega) = \epsilon'(\omega) + i\epsilon''(\omega)$，这里 $\epsilon'(\omega)$ 和 $\epsilon''(\omega)$ 分别表示介电函数的实部和虚部。式(3)经过反演，给出

$$\epsilon'(\omega) = n^2 - K^2;\ \epsilon''(\omega) = 2nK \tag{7}$$

现在要证明如何通过对反射比 $R(\omega)$ 的一次积分得到相位 $\theta(\omega)$；用相似的方法可以将介电函数的实部与虚部联系起来。采用这种办法，能够从实验值 $R(\omega)$ 得出所需要的一切知识。

16.1.1　克拉默斯-克勒尼希关系

根据所谓的克拉默斯-克勒尼希（Kramers-Kronig）关系，当我们知道了一个线性无源系统响应函数的虚部在所有频率下之值时，就能够得出它的实部；同理，知道了实部则能够求出虚部。对于固体光学实验的分析而言，这组关系是非常重要的。

任一线性无源系统的响应均可表示成一组质量为 M_j 的阻尼谐振子响应的叠加。令这组振子的响应函数 $\alpha(\omega) = \alpha'(\omega) + i\alpha''(\omega)$ 由下式定义：

$$x_\omega = \alpha(\omega) F_\omega \tag{8}$$

这里，外加力场是 $F_\omega \exp(-i\omega t)$ 的实部，而总位移 $x = \sum_j x_j$ 是 $x_\omega \exp(-i\omega t)$ 的实部。由运动方程

$$M_j(\mathrm{d}^2/\mathrm{d}t^2 + \rho_j \mathrm{d}/\mathrm{d}t + \omega_j^2) x_j = F$$

得到谐振子系统的复响应函数，即有

$$\alpha(\omega) = \sum_j \frac{f_j}{\omega_j^2 - \omega^2 - i\omega\rho_j} = \sum f_j \frac{\omega_j^2 - \omega^2 + i\omega\rho_j}{(\omega_j^2 - \omega^2)^2 + \omega^2\rho_j^2} \tag{9}$$

对于一个无源系统，式中诸常数 $f_i = 1/M_j$ 和弛豫频率 ρ_j 均为正。

如果 $\alpha(\omega)$ 表示密度为 n 的原子系统的介电极化率，则 f 具有谐振子强度乘上因子 ne^2/m 的形式；这样的介电响应函数被称为是具有克拉默斯-海森堡形式的。我们导出的这组关系也可应用于欧姆定律 $j_\omega = \sigma(\omega) E_\omega$ 中的电导率 $\sigma(\omega)$。

其实，不必太在意式 (9) 那样的特殊形式。但要会运用响应函数作为复变量 ω 的函数时的三个性质。任何具有以下性质的函数都能满足克拉默斯-克勒尼希关系式 (11)：

(a) $\alpha(\omega)$ 的所有极点均在实轴的下方。

(b) $\alpha(\omega)/\omega$ 沿处于复 ω 平面的上半平面中一个无限半圆上的积分为零。这里，要求当 $|\omega| \to \infty$ 时，$\alpha(\omega)$ 一致地趋于零。

(c) 对于实数的 ω，$\alpha'(\omega)$ 是偶函数，$\alpha''(\omega)$ 是奇函数。

考虑形式如下的柯西（Cauchy）积分：

$$\alpha(\omega) = \frac{1}{\pi i} P \int_{-\infty}^{\infty} \frac{\alpha(s)}{s-\omega} \mathrm{d}s \tag{10}$$

式中，P 表示积分的主值，在下面数学注释中将要说明。式 (10) 的右端有待用一个沿上半平面中无限远处的半圆周上的积分加以补足；但由上述性质 (b) 可见，这个积分为

零。

令式（10）两端的实部相等，得到

$$\alpha'(\omega)=\frac{1}{\pi}P\int_{-\infty}^{\infty}\frac{\alpha''(s)}{s-\omega}\mathrm{d}s$$

$$=\frac{1}{\pi}P\left[\int_{0}^{\infty}\frac{\alpha''(s)}{s-\omega}\mathrm{d}s+\int_{-\infty}^{0}\frac{\alpha''(p)}{p-\omega}\mathrm{d}p\right]$$

在最后那个积分中用 s 来表示 $-p$，并引用性质（c），即 $\alpha''(-s)=-\alpha''(s)$，于是这个积分成为

$$\int_{0}^{\infty}\frac{\alpha''(s)}{s+\omega}\mathrm{d}s$$

由于

$$\frac{1}{s-\omega}+\frac{1}{s+\omega}=\frac{2s}{s^{2}-\omega^{2}}$$

这样就得到结果

$$\alpha'(\omega)=\frac{2}{\pi}P\int_{0}^{\infty}\frac{s\alpha''(s)}{s^{2}-\omega^{2}}\mathrm{d}s \tag{11a}$$

这是克拉默斯-克勒尼希关系中的一个。另一个关系是令式（10）两端的虚部相等得出的，则有

$$\alpha''(\omega)=-\frac{1}{\pi}P\int_{-\infty}^{\infty}\frac{\alpha'(s)}{s-\omega}\mathrm{d}s$$

$$=-\frac{1}{\pi}P\left[\int_{0}^{\infty}\frac{\alpha'(s)}{s-\omega}\mathrm{d}s-\int_{0}^{\infty}\frac{\alpha'(s)}{s+\omega}\mathrm{d}s\right]$$

由此，可得

$$\alpha''(\omega)=-\frac{2\omega}{\pi}P\int_{0}^{\infty}\frac{\alpha'(s)}{s^{2}-\omega^{2}}\mathrm{d}s \tag{11b}$$

这组关系在下面将应用于光学反射比数据的分析，这也是它们最重要的应用。

现在将克拉默斯-克勒尼希关系应用于 $r(\omega)$。这里 $r(\omega)$ 被看作是式（1）和式（6）所表示的入射波与反射波之间的响应函数。将式（11）应用于

$$\ln r(\omega)=\ln R^{\frac{1}{2}}(\omega)+i\theta(\omega) \tag{12}$$

以便得出用反射比表出的相位函数

$$\theta(\omega)=-\frac{\omega}{\pi}P\int_{0}^{\infty}\frac{\ln R(s)}{s^{2}-\omega^{2}}\mathrm{d}s \tag{13}$$

通过分部积分能够得到如下表示式（14）。它可以给出有关对相位角的各个贡献的较深入理解。即

$$\theta(\omega)=-\frac{1}{2\pi}\int_{0}^{\infty}\ln\left|\frac{s+\omega}{s-\omega}\right|\frac{\mathrm{d}\ln R(s)}{\mathrm{d}s}\mathrm{d}s \tag{14}$$

其中反射比为常数的频谱区间对积分没有贡献；此外，频谱区间 $s\gg\omega$ 和 $s\ll\omega$ 的贡献不大，这是因为在这两个区间里函数 $\ln|(s+\omega)/(s-\omega)|$ 小。

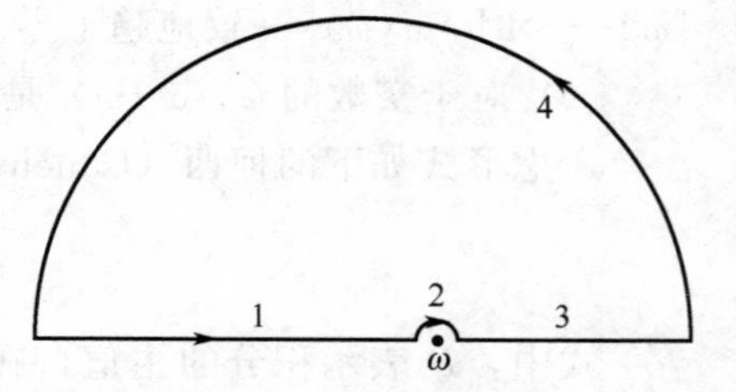

图 2 柯西主值积分回路示意图。

16.1.2 数学注释

为了得到柯西积分式（10），沿图 2 中所示的回路

进行积分 $\int a(s)(s-\omega)^{-1}\mathrm{d}s$ 。函数 $\alpha(s)$ 在上半平面中是解析函数，因此积分之值为零。如果当 $|s|\to\infty$ 时，被积函数 $\alpha(s)/s$ 比 $|s|^{-1}$ 更快地趋近于零，则线段 4 对积分的贡献为零。对于响应函数式（9）而言，被积函数如同 $|s|^{-3}$ 一样地 $\to 0$；而对于电导率 $\sigma(s)$ 而言，被积函数如同 $|s|^{-2}$ 一样地 $\to 0$。在下式中 $u\to 0$ 的极限之下，线段 2 对积分的贡献是：

$$\int_{(2)}\frac{\alpha(s)}{s-\omega}\mathrm{d}s\to\alpha(\omega)\int_{\pi}^{0}\frac{iu\mathrm{e}^{i\theta}\mathrm{d}\theta}{u\mathrm{e}^{i\theta}}=-\pi i\alpha(\omega)$$

这里 $s=\omega+u\mathrm{e}^{i\theta}$ 。线段 1 和 3 上的积分定义为由 $-\infty$ 至 ∞ 积分的主值。由于在回路 1+2+3+4 上的积分必定为零，因此

$$\int_{(1)}+\int_{(3)}\equiv P\int_{-\infty}^{\infty}\frac{\alpha(s)}{s-\omega}\mathrm{d}s=\pi i\alpha(\omega)\tag{15}$$

显然，这正是式（10）所给出的结果。

16.1.3　举例：无碰撞电子气的电导率

考虑一个自由电子气，讨论碰撞频率趋于零的极限情况。根据式（9），其中 $f=1/\mathrm{m}$，并应用狄拉克恒等式，可得响应函数为

$$\alpha(\omega)=-\frac{1}{m\omega}\lim_{\rho\to 0}\frac{1}{\omega+i\rho}=-\frac{1}{m\omega}\left[\frac{1}{\omega}-i\pi\delta(\omega)\right]\tag{16}$$

可以验证式（16）中的 δ 函数满足克拉默斯-克勒尼希关系式（11a）。由式（11a）可得

$$\alpha'(\omega)=\frac{2}{m}\int_{0}^{\infty}\frac{\delta(s)}{s^2-\omega^2}\mathrm{d}s=-\frac{1}{m\omega^2}\tag{17}$$

与式（16）相符合。

由介电函数

$$\epsilon(\omega)-1=4\pi P_{\omega}/E_{\omega}=-4\pi n\mathrm{e}x_{\omega}/E_{\omega}=4\pi n\mathrm{e}^2\alpha(\omega)\tag{18}$$

推导电导率 $\sigma(\omega)$。其中，在式（18）中 $\alpha(\omega)=x_{\omega}/(-\mathrm{e})E_{\omega}$ 是响应函数。采用等价的表达式：

（CGS）
$$\sigma(\omega)=(-i\omega/4\pi)\,[\epsilon(\omega)-1]\tag{19}$$

这是因为麦克斯韦方程既可写作 $c\nabla\times\boldsymbol{H}=4\pi\sigma(\omega)\boldsymbol{E}-i\omega\boldsymbol{E}$，也可写作 $c\nabla\times\boldsymbol{H}=-i\omega\,\epsilon(\omega)\boldsymbol{E}$。将式（16）、式（18）和式（19）组合起来，可以求得无碰撞电子气的电导率为

$$\sigma'(\omega)+i\sigma''(\omega)=\frac{ne^2}{m}\left[n\delta(\omega)+\frac{i}{\omega}\right]\tag{20}$$

对于无碰撞的电子而言，电导率的实部在 $\omega=0$ 时出现一个 δ 函数。

16.1.4　电子的带间跃迁

光学光谱技术居然发展成为一种测定能带结构的重要工具，这令人感到惊异。之所以会感到惊异，一般是由于下面两个原因：第一，晶体的吸收带和反射带都是宽的，而且当光子能量大于能带隙时，它们似乎是光子能量的无特征的函数；第二，一个光子 $\hbar\omega$ 的直接地带间吸收，可以在布里渊区的所有点上发生，只要在该点上能量守恒，即满足

$$\hbar\omega=\epsilon_{\mathrm{c}}(\boldsymbol{k})-\epsilon_{\mathrm{v}}(\boldsymbol{k})\tag{21}$$

便可。式中 c 表示空带，而 v 表示满带。在给定的频率 ω 之下，总的吸收是对布里渊区中所有满足式（21）的跃迁进行积分的结果。因此，看来很少有理由使人们能够期望单光子光谱术会成为揭示能带结构的关键。

事实上，我们可以从三个方面进一步揭示光学光谱所隐含的深层次信息。

(1) 这些宽带并不是由阻尼增宽效应给出的谱线；而且，当对反射比取微商时，这些谱带所包含的许多信息就会显示出来。例如，反射比对波长、电场、压力或单轴应力取微商（见图 3）。微商的光谱学称为调制光谱学。

(2) 关系式（21）并不排除晶体中的光谱具有某种特征结构，因为诸跃迁会积累在能带 c 与能带 v 平行时的频率之上，也就是积累在满足

$$\nabla_k[\epsilon_c(\boldsymbol{k})-\epsilon_v(\boldsymbol{k})]=0 \tag{22}$$

的频率之上。在 $\boldsymbol{k}$ 空间的这样一些临界点上，所谓联合态密度 $D_c(\epsilon_v+\hbar\omega)D_v(\epsilon_v)$ 将出现奇点；所根据的理由与曾在第 5 章式（37）中论证当 $\nabla_k\omega$ 为零时声子模式密度 $D(\omega)$ 出现奇点的理由一样。

(3) 对于在调制光谱中发现的临界点，我们可以基于计算能带的赝势法，确定其在布里渊区中的位置。同时，也能用于计算能带间的能量差，其精度可达到 0.1eV。然后，反过来，可以利用实验结果，进一步改进赝势计算。

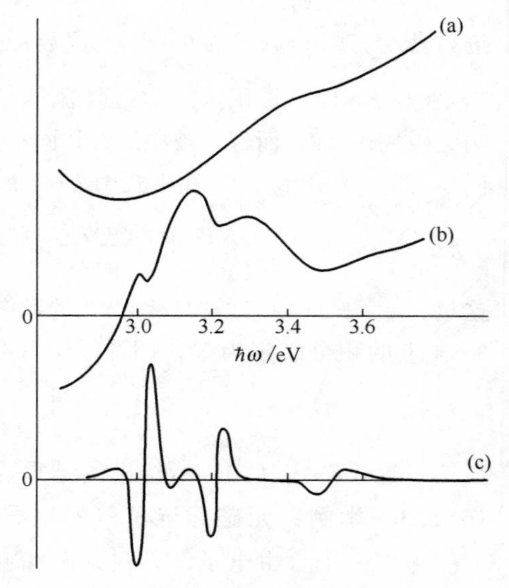

图 3 锗，能谱区间 3.0～3.6eV：(a) 反射比，(b) 反射比对波长的导数（一次导数）以及 (c) 电反射比（三次导数）三者之比较。数据引自 D. D. Sell，E. O. Kane 和 D. E. Aspnes。

16.2 激子

对于反射光谱和吸收光谱，往往在光子能量略低于能隙时呈现出某种结构。一般人们预计，晶体在这能量区间应是透明的。这种结构是由于吸收一个光子之后通过直接过程或间接过程产生一个激子而造成的。一个电子和一个空穴可能由于它们之间的静电吸引相互作用而束缚在一起，就像一个电子被束缚于一个质子而形成一个中性氢原子一样。

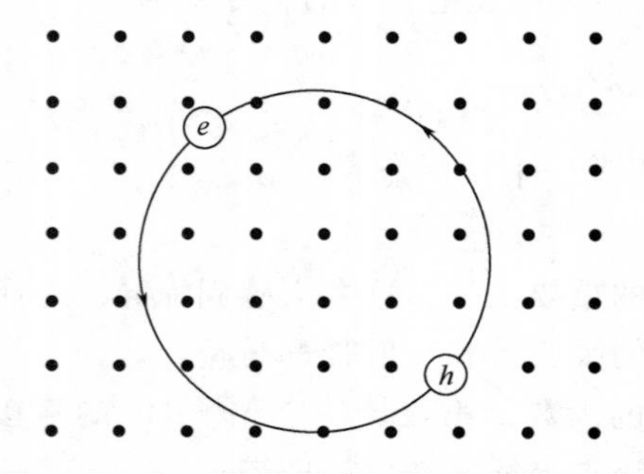

图 4（a） 一个激子是一个束缚的电子-空穴对，通常可以一起在晶体内运动。在某些方面，激子同一个正电子与一个电子构成的电子偶素原子相类似。图中所示的激子为一个莫特-万尼尔（Mott-Wannier）激子，它是弱束缚的，电子-空穴之间的距离远大于晶格常量。

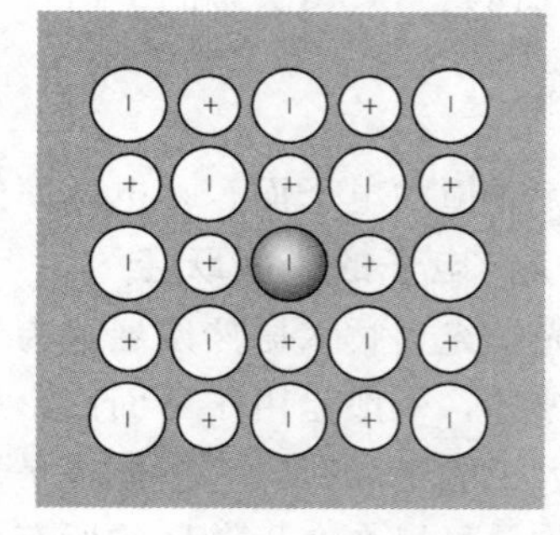

图 4（b） 一个紧束缚激子（或称弗仑克尔激子）局域在卤化碱晶体中的一个原子上。一个理想的弗仑克尔激子犹如一个波可以在晶体中运动，不过电子始终与空穴紧密相连于一体。

这种束缚在一起的电子-空穴对，通常被称作一个激子（exciton），参见图4。激子能穿过晶体并传输能量；不过，它不能输运电荷，因为它是电中性的。这种由电子和空穴对组成的激子类似于电子偶素，而电子偶素则由正电子和电子成对构成。

在所有绝缘晶体中都能形成激子，尽管某些类型的激子是本征的不稳定的，自动衰变为自由电子和自由空穴。所有激子对于最终的复合过程来说都是不稳定的，在复合过程中电子落入空穴。此外，激子也能形成复合体，比如两个激子组成一个双激子(体)。

我们已经知道：每当一个具有能量大于能隙的光子被晶体所吸收时就会产生一个自由电子和一个自由空穴。对于直接过程，其阈条件是 $\hbar\omega > E_g$。对于第八章里所述的声子辅助的间接过程而言，能阈降低，降低的量值等于声子能量 $\hbar\Omega$。但是，在激子的形成过程中，能量还会进一步降低，降低的量值等于激子的结合能，大致在1meV～1eV之间，如表1所列。

表1 激子的结合能（meV）

Si	14.7	BaO	56	RbCl	440
Ge	4.15	InP	4.0	LiF	(1000)
GaAs	4.2	InSb	(0.4)	AgBr	20
GaP	3.5	KI	480	AgCl	30
CdS	29	KCl	400	TlCl	11
CdSe	15	KBr	400	TlBr	6

注：引自 F. C. Brown and A. Schmidt 所收集的数据。

通过在任一临界点［式（22）］上的光子吸收均可形成激子，因为如果 $\nabla_k \epsilon_v = \nabla_k \epsilon_c$，则电子和空穴的群速相等，而这两种粒子就会被它们之间的库仑吸引力所束缚。如图5和图6所示，给出了一些可能导致在能隙以下形成激子的跃迁。

对于激子的结合能，我们可以用三种方法进行测量。

（1）在由价带出发的光学跃迁中，测量产生一个激子所需的能量与产生一个自由电子和一个自由空穴所需能量之差。参见图7。

（2）观测复合发光，将自由电子-空穴复合谱线的能量同激子复合谱线的能量加以比较。

（3）观测激子的光离化，此时形成自由载流子。这一实验要求激子浓度要高。

我们讨论两种不同极限近似下的激子模型：其一是 Frenkel 提出的紧束缚小激子；另一种是 Mott 和 Wannier 提出的弱束缚激子，其电子-空穴间的距离同晶格常量相比是大的。其中的例子我们都是熟悉的。

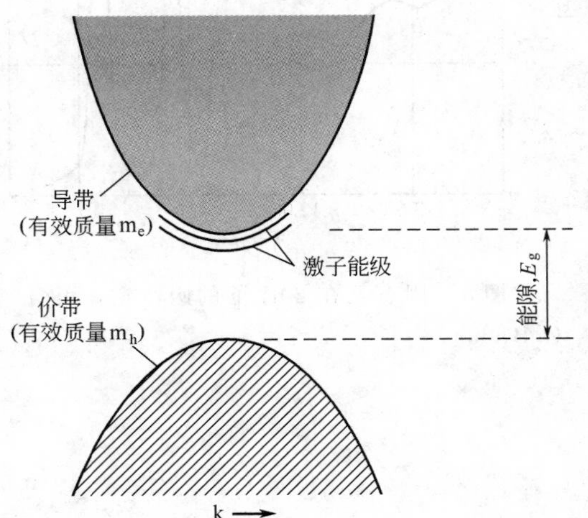

图5 激子能级相对于导带边的位置。这里是一个简单的能带结构，导带和价带边均在 $k=0$ 处。激子可以具有平移动能。激子是不稳定的，它会发生辐射复合，在此过程中电子落入价带里的空穴中，同时放出一个光子或声子。

16.2.1 弗仑克尔激子

对于一个紧束缚激子［图4（b）所示］来说，激发被局限在一单个原子上，或在一个原子近旁：空穴一般和电子处在同一原子上，虽然这个电子-空穴对可以出现在晶体中的任何地方。一个弗仑克尔激子基本上是单个原子的一个激发态。不过借助于相邻原子之间的耦合，这个激发可以从一个原子跳跃到另一原子。这

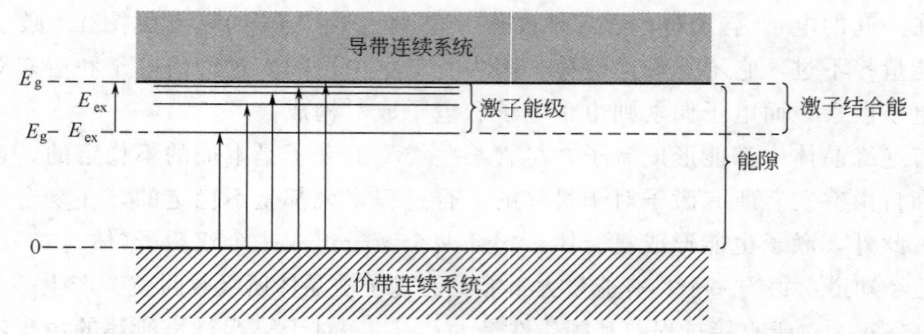

图 6 通过直接过程产生的激子的能级。由价带顶出发的光学跃迁用箭号表示；最长的箭号相应于能隙。相对于自由电子和自由空穴，激子的结合能等于 E_{ex}。晶体在绝对零度下频率最低的吸收线并非 E_{ex}，而是 $E_g - E_{ex}$。

种激发波通过晶体运动，同一个磁波子的自旋反转通过晶体运动非常相似。

惰性气体晶体具有这样的激子，它们在基态下相应于弗仑克尔模型。原子氪最低的强原子跃迁是 9.99eV 的跃迁。晶体中相应的跃迁与之很相近，是 10.17eV，参见图 8。晶体中的能隙是 11.7eV。因此，相对于晶体中的一个自由电子和自由空穴的能量而言，激子的基态能量是 11.7－10.17＝1.5eV。

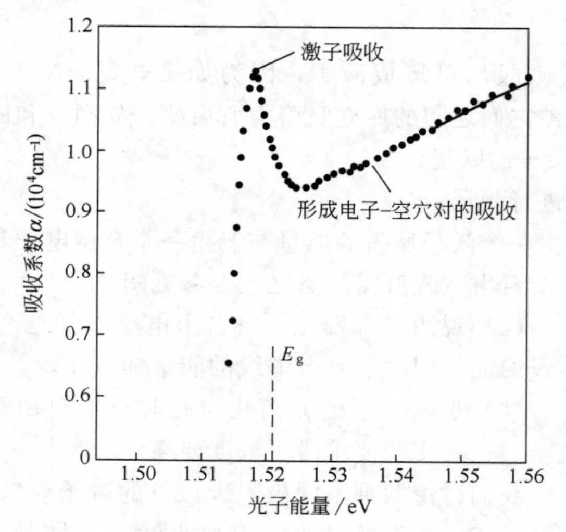

图 7 激子能级对于半导体吸收具有能量接近于能隙 E_g 的光子所产生的影响。图示为 GaAs 样品 21K 下的结果，纵轴标度是强度吸收系数，就是公式 $I(x)=I_0\exp(-\alpha x)$ 中的 α。能隙宽度和激子结合能是由吸收曲线的线形导出，结果：$E_g=1.521\text{eV}$，$E_{ex}=0.0034\text{eV}$。引自 M. D. Sturge。

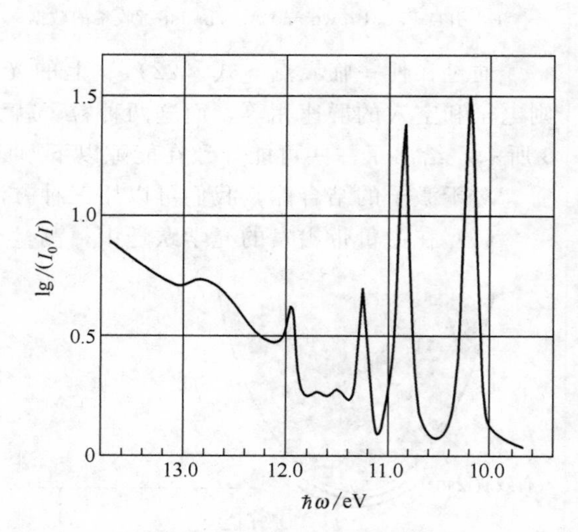

图 8 固态氪在 20K 下的吸收谱，引自 G. Baldini。

弗仑克尔激子的平移态具有传播波的形式，如同在周期结构中其他所有的激发一样。考虑处在一条线上或一个环上的 N 个原子所构成的晶体。如以 u_j 表示原子 j 的基态，又假定原子之间的相互作用可以略去，则晶体的基态是

$$\psi_g = u_1 u_2 \cdots u_{N-1} u_N \tag{23}$$

如果某个原子 j 处在一个激发态 v_j，则整个系统的波函数为

$$\varphi_j = u_1 u_2 \cdots u_{j-1} v_j u_{j+1} \cdots u_N \tag{24}$$

这个波函数 φ_j 同另一波函数 φ_l 具有相同的能量，函数 φ_l 表示系统中另外任一原子 l 是受激的。然而，这一描述单个受激原子与 N-1 个基态原子的波函数 φ_j 并不是系统的稳定量子态。诚然，如果一个受激原子与一个邻近的基态原子之间存在相互作用，激发能量就将从一个原子转移到另一原子。正如下面将要证明的一样，这些本征态具有类波形式。

如果将系统的哈密顿算符作用于波函数 φ_j（第 j 个原子受激），则可得

$$\mathscr{H}\varphi_j = \epsilon\varphi_j + T(\varphi_{j-1} + \varphi_{j+1}) \tag{25}$$

式中 ϵ 是自由原子激发能；相互作用 T 表征激发由原子 j 转移至其最近邻 $j+1$、$j-1$ 的速率。方程（25）的解具有布洛赫波的形式，即有

$$\psi_k = \sum_j \exp(ijka)\varphi_j \tag{26}$$

为了说明这一点，令 $\mathscr{H}$ 作用于 ψ_k，由式（25），则有

$$\begin{aligned}\mathscr{H}\psi_k &= \sum_j e^{ijka}\mathscr{H}\varphi_j \\ &= \sum_j e^{ijka}[\epsilon\varphi_j + T(\varphi_{j-1} + \varphi_{j+1})]\end{aligned} \tag{27}$$

将此式右端加以变形，可得

$$\begin{aligned}\mathscr{H}\psi_k &= \sum_j e^{ijka}[\epsilon + T(e^{ika} + e^{-ika})]\varphi_j \\ &= (\epsilon + 2T\cos ka)\psi_k\end{aligned} \tag{28}$$

因此，这个问题的能量本征值是

$$E_k = \epsilon + 2T\cos ka \tag{29}$$

这示于图 9 中。应用周期性边界条件，可以确定波矢 k 的允许取值，即有

$$k = 2\pi s/Na；\ s = -\frac{1}{2}N，\ -\frac{1}{2}N+1，\ \cdots，\ \frac{1}{2}N-1 \tag{30}$$

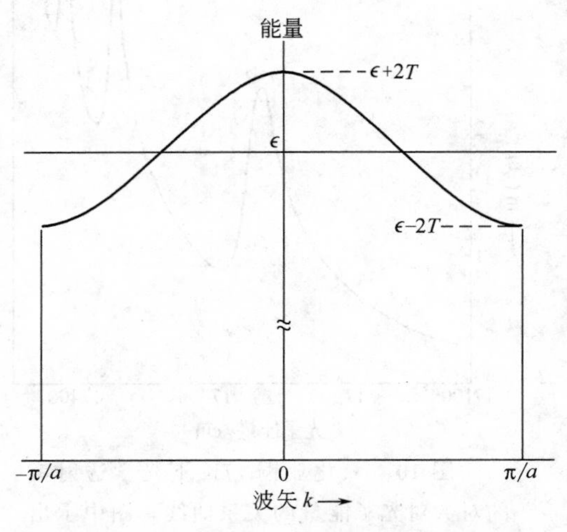

图 9　弗仑克尔激子能量对波矢的关系，由正的最近邻转移相互作用 T 计算而得。

A. 卤化碱晶体

在卤化碱晶体中，具有最低能量的激子被局域在负的卤素离子之上［如图 4（b）所示］；负离子相对于正离子具有较低的电子激发能级。纯净的卤化碱晶体在光谱的可见区是透明的，这就是说，激子能量没有落在可见光波段；但在真空紫外区，它们的吸收光谱显现出一个明显的激子吸收谱线的特征结构。

溴化钠中出现一个特别清楚的双重结构，这个结构与氪原子最低激发态的双重结构相似，氪原子所具有的电子数目与 Br^- 离子一样。谱线劈裂是由自旋-轨道耦合造成的。这些激子都是弗仑克尔激子。

B. 分子晶体

在分子晶体中，分子内部的共价键比分子间的范德瓦尔斯键强，因此，其中形成的激子是弗仑克尔激子。晶态固体显示单个独立分子的

电子激发谱线，判定为激子，其频移一般很小。在低温下，固体的谱线甚为狭窄，虽然固体的谱线可能由于达维多芾劈裂（参阅习题 8 的讨论）而比分子的谱线具有更丰富的结构。

16.2.2 弱束缚（莫特-万尼尔）激子

考虑导带中的一个电子和价带中的一个空穴。电子和空穴通过库仑势

(CGS) $$U(r)=-e^2/\epsilon r \tag{31}$$

彼此吸引。式中 r 是它们之间的距离，ϵ是适当选取的常量（如果激子运动的频率高于光学声子频率，则晶格极化强度对介电常量的贡献不应计入）。这时，将会出现激子系统的束缚态，所具有的总能量较导带带底为低。

如果电子和空穴的等能面是球形的，并且是非简并的，那么这一问题就是一个氢原子问题。以价带顶为参考，能级由一个修正的里德伯（Rydberg）方程给出，则得

(CGS) $$E_n=E_g-\frac{\mu e^4}{2\hbar^2\epsilon^2 n^2} \tag{32}$$

这里 n 是主量子数，μ 是电子和空穴的有效质量 m_e 和 m_h 组成的约化质量

$$\frac{1}{\mu}=\frac{1}{m_e}+\frac{1}{m_h} \tag{33}$$

在式 (32) 中令 $n=1$，就得到了激子的基态能量，这也就是激子的离化能量。人们研究了氧化亚铜（Cu_2O）低温下的光吸收谱线，所得激子能级间距的结果与里德伯方程符合甚好，特别是 $n>2$ 的诸能级是如此，实验结果示于图 10。利用关系式 $\nu(cm^{-1})=17508-(800/n^2)$ 能够给出谱线的一个经验拟合。取$\epsilon=10$，可以从 $1/n^2$ 的系数得出 $\mu\simeq0.7m$。常数项 $17508cm^{-1}$ 相应于能隙 $E_g=2.17eV$。

16.2.3 激子凝聚为电子-空穴液滴（EHD）

锗和硅晶体在低温下受到光辐射时，其中会形成一个电子-空穴等离体的凝聚相。通过如下的一系列事件在锗中形成一个电子-空穴液滴（EHD）：吸收一个能量 $\hbar\omega>E_g$ 的光子产生一个自由电子和一个自由空穴，此过程的效率较高。它们很快地（大概在 1ns 以内）结合，构成一个激子，激子可能通过电子-空穴对的湮灭而衰变，寿命为 8μs。

但是，如果激子的浓度充分高（2K 下超过 $10^{13}cm^{-3}$），则大多的激子将凝聚为液滴。液滴的寿命为 40μs，不过在形变的锗晶体内，寿命可以长达 600μs。在液滴中，激子分解为电子和空穴构成的简并化费米气，具有金属性，这个态曾为 L. V. Keldysh 所预言。

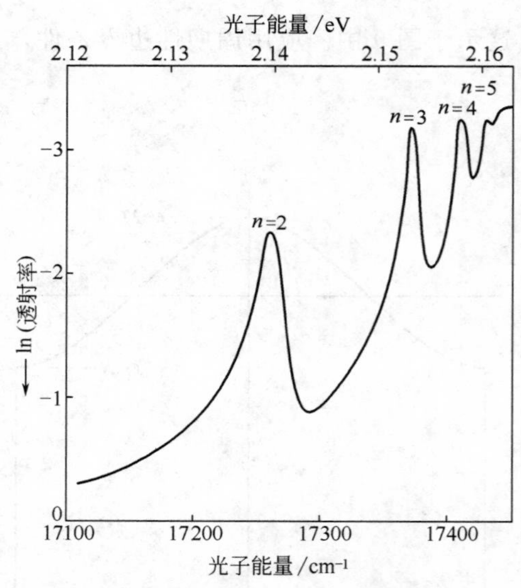

图 10 氧化亚铜 77K 下光学透射率的对数对光子能量的关系曲线，图中示出一系列的激子谱线。注意纵轴向上表示对数减小，因此图中的峰相应于吸收，能隙 E_g 等于 2.17eV。引自 P. W. Baumeister。

图 11 表示锗中自由激子的复合辐射（714meV）和 EHD 相发出的复合辐射（709meV）。714meV 谱线的宽度可用多普勒增宽来解释，而 709meV 谱线宽度与浓度为 $2\times10^{17}cm^{-3}$ 的费米气中电子和空穴的动能分布相符合。图 12 是一个大号（型）电子-空穴液滴（EHD）的照片。

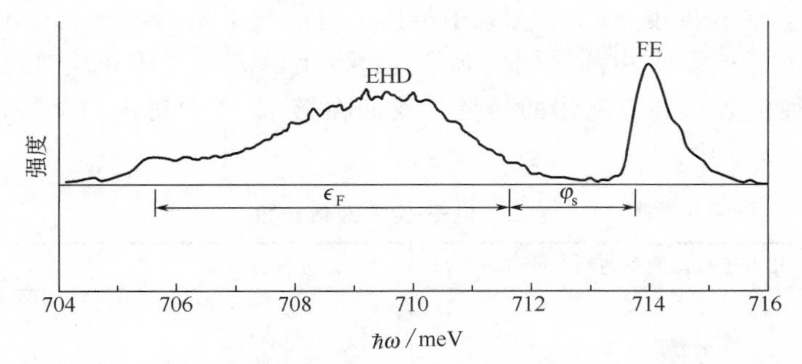

图 11　Ge 在 3.04K 下，其自由电子与空穴的复合辐射及电子-空穴液滴的复合辐射。液滴中的费米能是ϵ_F，液滴相对于自由激子的结合能是 φ_s。引自 T. K. Lo。

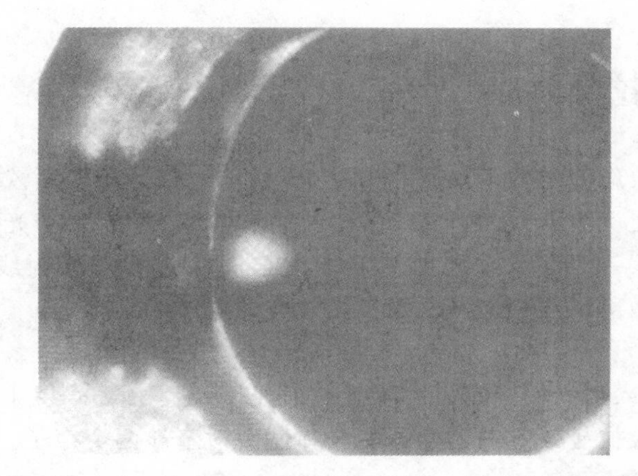

图 12　4mm 纯锗圆片中的一个电子-空穴液滴的照片。图片左侧毗邻固定螺钉的明亮斑点就是那个液滴。照片中液滴的像是将液滴的电子-空穴复合辐射光聚焦在一个红外光导摄像管的光敏面上拍摄的，引自 J. P. Wolfe et al。

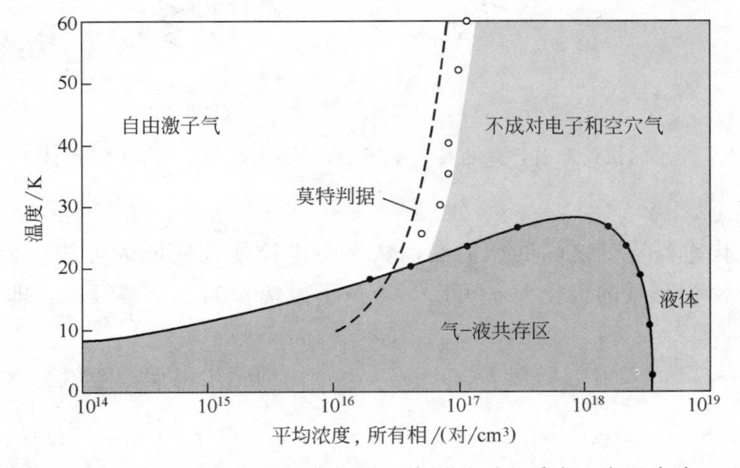

图 13　无应力 Si 中光激发的电子-空穴相图。从图示可以看出：在温度为 15K 时的平均浓度约为 $10^{17}\,cm^{-3}$；饱和气浓度为 $10^{16}\,cm^{-3}$ 的自由激子气将与大量的液滴共存，每个液滴的密度为 $3\times10^{18}\,cm^{-3}$。液体的临界温度约为 23K；同时，还给出了在金属-绝缘体转变中有关激子的实验值及理论结果。引自 J. P. Wolfe。

如图 13 所示，它在温度-浓度坐标系中给出了硅的激子相图。激子气在低压力下是绝缘的。在高压力下（位于图 13 中的右侧）激子气将发生解离而变成非成对电子和空穴组成的导电等离体。这种由激子到等离体的转变是我们在第 15 章中讨论的莫特转变的一个例子。更详细的数据列于表 2 中。

表 2　电子-空穴液体参数

晶体(无应力)	相对于自由激子的结合能/meV	浓度,n,p(cm^{-3})	临界温度/K
Ge	1.8	2.57×10^{17}	6.7
Si	9.3	3.5×10^{18}	23
GaP	17.5	8.6×10^{18}	45
3C-SiC	17	10×10^{18}	41

注：引自 D. Bimberg。

16.3　晶体中的拉曼效应

拉曼（Raman）效应涉及两个光子，一个射入，一个放出。这个效应是比本章前一部分所论述的单光子过程更为复杂的高一级过程。在拉曼效应中，一个光子被晶体非弹性地散射，伴随着产生或湮灭一个声子或磁波子（图 14）。这个过程与 X 射线的非弹性散射以及中子在晶体中的非弹性散射都很相似。一级拉曼效应的选择定则是

$$\omega=\omega'\pm\Omega,\ \mathbf{k}=\mathbf{k}'\pm\mathbf{K} \tag{34}$$

式中，ω、$\mathbf{k}$ 属于入射光子；ω'、$\mathbf{k}'$属于散射光子；而 Ω、$\mathbf{K}$ 属于在散射过程中产生的或湮灭的声子。在二级拉曼效应中，光子的非弹性散射牵涉两个声子。

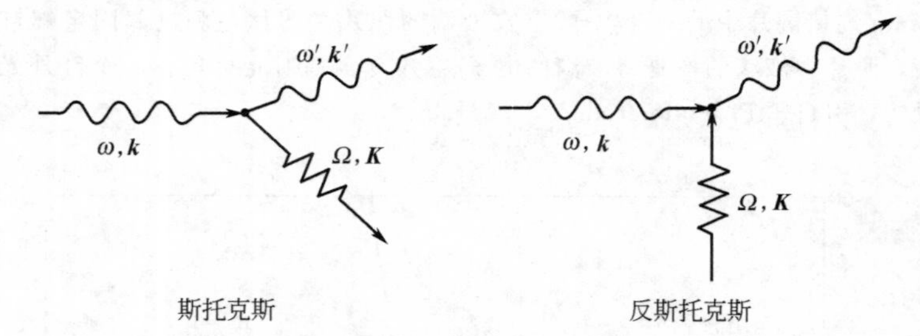

图 14　一个光子的拉曼散射，伴随着一个声子的发射或吸收。光子同磁波子（自旋波）也发生类似的过程。

由于电子极化率与应变之间的相关性，从而使得拉曼效应成为可能。为论证这一问题，假定与一个声子模相联系的极化率 α 可以写为声子振幅 u 的一个幂级数，即

$$\alpha=\alpha_0+\alpha_1 u+\alpha_2 u^2+\cdots \tag{35}$$

如果 $u(t)=u_0\cos\Omega t$，入射电场是 $E(t)=E_0\cos\omega t$，则感生电偶极矩就会含有如下分量：

$$\alpha_1 E_0 u_0 \cos\omega t\cos\Omega t=\frac{1}{2}\alpha_1 E_0 u_0[\cos(\omega+\Omega)t+\cos(\omega-\Omega)t] \tag{36}$$

这样，就可以发射频率为 $\omega+\Omega$ 和 $\omega-\Omega$ 的光子，同时伴随着一个频率为 Ω 的声子的吸收或发射。

频率为 $\omega-\Omega$ 的光子称为斯托克斯线，而频率为 $\omega+\Omega$ 的光子是反斯托克斯线。斯托克斯线的强度涉及声子产生的矩阵元，它们正好就是谐振子的矩阵元，参见附录 C，可得

$$I(\omega-\Omega)\propto|<n_{\boldsymbol{K}}+1|u|n_{\boldsymbol{K}}>|^2\propto n_{\boldsymbol{K}}+1 \tag{37}$$

$n_{\boldsymbol{K}}$ 表示声子模 $\boldsymbol{K}$ 的初始粒子数目。

反斯托克斯线涉及声子湮灭，其光子强度可表示为

$$I(\omega+\Omega)\propto|<n_{\boldsymbol{K}}-1|u|n_{\boldsymbol{K}}>|^2\propto n_{\boldsymbol{K}} \tag{38}$$

如果初始声子布居是处于温度 T 下的热平衡中，两条线的强度比就将是

$$\frac{I(\omega+\Omega)}{I(\omega-\Omega)}=\frac{<n_{\boldsymbol{K}}>}{<n_{\boldsymbol{K}}>+1}=\mathrm{e}^{-\hbar\Omega/k_{\mathrm{B}}T} \tag{39}$$

此处 $<n_k>$ 由普朗克分布函数 $1/(\mathrm{e}^{\hbar\Omega/k_{\mathrm{B}}T}-1)$ 给出。可以看出，当 $T\to 0$ 时，反斯托克斯线的相对强度随之趋于零，这乃是由于此时不存在可供湮灭的热声子所致。

图 15 和图 16 表示关于硅中 $\boldsymbol{K}=0$ 光学声子的观察结果。硅晶体的每一原胞含有两个全同的原子，因而如果没有声子引致的形变，那么与原胞相联系的电偶极矩就将为零。但对硅中 $\boldsymbol{K}=0$ 的声子态而言，$\alpha_1 u$ 并不为零，因此可以通过光的一级拉曼散射观测这个模式。

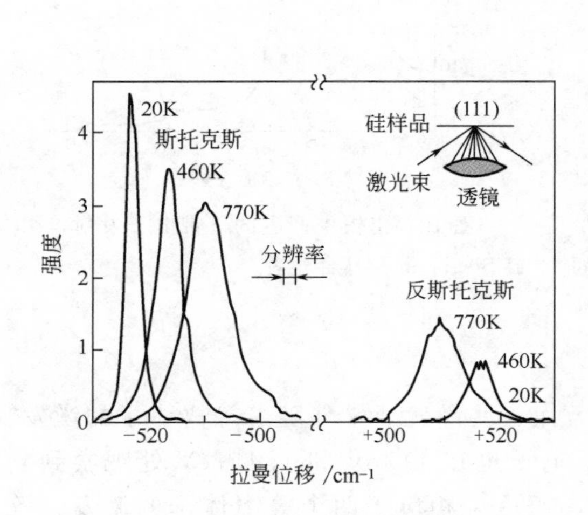

图 15　硅晶体中 $K\simeq 0$ 的光学模在三个温度下的一级拉曼谱。入射光子的波长是 5145Å。光学声子的频率等于频移，它稍稍随温度变化，引自 T. R. Hart et al.。

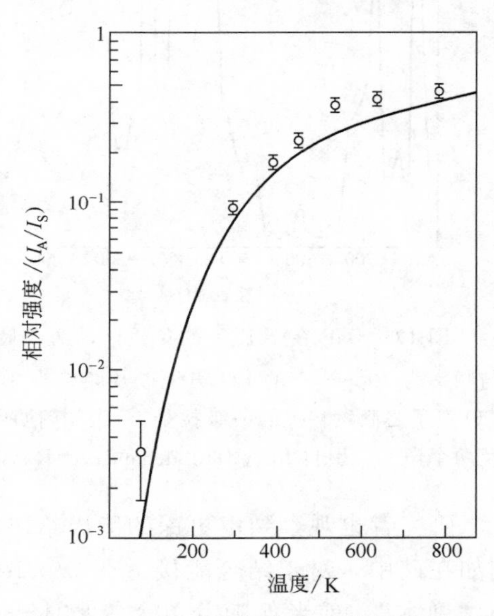

图 16　由图 15 所示硅中光学模式的观测结果导出的反斯托克斯线与斯托克斯线强度之比对温度的函数关系。实测的温度依赖关系与由式 (39) 所预计的结果符合甚好：实线表示函数 $\exp(-\hbar\Omega/k_{\mathrm{B}}T)$。

二级拉曼效应由电极化率中 $\alpha_2 u^2$ 这一项所引起，二级非弹性光散射会伴随着两个声子的产生，或是两个声子的吸收，或是产生一个声子并吸收一个声子。这些声子的频率可能有所不同，如果原胞内含有好几个原子，那么散射光子谱的强度分布就会十分复杂；这乃是由于此时相应地存在着大量的光学声子模式。对于许多种晶体都曾观测到这类二级拉曼谱，并且进行了分析。图 17 示出关于磷化镓 (GaP) 的测量结果。

16.3.1　利用 X 射线得到的电子谱

再高一级的复杂情况包括入射一个光子并由固体放出一个电子，如图 1 所示。这里，我们简单介绍与之相关的两种重要技术，即由固体产生的 X 射线光电发射 (XPS) 和紫外光电发射

(UPS)。在固体物理学中，这些技术被用于研究能带结构以及表面物理，包括催化和吸附。

XPS 谱和 UPS 谱可以直接同价带态密度 $D(\epsilon)$ 进行比较。样品用高度单色化的 X 射线或紫外光光子辐照。光子被吸收，伴随着一个光电子的发射，这一电子的动能等于入射光子能量减去固体中电子的结合能。这些电子来自表面附近的一个薄层，典型的深度（厚）是 50Å。最好的 XPS 谱仪系统的分辨率优于 10meV，使得比较精细地研究能带结构成为可能。

图 18 表示银的价带结构，能量零点置于费米能级处。在费米能级以下第一个 3eV 范围内的电子是来自于 5s 导带；而在这个 3eV 以下具有一定谱结构的强峰是由 4d 价带电子产生。

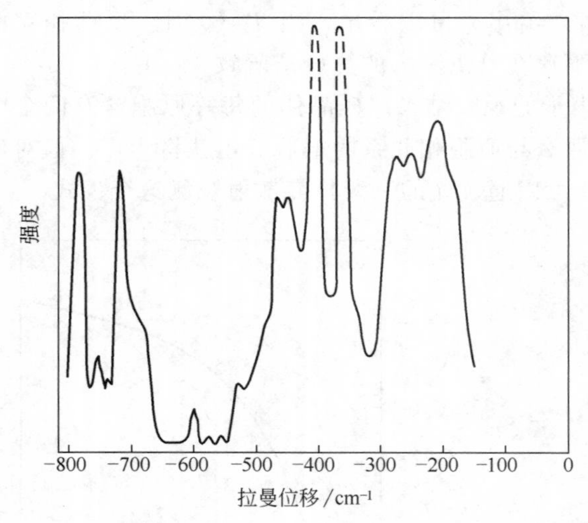

图 17 GaP 在 20K 下的拉曼谱，两个最高的峰是与频率为 $404\mathrm{cm}^{-1}$ 的 LO 声子以及频率为 $366\mathrm{cm}^{-1}$ 的 TO 声子之激发相关的一级拉曼谱线。其他所有峰都涉及两个声子。引自 M. V. HobdenandJ. P. Russell。

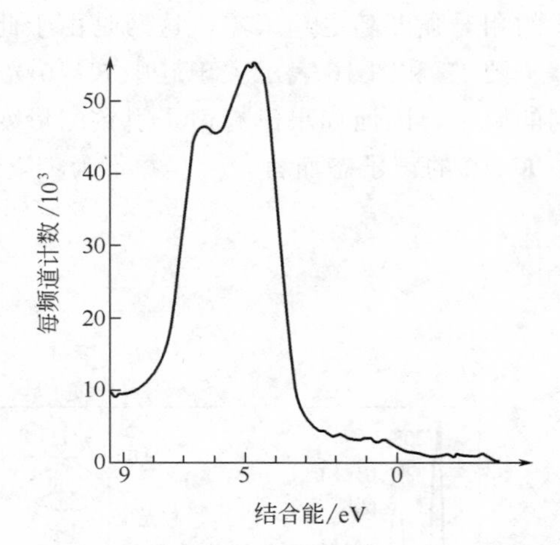

图 18 由银中产生的价带电子发射，引自 Siegbahn 及其合作者。

研究者也观察到由更深的能级给出的激发，而这些激发通常伴随着等离体子的激发。例如在硅中，对于结合能接近于 99.2eV 的 2p 电子也在 117eV 和 134.7eV 处观察到它的“副本”，前者伴随着单个等离体子的激发，而后者相应于两个等离体子的激发。等离体子的能量为 18eV。

16.4 快粒子在固体中的能量损失

到目前为止，我们都是将光子用来探测固体的电子结构；其实，我们也可以将电子束用于同样的目的。类似地，在相应结果中也包含介电函数 $\epsilon(\omega)$，不过，现在是凭借于 $1/\epsilon(\omega)$ 的虚数部分。介电函数原来以 $\mathrm{Im}\{\epsilon(\omega)\}$ 的形式出现于电磁波在固体中的能量损失表达式，但现在却是以 $-\mathrm{Im}\{1/\epsilon(\omega)\}$ 的形式出现在贯穿固体的荷电粒子的能量损失表达式之中。

现在，我们来讨论这个差别。根据电磁理论，关于介电损耗引起的功率耗散密度，其普适表达式是

(CGS)
$$\mathscr{P}=\frac{1}{4\pi}\boldsymbol{E}\cdot(\partial\boldsymbol{D}/\partial t) \tag{40}$$

考虑晶体中的横电磁波 $E\mathrm{e}^{-i\omega t}$，有 $\mathrm{d}D/\mathrm{d}t=-i\omega\,\epsilon(\omega)E\mathrm{e}^{-i\omega t}$。

由此，得到时间平均功率为

$$\begin{aligned}\mathscr{P}&=\frac{1}{4\pi}<\mathrm{Re}\{E\mathrm{e}^{-i\omega t}\}\mathrm{Re}\{-i\omega\,\epsilon(\omega)E\mathrm{e}^{-i\omega t}\}>\\&=\frac{1}{4\pi}\omega E^2<(\epsilon''\cos\omega t-\epsilon'\sin\omega t)\cos\omega t>\\&=\frac{1}{8\pi}\omega\,\epsilon''(\omega)E^2\end{aligned}\tag{41}$$

它正比于$\epsilon''(\omega)$。E 的切向分量在固体边界处连续。

当一个具有电荷 e 和速度 v 的粒子进入晶体，其介电位移的标准公式是

(CGS) $$\boldsymbol{D}(\boldsymbol{r},t)=-\mathrm{grad}\frac{e}{|\boldsymbol{r}-\boldsymbol{v}t|}\tag{42}$$

根据泊松方程，与自由电荷相关的是 $\boldsymbol{D}$，而不是 $\boldsymbol{E}$。在各向同性介质中，傅里叶分量 $E(\omega,\boldsymbol{k})$ 通过表示式 $E(\omega,\boldsymbol{k})=D(\omega,\boldsymbol{k})/\epsilon(\omega,\boldsymbol{k})$ 与 $D(\boldsymbol{r},t)$ 的傅里叶分量 $D(\omega,\boldsymbol{k})$ 相联系。

同这个傅里叶分量相联系的时间平均功率耗散是

$$\begin{aligned}\mathscr{P}(\omega,\boldsymbol{k})&=\frac{1}{4\pi}\langle\mathrm{Re}\{\epsilon^{-1}(\omega,\boldsymbol{k})D(\omega,\boldsymbol{k})\mathrm{e}^{-i\omega t}\}\mathrm{Re}\{-i\omega D(\omega,\boldsymbol{k})\mathrm{e}^{-i\omega t}\}\rangle\\&=\frac{1}{4\pi}\omega D^2(\omega,\boldsymbol{k})\left\{\left[\left(\frac{1}{\epsilon}\right)'\cos\omega t+\left(\frac{1}{\epsilon}\right)''\sin\omega t\right][-\sin\omega t]\right\}\end{aligned}$$

由此，可得

$$\begin{aligned}\mathscr{P}(\omega,\boldsymbol{k})&=-\frac{1}{8\pi}\omega\left(\frac{1}{\epsilon}\right)''D^2(\omega,\boldsymbol{k})\\&=\frac{1}{8\pi}\omega\frac{\epsilon''(\omega,\boldsymbol{k})}{|\epsilon|^2}D^2(\omega,\boldsymbol{k})\end{aligned}\tag{43}$$

这个结果提示人们，应当引入一个所谓的能量损失函数$-\mathrm{Im}\{1/\epsilon(\omega,\boldsymbol{k})\}$，同时，这也促进了许多关于快电子在薄膜中能量损失的实验研究。

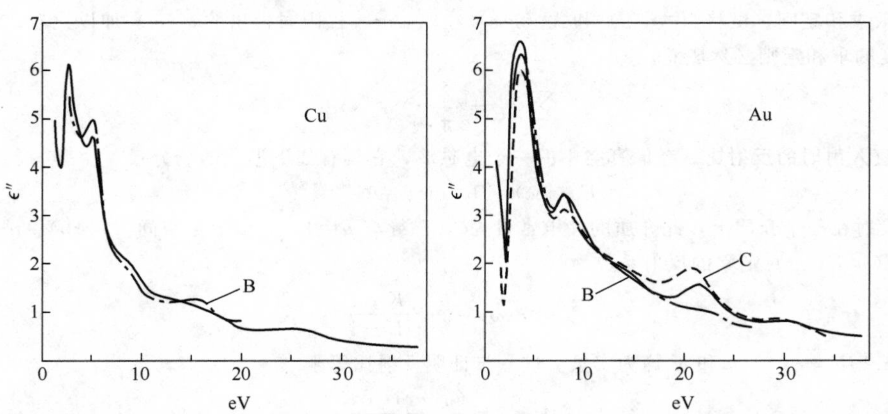

图 19　铜（Cu）和金（Au）的$\epsilon''(\omega)$函数曲线。粗黑线由能量损失观测结果（J. Daniels）导出，其他的曲线由光学测量结果计算得出。引自 D. Beaglehole 及 L. R. Canfieldetal。

如果介电函数不依赖于 $\boldsymbol{k}$，则功率损耗是

$$\mathscr{P}(\omega)=-\frac{2}{\pi}\frac{e^2}{\hbar v}\mathrm{Im}\ \{1/\epsilon(\omega)\}\ln(k_0 v/\omega) \tag{44}$$

这里 $\hbar k_0$ 是由初级粒子转移给晶体中一个电子的可能的最大动量。图 19 表示由光学反射率测量导出的$\epsilon''(\omega)$ 值同由电子能量损失测量导出$\epsilon''(\omega)$ 的值之间的比较。显然，这些实验结果非常一致。

小　结

- 联系一个响应函数实部与虚部的克拉默斯-克勒尼希关系是

$$\alpha'(\omega)=\frac{2}{\pi}P\int_0^\infty \frac{s\alpha''(s)}{s^2-\omega^2}\mathrm{d}s;\quad \alpha''(\omega)=-\frac{2\omega}{\pi}P\int_0^\infty \frac{\alpha'(s)}{s^2-\omega^2}\mathrm{d}s$$

- 复折射系数 $N(\omega)=n(\omega)+iK(\omega)$，式中 n 是折射系数，K 是消光系数；而且$\epsilon(\omega)=N^2(\omega)$，因此$\epsilon'(\omega)=n^2-K^2$，$\epsilon''(\omega)=2nK$。
- 垂直入射情况下的反射比是

$$R=\frac{(n-1)^2+K^2}{(n+1)^2+K^2}$$

- 能量损失函数$-\mathrm{Im}\{1/\epsilon(\omega)\}$ 给出一个荷电粒子在固体中运动时的能量损失。

习　题

1. 因果律和响应函数。克拉默斯-克勒尼希关系与"效应不能在其原因以前发生"这条原理是相容的。考虑在时刻 $t=0$ 施加一个 δ 函数型的力：

$$F(t)=\delta(t)=\frac{1}{2\pi}\int_{-\infty}^{+\infty}\mathrm{e}^{-i\omega t}\,\mathrm{d}\omega$$

由此，$F_\omega=1/2\pi$。(a) 试由直接积分，或根据克拉默斯-克勒尼希关系证明：对于 $t<0$，在上述力的作用下，振子响应函数

$$\alpha(\omega)=(\omega_0^2-\omega^2-i\omega\rho)^{-1}$$

给出位移为零：$x(t)=0$。对于 $t<0$，回路积分可以用上半平面中的一个半圆完成。(b) 对于 $t>0$，计算 $x(t)$，注意 $\alpha(\omega)$ 在$\pm\left(\omega_0^2-\frac{1}{4}\rho^2\right)^{1/2}-\frac{1}{2}i\rho$ 处出现极点，两个极点都在下半平面中。

2. 耗散求和定则。试将由式 (9) 和式 (11a) 在取 $\omega\to\infty$ 极限时得出的 $\alpha'(\omega)$ 加以比较，证明下面关于振子强度的求和定则必然成立，即

$$\sum f_i=\frac{2}{\pi}\int_0^\infty s\alpha''(s)\mathrm{d}s$$

3. 垂直入射时的反射比。考虑真空中的一个电磁波，它具有如下形式的场分量

$$E_y(\mathrm{inc})=B_z(\mathrm{inc})=A\mathrm{e}^{i(kx-\omega t)}$$

让这个波投射在一个介质上，此介质的介电常量为ϵ，磁导率 $\mu=1$，充满上半空间 ($x>0$)。试证：由公式 $E(\mathrm{refl})=r(\omega)E(\mathrm{inc})$ 定义的反射系数为

$$r(\omega)=\frac{n+iK-1}{n+iK+1}$$

式中 $n+iK\equiv\epsilon^{1/2}$，n 和 K 均为实量。进一步证明反射比等于

$$R(\omega)=\frac{(n-1)^2+K^2}{(n+1)^2+K^2}$$

❶**4. 电导率求和定则及超导电性**。将电导率写作 $\sigma(\omega)=\sigma'(\omega)+i\sigma''(\omega)$，其中 $\sigma'(\omega)$ 和 $\sigma''(\omega)$ 是实变

---

❶ 这题较难。

量。(a) 试根据拉默斯-克勒尼希关系，证明

$$\lim_{\omega\to\infty}\omega\sigma''(\omega)=\frac{2}{\pi}\int_0^{\infty}\sigma'(s)\mathrm{d}s$$

这个结果可用于超导电性理论。如果在极高频率之下（例如X射线频率），超导态和正常态的 $\sigma''(\omega)$ 相同，那么就必定有

$$\int_0^{\infty}\sigma'_s(\omega)\mathrm{d}\omega=\int_0^{\infty}\sigma'_n(\omega)\mathrm{d}\omega$$

但是如果频率 ω 在超导能隙之中：$0<\omega<\omega_g$，则超导体电导率的实部就将为零，因此在这个区间内上述等式左端的积分将减小约 $\sigma'_n\omega_g$。为了补偿这个降低的量，必须存在对 σ'_s 的另一种贡献。(b) 试证：如果 σ'_s $(\omega>\omega_g)<\sigma'_n$ $(\omega>\omega_g)$，如同实验中所观察到的那样，那么在 $\omega=0$ 时，$\sigma'_s(\omega)$ 会有一个 δ 函数型贡献，而由这个 δ 函数就会给出贡献 $\sigma''_s(\omega)\approx\sigma'_n\omega_g/\omega$。这个 δ 函数相应于 $\omega=0$ 时电导率无限大。(c) 根据对传导电子在极高频率下的经典运动的基本考虑，试证

(CGS) $$\int_0^{\infty}\sigma'(\omega)\mathrm{d}\omega=\pi n e^2/2m$$

这个结果首先由 Ferrell 和 Glover 得到。

5. 介电常量和半导体能隙。若一个半导体中存在的能隙为 ω_g，则它对于 $\epsilon''(\omega)$ 产生的效应可以通过将响应函数式（15）中的 $\delta(\omega)$ 换为 $(1/2)\delta(\omega-\omega_g)$ 来非常粗略地加以估计；这也就是取 $\epsilon''(\omega)=(2\pi n e^2/m\omega)\pi\delta(\omega-\omega_g)$。由于习题2中求和定则里的积分是从原点开始的，当我们将 δ 函数移离原点，就出现因子1/2。因为在这个近似中是认为所有的吸收都发生于能隙频率，所以这估计是粗略的。试证：应用这个模型，介电常量的实数部分是

$$\epsilon'(\omega)=1+\omega_p^2/(\omega_g^2-\omega^2),\quad \omega_p^2\equiv 4\pi n e^2/m$$

由此可得静态介电常量 $\epsilon'(0)=1+\omega_p^2/\omega_g^2$，这就是广泛使用的经验定则（rule of thumb）。

6. 金属红外反射率的哈根-鲁本斯关系（Hagen-Rubens relation）。现有一种金属，在 $\omega\tau\ll 1$ 时，其复折射率 $n+iK$ 由下式给出：

(CGS) $$\epsilon(\omega)\equiv(n+iK)^2=1+4\pi i\sigma_0/\omega$$

式中 σ_0 是静场（直流）电导率。现在假定带内电流是主导的，而带间跃迁可略去。应用习题3关于垂直入射系数的结果，试证：如果 $\sigma_0\gg\omega$，则有

(CGS) $$R\simeq 1-(2\omega/\pi\sigma_0)^{1/2}$$

这就是所谓的哈根-鲁本斯关系。钠在室温下的电导率（CGS制）$\sigma_0\simeq 2.1\times10^{17}\,\mathrm{s}^{-1}$，由关系 $\tau=\sigma_0 m/ne^2$ 导出 $\tau\simeq 3.1\times10^{-14}\,\mathrm{s}$。对于波长 10μm 的辐射，相应地有 $\omega=1.88\times10^{14}\,\mathrm{s}^{-1}$，因此哈根-鲁本斯关系应成立。计算可得 $R=0.976$，而由 n 和 K 的实验值计算的结果是 0.987。提示：如 $\sigma_0\gg\omega$，则 $n^2\simeq K^2$，这样可以简化代数运算。

7. 转动拉曼光谱。已知在 $^{35}Cl_2$ 的转动拉曼光谱中，其反斯托克斯线与斯托克斯线两个谱线分支之间距为 $0.98\mathrm{cm}^{-1}$。试计算 Cl_2 的键长。

❶**8. 激子谱线的达维多芾劈裂（Davydov splitting）**。当原胞含有两个原子A和B时，图9所示的弗仑克尔激子带将成为双重的。将式（25）～式（29）的理论推广应用于一种一维晶体 AB. AB. AB. AB，令AB间的转移积分为 T_1，B. A 的转移积分为 T_2。试求出一个关于两个带的方程，作为波矢的函数表出。在 $k=0$ 处两个带的分裂称为达维多芾劈裂。

---

❶ 该题偏难。

第 17 章　表面与界面物理

17.1　重构和弛豫

通常，人们将真空中一个晶态固体最外面且明显区别于体相的几个原子层（约为 3 个原子层）称为其表面。表面可能是完全干净的，也可能有外来原子沉淀在它的上面，甚至也可能有外来原子直接与表面结合而纳入其中。晶体的体相称为基体。

如果表面是清洁的，最外原子层（顶层）既可能重构，也可能不重构。对于不重构的表面，除了表面的最外原子层间距有变化（称为多层弛豫）之外，其原子的排列与体相基本相同。

研究发现，相对于体相原子层的层间距来说，表面第一原子层与第二原子层之间的层间距是缩小的。这一现象是非常重要的现象。这样，我们可以把表面当成双原子分子与体相结构之间的一个过渡区。但是，由于双原子分子中的原子间距远小于体相中的原子间距，所以在表面弛豫现象中一定存在着新的机制。表面弛豫与表面重构截然不同。比较而言，在重构现象中，通过原子的弛豫产生了新的表面原胞；而在弛豫现象中，原子在表面结构中保持其原有的结构不变（基于体相晶胞在其表面上的投影而言），只是原子间距与体相相比略有差异。

在金属尤其在非金属中，其表面层中的原子有时会形成超结构。在超结构中，原子的排列已完全不同于基体的原子排列情况。这种现象就是表面重构。它是破缺共价键或离子键在表面重新排列的结果。在这种情况下，表面就会凸出一排排原子间距不同的原子，有的可能大于体相中的原子间距，有的则可能小于体相中的原子间距。也就是说，对于通过价键而结合在一起的晶体，由于其表面的存在，将会留下伸向外面的未饱和的悬挂键，如图 1 所示。由此可见，如果近邻原子相互接近，然后利用其未结合的价电子成键的话，那么能量就会降低。此时，原子位移可达到 0.5Å。

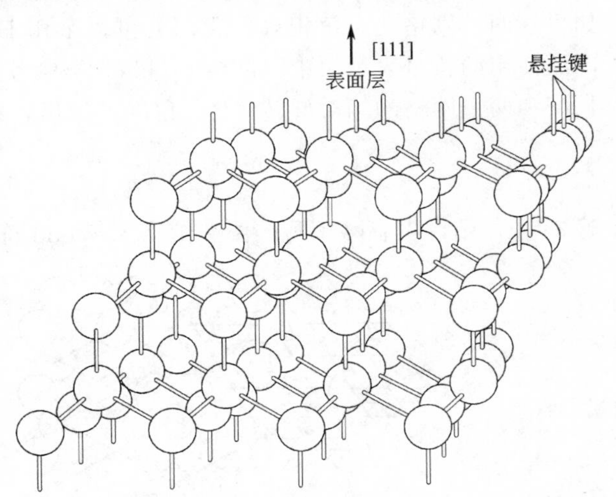

图 1　共价键金刚石立方结构中（111）表面上的悬挂键示意图。引自 M. Prutton，Surface physics，Clarendon，1975。

重构并不一定要形成超结构。例如，在 GaAs（110）表面上，虽然存在 Ga-As 键的转动，但其点群保持不变。这时的驱动力是电子由 Ga 转移至 As，因为这样一来，既填补了 As 中存在的悬挂键，又解决了 Ga 中电子的排出问题。

如果表面是高指数的晶面，在其上就会构建由台阶（高度为 1～2 个原子）隔开的低指数晶面。这种平台-台阶式的布置排列对于蒸镀和脱附是很重要的，因为在台阶上或在台阶扭折处附加原子所需要的能量一般较低。像这样的位置，其化学活性可以很高。我们可以在 LEED（参见下文）实验中借助双束和三束衍射方法观测这类台阶的周期性阵列的产生过程。

17.2　表面晶体学

总体上讲，表面结构仅具有二维周期性。在实践中，表面结构可能是异质材料在基体上沉积后所形成的异质材料的结构，或者纯净基体的边界面。在第 1 章，我们曾用布拉维晶格（Bravais lattice）描述二维或三维中的等价点的阵列，也就是用其描述两重或三重周期性结构。在表面物理中，我们会经常提到“二维晶格”，其面积单元被称作一个网格。

对于两重周期性结构，其晶格共有五种可能的网格：即斜方、正方、六角、长方和有心长方。曾在第一章图 7 中给出了其中的 4 种，其第五种网格就是一般斜方网格。对于第五种类型的网格，其基矢 $\boldsymbol{a}_1$ 和 $\boldsymbol{a}_2$ 之间不存在特殊的对称关系。

与表面平行的基体网格可作为表面描述中的参考网格。例如，如果基体是一个立方晶体，其表面为（111）面，那么这一基体网格就是六角的［参见第1章图7（b）］，而表面网格就是以这些轴为基准得到的。

假定由矢量 $\boldsymbol{c}_1$、$\boldsymbol{c}_2$ 定义表面结构中的网格，则通过一个矩阵操作 $\boldsymbol{P}$ 可以将 $\boldsymbol{c}_1$ 和 $\boldsymbol{c}_2$ 用参考网格的 $\boldsymbol{a}_1$ 和 $\boldsymbol{a}_2$ 表示出来，亦即

$$\begin{pmatrix}\boldsymbol{c}_1\\ \boldsymbol{c}_2\end{pmatrix}=\boldsymbol{P}\begin{pmatrix}\boldsymbol{a}_1\\ \boldsymbol{a}_2\end{pmatrix}=\begin{pmatrix}P_{11} & P_{12}\\ P_{21} & P_{22}\end{pmatrix}\begin{pmatrix}\boldsymbol{a}_1\\ \boldsymbol{a}_2\end{pmatrix} \tag{1}$$

如果这两个网格的夹角相等，我们就可以采用 E. A. Wood 创造的简约符号表示法。在这种广泛使用的符号表示法中，网格 $\boldsymbol{c}_1$ 和 $\boldsymbol{c}_2$ 与参考网格 $\boldsymbol{a}_1$ 和 $\boldsymbol{a}_2$ 之间的关系可以用网格基矢的长度和两个网格的相对旋转（R）角度 α 给出，即可表示为

$$\left(\frac{c_1}{a_1}\times\frac{c_2}{a_2}\right)R\alpha \tag{2}$$

若 $\alpha=0$，则可以省略不写。图2给出了 Wood 符号表示法的几个例子。

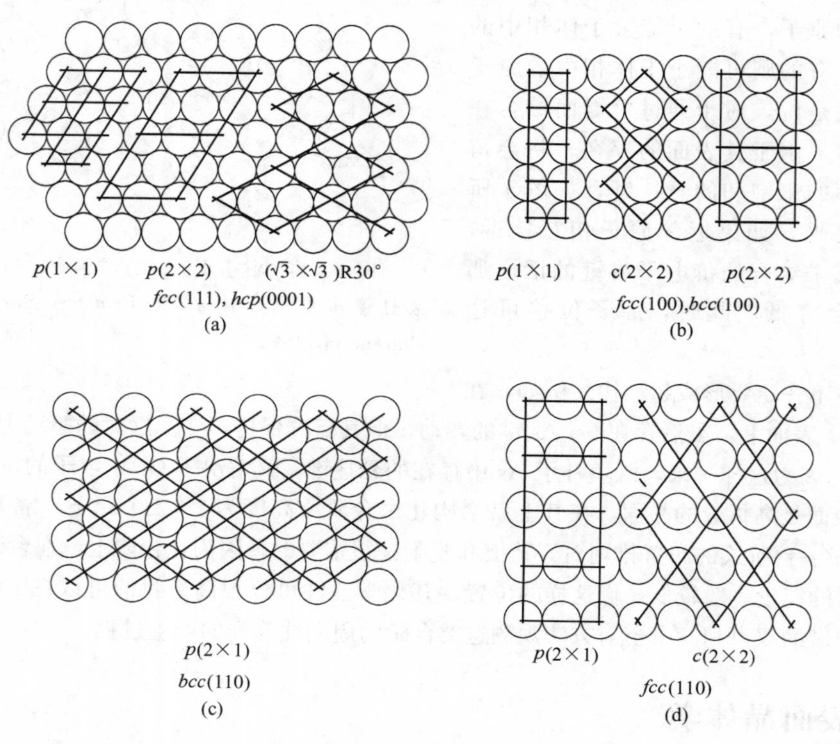

图2 吸附原子的表面网格。圆圈表示在基体顶层上的原子。在（a）中，*fcc*（111）表示 *fcc* 结构中的（111）面。由这个面确定一个参考网格。线表示有序的覆盖层，吸附原子位于两条线的交点。这些交点代表两重网格（即二维晶格）。图（a）中 $p(1\times1)$ 表示一个初基网格单元，其基元与参考网格的基元相等。在图（b）中，$c(2\times2)$ 网格单元是一个有心的网格，其基矢是参考网格基矢的两倍。被吸附于金属表面上的原子几乎都进入其表面格点位置（空格点），以便使基体表面原子的最近邻数目最大化。引自 Van Hove。

表面网格的倒格矢可以记为 $\boldsymbol{c}_1^*$ 和 $\boldsymbol{c}_2^*$，并由下式定义：

$$\boldsymbol{c}_1\cdot\boldsymbol{c}_2^*=\boldsymbol{c}_2\cdot\boldsymbol{c}_1^*=0;\qquad \boldsymbol{c}_1\cdot\boldsymbol{c}_1^*=\boldsymbol{c}_2\cdot\boldsymbol{c}_2^*=2\pi\ （或\ 1） \tag{3}$$

其中 2π（或 1）是两个通用的约定。比较可以看出，这里在图 3 中使用的定义（3）式与第 2 章中给出的三重周期性的倒格矢的定义相似。

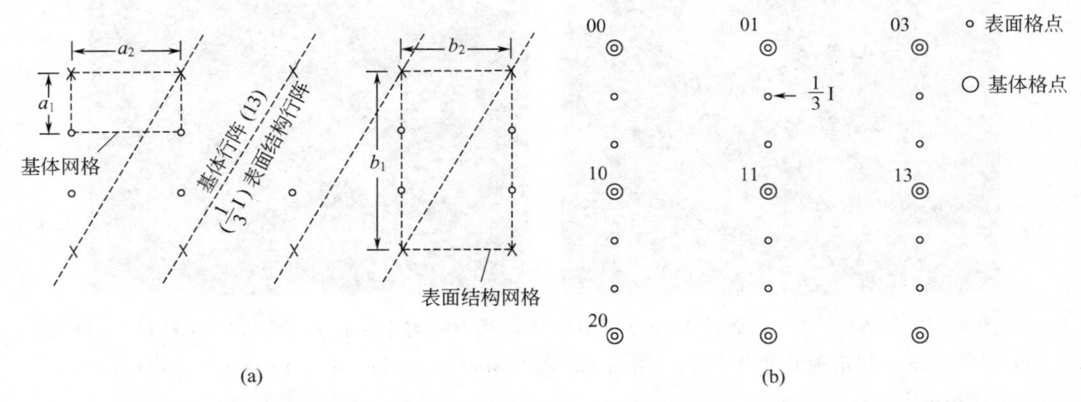

图 3　（3×1）表面结构示意图。（a）在实空间。（b）在倒空间，引自 E. A. Wood。

当我们在三维情况下考虑问题时，最好将这些两重周期性网格的倒格点想象成一个棒；这个棒通过该倒格点无限延伸，并且与表面平面垂直。如果把这个棒看成由三重周期性晶格产生将是有益的，其中这个三重周期性晶格沿某一轴无限地伸展。

这个“棒”的概念的有用性体现在第 2 章图 8 关于反射球 Ewald 作图法的解释之中。凡是 Ewald 球与倒易网格棒的交点就会产生衍射。若用网格倒格矢的指数（h k）标示每一个衍射束，则

$$g = h\boldsymbol{c}_1^* + k\boldsymbol{c}_2^* \tag{4}$$

就是一个衍射束。

通过图 4 可以解释低能电子衍射（LEED）谱。电子能量的典型值在 10～1000eV 之间。Davison 和 Germer 正是利用这种方式于 1927 年发现的电子的波动性。图 5 是实验得到的衍射图样。

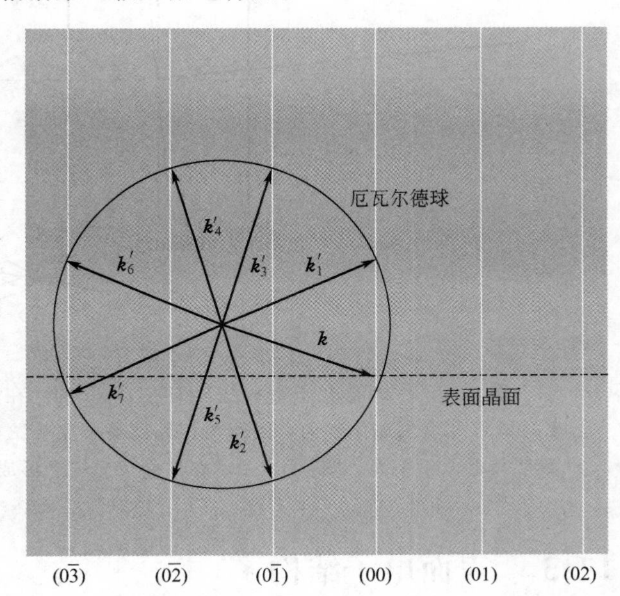

图 4　入射波 $\boldsymbol{k}$ 经正方网格衍射后 Ewald 球结构图。其中，$\boldsymbol{k}$ 平行于该网格的一个轴。在纸面内的背散射束为：$\boldsymbol{k}'_4$，$\boldsymbol{k}'_5$，$\boldsymbol{k}'_6$，$\boldsymbol{k}'_7$；同时也会产生离开纸平面的衍射束。垂直线表示倒网格的棒。

17.2.1　反射高能电子衍射

在反射高能电子衍射（RHEED）方法中，高能量电子束直接掠入射到晶体表面，通过调整入射角，使得入射波矢的法向分量非常小，从而最大限度的减小电子束的透射比例，更大程度地发挥晶体表面的作用。

对于 100keV 的电子束，Ewald 球的半径 $k \simeq 10^3 \text{Å}^{-1}$，它远大于最短倒格矢 $2\pi/a \approx 1\text{Å}^{-1}$。于是，Ewald 球在中心散射区将近似于平面形的表面。当入射束以掠角入射时，倒网格棒与这个近平面的球的交截将近似于一条线。实验布置如图 6 所示。

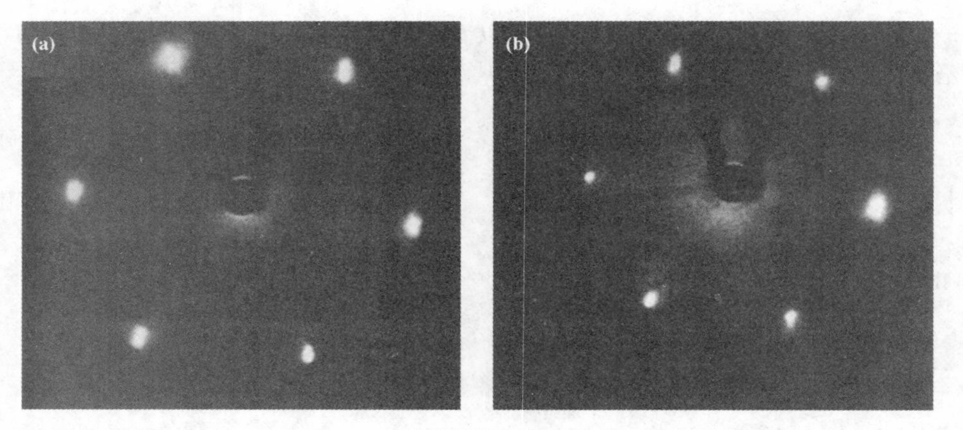

图 5 Pt晶体（111）表面的LEED衍射图样，其中入射电子能量分别为51eV和63.5eV。在较低能量下，其衍射角更大一些。引自G. A. Somorjai，Chemistry in two dimensions：surfaces，Cornell，1981。

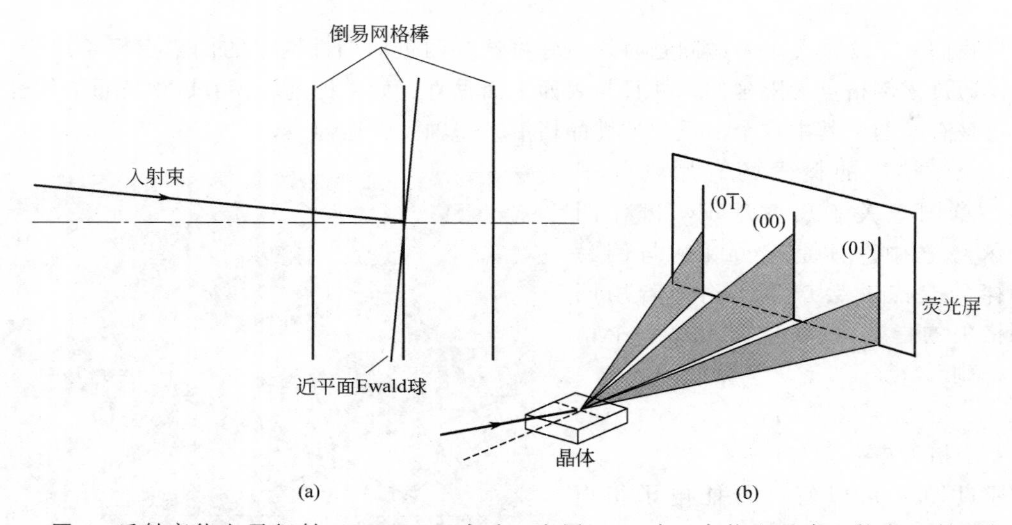

图 6 反射高能电子衍射（RHEED）方法。在图（a）中，高能电子束以掠角入射到与Ewald球相交的晶体表面；同两个相邻倒易网格棒之间距相比，这个Ewald球的半径很大，以致使其近似于平面。图（b）表示在平面荧光屏上形成的衍射线。引自Prutton。

17.3 表面电子结构

17.3.1 功函数

对于一个金属的均匀表面，其功函数W定义为真空能级与费米能级的电子势能之差。真空能级是指电子处在离开表面足够远的某一点上静止时的能量。所谓足够远的意思是：作用于电子的静电像力可以忽略不计——离开表面100Å以上。费米能级就是电子在金属中的电化学势。

表1列出了电子功函数的一些典型值。外露晶面的取向将会影响功函数的值，因为表面附近的双电层强度依赖于表面正离子实的浓度。双电层之所以存在，其原因在于表面离子处于一个非对称的环境，亦即一侧为真空（或被吸附的外来原子层），另一侧为基体。

表1 电子功函数[1]

元素	表面晶面	功函数	元素	表面晶面	功函数
除钨的值由场发射获得之外，其他元素的值均通过光电发射得到。			除钨的值由场发射获得之外，其他元素的值均通过光电发射得到。		
Ag	(100)	4.64	Ge	(111)	4.80
	(110)	4.52	Ni	(100)	5.22
	(111)	4.74		(110)	5.04
Cs	多晶体	2.14		(111)	5.35
Cu	(100)	4.59	W	(100)	4.63
	(110)	4.48		(110)	5.25
	(111)	4.98		(111)	4.47

① 引自 H. D. Hagstrum。

对于在绝对零度时的光电发射，功函数与阈能相等。如果$\hbar\omega$是入射光子的能量，则爱因斯坦（Einstein）方程为$\hbar\omega=W+T$，其中T是发射电子的动能，W是功函数。

17.3.2 热电子发射

热电子发射对功函数的依赖关系是指数型的，现推导如下。

首先，我们要求出真空中金属电子在温度$\tau(=k_B T)$下的平衡浓度及其化学势μ。如果将真空中的电子看作理想气体，则根据文献TP第5章的讨论，其化学势可以写为

$$\mu=\mu_{ext}+\tau\log(n/n_Q) \tag{5}$$

其中，对于自旋为1/2的粒子，n_Q的表达式为

$$n_Q=2(m\tau/2\pi\hbar^2)^{3/2} \tag{6}$$

根据功函数W的定义，有$\mu_{ext}-\mu=W$。因此，由式（5）可得

$$n=n_Q\exp(-W/\tau) \tag{7}$$

当所有电子全部被提取时，离开金属表面的电子通量应等于从外部入射到表面的通量。根据文献TP中的（14,95）和（14,21）两式，可得

$$J_n=\frac{1}{4}n\bar{c}=n(\tau/2\pi m)^{1/2} \tag{8}$$

式中，$\bar{c}$是电子在真空中的平均速度。电荷通量等于eJ_n，亦即

$$J_e=(\tau^2 me/2\pi^2\hbar^3)\exp(-W/\tau) \tag{9}$$

这就是关于热电子发射的所谓里查逊-德西曼方程（Richardson-Dushman equation）。

17.3.3 表面态

在半导体的自由表面通常存在着表面束缚电子态，其能量位于体相半导体的价带和导带之间的禁带之中。在一维情况下，通过对弱结合或二分量近似（参见第7章）的功函数的讨论，我们可以更好地理解这些表面态的性质。（在三维情况下，功函数将增加在表面上的y、z平面因子，即$\exp[i(k_y y+k_z z)]$）。

如果$x>0$的区域为真空，则可以令电子在这个区域的势能等于零，即

$$U(x)=0,x>0 \tag{10}$$

在晶体中，势能具有通常的周期形式，则有

$$U(x)=\sum_G U_G \exp(iGx),\ x<0 \tag{11}$$

在一维情况下，$G=n\pi/a$，其中 n 取包括零在内的任意整数。

在真空中，表面束缚态波函数应该指数的减小，于是

$$\psi_{out}=\exp(-sx), x>0 \tag{12}$$

根据波动方程，这些态相对于真空能级的能量是

$$\epsilon=-\hbar^2 s^2/2m \tag{13}$$

对于 $x<0$，类比第 7 章式（49），并考虑到增加一个因子 $\exp(qx)$ 以便适用于把电子结合到表面，则在晶体内束缚表面态的二分量波函数具有如下形式，即

$$\psi_{in}=\exp(qx+ikx)[C(k)+C(k-G)\exp(-iGx)] \tag{14}$$

我们现在回到一个重要的问题上来，这就是波矢 k 的允许值取值条件。如果态是束缚态，则在垂直表面的 x 方向上就不应该有电流存在。这个条件在量子力学中是能够保证的，只要波函数可以写成 x 的实函数。对此，外部波函数式（12）已经满足。但是，式（14）只有当 $k=\frac{1}{2}G$ 时才成为一个实函数，由此可得满足条件的内部波函数为

$$\psi_{in}=\exp(qx)[C(\frac{1}{2}G)\exp(iGx/2)+C(-\frac{1}{2}G)\exp(-iGx/2)] \tag{15}$$

如果 $C^*(\frac{1}{2})=C(-\frac{1}{2}G)$，这就是一个实数。于是，对于表面态，$k_x$ 不能取连续的值，只能取与布里渊区边界相交的那些离散态。

式（15）表示的态在晶体中是按照指数律被阻尼的。常量 s 和 q 可以通过在 $x=0$ 处 ψ 和 $d\psi/dx$ 连续的边界条件而联系起来。结合能ϵ可以通过求解类似于第 7 章式（46）的二分量标量方程得到。第 7 章图 12 对这里的讨论有帮助，请参见之。

17.3.4 表面上的切向输运

由上述讨论可知，能量处于基质晶体价带与导带之间禁带之中的表面束缚电子态是存在的。这些态可能是被占有的，也可能是空着的。无论如何，它们的存在都必须对这一问题的统计力学产生影响。也就是说，这些态将改变电子和空穴的局部平衡浓度；这一影响相当于化学势相对于能带边有一个移动。在一个平衡系统中，由于化学势与位置无关，因此能带必然移动或弯曲，如图 7 所示。

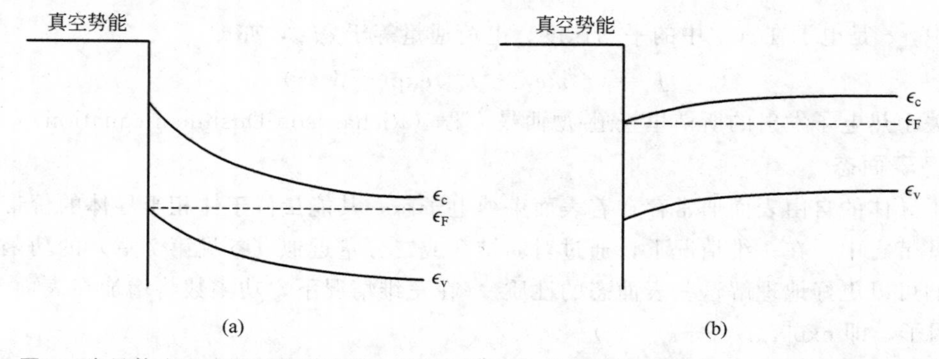

图 7 半导体表面附近的能带弯曲，这将导致一个高传导性表面区。(a) 表示在 n 型半导体上的反型层，对于图中所示的弯曲，其在表面处的空穴浓度已远大于内部的电子浓度；(b) 表示在 n 型半导体上的积累层，这时，表面的电子浓度远大于体内。

厚度以及在表面层中的载流子浓度都会因沿表面法向施加外场而改变。这一外加电场效应在金属-氧化物-半导体场效应晶体管（MOSFET）中大有用场。这种器件的结构是：在半导体表面之外有一个金属电极，中间有一个氧化物层将其分开。在金属与半导体之间施加一个电压（称为门电压 V_g），用以调制 n_s。其中 n_s 表示单位面积上的表面电荷密度。于是，得到

$$\Delta n_s = C_g \Delta V_g$$

式中 C_g 是金属门与半导体之间单位面积上的比电容。这一表面电荷层形成了 MOSFET 的导电路径。在两个电接触之间宽为 W、长为 L 的表面层的电导为

$$G=(W/L)n_s e\mu$$

其中 μ 是载流子迁移率。载流子浓度（亦即电导）可以通过门电压进行控制。这种三端电子管是微电子系统中的一个重要组成部分。被载流子占据的表面电子态在垂直于界面的方向上是量子化的，关于这一问题留在习题 2 中讨论。

17.4　二维通道情况下的磁致电阻效应

我们曾在第 6 章习题 11 中求出 3D 情况下的静态磁致电导率张量。现在，将这一结果转嫁用于讨论在 xy 平面上的 2D 表面电导通道的问题，其中静磁场沿 z 轴方向，且垂直于 MOS 层。假定电子的表面密度 $n_s=N/L^2$。表面电导定义为体电导率乘以层厚度。表面电流密度定义为表面上单位长度流过的电流。

于是，利用第 6 章式（43）和第 6 章式（65），则得表面张量电导分量为

$$\sigma_{xx}=\frac{\sigma_0}{1+(\omega_c\tau)^2};\quad \sigma_{xy}=\frac{\sigma_0\omega_c\tau}{1+(\omega_c\tau)^2} \tag{16}$$

其中 $\sigma_0=n_s e^2\tau/m$，$\omega_c=eB/mc$（CGS）或 eB/m（SI）。下面的讨论中除使用欧姆的地方之外，其他均以 CGS 制给出。

这些结果尤其适用于第 6 章中使用过的弛豫时间近似。当 $\omega_c\tau\gg1$ 时，在强磁场和低温情况下，表面电导率分量趋于如下极限，即

$$\sigma_{xx}=0;\quad \sigma_{xy}=n_s ec/B \tag{17}$$

上述关于 σ_{xy} 的极限，是自由电子在交叉电场 E_y 和磁场 B_z 中所拥有的普遍性质。现在论证电子沿 x 方向以速度 $v_D=cE_y/B_z$ 漂移时的结果。假定在洛伦兹坐标系下，电子以这个速度沿 x 方向运动。根据电磁理论，这时将有一个电场 $E'_y=-v_D B_z/c$，其作用就是取消上面根据外加电场 E_y 所选定的 v_D。从实验室系看，除了在外加电场 E_y 之前电子已具有的速度分量外，所有电子都以速度 v_D 沿 x 方向漂移。

于是，有 $j_x=\sigma_{xy}E_y=n_s ev_D=(n_s ec/B)E_y$，由此得出

$$\sigma_{xy}=n_s ec/B \tag{18}$$

这就是式（17）给出的结果。通过实验可以测得 y 方向上的电压 V 和在 x 方向上的电流 I（见图 8）。这时 $I_x=j_xE_y=(n_s ec/B)(E_yL_y)=(n_s ec/B)V_y$。霍尔电阻为

$$\rho_H=V_y/I_x=B/n_s ec \tag{18a}$$

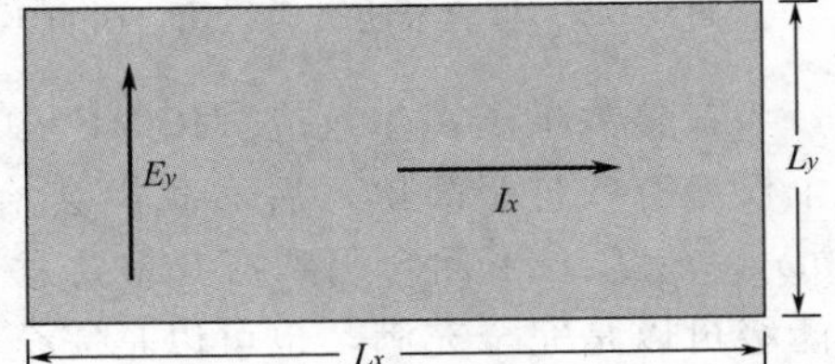

图 8　整数量子霍尔效应（IQHE）实验中外力场 E_y 和漂移电流 I_x 的示意图。

可以看出，j_x 可以在 $E_x=0$ 时存在，所以有效电导 j_x/E_x 趋于无穷大。令人不可思议的是，这一极限只有当 σ_{xx} 和 σ_{yy} 等于零时才存在。考虑张量关

系式

$$j_x=\sigma_{xx}E_x+\sigma_{xy}E_y;\quad j_y=\sigma_{yx}E_x+\sigma_{yy}E_y \tag{19}$$

根据霍尔效应的几何学，有 $j_y=0$，于是得到 $E_y=(\sigma_{xy}/\sigma_{yy})E_x$，其中利用了 $\sigma_{xy}=-\sigma_{yx}$。这样，代入整理即可得

$$j_x=(\sigma_{xx}+\sigma_{xy}{}^2/\sigma_{yy})E_x=\sigma(\text{有效})E_x \tag{20}$$

显然，当取极限 $\sigma_{xx}=\sigma_{yy}=0$ 时，有效电导为无穷大。

17.4.1 整数量子霍尔效应（IQHE）

图 9 是温度和磁场都满足量子化条件时的第一个实验结果[1]。这一结果令人惊异不已：当门电压达到某一定值时，在电流方向上的电压毫无异议地趋于零，仿佛有效电导是无穷大。其次，在门电压具有相同间隔的位置附近出现一系列霍尔电压（Hall voltage）的平台；在这些平台处，霍尔电阻率（Hall resistivity）V_H/I_x 都精确地等于（25813/整数）欧姆，其中 25813 是以欧姆给出的 h/e^2 的值。

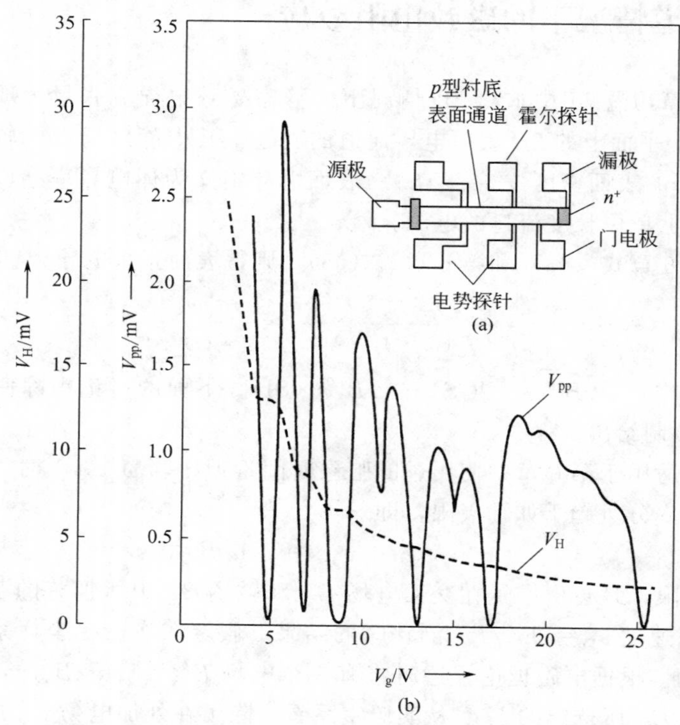

图 9 首次 IQHE 测量结果。其中，磁场（180kG=180T）由纸面指向外，温度为 1.5K。在源极与漏极之间有一个 1μA 的稳恒电流，电压 V_{pp} 与 V_H 均作为门电压 V_g 的函数画出其变化曲线，V_g 与费米能级成正比。引自 K. von Klitzing，G. Dorda，and M. Pepper。

在整数量子霍尔效应（IQHE）中，电压最小值 V_{pp} 可以借助一个模型来解释，不过这个模型有些过于简单，后面我们会给出一个统一的理论。现在施加一个强磁场，使得间隔 $\hbar\omega_c\gg k_BT$。下面会用到富有重要意义的一个概念，这就是朗道能级（Landau level）。朗道能级可以是完全充满，也可以是完全空着。如果电子表面浓度（正比于门电压）调整到一个合适的值，使得费米能级落在一个朗道能级上，由第 9 章式（33）和式（34），我们得到

[1] K. von Klitzing，G. Dorda，and M. Pepper，Phys. Rev. Lett. 45，494（1980）.

$$seB_s/hc = n_s \tag{21}$$

这里 s 取任意整数，n_s 是电子表面浓度。

如果上述条件都得到满足，则电子碰撞时间将大大地提高。在同一个朗道能级中不会发生从一个态到另一个态的弹性碰撞，因为所有可能的等能终态都是被占据的。泡利原理禁止发生弹性碰撞。对于空的朗道能级，可以通过非弹性碰撞从声子中获得所必需的能量。但是根据假定 $\hbar\omega_c \gg k_B T$，因而能量大于能级间隔的热声子非常少。

综合式（18a）和式（21），可得霍尔电阻的量子化表达式，即为

$$\rho_H = h/se^2 = 2\pi/sc\alpha \tag{22}$$

其中 α 是精细结构常数 $e^2/\hbar c \cong 1/137$，s 是一个整数。

17.4.2　真实系统中的 IQHE

测量结果（见图 9）表明，上述 IQHE 理论是很不错的。霍尔电阻率被精确地量子化为（25813/s）欧姆，而无论半导体是否非常纯净和完美。在真实晶体中，窄的朗道能级［见图 10（a）所示］将被展宽［见图 10（b）所示］，但是这不影响霍尔电阻率。图 9 的 V_H 曲线表明，霍尔电阻率会出现平台。但这一效应在一个真实系统中如何是难以预料的，因为除了那些与费米能级完全一致的朗道能级之外，对于所有电压都会存在未被充满的朗道能级。然而，实验证明，在 V_g 的取值范围内，真实系统能给出严格的霍尔电阻。

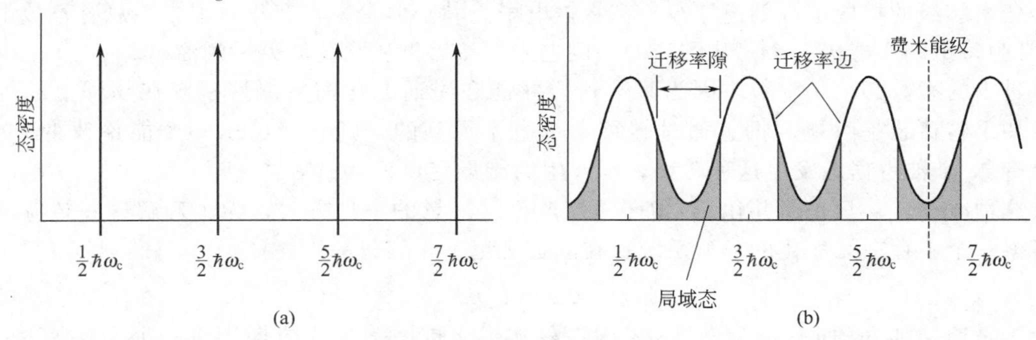

图 10　在强磁场下 2D 电子气的态密度。（a）理想的 2D 晶体；（b）真实的 2D 晶体，其中含有杂质和其他缺陷。

劳克林（Laughlin）[1] 利用规范不变性的统一原理解释了关于真实系统的实验结果。其论证非常精妙，并让人联想起超导体中的磁通量子化（见第 10 章）。

在劳克林的思想实验中，2D 系统被弯曲成一个圆筒（见图 11）。在圆筒表面的各个地方都有强磁场 B 穿过，并且 B 垂直于表面。电流 I（前面的 I_x）变成一个电流环。作用于电荷载流子的磁场产生一个与电流和 B 都垂直的霍尔电压 V_H（即前面的 E_y）；也就是说，V_H 是在圆筒的两侧建立起来的。

伴随环形电流 I 有一个小磁通 φ 穿过该电流环。这一思想实验的目的是要建立 I 和 V_H 之间的关系。我们从 I 与零电阻系统总能量 U 之间的电磁关系开始讨论，即有

$$\frac{\partial U}{\partial t} = -V_x I_x = \frac{I}{c}\frac{\partial \varphi}{\partial t}; \quad I = c\,\frac{\delta U}{\delta \varphi} \tag{23}$$

这时，电流 I 可以通过电子能量的变分 δU 得到，同时伴随着有一个磁通的小变分 $\delta\varphi$。

---

[1] R. B. Langhlin, Phys. Rev. B 23, 5632 (1981); see also his article in the McGraw-Hill year-book of science and technology, 1984, pp. 209—214. A review is given by H. L. Stormer and D. C. Tsui, Science 220, 124 (1983).

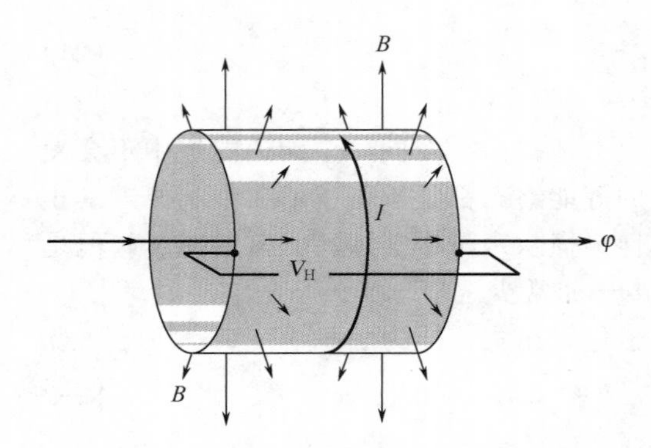

图 11 劳克林思想实验（thought-experiment）的几何示意图。其中 2D 电子系统被卷成一个圆筒，强磁场穿过圆筒并在各个地方与圆筒表面垂直。电流 I 变成一个电流环，由其引致霍尔电压 V_H，而且伴有一小的磁通量 φ 通过这个环。

载流子态分成两类：

(1) 局域态，这种态在电流环周围是不连续的；

(2) 扩展态，这种态在电流环周围是连续的。根据我们现在对局域化的理解，局域态和扩展态不能在同一能量下共存。

这两类状态对磁通 φ 的作用有着不同的响应。在一级近似下，局域态不受影响，因为它们在任何 φ 显著的地方都不闭合。对于局域态，当 φ 有一个改变时，相当于作一次规范变换，并不影响态的能量。

对于扩展态，它们围绕 φ 是闭合的，所以当 φ 改变时它们的能量会发生变化。但是，如果磁通每次变化一个磁通量子，即 $\delta\varphi=hc/e$，那么所有扩展轨道将等同于它们在增加一个磁通量子之前的轨道。对于这一结果的讨论可能阅第十章关于超导环内磁通量子化的讨论，但要注意将库珀对的 $2e$ 换成 e。

如果费米能级落入图 10 (b) 中的局域态，那么在磁通改变 $\delta\varphi$ 之前和之后，所有能量低于费米能级的扩展态（朗道能级）都将被电子充满。但是，在变化过程中，总有整数个态（通常为每个朗道能级一个）从圆筒的一侧进入，然后再从圆筒的另一侧溜出。

进出的态数必须是整数，因为只有这样才能在磁通变化前后保持系统在物理上的等价性。如果转移态是由被占据态通过转移一个电子得到的，则它将给出一个能量改变 eV_H；如果有 N 个被占据态发生这种转移，则产生的能量变化为 NeV_H。

这种电子转移只是简并化 2D 电子系统改变其能量的一种方式，为了理解这一效应，下面考察一个不存在无序化的模型系统；在朗道规范下，当矢势

$$\mathbf{A}=-By\hat{\boldsymbol{x}} \tag{24}$$

对应于磁通增加 $\delta\varphi$ 而有一个增量 δA 时，就相当于扩展态在 y 方向产生一个大小为 $\delta A/B$ 的位移。根据斯托克斯（Stokes）定理以及矢势的定义，可得 $\delta\varphi=L_x\delta A$。因此，$\delta\varphi$ 将引致整个电子气在 y 方向上的运动。

由 $\delta U=NeV_H$ 及 $\delta\varphi=hc/e$，可得

$$I=c(\Delta U/\Delta\varphi)=cNe^2V_H/hc=(Ne^2/h)V_H \tag{25}$$

所以霍尔电阻是

$$\rho_H=V_H/I=h/Ne^2 \tag{26}$$

这和式（22）给出的结果相同。

17.4.3 分数量子霍尔效应（FQHE）

研究指出，在温度更低、磁场更强的情况下，在类似的系统中可以观察到 s 取分数值的量子化霍尔效应。在极端量子限下，最低的朗道能级只是部分地被占据，这时上面讨论的整数量子霍尔效应将不再发生。不仅如此，观测结果表明[1]，当最低朗道能级的占有率为 1/3 和 2/3 时，霍尔电阻 ρ_H 的量子化单位为 $3h/e^2$；并且，对于这样的占有率，$\rho_{xx}=0$。另外，

---

[1] D. C. Tsui, H. L. Stormer, and A. C. Gossard, Phys. Rev. Lett. 48, 562 (1982); A. M. Chang et al., Phys. Rev. Lett. 53, 997 (1984). For a discussion of the theory see R. Laughlim in G. Bauer et al., eds., Two-dimensional systems, heterostructures and superlattices, Springer, 1984.

人们还报道过占有率为 2/5、3/5、4/5 和 2/7 时的研究结果。

17.5　p-n 结

p-n 结是通过对单晶体中两个分立区的掺杂修饰制得的。受主杂质原子进入一个区而得到 p 型区，其多数载流子（简称多子）是空穴；施主杂质原子进入另一个区而给出 n 型区，其中的多子为电子。其界面区的厚度小于 10^{-4}cm 。在结区的 p 型侧存在着与自由空穴等浓度的负离子化受主杂质原子；在结区的 n 型侧则存在着与自由电子等浓度的正离子化施主原子。因此，在 p 侧多子为空穴，而在 n 侧多子为电子，如图 12 所示。

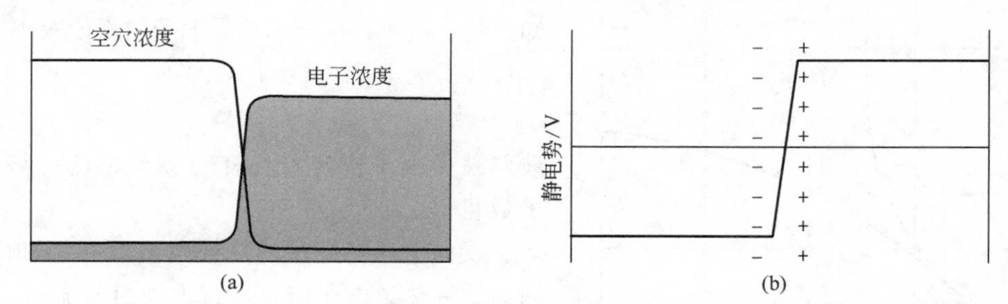

图 12　(a) 是空穴和电子浓度在跨越零偏压结时的变化情况示意图。载流子与受主和施主杂质原子处于热平衡，因此依照质量作用定律，空穴和电子浓度之积 pn 在整个晶体中为恒量。(b) 是在结附近由受主负离子和施主正离子产生的静电势示意图。势梯度将阻止空穴由 p 侧向 n 侧扩散，同时它也阻止电子由 n 侧向 p 侧的扩散。在结区的这一电场称为内建电场。

聚集在 p 侧的空穴倾向于向外扩散以实现晶体的均匀性。同样，电子倾向于由 n 侧向外扩散。但是，扩散将打破系统的局部电中性。

由扩散引致的少量电荷迁移将在 p 侧留下过剩的受主负离子，而在 n 侧则留下过剩的施主正离子。这一双电层将建立一个由 n 指向 p 的电场，以便阻止扩散的继续进行，从而保持两种类型载流子的分立。由于这种双电层的存在，使得晶体中的静电势在跨过结区时有一个跳变。

在达到热平衡的情况下，每种载流子的化学势在整个晶体中都是常量，甚至在穿过结区时也是如此。当考虑穿过整个晶体时，对于空穴，则有

$$k_{B}T\ln p(\boldsymbol{r})+e\varphi(\boldsymbol{r})=\text{常量} \tag{27a}$$

其中 p 是空穴浓度，φ 为静电势。可见，φ 大的地方，p 就小。同理，对于电子，则有

$$k_{B}T\ln n(\boldsymbol{r})-e\varphi(\boldsymbol{r})=\text{常量} \tag{27b}$$

显见，当 φ 小时，n 也变小。

在跨越整个晶体时，总的化学势是常量。当浓度梯度的作用正好等于静电势时，两种载流子的净粒子流都为零。然而，即使是在热平衡下，也会有一个小的电子流由 n 侧流向 p 侧，这些流到 p 侧的电子以及原来存在的电子都会被空穴复合掉。复合电流 J_{nr} 与热致电子电流 J_{ng} 相互抵消。J_{ng} 是由内建电场把 p 区热致电子推向 n 区时所形成的电流。由此，在没有外加电场时，即有

$$J_{nr}(0)+J_{ng}(0)=0 \tag{28}$$

否则，电子就会在势垒的一侧不断地聚集起来。

17.5.1 整流特性

一个 p-n 结就是一个整流器。当我们以某个特定方向在结上施加电压时，就会观测到一个大电流通过；但是如果在与此相反的方向施加电压，则只会有一个小电流流过。如果我们在 p-n 结上施加一个交变电压，则电流将主要地在一个方向流动。这就是说，p-n 结具有把交流变成直流的整流特性（见图 13）。

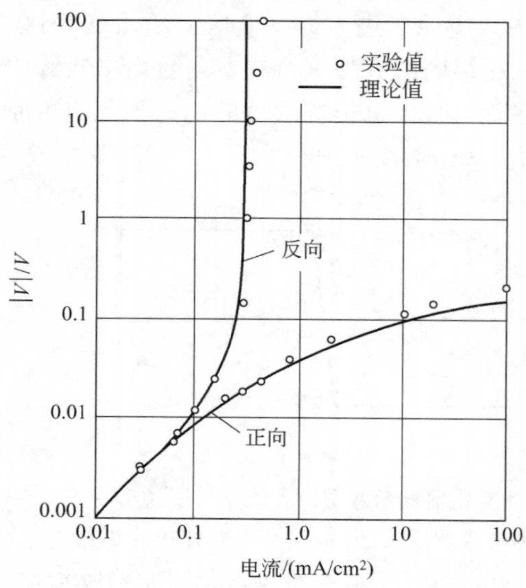

图 13 锗 p-n 结的整流特性。引自 Shockley。

对于反向偏压（就是在 p 区加负电压，而在 n 区加正电压，从而使得这两个区的电势差进一步增大），将不可能有电子能够翻过这么高的势能“山”而从势垒的低能侧迁移到其高能侧。由此可知，复合电流将按玻尔兹曼因子的规律减小，亦即

$$J_{nr}(\text{反向电压 } V)=J_{nr}(0)\exp(-e|V|/k_BT) \tag{29}$$

玻尔兹曼因子决定着具有能够翻越这一势垒的电子数目。

反向电压对电子的热致电流没有特别的影响，因为这一热致电子流可以自由地由 p 流向 n，即有

$$J_{ng}(\text{反向电压 } V)=J_{ng}(0) \tag{30}$$

由（28）式可知 $J_{nr}(0)=-J_{ng}(0)$。因此对于反向偏压，热致产生电流决定着复合产生电流。

当施加一个正向电压时，复合电流将由于势垒能量的进一步降低而增大，从而使更多的电子能够由 n 侧流向 p 侧。这时，我们有

$$J_{nr}(\text{正向电压 } V)=J_{nr}(0)\exp(e\ |V|/k_BT) \tag{31}$$

同样，热致电流不变，即

$$J_{ng}(\text{正向电压 } V)=J_{ng}(0) \tag{32}$$

空穴的情况类似于电子。当外加电压对于电子而言比势垒高度低时，那么它对空穴也是低的。因此，在同一电压条件下，当有大量电子由 n 区流出时，就会有大量空穴在相反方向上流出。

空穴电流与电子电流是加合性的，于是总的正向电流为

$$I=I_s[\exp(eV/k_BT)-1] \tag{33}$$

其中 I_s 是上述两种产生电流之和。对于 Ge 中的 p-n 结，这一方程与实验结果非常吻合（见图 13），但对于其他半导体中的 p-n 结，则没有这么吻合。

17.5.2 太阳电池和光生伏打型检测器

在不加偏压的情况下，让阳光直接照射 p-n 结。每吸收一个光子就会产生一个电子和一个空穴。当这些载流子向结区扩散时，结的内建电场就将它们以能垒为界分隔开来。载流子的这种分离会产生一个跨越势垒的正向电压。这里之所以为正向，是因为光激发载流子的电场与结的内建电场方向相反。

上述受照 p-n 结产生正向电压的现象，被称为光生伏打效应（photovoltaic effect）。受照结可能向外部电路输送功率。现在，Si 的大面积 p-n 结通常被用作将太阳光子（能量）转换成电能的太阳电池板。

17.5.3 肖特基势垒

当一个半导体与一个金属发生欧姆接触时，就会在半导体内形成一个势垒层，其中的电

荷载流子被全部耗尽。这一势垒层也被称为耗尽层。

在图 14 中，设想一块 n 型半导体与一块金属产生欧姆接触。当电子转移到金属的导带上之后，两者的费米能级是相同的。在这耗尽区内，带正电荷的施主离子留在原处。实际上，杂质原子全部电离。这时的泊松方程是

$$\text{(CGS)}\quad \nabla\cdot\boldsymbol{D}=4\pi ne;\qquad \text{(SI)}\quad \nabla\cdot\boldsymbol{D}=ne/\epsilon_0 \tag{34}$$

式中 n 是施主浓度。静电势由下式给出

$$\text{(CGS)}\quad \mathrm{d}^2\varphi/\mathrm{d}x^2=-4\pi ne/\epsilon\qquad \text{(SI)}\quad \mathrm{d}^2\varphi/\mathrm{d}x^2=-ne/\epsilon\epsilon_0 \tag{35}$$

这一方程具有下列形式的解：

$$\text{(CGS)}\quad \varphi=-(2\pi ne/\epsilon)x^2\qquad \text{(SI)}\quad \varphi=-(ne/2\epsilon\epsilon_0)x^2 \tag{36}$$

为方便起见，将 x 的原点选在势垒的右边，接触发生在 $-x_b$ 处。这时相对于右边的势能为 $-e\varphi$。从而势垒的宽度为

$$\text{(CGS)}\quad x_b=(\epsilon|\varphi_0|/2\pi ne)^{1/2}\qquad \text{(SI)}\quad x_b=(2\epsilon\epsilon_0|\varphi_0|/ne)^{1/2} \tag{37}$$

如果$\epsilon=16$，$e\varphi_0=0.5\mathrm{eV}$，$n=10^{16}\mathrm{cm}^{-3}$，则可求出 $x_b=0.3\mu\mathrm{m}$。以上所述，就是我们对金属-半导体接触的一个简单考虑。

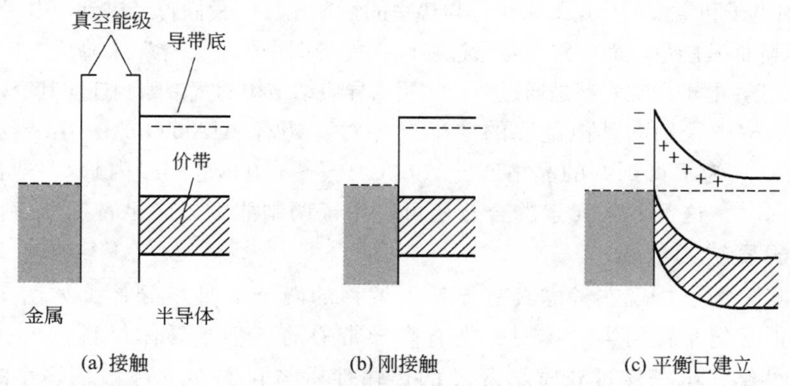

图 14 一块金属与一块 n 型半导体之间的整流势垒。图中折线表示费米能级。

17.6 异质结结构

半导体异质结结构是在一个普通晶体结构上通过连续生长两种或两种以上不同半导体薄层而形成的。从半导体结型器件的设计角度看，异质结结构可以提供额外的自由度，因为杂质掺杂以及在结上的导带和价带偏移都可以人为的控制。正是这些优势，才使得在许多器件中可以将化合物半导体纳入异质结结构。例如，CD 播放器中的半导体激光器和用于蜂窝式电话系统的高速器件等。

异质结结构可以当作一个单晶体处理，不过还要考虑到在界面处原子格位占有率的变化。作为例子，假定界面的一侧是 Ge，另一侧为 GaAs，两者的晶格常量均为 5.65Å；一侧具有金刚石型结构，另一侧是立方硫化锌结构。两种结构都是由四面体共价键构成，并且互相匹配，仿佛他们是一个单晶体。其中存在的少量刃型位错（见第 21 章）可以减小界面附近的应变能。

不管怎样，它们的带隙总是不同的。实际上，也正是这一能隙上的差异才引起人们对异质结结构的研究兴趣。当然，异质结结构制备技术上的神秘性也是科技工作者们的兴奋点之一。在 300K 下，Ge 的带隙为 0.67eV，GaAs 的带隙为 1.43eV。由此，价带和导带边的相

对布置将有多种可能性，如图 15 所示。理论计算表明，Ge 的价带顶 E_v 应该位于比 GaAs 的价带顶高 0.42eV 处，而 Ge 的导带底应位于比 GaAs 导带低 0.35eV 处，这样就可以得到图 15 中归类为正常型的能带结构示意图。

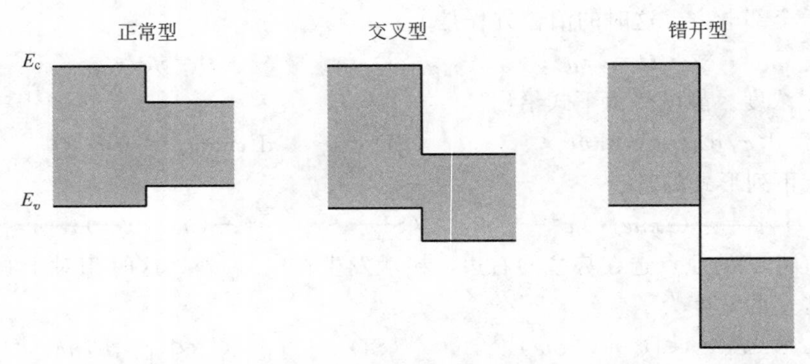

图 15 在异质结界面处能带边偏移的三种类型。禁带在图中以阴影表示。在 GaAs/(Al, Ga) As 中，能带偏移为正常型；而在 GaSb/InAs 异质结中将产生“错开型”带边偏移。

带边偏移对电子和空穴的作用效果正好与势垒的情况相反。我们曾经讲到，电子是通过能带图中的“下沉”来降低其能量，而空穴却是通过在同一能带图中的“上浮”来降低它们的能量。对于正常型的能带布置，电子和空穴都是通过势垒作用由异质结结构的宽带隙侧迁向其窄带隙侧。

在异质结结构中采用的其他重要的“半导体对”还有 AlAs/GaAs，InAs/GaSb，GaP/Si 和 ZnSe/GaAs。为了得到好的晶格匹配（在 0.1%～1.0%范围以内），一般都要采用不同元素的合金。同时，这些不同元素的合金还可以用于调制能隙以满足特殊器件的需要。

17.6.1 n-N 异质结

作为一个实际例子，现在考虑具有导带大偏移的两个 n 型半导体。如图 16（a）所示，它表示能带按正常型布置的半导体对。拥有高导带边的 n 型半导体材料记为 N 型，图中所示的结记为 n-N 结。电子穿过异质结 n-N 的传输性质与它们穿过肖特基势垒时相似。离开界面很远时，这两个半导体在组成上必须保持电中性。此外，如果在零偏压下电子净输运为零，那么这两个费米能级（都是通过掺杂方法确定）必须完全一致。

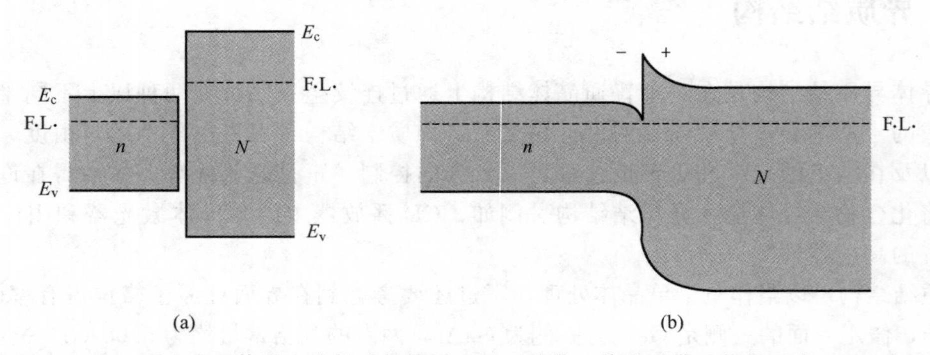

图 16 （a）两个半导体没有接触时的情况。对于导带，其绝对带边能量记为 E_c，对于价带记为 E_v，所谓“绝对能量”是相对于无穷远而言的。两个半导体材料的费米能级都是通过施主浓度（以及带结构）给出的。（b）由相同半导体形成一个异质结，因此两部分在扩散上达到平衡。这要求费米能级（F. L.）与位置无关，并伴随有电子由界面 N 侧向其 n 侧的转移。正离子化施主的耗尽层留在 N 侧原处。

通过两方面考虑就可以确定“遥远”导带边相对于费米能级的能量，如图 16（b）所示。这就是：(1) 具体地考量带偏移（由基质材料组成决定）在界面处的组合；(2) 只要能带在界面附近弯曲，两个远能带能量（由费米能级确定）就可以调和在一起，如图中所示。由电子从 N 侧向 n 侧转移引致的空间电荷可以提供这里所需要的能带弯曲。这一电子转移将在 N 侧留下正施主空间电荷层。由静电学泊松方程可知，在 N 侧的这个正电荷层将使得该侧导带边能量给出正的二价导数（向上弯曲）。

在 n 侧，由于电子在该侧过剩，从而给出负的空间电荷。负的空间电荷层将使得导带边能量给出负的二价导数（向下弯曲）。在 n 侧，能带将作为一个整体向下弯曲地逼近异质结。这不同于通常的 p-n 结。能带向下的弯曲以及势能台阶就形成了关于电子的一个势阱。这一势阱是异质结结构中新现象、新性质的物理基础。

如果 n 侧（低 E_c）的掺杂降低到一个可以忽略的值，那么在富电子层中 n 侧上的离子化施主就会少之又少。这时，电子的迁移率仅仅受到晶格散射的严重制约，但随着温度降低，这一制约将很快减小。对 GaAs/(Al，Ga) As 的观测结果表明，低温下的迁移率可以达 $10^7 cm^2 \cdot V^{-1} \cdot s^{-1}$。

现在，如果将 N 侧半导体的厚度减小至 N 侧耗尽层厚度以下，N 型材料将全部耗尽其低迁移率的电子。所有平行于界面的电导将全部由 n 侧的高迁移率电子贡献。这个高迁移率电子数目在数值上等于离子化 N 侧施主的数目，但在空间上会被势台阶分隔开。这类高迁移率结构不仅在 2D 电子气的固态物理研究中具有重要意义，而且在针对计算机低温应用需要的新型高速场效应晶体管的研究开发中也将发挥重大作用。

17.7　半导体激光器

在直接带隙半导体中，电子与空穴复合时的辐射发射将会引起辐射的受激发射。由辐射产生的电子和空穴的浓度大于它们在平衡时的浓度。对于过剩载流子，复合时间远大于其电子在导带或空穴在价带中达到热平衡所需要的时间。这一关于电子和空穴布居的稳恒态条件可以通过两个带中分立的费米能级 μ_c 和 μ_v（被称准费米能级）来描述。

由于 μ_c 和 μ_v 是相对其带边而言的，所以关于粒子数（布居）反转的条件可以表示为：

$$\mu_c > \mu_v + \epsilon_g \tag{38}$$

对于激光作用，这些准费米能级之间的间隔必须大于带隙。

通过对一个普通的 GaAs 或 InP 结施加正向偏压，就可实现粒子数反转和激光作用。但实际上，几乎所有注入式激光器都采用 H. Kroemer 提出的双异质结结构（见图 17）。这种情况下，激光半导体嵌埋在两个反向掺杂且具有较宽带隙的半导体区之间，以便产生一个对电子和空穴都有限制作用的量子阱。将 GaAs 嵌入（Al，Ga）As 之中就是一个典型例子。在这一结构中，既存在一个阻止电子流入 p 型区的势垒，也存在一个阻止空穴流向 n 型区的反向势垒。

μ_c 在光活性层中的值与在 n 接触中的 μ_n 相联系；类似地，μ_v 与 p 接触中的 μ_p 相联系。如果所加偏压大于活性层能隙所相当的等价电压，则可以实现粒子数反转。因为在晶体-空气界面处的反射率很高，所以二极管晶片可贡献出其自身的电磁（谐振）空腔。通常将晶体抛光，以便获得两个平面平行的表面。辐射是在异质结构平面内发射。

对于结式激光器，一般要求晶体具有直接带隙。间接带隙含有声子和光子，载流子复合

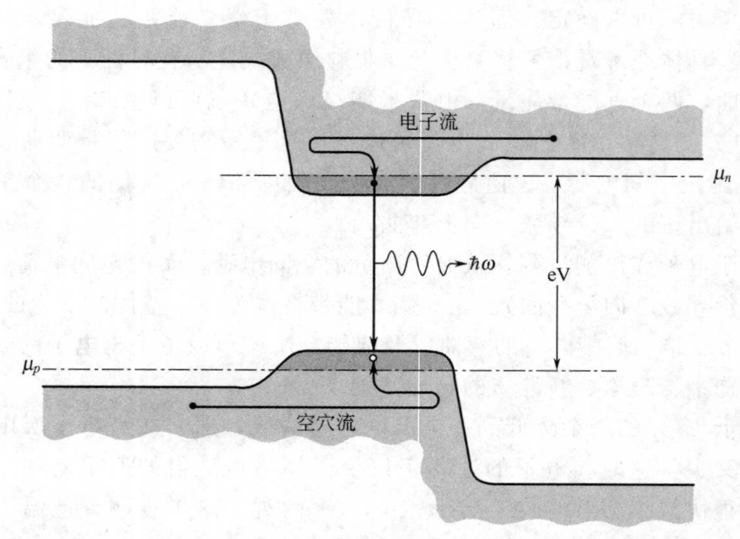

图 17　双异质结结构注入式激光器。电子由右边流入光活性层并形成简并电子气。势垒由p侧的宽带隙提供，以阻止电子逃向左边；空穴由左边流向活性层，但不能逃向右边。

效率由于其他竞争过程而降低。到目前为止，在间接带隙中还没有发现激光作用。

GaAs 作为光活性层而受到了广泛研究。它发射近红外光（8383Å 或 1.48eV），其精确的发射波长与温度有关，能隙为直接的（见第 8 章）。在异质结中，这种材料非常有效：其光能输出与 dc 电能输入之比接近 50%，对于小变化的微分效率高达 90%。

在合金体系 $Ga_xIn_{1-x}P_yAs_{1-y}$ 中，发射波长可以在很宽的范围内改变。由此我们将可以找到与光纤（用作传输媒质）最小吸收相匹配的激光波长。双异质结结构激光器与玻璃纤维相结合奠定了光波通讯技术（正快速替代铜线的信号传输）的基础。

17.8　发光二极管（LED）

目前，发光二极管的效率已达到白炽灯的最好水平。假设在一个 p-n 结上加电压 V，并分裂出两个相差 eV 的化学势 μ_n 和 μ_p，如图 18 所示，电子由 n 侧注入 p 侧，而空穴由 p 侧注入到 n 侧。如果量子效率为 1，那么这些注入载流子就会在穿越结区时互相湮灭并产生光子。

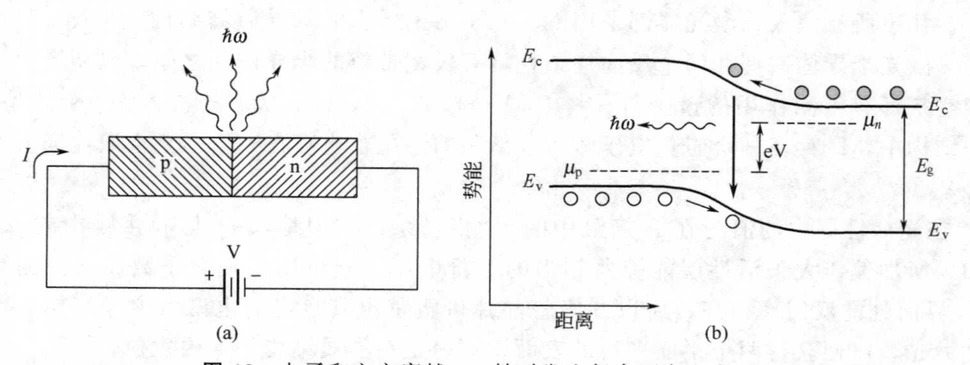

图 18　电子和空穴穿越 p-n 结时发生复合而产生光子。

产生或复合过程在直接带隙半导体［见第 8 章图 5（a）所示］中要比在间接带隙半导体［见第 8 章图 5（b）所示］中强得多。在诸如 GaAs 这样的直接带隙半导体中，带-带光子在 $1\mu m$ 距离内被吸收，这是一个强吸收。在直隙三元半导体 $GaAs_{1-x}P_x$ 中，随着成分变量 x 增大，发光波长变短。这一组成曾被 Holonyak 制成首批 p-n 二极管激光器之一，而且也被用于制成首个可见光（红光）LED。现在，人们已获得蓝光发射异质结结构，例如 $In_xGa_{1-x}N$-$Al_yGa_{1-y}N$。

近年来，发光二极管（LED）性能已经显著提高，由 1962 年的 0.1 流明/瓦提高到 2004 年的 40 流明/瓦，而对于标准白炽灯（白光非过滤）其值仅为 15 流明/瓦。引用 Craford 和 Holonyak 的话就是："灯泡的终极形式——一个直隙Ⅲ～Ⅴ族合金 p-n 异质结结构将引领我们走进照明的新时代。"

习 题

1. 线型阵列和方型阵列的衍射。图 19 是关于一个晶格常量为 a 的线型结构衍射图样的阐释示意图[1]。与此基本相似的结构在分子生物学中具有重要的意义：DNA 和许多蛋白质都是线型螺旋体。（a）一个圆筒形薄膜可用于解释图 19（b）的衍射图样。圆筒的轴与线型结构（或光纤）的轴一致，请描述在薄膜上出现的衍射图样。（b）将一个平面照相底板置于纤维样品后面，并与入射束垂直。请粗略地画出在底板得到的衍射图样。（c）假定有一个原子平面形成一个晶格常量为 a 的方形晶格，原子平面垂直于入射 X 射线束。试粗略绘出在照相底板上得到的衍射图样。提示：由两条垂直原子线的衍射图样推断出原子平面的衍

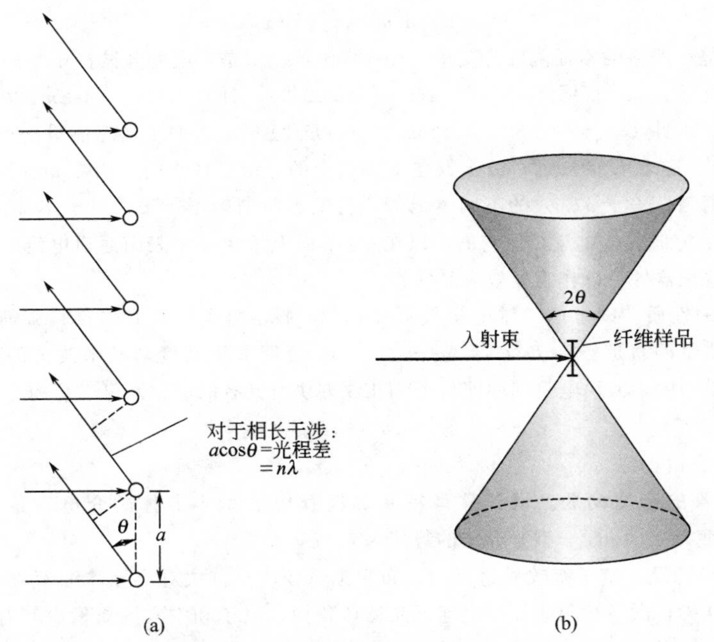

图 19 单原子线阵列的衍射图样。其中，晶格常量为 a，通过单色器的 X 射线垂直于原子线。（a）相长干涉的条件为 $a\cos\theta=n\lambda$，其中 n 是一个整数；（b）对于一个给定的 n，恒定波长 λ 的衍射线落在一个圆锥的表面上。

---

[1] 另一种观点也是有用的：对于一个线型晶格，其衍射图样可以由单个劳埃方程 $\mathbf{a}\cdot\Delta\mathbf{k}=2\pi q$ 来描述，其中 q 取整数。这时，晶格求和不会导致其他劳埃方程。$\mathbf{a}\cdot\Delta\mathbf{k}=$常数成为一个平面的方程，于是倒格子就变成一组垂直于该原子线的平行平面。

射图样。(d) 图 20 是镍 (Ni) 晶体 (110) 表面上 Ni 原子给出的反向衍射图样，试说明衍射图样的取向与图示模型中表面原子的原子位置之间的关系。假定在低能电子反射中只有表面原子才是有效的。

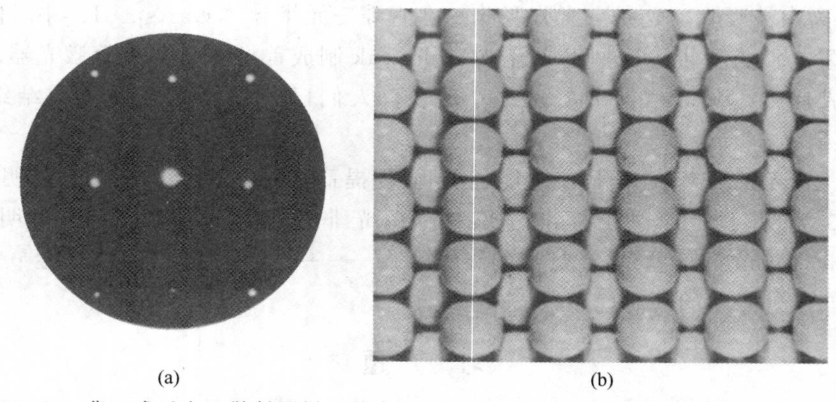

图 20 (a) 背 (或反向) 散射图样，其中 76eV 入射电子垂直入射镍晶体的 (110) 面；(b) 是表面的一个模型。引自 A. U. MacRae。

2. 电量子极限下的表面子带。 假定在一块绝缘体和一块半导体之间有一个接触平面，类似于金属-氧化物-半导体晶体管或 MOFET。若在横过 SiO_2-Si 界面施加一个强电场，则传导电子的势能可以近似地写为 $V(x)=eEx(x>0)$ 和 $V(x)=\infty(x<0)$，其中 x 的原点在界面上。对于 $x<0$，波函数为零；当 $\psi(x,y,z)=u(x)\exp[i(k_y y+k_z z)]$ 时，可以分离变量，其中 $u(x)$ 满足下列微分方程

$$-(\hbar^2/2m)\mathrm{d}^2u/\mathrm{d}x^2+V(x)u=\epsilon u$$

根据 $V(x)$ 的模型势，严格的本征函数为艾里 (Airy) 函数。但是，由变分试探函数 $x\exp(-ax)$ 可以求出一个合适的基态能量。(a) 证明 $\langle\epsilon\rangle=(\hbar^2/2m)a^2+3eE/2a$。(b) 当 $a=(3eEm/2\hbar^2)^{1/3}$ 时，这个能量是一个极小值。(c) 证明 $\langle\epsilon\rangle_{\min}=1.89\ (\hbar^2/2m)^{1/3}\ (3eE/2)^{2/3}$。在关于基态能量的严格解中，这里的因子 1.89 应换为 1.78。随着 E 的增加，波函数在 x 方向上的分量是减小的。函数 $u(x)$ 在界面的半导体侧给出一个表面导电通道。关于 $u(x)$ 的不同本征值，将给出所谓电子子带。电子本征函数是 x 的实函数，所以这些态不能在 x 方向传输电流，但它们可以在 yz 平面上传送一个表面通道电流。通道对 x 方向电场 E 的依赖性表明，这种器件可以作为场效应晶体管。

3. 二维电子气的性质。 试考虑二维电子气 (2DEG)：假定电子气具有二重自旋简并，但没有能谷简并。(a) 证明单位能量的轨道数为 $D(\epsilon)=m/\pi h^2$；(b) 证明方块密度与费米波矢的关系为 $n_s=k_F^2/2\pi$；(c) 证明在 Drude 模型中，方块电阻 (亦即每个 2DEG 方块所具有的电阻) 可以写为

$$R_s=(h/e^2)/(k_F l)$$

其中 $l=v_\mu\tau$ 是平均自由程。

4. 肖特基二极管的带宽问题。 试计算肖特基二极管中 n 型半导体的介电常量。假设施主浓度为 $10^{16}\mathrm{cm}^{-3}$，势垒宽度为 $0.1\mu\mathrm{m}$，n 型半导体的势能为 0.2eV。

5. 量子点的带隙问题。 基于有效质量近似，布鲁斯 (Brus) 首次对半导体纳米粒子进行了理论计算。在这一近似方法中认为，激子被限制在一个球形晶体体积内，电子和空穴的质量以其有效质量来代替，从而给出相应的波函数。对于半导体纳米晶 (诸如 CdSe 纳米晶) 量子点，其发射的能量可以通过布鲁斯方程描述 (参见 L. Brus, The J. Phys. Chem., 90 (12) (1986) 2555.)。

试计算半径 $r=10\mathrm{nm}$ 的 CdSe 量子点发射的辐射。假设 CdSe 的带隙 $E_g=1.74\mathrm{eV}$，有效质量分别取为 $m_e^*=0.13m_e$ 和 $m_p^*=0.45m_e$。

第18章　纳米结构

注：本章由美国康奈尔大学的 Paul McEuen 教授撰写。

我们在前一章讨论表面、界面和量子阱等问题时，是将固体在空间上沿一个方向限制在纳米尺度。实际上，这些系统都是典型的二维系统。一般地，二维系统定义为在空间的两个方向可以无限制地延伸，而第三个方向被限定在纳米尺度。在被限制的方向上，只有少数（通常仅一个）量子态是被占据的。在这一章，我们将讨论固体在两个或三个正交方向上受到限制时的情况。其实，这就是通常所说的一维（1D）或零维（0D）纳米结构（nanostructure）。重要的 1D 例子有碳纳米管、量子线和导电聚合物；0D 系统的例子包括半导体纳米晶、金属纳米粒子和光刻图案化量子点。图 1～图 3 给出了这方面的一些例子。在这里，我们将主要讨论由受限周期性固体产生的纳米结构。在其他领域，诸如化学中的分子组装、生物学中的有机大分子等，非周期性纳米结构将具有重要的意义。

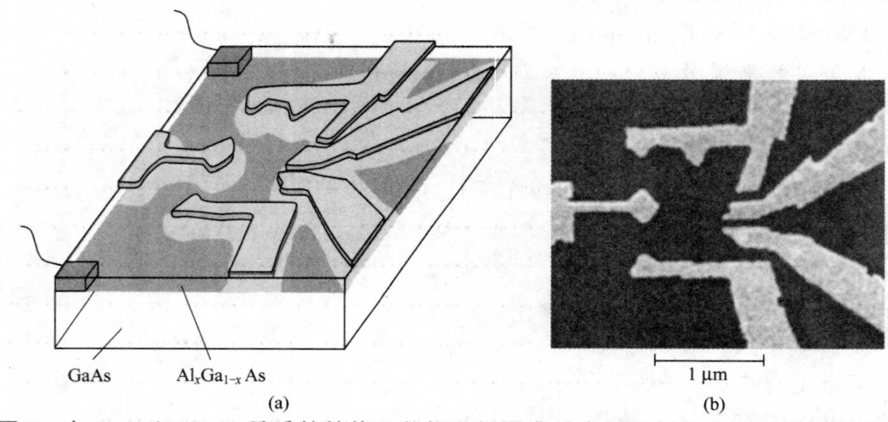

图 1 在 GaAs/AlGaAs 异质结结构上的门电极图案示意图和扫描电子显微镜（SEM）照片。利用这种方法可以在二维（2D）电子气的基础上产生复杂形状的量子点。引自 C. Marcus。

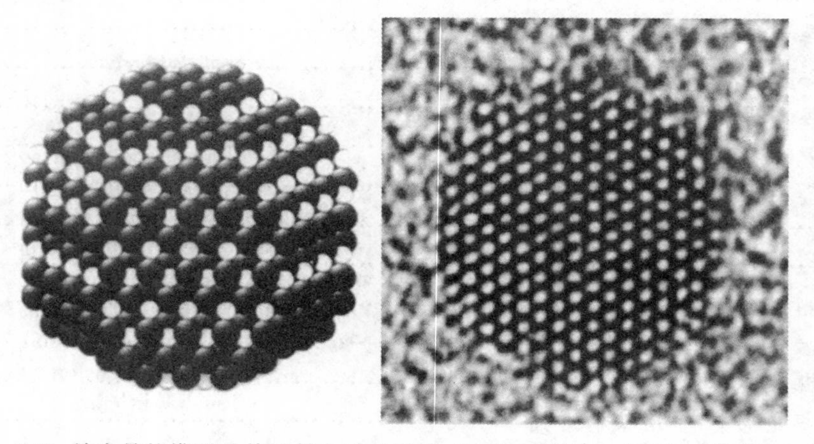

图 2 CdSe 纳米晶的模型及其透射电子显微镜（TEM）照片。在 TEM 照片中，我们可以清晰地看到一排排的原子。引自 A. P. Alivisatos。

用于产生纳米结构的技术可以分为两大类：其一是自上而下（Top-down）的方法，它是采用光刻图案技术在纳米尺度上勾画宏观材料，例如图 1 所示半导体异质结结构顶部的金属电极；其二是自下而上（Bottom-up）的方法，它是通过生长和自组装由原子或分子的初级粒子构造纳米结构，在溶液中生长出的 CdSe 纳米晶如图 2 所示。利用 Top-down 方法产生小于 50nm 的结构是非常困难的，而要通过 Bottom-up 技术产生大于 50nm 的结构往往也是很不容易的。纳米科学与技术所面临的一个主要挑战，就是如何将这些方法融合起来并进而建立起能够在从分子到宏观的所有尺度范围内构造复杂系统的切实可行的方略体系。在图 3 所示的例子中，为了实现由化学气相沉积生长的两个直径为 2nm 碳纳米管之间的接触，采用的是 10nm 宽的刻蚀电极。

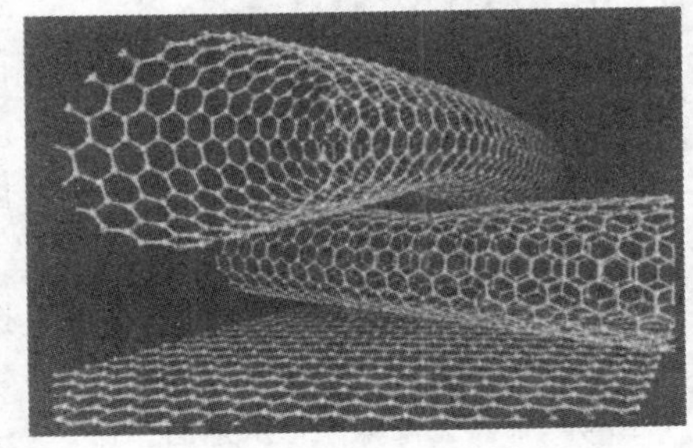

图 3 两个交叉碳纳米管的原子力显微镜（AFM）照片。如图所示，这两个碳纳米管通过电子束刻蚀的图案化 Au 电极连接起来。同时还绘出了纳米管交叉部分的模型，以及形成纳米管壁的石墨烯（graphene）片之蜂窝晶格。引自 M. S. Fuhrer 和 P. Avouris。

当一个固体的空间尺度在一个或一个以上维度上缩小时，其物理性质（如磁学性质、电子性质和光学性质等）将会发生剧烈的改变。这就使得纳米结构成为基础研究和应用研究所共同关注的主题。其性质可以通过对其尺寸和形状在纳米尺度范围内的控制进行按愿定做。有一类效应同纳米结构的表面原子数目与其总的原子数目之大的比率相关。对于一个半径为 R 的球形纳米粒子，若其组成原子的平均间距为 a，则这一比率为

$$N_{\mathrm{surf}}/N \cong 3a/R \tag{1}$$

如果 $R=6a\sim1\mathrm{nm}$，那么就会有半数原子分布在表面上。纳米粒子所具有的大表面面积对于应用在气体储存（这时分子被吸附于表面）和催化（这时反应发生在催化剂表面）方面来说将是一个很大的优点。由于表面原子没有完全地成键，所以其内聚能将显著降低。于是，纳米粒子的熔化温度要比相应体相固体的熔化温度低得多。

纳米结构的基态电子激发和振动激发也将是量子化的，而且这些激发决定着纳米结构材料大多数重要的物理性质。这些量子化现象将是本章讨论的重点内容。一般地讲，它们在 1～100nm 尺寸范围内是重要的。

18.1 纳米结构的显微成像技术

纳米结构显微成像和探测新技术的开发对该领域的发展一直起着重要的作用。对于周期性 3D 结构，正如我们在第二章中的讨论那样，可以利用电子或 X 射线的衍射在倒空间确定其结构，然后转换成实空间中的原子排列。对于单个的纳米尺度固体，由于理论和实践两方

面的原因，衍射方法的效用受到了很大限制。固体的这种小尺寸打破了晶格的周期性，使衍射峰模糊难辨，同时所产生的散射信号也非常之弱。

因此，能直接确定纳米结构性质的实空间探测就显得非常有价值。这些探测方法是通过粒子（通常为电子或光子）与被研究对象之间的相互作用给出相应的显微图像。这些技术主要有两种类型，也就是我们下面将要涉及的聚焦探测和扫描探测。

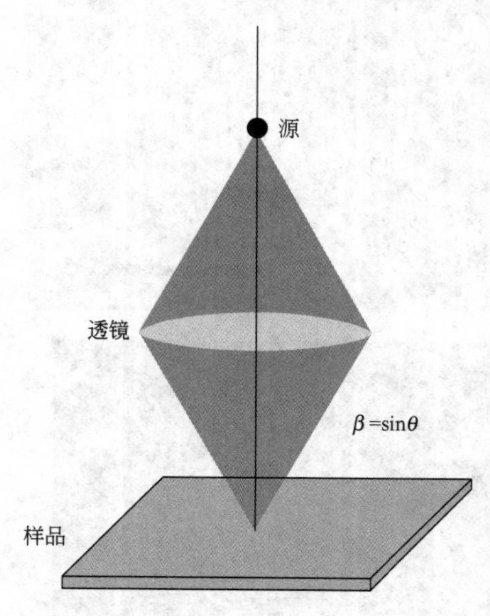

图 4　聚焦显微镜原理示意图。由粒子源发射的粒子束通过一组串联透镜被聚焦到样品之上；一个等效的聚焦系统也可以用于将来自样品的粒子或波聚焦到探测器上。

在聚焦显微技术中，试探粒子通过一组串联透镜被聚焦到待测样品之上，图 4 给出了一个示意图。根据海森堡（Heisenberg）测不准原理，这一系统所能达到的最高分辨率将由于粒子的波动性而受到限制，大致相当于衍射方法的水平。其所能分辨的最小特征间距 d 为

$$d \approx \lambda/2\beta \tag{2}$$

式中，λ 是试探粒子的波长；β 为图 4 中定义的数值孔径，$\beta=\sin\theta$。

由此可见，要想达到纳米尺度的分辨率，应该使用具有短波长的粒子和尽可能大的数值孔径。

相比之下，在扫描探测显微技术中，是将一个微探针逼近于样品并在其表面上扫描。这种显微镜的分辨率是由探针与被测结构之间的相互作用之有效力程决定的，而不是由试探粒子的波长决定。

除了显微成像之外，扫描和聚焦探测还可以提供关于单个纳米结构的光学、振动、电学、磁学等性质方面的信息。以态密度表述的电子结构具有特别的重要性，对于一个有限尺寸系统，其态密度是一个 δ 函数的级数，亦即有

$$D(\varepsilon)=\sum_j \delta(\varepsilon-\varepsilon_j) \tag{3}$$

其中，求和遍及系统的所有能量本征态。对于无限制扩展的固体，其态密度可以表示成一个连续函数的形式；然而，对于一个纳米结构，沿其受限方向必须是离散求和的形式。这一量子化态密度决定着纳米结构的许多最重要的性质。借助下面将要介绍的技术，我们可以直接观测这一态密度。

18.1.1　电子显微技术

电子显微镜是目前效力作用最大的聚焦工具。在这种情况下，首先将准直电子束在高压电场中加速，然后由一组静电或磁透镜将这一电子束聚集于待研样品之上。

在透射电子显微技术（简称 TEM）中，电子束先穿过样品，然后被聚集到探测器底片上。这种显微成像方式在很大程度上类似于聚集在一个光学显微镜目镜上的成像。其最大分辨本领 d 由被加速电子的波长决定，即有

$$d=\lambda/2\beta \cong 0.6\text{nm}/(\beta\sqrt{V}) \tag{4}$$

式中，V 是加速电压（单位为伏）。对于典型的加速电压（100kV），其理论分辨本领可以达到亚原子级水平。但是，由于其他方面的影响，例如透镜中的缺陷等，使得 TEM 的分

辨率通常达不到这一极限分辨率；尽管如此，人们已经实现 d 约 0.1nm 的分辨本领。图 2 是一个半导体纳米晶的 TEM 照片，我们可以清楚地分辨出原子的排列情况。

TEM 的一个主要缺点就是电子束必须穿过待测样品。这样一来，要想观测附着于固体基底上的结构是不可能的。这一问题在扫描电子显微镜（Scanning Electron Microscope，SEM）中得到了解决。在 SEM 情况下，是用一束高能（100V～100kV）强聚焦电子束扫描样品。背散射电子数目以及来自样品的二次电子产额都对样品的局部成分和形貌有依赖关系。通过一个电子探测器可以探测和收集这些电子；将探测器信号作为电子束位置的函数绘图就可以给出相应的图像。这种强有力的技术可以适用于几乎所有种类的样品，但它通常比 TEM 的分辨率低（＞1nm）。图 1 是在 GaAs/AlGaAs 基底上金属电极的 SEM 照片。

除了显微成像之外，SEM 还可以用于研究电子灵敏材料和刻绘细微图案的所谓电子束刻蚀技术。这种刻蚀技术的极限分辨率非常高（＜10nm），但它是一种较慢的方法，因为图案必须一个像素一个像素的画。所以，它主要用于科学研究、标样检测和光学掩模合成等方面。

18.1.2　光学显微技术

光学显微镜是典型的聚焦装置。在使用可见光和高数值孔径（$\beta \approx 1$）的情况下，可以达到的最高分辨本领为 200～400nm。因为是直接成像，所以光学显微技术只可能“抵达”到纳米尺度范围的边。但是，我们曾在第 16 章中讨论过的许多光学光谱学方法一直被成功地应用于单个纳米结构的研究。它们包括弹性光散射、光吸收、发光光谱和拉曼散射。对此，有人曾预言，只要我们想到显微镜、巧妙地利用这种显微镜，对单个纳米结构甚至是单个分子进行观测和研究都是可能实现的。

下面，我们以适用于纳米结构的恰当方式简要讨论一下物质的电磁辐射发射与吸收。在偶极近似下，根据费米黄金定则可知，在初态 i 和一个较高能态 j 之间由于吸收而发生跃迁的概率为

$$w_{i \to j} = (2\pi/\hbar) |\langle j | e\boldsymbol{E} \cdot \boldsymbol{r} | i \rangle|^2 \delta(\varepsilon_j - \varepsilon_i - \hbar\omega) \tag{5}$$

由此可知，跃迁只发生在那些偶极矩阵元不为零的能态之间，其能级间距正好等于一个被吸收的光子能量 $\hbar\omega$。类似地，由态 j 到态 i 的发射概率为

$$w_{j \to i} = (2\pi/\hbar) |\langle j | e\boldsymbol{E} \cdot \boldsymbol{r} | i \rangle|^2 \delta(\varepsilon_i - \varepsilon_j + \hbar\omega) + (4\alpha\omega_{ji}^3/c^2) |\langle j | \boldsymbol{r} | i \rangle|^2 \tag{6}$$

其中 $\omega_{ji} = (\varepsilon_j - \varepsilon_i)/\hbar$，$\alpha$ 为精细结构常数。上式第一和第二项分别代表受激发射和自发发射。

通过对所有可能状态求和，由这些关系式可以计算出从电磁场中吸收的总功率 $\sigma' E^2$。于是，电导率的实部为

$$\sigma'(\omega) = (\pi e^2 \omega / V) \sum_{ij} |\langle j \mid \hat{\boldsymbol{n}} \cdot \boldsymbol{r} \mid i \rangle|^2 [f(\varepsilon_i) - f(\varepsilon_j)] \delta(\varepsilon_j - \varepsilon_i - \hbar\omega) \tag{7}$$

式中，$\hat{\boldsymbol{n}}$ 是指向电场方向的单位矢量。光的吸收与所有能差为 $\hbar\omega$ 的初态和终态之联合态密度成正比；其中，联合态密度的权重按照相应态的偶极矩阵元和填充因子来计算。费米函数表明，只有当初态 i 为满态而终态 j 为空态时才能发生光吸收。

由上述关系式可以看出，吸收与发射可用于纳米结构电子能级光谱的探测。通过名义上可以视为全同纳米结构的宏观集体效应，可以很容易地实现这类测量。但是，由于纳米结构个体性质上的差异，从而将导致非均匀性的宽化效应。此外，对测量来说，有时只需几个，甚至于一个纳米结构就可以了。因此，大家公认，用于探测单个纳米结构的光学测量方法是特别有价值的。

图 5 是由单个光学激发半导体量子点给出的自发发射（或荧光发射）的一个例子。光发射来自导带最低能态与价带最高能态之间的跃迁。单个纳米晶的光发射谱线非常窄。但是，由于纳米晶在尺寸、形状和局域环境上的差异，使得它们的发射谱分布在一定的能量范围内。因此，其作为整体的测量结果给出一个不能准确反映单个纳米晶性质的宽峰。

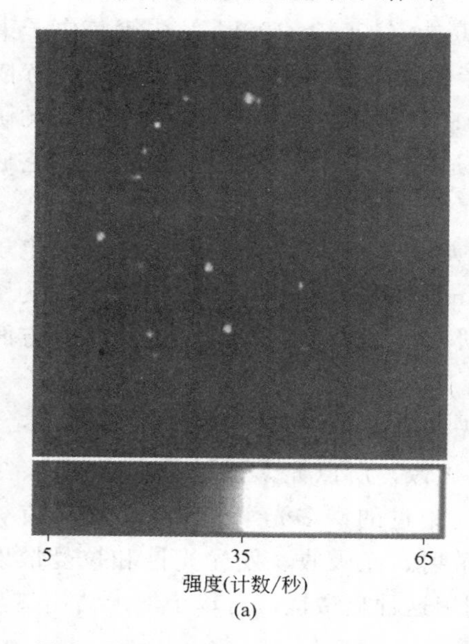

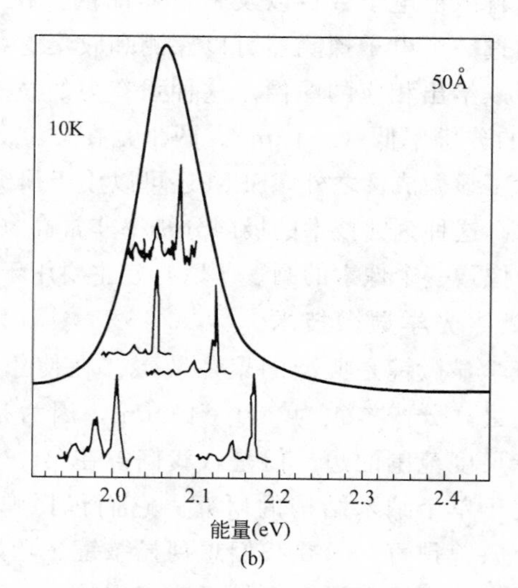

图 5 左边是在 $T=10\mathrm{K}$ 下由稀疏地散布于一个表面上的分立 CaSe 纳米晶给出的荧光照片。右边是不同的单个纳米晶给出的荧光光谱。每个谱线的高能峰对应于导带最低电子能态与价带最高能态之间的初级跃迁。在与低能峰相关的跃迁中包括一个 LO 声子的发射。宽峰是将名义上的全同纳米晶作为一个整体时得到的光谱。引自 S. Empedocles et al。

除了它们用于探测纳米结构之外，光学聚焦系统还可以广泛用于精密加工领域。在投影光刻技术中，首先利用光学元件将掩模板上的图案投影在光敏抗蚀涂层上，然后曝光和显影，最后借助抗蚀层图形通过刻蚀或沉积方法就可以将原图案转移至我们感兴趣的材料上。光刻技术是微电子与微机械系统规模加工的基础。随着使用波长进入远紫外波段，特征线度为 100nm 的器件已开始商业化生产。此外，利用极端紫外光或 X 射线还可以进一步提高分辨率，但这样一来就会在掩模板及聚焦元件的加工和控制方面遇到越来越大的挑战。

18.1.3 扫描隧道显微技术

最著名的扫描探测装置是扫描隧道显微镜（STM），图 6 是其原理示意图。STM 的发明是纳米科学领域的一个重大进展。在 STM 中，是将一个尖细金属探针（最好在尖端只凸出一个原子）推进到距离待测导电样品约 1nm 左右的位置。通过采用压电陶瓷材料（它在响应来自控制系统的电信号时会发生收缩或膨胀）可以在皮米（10^{-12} m）精度控制探针位置。当在样品上施加偏压 V 时，就会观测到探针与样品之间的隧道电流 I。这一电流与穿过探针和样品之间隙的隧穿概率 $\mathcal{T}$ 成正比；隧穿概率又同隧穿距离成指数依赖关系。由此，在 WKB 近似下，则有

$$\mathcal{T}\propto\exp(-2\sqrt{2m\phi/\hbar^2}\,z) \tag{8}$$

式中，z 是探针与样品之间的距离；ϕ 是隧穿时的有效势垒高度。在典型参数条件下，探针位置（即 z）每改变 0.1nm 将会引致隧穿概率达一个数量级的变化。

当 STM 以反馈模式工作时，I 保持恒定不变，而探针高度 z 将随着样品表面形貌起伏而变化。于是，表面上非常小的起伏也可以被探测到（<1pm）。如图 6 所示，它给出了一个碳纳米管的 STM 照片。STM 还可以用来操纵表面上的单个原子。图 7 是这方面的一个例子，这时，利用 STM 操纵在 Cu（111）表面上的 Fe 原子形成一个环状的“量子栅栏”。

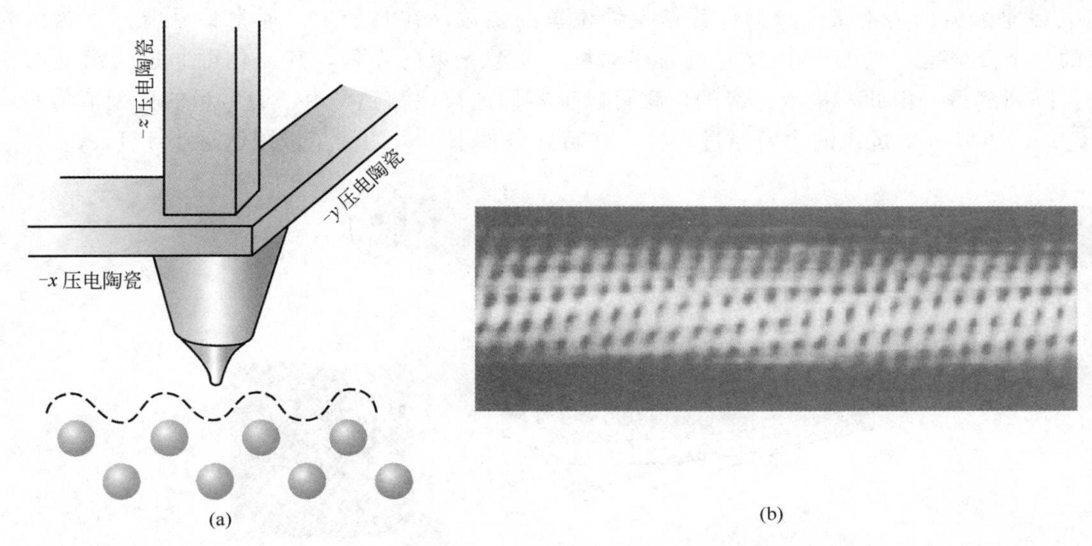

图 6　（a）STM（Scanning Tuneling Microscope）原理示意图。在反馈工作模式中，通过压电元件施加的扫描电压，使探针在样品表面上扫描，这时保持样品—针尖之间的隧道电流恒定。引自 D. LePage。（b）碳纳米管的 STM 图像，引自 C. Dekker。

STM 隧道电流 I 作为偏压 V 的函数可以给出纳米结构量子态的空间分布及光谱信息。在绝对零度下，电流对电压求导，则有

$$\mathrm{d}I/\mathrm{d}V \propto \mathscr{T}\sum_j |\psi_j(\boldsymbol{r}_\mathrm{t})|^2 \delta(\varepsilon_\mathrm{F}+eV-\varepsilon_j) \tag{9}$$

它与在隧道电子能量为 $\varepsilon_\mathrm{F}+eV$ 时的态密度成正比（亦即与这些态在 STM 探针位置 $\boldsymbol{r}_\mathrm{t}$ 处的电子概率密度成正比）。

对于上述量子栅栏，Cu 二维表面态上的电子被 Fe 原子反射，并在栅栏内形成一组离散态。在图 7 中观察到的波状起伏是由隧道电子能量附近的局域态概率密度变化引起的。在不同偏压下成像就可以得到不同能量量子态的空间结构。

图 7　平均半径为 7.1nm 的“量子栅栏”。它是通过移动 Cu（111）表面上的 Fe 原子而形成的。Fe 原子散射表面态电子，并将其限制在“栅栏”内。其中，栅栏内的环是电子在栅栏中三个量子态（位于费米能附近）上的密度分布。整个过程包括原子的移动及其成像都是在低温、高真空下通过 STM 完成的。引自 D. M. Eiger，IBM Research Division。

18.1.4　原子力显微技术

在 STM 发明不久就开发出了原子力显微镜（AFM—atomic force microscope）。AFM 是一种比 STM 更加灵活适用的技术，它既可以用于导电样品也可应用于绝缘样

品。但是，一般情况下它的分辨率不很高。在 AFM 中，测量的是探针与样品之间的作用力，而不是隧道电流。如图 8 所示，细微探针被固定在毫米大小的悬臂上。如果样品施加于探针的力 F 使得悬臂偏移 Δz，则有

$$F = C\Delta z \tag{10}$$

其中 C 是悬臂的力常量。悬臂位移是探针位置的函数。在测量中，通常将悬臂面作为激光束的一个反射镜（见图 8）。反射镜的移动将改变激光束的光程，其变化可通过一组光电二极管阵列测得。由此，皮米量级的位移可以很容易地被检测到。由于力常量的典型值为 $C=1N/m$，所以 pN 量级的力要经过转换。在特殊条件下，力的测量极限已远小于 $1fN$。

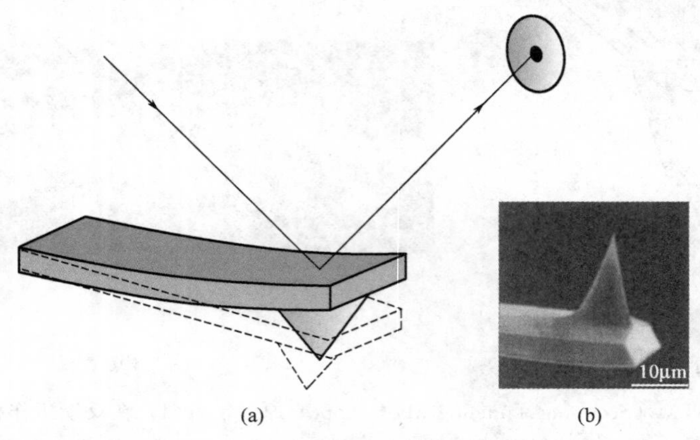

图 8 （a）原子力显微镜（AFM）原理示意图。悬臂偏移是由光电探测器通过记录悬臂顶部反射的激光束位置而测得。引自 Joost Frenken。（b）AFM 探针的 SEM 照片。探针的有效曲率半径小于 10nm。

最简单的工作模式是接触式。这时，探针与表面接触并在表面拖移探针，由悬臂偏移量的测量而给出表面形貌的信息。但是，这将造成对样品的破坏。而非接触或周期性接触模式就可以减少这种损害，同时还能获得样品-探针之间长程相互作用力的有关信息。在这些技术中，由于所加振幅为 F_ω 的驱动力的频率接近于悬臂共振频率 ω_0，从而使得处在样品表面正上方的悬臂发生振动。假定悬臂是一个被驱动的简谐振子，则在频率 ω 下悬臂响应的振幅大小为

$$|z_\omega| = \frac{F_\omega}{C}\frac{\omega_0^2}{[(\omega^2-\omega_0^2)^2+(\omega\omega_0/Q)^2]^{1/2}} \tag{11}$$

其中，谐振子品质因数 Q 是指每个悬臂储存能与耗散能之比。应当指出，当共振时 $\omega=\omega_0$，这时的响应比低频时大 Q 倍，从而使得弱力的探测成为可能。

振动悬臂的特征参数对探针—样品之间存在的任何力都非常敏感。这些力可能是范德瓦耳斯力、静电力、磁作用力以及其他各种力。相互作用会使共振频率 ω_0 发生漂移，亦或使品质因数 Q 发生改变。通过记录这一变化就可得到一个相应的图像。例如，在"叩击"模式成像过程中，在振动周期内最接近表面时就会轻击表面，从而引起频率漂移和附加耗散双重后果。图 3 所示纳米管器件就是在叩击（tapping）模式工作时得到的图像。

另一种重要技术就是磁力显微技术（Magnetic Force Microscopy，MFM），在第 12 章已经对其有过简要的讨论。这时，由于在探针上涂有磁性材料，所以它在垂直于样品表面方向上有一个磁矩 。这样，探针就会感受到因样品局部磁场变化而产生的力，即有

$$F(z_0+\Delta z) = F(z_0) + \partial F/\partial z|_{z=z_0}\Delta z = \mu(\partial B/\partial z)|_{z=z_0} + \mu(\partial^2 B/\partial z^2)|_{z=z_0}\Delta z \tag{12}$$

其中 z_0 是探针的平衡位置，Δz 是振动期间的位移。式中 $\mu(\partial B/\partial z)$ 使悬臂产生一个静态偏移，但这不会改变振动频率（也不发生阻尼）；另一方面，式中 $\mu(\partial^2 B/\partial z^2)$ Δz 具有力常量改变 δC 所对应的形式，因为它在悬臂位移 Δz 过程中是线性的。但是，它会引起悬臂的共振频率产生漂移。记录这一频率变化，就可以获得相应的图像。其他局域力场的梯度也可以进行类似的测量。

在这方面，还有其他许多扫描探测技术。例如，近场扫描光学显微技术（NSOM），它是采用一个被当作光子“隧道”的扫描亚波长孔而获得相应的光学图像，但分辨率小于衍射极限。再如扫描电容显微技术（SCM），它是通过将探针—样品之间电容变化作为位置的函数而实现观测目的。总之，这一技术家族一直在不断发展壮大，应用领域越来越广泛，从单个分子的表征到集成电路中硅（Si）晶体管的研究，它们都能派上用场。

18.2　一维（1D）系统的电子结构

纳米结构的量子化电子态不仅决定着它们的电学和光学性质，而且还对纳米结构的其他物理和化学性质产生影响。为了描述这些状态，我们先从体相材料的能带结构开始讨论。对于一个给定能带，通常采用有效质量近似法描述其电子色散关系，这时其相应的波矢是按照平面波处理的。这种处理过于简单。事实上，能带并不总是抛物面，其真正的本征态是布洛赫态，而不是平面波。尽管如此，这些假设毕竟使数学计算大大简化，并且在定性上也是正确的（往往定量上也是正确的）。原来我们也经常不考虑电子与电子之间的库仑相互作用，但是在纳米结构物理的许多场合，电子-电子相互作用是不能忽略的，这一点从本章下文中的讨论就可以看出。

18.2.1　一维（1D）子带

现在考虑一个在几何上是一条线的纳米固体。假定它在 x 和 y 方向是纳米尺度，而在 z 方向是连续的。这样一条线的能量和本征态可以写为

$$\varepsilon=\varepsilon_{i,j}+\hbar^2k^2/2m;\quad \psi(x,y,z)=\psi_{i,j}(x,y)\mathrm{e}^{ikz} \tag{13}$$

其中 i 和 j 是标识 x、y 平面内本征态的量子数，k 是沿 z 方向的波矢。对于如图 9 所示的长方形线，$\varepsilon_{i,j}$ 和 $\psi_{i,j}(x,y)$ 正是我们在第 6 章中讨论过的粒子在势能箱中的能量和本征态。

色散关系由一系列 1D 子带组成，每个子带对应一个不同的横向能态 $\varepsilon_{i,j}$。电子态的总密度 $D(\varepsilon)$ 是所有子带的态密度之和，即

$$D(\varepsilon)=\sum_{i,j}D_{i,j}(\varepsilon) \tag{14}$$

其中 $D_{i,j}(\varepsilon)$ 由下式给出，即

$$\begin{aligned}D_{i,j}(\varepsilon)&=\frac{\mathrm{d}N_{i,j}}{\mathrm{d}k}\ \frac{\mathrm{d}k}{\mathrm{d}\varepsilon}=(2)(2)\frac{L}{2\pi}\left[\frac{m}{2\hbar^2(\varepsilon-\varepsilon_{i,j})}\right]^{1/2}\\&=\begin{cases}\dfrac{4L}{hv_{i,j}}, & \varepsilon>\varepsilon_{i,j}\\0, & \varepsilon<\varepsilon_{i,j}\end{cases}\end{aligned} \tag{15}$$

上式中间表达式中第一个“2”来自自旋简并，第二个“2”来自 k 的正和负两个值。上式最后面的表达式中，$v_{i,j}$ 是电子在（i,j）子带且动能为 $\varepsilon-\varepsilon_{i,j}$ 时的速度。应当注意，在每个子带极限点，态密度随着因子 $(\varepsilon-\varepsilon_{i,j})^{-1/2}$ 而发散，这些子带的极限点被称为范霍甫（Van Hove）奇点。这一特征与三维和二维情况截然不同：在三维情况下，$D(\varepsilon)$ 在低能时趋于零（第 6 章）；在二维

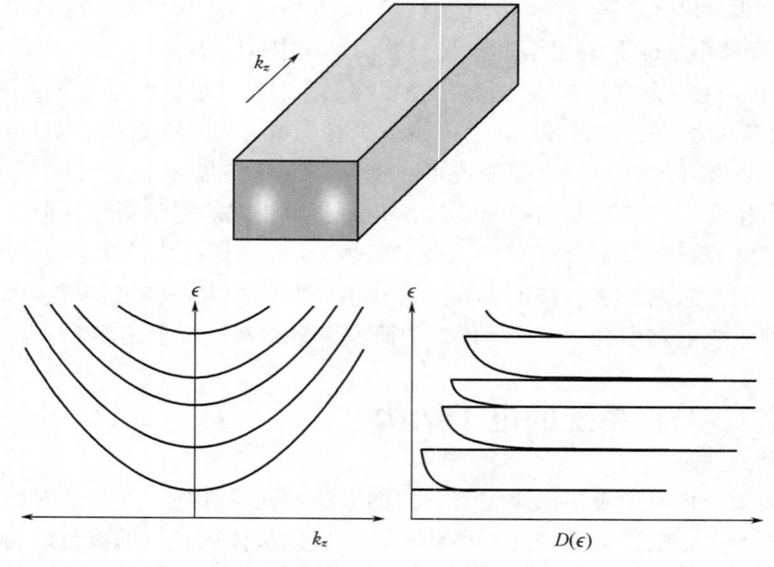

图 9 长方形准一维线的示意图，同时还给出了色散关系和 1D 子带的态密度。在子带极限点所显示的态密度尖峰称为范霍甫奇点。对于 $i=2$，$j=1$ 的态，其概率密度已在线的横断面上以灰度图表示出来。

情况下，$D(\varepsilon)$ 在 2D 子带底部趋近于一个恒值（参见第 17 章习题 3）。

18.2.2 范霍甫（Van Hove）奇点的光谱技术

由式（15）给出的范霍甫奇点对 1D 系统的电学与光学性质有着重要影响。这里，我们讨论半导（体）碳纳米管，其能带结构留待习题 1 中讨论。习题 1 的计算结果示于图 10(a)。利用扫描隧道显微技术可以观察到这些奇点，如图 10（b）。当所加偏压相当于这些奇点的能量时，就可以观测到微分电导［它与态密度成正比，见式（9）］给出的峰。

半导体纳米管的光吸收与光发射也受制于这些奇点，因为由式（5）～式(7) 可知，吸收与发射都依赖于初、终态密度。图 10（c）是一组碳纳米管作为一个整体给出的光致发光光谱，其中将发光强度作为激发波长和发光波长的函数绘图。当能量与 $\varepsilon_{c2}-\varepsilon_{v2}$（表示导带第二个范霍甫奇点与价带第二个范霍甫奇点之间的能量之差）相等时，入射光的吸收就会增强。电子和空穴很快弛豫到第一个子带底，并发生复合而发光，光子能量为 $\varepsilon_{c1}-\varepsilon_{v1}$。因此，当发射和吸收光的能量同时与第一个范霍甫奇点和第二个范霍甫奇点分别匹配时，我们就可以观测到谱峰。在图中，其发射强度不同的峰分别对应于手性和直径有差异的碳纳米管。

18.2.3 一维金属——库仑相互作用和晶格耦合

在准一维金属中，电子只填充 1D 子带，因为费米能和被占据子带的总数都取决于电子密度。对于严格的一维金属，只有一个子带被占据（自旋简并）。在这种情况下，若单位长度上的载流子数为 n_{1D}，则有

$$n_{1D}=2k_F/\pi \tag{16}$$

一维金属的费米面只有两个点组成，分别为 $+k_F$ 和 $-k_F$，如图 11 所示。这完全不同于 3D 和 2D 金属的自由电子费米面，它们分别由一个球面和一个圆圈组成。下面讨论这一奇特费米面的两点推论。

库仑相互作用引致费米能附近电子之间的散射。对于 3D 金属，由于能量-动量守恒以及

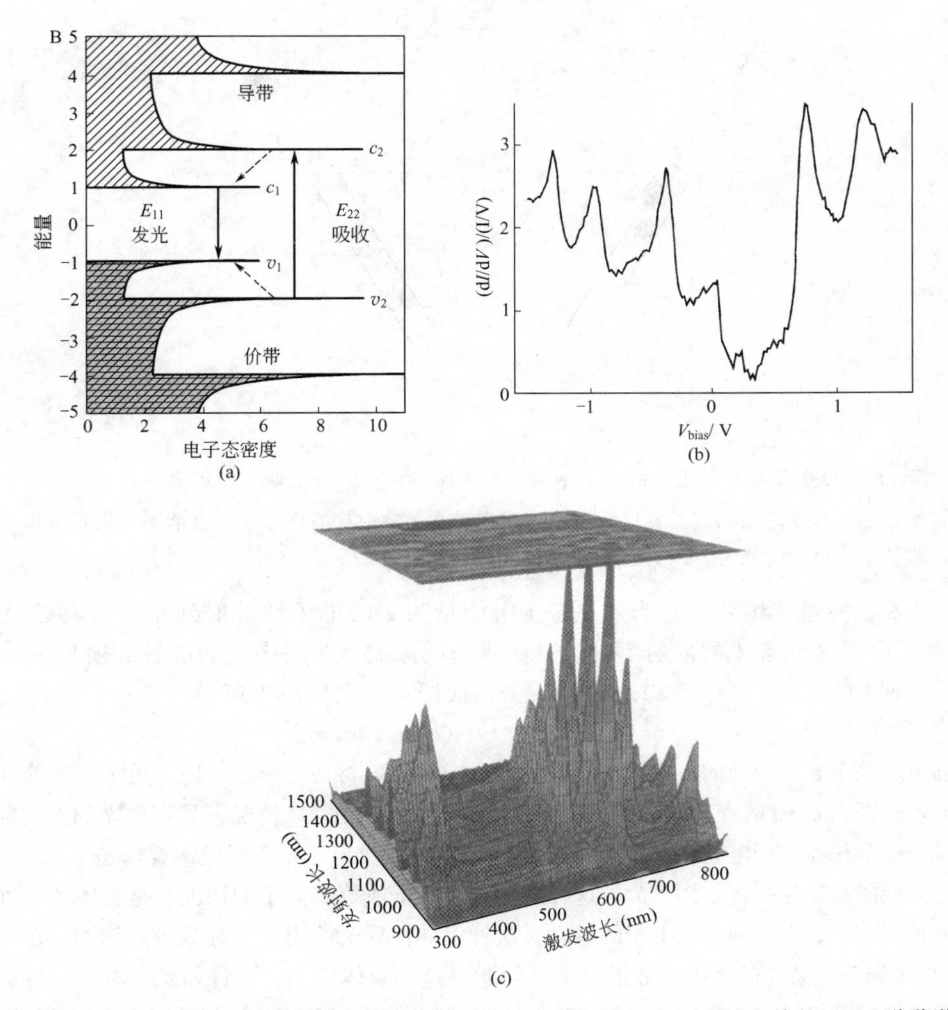

图 10 (a) 半导体碳纳米管的态密度对能量的函数关系图。(b) 在纳米管的 STM 隧道谱中可以观察到范霍甫奇点。(c) 将发光强度作为发光波长和激发波长的函数作图而得到的光谱。当吸收和发射能量相当于图 (a) 所示的能量时，就可以观察到强度峰。不同的峰对应于纳米管具有不同的半径及手性。引自 Bachilo and C. Dekker et al.

泡利不相容原理的限制，在 ε_F 附近的散射是严格禁止的。如果电子处在能量 ε 的态上，而 ε 是相对于 ε_F 而言的观测值，则有 $1/\tau_{ee} \approx (1/\tau_0)(\varepsilon/\varepsilon_F)^2$。其$\frac{1}{\tau_0}$是经典散射概率。根据不确定性原理（旧称测不准原理），这将导致电子能量上的不确定性。于是，有

$$\delta\varepsilon(3D) \approx \hbar/\tau_{ee} \sim (\hbar/\tau_0)(\varepsilon/\varepsilon_F)^2 \tag{17}$$

随着能量减小（相对于 ε_F 的观测值），能量不确定性将按 ε^2 趋于零。这样就可以保证当 ε 充分接近于 ε_F 时能量不确定性 $\delta\varepsilon$ 与 ε 相比是小的。这就表明在费米面附近引入准粒子的概念是完全可以接受的。

一维的情况如图 11 所示。在这种情况下，能量守恒与动量守恒是等价的，因为对于小 ε，在动量变化 $\Delta k = k - k_F$ 范围内能量是局部线性的，亦即

$$\varepsilon \cong (\hbar^2 k_F/m)\Delta k \tag{18}$$

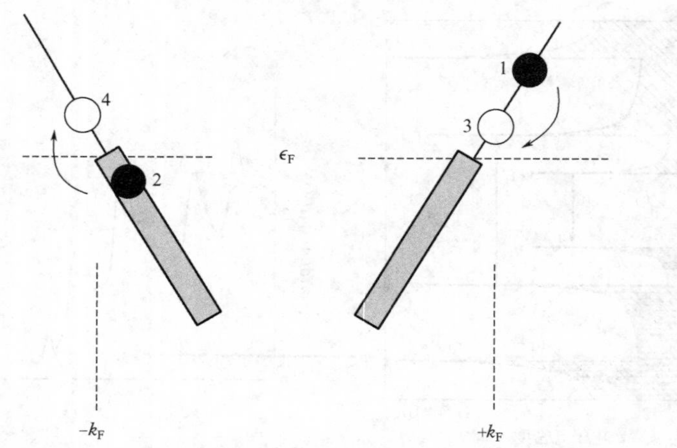

图 11 1D金属费米面附近的电子结构。费米面由在$\pm k_F$处的两个点组成。只要1和3之间的能差与态2和4之间的能差相同，电子由满态1和2散射到空态3和4就能满足能量守恒。这时，动量守恒也同时满足，因为能量在k空间是局部线性的。

对图11来说，能量守恒要求：当处在态1上能量为ε的电子被散射到态3时，必须同时发生一个电子由态2到态4的散射事件。其中唯一的限制就是终态3的能量必须是正的，并且小于ε。这时约化因子$1/\tau_{ee} \sim (1/\tau_0)(\varepsilon/\varepsilon_F)$，根据不确定性原理可知

$$\delta\varepsilon(1\text{D}) \simeq \hbar/\tau_{ee} \sim (\hbar/\tau_0)(\varepsilon/\varepsilon_F) \tag{19}$$

由于不确定度关于ε是线性的，这就无法保证当$\varepsilon \to 0$时$\delta\varepsilon$将比ε小。所以，关于费米液体理论的基本假定，亦即当$\varepsilon \to 0$时存在着弱的相互作用的准粒子，其在1D情况下是不成立的。实际上，这也就是说，一维相互作用电子气的基态不能被认为是一个费米液体，而应该看作是Luttinger液体，在本质上其低能激发是一种集体行为。这种激发更像声子或等离体子的情况，是多体的一种集体运动，而不是与其近邻无关的孤立电子的运动。这种集体性质会给出一系列效应。例如，在低能时隧穿进入1D金属是被禁止的，因为隧道电子必须激发这种集体模式。尽管如此，对于一维电子气来讲，独立电子模型仍是一个有用的近似模型；它在解释真实1D的实验结果时，在大多数情况下（注意，不是全部）一直都是很成功的，在下面的讨论中也将采用这一简化模型。

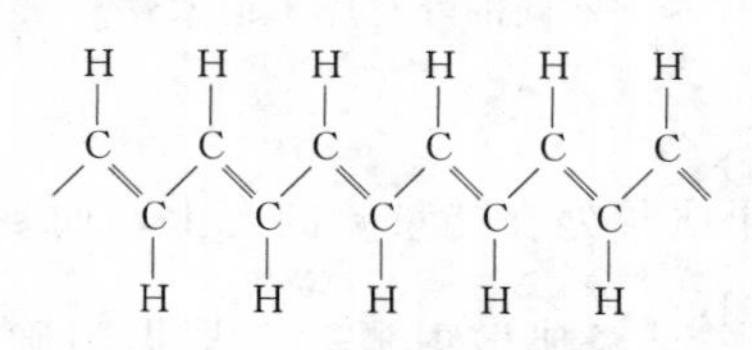

图 12 聚乙炔结构示意图。由于派尔斯畸变，晶格被二聚化。图中双键碳原子间要比单键碳原子之间靠得更近。派尔斯畸变打开了一个约为1.5eV的半导体带隙。

对于一维金属，其第二个与众不同的性质就是对在波矢$2k_F$处的扰动是不稳定的。例如，在这一波矢下的晶格畸变将在电子带谱中展现一个带隙，使金属转变成绝缘体。这就是在第15章中已详细讨论过的派尔斯（Peierls）不稳定性。这一效应在一维导电聚合物（例如聚乙炔，见图12）中具有特别的重要性。在这种材料中，间距为a的每个碳原子有一个传导电子，于是由式（16）可知$k_F=\pi/2a$。如果不存在任何畸变，聚乙炔将有一个半满带，从而是一个金属。但是，在$2k_F=\pi/a$（相应于波长$2a$）处的晶格畸变使其在费米能附近打开一个带隙。这相当于一个二聚晶格。这种二聚作用将沿着分子链产生交替变化的单键和双键，从而导致聚乙炔转变为具有1.5eV能隙的半导体。

聚乙炔及其相关聚合物可用于制造场效应晶体管、发光二极管以及其他半导体器件。它们可以通过化学掺杂而获得足以与传统金属相媲美的电导率。不仅如此，它们同时还保留着聚合物的机械柔性和易于加工等优点；它们的发现引起了一场软质塑料电子学的革命。

对于聚合物而言，由于其聚合分子主链是由单个的原子链所构成，所以它们很容易变形，从而导致聚合物中大的派尔斯畸变。然而，其他的一些1D系统，比如纳米管和纳米线，相对来讲，硬度更大，迄今为止，在实验的相关温度下，人们还没有观测到派尔斯相变。

18.3 一维情况下的电输运

18.3.1 电导量子化和Landauer公式

当两端外加一个给定电压时，一维通道呈现出有限的电流携载能力。因此，即使在这一纳米线上不存在散射，它也只具有一个有限的电导。现在考虑一条仅有一个子带被占据的线，将其与两个电压V不同的较大载流子库相连，如图13所示。右向态将被占据到电化学势为μ_1，左向态将被占据到电化学热为μ_2，其中$\mu_1-\mu_2=qV$，对于电子$q=-e$，对于空穴$q=+e$。由于存在过剩的右行载流子，且其密度为Δn，则流过通道的净电流为

$$I=\Delta nqv=\frac{D_{\mathrm{R}}(\varepsilon)qV}{L}qv=\frac{2}{hv}vq^2V=\frac{2e^2}{h}V \tag{20}$$

其中$D_{\mathrm{R}}(\varepsilon)$表示右行载流子的态密度，等于式（15）所示总的态密度的1/2。

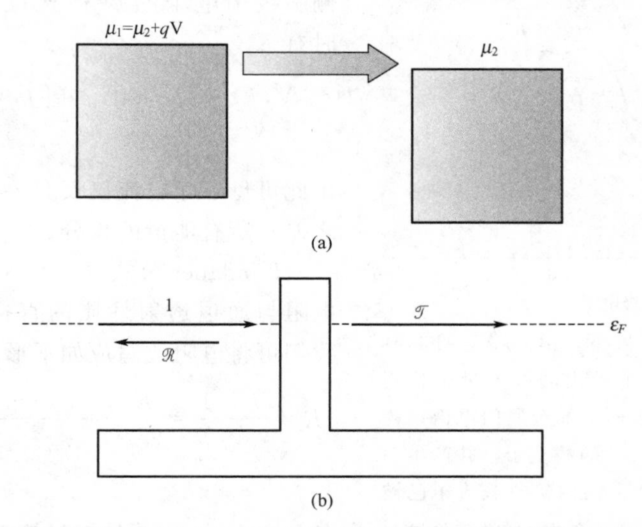

图13 （a）表示在两个储存器之间传输的净电流示意图，其中外加偏压差为V_1-V_2。（b）是通道中势垒透射概率$\mathscr{T}$和反射概率$\mathscr{R}$的原理示意图，其中$\mathscr{T}+\mathscr{R}=1$。

值得注意的是，在1D情况下，态密度中的速度被消去，所产生的电流只与电压和基本物理常量有关。于是，两端电导I/V和电阻V/I分别为

$$G_{\mathrm{Q}}=2e^2/h;\quad R_{\mathrm{Q}}=h/2e^2=12.906\mathrm{k}\Omega \tag{21}$$

可以看出，一个理想透射的一维通道具有一个有限的电导，其数值等于基本物理常量的比值$(2e^2/h)$，它被称为电导量子（conductance quantum）G_{Q}；其倒数被称为电阻量子（resistance quantum）R_{Q}。尽管这里的推导是在有效质量近似下进行的，但它对任何离散的一维能带都是成立的。

图14清晰表明了电导量子化效应。这是在GaAs/AlGaAs异质结结构的两个2D电子气区域之间形成的准一维短通道给出的结果。随着通道载流子密度的增加，电导呈现台阶式增加，台阶高度是$2e^2/h$，每一个台阶相应于在线内又有一个1D带被占据。此外，在宏观金

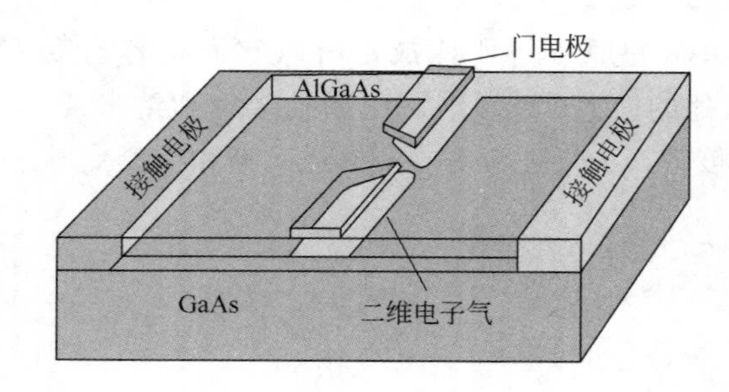

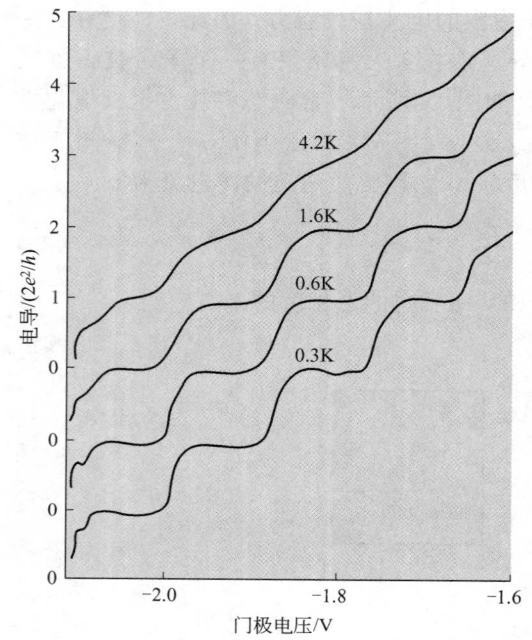

图 14 在不同温度下，由 GaAs/AlGaAs 异质结结构中的短通道给出的电导量子化现象。负电压加在样品表面上的金属门电极以耗尽其下面的二维电子气中的载流子，并产生一窄通道。这个通道在 $V_g=2.1\text{V}$ 时载流子已被全部耗尽。随着 V_g 升高，所有 1D 带都将被占据，每填充一个新的子带就会增加一个大小为 $2e^2/h$ 的电导。引自 H. van Houten and C. Beenakker。

属之间搭建的原子尺寸大小的电桥上也曾观察到电导量子化效应。

如果通道不是完全导通的，则总电导就是电导量子与电子通过通道的透射概率 $\mathscr{T}(\varepsilon_F)$ 之乘积（图 13），即

$$G(\varepsilon_F)=(2e^2/h)\mathscr{T}(\varepsilon_F) \tag{22}$$

这个方程就是通常所说的 Landauer 公式。对于准一维多通道系统，由于电导是并联相加，所以要对每个通道的贡献求和。由此，即有

$$\mathscr{T}(\varepsilon_F)=\sum_{i,j}\mathscr{T}_{i,j}(\varepsilon_F) \tag{23}$$

式中，i、j 标识横向本征态。例如，对于 N 个平行的理想透射通道，$\mathscr{T}=N$，参见图 14 给出的数据。

在有限的温度或偏压下，必须考虑左右两侧引线中电子的费米-狄拉克能量分布 f。这时有

$$I(\varepsilon_F,V,T)=(2e/h)\int_{-\infty}^{\infty}d\varepsilon[f_L(\varepsilon-eV)-f_R(\varepsilon)]\mathscr{T}(\varepsilon) \tag{24}$$

由此可见，净电流仅仅是左行电流和右行电流之差对所有能量的积分。

Landauer 公式（22）式给出了一个系统的电阻与通道透射性质的直接关系。对单通道，我们可将电阻改写成如下形式，即

$$R=\frac{h}{2e^2}\frac{1}{\mathscr{T}}=\frac{h}{2e^2}\frac{\mathscr{T}+(1-\mathscr{T})}{\mathscr{T}}=\frac{h}{2e^2}+\frac{h}{2e^2}\frac{\mathscr{R}}{\mathscr{T}} \tag{25}$$

式中，$1-\mathscr{T}$ 是反射系数。器件电阻是第一项量子化接触电阻和第二项通道势垒引致的电阻之和；对于理想导体，后一项为零。下面，考虑将 Landauer 公式应用于串联双势垒问题。同时，拟将这一问题放在两种极限（即电子在势垒之间传播的相干极限和非相干极限）情况下进行讨论。

18.3.2 串联共振隧道效应中的双势垒

现在考虑间距为 L 的两个串联势垒，其透射和反射概率振幅分别记为 t_1、r_1 和 t_2、r_2，如图 15 所示。这些概率振幅都是复数，即

$$t_j=|t_j|e^{i\varphi_{tj}};\quad r_j=|r_j|e^{i\varphi_{rj}} \tag{26}$$

为了计算通过整个双势垒结构的透射概率 $\mathscr{T}$，就必须知道相应的透射概率振幅。对于由左边入射的振幅为 1 的波，则在图 15 中定义的各概率振幅分别是：

$$a=t_1+r_1b;\quad b=ar_2e^{i\varphi};\quad c=at_2e^{i\varphi/2} \tag{27}$$

式中，$\varphi=2kL$ 表示动能为$\hbar^2k^2/2m$ 的电子在势垒之间来回（传播距离为 $2L$）一次所产生的相位。联立求解，可得透射概率的振幅为

$$c=\frac{t_1t_2\mathrm{e}^{i\varphi/2}}{1-r_1r_2\mathrm{e}^{i\varphi}} \tag{28}$$

于是，通过双势垒的透射概率就是

$$\mathcal{T}=|c|^2=\frac{|t_1|^2|t_2|^2}{1+|r_1|^2|r_2|^2-2|r_1||r_2|\cos(\varphi^*)} \tag{29}$$

其中 $\varphi^*=2kL+\varphi_{r1}+\varphi_{r2}$。图 15 给出了这一结果的图示。应该指出：一个来回的相位积累 φ^* 包括了来自势垒反射所引起的相移因子。

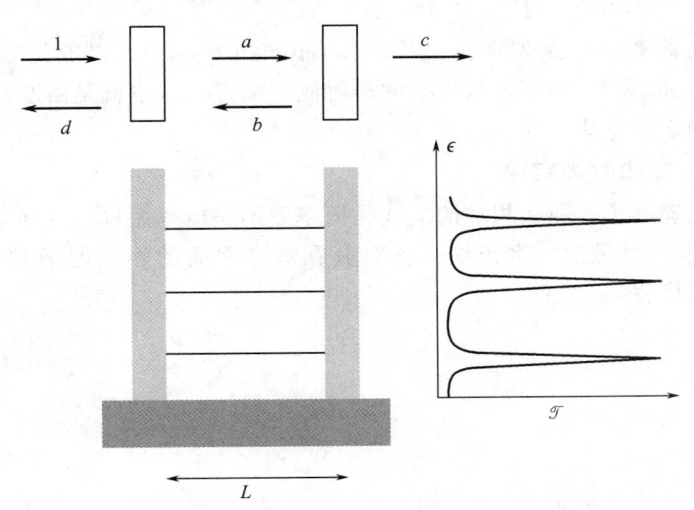

图 15　发生在两个全同串联势垒上的共振隧道效应，其中势垒间隔为 L。上图：对于一个振幅为 1 的入射波，图中表明了势垒之间及势垒之外的透射振幅。此外，下图还给出了发生在势垒之间准束缚态能量处的透射共振。

当 $\cos\varphi^*$ 趋近于 1 时，式（29）所给出的透射概率将会有很大增加，因为分母变得很小。这样就可以给出共振条件，即为

$$\varphi^*=2kL+\varphi_{r1}+\varphi_{r2}=2\pi n \tag{30}$$

其中 n 是一个整数。这是波的一个共同特征，它是由通过样品的许多通道发生相长干涉的结果。利用级数展开式 $1/(1-x)=\sum_{m=0}^{\infty}x^m$，将式（28）改写后可以清楚地看出这一点。即有

$$c=t_1t_2\mathrm{e}^{i\varphi/2}/(1-r_1r_2\mathrm{e}^{i\varphi})=t_1t_2\mathrm{e}^{i\varphi/2}[1+r_1r_2\mathrm{e}^{i\varphi}+(r_1r_2\mathrm{e}^{i\varphi})^2+\cdots\cdots] \tag{31}$$

式中，第 m 阶相应于势垒之间的第 m 个来回。当发生共振时，这些路径相位相加，从而产生强烈透射。

对于势垒全同的特殊情况，即有 $t_1=t_2$，则可得

$$\mathcal{T}(\varphi^*=2\pi n)=|t_1|^4(1-|r_1|^2)^{-2}=1 \tag{32}$$

由此可见，对称双势垒结构在共振时的透射概率为 1，尽管通过每个单一势垒的透射率比较小。这就是共振隧道效应。若不发生共振，对于不良透射的暗势垒，式（29）中的分母接近于 1，这时透射概率大致等于串联双势垒中两个势垒透射系数之积，即 $\mathcal{T}\sim|t_1|^2|t_2|^2$。

共振条件 $\varphi^*=2\pi n$ 对应于限制在势垒之间的准束缚电子态的能量。对于完全不透射的势垒壁，这正是粒子在势箱中的量子化条件：$kL=n\pi$。尽管我们是针对一维情况导出的共振隧穿条件，但是这里的结论具有普遍性。也就是说，当能量相当于受限电子束缚态能级时，通过一个受限电子系统的透射概率将剧烈地增大。由 STM 隧道效应表达式式（9）也可以清楚地表明这一结论的普适性。亦即式（9）指出，准束缚态给出微分电导的谱峰。

对于暗势垒（不透明）的情形，$|t_1|^2$ 和 $|t_2|^2$ 均 $\ll 1$，式（29）分母中的余弦项可以进一步展开，如习题 4 所示；这样一来，对于共振就可以得到类似于布赖特-维格纳（Breit-Wigner）公式的形式，即有

$$\mathscr{T}(\varepsilon)=\frac{4\boldsymbol{\Gamma}_1\boldsymbol{\Gamma}_2}{(\boldsymbol{\Gamma}_1+\boldsymbol{\Gamma}_2)^2+4(\varepsilon-\varepsilon_n)^2},\left(\boldsymbol{\Gamma}_j=\frac{\Delta\varepsilon}{2\pi}|t_j|^2\right) \tag{33}$$

这就表明，上述共振就是一系列洛伦兹峰（Lorentzian peaks），以能量表示的峰宽为 $\boldsymbol{\Gamma}=\boldsymbol{\Gamma}_1+\boldsymbol{\Gamma}_2$，并由能级间隔 $\Delta\varepsilon$ 和穿过双势垒的透射概率决定。这也就是由双势垒束缚态有限寿命引致的能级不确定性宽化效应。

18.3.3 非相干相加和欧姆定律

如果经典地处理电子，那么相加的应该是概率而不是概率振幅；这在电子由于某种原因（例如来自声子的非弹性散射）真正地失去对其在势垒之间的相位记忆时是有效的。这样，式（27）将由下式代替：

$$|a|^2=|t_1|^2+|r_1|^2|b|^2;\quad |b|^2=|a|^2|r_2|^2;\quad |c|^2=|a|^2|t_2|^2 \tag{34}$$

所以有

$$\mathscr{T}=\frac{|t_1|^2|t_2|^2}{1-|r_1|^2|r_2|^2} \tag{35}$$

经过一些基本运算（见习题 5）即可导出：

$$R=(h/2e^2)(1+|r_1|^2/|t_1|^2+|r_2|^2/|t_2|^2) \tag{36}$$

这一电阻正是量子化接触电阻与两个势垒的内禀电阻之和［参见式（25）所示］。这就是欧姆定律——串联电阻相加。这在干涉效应可以忽略时是正确的。

式（36）让我们联想到德鲁德（Drude）公式。现在考虑一个给出背散射概率为 $1/\tau_b$ 的过程。这一背散射既可能产生于一个弹性散射过程（如杂质散射），也可能产生于一个非弹性散射过程（如声子散射）。当传播过一个小距离 dL 时，其反射概率 $d\mathscr{R}$（$\ll 1$）是

$$d\mathscr{R}=\frac{1}{\tau_b}\frac{dL}{\nu_F}=\frac{dL}{l_b} \tag{37}$$

这将对电阻给出一个贡献。从而，由之产生的电阻率为

$$\rho_{1D}=dR/dL=(h/2e^2)/l_b \tag{38}$$

这就是 1D 的 Drude 电阻：$\sigma_{1D}^{-1}=(n_{1D}e^2\tau/m)^{-1}$，见习题 5。当忽略相干效应时，各个组元的电阻将服从欧姆定律的相加规则，于是得到：

$$R=R_Q+(h/2e^2)(L/l_b) \tag{39}$$

18.3.4 定域化

现在考虑相干效应不能忽略时的串联双势垒问题。这时我们可以对所有可能的相位求平均，亦即遍及不同能量求平均。根据式（29），可得平均电阻为

$$\langle R\rangle=\frac{h}{2e^2}\frac{1+|r_1|^2|r_2|^2-2|r_1||r_2|\langle\cos\varphi^*\rangle}{|t_1|^2|t_2|^2}=\frac{h}{2e^2}\frac{1+|r_1|^2|r_2|^2}{|t_1|^2|t_2|^2} \tag{40}$$

值得注意的是，相位平均电阻式（40）大于非相干极限式（36）给出的电阻。

为了理解与式（40）相关的长度标度问题，考虑一个长度为 L 且仅仅是由一系列弹性（相位不变）散射体组成的长导体，其中弹性散射体的特征尺度由一个弹性背散射长度 l_e 刻画。假定这一导体有一个大的电阻 $\langle R\rangle$，则有 $\mathscr{R}\approx 1$ 和 $\mathscr{T}\ll 1$。对于一个小的附加长度 dL，就会有一个附加反射 $d\mathscr{R}=dL/l_e$［见式（37）］和一个附加透射 $d\mathscr{T}=1-d\mathscr{R}$。按照式（40）的约定，将这些论证联立起来并假定 $d\mathscr{R}\ll 1$，于是就有

$$\langle R+dR\rangle=\frac{h}{2e^2}\frac{1+\mathscr{R}d\mathscr{R}}{\mathscr{T}(1-d\mathscr{R})}=\langle R\rangle\left(1+\frac{2dL}{l_e}\right) \tag{41}$$

或者等价地写为

$$\langle dR\rangle=\langle R\rangle(2dL/l_e) \tag{42}$$

分离变量并对两边求积分，可得

$$\langle R\rangle=(h/2e^2)\exp(2L/l_e) \tag{43}$$

值得提出的是，电阻随着样品长度增加而按指数律增加，并不是像欧姆导体中的线型律那样增加。这种行为特性是定域化的一个直接结果。由于散射态［是指被无序相（如缺陷）散射作用的态］中的量子相干效应，使得这些状态变成在尺寸范围 $\xi\sim l_e$ 内是定域化的，其中 ξ 被称为定域长度（localization length)。不存在横过整个导体长度上的扩展态，以至于电阻指数律变大。对于准一维系统也存在相仿的结果，但是这时的定域长度为 $\xi\sim Nl_e$，其中 N 为1D子带被占据的数目。

在非常低的温度下，只有相干散射发生，而且电阻遵从式（43）按指数律增大。在有限的温度下，电子由于与其他自由度（例如声子或电子）的相互作用，它们只是在位相相干长度 l_φ 范围内保持相位记忆。这一长度通常是温度的幂函数，即 $l_\varphi=AT^{-\alpha}$，因为这时的电子与振动的激发数目是温度 T 的幂函数。每个相位相干组元的电阻可以近似为式（43），其中将 L 换成 l_φ。这些组元的电阻随着温度的增加而迅速减小（即 T 的幂次律的指数形式）。这将使总电阻显著的减小，这时的总电阻是一系列相位相干（l_φ）和非相干（L）部分的组合。在足够高的温度下，$l_\varphi\leqslant l_e$，所有相位相干效应都将在两次散射之间消失，这时电阻遵从式（36）所示的欧姆表达式。

此外，还有一个相关的问题，这就是在无序相存在时2D和3D系统电子态的性质。在二维（2D）系统中，对于非相互作用电子，其所有态也都将由于无序相变成定域化的；然而在三维（3D）系统中，只有当无序相达到某个临界值时才能使电子态定域化。定域化问题必将继续成为基础理论研究和争论的焦点之一，尤其是在必须考虑电子-电子库仑相互作用时更是引人注目。

18.3.5 电压探头及 Buttiker-Landauer 理论

在许多测量中，需要两个以上的探头与一个导体连接。其中，有些是电压探头（它不从样品中取走净电流），有些是电流探头，如图16所示。Buttiker 曾将 Landauer 的理论推广应用于处理这种多探头情况。$\mathscr{T}^{(n,m)}$ 定义为一个电子离开触点 m 到达触点 n 的总透射概率，其中包括来自所有1D通道的贡献。对于一个具有 N_n 个通道的电流探头 n，通过外加电压可以使这一触点的电化学势保持不变，那么流过这一触点的净电流可写为

$$I_n=(2e^2/h)(N_nV_n-\sum_m\mathscr{T}^{(n,m)}V_m) \tag{44}$$

它等于从触点流出的电流减去其他所有触点引致的流入该触点的电流。应该指出的是，这里

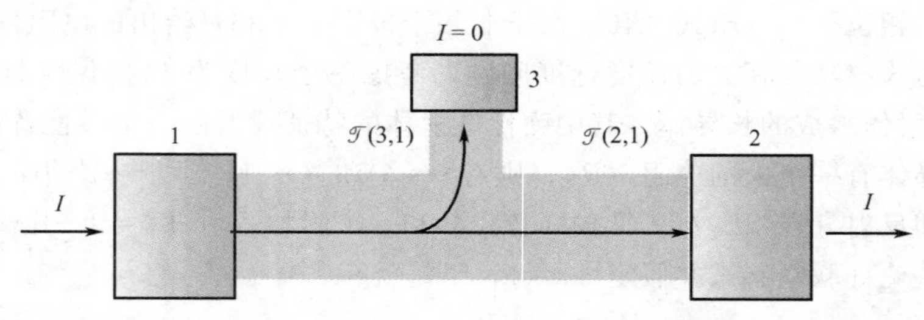

图 16 一个多触点导体的原理示意图。触点 1 和 2 是电流探头，触点 3 是电压探头。由 1 到 2 和由 1 到 3 的透射概率已在图中示意。

$N_n=\sum_m \mathcal{T}^{(n,m)}$。事实上，考虑到平衡情况下所有电压相等和所有电流为零，很容易就可由式（44）导出这一结果。

对于电压探头，电势 V_n 可以自动调节直到无净电流通过（$I_n=0$）。这时，即有

$$V_n=\frac{\sum_{m\neq n}\mathcal{T}^{(n,m)}V_m}{\sum_{m\neq n}\mathcal{T}^{(n,m)}} \tag{45}$$

由探头测得的电化学势等于不同触点电化学势的加权平均，其中权重因子就是透射概率。

式（44）和式（45）有一系列令人惊奇的推论。由于被测电流和被测电压依赖于 $\mathcal{T}^{(n,m)}$，所以电子在横向穿过样品时的具体路径会对电阻造成影响。电压探头会对电子路径带来干扰，反过来被测电压也会受到样品各部分透射概率的影响。下面将通过三个例子来阐述这些性质。

考虑电压探头与另一个弹道式 1D 导体的中心连接，如图 16 所示。假定电子离开探头 1 之后，或者到达探头 2，或者到达探头 3，但都不能直接发生背散射。于是，由探头 3 测得电压为

$$V_3=\frac{\mathcal{T}^{(3,1)}V}{\mathcal{T}^{(3,1)}+\mathcal{T}^{(3,2)}}=\frac{V}{2} \tag{46}$$

在得到上式最后一步时应用了假设 $\mathcal{T}^{(3,1)}=\mathcal{T}^{(3,2)}$（亦即电压探头与左向和右向通道的耦合是对称的）。在通道上测定的电压值等于两个触点电压的平均值。

由触点 1 流出的电流可以写为

$$I=(2e^2/h)(V-\mathcal{T}^{(1,3)}V_3)=(2e^2/h)V(1-\frac{1}{2}\mathcal{T}^{(1,3)}) \tag{47}$$

其中在得出第二步时利用了式（46）。应当指出，由于电压探头的存在，使得透射概率降到一个理想通道的值 1 以下。有些电子散射后进入电压探头，而这些电子又重新被发射，最后又回到触点 1。这表明电压探头大体上是侵袭型的；除非它们与系统之间的耦合非常之弱，否则它们都将对所测量的物理量产生影响。

图 17 是在高迁移率 2D 电子气中的两个纳米尺寸十字形图案所给出的霍尔电阻测量结果，其几何布置已在插图中示出。其结区存在弹道，也就是说在结区没有来自无序相的散射，仅有来自样品壁的散射。测定的霍尔电阻不同于对一个宏观二维电子气所预期的结果，亦即不是 B/n_se 的形式（其中 n_s 是方块载流子浓度），但它却呈现出一些值得注意的性质。其中最令人称奇的是，对于图 17 左上角插图所示的情况，在低 B 时测得的霍尔电压与高 B 时的符号相反。根据图中画出的经典电子路径，这一结果是很容易理解的。在高磁场（B）下，洛伦兹力优先将电子转向上部电极，结果给出所预期的霍尔电压符号；然而在低 B 下，

电子被导体边界弹回并到达下部电极，从而使所测霍尔电压反号。对于一个小的多触点导体，其电阻实际就是电子穿过样品时所走轨迹的量度，它与诸如电子密度等材料内禀性质并不是简简单单的关系。

式（44）和式（45）可应用于处理任何复杂的微观（或甚至宏观）导体。这些方程已被广泛应用于低温下无序金属小样品测量结果（作为磁场 B 的函数）的解释和讨论。这些样品具有许多横向通道，并且含有杂质。弹性散射长度 l_e 小于样品尺寸，但是相位相干长度 l_φ 比较大。因此在穿过样品时电子的传送是扩散型，但是其相位相干。这就是所谓的介观体系。在半径典框架下，两个探头 n 和 m 之间的透射概率振幅相当于穿过样品的许多不同经典路径之和。即有：

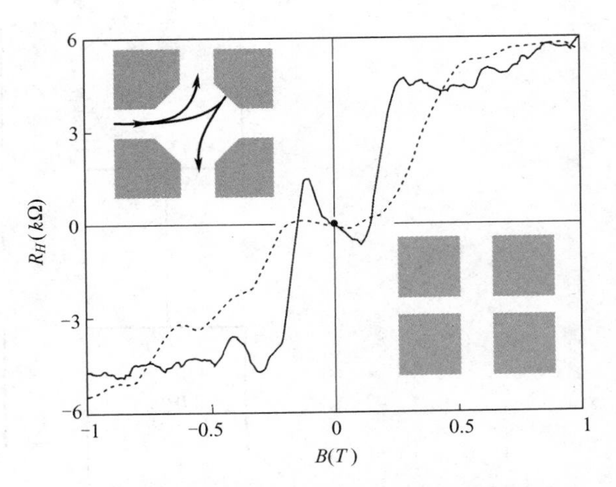

图 17 不同形状亚微米结的四端霍尔电阻测量结果及几何布置示意图。对于图中左上部给出的结区，霍尔电阻在小 B 时为负，而在大 B 时为正。其原因已在图中示意：在小 B 时，电子被壁弹回而进“错”探头。引自 C. Ford et al。

$$\text{(CGS)}\qquad t^{(m,n)} \propto \sum_j a_j \exp\left((i/\hbar)\int_l^m (\boldsymbol{p} - e\mathbf{A}/c)\cdot \mathbf{d}\boldsymbol{l}\right);$$

$$\text{(SI)}\qquad t^{(m,n)} \propto \sum_j a_j \exp\left((i/\hbar)\int_l^m (\boldsymbol{p} - e\mathbf{A})\cdot \mathbf{d}\boldsymbol{l}\right) \tag{48}$$

值得注意，在与每条路径振幅 a_j 相联系的相位中都含有磁矢势 $\mathbf{A}$ 的贡献，参见附录 G 中的讨论。由于 $\mathscr{T}^{(n,m)} = |t^{(n,m)}|^2$，所以穿过样品的不同传导路径之间的量子干涉将调制透射概率。

图 18 给出了一个很有趣的例子。图示左边是纳米金属线的四端电阻测量结果。可以看出，在电导对磁场 B 的关系曲线中存在非周期性涨落。这些涨落起源于那些与触点相连的扩散路径之间的相干调制。由于有许多这样的路径，所以这一结果主要表现为无规变化。这些调制被称为电导涨落（conductanee fluctuation）。

如图 18 的右侧所示，当在触点间区域之外有一个附加环路时，电导率 G 将发生质变。这时可以观测到随磁场变化的周期性调制，这一结果起源于阿哈罗诺夫-博姆效应（Aharonov-Bohm effect）。如果电子路径绕行环路，则它们在这些路径之间发生的量子干涉将受到矢势调制；如果不绕行环路，则不会存在这种效应。为简便起见，考虑两条这样的路径：在没有外加磁场时，这两条路径的透射概率振幅分别为 a_1 和 a_2（见图 18）。对于一个外加的有限磁场 B，则有

$$\text{(CGS)}\qquad \left|a_1 + a_2\exp[(ie/hc)\oint_{\text{loop}}\mathbf{A}\cdot\mathbf{d}\boldsymbol{l}]\right|^2 = |a_1|^2 + |a_2|^2 + 2|a_1||a_2|\cos[2\pi\Phi/(hc/e)]$$

$$\text{(SI)}\qquad \left|a_1 + a_2\exp[(ie/\hbar)\oint_{\text{loop}}\mathbf{A}\cdot\mathbf{d}\boldsymbol{l}]\right|^2 = |a_1|^2 + |a_2|^2 + 2|a_1||a_2|\cos[2\pi\Phi/(h/e)] \tag{49}$$

在得出最后一步时应用了斯托克斯（Stokes）定理，其中 Φ 是通过环路的磁通，hc/e 为磁通量子（在 SI 制中为 h/e）。随着磁通的增加，穿过线的透射概率将以一个磁通量子为周期

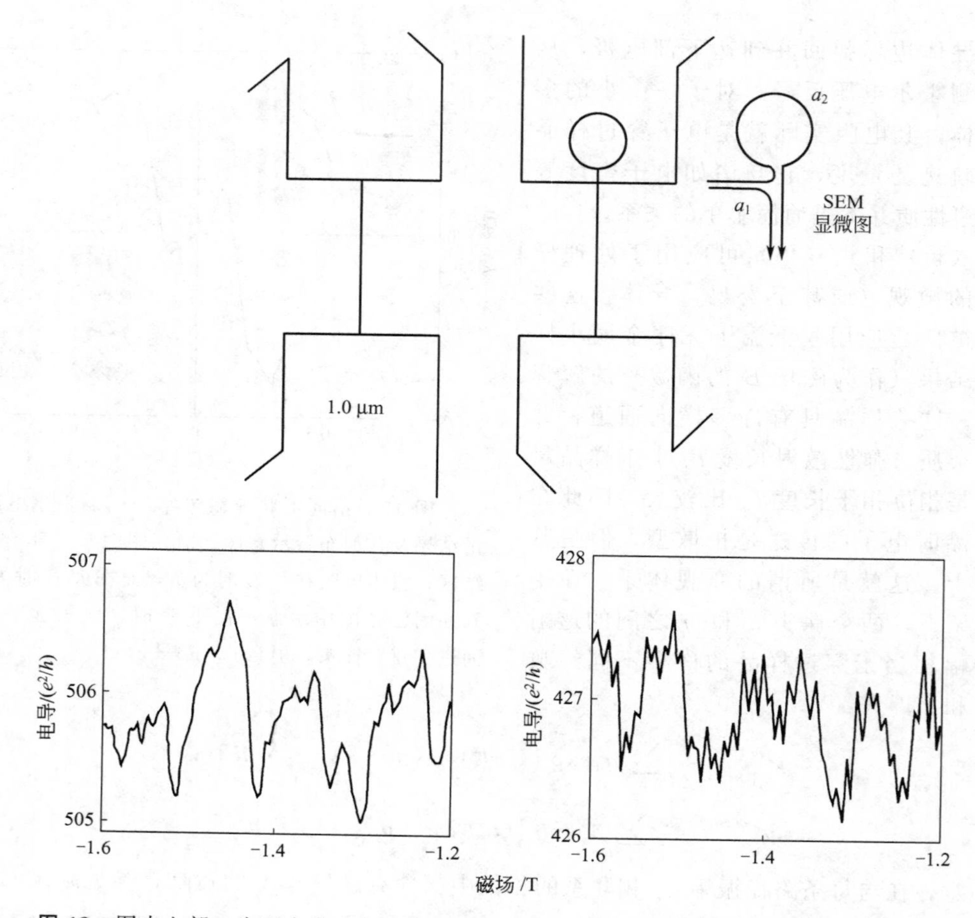

图 18 图中上部：为两个带有电流与电压探头竖直 Au 线的 SEM 显微照片（示意图）。对于右边的装置，在图中两个探头之间区域之外附加一个额外的环路，并在该图右边示出两条路径，其中一个路径绕行环路，而另一个不绕行。图中下部左侧：为上部左边样品的电导与磁场关系曲线。可以看到由穿过样品的传导路径之间量子干涉引致的非周期性电导涨落。图中下部右侧：当路径在触点区域之外绕行环路时观测到的与 Aharonov-Bohm 效应相关的周期性振荡，表明了介观体系扩散相干输运的非局域化性质。引自 R. Webb。

发生振荡。这一效应与第十章中讨论过的超导磁通量子化非常相似，只是这里的载流子是电子而不是库珀对，于是在磁通量子中出现的电荷为 e 而不是 $2e$。

令人关注的是，在电压触点之间区域之外的附加环路改变了测量的属性。电阻在介观体系中是非局域化的。如果电子穿行于触点之间并且其相位记忆它们具体的路径，那么电子将相干地扩散通过整个样品。

18.4 零维（0D）系统的电子结构

18.4.1 量子化能级

如果一个电子系统在空间的三个方向上都被限制，那么它将具有离散的电荷态和电子态，就像原子或分子中的情况那样。它们通常被称为人造原子或量子点，以便能够反映出它们性质中量子效应的重要性。

作为一个简单的例子，考虑一个在球形势阱中的电子。鉴于球形对称性，其哈密顿量可分成角度和径向两部分，从而求出本征态和本征能量为

$$\varepsilon_{n,l,m}=\varepsilon_{n,l}\text{；}\qquad \psi(r,\theta,\phi)=Y_{l,m}(\theta,\phi)R_{n,l}(r) \tag{50}$$

其中 $Y_{l,m}(\theta,\phi)$ 是球谐波函数，$R_{n,l}(r)$ 是径向波函数。能级和径向波函数依赖于特定受限势阱的具体细节。对于一个无限深球形势阱，则有 $r<R$ 时 $V=0$ 和 $r>R$ 时 $V=\infty$。于是，可得

$$\varepsilon_{n,l}=\hbar^2\beta_{n,l}^2/(2m^*R^2)$$
$$R_{n,l}(r)=j_l(\beta_{n,l}r/R),\quad r<R \tag{51}$$

其中函数 $j_l(x)$ 是 l 阶球贝塞尔（Bessel）函数，系数 $\beta_{n,l}$ 是 $j_l(x)$ 的第 n 个零点。例如，$\beta_{0,0}=\pi(1S)$，$\beta_{0,1}=4.5(1P)$，$\beta_{0,2}=5.8(1D)$，$\beta_{1,0}=2\pi$（2S），以及 $\beta_{1,1}=7.7$（2P）。括号中的符号是关于状态的原子符号，这些态具有通常与自旋和角动量取向相联系的简并性。

18.4.2　半导体纳米晶

对于图 2 中给出的半导体纳米晶，作为一个不错的近似，可以用上述球形模型来描述。在这种情况下，导带中的电子和价带中的空穴都是量子化的。对于 CdSe 纳米粒子，导带有效质量 $m_e^*=0.13\text{m}$，电子能级为 $\varepsilon_{n,l}=(2.9\text{eV}/R^2)(\beta_{n,l}/\beta_{0,0})^2$，其中 R 是以纳米为单位的纳米粒子半径。若 $R=2\text{nm}$，则得到最低两个能级之间的能量间距为 $\varepsilon_{0,1}-\varepsilon_{0,0}=0.76\text{eV}$。

随着 R 的减小，1S 电子态的能量升高，而 1S 空穴态的能量却降低，因此能隙增加。由此可知，通过改变 R，可以在较大范围内调变带隙的大小。如图 19 所示，给出了不同尺寸下 CdSe 纳米粒子的吸收光谱。对于最小的半径，吸收边相对体相漂移近 1eV。在发射谱中也可以观测到与之类似的漂移。纳米晶的光谱可以连续地穿过可见光光谱区，因此它们可应用于从荧光标记到发光二极管的广泛领域。

纳米晶光吸收强度主要集中在离散态之间跃迁所对应的一些特定频率位置，如式（7）所示。根据第 16 章给出的 Kramers-Kronig 关系可以得到一个关于积分吸收的重要结果。由第 16 章式（11b），我们有

$$\sigma''(\omega)=-\frac{2\omega}{\pi}P\int_0^\infty\frac{\sigma'(s)}{s^2-\omega^2}\mathrm{d}s \tag{52}$$

在非常高的频率下，即当 $\omega\to\infty$ 时，其电子的响应与自由电子相同。由第 16 章式（20）可得

$$\sigma''(\omega)=ne^2/m\omega \tag{53}$$

另外，当 $\omega\to\infty$ 时，式（52）分母中的频率 s 可以忽略。于是，联合式（52）和式（53），即有

$$\int_0^\infty\sigma'(s)\mathrm{d}s=\pi ne^2/2m \tag{54}$$

由此可见，当对所有频率积分时，体相半导体与纳米晶将给出单位体积内相同的总吸收。尽管如此，它们的分布却是非常之不同。宏观半导体的吸收谱是连续的，而纳米晶的吸

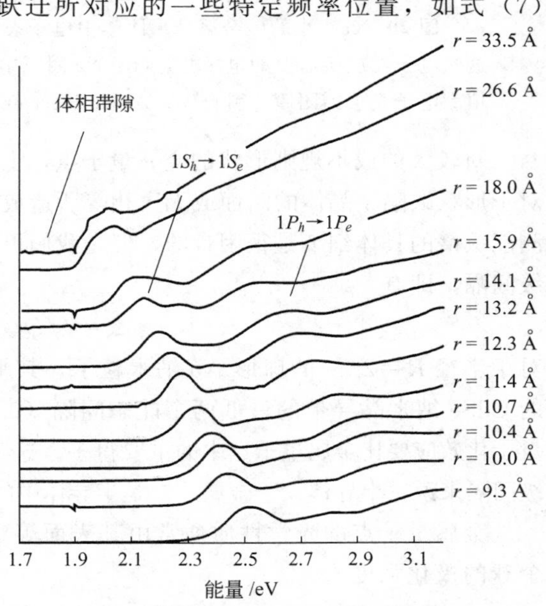

图 19　具有不同平均半径纳米晶 CdSe 样品的光吸收谱。在最小的纳米晶样品中，其最小跃迁能相对于体相带隙移动约 1eV。图中标示了两个主导跃迁。引自 A. P. Alivisatos。

收谱是由一系列吸收强度非常高的离散跃迁组成。这些在特定频率处的高强度跃迁，一直激励着研究人员，期望能够发明出基于量子点的量子化电子跃迁的激光器。

18.4.3 金属量子点

对于小的球形金属量子点，例如在原子束中产生的碱金属原子团簇，其电子将充满由式(50)所示的量子化能级，如图20(a)所示。这些量子化能级将影响金属量子点的电学和光学性质，甚至会对量子点的稳定性产生影响。通过小原子团簇的质谱分析，可以确定其中包含的原子数目[见图20(b)所示]。由于在碱金属中每个原子仅有一个传导电子，所以这也是导带中的电子的数目。当团簇中原子数达到某些“幻数”值时，会出现较大的丰度；这主要是因为团簇中满电子壳层增强了团簇的稳定性。例如，8-原子簇峰相应于1S（$n=1$，$l=0$）和1P（$n=1$，$l=1$）壳层充满的情形。这些满壳层团簇类似于化学稳定的满壳层原子（稀有气体）的情况。

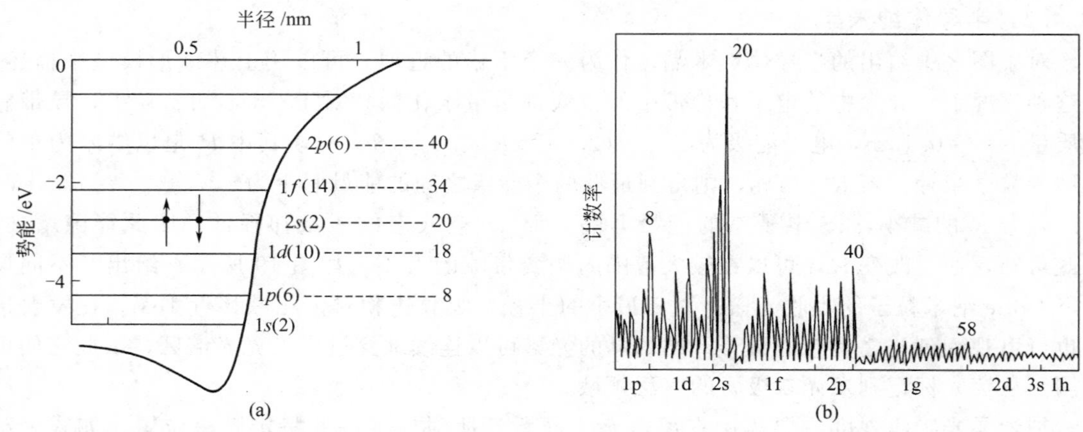

图 20 （a）小的碱金属球形团簇中电子态的能级示意图。其中，右边的数字表示依次充满这些电子壳层所需要的电子数。（b）Na团簇中的丰度谱图，它表明高强度相应于那些具有完全填满电子壳层的团簇。引自 W. A. de Heer et al。

对较大的或不规则形状的金属量子点，上述类原子的壳层结构已不再存在。比较而言，相对于形状缺陷、晶体的断面或无序相等所造成的能级的漂移，能级间隔变得很小。这时，要预测能级谱的具体细节是很困难的，但是我们可以利用第6章式(21)估计费米能附近的平均能级间隔，即有

$$\Delta\varepsilon=1/D(\varepsilon_F)=2\varepsilon_F/3N \tag{55}$$

对于半径$R=2$nm的球形Au纳米粒子，其平均能级间隔为$\Delta\varepsilon\sim2$meV。这比前面计算给出的CdSe纳米晶导带的最低两个能态间隔（0.76eV）小得多。也就是说，半导体量子点中的量子化效应要比金属量子点中的重要得多。这其中的原因有二：一是对于在3D势阱中低能态能级间隔来说，半导体大于金属；二是半导体中的电子有效质量一般小于金属中的电子有效质量。

金属量子点的光学性质通常由其表面等离体子共振支配。由第14章式(11)可知，一个球的极化强度为

$$\text{(CGS)}\quad P=\frac{\chi E_0}{1+4\pi\chi/3};\qquad \text{(SI)}\quad P=\frac{\chi\varepsilon_0 E_0}{1+\chi/3} \tag{56}$$

式中，E_0是外加电场，χ是电子极化率。在第14章中曾对静态情形给出过这一关系，但是它可以应用于高频率的情况，只要量子点足够小以至于不存在滞后效应。若将量子点中的载

流子模型化为自由电子气，则由第 15 章式（6）可得极化率为

$$\text{(CGS)}\quad \chi(\omega)=-ne^2/m\omega^2;\qquad \text{(SI)}\quad \chi(\omega)=-ne^2/m\varepsilon_0\omega^2 \tag{57}$$

联立式（56）和式（57），则得

$$\text{(CGS)}\quad P(\omega)=\frac{E_0}{1-4\pi ne^2/3m\omega^2}=\frac{E_0}{1-\omega_p^2/3\omega^2}$$

$$\text{(SI)}\quad P(\omega)=\frac{\varepsilon_0 E_0}{1-ne^2/3m\varepsilon_0\omega^2}=\frac{\varepsilon_0 E_0}{1-\omega_p^2/3\omega^2} \tag{58}$$

式中，ω_p 是体相金属的等离体频率。可以看出，当频率取为

$$\omega_{\text{sp}}=\omega_p/\sqrt{3} \tag{59}$$

时，极化强度发散。ω_{sp} 相当于一个球的表面等离体子共振频率。对于 Au 和 Ag 这样的金属，这一频率已由体相等离体共振频率的紫外频段漂移到光谱的可见部分。显然，式（59）所示结果与粒子尺寸无关。然而在事实上，由于半径较大时出现的滞后效应，以及半径较小时出现的损耗和带内跃迁，其光学性质或多或少都会与尺寸有一定的关系。

对于含有金属纳米粒子的液体或玻璃，由于表面等离体子共振吸收，通常会呈现出五彩缤纷的颜色。这在彩画玻璃中已经使用了几百年。对于金属纳米粒子，还有其他方面的光学应用，比如还可利用纳米粒子在其周围附近产生的接近于共振的强电场。在技术上的应用包括表面增强拉曼散射（SERS）、第二谐波发生（SHG）效应等。同时，由于局域强电场，使得纳米粒子近表面纳米结构中的弱光学过程的观测成为可能。

18.4.4 离散电荷态

如果从电学角度上看，量子点相对于其周围环境是孤立的，那么它将有一组好的离散电荷态，就像一个原子或分子中的情况那样。对于逐次相继的每个电荷态，则相当于将一个电子添加到量子点。由于电子之间的库仑排斥作用，这些相继电荷态之间的能量差将会很大。根据 Thomas-Fermi 近似式（28），对于含有 N 个电子的量子点，若将第 $N+1$ 个电子添加到该量子点上，则这时增加的电化学势为

$$\mu_{N+1}=\varepsilon_{N+1}-e\varphi=\varepsilon_{N+1}+NU-\alpha eV_{\text{g}} \tag{60}$$

其中 U 是量子点中任意两个电子之间的库仑能，通常称为充电能。无量纲量 α 是一个比率，它表示当在其近邻的金属电极（一般称为门电极，见图 21）上施加电压 V_{g} 时，将使量子点的静电势改变 φ。

大致上讲，对于量子点中不同的电子态，U 是变化的。但在这里假定它是一个常量，正如在经典金属中的情形一样。在这种情况下，我们可以用电容来表示静电能和相互作用能。即有

$$U=e^2/C \text{ 和 } \alpha=C_{\text{g}}/C \tag{61}$$

其中 C 是量子点总的静态电容，C_{g} 表示量子点与门电极之间的电容。量 e/C 表示当增加一个电子时量子点静电势的改变。

如果量子点与金属电子库是弱的电接触，则电子将隧道进入量子点，直到再增加另一个电子时的电化学势大于电子库的电化学势 μ 为止（见图 21），这时给出量子点的平衡占有数 N。

通过门电压 V_{g} 可以改变电荷态。由式（60）可知，当从电化学势 μ 恒定的电子库取一个电子添加于量子点时，所需附加的门电压 ΔV_{g} 可以写为

$$\Delta V_{\text{g}}=(1/\alpha e)(\varepsilon_{N+1}-\varepsilon_N+e^2/C) \tag{62}$$

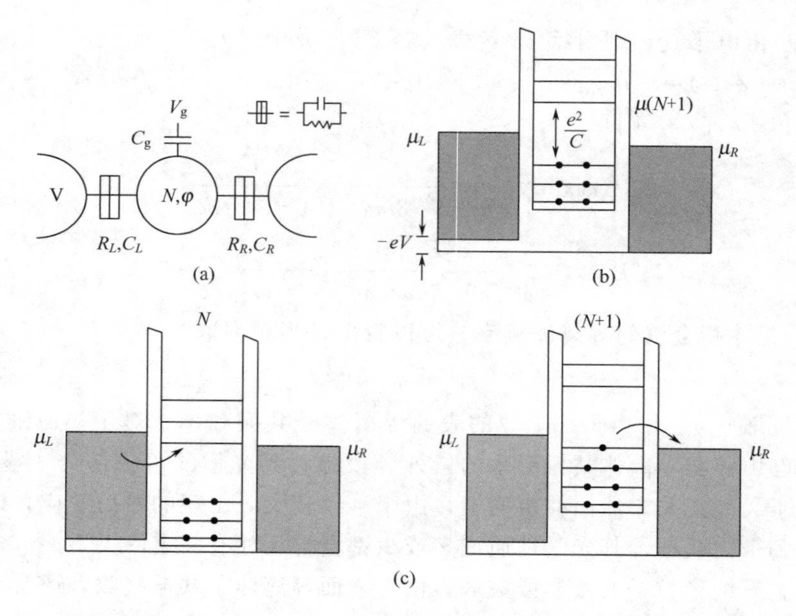

图 21 (a) 量子点原理示意图。其中，量子点与两个金属电子库之间以隧道式接触，并与一个门电极通过电容耦合。提示：在能级图中示意了库仑阻塞。在 (b) 中，门电压的大小以量子点含有 N 个电子时稳定为限，所以这时无电流流过。在 (c) 中，当电化学势降低到进入图中引线里面标示的势能之间"窗口"时，库仑阻塞中止，允许对量子点进行连续地充电和放电，这时有静电流过。

可以看出，当为量子点添加一个电子时，需要有足够的能量填充下一个单粒子态，同时还需要足够多的能量以克服充电能。

充电能 U 取决于量子点尺寸及其局部静电环境。近邻的金属或介电体将屏蔽库仑相互作用，从而减小充电能。总的来讲，对于特定的几何情况，应当精确地计算 U。作为一个简单的模型，考虑一个半径为 R 的球形量子点，其周围是一个半径为 $R+d$ 的球形金属壳。这一壳层将屏蔽量子点上电子之间的库仑相互作用。由高斯定理（习题 6）可得出电容，于是充电能即为

$$\text{(CGS)}\qquad U=\frac{e^2}{\varepsilon R}\frac{d}{R+d};\qquad\qquad \text{(SI)}\qquad U=\frac{e^2}{4\pi\varepsilon_0\varepsilon R}\frac{d}{R+d}\tag{63}$$

对于 $R=2\text{nm}$，$d=1\text{nm}$ 和 $\varepsilon=1$，充电能为 $e^2/C=0.24\text{eV}$。这个值远大于室温时的 $k_BT\approx 0.026\text{eV}$。由此可知，量子点电荷的热涨落将被强烈禁止。上述充电能与半径为 2nm 的 CdSe 量子点最低态之间的能级间距（0.76eV）相当；但相比之下，它远大于半径 2nm 金属量子点的能级间距（2meV）。因此，金属量子点的附加能将主要由充电能决定；但在半导体量子点中，充电能和能级间距基本上是同等重要的。

如果量子点与电极之间的隧穿速率非常之快，那么充电效应就会被破坏。在时间尺度为 $\delta t=RC$（R 为隧穿电阻）的量级的时间内量子点上的电荷将全部跑到电极上。根据不确定性原理，其能级展宽的大小为

$$\delta\varepsilon\approx h/\delta t=h/RC=(e^2/C)(h/e^2)/R\tag{64}$$

当 $R\sim h/e^2$ 时，电子能量上的不确定度将变得与充电能相比拟。如果电阻低于这个值，则由不确定性原理引致的量子涨落将掩盖库仑充电效应。因此，对于一个量子点，其好电荷态的条件可以写为

$$R\gg h/e^2;\qquad\qquad e^2/C\gg k_BT\tag{65}$$

18.5　零维（0D）情况下的电输运

18.5.1　库仑振荡

如图 21 所示，在温度 $T<(U+\Delta\varepsilon)/k_B$ 的情形下，充电能 U 和能级间隔 $\Delta\varepsilon$ 主宰着穿过量子点的电子流，当引线的费米能级落入 N 和 $N+1$ 电荷态的电化学势之间时［见图 21（b）所示］，穿过量子点的输运是禁止的。这就是所谓的库仑阻塞（Coulomb blockade）。只有 μ_e（$N+1$）降低到处于左右两引线费米能之间时，才会有电流流过。因此，当电子能够从左边电极跳到量子点而后又能从量子点跳到右边电极时，就会产生电流［见图 21（c）所示］。随着每个新电荷态相应的 V_g 升高，这一过程重复进行。这样一来，就会导致电导作为 V_g 函数的所谓库仑振荡（Coulomb oscillation），如图 22 所示。如果 $U\gg k_B$T，这些振荡峰将变得非常之细窄。这些库仑峰之间距由式（62）决定。

库仑振荡是电荷量子化的首个、也是首要的一个结果。如果 $U\gg k_BT$，即使单个粒子的

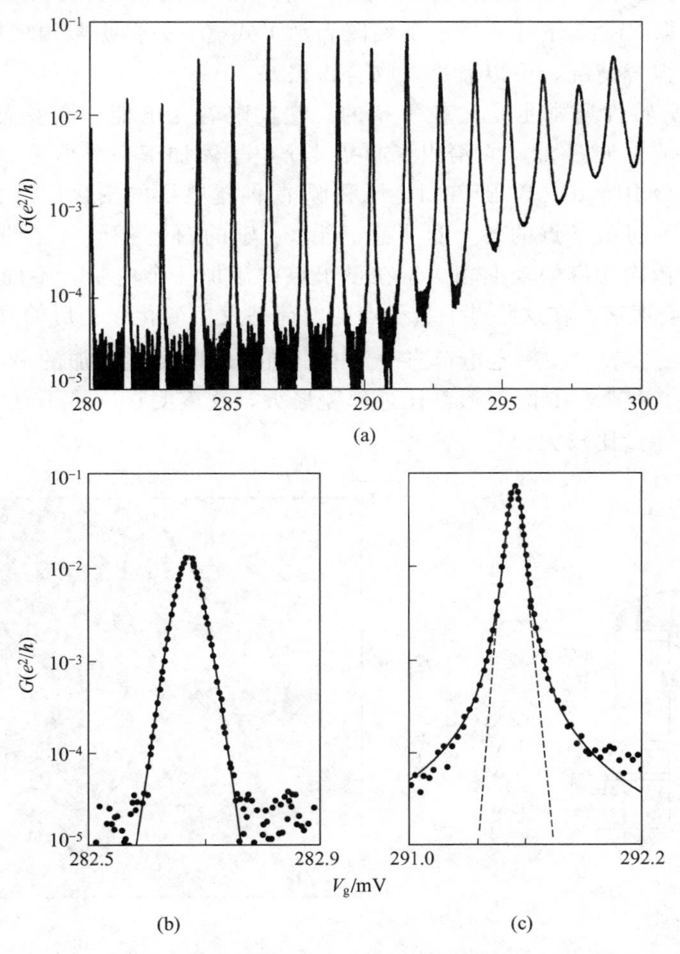

图 22　（a）量子电导随门电压 V_g 变化所呈现的振荡效应。其中量子点在作为门电极的 GaAs/AlGaAs 异质结结构中形成，测量温度为 $T=0.1$K。数据以对数标度绘出。随着电压升高，势垒变得越来越透明，振荡峰越来越宽。在（b）中给出的峰形仅是由热效应展宽引致的，而在（c）中的峰形中还包括了内禀 Breit－Wigner 谱线形状。引自 Foxman et al。

能级间隔非常小，$\Delta\varepsilon \ll k_B T$ 也会发生库仑振荡。这就是在金属量子点中通常见到的情况。能够呈现库仑振荡的器件称为单电子晶体管（single electron transistor—SET），因为当量子点的占据态变化一个电子时，它就会产生周期性开关效应。这一效应非常了不起，可以用作超灵敏静电计。它在探测电场方面，可以与超导量子干涉器件（SQUID）（见第 10 章）在探测磁场方面的威力相媲美。前者基于电荷量子化，后者基于磁通量子化。

SET 还可以用作单电子回旋器和单电子泵（抽运器）。若将一个振荡频率为 f 的振荡电压施加于一个精心设计的量子点系统的门电极上，则在每个振荡周期内单个电子就会来回穿梭量子点一次。这时，穿过量子点的量子化电流为

$$I = ef \tag{66}$$

这种器件作为计量学中电流标准仪目前正在研究当中。

对于图 22 中的量子点，能隙 $\Delta\varepsilon \gg k_B T$。所以第 N 个库仑振荡相当于共振隧穿一个量子化能级 ε_N。在这种情况下，库仑振荡类似于式（29）从理论上所描述的共振隧道峰，参见图 15 所示。它与式（29）的主要区别在于其库仑峰的位置由能级间距和库仑充电能共同决定［见式（62）］。图 22 下部右侧的那幅图表示了式（33）共振隧道效应 Breit-Wigner 峰形与一个库仑峰的拟合情况，可以看出，吻合得很好。

量子点的 $I \sim V$ 特性通常也是比较复杂的。它反映着充电能、激发态能隙和源-漏偏置电压之间的相互影响。如图 23，它给出了起初几个电子添加于一个小的 2D 环形量子点的测量方法示意图。微分电导 dI/dV 随着门电压和源-漏偏置电压的变化用灰色等级表示。图中每条线对应于隧道通过量子点的各个量子态。沿 V_g 轴的白色菱形（亦即 $dI/dV=0$）对应于库仑阻塞，每个依次相继的菱形相当于在量子点中添加一个电子。不同菱形之间沿 V_g 轴相接触的点代表库仑振荡，在这些点上量子点的电荷态发生变化。菱形的高度相应于 $eV_{max} = e^2/C + \Delta\varepsilon$，其中 V_{max} 表示在一定电荷态下没有电流流动时所能施加的最大电压。值得注意的是，对应于 $N=2$ 和 $N=6$ 的菱形都比近邻菱形大，这表明在这量子点中增加第三个和第七个电子时的附加能量比较大。

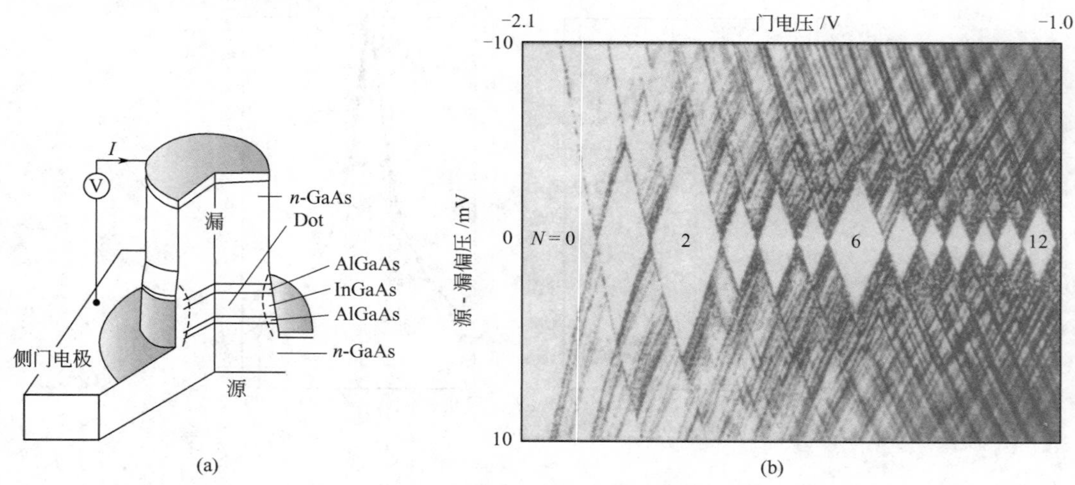

图 23 （a）在 GaAs/AlGaAs 异质结结构上形成 2D 环形量子点示意图。（b）表示微分电导 dI/dV 作为门电压和源-漏偏压共同的函数，在图中并以灰色等级绘出。白色菱形区相应于量子点的不同电荷态。它们对应于满电子壳层。图中的附加线相应于量子点的激发能级。引自 L. Kouwenhoven。

对于这样的量子点，我们可以将其模型化为一个限制势为 $U(x,y)=\frac{1}{2}m\omega^2(x^2+y^2)$ 的 2D 谐振子，其能级为

$$\varepsilon_{ij}=(i+j+1)\hbar\omega \tag{67}$$

其中 i 和 j 为非负整数。将式（67）与式（62）联合就可求出决定图中菱形大小的附加能。第一个电子充填自旋简并基态能级 ε_{00}，第二个电子填充同一个量子态，但与第一个电子的自旋方向相反；填充第二个电子时的门电压要比填充第一个电子之后的门电压增加 $\Delta V_{g2}=(U/\alpha e)$。第三个电子充填简并态 ε_{01} 或 ε_{10} 中的一个态，电压增加 $\Delta V_{g3}=(U+\hbar\omega)/\alpha e$，下面的三个电子将填充这些态中其余的量子态，每增加一个电子，门电压的间隔为 $U/\alpha e$。第七个电子将填充简并态 ε_{11}、ε_{20}、ε_{02} 中的一个态，门电压增加 $\Delta U_{g7}=(U+\hbar\omega)/\alpha e$。上述简单模型正确地预测了在实验中观测到的添加第 3 个和第 7 个电子时所对应的较大附加能量。当一个额外电子要充填满电子壳层（$N=2$ 和 $N=6$）以上的一个新能级时，其附加能要大一个能级间隔。

18.5.2　自旋、莫特绝缘体和近藤效应

如图 24 所示，考虑一个在阻塞区由奇数个电子充填的量子点。量子点的最高单粒子能

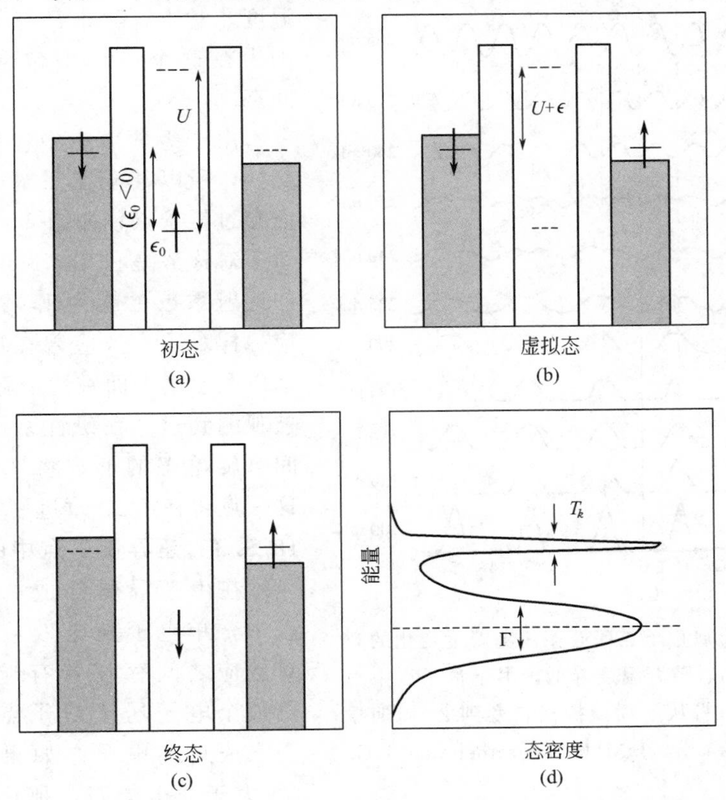

图 24　量子点中的近藤效应。对于量子点上的一个未成对自旋，将发生一个虚拟过程（b）使自旋向上（a）转变成自旋向下（c），同时将一个电子由量子点一侧转移到另一侧。系统基态是图示初态与终态的相干叠加，并在量子点上的自旋和引线中的自旋之间产生一个自旋单态。这就是所谓的近藤效应，除原来的宽化能级（宽度为 Γ）之外，还在 ε_F 处产生一个宽度为～$k_B T_k$ 的窄峰，如图中（d）所示。

级是二重简并的，一个电子既可占据自旋向上态也可占有自旋向下态。增加第二个相反自旋的电子是泡利不相容原理所允许的，但这在能量上由于电子-电子之间的库仑作用是被禁止的。这类似于莫特绝缘体。在莫特绝缘体情况下，由于库仑相互作用禁止电子对晶格格点的双占据，使得半满带是绝缘的。

因此，在量子点与导线没有耦合的情况下，量子点有一个自旋 1/2 磁矩，具有两个简并组态，即自旋向上和自旋向下。然而，如果把量子点与导线的耦合也考虑在内，在低温下这种简并将消失。这时其基态是两个自旋组态的量子叠加。当在它们之间跃迁时，将伴随一个虚拟中间态。这个中间态包括与引线之间的电子交换，如图 24 所示，这就是所谓的近藤效应（Kondo effect）。在金属中的局域矩与电子派对将产生一个自旋单态。这种情况发生在温度低于所谓近藤温度 T_K 以下。T_K 表达式为

$$T_K=\frac{1}{2}(\Gamma U)^{1/2}\exp[\pi\varepsilon_0(\varepsilon_0+U)/(\Gamma U)] \tag{68}$$

其中 Γ 是在式（33）中定义的能级宽度，ε_0 已在图 24 中给出（$\varepsilon_0<0$）。量子点态密度在费米能处出现的宽度为 k_BT_K 的峰是由电极中在 ε_F 处的混合态引起的。近藤温度非常小，除非 Γ 与引线的耦合很强，因为在这个过程中包含有一个虚拟中间态。

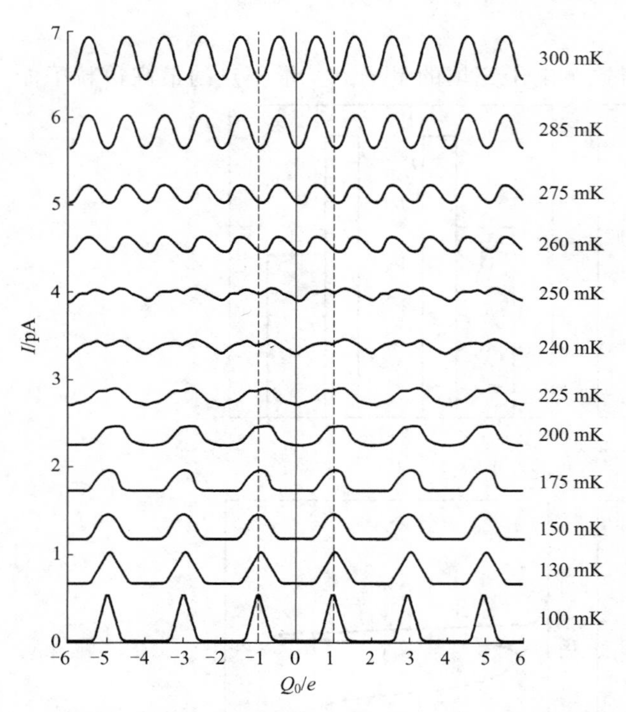

图 25 超导金属量子点库仑振荡随温度变化的观测结果。可以看出，随着温度降低，由于量子点中电子的库珀对效应，将从 e-周期振荡转变到 $2e$-周期振荡。引自 M. Tinkham，J. M. Hergenrother and J. G. Lu。

由于近藤效应中包括与引线的电子交换，所以甚至在阻塞区也会引起透射而穿过量子点，如图 24（a）～（c）所示。对于对称势垒和 $T\ll T_K$，穿过近藤共振的透射系数可能为 1，就像共振隧道效应一样。这一效应曾在穿过量子点的输运以及金属表面磁性杂质的 STM 测量中被观测到过。在磁性杂质与传导电子之间自旋单态的形成将增强电子的散射。这一点将在第 22 章进一步讨论。

18.5.3 超导量子点中的库珀对效应

在由超导体构成的小的金属量子点中，单电子充电效应与电子的库珀对效应之间存在着有趣的竞争。若有奇数个电子居于量子点，则必然有一个未成对的电子。如果库珀对结合能 2Δ 大于充电能 U，那么在能量上将有利于再添加一个电子到量子点，因为这时付出能量 U 以便获得成对能 2Δ。所以，奇数电荷态在能量上是不利的。电子将以库珀对的形式添加到量子点，这时库仑振荡也将变成 $2e$ 周期性的。如图 25 所示，这是关于库珀对效应的一个令人信服的证明。

18.6 振动性质和热学性质

为了处理纳米结构的振动性质，我们首先讨论弹性性质的连续统描述。这同把能带理论作为出发点描述电子性质相似。除最小的纳米结构之外，这对所有其他情况都是一个不错的近似方法。

概括地讲，固体的应力分量和应变分量都可以通过一个矩阵联系起来。一个沿某一轴的应力将在该轴上产生相应的应变，同时也将产生沿其他轴的应变。例如，一个立方体沿某一轴拉伸时，通常沿其他与之正交的轴将产生或多或少的收缩。为了使下面的讨论简单起见，忽略非对角元，将应变矩阵看成对角的和各向同性的。换句话说，应变仅在沿应力的方向上产生，并且其大小与轴的方向无关。对于更为完整的处理，请读者参阅力学方面的高级教程。

18.6.1 量子化振动模

正如电子自由度是量子化的一样，振动频率在 1D 或 0D 固体情况下也将变成离散的。原来与声学模相联系的连续低频模（$\omega=v_s K$）将代之为一系列离散频率 ω_j 的量子化模。精确的频率和波矢依赖于固体的形状和边界条件。

作为一个阐释性例子，现在考虑一个薄圆筒的振动，圆筒半径为 R，厚度为 $h\ll R$，如图 26 所示。量子纵声模已在图 26（a）中示意。应用圆筒的周期性边界条件，可以求出允许频率。即有

$$K_j=j/R\text{;}\qquad \omega_{Lj}=(v_L/R)j\text{;}\qquad j=1,2,\cdots \tag{69}$$

另一种模被称为径向呼吸模（radial breathing mode—RBM），如图 26（b）所示。圆筒半径均匀地伸展和收缩，同时产生周向张应力和压应力。根据弹性理论，对于一个各向同性介质，与一个应变 e 相联系的弹性能可以写为

$$U_{\text{tot}}=\frac{1}{2}\int_V Ye^2\,\mathrm{d}V \tag{70}$$

其中，Y 是弹性（杨氏）模量。当半径变化为 $\mathrm{d}r$ 时，圆筒中的应变为 $e=\mathrm{d}r/R$，于是

$$U_{\text{tot}}=\frac{YV}{2R^2}(\mathrm{d}r)^2 \tag{71}$$

式中，V 是圆筒的体积。式（71）具有胡克定律弹簧能的形式，其对应的弹簧常量为 YV/R^2。因此，振动频率是

$$\omega_{\text{RBM}}=(YV/MR^2)^{1/2}=(Y/\rho)^{1/2}/R=v_L/R \tag{72}$$

其中，最后一步我们定义了纵声速 $v_L=\sqrt{Y/\rho}$。

环绕圆周量子化模的最后一类是横声学模，如图 26（c）所示。它们的波矢和频率分

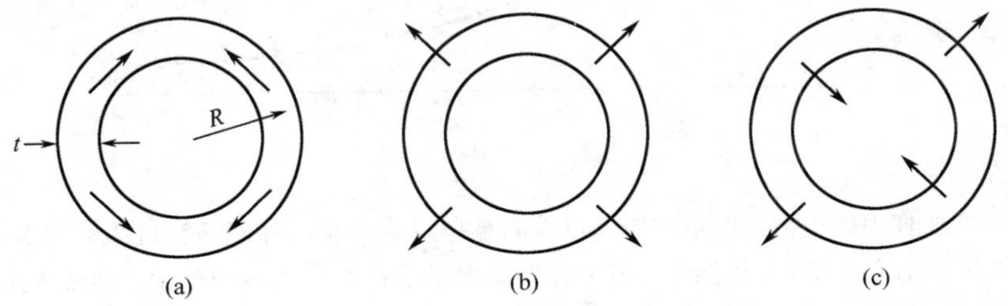

图 26 薄壁圆筒的基本振动模。（a）为纵向压缩模；（b）是径向呼吸模（RBM）；（c）为横模。

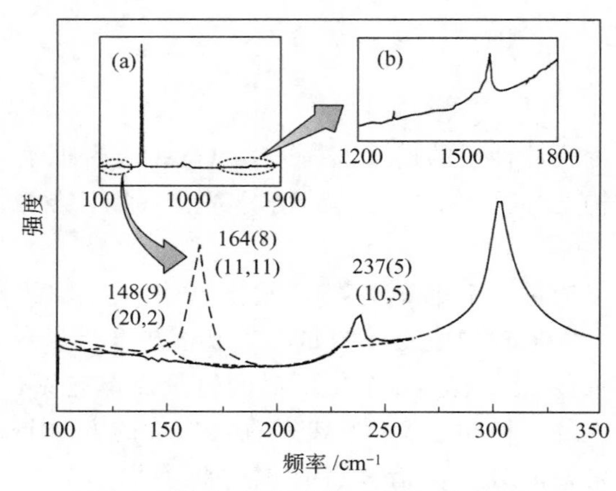

图 27 单个碳纳米管的拉曼谱。径向呼吸模频率已在主图中标示，同时给出结构参数（n，m）。注：$160\mathrm{cm}^{-1}\cong 20\mathrm{eV}$。引自 A. Jorio et al。

别为：

$$K_j=j/R\text{；}\omega_{Tj}\cong\frac{v_L h j^2}{\sqrt{12}R^2}\text{；}j=1,\ 2,\ \cdots \tag{73}$$

应当注意的是，频率与 K_j^2 成正比。关于这一特性的产生根源将在下文讨论。

量子化振动模可以通过多种方法进行观测。其中，拉曼光谱技术（见第 16 章）被广泛应用于单个纳米尺度客体振动结构的探测。单个纳米管的拉曼光谱如图 27 所示。对于一个纳米管，$v_L=21\mathrm{km/s}$，由式（72）可得径向呼吸模（RBM）的能量为

$$\hbar\omega_{\mathrm{RBM}}=14\mathrm{meV}/R\ [\mathrm{nm}]$$

测量值与这一关系吻合很好。同时，RBM 的测量可用于推断纳米管的半径。

18.6.2 横振动

下面，我们将处理在一个细长客体轴线方向上声子的传播问题。这类客体的例子很多，诸如前一节讨论的圆筒或细长杆等（见图 28）。纵声子与三维（3D）的情况相似，色散关系

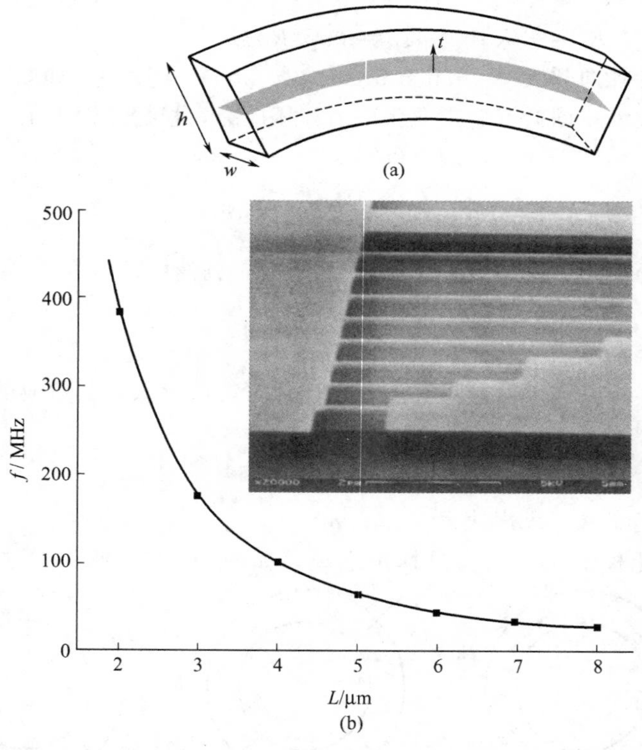

图 28 （a）弯曲杆中的应力。图示表明，在内部是压应力，而在外部是张应力。（b）一组长度 L 不同的悬吊 Si 杆的 SEM 显微照片，其共振频率测量值作为 L 的函数作图。曲线为用函数 $f=B/L^2$ 得到的拟合曲线，其中 B 为常数。引自 D. W. Carr et al。

为 $\omega=v_{\mathrm{L}}K$，其中 K 是连续波矢。然而，当波长大于杆的横向尺度 h 时，横声子将与3D时有原则性区别。这时发生的是弯曲应变，如图28（a）所示，而不是剪切应变。这是杆上横向弯曲波的经典问题。弯曲能来自于固体沿弯曲内弓和外弓的纵向压缩/拉伸。这时，原来在体相固体中的线性波矢依赖关系 $\omega_{\mathrm{T}}=v_{\mathrm{T}}K$，将变成 K^2 型的色散关系，正如下面将要证明的那样。

考虑一个在实心长方形杆上的横驻波。其中杆的厚度为 h，宽度为 w，长度为 L，位移由 $y(z,t)=y_0\cos(Kz-\omega t)$ 给出。在杆内某点产生的应变由局部曲率和离开杆的中心的距离 t 共同决定，亦即

$$e=-(\partial^2 y/\partial z^2)t=K^2 yt \tag{74}$$

根据式（70），与这一应变相联系的总能量则为

$$U_{\mathrm{tot}}=(wY/2)\int_0^L\int_{-h/2}^{h/2}(K^2 yt)^2\,\mathrm{d}t\,\mathrm{d}z=YVK^4h^2\langle y^2\rangle/24 \tag{75}$$

其中 $\langle y^2\rangle$ 是在一个振动周期内的平均。这里又得到一个有效的弹簧常量，类似于式(70)～式(72) 的推导，可得振动频率为

$$\omega_{\mathrm{T}}=v_{\mathrm{L}}hK^2/\sqrt{12} \tag{76}$$

值得注意的是，这一频率对纵声速有依赖关系，而与横声速无关，这是因为现在的模在本质上主要是压缩性质的模；频率与 K 也不再是线性关系，因为有效回复力随着曲率增加而增大，也就是 K 增加。相比之下，扭转模式（相应于沿杆长度方向的扭转）仍保持其剪切特征，并且 $\omega_{\mathrm{twist}}\propto K$。

由式（76）描述的横振动模经常会在微米尺度和纳米尺度的杆上观察到。一组由Si构成的纳米尺度杆示于图28（b），它们是经过电子束刻蚀得到的。同这些杆的基频共振 $K_1=2\pi/L$ 有关的频率与 $1/L^2$ 成比例［见图28（b）所示］，这同式（76）的预期是一致的。

对于长波长横模，式（76）色散关系的变化并不限于纳米尺度系统，因为它仅要求系统在几何上（一个细杆或细长片）满足横向尺寸 h 小于波长，亦即 $Kh\ll1$。例如，工作在非接触模式下的AFM悬臂，如前述所论，就可以用这一关系恰当地描述。同时，色散关系式（76）也与 $\omega\sim K^2$ 的依赖性相联系，这在式（73）关于模式分类中已见到过，参见图26（c）。这里顺便指出，两个常用于讨论横向弯曲振动的例子：一个是杆，另一个是薄壳层。

利用微电子学的方法和技术制造、加工微小而复杂的机械结构正在引发一场革命。图28所示的杆就是一个简单的例子。这些结构可以与电子器件集成，衍生出所谓微电子机械系统（MEMs）和纳电子机械系统（NEMs）。目前，人们正在探索它们在不同领域中的应用可能性，其中包括传感、数据储存以及信号处理等。

18.6.3 比热容及热输运

上述关系表明，除了非常小的结构之外，量子化振动模能量一般小于室温下的 $k_{\mathrm{B}}T$。因此，在受限方向上的振动模在室温下将会被热激发。作为一个结果，纳米结构的晶格热学性质将与其对应的体材料类似。特别地，晶体比热容和热导率都将比例于 T^3，这与3D固体的情形一样（见第5章）。

然而，在低温下，当 $T<\hbar\omega/k_{\mathrm{B}}$ 时，在受限方向频率为 ω 的振动激发模将被冻结。在细长结构情况下，当温度足够低时，这类系统等价于1D热系统，具有一组1D声子子带（类似于1D电子子带，见图9）。经过类似于第5章对3D系统的计算，可以得到具有色散关系 $\omega=vk$ 时每个1D声学声子子带的比热容（习题8）为

$$C_V^{(1D)} = 2\pi^2 L k_B^2 T / 3hv \tag{77}$$

线的热导率 G_{th} 定义为穿过线的净能流与两端温度差 ΔT 之比。因此，每个1D声子子带的热导率 $G_{th}^{(1D)}$ 为

$$G_{th}^{(1D)} = (\pi^2 k_B^2 T / 3h)\mathscr{T} \tag{78}$$

这一结果留待于练习题8中推导；其中采用类似于推导1D通道电导Landauer公式的方法。注意，$\mathscr{T}$ 现在表示声子穿过结构的透射概率。对于一个横向弯曲模，$\omega \propto K^2$，结果式（77）要改变，但式（78）是相同的。

式（77）和式（78）对温度都是线性关系。这与3D时 T^3 结果截然不同。这一差别与能量 $\hbar\omega < k_B T$ 或波矢 $K < k_B T / hv$ 的模数相对应。模数与 K^D 成比例，其中 D 为维数；对三维（3D）即有 T^3，对一维（1D）即有 T。

值得注意的是，在声子穿过理想透射通道的情况下，热导率式（78）仅与基本常数和绝对温度有关。这一结果类似于1D通道的量子化电子电导式（21），亦即电导与电子在通道上的速度无关。弹道热导式（78）和热容的1D形式的式（77）都曾在温度很低的有关细窄导线的实验中被观测到。

小　结

- 实空间探测可以给出纳米结构在原子尺度上的图像。
- 一维（1D）子带的态密度为 $D(E) = 4L/hv$，它在子带极限点发散。这些发散点称为范霍甫（van Hove）奇点。
- 一维系统的电导由Landauer公式 $G = (2e^2/h)\mathscr{T}$ 给出，其中 $\mathscr{T}$ 表示穿过样品的透射系数。
- 穿过样品的电子路径之间所产生的量子干涉对准1D系统的电导有着强烈影响，并由此引致共振隧道效应、定域化效应和Aharonov-Bohm效应。
- 通过改变量子点的尺寸可以调制量子点的光学性质及其量子化能级。
- 当将一个额外电荷 e 添加到量子点时，需要增加的电化学势为 $U + \Delta\varepsilon$，其中 U 是充电能，$\Delta\varepsilon$ 是能级间隔。
- 纳米尺度客体的振动模是量子化的。

习　题

1. 碳纳米管的能带结构问题。图29是石墨烯晶格和第一布里渊区示意图，其初基晶格平移矢量的长度为 $a = 0.246\text{nm}$。(a) 求出与这一晶格相对应的倒格矢 $\boldsymbol{G}$。(b) 求出图29所示矢量 $\boldsymbol{K}$ 和 $\boldsymbol{K}'$ 用 a 表示的长度。

对于费米能附近的能量和 K 点附近的波矢，则2D能带结构可近似写为

$$\varepsilon = \pm \hbar v_F |\Delta \boldsymbol{k}|, \qquad \Delta \boldsymbol{k} = \boldsymbol{k} - \boldsymbol{K}$$

其中 $v_F = 8 \times 10^5 \text{m/s}$。类似的近似在 K' 点亦成立。考虑一个圆周长为 na 沿 x 轴卷起的纳米管。沿卷曲方向应用周期边界条件，可以求出1D子带近 K 点的色散关系。(c) 试证：如果 n 能被3除尽，则存在一个能量与 Δk_y 呈线性关系的“无质量”子带，并画出这一子带。这些纳米管都是1D金属。(d) 如果 n 不能被3整除，那么其子带结构就是如图10所示的结构。对于 $n=10$ 时的情况，求出半导带隙 ε_{11}（以eV为单位），并证明 $\varepsilon_{22}/\varepsilon_{11} = 2$。(e) 对于 $n=10$ 的情况，证明最低电子子带的色散关系是相对论粒子的形式：$\varepsilon^2 = (m^* c^2)^2 + (pc)^2$，这里 v_F 相当于式中的光速，同时求出有效质量 m^* 与自由电子质量的比值。

2. 隧道电流问题。在用STM对一个银样品表面进行扫描的过程中，若发现其隧道电流减少为原来的

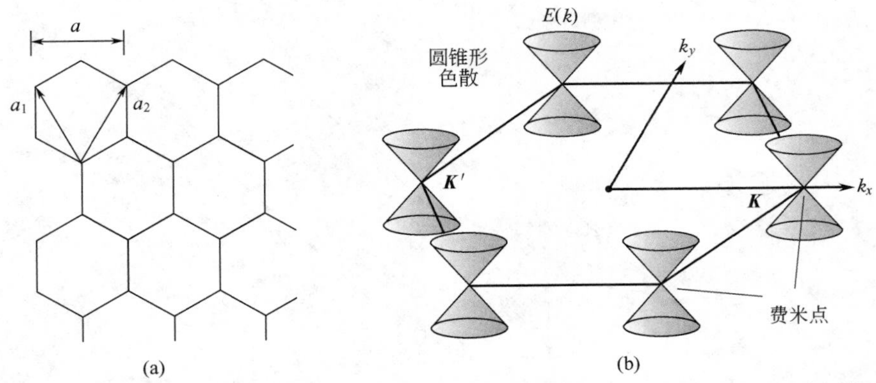

图 29　(a) 石墨烯晶格；(b) 石墨烯晶格的第一布里渊区，并示意了在 $\boldsymbol{K}$ 和 $\boldsymbol{K}'$ 点附近的圆锥形能量色散。

十分之一，则相应于扫描探针与样品表面的间距 z 的增加值 Δz 是多少？如果 z 值的变化量为一个典型原子直径的大小，即 $\Delta z=0.3\text{nm}$，那么对应于隧道电流减小为原来的几分之几？已知：银的功函数 $\phi=4.26\text{eV}$。

3. 子带充填问题。 对于宽度 20nm 方形 GaAs 线中的电子，试求线性电子密度。在这一密度下，$n_x=2$，$n_y=0$ 子带（在 $T=0$ 平衡状态下）首先被占据。假定在线的边界是一个无限大的限制势。

4. 透射共振的布赖特-维格纳形式。 这道习题的目的是由式（29）推导出式（33）。

(a) 对偏离共振的小的相位差 $\delta\varphi=\varphi^*-2\pi n$，展开余弦，试求含有 $|t_1|^2$、$|t_2|^2$ 和 $\delta\varphi$ 的式（29）的简化形式。

(b) 试证明，对于 1D 势箱中的态，在能量和相位两者的小变化之间存在如下关系：$\delta\varepsilon/\Delta\varepsilon=\delta\varphi/2\pi$，其中 $\Delta\varepsilon$ 表示能级间距。

(c) 联合 (a) 和 (b) 导出式（33）。

5. 朝永-卢廷格液体。 朝永-卢廷格液体（Tomonaga-Luttinger liquid）是由朝永振一郎于 1950 年首次提出的一个理论模型，旨在讨论一维（1D）导体（比如量子线）中存在相互作用的费米子（诸如电子等）的问题。当时之所以提出这一模型，是因为费米液体模型在一维情形下已不再适用。可以证明，对于一维系统中的低能态激发，我们能够通过声波的场量子化或声子的概念来描述。对于二维（2D）或三维（3D）金属性结构中弱的相互作用的费米子，电子就是其相应费米液体的元激发。当自旋和电荷双重激发时都是玻色态。由于自旋和电荷在一维（1D）金属性结构中具有不同的速度，它们将劈裂为所谓“卢廷格液体”声波的场量子化的费米态。单壁型碳纳米管，其管壁非常之薄，以至于其周向激发被冻结。从而，我们就有了一个实际的 1D 电子气系统。由此，这类 1D 系统就可以用于研究卢廷格液体的相关特性。

对于 AC 信号通过无相互作用电子的单通道量子线传输的问题，我们可以将其模拟为一条以单位长度量子化分布电容和动态电感表征的传输线。至于电子与电子之间的相互作用，则可以像静电容和磁电感一样包含在传输线的电路之中。这一等效电路如图 30 所示［参见 P. J. Burke，IEEE transactions on Nanotechnology，1 (2002)，129］。

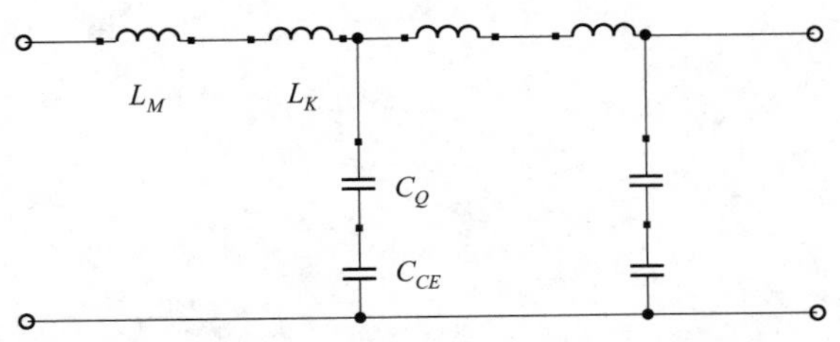

图 30　电子间无相互作用量子线的等效电路示意图

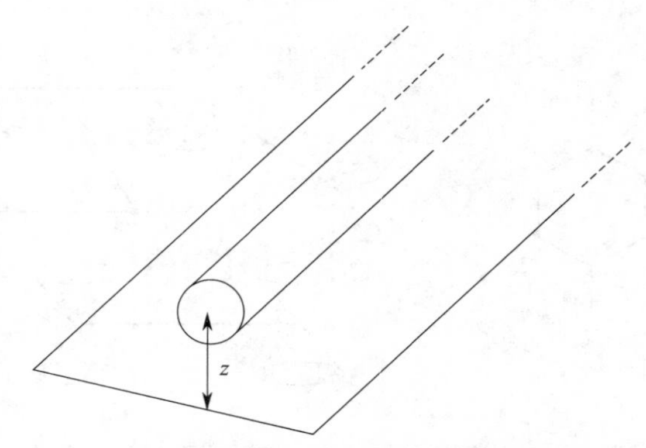

图 31 置于接地板之上的纳米管示意图

若不计电子的自旋，如图31所示，现在来考虑置于接地板之上的一根（量子）线。可以证明，其单位长度的磁电感可以写为

$$L_M \simeq \frac{\mu}{2\pi}\ln\left(\frac{z}{d}\right)$$

式中，d 和 z 分别是纳米管的直径和线（或管）与板之间的距离（$z>2d$）。类似地，像电感能量一样，我们也可以给出单位长度的动能表达式。试证明，这一动态电感可以写为

$$L_K = \frac{h}{2e^2 v_F}$$

式中，h 为普朗克常量。这里 v_F 是费米速度，对于碳纳米管，$v_F = 8\times10^5\,\mathrm{m\cdot s^{-1}}$。现将半径为1nm的纳米管置于厚度为 z（$0.01<z<1$）μm 的绝缘衬底之上，其绝缘衬底之下为导电性介质。请基于这些特定条件，证明

$$\frac{L_M}{L_K} = \frac{2\alpha\mu_r v_F}{\pi c}\ln\left(\frac{z}{d}\right) \approx 10^{-4}$$

式中，$\alpha = 1/137$，表示精细结构常量。由此可见，不像宏观情形下的电路，在这里所述纳米线的情况下，其动态电感起主导作用。

6. 串联双势垒和欧姆定律。（a）由式（35）推导出式（36）；（b）试证一维 Drude 电导率 $\sigma_{1D} = n_{1D}e^2\tau/m$ 可写成 $\sigma_{1D} = (2e^2/h)l_B$（提示：动量弛豫速率和背散射速率之间存在关系 $1/\tau = 2/\tau_B$，因为前者对应于由 $\boldsymbol{p}$ 到0的弛豫，而后者则对应于由 $\boldsymbol{p}$ 到 $-\boldsymbol{p}$ 的弛豫）。

7. 球形量子点的能量问题。（a）推导关于充电能的式（63）；（b）试证对于 $d \ll R$，这一结果与利用平行平板电容器（$C=\varepsilon\varepsilon_0 A/d$）给出的结果相同；（c）对于孤立量子点的情况，$d\to\infty$，试求充电能与最低量子化能级之比值，并用量子点半径 R 和有效玻尔半径 a_B^* 表示你的答案。

8. 一维系统的热学性质。（a）试推导德拜近似下的单个1D声子模低温比热容式（77）；（b）通过计算从温度为 T_1 的甲库流出的能量和温度为 T_2 的乙库减小的能量，证明两库之间的一维（1D）声子模的热导表达式（78）。可以借用推导式（20）和式（24）的方法。

第19章 非晶固体

对于像无定形固体、非晶固体、无序固体、玻璃或液体这样的名词，除了将其结构表述为“在任何有意义的尺度上都不是晶体”之外，它们并没有确切的结构含义。我们这里所说的主结构有序是指最近邻原子或分子具有近似恒定的间距。在无序晶态合金中，异类原子无规地占据规则晶格的格点位置，有关这方面的内容本章暂不涉及，留待在第22章中讨论。

19.1 衍射图样

对于一种非晶材料，诸如某种液体或玻璃，其X射线或中子衍射图样由一个或一个以上宽的弥散环组成（在垂直于入射束的平面上观测可得）。这种图样不同于粉末化晶体材料的衍射图样。后者呈现出大量相当窄的环，参见第2章图17所示。这一结果告诉我们，液体中不存在可以在三维空间以周期间隔自我重复排列的结构单元。

在一个简单的单原子液体中，其原子的位置无论以哪一个原子为原点都仅仅显示出一个短程结构。我们不可能找到这样一个原子，它与作为原点的原子之间靠得如此之近以致两者的间距小于原子直径。也就是说，原子的最近邻距离不能小于最近邻原子的半径之和。尽管以这个最小间距为标度不够严谨，但是我们还是期望利用这个不严肃的距离标度，以便能像在晶态材料中的情形那样，获得有关最近邻原子数的知识。

尽管典型非晶材料的 X 射线衍射图样与典型晶体材料的衍射图样显著不同，然而在它们之间并没有绝对严格的界线。对于粒子尺寸不断减小的晶态粉末样品，其粉纹（powder pattern）线将连续地宽化；当晶态粒子尺寸足够小时，其衍射图样与一个液体或玻璃的非晶图样非常相似。

由一个典型液体或玻璃的衍射图样（可能含有 3 个或 4 个弥散环），能直接确定的物理量只有一个——这就是径向分布函数。它是通过 X 射线散射实验曲线的傅里叶分析而得到的，并且直接给出在相对于一个参考原子的任意距离内的平均原子数。傅里叶分析方法不仅适用于液体和玻璃，也同样适用于粉末化晶体材料。

为方便起见，我们从第 2 章式（43）出发开始衍射图样的分析。但是，在这里要把这个式子改写一下，亦即把它原来关于基元结构因子的表达式改写为对样品中所有原子的求和。其次，原来的散射限定于晶体的特征矢量——倒格矢 $\boldsymbol{G}$，现在我们要考虑一任意的散射矢量 $\Delta\boldsymbol{k}=\boldsymbol{k}'-\boldsymbol{k}$，如第 2 章图 6 所示。我们之所以如此，是因为非晶材料的散射并不局限于倒格矢，其实在这种情况下倒格矢并非在任何事件中都是可以定义的。

因此，来自非晶材料的散射振幅可以由下式给出，即

$$S(\Delta\boldsymbol{k})=\sum_m f_m \exp(-i\Delta\boldsymbol{k}\cdot\boldsymbol{r}_m) \tag{1}$$

其中 f_m 是原子形状因子，和在第 2 章式（50）中的一样。求和遍及样品中的所有原子。

在散射矢量 $\Delta\boldsymbol{k}$ 处的散射强度为

$$I(\Delta\boldsymbol{k})=S^*S=\sum_m\sum_n f_m f_n \exp[i\Delta\boldsymbol{k}\cdot(\boldsymbol{r}_m-\boldsymbol{r}_n)] \tag{2}$$

其中，单位为来自单个电子的散射强度。若用 α 表示 $\Delta\boldsymbol{k}$ 与 $\boldsymbol{r}_m-\boldsymbol{r}_n$ 之间的夹角，则有

$$I(K,\alpha)=\sum_m\sum_n f_m f_n \exp(iKr_{mn}\cos\alpha) \tag{3}$$

其中 K 是 Δk 的量值，r_{mn} 是 $\boldsymbol{r}_m-\boldsymbol{r}_n$ 的量值。

在一个非晶样品中，矢量 $\boldsymbol{r}_m-\boldsymbol{r}_n$ 可以取任一方向。于是，对一个球的所有相位因子取平均，可得到

$$\begin{aligned}\langle\exp(iKr\cos\alpha)\rangle &= \frac{1}{4\pi}2\pi\int_{-1}^{1}\mathrm{d}(\cos\alpha)\exp(iKr_{mn}\cos\alpha)\\ &=\frac{\sin Kr_{mn}}{Kr_{mn}}\end{aligned} \tag{4}$$

因此，$\Delta\boldsymbol{k}$ 处散射强度的德拜结果即为

$$I(K)=\sum_m\sum_n (f_m f_n \sin Kr_{mn})/Kr_{mn} \tag{5}$$

19.1.1 单原子非晶材料

在仅有一种原子类型的情况下，令 $f_m=f_n=f$，这样就可以将 $n=m$ 的项从求和式（5）中分离出来。于是，对于含有 N 个原子的样品，即有

$$I(K)=Nf^2[1+\sum_m{}'(\sin Kr_{mn})/Kr_{mn}] \tag{6}$$

除了在原点 $n=m$ 之外，上式求和遍及所有其余原子 m。

若用 $\rho(r)$ 表示距离参考原子为 r 处的原子浓度，则可以把式（6）写成如下的形式，即

$$I(K)=Nf^2[1+\int_0^R \mathrm{d}r\ 4\pi r^2\rho(r)(\sin Kr)/Kr] \tag{7}$$

式中，R 是样品的半径（很大）。令 ρ_0 表示平均浓度，则式（7）可改写为

$$I(K)=Nf^2\left\{1+\int_0^R \mathrm{d}r\ 4\pi r^2[\rho(r)-\rho_0](\sin Kr)/Kr+(\rho_0/K)\int_0^R \mathrm{d}r\ 4\pi r\sin Kr\right\} \tag{8}$$

式（8）中的第二个积分项表示来自均匀浓度的散射，除在角度非常小的前向区域内之外，这一项可以忽略不计；因为 $R\to\infty$ 时它将约化为一个在 $K=0$ 处的 δ 函数。

19.1.2　径向分布函数

为了方便起见，引入液体结构因子，其定义为

$$S(K)=I/Nf^2 \tag{9}$$

注意，这与式（1）中的 $S(\Delta\boldsymbol{k})$ 并不完全相同。如果忽略 δ 函数的贡献，则由式（8）可得：

$$S(K)=1+\int_0^\infty \mathrm{d}r\ 4\pi r^2[\rho(r)-\rho_0](\sin Kr)/Kr \tag{10}$$

现在，我们定义径向分布函数（radial distribution function ）$g(r)$ 有如下关系，即

$$\rho(r)=g(r)\rho_0 \tag{11}$$

于是，式（10）变成：

$$\begin{aligned}S(K)&=1+4\pi\rho_0\int_0^\infty \mathrm{d}r\ [g(r)-1]r^2(\sin Kr)/Kr\\&=1+\rho_0\int \mathrm{d}\boldsymbol{r}[g(r)-1]\exp(i\boldsymbol{K}\cdot\boldsymbol{r})\end{aligned} \tag{12}$$

其中，$(\sin Kr)/Kr$ 是 $\exp(i\boldsymbol{K}\cdot\boldsymbol{r})$ 展开式中的球对称项（或简称 s 项）。

根据三维情况下的傅里叶积分定理，则有

$$\begin{aligned}g(r)-1&=\frac{1}{8\pi^3\rho_0}\int \mathrm{d}\boldsymbol{K}\ [S(K)-1]\exp(-i\boldsymbol{K}\cdot\boldsymbol{r})\\&=\frac{1}{2\pi^2\rho_0 r}\int \mathrm{d}K\ [S(K)-1]K\sin Kr\end{aligned} \tag{13}$$

有了这一结果，我们就可以根据结构因子 $S(K)$ 的测量结果计算径向分布函数 $g(r)$（亦或称为两原子关联函数）。

液体 Na（钠）是最适合于利用 X 射线衍射方法进行研究的最简单液体之一；如图 1 所示，给出了径向分布 $4\pi r^2\rho(r)$ 关于 r 的函数曲线以及晶体 Na 中的近邻分布。

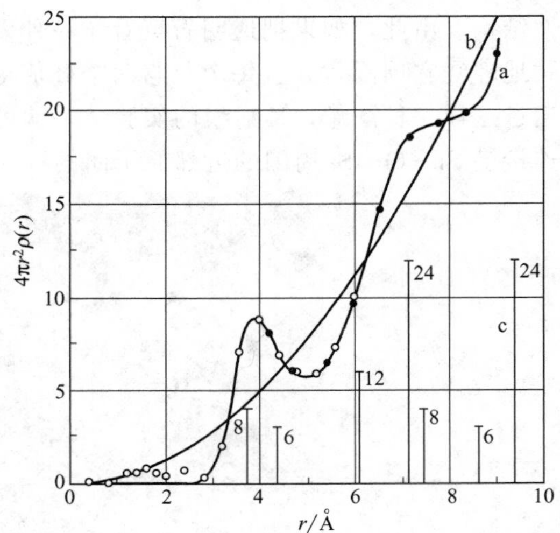

图 1　(a) 液态钠（Na）的径向分布曲线；(b) 平均密度曲线（$4\pi\rho_0$）；(c) 晶态 Na 中的近邻分布。引自 Tarasov and Warren。

19.1.3　透明石英（SiO_2）的结构

透明石英（即熔石英）是一种简单的玻璃，其 X 射线散射曲线示于图 2，同时在图 3 中给出了 $4\pi r^2\rho(r)$ 关于 r 的径向布曲线。由于存在着两种原子，所以 $\rho(r)$ 实际上是两个电子浓度曲线的叠加，其中一个是关于 Si 原子作为原点的，另一个是关于氧原子作为原点的。

第一个谱峰位于 1.62Å，这个值接近于在结晶硅酸盐中给出的 Si－O 平均间距。X 射线工作者根据第一个峰的强度指出，每个硅原子周围都有四个氧原子，并且形成四面体键；同

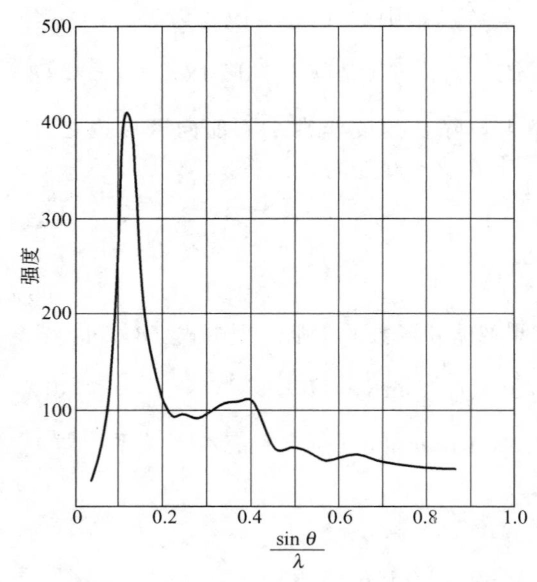

图 2　透明 SiO_2 散射 X 射线强度关于散射角 θ 的函数曲线。引自 B. E. Warren。

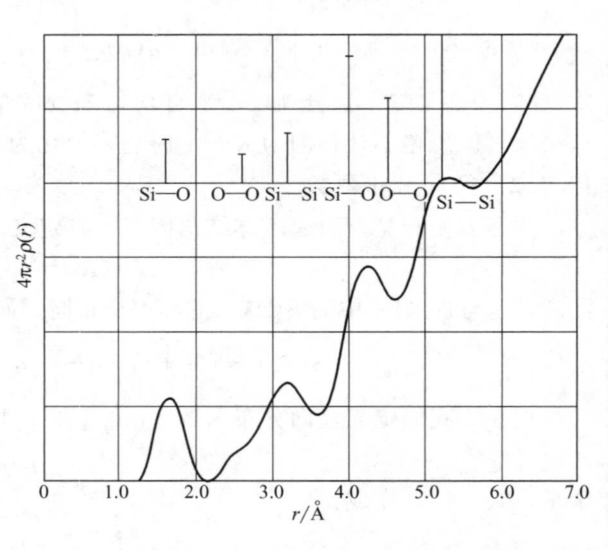

图 3　透明 SiO_2 的径向分布曲线，它对应于图 2 的傅里叶变换。谱线峰位给出原子距离一个参考 Si 原子或 O 氧原子的距离。由峰区对应的面积可以计算出在该距离上的近邻数目。竖直线标示了前几个平均原子间距，其中线的高度正比于相应的峰区面积。引自 B. E. Warren。

时，Si 和 O 的相对比例告诉我们，每个氧原子与两个 Si 原子键合。根据四面体的几何学知识，O—O 间距应该等于 2.65Å，这与图 3 中谱线的肩部给出的距离是相符的。

上述 X 射线观测结果与查哈里阿生（Zacharaiasen）建立的氧化物玻璃标准模型是一致的。如图 4 所示，它在二维情况下给出了玻璃不规则结构及其相同化学组成的晶体规则重复性结构。由此，如果把透明石英看作一种无规网络，其中每个硅原子都由 4 个氧原子四面体式地环绕它周围，并且每个氧与两个硅成键；对氧来说，这两个键的方向完全相反。那么，通过这样一种图像，X 射线的实验结果就可以得到完善的解释。一个四面体原子团相对于其连接键 Si—O—Si 周围的近邻原子团的取向可以是无规的。讨论至此，我们可以给出一个明

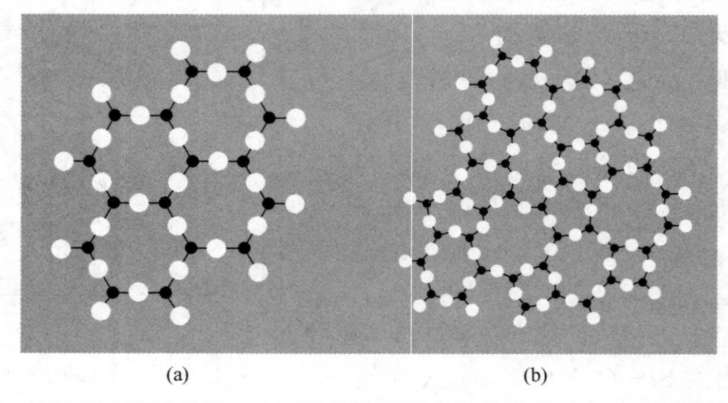

图 4　SiO_2 结构的二维示意图：(a) 晶体的规则重复性结构；(b) 玻璃的连续无规网络结构。引自 Zacharaiasen。

确的结构体制：每个原子在确定距离上具有确定的最近邻数，但不存在以规则间隔在三维空间完全相同地自我重复的结构单元。

如果认为透明石英是由非常小的某种结晶形式的石英晶体（例如方石英）组成，则不可能解释 X 射线的这些实验结果。在实验中，除了人们所预期的来自分散粒子（在这些粒子之间存在着空位和空隙）的小角散射之外，并没有观测到具有实质意义的小角 X 射线散射。这表明，玻璃中的成键体制应该基本上是连续性的，至少对材料的大部分区域是如此，尽管在透明石英和结晶方石英中二者关于每个原子的坐标系相同。此外，下文将要讨论的玻璃在室温下具有低热导率的结果，与这一连续无规网络模型也是相吻合的。

对于非晶锗（Ge），图 5 给出了其 X 射线强度计算值与实验结果的比较。在计算中分别采用了无规网络模型和微晶粒模型；显然，后一个模型与实验结果的吻合性非常差。另外，有关非晶硅 2p 壳层光谱和带隙的研究结果进一步肯定了上述无规网络模型。

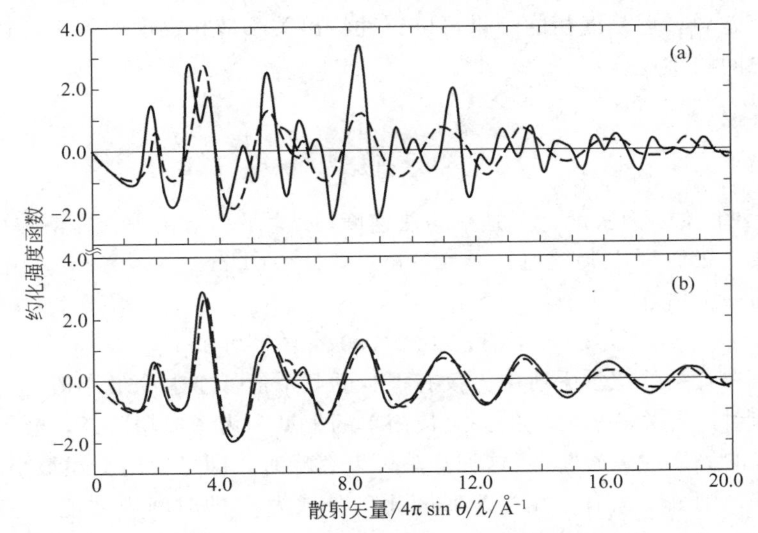

图 5　非晶锗约化强度函数的计算结果（实线）与实验结果（短划线）比较。(a) 非晶锗与微晶粒模型的比较；(b) 非晶锗与无规网络模型的比较。结果引自 J. Graczyk and P. Chaudhari。

19.2　玻璃

玻璃是由液体被冷却到凝固点以下而得到的非晶固体，它具有液体的无规结构。同时，玻璃还拥有各向同性固体的弹性性质。

根据统一的规定，我们假定当液体被冷却到黏度等于 10^{13} 泊时即变成玻璃，其中泊是黏度的 CGS 单位❶。由此可给出玻璃化转变温度（glass transition temperature）T_g 的定义：如果温度大于 T_g，将得到液体；如果温度小于 T_g，则将得到玻璃。这里所说的转变并不是一个热力学相变，而只是针对“实际效果”来讲的转变。将 10^{13} 泊这个值用于确定 T_g 是任意的，但也不是没有道理。例如，将一块 1cm 厚的玻璃板黏合于两个平面平行的竖直表面之间，如果黏度降到 10^{13} 泊以下，那么在一年之内我们就可观察到会有玻璃在其自身

❶ 黏度的 SI 单位为 Nsm^{-2}，所以 1 泊＝0.1Pa·s。通常，以 cp（即 centipoise）为单位给出黏度，1cp＝10^{-2} 泊。

重力作用下流出（为了比较，我们这里给出地球地幔黏度，其数值约为 10^{22} 泊的量级）。

相对而言，只有少数液体可以整体均匀地被冷却得足够快，以致在结晶发生之前形成玻璃。大多数物质的分子在液体中具有足够高的迁移率，以至于当冷却时在黏度达到 10^{13} 泊（或 10^{15}cp）之前会在很长一段时间内发生液固熔化转变。液态水在凝固点的黏度为 1.8cp；在凝固过程中这一黏度将会极大地增加。

我们通常可以通过在一个被冷却至较低温度的衬底上沉积喷射原子而形成玻璃。有时，我们用这种方法获得具有类玻璃性质的非晶层。此外，利用这种方法可以进行某些金属合金非晶带材的规模化生产。

19.2.1 黏度和原子（分子）的跳迁速率

液体的黏度与跳迁速率相联系，分子以这个速率经历局部范围的热重组，其途径有两种：跳迁到近邻空位或两个近邻分子互相交换。这种输运过程的物理特性与气相黏度下的输运特性存在一定差异，但是气相的结果可以定性给出关于液相黏度的下限，这个极限适用于原子的最近邻之间的跳迁。

气体的结果为

$$\eta=\frac{1}{3}\rho\bar{c}l \tag{14}$$

式中，η 为黏度，ρ 为密度，$\bar{c}$ 是平均热速度，l 为平均自由程。在液体中，l 与分子间距 a 具有相同数量级。利用典型值：$\rho=2\mathrm{gcm^{-3}}$，$\bar{c}=10^5\mathrm{cms^{-1}}$，$a\approx5\times10^{-8}\mathrm{cm}$，作为对液体黏度下限的一个估算，则有

$$\eta(\text{最小值})\approx0.3\times10^{-2}\ \text{泊}=0.3\mathrm{cp} \tag{15}$$

值得提示的是，在有关的化学手册中，仅有很少的几个值低于这个最小值。

现在，我们讨论有关液体黏度的一个最简单的模型。为了成功跳迁，液体分子必须越过其近邻“设置”的势能“障碍”。当这种势垒可以忽略时，即可应用上述最小黏度的估计值。若设势垒高为 E，则分子只有在相当于时间比例分数为 f 的时间内才能拥有足够的热能跳过这一势垒。其中 f 为

$$f\approx\exp(-E/k_{\mathrm{B}}T) \tag{16}$$

这里 E 是相应的自由能之差；对于给定跳迁速率的过程，这个 E 就是所谓的激活能。在自扩散情形中，E 与激活能相联系。

黏度将随着成功跳迁概率的降低而增加。因此，可得

$$\eta\approx\eta(\text{最小值})/f\approx\eta(\text{最小值})\exp(E/k_{\mathrm{B}}T) \tag{17}$$

如果在玻璃化转变时 $\eta=10^{13}$ 泊，则由式（15）可知转变时 f 量值的数量级应为

$$f\approx0.3\times10^{-15} \tag{18}$$

相应的激活能为

$$E/k_{\mathrm{B}}T_{\mathrm{g}}=-\ln f=\ln(3\times10^{15})=35.6 \tag{19}$$

如果 $T_{\mathrm{g}}\approx2000\mathrm{K}$，则得 $k_{\mathrm{B}}T_{\mathrm{g}}=2.7\times10^{-13}\mathrm{erg}$ 和 $E=9.6\times10^{-12}\mathrm{erg}\approx6\mathrm{eV}$。显然，这是一个高势能“障碍”。

玻璃的 T_{g} 值越小，则其相应的 E 值也就越小（以这种方法获得的激活能通常记为 E_{visc}）。玻璃构成材料的激活能约为 1eV 的量级，而非玻璃构成材料的激活能一般为 0.01eV 量级。

当把玻璃压入阴模或拉制成管时，其在工作温度范围内的黏度是 $10^3\sim10^6$ 泊；对于透

明石英，工作起始温度超过2000℃，如此高的温度，将使这一材料的实际应用受到极大限制。在普通玻璃中，一般要在 SiO_2 中添加25%左右的 Na_2O 作为网络改性剂，以便使工作温度降到1000℃以下某个所需要的温度；这个温度可使玻璃具有足够的流动性以满足成形操作的需要。通过成形加工可制造出诸如电灯泡、门窗玻璃以及各种瓶子等相关产品。

19.3 非晶铁磁体

非晶金属合金是通过液态合金非常快速地淬火（冷却）而形成的。通常情况下，是将合金熔融束流直接喷涂于快速旋转鼓的表面。利用这一方法可以进行非晶合金均匀连续熔态旋凝带材的规模化生产。

人们之所以研究开发铁磁性非晶合金，原因在于非晶材料拥有近乎各向同性的性质，而各向同性材料又将具有近于零的磁晶各向异性能。不存在“硬”的方向和容易磁化等特性将引致低矫顽力、低磁滞损耗以及高磁导率。由于非晶合金又是无规合金，所以其电阻率一般很高。作为用作软磁材料来讲，所有这些性质都具有重要的技术价值。商用名称“金属玻璃”（Metglas）就是针对这些性质的“爱称”。

过渡金属-类金属（TM-M）合金是一类重要的磁性非晶合金。过渡金属成分通常是约80%的铁（Fe）、镍（Ni）或钴（Co），类金属成分为硼（B）、碳（C）、硅（Si）、磷（P）或铝（Al）。这些类金属的存在降低了熔点，这样就有可能使得在淬火合金时能足够快地穿过玻璃化温度以稳定非晶相。例如，组成为 $Fe_{80}B_{20}$（称为金属玻璃2605）的 $T_g=441℃$，而纯铁的熔点为1538℃。

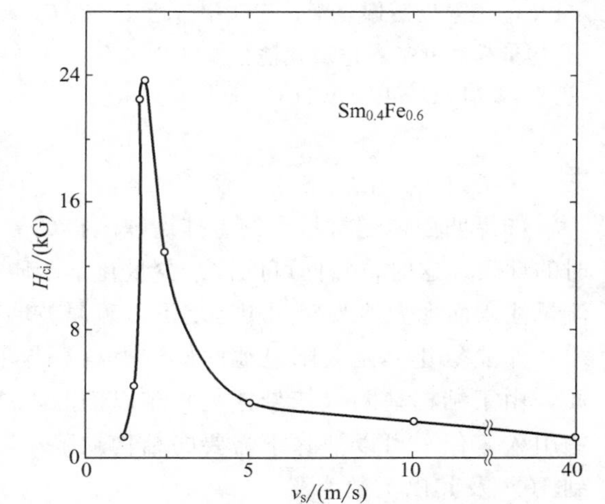

图6 室温下 $Sm_{0.4}Fe_{0.6}$ 的矫顽力与熔态旋凝速度 v_s 的关系曲线。最大矫顽力为24kG（发生在 $v_s=1.65ms^{-1}$），这相当于在每个微晶中单畴的特性。在更高的旋凝速度下，矫顽力降低，这是因为沉积材料已变成非晶（更加各向同性）；如果旋凝速度再低，则微晶缓冷引致晶粒尺寸超过单畴尺寸，而畴界只给出较低的矫顽力。引自J. L. Croat。

这种组成在非晶相情形中的居里温度为647K，在300K时磁化强度 M_s 的值为1257；然而对于纯铁，其相应的数据为 $T_c=1043K$ 和 $M_s=1707$。此外，在这一组成下，矫顽力为0.04G，磁导率最大值为 3×10^5；据报道，在另一种组成下，矫顽力已低至0.006G。

当旋转速率或淬火速率减小到能够形成一个细粒结晶相时（可能是亚稳组成），我们可以借助同样的熔态旋凝法制备高矫顽力材料。如果晶粒尺寸控制得正好与单畴的最佳尺寸匹配，则矫顽力可以达到相当高的水平（见图6）。J. L. Croat曾报道，对于在最佳熔态旋凝速度 $5ms^{-1}$ 下获得的亚稳合金 $Nd_{0.4}Fe_{0.6}$，其矫顽力 $H_{ci}=7.5kG$。

19.4 非晶半导体

非晶半导体可以像薄膜一样通过蒸发、溅射方法制备，而对某些材料也可以像体相玻璃一样通过熔融态的过冷而制得。

在无序的固体中，电子能带模型还成立吗？当结构失去周期性时，布洛赫定理失去意义，于是电子态不能通过确切定义的 $\boldsymbol{k}$ 值来描述。因此，动量选择定则对光跃迁不再严格有效，从而所有红外和拉曼模都会对吸收谱有贡献、光吸收边将变得模糊不清。但是，允许带和能隙仍然存在，因为态密度与能量的函数形式仍主要由局域电子成键组态决定。

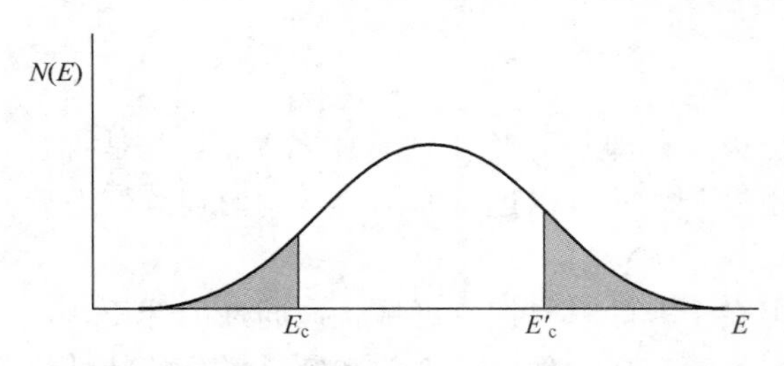

图 7 人们认为，当能带中央的电子态非定域化时，在非晶固体中就会出现电子态密度。定域化电子态以阴影表示；迁移率带边 E_c 和 E'_c 将能量分成电子态定域化能区和非定域化能区。引自 N. Mott and E. A. Davis。

在非晶半导体中电子和空穴都能够携载电流。载流子将受到无序结构的强烈散射，以致其平均自由程往往只有无序相尺度的量级。Anderson 曾指出，近带边的态将被定域化，不能扩展地穿过固体（图 7）。在这些态的传导是通过热激励跳迁过程而实现的。这样一来，引致霍尔效应反常，从而不能再将其用于确定载流子浓度。

目前，被人们广泛研究的非晶半导体有两个完全不同的类型，即四面体键非晶固体和硫属玻璃。前者如硅（Si）和锗（Ge）；而后者是多组元固体，其主要成分为硫属元素——硫（S）、硒（Se）、碲（Te）。

如果四面体键材料中的悬挂键缺陷得到氢（H）的补偿，则它们将具有类似于其结晶形态时的性质。这时，它们可以掺杂少量化学杂质，并且其电导率可以通过来自金属接触的自由载流子注入而大大地改变。相比之下，硫属玻璃则对化学杂质和自由载流子注入很不敏感。

非晶氢化硅是太阳电池的候选材料。与单晶硅相比，非晶硅是一种非常便宜的材料。然而，由于结构缺陷（如悬挂键）难以消除，所以期望获得纯净非晶硅是不可能的。在非晶硅中引入氢似乎可以消除不需要的结构缺陷；其次，混入氢的相对比例可以比较大，甚至可达到 10%及其以上的水平。

19.5 非晶固体中的低能激发

大家知道，纯净介电晶体的低温热容服从德拜的 T^3 律（见第 5 章），与人们预期的来自长波长声子的激发完全一致。人们曾期望在玻璃和其他非晶固体中也会存在相同的行为特性。然而，许多绝缘玻璃在 1K 以下的比热容中却意外地出现了线性项。事实上，在 25mK 温度下，观测到透明石英的比热容超过德拜声子贡献的 1000 倍。在近乎所有非晶固体中都发现了明显的反常线性效应。人们认为，这些反常线性项的出现是物质非晶态的本质所在，但具体原因有待进一步研究。可以肯定的是：这些反常特性起源于双能级系统而非多能级振子系统，因为非晶系统可以利用强声子场进行饱和，就像双能级自旋系统可以通过一个强射频（RF）磁场进行饱和一样。

19.5.1 比热容的计算

现在考虑一个非晶固体，它是一个浓度为 N、处在低能下的双能级系统，亦即能级劈裂因子 Δ 远小于声子的德拜截止能 $k_B\theta$。若令 $\tau = k_B T$，则这个系统的配分函数即为

$$Z = \exp(\Delta/2\tau) + \exp(-\Delta/2\tau) = 2\cosh(\Delta/2\tau) \tag{20}$$

热平均能为

$$U=-\frac{1}{2}\Delta\tanh(\Delta/2\tau) \tag{21}$$

以及这单一系统的比热容为

$$C_{\mathrm{V}}=k_{\mathrm{B}}(\partial U/\partial\tau)=k_{\mathrm{B}}(\Delta/2\tau)^2\operatorname{sech}^2(\Delta/2\tau) \tag{22}$$

这些结果在文献 TP，pp. 62～63 有详细的推导。

如果假设 Δ 在 $\Delta=0$ 至 $\Delta=\Delta_0$ 范围内以均匀概率分布，则 C_{V} 的平均值为

$$\begin{aligned} C_{\mathrm{V}} &=(k_{B}/4\tau^2)\int_0^{\Delta_0}\mathrm{d}\Delta(\Delta^2/\Delta_0)\operatorname{sech}^2(\Delta/2\tau) \\ &=\left(\frac{2k_{\mathrm{B}}\tau}{\Delta_0}\right)\int_0^{\Delta_0/2\tau}\mathrm{d}x\ x^2\operatorname{sech}^2x \end{aligned} \tag{23}$$

这个积分无法闭型计算（亦即不能解析求解，只能利用数值方法求解）。

下面讨论我们比较感兴趣的两个极限情况。

（1）$\tau\ll\Delta_0$；这时对于自 $x=0$ 至 $x=1$，sech^2x 大致等于 1，对于 $x>1$，它大致等于 0。这样积分值就近似等于 1/3，所以有

$$C_{\mathrm{V}}\approx 2k_{\mathrm{B}}^2T/3\Delta_0 \tag{24}$$

此式对于 $T<\Delta_0/k_{\mathrm{B}}$ 成立。

（2）$\tau\gg\Delta_0$；积分值粗略地等于$\frac{1}{3}(\Delta_0/2k_{\mathrm{B}}T)^3$，所以在这一极限下则有

$$C_{\mathrm{V}}\approx\Delta_0^2/12k_{\mathrm{B}}T^2 \tag{25}$$

可以看出，随着 T 的增加，C_{V} 趋于零。

因此，人们感兴趣的区域应该是低温区。对于我们这里讨论的情况，由式（24）可知，这一双能级系统对比热容的贡献是一个与温度呈线性关系的项。这个最初由金属中稀磁杂质引入的项与通常的传导电子比热容没有任何关系，尽管后者也比例于 T。

从经验结果来说，所有无序固体单位立方厘米内都有约 10^{17} 个“新型”低能激发（相当于态密度 $N\sim10^{17}\mathrm{cm}^{-3}$），而这些个新激发态均匀分布于自 0 至 1K 对应的能量间隔内。现在可以根据式（24）计算反常比热；例如对于 $T=0.1\mathrm{K}$ 和 $\Delta_0/k_{\mathrm{B}}=1\mathrm{K}$，则可得到

$$C_{\mathrm{V}}\approx\frac{2}{3}Nk_{\mathrm{B}}(0.1)\approx 1\mathrm{erg cm}^{-3}\cdot\mathrm{K}^{-1} \tag{26}$$

作为比较，根据第 5 章式（35）给出在 0.1K 时声子贡献为

$$\begin{aligned} C_{\mathrm{V}} &\approx 234Nk_{\mathrm{B}}(T/\theta)^3 \\ &\approx(234)(2.3\times10^{22})(1.38\times10^{-16})(0.1/300)^3 \\ &\approx 2.8\times10^{-2}\mathrm{erg}\cdot\mathrm{cm}^{-3}\cdot\mathrm{K}^{-1} \end{aligned} \tag{27}$$

显然，这个值比式（26）给出的值小得多。

对于透明 SiO_2，实验结果可以用公式表示为

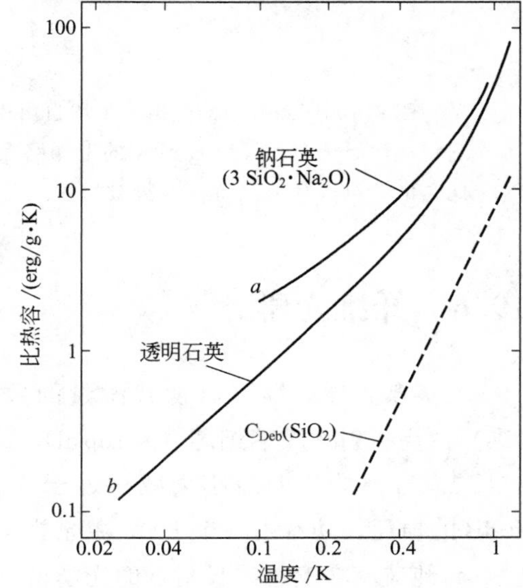

图 8　透明石英玻璃和钠石英玻璃比热容与温度的函数关系曲线。在 1K 以下比热容与 T 大致上为线性关系。短划线表示透明石英的德拜热容计算值。

$$C_V = c_1 T + c_3 T^3 \tag{28}$$

其中 $c_1 = 12\mathrm{erg \cdot g^{-1} \cdot K^{-2}}$，$c_3 = 18\mathrm{erg \cdot g^{-1} \cdot K^{-4}}$。

19.5.2 热导率

玻璃的热导率非常低，在室温及其以上的温度，热导率受到无序结构范围尺寸的限制，因为这个尺度决定着“主流”热声子的平均自由程。在低温，例如低于 1K（图 8），热导率主要由长波声子携载，因而它将受限于来自上述“神秘”的两能级系统对声子的散射或来自隧道态（前文曾讨论过隧道态对非晶固体热容的贡献）对声子的散射。

根据第 5 章的讨论，热导率 K 的表达式为

$$K = \frac{1}{3} cvl \tag{29}$$

式中，c 是单位体积的比热容；v 是平均声子速度；l 是声子的平均自由程。对于室温下的透明石英，我们有如下数据：

$$K \cong 1.4 \times 10^{-2} \mathrm{J \cdot cm^{-1} \cdot s^{-1} \cdot K^{-1}};$$
$$c \cong 1.6 \mathrm{J \cdot cm^{-3} \cdot K^{-1}};$$
$$\langle v \rangle \cong 4.2 \times 10^5 \mathrm{cm \cdot s^{-1}}$$

于是，平均自由程 $l \cong 6 \times 10^{-8}\mathrm{cm}$；由图 3 可知，这个值相当于无序结构尺寸的量级。

可以看出，这个声子平均自由程非常之小。在室温及其以上温度下（亦即在德拜温度以上），大多数声子的半波长与原子间距相当。如图 9 所示，通过相位抵消方法可以将平均自由程限制于几个原子间距范围内。在所有结构中，只有透明石英才能给 6Å 的平均自由程。可以肯定，玻璃结构的振动简正模绝对不是平面波。但是，这些模式只要在玻璃结构畸变许可的范围内都仍然具有量子化振幅，因此它们也可以被称为声子。

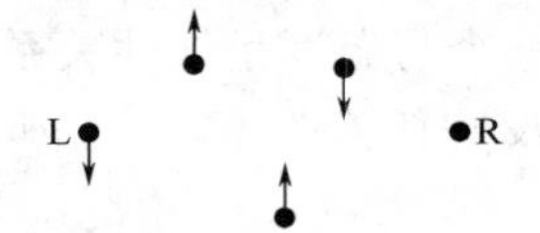

图 9 无序结构中的短声子平均自由程。如图，一个取代原子 L 的短波声子经过很短的距离它将取代原子 R，因为 L 到 R 的上侧路径与下侧路径的相位相消。R 的位移是 ↑ + ↓ ～0，因此，由 L 处入射的波将在 R 处被反射。

19.6 纤维光学

石英基光导纤维可以携载海量的数据——信息在地球表面或海下传输。光（学）纤（维）由高折射率玻璃细芯（$\approx 10\mu\mathrm{m}$）及其包层组成。数字化数据通过光携载。在红外波段波长 $1.55\mu\mathrm{m}$ 附近的最小衰减接近于 $0.20\mathrm{dB \cdot km^{-1}}$，参见图 10。在 100km 范围相当于 20dB 的损耗，功率由一个 Eu^{3+} 激光放大器供给。

高纯玻璃在上述波长附近的光学窗口将受到下列因素的限制：首先在低频侧受到声子吸收带的制约，而在高频侧将受到瑞利散射的限制；其次，还将受到电子吸收的强烈制约。在红外窗口，其损耗可根据本征瑞利散射与非均匀介质局域介电常量的静态涨落之比来确定，因此衰减遵从频率的四次方律。

幸运的是，有一种非常优异的源可用于辐射 $1.55\mu\mathrm{m}$ 波长的光。如第 13 章图 24 所示，

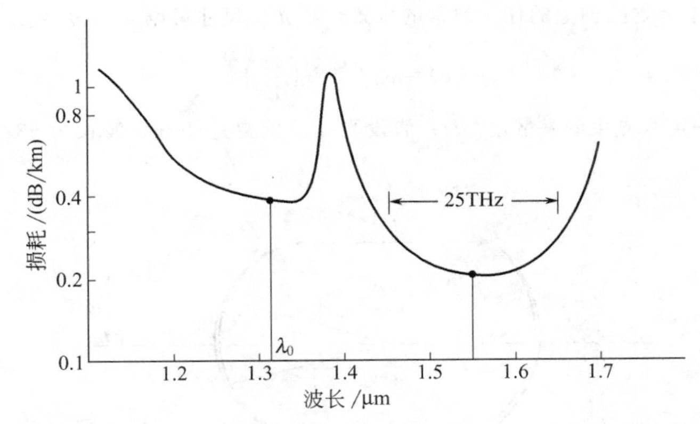

图10 通信级光纤的传输特性。图示以dB/km为单位给出了信号衰减随光波长（μm）的变化曲线。在曲线左侧区域，除了与OH离子（伴随SiO_2而存在）相联系的杂质强吸收线之外，主要为瑞利散射机制；在2.7μm的二次谐波线被称为“水线”。1994年在传输线上使用的波长为1.31μm。这个波长已由于Eu^{3+}离子放大器投入使用而被1.55μm波长所取代。在典型的远距离应用中，每100km需用一个Eu^{3+}离子放大器；放大器抽运所需功率由铜线提供。引自Tingye Li，AT & T Bell Laboratories。

在光纤的铒掺杂截面，受激（被抽运）铒离子（Er^{3+}）能够增强放大。

19.6.1 瑞利（Rayleigh）衰减

对于波长处于红外波段的光波，其在玻璃中的衰减主要由所谓的瑞利散射引起。从机制上讲，它与引致天空蓝色的散射属于同一散射过程。消光系数h（亦称衰减系数）的量纲为长度的倒数，对于空气中的瑞利散射光，则有

$$h=(2\omega^4/3\pi c^4 N)\langle(n-1)^2\rangle \tag{30}$$

其中n为局域折射率，N表示单位体积内散射中心的数目。能流关于距离的函数为exp（$-hx$）。

式（30）的推导读者可以在优秀的电动力学教科书中找到。这一结果可以通过如下简单论证来理解：被偶极元p散射的辐射能正比于$(\mathrm{d}p^2/\mathrm{d}t^2)^2$，并且含有因子$\omega^4$。局域极化率$\alpha$以$\alpha^2$形式出现；如果单位体积的无规散射中心数目为$N$，则遍及这些无规源求平均即得到散射能；这一散射能具有因子$N\langle(\Delta\alpha^2)\rangle$或$\langle(\Delta n)^2\rangle/N$。由此我们已给出在式（30）中出现的主要因子。当应用于玻璃时，Δn应包括每个Si—O键基团周围极化的变化，这样就可以对衰减得到满意的数值估算结果。

习 题

1. 金属光纤问题。人们一直设想将金属线用作光纤，因为当其传输光时可有一个与金属高折射率特性相称的长延迟。然而不幸的是，一般金属的折射率都是由自由电子项$i^{1/2}$支配。因此，光波在金属中传播时实际上是高度阻尼的。试证明：在室温下，真空波长为10μm的波在钠中的阻尼长度为0.1μm。这与光波在高质量玻璃纤维中所具有的100km阻尼长度形成鲜明的对比。

2. 非晶材料的热容问题。对于双能级系统的非晶固体，其浓度为$N=10^{17}\mathrm{cm^{-3}}$。若在低能时，其能级的劈裂间距$\Delta$满足$\Delta/k_B=1\mathrm{K}$，这里$k_B$为玻尔兹曼常量。试计算这一非晶态材料在$T=100\mathrm{K}$时的热容量。

3. 单模光纤问题。如果ω_0表示激光束束腰的半径，且在$x=0$处的激光光斑尺寸由下式给出，即

$$\omega_0=\sqrt{\frac{L\lambda}{2\pi}}$$

如图 11 所示。对于沿空腔轴上的任一通常的位置，其光斑尺寸可以表示为

$$\omega(x)=\omega_0\sqrt{1+\left(\frac{2x}{L}\right)^2}$$

当 x 很大时，试确定激光束的发散度 $2\theta_d$；假设光纤的束腰是 $2\mu m$，波长为 632.8nm，试计算单模光纤的光束发散度。

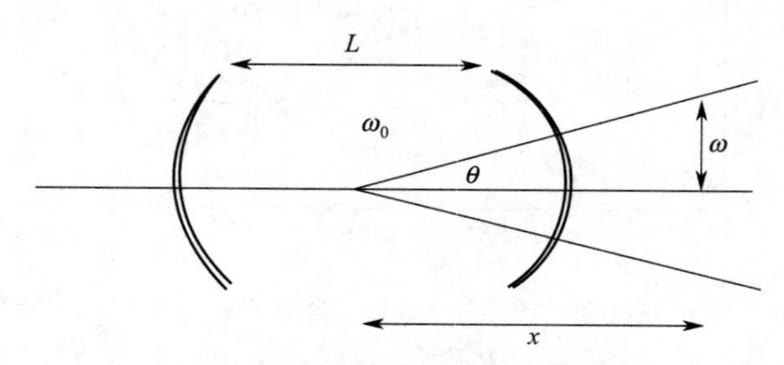

图 11 共振器的光斑尺寸示意图

第 20 章　点　缺　陷

在晶体中，我们常见的点缺陷是化学杂质、空的晶格格点（即晶格空位）以及未处在规则晶格位置上的额外原子。线缺陷将在有关位错的第 21 章中讨论。晶体表面是一个面缺陷，它具有电子、声子和磁波子（magnon）的表面态。

许多重要的晶体性质几乎在同等程度上既为缺陷又为基质晶体的本性所支配。这些基质晶体可能仅仅作为缺陷的载体、溶剂或基体。例如：某些半导体的导电性完全由痕量化学杂质所决定；许多晶体的颜色及发光特性是由杂质或缺陷产生的；原子扩散也可能由于杂质或晶体不完整性（缺陷）的存在而被大大加速；力学性能和塑性性质通常也都由缺陷所决定。

20.1　晶格空位

最简单的缺陷是晶格空位，失去一个原子或离子就会产生一个晶格空位缺陷，它又称为肖特基缺陷（Schottky defect），如图 1 所示。如果将完整晶体中内部格点上的一个原子转移到晶体表面的一个格点上，那么就在该晶体中产生了一个肖特基缺陷。在热平衡下，一个在其他方面完美的晶体总是会含有一定数量的晶格空位，这是因为结构无序的出现将使熵增加。

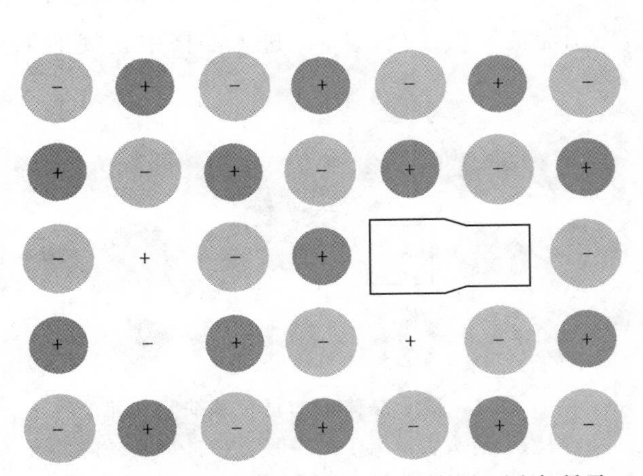

图 1　纯净卤化碱晶体的一个晶面。图中所示为：两个正离子晶格空位，一个负离子空位和一对正负离子的成对空位。

在密堆积结构金属中，当温度达到稍微低于其熔点的温度时，晶格中空位格点

的比例约为 10^{-3}～10^{-4} 的数量级。但是在某些合金中，特别是非常硬的过渡金属碳化物中，例如 TiC，其中一种组分的晶格空位的比例可以高达 50%。

对于一个给定的格点，其成为空位的概率与热平衡的玻尔兹曼因子成正比，即 $P=\exp(-E_V/k_BT)$，这里 E_V 是将一个原子从晶体内部格点上转移到表面格点上所需要的能量。现在假定有 N 个原子，则在平衡时空位数 n 由下式给出，即

$$\frac{n}{N-n}=\exp(-E_V/k_BT) \tag{1}$$

如果 $n \ll N$，则有

$$n/N \cong \exp(-E_V/k_BT) \tag{2}$$

若有 $E_V \approx 1\text{eV}$ 和 $T \approx 1000\text{K}$，则得 $n/N \approx e^{-12} \approx 10^{-5}$

空位的平衡浓度随温度降低而减小。如果晶体在高温下生长，然后急骤冷却，则其中所含空位的实际浓度将高于平衡浓度，因为在冷却时空位被冻结（参看下文关于扩散问题的讨论）。

在离子晶体中，形成数目大致相等的正离子空位和负离子空位，这从能量上来说通常是有利的。形成空位对以保持晶体在局部尺度内是电中性的。用统计方法可以算出空位对的数目 n，即有

$$n \cong N\exp(-E_p/2k_BT) \tag{3}$$

式中，E_p 是一对空位的生成能。

另一种空位缺陷是弗仑克尔缺陷（Frenkel defect），如图 2 所示。其中，离子从格点转移到间隙位置，这种位置正常情况下不为原子所占据。在纯净的卤化碱晶体中，最常见的晶格空位是肖特基缺陷；而在纯净的卤化银晶体中，最常见的是弗仑克尔缺陷。根据下面习题 1 的思路可以计算弗仑克尔缺陷的平衡数目。如果弗仑克尔缺陷的数目 n 远小于格点数目 N 以及间隙位置数目 N'，则结果是

$$n \cong (NN')^{1/2}\exp(-E_I/2k_BT) \tag{4}$$

式中，E_I 表示将一个原子从格点移到间隙位置所需要的能量。

掺入了二价元素的卤化碱晶体中会出现晶格空位。如果在 KCl 晶体生长中加入一定量的 $CaCl_2$，则所得晶体的密度改变，犹如每个进入晶体的 Ca^{2+} 离子产生一个 K^+ 晶格空位所应引起的密度改变。Ca^{2+} 进入晶格中正规的 K^+ 格位上，两个 Cl^- 离子进入 KCl 晶体的两

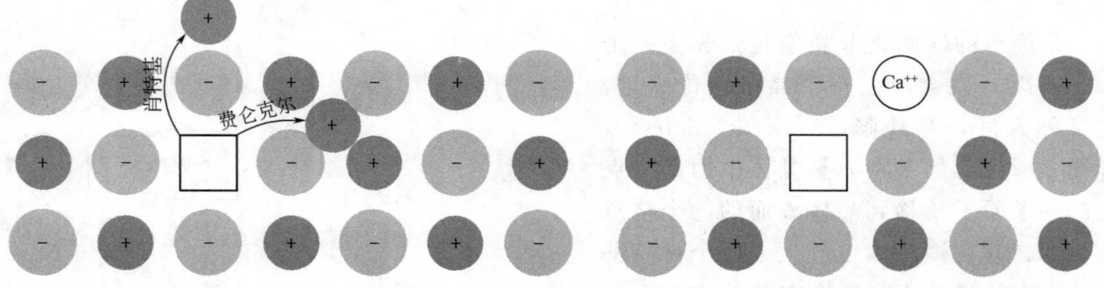

图 2 离子晶体中的肖特基缺陷和弗仑克尔缺陷。箭头表示离子的位移。在肖特基缺陷的形成中，离子最终转移到表面上；而在弗仑克尔缺陷的形成中，离子移至一个间隙位置。

图 3 由于 $CaCl_2$ 溶于 KCl 中产生晶格空位，为了保持电中性，随着每个二价阳离子 Ca^{++} 之引入，晶格中产生一个正离子空位。$CaCl_2$ 的两个 Cl^{-1} 离子进入正常的负离子格位。

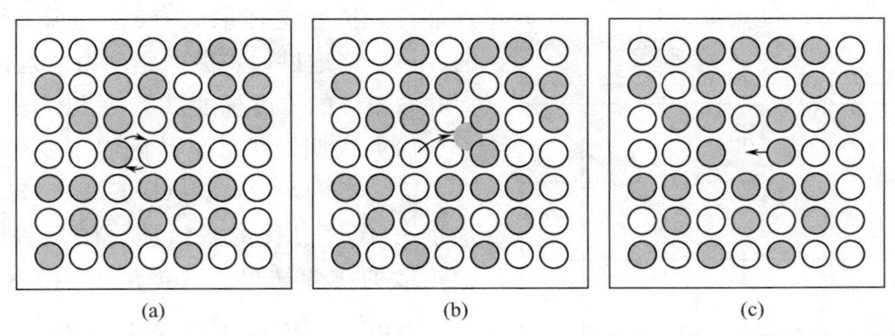

图 4 扩散的三种基本机制：(a) 绕一个中点（midpoint）旋转换位，同时发生旋转的可多于两个原子；(b) 通过间隙位置迁徙；(c) 原子与晶格空位交换位置。引自 Seitz。

个 Cl^- 格位上（图 3）。电中性的要求导致一个金属离子空位的产生。实验表明：将 $CaCl_2$ 加入 KCl 会使得晶体的密度降低。如果不产生晶格空位，则晶体的密度应该增大，因为 Ca^{2+} 离子比 K^+ 离子重而小。

卤化碱晶体和卤化银晶体中的导电性机制通常是离子运动，并非电子运动。通过测量与晶体接触的电极上淀积出来的物质，将电荷的输运同质量的输运加以比较，即可确立上述论断。

关于离子导电性的研究是探讨晶格缺陷的重要工具。对于含有已知量二价金属离子的卤化碱和卤化银进行的研究工作表明：在不很高的温度下，离子电导率正比于二价掺杂的量。这并不是由于二价离子本征的活动性高，因为在阴极上淀积出来的主要是单价金属离子。伴随着二价离子而引入的晶格空位增进了扩散（图 4c）。晶格空位向某一方向扩散相当于原子向相反的方向扩散。在晶格缺陷为热效应产生时，其生成能对于晶体的比热容给出额外的贡献，如图 5 所示。

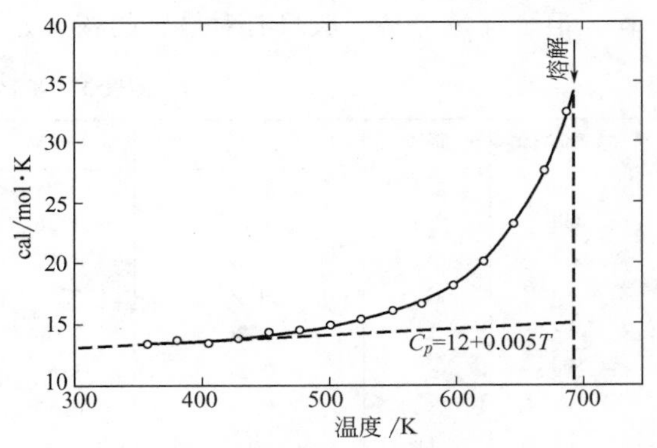

图 5 溴化银的比热容显示了晶格缺陷之形成所导致的额外比热容。引自 R. W. Christy and A. W. Lawson。

互相关联的正负空位对将产生相应的电偶极矩，由于它们的运动而对介电常量和介电损耗给出贡献。介电弛豫时间是一个晶格空位相对于另一个晶格空位跳跃一个原子位置所需时间的量度。偶极矩在低频下可以变化，但在高频下则不能变化。在 85℃，氯化钠的弛豫频率是 $1000s^{-1}$。

20.2 扩散

当固体中出现杂质原子或空位的浓度梯度时，杂质原子或空位通过晶体而流动。在平衡态下，杂质或空位分布是均匀的。固体中某一种原子的净通量 J_N 与其浓度 N 的梯度通过如下的唯象关系相联系，即

$$J_N = -D\mathrm{grad}N \tag{5}$$

这个关系称为斐克定律（Fick's law）。式中，J_N 是单位时间内通过单位面积的原子数；常数 D 称为扩散常数或扩散率，它的单位是 cm^2/s。式中出现的负号意味着扩散是从高浓度区域向

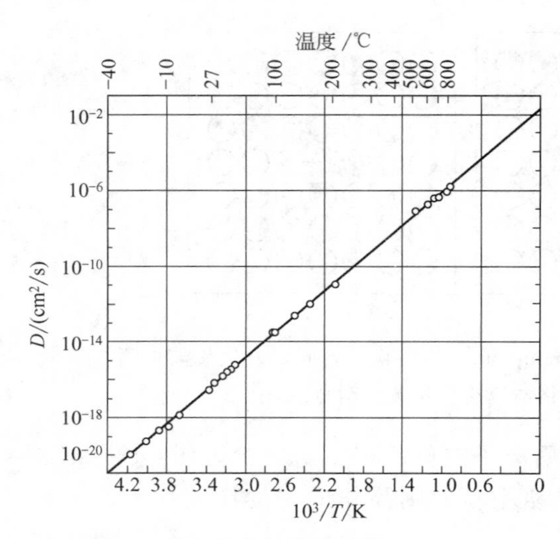

图 6 碳在铁中的扩散系数，引自 Wert。D 的对数正比于 $1/T$。

外进行。扩散定律取式（5）的形式常常是适用的，但严格地讲，扩散的驱动力乃是化学势梯度，而并非单纯的浓度梯度（参见 TP，p. 406）。

研究表明，扩散常数随温度变化的规律为

$$D=D_0\exp(-E/k_BT) \tag{6}$$

这里 E 代表过程的激活能。图 6 表明碳在 α 铁中扩散的实验结果。数据由 $E=0.87\mathrm{eV}$，$D_0=0.020\mathrm{cm^2/s}$ 表示。表 1 列出了有代表性的 E 和 D_0 的数值。

为了进行扩散，原子必须克服由最近邻原子所产生的势垒。我们考虑杂质原子在间隙位置之间的扩散；对于空位扩散，其结果依然可用。如果势垒的高度为 E，则原子仅在比例为 $\exp(-E/k_BT)$ 的那部分时间内具有足够的热能越过势垒。量子隧道贯穿是另一种可能的过程，但是穿过势垒一般只有对最轻的核（尤其是氢原子）才是显著的。

表 1　扩散常数和激活能

基质晶体	原子	$D_0/(\mathrm{cm^2\cdot s^{-1}})$	E/eV	基质晶体	原子	$D_0/(\mathrm{cm^2\cdot s^{-1}})$	E/eV
Cu	Cu	0.20	2.04	Si	Al	8.0	3.47
Cu	Zn	0.34	1.98	Si	Ga	3.6	3.51
Ag	Ag	0.40	1.91	Si	In	16.0	3.90
Ag	Cu	1.2	2.00	Si	As	0.32	3.56
Ag	Au	0.26	1.98	Si	Sb	5.6	3.94
Ag	Pb	0.22	1.65	Si	Li	2×10^{-3}	0.66
Na	Na	0.24	0.45	Si	Au	1×10^{-3}	1.13
U	U	2×10^{-3}	1.20	Ge	Ge	10.0	3.1

若以 ν 表示原子的特征振动频率，则在 1s 内的某一时刻原子具有足够的热能而越过势垒的概率 p 为

$$p\approx\nu\exp(-E/k_BT) \tag{7}$$

在 1s 时间内，原子对势垒进行 ν 次冲击，而每次尝试中越过势垒的概率是 $\exp(-E/k_BT)$。量 p 称为跳迁频率。

考虑处在间隙位置上的杂质原子所构成的两个平行平面。平面之间的间距等于晶格常量 a。一个平面上有 S 个杂质原子，另一平面上有（$S+a\mathrm{d}S/\mathrm{d}x$）个杂质原子。1s 内由一个平面渡越至第二平面的净原子数近似等于 $-pa\mathrm{d}S/\mathrm{d}x$。若杂质原子的总浓度为 N，则一个平面上每单位面积上的 $S=aN$。

这样，扩散通量就可以写为

$$J_N\approx-pa^2(\mathrm{d}N/\mathrm{d}x) \tag{8}$$

与式（5）加以比较，得到结果

$$D=\nu a^2\exp(-E/k_BT) \tag{9}$$

此式与式（6）的形式相同，其中 $D_0=\nu a^2$。

若杂质带有电荷，则可应用爱因斯坦关系 $k_B T\bar{\mu}=qD$，由扩散率求出离子迁移率 $\bar{\mu}$ 和电导率 σ，即有

$$\bar{\mu}=(q\nu a^2/k_B T)\exp(-E/k_B T) \tag{10}$$

$$\sigma=Nq\bar{\mu}=(Nq^2\nu a^2/k_B T)\exp(-E/k_B T) \tag{11}$$

式中，N 表示电荷为 q 的杂质离子的浓度。

在某个温度范围内，空位的相对比例分数不依赖于温度，此时空位的数目由二价金属离子的数目所决定。这样，$\ln\sigma$ 对 $1/k_B T$ 曲线的斜率就给出 E_+，这里 E_+ 是正离子空位跳迁的势垒激活能（表 2）。室温下跳迁频率的数量级为 $1\mathrm{s}^{-1}$，但在 100K 下仅为 $10^{-25}\mathrm{s}^{-1}$ 的量级。

表 2　一个正离子空位运动的激活能 E_+

（空位对的生成能 E_f 的数值亦在此表中列出。括号里关于银盐的数值是指间隙银离子的值）

晶　体	E_+/eV	E_f/eV	研 究 者	晶　体	E_+/eV	E_f/eV	研 究 者
NaCl	0.86	2.02	Etzel and Maurer	LiI	0.38	1.34	Haven
LiF	0.65	2.68	Haven	KCl	0.89	2.1～2.4	Wagner;Kelting and Witt
LiCl	0.41	2.12	Haven	AgCl	0.39(0.10)	1.4①	Teltow
LiBr	0.31	1.80	Haven	AgBr	0.25(0.11)	1.1①	Compton

① 针对弗仑克尔缺陷。

在低温下扩散极其缓慢。在缺陷浓度由热效应所决定的温度范围内，根据肖特基缺陷或弗仑克尔缺陷的理论，空位的比例分数由下式给出：

$$f\cong\exp(-E_f/2k_B T) \tag{12}$$

式中，E_f 是空位对的生成能。根据式（10）和式（12），此时 $\ln\sigma$ 对 $1/k_B T$ 的曲线斜率表示 $E_+ +\frac{1}{2}E_f$。由不同温度范围内所作的测量，我们可以定出空位对生成能 E_f 和跳迁激活能 E_+。

可以采用放射性示踪技术来测量扩散常数。由此，可导出放射性离子（其初始分布已知）的扩散对时间或距离的函数关系。这样得到的扩散常数数值可以同由离子电导率导出的数值相比较。这两组数值一般在实验精确度以内并不符合，因此可能存在一种不涉及电荷输运的扩散机制。例如正负离子空位对的扩散就不涉及电荷的输运。

20.2.1　金属

一般来说，单原子金属中的自扩散通常是借助于晶格空位进行。自扩散意指金属本身原子的扩散，而并非杂质原子的扩散。研究结果表明，铜中通过晶格空位进行自扩散的激活能范围为 2.4～2.7eV，通过间隙位置自扩散的激活能范围为 5.1～6.4eV。激活能的观测值是 1.7～2.1eV。

关于 Li 和 Na 中的扩散激活能，可以通过核磁共振线宽对温度依赖关系的测量来确定。比较而言，当原子在其格点位置之间的跳迁频率比静态线宽相当的频率为高时，共振线宽就要变窄。Li 和 Na 借助核磁共振（NMR）所测定的数值分别为 0.57eV 和 0.45eV。钠中自扩散的测量也给出 0.4eV。

20.3　色心

纯净的卤化碱晶体在光谱的整个可见光波段中是透明的。色心是能吸收可见光的晶体缺

陷。寻常的晶格空位并不使卤化碱晶体赋色，虽然它会影响紫外区的吸收。有好几种方法可以使晶体赋色：

- 引入化学杂质；
- 引入过量的金属离子（可以把晶体放在碱金属蒸气中加热，然后使之快速冷却，NaCl 晶体在钠蒸气中加热将呈现黄色；KCl 晶体在钾蒸气中加热将呈现品红色）；
- X 射线或 γ 射线辐照，中子或电子轰击；
- 电解。

20.3.1 F 心

“F 心”这个名字来自德文“Farbe”（彩色）一词。一般产生色心的方法是将晶体在过量碱金属中加热或是用 X 射线辐照。图 7 表示几种卤化碱晶体中的、与 F 心联系的中心吸收带（F 带），其量子能量列于表 3 之中。人们曾对 F 心的性质进行过细致的实验研究，开创性工作属于 Pohl。

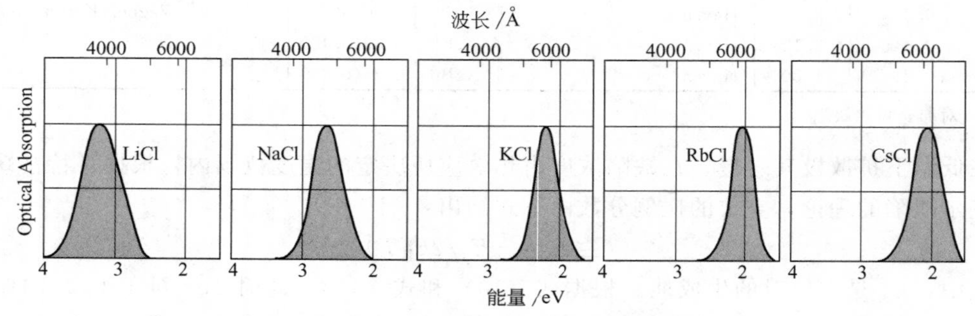

图 7 几种卤化碱晶体的 F 带：含有 F 心的晶体的光吸收对波长的关系。

表 3 F 心吸收能量的实验值（单位为 eV）

LiCl	3.1	CsCl	2.0	RbBr	1.8
NaCl	2.7	LiBr	2.7	LiF	5.0
KCl	2.2	NaBr	2.3	NaF	3.6
RbCl	2.0	KBr	2.0	KF	2.7

应用电子自旋共振方法对 F 心的研究结果表明，它是由一个负离子晶格空位束缚一个电子构成（图 8），同 de Boer 所提议的模型相符合。当超量的碱金属原子加入卤化碱晶体中时，就会产生相应数目的负离子空位。碱金属原子的价电子并不被原子所束缚，而是在晶体中游荡，最终被束缚于一个负离子晶格空位。在完整周期性晶格中，一个负离子晶格空位的作用犹如一个孤立的正电荷：它能吸引一个电子并且将它束缚。我们通过将一个正电荷 q 加到一个被占负离子格位的正常电荷 $-q$ 之上，以此来模拟负离子晶格空位的静电效应。

F 心是卤化碱晶体中最简单的俘获电子中心。F 心的光吸收是由于中心通过电偶跃迁跃至一个束缚激发态所引起。

20.3.2 卤化碱晶体中的其他色心

如图 9 所示，F 心六个最近邻离子中的某一个若为另一个不同的碱金属离子所代换，就成为 F_A 心。更为复杂的俘获电子中心由若干个 F 心构成，如图 10 和图 11 中所示。两个相邻的 F 心构成一个 M 心；三个 F 心形成一个 R 心。这些色心可以根据其光吸收频率加以区分。

类似地，也能通过俘获空穴而形成色心。空穴色心有别于电子色心：卤素离子填满的 p^6 壳层中出现一个空穴将使此离子具有电子组态 p^5，而在 p^6 壳层已填满的碱金属离子中添加一个电子就将使它的电子组态成为 p^6s。

这两种组态的化学行为迥异：p^6s 组态像一个球对称的离子；而 p^5 却像一个非对称离子，并通过扬-特勒效应（Jahn-Teller effect）使其在晶体中的近邻局域场发生畸变。

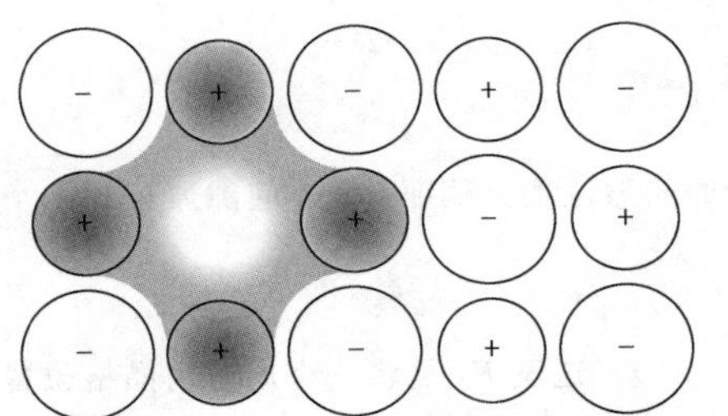

图 8　一个 F 心是一个负离子晶格空位加上一个束缚于空位的额外电子。这个电子主要分布在紧邻晶格空位的诸正金属离子上。

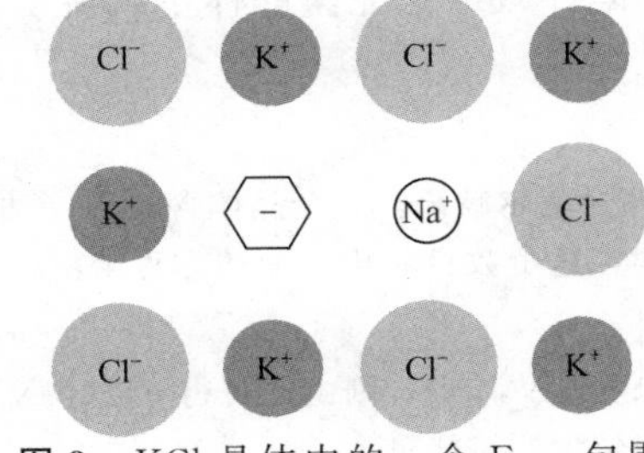

图 9　KCl 晶体中的一个 F_A。包围着一个 F 心的六个 K^+ 离子中有一个被其他碱金属离子代换，这里是被 Na^+ 代换。

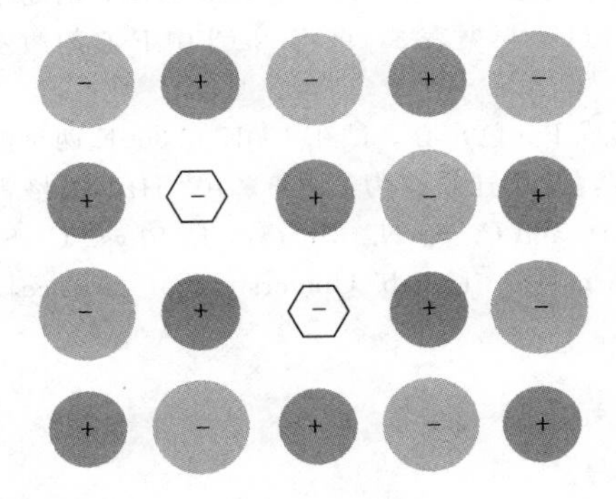

图 10　两个相邻的 F 心构成一个 M 心。

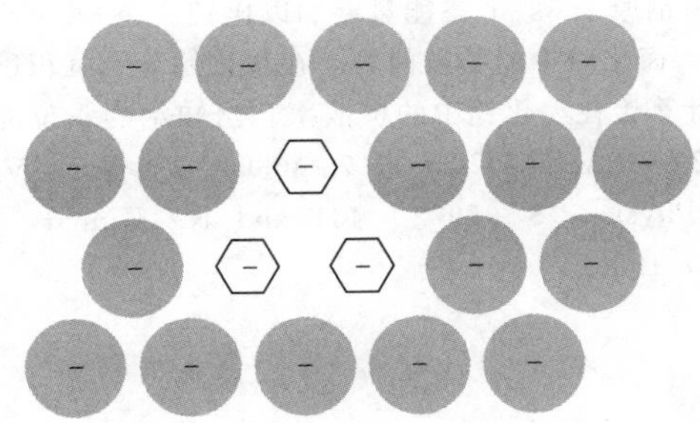

图 11　一个 R 心由三个相邻的 F 心组成，这就是 NaCl 结构中［111］面上的一组三个负离子空位加上三个与之相联系的电子。

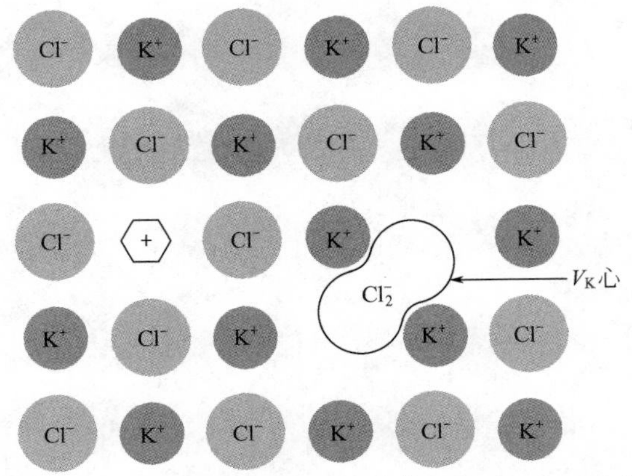

图 12　当一个空穴被一对负离子所陷获时，就形成一个 V_K 心，它与一个负的卤族分子离子相类同，在晶体 KCl 中是 Cl_2^-。V_K 心里不包含晶格空位或额外原子。图的左部中所示的那个中心多半是不稳定的：小六角形框表示一个空穴陷俘在一个正离子空位附近；这样一个中心应是 F 心的反形体。陷俘在 V_K 中心的空穴，其能量低于 F 心反形体中空穴的能量。

F 心的反形体是一个被陷俘于一个正离子晶格空位的空穴，但这种色心还没有在卤化碱晶体的相关实验中被证实。在绝缘氧化物中，O^-（称为 V^-）缺陷是大家熟知的空穴陷俘色心。但是，我们最熟悉的俘获空穴色心是 V_K 心，如图 12 所示。在卤化碱晶体中，当一个空穴陷俘于一个卤离子时就会形成 V_K 心。电子自旋共振实验结果表明，这类色心类似于一个负的卤族分子离子，例如在 KCl 中，V_K 心像一个 Cl_2^- 离子。研究发现，自由空穴的扬-特勒陷俘效应是完整晶体中载流子自陷俘的最有效方式。

习 题

1. 弗仑克尔缺陷。一个晶体含有 N 个格点和 N' 个可能的间隙位置。试证：n 个间隙原子与 n 个晶格空位平衡，这个数目 n 由下面的方程给出：

$$E_{\mathrm{I}}=k_{\mathrm{B}}T\ln[(N-n)(N'-n)/n^2],$$

如果 $n\ll N$，N'，则由此可得 $n\cong(NN')^{1/2}\exp(-E_{\mathrm{I}}/2k_{\mathrm{B}}T)$。这里 E_{I} 是将一个原子由晶格位置移至一个间隙位置所需能量。

2. 肖特基空位。假定将一个钠原子由钠晶体内部移至表面所需能量为 1eV。试计算 300K 下肖特基空位的浓度。

3. F 心。(a) 将一个 F 心作为在介电常量为$\epsilon=n^2$ 的介质中一个具有质量为 m、在点电荷 e 的场中运动的自由电子来处理，试计算 NaCl 中 F 心 1s-2p 态的能量差。(b) 根据表 3，试将 NaCl 中 F 心的激发能与自由钠原子 3s-3p 态能量差加以比较。

4. 卤化碱中的扩散问题。在溴化铯薄膜沉积过程中将会形成 F（色）心。试在 100K 和 300K 两个温度下，计算铯在溴化铯中的扩散率。已知铯的空位能是 1. 54eV，其跳迁频率为 2. 23×10^{10} Hz，晶格常数为 4. 29Å（ASTM Card No-73-4039)。(参见 Y. V. G. S. Murti and C. S. N. Murthy, J. Phys. C: Solid State Physics, **5** (1972) 401 and K. Kumar, PArun, Journal of Taibah University for Science, **11** (2017) 1238.)

第 21 章　位　　错

本章用位错理论来解释晶态固体的塑性力学性质。塑性性质是不可逆形变，而弹性性质是可逆形变。纯净的单晶体进行塑性形变的容易程度令人惊异。晶体内禀的柔弱性从好些方面表现出来。纯的氯化银熔点是 455℃，但在室温下它已具有一种如乳酪般的特性，并可碾压为薄片。纯铝晶体仅在应变不大于 10^{-5} 的范围内是弹性的（遵守虎克定律），超出此应变值之后它就会发生塑性形变。

对于完整晶体的弹性极限作理论估计，得到的数值比最低的观测值约高 10^3 或 10^4 倍，而比起较为常见的值高出 10^2 倍。纯净晶体是具有塑性的，并且强度不高，对于这一规律只出现少数例外：高纯的锗和硅晶体在室温下不表现塑性，仅以断裂的形式发生破坏或屈服。玻璃在室温下以断裂的形式破坏，不过它不是晶态的。玻璃体的断裂是由微裂缝处产生的应力集中所导致。

21.1　单晶体的剪切强度

Frenkel 曾提出一个简单方法，借以估计完整晶体的理论剪切强度。如图 1 所示，考虑使两个原子平面彼此相对作切变位移所需的力。对于弹性应变小的情形，应力 σ 与位移 x 有下面关系：

$$\sigma = Gx/d \tag{1}$$

这里 d 表示原子面间距，G 表示适当的剪切模量。当位移较大，接近于图中原子 A 直接处

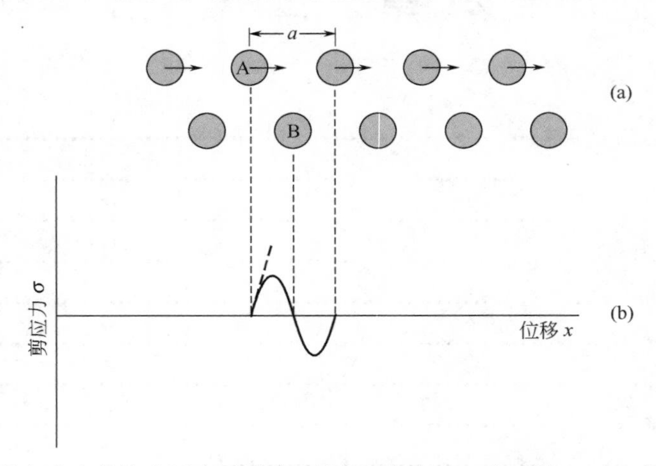

图 1 (a) 均匀应变晶体中两个原子平面的相对剪应变（截面图）；(b) 剪应力随平面偏离平衡位置的相对位移而变化。在曲线开始处画出的粗断线决定剪切模量 G。

在原子 B 的上方这一点时，两个原子面的组态是处于一种不稳定平衡中，此时应力为零。作为一级近似，可以用下式表示应力与位移关系：

$$\sigma = \left(\frac{Ga}{2\pi d}\right)\sin\left(\frac{2\pi x}{a}\right) \tag{2}$$

式中 a 表示剪切方向上的原子间距。式 (2) 是这样构设的，使之在 x/a 值小的情形下约化为式 (1)。所谓临界剪应力 σ_c 就是使晶格变为不稳定的剪应力，它由 σ 的极大值给出：

$$\sigma_c = Ga/2\pi d \tag{3}$$

如 $a \approx d$，则 $\sigma_c \approx G/2\pi$ 或 $G/\sigma_c \approx 2\pi$，理想临界剪应力的量级约为剪切模量的 1/6。

由表 1 可以看出，弹性极限的实验值远小于式 (3) 所给出的值。通过考虑原子间力的更实际的形式，以及在剪应变中其他可能的力学稳定组态，可以改进理论估计。Mackenzie 曾经证明这两个效应可能使理论剪切强度降低至约为 $G/30$，相应的临界剪切应变角约为 2 度。如果不引入晶体缺陷，那么就不能解释剪切强度低的观测值。缺陷可作为实际晶体力学柔弱性的源。现在已经明了：差不多所有晶体中都存在一种特殊的晶体缺陷，称为位错。这些位错的运动导致在极低外加应力之下的滑移。

表 1 剪切模量 G 与弹性极限 σ_c 观测值之比较①

材料	剪切模量 $G/(\text{dyn/cm}^2)$	弹性极限 $\sigma_c/(\text{dyn/cm}^2)$	G/σ_c	材料	剪切模量 $G/(\text{dyn/cm}^2)$	弹性极限 $\sigma_c/(\text{dyn/cm}^2)$	G/σ_c
Sn,单晶	1.9×10^{11}	1.3×10^{7}	15000	杜拉铝	$\sim2.5\times10^{11}$	3.6×10^{9}	70
Ag,单晶	2.8×10^{11}	6×10^{6}	45000	Fe,软,多晶	7.7×10^{11}	1.5×10^{9}	500
Al,单晶	2.5×10^{11}	4×10^{6}	60000	热处理碳钢	$\sim8\times10^{11}$	6.5×10^{9}	120
Al,纯,多晶	2.5×10^{11}	2.6×10^{8}	900	镍-铬钢	$\sim8\times10^{11}$	1.2×10^{10}	65
Al,商业,拉丝	$\sim2.5\times10^{11}$	9.9×10^{8}	250				

① 引自 Mott。

21.1.1 滑移

在许多晶体中，塑性形变以滑移的形式发生。图 2 示出滑移的一例。在滑移中，晶体的

一个部分作为一个单元相对于其相邻的部分滑动。滑移是在一个面上发生的。这个面通常是一个平面，称为滑移面。滑动的方向称为滑移方向。滑移的高度各向异性表明，塑性形变中晶格性质起重要作用。位移沿低米勒（Miller）指数的晶面发生，例如面心立方金属中的 {111} 面，体心立方金属中的 {111}，{112}，{123} 面。

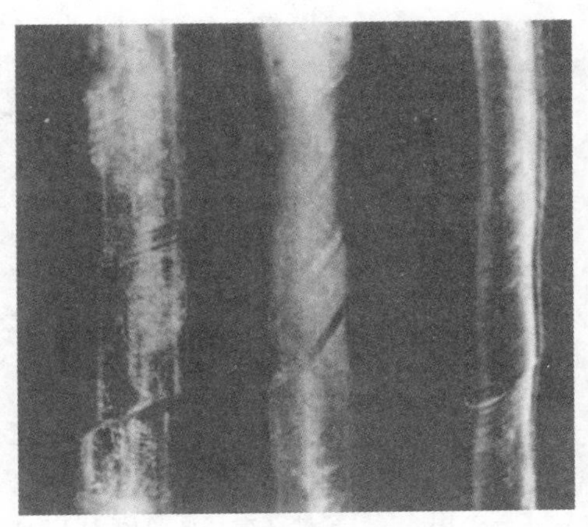

图 2　镍单晶体中的平移型滑移。引自 E. R. Parker。

在大多数情形下，滑移方向是沿着原子最密排的线，即面心立方金属中的 ⟨110⟩ 方向，体心立方金属中的 ⟨111⟩ 方向（习题 1），为了保持晶体结构在滑移以后不变，位移（或滑移）矢量必须等于一个晶格平移矢量。如果用晶格常量 a 来表示，面心立方结构中的最短晶格平移矢量具有形式 $(a/2)(\hat{x}+\hat{y}+\hat{z})$。但是在面心立方晶体中，人们也观察到“不全的”位移，这一位移打乱最密堆积原子面的正规顺序 ABC ABC…，产生一个堆垛层错，例如 ABC AB ABC…。于是得到一个面心立方和六角密堆积形式的“混合体”。

曾观察到在进行滑移的晶体中形变是不均匀的，在几个分隔很远的滑移面上发生很大的剪切位移，而处在滑移面之间的那部分晶体基本上仍不发生形变。滑移的一个常见的性质是施米德（Schmid）临界剪应力定律，即：当相应于某一给定滑移面和滑移方向上的剪应力分量达到临界值时，滑移开始平行于此面、沿此方向发生。

滑移是塑性形变的一种方式。塑性形变的另一种方式称为孪生现象，这在若干晶体中曾被观察到，特别是在六角密积结构和体心立方结构晶体中。在滑移过程中，相当大的位移发生在相距甚远的几个滑移面上。而在孪生现象中，有许多相邻的晶面，其中每一个晶面都相继地发生一个不完全位移。在孪生形变以后，晶体已形变的部分成为未形变部分的镜像。虽然滑移和孪生二者都是由位错的运动所导致，但在本章中主要讨论滑移。

21.2　位错

人们用所谓位错这种线缺陷在晶格中的穿行与运动来解释临界剪应力的低的观测值。滑移是借助于位错运动而传播的，这个概念是 1934 年由 Taylor、Orowan 和 Polanyi 分别独立发表的。而位错的概念则是由 Prandtl 和 Dehlinger 在稍早于此时所引入的。位错有几种基本类型。这里首先描述刃型位错。图 3 表示一个简单立方晶体，其中滑移面的左半部分发生了一个原子间距大小的滑移，而右半部分没有发生滑移。滑移区与未滑移区之间的边界就称为位错。这个位错的位置由挤入上半部分晶体的额外垂直半原子面的边缘标志，如图 4 所示。在位错附近，晶体的应变很大。简单刃型位错在滑移面沿垂直于滑移方向上的扩散不受限制。图 5 表示二维肥皂泡筏中的一个位错的照片，这含有位错的泡筏是用 Bragg 和 Nye 的方法得到的。

位错移动机制示于图 6。一个刃型位错穿过晶体的运动与一个皱褶渡越地毯的运动相类似，一个皱褶的运动比起地毯的整体运动来要容易得多。如果滑移面一方的原子相对于滑移面另一方的原子发生了运动，那么滑移面上的原子会感受到来自它的某些近邻原子的排斥力

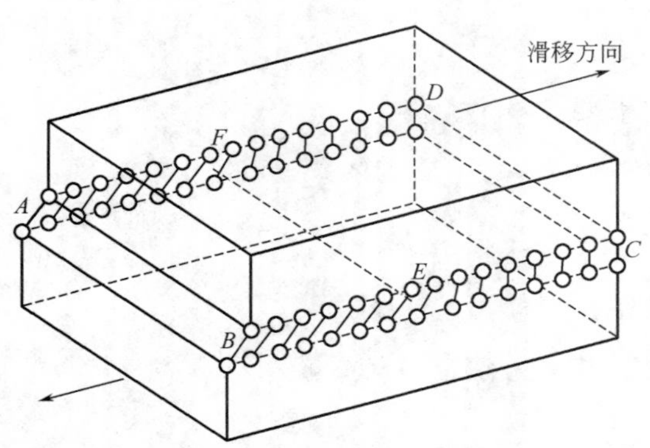

图 3 一个处在滑移面 $ABCD$ 中的刃型位错。图中 $ABEF$ 是滑移区，其中原子的相对位移超过晶格常量的一半；$FECD$ 是未滑移区，其中原子的相对位移小于晶格常量的一半。

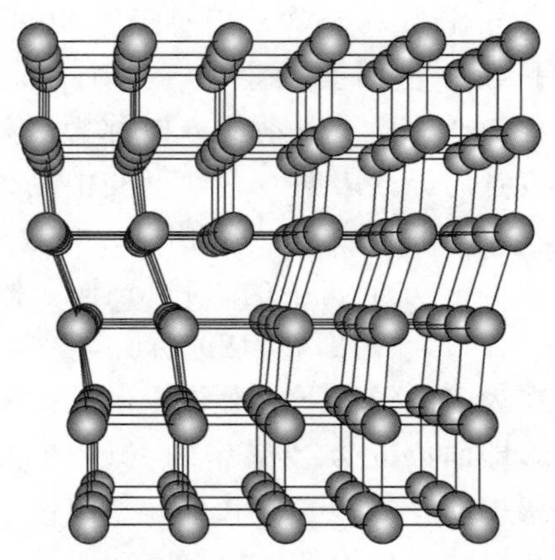

图 4 刃型位错的结构。晶体中的形变可以看作是由于在 y 轴的上半部分插入了一片额外的原子面所产生。这个原子面的插入使上半部分晶体中的原子受到挤压，而使下半部分晶体中的原子受到拉伸。

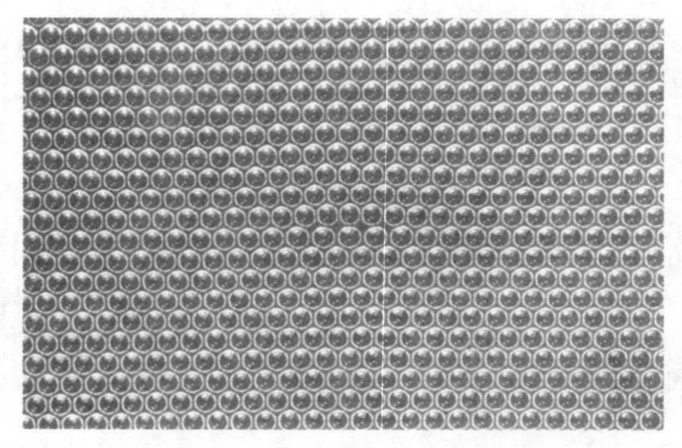

图 5 二维肥皂泡筏中的一个位错。将此纸面转过 30°左右的角，并且从低角度方向观察，就很容易看到这个位错。由 W. M. Lomer 提供，引自 Bragg and Nye。

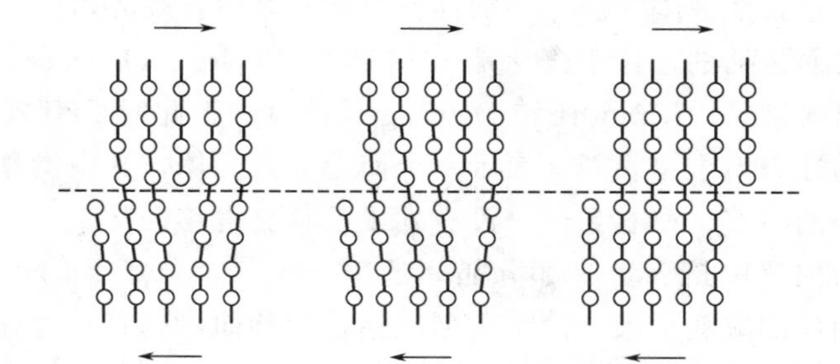

图 6 一个位错在剪应力下的运动，这个应力趋向于使样品的上表面向右移动。引自 D. Hull。

以及来自滑移面另一侧的近邻原子的吸引力。在一级近似之下排斥和吸引抵消。曾经计算过使一个位错运动所需的外加应力，其结果是：只要晶体中的键力不具有高度方向性，这个应力就很小，大约低于 $10^5\,\mathrm{dyn/cm^2}$。这样，位错就会使晶体具有很大的塑性。一个位错在晶

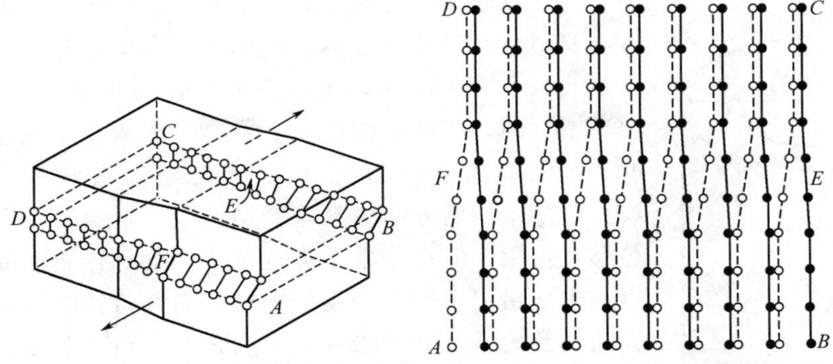

图 7　一个螺型位错。滑移面的一部分 $ABEF$ 沿平行于位借线 EF 的方向发生了滑移。一个螺型位错可以看作是诸晶格平面的一种螺旋形排布，使得绕位错线环行一周后就将移到另一个面上去。引自 Cottrell。

体中穿行则相当于晶体的一个部分产生了相应的滑移位移。

第二种简单类型的位错是螺型位错，在图 7 和图 8 中示意地绘出。一个螺型位错也标志着晶体中滑移区与未滑移区之间的分界线。不过，此时这一边界与滑移方向平行，而不是像刃型位错那样与滑移方向垂直。可以想象用刀子将晶体切开一部分，然后使之平行于切割边界切向错移一个原子间距，这样即造成一个螺型位借，螺型位错使相继的原子平面变成一个螺旋曲面，这就是该类位错名称的由来。

21.2.1　伯格斯矢量（Burgers Vector）

其他形式的位错可以由一段段的刃型位错和螺型位错构成。伯格斯（Burgers）曾经证明：晶体中一个线型位错图样的最普遍形式可以描绘如图 9 所示。考虑晶体内部一条任意的闭合曲线（不一定是平面曲线）或一条两个端点都在晶体表面上的开曲线。(a) 沿着以上述

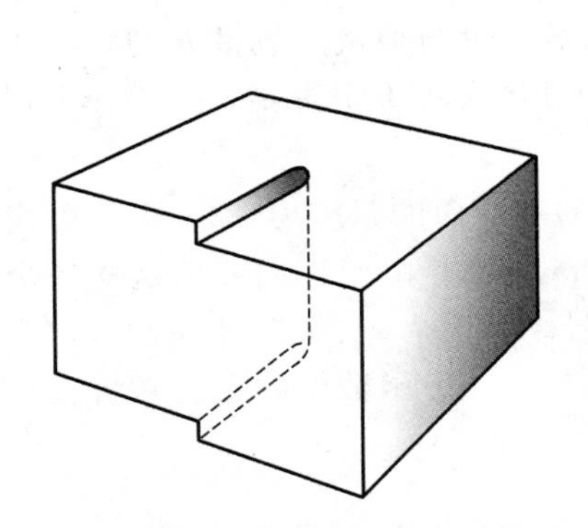

图 8　螺型位错的另一种图像。标志位错的竖直虚线被发生应变的材料所围绕。

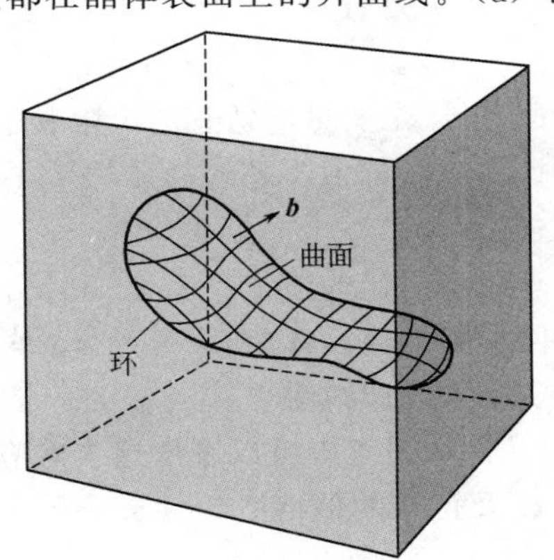

图 9　在介质中形成一位错环的普遍方法。矩形块表示介质。在矩形块内部的闭合曲线表示环。沿着那个环所限定的、用网格标志的曲面作一切割。令切割一方的材料相对于另一方的材料作位移，位移矢量为 $\boldsymbol{b}$，$\boldsymbol{b}$ 相对于曲面可有任意取向。完成此位移需要作用力。要将材料填入或切去，以期在位移之后介质保持连续。然后使介质在此经过位移的状态下结合起来，撤去外力。这里矢量 $\boldsymbol{b}$ 就是位错的伯格斯矢量。引自 Seitz。

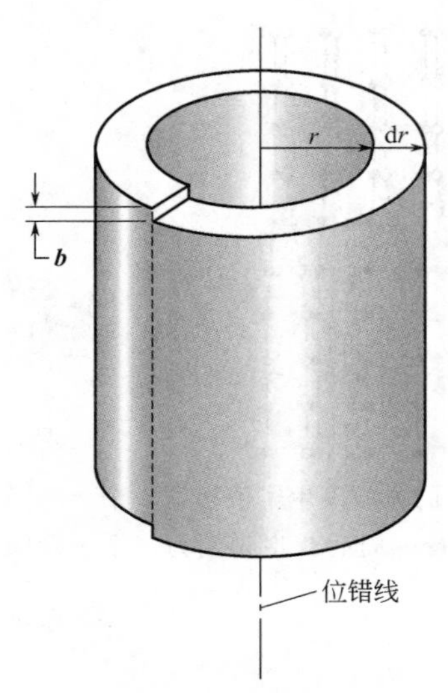

图 10 在一个弹性畸变晶体壳层中围绕着一个伯格斯矢量为 $\boldsymbol{b}$ 的螺型位错示意图（可参见图 16）。

曲线为边界限定的任意简单曲面作一个切割。(b) 使该曲面一方的材料相对于另一方的材料作一位移 $\boldsymbol{b}$，矢量 $\boldsymbol{b}$ 称为伯格斯矢量。(c) 在 $\boldsymbol{b}$ 与该切割面不平行的区里，上述相对位移将产生一个空隙，或者会使两方的材料发生重叠。在这种情况发生时，想象填入材料以充满空隙或是移去物质以避免重叠。(d) 将切割面两方的材料重新结合起来，保留重新焊接时应变位移互作用，但在此后允许这个介质达到内部平衡。由此，可以得出位错产生的应变场分布图，而其位错特征则由上述的边界曲线及伯格斯矢量二者联合决定。伯格斯矢量必须等于一个晶格矢量，以期那个重新焊接的过程能保持物质的晶态性质。螺型位错（图 7，图 8）的伯格斯矢量与位错线平行；刃型位错（图 3，图 4）的伯格斯矢量与位错线垂直并处于滑移面之内。

21.2.2 位错应力场

一个螺型位错的应力场特别简单。图 10 表示介质的一个圆柱形壳层，围绕着与轴重合的一个螺型位错。周长为 $2\pi r$ 的壳层剪切位移 b，导致剪应变 $e=b/2\pi r$。弹性连续介质中与此相应的剪应力是

$$\sigma=Ge=Gb/2\pi r \tag{4}$$

在紧靠位错线周围的区域内这个表达式不成立，因为这里应变太大，使连续统（或线性）弹性理论不能应用。介质壳层每单位长度的弹性能是 $\mathrm{d}E_{\mathrm{s}}=\frac{1}{2}Ge^2\mathrm{d}V=(Gb^2/4\pi)\mathrm{d}r/r$。螺型位错单位长度的总弹性能量可以通过积分求得，即有

$$E_{\mathrm{s}}=\frac{Gb^2}{4\pi}\ln\frac{R}{r_0} \tag{5}$$

式中，R 和 r_0 是变量 r 适宜的上限和下限。r_0 的合理数值可与伯格斯矢量 $\boldsymbol{b}$ 的大小或晶格常量相比拟，R 的值不超过晶体的尺寸。比值 R/r_0 的具体大小不很重要，因为它出现在对数函数中。

现在计算刃型位错的能量。令 σ_{rr} 和 $\sigma_{\theta\theta}$ 分别表示径向的和周向的张应力，$\sigma_{\mathrm{r}\theta}$ 表示剪应力。在各向同性弹性连续体中，σ_{rr} 和 $\sigma_{\theta\theta}$ 均正比于 $(\sin\theta)/r$，这是由于我们要求这样一个函数，它按 $1/r$ 的规律减小，并当 y 为 $-y$ 所代换时它变号。剪应力 $\sigma_{\mathrm{r}\theta}$ 正比于 $(\cos\theta)/r$。考虑平面 $y=0$，从图 4 中可以看出这个剪应力是 x 的奇函数。应力函数中的比例常量正比于剪切模量 $\boldsymbol{G}$ 及位错的伯格斯矢量 $\boldsymbol{b}$。最后结果是

$$\begin{aligned}\sigma_{\mathrm{rr}}&=\sigma_{\theta\theta}=-\frac{Gb}{2\pi(1-\nu)}\frac{\sin\theta}{r},\\ \sigma_{\mathrm{r}\theta}&=\frac{Gb}{2\pi(1-\nu)}\frac{\cos\theta}{r}\end{aligned} \tag{6}$$

式中，ν 是泊松比，对于大多数晶体 $\nu\approx0.3$。刃型位错单位长度的应变能是

$$E_{\mathrm{e}}=\frac{Gb^2}{4\pi(1-\nu)}\ln\frac{R}{r_0} \tag{7}$$

另一方面，我们需要平行于滑移面的诸平面（参看图 4）上的剪应力分量 σ_{xy} 的一个表达方式。通过计算滑移面上方距离为 y 处的平面上的应力分量 σ_{rr}、$\sigma_{\theta\theta}$ 和 $\sigma_{\mathrm{r}\theta}$，可得

$$\sigma_{xy}=\frac{Gb}{2\pi(1-\nu)}\frac{x(x^2-y^2)}{(x^2+y^2)^2} \tag{8}$$

在习题 4 中证明：由均匀剪应力 σ 所产生并作用在单位长度位错上的力是 $F=b\sigma$。所以，处在原点的一个刃型位错对处在位置（y，θ）的另一个相似的位错单位长度上作用的力为

$$F=b\sigma_{xy}=\frac{Gb^2}{2\pi(1-\nu)}\frac{\sin4\theta}{4y} \tag{9}$$

式中 F 表示力在滑移方向上的分量。

21.2.3 低角晶界

Burgers 提出，相邻晶粒之间的低角晶界由位错列阵组成。图 11 示出晶粒间界伯格斯模型的一个简单例子。这个晶界处在简单立方晶格的一个（010）面上，它将晶体分隔为两个部分，二者具有相同的［001］轴。这种间界称为纯倾斜型间界：晶粒取向差可以描述为晶体的一部分相对于另一部分绕共同［001］轴旋转一个小的角度 θ。倾斜间界可表示为一列刃型位错，彼此间距离为 $D=b/\theta$，这里 b 是诸位错的伯格斯矢量。实验支持了这个模型。图 12 中表示用电子显微镜观察所见到的沿低角晶界的位错分布。Read 和 Shockley 进一步导出了界面能量对倾斜角函数关系的理论公式，结果与实验值符合极好。

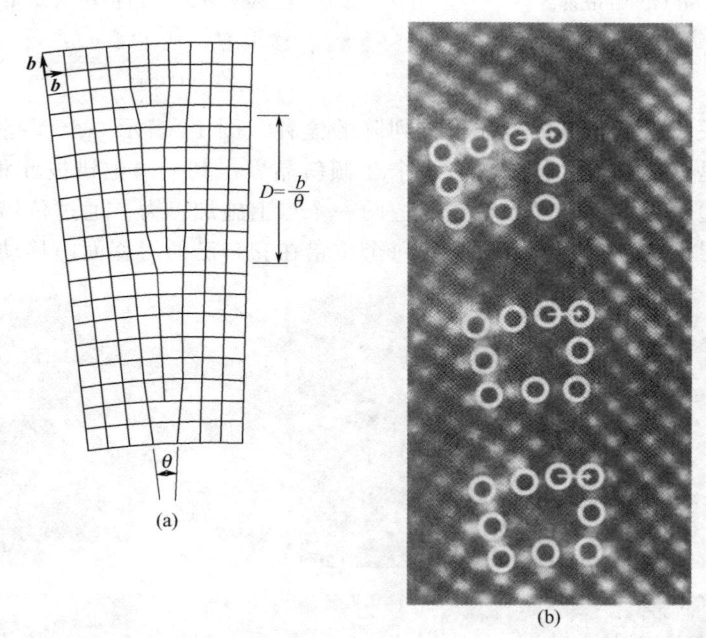

图 11　(a) 低角晶界（引自 Burgers）；(b) 金属钼中一个低角晶界的电子显微镜照片。照片中显示了三个位错，每个位错都有相同的伯格斯矢量，如图（a）中所示。照片中的白圈表示垂直于纸面的那些原子列的位置。每个圆圈阵列决定一个位错的位置，在每个阵列的上部有四个圆圈，下部有三个圆圈。并且，由定义伯格斯矢量的箭头来标示闭合性破坏（Closure failure）机制。引自 R. Gronsky。

Vogel 及其合作者用定量 X 射线方法和光学方法研究了锗晶体中的低角晶界，给出关于伯格斯模型的直接验证。计算出一个低角晶界与经过浸蚀的锗表面的截线上排列的蚀坑（图 13），就可以定出位错间距 D。他们假定每一个蚀坑标志一个位错的终端。由公式 $\theta=b/D$ 计算倾斜角的值，其结果与 X 射线直接量测的角度符合甚佳。

实验事实表明：纯倾斜晶界在适当的外加应力作用下会向垂直于它自身的方向运动，这

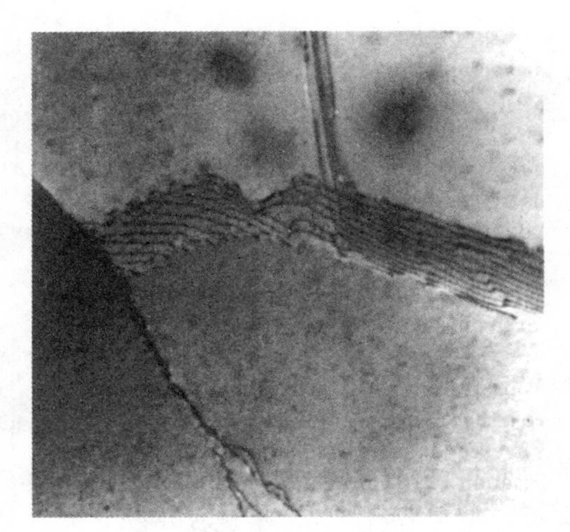

图 12 Al-7%Mg 固溶体合金中低角晶界位错结构的电子显微镜照片。注意图右方连成一条条线的那些小点。放大：×17000。引自 R. Goodrich and G. Thomas。

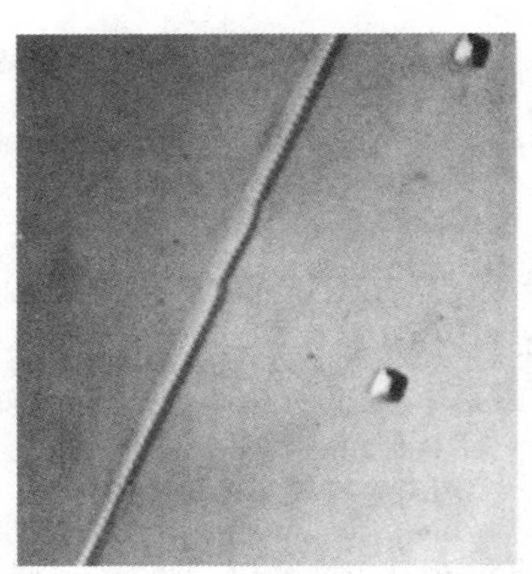

图 13 锗（100）面上显示的低角晶界中位错的蚀坑，间界角是 27.5″。此晶界处在一（001）面内，位错线平行于[100]方向。伯格斯矢量是最短的晶格平移矢量，或 $|b| = a/\sqrt{2} = 4.0\text{Å}$。引自 F. L. Vogerl，Jr。

更进一步支持了关于将低角晶界看作位错列阵的诠释。图 14 表示一个漂亮的实验，演示了这种运动。样品是一个锌双晶体，含有一个 2°倾斜晶界，其上诸位错彼此相距约为 30 个原子面。晶体的一边被固定，在晶界彼方一边的一个点上施加一力。通过位错列阵中诸位错的共同运动导致晶界的运动。在此情况下，每个位错在它自己的滑移面内移动同样的距离。产

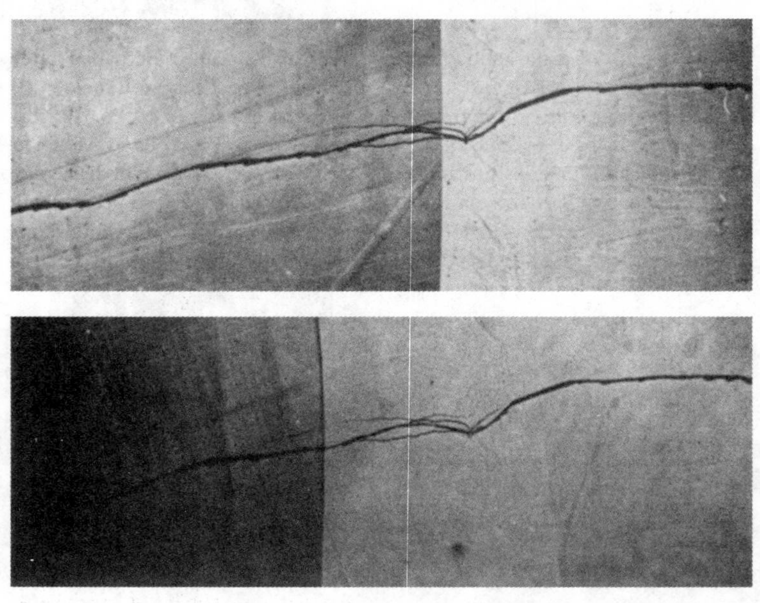

图 14 低角晶界在应力下的运动。图中竖直的直线就是晶界，在垂直照明下拍照，这样显示锌晶体解理面上晶界处的 2°角度差。不规则的水平线是解理面上的一个小台阶，作为参考标志。晶体左边固定，右边施加一个与纸面垂直的力。上图：晶界的原始位置。下图：往回移动 0.4mm。引自 J. Washburn and E. R. Parker。

生晶界运动的应力量级与锌晶体屈服应力的量级相同，这可作为一个强有力的证据，说明通常的形变乃是由位错运动所导致。

与完整晶体中的原子扩散相比较，晶粒间界和位错对扩散给出的阻力较小。位错是扩散的一个开放通道。在经过塑性形变的材料中，其扩散要比在经过退火的晶体中的扩散为强。沿晶界的扩散对固体中某些脱溶反应的速率起控制作用：铅-锡固溶体在室温下锡的脱溶速率比理想晶格中扩散过程所预期的速率约快 10^8 倍。

21.2.4 位错密度

位错的密度是指穿过晶体单位截面积的位错线数目。位错密度的范围是：在最好的锗和硅晶体中为 10^2 位错/厘米^2 以下，在严重形变的金属晶体中达 $10^{11}\sim10^{12}$ 位错/厘米^2。在表2中，对可用于估计位错密度的各种方法做了比较。在浇铸的或经过退火（缓冷）的晶体中，实际的位错组态是一组低角晶界，或者是分布在一个胞状单元里的三维位错网络，如图15所示。

表2 估计位错密度的方法①②

技　　术	样品厚度	图像的宽度	实际最大密度/cm^{-2}
电子显微术	>1000Å	~100Å	$10^{11}\sim10^{12}$
X射线透射	0.1~1.0mm	5μm	$10^4\sim10^5$
X射线反射	<2μm(极小)至50μm(极大)	2μm	$10^6\sim10^7$
缀饰法	~10μm(焦深)	0.5μm	2×10^7
蚀坑法	无限制	0.5μm②	4×10^8

① 引自 W. G. Johnston。

② 蚀坑的分辨极限。

如果晶格空位沉积在一个已存在的刃型位错上，将会侵蚀掉额外原子半平面的一部分，从而使位错发生攀移运动。所谓攀移意指与滑移方向垂直的运动。如果开始并无位错存在，那么晶体中的晶格空位就会变成过饱和；进而，它们将沉淀凝结为小圆盘形的空位片，随后，空位片可能崩塌，形成位错环。位错环通过空位进一步的沉淀而长大，如图16所示。

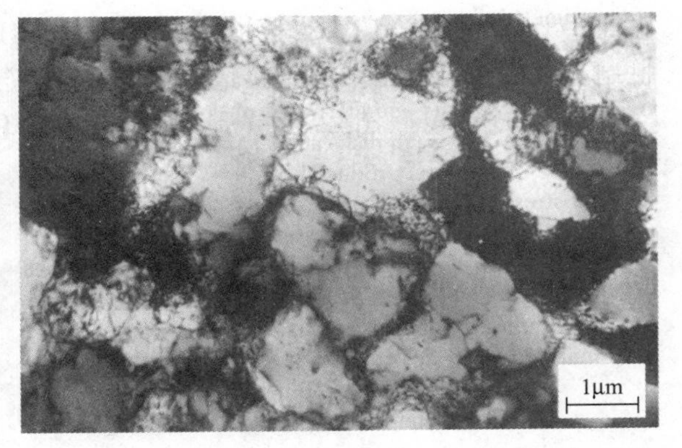

图15 在经过形变的铝中，其位错三维“扭结”的胞状结构。引自 P. R. Swann。

21.2.5 位错增殖和滑移

塑性形变引起位错密度的大大增加。典型的位错密度测量结果表明，在塑性形变过程中位错密度由 $10^8 cm^{-2}$ 增至约 $10^{11} cm^{-2}$，即增加1000倍。同样使人惊异的事实是，如果一个位错运动，完全扫过其滑移面，那么它会使相关的两个面错开仅为一个原子间距，但实际观测到的错开达到100~1000个原子间距。这就意味着位错在形变过程中是增殖的。

考虑一个半径为 r 的圆形闭合位错环，围绕着一个半径为 r 的滑移的区域。这样一个位错环的特征必然是部分为刃型的，部分为螺型的，而大部分是介于刃型与螺型之间的混合型。由于位错环应变能与其周长成正比，所以位错环趋向于收缩。不过，如果施加一个利于滑移的剪应力，则位错环将趋向扩张。

所有位错的一个共同特征就是位错弯曲效应。一条两端被钉扎（固定）的位错线段称为

图 16 Al-5%Mg 合金样品的电子显微镜照片。合金由 550℃淬火，其中晶格空位积聚崩塌而形成位错。图中的螺旋位错是由空位淀积导致螺型位错的“攀移”而形成的。放大×43000。引自 A. Eikum and G. Thomas。

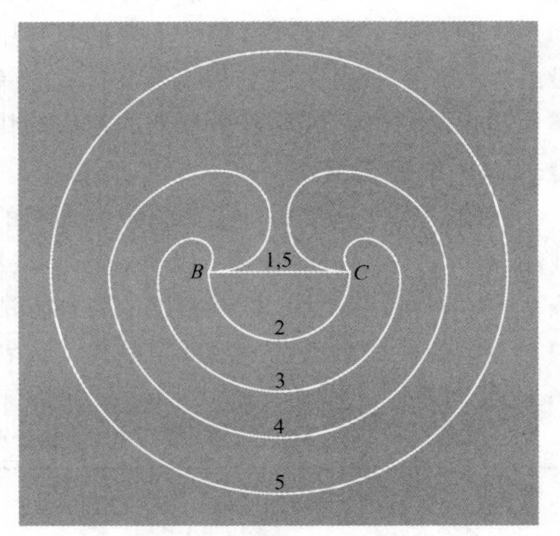

图 17 位错增殖的弗兰克-里德机制。图中示出由位错线段 BC 产生一个位错环的各个阶段。这个过程可以重复进行无限次。

一个弗兰克-里德位错源（Frank-Read source），见图 17。如图所示，这个位错源可以导致在同一滑移面上产生大量的同心位错环（图 18）。这种位错源以及与之有关的几种位错增殖机制，它们都可以用来解释在塑性形变过程中导致位错密度增大和造成位错滑移的原因。双交叉滑移（double cross-slip）是最普遍的一种位错源。

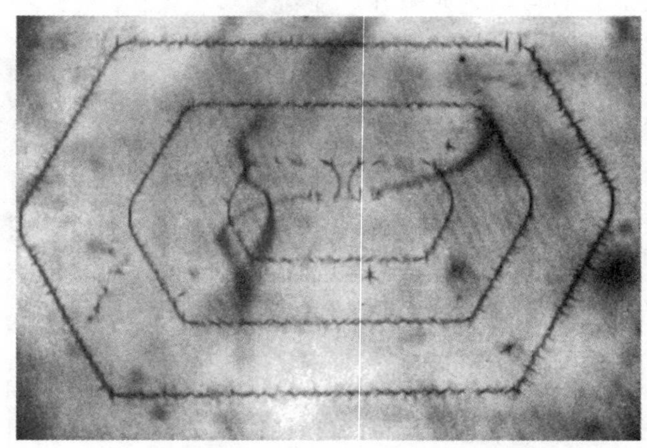

图 18 硅中的一个弗兰克-里德位错源，用铜原子脱溶缀饰，红外光照明观察。可以见到两个完整的位错环。第三个环，就是最里面的那个环，已接近于闭合。引自 W. C. Dash。

21.3 合金的强度

纯净晶体塑性极好，并在很低的应力下屈服。研究发现，通过一定的方法能够提高合金的屈服强度，使得材料可以经受高达 $10^{-2}G$ 的剪应力。其主要方法包括：（1）对位错运动加以机械阻塞；（2）用溶质原子钉扎位错；（3）借助短程有序阻碍位错运动；（4）提高位错密度，以造成位错扭结。所有这四种强化机制是否有效依赖于它是否能够有效地阻滞位错运动。第五种机制是从晶体中排去所有的位错，这种机制可能在某种极细的发状晶体（晶须）中起作用。这个问题将在关于晶体生长一节中讨论。

将极细微的第二相粒子引入晶体能够最直接地产生对位错运动的机械阻塞。在钢的硬化处理中就是应用这类过程，此时铁碳化物在铁中脱溶沉淀为细小粒子；在铝的硬化处理中，Al_2Cu 粒子脱溶沉淀。图 19 给出了位错被粒子钉扎的电子显微照片。

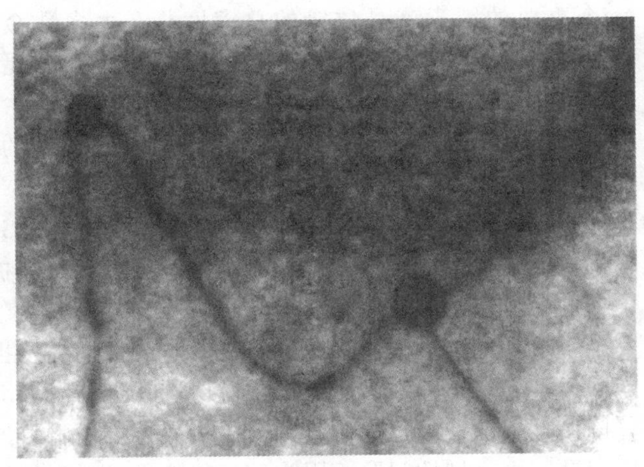

图 19　氧化镁中位错被粒子钉扎的电子显微镜照片。引自 G. Thomas and J. Washburn。

关于加入细微粒子进行强化的机制，要考虑两种情况：一种可能是这些粒子能够和基体一起发生形变，这要求位错能够横切通过这些粒子；另一种可能是位错不能切过粒子。如果粒子不能被切割，那么强制一个位错在分布于滑移面上相距为 L 的诸粒子之间运动所需应力应近似为

$$\sigma/G=b/L \tag{10}$$

距离 L 愈小，则屈服应力 σ 愈高。在粒子脱溶沉淀以前，L 大，强度低。刚好在脱溶发生以后，会出现许多小粒子，L 为极小而强度最高。如果在此以后将合金保持在高温，若干粒子会并吞其他粒子而自己长大，因此 L 增大而强度降低。硬的金属间化合物相，例如难熔氧化物，不能为位错所切割。

人们认为，稀固溶体的强度乃是因位错被溶质原子钉扎所导致。在晶体中，位错附近外来原子的溶解度比其他区域的溶解度为高。例如，一个倾向于使晶格扩张的原子会择优地溶入刃型位错附近被扩张的区域。小原子从优地溶入位错附近被压缩的区域（一个位错既产生被扩张区也产生被压缩区）。

由于溶质原子与位错间有亲和势，因此在冷却中，当溶质原子的迁移率高时，每个位错会聚集与之联系的溶质原子团簇。当温度更低时，溶质原子的扩散实际上停止，溶质原子团簇在晶体中成为固定的。当位错发生运动，将它的溶质原子团簇留在原地，晶体的能量必然增高。能量的增加只能由提高将位错从溶质原子团簇拖出所需作用的应力提供，因此原子团簇的存在就使晶体强度提高。

对于纯净晶体中位错渡越滑移面的运动，当位错通过以后，滑移面上的结合能不受影

响，晶体的内能保持不变。对于无规固溶体，这个断言同样正确，这是因为在滑移以后，滑移面两侧的固溶体仍依然无规。但是，大多数固溶体具有短程序。不同类型的原子并非无规地分布在诸格点上，而是倾向于出现异类原子对的过剩或不足。因此，在有序合金中，位错倾向于成对运动；第二个位错使第一个位错留下的局部无序重新有序化。

晶态材料的强度会随着塑性形变而提高。这个现象称为加工硬化或应变硬化。人们认为，强度的提高有两方面原因：一方面是由于位错密度的增大；另一方面，当一个滑移面为许多位错穿过时，其对下一个位错在其中的穿行运动将带来更大的阻力。应变硬化经常被用来提高材料的强度，不过其有用性限于足够低的温度，此时退火过程不能发生。

在应变硬化中，一个重要的因素就是位错的总密度。在大多数金属中，位错倾向于形成胞状结构（图 15），其中无位错区域的尺寸约为 $1\mu m$ 量级。但是，如果得不到密度高而且均匀的位错，我们就不能使金属强化到理论强度，这是由于在无位错区域内还要发生滑移。人们可以采用爆炸形变或特殊的热-机械处理来得到均匀的密度，例如在钢中获得马氏体的方法。

上述关于晶体的各种强化机制都能使屈服强度提高至 $10^{-3}\sim10^{-2}G$ 范围。当温度升高到使扩散能以显著速率进行时，上述所有那些强化机制都开始失效。当扩散迅速进行时，脱溶的粒子开始溶解，位错的滑移拖曳溶质原子团簇随着它漂移，短程序当位错慢速通过后会自行恢复原样，位错发生攀移和退火过程以降低位错密度。所谓蠕变是指那些导致依赖于时间的形变，这种不可逆的运动在达到弹性极限前发生。研制在极高温度下应用的合金就是寻求如何降低扩散速率，以使上述四种强化机制直到高温仍起作用而不致失效。但是，高强合金的中心问题并非强度问题，而是韧性问题，因为破坏往往是以断裂的形式发生。

21.4 位错与晶体生长

在某些情况下，位错的存在可能成为晶体生长的控制因素。曾观察到：当晶体在低过饱和度（如 1%的量级）条件下生长时，其生长速率大大超过基于理想晶体计算得出的速率。实际的生长速率曾根据位错对晶体生长的影响来加以解释。

理想晶体生长的理论指出：对于蒸汽中的晶体生长过程来说，新晶体成核要求蒸汽过饱和度（定义为蒸气压对平衡蒸气压之比）的量级为 10，形成液滴要求蒸汽过饱和度量级为 5，而在完整晶体表面上形成一个二维的单分子层所要求的蒸汽过饱和度量级为 1.5。Volmer 和 Schultz 曾观察到在蒸汽过饱和度下降到低于 1%的条件下碘晶体的生长。然而按照理想晶体生长的模型理论，在此条件下，其生长速率应当下降到等于定义为最小可观测生长速率的那个数值再乘上一个因子 e^{-3000}。

这一巨大的分歧表明，在理想晶体的完整表面上实现新的单层成核是非常的困难。但是，如果存在一个螺型位错（图 20），那就根本不需要一个新层成核，晶体将从图中所示的间断边缘上以螺旋形式样生长。原子束缚于一个台阶比束缚于一个平面会更强些。根据这个机制计算的生长速率与实验观测符合甚好。人们预期，所有自然界中在低过饱和度下生长的晶体几乎都应含有位错，不然它们就根本不能成长。在许许多多晶体上都观察到螺旋形生长图样。图 21 作为这方面的一个出色例证，给出了单个螺型位错所产生的生长图样。

如果生长速率与表面上台阶边缘的方向无关，则生长图样是一个阿基米德螺旋线：$r=a\theta$，此处 a 是一个常量。在靠近位错处，螺旋线的最小曲率半径由过饱和度确定。如果曲

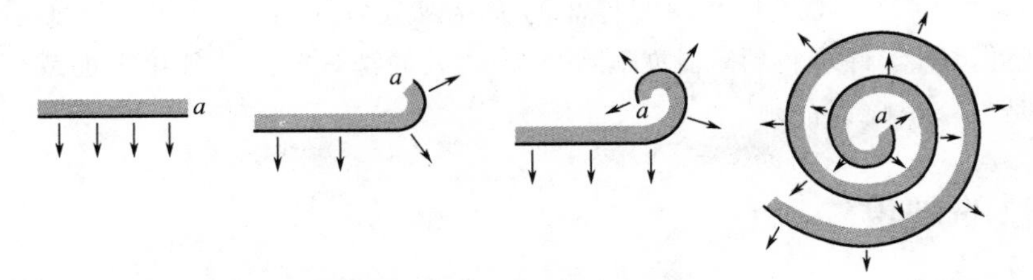

图 20　如图8所示的那样一个螺型位错与晶体表面截交产生一个台阶，此台阶发展为螺旋式样。引自 F. C. Frank。

图 21　碳化硅晶体上六角形螺旋生长图样的相衬显微照片。台阶高度为165Å。引自 A. R. Verma。

率半径太小，则弯曲的台阶边缘上的原子将会蒸发逸去，直至达到平衡的曲率为止。在远离原点的区域，台阶的每一部分获得新原子的速率为一常数，所以 $dr/dt=$ 常数。

21.4.1　晶须

曾经观察到：在高过饱和度且不满足"也许不止一个位错"的必要条件的情况下，细的发状晶体或晶须能够成长。这种晶体可能只含有一单个轴向螺型位错，从而有助于晶体基本上一维生长。由于这类晶须不含有其他什么位错，所以可以预料这种晶体会具有很高的屈服强度，其量级达到 $G/30$，如本章上文所论。即使存在一个螺型位错，它也不会导致屈服，这是因为晶体在弯曲形变时，这个位错并不受到平行于其伯格斯矢量的剪应力。也就是说，这个应力并不在能够导致滑移的方向上。Herring 和 Galt 观察了半径约为 10^{-4}cm 的锡晶须，其弹性性质接近于理论上对理想晶体的预期。所观测到的屈服应变量级为 10^{-2}，它相

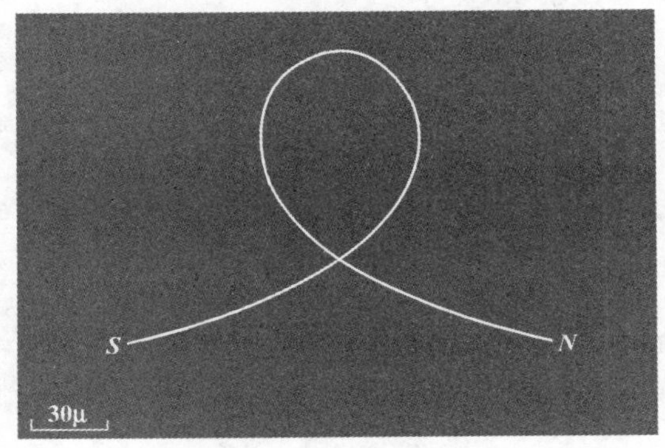

图 22　镍晶须，直径1000Å，弯曲成为环状。引自 R. W. De Blois。

应于剪应力的量级为$10^{-2}G$，比大块锡样品的临界剪应力约高1000倍，证实了对理想晶体强度的早期估计。对于许多材料，比如碳纳米管，人们都观察到了理论上的或理想的弹性性质。图22中是一条单畴镍晶须。

21.5 材料的硬度

人们可以通过多种方法测得材料的硬度。对于非金属材料而言，其中最简单的测试方法就是所谓的划痕测试法。如果某种物质A能够划破另一种物质B，但B却不能划破A，那么我们就说A比B硬。为方便起见，人们针对有代表性的矿物质统一规定了标准的硬度标度；其中，金刚石作为最硬的材料规定其硬度值为10，滑石作为最软的材料，其硬度值为1。下面列出了常见矿物质的硬度值：

金刚石(C)	10	磷灰石[$Ca_5(PO_4)_3F$]	5
刚玉(Al_2O_3)	9	氟石(CaF_2)	4
黄玉($Al_2SiO_4F_2$)	8	方解石($CaCO_3$)	3
石英(SiO_2)	7	石膏($CaSO_4\cdot 2H_2O$)	2
正长石($KAlSi_3O_8$)	6	滑石($3MgO\cdot 4SiO_2\cdot H_2O$)	1

目前，人们非常关注高硬度材料的研究与开发，例如作为薄膜用于透镜抗刮擦涂层等。在实践中，人们普遍感到金刚石与刚玉之间的标度容易引起误解，因为金刚石要比刚玉硬很多很多倍。对此，有人建议将金刚石的硬度记为15，这样就可以在9和15之间的空档令人信服地标出人工合成材料的硬度，诸如碳（C）和硼（B）的化合物之类。

硬度的现代标度体系（比如VHN标度）是根据压痕硬度试验方法建立起来的。在压痕试验方法中，将压头施于被测材料的表面，然后通过测量压痕的尺寸大小来确定相应的硬度值。下面，我们列出一些典型材料的维氏硬度值（Vicker Hardness Number，VHN）；这些数据引自J. C. Anderson及其他作者，并已由E. R. Weber换算成以GPa［GN/m^2］为单位给出：

金刚石	45.3	BeO	7.01
SiC	20.0	淬硬钢	4.59
Si_3N_4	18.5	Cu(退火)	0.25
Al_2O_3	14.0	Al(退火)	0.12
B	13.5	Pb	0.032
WC	11.3		

习 题

1. 最密堆积原子线。 证明面心立方结构中原子最密堆积的线是〈110〉，体心立方结构中是〈111〉。

2. 位错对。 (a) 求出与一行晶格空位等价的一对位错。(b) 求出与一行填隙原子等价的一对位错。

3. 圣维南原理和艾里应力函数。 圣维南（Saint-Venant）原理指出，机械负荷的高阶矩（力矩较扭矩具有更高的阶）衰减极快，以至于不必考量远离短边界的区域。这也就是说，对于离开负荷加载点足够远的那些点，其应力（或应变）仅仅依赖于静负荷，而与负荷的具体分布无关。因此，我们可以用等价的静态应力来代替复杂的应力分布，从而使得问题的求解变得较为容易。（参见A. J. C. B. Saint-Venant，1855，Memoire sur la Torsion des Prismes，Mem. Divers Savants，14，233 and Theory of Dislocations，John Price Hirth，Wiley，1982.）

人们在处理许多二维的问题时，一种有效的方法就是引入一个新的量，即艾理（Airy）应力函数。若基于这一新的函数来描述应力，则可得到一个新的微分方程。如果不计（彻）体力，即有$\nabla^2(\sigma_{xx}+\sigma_{yy})=0$。在平衡条件下，艾理应力函数 Φ 与应力张量之间的关系由如下表达式给出，即

$$\sigma_{xx}=\frac{\partial^2\Phi}{\partial y^2};\sigma_{xy}=-\frac{\partial^2\Phi}{\partial x\partial y};\sigma_{yy}=\frac{\partial^2\Phi}{\partial x^2}$$

且满足双调和微分方程，即$\nabla^4\Phi=0$。如图 23 所示，试在极坐标下，求出无限圆柱体的一个刃型位错的艾理应力函数，并进而给出应力张量的各分量。假定应力随着离开位错的距离增大而迅速地减小。（参见 Theory of Dislocations，John Price Hirth，Wiley，1982.）

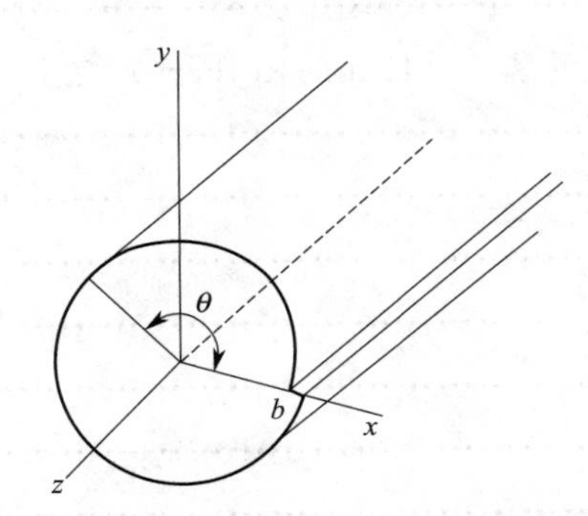

图 23 圆柱结构中的一个刃型位错示意图

4. 作用在位错上的力。考虑一个边长为 L 的立方晶体，它含有一个刃型位错，后者的伯格斯矢量为 $\boldsymbol{b}$。如果沿滑移方向在晶体的上表面和下表面上施加剪应力 σ，请根据能量平衡的考虑，证明作用在单位长度位错上的力为 $F=\sigma b$。

5. 无长程应力的问题。令 σ_{xy} 是在氯化银晶体内某个位错的倾斜边界（与 x 轴正交）上的应力张量分量。现在，考量一个间隔为 $D=b/(2\sin\theta/2)$ 的位错阵列，式中 θ 表示倾斜角。试根据上述条件求出所有独立位错对于应力的贡献之和；且在小角的极限条件下，针对无长程应力（no long range stress）的情形，证明这一应力随 x 的增加而呈指数衰减。

第22章 合　金

22.1 概述

固体的能带结构理论是以晶体具有平移不变性这一假设作为基础的。但是，若假设晶体由两种元素 A 和 B 构成，并且 A 和 B 两种原子无规地占据其晶体结构中的规则格点位置，比如对于组成为 A_xB_{1-x} 的晶体，其占据比例就是 x 和 $1-x$。那么在这种情况下，晶格的平移对称性将不再是完整的了。那我们能否预测：能带论的所有推论（例如费米面和能隙的概念）还成立吗？绝缘体是否会因为能隙的“离去”而变成导体？在第 19 章关于非晶半导体的讨论中我们曾接触过这些问题。

实验和理论都一致表明，关于完整平移对称性的破缺所引致的后果，实际上并没有初看起来所预想的那么严重。第 9 章关于有效屏蔽势的讨论在这里将大有用场，其原因有二：第一，因为有效势与自由离子势相比相对较弱；第二，也是最重要的一点，就是基质原子和掺杂原子的有效势能之差远小于它们各自单独的有效势能。

Si-Ge 和 Cu-Ag 合金都是所谓“相对无效合金化（relative ineffective of alloying）”方面的经典例子。

无论哪种情况，如果杂质原子浓度甚低，它们都不会对有效势 $U(\boldsymbol{r})$ 的诸傅里叶分量 U_G 产生多大的影响，这些 U_G 决定着带隙和费米面的形态（这一论述暗示 $\boldsymbol{G}$ 矢量的存在，也就是暗示规则晶格的存在。这不是一个很重要的假设，因为我们知道，热声子对于能带结构并没有明显影响，因此在描述晶格畸变时认为声子被“冻结”将不会带来多大影响。如果畸变更严重，比如非晶体的情况，则电子在影响相关性质方面的变化将可能非常显著）。

根据无规势（random potential）统计学知识我们知道，杂质原子确实能够以不属于倒格矢的波矢引入 $U(\boldsymbol{r})$ 的傅里叶分量，但是在低的杂质浓度情况下，这些分量与 $U_{\boldsymbol{G}}$ 相比都是比较小的。于是，在倒格矢 $\boldsymbol{G}$ 处给出的傅里叶分量仍然是比较大，并且给出带隙结构、费米面以及标志规则晶格特征的 X 射线衍射谱线。

当杂质元素与其代换的基质元素属于周期表中的同一族时，合金化的效果将会显得特别得小，因为它们的原子实对有效势的贡献基本相当。

剩余电阻率是衡量合金化程度的一个公认的指标，它定义为电阻率的低温极限。这里，我们需要区分有序合金和无序合金。如果 A 和 B 两种原子是无规排布的，其合金就是无序的，对于组成 A_xB_{1-x} 中 x 的一般取值将会发生这种无序的情况。但是，在立方结构中，对于 x 的一些特殊取值，诸如 1/4、1/2 和 3/4，则有可能形成有序相；在有序相中，A 和 B 两种原子的排布是有序的。有序与无序之间的判别示意于图 1。

图 2 和图 3 显示了“有序”对电阻率的影响。根据我们在第 19 章中关于非晶材料的讨论可知，剩余电阻率将随着无序度的增加而增加。这一点可以从图 2 关于 Cu-Au 合金系的结果中看出。

当样品自高温缓慢冷却时，就会形成 Cu_3Au 和 CuAu 的有序结构。这些结构正因为有序而具有较低的剩余电阻率，如图 3 所示。

由此可见，我们可以将剩余电阻率作为无序结构中合金化程度的一个量度。研究表明，将百分之一（原子比例）的铜溶于银（它们处于周期表中的同一族），可以使剩余电阻率增加 0.077$\mu\Omega$cm。这一结果在几何上所对应的散射截面只有杂质原子实际“投影面积”的 3%，所以散射效应是非常小的。

在绝缘体中，目前尚无实验数据表明，这种无规势能够引致带隙的明显减少。例如，在 Si 和 Ge 的整个组成范围，都可以形成所谓替代式合金的固溶体，但其带边能量随着组成改变可由纯 Si 带隙连续地变化到纯 Ge 带隙。

然而，大家普遍认为，由于平移对称性的严重破缺，将使得带边附近的态密度难以严格处理。同时，在带隙内形成一些新的态，而这些新态并不一定是载流态，因为它们不一定扩展到整个晶体。

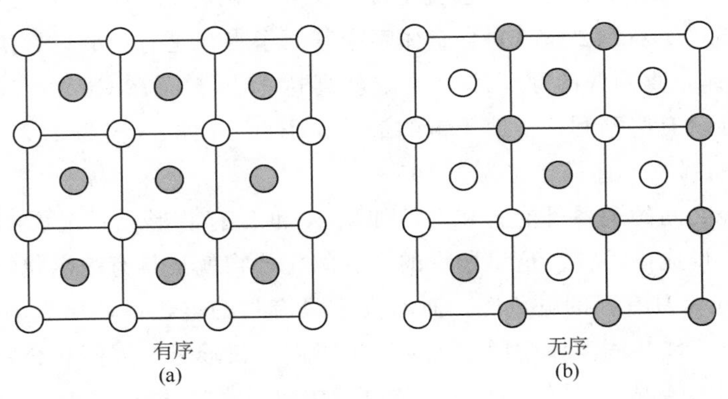

图 1　合金 AB 中 A 和 B 离子有序（a）和无序（b）排布示意图。

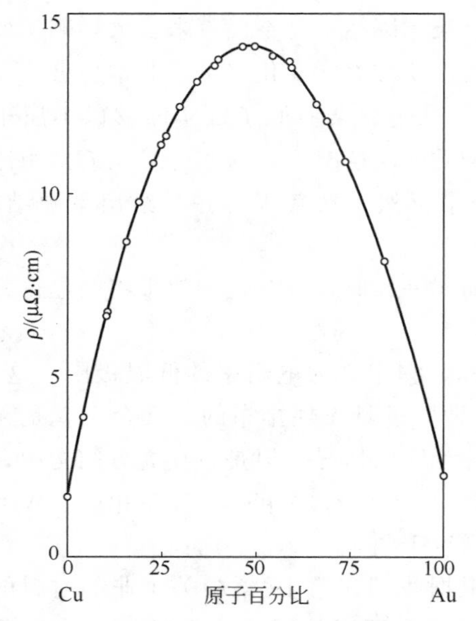

图 2 铜-金二元无序合金的电阻率。可以看出，剩余电阻率对组成 Cu_xAu_{1-x} 的依赖关系为 $x(1-x)$，这就是无序合金的诺德海姆（Nordheim）定则。这里，对于一个给定的 x 值，$x(1-x)$ 就是可能的最大无序度的量度。引自 Johansson and Linde。

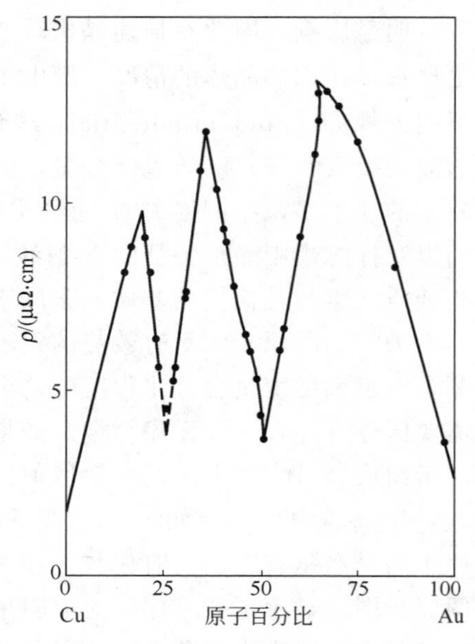

图 3 有序相对二元合金 Cu_xAu_{1-x} 的电阻率的影响。这里所说的合金已经退火，而在图 2 中所示的合金是经过淬火的（即快速冷却）。低剩余电阻率的组成对应于有序的组成 Cu_3Au 和 CuAu。引自 Johansson and Linde。

22.2 替代式固溶体——休姆-罗瑟里（Hume-Rothery）定则

现在讨论一种金属 A 在另一种（化合价与之不同的）金属 B 中的替代式固溶体。其中，A 和 B 无规地占据其结构中等价的晶格点位置。Hume-Rothery 曾讨论过作为一个单相体系出现 A-B 稳定固溶体的经验性条件。

条件之一是原子直径要相匹配。也就是说，A 和 B 两种原子的直径之差不能超过 15%。例如，在 Cu（2.55Å）-Zn（2.65Å）合金体系中其原子直径是有利的，锌溶于铜中形成面心立方（*fcc*）固溶体，直到锌的原子百分比浓度高达 38%。而在 Cu（2.55Å）-Cd（2.97Å）体系中其原子尺寸就有些不利，镉溶于铜的最大原子百分比浓度仅为 1.7%。锌铜原子直径之比为 1.04，而镉铜原子直径之比为 1.165。

尽管原子直径之间的关系可能有利，但如果 A 和 B 有着形成“金属间化合物”的强烈趋势，则仍然不能形成固溶体。这里所说的金属间化合物就是具有一定化学组成比例的稳定化合物。如果 A 元素具有强的电负性，而 B 元素具有强的电正性，那么诸如 AB 和 A_2B 之类的化合物将很有可能从固溶体中脱溶沉淀（这不同于仅通过金属间化合物的较强化学键合而形成有序合金相的情况）。尽管砷（As）在 Cu 中原子直径比（1.02）有利，但 As 的溶解度仅及 6%，锑（Sb）在 Mg 中的直径比（1.06）也是有利的，然而 Sb 在 Mg 中的溶解度却依然很小。

合金的电子结构通常可以根据每个原子所含有的传导电子（即价电子）平均数目 n 来讨论。对于 CuZn 合金，$n=1.50$；对于 CuAl 合金，$n=2.00$。对于许多合金体系来说，电子浓度的变化决定着其结构的变化。

图 4 表示铜锌系的相图❶。对于纯铜（$n=1$）的面心立方（fcc）结构，在掺入了锌（$n=2$）之后还一直保持这一结构直到电子浓度高达 1.38，当电子浓度约为 1.48 时出现体心立方（bcc）相；γ 相存在的 n 值范围大致是 1.58～1.66，而在 n 接近于 1.75 时出现六角密堆积（hcp）ϵ 相。

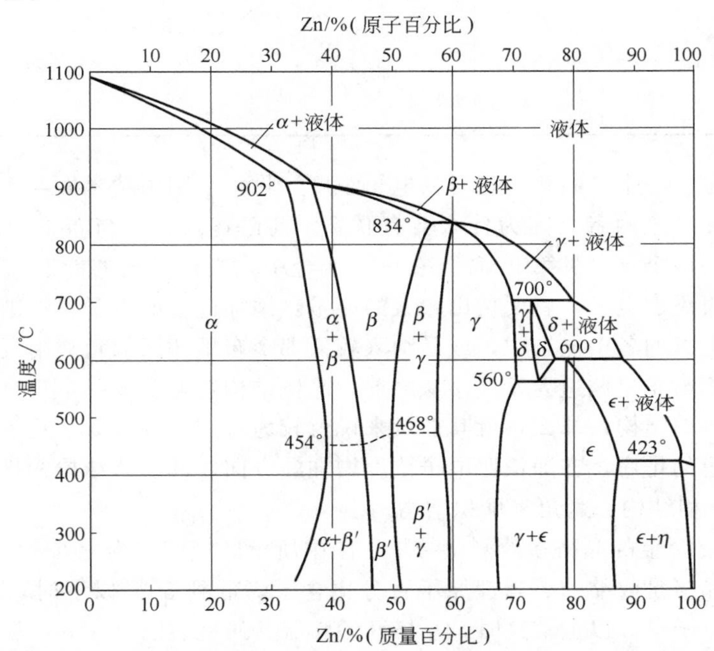

图 4 铜锌合金系的相平衡图。α 相是面心立方，β 和 β' 相是体心立方；γ 相具有复杂结构，ϵ 和 η 二者都是六角密堆积结构，但 ϵ 相的轴比 $c/a\simeq1.56$，而 η 相（以纯锌而论）的 $c/a=1.86$。β' 相是一个有序体心立方，意指大多数铜原子占据一个简单立方子晶格的格位，而大多数锌原子占据第二个简单立方子晶格格位，后面这个子晶格与第一个子晶格互相穿插。β 相是无序体心立方：任一格位由一个铜原子或一个锌原子占据的概率相等，而不论邻近格位由何种原子所占据。

电子化合物一词标志一种居间相（例如 Cu-Zn 系中的 β 相），这种相的晶体结构为一个很好确定的电子与原子的比率所决定。对于许多合金而言，这一比率服从休姆-罗瑟里定则（Hume-Rothery rule）：对 β 相，此比率为 1.50，对 γ 相为 1.62，对 ϵ 相则为 1.75。表 1 汇集了若干代表性的实验数值，所根据的是通常的化学价：Cu、Ag 为 1；Zn、Cd 为 2；Al、Ga 为 3；Si、Ge 和 Sn 为 4。

根据近自由电子能带论，可以给出休姆-罗瑟里定则的一个简明表述。比如，所观测到的面心立方相的极限出现在电子浓度接近于 1.36 之时，此时内接费米球恰好与面心立方晶格的布里渊区边界接触；所观测到的体心立方相的出现相应于电子浓度接近于 1.48，此时内接费米球与体心立方晶格的布里渊区边界接触；当电子浓度达到 1.54 时，费米球与 γ 相的布里渊区

❶ 冶金学家通常用希腊字母来标识感兴趣的合金相。例如在 Cu-Zn 系中有 α 相（面心立方），β 相（体心立方），γ 相（复杂立方晶胞，含有 52 个原子），ϵ 相和 η 相（均为六角密堆积结构）；ϵ 相和 η 相的轴比 c/a 相差甚大。在不同合金系统中各字母所表示的相不同。

边界接触；而对于六角密堆积相，接触是在浓度为 1.69 时发生的（假定轴比 c/a 为理想值）。

表 1　电子化合物的电子与原子之比

合　金	*fcc* 相的临界值	*bcc* 相的临界值	γ 相的临界值	*hcp* 相的临界值
Cu-Zn	1.38	1.48	1.58～1.66	1.78～1.87
Cu-Al	1.41	1.48	1.63～1.77	
Cu-Ga	1.41			
Cu-Si	1.42	1.49		
Cu-Ge	1.36			
Cu-Sn	1.27	1.49	1.60～1.63	1.73～1.75
Ag-Zn	1.38		1.58～1.63	1.67～1.90
Ag-Cd	1.42	1.50	1.59～1.63	1.65～1.82
Ag-Al	1.41			1.55～1.80

现在的问题是：一个是新相出现时的电子浓度，另一个则为费米面与布里渊区边界发生接触时的电子浓度，这两者之间为什么会有联系？前已述及，在与布里渊区边界接触的区域，能隙将劈裂为两个（参见第 9 章）。在一种合金中，当被充满的能态一旦达到布里渊区边界，那么如果再添加电子，就要付出较大的能量：添加进去的电子只能纳入出现在布里渊区边界处的能隙上方的各个能态中，或是纳入较低那个布里渊区的角隅附近的高能态中。因此，如果在费米面与布里渊边界发生接触之前，晶体结构能够变成一个可容纳更大体积费米面（有更多电子）的结构，那么，就其能量来说就较为有利。H. Jones 基于这个想法，曾给出过一个很有意思的排序，亦即依照电子浓度增加的方向，其晶体结构的排列次序为面心立方、体心立方、γ 相结构、六角密堆积结构。

图 5 是 Li-Mg 合金的晶格参数测量结果。图中所示区域的结构为 *bcc*。在 Mg 添加于 Li 的初期阶段，其晶格是收缩的。当锂原子百分比含量降低到 50% 以下时，相应的平均电子浓度增大到每个原子 1.5 以上。这时，晶格开始膨胀。研究表明，在 *bcc* 晶格中，当每个原子的电子数达到 $n=1.48$ 时，就会出现一个与布里渊区边界相接触的球状费米面。由此看来，晶格膨胀起因于布里渊区边界与能带之间的交叠。

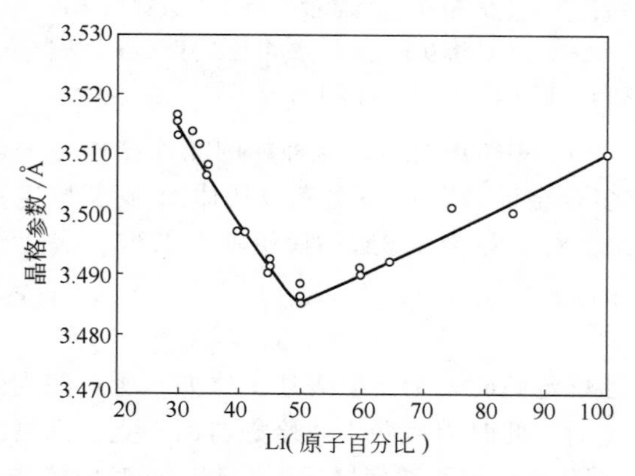

图 5　*bcc* 镁-锂合金的晶格参数，引自 D. W. Levinson。

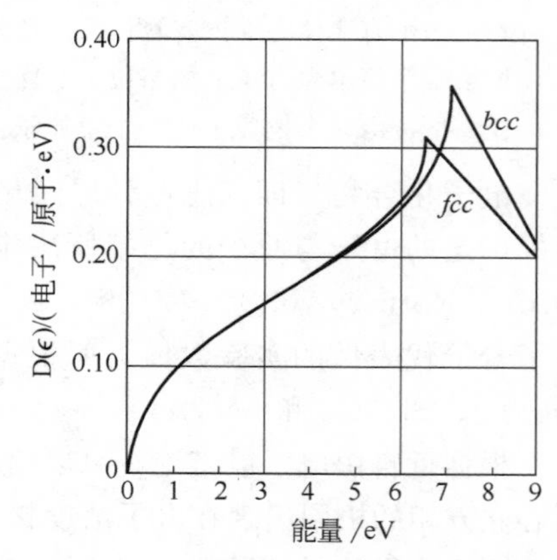

图 6　面心立方和体心立方晶格第一布里渊区中态密度（单位能量区间中的轨道数）对能量的函数关系。

图 6 表示面心立方结构（*fcc*）至体心立方结构（*bcc*）的转变。图中绘出了两种结构中态密度对能量的函数关系。随着电子数目的增加，当达到某个值，此时若再添加电子，则相

对于面心立方晶格的布里渊而言，其新加入电子被体心立方晶格的布里渊区所容纳较为容易。图 6 是相应于铜的情形。

22.3 有序-无序转变

在铜-锌合金相图（图 4）中，β 相（bcc）区的水平虚线标志着合金有序（温度低）同无序（温度高）态之间的转变温度。

在具有体心立方结构的 AB 型合金中，通常的有序排列是：B 原子所有的最近邻都是 A 原子，而 A 原子所有的最近邻都是 B 原子。当原子之间起支配作用的相互作用是 A、B 间的吸引作用时，那么就会导致这种排列（A、B 间的作用是排斥作用或只是弱的吸引作用，那么就会形成一个两相体系，其中某些晶粒所含主要组分是 A，而另一些晶粒所含主要组分是 B)。

在绝对零度，合金是完全有序的。随着温度的上升，它的有序程度降低，在转变温度以上，结构就成为无序的。这个转变温度标志着长程序的消失（所谓长程序就是在许多个原子间距距离上的有序）；而某些短程序，或者说近邻之间的关联，在转变温度以上还可能保持。一种 AB 合金的长程序示于图 7（a）。此外，图 7（b）表示一种组成为 AB_3 的合金中的长程序和短程序。所谓有序度将在下文中定义。

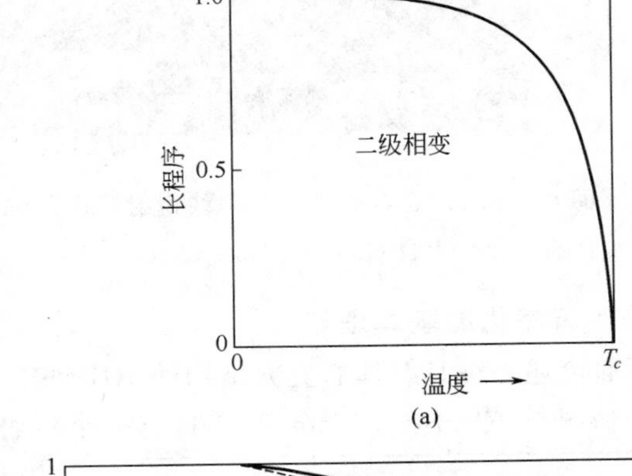

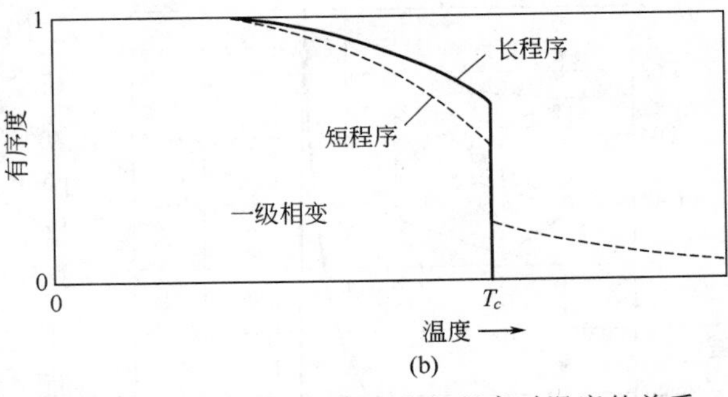

图 7 （a）一种 AB 合金的长程序对温度的关系。这个转变是二级相变。（b）一种 AB_3 合金的长程序和短程序，这种合金的转变是一个一级相变。

如果合金由高温迅速冷却，达到某个低于转变点的温度，那就有可能产生某种亚稳条件。在此条件下，一种非平衡无序态将被冷凝在结构之中。而当一个有序样品经受核粒子的强烈辐照，就会在恒温下变为无序，这就是上述效应的逆效应。在实验上可以用 X 射线衍射来研究有序度。图 8 中的无序结构具有这样的衍射线，它们出现的位置就仿佛所有格点都是被仅仅一种原子占据所应出现的那样，这乃是由于每一晶面的有效散射本领等于 A 和 B 散射本领之平均。有序结构呈现额外的、为无序结构所不具有的衍射线。这些额外的衍射线称为超结构线。

本章在使用“有序”和“无序”两个术语时都是相对于规则晶格格点位置而言的，而正是有了这种规则格点，原子 A 和 B 才能谈得上无规地占据之。对此，请注意不要把这里的概念同第 19 章关于非晶态固体的讨论相混淆。在非晶体中压根儿就不存在所谓的规则格点，其结构本身就是无规的。这两种情况在自然界中都是存在的。

CuZn 合金的有序结构是我们曾在第一章中讲到的氯化铯型结构。其晶格是简单立方的，基元在 000 含有一个 Cu 原子，而在$\frac{1}{2}\frac{1}{2}\frac{1}{2}$含有一个 Zn 原子。衍射结构因子是

$$S(hkl)=f_{\mathrm{Cu}}+f_{\mathrm{Zn}}\mathrm{e}^{-i\pi(h+k+l)} \tag{1}$$

因为 $f_{\mathrm{Cu}}\neq f_{\mathrm{Zn}}$，所以 S 不能为零。这样，简单立方空间晶格的所有反射就都会出现。在无序结构中，情形就不同了：基元在 000 位置含一个 Zn 或一个 Cu 以及 $\frac{1}{2}\frac{1}{2}\frac{1}{2}$ 位置含有一个 Zn 或一个 Cu 的机会是均等的。这样，平均结构因子就成为

$$\langle S(hkl)\rangle=\langle f\rangle+\langle f\rangle\mathrm{e}^{-i\pi(h+k+l)} \tag{2}$$

这里 $\langle f\rangle=\frac{1}{2}(f_{\mathrm{Cu}}+f_{\mathrm{Zn}})$。式（2）的形式正好与对体心立方晶格得到的结果一致；当 $h+k+l$ 为奇数则反射消失。由图 8 可见，有序晶格给出这样的反射（超结构线），而它们在无序晶格中是不出现的。

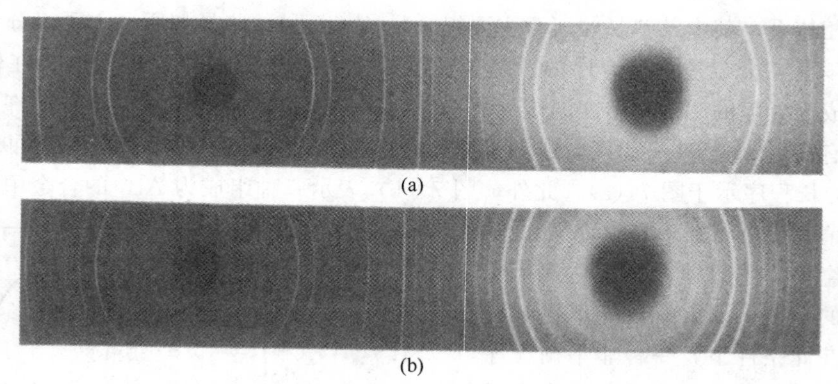

图 8　$AuCu_3$ 合金的粉末 X 射线衍射照片。(a) 由 $T>T_C$ 淬火而无序化；(b) 在 $T<T_C$ 退火而有序化。引自 G. M. Gordon。

22.3.1　有序化的基本理论

下面论述一种具有体心立方结构的 AB 型合金有序度对温度依赖关系的简单统计理论。A_3B 的情况与 AB 不同，合金 A_3B 具有一个一级相变，由潜热标志，而合金 AB 具有一个二级相变，由比热容的间断点标志（图 9）。现在介绍关于长程序的量度。将两个简单立方晶格分别称为晶格 a 和晶格 b；体心立方结构是由这两个简单立方晶格互相穿插而成。其中一个晶格格点上的原子之最近邻位于另一晶格的格点上。如果合金含有 N 个 A 原子和 N 个 B 原子，则可如此定义长程序参量 P，使位于晶格 a 上的 A 原子数目等于 $(1/2)(1+P)N$。这样，位于晶格 b 上的 A 原子数目就等于 $(1/2)(1-P)N$。当 $P=\pm1$ 就是完全有序，而每个晶格（a 或 b）仅含一种原子；当 $P=0$，每个晶格含有 A 原子之数与 B 原子之数相等，因而不存在长程序。

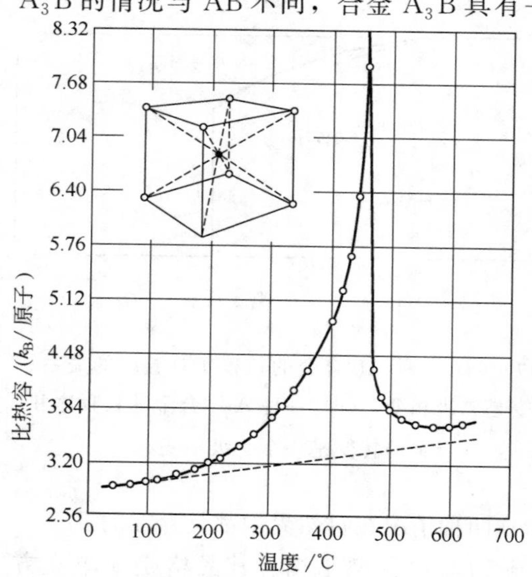

图 9　CuZn 合金（β 黄铜）的比热容对温度的关系。

现在，考虑内能中与 AA、AB 及 BB 最近邻对的键能相关的那部分内能，总的键能是

$$E=N_{\mathrm{AA}}U_{\mathrm{AA}}+N_{\mathrm{BB}}U_{\mathrm{BB}}+N_{\mathrm{AB}}U_{\mathrm{AB}} \tag{3}$$

式中，N_{ij} 是最近邻 ij 键的数目，而 U_{ij} 是一个键 ij 的能量。

一个位于晶格 a 上的A原子具有一个AA键的概率应该等于一个A原子占据晶格 b 上某一特定最近邻格位的概率乘上最近邻格位的数目（在体心立方结构中此数等于8）。假定概率都是独立的，这样根据上面写出的A原子处在晶格 a 上和处在晶格 b 的数目的表示式，可得

$$N_{AA}=8\left[\frac{1}{2}(1+P)N\right]\left[\frac{1}{2}(1-P)\right]=2(1-P^2)N$$

$$N_{BB}=8\left[\frac{1}{2}(1+P)N\right]\left[\frac{1}{2}(1-P)\right]=2(1-P^2)N \tag{4}$$

$$N_{AB}=8N\left[\frac{1}{2}(1+P)\right]^2+8N\left[\frac{1}{2}(1-P)\right]^2=4(1+P^2)N$$

能量式（3）成为

$$E=E_0+2NP^2U \tag{5}$$

式中

$$E_0=2N(U_{AA}+U_{BB}+2U_{AB}),U=2U_{AB}-U_{AA}-U_{BB} \tag{6}$$

现在计算这种原子分布的熵。晶格 a 上有 $\frac{1}{2}(1+P)N$ 个A原子和 $\frac{1}{2}(1-P)N$ 个B原子；晶格 b 上有 $\frac{1}{2}(1-P)N$ 个A原子和 $\frac{1}{2}(1+P)N$ 个B原子。这些原子的排列数 G 是

$$G=\left[\frac{N!}{\left[\frac{1}{2}(1+P)N\right]!\left[\frac{1}{2}(1-P)N\right]!}\right]^2 \tag{7}$$

根据熵的定义 $S=k_B\ln G$，并采用斯特令（Stirling）近似，得到

$$S=2Nk_B\ln 2-Nk_B[(1+P)\ln(1+P)+(1-P)\ln(1-P)] \tag{8}$$

该式定义了所谓的混合熵（entropy of mixing）。显现，如 $P=\pm1$，则 $S=0$；如 $P=0$，则 $S=2Nk_B\ln 2$。

平衡有序度由要求自由能 $F=E-TS$ 对序参量 P 成为极小而确定，F 对 P 取微商，可以得到 F 为极小的条件：

$$4NPU+Nk_BT\ln\frac{1+P}{1-P}=0 \tag{9}$$

这个关于 P 的超越方程可以用图解法求解。由此，得到如图7（a）所示的平滑下降的曲线。在转变点附近将式（9）展开，得到 $4NPU+2Nk_BTP=0$，在转变温度 $P=0$ 处，有

$$T_c=-2U/k_B \tag{10}$$

若发生相变，有效相互作用 U 必须为负。

所谓短程序参量 r 是对于最近邻键中AB键平均数目 q 所占比例的量度。AB合金在完全无序状态下，其中每个A原子周围平均有四个AB键。总的可能数目是8。因此可以定义

$$r=\frac{1}{4}(q-4) \tag{11}$$

在完全有序状态下 $r=1$，而在完全无序态下 $r=0$。请注意 r 仅是一个原子周围局域有序程度的一个量度，而长程序参量 P 表征一个指定的子晶格（亦称亚晶格）上总体布居的纯度。在转变温度 T_c 以上，长程序严格地等于零，而短程序则不为零。

22.4 相图

相图包含着大量的信息，即使是图 4 所示的二元系相图也是如此。由图 4 可以看出，相图中由曲线围成的区域表示温度和成分决定的平衡状态。其中的曲线代表在 $T-x$ 坐标系平面内绘出的相变过程，这里 x 是成分参数。

平衡态是指在一定的温度（T）和成分（x）条件下二元系自由能最小的状态。因此，相图的分析就成为热力学讨论的主题。通过这样的相图分析，我们会得出一些令人惊喜的结果，其中应该特别指出的是低熔点共晶体的存在。由于在文献 TP 的第 11 章中已有对相图分析的讨论，所以我们在这里只给出相关的一些主要结论。

如果达到与两种物质成分对应的最小自由能组态，那么这两种物质就会互溶并形成均匀的混合物。如果两种分立相的自由能之和小于均匀混合物的自由能，则这两种物质就会形成非均匀混合物。这时，我们就说这种混合物存在着一个溶度间隔（Solubility gap）。如图 4 所示，当成分在 $Cu_{0.60}Zn_{0.40}$ 附近时就处于一个溶度间隔内。在这个区域内存在着结构和成分均不相同的 fcc 和 bcc 相混合物，相图表示溶度间隔的温度依赖性。

当少量的均匀液体凝固时，由此得到的固体几乎总是不同于其液体的成分。现在，假定在图 4 中成分 $Cu_{0.80}Zn_{0.20}$ 附近有一个水平截面，令 x 表示锌的质量百分比。在一定温度下，将存在以下三个区域：

$x>x_L$，平衡体系为均匀液体；

$x_S<x<x_L$，成分为 x_S 的固相和成分为 x_L 的液相共存；

$x<x_S$，平衡体系为均匀固体。

由点 x_L 画出的曲线称为液相线，而由点 x_S 给出的曲线称为固相线。

22.4.1 共晶现象

两种液体混合会在其相图中产生分岔现象，它被称为共晶现象，如图 10 所示的 Au-Si 体系。最小的凝固温度称为共晶温度，这时的成分就是共晶成分。在这种成分下，由两种分立相组成固体，其显微照片如图 11 所示。

对于许多二元系，在其可能组分中所对应的最低的熔点温度以下，它们都能一直保持液

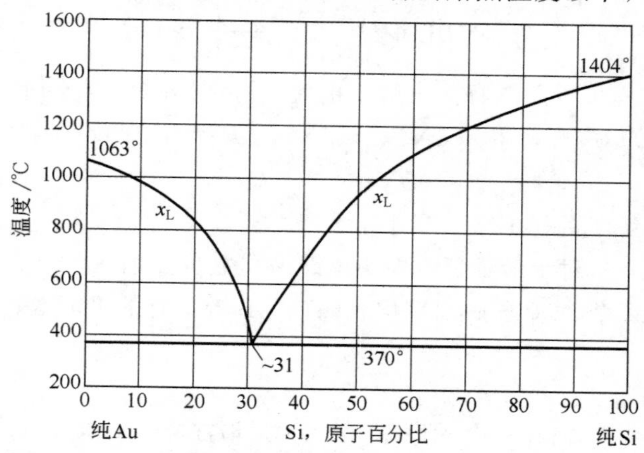

图 10 金-硅（Au-Si）合金的共晶相图。共晶由两个分支组成，并在 $T_c=370℃$ 和硅原子百分比 $x_g=0.31$ 时相汇于一点。引自 Kittel and Kroemer，TP。

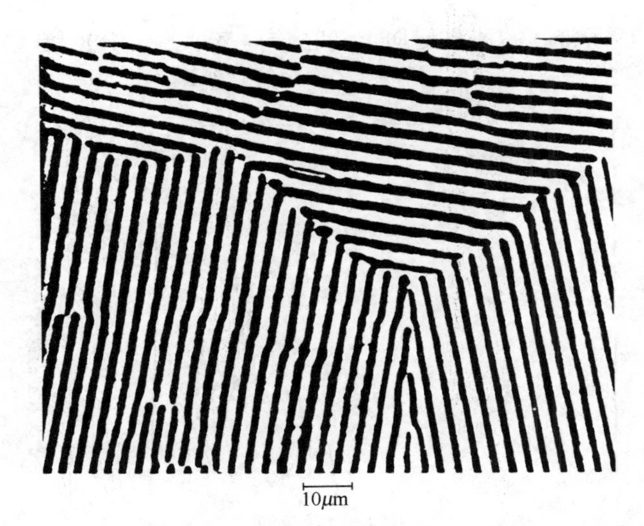

图 11 Pb-Sn 共晶的显微照片。引自 J. D. Hunt and K. A. Jackson。

相。因此，$Au_{0.69}Si_{0.31}$ 在 370℃将凝固成一个两相的混合物，尽管 Au 和 Si 分别在 1063℃和 1404℃温度下凝固。在这种共晶体中，一相几乎为纯金，另一相几乎为纯硅。

Au-Si 共晶现象在半导体技术中有着很重要的应用，因为利用共晶现象可以实现金引线与硅器件在低温度下的焊接。Pb-Sn 合金也有类似的共晶现象，其共晶温度为 183℃，共晶成分为 $Pb_{0.26}Sn_{0.74}$。这一组分通常被应用于焊接场合。当然，在实践中这一组分并不是严格的，只要其组分所对应的熔点温度符合人们易于操作的要求，就是可行的。

22.5 过渡金属合金

当我们将 Cu 添加于 Ni 中时，每个原子的有效磁子数就会线性的减少，并在 $Cu_{0.60}Ni_{0.40}$ 附近减少到零，如图 12 所示。在这样的组成情况下，来自铜的额外电子将填充

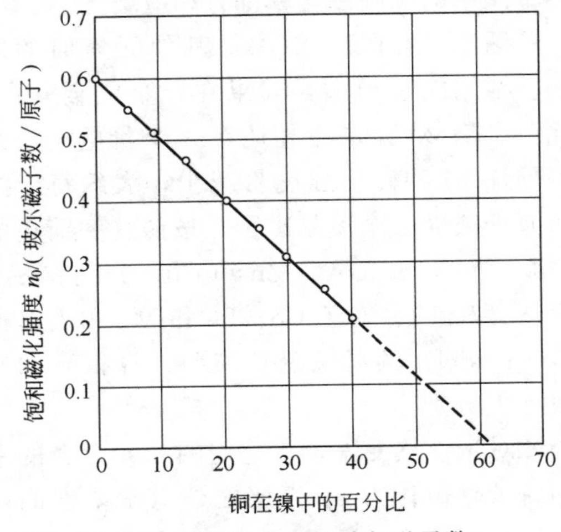

图 12 Ni-Cu 合金的玻尔磁子数。

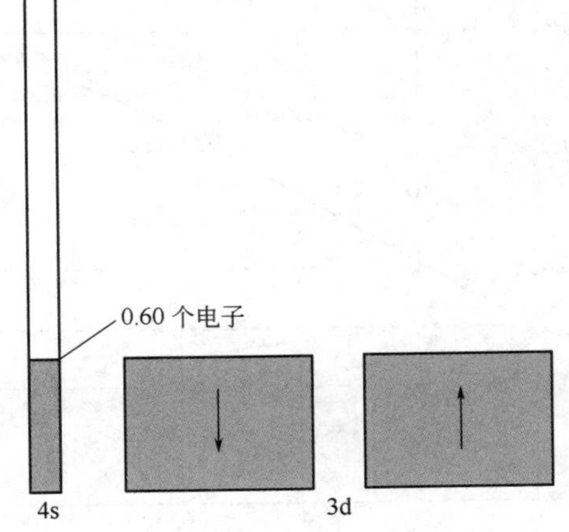

图 13 60Cu40Ni 合金中的电子分布示意图。由 Cu 提供的 0.6 个电子全部填充于 d 带。这样一来，相对于第 12 章的图 7 (b)，这里使 s 带中的电子稍有增加。

3d 带，或者填充 3d 的子带，亦即自旋向上和自旋向下的态，参见第 12 章图 7（b）。图 13 示意这种情况。

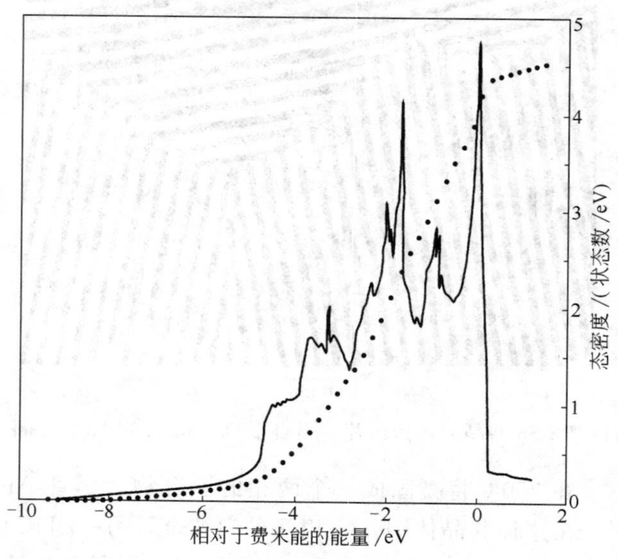

图 14 Ni 中的态密度，引自 V. L. Moruzzi，J. F. Jank and A. R. Willams。

为了简明起见，图中被涂黑的部分表示在能量上是均匀的态密度。大家知道，实际上的态密度远不是均匀的。图 14 是关于 Ni 的现代计算结果。其 3d 带的宽度约为 5eV。在图的上部，由于磁效应起主要作用，所以这时的态密度是特别的高。平均态密度大致相当于 3d 带中的数量级，而高于 4s 带。这样一来就抬高了态密度的相对比率。于是，同简单一价金属相比，电子比热容以及在非磁性过渡金属中的顺磁磁化率都将相应增大。

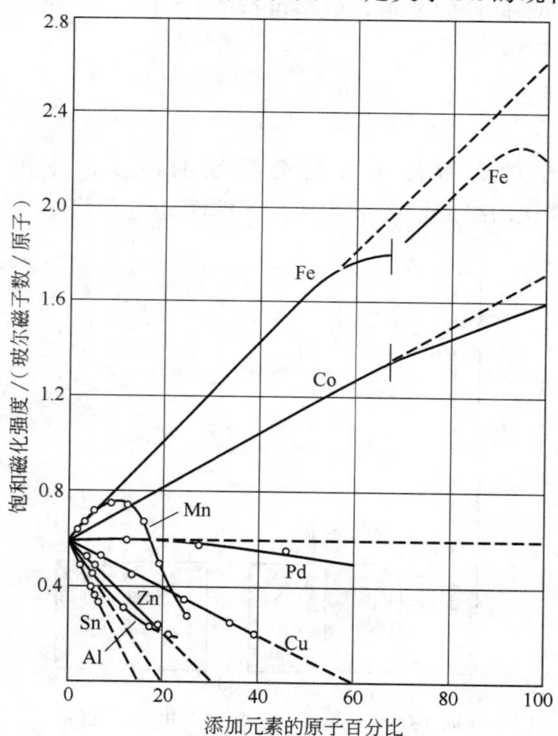

图 15 合金的饱和磁化强度与溶质元素原子百分比的函数关系曲线。以每个原子的玻尔磁子数为单位给出。

图 15 表示 Ni 中添加其他元素时的影响。根据能带模型，如果在合金化金属中，除一个满 3d 壳层之外还有 z 个价电子，则可预计 Ni 的磁化强度将减少，大约每个溶质原子减少 z 个玻尔磁子。按照这一简单的关系，对于 Sn、Al、Zn 和 Cu，分别有 $z=$ 4、3、2 和 1。对于 Co、Fe 和 Mn 由夫里德耳（Fridel）的局域磁矩模型计算得到的有效 z 值分别为 −1，−2，−3。

对于铁族元素，将它们的二元合金的平均原子磁矩作为 3p 壳层之外电子浓度的函数，其函数曲线示于图 16。这就是所谓的斯莱特-泡令（Slater-Pauling）图。在图中，右边一支合金的结果符合上面综合图 15 所给出的定则。随着电子浓度的减少，不会出

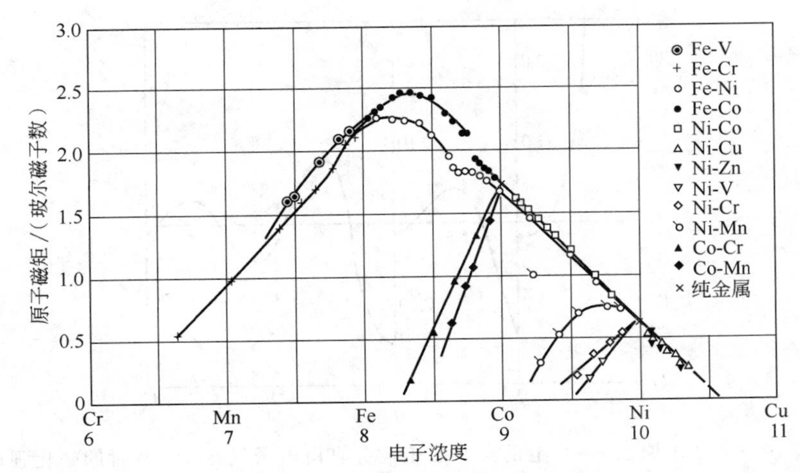

图 16 铁族元素二元合金的平均原子磁矩。引自 Bozorth。

现 3d 子带完全充满所对应的点，于是磁矩将按照图中左边一支的规律减少。

22.5.1 导电性

也许我们认为，在过渡金属中，3d 带作为一个传导路径，应该与 4s 一样能够同时提高其电导率，但这却是一个无法实现的路径。因为在这种情况下，s 电子路径的电阻率会由于 s 电子与 d 电子的碰撞而增大。这是一个作用强大的额外散射机制，但是这种机制对于充满的 3d 带来说是无效的。

为了比较，下面给出了 18℃下 Pd 和 Pt 及其周期表中相邻族贵金属 Cu、Ag 和 Au 的电阻率值，单位为 $\mu\Omega\cdot cm$。

Ni	Pd	Pt	Cu	Ag	Au
7.4	10.8	10.5	1.7	1.6	2.2

可以看出，贵金属的电阻率小于过渡金属的电阻率。后者约是前者的 5 倍，这进一步证实了 s-d 电子散射机制的有效性。

22.6 近藤效应

考虑一种磁性离子在一种非磁性金属中形成的稀固溶体（例如 Mn 在 Cu 中），离子与传导电子之间的交换耦合会引起重要的后果。在磁性离子近旁，传导电子气被磁化，磁化强度的空间分布示于图 17 中。因为第二个离子会感受到第一个离子所诱发的磁化，所以这个磁化使两个磁性离子间发生一个间接交换相互作用❶。这种相互作用，一般称为夫里德耳（Friedel）或 RKKY 相互作用，其在稀土金属的磁性自旋序中也起作用；在这些稀土金属中，4f 离子实的自旋将通过传导电子气中的诱发磁化而耦合起来。

磁性离子与传导电子之间相互作用的一个引人注目的效应是近藤效应（Kondo effect）。

---

❶ C. Kittel 曾评述了金属中的间接交换相互作用，载于 solid state physics 22，1（1968）；J. Kondo（近藤）曾给出关于近藤效应的综述："Theory of dilute magnetic alloys"，Localized moments 23，184（1969），论述这一课题的还有 A. J. Heeger，"Loncalized moments and non－moments in metals: the Kondo effect，" sold state physics 23，248（1969）. The notation RKKY stands for Ruderman，Kittel，Kasuya，and Yorida.

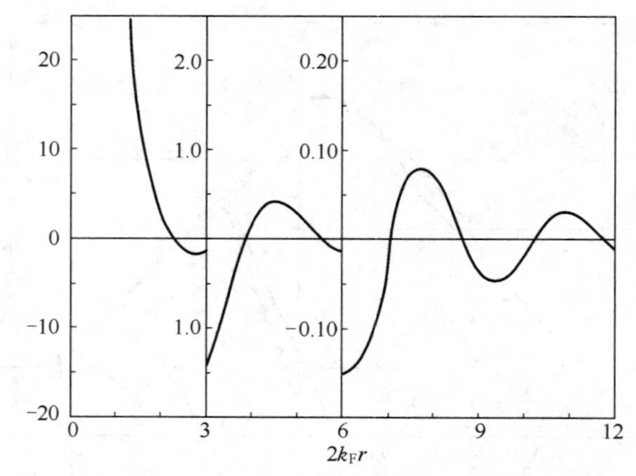

图 17 在一个处于原点 $r=0$ 上的点状磁矩近旁自由电子气在 $T=0$ 时的磁化强度，根据 RKKY 理论。横轴标度是 $2k_Fr$。这里 k_F 表示费米球上的波矢。引自 de Gennes。

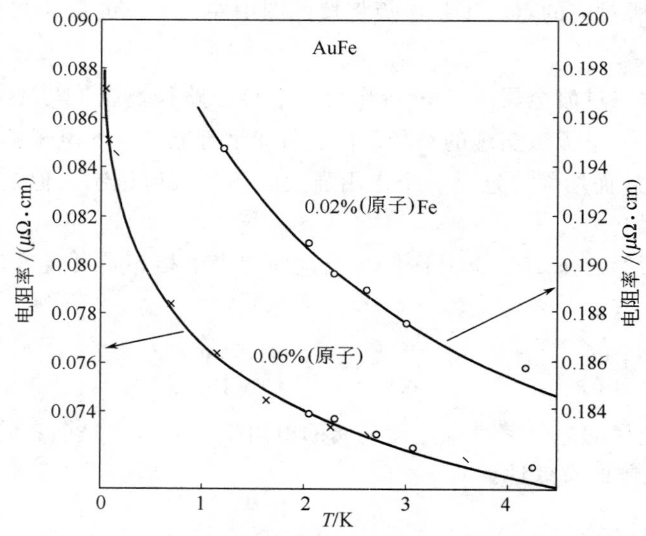

图 18 Au-Fe 稀合金在低温下电阻率增大的理论与实验结果的比较，电阻极小值出现在此图右边（外面），因为在高温时电子由于被热声子散射而引致电阻率变大。实验结果引自 D. K. C. MacDonald et al；理论结果引自 J. Kondo；严格求解由 K. Wilson 给出。

第 18 章曾在不同的背景下对此进行过讨论。曾经观察到稀磁性合金的电阻率-温度曲线在低温下出现一个极小。例如以 Cu、Ag、Au、Mg、Zn 为基，掺入杂质 Cr、Mn 或 Fe 的合金就是如此。

电阻率极小值的出现与杂质原子局域磁矩的存在相联系。只要发现电阻率的极小值，就必定存在一个局域磁矩。近藤曾经指出：磁性离子在低温下之所以呈现反常高的散射概率，其原因来自两个方面：其一，交换耦合型散射的动态特性；其二，低温下费米面的锐利度。图 18 示出了近藤效应显著的温度区间。主要结果是：对于电阻率依赖于自旋部分的贡献为

$$\rho_{\rm spin}=c\rho_{\rm M}\left[1+\frac{3zJ}{\epsilon_{\rm F}}\ln T\right]=c\rho_0-c\rho_1\ln T \tag{12}$$

式中，J 是交换能；z 是最近邻数目；c 表示浓度；而 $\rho_{\rm M}$ 是交换散射强度的一个量度。可以看出，如果 J 为负，则自旋电阻率 $\rho_{\rm spin}$ 随温度趋向低温而增大。如果在感兴趣的温度

区间内声子电阻率按照 T^5 规律变化，并且电阻率是可相加的，那么总电阻率就具有如下形式：

$$\rho=\alpha T^5+c\rho_0-c\rho_1\ln T \tag{13}$$

其极小出现在

$$d\rho/dT=5aT^4-c\rho_1/T=0 \tag{14}$$

由此，可得

$$T_{\min}=(c\rho_1/5a)^{1/5} \tag{15}$$

相应于电阻率为极小值的温度与磁性杂质浓度的五次方根成比例变化，这个结论至少同关于 Fe 在 Cu 中的实验结果相符合。

习　题

1. Cu_3Au 中的超晶格线。 合金 Cu_3Au（75%Cu，25%Au）在 400℃以下具有一个有序结构，它是一个面心立方晶格，其中金原子占据 000 位置，铜原子占据 $\frac{1}{2}\frac{1}{2}0$，$\frac{1}{2}0\frac{1}{2}$，$0\frac{1}{2}\frac{1}{2}$。试求出当合金由无序态转变于有序时应当出现的新的 X 射线反射的指数。列出所有指数≤2 的新反射。

2. 位形比热容。 试推导与一种 AB 型合金中有序-无序效应相联系的比热容的表达式，用参量 $P(T)$ 表示。式（8）表示的熵称为位形熵（或混合熵）。

3. 外尔（Weyl）半金属：磁致电阻。 外尔半金属（WSM）是 3D 半金属，如 $Bi_{1-x}Sb_x$，$E_g=0eV$，其导带与价带交叉于费米能级（手性反常）（参见 Chandra Shekhar et. al.，Nature Physics，**11**（2015），645.）。因此，这个位于费米能级上的“香吻点”，亦即能带交叉点，就是在动量空间的所谓“外尔点”。简而言之，材料电阻率随着外加磁场变化而变化的现象，就是著名的磁致电阻（MR）效应。试计算平行于 WTe_2 的 c 轴的磁致电阻（MR）。已知，温度为 4.5K 时沿 c 轴的外加磁场 $B=14.7T$，载流子的费米速度为 $4.8\times10^5 m\cdot s^{-1}$；Lifshitz-Kosevich 公式由下式给出，即有

$$\frac{\Delta\rho_{xx}(T,B)}{\rho_{xx}(0,0)}=e^{2\pi^2k_BT_D/\beta}\ \frac{2\pi^2k_BT/\beta}{\sinh(2\pi^2k_BT/\beta)}$$

式中，k_B 是玻尔兹曼常量；$\beta=ehB/(2\pi m^*)$；$T_D=1/(4\pi^2\tau k_B)$；m^* 为有效质量；$\tau=10^{-8}s$，表示载流子的量子寿命。

4. 哈曼电阻率问题。 假如合金电阻率的哈曼（Hammann）表达式为

$$\rho(T)=A_{ZnMn}+B_{ZnMn}\left[1-\frac{\ln(T/T_K)}{[\ln^2(T/T_K)+\pi^2S(S+1)]^{1/2}}\right]$$

式中，$A_{ZnMn}=12\mu\Omega\cdot m$，$B_{ZnMn}=4\mu\Omega\cdot m$，$T_K=1K$，$S=1$。试计算 ZnMn 在室温下的电阻率。[参见 R. D. Hammann，Phys. Rev.，**158**（1967），570.]。

附　　录

附录 A　反射谱线对温度的依赖关系

……我得到这样的结论：干涉线条的锐度不会随散射角的增大和温度的升高而受到损失，但是强度则随散射角的增大而减小，而且温度愈高强度愈弱。

——P. Debye

当晶体的温度升高时，布拉格反射的强度减弱，但是反射谱线的角宽度不变。关于铝的实验结果示于图 1 中。原子进行大幅度的无规热运动，而且诸瞬时的最近邻间距在室温下可相差百分之十，在这种情况下，还能够得到明锐的 X 射线反射，这一点出人意料。在劳厄实验做出以前，当讨论还只是在慕尼黑的咖啡馆里进行时，出现过反对意见❶。

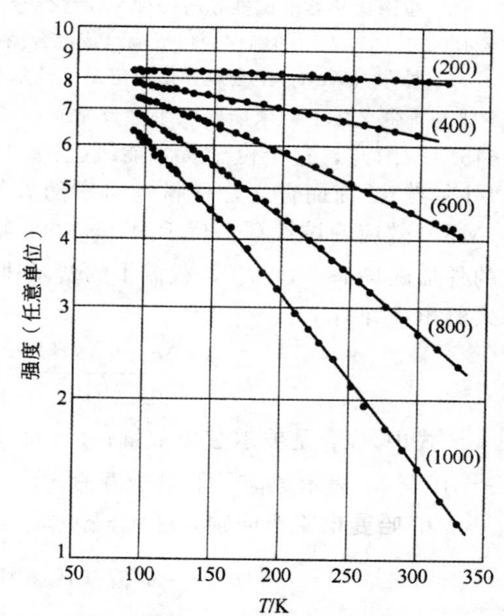

图 1　铝的（$h00$）X 射线反射的强度同温度的关系。对于面心立方结构，h 是奇数的（$h00$）反射是不允许的。引自 R. M. Nicklow and R. A. Young。

由于在室温下热涨落大，晶体中原子的瞬时位置同规则周期阵列差得很远，因此，按照这个论点，不应期望有很明晰的衍射束。

但是居然得到了明晰的衍射束，其理由是 Debye 阐明的。现在讨论晶体散射的辐射振幅：令名义上在 $\boldsymbol{r}_j$ 的原子位置包含一项随时间涨落的项 $\boldsymbol{u}(t)$，即 $\boldsymbol{r}(t)=\boldsymbol{r}_j+\boldsymbol{u}(t)$。假设每个原子在它的平衡位置❷附近各自独立地发生涨落运动。那么结构因子第 2 章式（43）的热平均值包含下面的项，即

$$f_j\exp(-i\boldsymbol{G}\cdot\boldsymbol{r}_j)\langle\exp(-i\boldsymbol{G}\cdot\boldsymbol{u})\rangle \qquad (1)$$

其中 $\langle\cdots\rangle$ 表示热平均。指数函数的级数展开式是

$$\langle\exp(-i\boldsymbol{G}\cdot\boldsymbol{u})\rangle=1-i\langle\boldsymbol{G}\cdot\boldsymbol{u}\rangle-\frac{1}{2}\langle(\boldsymbol{G}\cdot\boldsymbol{u})^2\rangle+\cdots \qquad (2)$$

但 $\langle\boldsymbol{G}\cdot\boldsymbol{u}\rangle=0$，因为 $\boldsymbol{u}$ 是同 $\boldsymbol{G}$ 的方向无关的无规热位移。此外，

$$\langle(\boldsymbol{G}\cdot\boldsymbol{u})^2\rangle=G^2\langle u^2\rangle\langle\cos^2\theta\rangle=\frac{1}{3}\langle u^2\rangle G^2$$

❶ P. P. Ewald，私人通信。

❷ 这是固体的爱因斯坦模型，对于低温情况，它不是一个很好的模型，但是对于高温情况是个切实可用的模型。

因子 1/3 是由 $\cos^2\theta$ 在球面上求几何平均得到的。

因而，我们有函数级数展开式：

$$\exp\left(-\frac{1}{6}\langle u^2\rangle G^2\right)=1-\frac{1}{6}\langle u^2\rangle G^2+\cdots \tag{3}$$

在式（3）中，就其所示的前两项而言，它与式（2）相同。对于一个谐振子，可以证明级数式（2）和式（3）中所有的项完全相同。从而，散射强度，即振幅的平方是

$$I=I_0\exp\left(-\frac{1}{3}\langle u^2\rangle G^2\right) \tag{4}$$

其中 I_0 是来自刚性晶格的散射强度，指数因子称为德拜-沃勒因子（Debye-Waller factor）。

此处 $\langle u^2\rangle$ 是一个原子的均方位移，三维经典谐振子热平均势能 $\langle U\rangle$ 是 $\frac{3}{2}k_BT$。由此，则有

$$\langle U\rangle=\frac{1}{2}C\langle u^2\rangle=\frac{1}{2}M\omega^2\langle u^2\rangle=\frac{3}{2}k_BT \tag{5}$$

这里 C 是力常量，M 是一个原子的质量，ω 是振子的频率。上面利用了结果 $\omega^2=C/M$。这样，散射强度就是

$$I(hkl)=I_0\exp(-k_BTG^2/M\omega^2) \tag{6}$$

其中 hkl 是倒易点阵矢量 $\boldsymbol{G}$ 的指数。这个经典的结果对于高温情况是个好的近似。

对于量子振子，甚至在 $T=0$ 时，$\langle u^2\rangle$ 也不为零，存在着零点运动。根据独立谐振子模型，零点能是 $\frac{3}{2}\hbar\omega$。它是三维量子谐振子的基态能量（以同样振子的经典静止能量为参考）。振子能量的一半是势能，所以在基态中

$$\langle U\rangle=\frac{1}{2}M\omega^2\langle u^2\rangle=\frac{3}{4}\hbar\omega, \qquad \langle u^2\rangle=\frac{3\hbar}{2M\omega} \tag{7}$$

由此，根据式（4），在绝对零度下，即有

$$I(hkl)=I_0\exp(-\hbar G^2/2M\omega) \tag{8}$$

如果 $G=10^9\mathrm{cm}^{-1}$，$\omega=10^{14}\mathrm{s}^{-1}$ 以及 $M=10^{-22}\mathrm{g}$，指数函数的辐角近似等于 0.1，因此 $I/I_0\simeq0.9$。在绝对零度，射线束的百分之九十是弹性散射，百分之十是非弹性散射。

从式（6）以及图 1 可以看出，衍射线的强度随温度的升高而减弱，但并不发生突变。低 G（低指数）的反射受到的影响比高 G（高指数）反射小。这里所计算的强度是在给定的布拉格方向上的弹性散射的强度或相干衍射的强度。在这些方向上，由于非弹性散射所损失的强度将作为漫射背景而出现。在非弹性散射中，X 射线光子导致晶格振动的激发或退激发，同时光子改变方向和能量。

在给定的温度下，衍射谱线的德拜-沃勒因子随着同反射相联系的倒格矢量 $\boldsymbol{G}$ 绝对值的增大而减小。$|\boldsymbol{G}|$ 愈大，高温时的反射愈弱。在这里推出的 X 射线反射理论，也能很好地用于中子衍射以及穆斯堡尔效应（Mössbauer effect），即束缚于晶体中的原子核的无反冲 γ 射线发射。

通过电子的光致电离和康普顿散射两个非弹性过程，晶体也可吸收 X 射线。在光电效应中，X 射线光子被吸收，并从一个原子抛射出一个电子。在康普顿效应中，光子被一个电子非弹性地散射，光子损失能量，并从原子抛射出那个电子。X 射线束的穿透深度依赖于固体以及该光子的能量，而 1cm 是典型数值。布拉格反射的衍射束可在一个短得多的距离内形成，在理想晶体中这个距离大约是 $10^{-3}\mathrm{cm}$。

附录 B　计算格点和的埃瓦尔德方法

现在讨论晶体中一个离子在计及其他所有离子情况下的静电势计算问题。考虑一个由正、负离子组成的晶格，并假定离子为球形。

在计算时，可以将某个离子处的总势 φ 表示成两个完全不同但又相关的势之和，亦即 $\varphi=\varphi_1+\varphi_2$；其中，$\varphi_1$ 相应于每个离子格位电荷呈高斯分布的结构所给出的势，其符号与实际离子的符号相同。根据马德隆常数的定义，位于参考点的电荷分布并不计入势 φ_1 或 φ_2 [见图 1（a）所示]。因此，我们计算的 φ_1 应该是两个势之差，即

$$\varphi_1=\varphi_a-\varphi_b$$

其中 φ_a 是一个连续系列高斯分布的势，而 φ_b 为位于参考点上单个高斯分布给出的势。

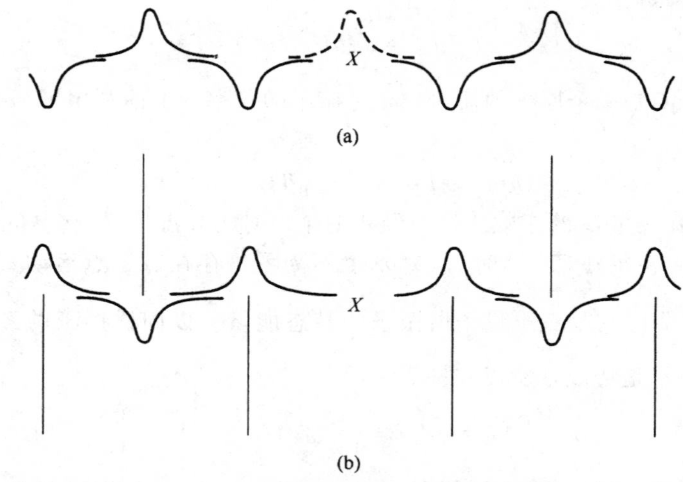

图 1　(a) 是用于计算势 φ_1 的电荷分布示意图；其中，φ_a 要通过计算机计算得到（它包括位于参考点的短划曲线），而 φ_b 仅相应于短划曲线的势。(b) 为相应于 φ_2 的电荷分布。参考点用 X 表示。

φ_2 相应于晶格点电荷上叠加一个相反符号的高斯分布时所给出的势 [参见图 1（b）所示]。

上述将总势分成两部分 φ_1 和 φ_2 的意义就在于，通过适当选取决定着每个高斯峰峰宽的参量，可以使这两部分同时具有好的收敛特性。当对产生 φ_1 和 φ_2 的分离电荷分布求和时，高斯分布全被消去，所以总电势 φ 的值将与峰宽参量无关，但收敛速度依赖于这一参量值的选取。

首先计算连续高斯分布的势 φ_a。将 φ_a 和电荷密度 ρ 展开为傅里叶级数，即有

$$\varphi_a=\sum_{\boldsymbol{G}} c_{\boldsymbol{G}}\exp(i\boldsymbol{G}\cdot\boldsymbol{r}) \tag{1}$$

$$\rho=\sum_{\boldsymbol{G}} \rho_{\boldsymbol{G}}\exp(i\boldsymbol{G}\cdot\boldsymbol{r}) \tag{2}$$

式中，$\boldsymbol{G}$ 等于倒格子中矢量的 2π 倍，泊格方程为

$$\nabla^2\varphi_a=-4\pi\rho$$

或者

$$\sum G^2 c_{\boldsymbol{G}} \exp(i\boldsymbol{G}\cdot\boldsymbol{r}) = 4\pi \sum \rho_{\boldsymbol{G}} \exp(i\boldsymbol{G}\cdot\boldsymbol{r})$$

所以，有

$$c_{\boldsymbol{G}} = 4\pi\rho_{\boldsymbol{G}}/G^2 \tag{3}$$

若在推导 $\rho_{\boldsymbol{G}}$ 时假定存在着与每个布拉维晶格格点相联系的基元，并在基元中含有距离其对应格点 $\boldsymbol{r}_t$ 处电荷为 q_t 的离子，则每个离子点就是高斯电荷密度分布的中心，即有

$$\rho(\boldsymbol{r}) = q_t(\eta/\pi)^{3/2}\exp(-\eta r^2)$$

其中指数前面的因子表示与离子电荷 q_t 相联系的总电荷；距离参量 η 的选取要非常小心，以便保证最终结果式（6）的快速收敛性，亦即结果式（6）与 η 无关。

通常，将式（2）的两边同乘以 $\exp(-i\boldsymbol{G}\cdot\boldsymbol{r})$ 并遍及一个晶胞（体积为 Δ）积分即可推导出 $\rho_{\boldsymbol{G}}$。于是，被计及的电荷分布既包括晶胞内诸离子点上的电荷，也包括来自所有其他晶胞电荷分布的尾部。显然易见，总电荷密度乘以 $\exp(-i\boldsymbol{G}\cdot\boldsymbol{r})$ 之后遍及一个单胞的积分，将等于单胞内的电荷密度乘以 $\exp(-i\boldsymbol{G}\cdot\boldsymbol{r})$ 之后对整个空间的积分。

因此，我们有

$$\rho_{\boldsymbol{G}}\int_{\substack{\text{one}\\\text{cell}}}\exp(i\boldsymbol{G}\cdot\boldsymbol{r})\exp(-i\boldsymbol{G}\cdot\boldsymbol{r})\mathrm{d}\boldsymbol{r} = \rho_{\boldsymbol{G}}\Delta$$

$$= \int_{\substack{\text{all}\\\text{space}}}\sum_t q_t(\eta/\pi)^{3/2}\exp[-\eta(r-r_t)^2]\exp(-i\boldsymbol{G}\cdot\boldsymbol{r})\mathrm{d}\boldsymbol{r}$$

由此，很容易导出

$$\rho_{\boldsymbol{G}}\Delta = \sum_t q_t\exp(-i\boldsymbol{G}\cdot\boldsymbol{r}_t)(\eta/\pi)^{3/2}\int_{\substack{\text{all}\\\text{space}}}\exp[(-i\boldsymbol{G}\cdot\boldsymbol{\xi}+\eta\boldsymbol{\xi}^2)]\mathrm{d}\xi$$

$$= \left(\sum_t q_t\exp(-i\boldsymbol{G}\cdot\boldsymbol{r}_t)\right)\exp(-G^2/4\eta) = S(\boldsymbol{G})\exp(-G^2/4\eta)$$

其中 $S(\boldsymbol{G}) = \sum_t q_t\exp(-i\boldsymbol{G}\cdot\boldsymbol{r}_t)$ 正是在合适单位下给出的结构因子（参见第 2 章）。联立式（1）和式（3）两式，则得

$$\varphi_a = \frac{4\pi}{\Delta}\sum_{\boldsymbol{G}} S(\boldsymbol{G})G^{-2}\exp(i\boldsymbol{G}\cdot\boldsymbol{r} - G^2/4\eta) \tag{4}$$

对于原点 $\boldsymbol{r}=0$，则有

$$\varphi_a = \frac{4\pi}{\Delta}\sum_{\boldsymbol{G}} S(\boldsymbol{G})G^{-2}\exp(-G^2/4\eta)$$

在参考离子点 i 处，由中心高斯分布给出的势 φ_b 为

$$\varphi_b = \int_0^\infty (4\pi r^2\mathrm{d}r)(\rho/r) = 2q_i(\eta/\pi)^{1/2}$$

同时，可得

$$\varphi_1(i) = \frac{4\pi}{\Delta}\sum_{\boldsymbol{G}} S(\boldsymbol{G})G^{-2}\exp(-G^2/4\eta) - 2q_i(\eta/\pi)^{1/2}$$

下面在参考点计算势 φ_2。它并不等于零，因为其他离子所给出的高斯分布的尾部将在参考点处交叠。对于每个离子，这个势可以写为

$$q_1\left[\frac{1}{r_1} - \frac{1}{r_1}\int_0^{r_1}\rho(\boldsymbol{r})\mathrm{d}\boldsymbol{r} - \int_{r_1}^\infty\frac{\rho(\boldsymbol{r})}{r}\mathrm{d}\boldsymbol{r}\right]$$

可以看出，上式由三部分组成，它们分别是点电荷的贡献以及高斯分布以第 l 个离子为中

心、半径为 r_1 的球内和球外部分所产生的贡献。将 $\rho(\boldsymbol{r})$ 代入并经过简单运算，我们有

$$\varphi_2=\sum_l \frac{q_1}{r_1}F(\eta^{1/2}r_1) \tag{5}$$

其中

$$F(x)=(2/\pi^{1/2})\int_x^{\infty}\exp(-s^2)\mathrm{d}s$$

最后可得参考离子 i 在晶体中所有其他离子电场中的总势为

$$\varphi(i)=\frac{4\pi}{\Delta}\sum_{\boldsymbol{G}}S(\boldsymbol{G})G^{-2}\exp(-G^2/4\eta)-2q_1(\eta/\pi)^{1/2}+\sum_l\frac{q_1}{r_1}F(\eta^{1/2}r_1) \tag{6}$$

在埃瓦尔德方法的应用中，关键在于恰当地选取 η，以便式（6）中两个求和都能快速地收敛。

B1. 关于偶极子阵列格点和的埃瓦尔德-科尔菲尔德计算方法

科尔菲尔德（Kornfeld）曾将埃瓦尔德方法推广应用于偶极子阵列和四极子阵列。现在，我们讨论一个偶极子阵列在格点以外某点处所产生的电场。由式（4）和式（5）两式可知，在正单位点电荷组成的晶格中，某点 $\boldsymbol{r}$ 处的势为

$$\varphi=(4\pi/\Delta)\sum_{\boldsymbol{G}}S(\boldsymbol{G})G^{-2}\exp[i\boldsymbol{G}\cdot\boldsymbol{r}-G^2/4\eta]+\sum_l F(\sqrt{\eta}\boldsymbol{r_1})/\mathrm{r}_l \tag{7}$$

其中 r_1 表示从 $\boldsymbol{r}$ 点到格点 l 的距离。

在式（7）中，右边第一项相应于每个格点的电荷分布为 $\rho=(\eta/\pi)^{3/2}\exp(-\eta r^2)$ 时的势。对式（7）给出的势求 $-\mathrm{d}/\mathrm{d}z$，并利用静电学中大家熟知的关系式，可求出指向 z 方向的单位偶极子阵列所产生的势。于是，式（7）中右边第一项的贡献为

$$-(4\pi i/\Delta)\sum_{\boldsymbol{G}}S(\boldsymbol{G})(G_z/G^2)\exp[i\boldsymbol{G}\cdot\boldsymbol{r}-G^2/4\eta]$$

那么，由这一项可得电场的 z 分量为 $E_z=\partial^2\varphi/\partial z^2$，或者

$$-(4\pi/\Delta)\sum_{\boldsymbol{G}}S(\boldsymbol{G})(G_z^2/G^2)\exp[i\boldsymbol{G}\cdot\boldsymbol{r}-G^2/4\eta] \tag{8}$$

对式（7）中的右边第二项求一次微分，则有

$$-\sum_l z_1[(F(\sqrt{\eta}r_1)/r_1^3)+(2/r_1^2)(\eta/\pi)^{1/2}\exp(-\eta r_1^2)]$$

于是，相应这一部分电场的 z 分量为：

$$\begin{aligned}\sum_l\{z_1^2[&(3F(\sqrt{\eta}r_1)/r_1^5)+(6/r_1^4)(\eta/\pi)^{1/2}\exp(-\eta r_1^2)\\&+(4/r_1^2)(\eta^3/\pi)^{1/2}\exp(-\eta r_1^2)]-[(F(\sqrt{\eta}r_1)/r_1^3)\\&+(2/r_1^2)(\eta/\pi)^{1/2}\exp(-\eta r_1^2)]\}\end{aligned} \tag{9}$$

由式（8）和式（9）两式相加即和出总的 E_z。这样，通过相加求和就可以得到在任何数目晶格情况下的结果。

附录 C 弹性波的量子化：声子

声子是在第 4 章中作为量子化的弹性波而引入的。如何量子化一个弹性波呢？作为晶体中声子的一个简单模型，考虑粒子的线型晶格的振动，其粒子之间用弹簧连接。这样，我们就可以将粒子运动严格地量子化为一个谐振子或一组耦合谐振子的运动。为此，我们将粒子

坐标转换为声子坐标（又称为波坐标，因为它们代表一个行波）。

假定质量为 M 的 N 个粒子通过力常量为 C、长度为 a 的弹簧连接。为了确定边界条件，令这些粒子围成一个圆环。现在考虑粒子离开这个环平面的横位移。若粒子 s 的位移为 q_s、动量为 p_s，则这一系统的哈密顿量为

$$H=\sum_{s=1}^{n}\left\{\frac{1}{2M}p_s^2+\frac{1}{2}C(q_{s+1}-q_s)^2\right\} \tag{1}$$

又，一个谐振子的哈密顿量为

$$H=\frac{1}{2M}p^2+\frac{1}{2}Cx^2 \tag{2}$$

和能量本征值为

$$\epsilon_n=\left(n+\frac{1}{2}\right)\hbar\omega \tag{3}$$

其中 $n=0$，1，2，3，…。对于具有不同哈密顿量式（1）的粒子链，其能量本征值问题也是可以严格求解的。

为了求解式（1），我们要先将坐标 p_s 和 q_s 转换成所谓的声子坐标 P_k 和 Q_k。

C1. 声子坐标

将粒子坐标 q_s 转换为声子坐标 Q_k，这在所有周期晶格问题中都是如此。令

$$q_s=N^{-1/2}\sum_k Q_k\exp(iksa) \tag{4}$$

相应的逆变换为

$$Q_k=N^{-1/2}\sum_s q_s\exp(-iksa) \tag{5}$$

其中，由边界条件 $q_s=q_{s+N}$ 确定的 N 个允许波矢 k 的值为

$$k=2\pi n/Na;n=0,\pm1,\pm2\cdots\cdots,\pm\left(\frac{1}{2}N-1\right),\frac{1}{2}N \tag{6}$$

此外，还需要将粒子动量 p_s 转换为 Q_k 的正则共轭动量 P_k。相应的变换为

$$p_s=N^{-1/2}\sum_k P_k\exp(-iksa);\qquad P_k=N^{-1/2}\sum_s p_s\exp(iksa) \tag{7}$$

如果只是将式（4）和式（5）的 p 与 q 及 P 与 Q 作简单地的代换，所得结果肯定是不对的，因为式（4）和式（7）中的 k 和 $-k$ 已经互换。

下面证明，上述选取的 P_k 和 Q_k 满足正则变量的量子对易关系。为此，构造对易式：

$$\begin{aligned}[Q_k,P_{k'}]&=N^{-1}\left[\sum_r q_r\exp(-ikra),\sum_s p_s\exp(ik'sa)\right]\\&=N^{-1}\sum_r\sum_s[q_r,p_s]\exp[-i(kr-k's)a]\end{aligned} \tag{8}$$

因为算符 p 和 q 是共轭的，所以它们满足对易关系

$$[q_r,p_s]=i\hbar\,\delta(r,s) \tag{9}$$

其中，$\delta(r,s)$ 是克罗内克（Kronecker）符号。

因此，式（8）变成：

$$[Q_k,P_{k'}]=N^{-1}i\hbar\sum_r\exp[-i(k-k')ra]=i\hbar\delta(k,k') \tag{10}$$

于是，Q_k 和 P_k 也是一对共轭变量。其中求和式的计算为

$$\sum_r \exp[-i(k-k')ra] = \sum_r \exp[-i2\pi(n-n')r/N] = N\delta(n,n') = N\delta(k,k') \tag{11}$$

这里，我们利用了式（6）以及关于有限级数的一个标准结果。

现在对哈密顿量式（1）进行式（7）和式（4）的变换，并利用和式（11），则有

$$\sum_s p_s^2 = N^{-1}\sum_s\sum_k\sum_{k'} P_k P_{k'}\exp[-i(k+k')sa] = \sum_k\sum_{k'} P_k P_{k'}\delta(-k,k') = \sum_k P_k P_{-k} \tag{12}$$

$$\sum_s (q_{s+1}-q_s)^2 = N^{-1}\sum_s\sum_k\sum_{k'} Q_k Q_{k'}\exp(iksa)[\exp(ika)-1] \times \exp(ik'sa)[\exp(ik'a)-1] = 2\sum_k Q_k Q_{-k}(1-\cos ka) \tag{13}$$

因此，在声子坐标下，哈密顿量式（1）变为

$$H = \sum_k \left\{\frac{1}{2M}P_k P_{-k} + CQ_k Q_{-k}(1-\cos ka)\right\} \tag{14}$$

如果引入符号 ω_k，其定义为

$$\omega_k \equiv (2C/M)^{1/2}(1-\cos ka)^{1/2} \tag{15}$$

则声子哈密顿量就可表示为

$$H = \sum_k \left\{\frac{1}{2M}P_k P_{-k} + \frac{1}{2}M\omega_k^2 Q_k Q_{-k}\right\} \tag{16}$$

利用量子力学的标准公式及式（14）给出的 H，可得到声子坐标算符的运动方程为

$$i\hbar\dot{Q}_k = [Q_k, H] = i\hbar P_{-k}/M \tag{17}$$

其次，利用对易式式（17），则得

$$i\hbar\ddot{Q}_k = [\dot{Q}_k, H] = M^{-1}[P_{-k}, H] = i\hbar\,\omega_k^2 Q_k \tag{18}$$

因此，有

$$\ddot{Q}_k + \omega_k^2 Q_k = 0 \tag{19}$$

这就是频率为 ω_k 的谐振子运动方程。

量子谐振子的能量本征值为

$$\epsilon_k = \left(n_k + \frac{1}{2}\right)\hbar\omega_k \tag{20}$$

其中量子数 $n_k=0$，1，2，…。所有声子的能量或整个系统的能量为

$$U = \sum_k \left(n_k + \frac{1}{2}\right)\hbar\omega_k \tag{21}$$

这一结果表明，弹性波的能量量子化是一个很自然的结论。

C2. 产生算符与湮灭算符

对于更深入的研究工作来讲，由声子哈密顿量式（16）转变为适用于一组谐振子的如下形式将是很有帮助的，即

$$H = \sum_k \hbar\omega_k \left(a_k^+ a_k + \frac{1}{2}\right) \tag{22}$$

式中，a_k^+ 和 a_k 为谐振子算符，它们又称为产生算符和湮灭算符或玻色子算符。下面

推导这一变换。

当产生一个声子的玻色子算符 a^+ 作用于量子数为 n 的谐振子态时，具有性质

$$a^+|n\rangle=(n+1)^{1/2}|n+1\rangle \tag{23}$$

这也被看作 a^+ 算符的定义。同理，湮灭一个声子的玻色子湮灭算符 a 可由性质

$$a|n\rangle=n^{1/2}|n-1\rangle \tag{24}$$

定义。

综合上述两式，则有

$$a^+a|n\rangle=a^+n^{1/2}|n-1\rangle=n|n\rangle \tag{25}$$

因此，$|n\rangle$ 是算符 a^+a 的本征态，本征值为整数 n，n 被称为谐振子的量子数或占有数。当声子模 k 处于记号为 n_k 的本征态时，则称该模中的声子数为 n_k。式（22）的本征值为 $U=\sum\left(n_k+\dfrac{1}{2}\right)\hbar\omega_k$，与式（21）相符。

因为

$$aa^+|n\rangle=a(n+1)^{1/2}|n+1\rangle=(n+1)|n\rangle \tag{26}$$

所以玻色子算符 a_k^+ 和 a_k 的对易式满足关系

$$[a,a^+]\equiv aa^+-a^+a=1 \tag{27}$$

下面证明，式（16）的哈密顿量可以用声子算符 a_k^+ 和 a_k 表示成式（19）的形式。由下列变换可以完成这一证明，即

$$a_k^+=(2\hbar)^{-1/2}[(M\omega_k)^{1/2}Q_{-k}-i(M\omega_k)^{-1/2}P_k] \tag{28}$$

$$a_k=(2\hbar)^{-1/2}[(M\omega_k)^{1/2}Q_k+i(M\omega_k)^{-1/2}P_{-k}] \tag{29}$$

其逆关系式为

$$Q_k=(\hbar/2M\omega_k)^{1/2}(a_k+a_{-k}^+) \tag{30}$$

$$P_k=i(\hbar M\omega_k/2)^{1/2}(a_k^+-a_{-k}) \tag{31}$$

根据式（4）、式（5）和式（29），则粒子位置（坐标）算符变为

$$q_s=\sum_k(\hbar/2NM\omega_k)^{1/2}[a_k\exp(iks)+a_k^+\exp(-iks)] \tag{32}$$

这一方程将粒子位移算符同声子产生与湮灭算符联系在一起。

为了由式（28）导出式（29），利用性质

$$Q_{-k}^+=Q_k;\quad P_k^+=P_{-k} \tag{33}$$

这些性质可由式（5）和式（7）并利用 q_s 和 p_s 是厄米算符的量子力学条件推得。q_s 和 p_s 厄米性表示为

$$q_s=q_s^+;\quad p_s=p_s^+ \tag{34}$$

于是，式（28）可由式（4）、式（5）和式（7）所示的变换推出。现在通过式（28）和式（29）定义的算符证明对易关系式（27）成立。

$$[a_k,a_k^+]=(2\hbar)^{-1}(M\omega_k[Q_k,Q_{-k}]-i[Q_k,P_k]+i[P_{-k},Q_{-k}]+[P_{-k},P_k]/M\omega_k) \tag{35}$$

利用式（10）给出的 $[Q_k,P_{k'}]=i\hbar\delta(k,k')$，则有

$$[a_k,a_{k'}^+]=\delta(k,k') \tag{36}$$

最后证明，式（16）和式（22）给出的声子哈密顿量是等价的。注意到由式（15）推知 $\omega_k=\omega_{-k}$，则可构造出

$$\hbar\omega_k(a_k^+a_k+a_{-k}^+a_{-k})=\frac{1}{2M}(P_kP_{-k}+P_{-k}P_k)+\frac{1}{2}M\omega_k^2(Q_kQ_{-k}+Q_{-k}Q_k)$$

这表明关于 H 的两个表达式（16）和式（22）是等价的。同时，还应当指出，式（15）中的 $\omega_k=(2C/M)^{1/2}(1-\cos ka)^{1/2}$ 等同于波矢为 k 的振动模经典频率。

附录 D 费米-狄拉克分布函数[1]

利用现代统计力学的方法，可以很容易地导出费米-狄拉克分布函数（Fermi-Dirac distribution function）。下面我们就概述这一论证。其中符号约定为：规定熵（conventional entropy）S 与基本熵（fundamental entropy）σ 之间的关系为 $S=k_B\sigma$；开尔文（Kelvin）温度 T 与基本温度 τ 之间的关系为 $\tau=k_BT$，其中 $k_B=1.38066\times10^{-23}$J/K。

主要物理量有：熵，温度，玻尔兹曼因子，化学势，吉布斯因子和分布函数。熵是一个系统的可能量子态数目的量度。对于闭系，（假设）其处在任一量子态的概率相等。这个基本假设是说：一个量子态或者是这个系统的可能态，或者不是这个系统的可能态，二者必具其一，而这个系统处在任何一个可能量子态上的概率相等。若系统有 g 个可能态，则其熵定义为 $\sigma=\log g$。因此，这样定义的熵将是内能 U、粒子数 N 和系统体积 V 的函数。

当两个能量一定却不相等的系统发生热接触时，它们之间将会有能量传输；它们的总能量保持不变。但对它们各自能量的限制已经消失。能量无论以这个或那个方向传输，都会使乘积 g_1g_2 增加，其中 g_1g_2 是这一组合系统可能量子态数目的量度。根据上述基本假设，总能量的分配将使得可能态的数目最大化：越多越好，“多多益善”。这一陈述道出了熵增加原理的核心思想。熵增加原理是热力学第二定律的普遍表述。

只要两个系统存在热接触就必然有能量传递。那么，什么是它们的最可几结果呢？一个系统的能量增加，另一个系统的能量减少。与此同时，两个系统的总熵将增加。当总能一定时，最后熵将达到一个最大值。不难证明，当两个系统的 $\left(\frac{\partial\sigma}{\partial U}\right)_{N,V}$ 值相等时就会达到这个最大值。两个系统在热接触中表现出的这一相等性质就是人们对温度所预期的性质。从而，基本温度 τ 就可以由下式定义，即

$$\frac{1}{\tau}\equiv\left(\frac{\partial\sigma}{\partial U}\right)_{N,V} \tag{1}$$

显然易见，使用 $1/\tau$ 就可以保证能量从高 τ 流向低 τ，而不需要更复杂的关系。

现在考虑玻尔兹曼因子的一个非常简单的例子。令一个小系统与一个被称为热库的大系统发生热接触；其中，小系统只有两个态，一个态的能量为 0，另一个能量为ϵ。若这一组合系统的总能量为 U_0，则当小系统处于能量为 0 的态时，热库能量为 U_0，可能的态数为 $g(U_0)$；而当小系统处于能量为ϵ的态时，热库能量为（$U_0-\epsilon$），可能的态数为 $g(U_0-\epsilon)$。根据基本假设，发现小系统能量为ϵ的概率与发现小系统能量为 0 的概率之比为

$$\frac{P(\epsilon)}{P(0)}=\frac{g(U_0-\epsilon)}{g(U_0)}=\frac{\exp[\sigma(U_0-\epsilon)]}{\exp[\sigma(U_0)]} \tag{2}$$

热库的熵 σ 可以用泰勒（Taylor）级数展开为

[1] 这个附录引自 C. Kittel and H. Kroemer，Thermal Physics，2nd ed.，Freeman，1980。

$$\sigma(U_0-\epsilon)\simeq\sigma(U_0)-\epsilon(\partial\sigma/\partial U_0)=\sigma(U_0)-\epsilon/\tau \tag{3}$$

式中，忽略了高次项，并利用了温度的定义式（1）。将式（3）代入式（2），并且约去分子和分母中的 $\exp[\sigma(U_0)]$，则得

$$P(\epsilon)/P(0)=\exp(-\epsilon/\tau) \tag{4}$$

这就是玻尔兹曼的结果。为了显示这一结果的价值，下面计算在 τ 温度下与热库发生热接触的两态系统的热平均能 $\langle\epsilon\rangle$。即有

$$\langle\epsilon\rangle=\sum_i \epsilon_i P(\epsilon_i)=0\cdot P(0)+\epsilon P(\epsilon)=\frac{\epsilon\exp(-\epsilon/\tau)}{1+\exp(-\epsilon/\tau)} \tag{5}$$

其中，利用了概率和的归一化条件，即

$$P(0)+P(\epsilon)=1 \tag{6}$$

将上述结果推广，就可立即求出一个谐振子在温度 τ 时的平均能量（见普朗克定律）。

这一理论最重要的推论就是系统与热库之间可以像能量一样进行粒子的输运。对于两个存在扩散和热接触的系统，由于能量传递和粒子输运，熵将达到一个最大值。这时，不但两个系统的 $\left(\frac{\partial\sigma}{\partial U}\right)_{N,V}$ 必须相等，而且它们的 $\left(\frac{\partial\sigma}{\partial N}\right)_{U,V}$ 也必须相等，其中 N 表示给定的某种类粒子的数目。为了描述新的相等性条件，人们引入了化学势 μ[1]，使得

$$-\frac{\mu}{\tau}=\left(\frac{\partial\sigma}{\partial N}\right)_{U,V} \tag{7}$$

由此可见，对于两个处于热接触和扩散接触的系统，则有 $\tau_1=\tau_2$ 和 $\mu_1=\mu_2$。式（7）中符号的选取是为了保证在趋于平衡的过程中粒子由高化学势流向低化学势。

吉布斯因子是玻尔兹曼因子［式（4）所示］的一个推广。由此可以处理存在粒子传输的系统。最简单的例子就是两态系统，其中一个态为零个粒子和零能量，另一个为一个粒子和 ϵ 能量。假定这个系统与温度为 τ、化学势为 μ 的热库发生热接触。将式（3）推广应用于热库的熵，则有

$$\begin{aligned}\sigma(U_0-\epsilon;N_0-1)&=\sigma(U_0;N_0)-\epsilon(\partial\sigma/\partial U_0)-1\cdot(\partial\sigma/\partial N_0)\\&=\sigma(U_0;N_0)-\epsilon/\tau+\mu/\tau\end{aligned} \tag{8}$$

类似式（4），得到吉布斯因子为

$$P(1,\epsilon)/P(0,0)=\exp[(\mu-\epsilon)/\tau] \tag{9}$$

这就是系统能量为 ϵ 时被一个粒子占据的概率与系统能量为零时不被占据的概率之比。将结果式（9）归一化后很容易地得到

$$P(1,\epsilon)=\frac{1}{\exp[(\epsilon-\mu)/\tau]+1} \tag{10}$$

这就是费米-狄克分布函数。

附录 E　dk/dt 表达式的推导

下面讨论 Kroemer 给出的简单而又严密的推导。在量子力学中，对任意一个算符 A，即有

[1] 关于化学势更细致地讨论，请参见文献 TP 第 5 章。

$$d\langle A\rangle/dt=(i/\hbar)\langle[H,A]\rangle \tag{1}$$

式中，H 是哈密顿量。也可参见 C. L. Cook，American J. Phys. 55，953（1987）。

令 A 表示晶格平移算符 T。T 的定义为

$$Tf(x)=f(x+a) \tag{2}$$

式中，a 为基矢，这里限于讨论一维情况。对布洛赫函数，则有

$$T\Psi_k(x)=\exp(ika)\Psi_k(x) \tag{3}$$

这一结果通常是在一个能带下给出的；但是，即使 Ψ_k 是若干个能带中的布洛赫态的一个线性组合，该结果也是成立的，只要它们在简约布里渊区图式中具有相同波矢 k。

晶体哈密顿量 H_0 与晶格平移算符 T 是对应的，亦即$[H_0,T]=0$。如果施加一个恒定外力 F，则有

$$H=H_0-Fx \tag{4}$$

和

$$[H,T]=FaT \tag{5}$$

由式（1）或式（5），可得

$$d\langle T\rangle/dt=(i/\hbar)(Fa)\langle T\rangle \tag{6}$$

根据式（6），则有

$$\langle T\rangle^* d\langle T\rangle/dt=(iFa/\hbar)|\langle T\rangle|^2;$$

$$\langle T\rangle d\langle T^*\rangle/dt=-(iFa/\hbar)|\langle T\rangle|^2$$

同时，有

$$d|\langle T\rangle|^2/dt=0 \tag{7}$$

这是复平面上一个圆的方程。该平面上的坐标轴分别为本征值 $\exp(ika)$ 的实部和虚部。如果 $\langle T\rangle$ 起始时位于单位圆上，则它将永远位于单位圆上。

对于满足周期边界条件的 Ψ 函数，只有当 Ψ_k 为单个布洛赫函数，或是具有相同约化波矢 k 的异带洛赫函数的叠加时，$\langle T\rangle$ 才能落在单位圆上。

当 $\langle T\rangle$ 沿着单位圆周运动时，对于所有能带中的 Ψ_k 分量，其波矢 k 的变化速率都是相同的。若 $\langle T\rangle=\exp(ika)$，则由式（6）可得到一个严格的结果，即

$$ia\,dk/dt=iFa/\hbar \tag{8}$$

或

$$dk/dt=F/\hbar \tag{9}$$

这并不意味着在外加电场作用下不能发生带间混合［例如齐纳（Zener）隧道效应］。它只是表明，对于一个波包的每个组成部分，k 将以恒定速率变化。这一结果可以很容易地推广到三维情况。

附录 F 玻尔兹曼输运方程

玻尔兹曼输运方程（Boltzmann transport equation）是输运过程的经典理论基础。下面，我们将在笛卡尔坐标 $\boldsymbol{r}$ 和速度 $\boldsymbol{v}$ 的六维空间中讨论。经典分布函数 $f(\boldsymbol{r},\boldsymbol{v})$由如下关系式定义，即

$$f(\boldsymbol{r},\boldsymbol{v})d\boldsymbol{r}d\boldsymbol{v}=\text{在体积元 } d\boldsymbol{r}d\boldsymbol{v} \text{ 中的粒子数} \tag{1}$$

现在，我们来推导玻尔兹曼方程。考虑时间变化 dt 对分布函数的影响。根据经典力学

中的刘维尔定理（Liouville theorem），对于在运动轨道上的一个体积元，若不计及碰撞效应，则其分布是守恒的，即有

$$f(t+\mathrm{d}t,\boldsymbol{r}+\mathrm{d}\boldsymbol{r},\boldsymbol{v}+\mathrm{d}\boldsymbol{v})=f(t,\boldsymbol{r},\boldsymbol{v}) \tag{2}$$

当考虑碰撞时，则有

$$f(t+\mathrm{d}t,\boldsymbol{r}+\mathrm{d}\boldsymbol{r},\boldsymbol{v}+\mathrm{d}\boldsymbol{v})-f(t,\boldsymbol{r},\boldsymbol{v})=\mathrm{d}t(\partial f/\partial t)_{\mathrm{coll}} \tag{3}$$

因此，有

$$\mathrm{d}t(\partial f/\partial t)+\mathrm{d}\boldsymbol{r}\cdot\mathrm{grad}_{\boldsymbol{r}}f+\mathrm{d}\boldsymbol{v}\cdot\mathrm{grad}_{\boldsymbol{v}}f=\mathrm{d}t(\partial f/\partial t)_{\mathrm{coll}} \tag{4}$$

令 $\boldsymbol{\alpha}$ 表示加速度 $\mathrm{d}\boldsymbol{v}/\mathrm{d}t$，即有

$$\partial f/\partial t+\boldsymbol{v}\cdot\mathrm{grad}_{\boldsymbol{r}}f+\boldsymbol{\alpha}\cdot\mathrm{grad}_{\boldsymbol{v}}f=(\partial f/\partial t)_{\mathrm{coll}} \tag{5}$$

这就是玻尔兹曼输运方程。

在许多问题中，碰撞项 $(\partial f/\partial t)_{\mathrm{coll}}$ 可以通过引入弛豫时间 $\tau_c(\boldsymbol{r},\ \boldsymbol{v})$ 来处理。τ_c 由如下方程定义：

$$(\partial f/\partial t)_{\mathrm{coll}}=-(f-f_0)/\tau_c \tag{6}$$

其中 f_0 是热平衡时的分布函数。注意：莫将表示弛豫时间的 τ_c 与表示温度的 τ 混淆。假定在外力作用下引致一个非平衡速度分布后即将外力骤然撤去。这时，非平衡分布将向平衡分布演变。如果考虑到 $\partial f_0/\partial t=0$（平衡分布的定义），则由式（6）导出其演变方程为

$$\frac{\partial(f-f_0)}{\partial t}=-\frac{f-f_0}{\tau_c} \tag{7}$$

这个方程的解可以写为

$$(f-f_0)_t=(f-f_0)_{t=0}\exp(-t/\tau_c) \tag{8}$$

这里也包括 τ_c 为 $\boldsymbol{r}$ 和 $\boldsymbol{v}$ 函数的情况。

联立式（1）、式（5）和式（6），可导出在弛豫时间近似情况下的玻尔兹曼输运方程，即

$$\frac{\partial f}{\partial t}+\boldsymbol{\alpha}\cdot\mathrm{grad}_{\boldsymbol{v}}f+\boldsymbol{v}\cdot\mathrm{grad}_{\boldsymbol{r}}f=-\frac{f-f_0}{\tau_c} \tag{9}$$

根据定义，对于稳恒态，则有 $\partial f/\partial t=0$。

F1. 粒子扩散

考虑一个具有粒子浓度梯度的等温系统。这时，在弛豫时间近似下，稳态玻尔兹曼输运方程变为：

$$v_x\mathrm{d}f/\mathrm{d}x=-(f-f_0)/\tau_c \tag{10}$$

其中非平衡分布函数 f 沿 x 方向变化。在一级近似下，可将式（10）写为

$$f_1=f_0-v_x\tau_c\mathrm{d}f_0/\mathrm{d}x \tag{11}$$

式中已用 $\mathrm{d}f_0/\mathrm{d}x$ 替换 $\mathrm{d}f/\mathrm{d}x$。如果需要的话，可通过迭代法得出更高级近似的解。于是，二级近似下的解为

$$f_2=f_0-v_x\tau_c\mathrm{d}f_1/\mathrm{d}x=f_0-v_x\tau_c\mathrm{d}f_0/\mathrm{d}x+v_x^2\tau_c^2\mathrm{d}^2f_0/\mathrm{d}x^2 \tag{12}$$

叠代法将在非线性效应处理中经常用到。

F2. 经典分布

令 f_0 表示经典极限情况下的分布函数，即

$$f_0=\exp[(\mu-\epsilon)/\tau] \tag{13}$$

我们可以自由地选取对于分布函数最方便的归一化条件，因为输运方程关于 f 和 f_0 是线性的。因此，这里选取式（13）所示的归一化而不是式（1）所示的归一化。于是，有

$$df_0/dx=(df_0/d\mu)(d\mu/dx)=(f_0/\tau)(d\mu/dx) \tag{14}$$

同时，式（11）所示非平衡分布的一级近似解变为

$$f=f_0-(v_x\tau_c f_0/\tau)(d\mu/dx) \tag{15}$$

在 x 方向的粒子流通量密度为

$$J_n^x=\int v_x f D(\epsilon)d\epsilon \tag{16}$$

其中 $D(\epsilon)$ 是单位体积和单位能量间隔内的电子态密度，即

$$D(\epsilon)=\frac{1}{2\pi^2}\left(\frac{2M}{\hbar^2}\right)^{3/2}\epsilon^{1/2} \tag{17}$$

于是

$$J_n^x=\int v_x f_0 D(\epsilon)d\epsilon-(d\mu/dx)\int(v_x^2\tau_c f_0/\tau)D(\epsilon)d\epsilon \tag{18}$$

其中第一个积分为零，因为 v_x 是一个奇函数，而 f_0 是 v_x 的偶函数。这进一步证明平衡分布 f_0 下的净粒子流为零。第二个积分不等于零。

在计算第二个积分之前，先考虑一下弛豫时间 τ_c 对速度的依赖性。作为例子，假设 τ_c 是一个常量，亦即 τ_c 与速度无关。这样一来，τ_c 就可以提到积分号之外，于是得到：

$$J_n^x=-(d\mu/dx)(\tau_c/\tau)\int v_x^2 f_0 D(\epsilon)d\epsilon \tag{19}$$

其中积分部分可以写为

$$\frac{1}{3}\int v^2 f_0 D(\epsilon)d\epsilon=\frac{2}{3M}\int\left(\frac{1}{2}Mv^2\right)f_0 D(\epsilon)d\epsilon=n\tau/M \tag{20}$$

因为式（20）中间的积分部分恰好就是粒子的动能密度 $\frac{3}{2}n\tau$。这里 $\int f_0 D(\epsilon)d\epsilon=n$ 是粒子密度。于是，粒子流密度为

$$J_n^x=-(n\tau_c/M)(d\mu/dx)=-(\tau_c\tau/M)(dn/dx) \tag{21}$$

其中利用

$$\mu=\tau\lg n+常数 \tag{22}$$

显见，式（21）具有扩散方程的形式。相应的扩散率为

$$D_n=\tau_c\tau/M=\frac{1}{3}\langle v^2\rangle\tau_c \tag{23}$$

关于弛豫时间的另一个可能的假设就是它与速度成反比，即 $\tau_c=l/v$，其中平均自由程 l 是常量。于是，式（19）就变成

$$J_n^x=-(d\mu/dx)(l/\tau)\int(v_x^2/v)f_0 D(\epsilon)d\epsilon \tag{24}$$

这时，式中的积分可以写为

$$\frac{1}{3}\int v f_0 D(\epsilon)d\epsilon=\frac{1}{3}n\bar{c} \tag{25}$$

式中，$\bar{c}$ 表示平均速度。因此，有

$$J_n^x=-\frac{1}{3}(l\bar{c}n/\tau)(d\mu/dx)=-\frac{1}{3}l\bar{c}(dn/dx) \tag{26}$$

从而，这时的扩散率为

$$D_n=\frac{1}{3}l\bar{c} \tag{27}$$

F3. 费米-狄拉克分布

分布函数为

$$f_0=\frac{1}{\exp[(\epsilon-\mu)/\tau]+1} \tag{28}$$

如式（14）所示，要得到 $\mathrm{d}f_0/\mathrm{d}x$，必须求出 $\mathrm{d}f_0/\mathrm{d}\mu$。下面我们证明在 $\tau\ll\mu$ 的低温情况下有

$$\mathrm{d}f_0/\mathrm{d}\mu=\delta(\epsilon-\mu) \tag{29}$$

这里，δ 是狄拉克 δ 函数；对于普适函数 $F(\epsilon)$，δ 函数具有如下性质，即

$$\int_{-\infty}^{\infty}F(\epsilon)\delta(\epsilon-\mu)\mathrm{d}\epsilon=F(\mu) \tag{30}$$

现在考虑积分 $\int_0^{\infty}F(\epsilon)(\mathrm{d}f_0/\mathrm{d}\mu)\mathrm{d}\epsilon$。在低温下，除了当 $\epsilon\simeq\mu$ 时 $\mathrm{d}f_0/\mathrm{d}\mu$ 很大外，其他情况下 $\mathrm{d}f_0/\mathrm{d}\mu$ 将变得很小。除非函数 $F(\epsilon)$ 在 μ 附近变化特别快，我们都可以将 $F(\epsilon)$ 提到积分号之外，并取为 $F(\mu)$。于是

$$\begin{aligned}\int_0^{\infty}F(\epsilon)(\mathrm{d}f_0/\mathrm{d}\mu)\mathrm{d}\epsilon&\cong F(\mu)\int_0^{\infty}(\mathrm{d}f_0/\mathrm{d}\mu)\mathrm{d}\epsilon=-F(\mu)\int_0^{\infty}(\mathrm{d}f_0/\mathrm{d}\epsilon)\mathrm{d}\epsilon\\&=-F(\mu)[f_0(\epsilon)]_0^{\infty}=F(\mu)f_0(0)\end{aligned} \tag{31}$$

其中已经用到 $\mathrm{d}f_0/\mathrm{d}\mu=-\mathrm{d}f_0/\mathrm{d}\epsilon$，以及 $\epsilon=\infty$ 时 $f_0=0$。在低温下 $f(0)\cong1$，于是式（31）右边就等于 $F(\mu)$。这同 δ 函数近似是一致的。由此，则有

$$\mathrm{d}f_0/\mathrm{d}x=\delta(\epsilon-\mu)\mathrm{d}\mu/\mathrm{d}x \tag{32}$$

由式（16），粒子流密度则为

$$J_n^x=-(\mathrm{d}\mu/\mathrm{d}x)\tau_c\int v_x^2\delta(\epsilon-\mu)D(\epsilon)\mathrm{d}\epsilon \tag{33}$$

式中，τ_c 是在费米球 $\epsilon=\mu$ 表面上的弛豫时间。利用绝对零度下的 $D(\mu)=3n/2\epsilon_F$，则积分部分的值为

$$\frac{1}{3}v_F^2(3n/2\epsilon_F)=n/m \tag{34}$$

其中，由 $\epsilon_F=\frac{1}{2}mv_F^2$ 定义费米面上的速度 v_F。因而，得到

$$J_n^x=-(n\tau_c/m)\mathrm{d}\mu/\mathrm{d}x \tag{35}$$

因为在绝对零度下有 $\mu(0)=(\hbar^2/2m)(3\pi^2n)^{2/3}$，所以我们有

$$\mathrm{d}\mu/\mathrm{d}x=\left[\frac{2}{3}(\hbar^2/2m)(3\pi^2)^{2/3}/n^{1/3}\right]\mathrm{d}n/\mathrm{d}x=\frac{2}{3}(\epsilon_F/n)\mathrm{d}n/\mathrm{d}x \tag{36}$$

由此，式（33）变为

$$J_n^x=-(2\tau_c/3m)\epsilon_F\mathrm{d}n/\mathrm{d}x=-\frac{1}{3}v_F^2\tau_c\mathrm{d}n/\mathrm{d}x \tag{37}$$

其扩散率是 $\mathrm{d}n/\mathrm{d}x$ 的系数，即有

$$D_n=\frac{1}{3}v_F^2\tau_c \tag{38}$$

可以看出，这个结果在形式上同经典速度分布情况下给出的式（23）非常相似。在式（38）中，弛豫时间要在费米能处选取。

综上所述，凡是适用于经典近似处理的输运问题，例如金属中的输运问题，也同样可以

应用费米-狄拉克分布进行求解。

F4. 电导率

如果将粒子流密度乘以粒子电荷 q，并且将化学势梯度 $\mathrm{d}\mu/\mathrm{d}x$ 换成外部势梯度 $q\mathrm{d}\varphi/\mathrm{d}x=-qE_x$（其中 E_x 表示电场强度的 x 分量），那么就可以由粒子扩散率的结果导出等温电导率 σ。对于弛豫时间为 τ_c 的经典电子气，由式（21）可知电流密度为

$$\boldsymbol{J}_q=(nq^2\tau_c/m)\boldsymbol{E};\qquad \sigma=nq^2\tau_c/m \tag{39}$$

对于费米-狄拉克分布，由式（35）可得

$$\boldsymbol{J}_q=(nq^2\tau_c/m)\boldsymbol{E};\qquad \sigma=nq^2\tau_c/m \tag{40}$$

附录G　矢势、场动量和规范变换

这里之所以给出这么一个附录，是因为我们很难在某一本书里就能完全找到有关磁矢势 $\boldsymbol{A}$ 的系统讨论，况且在超导电性问题中我们要用到矢势的相关知识。下文式（18）导出的看起来似乎难以理解的、粒子在磁场中的哈密顿量的形式如下，即

$$H=\frac{1}{2M}\left(\boldsymbol{p}-\frac{Q}{c}\boldsymbol{A}\right)^2+Q\varphi \tag{1}$$

其中 Q 表示电荷，M 表示质量，$\boldsymbol{A}$ 是矢势，φ 是静电势。这一表达式在经典力学和量子力学中都是成立的。因为静磁场并不改变粒子的动能，所以磁场的矢势出现在哈密顿量中也许是我们没有想到的。然而，正如下面将要看到的那样，关键是人们发现动量 $\boldsymbol{p}$ 是两部分之和；它们分别是我们熟悉的动力学动量，即有

$$\boldsymbol{p}_{\text{kin}}=M\boldsymbol{v} \tag{2}$$

和势动量或场动量（field momentum），即

$$\boldsymbol{p}_{\text{field}}=\frac{Q}{c}\boldsymbol{A} \tag{3}$$

这样，总动量即为

$$\boldsymbol{p}=\boldsymbol{p}_{\text{kin}}+\boldsymbol{p}_{\text{field}}=M\boldsymbol{v}+\frac{Q}{c}\boldsymbol{A} \tag{4}$$

从而，动能为

$$\frac{1}{2}Mv^2=\frac{1}{2M}(Mv)^2=\frac{1}{2M}\left(\boldsymbol{p}-\frac{Q}{c}\boldsymbol{A}\right)^2 \tag{5}$$

矢势[1]与磁场的关系式为

$$\boldsymbol{B}=\nabla\times\boldsymbol{A} \tag{6}$$

这里限于讨论非磁性材料，因而 $\boldsymbol{H}$ 和 $\boldsymbol{B}$ 可作等同处理。

G1. 拉格朗日运动方程

经典力学的描述很清楚：要求出哈密顿量，我们必须首先找到拉格朗日量（Lagrangian）。用广义坐标给出的拉格朗日量为

$$L=\frac{1}{2}M\dot{q}^2-Q\varphi(\boldsymbol{q})+\frac{Q}{c}\dot{\boldsymbol{q}}\cdot\boldsymbol{A}(\dot{\boldsymbol{q}}) \tag{7}$$

---

[1] 关于矢势的初等讨论请参见 E. M. Purcell，Electricity and magnetism，2nd ed.，McGraw-Hill，1984.

这一表达式是正确的，因为它能给出一个电荷在电场和磁场中正确的运动方程，就像下面我们将证明的那样。

在笛卡尔坐标下，运动的拉格朗日方程是

$$\frac{\mathrm{d}}{\mathrm{d}t}\frac{\partial L}{\partial \dot{x}}-\frac{\partial L}{\partial x}=0 \tag{8}$$

对于 y 和 z 可以得到类似的方程。根据式（7），可得

$$\frac{\partial L}{\partial x}=-Q\frac{\partial \varphi}{\partial x}+\frac{Q}{c}\left(\dot{x}\frac{\partial A_x}{\partial x}+\dot{y}\frac{\partial A_y}{\partial x}+\dot{z}\frac{\partial A_z}{\partial x}\right) \tag{9}$$

$$\frac{\partial L}{\partial \dot{x}}=M\dot{x}+\frac{Q}{c}A_x \tag{10}$$

$$\frac{\mathrm{d}}{\mathrm{d}t}\frac{\partial L}{\partial \dot{x}}=M\ddot{x}+\frac{Q}{c}\frac{\mathrm{d}A_x}{\mathrm{d}t}=M\ddot{x}+\frac{Q}{c}\left(\frac{\partial A_x}{\partial t}+\dot{x}\frac{\partial A_x}{\partial x}+\dot{y}\frac{\partial A_x}{\partial y}+\dot{z}\frac{\partial A_x}{\partial z}\right) \tag{11}$$

代入式（8），则有

$$M\ddot{x}+Q\frac{\partial \varphi}{\partial x}+\frac{Q}{c}\left[\frac{\partial A_x}{\partial t}+\dot{y}\left(\frac{\partial A_x}{\partial y}-\frac{\partial A_y}{\partial x}\right)+\dot{z}\left(\frac{\partial A_x}{\partial z}-\frac{\partial A_z}{\partial x}\right)\right]=0 \tag{12}$$

或

$$M\frac{\mathrm{d}^2 x}{\mathrm{d}t^2}=QE_x+\frac{Q}{c}[\boldsymbol{v}\times\boldsymbol{B}]_x \tag{13}$$

其中

$$E_x=-\frac{\partial \varphi}{\partial x}-\frac{1}{c}\frac{\partial A_x}{\partial t} \tag{14}$$

$$\boldsymbol{B}=\nabla\times\boldsymbol{A} \tag{15}$$

上述式（13）是洛仑兹力方程。这就证明了式（7）是正确的。应当指出，式（14）中的 $\boldsymbol{E}$ 来自两部分：一是静电势 φ 的贡献，二是磁矢势 $\boldsymbol{A}$ 对时间的微分给出的贡献。

G2. 哈密顿量的推导

若用拉格朗日量定义动量 $\boldsymbol{p}$，则有

$$\boldsymbol{p}\equiv\frac{\partial L}{\partial \dot{\boldsymbol{q}}}=M\dot{\boldsymbol{q}}+\frac{Q}{c}\boldsymbol{A} \tag{16}$$

与式（4）的结果相同。哈密顿量由下式定义，即

$$H(\boldsymbol{p},\boldsymbol{q})\equiv\boldsymbol{p}\cdot\dot{\boldsymbol{q}}-L \tag{17}$$

或

$$H=M\dot{q}^2+\frac{Q}{c}\dot{\boldsymbol{q}}\cdot\boldsymbol{A}-\frac{1}{2}M\dot{q}^2+Q\varphi-\frac{Q}{c}\dot{\boldsymbol{q}}\cdot A=\frac{1}{2M}\left(\boldsymbol{p}-\frac{Q}{c}\boldsymbol{A}\right)^2+Q\varphi \tag{18}$$

如式（1）所示。

G3. 场动量

伴随粒子在磁场中运动而存在的电磁场动量，可由坡印亭（Poynting）矢量的体积积分得出，即有

$$\boldsymbol{p}_{\text{field}}=\frac{1}{4\pi c}\int \mathrm{d}V\boldsymbol{E}\times\boldsymbol{B} \tag{19}$$

这里，限于讨论非相对论近似下的情况，即有 $v\ll c$，其中 v 是粒子的速度。在比值 v/c 很小

时，可以认为 $\boldsymbol{B}$ 仅有外源产生，而 $\boldsymbol{E}$ 由粒子所带电荷产生。对于位于 $\boldsymbol{r}'$ 处的电荷 Q，则有

$$\boldsymbol{E}=-\nabla\varphi;\quad \nabla^2\varphi=-4\pi Q\delta(\boldsymbol{r}-\boldsymbol{r}') \tag{20}$$

于是

$$\boldsymbol{p}_{\mathrm{f}}=-\frac{1}{4\pi c}\int \mathrm{d}V\,\nabla\varphi\times\nabla\times\boldsymbol{A} \tag{21}$$

根据标准矢量关系式，则得

$$\int \mathrm{d}V\,\nabla\varphi\times\nabla\times\boldsymbol{A}=-\int \mathrm{d}V[\boldsymbol{A}\times\nabla\times(\nabla\varphi)-\boldsymbol{A}\nabla\cdot\nabla\varphi-(\nabla\varphi)\nabla\cdot\boldsymbol{A}] \tag{22}$$

但是 $\nabla\times(\nabla\varphi)=0$，同时我们总可以选取一定的规范使 $\nabla\cdot\boldsymbol{A}=0$。这就是横规范（transverse gauge）。

由此，我们有

$$\boldsymbol{p}_{\mathrm{f}}=-\frac{1}{4\pi c}\int \mathrm{d}V\boldsymbol{A}\,\nabla^2\varphi=\frac{1}{c}\int \mathrm{d}V\boldsymbol{A}Q\delta(\boldsymbol{r}-\boldsymbol{r}')=\frac{Q}{c}\boldsymbol{A} \tag{23}$$

这就解释了场对总动量 $\boldsymbol{p}=M\boldsymbol{v}+Q\boldsymbol{A}/c$ 的贡献。

G4. 规范变换

假定 $H\psi=\epsilon\psi$，其中

$$H=\frac{1}{2M}\left(\boldsymbol{p}-\frac{Q}{c}\boldsymbol{A}\right)^2 \tag{24}$$

现在我们通过一个规范变换，使 $\boldsymbol{A}\to\boldsymbol{A}'$，其中

$$\boldsymbol{A}'=\boldsymbol{A}+\nabla\chi \tag{25}$$

其中 χ 是一个标量。由于 $\nabla\times(\nabla\chi)\equiv0$，因此 $\boldsymbol{B}=\nabla\times\boldsymbol{A}=\nabla\times\boldsymbol{A}'$。于是，薛定谔方程变为

$$\frac{1}{2M}\left(\boldsymbol{p}-\frac{Q}{c}\boldsymbol{A}'+\frac{Q}{c}\nabla\chi\right)^2\psi=\epsilon\psi \tag{26}$$

那么，现在要考虑：什么样的 ψ' 满足

$$\frac{1}{2M}\left(\boldsymbol{p}-\frac{Q}{c}\boldsymbol{A}'\right)^2\psi'=\epsilon\psi' \tag{27}$$

并且与 ψ 具有相同的 ϵ 式（27）等价于

$$\frac{1}{2M}\left(\boldsymbol{p}-\frac{Q}{c}\boldsymbol{A}-\frac{Q}{c}\nabla\chi\right)^2\psi'=\epsilon\psi' \tag{28}$$

令试探函数为

$$\psi'=\exp(iQ\chi/\hbar c)\psi \tag{29}$$

于是有

$$p\psi'=\exp(iQ\chi/\hbar c)\boldsymbol{p}\psi+\frac{Q}{c}(\nabla\chi)\exp(iQ\chi/\hbar c)\psi$$

由此可得

$$\left(\boldsymbol{p}-\frac{Q}{c}\nabla\chi\right)\psi'=\exp(iQ\chi/\hbar c)\boldsymbol{p}\psi$$

和

$$\begin{aligned}\frac{1}{2M}\left(\boldsymbol{p}-\frac{Q}{c}\boldsymbol{A}-\frac{Q}{c}\nabla\chi\right)^2\psi'&=\exp(iQ\chi/\hbar c)\frac{1}{2M}\left(\boldsymbol{p}-\frac{Q}{c}\boldsymbol{A}\right)^2\psi\\&=\exp(iQ\chi/\hbar c)\epsilon\psi\end{aligned} \tag{30}$$

由此可知，$\psi'=\exp(iQ\chi/\hbar c)\psi$ 满足经过式（25）规范变换后的薛定谔方程。能量在这一变换下保持不变。

同时应该指出，关于 $\boldsymbol{A}$ 的规范变换仅仅改变波函数的局域相位。另外，我们看到

$$\psi'^{*}\psi'=\psi^{*}\psi \tag{31}$$

所以电荷密度在规范变换下保持不变。

G5. 伦敦方程中的规范

由于在超导体中要求满足电流连续性方程，即

$$\nabla\cdot\boldsymbol{j}=0$$

因此在伦敦方程 $\boldsymbol{j}=-c\boldsymbol{A}/4\pi\lambda_{L}^{2}$ 中的矢势必须满足

$$\nabla\cdot\boldsymbol{A}=0 \tag{32}$$

另外，在真空—超导体界面上没有电流流过，电流在界面处的法向分量应当为零，即 $j_n=0$，所以伦敦方程中的矢势也必须满足

$$A_n=0 \tag{33}$$

综述可见，在选取超导电性伦敦方程中的矢势规范时，必须保证式（32）和式（33）都能得到满足。

附录H 库 珀 对

对于满足单位立方体周期性边界条件的两电子系统态的完备集，可以取平面波的乘积函数，即

$$\varphi(\boldsymbol{k}_1,\boldsymbol{k}_2;\boldsymbol{r}_1,\boldsymbol{r}_2)=\exp[i(\boldsymbol{k}_1\cdot\boldsymbol{r}_1+\boldsymbol{k}_2\cdot\boldsymbol{r}_2)] \tag{1}$$

假定电子的自旋相反。

引入质心坐标和相对坐标：

$$\boldsymbol{R}=\frac{1}{2}(\boldsymbol{r}_1+\boldsymbol{r}_2);\quad \boldsymbol{r}=\boldsymbol{r}_1-\boldsymbol{r}_2 \tag{2}$$

$$\boldsymbol{K}=\boldsymbol{k}_1+\boldsymbol{k}_2;\quad \boldsymbol{k}=\frac{1}{2}(\boldsymbol{k}_1-\boldsymbol{k}_2) \tag{3}$$

从而得到

$$\boldsymbol{k}_1\cdot\boldsymbol{r}_1+\boldsymbol{k}_2\cdot\boldsymbol{r}_2=\boldsymbol{K}\cdot\boldsymbol{R}+\boldsymbol{k}\cdot\boldsymbol{r} \tag{4}$$

于是，式（1）变为

$$\varphi(\boldsymbol{K},\boldsymbol{k};\boldsymbol{R},\boldsymbol{r})=\exp(i\boldsymbol{K}\cdot\boldsymbol{R})\exp(i\boldsymbol{k}\cdot\boldsymbol{r}) \tag{5}$$

以及两电子系统的动能为

$$\epsilon_{\boldsymbol{K}}+E_{\boldsymbol{k}}=(\hbar^2/m)\left(\frac{1}{4}K^2+k^2\right) \tag{6}$$

应当特别注意的是，对于上述乘积函数，其质心波矢 $\boldsymbol{K}=0$，从而 $\boldsymbol{k}_1=-\boldsymbol{k}_2$。假定这两个电子之间的相互作用为 H_1。下面将从展开式

$$\chi(\boldsymbol{r})=\sum g_{\boldsymbol{k}}\exp(i\boldsymbol{k}\cdot\boldsymbol{r}) \tag{7}$$

出发讨论这种情况下的本征值问题。

薛定谔方程为

$$(H_0+H_1-\epsilon)\chi(\boldsymbol{r})=0=\sum_{\boldsymbol{k}'}[(E_{\boldsymbol{k}'}-\epsilon)g_{\boldsymbol{k}'}+H_1 g_{\boldsymbol{k}'}]\exp(i\boldsymbol{k}'\cdot\boldsymbol{r}) \tag{8}$$

其中，H_1 表示两个电子的相互作用能。这里，ϵ是本征值。

用 $\exp(i\boldsymbol{k}\cdot\boldsymbol{r})$ 标乘式（8），则得这一个问题的标量方程为

$$(E_{\boldsymbol{k}}-\epsilon)g_{\boldsymbol{k}}+\sum_{\boldsymbol{k}}g_{\boldsymbol{k}'}(\boldsymbol{k}\mid H_1\mid \boldsymbol{k}')=0 \tag{9}$$

将求和变换为积分，则有

$$(E-\epsilon)g(E)+\int \mathrm{d}E' g(E')H_1(E,E')N(E')=0 \tag{10}$$

其中 $N(E')$ 表示总动量 $\boldsymbol{K}=0$ 时能量为 E' 处附近 $\mathrm{d}E'$ 范围内两个电子的态的数目。

现在考虑矩阵元 $H_1(E,\ E')=(\boldsymbol{k}|\mathrm{H}_1|\boldsymbol{k}')$。巴丁（Bardeen）经过这些研究后指出，当两个电子被限制于费米面附近的一个薄能壳内时——E_{F} 之上的能壳厚度为 $\hbar\omega_{\mathrm{D}}$，其中 ω_{D} 为德拜声子截止频率——这些矩阵是重要的。假定对于壳内的 E 和 E' 有

$$H_1(E,E')=-V \tag{11}$$

对于 E 和 E'不在壳内的其他情况下，(11) 式均取零。这里令 V 为正。

于是，式（10）变为

$$(E-\epsilon)g(E)=V\int_{2\epsilon_{\mathrm{F}}}^{2\epsilon_m}\mathrm{d}E' g(E')N(E')=C \tag{12}$$

式中，$\epsilon_m=\epsilon_{\mathrm{F}}+\hbar\omega_{\mathrm{D}}$；$C$ 是一个与 E 无关的常数。

由式（12），易得

$$g(E)=\frac{C}{E-\epsilon} \tag{13}$$

和

$$1=V\int_{2\epsilon_{\mathrm{F}}}^{2\epsilon_m}\mathrm{d}E'\ \frac{N(E')}{E'-\epsilon} \tag{14}$$

如果 $N(E')$ 近似于常量，并在 $2\epsilon_m$ 与 $2\epsilon_{\mathrm{F}}$ 之间的小能量范围内等于 N_{F}，则可以将其提到积分号之外，从而得到

$$1=N_{\mathrm{F}}V\int_{2\epsilon_{\mathrm{F}}}^{2\epsilon_m}\mathrm{d}E'\ \frac{1}{E'-\epsilon}=N_{\mathrm{F}}V\lg\frac{2\epsilon_m-\epsilon}{2\epsilon_{\mathrm{F}}-\epsilon} \tag{15}$$

令式（15）中的本征值ϵ写为

$$\epsilon=2\epsilon_{\mathrm{F}}-\Delta \tag{16}$$

由此式定义了电子对相对于费米面上的两个自由电子的结合能 Δ。于是式（15）变为

$$1=N_{\mathrm{F}}V\lg\frac{2\epsilon_m-2\epsilon_{\mathrm{F}}+\Delta}{\Delta}=N_{\mathrm{F}}V\lg\frac{2\hbar\omega_{\mathrm{D}}+\Delta}{\Delta} \tag{17}$$

或

$$1/N_{\mathrm{F}}V=\lg(1+2\hbar\omega_{\mathrm{D}}/\Delta) \tag{18}$$

上式关于库珀对结合能的结果可以写为

$$\Delta=\frac{2\hbar\omega_{\mathrm{D}}}{\exp(1/N_{\mathrm{F}}V)-1} \tag{19}$$

可以看出，对于系统的正能量（吸引相互作用）V，将由于费米能级之上电子对的激发而降低。因此，费米气将通过一种重要的方式而变得不稳定。式（19）给出的结合能与超导能隙 E_{g} 密切相关。由 BCS 理论的计算表明，在金属中可以形成高密度的库珀对。

附录I 金兹堡-朗道方程

我们要感谢金兹堡（Ginzburg）和朗道（Landau），因为他们，我们才有了一个关于超导态及其序参量空间变化的非常精妙的唯象理论。阿布里考索夫（Abrikosov）将这一理论推广应用于涡旋态结构的描述，从而开创了超导磁体应用技术研究的新局面。GL理论的魅力还在于相干长度以及约瑟夫森效应理论中波函数（见第10章）的自然引入。

引入序参量（order parameter）$\psi(\boldsymbol{r})$，它具有如下性质，即有

$$\psi^*(\boldsymbol{r})\psi(\boldsymbol{r})=n_{\mathrm{S}}(\boldsymbol{r}) \tag{1}$$

此式给出超导电子的局域浓度。通过函数 $\psi(\boldsymbol{r})$ 的定义及其数学演绎将揭示出BCS理论的内核。首先，构建一个超导体自由能密度 $F_{\mathrm{S}}(\boldsymbol{r})$ 作为序参量的函数形式。假定在转变温度附近，$F_{\mathrm{S}}(\boldsymbol{r})$ 可以写为

$$F_{\mathrm{S}}(\boldsymbol{r})=F_{\mathrm{N}}-\alpha\,|\,\psi\,|^2+\frac{1}{2}\beta\,|\,\psi\,|^4+(1/2m)\,|\,(-i\hbar\nabla-qA/c)\psi\,|^2-\int_0^{B_{\mathrm{a}}}\boldsymbol{M}\cdot\mathrm{d}\boldsymbol{B}_{\mathrm{a}} \tag{2}$$

其中 α、β 和 m 均为正的唯象常量。对于式（2），现简要说明如下几点，即

1. F_{N} 是正常态的自由能密度。

2. $-\alpha|\psi|^2+\frac{1}{2}\beta|\psi|^4$ 是自由能关于序参量展开式的一般朗道形式，它在发生二级相变时等于零。这一项还可以表示成 $-\alpha n_{\mathrm{S}}+\frac{1}{2}\beta n_{\mathrm{S}}^2$，当 $n_{\mathrm{S}}(T)=\alpha/\beta$ 时该式取极小值。

3. $|\mathrm{grad}\psi|^2=|\nabla\psi|^2$ 表示由于序参量的空间变化而引致的能量增加。它具有量子力学中的动能形式[❶]。动力学动量 $-i\hbar\nabla$ 和场动量 $-q\boldsymbol{A}/c$ 共同存在以保证自由能的规范不变性，如附录G中所述。这里，对于电子对，$q=-2e$。

4. $-\int\boldsymbol{M}\cdot\mathrm{d}\boldsymbol{B}_{\mathrm{a}}$ [约化磁化强度 $\boldsymbol{M}=(\boldsymbol{B}-\boldsymbol{B}_{\mathrm{a}})/4\pi$] 表示超导体磁通泄漏引起的超导自由能的增加。

在式（2）中，其各单独项的物理意义将在下文中通过例子加以阐明。首先，推导GL式（6）。通过函数 $\psi(\boldsymbol{r})$ 的变分求总自由能 $\int\mathrm{d}VF_{\mathrm{S}}(\boldsymbol{r})$ 的极小。于是，我们有

$$\delta F_{\mathrm{S}}(\boldsymbol{r})=[-\alpha\psi+\beta|\psi|^2\psi+(1/2m)(-i\hbar\nabla-q\boldsymbol{A}/c)\psi\cdot(i\hbar\nabla-q\boldsymbol{A}/c)\delta\psi^*+c.c] \tag{3}$$

如果 $\delta\psi^*$ 在边界上等于零，则通过分部积分，可得

$$\int\mathrm{d}V(\nabla\psi)(\nabla\delta\psi^*)=-\int\mathrm{d}V(\nabla^2\psi)\delta\psi^* \tag{4}$$

于是，则有

$$\delta\int\mathrm{d}VF_{\mathrm{S}}=\int\mathrm{d}V\delta\psi^*[-\alpha\psi+\beta\,|\,\psi\,|^2\psi+(1/2m)(-i\hbar\nabla-q\boldsymbol{A}/c)^2\psi]+c.c \tag{5}$$

如果式中方括号内的项等于零，则这个积分为零。由此，即有

$$[(1/2m)(-i\hbar\nabla-q\boldsymbol{A}/c)^2-\alpha+\beta|\psi|^2]\psi=0 \tag{6}$$

---

❶ $|\nabla\boldsymbol{M}|^2$ 的贡献是由朗道和栗弗席兹（Lifshitz）为表述铁磁体中的交换能密度而引入的。其中 $\boldsymbol{M}$ 为磁化强度。参见QTS，p.65。

这就是金兹堡-朗道方程。它类似于关于 ψ 的薛定谔方程。

通过式（2）关于 $\delta\boldsymbol{A}$ 求极小，可以得到超导电流通量的规范不变表达式，即

$$\boldsymbol{j}_S(\boldsymbol{r})=-(iq\hbar/2m)(\psi^*\nabla\psi-\psi\nabla\psi^*)-(q^2/mc)\psi^*\psi\boldsymbol{A} \tag{7}$$

在样品的一个自由表面上，规范选取时必须满足边界条件，即不存在由超导体流向真空的电流：$\hat{\boldsymbol{n}}\cdot\boldsymbol{j}_S=0$，其 $\hat{\boldsymbol{n}}$ 是表面法向。

相干长度（Coherence Length）。内禀相干长度 ξ 可以由式（6）定义。令 $\boldsymbol{A}=0$，并假设 $\beta|\psi|^2$ 与 α 相比可以忽略不计。在一维情况下，GL 式（6）简化为

$$-\frac{\hbar^2}{2m}\frac{\mathrm{d}^2\psi}{\mathrm{d}x^2}=\alpha\psi \tag{8}$$

这一方程具有一个形式为 $\exp(ix/\xi)$ 的类波解，其中 ξ 定义为

$$\xi\equiv(\hbar^2/2m\alpha)^{1/2} \tag{9}$$

如果在式（6）中保留非线性项 $\beta|\psi|^2$，将得到更有趣的特解。现在来求一个满足 $x=0$ 时 $\psi=0$ 和 $x\to\infty$ 时 $\psi\to\psi_0$ 的边界条件的解。这种情况代表正常态与超导态之间的边界。若在正常区有一个磁场 H_c，则这些态就可以共存。这里暂时不考虑场对超导区的穿透效应，亦即取穿透深度 $\lambda\ll\xi$，这也就是定义典型的第Ⅰ类超导体的条件。

对于上述边界条件，方程

$$-\frac{\hbar^2}{2m}\frac{\mathrm{d}^2\psi}{\mathrm{d}x^2}-\alpha\psi+\beta|\psi|^2\psi=0 \tag{10}$$

的解为

$$\psi(x)=(\alpha/\beta)^{1/2}\tanh(x/\sqrt{2}\xi) \tag{11}$$

这可以通过直接代换来证明。在超导体内部深处，则有 $\psi_0=(\alpha/\beta)^{1/2}$，这可以通过求解自由能中关于 $-\alpha|\psi|^2+\frac{1}{2}\beta|\psi|^4$ 的极小值得到。由式（11）可以看出，ξ 表征了超导波函数进入正常区的相干范围。

由上述讨论可知，在超导体内部深处，当 $|\psi_0|^2=\alpha/\beta$ 时，自由能取最小值。于是，有

$$F_S=F_N-\alpha^2/2\beta=F_N-H_c^2/8\pi \tag{12}$$

其中，最后一步是根据超导态稳定自由能密度公式得到的。同时，基于这个稳定自由能密度，也可以给出热力学临界场 H_c 的定义。由上式得到临界场与 α 和 β 的关系式为

$$H_c=(4\pi\alpha^2/\beta)^{1/2} \tag{13}$$

考虑一个弱磁场（$B\ll H_c$）进入超导体的穿透深度。假设在超导体内：$|\psi|^2$ 等于 $|\psi_0|^2$，即等于没有磁场时的值。于是，超导电流通量的方程约化为

$$\boldsymbol{j}_S(\boldsymbol{r})=-(q^2/mc)|\psi_0|^2\boldsymbol{A} \tag{14}$$

这正是伦敦方程 $\boldsymbol{j}_S(\boldsymbol{r})=-(c/4\pi\lambda^2)\boldsymbol{A}$，其相应的穿透深度为

$$\lambda=\left(\frac{mc^2}{4\pi q^2|\psi_0|^2}\right)^{1/2}=\left(\frac{mc^2\beta}{4\pi q^2\alpha}\right)^{1/2} \tag{15}$$

上述两个特征长度的无量纲比值 $\kappa=\lambda/\xi$ 是超导电性理论中的一个重要参数。由式（9）和式（15）两式，可得

$$\kappa=\frac{mc}{q\hbar}\left(\frac{\beta}{2\pi}\right)^{1/2} \tag{16}$$

下面将证明，$\kappa=1/\sqrt{2}$是第Ⅰ类超导体（$\kappa<1/\sqrt{2}$）和第Ⅱ类超导体（$\kappa>1/\sqrt{2}$）的分界线。

上临界场的计算。当外加磁场下降到一个记为 H_{c2} 的值以下时，在正常导体内将自发地产生超导区。在超导电性刚刚开始出现时$|\psi|$是小的，这时将 GL 式（6）线性化，于是得到

$$\frac{1}{2m}(-i\hbar\nabla-q\mathbf{A}/c)^2\psi=\alpha \tag{17}$$

当超导电性刚开始出现时，在超导区内的磁场也就是外加磁场，从而 $\mathbf{A}=B(0,x,0)$；这样，式（17）变为

$$-\frac{\hbar^2}{2m}\left(\frac{\partial^2}{\partial x^2}+\frac{\partial^2}{\partial z^2}\right)\psi+\frac{1}{2m}\left(i\hbar\frac{\partial}{\partial y}+\frac{qB}{c}x\right)^2\psi=\alpha\psi \tag{18}$$

可以看出，这一结果与自由粒子在磁场中的薛定谔方程具有相同的形式。

若设所求方程解的形式为 $\exp[i(k_y y+k_z z)]\varphi(x)$，则有

$$(1/2m)[-\hbar^2\mathrm{d}^2/\mathrm{d}x^2+\hbar^2k_z^2+(\hbar k_y-qBx/c)^2]\varphi=\alpha\varphi \tag{19}$$

如果令 $E=\alpha-(\hbar^2/2m)(k_y^2+k_z^2)$ 是方程

$$(1/2m)[-\hbar^2\mathrm{d}^2/\mathrm{d}x^2+(q^2B^2/c^2)x^2-(2\hbar k_y qB/c)x]\varphi=E\varphi \tag{20}$$

的本征值，则式（19）就是一个谐振子的方程。

将原点由 0 移到 $x_0=\hbar k_y qB/2mc$ 处，并令 $X=x-x_0$，则式（20）将变成

$$-\left[\frac{\hbar^2}{2m}\frac{\mathrm{d}^2}{\mathrm{d}X^2}+\frac{1}{2}m(qB/mc)^2X^2\right]\varphi=(E+\hbar^2k_y^2/2m)\varphi \tag{21}$$

在式（21）有解条件下，磁场 B 的最大值可由最小本征值确定，即

$$\frac{1}{2}\hbar\omega=\hbar qB_{\max}/2mc=\alpha-\hbar^2k_z^2/2m \tag{22}$$

式中，$\omega=qB/mc$ 为振子频率。若令 k_z 等于零，则有

$$B_{\max}\equiv H_{c2}=2\alpha mc/q\hbar \tag{23}$$

利用式（13）和式（16）两式可以将这一结果表示成热力学临界磁场 H_c 和 GL 参数 $\kappa=\lambda/\xi$ 的形式。于是，我们有

$$H_{c2}=\frac{2\alpha mc}{q\hbar}\cdot\frac{H_c}{(4\pi\alpha^2/\beta)^{1/2}}=\sqrt{2}\frac{mc}{\hbar q}\sqrt{\frac{\beta}{2\pi}}H_c=\sqrt{2}\kappa H_c \tag{24}$$

当 $\lambda/\xi>1/\sqrt{2}$，超导体有 $H_{c2}>H_c$，这时被称为第Ⅱ类超导体。

将 H_{c2} 写成磁通量子 $\Phi_0=2\pi\hbar c/q$ 和 $\xi^2=\hbar^2/2m\alpha$ 的形式会带来很多方便。由此，可得

$$H_{c2}=\frac{2mc\alpha}{q\hbar}\cdot\frac{q\Phi_0}{2\pi\hbar c}\cdot\frac{\hbar^2}{2m\alpha\xi^2}=\frac{\Phi_0}{2\pi\xi^2} \tag{25}$$

附录 J 电子-声子碰撞

声子引起的局域晶体结构畸变，将导致局域能带结构的畸变。传导电子对这种畸变非常敏感，所以通过传导电子的行为特性可以检测这种畸变。电子与声子耦合将产生一系列重要效应，例如：

将电子由 $\boldsymbol{k}$ 态散射至另一个 $\boldsymbol{k}'$态，从而引致电阻率；
在散射事件中声子可以被吸收，从而引致超声波衰减；
电子将携载晶体畸变，因而电子的有效质量会增大；
同某一个电子相联系的晶体畸变，能够被第二个电子感受，从而产生在超导电性理论中出现的电子-电子相互作用。

在形变势近似方法中，将电子能量$\epsilon(\boldsymbol{k})$ 与晶体膨胀 $\Delta(\boldsymbol{r})$ 或局部体积变化通过如下方程联系起来。即有

$$\epsilon(\boldsymbol{k},\boldsymbol{r})=\epsilon_0(\boldsymbol{k})+C\Delta(\boldsymbol{r}) \tag{1}$$

其中 C 是一个常量。对于在长声子波长和低电子浓度情况下的球形带边$\epsilon_0(\boldsymbol{k})$，这种近似方法是有用的。膨胀 $\Delta(\boldsymbol{r})$ 可以用附录 C 引入的声子算符 $a_{\boldsymbol{q}}$ 和 $a_{\boldsymbol{q}}^+$ 表示为

$$\Delta(\boldsymbol{r})=i\sum_q(\hbar/2M\omega_{\mathrm{q}})^{1/2}\mid\boldsymbol{q}\mid[a_q\exp(i\boldsymbol{q}\cdot\boldsymbol{r})-a_q^+\exp(-i\boldsymbol{q}\cdot\boldsymbol{r})] \tag{2}$$

参见 QTS，p. 23。这里，M 是晶体质量。式（2）也可以由附录 C 式（32）通过在 $k\ll1$ 极限下计算 $q_{\mathrm{s}}-q_{\mathrm{s}-1}$ 而得到。

在关于散射的玻恩（Born）近似方法中，问题的关键是求出单电子布洛赫态$|\boldsymbol{k}>$和$|\boldsymbol{k}'>$之间的 $C\Delta(\boldsymbol{r})$ 矩阵元，其中$|\boldsymbol{k}>=\exp(i\boldsymbol{k}\cdot\boldsymbol{r})u_{\boldsymbol{k}}(\boldsymbol{r})$。在波场表象中，矩阵元可以写为

$$\begin{aligned}H'&=\int\mathrm{d}^3x\psi^+(\boldsymbol{r})C\Delta(\boldsymbol{r})\psi(\boldsymbol{r})=\sum_{\boldsymbol{k}'\boldsymbol{k}}c_{\boldsymbol{k}'}^+c_{\boldsymbol{k}}<k'\mid C\Delta\mid\boldsymbol{k}>\\&=iC\sum_{\boldsymbol{k}'\boldsymbol{k}}c_{\boldsymbol{k}'}^+c_{\boldsymbol{k}}\sum_{\boldsymbol{q}}(\hbar/2M\omega_{\boldsymbol{q}})^{1/2}\mid\boldsymbol{q}\mid\left(a_{\boldsymbol{q}}\int\mathrm{d}^3x\,u_{\boldsymbol{k}'}^*u_{\boldsymbol{k}}\mathrm{e}^{i(\boldsymbol{k}-\boldsymbol{k}'+\boldsymbol{q})\cdot\boldsymbol{r}}-a_{\boldsymbol{q}}^+\int\mathrm{d}^3x\,u_{\boldsymbol{k}}^*u_{\boldsymbol{k}'}\mathrm{e}^{i(\boldsymbol{k}-\boldsymbol{k}'-\boldsymbol{q})\cdot\boldsymbol{r}}\right)\end{aligned} \tag{3}$$

其中

$$\psi(\boldsymbol{r})=\sum_{\boldsymbol{k}}c_{\boldsymbol{k}}\varphi_{\boldsymbol{k}}(\boldsymbol{r})=\sum_{\boldsymbol{k}}c_{\boldsymbol{k}}\exp(i\boldsymbol{k}\cdot\boldsymbol{r})u_{\boldsymbol{k}}(\boldsymbol{r}) \tag{4}$$

式中，$c_{\boldsymbol{k}}^+$ 和 $c_{\boldsymbol{k}}$ 分别为费米子产生算符和湮灭算符；乘积 $u_{\boldsymbol{k}'}^*(\boldsymbol{r})\cdot u_{\boldsymbol{k}}(\boldsymbol{r})$ 包含布洛赫函数中具有周期性的部分，也就是它们自身在晶格中的周期性。因此，式（3）中的积分等于零，除非有：

$$\boldsymbol{k}-\boldsymbol{k}'\pm\boldsymbol{q}=\begin{cases}0\\\text{倒格矢}\end{cases}$$

在低温下的半导体中，从能量上讲（N 过程）是被禁止的。

现在，只限于讨论 N 过程，并且为了方便起见，令 $\int\mathrm{d}^3x\,u_{\boldsymbol{k}'}u_{\boldsymbol{k}}$ 近似等于 1。于是，形变势微扰即为

$$H'=iC\sum_{\boldsymbol{kq}}(\hbar/2M\omega_{\boldsymbol{q}})^{1/2}\mid\boldsymbol{q}\mid(a_{\boldsymbol{q}}c_{\boldsymbol{k}+\boldsymbol{q}}^+c_{\boldsymbol{k}}-a_{\boldsymbol{q}}^+c_{\boldsymbol{k}-\boldsymbol{q}}^+c_{\boldsymbol{k}}) \tag{5}$$

弛豫时间。在存在电子-声子相互作用的情况下，单就电子本身而言，其波矢 $\boldsymbol{k}$ 不再是一个运动常量，但是电子和虚声子的波矢之和是守恒的。如果电子的初态为$|\boldsymbol{k}\rangle$，那么电子将在这个态上待多长时间呢？

首先，计算单位时间内波矢为 $\boldsymbol{k}$ 的电子发射声子 $\boldsymbol{q}$ 的概率 w。若 $n_{\boldsymbol{q}}$ 表示初始时的声子态数目，根据与时间有关的微扰理论（即含时微扰论），则有

$$w(\boldsymbol{k}-\boldsymbol{q};n_q+1|\boldsymbol{k};n_q)=(2\pi/\hbar)|\langle\boldsymbol{k}-\boldsymbol{q};n_q+1|H'|\boldsymbol{k};n_q\rangle|^2\delta(\epsilon_{\boldsymbol{k}}-\hbar\omega_{\boldsymbol{q}}-\epsilon_{\boldsymbol{k}-\boldsymbol{q}}) \tag{6}$$

其中

$$|\langle\boldsymbol{k}-\boldsymbol{q};n_q+1|H'|\boldsymbol{k};n_q\rangle|^2=[C^2\hbar q/2Mc_s(n_q+1)] \tag{7}$$

一个$|\boldsymbol{k}\rangle$态电子在绝对零度下与一个声子系统（$n_q=0$）发生碰撞的总概率为

$$W=\frac{C^2}{4\pi\rho c_s}\int_{-1}^{1}\mathrm{d}(\cos\theta_{\boldsymbol{q}})\int_0^{q_m}\mathrm{d}q\,q^3\delta(\epsilon_{\boldsymbol{k}}-\epsilon_{\boldsymbol{k}-\boldsymbol{q}}-\hbar\omega_{\boldsymbol{q}}) \tag{8}$$

式中，ρ为质量密度。

δ函数的自变量为

$$\frac{\hbar^2}{2m^*}(2\boldsymbol{k}\cdot\boldsymbol{q}-q^2)-\hbar c_s q=\frac{\hbar^2}{2m^*}(2\boldsymbol{k}\cdot\boldsymbol{q}-q^2-qq_c) \tag{9}$$

其中$q_c=2m^*c_s/\hbar$，c_s是声速。当这个自变量等于零时给出k的最小值为$k_{\min}=\frac{1}{2}(q+q_c)$；当$q=0$时，最小值简化为$k_{\min}=\frac{1}{2}q_c=m^*c_s/\hbar$。相应于这一$k$值，电子的群速（$v_g=\hbar k_{\min}/m^*$）与声速相等。因此，在晶体中，电子发射声子的阈条件就是电子群速大于声速。这时，电子能量的阈值为$\frac{1}{2}m^*c_s^2\sim10^{-27}\cdot10^{11}\sim10^{-16}\mathrm{erg}\sim1\mathrm{K}$。如果电子能量低于这一能量阈值，即使在计及更高次的电子-声子相互作用的情况下，这个电子在绝对零度的完整晶体中也将不会慢下来，至少在声子的简谐近似下是如此。

对于$k\gg q_c$，可以忽略式（9）中的qq_c。这时，式（8）中的积分将成为

$$\int_{-1}^{1}\mathrm{d}\mu\int\mathrm{d}q\,q^3(2m^*/\hbar^2q)\delta(2k\mu-q)=(8m^*/\hbar^2)\int_0^1\mathrm{d}\mu\,k^2\mu^2=8m^*k^2/3\hbar^2 \tag{10}$$

于是，声子发射速率为

$$W(\text{发射})=\frac{2C^2m^*k^2}{3\pi\rho c_s\hbar^2} \tag{11}$$

正比于电子能量$\epsilon_{\boldsymbol{k}}$。当声子以与$\boldsymbol{k}$成$\theta$角的方向发射时，平行于电子初始方向的波矢分量损失为$q\cos\theta$。于是，通过在被积函数中附加一个因子$(q/k)\cos\theta$，我们就可以基于跃迁速率的积分运算给出k_z损失的相对速率。这样一来，式（10）就变为

$$(2m^*/\hbar^2k)\int_0^1\mathrm{d}\mu\,8k^3\mu^4=16m^*k^2/5\hbar^2 \tag{12}$$

因此，k_z减小的相对速率是

$$W(k_z)=4C^2m^*k^2/5\pi\rho c_s\hbar^2 \tag{13}$$

这一物理量将在电阻率中出现。

将在，将上述结果应用于绝对零度。当温度为$k_BT\gg\hbar c_s k$，可得总的声子发射速率为

$$W(\text{发射})=\frac{C^2m^*kk_BT}{\pi c_s^2\rho\hbar^3} \tag{14}$$

对于在不太低温度下处于热平衡的电子，上述关于均方根k值的不等式条件容易得到满足。若取$C=10^{-12}\mathrm{erg}$，$m^*=10^{-27}\mathrm{g}$，$k=10^7\mathrm{cm}^{-1}$，$c_s=3\times10^5\mathrm{cm\cdot s^{-1}}$，$\rho=5\mathrm{g\cdot cm^{-3}}$，则可得$W\simeq10^{12}\mathrm{s}^{-1}$。在绝对零度下，利用相同的参数值，由（13）式给出$W\simeq5\times10^{10}\mathrm{s}^{-1}$。

常用数值表

物理量	符 号	数 值	CGS	SI
光　速	c	2.997925	10^{10}cm·s^{-1}	10^{8}m·s^{-1}
质子电荷	e	1.60219	—	10^{-19}C
		4.80325	10^{-10}esu	—
普朗克常数	h	6.62620	10^{-27}erg·s	10^{-34}J·s
	$\hbar=h/2\pi$	1.05459	10^{-27}erg·s	10^{-34}J·s
阿伏伽德罗数	N	6.02217×10^{23}mol^{-1}	—	—
原子质量单位	amu	1.66053	10^{-24}g	10^{-27}kg
电子静止质量	m	9.10956	10^{-28}g	10^{-31}kg
质子静止质量	M_p	1.67261	10^{-24}g	10^{-27}kg
质子质量/电子质量	M_p/m	1836.1	—	—
精细结构常数例数				
$\hbar c/e^2$	$1/\alpha$	137.036	—	—
电子半径 e^2/mc^2	r_e	2.81794	10^{-13}cm	10^{-15}m
电子康普顿波长 $\hbar/mc$	λ_e	3.86159	10^{-11}cm	10^{-13}m
玻尔半径 $\hbar^2/me^2$	r_0	5.29177	10^{-9}cm	10^{-11}m
玻尔磁子 $e\hbar/2mc$	μ_B	9.27410	10^{-21}erg·G^{-1}	10^{-24}J·T^{-1}
里德伯常数 $me^4/2\hbar^2$	R_∞或Ry	2.17991	10^{-11}erg	10^{-18}J
		13.6058eV	—	—
1电子伏	eV	1.60219	10^{-12}erg	10^{-19}J
	eV/h	2.41797×10^{14}Hz	—	—
	eV/hc	8.06546	10^{3}cm^{-1}	10^{5}m^{-1}
	eV/k_B	1.16048×10^{4}K	—	—
玻尔兹曼常数	k_B	1.38062	10^{-16}erg·K^{-1}	10^{-23}J·K^{-1}
真空电容率	ϵ_0	—	1	$10^7/4\pi c^2$
真空磁导率	μ_0	—	1	$4\pi\times10^{-7}$

引自：B. N. Taylor. W. H. Parker，and D. N. Langenberg，Rev. Mod. Phys. 41，375（1969）；也可参阅 E. R. Cohen and B. N. Taylor，Journal of Physical and Chemical Reference Data 2（4），663（1973）。

元素周期表

IUPAC 2013

族 周期	1 ⅠA	2 ⅡA	3 ⅢB	4 ⅣB	5 ⅤB	6 ⅥB	7 ⅦB	8	9 ⅧB(Ⅷ)	10	11 ⅠB	12 ⅡB	13 ⅢA	14 ⅣA	15 ⅤA	16 ⅥA	17 ⅦA	18 ⅧA(0)	电子层
1	−1 +1 1 H 氢 $1s^1$ 1.008																	2 He 氦 $1s^2$ 4.002602(2)	K
2	+1 3 Li 锂 $2s^1$ 6.94	+2 4 Be 铍 $2s^2$ 9.0121831(5)											+3 5 B 硼 $2s^22p^1$ 10.81	−4 +2 +4 6 C 碳 $2s^22p^2$ 12.011	−3 −2 −1 +1 +2 +3 +4 +5 7 N 氮 $2s^22p^3$ 14.007	−2 −1 8 O 氧 $2s^22p^4$ 15.999	−1 9 F 氟 $2s^22p^5$ 18.998403163(6)	10 Ne 氖 $2s^22p^6$ 20.1797(6)	L K
3	−1 +1 11 Na 钠 $3s^1$ 22.98976928(2)	+2 12 Mg 镁 $3s^2$ 24.305											+3 13 Al 铝 $3s^23p^1$ 26.9815385(7)	−4 +2 +4 14 Si 硅 $3s^23p^2$ 28.085	−3 −2 +1 +3 +5 15 P 磷 $3s^23p^3$ 30.973761998(5)	−2 +2 +4 +6 16 S 硫 $3s^23p^4$ 32.06	−1 +1 +3 +5 +7 17 Cl 氯 $3s^23p^5$ 35.45	18 Ar 氩 $3s^23p^6$ 39.948(1)	M L K
4	−1 +1 19 K 钾 $4s^1$ 39.0983(1)	+2 20 Ca 钙 $4s^2$ 40.078(4)	+3 21 Sc 钪 $3d^14s^2$ 44.955908(5)	−1 0 +2 +3 +4 22 Ti 钛 $3d^24s^2$ 47.867(1)	0 ±1 +2 +3 +4 +5 23 V 钒 $3d^34s^2$ 50.9415(1)	−3 0 ±1 ±2 +3 +4 +5 +6 24 Cr 铬 $3d^54s^1$ 51.9961(6)	−2 0 ±1 +2 ±3 +4 +5 +6 +7 25 Mn 锰 $3d^54s^2$ 54.938044(3)	−2 0 ±1 +2 +3 +4 +5 +6 26 Fe 铁 $3d^64s^2$ 55.845(2)	0 ±1 +2 +3 +4 +5 27 Co 钴 $3d^74s^2$ 58.933194(4)	0 ±1 +2 +3 +4 28 Ni 镍 $3d^84s^2$ 58.6934(4)	+1 +2 +3 +4 29 Cu 铜 $3d^{10}4s^1$ 63.546(3)	+1 +2 30 Zn 锌 $3d^{10}4s^2$ 65.38(2)	+1 +3 31 Ga 镓 $4s^24p^1$ 69.723(1)	+2 +4 32 Ge 锗 $4s^24p^2$ 72.630(8)	−3 +3 +5 33 As 砷 $4s^24p^3$ 74.921595(6)	−2 +2 +4 +6 34 Se 硒 $4s^24p^4$ 78.971(8)	−1 +1 +3 +5 +7 35 Br 溴 $4s^24p^5$ 79.904	+2 +4 36 Kr 氪 $4s^24p^6$ 83.798(2)	N M L K
5	−1 +1 37 Rb 铷 $5s^1$ 85.4678(3)	+2 38 Sr 锶 $5s^2$ 87.62(1)	+3 39 Y 钇 $4d^15s^2$ 88.90584(2)	+1 +2 +3 +4 40 Zr 锆 $4d^25s^2$ 91.224(2)	0 ±1 +2 +3 +4 +5 41 Nb 铌 $4d^45s^1$ 92.90637(2)	0 ±1 ±2 +3 +4 +5 +6 42 Mo 钼 $4d^55s^1$ 95.95(1)	0 ±1 +2 +3 +4 +5 +6 +7 43 Tc 锝▲ $4d^55s^2$ 97.90721(3)✦	0 +1 ±2 +3 +4 +5 +6 +7 +8 44 Ru 钌 $4d^75s^1$ 101.07(2)	0 ±1 +2 +3 +4 +5 +6 45 Rh 铑 $4d^85s^1$ 102.90550(2)	0 +1 +2 +3 +4 46 Pd 钯 $4d^{10}$ 106.42(1)	+1 +2 +3 47 Ag 银 $4d^{10}5s^1$ 107.8682(2)	+1 +2 48 Cd 镉 $4d^{10}5s^2$ 112.414(4)	+1 +3 49 In 铟 $5s^25p^1$ 114.818(1)	+2 +4 50 Sn 锡 $5s^25p^2$ 118.710(7)	−3 +3 +5 51 Sb 锑 $5s^25p^3$ 121.760(1)	−2 +2 +4 +6 52 Te 碲 $5s^25p^4$ 127.60(3)	−1 +1 +3 +5 +7 53 I 碘 $5s^25p^5$ 126.90447(3)	+2 +4 +6 +8 54 Xe 氙 $5s^25p^6$ 131.293(6)	O N M L K
6	−1 +1 55 Cs 铯 $6s^1$ 132.90545196(6)	+2 56 Ba 钡 $6s^2$ 137.327(7)	57~71 La~Lu 镧系	+1 +2 +3 +4 72 Hf 铪 $5d^26s^2$ 178.49(2)	0 ±1 +2 +3 +4 +5 73 Ta 钽 $5d^36s^2$ 180.94788(2)	0 ±1 ±2 +3 +4 +5 +6 74 W 钨 $5d^46s^2$ 183.84(1)	0 ±1 +2 +3 +4 +5 +6 +7 75 Re 铼 $5d^56s^2$ 186.207(1)	0 +1 +2 +3 +4 +5 +6 +7 +8 76 Os 锇 $5d^66s^2$ 190.23(3)	0 ±1 +2 +3 +4 +5 +6 77 Ir 铱 $5d^76s^2$ 192.217(3)	0 +2 +3 +4 +5 +6 78 Pt 铂 $5d^96s^1$ 195.084(9)	+1 +2 +3 +5 79 Au 金 $5d^{10}6s^1$ 196.966569(5)	+1 +2 +3 80 Hg 汞 $5d^{10}6s^2$ 200.592(3)	+1 +3 81 Tl 铊 $6s^26p^1$ 204.38	+2 +4 82 Pb 铅 $6s^26p^2$ 207.2(1)	−3 +3 +5 83 Bi 铋 $6s^26p^3$ 208.98040(1)	−2 +2 +3 +4 +6 84 Po 钋 $6s^26p^4$ 208.98243(2)✦	±1 +5 +7 85 At 砹 $6s^26p^5$ 209.98715(5)✦	+2 86 Rn 氡 $6s^26p^6$ 222.01758(2)✦	P O N M L K
7	+1 87 Fr 钫▲ $7s^1$ 223.01974(2)✦	+2 88 Ra 镭 $7s^2$ 226.02541(2)✦	89~103 Ac~Lr 锕系	104 Rf 𬬻▲ $6d^27s^2$ 267.122(4)✦	105 Db 𬭊▲ $6d^37s^2$ 270.131(4)✦	106 Sg 𬭳▲ $6d^47s^2$ 269.129(3)✦	107 Bh 𬭛▲ $6d^57s^2$ 270.133(2)✦	108 Hs 𬭶▲ $6d^67s^2$ 270.134(2)✦	109 Mt 鿏▲ $6d^77s^2$ 278.156(5)✦	110 Ds 𫟼▲ 281.165(4)✦	111 Rg 𬬭▲ 281.166(6)✦	112 Cn 鿔▲ 285.177(4)✦	113 Nh 鿭▲ 286.182(5)✦	114 Fl 𫓧▲ 289.190(4)✦	115 Mc 镆▲ 289.194(6)✦	116 Lv 𫟷▲ 293.204(4)✦	117 Ts 鿬▲ 293.208(6)✦	118 Og 鿫▲ 294.214(5)✦	Q P O N M L K

氧化态(单质的氧化态为0，未列入；常见的为红色)

以 ^{12}C=12为基准的原子量(注✦的是半衰期最长同位素的原子量)

图例：+2 +3 +4 +5 +6 95 Am 镅▲ $5f^77s^2$ 243.06138(2)✦ —— 原子序数；元素符号(红色的为放射性元素)；元素名称(注▲的为人造元素)；价层电子构型

s区元素　p区元素　d区元素　ds区元素　f区元素　稀有气体

★ 镧系	+3 57 La★ 镧 $5d^16s^2$ 138.90547(7)	+2 +3 +4 58 Ce 铈 $4f^15d^16s^2$ 140.116(1)	+3 +4 59 Pr 镨 $4f^36s^2$ 140.90766(2)	+2 +3 +4 60 Nd 钕 $4f^46s^2$ 144.242(3)	+3 61 Pm 钷▲ $4f^56s^2$ 144.91276(2)✦	+2 +3 62 Sm 钐 $4f^66s^2$ 150.36(2)	+2 +3 63 Eu 铕 $4f^76s^2$ 151.964(1)	+3 64 Gd 钆 $4f^75d^16s^2$ 157.25(3)	+3 +4 65 Tb 铽 $4f^96s^2$ 158.92535(2)	+3 +4 66 Dy 镝 $4f^{10}6s^2$ 162.500(1)	+3 67 Ho 钬 $4f^{11}6s^2$ 164.93033(2)	+3 68 Er 铒 $4f^{12}6s^2$ 167.259(3)	+2 +3 69 Tm 铥 $4f^{13}6s^2$ 168.93422(2)	+2 +3 70 Yb 镱 $4f^{14}6s^2$ 173.045(10)	+3 71 Lu 镥 $4f^{14}5d^16s^2$ 174.9668(1)
★ 锕系	+3 89 Ac★ 锕 $6d^17s^2$ 227.02775(2)✦	+3 +4 90 Th 钍 $6d^27s^2$ 232.0377(4)	+3 +4 +5 91 Pa 镤 $5f^26d^17s^2$ 231.03588(2)	+2 +3 +4 +5 +6 92 U 铀 $5f^36d^17s^2$ 238.02891(3)	+3 +4 +5 +6 +7 93 Np 镎 $5f^46d^17s^2$ 237.04817(2)✦	+3 +4 +5 +6 +7 94 Pu 钚 $5f^67s^2$ 244.06421(4)✦	+2 +3 +4 +5 +6 95 Am 镅▲ $5f^77s^2$ 243.06138(2)✦	+3 +4 96 Cm 锔▲ $5f^76d^17s^2$ 247.07035(3)✦	+3 +4 97 Bk 锫▲ $5f^97s^2$ 247.07031(4)✦	+2 +3 +4 98 Cf 锎▲ $5f^{10}7s^2$ 251.07959(3)✦	+2 +3 99 Es 锿▲ $5f^{11}7s^2$ 252.0830(3)✦	+2 +3 100 Fm 镄▲ $5f^{12}7s^2$ 257.09511(5)✦	+2 +3 101 Md 钔▲ $5f^{13}7s^2$ 258.09843(3)✦	+2 +3 102 No 锘▲ $5f^{14}7s^2$ 259.1010(7)✦	+3 103 Lr 铹▲ $5f^{14}6d^17s^2$ 262.110(2)✦